全国科学技术名词审定委员会

公　布

物理学名词

（第三版）

CHINESE TERMS IN PHYSICS

（Third Edition）

2019

物理学名词审定委员会

国家自然科学基金资助项目

科学出版社

北京

内 容 简 介

本书是由第三届物理学名词审定委员会编撰完成，由全国科学技术名词审定委员会审定公布的物理学名词（第三版）。内容包括通类，力学，电磁学，光学、声学，热学、统计物理学，相对论、量子理论，原子、分子物理学，凝聚态物理学，原子核物理学、粒子物理学，等离子体物理学，交叉学科等共 11 方面，共 14 426 条。这些名词是科研、教学、生产、经营以及新闻出版等部门应遵照使用的物理学规范名词。

图书在版编目(CIP)数据

物理学名词 / 物理学名词审定委员会编. —3 版. —北京：科学出版社，2019.3

全国科学技术名词审定委员会公布

ISBN 978-7-03-060599-3

Ⅰ. ①物… Ⅱ. ①物… Ⅲ. ①物理学－名词术语 Ⅳ. ①O4-61

中国版本图书馆 CIP 数据核字(2019)第 033802 号

责任编辑：王小辉 赵 伟 钱 俊/责任校对：张小霞

责任印制：赵 博/封面设计：槐寿明

科学出版社 出版

北京东黄城根北街 16 号

邮政编码：100717

http://www.sciencep.com

北京厚诚则铭印刷科技有限公司印刷

科学出版社发行 各地新华书店经销

*

2019 年 3 月第 一 版 开本：787×1092 1/16

2024 年 9 月第二次印刷 印张：50

字数：1 140 000

定价：298.00 元

（如有印装质量问题，我社负责调换）

全国科学技术名词审定委员会
第七届委员会委员名单

物理学名词审定委员会委员名单

第一届(1985—1988)

顾　　问:钱临照　马大猷　李荫远

主　　任:赵凯华

副 主 任:李国栋　徐锡申

委　　员(以姓名笔画为序):

丁肇忠　马宗复　王之江　王学英　巴塔尔　卢希庭　卢慧筠
朱重远　汤定元　李家明　杨桂林　杨葭荪　汪　容　汪志诚
张友韬　周荣生　郑广垣　郑庆璋　徐建铭　高崇寿　黄胜年
梅良模　梁宝洪　喀兴林

第二届(1988—1996)

顾　　问:钱临照　马大猷　李荫远

主　　任:赵凯华

副 主 任:李国栋　徐锡申

委　　员(以姓名笔画为序):

马宗复　王之江　王学英　巴塔尔　卢希庭　卢慧筠　汤定元
李家明　杨桂林　杨葭荪　汪　容　汪志诚　张友韬　周荣生
郑广垣　郑庆璋　徐建铭　高崇寿　黄胜年　梅良模　梁宝洪
喀兴林

第三届(2006—2015)

顾　　问:赵凯华

主　　任:阎守胜

副 主 任:刘寄星

委　　员(以姓名笔画为序):

乔国俊　吴令安　邹英华　张焕乔　陈泽民　胡　越　夏建白
高崇寿　陶宏杰

秘　　书:钱　俊

白春礼序

科技名词伴随科技发展而生，是概念的名称，承载着知识和信息。如果说语言是记录文明的符号，那么科技名词就是记录科技概念的符号，是科技知识得以传承的载体。我国古代科技成果的传承，即得益于此。《山海经》记录了山、川、陵、台及几十种矿物名；《尔雅》19 篇中，有 16 篇解释名物词，可谓是我国最早的术语词典；《梦溪笔谈》第一次给“石油”命名并一直沿用至今；《农政全书》创造了大量农业、土壤及水利工程名词；《本草纲目》使用了数百种植物和矿物岩石名称。延传至今的古代科技术语，体现着圣哲们对科技概念定名的深入思考，在文化传承、科技交流的历史长河中作出了不可磨灭的贡献。

科技名词规范工作是一项基础性工作。我们知道，一个学科的概念体系是由若干个科技名词搭建起来的，所有学科概念体系整合起来，就构成了人类完整的科学知识架构。如果说概念体系构成了一个学科的“大厦”，那么科技名词就是其中的“砖瓦”。科技名词审定和公布，就是为了生产出标准、优质的“砖瓦”。

科技名词规范工作是一项需要重视的基础性工作。科技名词的审定就是依照一定的程序、原则、方法对科技名词进行规范化、标准化，在厘清概念的基础上恰当定名。其中，对概念的把握和厘清至关重要，因为如果概念不清晰、名称不规范，势必会影响科学研究工作的顺利开展，甚至会影响对事物的认知和决策。举个例子，我们在讨论科技成果转化问题时，经常会有“科技与经济‘两张皮’”“科技对经济发展贡献太少”等说法，尽管在通常的语境中，把科学和技术连在一起表述，但严格说起来，会导致在认知上没有厘清科学与技术之间的差异，而简单把技术研发和生产实际之间脱节的问题理解为科学研究与生产实际之间的脱节。一般认为，科学主要揭示自然的本质和内在规律，回答“是什么”和“为什么”的问题，技术以改造自然为目的，回答“做什么”和“怎么做”的问题。科学主要表现为知识形态，是创造知识的研究，技术则具有物化形态，是综合利用知识于需求的研究。科学、技术是不同类型的创新活动，有着不同的发展规律，体现不同的价值，需要形成对不同性质的研发活动进行分类支持、分类评价的科学管理体系。从这个角度来看，科技名词规范工作是一项必不可少的基础性工作。

我非常同意老一辈专家叶笃正的观点,他认为:“科技名词规范化工作的作用比我们想象的还要大,是一项事关我国科技事业发展的基础设施建设工作!”

科技名词规范工作是一项需要长期坚持的基础性工作。我国科技名词规范工作已经有110年的历史。1909年清政府成立科学名词编订馆,1932年南京国民政府成立国立编译馆,是为了学习、引进、吸收西方科学技术,对译名和学术名词进行规范统一。中华人民共和国成立后,随即成立了“学术名词统一工作委员会”。1985年,为了更好促进我国科学技术的发展,推动我国从科技弱国向科技大国迈进,国家成立了“全国自然科学名词审定委员会”,主要对自然科学领域的名词进行规范统一。1996年,国家批准将“全国自然科学名词审定委员会”改为“全国科学技术名词审定委员会”,是为了响应科教兴国战略,促进我国由科技大国向科技强国迈进,而将工作范围由自然科学技术领域扩展到工程技术、人文社会科学等领域。科学技术发展到今天,信息技术和互联网技术在不断突进,前沿科技在不断取得突破,新的科学领域在不断产生,新概念、新名词在不断涌现,科技名词规范工作仍然任重道远。

110年的科技名词规范工作,在推动我国科技发展的同时,也在促进我国科学文化的传承。科技名词承载着科学和文化,一个学科的名词,能够勾勒出学科的面貌、历史、现状和发展趋势。我们不断地对学科名词进行审定、公布、入库,形成规模并提供使用,从这个角度来看,这项工作又有几分盛世修典的意味,可谓“功在当代,利在千秋”。

在党和国家重视下,我们依靠数千位专家学者,已经审定公布了65个学科领域的近50万条科技名词,基本建成了科技名词体系,推动了科技名词规范化事业协调可持续发展。同时,在全国科学技术名词审定委员会的组织和推动下,海峡两岸科技名词的交流对照统一工作也取得了显著成果。两岸专家已在30多个学科领域开展了名词交流对照活动,出版了20多种两岸科学名词对照本和多部工具书,为两岸和平发展作出了贡献。

作为全国科学技术名词审定委员会现任主任委员,我要感谢历届委员会所付出的努力。同时,我也深感责任重大。

十九大的胜利召开具有划时代意义,标志着我们进入了新时代。新时代,创新成为引领发展的第一动力。习近平总书记在十九大报告中,从战略高度强调了创新,指出创新是建设现代化经济体系的战略支撑,创新处于国家发展全局的核心位置。在深入实施创新驱动发展战略中,科技名词规范工作是其基本组成部分,因为科技的交流与传播、知识的协同与管理、信息的传输与共享,都需要一个基于科学的、规范统一的科技名词体系和科技名词服务平台作为支撑。

我们要把握好新时代的战略定位，适应新时代新形势的要求，加强与科技的协同发展。一方面，要继续发扬科学民主、严谨求实的精神，保证审定公布成果的权威性和规范性。科技名词审定是一项既具规范性又有研究性，既具协调性又有长期性的综合性工作。在长期的科技名词审定工作实践中，全国科学技术名词审定委员会积累了丰富的经验，形成了一套完整的组织和审定流程。这一流程，有利于确立公布名词的权威性，有利于保证公布名词的规范性。但是，我们仍然要创新审定机制，高质高效地完成科技名词审定公布任务。另一方面，在做好科技名词审定公布工作的同时，我们要瞄准世界科技前沿，服务于前瞻性基础研究。习总书记在报告中特别提到“中国天眼”、“悟空号”暗物质粒子探测卫星、“墨子号”量子科学实验卫星、天宫二号和“蛟龙号”载人潜水器等重大科技成果，这些都是随着我国科技发展诞生的新概念、新名词，是科技名词规范工作需要关注的热点。围绕新时代中国特色社会主义发展的重大课题，服务于前瞻性基础研究、新的科学领域、新的科学理论体系，应该是新时代科技名词规范工作所关注的重点。

未来，我们要大力提升服务能力，为科技创新提供坚强有力的基础保障。全国科学技术名词审定委员会第七届委员会成立以来，在创新科学传播模式、推动成果转化应用等方面作了很多努力。例如，及时为113号、115号、117号、118号元素确定中文名称，联合中国科学院、国家语言文字工作委员会召开四个新元素中文名称发布会，与媒体合作开展推广普及，引起社会关注。利用大数据统计、机器学习、自然语言处理等技术，开发面向全球华语圈的术语知识服务平台和基于用户实际需求的应用软件，受到使用者的好评。今后，全国科学技术名词审定委员会还要进一步加强战略前瞻，积极应对信息技术与经济社会交汇融合的趋势，探索知识服务、成果转化的新模式、新手段，从支撑创新发展战略的高度，提升服务能力，切实发挥科技名词规范工作的价值和作用。

使命呼唤担当，使命引领未来，新时代赋予我们新使命。全国科学技术名词审定委员会只有准确把握科技名词规范工作的战略定位，创新思路，扎实推进，才能在新时代有所作为。

是为序。

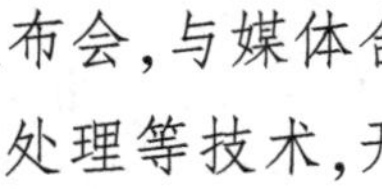

2018年春

路甬祥序

我国是一个人口众多、历史悠久的文明古国，自古以来就十分重视语言文字的统一，主张“书同文、车同轨”，把语言文字的统一作为民族团结、国家统一和强盛的重要基础和象征。我国古代科学技术十分发达，以四大发明为代表的古代文明，曾使我国居于世界之巅，成为世界科技发展史上的光辉篇章。而伴随科学技术产生、传播的科技名词，从古代起就已成为中华文化的重要组成部分，在促进国家科技进步、社会发展和维护国家统一方面发挥着重要作用。

我国的科技名词规范统一活动有着十分悠久的历史。古代科学著作记载的大量科技名词术语，标志着我国古代科技之发达及科技名词之活跃与丰富。然而，建立正式的名词审定组织机构则是在清朝末年。1909 年，我国成立了科学名词编订馆，专门从事科学名词的审定、规范工作。到了新中国成立之后，由于国家的高度重视，这项工作得以更加系统地、大规模地开展。1950 年政务院设立的学术名词统一工作委员会，以及 1985 年国务院批准成立的全国自然科学名词审定委员会(现更名为全国科学技术名词审定委员会，简称全国科技名词委)，都是政府授权代表国家审定和公布规范科技名词的权威性机构和专业队伍。他们肩负着国家和民族赋予的光荣使命，秉承着振兴中华的神圣职责，为科技名词规范统一事业默默耕耘，为我国科学技术的发展做出了基础性的贡献。

规范和统一科技名词，不仅在消除社会上的名词混乱现象，保障民族语言的纯洁与健康发展等方面极为重要，而且在保障和促进科技进步，支撑学科发展方面也具有重要意义。一个学科的名词术语的准确定名及推广，对这个学科的建立与发展极为重要。任何一门科学(或学科)，都必须有自己的一套系统完善的名词来支撑，否则这门学科就立不起来，就不能成为独立的学科。郭沫若先生曾将科技名词的规范与统一称为“乃是一个独立自主国家在学术工作上所必须具备的条件，也是实现学术中国化的最起码的条件”，精辟地指出了这项基础性、支撑性工作的本质。

在长期的社会实践中，人们认识到科技名词的规范和统一工作对于一个国家的科技发展和文化传承非常重要,是实现科技现代化的一项支撑性的系统工程。没有这样一个系统的规范化的支撑条件,不仅现代科技的协调发展将遇到极大困难,而且在科技日益渗透人们生活各方面、各环节的今天,还将给教育、传播、交流、经贸等多方面带来困难和损害。

全国科技名词委自成立以来,已走过近20年的历程,前两任主任钱三强院士和卢嘉锡院士为我国的科技名词统一事业倾注了大量的心血和精力,在他们的正确领导和广大专家的共同努力下,取得了卓著的成就。2002年,我接任此工作,时逢国家科技、经济飞速发展之际,因而倍感责任的重大;及至今日,全国科技名词委已组建了60个学科名词审定分委员会,公布了50多个学科的63种科技名词,在自然科学、工程技术与社会科学方面均取得了协调发展,科技名词蔚成体系。而且,海峡两岸科技名词对照统一工作也取得了可喜的成绩。对此,我实感欣慰。这些成就无不凝聚着专家学者们的心血与汗水,无不闪烁着专家学者们的集体智慧。历史将会永远铭刻着广大专家学者孜孜以求、精益求精的艰辛劳作和为祖国科技发展做出的奠基性贡献。宋健院士曾在1990年全国科技名词委的大会上说过:“历史将表明,这个委员会的工作将对中华民族的进步起到奠基性的推动作用。”这个预见性的评价是毫不为过的。

科技名词的规范和统一工作不仅仅是科技发展的基础,也是现代社会信息交流、教育和科学普及的基础,因此,它是一项具有广泛社会意义的建设工作。当今,我国的科学技术已取得突飞猛进的发展,许多学科领域已接近或达到国际前沿水平。与此同时,自然科学、工程技术与社会科学之间交叉融合的趋势越来越显著,科学技术迅速普及到了社会各个层面,科学技术同社会进步、经济发展已紧密地融为一体,并带动着各项事业的发展。所以,不仅科学技术发展本身产生的许多新概念、新名词需要规范和统一,而且由于科学技术的社会化,社会各领域也需要科技名词有一个更好的规范。另一方面,随着香港、澳门的回归,海峡两岸科技、文化、经贸交流不断扩大,祖国实现完全统一更加迫近,两岸科技名词对照统一任务也十分迫切。因而,我们的名词工作不仅对科技发展具有重要的价值和意义,而且在经济发展、社会进步、政治稳定、民族团结、国家统一和繁荣等方面都具有不可替代的特殊价值和意义。

最近,中央提出树立和落实科学发展观,这对科技名词工作提出了更高的要求。我们要按照科学发展观的要求,求真务实,开拓创新。科学发展观的本质与核心是以人为本,我们要建设一支优秀的名词工作队伍,既要保持和发扬老一辈科技名词工作者的优良传统，坚持真理、实事求是、甘于寂寞、淡泊名利，又要根据新形势的要求，面向未来、协调发展、与时俱进、锐意创新。此外，我们要充分利用网络等现代科技手段，使规范科技名词得到更好的传播和应用，为迅速提高全民文化素质做出更大贡献。科学发展观的基本要求是坚持以人为本，全面、协调、可持续发展，因此，科技名词工作既要紧密围绕当前国民经济建设形势，着重开展好科技领域的学科名词审定工作，同时又要在强调经济社会以及人与自然协调发展的思想指导下，开展好社会科学、文化教育和资源、生态、环境领域的科学名词审定工作，促进各个学科领域的相互融合和共同繁荣。科学发展观非常注重可持续发展的理念，因此，我们在不断丰富和发展已建立的科技名词体系的同时，还要进一步研究具有中国特色的术语学理论，以创建中国的术语学派。研究和建立中国特色的术语学理论，也是一种知识创新，是实现科技名词工作可持续发展的必由之路，我们应当为此付出更大的努力。

当前国际社会已处于以知识经济为走向的全球经济时代，科学技术发展的步伐将会越来越快。我国已加入世贸组织，我国的经济也正在迅速融入世界经济主流，因而国内外科技、文化、经贸的交流将越来越广泛和深入。可以预言，21 世纪中国的经济和中国的语言文字都将对国际社会产生空前的影响。因此，在今后 10 到 20 年之间，科技名词工作就变得更具现实意义，也更加迫切。“路漫漫其修远兮，吾今上下而求索”，我们应当在今后的工作中，进一步解放思想，务实创新、不断前进。不仅要及时地总结这些年来取得的工作经验，更要从本质上认识这项工作的内在规律，不断地开创科技名词统一工作新局面，做出我们这代人应当做出的历史性贡献。

2004 年深秋

卢嘉锡序

科技名词伴随科学技术而生,犹如人之诞生其名也随之产生一样。科技名词反映着科学研究的成果,带有时代的信息,铭刻着文化观念,是人类科学知识在语言中的结晶。作为科技交流和知识传播的载体,科技名词在科技发展和社会进步中起着重要作用。

在长期的社会实践中,人们认识到科技名词的统一和规范化是一个国家和民族发展科学技术的重要的基础性工作,是实现科技现代化的一项支撑性的系统工程。没有这样一个系统的规范化的支撑条件,科学技术的协调发展将遇到极大的困难。试想,假如在天文学领域没有关于各类天体的统一命名,那么,人们在浩瀚的宇宙当中,看到的只能是无序的混乱,很难找到科学的规律。如是,天文学就很难发展。其他学科也是这样。

古往今来,名词工作一直受到人们的重视。严济慈先生 60 多年前说过,“凡百工作,首重定名;每举其名,即知其事”。这句话反映了我国学术界长期以来对名词统一工作的认识和做法。古代的孔子曾说“名不正则言不顺”,指出了名实相副的必要性。荀子也曾说“名有固善,径易而不拂,谓之善名”,意为名有完善之名,平易好懂而不被人误解之名,可以说是好名。他的“正名篇”即是专门论述名词术语命名问题的。近代的严复则有“一名之立,旬月踟躇”之说。可见在这些有学问的人眼里,“定名”不是一件随便的事情。任何一门科学都包含很多事实、思想和专业名词,科学思想是由科学事实和专业名词构成的。如果表达科学思想的专业名词不正确,那么科学事实也就难以令人相信了。

科技名词的统一和规范化标志着一个国家科技发展的水平。我国历来重视名词的统一与规范工作。从清朝末年的科学名词编订馆,到 1932 年成立的国立编译馆,以及新中国成立之初的学术名词统一工作委员会,直至 1985 年成立的全国自然科学名词审定委员会(现已改名为全国科学技术名词审定委员会,简称全国名词委),其使命和职责都是相同的,都是审定和公布规范名词的权威性机构。现在,参与全国名词委领导工作的单位有中国科学院、科学技术部、教育部、中国科学技术协会、国家自然科学基金委员会、新闻出版署、国家质量技术监督局、国家广播电影电视总局、国家知识产权局和国家语言文字工作委员会，这些部委各自选派了有关领导干部担任全国名词委的领导，有力地推动科技名词的统一和推广应用工作。

全国名词委成立以后，我国的科技名词统一工作进入了一个新的阶段。在第一任主任委员钱三强同志的组织带领下，经过广大专家的艰苦努力，名词规范和统一工作取得了显著的成绩。1992 年三强同志不幸谢世。我接任后，继续推动和开展这项工作。在国家和有关部门的支持及广大专家学者的努力下，全国名词委 15 年来按学科共组建了 50 多个学科的名词审定分委员会，有 1800 多位专家、学者参加名词审定工作，还有更多的专家、学者参加书面审查和座谈讨论等，形成的科技名词工作队伍规模之大、水平层次之高前所未有。15 年间共审定公布了包括理、工、农、医及交叉学科等各学科领域的名词共计 50 多种。而且，对名词加注定义的工作经试点后业已逐渐展开。另外，遵照术语学理论，根据汉语汉字特点，结合科技名词审定工作实践，全国名词委制定并逐步完善了一套名词审定工作的原则与方法。可以说，在 20 世纪的最后 15 年中，我国基本上建立起了比较完整的科技名词体系，为我国科技名词的规范和统一奠定了良好的基础，对我国科研、教学和学术交流起到了很好的作用。

在科技名词审定工作中，全国名词委密切结合科技发展和国民经济建设的需要，及时调整工作方针和任务，拓展新的学科领域开展名词审定工作，以更好地为社会服务、为国民经济建设服务。近些年来，又对科技新词的定名和海峡两岸科技名词对照统一工作给予了特别的重视。科技新词的审定和发布试用工作已取得了初步成效，显示了名词统一工作的活力，跟上了科技发展的步伐，起到了引导社会的作用。两岸科技名词对照统一工作是一项有利于祖国统一大业的基础性工作。全国名词委作为我国专门从事科技名词统一的机构，始终把此项工作视为自己责无旁贷的历史性任务。通过这些年的积极努力，我们已经取得了可喜的成绩。做好这项工作，必将对弘扬民族文化，促进两岸科教、文化、经贸的交流与发展做出历史性的贡献。

科技名词浩如烟海，门类繁多，规范和统一科技名词是一项相当繁重而复杂的长期工作。在科技名词审定工作中既要注意同国际上的名词命名原则与方法相衔接，又要依据和发挥博大精深的汉语文化，按照科技的概念和内涵，创造和规范出符合科技规律和汉语文字结构特点的科技名词。因而，这又是一项艰苦细致的工作。广大专家学者字斟句酌，精益求精，以高度的社会责任感和敬业精神投身于这项事业。可以说，全国名词委公布的名词是广大专家学者心血的结晶。这里，我代表全国名词委，向所有参与这项工作的专家学者们致以崇高的敬意和衷心的感谢！

审定和统一科技名词是为了推广应用。要使全国名词委众多专家多年的劳动成果——规范名词，成为社会各界及每位公民自觉遵守的规范，需要全社会的理解和支持。国务院和4个有关部委[国家科委(今科学技术部)、中国科学院、国家教委(今教育部)和新闻出版署]已分别于1987年和1990年行文全国，要求全国各科研、教学、生产、经营以及新闻出版等单位遵照使用全国名词委审定公布的名词。希望社会各界自觉认真地执行，共同做好这项对于科技发展、社会进步和国家统一极为重要的基础工作，为振兴中华而努力。

值此全国名词委成立15周年、科技名词书改装之际，写了以上这些话。是为序。

卢嘉锡

2000年夏

钱三强序

科技名词术语是科学概念的语言符号。人类在推动科学技术向前发展的历史长河中，同时产生和发展了各种科技名词术语，作为思想和认识交流的工具，进而推动科学技术的发展。

我国是一个历史悠久的文明古国，在科技史上谱写过光辉篇章。中国科技名词术语，以汉语为主导，经过了几千年的演化和发展，在语言形式和结构上体现了我国语言文字的特点和规律，简明扼要，蓄意深切。我国古代的科学著作，如已被译为英、德、法、俄、日等文字的《本草纲目》、《天工开物》等，包含大量科技名词术语。从元、明以后，开始翻译西方科技著作，创译了大批科技名词术语，为传播科学知识，发展我国的科学技术起到了积极作用。

统一科技名词术语是一个国家发展科学技术所必须具备的基础条件之一。世界经济发达国家都十分关心和重视科技名词术语的统一。我国早在1909年就成立了科学名词编订馆，后又于1919年中国科学社成立了科学名词审定委员会，1928年大学院成立了译名统一委员会。1932年成立了国立编译馆，在当时教育部主持下先后拟订和审查了各学科的名词草案。

新中国成立后，国家决定在政务院文化教育委员会下，设立学术名词统一工作委员会，郭沫若任主任委员。委员会分设自然科学、社会科学、医药卫生、艺术科学和时事名词五大组，聘任了各专业著名科学家、专家，审定和出版了一批科学名词，为新中国成立后的科学技术的交流和发展起到了重要作用。后来，由于历史的原因，这一重要工作陷于停顿。

当今，世界科学技术迅速发展，新学科、新概念、新理论、新方法不断涌现，相应地出现了大批新的科技名词术语。统一科技名词术语，对科学知识的传播，新学科的开拓，新理论的建立，国内外科技交流，学科和行业之间的沟通，科技成果的推广、应用和生产技术的发展，科技图书文献的编纂、出版和检索，科技情报的传递等方面，都是不可缺少的。特别是计算机技术的推广使用，对统一科技名词术语提出了更紧迫的要求。

为适应这种新形势的需要，经国务院批准，1985年4月正式成立了全国自然科学名词审定委员会。委员会的任务是确定工作方针，拟定科技名词术语审定工作计划、实施方案和步骤，组织审定自然科学各学科名词术语，并予以公布。根据国务院授权，委员会审定公布的名词术语，科研、教学、生产、经营以及新闻出版等各部门，均应遵照使用。

全国自然科学名词审定委员会由中国科学院、国家科学技术委员会、国家教育委员会、中国科学技术协会、国家技术监督局、国家新闻出版署、国家自然科学基金委员会分别委派了正、副主任担任领导工作。在中国科协各专业学会密切配合下，逐步建立各专业审定分委员会，并已建立起一支由各学科著名专家、学者组成的近千人的审定队伍，负责审定本学科的名词术语。我国的名词审定工作进入了一个新的阶段。

这次名词术语审定工作是对科学概念进行汉语订名，同时附以相应的英文名称，既有我国语言特色，又方便国内外科技交流。通过实践，初步摸索了具有我国特色的科技名词术语审定的原则与方法，以及名词术语的学科分类、相关概念等问题，并开始探讨当代术语学的理论和方法，以期逐步建立起符合我国语言规律的自然科学名词术语体系。

统一我国的科技名词术语，是一项繁重的任务，它既是一项专业性很强的学术性工作，又涉及到亿万人使用习惯的问题。审定工作中我们要认真处理好科学性、系统性和通俗性之间的关系；主科与副科间的关系；学科间交叉名词术语的协调一致；专家集中审定与广泛听取意见等问题。

汉语是世界五分之一人口使用的语言，也是联合国的工作语言之一。除我国外，世界上还有一些国家和地区使用汉语，或使用与汉语关系密切的语言。做好我国的科技名词术语统一工作，为今后对外科技交流创造了更好的条件，使我炎黄子孙，在世界科技进步中发挥更大的作用，做出重要的贡献。

统一我国科技名词术语需要较长的时间和过程，随着科学技术的不断发展，科技名词术语的审定工作，需要不断地发展、补充和完善。我们将本着实事求是的原则，严谨的科学态度做好审定工作，成熟一批公布一批，提供各界使用。我们特别希望得到科技界、教育界、经济界、文化界、新闻出版界等各方面同志的关心、支持和帮助，共同为早日实现我国科技名词术语的统一和规范化而努力。

钱三强

1992 年 2 月

第三版前言

物理学是探讨物质结构、性质及其运动规律的科学，既为自然科学的基础，也推动着当代科学技术的发展。相应地，物理学名词是自然科学和工程技术学科基础名词的重要组成部分，历来受到高度的重视。

我国早在先秦时期就有了“磁”“电”等物理学名词的出现和流传，而物理学作为一门学科则主要是在西方科学发展起来后传入我国的，因此绝大多数的物理学名词是由西文名词翻译而来，这段历史可以追溯到明、清时代。系统编订工作则始于 20 世纪。1932 年中国物理学会成立之初，即将物理学名词的统一编订列为学会的常务工作之一，编订工作从此走上了更加科学、深入、系统和专业化的道路。1934 年出版了中国物理学会编订的《物理学名词》，之后又相继于 1953 年、1975 年和 2002 年出版了中国物理学会编订的收词更广的《物理学名词》和《英汉物理学词汇》，对我国物理学名词的推广和规范化起了重要作用。

全国科学技术名词审定委员会（以下简称全国科技名词委）由国务院批准成立并代表国家审定和公布科技名词，其公布的各学科名词具有权威性和约束力。全国科技名词委非常重视物理学名词的审定，在其成立之初就组织成立了第一届物理学名词审定委员会，并于 1988 年公布了《物理学名词》（基础物理学部分），共 2491 条。紧随其后成立了第二届物理学名词审定委员会，并于 1996 年公布了《物理学名词》（以下简称 96 版），共 8264 条。2006 年组织成立了第三届物理学名词审定委员会，拟在 96 版的基础上进一步修订和增补。

修订工作始于 2006 年。首先是希望能反映物理学的新发展。近年来，低维体系物理、介观物理、软物质物理、无序体系物理、强关联体系物理和量子信息物理等领域有长足的进展，出现了许多新的词汇，需要规范和收录。例如 Q 字头的名词数量，和 96 版相比增加了约两倍，新添词大多以 quantum 和 quasi-开头；以 spin 开头的词，为原有词条数的 3 倍。这些数字反映了研究热点的变化。在学科分类目录表上，特别添加了“交叉学科”，包括天体物理学、生物物理学、非线性物理学等方面的部分词条，以适应物理学与这些学科领域关联的加深。新版收录的词条总数超过 14 000 条，约为 96 版的 1.8 倍。

再次，在 96 版的使用中也发现个别词条的定名或附加的简短说明不够恰当，相应地做了修正。例如“Anderson localization”，原定名为“安德森定域”，现改为“安德森局域［化］”更准确一些；添加了“团簇（cluster）”的定名，这是近代研究颇多的领域。修订中还删除了一些可不收入的名词，如 digital timer, double layer 等一般用词；此外，根据简化汉字规范方面的变化，“图象”改为“图像”，“择尤”改为“择优”。物理学名词中涉及人名的名词很多，如“牛顿第一定律”“麦克斯韦方程组”等，对于人名的英语表述后是否添加“ 's”， 修订时按英语的使用习惯做了处理。

再次，两岸交流日益频繁，名词术语的不同往往成为交流障碍，名词的标准化成为两岸学者共同的愿望。在修订过程中，我们也参考了台湾地区的《物理学名词》（2003 年版）。对于两岸定名的差异，常常被提到的一个典型例子是plasma，大陆定名为“等离子体”，台湾地区则称为“电浆”。这次修订，我们增加了又称“电浆”，尽管这一定名仍不理想，但它更适用于等离子体物理发展到涵盖正负离子不等量的情形。

最后，对于某些规定得过于严苛、不便执行的定名，做了一些调整。如crystal lattice,原称“晶格”，考虑到材料结构领域用语的习惯，添加了又称“晶体点阵”；lattice point的定名，除原有“格点”外，补充了又称“阵点”。还有“矢量（vector）”一词，为反映数学学科定名为“向量”，新版也相应加又称“向量”。

此外，从2006年开始我们在《物理》杂志上开辟了《物理学名词》栏目，公布我们新定名的物理学名词，发表有关名词工作的文章和对某些名词定名的讨论，也登载过来自台湾地区学者的文章，增加了大陆物理学界对台湾地区同行工作的了解。在此，感谢该栏目的所有作者，他们的参与推动了物理学名词的审定工作。

对于词条的分类排列，我们和96版的审定者有同感。由于物理学各分支领域之间概念有较多的交叉，词条的编排相当困难。新版收词量的增加，使问题更加突出。在这方面，我们虽花费了较多时间力图做好，但仍恐难如人意。读者可利用英汉、汉英两个索引寻找到所要的词条。

在新版初稿完成后，委员会特别邀请了丁大军、胡希伟、黄涛、李方华、林宗涵、彭堃墀、钱祖文、肖佐、郑伟谋、郑志鹏和朱星等物理学界各领域的专家学者审阅，并对他们提出的意见和建议做了认真的讨论和处置。在名词工作后期，还特别邀请了在美国韦尔斯利学院（Wellesley College）长期从事物理教学和研究的胡越教授参与我们的工作，使名词的英文定名更符合国际惯用的表述。2015年12月5日经全国科技名词委审核批准，予以预公布，在全国科技名词委网站及相关媒体上公示征求意见，预公布期限为1年。2017年，委员会根据反馈意见再次修订完善，于2018年3月呈报全国科技名词委审核批准，予以正式公布。

在整个修订过程中得到全国科技名词委的支持和指导，也得到了中国物理学会、中国科学院物理研究所、中国科学院半导体研究所、科学出版社和《物理》杂志的支持，在此一并表示感谢。热切希望使用者提出宝贵意见，以便今后讨论修订，使之日臻完善。

物理学名词审定委员会

2018年11月

第二版前言

物理学是自然科学的基础,亦是当代科学技术中的前沿学科。它的发展与突破,标志着人类开创征服自然界的新里程。因此,作为科学技术交流和传播媒介之一的物理学名词,是自然科学基础名词的一个主要组成部分。它的审定与统一对科学发展和社会进步具有重要的意义。

我国物理学名词工作有着悠久的历史。它在物理学界历来受到高度重视。早在 1932 年,中国物理学会成立后就设立了物理学名词审查委员会。在国家和民族遭受困苦灾难的年代,前辈科学家仍坚持不懈,兢兢业业,艰苦工作,为统一中国物理学名词奠定了良好基础。中华人民共和国成立后,中央人民政府政务院文化教育委员会学术名词统一工作委员会出版了《物理学名词》。后来几经补充修改,1975 年出版了《英汉物理学词汇》,为国际上学术交流及我国物理学名词的统一起着积极的作用。在这些工作的基础上,物理学名词审定委员会在全国自然科学名词审定委员会(以下简称全国名词委)领导下,于 1985 年成立,同年开始对物理学名词进行全面的审定工作。

根据全国名词委名词审定工作条例的要求,这次物理学名词的审定工作是遵循自然科学名词订名的原则与方法,从科学的概念出发,确定规范的汉文名,使其符合我国的科学体系及汉文习惯,以达到我国自然科学名词术语的统一。

我们于 1988 年已公布了第一批名词(基础物理学部分)2 491 条,这次公布的物理学名词是包括第一批在内的全部词条,共 8 264 条。第一批词条公布到现在已有 6 年,在此期间使用的结果表明,绝大部分词条的定名是合适的,但也有个别词条不完全恰当,或规定得太死。这次稍微做了一些调整。如 1988 年公布的版本中“常量”与“常数”作为两个独立词条出现,常数指无量纲的常量。鉴于“常数”一词沿用很广,多数习惯于统称常数,故本次订名将它作为“常量”的又称,不再作严格的区分。对于 lattice 一词有“点阵”与“格子”双重含义,crystal lattice 一词在 1975 年出版的《英汉物理学词汇》中作“晶体点阵”,而凝聚态物理界则习惯称“晶格”,双方各强调一面。其实 crystal lattice 中既有由原子排列成的点阵,又有由化学键组成的格子。本次订名,在晶体学中,我们尊重习惯中较简短的称谓,crystal lattice 取“晶格”而废弃“晶体点阵”,如晶格常量、晶格热容、晶格动力学等。近年来在统计物理及其他学科(如规范场论)中经常使用各种离散模型,那里的 lattice 与晶格无关,其内涵既包含“点阵”,又包含“格子”,本次订名为“格点”,如格点动物,格点规范等;在复合词中一般简化作“格”,如格气、蜂房格、笼目格等。在某些场合强调“点阵”的含义时,如 lattice array,作“点阵列”。

新订的词条来自物理学的各个分支领域。由于各领域之间概念有较多的交叉,在词条的分类和编排上是有相当大的困难,这方面我们未作太多的推敲。读者可利用中、英文索引去寻找所要的词条。本书内所审定的词条并不是包揽无遗的。对于那些未在本书中订名的物理概念,读者可按本书中已有的基本词或相关词条,自行复合恰当的名称。

科学名词是要统一的。一般说来,一个概念订一个名词的原则也是对的。但根据我们近年来审定名词的经验来看,有些名词不宜统得过死。因为一件事物往往有不同的侧面,有时需要用不同的名词去刻画它们。按照原体例,注释栏内“又称”为不推荐用名。但有的“又称”是为了反映同一事物的不同侧面而设的,在一定的范围内仍为规范名。对不同子学科中汉文名相同而涵义不同的词条,一般都加了简短注释说明。

多年来物理学名词审定工作得到我国物理学界同行的支持,广大物理学工作者和教师为几次讨论、修订给予了关注,提出了详尽的宝贵意见;同时王大珩先生、马大猷先生受全国名词委的委托,对本批名词进行了复审,也提出了衷恳的意见,在此我们谨致以衷心的感谢。

物理学名词审定委员会

1996 年 2 月

第一版前言

物理学是自然科学的基础,亦是当代科学技术中的前沿学科。它的发展与突破,标志着人类开创征服自然界的新里程。因此,作为科学技术交流和传播媒介之一的物理学名词,是自然科学基础名词的一个主要组成部分。它的审定与统一对科学发展和社会进步具有重要的意义。

我国物理学名词工作有着悠久的历史。它在物理学界历来受到高度重视。早在 1932 年,中国物理学会成立后就设立了物理学名词审查委员会。在国家和民族遭受困苦灾难的年代,前辈科学家仍坚持不懈,兢兢业业,艰苦工作,为统一中国物理学名词奠定了良好基础。中华人民共和国成立后,中央人民政府政务院文化教育委员会学术名词统一工作委员会出版了《物理学名词》。后来几经补充修改,1975 年出版了《英汉物理学词汇》,为国际上学术交流及我国物理学名词的统一起着积极的作用。在这些工作的基础上,物理学名词审定委员会在全国自然科学名词审定委员会(以下简称全国委员会)领导下,于 1985 年成立,同年开始对物理学名词进行全面的审定工作。

根据全国委员会名词审定工作条例的要求,这次物理学名词的审定工作是遵循自然科学名词订名的原则与方法,从学科的科学概念出发,确定规范的汉文名,使其符合我国的科学体系及汉文习惯,以达到我国自然科学名词术语的统一。经过三年时间,物理学名词审定委员会对物理学第一批名词(基础物理学部分)前后召开了五次会议,并与相关学科进行了协调和统一工作。第二次审定会后,将初稿发到各有关高等院校、研究所、部分出版单位及中学广泛征求意见。经过多次讨论,反复磋商,于 1988 年 6 月完成第一批物理学名词(基础物理学部分)的审定稿,上报全国委员会。钱临照、马大猷、李荫远三位先生受全国委员会委托,对本批名词进行复审,提出了宝贵意见。物理学名词审定委员会对他们的意见认真讨论,再次作了修改。现经全国委员会批准,予以公布。

这次公布的第一批物理学名词是基础物理学中的基本词。全文分为七部分,共 2 491 条词。每条词都给出了国外文献中最常用的相应的英文词。汉文词按学科分类和相关概念排列。类别的划分主要是为了便于从学科概念体系进行审定,并非严谨的学科分类。同一词条可能与多个专业概念相关,但作为公布的规范词编排时只出现一次,不重复列出。本书检索可使用正文后的索引。

根据订名的"科学性、系统性、简明通俗性"原则,在这批公布的名词中,作了如下一些较大的更动:

1. 与英文"kinetic"对应的汉文词,原有"运动的"(容易与 kinematic 混淆)、"动力的"(容易与

dynamic 混淆）订名。目前此词已有不同于上述二者的涵义。kinetic theory of gases 是气体的非平衡态统计理论，原订名为气体分子运动论。经与多方协商讨论，现订名为“气体动理［学理］论”，在这个含义下，“kinetic”订为“动理的”。

2. 力学中 virial 原名为“维里”。此名为音译，易误作人名。根据此词表达的物理概念，重新订名为“均位力积”，简称“位力”。与原名“维里”读音相近，而又符合望文生义的汉文特点。

3. 为与数学名词互相靠拢，将“几率（probability）“，改名为”概率，相应的“最可几”订名为“最概然”；“分立（discrete）”改名为“离散”。

4. “压强”和“压力”是两个不同的概念，物理学中两者不应混用。

5. 对“机械运动”、“机械能”、“机械功”等一类词，有不少人要求正名为“力学运动”、“力学能”、“力学功”等。经我们反复征求意见和讨论，较多数人认为这一混乱源于外语，国内外都沿用已久，难以更改，我们最后决定不作改动。

在这批名词中作了改动的还有多处，不在此一一叙述。

在三年的审定过程中，物理学界以及各有关学科的专家、学者、给予热情支持，提出了许多有益的意见和建议。北京师范大学的高尚惠、卢圣治、王雪君、张静江、王永成、曾贻伟、汪顺义七位同志提出初稿，参加了审定工作。在此我们一并表示衷心的谢意。

物理学名词审定委员会

1988 年 7 月

编 排 说 明

一、本书公布的是物理学基本名词和常用名词，共 14 426 条。

二、全书分 11 部分：通类，力学，电磁学，光学、声学，热学、统计物理学，相对论、量子理论、量子信息，原子、分子物理学，凝聚态物理学，原子核物理学、粒子物理学，等离子体物理学，交叉学科。

三、词条按学科的相关概念排列，并附与该词概念对应的英文词。为了检索方便，书末附有英汉和汉英索引。

四、一个汉文词对应几个英文同义词时，一般只取最常用的两个，用“,”分开。

五、英文词的拼写以美式英语为准。凡英文词首的字母大、小写均可时，一律小写。英文词除必须用复数者，一般用单数。

六、对概念易混淆的及做过较大更改的词给出简明的注释。

七、“全称”“简称”“又称”“曾称”列在注释内。“全称”“简称”是与正名等效使用的名词；“又称”为非推荐名，只在一定范围内使用；“曾称”为被淘汰的旧名。

八、“[ ]”中为可省略的部分。

九、英汉索引按英文字母顺序排列；汉英索引按汉语拼音顺序排列。所示号码为该词在正文中的序码。索引中带“*”者为规范名的异名。

目　录

01. 通　　类

序　号	汉　文　名	英　文　名	注　　释
01.0001	物理[学]	physics	
01.0002	普通物理[学]	general physics	
01.0003	宏观物理[学]	macroscopic physics, macrophysics	
01.0004	微观物理[学]	microscopic physics, microphysics	
01.0005	实验物理[学]	experimental physics	
01.0006	理论物理[学]	theoretical physics	
01.0007	应用物理[学]	applied physics	
01.0008	经典物理[学]	classical physics	
01.0009	近代物理[学]	modern physics	
01.0010	数理物理[学]	mathematical physics	
01.0011	数理统计[学]	mathematical statistics	
01.0012	表面科学	surface science	
01.0013	真空物理[学]	vacuum physics	
01.0014	化学物理[学]	chemical physics	
01.0015	电子学	electronics	
01.0016	电子光学	electron optics	
01.0017	天体物理[学]	astrophysics	
01.0018	地球物理[学]	geophysics	
01.0019	生物物理[学]	biophysics	
01.0020	医学物理[学]	medical physics	

01.01　物　　理

01.0021	时间	time	
01.0022	时矢	time’s arrow	
01.0023	时域	time domain	
01.0024	时滞	time lag	
01.0025	时基	time base	
01.0026	时标	time scale	
01.0027	计时	timing	
01.0028	校时	timing	
01.0029	时间门	time gate	
01.0030	时间维度	time dimension, temporal dimension	
01.0031	时间延迟	time delay	简称“时延”。

序　号	汉　文　名	英　文　名	注　　释
01.0032	时间分辨率	temporal resolution	
01.0033	格林尼治时	Greenwich time	
01.0034	国际原子时	International Atomic Time, Temps Atomique International(法), TAI	
01.0035	空间	space	
01.0036	太空	space	
01.0037	频率	frequency	
01.0038	频率选择性	frequency selectivity	
01.0039	周期	period	
01.0040	取向	orientation	
01.0041	长度	length	
01.0042	面积	area	
01.0043	容量	capacity	
01.0044	容积	volume	
01.0045	体积	volume	
01.0046	音量	volume	
01.0047	材料	material	
01.0048	物质	substance, matter	
01.0049	质量	mass	
01.0050	量值	magnitude	
01.0051	能量	energy	
01.0052	守恒	conservation	
01.0053	守恒量	conserved quantity	
01.0054	物理量	physical quantity	
01.0055	可测量	measurable quantity	
01.0056	标量	scalar	
01.0057	标[量]积	scalar product	
01.0058	矢量	vector	又称“向量”。
01.0059	矢积	vector product	
01.0060	张量	tensor	
01.0061	常量	constant	又称“常数”。
01.0062	物理常量	physical constant	
01.0063	基本物理常量	fundamental physical constant	
01.0064	普适常量	universal constant	
01.0065	有量纲常量	dimensional constant	
01.0066	无量纲常量	dimensionless constant	
01.0067	[相]互作用常量	interaction constant	
01.0068	基本量	fundamental quantity	

序 号	汉 文 名	英 文 名	注 释
01.0069	导出量	derived quantity	
01.0070	导出单位	derived unit	
01.0071	变量	variable	
01.0072	自变量	argument, independent variable	
01.0073	因变量	dependent variable	
01.0074	自由变量	free-variable	
01.0075	不变性	invariance	
01.0076	不变量	invariant	
01.0077	参量	parameter	又称“参数”。
01.0078	无量纲参量	dimensionless parameter	
01.0079	偏离参量	deviation parameter	
01.0080	内参量	internal parameter	
01.0081	唯象学	phenomenology	
01.0082	唯象理论	phenomenological theory	
01.0083	微观机制	micromechanism	
01.0084	决定论	determinism	
01.0085	控制论	cybernetics	
01.0086	因果律	law of causation	
01.0087	裸粒子	bare particle	
01.0088	着衣粒子	dressed particle	又称“缀饰粒子”。
01.0089	[相]互作用	interaction	
01.0090	相变	phase transition	
01.0091	半经验理论	semiempirical theory	
01.0092	经验公式	empirical formula	
01.0093	系数	coefficient	
01.0094	模量	modulus	
01.0095	模数	modulus	
01.0096	因数	factor	
01.0097	因子	factor	
01.0098	单位	unit	
01.0099	现象	phenomenon	
01.0100	实验	experiment	
01.0101	假想实验	thought experiment, gedanken experiment	
01.0102	自洽性	self-consistency	
01.0103	自洽[方]法	self-consistent method	
01.0104	理论	theory	
01.0105	观测	observation	

序　号	汉　文　名	英　文　名	注　　释
01.0106	观察	observation	
01.0107	测定	determination	
01.0108	检测	detection	
01.0109	校正	correction	
01.0110	修正	correction	
01.0111	估计	estimation	
01.0112	先验估计	prior estimation	
01.0113	模拟	simulation	
01.0114	模仿	imitation	
01.0115	定义	definition	
01.0116	激发	excitation	
01.0117	稳态	stable state	
01.0118	物态	state of matter	
01.0119	微观态	microscopic state, microstate	
01.0120	体系	system	
01.0121	散射体	scatterer	
01.0122	宏观物体	macroscopic body	
01.0123	微系统	microsystem	
01.0124	参考系	reference frame	
01.0125	坐标系	coordinate system	
01.0126	真空	vacuum	
01.0127	高真空	high vacuum	
01.0128	类比	analogy	
01.0129	识别	identification	
01.0130	鉴别	discrimination	
01.0131	表述	formulation	
01.0132	推理	reasoning	
01.0133	论证	argumentation	
01.0134	验证	verification	
01.0135	广义化	generalization	
01.0136	普遍化	generalization	
01.0137	定性分析	qualitative analysis	
01.0138	定量分析	quantitative analysis	
01.0139	原理	principle	
01.0140	定律	law	
01.0141	定理	theorem	
01.0142	守恒律	conservation law	
01.0143	定则	rule	

序 号	汉 文 名	英 文 名	注 释
01.0144	法则	rule	
01.0145	优化	optimization	
01.0146	拟设	ansatz	
01.0147	自然拟设	naïve ansatz	
01.0148	假设	assumption	
01.0149	假说	hypothesis	
01.0150	工作假说	working hypothesis	
01.0151	公理	axiom	
01.0152	协议	protocol	
01.0153	判据	criterion	
01.0154	示意图	schematic diagram	又称“略图”。
01.0155	普适曲线	universal curve	
01.0156	自发性	spontaneity	
01.0157	有效性	validity	
01.0158	真实性	validity	
01.0159	有效性检查	validity check	
01.0160	方向性	directionality	
01.0161	连续性	continuity	
01.0162	不连续[性]	discontinuity	
01.0163	各向同性	isotropy	
01.0164	各向异性	anisotropy	
01.0165	对称性	symmetry	
01.0166	非对称性	asymmetry	
01.0167	多样性	pluralism	
01.0168	即时性	instantaneity	
01.0169	瞬时性	instantaneity	
01.0170	顺时针方向	clockwise	
01.0171	逆时针方向	counter clockwise	
01.0172	反常	anomaly	
01.0173	疑难	puzzle	
01.0174	佯谬	paradox	
01.0175	步骤	procedure	
01.0176	过程	process	
01.0177	处理	processing	
01.0178	加工	processing	
01.0179	尝试法	trial-and-error method	
01.0180	替代法	method of substitution	
01.0181	调节	adjustment	

序号	汉文名	英文名	注释
01.0182	细调	fine adjustment	
01.0183	粗调	coarse adjustment	
01.0184	超调	overshoot	
01.0185	过冲	overshoot	
01.0186	校准	calibration	
01.0187	合轴	alignment	
01.0188	对准	alignment	
01.0189	标定	scaling	
01.0190	定标	scaling	
01.0191	参考点	reference point	
01.0192	数据	data	
01.0193	原始数据	raw data	
01.0194	数据处理	data processing	
01.0195	内插	interpolation	
01.0196	外推	extrapolation	
01.0197	读出	readout	
01.0198	拟合曲线	fitting curve	
01.0199	还原	reduction	
01.0200	约化	reduction	
01.0201	约化量	reduced quantity	
01.0202	约化公式	reduction formula	
01.0203	质量平衡方程	mass balance equation	
01.0204	传递	transmission	
01.0205	转移	transfer	
01.0206	计量学	metrology	
01.0207	测量	measurement	
01.0208	直接测量	direct measurement	
01.0209	间接测量	indirect measurement	
01.0210	相对测量	relative measurement	
01.0211	测量精度	measurement accuracy	
01.0212	测量误差	measurement error	
01.0213	精度	accuracy	
01.0214	校准精度	calibration accuracy	
01.0215	随机精度	accidental accuracy	
01.0216	灵敏度	sensitivity	
01.0217	阈[值]	threshold	
01.0218	灵敏度阈	threshold of sensitivity	
01.0219	谷点	valley point	

序 号	汉 文 名	英 文 名	注 释
01.0220	原点	origin	
01.0221	比率	ratio	
01.0222	误差	error	
01.0223	误差棒	error bar	
01.0224	偶然误差	accidental error	
01.0225	随机误差	random error	
01.0226	标准误差	standard error	
01.0227	系统误差	systematic error	
01.0228	统计误差	statistical error	
01.0229	理论误差	theoretical error	
01.0230	疏失误差	blunder error	
01.0231	概然误差	probable error	
01.0232	平均误差	average error, mean error	
01.0233	方均根误差	root-mean-square error, rms error	
01.0234	方均误差	error of mean square	
01.0235	绝对误差	absolute error	
01.0236	相对误差	relative error	
01.0237	最大误差	maximum error	
01.0238	调定误差	set-up error	
01.0239	舍入误差	round-off error	
01.0240	容许误差	admissible error	
01.0241	读数误差	reading error	
01.0242	累积误差	cumulative error	
01.0243	累进误差	progressive error	
01.0244	误差分析	error analysis	
01.0245	误差传递	propagation of error	
01.0246	误差传递公式	error propagation formula	
01.0247	高斯误差函数	Gauss error function	
01.0248	偏差	deviation	
01.0249	标准偏差	standard deviation	
01.0250	最大偏差	maximum deviation	
01.0251	平均偏差	mean deviation	
01.0252	方均偏差	mean square deviation	
01.0253	方均根偏差	root-mean-square deviation, rms deviation	
01.0254	绝对偏差	absolute deviation	
01.0255	残差	residual error	
01.0256	真值	true value	

序　号	汉　文　名	英　文　名	注　　释
01.0257	最概然值	most probable value	又称“最可几值”。
01.0258	偶然符合	accidental coincidence	
01.0259	权[重]	weight	
01.0260	重量	weight	
01.0261	平均值	average value, mean value	
01.0262	算术平均	arithmetic mean	
01.0263	加权平均	weighted average	
01.0264	加权因子	weighting factor	
01.0265	加权平均值	weighted mean	
01.0266	末端修正	end correction	
01.0267	绝对单位	absolute unit	
01.0268	相对值	relative value	
01.0269	表观值	apparent value	
01.0270	准确度	accuracy	
01.0271	精密度	precision	
01.0272	清晰度	definition	
01.0273	强度	intensity, strength	
01.0274	行为	behavior	
01.0275	保真度	fidelity	
01.0276	保真性	fidelity	
01.0277	置信度	confidence	
01.0278	置信限	confidence limit	
01.0279	置信条	fiducial confidence bar	
01.0280	置信水平	confidence level	
01.0281	置信概率	fiducial probability	
01.0282	基准点	fiducial point	
01.0283	不确定度	uncertainty	
01.0284	分辨率	resolution	
01.0285	分解	resolution	
01.0286	仪器	instrument, apparatus	
01.0287	设备	apparatus	
01.0288	装置	equipment	
01.0289	样机	prototype	
01.0290	原器	prototype	
01.0291	原型	prototype	
01.0292	模式	pattern	
01.0293	通量	flux	
01.0294	器件	device	

序　号	汉　文　名	英　文　名	注　　释
01.0295	元件	element	
01.0296	元素	element	
01.0297	范围	range	
01.0298	量程	range	
01.0299	射程	range	
01.0300	级别	level	
01.0301	截面	[cross] section	
01.0302	样品	sample, specimen	
01.0303	仿真	emulation	
01.0304	背景	background	又称"本底"。
01.0305	信噪比	signal-to-noise ratio	
01.0306	逆问题	inverse problem	
01.0307	恢复时间	recovery time	
01.0308	复现[性]	recurrence	
01.0309	暂现事件	transient event	
01.0310	暂态解	transient solution	
01.0311	积累效应	build-up effect	
01.0312	尺度	scale	
01.0313	量纲	dimension	
01.0314	维[度]	dimension	
01.0315	量纲分析	dimensional analysis	
01.0316	无量纲化	nondimensionalization	
01.0317	正则标度量纲	canonical scale dimension	
01.0318	单位制	system of units, unit system	

01.02　数　　学

01.0319	有效数字	significant figure	
01.0320	数据舍弃	rejection of data	
01.0321	平方和	quadratic sum	
01.0322	符号	sign	专指正负号。
01.0323	正负号	plus-minus sign	
01.0324	数量级	order of magnitude	
01.0325	推论	corollary	
01.0326	垂线	vertical	又称"竖直线"。
01.0327	法线	normal	
01.0328	切线	tangent	
01.0329	斜率	slope	
01.0330	椭球	ellipsoid	

序　号	汉　文　名	英　文　名	注　　释
01.0331	回转椭球	ellipsoid of revolution	
01.0332	旋[转对]称椭球	spheroid	
01.0333	扁椭球	oblate spheroid	
01.0334	长椭球	prolate spheroid	
01.0335	扁率	oblateness, flattening	
01.0336	二次曲面	quadric [surface]	
01.0337	周长	perimeter	
01.0338	顶[点]	vertex	
01.0339	平方度	square degree	立体角的单位。
01.0340	球面度	steradian	立体角的单位。
01.0341	球面角	spherical angle	
01.0342	方位角	azimuthal angle	
01.0343	仰角	elevation angle	
01.0344	球面三角	spherical triangle	
01.0345	笛卡儿坐标	Cartesian coordinate	
01.0346	柱坐标	cylindrical coordinate	
01.0347	球坐标	spherical coordinate	
01.0348	超球坐标	hyperspherical coordinate	
01.0349	正交坐标	orthogonal coordinate	
01.0350	坐标变换	coordinate transformation	
01.0351	无限大平面	infinite plane	
01.0352	半无限平面	semi-infinite plane	
01.0353	剖面	profile	又称“轮廓”。
01.0354	反演中心	center of inversion	
01.0355	对称中心	center of symmetry	
01.0356	线性算符	linear operator	
01.0357	倒三角算符	del operator, nabla	算符符号∇。
01.0358	拉普拉斯算符	Laplacian operator	
01.0359	方向导数	directional derivative	
01.0360	方向微商	directional derivative	
01.0361	母点	generatrix	
01.0362	母面	generatrix	
01.0363	母线	generatrix	
01.0364	标量场	scalar field	
01.0365	矢量场	vector field	
01.0366	恒矢量场	constant vector field	
01.0367	矢量集	vector set	
01.0368	矢量空间	vector space	

序　号	汉　文　名	英　文　名	注　　释
01.0369	矢量[求]和	vector sum	
01.0370	矢量平移	vector translation	
01.0371	独立分量	independent component	
01.0372	无穷维	infinite dimension	
01.0373	蒙日曲面	Monge's surface	
01.0374	齐次方程[式]	homogeneous equation	
01.0375	欠定方程组	underdetermined system of equations	
01.0376	决定论方程	deterministic equation	
01.0377	精确解	exact solution	
01.0378	近似解	approximate solution	
01.0379	近似值	approximate value	
01.0380	一级近似	first approximation	
01.0381	二阶项	second order term	
01.0382	二阶效应	second order effect	
01.0383	渐近解	asymptotic solution	
01.0384	渐近线	asymptote	
01.0385	平凡解	trivial solution	
01.0386	截断误差	truncation error	
01.0387	截断因子	truncation factor	
01.0388	改正系数	correction coefficient	
01.0389	修正值	modified value	
01.0390	泰勒判据	Taylor criterion	
01.0391	泰勒展开	Taylor expansion	
01.0392	泰勒级数	Taylor series	
01.0393	极值曲线	extremal curve	
01.0394	唯一性	uniqueness	
01.0395	一致性	consistency	
01.0396	正交函数	orthogonal function	
01.0397	球谐函数	spherical harmonics	
01.0398	合流函数	confluent function	
01.0399	合流超几何函数	confluent hypergeometric function	
01.0400	合流超几何方程	confluent hypergeometric equation	
01.0401	δ 函数	delta function	
01.0402	δ 分布	delta distribution	
01.0403	阶跃函数	step function	
01.0404	勒让德多项式	Legendre polynomial	
01.0405	尝试函数	trial function	
01.0406	极值函数	extremal function	

序　号	汉　文　名	英　文　名	注　　释
01.0407	余函数	remainder function	
01.0408	正交性	orthogonality	
01.0409	正交归一性	orthonormality	
01.0410	单值性	uniqueness	
01.0411	线性相关	linear dependence	
01.0412	线性无关	linear independence	
01.0413	指数式衰减	exponential decay	
01.0414	幂次分布律	power-law distribution	
01.0415	幂律衰减	power-law decay	
01.0416	幂律指数	power-law exponent	
01.0417	二项分布	binomial distribution	
01.0418	泊松分布	Poisson distribution	
01.0419	高斯分布	Gaussian distribution	又称“正态分布(normal distribution)”。
01.0420	χ^2 分布	chi square distribution	
01.0421	χ^2 检验	chi square test	
01.0422	t 分布	Student's distribution	
01.0423	t 检验	Student's test	
01.0424	平方反比律	inverse square law	
01.0425	卷积	convolution	又称“褶积”。
01.0426	卷积分析	convolution analysis	又称“褶积分析”。
01.0427	数组	array	
01.0428	阵列	array	
01.0429	矩阵	matrix	
01.0430	行矢量	row vector	
01.0431	列矢量	colume vecter	
01.0432	幺正矩阵	unitary matrix	又称“酉矩阵”。
01.0433	幺正对称	unitary symmetry	
01.0434	对角矩阵	diagonal matrix	
01.0435	复共轭矩阵	complex conjugate matrix	
01.0436	逆矩阵	inverse matrix	
01.0437	矩阵元	matrix element	
01.0438	对角元	diagonal element	
01.0439	非对角元	off-diagonal element	
01.0440	转置矩阵	transposed matrix	
01.0441	转置共轭矩阵	transposed conjugate matrix	
01.0442	变换矩阵	transformation matrix	
01.0443	部分转置	partial transpose	

序　号	汉　文　名	英　文　名	注　　释
01.0444	对角化	diagonalization	
01.0445	三对角化	tridiagonalization	
01.0446	对角和规则	diagonal-sum rule	
01.0447	[阵]迹	trace	
01.0448	矩阵迹	trace of matrix	
01.0449	分迹	partial trace	
01.0450	张量迹	trace of tensor	
01.0451	左乘	left multiplication	
01.0452	右乘	right multiplication	
01.0453	直乘	direct product	又称“直积”。
01.0454	相容性方程	consistency equation	
01.0455	施瓦茨不等式	Schwarz inequality	
01.0456	复量	complex quantity	
01.0457	共轭轴	conjugate axis	
01.0458	共轭复数	conjugate complex number	
01.0459	共轭曲线	conjugate curve	
01.0460	模方	norm	
01.0461	解析性	analyticity	
01.0462	[解析]延拓	[analytical] continuation	
01.0463	解析外推法	analytical extrapolation	
01.0464	保角变换	conformal mapping	
01.0465	围道	contour	
01.0466	留数	residue	
01.0467	留数定理	theorem of residues	
01.0468	变换谱	conversion spectrum	
01.0469	线性变换	linear transformation	
01.0470	积分变换	integral transformation	
01.0471	正交变换	orthogonal transformation	
01.0472	傅里叶变换[式]	Fourier transform	
01.0473	拉普拉斯变换[式]	Laplace transform	
01.0474	相似[性]	similarity	
01.0475	相似原理	similarity principle	
01.0476	相似变换	similarity transformation	
01.0477	欣钦数	Khinchine number	
01.0478	维纳-欣钦定理	Wiener-Khinchine theorem	
01.0479	置换	replacement	又称“代换”。
01.0480	置换群	permutation group	又称“对称群(symmetric group)”。

序　号	汉　文　名	英　文　名	注　　释
01.0481	离散对称	discrete symmetry	
01.0482	反对称[性]	antisymmetry	
01.0483	交换对称性	exchange symmetry	
01.0484	对称[性]群	symmetry group	
01.0485	相似群	similarity group	
01.0486	连续群	continuous group	
01.0487	无限群	infinite group	
01.0488	李群	Lie group	
01.0489	阿贝尔群	Abelian group	
01.0490	子群	subgroup	
01.0491	示性类	characteristic class	又称"特征类"。
01.0492	轮廓分析	contour analysis	
01.0493	等高线	contour line	
01.0494	等值线	contour line, level curve	
01.0495	等值线图	contour plot	
01.0496	直方图	histogram	
01.0497	待定乘子	undetermined multiplier	
01.0498	前[置]因子	prefactor	
01.0499	范数	norm	
01.0500	子系统	subsystem	
01.0501	子空间	subspace	
01.0502	欧几里得空间	Euclidean space	
01.0503	欧几里得度规	Euclidean metric	
01.0504	变分法	variational method	
01.0505	变分条件	variational condition	
01.0506	递推公式	recurrence formula	
01.0507	递推法	recursion method	
01.0508	归算法	reduction method	
01.0509	回归分析	regression analysis	
01.0510	规则性	regularity	
01.0511	正规化	regularization	
01.0512	协不变量	co-invariant	
01.0513	协不变式	co-invariant	
01.0514	排序	sequencing, ordering	
01.0515	谐序	harmonic sequence	
01.0516	有序化	ordering	
01.0517	良序	well-ordered	
01.0518	良序函数	well-ordered function	

序 号	汉 文 名	英 文 名	注 释
01.0519	陪集	coset	
01.0520	泛函分析	functional analysis	
01.0521	泛函导数	functional derivative	
01.0522	运算	operation	
01.0523	数值计算	numerical calculation	
01.0524	数值法	numerical method	
01.0525	数值模拟	numerical simulation	
01.0526	数值解	numerical solution	
01.0527	数据光滑[化]	data smoothing	
01.0528	迭代	iteration	
01.0529	迭代法	iterative method	
01.0530	里特沃尔德法	Rietveld method	
01.0531	蛙跳算法	leapfrog algorithm	
01.0532	最小二乘法	least square method	
01.0533	最大似然法	maximum likelihood method	
01.0534	收敛速率	rapidity of convergence	
01.0535	收敛因子	convergence factor	
01.0536	程序设计	programing	
01.0537	有限差分法	finite-difference method	
01.0538	有限差分时域法	finite-difference time-domain method	
01.0539	复合算符	composite operator	
01.0540	对算符	pair operator	
01.0541	矢量算符	vector operator	
01.0542	概率论	theory of probability	
01.0543	随机事件	random event	
01.0544	随机取样	random sampling	
01.0545	随机变量	random variable	
01.0546	随机数	random number	
01.0547	大数定律	law of large numbers	又称“伯努利定律(Bernoulli’s theorem)”。
01.0548	方差	variance	
01.0549	协方差	covariance	
01.0550	扭结	knot	
01.0551	扭结理论	knot theory	
01.0552	缠结理论	tangle theory	
01.0553	平滑度	smoothness	
01.0554	互易性	reciprocity	

序　号	汉　文　名	英　文　名	注　　释
01.0555	非互易性	non-reciprocal property	
01.0556	图[形]	graph	
01.0557	图解法	graphical method	
01.0558	光滑曲线	smooth curve	
01.0559	曲线拟合	curve fitting	
01.0560	小波变换	wavelet transformation	
01.0561	峭度	kurtosis	
01.0562	矩量法	moment method	
01.0563	传递函数	transfer function	
01.0564	关联系数	correlation coefficient	
01.0565	卷线	spiral	
01.0566	螺旋线	spiral	
01.0567	包络函数	envelope function	
01.0568	双曲轨道	hyperbolic orbit	
01.0569	模糊数学	fuzzy mathematics	

02. 力　　学

序　号	汉　文　名	英　文　名	注　　释
02.0001	力学	mechanics	
02.0002	运动学	kinematics	
02.0003	动力学	dynamics	
02.0004	静力学	statics	
02.0005	经典力学	classical mechanics	
02.0006	分析力学	analytical mechanics	
02.0007	理论力学	theoretical mechanics	
02.0008	宏观力学	macromechanics	
02.0009	微观力学	micromechanics	
02.0010	爆炸力学	mechanics of explosion	
02.0011	细观力学	mesomechanics	
02.0012	拉格朗日力学	Lagrangian mechanics	
02.0013	材料力学	mechanics of materials	
02.0014	连续介质力学	mechanics of continuous media	
02.0015	连续性条件	continuity condition	
02.0016	连续性原理	principle of continuity	
02.0017	质点	point mass, particle	
02.0018	[运]动	motion	

序　号	汉　文　名	英　文　名	注　　释
02.0019	运动状态	state of motion	
02.0020	机械运动	mechanical motion	又称“力学运动”。
02.0021	周期运动	periodic motion	
02.0022	非周期运动	non-periodic motion, acyclic motion	
02.0023	准周期运动	quasiperiodic motion	
02.0024	准周期振荡	quasiperiodic oscillation	
02.0025	周期边界条件	periodic boundary condition	
02.0026	周期势	periodic potential	
02.0027	势场	potential field	
02.0028	势流	potential flow	
02.0029	位置矢量	position vector	简称“位矢”。
02.0030	位置无序	positional disorder	
02.0031	矢量图解法	method of vector diagram	
02.0032	位移	displacement	
02.0033	径矢	radius vector	
02.0034	并矢	dyad	
02.0035	路程	path	
02.0036	路径	path	
02.0037	轨道	orbit, trajectory	
02.0038	轨迹	orbit, trajectory	
02.0039	极值轨道	extremal orbit	
02.0040	准周期轨道	quasiperiodic orbit	
02.0041	弹道学	ballistics	
02.0042	弹道[曲线]	ballistic curve	
02.0043	速率	speed	
02.0044	速度	velocity	
02.0045	线速度	linear velocity	
02.0046	平均速度	average velocity, mean velocity	
02.0047	瞬时速度	instantaneous velocity	
02.0048	径向速度	radial velocity	
02.0049	视向速度	radial velocity	
02.0050	横向速度	transverse velocity	
02.0051	角速率	angular speed	
02.0052	减速度	deceleration	
02.0053	减速场	retarding field	
02.0054	减速力	retarding force	
02.0055	掠面速度	areal velocity	又称“扇形速度(sector velocity)”。

序　号	汉　文　名	英　文　名	注　　释
02.0056	质心	center of mass	
02.0057	质心坐标	coordinates of the center of mass	
02.0058	质心速度	velocity of the center of mass	
02.0059	绝对速度	absolute velocity	
02.0060	相对速度	relative velocity	
02.0061	牵连速度	convected velocity	
02.0062	初速[度]	initial velocity	
02.0063	初[始]条件	initial condition	
02.0064	初值问题	initial-value problem	
02.0065	末速[度]	final velocity	
02.0066	加速度	acceleration	
02.0067	线加速度	linear acceleration	
02.0068	径向加速度	radial acceleration	
02.0069	横向加速度	transverse acceleration	
02.0070	切向加速度	tangential acceleration	
02.0071	法向加速度	normal acceleration	
02.0072	向心加速度	centripetal acceleration	
02.0073	瞬时加速度	instantaneous acceleration	
02.0074	绝对加速度	absolute acceleration	
02.0075	牵连加速度	convected acceleration	
02.0076	相对加速度	relative acceleration	
02.0077	科里奥利加速度	Coriolis acceleration	
02.0078	减速	retardation	
02.0079	匀速度	uniform velocity	
02.0080	匀速运动	uniform motion	
02.0081	匀速圆周运动	uniform circular motion	
02.0082	内禀方程	intrinsic equation	
02.0083	运动学方程	kinematics equation	
02.0084	加速运动	accelerated motion	
02.0085	匀加速度	uniform acceleration	
02.0086	匀加速运动	uniform accelerated motion	
02.0087	绝对运动	absolute motion	
02.0088	牵连运动	convected motion	
02.0089	相对运动	relative motion	
02.0090	直线运动	rectilinear motion	
02.0091	曲线运动	curvilinear motion	
02.0092	圆周运动	circular motion	
02.0093	螺旋运动	helical motion	

序号	汉文名	英文名	注释
02.0094	切向运动	tangential motion	
02.0095	平移运动	translational motion	
02.0096	速度合成	velocity addition	又称“速度加法”。
02.0097	运动方程	equation of motion	
02.0098	惯性	inertia	
02.0099	惯性参考系	inertial frame	
02.0100	非惯性参考系	non-inertial frame	
02.0101	零动量参考系	center-of-momentum frame	体系总动量为零。
02.0102	质心参考系	center-of-mass frame	质心在原点。
02.0103	质心坐标系	center-of-mass coordinate system	
02.0104	静止参考系	rest frame	
02.0105	运动参考系	moving frame	
02.0106	转动参考系	rotating frame	
02.0107	实验室参考系	laboratory frame, lab frame	
02.0108	实验室坐标系	laboratory coordinate system	
02.0109	左手坐标系	left-handed coordinate system	
02.0110	自然坐标	natural coordinate	
02.0111	极坐标	polar coordinate	
02.0112	极坐标图	polar diagram	
02.0113	球面锥体	spherical cone	
02.0114	球对称	spherical symmetry	
02.0115	横坐标	abscissa	
02.0116	象限	quadrant	
02.0117	象限仪	quadrant	
02.0118	惯性质量	inertial mass	
02.0119	等效质量	equivalent mass	
02.0120	惯性中心	center of inertia	
02.0121	定倾中心	metacenter	
02.0122	惯性中心轴	central axis of inertia	
02.0123	引力质量	gravitational mass	
02.0124	动力学质量	dynamical mass	
02.0125	比质量	specific mass	
02.0126	质量密度	density of mass, mass density	
02.0127	质量分布	mass distribution	
02.0128	质量流率	mass flow rate	
02.0129	质量通量	mass flux	
02.0130	密度	density	
02.0131	密度流	density current	

序　号	汉　文　名	英　文　名	注　　释
02.0132	密度测量学	densimetry	
02.0133	密度分布	density distribution	
02.0134	比重	specific gravity, specific weight	
02.0135	力	force	
02.0136	赝力	pseudoforce	
02.0137	赝矢量	pseudovector	
02.0138	基本力	fundamental force	
02.0139	力场	force field	
02.0140	牛顿力学	Newtonian mechanics	
02.0141	牛顿运动定律	Newton's law of motion	
02.0142	牛顿第一定律	Newton's first law	又称“惯性定律(law of inertia)”。
02.0143	牛顿第二定律	Newton's second law	
02.0144	牛顿第三定律	Newton's third law	
02.0145	开普勒定律	Kepler's laws	
02.0146	平行四边形定则	parallelogram rule	
02.0147	伽利略变换	Galilean transformation	
02.0148	伽利略相对性原理	Galilean principle of relativity	
02.0149	伽利略不变性	Galilean invariance	
02.0150	作用	action	
02.0151	反作用	reaction, counteraction	
02.0152	作用力	[acting] force	
02.0153	反作用力	reactive force	
02.0154	作用量	action	
02.0155	最小作用量	least action	
02.0156	最小作用[量]原理	principle of least action	
02.0157	有效作用量	effective action	
02.0158	作用反作用原理	principle of action and reaction	
02.0159	离心势	centrifugal potential	
02.0160	向心力	centripetal force	
02.0161	约束力	constraining force	
02.0162	内部约束	internal constraint	
02.0163	保守力	conservative force	
02.0164	非保守力	nonconservative force	
02.0165	非保守场	nonconservative field	
02.0166	非保守系	nonconservative system	
02.0167	有势力	potential force	
02.0168	耗散力	dissipative force	

序　号	汉　文　名	英　文　名	注　　释
02.0169	拉伸力	stretching force	
02.0170	拉伸应力	stretching stress, tensile stress	
02.0171	拉伸强度	tensile strength	
02.0172	拉伸张量	stretch tensor	
02.0173	累积应力	cumulative stress	
02.0174	挠曲中心	flexural center	
02.0175	抗挠刚度	flexural rigidity	
02.0176	断裂应力	breaking stress	
02.0177	断裂强度	breaking strength	
02.0178	裂纹	crack	
02.0179	内切	interior contact	
02.0180	内应力	internal stress	
02.0181	内应变	internal strain	
02.0182	剩余应变	remanent strain	
02.0183	剪[切]应变	shear strain	
02.0184	剪切畸变	shear distortion	
02.0185	硬化应变	hardening strain	
02.0186	应力应变关系	stress-strain relation	
02.0187	切向力	tangential force	
02.0188	法向力	normal force	
02.0189	法向分量	normal component	
02.0190	法向面	normal surface	又称“垂直面”“正交面”。
02.0191	法向矢量	normal vector	
02.0192	正交分量	quadrature component	
02.0193	法向应变	normal strain	
02.0194	应变率	strain rate	
02.0195	应变张量	strain tensor	
02.0196	张量分析	tensor analysis	
02.0197	张量场	tensor field	
02.0198	扭力	twisting force	
02.0199	扭应变	twisting strain, torsional strain	
02.0200	扭应力	twisting stress, torsional stress	
02.0201	二体力	two-body force	
02.0202	二体相互作用	two-body interaction	
02.0203	二元系	binary system	
02.0204	支[承]力	bearing force	
02.0205	支[承]应力	bearing stress	

序　号	汉　文　名	英　文　名	注　　释
02.0206	推力	thrust	
02.0207	弹[性]力	elastic force	
02.0208	体积弹性	volume elasticity	
02.0209	弹簧振子	spring oscillator	
02.0210	胡克定律	Hooke's law	
02.0211	力顺度	mechanical compliance	
02.0212	刚度系数	rigidity	又称“劲度系数(stiffness)”,曾称“倔强系数”。
02.0213	引力	gravitation	
02.0214	万有引力定律	law of universal gravitation	
02.0215	引力常量	gravitational constant	
02.0216	引力场	gravitational field	
02.0217	牵引力	tractive force	机械工程用语。
02.0218	吸引力	attractive force	
02.0219	重力	gravity	
02.0220	重力场	gravity field	
02.0221	重力势能	gravitational potential energy	
02.0222	重力加速度	gravitational acceleration	
02.0223	重力波	gravity wave	
02.0224	落体	falling body	
02.0225	自由落体	freely falling body	
02.0226	铅垂线	plumb line	
02.0227	摩擦	friction	
02.0228	摩擦学	tribology	
02.0229	摩擦物理学	tribophysics	
02.0230	摩擦力	friction force	
02.0231	摩擦曳引	friction drag, fractional drag	
02.0232	滑动摩擦	sliding friction	
02.0233	滚动摩擦	rolling friction	
02.0234	静摩擦	static friction	
02.0235	干摩擦	dry friction	
02.0236	动力摩擦	dynamical friction	
02.0237	动摩擦	kinetic friction	
02.0238	摩擦系数	friction coefficient	
02.0239	滑动摩擦系数	coefficient of sliding friction	
02.0240	静摩擦系数	coefficient of static friction	
02.0241	摩擦角	angle of friction	

序　号	汉　文　名	英　文　名	注　　释
02.0242	摩擦热	friction heat, fractional heat	
02.0243	磨损面	wearing surface	
02.0244	摩擦损耗	friction loss	
02.0245	接触力	contact force	
02.0246	非接触作用	noncontact action	
02.0247	非接触耦合	noncontact coupling	
02.0248	超距作用	action at a distance	
02.0249	集中力	concentrated force	
02.0250	分布力	distributed force	
02.0251	张力	tension, tensile force	
02.0252	张力计	tension gauge	
02.0253	恒力	constant force	
02.0254	体应力	volume stress	
02.0255	体应变	volume strain	
02.0256	运动常量	constant of motion	
02.0257	第一积分	first integral	
02.0258	动量	momentum	
02.0259	准动量	quasi-momentum	
02.0260	径向动量	radial momentum	
02.0261	动量传递	momentum transfer	
02.0262	冲击	impulse	
02.0263	冲量	impulse	
02.0264	角冲量	angular impulse	
02.0265	动量守恒	conservation of momentum	
02.0266	动量定理	theorem of momentum	又称“冲量定理(theorem of impulse)”。
02.0267	动量守恒定律	law of conservation of momentum	
02.0268	保守场	conservative field	
02.0269	角[向]运动	angular motion	
02.0270	动量矩	moment of momentum	
02.0271	角动量	angular momentum	
02.0272	总角动量	total angular momentum	
02.0273	角动量定理	theorem of angular momentum	
02.0274	角动量守恒	conservation of angular momentum	
02.0275	角动量守恒定律	law of conservation of angular momentum	
02.0276	力矩	moment of force	
02.0277	矩心	center of moment	

序　号	汉　文　名	英　文　名	注　　释
02.0278	动能	kinetic energy	
02.0279	相对动能	relative kinetic energy	
02.0280	动能定理	theorem of kinetic energy	
02.0281	功	work	
02.0282	机械功	mechanical work	
02.0283	广义功	generalized work	
02.0284	功能原理	work-energy principle	
02.0285	元功	elementary work	
02.0286	功率	power	
02.0287	功率耗散	power dissipation	
02.0288	功率谱	power spectrum	
02.0289	势	potential	
02.0290	有效势	effective potential	
02.0291	势能	potential energy	
02.0292	势函数	potential function	
02.0293	机械能	mechanical energy	
02.0294	等势面	equipotential surface	
02.0295	等势线	equipotential line	
02.0296	能量守恒	conservation of energy, energy conservation	
02.0297	能量守恒定律	law of conservation of energy	曾称“能量守恒与转化定律”。
02.0298	机械能守恒定律	law of conservation of mechanical energy	
02.0299	能流矢量	energy flux vector	
02.0300	能[量消]耗	energy consumption	
02.0301	能量均分	energy equipartition	
02.0302	质心[系]能量	center-of-mass energy	
02.0303	当量	equivalent weight	
02.0304	力学体系	mechanical system	又称“力学系[统]”。
02.0305	保守系	conservative system	
02.0306	孤立系	isolated system	
02.0307	摆	pendulum	
02.0308	单摆	simple pendulum	又称“数学摆(mathematical pendulum)”。
02.0309	复摆	compound pendulum	又称“物理摆(physical pendulum)”。
02.0310	球面摆	spherical pendulum	

序　号	汉　文　名	英　文　名	注　　释
02.0311	等时摆	isochronous pendulum	
02.0312	等时性	isochronism	
02.0313	傅科摆	Foucault pendulum	
02.0314	冲击摆	ballistic pendulum	
02.0315	耦合摆	coupled pendulum	
02.0316	阿特伍德机	Atwood machine	
02.0317	加速度计	accelerometer	
02.0318	抛体	projectile	
02.0319	抛体运动	projectile motion	
02.0320	抛物型轨道	parabolic orbit	
02.0321	抛物型势	parabolic potential	
02.0322	开轨道	open orbit	
02.0323	极限速度	limiting velocity	
02.0324	终极速度	terminal velocity	物体在黏性流体中下落时能达到的极限速度。
02.0325	合速度	resultant velocity	
02.0326	速度[的]合成	composition of velocities	
02.0327	分速度	velocity component	
02.0328	速度[的]分解	decomposition of velocity	
02.0329	切向速度	tangential velocity	
02.0330	分量	component	
02.0331	分力	force components	
02.0332	合力	resultant force	
02.0333	力的合成	composition of forces	
02.0334	力的分解	decomposition of force	
02.0335	平衡	equilibrium, balance	
02.0336	力的平衡	balance of forces	
02.0337	平衡位置	equilibrium position	
02.0338	平衡条件	equilibrium condition	
02.0339	稳定平衡	stable equilibrium	
02.0340	不稳定平衡	unstable equilibrium	
02.0341	动平衡	kinetic equilibrium	
02.0342	随遇平衡	neutral equilibrium	
02.0343	随动控制	follower control	
02.0344	自动控制	autocontrol, automatic control	
02.0345	自校正	autocorrection	
02.0346	稳定性	stability	

序　号	汉　文　名	英　文　名	注　　释
02.0347	动力稳定性	dynamic stability	
02.0348	热不稳定性	thermal instability	
02.0349	亚稳定性	metastability	
02.0350	非定常态	unsteady state	
02.0351	摄动	perturbation, disturbance	
02.0352	微扰	perturbation	
02.0353	振动	vibration	
02.0354	振幅	amplitude	
02.0355	机械振动	mechanical vibration	
02.0356	小振动	small vibration	
02.0357	本征振动	eigenvibration	
02.0358	简正振动	normal vibration	
02.0359	振动模[式]	mode of vibration	
02.0360	简正坐标	normal coordinate	
02.0361	简正模[式]	normal mode	
02.0362	简正振动模	normal mode of vibration	
02.0363	无阻尼振荡	undamped oscillation	
02.0364	无阻尼振子	undamped oscillator	
02.0365	欠阻尼运动	underdamped motion	
02.0366	准横向振荡	quasi-transverse oscillation	
02.0367	弯曲振动	flexural vibration	
02.0368	受迫振动	forced vibration	
02.0369	非[简]谐振动	anharmonic vibration	
02.0370	非谐[频率]部分	inharmonic [frequency] component	
02.0371	固有振荡	natural oscillation	
02.0372	固有频率	natural frequency	
02.0373	共振	resonance	
02.0374	横向共振	transverse resonance	
02.0375	一致共振	uniform resonance	
02.0376	参变共振	parametric resonance	
02.0377	共振频率	resonant frequency	
02.0378	周期性	periodicity	
02.0379	非周期性	aperiodicity	
02.0380	阻力	resistance	
02.0381	阻尼	damping	
02.0382	临界阻尼	critical damping	
02.0383	过阻尼	overdamping	
02.0384	欠阻尼	underdamping	

序　号	汉　文　名	英　文　名	注　　释
02.0385	阻尼力	damping force	
02.0386	临界[阻尼]电阻	critical [damping] resistance	
02.0387	阻尼波	damped wave	
02.0388	阻尼器	damper	
02.0389	阻尼系数	damping coefficient	
02.0390	驱动力	driving force	
02.0391	角频率	angular frequency	又称"圆频率(circular frequency)"。
02.0392	参考圆	circle of reference	
02.0393	相[位]	phase	
02.0394	初相位	initial phase	
02.0395	同相[位]	in-phase	
02.0396	相[位]角	phase angle	
02.0397	相矢量	phasor, phase vector	
02.0398	相[位]差	phase difference	
02.0399	位移共振	displacement resonance	
02.0400	暂态运动	transient motion	曾称"瞬态运动"。
02.0401	有心力	central force	又称"辏力"。
02.0402	有心力场	central field	又称"辏力场"。
02.0403	有心轨道	central orbit	
02.0404	力心	center of force	
02.0405	支点	pivot	
02.0406	力程	range of force	
02.0407	反弹	bounce	
02.0408	回跳	rebound	
02.0409	排斥	repulsion	
02.0410	斥力	repulsion, repulsion force	
02.0411	排斥能	repulsion energy	
02.0412	散射	scattering	
02.0413	散射截面	scattering cross-section	
02.0414	微分散射截面	differential scattering cross-section	
02.0415	各向同性散射	isotropic scattering	
02.0416	霾散射	haze scattering	
02.0417	散射角	scattering angle	
02.0418	转折角	turning angle	
02.0419	转折力	turning force	
02.0420	散射因子	scattering factor	
02.0421	散射强度	scattering intensity	

序　号	汉　文　名	英　文　名	注　　释
02.0422	瞄准距离	aiming distance	又称“碰撞参量(impact parameter)”。
02.0423	碰撞	collision	
02.0424	正碰	direct impact	
02.0425	斜碰	oblique impact	
02.0426	中心碰撞	central collision	
02.0427	撞击中心	center of percussion	
02.0428	对头碰撞	head-on collision	
02.0429	切近碰撞	close collision	
02.0430	斜碰撞	oblique collision	
02.0431	偏移角	offset angle, shift angle	
02.0432	碰撞角	impingement angle	
02.0433	冲力	impulsive force	
02.0434	冲击应力	impact stress	
02.0435	断续波	discontinuous wave	
02.0436	冲激散射	impulsive stimulated scattering	
02.0437	逃逸速度	escape velocity	
02.0438	逃逸速率	escape rate	
02.0439	逃逸能量	escape energy	
02.0440	第一宇宙速度	first cosmic velocity	
02.0441	第二宇宙速度	second cosmic velocity	
02.0442	第三宇宙速度	third cosmic velocity	
02.0443	惯性原理	principle of inertia	
02.0444	非惯性系	non-inertial system, non-inertial reference frame	
02.0445	惯性力	inertial force	
02.0446	科里奥利力	Coriolis force	
02.0447	牵连力	convected force	
02.0448	失重	weightlessness	
02.0449	超重	overweight	
02.0450	质点系	system of particles	
02.0451	柯尼西定理	König's theorem	
02.0452	二体问题	two-body problem	
02.0453	三体问题	three-body problem	
02.0454	限制性三体问题	restricted three-body problem	
02.0455	力学量	mechanical quantity	
02.0456	力抗	mechanical reactance	
02.0457	内力	internal force	

序　号	汉 文 名	英 文 名	注　释
02.0458	外力	external force, applied force	
02.0459	外切	exterior contact	
02.0460	外功	external work	
02.0461	回复力	restoring force	
02.0462	中心[点]	center	
02.0463	重心	center of gravity	
02.0464	约化质量	reduced mass	
02.0465	弹性碰撞	elastic collision	
02.0466	非弹性碰撞	inelastic collision	
02.0467	完全非弹性碰撞	completely inelastic collision	
02.0468	非完全弹性碰撞	imperfect elastic collision	
02.0469	弹性系数	coefficient of elasticity	
02.0470	压缩	compression	
02.0471	压缩冲量	impulse of compression	
02.0472	压缩模量	compression modulus, modulus of compression	
02.0473	压[缩]应变	compressive strain	
02.0474	抗压强度	compressive strength	
02.0475	脉冲回波法	pulse-echo method	
02.0476	压[缩]应力	compressive stress	
02.0477	可压缩性	compressibility	
02.0478	压缩率	compressibility	
02.0479	体压缩系数	volume compressibility	
02.0480	莫氏硬度标	Mohs hardness scale	
02.0481	复位	reset	
02.0482	恢复	restitution	
02.0483	恢复冲量	impulse of restitution	
02.0484	恢复系数	restitution coefficient, coefficient of restitution	
02.0485	反冲	recoil	
02.0486	变质量系	variable-mass system	
02.0487	刚体	rigid body	
02.0488	非刚性物体	non-rigid body	
02.0489	旋转体	rotating object	
02.0490	共转	corotation	
02.0491	角位移	angular displacement	
02.0492	角速度	angular velocity	
02.0493	角加速度	angular acceleration	

序　号	汉 文 名	英 文 名	注　　释
02.0494	平移	translation	
02.0495	转动	rotation	
02.0496	转动能	rotational energy	
02.0497	转动角	angle of rotation	
02.0498	转速	rotational speed	
02.0499	[转动]瞬轴	instantaneous axis [of rotation]	
02.0500	[转动]瞬心	instantaneous center [of rotation]	
02.0501	回转中心	center of gyration	
02.0502	本体瞬心迹	polhode	
02.0503	空间瞬心迹	herpolhode	
02.0504	欧拉角	Euler angle	
02.0505	章动	nutation	
02.0506	章动角	angle of nutation	
02.0507	进动	precession	又称“旋进”。
02.0508	自由进动	free precession	
02.0509	规则进动	regular precession	
02.0510	赝规则进动	pseudoregular precession	
02.0511	进动频率	precession frequency	
02.0512	斜转子	oblique rotator	
02.0513	进动角	angle of precession	
02.0514	拉莫尔进动	Larmor precession	又称“拉莫尔旋进”。
02.0515	拉莫尔频率	Larmor frequency	
02.0516	轴矢[量]	axial vector, pseudovector	
02.0517	极矢[量]	polar vector	
02.0518	瞬时螺旋轴	instantaneous screw axis	
02.0519	有限转动	finite rotation	
02.0520	无限小转动	infinitesimal rotation	
02.0521	欧拉运动学方程	Euler's kinematical equations	
02.0522	轴向加速度	axial acceleration	
02.0523	转动惯量	moment of inertia	
02.0524	惯量张量	inertia tensor	
02.0525	惯量椭球	ellipsoid of inertia	
02.0526	主转动惯量	principal moment of inertia	
02.0527	惯量积	product of inertia	
02.0528	惯量主轴	principal axis of inertia	
02.0529	平行轴定理	parallel axis theorem	
02.0530	垂直轴定理	perpendicular axis theorem	
02.0531	单极轴	uniterminal axis	

序　号	汉　文　名	英　文　名	注　　释
02.0532	回转半径	radius of gyration	
02.0533	潘索运动	Poinsot motion	
02.0534	陀螺	top	
02.0535	陀螺仪	gyroscope	
02.0536	回转	gyration	
02.0537	回转效应	gyroscopic effect	
02.0538	回转矩	gyrostatic moment	
02.0539	静定问题	statically determinate problem	
02.0540	静不定问题	statically indeterminate problem	又称“超静定问题”。
02.0541	力系	system of forces	
02.0542	滑移矢[量]	sliding vector	
02.0543	自由矢[量]	free vector	
02.0544	主矢[量]	principal vector	
02.0545	共点力	concurrent force	
02.0546	共点力系	system of concurrent forces	
02.0547	平面平行运动	plane-parallel motion, laminar motion	专指刚体的一类运动。
02.0548	共面力	coplanar force	
02.0549	共面力系	system of coplanar forces	
02.0550	零力系	null-force system	
02.0551	等效力系	equivalent force system	
02.0552	平行力系	system of parallel forces	
02.0553	力偶	couple	
02.0554	切[触]变换	constant transformation	
02.0555	力偶系	system of couples	
02.0556	矩	moment	
02.0557	力偶矩	moment of couple	
02.0558	力偶矩矢	moment vector of couple	
02.0559	矩矢[量]	moment vector	
02.0560	阻力矩	moment of resistance	
02.0561	机械阻抗	mechanical impedance	又称“力[学]阻抗”。
02.0562	阻力系数	resistance coefficient	
02.0563	合力偶	resultant couple	
02.0564	主矩	principal moment	
02.0565	转矩	torque, moment of rotation	
02.0566	约化中心	center of reduction	
02.0567	力螺旋	force screw	
02.0568	虚位移	virtual displacement	

序 号	汉 文 名	英 文 名	注 释
02.0569	虚功	virtual work	
02.0570	虚功原理	principle of virtual work, virtual work principle	又称“虚位移原理(principle of virtual displacement)”。
02.0571	约束运动	constrained motion	
02.0572	单侧约束	unilateral constraint	曾称“可解约束”。
02.0573	双侧约束	bilateral constraint	曾称“不可解约束”。
02.0574	定常约束	scleronomic constraint	
02.0575	非定常约束	rheonomic constraint	
02.0576	完整约束	holonomic constraint	又称“位置约束(positional constraint)”“几何约束(geometrical constraint)”。
02.0577	非完整约束	nonholonomic constraint, anholonomic constraint	又称“速度约束(constraint of velocity)”“微分约束(differential constraint)”。
02.0578	理想约束	ideal constraint	
02.0579	完整系	holonomic system	
02.0580	无约束系	unconstrained system	
02.0581	非完整系	nonholonomic system	
02.0582	欠定系统	underdetermined system	
02.0583	自由度	degree of freedom	
02.0584	广义坐标	generalized coordinate	
02.0585	广义力	generalized force	
02.0586	广义速度	generalized velocity	
02.0587	广义动量	generalized momentum	
02.0588	达朗贝尔原理	d'Alembert principle	
02.0589	达朗贝尔方程	d'Alembert equation	
02.0590	达朗贝尔惯性力	d'Alembert inertial force	
02.0591	拉格朗日[量]	Lagrangian	
02.0592	拉格朗日定理	Lagrange's theorem	
02.0593	拉格朗日函数	Lagrangian function	
02.0594	[第二类]拉格朗日方程	Lagrange's equation	
02.0595	第一类拉格朗日方程	Lagrange's equation of the first kind	
02.0596	拉格朗日不变量	Lagrange invariant	
02.0597	拉格朗日乘子	Lagrange multiplier	

序　号	汉　文　名	英　文　名	注　　释
02.0598	可遗坐标	ignorable coordinate	又称“循环坐标(cyclic coordinate)”。
02.0599	正则坐标	canonical coordinate	
02.0600	正则动量	canonical momentum	
02.0601	正则方程	canonical equation	
02.0602	正则变量	canonical variable	
02.0603	正则简正系	canonical normal system	
02.0604	正则共轭变量	canonical conjugate variable	
02.0605	正则变换	canonical transformation	
02.0606	哈密顿[量]	Hamiltonian	
02.0607	哈密顿函数	Hamiltonian function	
02.0608	哈密顿原理	Hamilton's principle	
02.0609	哈密顿-雅可比方程	Hamilton-Jacobi equation	
02.0610	均位力积	virial	简称“位力”。
02.0611	位力定理	virial theorem	曾称“维里定理”。
02.0612	广义动量积分	integral of generalized momentum	
02.0613	广义能量积分	integral of generalized energy	
02.0614	泊松括号	Poisson bracket	
02.0615	本征矢[量]	eigenvector	
02.0616	形变	deformation	
02.0617	同系形变	homologous deformation	
02.0618	变幅杆	amplitude transformer	
02.0619	[可]变形体	deformable body	
02.0620	弹性	elasticity	
02.0621	弹性体	elastic body	
02.0622	游丝	hair spring, hairspring	
02.0623	弹性各向异性	elastic anisotropy	
02.0624	顺度	compliance	又称“柔度”。
02.0625	弹性顺度	elastic compliance	
02.0626	弹性常数	elastic constant, spring constant	
02.0627	弹性形变	elastic deformation	
02.0628	弹性限度	elastic limit	
02.0629	伸长弹性	elasticity of elongation	
02.0630	弯曲弹性	elasticity of flexure	
02.0631	扭转弹性	elasticity of torsion	
02.0632	弹塑性	elastoplasticity	
02.0633	塑性	plasticity	
02.0634	塑性形变	plastic deformation	

序 号	汉 文 名	英 文 名	注 释
02.0635	塑性流	plastic flow	
02.0636	塑性计	plastometer	
02.0637	屈服	yield	
02.0638	屈服点	yield point	
02.0639	应力	stress	又称“胁强”。
02.0640	切向应力	tangential stress	
02.0641	切向分量	tangential component	
02.0642	切向单位矢量	tangential unit vector	
02.0643	法向应力	normal stress	
02.0644	残余应力	remanent stress	
02.0645	径向力	radial force	
02.0646	径向位移	radial displacement	
02.0647	径向方程	radial equation	
02.0648	径向激发	radial excitation	
02.0649	径向函数	radial function	
02.0650	径向运动	radial motion	
02.0651	径向振荡	radial oscillation	
02.0652	径向概率密度	radial probability density	
02.0653	应力张量	stress tensor	
02.0654	应变	strain	又称“胁变”。
02.0655	应变分量	strain component	
02.0656	应变场	strain field	
02.0657	拉伸应变	tensile strain	
02.0658	泊松比	Poisson ratio	
02.0659	弯曲	bending	
02.0660	弯[曲]应力	bending stress, flexural stress	
02.0661	弯[曲]应变	bending strain	
02.0662	翘曲模	buckling mode	
02.0663	抗弯强度	bending strength	
02.0664	剪切	shear	
02.0665	切变	shear	
02.0666	切面	tangential plane	
02.0667	斜面	inclined plane	
02.0668	剪应力	shear stress	
02.0669	剪应变	shearing strain	
02.0670	剪切角	angle of shear	
02.0671	剪[切]模量	shear modulus	
02.0672	扭转	torsion	

序号	汉文名	英文名	注释
02.0673	扭矩	torsional moment	
02.0674	扭振子	torsional oscillator	
02.0675	扭转振动	torsional vibration	
02.0676	扭杆	torsion rod	
02.0677	扭[转型]振荡	torsional oscillation	
02.0678	扭丝	torsion fiber	
02.0679	扭转常数	torsion constant	
02.0680	扭力计	torsional meter	
02.0681	延伸率	extensibility, specific elongation	
02.0682	力臂	arm of force	
02.0683	矩臂	moment arm	
02.0684	力常数	force constant	
02.0685	力线	force line	
02.0686	扭摆	torsional pendulum	
02.0687	扭秤	torsion balance	
02.0688	力平衡	force equilibrium	
02.0689	平衡点	equilibrium point	
02.0690	抗扭劲度	torsional rigidity	
02.0691	摆动曲线	rocking curve	
02.0692	流体	fluid	
02.0693	理想流体	ideal fluid, perfect fluid	
02.0694	经典流体	classical fluid	
02.0695	牛顿流体	Newtonian fluid	
02.0696	非牛顿流体	non-Newtonian fluid	
02.0697	流体力学	hydromechanics, fluid mechanics	
02.0698	流体静力学	fluid statics, hydrostatics	
02.0699	流体静力学平衡	hydrostatic equilibrium	
02.0700	流体运动学	fluid kinematics	
02.0701	流体[动]力学	hydrodynamics	
02.0702	计算流体动力学	computational fluid dynamics	
02.0703	流体动力学方程	hydrodynamic equation	
02.0704	流体动力学力	hydrodynamic force	
02.0705	流体[动]力学模	hydrodynamic mode	
02.0706	连续性方程	equation of continuity, continuity equation	
02.0707	自相似解	self-similar solution	
02.0708	自相似性	self-similarity	
02.0709	流	current	

序　号	汉　文　名	英　文　名	注　　释
02.0710	气流	gas flow	
02.0711	潜流	undercurrent	
02.0712	环流	circulation, circulating current	
02.0713	流线	streamline, line of flow	
02.0714	迹线	path line	
02.0715	流管	stream tube	
02.0716	流场	flow field	
02.0717	流层	flow layer	
02.0718	流阻	flow resistance	
02.0719	平流	advection	
02.0720	注量	fluence	
02.0721	流动势	flow potential	
02.0722	体积流量	volume flux	
02.0723	体积流率	volume flow rate	
02.0724	准定常流	quasi-steady flow	
02.0725	定常流[动]	steady flow	
02.0726	非定常流	unsteady flow	
02.0727	库埃特流	Couette flow	
02.0728	流速学	velocimetry	
02.0729	均匀流	uniform flow	
02.0730	非均质流	nonhomogeneous flow	
02.0731	非耗散流	nondissipative flow	
02.0732	轴对称流	axisymmetric flow	
02.0733	对流	convection	
02.0734	对流带	convective zone	
02.0735	内对流	internal convection	
02.0736	流变学	rheology	
02.0737	强制对流	forced convection	
02.0738	水力学	hydraulics	
02.0739	旋度	curl	
02.0740	旋度场	curl field	
02.0741	条纹线	streakline	
02.0742	比重计	density gauge	
02.0743	毕奥数	Biot number	
02.0744	黏性流体	viscous fluid	
02.0745	黏性流	viscous flow	
02.0746	无黏性流	inviscid flow	
02.0747	无黏滞性流	frictionless flow	

序　号	汉 文 名	英 文 名	注　　释
02.0748	黏度	viscosity	又称“黏性系数(coefficient of viscosity)”。
02.0749	运动黏度	kinematic viscosity	
02.0750	动力黏度	kinetic viscosity	
02.0751	黏性	viscosity	
02.0752	黏[性]力	viscous force	
02.0753	动黏性	dynamical viscosity	
02.0754	黏度计	viscometer, viscosimeter	
02.0755	泊	poise	黏度单位。
02.0756	黏弹性流体	viscoelastic fluid	
02.0757	黏附力	stick force	
02.0758	黏稠度	stickiness	
02.0759	黏度系数	viscosity coefficient	
02.0760	黏性阻尼	viscous damping	
02.0761	黏性扩散	viscous diffusion	
02.0762	黏滞耗散	viscous dissipation	
02.0763	布林克曼数	Brinkman number	
02.0764	黏性阻力	viscous resistance	
02.0765	剪切黏性系数	shear viscosity coefficient	
02.0766	剪切效应	shearing effect	
02.0767	射流	efflux	
02.0768	分流	split-flow	
02.0769	滑移	slipping, glide	
02.0770	滑移流	sliding flow	
02.0771	滑移模型	sliding model	
02.0772	滑移模量	slip modulus	
02.0773	斯托克斯黏滞公式	Stokes viscosity formula	
02.0774	斯托克斯定理	Stokes' theorem	
02.0775	斯托克斯流	Stokes flow	
02.0776	浅水理论	shallow-water theory	
02.0777	压力	pressure	
02.0778	压强	pressure	
02.0779	绝对压强	absolute pressure	
02.0780	内压强	internal pressure	
02.0781	冲压	ram pressure	
02.0782	静压	static pressure	
02.0783	动压	dynamical pressure	
02.0784	[彻]体力	body force	

序　号	汉　文　名	英　文　名	注　　释
02.0785	运流	convection	
02.0786	层流	laminar flow	
02.0787	层状流	stratified flow	又称“分层流”。
02.0788	互溶流体	miscible fluid	
02.0789	溶混性	miscibility	又称“可混性”。
02.0790	流函数	stream function	
02.0791	湍流	turbulence, turbulent flow	
02.0792	湍流元	turbulent element	
02.0793	宏观湍流	macroturbulence	
02.0794	湍流阻力	turbulent resistance	
02.0795	湍流边界层	turbulent boundary layer	
02.0796	湍流介质	turbulent medium	
02.0797	双模式湍动	two-mode turbulence	
02.0798	非均匀湍流	inhomogeneous turbulence	
02.0799	马格纳斯效应	Magnus effect	
02.0800	马格纳斯力	Magnus force	
02.0801	雷诺数	Reynolds number	
02.0802	临界雷诺数	critical Reynolds number	
02.0803	涡旋	vortex	其复数形式为 vortexes 或 vortices。
02.0804	涡[旋]线	vortex line	
02.0805	涡[旋]流	vortex flow	
02.0806	后缘涡旋	trailing vortex	又称“尾随涡旋”。
02.0807	自由涡旋	free vortex	
02.0808	势涡度	potential vorticity	
02.0809	涡动	vortex motion	
02.0810	涡[旋]片	vortex sheet	
02.0811	涡街	vortex street	
02.0812	卡门涡街	Karman vortex street	
02.0813	涡面	vortex surface	
02.0814	涡旋理论	vortex theory	
02.0815	涡管	vortex tube	
02.0816	涡[旋]速度	vortex velocity	
02.0817	涡[旋]型流	vortex-type flow	
02.0818	涡旋液体	vortical liquid	
02.0819	涡旋尾流	vortex wake	
02.0820	尾流	wake flow	
02.0821	尾场	wake field	

序　号	汉　文　名	英　文　名	注　　释
02.0822	尾流阻力	wake resistance	
02.0823	涡旋能量	vortex energy	
02.0824	泰勒涡旋	Taylor vortex	
02.0825	浮力	buoyancy force	
02.0826	驻点	stagnation point	
02.0827	流控技术	fluidics	又称“射流技术”。
02.0828	浮[力中]心	center of buoyancy	
02.0829	悬浮	suspension	
02.0830	不可压缩性	incompressibility	
02.0831	可压缩流体	compressible fluid	
02.0832	微流控术	microfluidics	
02.0833	阿基米德原理	Archimedes' principle	
02.0834	帕斯卡定律	Pascal's law	
02.0835	泊肃叶定律	Poiseuille's law	
02.0836	伯努利方程	Bernoulli's equation	
02.0837	伯努利分布	Bernoulli distribution	
02.0838	纳维-斯托克斯方程	Navier-Stokes equation	
02.0839	气体动力学	gas dynamics	
02.0840	气体运动学	gas kinematics	
02.0841	气体静力学	aerostatics	
02.0842	空气力学	aeromechanics	
02.0843	空气动力学	aerodynamics	
02.0844	超稀薄气体动力学	superaerodynamics	
02.0845	气动力	aerodynamic force	
02.0846	气动阻力	aerodynamic drag	
02.0847	膨胀常量	dilatation constant	
02.0848	等张比容	parachor	
02.0849	膨胀波	dilatational wave	
02.0850	伸缩对称	dilation symmetry	
02.0851	膨胀测量术	dilatometry	
02.0852	缓冲气体	buffer gas	
02.0853	文丘里效应	Venturi effect	
02.0854	风洞	wind tunnel	
02.0855	空气阻力	air resistance	
02.0856	航空学	aeronautics	
02.0857	排气阀	vent valve	
02.0858	无定向秤	astatic balance	
02.0859	恒压器	barostat	

序　号	汉　文　名	英　文　名	注　　释
02.0860	升力	ascensional force, lift force	
02.0861	升力系数	lift coefficient	
02.0862	升曳力比	lift-drag ratio	
02.0863	[冲]击波	shock wave	
02.0864	强击波	intense shock-wave	
02.0865	前兆击波	foreshock	
02.0866	[冲]击波前	shock front	
02.0867	谐波	harmonic wave	
02.0868	高谐波	upper harmonic wave	
02.0869	马赫数	Mach number	
02.0870	马赫锥	Mach cone	
02.0871	气压	air pressure, barometric pressure	
02.0872	气压计	barometer, air pressure gauge	
02.0873	无液气压计	aneroid, aneroid barometer	
02.0874	福丁气压计	Fortin barometer	
02.0875	气压高度计	barometric altimeter	
02.0876	波登压力计	Bourdon pressure gauge	
02.0877	波登管	Bourdon tube	
02.0878	斜压模[态]	baroclinic mode	
02.0879	斜压不稳定性	baroclinic instability	
02.0880	开通道	open channel	
02.0881	闭通道	closed channel	
02.0882	游标	vernier	
02.0883	游标卡尺	vernier caliper	
02.0884	螺旋测微器	micrometer caliper	
02.0885	球径计	spherometer	
02.0886	天平	balance	
02.0887	平衡器	balancer	
02.0888	[气泡]水平仪	spirit level	
02.0889	物理天平	physical balance	
02.0890	分析天平	analytical balance	
02.0891	微量天平	microbalance	
02.0892	标准砝码	standard weights	
02.0893	弹簧秤	spring balance	
02.0894	约利弹簧秤	Jolly spring balance	
02.0895	浮力秤	flotation balance	
02.0896	自由端	free end	
02.0897	气垫导轨	air track	

序　号	汉　文　名	英　文　名	注　　释
02.0898	气垫台	air table	
02.0899	测高仪	altimeter	
02.0900	杠杆臂	lever arm	
02.0901	光杠杆	optical lever	
02.0902	杠杆陀螺仪	lever gyrosecope	
02.0903	液体比重计	areometer, hydrometer	
02.0904	比重瓶	pycnometer, density bottle	
02.0905	流量计	flowmeter, flow gauge	
02.0906	文丘里流量计	Venturi meter	
02.0907	托里拆利定理	Torricelli's theorem	
02.0908	压强计	piezometer	
02.0909	流体压强计	manometer	
02.0910	负跨导管	transitron	
02.0911	水微波激射器	water maser	
02.0912	虹吸管	siphon	
02.0913	滑轮	pulley	
02.0914	滑轮组	pulley blocks, tackle and block	
02.0915	扳钳	wrench	
02.0916	频闪仪	stroboscope	
02.0917	频闪测速计	strobotach	
02.0918	厚度规	thickness gauge	
02.0919	分离器	separator	
02.0920	计时脉冲	timing pulse	
02.0921	时间间隔	time interval	又称“时段”。
02.0922	定时器	timer	又称“计时器”。
02.0923	差分放大器	differential amplifier	
02.0924	转速计	achometer	
02.0925	停表	stop watch	
02.0926	火花计时器	spark timer	
02.0927	猝灭火花隙	quenched gap	
02.0928	应变规	strain gauge	
02.0929	静止靶	static target	

03. 电　磁　学

序　号	汉　文　名	英　文　名	注　　释
03.0001	电学	electricity	

序　号	汉　文　名	英　文　名	注　　释
03.0002	电	electricity	
03.0003	电磁学	electromagnetism	
03.0004	电荷	electric charge	
03.0005	电量	electric quantity	
03.0006	点电荷	point charge	
03.0007	元电荷	elementary charge	
03.0008	单位电荷	unit charge	
03.0009	荷质比	charge-to-mass ratio	又称“比荷(specific charge)”。
03.0010	密立根油滴实验	Millikan's oil drop experiment	
03.0011	线电荷	line charge	
03.0012	净电荷	net charge	
03.0013	静电荷	static charge	
03.0014	感生电荷	induced charge	
03.0015	虚拟电荷	fictitious charge	
03.0016	场致荷电	field charging	
03.0017	扩散荷电	diffusional charging, diffusion charging	
03.0018	镜像电荷	image charge	
03.0019	检验电荷	test charge	
03.0020	体电荷密度	volume charge density	
03.0021	面电荷密度	surface charge density	
03.0022	线电荷密度	linear charge density	
03.0023	带电体	electrified body, charged body	
03.0024	带电粒子	charged particle	
03.0025	不带电粒子	uncharged particle	
03.0026	导体	conductor	
03.0027	理想导体	perfect conductor	
03.0028	良导体	good conductor	
03.0029	不良导体	poor conductor	
03.0030	孤立导体	isolated conductor	
03.0031	导线	wire	
03.0032	辫线	Litz wire	
03.0033	绞合线	stranded wire	
03.0034	电缆	cable	
03.0035	同轴线	coaxial line	
03.0036	同轴电缆	coaxial cable	
03.0037	导电纤维	conductive fiber	

序　号	汉　文　名	英　文　名	注　　释
03.0038	绝缘	insulation	
03.0039	电绝缘	electrical isolation	
03.0040	绝缘体	insulator	
03.0041	绝缘导体	insulated conductor	
03.0042	摩擦电	triboelectricity	
03.0043	摩擦起电	electrification by friction	
03.0044	摩擦起电效应	triboelectric effect	
03.0045	正电	vitreous electricity	曾称“玻璃电”。
03.0046	正电荷	positive charge	
03.0047	负电	resinous electricity	
03.0048	负电荷	negative charge	
03.0049	电子	electron	
03.0050	电子云	electron cloud	
03.0051	自由电子	free electron	
03.0052	束缚电子	bound electron	
03.0053	电场	electric field	
03.0054	均匀场	uniform field	
03.0055	静电学	electrostatics, static electricity	
03.0056	静电	static electricity	
03.0057	静电场	electrostatic field	
03.0058	静电力	electrostatic force	
03.0059	库仑场	Coulomb field	
03.0060	库仑[相互]作用	Coulomb interaction	
03.0061	库仑势	Coulomb potential	
03.0062	库仑斥[力]	Coulomb repulsion	
03.0063	库仑散射	Coulomb scattering	
03.0064	库仑定律	Coulomb's law	
03.0065	叠加原理	superposition principle	
03.0066	高斯定理	Gauss's theorem	
03.0067	高斯定律	Gauss's law	
03.0068	拉普拉斯方程	Laplace's equation	
03.0069	场强	field strength	
03.0070	电场强度	electric field strength, electric field intensity	
03.0071	场点	field point	
03.0072	源点	source point	
03.0073	场源	field source	
03.0074	电通量	electric flux	

序 号	汉 文 名	英 文 名	注 释
03.0075	电场线	electric field line	又称“电力线(line of electric force)”。
03.0076	电矢	electric vector	
03.0077	电势	electric potential	
03.0078	电势差	electric potential difference	
03.0079	势差	potential difference	
03.0080	电压	voltage	
03.0081	电压降	voltage drop	
03.0082	电压基准	voltage standard	又称“电压标准”。
03.0083	电压变比	voltage transformation ratio	
03.0084	电压传输系数	voltage transmission coefficient	
03.0085	端[电]压	terminal voltage	
03.0086	工作电压	operating voltage	
03.0087	回路电压	loop voltage	
03.0088	横向电压	lateral voltage	
03.0089	反向电压	reverse voltage	
03.0090	遏止电压	retarding voltage	又称“减速电压”。
03.0091	额定电压	rated voltage	
03.0092	谷电压	valley voltage	
03.0093	斜[变]电压	ramp voltage	
03.0094	上升时间	rise time	
03.0095	下冲	undershoot	
03.0096	电压振幅	voltage amplitude	
03.0097	电压涨落	voltage fluctuation	
03.0098	电能	electric energy	
03.0099	自能	self-energy	
03.0100	[相]互作用能	interaction energy	
03.0101	静电能	electrostatic energy	
03.0102	充电能	charging energy	
03.0103	能量密度	energy density	
03.0104	偶极子	dipole	
03.0105	偶极矩	dipole moment, moment of dipole	
03.0106	偶极振子	dipole oscillator	
03.0107	四极	quadrupole	
03.0108	四极子	quadrupole	
03.0109	电四极子	electric quadrupole	
03.0110	四极矩	quadrupole moment	
03.0111	电四极矩	electric quadrupole moment	

序　号	汉 文 名	英 文 名	注　　释
03.0112	电多极子	electric multipole	
03.0113	电多极矩	electric multipole moment	
03.0114	四极效应	quadrupole effect	
03.0115	电偶极子	electric dipole	
03.0116	电[偶极]矩	electric [dipole] moment	
03.0117	电偶层	electric double layer	
03.0118	多极展开	multipole expansion	
03.0119	放电	discharge	
03.0120	充电	charging	
03.0121	接地	earth, ground	
03.0122	尖端放电	point discharge	
03.0123	电晕	corona	
03.0124	电风	electric wind	
03.0125	静电势	electrostatic potential	
03.0126	静电屏蔽	electrostatic screening, electrostatic shielding	
03.0127	静电感应	electrostatic induction	
03.0128	静电聚焦	electrostatic focusing	
03.0129	静电平衡	electrostatic equilibrium	
03.0130	静电偏转器	electrostatic deflector	
03.0131	球形分析器	spherical analyzer	
03.0132	电中性	electric neutrality, electroneutrality	
03.0133	电平衡	electric equilibrium	
03.0134	起电	electrification	
03.0135	伏打效应	Volta effect	
03.0136	静电起电机	electrostatic generator	
03.0137	中和	neutralization	
03.0138	漏电	electric leakage	
03.0139	击穿	breakdown	
03.0140	电击穿	electric breakdown	
03.0141	[电]场致击穿	[electric] field breakdown	
03.0142	真空击穿	vacuum breakdown	
03.0143	雪崩击穿	avalanche breakdown	
03.0144	击穿场强	breakdown field strength	
03.0145	击穿电压	breakdown voltage	
03.0146	电容	capacitance	
03.0147	电容量	capacity	
03.0148	自电容	self-capacitance	孤立导体的电容。

序　号	汉　文　名	英　文　名	注　　释
03.0149	倒电容	elastance	
03.0150	分布电容	distributed capacitance	
03.0151	电容[性]耦合	capacitive coupling	
03.0152	集总电容	lumped capacitance	
03.0153	寄生电容	parasitic capacitance	
03.0154	杂散电容	stray capacitance	
03.0155	电容器	capacitor	
03.0156	共轴电容器	gang capacitor	
03.0157	电解电容[器]	electrolytic capacitor	
03.0158	滤波电容器	filter capacitor	
03.0159	旁路电容器	by-pass capacitor	
03.0160	去耦电容器	decoupling capacitor	短路噪声,不影响另一回路。
03.0161	电容转换器	capacitance transducer	
03.0162	串联	connection in series, series connection	
03.0163	串联电路	series circuit	
03.0164	并联	connection in parallel, parallel connection	
03.0165	并联电路	parallel circuit	
03.0166	边值问题	boundary-value problem	
03.0167	边值关系	boundary relation	
03.0168	边[界]条件	boundary condition	
03.0169	唯一性定理	uniqueness theorem	
03.0170	镜像法	method of images	又称“电像法”。
03.0171	镜像力	image force	
03.0172	电像	electric image	
03.0173	场致发射	field emission	
03.0174	冷发射	cold emission	
03.0175	阴极发射	cathode emission	
03.0176	边缘效应	edge effect	
03.0177	介电体	dielectric	又称“电介质”。
03.0178	介质	medium	
03.0179	均匀电介质	uniform dielectric	
03.0180	介电主轴	principal dielectric axes	
03.0181	扭曲各向异性介质	twisted anisotropic medium	一种特殊的电磁波传播介质。
03.0182	介电常量	dielectric constant	

序　号	汉　文　名	英　文　名	注　　释
03.0183	相对介电常量	relative dielectric constant	
03.0184	电容率	permittivity	
03.0185	相对电容率	relative permittivity	
03.0186	复介电常量	complex dielectric constant	
03.0187	复电容率	complex permittivity	
03.0188	真空介电常量	dielectric constant of vacuum	
03.0189	真空电容率	permittivity of vacuum	
03.0190	介电张量	dielectric tensor	
03.0191	电容率张量	permittivity tensor	
03.0192	介电强度	dielectric strength	
03.0193	极化	polarization	
03.0194	极化度	polarization	
03.0195	退极化	depolarization	
03.0196	退极化因子	depolarization factor	
03.0197	退极[化]场	depolarization field	
03.0198	[电]极化强度	[electric] polarization	
03.0199	极性分子	polar molecule	
03.0200	无极分子	nonpolar molecule	
03.0201	位移极化	displacement polarization	
03.0202	取向极化	orientation polarization	
03.0203	极化率	polarizability	
03.0204	原子极化率	atomic polarizability	
03.0205	克劳修斯-莫索提方程	Clausius-Mossotti equation	
03.0206	极化电荷	polarization charge	
03.0207	极化电流	polarization current	
03.0208	均匀极化	homogeneous polarization	
03.0209	极性	polarity	
03.0210	极性介质	polar medium	
03.0211	自由电荷	free charge	
03.0212	束缚电荷	bound charge	
03.0213	电位移	electric displacement	
03.0214	电位移线	electric displacement line	
03.0215	铁电性	ferroelectricity	
03.0216	压电效应	piezoelectric effect	
03.0217	横向压电效应	transverse piezoelectric effect	
03.0218	压电体	piezoelectrics	
03.0219	永电体	electret	又称“驻极体”。
03.0220	电滞效应	electric hysteresis effect	

序　号	汉　文　名	英　文　名	注　　释
03.0221	电致伸缩	electrostriction	
03.0222	电流	electric current	
03.0223	电流强度	current strength	
03.0224	电流元	current element	
03.0225	原电流	primary current	
03.0226	电流密度	current density	
03.0227	面电流密度	surface current density	
03.0228	恒定电流	steady current	
03.0229	正常电流	normal current	
03.0230	瞬时电流	instantaneous current	
03.0231	直流	direct current, DC	
03.0232	电路	electric circuit	
03.0233	电路分析	circuit analysis	
03.0234	安培实验	Ampère's experiment	
03.0235	安培公式	Ampère's formula	
03.0236	安培环路	Ampère's closed path	
03.0237	电荷守恒定律	law of conservation of charge	
03.0238	电源	power source, power supply	
03.0239	电动势	electromotive force, emf	
03.0240	反电动势	back electromotive force, back emf; counter electromotive force, counter emf	
03.0241	电压源	voltage source	
03.0242	恒压源	constant voltage source	
03.0243	电流源	current source	
03.0244	恒流源	constant current source	
03.0245	电阻	[electric] resistance	
03.0246	电阻率	resistivity	
03.0247	标准电阻	standard resistance	
03.0248	三端电阻	three-terminal resistance	
03.0249	四端电阻	four-terminal resistance	
03.0250	四[端]引线法	four-terminal method	
03.0251	忆阻器	memristor	
03.0252	变阻器	rheostat	
03.0253	滑动变阻器	slide rheostat	
03.0254	阻变元件	varistor	
03.0255	电阻箱	resistance box	
03.0256	十进电阻箱	decade resistance box	

序 号	汉 文 名	英 文 名	注 释
03.0257	接触电阻	contact resistance	
03.0258	绝缘电阻	insulation resistance	
03.0259	漏电阻	leakage resistance	
03.0260	热敏电阻	thermistor	
03.0261	电阻器	resistor	
03.0262	体电阻器	bulk resistor	
03.0263	镇流电阻器	ballast resistor, barretter	
03.0264	内阻	internal resistance	
03.0265	电阻网络	resistance network	
03.0266	线性电阻	linear resistance	
03.0267	等效电阻	equivalent resistance	
03.0268	负[电]阻	negative resistance	
03.0269	负阻器件	negative-resistance device	
03.0270	栅漏[电阻]	grid leak	
03.0271	电导	conductance	
03.0272	电导率	conductivity, specific conductance	
03.0273	体电导率	volume conductivity	
03.0274	有效电导率	effective conductivity	
03.0275	单向电导率	unilateral conductivity	
03.0276	单向电导性	unilateral conductivity	
03.0277	微分电导	differential conductance	
03.0278	沙尔文电导	Sharvin conductance	
03.0279	自持导电	self-sustaining conduction	
03.0280	无量纲电导	dimensionless conductance	
03.0281	负载	load	
03.0282	加载	loading	
03.0283	过载	overload	
03.0284	欠载	underload	
03.0285	负载因子	load factor	
03.0286	负载电阻	load resistance	
03.0287	加载阻抗	loaded impedance	
03.0288	欧姆定律	Ohm's law	
03.0289	欧姆加热	ohmic heating	
03.0290	电阻加热	resistance heating	
03.0291	焦耳热	Joule heat	
03.0292	欧姆损耗	ohmic loss	
03.0293	非欧姆行为	non-ohmic behavior	
03.0294	非欧姆材料	non-ohmic material	

序　号	汉　文　名	英　文　名	注　　释
03.0295	电功率	electric power	
03.0296	电势降[落]	potential drop	
03.0297	电极	electrode	
03.0298	阴极	cathode	
03.0299	阳极	anode	
03.0300	正极板	positive plate	
03.0301	负极板	negative plate	
03.0302	浮置电极	floating probe	又称“浮置探针”。
03.0303	搭接电极	landing electrode	
03.0304	环路	loop	
03.0305	回路	circuit, loop	
03.0306	开环	open loop	
03.0307	支路	branch loop	
03.0308	[波]节	node	
03.0309	旁路	by-pass	
03.0310	分压器	voltage divider, potentiometer	
03.0311	分流器	shunt, splitter	
03.0312	分路	shunt	
03.0313	分流电阻	shunt resistance	
03.0314	基尔霍夫方程组	Kirchhoff's equations	
03.0315	基尔霍夫[电路]定律	Kirchhoff's circuit law	
03.0316	节点电流方程组	node current equations	
03.0317	开路	open circuit	
03.0318	短路	short circuit	
03.0319	终端	terminal	
03.0320	终端阻抗	terminating impedance	
03.0321	网络	network	
03.0322	二端网络	two-terminal network	
03.0323	戴维南定理	Thevenin's theorem	
03.0324	线电流	line current	
03.0325	电流线	line of current	
03.0326	传导电流	conduction current	
03.0327	运流电流	convection current	
03.0328	饱和电流	saturation current	
03.0329	电解	electrolysis	
03.0330	电解质	electrolyte	
03.0331	电解质导体	electrolytic conductor	
03.0332	电离解	electrolytic dissociation	

序 号	汉 文 名	英 文 名	注 释
03.0333	法拉第电解定律	Faraday's law of electrolysis	
03.0334	电镀	electroplating	
03.0335	离子	ion	
03.0336	离子实	ion core	
03.0337	离子源	ion source	
03.0338	正离子	positive ion	又称“阳离子(cation)”。
03.0339	负离子	negative ion	又称“阴离子(anion)”。
03.0340	电子束	electron beam	
03.0341	离子束	ion beam	
03.0342	电子气	electron gas	
03.0343	电离	ionization	
03.0344	碰撞电离	impact ionization, ionization by collision	
03.0345	热[发射]离子	thermion	
03.0346	离子光学	ion optics	
03.0347	迁移率	mobility	
03.0348	接触[电动]势	contact electromotive force	
03.0349	接触电势差	contact potential difference	
03.0350	功函数	work function	又称“逸出功”。
03.0351	温差电效应	thermoelectric effect	
03.0352	热电系数	thermoelectric coefficient	
03.0353	热电冷却	thermoelectric cooling	
03.0354	热电偶	thermoelectric couple, thermocouple	又称“温差电偶”。
03.0355	热电流	thermoelectric current	
03.0356	热电器件	thermoelectric device	
03.0357	温差电场	thermoelectric field	
03.0358	温差电堆	thermopile	
03.0359	热电发生器	thermoelectric generator	
03.0360	热电加热	thermoelectric heating	
03.0361	热电材料	thermoelectric material	
03.0362	热电势[率]	thermoelectric power, thermopower	
03.0363	温差电致冷器	thermoelectric refrigerator	
03.0364	温差电	thermoelectricity	
03.0365	温差电学	thermoelectricity	
03.0366	热电动势	thermo-electromotive force	
03.0367	热电子	thermoelectron, thermal electron	

序　号	汉　文　名	英　文　名	注　　释
03.0368	热偶元件	thermoelement	
03.0369	静磁学	magnetostatics	
03.0370	磁场	magnetic field	
03.0371	静磁场	magnetostatic field	
03.0372	交变磁场	alternating magnetic field	
03.0373	内磁场	internal magnetic field	
03.0374	磁力	magnetic force	
03.0375	磁力线	magnetic line of force	
03.0376	磁感[应]强度	magnetic induction	
03.0377	磁场强度	magnetic field strength	
03.0378	磁场线	magnetic field line	
03.0379	磁通量	magnetic flux	
03.0380	磁链	magnetic flux linkage	
03.0381	自由磁荷	free magnetic charge	
03.0382	线圈	coil	
03.0383	螺线管	solenoid	
03.0384	螺绕环	torus	
03.0385	罗兰环	Rowland ring	
03.0386	洛伦兹力	Lorentz force	
03.0387	安培定律	Ampère's law	
03.0388	安培力	Ampère's force	
03.0389	右手定则	right-hand rule	
03.0390	左手定则	left-hand rule	
03.0391	右手螺旋定则	right-handed screw rule	
03.0392	毕奥-萨伐尔定律	Biot-Savart law	
03.0393	安培环路定理	Ampère's circuital theorem	
03.0394	磁势	magnetic potential	
03.0395	磁标势	magnetic scalar potential	
03.0396	磁矢势	magnetic vector potential	
03.0397	矢势	vector potential	
03.0398	磁能	magnetic energy	
03.0399	磁能密度	magnetic energy density	
03.0400	霍尔效应	Hall effect	
03.0401	量子霍尔态	quantum Hall state	
03.0402	整数量子霍尔效应	integer quantum Hall effect, IQHE	
03.0403	整数量子霍尔电阻	integer quantum Hall resistance	
03.0404	霍尔电阻	Hall resistance	
03.0405	霍尔电压	Hall voltage	

序　号	汉　文　名	英　文　名	注　　释
03.0406	霍尔电导	Hall conductance	
03.0407	霍尔电场	Hall field	
03.0408	霍尔角	Hall angle	
03.0409	霍尔系数	Hall coefficient	
03.0410	霍尔平台	Hall plateau	
03.0411	霍尔效应磁强计	Hall effect magnetometer	
03.0412	霍尔探针	Hall probe	
03.0413	霍尔条形	Hall bar	
03.0414	磁聚焦	magnetic focusing	
03.0415	磁透镜	magnetic lens	
03.0416	电磁力	electromagnetic force	
03.0417	电磁驱动	electromagnetic drive	
03.0418	电磁聚焦	electromagnetic focusing	
03.0419	电磁透镜	electromagnetic lens	
03.0420	场致电离	field ionization	
03.0421	电子透镜	electron lens	
03.0422	磁电子透镜	magnetic electron lens	
03.0423	静电透镜	electrostatic lens	
03.0424	静电力显微术	electrostatic force microscopy, EFM	
03.0425	高压电子显微术	high voltage electron microscopy	
03.0426	镜式电子显微术	mirror electron microscopy, MEM	
03.0427	场[致]发射电子显微镜	field emission microscope, FEM	
03.0428	场[致]发射扫描电子显微镜	field emission scanning electron microscope, FESEM	
03.0429	透射电子显微学	transmission electron microscopy, TEM	
03.0430	亥姆霍兹线圈	Helmholtz coils	
03.0431	磁介质	magnetic medium	
03.0432	磁性材料	magnetic material	
03.0433	软磁材料	soft magnetic material	
03.0434	硬磁材料	hard magnetic material	
03.0435	磁体	magnet	
03.0436	永磁体	permanent magnet	
03.0437	电磁体	electromagnet	
03.0438	磁极	magnetic pole	
03.0439	大地磁学	magnetotellurics	
03.0440	四极磁体	quadrupole magnet	

序　号	汉　文　名	英　文　名	注　　释
03.0441	磁针	magnetic needle	
03.0442	磁荷	magnetic charge	
03.0443	分子电流	molecular current	
03.0444	安培假说	Ampère's hypothesis	
03.0445	磁矩	magnetic moment	
03.0446	电子磁矩	electron magnetic moment	
03.0447	电子磁共振	electron magnetic resonance, EMR	
03.0448	分子磁矩	molecular magnetic moment	
03.0449	磁偶极子	magnetic dipole	
03.0450	磁偶极矩	magnetic dipole moment	
03.0451	磁力偶矩	moment of magnetic couple	
03.0452	磁库仑定律	magnetic Coulomb's law	
03.0453	磁路定律	magnetic circuit law	
03.0454	高斯积分	Gaussian integral	
03.0455	高斯面	Gaussian surface	
03.0456	高斯通量定律	Gauss's flux law	
03.0457	磁导	permeance	
03.0458	磁导率	permeability, magnetic conductivity	
03.0459	复磁导率	complex permeability	
03.0460	真空磁导率	permeability of vacuum	又称“磁常量(maconstant)”。
03.0461	主磁通	main flux	
03.0462	漏磁通	leakage magnetic flux	
03.0463	漏通量	leakage flux	
03.0464	磁化	magnetization	
03.0465	磁化强度	magnetization	
03.0466	磁极化强度	magnetic polarization	
03.0467	饱和磁化强度	saturation magnetization	
03.0468	剩余磁化强度	remanent magnetization, remanence	简称“剩磁”。
03.0469	等[磁]倾线	[magnetic] isoclinic line, isocline	
03.0470	磁形状因子	magnetic form factor	
03.0471	反磁化	magnetic reversal, reversal magnetization	
03.0472	磁饱和	magnetic saturation	
03.0473	磁化过程	magnetization process, magnetizing process	
03.0474	磁化器	magnetizer	又称“磁化机”。
03.0475	磁化场	magnetizing field	

序　号	汉　文　名	英　文　名	注　　释
03.0476	磁化电流	magnetization current	
03.0477	磁化率	magnetic susceptibility	
03.0478	相对磁导率	relative permeability	
03.0479	磁通守恒	conservation of magnetic flux	
03.0480	顺磁性	paramagnetism	
03.0481	抗磁性	diamagnetism	
03.0482	铁磁性	ferromagnetism	
03.0483	磁化曲线	magnetization curve	
03.0484	磁滞回线	magnetic hysteresis loop, hysteresis loop	
03.0485	磁滞损耗	magnetic hysteresis loss	
03.0486	体磁致伸缩	volume magnetostriction	
03.0487	磁畴	magnetic domain	
03.0488	居里点	Curie point	
03.0489	矫顽磁力	coercive force, coercivity	
03.0490	磁路	magnetic circuit	
03.0491	磁阻	magnetic reluctance, magnetic resistance, reluctance	
03.0492	磁阻率	reluctivity, specific reluctance	
03.0493	安[培]匝数	ampere-turns	
03.0494	伏特匝数比	voltage-turns ratio	简称“伏匝比”。
03.0495	磁通势	magnetomotive force	曾称“磁动势”。
03.0496	磁壳	magnetic shell	磁路中的安匝数。
03.0497	芯能	core energy	
03.0498	磁芯	magnetic core	
03.0499	记忆磁芯	magnetic memory core	
03.0500	磁盘	magnetic disk	
03.0501	磁耦合	magnetic coupling	
03.0502	磁阻尼	magnetic damping	
03.0503	磁偶极相互作用	magnetic dipolar interaction	
03.0504	磁偶极层	magnetic dipole layer	
03.0505	磁无序	magnetic disorder	
03.0506	磁能级	magnetic energy level	
03.0507	磁能积	magnetic energy product	
03.0508	消磁	magnetic erasure	又称“磁擦除”。
03.0509	磁涨落	magnetic fluctuation	
03.0510	磁漏	magnetic leakage	
03.0511	磁损耗	magnetic loss	

序　号	汉　文　名	英　文　名	注　　释
03.0512	磁场梯度	magnetic gradient	
03.0513	浮环实验	jumping ring experiment	
03.0514	磁制动	magnetic braking	
03.0515	锁式旋磁器件	latching gyromagnetic device	
03.0516	磁强计	magnetometer	
03.0517	测磁强术	magnetometry	
03.0518	转矩磁强计	torque magnetometer	
03.0519	磁像图	magnetogram	
03.0520	磁像仪	magnetograph	
03.0521	磁梯度计	magnetogradiometer	
03.0522	磁变仪	variometer	
03.0523	磁导计	permeameter	
03.0524	磁通计	fluxmeter	
03.0525	脉动磁场	pulsating magnetic field	
03.0526	脉冲磁体	pulsed magnet	
03.0527	交叉场	cross field	
03.0528	磁多极辐射	magnetic multipole radiation	
03.0529	铁芯线圈	iron core coil	
03.0530	轭铁	yoke [of magnet]	
03.0531	磁轭	magnetic yoke	
03.0532	绕数	winding number	又称“回转数”。
03.0533	永磁发电机	magneto	
03.0534	[磁]倾角	dip	
03.0535	磁[力]分离	magnetic separation	
03.0536	磁铁矿	magnetite	
03.0537	拉莫尔半径	Larmor radius	
03.0538	电感应	electric induction	
03.0539	电磁感应	electromagnetic induction	
03.0540	感应电流	induction current	
03.0541	感生电流	induced electric current	
03.0542	感应电动势	induction electromotive force	动生电动势和感生电动势的合称。
03.0543	动生电动势	motional electromotive force	
03.0544	感生电动势	induced electromotive force	
03.0545	电磁感应定律	law of electromagnetic induction	
03.0546	法拉第电磁感应定律	Faraday's law of electromagnetic induction	
03.0547	电磁感生吸收	electromagnetically induced absorp-	

序号	汉文名	英文名	注释
		tion	
03.0548	电磁感生透明	electromagnetically induced transparency	
03.0549	电磁环境效应	electromagnetic-environment effect	
03.0550	互感电动势	electromotive force of mutual induction, mutual induction electromotive force	
03.0551	自感电动势	electromotive force of self-induction, self-induction electromotive force	
03.0552	增量感应	incremental induction	
03.0553	施感电荷	inducing charge	
03.0554	施感电流	inducing current	
03.0555	施感磁体	inducing magnet	
03.0556	感应加速度	induction acceleration	
03.0557	感应电炉	induction furnace	
03.0558	感应加热	induction heating	
03.0559	感应电动机	induction motor	
03.0560	感应作用	inductive action	
03.0561	单极感应	unipolar induction	
03.0562	楞次定律	Lenz's law	
03.0563	位移电流	displacement current	
03.0564	感生电场	induced electric field	
03.0565	有源场	active field	
03.0566	无源场	passive field	
03.0567	有旋场	rotational field	
03.0568	无旋场	irrotational field	
03.0569	涡旋电场	vortex electric field	
03.0570	自感[应]	self-induction	
03.0571	自感系数	self-inductance	
03.0572	互感[应]	mutual induction	
03.0573	互感系数	mutual inductance	
03.0574	感应[线]圈	induction coil	
03.0575	互感器	mutual inductor	
03.0576	涡[电]流	eddy current	又称“傅科电流(Foucault current)”。
03.0577	涡流损耗	eddy current loss	
03.0578	电磁阻尼	electromagnetic damping	
03.0579	电磁场	electromagnetic field	

序　号	汉　文　名	英　文　名	注　　释
03.0580	定常态	steady state	不随时间改变的状态。
03.0581	暂态	transient state	
03.0582	暂态过程	transient process	
03.0583	暂态扰动	transient perturbation	
03.0584	暂态响应	transient response	
03.0585	暂态电压	transient voltage	
03.0586	暂态分析器	transient analyzer	
03.0587	暂态特性	transient characteristic	
03.0588	暂态电流	transient current	
03.0589	暂态效应	transient effect	
03.0590	时间常量	time constant	
03.0591	电流放大	current amplification	
03.0592	交[变电]流	alternating current, AC	
03.0593	交变电场	alternating electric field	
03.0594	交流电路	alternating [current] circuit, AC circuit	
03.0595	LC 电路	LC circuit	又称“电感电容电路”。
03.0596	储能电路	tank circuit	
03.0597	整形电路	shaping circuit	
03.0598	正弦式电流	sinusoidal current	
03.0599	峰[值]	peak [value]	曾称“巅值”。
03.0600	有效值	effective value, virtual value	
03.0601	体电流	volume current	
03.0602	反电流	counter current	
03.0603	谷电流	valley current	
03.0604	空载电流	no-load current	
03.0605	电流偏置	current bias	
03.0606	电流场	current field	
03.0607	电流变换比	current transformation ratio	
03.0608	流流耦合	current-current coupling	
03.0609	溢流	overflow	
03.0610	漏电流	leakage current	
03.0611	杂散电流	stray current	
03.0612	对流流	convection current	
03.0613	电感	inductance	
03.0614	电感器	inductor	

序 号	汉 文 名	英 文 名	注 释
03.0615	分布电感	distributed inductance	
03.0616	漏电感	leakage inductance	
03.0617	可变电感器	variometer	
03.0618	互感电路	mutual inductance circuit	
03.0619	加感线	loaded line	
03.0620	阻抗	impedance	
03.0621	输入阻抗	input impedance	
03.0622	匹配阻抗	matching impedance	
03.0623	匹配负载	matching load	
03.0624	阻抗谱术	impedance spectroscopy	
03.0625	阻抗耦合	impedance coupling	
03.0626	欠耦合	undercoupling	
03.0627	电抗	reactance	
03.0628	电抗器	reactor	
03.0629	容抗	capacitive reactance	
03.0630	感抗	inductive reactance	
03.0631	阻抗匹配	impedance matching	
03.0632	阻抗角	angle of impedance	
03.0633	阻抗三角形	triangle of impedance	
03.0634	导纳	admittance	
03.0635	复导纳	complex admittance	
03.0636	互导	mutual conductance	
03.0637	跨导	transconductance	
03.0638	跨导纳	transadmittance	
03.0639	电纳	susceptance	
03.0640	复阻抗	complex impedance	
03.0641	表面阻抗	surface impedance	
03.0642	表面电抗	surface reactance	
03.0643	功率因数	power factor	
03.0644	有功部分	active component	
03.0645	有功电流	active current	
03.0646	无功电流	reactive current, idler current	
03.0647	有功功率	active power	
03.0648	无功功率	reactive power	
03.0649	表观功率	apparent power	
03.0650	峰[值]功率	peak power	
03.0651	峰谷比	peak-to-valley ratio	
03.0652	串联共振	series resonance	

序　号	汉　文　名	英　文　名	注　　释
03.0653	并联共振	parallel resonance	
03.0654	三相[交变]电流	three-phase alternating current	
03.0655	相电压	phase voltage	
03.0656	线电压	line voltage	
03.0657	中[性]线	neutral line	
03.0658	零线	zero line	
03.0659	三角[形]接法	delta connection	
03.0660	星形接法	star connection	
03.0661	星形耦合器	star coupler	
03.0662	集电梳	collecting comb	
03.0663	接地线	earth wire	
03.0664	不良接地	imperfect earth	
03.0665	保险丝	fuse	
03.0666	电动力学	electrodynamics	
03.0667	经典电动力学	classical electrodynamics	
03.0668	麦克斯韦方程组	Maxwell's equations	
03.0669	波动方程	wave equation	
03.0670	亥姆霍兹方程	Helmholtz's equation	
03.0671	电磁波	electromagnetic wave	
03.0672	电磁波谱	electromagnetic wave spectrum	
03.0673	平面电磁波	plane electromagnetic wave	
03.0674	表面电磁波	surface electromagnetic wave	
03.0675	微波	microwave	
03.0676	微波谱	microwave spectrum	
03.0677	微波波谱学	microwave spectroscopy	
03.0678	微波辐射	microwave radiation	
03.0679	微波吸收	microwave absorption	
03.0680	波模	wave mode	
03.0681	横电波	transverse electric wave, TE wave	
03.0682	横电波模	transverse electric mode, TE mode	
03.0683	横磁波	transverse magnetic wave	
03.0684	横磁波模	transverse magnetic mode, TM mode	
03.0685	横电磁波	transverse electromagnetic wave, TEM wave	
03.0686	横电磁波模	transverse electromagnetic mode, TEM mode	
03.0687	时谐波	time-harmonic wave	又称“定态波（stationary wave）”。

序号	汉文名	英文名	注释
03.0688	单色波	monochromatic wave	
03.0689	坡印亭矢量	Poynting vector	
03.0690	电磁动量	electromagnetic momentum	
03.0691	动量密度	momentum density	
03.0692	动量流密度	momentum flow density	
03.0693	电磁[场]应力张量	electromagnetic stress tensor, Maxwell stress tensor	
03.0694	无界空间	unbounded space	
03.0695	有界空间	bounded space	
03.0696	自由空间	free space	
03.0697	绝缘介质	insulating medium	
03.0698	导电介质	conducting medium	
03.0699	反射系数	reflection coefficient	
03.0700	传播常量	propagation constant	
03.0701	相位常量	phase constant	
03.0702	衰减常量	attenuation constant	
03.0703	耗散因子	dissipation factor	
03.0704	趋肤效应	skin effect	
03.0705	正常趋肤效应	normal skin effect	
03.0706	趋肤深度	skin depth	
03.0707	穿透深度	penetration depth	
03.0708	表面电阻	surface resistance	
03.0709	标[量]势	scalar potential	
03.0710	规范变换	gauge transformation	
03.0711	洛伦兹规范	Lorentz gauge	
03.0712	库仑规范	Coulomb gauge	
03.0713	规范不变性	gauge invariance	
03.0714	洛伦兹条件	Lorentz condition	
03.0715	电磁规范不变性	electromagnetic gauge invariance	
03.0716	局域规范变换	local gauge transformation	
03.0717	横场	transverse field	
03.0718	纵场	longitudinal field	
03.0719	推迟势	retarded potential	
03.0720	推迟效应	retarded effect	
03.0721	电磁辐射	electromagnetic radiation	
03.0722	电磁多极辐射	electromagnetic multipole radiation	
03.0723	电偶极辐射	electric dipole radiation	
03.0724	电四极辐射	electric quadrupole radiation	

序　号	汉　文　名	英　文　名	注　　释
03.0725	赫兹振子	Hertzian oscillator	
03.0726	辐射	radiation	
03.0727	辐射学	radiology	
03.0728	辐射器	radiator	
03.0729	辐射场	radiation field	
03.0730	辐射计	radiation gauge, radiometer	
03.0731	磁偶极辐射	magnetic dipole radiation	
03.0732	辐射[方向]图	radiation pattern	
03.0733	辐射角分布	radiation angular distribution	
03.0734	辐射功率	radiation power	
03.0735	辐射频谱	radiation frequency spectrum	
03.0736	辐射密度	radiation density	
03.0737	电磁吸收	electromagnetic absorption	
03.0738	电磁量能器	electromagnetic calorimeter	
03.0739	电磁惯量	electromagnetic inertia	
03.0740	抗辐射	radioresistance	
03.0741	辐射电阻	radiation resistance	
03.0742	辐射阻抗	radiation impedance	
03.0743	辐射衰变	radiative decay	
03.0744	辐射寿命	radiative lifetime	
03.0745	辐射温度	radiometric temperature	
03.0746	辐射量子效率	radiative quantum efficiency, RQE	
03.0747	屏蔽	screening, shielding	
03.0748	电磁屏蔽	electromagnetic screening	
03.0749	屏蔽电子	shielded electron	
03.0750	屏蔽电流	screening current, shielding current	
03.0751	屏蔽距离	screening distance	
03.0752	屏蔽长度	screening length	
03.0753	天线	antenna	
03.0754	半波天线	half-wave antenna	
03.0755	半波振子	half-wave oscillator	
03.0756	旁[波]瓣	side lobe	
03.0757	天线阵	antenna array	
03.0758	菱形天线	rhombic antenna	
03.0759	抛物柱面天线	pillbox antenna	
03.0760	天线孔径	antenna aperture	
03.0761	无线电通信	telecommunication	
03.0762	电报方程	telegrapher's equation	

序 号	汉 文 名	英 文 名	注 释
03.0763	电子全息术	electron holography	
03.0764	衡消接收机	neutrodyne receiver	
03.0765	超外差	super-heterodyne	
03.0766	电磁干扰	electromagnetic interference	
03.0767	乱真信号	spurious signal	
03.0768	标量衍射理论	scalar diffraction theory	
03.0769	基尔霍夫辐射定律	Kirchhoff's radiation law	
03.0770	基尔霍夫[衍射]公式	Kirchhoff's [diffraction] formula	
03.0771	李纳-维谢尔势	Lienard-Wiechert potential	
03.0772	自场	self-field	
03.0773	弱场	weak field	
03.0774	内场	internal field	
03.0775	外场	external field	
03.0776	自由场	free field	
03.0777	无场空间	field free space	
03.0778	电磁质量	electromagnetic mass	
03.0779	力学质量	mechanical mass	
03.0780	经典电子半径	classical electron radius	
03.0781	辐射阻尼	radiation damping	
03.0782	连续辐射	continuous radiation	
03.0783	自反[作用]力	self-reaction force	
03.0784	起电盘	electrophorus	
03.0785	范德格拉夫起电机	van de Graaff generator	
03.0786	法拉第[圆]筒	Faraday's cylinder	
03.0787	莱顿瓶	Leyden jar	
03.0788	避雷针	lightning rod	
03.0789	验电器	electroscope	
03.0790	电量计	voltameter	
03.0791	静电计	electrometer	
03.0792	象限静电计	quadrant electrometer	
03.0793	静电伏特计	electrostatic voltmeter	
03.0794	场强计	electrometer of field strength	全称“电场强度计”。
03.0795	开关	switch	
03.0796	换向开关	reversing switch	
03.0797	电池	battery, cell	
03.0798	干电池	dry cell	
03.0799	伏打电池	voltaic cell	
03.0800	标准电池	standard cell	

序 号	汉 文 名	英 文 名	注 释
03.0801	太阳能电池	solar cell	
03.0802	燃料电池	fuel cell	
03.0803	蓄电池	accumulator, [storage] battery	
03.0804	电池充电器	battery charger	
03.0805	锂电池	lithium cell	
03.0806	镉电池	cadmium cell	
03.0807	原电池	primary cell	
03.0808	稳压电源	stabilized voltage supply	
03.0809	稳流电源	stabilized current supply	
03.0810	扼流[线]圈	choking coil, retardation coil	
03.0811	灵敏电流计	galvanometer	又称“检流计”。
03.0812	冲击电流计	ballistic galvanometer	
03.0813	伏安法	voltmeter-ammeter method	
03.0814	安培计	ammeter	又称“电流计”。
03.0815	伏特计	voltmeter	
03.0816	欧姆表	ohmmeter	
03.0817	兆欧表	megohmmeter	
03.0818	多用[电]表	multimeter, universal meter	
03.0819	瓦特计	wattmeter	
03.0820	瓦时计	watt-hour meter	
03.0821	频率计	frequency meter, frequency counter	
03.0822	铷蒸气频率标准	rubidium-vapor frequency standard	
03.0823	悬圈电流计	suspended coil galvanometer	
03.0824	磁电式电流计	magnetoelectric galvanometer	
03.0825	弦线检流计	string galvanometer	
03.0826	电势差计	potentiometer	
03.0827	滑线电势差计	slide wire potentiometer	
03.0828	电桥	[electric] bridge	
03.0829	电桥法	bridge method	
03.0830	惠斯通电桥	Wheatstone bridge	
03.0831	开尔文双电桥	Kelvin double bridge	
03.0832	直流电桥	direct current bridge, DC bridge	
03.0833	交流电桥	alternating current bridge, AC bridge	
03.0834	海氏电桥	Hay bridge	
03.0835	双电桥	double bridge	
03.0836	麦克斯韦电桥	Maxwell bridge	
03.0837	谢林电桥	Schering bridge	
03.0838	奥温电桥	Owen bridge	

序　号	汉 文 名	英 文 名	注　释
03.0839	示零器	null indicator	
03.0840	零点漂移	zero drift	简称“零漂”。
03.0841	消零	zero elimination	
03.0842	置零	zero setting	
03.0843	零点移动	zero-point shift	
03.0844	电流天平	current balance	
03.0845	安培天平	Ampère balance	
03.0846	高斯计	gaussmeter	
03.0847	特斯拉计	teslameter	
03.0848	磁倾计	inclinometer	
03.0849	原线圈	primary coil	
03.0850	探测线圈	search coil	
03.0851	拾波线圈	pick-up coil	
03.0852	多[接]头线圈	tapped coil	
03.0853	传感器	sensor	
03.0854	电位器	potentiometer	
03.0855	变压器	transformer	
03.0856	自耦变压器	autotransformer	
03.0857	耦合变压器	coupled transformer	
03.0858	降压[变压]器	step-down transformer	
03.0859	升压[变压]器	step-up transformer	
03.0860	匝数比	turn ratio	
03.0861	调压器	voltage regulator	
03.0862	稳压器	voltage stabilizer	
03.0863	耦合系数	coupling coefficient	
03.0864	发电机	generator	
03.0865	发电机理论	dynamo theory	
03.0866	电动机	motor	
03.0867	直流电动机	direct current motor, DC motor	
03.0868	多相	polyphase	
03.0869	多相电机	polyphase motor	
03.0870	三相感应电动机	three-phase induction motor	又称“三相异步电动机”。
03.0871	异步电动机	asynchronous motor	
03.0872	交流发电机	alternating current generator, AC generator	
03.0873	有效负载	payload	
03.0874	有感负载	inductive load	

序号	汉文名	英文名	注释
03.0875	无功负载	reactive load	
03.0876	有感耦合	inductive coupling	
03.0877	定子	stator	
03.0878	绕组	winding	
03.0879	副线圈	secondary coil	
03.0880	环状线圈	annular coil	
03.0881	无感线圈	non-inductive coil	
03.0882	旋转磁场	rotating magnetic field	
03.0883	额定功率	rated power	
03.0884	瞬时功率	instantaneous power	
03.0885	示波器	oscillograph, oscilloscope	
03.0886	显示器	scope	
03.0887	波形图	oscillogram	
03.0888	李萨如图形	Lissajous figure	
03.0889	监视器	monitor	
03.0890	电子聚焦	electron focusing	
03.0891	[电子]聚束栅	buncher	
03.0892	相位聚束	phase bunching	
03.0893	凿孔电极	perforated electrode	
03.0894	偏转板	deflecting plate	
03.0895	电偏转	electric deflection	
03.0896	磁偏转	magnetic deflection	
03.0897	扫描	scanning	
03.0898	扫描器	scanner	
03.0899	扫描速率	scanning speed	
03.0900	扫描电路	sweep circuit	
03.0901	扫描发生器	sweep generator	
03.0902	转换器	transducer	又称“换能器”。
03.0903	调节器	regulator	
03.0904	线性元件	linear element	
03.0905	非线性元件	nonlinear element	
03.0906	线性谐振子	linear harmonic oscillator	
03.0907	线性电路	linear circuit	
03.0908	微分电路	differential circuit	
03.0909	微分电容	differential capacity	
03.0910	有源元件	active component	
03.0911	有源器件	active device	
03.0912	微波隔离器	microwave isolator	

序 号	汉 文 名	英 文 名	注 释
03.0913	二极管	diode	
03.0914	三极管	triode	
03.0915	晶体管	transistor	
03.0916	晶体二极管	crystal diode	
03.0917	双向二极管	bidirectional diode	
03.0918	调制掺杂场效应晶体管	modulation-doped field-effect transistor, MODFET	
03.0919	四极管	quadratron	
03.0920	五极管	pentode	
03.0921	真空管	vacuum tube	
03.0922	混频器	mixer	
03.0923	混合器	mixer	
03.0924	速调管	klystron	
03.0925	磁控管	magnetron	
03.0926	磁旋管	gyrotron	
03.0927	闸流管	thyratron	
03.0928	电子枪	electron gun	
03.0929	阴极射线	cathode ray	
03.0930	阴极射线管	cathode ray tube, CRT	
03.0931	[电子]显像管	kinescope	
03.0932	阴极射线致发光	cathodeluminescence	
03.0933	极隧射线	canal ray	
03.0934	热离子发射	thermionic emission	气体放电管发出的正离子束。
03.0935	门电流	gate current	
03.0936	栅极	grid	
03.0937	基极	base	
03.0938	发射极	emitter	
03.0939	发射体	emitter	
03.0940	集电极	collector	
03.0941	丝极	filament	
03.0942	偏置	bias	
03.0943	反[向]偏压	reverse bias	
03.0944	自[给]偏压	self bias	
03.0945	栅偏压	grid bias	
03.0946	栅极控制	grid control	
03.0947	固定偏压	fixed bias	
03.0948	正向偏压	forward bias	

序　号	汉　文　名	英　文　名	注　　释
03.0949	偏[置电]压	bias voltage	
03.0950	偏置电流	bias current	
03.0951	偏置场	bias field	
03.0952	偏压电池[组]	bias battery	
03.0953	滤波器	[wave] filter	
03.0954	低通滤波器	low pass filter, low-pass filter	
03.0955	高通滤波器	high pass filter, high-pass filter	
03.0956	前置滤波器	prefilter	
03.0957	带阻滤波器	band-stop filter	
03.0958	横向滤波器	transversal filter	
03.0959	相移	phase shift	
03.0960	输入	input	
03.0961	输出	output	
03.0962	差分输入	differential input	
03.0963	增益	gain	
03.0964	反馈	feedback	
03.0965	负反馈	negative feedback	
03.0966	正反馈	positive feedback	
03.0967	移相器	phase shifter	
03.0968	检相器	phase detector	
03.0969	相敏检测器	phase-sensitive detector	
03.0970	平方律检波器	square-law detector	
03.0971	整流	rectification, commutation	
03.0972	整流器	rectifier	
03.0973	半波电压	half-wave voltage	
03.0974	半波反射	half-wave reflection	
03.0975	半波整流器	half-wave rectifier	
03.0976	桥式整流器	bridge rectifier	
03.0977	裂环整流器	split ring commutator, split-ring commutator	
03.0978	放大	amplification, magnification	
03.0979	放大器	amplifier	
03.0980	前置放大器	preamplifier	
03.0981	电压放大器	voltage amplifier	
03.0982	低频放大器	low-frequency amplifier	
03.0983	射频放大器	radio-frequency amplifier, RF amplifier	
03.0984	带通放大器	band-pass amplifier	

序　号	汉 文 名	英 文 名	注　　释
03.0985	参量放大	parametric amplification	
03.0986	参量放大器	parametric amplifier	
03.0987	线性放大器	linear amplifier	
03.0988	锁定放大器	lock-in amplifier	又称“锁相放大器”。
03.0989	缓冲放大器	buffer amplifier	
03.0990	电子倍增器	electron multiplier	
03.0991	通道电子倍增器	channel electron multiplier	
03.0992	运算放大器	operational amplifier, op-amp	
03.0993	等效电路	equivalent circuit	
03.0994	集总电路	lumped circuit	
03.0995	集总元件	lumped element	
03.0996	集总阻抗	lumped impedance	
03.0997	集总电感	lumped inductance	
03.0998	集总参量	lumped parameter	
03.0999	寄生振荡	parasitic oscillation	
03.1000	噪声等价温差	noise equivalent temperature difference, NETD	
03.1001	噪声因子	noise factor	
03.1002	噪声级	noise level	
03.1003	噪声功率谱	noise power spectrum	
03.1004	噪声温度	noise temperature	
03.1005	射电	radio	
03.1006	无线电	radio	
03.1007	无线电波	radio wave	
03.1008	无线电物理学	radio physics	
03.1009	自拍[频]	autodyne	
03.1010	零[差]拍	homodyne	
03.1011	零拍探测	homodyne detection	
03.1012	外差检测	heterodyne detection	
03.1013	振荡	oscillation	
03.1014	振荡器	oscillator	
03.1015	主控振荡器	master oscillator	
03.1016	声频振荡器	audio oscillator	
03.1017	射频振荡器	radio-frequency oscillator	
03.1018	赫兹共振器	Hertz resonator	
03.1019	共振器	resonator	
03.1020	共振腔	resonant cavity	
03.1021	共振[波]模	resonant mode	

序　号	汉　文　名	英　文　名	注　　释
03.1022	同轴共振腔	coaxial resonant cavity	
03.1023	波导腔	waveguide cavity	
03.1024	微波腔	microwave cavity	
03.1025	本征振荡	eigen oscillation	
03.1026	本征频率	eigen frequency	
03.1027	参变振荡	parametric oscillation	
03.1028	共振回路	resonance circuit	
03.1029	振荡周期	oscillation period	
03.1030	振荡电路	oscillatory circuit	
03.1031	振荡效应	oscillatory effect	
03.1032	驱动频率	driving frequency	
03.1033	驱动电压	driving voltage	
03.1034	触发电路	flip-flop circuit	
03.1035	多振子触发器	flip-flop multivibrator	
03.1036	双稳触发电路	bistable trigger circuit	
03.1037	自持振荡	self-sustained oscillation	
03.1038	自激振荡器	self-excited oscillator	
03.1039	自激[发]	self-excitation	
03.1040	合路器	mixer	
03.1041	脉冲发生器	impulse generator	
03.1042	主脉冲	master pulse	
03.1043	尖脉冲	spike pulse	
03.1044	负脉冲	undershoot	
03.1045	脉冲电流	impulse current	
03.1046	脉动电流	pulsating current	
03.1047	随机脉冲	random pulse	又称“无规脉冲”。
03.1048	梯形脉冲	trapezoidal pulse	
03.1049	双向脉冲	bidirectional pulse	
03.1050	复共轭脉冲	complex conjugate pulse	
03.1051	脉冲高度分析	kicksorting of pulses	
03.1052	占空比	duty ratio	又称“负载比”。
03.1053	负载循环	duty cycle	
03.1054	与门	AND gate	
03.1055	非门	NOT gate	
03.1056	或非门	NOR gate	
03.1057	门[选通]脉冲	gate pulse	
03.1058	门电压	gate voltage	
03.1059	钳位	clamping	

序　号	汉　文　名	英　文　名	注　　释
03.1060	波导	waveguide	
03.1061	矩形波导	rectangular waveguide	
03.1062	管状波导	tubular waveguide	
03.1063	共面波导	coplanar waveguide	
03.1064	传输线	transmission line	
03.1065	传输损耗	transmission loss	
03.1066	插入损耗	insertion loss	
03.1067	馈线	feeder	
03.1068	反馈电路	feedback circuit	
03.1069	馈给机制	feed mechanism	
03.1070	馈给率	feed rate	
03.1071	馈入点电阻	feed-point resistance	
03.1072	截止频率	cutoff frequency	
03.1073	截止波长	cutoff wavelength	
03.1074	锯齿[形]波	sawtooth wave	
03.1075	[电子]离散	debunching	
03.1076	阈探测器	threshold detector	
03.1077	阈值电压	threshold voltage	
03.1078	截止偏压	cutoff bias	
03.1079	截止电流	cutoff current	
03.1080	截止能量	cutoff energy	
03.1081	阻尼线圈	damping coil	
03.1082	暗[电]流	dark current	
03.1083	偏转电极	deflecting electrode	
03.1084	偏转场	deflecting field	
03.1085	偏转力	deflecting force	
03.1086	延迟线	delay line	
03.1087	延迟信号	delay signal	
03.1088	延迟时间	delay time	
03.1089	解调[制]	demodulation	
03.1090	解调法	demodulation method	
03.1091	解调器	demodulator	
03.1092	电磁耦合	electromagnetic coupling	
03.1093	衰减带	stopband	又称“阻带”。
03.1094	特征曲线	characteristic curve	
03.1095	特性频率	characteristic frequency	
03.1096	特性阻抗	characteristic impedance	
03.1097	动生阻抗	motional impedance	

序　号	汉　文　名	英　文　名	注　　释
03.1098	传播路径	travel path	
03.1099	传播时间	travel time	
03.1100	适配器	adapter	
03.1101	补偿器	compensator	
03.1102	分路器	splitter	
03.1103	分裂器	splitter	
03.1104	转接器	adapter	
03.1105	分流器	diverter	
03.1106	扭摆器	wiggler	
03.1107	反相器	inverter	又称“逆变器”。
03.1108	叉指换能器	interdigital transducer	
03.1109	限幅器	limiter	
03.1110	衰减器	attenuator	
03.1111	隔离器	isolator	
03.1112	调制器	modulator	
03.1113	调制包络线	modulation envelope	
03.1114	锁存器	latch	
03.1115	存储元件	storage element	又称“记忆元件(memory element)”。
03.1116	非易失存储器	non-volatile memory	
03.1117	非破坏性读出	non-destructive readout	
03.1118	空间凝集	agglomeration in space	
03.1119	防静电剂	antistatic agent	
03.1120	防静电措施	antistatic countermeasure	
03.1121	防静电材料	antistatic material	
03.1122	防静电纤维	antistatic fiber	
03.1123	非对称摩擦	asymmetrical friction	
03.1124	负效电晕	back corona	
03.1125	负效放电	back discharge	
03.1126	荷电时间常量	charging time constant	
03.1127	电晕猝灭效应	corona quenching effect	
03.1128	电泳	electrophoresis	
03.1129	介电电泳	dielectrophoresis	
03.1130	介电电泳力	dielectrophoresis force	
03.1131	剩余极化	residual polarization	
03.1132	介质阻挡放电	dielectric barrier discharge, DBD	
03.1133	放电时间常量	discharge time constant	
03.1134	放电电阻	discharge resistance	

序　号	汉 文 名	英 文 名	注　　释
03.1135	电帘	electric curtain	
03.1136	驻波电帘	standing-wave electric curtain	电浮置的。
03.1137	行波电帘	traveling-wave electric curtain	
03.1138	电流体力学	electrohydrodynamics, EHD	
03.1139	静电导率	static conductivity	
03.1140	静电积累	electrostatic accumulation	
03.1141	静电消散	electrostatic dissipation	
03.1142	静电泄漏	electrostatic leakage	
03.1143	静电导体	electrostatic conductor	
03.1144	静电非导体	electrostatic non-conductor	电阻率不很高的绝缘体。
03.1145	静电灾害	electrostatic hazard	
03.1146	静电雾化	electrostatic atomization	
03.1147	非静电力	nonelectrostatic force	
03.1148	电黏性效应	electroviscous effect	
03.1149	流动[起]电势	electrokinetic potential	又称"ζ 电势(ζ-potential)"。
03.1150	泄电半值时间	half-value discharge time	
03.1151	增湿	humidification	
03.1152	亲水性绝缘材料	hydrophilic insulator	
03.1153	点火能	ignition energy	
03.1154	先导电击	leader stroke	
03.1155	最小点火能	minimum ignition energy	
03.1156	阴极电弧沉积	cathodic arc deposition	
03.1157	淀积起电	sedimentation electrification	
03.1158	淀积电势差	sedimentation potential difference	
03.1159	空间电荷	space charge	
03.1160	空间电荷云	space charge cloud	
03.1161	空间电荷效应	space charge effect	
03.1162	喷注起电	jet electrification	
03.1163	喷溅起电	splash electrification	
03.1164	喷雾起电	spray electrification	
03.1165	冲流起电	streaming electrification	
03.1166	剥离起电	stripping electrification	
03.1167	静置时间	time of repose	
03.1168	冲流电压	streaming potential	
03.1169	电渗现象	electroosmosis	
03.1170	消静电电极	charge removing electrode	

序　号	汉　文　名	英　文　名	注　　释
03.1171	除尘[用消静电]电极	electrode for dust remoral	
03.1172	静电测定装置	electrostatic measuring device	
03.1173	振动静电计	vibrating electrometer	
03.1174	振簧静电计	vibrating-reed electrometer	
03.1175	弦线静电计	string electrometer	
03.1176	转子式静电计	rotor-type electrometer	

04. 光学、声学

序　号	汉　文　名	英　文　名	注　　释
04.0001	光	light	
04.0002	光学	optics	
04.0003	几何光学	geometrical optics	
04.0004	波动光学	wave optics	
04.0005	高斯光学	Gaussian optics	
04.0006	经典光学	classical optics	
04.0007	量子光学	quantum optics	
04.0008	物理光学	physical optics	
04.0009	统计光学	statistical optics	
04.0010	应用光学	applied optics	
04.0011	矩阵光学	matrix optics	
04.0012	线性光学	linear optics	
04.0013	非线性光学	nonlinear optics	
04.0014	天文光学	astronomical optics	
04.0015	大气光学	atmospheric optics	
04.0016	薄膜光学	thin-film optics	
04.0017	分子光学	molecular optics	
04.0018	仪器光学	instrumental optics	
04.0019	生理光学	physiological optics	
04.0020	眼科光学	ophthalmic optics	
04.0021	电光学	electro-optics	
04.0022	磁光学	magneto-optics	
04.0023	时空光学	space time optics	
04.0024	主动光学	active optics	
04.0025	同步辐射光学	synchrotron radiation optics	
04.0026	虚拟光学	virtual optics	
04.0027	微粒说	corpuscular theory	

序　号	汉　文　名	英　文　名	注　　释
04.0028	波动说	undulatory theory, wave theory	
04.0029	光的电磁理论	electromagnetic theory of light	
04.0030	光源	light source	
04.0031	点源	point source	
04.0032	均匀点源	uniform point source	
04.0033	扩展[光]源	extended [light] source	
04.0034	标准[光]源	standard [light] source	
04.0035	原光源	primary source	
04.0036	光速	velocity of light, light velocity	
04.0037	可见光	visible light	
04.0038	不可见光	invisible light	
04.0039	紫外光	ultraviolet ray	又称“紫外线”。
04.0040	紫外辐射	ultraviolet radiation	
04.0041	红外线	infrared ray	
04.0042	红外探测器	infrared detector	
04.0043	红外传感器	infrared sensor	
04.0044	白光	white light	
04.0045	单色辐射	monochromatic radiation	
04.0046	非单色性	non-monochromaticity	
04.0047	光辐射	optical radiation	
04.0048	原辐射	primary radiation	
04.0049	次级辐射	secondary radiation	
04.0050	光场	optical field, light field	
04.0051	光能	luminous energy	
04.0052	光量子	light quantum	
04.0053	光脉冲	light pulse	
04.0054	光发射率	luminous emissivity	
04.0055	光学介质	optical medium	
04.0056	负双轴介质	negative biaxial medium	
04.0057	光学常数	optical constant	
04.0058	光学元件	optical element	
04.0059	光学器件	optical device	
04.0060	全光器件	all-optical device	
04.0061	发光器件	lighting device	
04.0062	光学仪器	optical instrument	
04.0063	目视光学仪器	visual optical instrument	

序 号	汉 文 名	英 文 名	注 释

04.01 光 学

04.01.01 几何光学、光学仪器、生理光学、光度学、色度学

04.0064	射线	ray	
04.0065	射线轴	ray axis	
04.0066	射线面	ray surface	
04.0067	光线	light ray	
04.0068	光斑	light spot	
04.0069	光斑大小	spot size	
04.0070	光的直线传播	rectilinear propagation of light	
04.0071	反射	reflection	
04.0072	反射比	reflectance	
04.0073	透射比	transmittance	
04.0074	选择反射	selective reflection	
04.0075	累积反射	integrated reflection	
04.0076	角形反射器	corner reflector	又称"角锥[反射器]"。
04.0077	反射[平]面	reflecting plane	
04.0078	去反射	dereflection	又称"消反射"。
04.0079	反射损失	reflection loss	
04.0080	反射对称性	reflection symmetry	
04.0081	电致反射	electroreflectance	
04.0082	折射	refraction	
04.0083	折射率	refractive index	
04.0084	折射度	specific refraction	
04.0085	群折射率	group index of refraction	
04.0086	复折射率	complex refractive index	
04.0087	广义折射率	general refractive index	
04.0088	相对折射率	relative refractive index	
04.0089	绝对折射率	absolute refractive index	
04.0090	折射率面	index surface	
04.0091	折射率椭球	index ellipsoid	
04.0092	折射系数	coefficient of refraction	
04.0093	锥形折射	conical refraction	
04.0094	反常折射	abnormal refraction	
04.0095	偏转	deflection	
04.0096	主法线	principal normal	

序　号	汉　文　名	英　文　名	注　　释
04.0097	入射线	incident ray	
04.0098	入射[平]面	plane of incidence	
04.0099	反射线	reflected ray	
04.0100	折射线	refracted ray	
04.0101	夹角	included angle	
04.0102	入射角	incident angle	
04.0103	反射角	reflection angle	
04.0104	折射角	refraction angle	
04.0105	反射定律	law of reflection	
04.0106	折射定律	law of refraction	又称“斯涅耳定律(Snell's law)”。
04.0107	光程	optical path	
04.0108	光程差	optical path difference	
04.0109	光[程]距	optical distance	
04.0110	极端光程	extreme path	
04.0111	等光程原理	principle of equal optical path	
04.0112	虚光程	virtual optical path	
04.0113	费马原理	Fermat's principle	
04.0114	光路可逆性	reversibility of optical path	
04.0115	光路可逆性原理	principle of optical path reversibility	
04.0116	光学长度	optical path length	
04.0117	光疏介质	optically thinner medium	
04.0118	光密介质	optically denser medium	
04.0119	浸没介质	immersion medium	
04.0120	正入射	normal incidence	
04.0121	掠入射	glancing incidence, grazing incidence	
04.0122	掠射角	glancing angle, grazing angle	
04.0123	临界角	critical angle	
04.0124	全反射	total reflection	
04.0125	外反射	external reflection	
04.0126	全外反射	total external reflection	
04.0127	内反射	internal reflection	
04.0128	全内反射	total internal reflection	
04.0129	光漫射	light diffusion	
04.0130	漫射介质	diffusing medium	
04.0131	漫射面	diffusing surface	
04.0132	弥散参数	diffuseness parameter	
04.0133	漫射光	diffused light	

序　号	汉　文　名	英　文　名	注　　释
04.0134	漫反射	diffuse reflection	
04.0135	朗伯余弦定律	Lambert's cosine law	
04.0136	光学平行性	optical parallelism	
04.0137	光学平面	optical flat	又称"[光学]平晶"。
04.0138	光学平面度	optical flatness	
04.0139	光学接触	optical contact	
04.0140	[反射]镜	mirror	
04.0141	镜面	mirror plane	
04.0142	镜面反射	mirror reflection, specular reflection	
04.0143	镜像对称	mirror symmetry	
04.0144	标镜	index glass, index mirror	
04.0145	半镀银镜	half-silvered mirror	
04.0146	回馈反射镜	feedback reflector, FBR	
04.0147	球面镜	spherical mirror	
04.0148	凸面镜	convex mirror	
04.0149	凹面镜	concave mirror	
04.0150	角[反射]镜	angle mirror	
04.0151	非球面[反射]镜	aspheric mirror	
04.0152	椭[球]面镜	ellipsoidal mirror	
04.0153	抛物面镜	paraboloidal mirror	
04.0154	抛物柱面镜	parabolic mirror	
04.0155	离轴椭球面镜	off-axis ellipsoidal mirror	
04.0156	潜望镜	periscope	
04.0157	光学瞄准镜	optical sight	
04.0158	临界角测折射率术	critical angle refractometry	
04.0159	折射计	refractometer	
04.0160	阿贝折射计	Abbe refractometer	
04.0161	分光镜	spectroscope	
04.0162	分光器	light splitter	
04.0163	棱镜	prism	
04.0164	棱镜折光度	prism diopter	
04.0165	棱镜分光	prismatic decomposition	
04.0166	双棱镜	biprism	
04.0167	正交棱镜	cross prism	
04.0168	脊角棱镜	roof-angle prism	
04.0169	直视棱镜	direct vision prism, direct-vision prism	
04.0170	倒像棱镜	inverting prism	

序　号	汉　文　名	英　文　名	注　　释
04.0171	正像棱镜	erecting prism	
04.0172	反像棱镜	reversing prism	
04.0173	双像棱镜	double-image prism	
04.0174	屋脊棱镜	roof prism	
04.0175	叠像棱镜	coincidence prism	
04.0176	方块棱镜	block prism	
04.0177	前置棱镜	fore-prism	又称“预色散棱镜”。
04.0178	偏向棱镜	deviating prism	
04.0179	恒偏[向]棱镜	constant deviation prism	
04.0180	隅角棱镜	corner cube, corner prism	又称“角锥棱镜”。
04.0181	角规	angle gauge	
04.0182	[准直]轴锥镜	axicon	又称“旋转三棱镜”。
04.0183	五角棱镜	pentagonal prism, pentaprism	
04.0184	棱栅	grism, grating-prism	
04.0185	偏离角	angle of deviation	又称“偏向角”。
04.0186	最小偏离角	angle of minimum deviation	
04.0187	角色散	angular dispersion	
04.0188	[光]谱仪	spectrometer	
04.0189	分光计	spectrometer	
04.0190	棱镜摄谱仪	prism spectrograph	
04.0191	自准直谱仪	autocollimating spectrometer	
04.0192	成像摄谱仪	imaging spectrograph	
04.0193	物[体]	object	
04.0194	像	image	
04.0195	像点	image point	
04.0196	像素	pixel	又称“像元”。
04.0197	三维像素	voxel	又称“体像元”。
04.0198	成像	image formation, imagery, imaging	
04.0199	光[学]成像	optical imaging	
04.0200	针孔成像	pinhole imaging	
04.0201	针孔列阵	pinhole array	
04.0202	微光成像	low-light-level imaging	
04.0203	毫米波成像	millimeter wave imaging	
04.0204	三维成像	three-dimensional imaging	又称“立体成像”。
04.0205	光声成像	photoacoustic imaging	
04.0206	光电成像	photoelectronic imaging	
04.0207	热成像	thermal imaging	
04.0208	原像	primary image	

序号	汉文名	英文名	注释
04.0209	居间像	intermediate image	
04.0210	镜像	mirror image	
04.0211	离焦像	out-of-focus image	
04.0212	伪像	spurious image	
04.0213	鬼像	ghost image	
04.0214	寄生像	parasitic image	
04.0215	体视镜	stereoscope	
04.0216	幻视镜	pseudoscope	一种成像凹凸反转的光学仪器。
04.0217	超体视像	hyperstereoscopic image	
04.0218	亚体视像	hypostereoscopic image	
04.0219	立体像	stereoscopic image	
04.0220	结构像	structure image	
04.0221	轴外成像	extra-axial imagery	
04.0222	焦外像	extrafocal image	
04.0223	正像	erect image	
04.0224	倒像	inverted image	
04.0225	反像	reversed image	奇次反射所成之像。
04.0226	系列变焦像	through-focus image	
04.0227	实物	real object	
04.0228	实像	real image	
04.0229	虚物	virtual object	
04.0230	虚像	virtual image	
04.0231	虚像相位列阵	virtual imaged phased array	
04.0232	假像	false image	
04.0233	负像	negative image	
04.0234	幻像	phantom	又称“幻影”。
04.0235	能量过滤像	energy-filtered image	
04.0236	叠置	superimposition	
04.0237	光晕	halo	
04.0238	暗晕	dark halo	
04.0239	影	shadow	
04.0240	本影	umbra	
04.0241	半影	penumbra	
04.0242	透镜	lens	
04.0243	会聚透镜	converging lens	
04.0244	会聚角	converging angle	
04.0245	集光透镜	collection lens	

序　号	汉　文　名	英　文　名	注　　释
04.0246	发散透镜	diverging lens	
04.0247	凸透镜	convex lens	
04.0248	凹透镜	concave lens	
04.0249	双凸透镜	biconvex lens, double convex lens	
04.0250	双凹透镜	biconcave lens, double concave lens	
04.0251	平凸透镜	plane-convex lens	
04.0252	平凹透镜	plane-concave lens	
04.0253	弯月透镜	meniscus lens	
04.0254	会聚弯月透镜	convergent meniscus lens	
04.0255	发散弯月透镜	divergent meniscus lens	
04.0256	等凹透镜	equiconcave lens	
04.0257	球面透镜	spherical lens	
04.0258	非球面透镜	non-spherical lens, aspherical lens	
04.0259	柱面透镜	cylindrical lens	
04.0260	薄透镜	thin lens	
04.0261	厚透镜	thick lens	
04.0262	等焦透镜	equivalent lens	又称“等效透镜”。
04.0263	聚焦透镜	focusing lens	
04.0264	双焦透镜	bifocal lens	
04.0265	同心透镜	concentric lens	
04.0266	球透镜	globe lens	
04.0267	单透镜	simple lens	
04.0268	双透镜	bilens	
04.0269	复合透镜	compound lens	
04.0270	胶合双透镜	cemented doublet	
04.0271	三合透镜	triplet lens	
04.0272	镀膜透镜	coated lens	
04.0273	梯度折射率透镜	graded index lens, GRIN	
04.0274	大孔径透镜	high-aperture lens, wide-aperture lens	
04.0275	特萨透镜	Tessar lens	
04.0276	中间[透]镜	intermediate lens	
04.0277	液体透镜	liquid lens	
04.0278	微透镜	microlens	
04.0279	负透镜	negative lens	
04.0280	光轴	optic axis	
04.0281	主光轴	primary optic axis	
04.0282	副光轴	secondary optic axis	

序　号	汉　文　名	英　文　名	注　　释
04.0283	光心	optical center	薄透镜的。
04.0284	透镜中心	lens center	
04.0285	透镜公式	lens formula	
04.0286	焦点	focus	
04.0287	双焦点	bifocus	
04.0288	后焦点	back focus	
04.0289	实焦点	real focus	
04.0290	虚焦点	virtual focus	
04.0291	焦斑	focal spot	
04.0292	焦域	focal area	又称"焦区"。
04.0293	焦比	focal ratio	
04.0294	焦散线	caustic	
04.0295	焦散点	diapoint	
04.0296	焦面	focal plane	
04.0297	后焦面	back focal plane	
04.0298	聚焦	focusing	
04.0299	欠[聚]焦	underfocus	
04.0300	过[聚]焦	overfocus	
04.0301	高斯聚焦	Gaussian focus	又称"正[聚]焦(in focus)"。
04.0302	模糊聚焦	bokeh	又称"焦外成像"。
04.0303	调焦	focusing	
04.0304	远区对焦	far-zone focusing	
04.0305	离焦	defocus	又称"散焦(misfocusing)"。
04.0306	离焦扩展	defocus spread	
04.0307	变[聚]焦方法	focus variation method	
04.0308	焦距	focal distance, focal length	
04.0309	焦距计	focometer	
04.0310	[光]焦度	focal power	
04.0311	透镜光焦度	lens focal power	又称"透镜屈光度"。
04.0312	焦度计	lensometer	
04.0313	屈光度	diopter	
04.0314	物距	object distance	
04.0315	物点	object point	
04.0316	像距	image distance	
04.0317	物高	object height	
04.0318	像高	image height	

序号	汉文名	英文名	注释
04.0319	物平面	object plane	
04.0320	像平面	image plane	
04.0321	像面	image surface	
04.0322	高斯像面	Gaussian image plane	
04.0323	物角	object angle	
04.0324	像角	image angle	
04.0325	物[方]空间	object space	
04.0326	物方	object side	
04.0327	像[方]空间	image space	
04.0328	物方焦点	object-space focus	曾称"第一焦点(primary focal point)"。
04.0329	物焦	object focus	
04.0330	像方焦点	image-space focus	曾称"第二焦点(secondary focal point)"。
04.0331	放大率	magnification, magnifying power	
04.0332	横向放大率	lateral magnification	
04.0333	纵向放大率	longitudinal magnification	又称"轴向放大率(axial magnification)"。
04.0334	角放大率	angular magnification	
04.0335	共轴组	centered system	
04.0336	球面共轴组	centered system of spherical surface	
04.0337	共轴性误差	centration error	
04.0338	同轴性	coaxiality	
04.0339	同轴球面系统	coaxial spherical system	
04.0340	离轴系统	off-axis system	
04.0341	透镜组	lens combination, combination of lenses	
04.0342	衡消光学[系统]	nulling optics	
04.0343	傍轴近似	paraxial approximation	
04.0344	傍轴光学	paraxial optics	
04.0345	傍轴区	paraxial region	
04.0346	傍轴条件	paraxial condition	
04.0347	傍轴常量	paraxial constant	
04.0348	傍轴光线	paraxial ray	又称"近轴光线(near axial ray)"。
04.0349	傍轴焦点	paraxial focus	
04.0350	傍轴成像	paraxial imaging	
04.0351	光学不变量	optical invariant	几何光学,高斯光学

序号	汉文名	英文名	注释
			中物与像双方保持不变的量。
04.0352	阿贝数	Abbe number	
04.0353	阿贝不变量	Abbe invariant	
04.0354	亥姆霍兹-拉格朗日定理	Helmholtz-Lagrange theorem	
04.0355	共轭光线	conjugate ray	
04.0356	共轭点	conjugate point	
04.0357	共轭面	conjugate plane	
04.0358	共轭像	conjugate image	
04.0359	光线追迹	ray tracing	
04.0360	子午光线	meridional ray	
04.0361	斜光线	oblique ray	
04.0362	偏轴角	off-axis angle	
04.0363	斜错光线	skew ray	又称"不交轴光线"。
04.0364	边缘光线	marginal ray	
04.0365	光学系统	optical system	又称"光具组"。
04.0366	理想光学系统	perfect optical system	
04.0367	基[平]面	basal plane	
04.0368	消[像]散成像	stigmatic imaging	又称"共点成像"。
04.0369	理想成像	perfect imaging	
04.0370	瑞利限[度]	Rayleigh limit	又称"瑞利极限"。光学系统性能接近理想的条件。
04.0371	射影变换	projective transformation	
04.0372	直射变换	collinear transformation, collineation	又称"共线变换"。
04.0373	远焦变换	telescopic transformation	又称"远心变换""仿射变换(affine transformation)"。
04.0374	基点	cardinal point	理想光学系统中代表该系统特性的三对共轭点(两主点、两节点、两焦点)的总称。
04.0375	主点	principal point	
04.0376	节点	nodal point	
04.0377	节面	nodal plane	
04.0378	测节器	nodal slide	
04.0379	基面	cardinal plane	

序号	汉文名	英文名	注释
04.0380	主面	principal plane	
04.0381	像构[作图]法	image construction	
04.0382	光具座	optical bench	又称“光学平台”。
04.0383	光学玻璃	optical glass	
04.0384	冕牌玻璃	crown glass	
04.0385	火石玻璃	flint glass	
04.0386	远视	far sight, hyperopia	
04.0387	近视	near sight, myopia	
04.0388	老花眼	presbyopia	
04.0389	明视距离	distance of distinct vision	
04.0390	散光镜	astigmatoscope	
04.0391	放大镜	magnifier, magnifying lens	
04.0392	物镜	objective [lens]	
04.0393	远摄物镜	telephoto objective	
04.0394	物镜放大	objective magnification	
04.0395	物镜放大倍率	objective magnification power	
04.0396	目镜	eyepiece, ocular	
04.0397	负目镜	negative eyepiece	
04.0398	放大目镜	magnifying eyepiece	
04.0399	带标目镜	scale eyepiece	
04.0400	测微目镜	micrometer eyepiece	
04.0401	高斯目镜	Gauss eyepiece	
04.0402	惠更斯目镜	Huygens eyepiece	
04.0403	拉姆斯登目镜	Ramsden eyepiece	
04.0404	[色差]补偿目镜	compensating eyepiece	
04.0405	转向目镜	cranked eyepiece	
04.0406	[向]场镜	field lens	
04.0407	接目镜	eye lens	
04.0408	眼点距	eye-point distance	
04.0409	叉丝	cross-hairs	
04.0410	分划板	graticle	
04.0411	标线	reticle	
04.0412	目镜测微计	ocular micrometer	
04.0413	显微镜	microscope	
04.0414	[显]微光学	micro-optics	
04.0415	双目显微镜	binocular microscope	又称“双筒显微镜”。
04.0416	飞点显微镜	flying-spot microscope	
04.0417	移测显微镜	traveling microscope	曾称“读数显微镜”。

序 号	汉 文 名	英 文 名	注 释
04.0418	复显微镜	compound microscope	
04.0419	体视显微镜	stereoscopic microscope, stereomicroscope	
04.0420	光谱显微镜	spectromicroscope	
04.0421	生物显微镜	biological microscope	
04.0422	近场光学显微镜	near-field optical microscope	
04.0423	显微术	microscopy	
04.0424	光学显微术	optical microscopy	
04.0425	近场显微术	near-field microscopy	
04.0426	共焦显微术	confocal microscopy	
04.0427	离子束聚焦显微术	focused ion beam microscopy	
04.0428	摩擦力显微术	frictional force microscopy	
04.0429	布儒斯特角显微术	Brewster angle microscopy, BAM	
04.0430	全反射荧光显微术	total internal reflection fluorescence microscopy	
04.0431	望远镜	telescope	
04.0432	计数器望远镜	counter telescope	
04.0433	卡塞格林反射望远镜	Cassegrain reflecting telescope	
04.0434	摄像机	video camera	
04.0435	高速照相机	high-speed camera	又称“高速摄影机”。
04.0436	照相镜头	photographic lens	
04.0437	全光镜头	plenoptic lens	
04.0438	全光相机	plenoptic camera	由微透镜列阵组成。
04.0439	小孔径宽视场镜头	topogon lens	
04.0440	变焦	zooming	
04.0441	变焦镜头	zoom lens	
04.0442	孔径	aperture	
04.0443	孔径比	aperture ratio	
04.0444	通光孔径	clear aperture	
04.0445	角孔径	angular aperture	
04.0446	相对孔径	relative aperture	
04.0447	孔径角	aperture angle	
04.0448	数值孔径	numerical aperture	
04.0449	光圈数	f-number, stop number	又称“f 数”。
04.0450	有效光圈数	effective f-number	又称“有效 f 数”。
04.0451	聚光本领	light-gathering power	
04.0452	有效孔径	effective aperture	
04.0453	全孔径	full aperture	

序　号	汉　文　名	英　文　名	注　　释
04.0454	环孔径	annular aperture	
04.0455	投影仪	projector	
04.0456	投影光学	projection optics	
04.0457	聚光器	condenser	
04.0458	聚光[透]镜	condenser [lens]	
04.0459	针孔准直	pinhole collimation	
04.0460	准直束	collimated beam	
04.0461	准直器	collimator	
04.0462	准直狭缝	collimating slit	
04.0463	内调焦	interior focusing	
04.0464	光阑	diaphragm, stop	
04.0465	狭缝光阑	slit diaphragm	
04.0466	开槽光阑	slotted diaphragm	
04.0467	可变光阑	iris	
04.0468	视线	visual line	
04.0469	视场	viewing field, field of view	
04.0470	视界	horizon, scope	
04.0471	视差	parallax	
04.0472	视角	viewing angle	
04.0473	视角放大率	viewing angle magnification	
04.0474	视场角	field angle	又称“角视场(angular field)”。
04.0475	接收角	acceptance angle	
04.0476	全景	full view, panoramic view	
04.0477	取景器	view finder	
04.0478	孔[径光]阑	aperture stop	
04.0479	视场光阑	field stop, view stop	简称“场阑”。
04.0480	焦阑	telecentric stop	曾称“远心光阑”。
04.0481	焦阑系统	telecentric system	又称“远心系统”。
04.0482	渐晕光阑	vignetting stop	光学系统成渐晕像用的光阑。
04.0483	渐晕效应	vignetting effect	
04.0484	光瞳	pupil	
04.0485	入[射光]瞳	entrance pupil	
04.0486	出[射光]瞳	exit pupil	
04.0487	[光]瞳函数	pupil function, aperture function	
04.0488	观察器	viewer	
04.0489	探视器	view finder	

序号	汉文名	英文名	注释
04.0490	视直径	visual diameter	
04.0491	像差	aberration	
04.0492	孔径像差	aperture aberration	
04.0493	单色像差	monochromatic aberration	
04.0494	一级像差	first-order aberration	
04.0495	三级像差	third-order aberration	又称“初级像差(primary aberration)”“赛德尔像差(Seidel aberration)”。
04.0496	五级像差	fifth-order aberration	又称“次级像差(secondary aberration)”。
04.0497	高阶残余像差	high-order residual aberration	
04.0498	纵向像差	longitudinal aberration	又称“轴向像差(axial aberration)”。
04.0499	横向像差	lateral aberration	
04.0500	轴外像差	off-axis aberration	
04.0501	像差曲线	aberration curve	
04.0502	赛德尔光学	Seidel optics	
04.0503	赛德尔变量	Seidel variable	
04.0504	几何像差	geometrical aberration	
04.0505	球[面像]差	spherical aberration	
04.0506	透镜像差	lens aberration	
04.0507	彗[形象]差	coma, comatic aberration	
04.0508	切向彗差	tangential coma	
04.0509	阿贝正弦条件	Abbe sine condition	
04.0510	赫歇尔条件	Herschel's condition	
04.0511	齐明点	aplanatic point	
04.0512	齐明镜	aplanat	又称“消球差透镜”。
04.0513	消彗差镜	coma-free mirror	
04.0514	子午焦线	meridional focal line	
04.0515	弧矢焦线	sagittal focal line	
04.0516	最小模糊圆	circle of least confusion	
04.0517	像散	astigmatism	
04.0518	消像散透镜	anastigmat	
04.0519	畸变	distortion	
04.0520	枕形畸变	pincushion distortion	
04.0521	桶形畸变	barrel distortion	
04.0522	像场	image field	

序　号	汉　文　名	英　文　名	注　　释
04.0523	高角[度]环状暗场像	high-angle annular dark-field image, HAADF image	
04.0524	像场弯曲	curvature of field	简称“场曲”。
04.0525	像场平度	flatness of field	
04.0526	佩茨瓦尔条件	Petzval's condition	
04.0527	色[像]差	chromatic aberration	
04.0528	消色差[性]	achromatism	
04.0529	多色差透镜	hyperchromatic lens	
04.0530	放大率色差	chromatism of magnification	又称“倍率色差”。
04.0531	位置色差	chromatism of position	
04.0532	横[向]色差	lateral chromatism	
04.0533	消色差波片	achromatic wave plate	
04.0534	消色差透镜	achromat, achromatic lens	
04.0535	消色差棱镜	achromatic prism	
04.0536	消像差系统	aberration-free system	
04.0537	剩余像差	residual aberration	
04.0538	像差校正	aberration correction	
04.0539	容限	tolerance	又称“公差”。
04.0540	像差容限	tolerance for aberration	
04.0541	焦点容限	focal tolerance	
04.0542	光学容限	optical tolerance	
04.0543	校正板	correction plate	
04.0544	像场校正器	field corrector	
04.0545	施密特校正器	Schmidt corrector	
04.0546	平[像]场透镜	field flattening lens, field-flattening lens	
04.0547	校正透镜	correcting lens	
04.0548	光学设计	optical design	
04.0549	无畸变目镜	orthoscopic eyepiece	
04.0550	照相术	photography	又称“摄影”。
04.0551	天体照相术	celestial photography	
04.0552	针孔照相机	pinhole camera	
04.0553	多折射相机	polydioptric camera	
04.0554	红外照相术	infrared photography	
04.0555	高速扫描照相机	streak camera	又称“高速扫描摄影机”。
04.0556	[光]闸	shutter	又称“快门”。
04.0557	光学深度	optical depth	简称“光深”。

序 号	汉 文 名	英 文 名	注 释
04.0558	景深	depth of field	
04.0559	焦深	depth of focus	
04.0560	光波	light wave, optical wave	
04.0561	[光]波的叠加原理	principle of superposition of [light] waves	
04.0562	时谐光波	time-harmonic light wave	
04.0563	同心光束	concentric beam, homocentric beam	
04.0564	元[光]束	elementary beam	
04.0565	导引束	guide beam	
04.0566	光柱	light cylinder	
04.0567	会聚光	converging light	
04.0568	会聚波	convergent wave	
04.0569	发散波	divergent wave	
04.0570	平行光束	parallel beam	
04.0571	同系光线	homologous ray	
04.0572	散焦光束	defocused beam	
04.0573	定向光束	directed beam	
04.0574	远心光束	telecentric beam	
04.0575	扩束器	beam expander	
04.0576	飞点扫描器	flying-spot scanner	
04.0577	浸没物镜	immersion objective	
04.0578	油浸物镜	oil immersion objective	
04.0579	测光	photometry	
04.0580	光度学	photometry	
04.0581	光度计	photometer	
04.0582	光谱色度学	spectrocolorimetry	
04.0583	辐射度[计]量学	radiometry	
04.0584	辐射测量[学]	actinometry	
04.0585	辐射通量	radiation flux	
04.0586	辐照度	irradiance	
04.0587	视觉函数	vision function	
04.0588	相对视见函数	relative visibility curve	
04.0589	相对视见因子	relative visibility factor	
04.0590	适亮性视见函数	photopic visibility curve	
04.0591	适暗性视见函数	scotopic visibility curve	
04.0592	光通量	luminous flux	
04.0593	[光]照度	illuminance	
04.0594	照度计	luxmeter	

序号	汉文名	英文名	注释
04.0595	施照体	illuminant	
04.0596	受照体	illuminated body	
04.0597	照明器	illuminator	
04.0598	发光强度	luminous intensity	
04.0599	视烛光	apparent candle power	
04.0600	光发射度	luminous emittance	
04.0601	光弧	luminous arc	
04.0602	亮度	brightness	
04.0603	眩光效应	glare effect	
04.0604	余弦发射体	cosine emitter	
04.0605	定向发射体	directional emitter	
04.0606	主观亮度	subjective luminance	
04.0607	光视效率	luminous efficiency	
04.0608	光视效能	luminous efficacy	
04.0609	陆末-布洛洪光度计	Lummer-Brodhun photometer	
04.0610	光功当量	mechanical equivalent of light	
04.0611	感光计	sensitometer	
04.0612	测微光度比长仪	microphotometer comparator	
04.0613	[光学]测角计	optical goniometer	
04.0614	光瞄准仪	optical collimator	
04.0615	光扫描器	optical scanner	
04.0616	光学校直	optical alignment	
04.0617	被动对准	passive alignment	又称“无源对准”。
04.0618	刀口检验	knife-edge test	
04.0619	有像差光学	aberrated optics	
04.0620	致像差介质	aberrating medium	
04.0621	[致]畸变介质	distorting medium	
04.0622	有源成像系统	active imaging system	
04.0623	无源成像系统	passive imaging system	
04.0624	无焦成像系统	afocal imaging system	
04.0625	变形[光学]系统	anamorphic [optical] system	
04.0626	图像变形	anamorphose	
04.0627	图像变形法	anamorphosis	
04.0628	变形镜头	anamorphote lens	
04.0629	程函	eikonal [function]	
04.0630	角程函	angle eikonal	
04.0631	哈密顿特征函数	Hamiltonian characteristic function	
04.0632	点特征函数	point characteristic function	

序　号	汉　文　名	英　文　名	注　　释
04.0633	角特征函数	angular characteristic function	
04.0634	自准直	autocollimation	
04.0635	自[动]调焦	autofocusing	现代照相机等器件的一种功能。
04.0636	自返反射	autoreflection	如隅角棱镜反射的情况。
04.0637	返射	retroreflection	
04.0638	背反射	backreflection	
04.0639	反射望远镜	reflecting telescope	
04.0640	多镜面望远镜	multi-mirror telescope, MMT	
04.0641	伽利略望远镜	Galileo's telescope	
04.0642	地面望远镜	terrestrial telescope	
04.0643	天文望远镜	astronomical telescope	
04.0644	双目望远镜	binocular telescope	
04.0645	折轴望远镜	Coudé telescope	又称"库德望远镜"。
04.0646	体视望远镜	relief telescope, stereotelescope, telestereoscope	
04.0647	明[视]场	bright field	
04.0648	暗[视]场	dark field	
04.0649	暗场像	dark field image	
04.0650	反射折射光学系统	catadioptric system	简称"反折系统"。
04.0651	反射折射光学	catadioptrics	
04.0652	反射光学	catoptrics	
04.0653	折射光学	dioptrics	
04.0654	反射成像	catoptric imaging	
04.0655	中央光线	central ray	
04.0656	主光线	chief ray, principal ray	
04.0657	多元透镜	multielement lens	
04.0658	环面透镜	toric lens	
04.0659	小透镜	lenslet	
04.0660	欠校[正]透镜	undercorrected lens	
04.0661	蝇眼透镜	fly's eye lens	
04.0662	反远摄透镜	reverse telephoto lens	又称"反远摄物镜"。
04.0663	柯克透镜	Cook triplet lens	又称"柯克三片式物镜"。
04.0664	双高斯透镜	double-Gauss lens	又称"双高斯物镜"。
04.0665	照明	illumination	
04.0666	科勒照明	Kohler illumination	

序　号	汉 文 名	英 文 名	注　　释
04.0667	中肯照明	critical illumination	又称“临界照明”。
04.0668	均匀照明	uniform illumination	
04.0669	等晕条件	isoplanatic condition	
04.0670	等晕区	isoplanatic region	
04.0671	投影	projection	
04.0672	投影像	projection image	
04.0673	投影物镜	projection objective	
04.0674	目视系统	visual system	
04.0675	精密光学系统	precision optics system	
04.0676	辐射亮度	radiance	
04.0677	夜间辐射	nocturnal radiation	
04.0678	广义辐射度	generalized radiance	
04.0679	辐射发射度	radiant emittance	
04.0680	辐射出射度	radiant exitance	
04.0681	积分球	integrating sphere	光度学的。
04.0682	比影光度计	shadow photometer	
04.0683	火焰光度计	flame photometer	
04.0684	差示光度术	differential photometry	又称“较差测光”。
04.0685	分光光度学	spectrophotometry	
04.0686	目测光度计	visual photometer	
04.0687	测微光度计	microphotometer, photomicrometer	
04.0688	光电测微光度计	photoelectric microphotometer	
04.0689	视觉	vision	
04.0690	视觉分辨率	visual resolution	
04.0691	视觉法	visual method	
04.0692	眼膜透镜	ophthalmic lens	
04.0693	眼膜曲率计	ophthalmometer	
04.0694	眼膜曲率镜	ophthalmoscope	
04.0695	[视]网膜	retina	
04.0696	[眼]调焦	accommodation	
04.0697	视觉敏锐度	visual acuity	
04.0698	后效	after effect	
04.0699	余留像	after image, residual image	又称“剩余像”。
04.0700	散光	astigmatism, astigmia	
04.0701	双目视觉	binocular vision	
04.0702	盲点	blind spot	
04.0703	色[视]觉仪	chromatometer	又称“色盘(color disc)”。

序　号	汉　文　名	英　文　名	注　　释
04.0704	牛顿[色]盘	Newton [color] disc	
04.0705	复眼	compound eye	
04.0706	边缘增强效应	edge enhancement	视觉的。
04.0707	海丁格刷	Haidinger's brush	偏振光对视网膜的效应。
04.0708	视觉暂留	persistence of vision, visual persistence	
04.0709	光适应	photopia	
04.0710	适亮视觉	photopic vision	
04.0711	适暗视觉	scotopic vision	
04.0712	光感受体	photoreceptor	
04.0713	色	color	
04.0714	增色效应	hyperchromic effect	
04.0715	色模糊	color blurring	
04.0716	体视效应	stereoscopic effect	
04.0717	三色视觉	trichromatic vision	
04.0718	色光	colored light	
04.0719	色[视]觉	color vision	
04.0720	色品	chromaticity	
04.0721	色品图	chromaticity diagram	
04.0722	色品坐标	chromaticity coordinate	
04.0723	三色性	trichroism	
04.0724	三色管	three-color tube	
04.0725	多色性	polychroism, polychromatism	
04.0726	色标	color scale	
04.0727	色温	color temperature	
04.0728	色度	chrominance	
04.0729	感色性	chromatic sensitivity	
04.0730	色度学	colorimetry	
04.0731	色度计	colorimeter, chromometer, chromatometer	
04.0732	色调	color tone	
04.0733	半色调	half-tone	
04.0734	色原	chromogen	
04.0735	[原]色三角	color triangle	
04.0736	[互]补色	complementary color	
04.0737	组分色	component color	
04.0738	混合色	color mixture	

序　号	汉　文　名	英　文　名	注　　释
04.0739	芒塞尔色系	Munsell color system	一种标色的方法。
04.0740	谱色	spectral color	
04.0741	非谱色	non-spectral color	又称“谱外色(extra-spectral color)”。
04.0742	彰色	saturated color	
04.0743	不饱和色	unsaturated color	
04.0744	耀度	brilliance	
04.0745	原色	primary color	
04.0746	三原色	three primary colors	
04.0747	三[原]色系统	trichromatic system	
04.0748	副色	secondary color	如三原色两两合成之色。
04.0749	加法混色	additive color mixing	
04.0750	减法混色	substractive color mixing	
04.0751	分部混色	partitive color mixing	
04.0752	相加色	additive color	
04.0753	表面色	surface color	
04.0754	加性定律	additivity law	
04.0755	体色	body color	
04.0756	滤光片	optical filter	又称“滤光器”。
04.0757	滤色片	color filter	又称“滤色器”。
04.0758	补偿滤光片	compensating filter	彩色玻璃，非干涉滤光片。
04.0759	中性滤光片	neutral [density] filter	
04.0760	衡消滤光片	light balancing filter	
04.0761	原子滤光器	atomic line filter	
04.0762	色[层]谱图	chromatogram	
04.0763	色[层]谱仪	chromatograph	
04.0764	色[层]谱法	chromatography	
04.0765	自适应光学	adaptive optics	
04.0766	自适应光学系统	adaptive optical system	
04.0767	氩气闪光灯	argon flash lamp	
04.0768	斩光器	light chopper	
04.0769	斩波器	chopper	
04.0770	斩波频率	chop frequency	
04.0771	光胶	optical cement	
04.0772	鬼面	ghost surface	因两侧折射率相同而隐去的面。

序　号	汉　文　名	英　文　名	注　　释
04.0773	定日镜	heliostat	
04.0774	全聚反光装置	holophote	如灯塔所用。
04.0775	[导]光管	light pipe	
04.0776	中性反射镜	neutral mirror	
04.0777	阶梯减光板	stepped attenuator	
04.0778	中性阶梯滤光器	neutral step filter	
04.0779	光延迟线	optical delay line	
04.0780	光制导	optical guidance	
04.0781	光学集成	optical integration	
04.0782	混合集成光路	optical hybrid integrated circuit	
04.0783	光学测距仪	optical range finder	
04.0784	叠像测距仪	coincidence range finder	
04.0785	测角器	goniometer	又称"测向器"。
04.0786	杂光	parasitic light, stray light	
04.0787	[旋]转镜	rotating mirror	
04.0788	镜用合金	speculum metal	
04.0789	立体光学	stereoptics	
04.0790	虹	primary rainbow	
04.0791	霓	secondary rainbow	
04.0792	照相底板	photoplate, photographic plate	
04.0793	负片	negative	又称"底片"。
04.0794	全色[胶]片	panchromatic film	
04.0795	正全色[胶]片	orthopanchromatic film	
04.0796	高反差[胶]片	high-contrast film	
04.0797	[照相]感光层	photographic layer	
04.0798	照相乳胶	photographic emulsion	
04.0799	曝光	exposure	
04.0800	曝光时间	exposure time	
04.0801	曝光时限	latitude of exposure	又称"曝光范围"。
04.0802	照射量	exposure	
04.0803	潜像	latent image	
04.0804	显影	development	
04.0805	显影剂	developer	
04.0806	定影	fixing	
04.0807	定影剂	fixer	
04.0808	光密度	optical density	
04.0809	测微[光]密度计	micro[photo]densitometer	
04.0810	[感光]密度计	densitometer	

序　号	汉　文　名	英　文　名	注　　释
04.0811	感光特性	sensitometric characteristic	
04.0812	赫特-德里菲尔德曲线	Hurter-Driffield curve	简称“HD 曲线(HD curve)”。
04.0813	透射比曝光量曲线	transmittance-exposure curve	
04.0814	动态范围	dynamic range	
04.0815	欠曝[光]	underexposure	
04.0816	过度曝光	overexposure	简称“过曝”。
04.0817	欠显[影]	underdevelopment	
04.0818	单次曝光	single exposure	
04.0819	多次曝光	multiexposure, multiple exposure	
04.0820	无衬底片	unbacked film	
04.0821	本底灰雾	background fog	感光底片的。
04.0822	本底[灰雾]密度	background density	

04.01.02　波动光学、信息光学

序　号	汉　文　名	英　文　名	注　　释
04.0823	光频	optical frequency	
04.0824	群频率	group frequency	
04.0825	真空波长	wavelength in vacuum	
04.0826	约化波长	reduced wavelength	
04.0827	临界波长	critical wavelength	
04.0828	元波	elementary wave	
04.0829	基波	fundamental wave	
04.0830	复[合]波	complex wave	
04.0831	连续波	continuous wave	
04.0832	对传波	counterpropagating waves	
04.0833	同传波	copropagating waves	
04.0834	有限振幅波	finite-amplitude wave	又称“大振幅波”。
04.0835	衰减波	decaying wave	
04.0836	均匀波	homogeneous wave	
04.0837	非均匀波	inhomogeneous wave	
04.0838	畸变波	distorted wave	
04.0839	入射波	incident wave, incoming wave	
04.0840	反向波	back wave, backward wave	
04.0841	出射波	outgoing wave	
04.0842	前向波	forward wave	
04.0843	后退波	receding wave, retrogressive wave	
04.0844	表面波	surface wave	
04.0845	持续波	sustained wave	

序　号	汉 文 名	英 文 名	注　　释
04.0846	散射波	scattered wave	
04.0847	单色光	monochromatic light	
04.0848	单色化	monochromatization	
04.0849	单色光源	monochromatic [light] source	
04.0850	准单色光	quasi-monochromatic light	
04.0851	近单色辐射	near-monochromatic radiation	
04.0852	准单色场	quasi-monochromatic field	
04.0853	多色光	polychromatic light	
04.0854	杂色光	heterochromatic light, heterogeneous light	
04.0855	均匀光	homogeneous light	光束或光照均匀的一般照明光源。
04.0856	复振幅	complex amplitude	
04.0857	标量波理论	scalar wave theory	
04.0858	光强[度]	intensity of light	
04.0859	强度分布	intensity distribution	
04.0860	场分布	field distribution	
04.0861	强度标	intensity scale	
04.0862	菲涅耳公式	Fresnel's equation	
04.0863	菲涅耳定律	Fresnel's law	
04.0864	菲涅耳传播因子	Fresnel propagator	
04.0865	透射	transmission	
04.0866	透射系数	transmission coefficient	
04.0867	透射率	transmissivity	
04.0868	振幅透射率	amplitude transmissivity	
04.0869	强度透射率	intensity transmissivity	
04.0870	透射函数	transmission function	
04.0871	类透镜介质	lens-like medium	
04.0872	振幅反射率	amplitude reflectivity	
04.0873	强度反射率	intensity reflectivity	
04.0874	波阵面分割	division of wavefront	
04.0875	振幅分割	division of amplitude	
04.0876	漫射体	diffuser	
04.0877	非相干散射	incoherent scattering	
04.0878	米氏散射	Mie scattering	
04.0879	狭缝	slit	
04.0880	分束器	beam splitter	
04.0881	相位跃变	phase jump	

序号	汉文名	英文名	注释
04.0882	半波损失	half-wave loss	
04.0883	干涉	interference	
04.0884	杨氏双缝实验	Young's double-slit experiment	
04.0885	双缝干涉	double-slit interference	
04.0886	多缝干涉	multislit interference	
04.0887	双[光]束干涉	double-beam interference	
04.0888	多光束干涉	multiple-beam interference	
04.0889	白光干涉	white light interference	
04.0890	干涉条纹	interference fringe	
04.0891	干涉图	interferogram	
04.0892	干涉条件	interference condition	
04.0893	干涉项	interference term	
04.0894	相长干涉	constructive interference	
04.0895	相消干涉	destructive interference	
04.0896	退相干	decoherence	又称"消相干"。
04.0897	干涉图样	interference pattern	
04.0898	[干涉]条纹图	fringe pattern	
04.0899	中央条纹	central fringe	
04.0900	主极大	principal maximum	
04.0901	中央极大	central maximum	
04.0902	次极大	secondary maximum	
04.0903	干涉级	order of interference	
04.0904	级的交叠	overlapping of orders	
04.0905	[干涉]条纹对比度	[interference] fringe contrast	
04.0906	[干涉]条纹可见度	[interference] fringe visibility	
04.0907	强度钳位	intensity clamping	两束超短强激光脉冲相干涉而引起的强度钳位。
04.0908	局域干涉	localized interference	
04.0909	局域条纹	localized fringe	
04.0910	非局域条纹	non-localized fringe	
04.0911	等厚干涉	equal thickness interference	
04.0912	等厚条纹	equal thickness fringes	
04.0913	等倾干涉	equal inclination interference	
04.0914	等倾条纹	equal inclination fringes	
04.0915	厚度轮廓	thickness contour	
04.0916	牛顿环	Newton's rings	
04.0917	光学厚度	optical thickness	

序　号	汉　文　名	英　文　名	注　　释
04.0918	补偿板	compensating plate	
04.0919	光补偿	optical compensation	
04.0920	光劈	optical wedge	
04.0921	菲佐[干涉]条纹	Fizeau fringes	
04.0922	劳埃德镜	Lloyd's mirror	
04.0923	菲涅耳双镜	Fresnel bimirror	
04.0924	菲涅耳双棱镜	Fresnel biprism	
04.0925	菲涅耳复式棱镜	Fresnel multiple prism	
04.0926	比耶对切透镜	Billet split lens	
04.0927	惠更斯作图法	Huygens' construction	
04.0928	惠更斯-菲涅耳原理	Huygens-Fresnel principle	
04.0929	多波干涉	multiple-wave interference	
04.0930	薄膜干涉	thin-film interference	
04.0931	单层膜	single layer	
04.0932	多层介质膜	multilayer dielectric film	又称“多层介电膜”。
04.0933	光学镀膜	optical coating	又称“光学敷层”。
04.0934	光学薄膜	optical thin-film	
04.0935	半透[明]膜	semitransparent film	
04.0936	减反射	antireflection	又称“增透”。
04.0937	[透镜]敷霜	[lens] blooming	减少镜面反射的镀膜处理。
04.0938	减反射膜	antireflecting film	又称“增透膜”。
04.0939	无反射膜	non-reflecting film	
04.0940	高反射膜	high-reflecting coating	
04.0941	衰减全反射	attenuated total reflection	
04.0942	受抑全反射	frustrated total reflection	
04.0943	隐失波	evanescent wave	又称“晕失波”。
04.0944	隐失态	evanescent state	
04.0945	隐失场耦合	evanescent field coupling	
04.0946	干涉滤光片	interference filter	
04.0947	半波滤波器	half-wave filter	
04.0948	全通滤光片	[optical] all-pass filter	
04.0949	滤波器通带	filter passband	
04.0950	截止滤光片	cutoff filter	
04.0951	带通滤光片	band filter, band-pass filter	
04.0952	长波通滤光片	long wave pass filter	
04.0953	短波通滤光片	short wave pass filter	
04.0954	截长波滤光片	long wave cut-off filter	

序　号	汉　文　名	英　文　名	注　　释
04.0955	截短波滤光片	short wave cut-off filter	
04.0956	二向色[反射]镜	dichroic mirror	又称“分色镜”。反射、透射异色的镜。
04.0957	冷反射镜	cold mirror	反射可见透红外光的镜片。
04.0958	热反射镜	hot mirror	反射红外透可见光的镜片。
04.0959	窄带滤光片	narrow-band filter	属干涉滤光片型。
04.0960	陷波滤光片	band-stop filter, band rejection filter	又称“刻槽滤光片(notch filter)”。属干涉滤光片型。
04.0961	楔形滤光片	wedge filter	
04.0962	标准具	etalon	
04.0963	法布里-珀罗标准具	Fabry-Perot etalon	
04.0964	法布里-珀罗滤波器	Fabry-Perot filter	
04.0965	自由光谱范围	free spectral range	
04.0966	衍射	diffraction	
04.0967	基尔霍夫积分定理	Kirchhoff's integral theorem, Fresnel-Kirchhoff integral theorem	
04.0968	菲涅耳-基尔霍夫公式	Fresnel-Kirchhoff formula	
04.0969	基尔霍夫衍射理论	Kirchhoff's diffraction theory	
04.0970	瑞利-索末菲衍射公式	Rayleigh-Sommerfeld diffraction formula	
04.0971	倾斜因子	inclination factor	
04.0972	菲涅耳波带[法]	Fresnel zone [construction]	
04.0973	菲涅耳衍射	Fresnel diffraction	
04.0974	夫琅禾费衍射	Fraunhofer diffraction	
04.0975	赝非衍射束	pseudo-nondiffracting beam	
04.0976	非衍射光束	nondiffracting beam	
04.0977	消衍射光束	diffraction-free beam	
04.0978	衍[射置]限光束	diffraction-limited beam	
04.0979	互补[衍射]屏	complementary [diffraction] screen	
04.0980	屏函数	screen function	
04.0981	衍射图样	diffraction pattern	
04.0982	[像的]衍射图	diffractogram	
04.0983	阿拉戈斑	Arago's spot	又称“泊松亮斑(Poisson's spot)”。阿拉戈发现小孔衍射中心为亮

序号	汉文名	英文名	注释
			点,证实为波动衍射。泊松当时支持粒子说,认为应是暗斑。
04.0984	巴比涅原理	Babinet's principle	
04.0985	菲涅耳数	Fresnel number	
04.0986	近场	near field	
04.0987	近场图样	near-field pattern	
04.0988	远场	far field	
04.0989	远场图样	far field pattern, far-field pattern	
04.0990	发散角	angle of divergence	
04.0991	远场衍射	far field diffraction, far-field diffraction	
04.0992	远焦衍射	telescopic diffraction	
04.0993	单缝衍射	single-slit diffraction	
04.0994	双缝衍射	double-slit diffraction	
04.0995	矩孔衍射	rectangular aperture diffraction	
04.0996	直边衍射	straight edge diffraction	
04.0997	衍射条纹	diffraction fringe	
04.0998	衍射群	diffraction group	
04.0999	圆孔衍射	circular hole diffraction	
04.1000	圆盘衍射	circular disk diffraction	
04.1001	衍射环	diffraction ring	
04.1002	[菲涅耳]波带片	[Fresnel] zone plate	
04.1003	菲涅耳透镜	Fresnel lens	
04.1004	光子筛	photon sieve	由多孔组成的类似波带片的透镜。
04.1005	考纽螺旋线	Cornu spiral	
04.1006	欧拉螺旋线	Euler spiral	
04.1007	衍射角	angle of diffraction, diffraction angle	
04.1008	衍射级	diffraction order	
04.1009	半周期带	half-period zone	
04.1010	二次衍射	secondary diffraction	
04.1011	衍射效率	diffraction efficiency	
04.1012	瑞利判据	Rayleigh's criterion	
04.1013	分辨本领	resolving power	
04.1014	角分辨率	angular resolution	
04.1015	线分辨率	linear resolution	
04.1016	最小分辨角	angle of minimum resolution	

序　号	汉　文　名	英　文　名	注　　释
04.1017	艾里斑	Airy disk	
04.1018	衍射极限	diffraction limit	
04.1019	衍射光学	diffraction optics	
04.1020	数字衍射光学	digital diffractive optics	
04.1021	二元光学	binary optics	
04.1022	衍射二元光学	diffractive binary optics	
04.1023	衍射仪	diffractometer	
04.1024	衍射显微镜	diffraction microscope	
04.1025	纹影照相术	schlieren photography	用于拍摄流体流。
04.1026	多次衍射	multiple diffraction	
04.1027	多缝衍射	multislit diffraction	
04.1028	动力学衍射	dynamical diffraction	
04.1029	运动学衍射	kinematical diffraction	动力学衍射的近似。
04.1030	布拉格衍射	Bragg diffraction	
04.1031	布拉格定律	Bragg's law	
04.1032	布拉格条件	Bragg's condition	
04.1033	布拉格光栅	Bragg grating	
04.1034	分布布拉格反射器	distributed Bragg reflector	
04.1035	X 射线衍射	X-ray diffraction	
04.1036	面内 X 射线衍射	in-plane X-ray diffraction	
04.1037	能[量色]散 X 射线衍射	energy dispersion X-ray diffraction	
04.1038	能量过滤衍射	energy-filtered diffraction	
04.1039	光栅	grating	
04.1040	栅线间距	grating space	
04.1041	光栅常量	grating constant	
04.1042	衍射光栅	diffraction grating	
04.1043	反射光栅	reflection grating	
04.1044	利特罗[反射]光栅	Littrow [reflection] grating	
04.1045	透射光栅	transmission grating	
04.1046	正弦光栅	sinusoidal grating	
04.1047	相[位型]光栅	phase grating	
04.1048	幅光栅	amplitude grating	全称“振幅型光栅”。
04.1049	龙基光栅	Ronchi grating	等间距光栅。
04.1050	平面光栅	plane grating	
04.1051	线光栅	wire grating	
04.1052	刻划光栅	ruling grating	
04.1053	槽形光栅	groove grating	又称“刻槽光栅”。

序 号	汉 文 名	英 文 名	注 释
04.1054	刻蚀光栅	etched grating	
04.1055	闪耀光栅	blazed grating	
04.1056	闪耀角	blazing angle	
04.1057	闪耀波长	blaze wavelength	
04.1058	阶梯光栅	echelon grating	
04.1059	迈克耳孙阶梯光栅	Michelson echelon [grating]	
04.1060	小阶梯光栅	echelette grating	
04.1061	中阶梯光栅	echelle grating	
04.1062	复[式]光栅	multiple grating	
04.1063	啁啾光栅	chirped grating	
04.1064	母光栅	master grating	
04.1065	复制光栅	replica grating	
04.1066	光纤光栅	fiber grating	
04.1067	阵列波导光栅	arrayed waveguide grating	
04.1068	层状光栅	lamellar grating	
04.1069	交叉光栅	crossed grating	
04.1070	二维光栅	two-dimensional grating	
04.1071	凹面光栅	concave grating	
04.1072	三维光栅	three-dimensional grating	
04.1073	三维衍射	three-dimensional diffraction	
04.1074	叠栅条纹	moiré(法) fringe	曾称“莫阿条纹”。
04.1075	塔尔博特效应	Talbot effect	
04.1076	劳效应	Lau effect	两光栅的干涉成像。
04.1077	干涉测量术	interferometry	
04.1078	差分干涉测量术	differential interferometry	
04.1079	双[光]束干涉测量术	two-beam interferometry	
04.1080	时间平均干涉术	time-averaged interferometry	
04.1081	干涉仪	interferometer	
04.1082	光学干涉仪	optical interferometer	
04.1083	共路干涉仪	common path interferometer	
04.1084	双路干涉仪	double path interferometer	
04.1085	振幅分割干涉仪	amplitude-division interferometer	
04.1086	波阵面分割干涉仪	wavefront-division interferometer	
04.1087	干涉显微镜	interference microscope	
04.1088	干涉对比度显微学	interference contrast microscopy	
04.1089	干涉比长仪	interference comparator	
04.1090	萨尼亚克效应	Sagnac effect	
04.1091	萨尼亚克干涉仪	Sagnac interferometer	

序　号	汉 文 名	英 文 名	注　　释
04.1092	迈克耳孙干涉仪	Michelson interferometer	
04.1093	光学相干层析术	optical coherence tomography	
04.1094	特外曼-格林干涉仪	Twyman-Green interferometer	
04.1095	马赫-曾德尔干涉仪	Mach-Zehnder interferometer	
04.1096	瑞利干涉仪	Rayleigh interferometer	
04.1097	陆末-格尔克板	Lummer-Gehrcke plate	
04.1098	法布里-珀罗干涉仪	Fabry-Perot interferometer	
04.1099	平面干涉仪	flat interferometer	
04.1100	剪切干涉仪	shearing interferometer	
04.1101	横向剪切干涉仪	lateral shearing interferometer	
04.1102	径向剪切干涉仪	radial-shearing interferometer	
04.1103	激光干涉仪	laser interferometer	
04.1104	龙基检验	Ronchi test	检验凹面镜。
04.1105	自然光	natural light	
04.1106	非偏振光	nonpolarized light, unpolarized light	
04.1107	偏振[性]	polarization	
04.1108	偏振光	polarized light	
04.1109	马吕斯定律	Malus' law	
04.1110	部分偏振	partial polarization	
04.1111	正交偏振	cross polarization	
04.1112	偏振波	polarization wave, polarized wave	
04.1113	偏振态	polarization state	
04.1114	主偏振态	principal state of polarization	
04.1115	偏振面	plane of polarization	
04.1116	线偏振	linear polarization	又称“平面偏振(plane polarization)”。
04.1117	圆偏振	circular polarization	
04.1118	椭圆偏振	elliptic polarization	
04.1119	径向偏振	radial polarization	
04.1120	随机偏振	random polarization	
04.1121	左[旋]圆偏振	left-handed circular polarization	
04.1122	右[旋]圆偏振	right-handed circular polarization	
04.1123	左旋偏振	left-handed polarzation, levopolarization	
04.1124	右旋偏振	right-handed polarization, dextropolarization	
04.1125	光自旋角动量	spin angular momentum of light	
04.1126	光轨道角动量	orbital angular momentum of light	

序　号	汉　文　名	英　文　名	注　　释
04.1127	光涡旋	optical vortex	
04.1128	偏振度	degree of polarization	
04.1129	退偏振	depolarization	
04.1130	法拉第退偏振	Faraday depolarization	
04.1131	波片	wave plate	
04.1132	全波片	whole-wave plate, full-wave plate	
04.1133	半波片	half-wave plate	
04.1134	1/4 波片	quarter-wave plate	
04.1135	1/4 波线	quarter-wave line	
04.1136	零级波片	zero-order wave plate	
04.1137	多级波片	multiple-order wave plate	
04.1138	延迟片	retardation plate	又称“减速片”。
04.1139	延迟光劈	retardation wedge	又称“减速光劈”。
04.1140	快轴	fast axis	
04.1141	慢轴	slow axis	
04.1142	起偏器	polarizer	
04.1143	检偏器	polarization analyzer	
04.1144	空间离分偏振器	spatial walk-off polarizer	
04.1145	片堆起偏器	pile-of-plate polarizer	
04.1146	偏振分束器	polarizing beamsplitter	
04.1147	非偏振分束器	nonpolarizing beamsplitter	又称“去偏振分束器(depolarizing beamsplitter)”。
04.1148	[起]偏振棱镜	polarizing prism	
04.1149	尼科耳棱镜	Nicol prism	
04.1150	格兰棱镜	Glan prism	
04.1151	菲涅耳菱体	Fresnel rhombus	
04.1152	沃拉斯顿棱镜	Wollaston prism	
04.1153	诺马斯基棱镜	Nomarski prism	
04.1154	偏振片	polaroid sheet	
04.1155	巴比涅补偿器	Babinet compensator	
04.1156	正交偏振器	crossed polarizer	
04.1157	正交尼科耳棱镜	crossed Nicol prism	
04.1158	加拿大胶	Canada balsam	
04.1159	起偏角	polarizing angle	
04.1160	起偏本领	polarizing power	
04.1161	测偏振术	polarimetry	
04.1162	偏振测光	photopolarimetry	

序号	汉文名	英文名	注释
04.1163	布儒斯特角	Brewster's angle	
04.1164	庞加莱球	Poincaré sphere	偏振态的几何表示法。
04.1165	斯托克斯参数	Stokes parameter	描述偏振态的参数。
04.1166	斯托克斯矢量	Stokes vector	描述偏振方向的矢量。
04.1167	琼斯矩阵	Jones matrix	描述偏振态的矩阵。
04.1168	缪勒矩阵	Mueller matrix	描述偏振态的矩阵。
04.1169	双折射	birefringence, double refraction	
04.1170	寻常光[线]	ordinary ray	
04.1171	非寻常光[线]	extraordinary ray	
04.1172	寻常折射率	ordinary refractive index	
04.1173	非寻常折射率	extraordinary refractive index	
04.1174	负折射率介质	negative index medium	
04.1175	左手光	left-handed light	用人造材料 metamaterial 才能产生。
04.1176	消光定理	extinction theorem	折射率的微观解释。
04.1177	内锥折射	internal conical refraction	
04.1178	外锥折射	external conical refraction	
04.1179	二[向]色性	dichroism	对不同偏振方向的光有不同吸收损耗。
04.1180	圆偏振二[向]色性	circular dichroism	
04.1181	圆双折射	circular birefringence	
04.1182	消光	extinction	
04.1183	次级消光	secondary extinction	
04.1184	消光轮廓	extinction contour	
04.1185	消光距离	extinction distance	
04.1186	消光率	extinction index	
04.1187	消光定则	extinction rule	
04.1188	消光系数	extinction coefficient	复折射率虚部系数。
04.1189	消光比	extinction ratio	
04.1190	旋光性	optical activity, optical rotation	
04.1191	旋光物质	optically active substance	
04.1192	旋光介质	rotational medium	
04.1193	旋光率	[optical] rotatory power	又称“旋光系数”。
04.1194	双异旋光	bi-rotation	
04.1195	变异旋光	muta-rotation	
04.1196	旋光色散	rotatory dispersion	

序 号	汉 文 名	英 文 名	注 释
04.1197	旋光对映体	optical antipode	
04.1198	旋光异构体	optical isomer	
04.1199	二向色性偏振器	dichroic polarizer	
04.1200	起偏目镜	polarizing eyepiece	
04.1201	偏光仪	polariscope	又称“偏[振]光镜”。用于测量偏振,包括起偏、检偏。
04.1202	偏振仪	polarimeter	
04.1203	半影器件	half-shade device	
04.1204	椭圆偏振计	ellipsometer	简称“椭偏计”
04.1205	椭圆偏振测量术	ellipsometry	简称“椭偏测量术”。
04.1206	偏光显微镜	polarizing microscope	
04.1207	磁致旋光	magneto-optical rotation	
04.1208	法拉第旋转	Faraday rotation	
04.1209	韦尔代常数	Verdet constant	
04.1210	磁致旋光率	specific magnetic rotation	
04.1211	光调制	optical modulation	
04.1212	光调制器	light modulator	又称“调光器”。
04.1213	空间光调制器	spatial light modulator	
04.1214	正交调制	quadrature modulation	
04.1215	交叉调制	cross modulation	
04.1216	横调制	transverse modulation	
04.1217	调幅	amplitude modulation	
04.1218	调频	frequency modulation	
04.1219	调相	phase modulation	
04.1220	交叉相位调制	cross-phase modulation	
04.1221	傅里叶光学	Fourier optics	
04.1222	光学傅里叶变换	optical Fourier transform	
04.1223	傅里叶成像[术]	Fourier imaging	
04.1224	空间频率	spatial frequency	
04.1225	空间谐波	spatial harmonic	
04.1226	空间滤波器	spatial filter	
04.1227	阿贝-波特实验	Abbe-Porter experiment	
04.1228	针孔滤波器	pinhole filter	
04.1229	频谱面	frequency plane	
04.1230	光学变换	optical transform	
04.1231	变换光学	transform optics	
04.1232	脉冲响应	impulse response	

序 号	汉 文 名	英 文 名	注 释
04.1233	点扩展函数	point spread function	
04.1234	线扩展函数	line spread function	
04.1235	振幅扩展函数	amplitude spread function	
04.1236	振幅脉冲响应	amplitude impulse response	
04.1237	光学传递函数	optical transfer function	
04.1238	振幅传递函数	amplitude transfer function	
04.1239	强度传递函数	intensity transfer function	
04.1240	相位传递函数	phase transfer function	
04.1241	调制传递函数	modulation transfer function	
04.1242	阿贝成像原理	Abbe's theory of image formation	
04.1243	相干成像	coherent imaging	
04.1244	相干因子	coherence factor	衡量图像质量的因子,也是超导电子对散射振幅中的因子。
04.1245	非相干成像	incoherent imaging	
04.1246	可见度	visibility	在大气科学中又称“能见度”。
04.1247	衬度	contrast	又称“对比度”“反差”。
04.1248	锐度	sharpness	
04.1249	振幅衬度	amplitude contrast	
04.1250	物衬度	object contrast	
04.1251	相衬	phase contrast	又称“相位对比”。
04.1252	等相面	cophasal surface	
04.1253	残差相位	residual phase	又称“相位残差”。
04.1254	相[位型]物体	phase object	
04.1255	泽尼克相衬原理	Zernike's phase contrast principle	
04.1256	相衬显微术	phase contrast microscopy	又称“相位对比显微术”。
04.1257	相位阵列光学	phased array optics	
04.1258	相干性	coherence	
04.1259	相干光	coherent light	
04.1260	相干辐射	coherent radiation	
04.1261	相干照明	coherent illumination	
04.1262	自相干	self-coherence	
04.1263	二级相干性	second-order coherence	
04.1264	相干度	degree of coherence	
04.1265	部分相干性	partial coherence	

序　号	汉　文　名	英　文　名	注　　释
04.1266	相干效应	coherence effect	
04.1267	相干条件	coherence condition	
04.1268	时间相干性	temporal coherence	
04.1269	相干时间	coherence time	
04.1270	空间相干性	spatial coherence	
04.1271	横向相干性	lateral coherence, transverse coherence	
04.1272	相干长度	coherence length	
04.1273	相干面积	coherence area	
04.1274	相干体积	volume of coherence	
04.1275	相干函数	coherence function	
04.1276	相干孔径	coherent aperture	
04.1277	相干叠加	coherent addition	激光束叠加,以增加功率。
04.1278	部分相干光	partially coherent light	
04.1279	非相干光	incoherent light	
04.1280	准热光	quasi-thermal light	又称“赝热光(pseudothermal light)”。
04.1281	非相干发射	incoherent emission	
04.1282	非相干辐射	incoherent radiation	
04.1283	非相干照明	incoherent illumination	
04.1284	非相干性	incoherence	
04.1285	非相干叠加	incoherent superposition	
04.1286	经典相干性	classical coherence	
04.1287	解析信号	analytic signal	
04.1288	交叉相干[性]	cross coherence	又称“互相干[性]”。
04.1289	互相干函数	mutual coherence function	
04.1290	可见度函数	visibility function	等同于零延时的互相干函数。
04.1291	复相干度	complex degree of coherence	
04.1292	频谱分解	spectral decomposition	
04.1293	[频]谱密度	spectral density	
04.1294	交叉谱密度	cross-spectral density	
04.1295	互谱密度	mutual spectral density	
04.1296	交叉谱纯	cross-spectral purity	
04.1297	交叉对称条件	cross-symmetry condition	
04.1298	互强度	mutual intensity	
04.1299	强度关联	intensity correlation	

序号	汉文名	英文名	注释
04.1300	强度干涉仪	intensity interferometer	
04.1301	范西泰特–策尼克定理	van Cittert-Zernike theorem	
04.1302	亥姆霍兹互易性定理	Helmholtz's reciprocity theorem	
04.1303	空间分辨率	spatial resolution	
04.1304	分辨[率极]限	resolution limit	
04.1305	鉴辨带宽	resolution bandwidth	又称"分辨带宽"。
04.1306	衍[射置]限透镜	diffraction-limited lens	
04.1307	切趾[法]	apodization	衍射控像法。
04.1308	超分辨率	super-resolution	
04.1309	等强度线	isophote	
04.1310	角谱	angular spectrum	
04.1311	中心暗场法	central dark ground method	
04.1312	相[位]板	phase aberrator, phase plate	
04.1313	边界[衍射]波	boundary [diffraction] wave	
04.1314	衍射晕	diffraction halo	
04.1315	等色线	isochromatic line, isochromate	
04.1316	同消色线	isogyre	
04.1317	应力双折射	piezobirefringence, stress birefringence	
04.1318	形序双折射	form birefringence	双折射起因于各向同性微粒的有序排列。
04.1319	取向双折射	orientation birefringence	
04.1320	电致双折射	electric birefringence	
04.1321	声致双折射	acoustic birefringence	
04.1322	地面[大气]折射	terrestrial refraction	
04.1323	频谱	frequency spectrum	
04.1324	带宽置限脉冲	bandwidth-limited pulse	简称"宽限脉冲"。
04.1325	带限信号	bandlimited signal	
04.1326	宽带信号	broadband signal	
04.1327	时间带宽积	time-bandwidth product	
04.1328	频域	frequency domain	
04.1329	空[间]域	space domain, spatial domain	
04.1330	空间频谱	spatial frequency spectrum	
04.1331	空间不变性	spatial invariance	
04.1332	空间载波	spatial carrier	
04.1333	码间干扰	intersymbol interference	
04.1334	复解析信号	complex analytical signal	
04.1335	缩微像存储	micro-image storage	

序　号	汉　文　名	英　文　名	注　　释
04.1336	光学相关	optical correlation	又称“光关联”。
04.1337	横向关联函数	transverse correlation function	
04.1338	强度关联谱学	intensity correlation spectroscopy	
04.1339	关联谱	correlation spectrum	
04.1340	全息术	holography	
04.1341	全息照相	holograph	
04.1342	全息图	hologram	
04.1343	体全息图	volume hologram	
04.1344	光[学]全息术	optical holography	
04.1345	物波	object wave	
04.1346	物光束	object beam	
04.1347	参考波	reference wave	
04.1348	参考光束	reference beam	
04.1349	参考角	reference angle	参考光束与全息图法线的夹角。
04.1350	全息解卷积	holographic deconvolution	
04.1351	波前速度	front velocity	
04.1352	波前函数	wavefront function	
04.1353	波前分割	wavefront division	
04.1354	束强比	beam ratio	物光束与参考光束强度之比。
04.1355	波前重建	wavefront reconstruction	
04.1356	相位[复]共轭	phase conjugation	
04.1357	伪波前	false front	
04.1358	出射波重建	exit wave reconstruction	
04.1359	重建波	reconstructing wave	又称“再现波”。
04.1360	重建像	reconstructed image	
04.1361	孪[生]像	twin image	
04.1362	伽博法	Gabor's method	
04.1363	利思-乌帕特尼克斯全息图	Leith-Upatnieks hologram	又称“丹尼舒克反射全息图(Denisyuk reflection hologram)”。
04.1364	全息像	holographic image	
04.1365	凹凸正常像	orthoscopic image	又称“无畸变像”。全息术的。
04.1366	凹凸反转像	pseudoscopic image	又称“幻视像”。全息术的。
04.1367	伽博全息图	Gabor hologram	

序号	汉文名	英文名	注释
04.1368	载频全息图	carrier-frequency hologram	
04.1369	基元全息图	elementary hologram	
04.1370	平面全息图	plane hologram	
04.1371	透射全息图	transmission hologram	
04.1372	反射全息图	reflection hologram	
04.1373	负全息图	negative hologram	
04.1374	干涉全息图	interference hologram	
04.1375	白光全息图	white light hologram	
04.1376	纵深[记录]全息术	deep holography	
04.1377	吸收[型]全息图	absorption hologram	
04.1378	振幅[型]全息图	amplitude hologram	
04.1379	相位[型]全息图	phase hologram	
04.1380	布拉格[效应]全息图	Bragg [effect] hologram	
04.1381	夫琅禾费全息图	Fraunhofer hologram	
04.1382	菲涅耳全息图	Fresnel hologram	
04.1383	无透镜傅里叶全息图	lensless Fourier hologram	
04.1384	傅里叶[变换]全息图	Fourier [transform] hologram	
04.1385	类光栅全息图	grating-like hologram	
04.1386	李普曼-布拉格全息图	Lippmann-Bragg hologram	
04.1387	编址全息图	address hologram	
04.1388	复合全息图	composite hologram	
04.1389	离散载体全息图	discrete-carrier hologram	
04.1390	柱面全息图	cylindrical hologram	
04.1391	多重全息图	multiplex hologram	
04.1392	合成全息图	integral hologram	
04.1393	综合全息图	synthetic hologram	
04.1394	模压全息图	embossed hologram	
04.1395	漂白全息图	bleached hologram	
04.1396	可擦除全息图	erasable hologram	
04.1397	相[全]息图	kinoform	相位衍射成象图。
04.1398	相位衍射透镜	kinoform lens	
04.1399	夹层[式]全息图	sandwich hologram	
04.1400	热塑全息图	thermally engraved hologram, thermoplastic hologram	
04.1401	勒曼全息图	Lohmann hologram	
04.1402	闪耀全息图	blazed hologram	
04.1403	全景全息图	full view hologram, full-view hologram	

序号	汉文名	英文名	注释
04.1404	动态全息图	dynamic hologram	
04.1405	外差全息图	heterodyne hologram	
04.1406	计算机[制作]全息图	computer-generated hologram	
04.1407	二元全息图	binary hologram	
04.1408	数字全息图	digital hologram	
04.1409	子全息图	subhologram	又称"亚全息图"。
04.1410	像面全息术	image plane holography	
04.1411	彩色全息术	color holography	
04.1412	彩虹全息术	rainbow holography	
04.1413	偏置全息术	biasing holography	
04.1414	离轴全息术	off-axis holography	
04.1415	同轴全息术	in-line holography	
04.1416	多道全息术	multichannel holography	
04.1417	电影全息术	cineholography	
04.1418	显微全息术	microscopic holography	
04.1419	全息显微术	holographic microscopy	
04.1420	全息滤波器	holographic filter	又称"全息掩模(holographic mask)"。
04.1421	全息光栅	holographic grating	
04.1422	全息透镜	holographic lens, hololens	
04.1423	全息光学	holographic optics	
04.1424	全息干涉测量术	holographic interferometry	
04.1425	电子散斑干涉仪	electronic speckle interferometry	
04.1426	全息无损检验	holographic nondestructive testing	
04.1427	全息存储	holographic memory, holographic storage	
04.1428	分块全息存储	block-organized holographic memory	
04.1429	全息描述	holographic representation	又称"全息再现"。
04.1430	全息胶片	holofilm	
04.1431	读出光束	reading optical beam	
04.1432	光电子通信	optoelectronic communication	
04.1433	光[学]通信	optical communication	
04.1434	光学传输网络	optical transport network	
04.1435	容量速率积	capacity-speed product	
04.1436	信道容量	channel capacity	
04.1437	导波光学	guided wave optics	
04.1438	光导	light guide	

序　号	汉　文　名	英　文　名	注　　释
04.1439	光波导	optical waveguide	
04.1440	沟道波导	channel waveguide	
04.1441	开槽波导	slotted waveguide	
04.1442	布拉格波导	Bragg waveguide	
04.1443	平面型波导	planar waveguide	
04.1444	平板型波导	slab waveguide	
04.1445	介电[质]光波导	dielectric optical waveguide	
04.1446	介电质波导	dielectric waveguide	
04.1447	光纤	optical fiber	
04.1448	光缆	optical cable	
04.1449	光纤光学	fiber optics	
04.1450	单模光纤	single-mode fiber	
04.1451	多模光纤	multimode [optical] fiber	
04.1452	坡度折射率	graded [refractive] index	
04.1453	抛物型折射率光纤	parabolic index fiber	
04.1454	阶跃折射率光纤	step-index fiber	
04.1455	坡度折射率光纤	graded index fiber	
04.1456	保偏光纤	polarization maintaining fiber	
04.1457	熊猫光纤	panda fiber	
04.1458	领结型光纤	bow-tie fiber	又称“蝴蝶结型光纤”。
04.1459	光纤包层	fiber cladding	
04.1460	包层光纤	cladded optical fiber	
04.1461	椭圆包层光纤	elliptical-clad fiber	
04.1462	非零色散位移光纤	non-zero dispersion-shifted fiber	
04.1463	逆色散光纤	reverse-dispersion fiber	
04.1464	全导型光纤	omni guide fiber	
04.1465	多孔光纤	holey fiber	
04.1466	空心光纤	hollow core optical fiber	
04.1467	光子晶体光纤	photonic-crystal fiber	
04.1468	长周期光纤光栅	long-period fiber grating	
04.1469	E 玻璃纤维	E-glass fiber	
04.1470	光纤[观察]镜	fiberscope	
04.1471	模色散	modal dispersion, intermodal dispersion	
04.1472	偏振模色散	polarization modal dispersion	
04.1473	偏振相关损耗	polarization dependent loss	
04.1474	偏振串扰	polarization crosstalk	

序　号	汉　文　名	英　文　名	注　　释
04.1475	主态模型	principal state model	光纤偏振态模型。
04.1476	差分群时延	differential group delay	两偏振模传播时间之差。
04.1477	激光[束信息]扫描	laser [beam information] scanning	
04.1478	光选通	light gating	
04.1479	光启[动]开关	light-activated switch	
04.1480	光[致]开关	optical switch	
04.1481	光学多道分析	optical multichannel analysis	
04.1482	梳齿状结构	comb structure	
04.1483	载频	carrier frequency	
04.1484	复用器	multiplexer	
04.1485	分复用器	demultiplexer	
04.1486	通道复用	channel multiplexing	
04.1487	光[学]多路传输	optical multiplexing	
04.1488	频分复用	frequency division multiplexing	
04.1489	波分复用	wavelength division multiplexing	全称“波长分割复用”。
04.1490	解波分复用	wavelength division demultiplexing	
04.1491	密集波分复用	dense wavelength division multiplexing	
04.1492	光上/下路分插复用器	optical add/drop multiplexer	简称“光分插复用器”。
04.1493	光学时分复用	optical time division multiplexing	
04.1494	可编程上下分插复用器	programmable add/drop multiplexer	
04.1495	光交叉连接	optical cross-connection	
04.1496	波长互换的交叉连接	wavelength interchanging cross-connect	
04.1497	波长选择的交叉连接	wavelength-selective cross-connect	
04.1498	光耦合	optical coupling	
04.1499	光耦合器	optical coupler	
04.1500	光纤透镜耦合器	fiber-lens coupler	
04.1501	定向耦合器	directional coupler	
04.1502	中继器	repeater	
04.1503	光路由器	optical router	
04.1504	波导光栅路由器	waveguide grating router	
04.1505	多波长路由	multi-wavelength routing	
04.1506	信息光学	information optics	
04.1507	光[学]信息处理	coherent optical information proces-	

序　号	汉　文　名	英　文　名	注　　释
		sing	
04.1508	相干图像处理	coherent image processing	
04.1509	实时信号处理	real-time signal processing	
04.1510	压缩感知	compressed sensing, compressive sensing	
04.1511	压缩采样	compressive sampling	
04.1512	图样识别	pattern recognition	
04.1513	条形码	barcode	
04.1514	条[形]码扫描器	barcode reader	
04.1515	编码	coding, encoding	
04.1516	二进制编码	binary coding	
04.1517	图像编码	image coding	又称"特征编码"。
04.1518	频率编码	frequency encoding	
04.1519	彩色编码	color coding	
04.1520	脉冲编码	impulse coding	
04.1521	数字编码	digit coding	
04.1522	[代]码	code	
04.1523	群码	group code	
04.1524	禁码	illegal code	
04.1525	编码器	encoder	
04.1526	解码器	decoder	
04.1527	鉴码器	code discriminator	
04.1528	纠错	error correction	
04.1529	纠错码	error correction code	
04.1530	格雷码	Gray code	通信中的一种纠错码。
04.1531	汉明码	Hamming code	通信中的一种纠错码。
04.1532	光编码	optical encryption	
04.1533	光学相位编码	optical phase encryption	
04.1534	译码	decipherment	
04.1535	信号速度	signal velocity	
04.1536	数据采集	data acquisition	
04.1537	数据库	database	
04.1538	数据容量	data capacity	
04.1539	数据存储	data storage	
04.1540	光学存储	optical memory, optical storage	信息的。
04.1541	连带存储	associative storage	

序　号	汉　文　名	英　文　名	注　　释
04.1542	磁光驱动器	magneto-optical drive	
04.1543	录像带	videotape	
04.1544	视频[频率]	video frequency	
04.1545	视频带宽	video bandwidth	
04.1546	编码孔径	coded aperture	
04.1547	综合孔径	synthetic aperture	又称“合成孔径”。
04.1548	孔径合成	aperture synthesis	
04.1549	光[学]外差	optical heterodyne	
04.1550	光[学]零差	optical homodyne	
04.1551	本地振荡器	local oscillator	又称“本机振荡器”。
04.1552	光计算	optical computing	
04.1553	光学三极管	optical transistor	
04.1554	随机光学存取	optical random access	
04.1555	光学逻辑	optical logic	
04.1556	光子集成电路	photonic integrated circuit	
04.1557	并行光学接口	parallel optical interface	
04.1558	光子晶体波导	photonic-crystal waveguide	
04.1559	隐形	cloaking	又称“隐身”。
04.1560	强度关联成像	intensity correlation imaging	
04.1561	桶探测器	bucket detector	
04.1562	单像素相机	single-pixel camera	

04.01.03　光谱学、激光、非线性光学

04.1563	洛伦兹-洛伦茨公式	Lorentz-Lorenz formula	
04.1564	分子折射度	molecular refraction	
04.1565	散射光	scattered light	
04.1566	漫散射	diffuse scattering	
04.1567	低角散射	low angle scattering	
04.1568	组合散射	combination scattering	
04.1569	前向散射	forward scattering	
04.1570	近前向散射	near-forward scattering	
04.1571	分子散射	molecular scattering	
04.1572	廷德尔散射	Tyndall scattering	
04.1573	瑞利散射	Rayleigh scattering	
04.1574	瑞利翼散射	Rayleigh-wing scattering	
04.1575	拉曼散射	Raman scattering	
04.1576	布里渊散射	Brillouin scattering	
04.1577	反常散射	anomalous scattering	

序　号	汉　文　名	英　文　名	注　　释
04.1578	乳光	opalescence	
04.1579	混浊介质	turbid medium	
04.1580	浊度	turbidity	
04.1581	发射	emission	
04.1582	发射机制	emission mechanism	
04.1583	自发射	auto-emission	
04.1584	再发射	re-emission	
04.1585	发射度	emittance	
04.1586	光射度	light emittance	
04.1587	发射率	emissivity	
04.1588	发射效率	emission efficiency	
04.1589	发射本领	emissive power	
04.1590	发射角	emission angle	
04.1591	吸收	absorption	
04.1592	光吸收	photo absorption, optical absorption	
04.1593	再吸收	resorption	
04.1594	总吸收	total absorption	
04.1595	选择吸收	selective absorption	
04.1596	体吸收	bulk absorption	
04.1597	反常吸收	anomalous absorption, abnormal absorption	
04.1598	吸收介质	absorbing medium	
04.1599	吸收体	absorber	
04.1600	吸收[光]劈	absorbing wedge	
04.1601	吸收率	absorptivity	
04.1602	吸收度	absorbance	
04.1603	吸收系数	absorption coefficient	
04.1604	吸收因子	absorption factor	
04.1605	透明性	transparency	
04.1606	透明度	transparency	
04.1607	透明介质	transparent medium	
04.1608	半透明介质	translucent medium	
04.1609	半透明性	translucency	
04.1610	半透明度	translucency	
04.1611	不透明度	opacity	
04.1612	不透明性	opacity	
04.1613	不透明体	opaque body	
04.1614	朗伯定律	Lambert's law	

序　号	汉 文 名	英 文 名	注　　释
04.1615	布格定律	Bouguer's law	又称“朗伯–布格定律(Lambert-Bouguer law)”。
04.1616	比尔–朗伯[吸收]定律	Beer-Lambert law	
04.1617	比尔定律	Beer's law	
04.1618	吸收本领	absorptive power	
04.1619	吸收凹陷	absorption dip	
04.1620	色散	dispersion, chromatic dispersion	又称“频散”。
04.1621	负色散	negative dispersion	
04.1622	群速度色散	group velocity dispersion	
04.1623	折射色散	refractive dispersion	
04.1624	消色散	de-dispersion	
04.1625	无色散波	nondispersive wave	
04.1626	零色散波长	zero-dispersion wavelength	
04.1627	频散波	dispersive wave	
04.1628	色散频率	dispersion frequency	
04.1629	色散补偿	dispersion compensation	
04.1630	色散度	dispersity, dispersity measure	
04.1631	高阶色散	high-order dispersion	
04.1632	谱频散	spectral dispersion	
04.1633	空间诱导色散	spatially-induced dispersion	
04.1634	正常色散	normal dispersion	
04.1635	反常色散	anomalous dispersion	
04.1636	色散率	dispersive power	
04.1637	色散曲线	dispersion curve	
04.1638	色散方程	dispersion equation	
04.1639	柯西色散公式	Cauchy dispersion formula	
04.1640	色散介质	dispersive medium	
04.1641	无色散介质	nondispersive medium	
04.1642	色散棱镜	dispersing prism	
04.1643	放电管	discharge tube	
04.1644	白炽灯	incandescent lamp	
04.1645	弧灯	arc lamp	
04.1646	空心阴极灯	hollow-cathode lamp	
04.1647	单色仪	monochromator	
04.1648	前置单色仪	premonochromator	
04.1649	双程单色仪	double-pass monochromator	
04.1650	利特罗单色仪	Littrow monochromator	

序 号	汉 文 名	英 文 名	注 释
04.1651	吸收盒	absorption cell	
04.1652	哈特曼光阑	Hartmann diaphragm	
04.1653	分光光度法	spectrophotometry	
04.1654	分光光度计	spectrophotometer	
04.1655	红外分光光度计	infrared spectrophotometer	
04.1656	测微分光光度计	microspectrophotometer	
04.1657	荧光分光光度计	spectrofluorophotometer	
04.1658	双束分光光度计	double-beam spectrophotometer	
04.1659	光栅分光计	grating spectrometer	
04.1660	多道分光计	multichannel spectrometer	
04.1661	摄谱仪	spectrograph	
04.1662	真空摄谱仪	vacuum spectrograph	
04.1663	无缝摄谱仪	slitless spectrograph	
04.1664	光栅摄谱仪	grating spectrograph	
04.1665	双光栅摄谱仪	dual-grating spectrograph	
04.1666	光谱	optical spectrum, light spectrum	
04.1667	棱镜光谱	prismatic spectrum	
04.1668	衍射光谱	diffraction spectrum	
04.1669	激发光谱	excitation spectrum	
04.1670	发射光谱	emission spectrum	
04.1671	反射光谱	reflection spectrum	
04.1672	透射光谱	transmission spectrum	
04.1673	吸收光谱	absorption spectrum	
04.1674	吸收峰	absorption peak	
04.1675	紫外[光]吸收谱	ultraviolet absorption spectrum	
04.1676	弧光谱	arc spectrum	
04.1677	火花光谱	spark spectrum	
04.1678	光谱化学	spectrochemistry	
04.1679	可见光谱	visible spectrum	
04.1680	线状谱	line spectrum	
04.1681	带状谱	band spectrum	
04.1682	连续谱	continuous spectrum, continuum	
04.1683	自由-束缚连续谱	free-bound continuous spectrum	
04.1684	超连续谱	supercontinuum spectrum	
04.1685	超连续[光]发生	supercontinuum generation	
04.1686	谱线	spectral line	
04.1687	谱线前移	line advance	
04.1688	[光]谱带	spectral band	

序　号	汉　文　名	英　文　名	注　　释
04.1689	[光]谱支	spectral branch	
04.1690	明线	bright line	
04.1691	暗线	dark line	
04.1692	伴线	satellite line, satellite	
04.1693	红伴线	red satellite	
04.1694	紫伴线	violet satellite	
04.1695	光栅伴线	grating satellite	
04.1696	发射[谱]线	emission line	
04.1697	连续谱发射	continuum emission	
04.1698	吸收[谱]线	absorption line	
04.1699	连续吸收	continuous absorption	
04.1700	暗带	dark band	
04.1701	吸收带	absorption band	
04.1702	伴峰	satellite peak	
04.1703	增强谱线	enhanced line	
04.1704	谱范围	spectral range	
04.1705	可见[光谱]区	visible range, visible region	
04.1706	可见光波长	visible wavelength	
04.1707	近红外	near infrared, near-IR	
04.1708	远红外	far infrared, FIR	
04.1709	近紫外	near ultraviolet, near-UV	
04.1710	远紫外	far ultraviolet, FUV	
04.1711	极端紫外	extreme ultraviolet, EUV	
04.1712	真空紫外	vacuum ultraviolet, VUV	
04.1713	光谱级	spectral order	光栅的。
04.1714	一级光谱	primary spectrum, first-order spectrum	
04.1715	次级光谱	secondary spectrum	
04.1716	复[杂]光谱	complex spectrum	
04.1717	缺级	missing order	
04.1718	罗兰圆	Rowland circle	
04.1719	鬼线	ghost line, spurious line	又称“伪线”。
04.1720	[光]谱线系	spectral series	
04.1721	[谱]线系	line series	
04.1722	光谱项	spectroscopic term	
04.1723	光谱项系	[spectroscopic] term series	
04.1724	谱指数	spectrum index	
04.1725	里德伯[线]系	Rydberg series	

序　号	汉　文　名	英　文　名	注　　释
04.1726	锐线系	sharp series	
04.1727	主线系	principal series	
04.1728	漫线系	diffuse series	
04.1729	基线系	fundamental series	
04.1730	辅线系	subordinate series	
04.1731	连续区	continuum	
04.1732	组合[谱]线	combination line	
04.1733	巡项	running term	
04.1734	收敛限	convergence limit	里德伯线系的。
04.1735	单线	singlet	
04.1736	双重线	doublet	
04.1737	三重线	triplet	
04.1738	态际组合线	intercombination line	三重态和单态间跃迁产生的谱线。
04.1739	位移律	displacement law	
04.1740	倒谱项	term of inverted spectrum	
04.1741	求和定则	sum rule	
04.1742	量子数亏损	quantum defect	
04.1743	原子谱线	atomic spectral line	
04.1744	转动[谱]线	rotational line	
04.1745	转动[谱]带	rotational band	
04.1746	振动[谱]线	vibrational line	
04.1747	谱特性	spectral characteristic	
04.1748	谱响应	spectral response	
04.1749	谱表示	spectral representation	
04.1750	谱线移	spectral line shift	
04.1751	谱线形	spectral line shape	
04.1752	谱增宽	spectral broadening	
04.1753	夫琅禾费谱线	Fraunhofer line	
04.1754	特征光谱	characteristic spectrum	
04.1755	滞留谱线	persistent line	
04.1756	共振线	resonance line	
04.1757	固有共振	natural resonance	
04.1758	共振俘获	resonance capture	
04.1759	共振放大	resonance amplification	
04.1760	共振凹陷	resonance dip	
04.1761	共振能级	resonance level	
04.1762	[偏]离共振	off-resonance	

序　号	汉　文　名	英　文　名	注　　释
04.1763	非共振过程	non-resonant process	
04.1764	非共振散射	non-resonant scattering	
04.1765	谱分析	spectral analysis, spectrum analysis	
04.1766	[摄]谱分析	spectrographic analysis	
04.1767	谱指纹	spectral fingerprint	
04.1768	谱权重	spectral weight	
04.1769	谱权重函数	spectral weight function	
04.1770	同系对	homologous pair	
04.1771	塞曼效应	Zeeman effect	
04.1772	正常塞曼效应	normal Zeeman effect	
04.1773	反常塞曼效应	anomalous Zeeman effect	
04.1774	逆塞曼效应	inverse Zeeman effect	
04.1775	塞曼分裂	Zeeman splitting	
04.1776	斯塔克分裂	Stark splitting	
04.1777	拉曼[光]谱	Raman spectrum	
04.1778	拉曼谱学	Raman spectroscopy	
04.1779	斯托克斯线	Stokes line	
04.1780	反斯托克斯线	anti-Stokes line	
04.1781	谱线移位	line shift	
04.1782	光谱线同位素位移	spectroscopic isotope shift	
04.1783	频偏	frequency deviation	
04.1784	锐调谐	sharp tuning	
04.1785	失调	detuning	
04.1786	频率抖动	frequency jitter	
04.1787	频移	frequency shift	
04.1788	红移	red shift	
04.1789	蓝移	blue shift	
04.1790	紫移	violet shift	
04.1791	斯托克斯频移	Stokes shift	
04.1792	布里渊频移	Brillouin shift	
04.1793	压致频移	pressure shift	
04.1794	光致频移	light shift	光泵实验的。
04.1795	谱[强度]分布	spectral distribution	
04.1796	谱强度	spectral intensity	
04.1797	谱线强度	line strength	
04.1798	线形	line shape	全称“谱线形状”,又称“谱线轮廓(line profile)”。

序　号	汉 文 名	英 文 名	注　　释
04.1799	洛伦兹分布	Lorentz distribution	
04.1800	洛伦兹线形函数	Lorentz line shape function	
04.1801	多普勒线形	Doppler profile	
04.1802	谱宽	spectral bandwidth	
04.1803	谱线宽度	line width, line-breadth	简称“线宽”。
04.1804	积分线宽	integral line-breadth	
04.1805	半峰全宽	full width at half maximum, half-peak width	
04.1806	半峰半宽	half width at half maximum, HWHM	
04.1807	固有线宽	natural linewidth	又称“自然线宽”。
04.1808	本征线宽	intrinsic linewidth	
04.1809	谱线致宽	line broadening	
04.1810	固有[谱线]增宽	natural broadening	
04.1811	多普勒[谱线]增宽	Doppler broadening	
04.1812	均匀[谱线]增宽	homogeneous broadening	
04.1813	非均匀[谱线]增宽	inhomogeneous broadening	
04.1814	洛伦兹[谱线]增宽	Lorentz broadening	
04.1815	功率[谱线]增宽	power broadening	
04.1816	压致[谱线]增宽	pressure broadening	
04.1817	斯塔克[谱线]增宽	Stark broadening	
04.1818	[光]谱线自蚀	self-reversal of spectral lines	
04.1819	自蚀[光谱]线	reversed line	
04.1820	光谱图	spectrogram	
04.1821	比较光谱	comparison spectrum	
04.1822	标准波长	standard wavelength	
04.1823	光谱纯度	spectral purity	
04.1824	沟槽光谱	channeled spectrum	
04.1825	符合光谱	coincidence spectrum	
04.1826	激子光谱	exciton spectrum	
04.1827	暗激子	dark exciton	
04.1828	晶体光谱	crystal spectrum	
04.1829	固体光谱	solid state spectrum	
04.1830	吸收[极]限	absorption limit	光谱的。
04.1831	直接吸收	direct absorption	
04.1832	间接吸收	indirect absorption	
04.1833	内禀吸收	intrinsic absorption	
04.1834	非本征吸收	extrinsic absorption	
04.1835	剩余射线	residual ray, reststrahlen	

序　号	汉　文　名	英　文　名	注　　释
04.1836	剩余射线带	reststrahlen band	
04.1837	[光]谱学	spectroscopy	又称“[光]谱术”。
04.1838	度[光]谱术	spectrometry	
04.1839	摄谱[学]	spectrography	
04.1840	掠入射反射光谱术	grazing incidence reflection spectroscopy, GIR spectroscopy	
04.1841	多路光谱术	multiplex optical spectroscopy	
04.1842	光谱比较仪	spectrocomparator	
04.1843	符合光谱术	coincidence spectroscopy	
04.1844	弹性反冲光谱术	elastic recoil spectrometry	
04.1845	闪光光谱术	flash spectroscopy	
04.1846	天体光谱学	astrospectroscopy	
04.1847	吸收光谱学	absorption spectroscopy	
04.1848	原子荧光光谱术	atomic fluorescence spectroscopy	
04.1849	发射光谱学	emission spectroscopy	
04.1850	自电离光谱学	autoionization spectroscopy	
04.1851	束箔光谱学	beam-foil spectroscopy	
04.1852	光拍光谱术	light beating spectroscopy	
04.1853	拍谱	beat spectrum	
04.1854	平衡零拍探测	balanced homodyne detection	
04.1855	干涉谱学	interferometric spectroscopy	
04.1856	激光光谱学	laser spectroscopy	
04.1857	高分辨光谱学	high-resolution spectroscopy	
04.1858	非线性光谱学	nonlinear spectroscopy	
04.1859	消多普勒[增宽]光谱学	Doppler-free spectroscopy	
04.1860	光学冉赛条纹	optical Ramsey fringes	
04.1861	饱和光谱学	saturation spectroscopy	
04.1862	偏振光谱学	polarization spectroscopy	
04.1863	偏振标记光谱术	polarization labeling spectroscopy	
04.1864	傅里叶[变换]光谱学	Fourier [transform] spectroscopy	
04.1865	傅里叶[变换]拉曼光谱学	Fourier [transform] Raman spectroscopy	
04.1866	调制光谱学	modulation spectroscopy	
04.1867	位移[型]调制	displacive modulation	
04.1868	电吸收调制器	electroabsorption modulator	
04.1869	互调	intermodulation	
04.1870	分子光谱学	molecular spectroscopy	

序号	汉文名	英文名	注释
04.1871	弗兰克-康登原理	Franck-Condon principle	
04.1872	红外光谱学	infrared spectroscopy	
04.1873	红外吸收	infrared absorption	
04.1874	红外吸收谱学	infrared absorption spectroscopy	
04.1875	红外反射吸收谱学	infrared reflection-absorption spectroscopy, IRAS	
04.1876	红外窗口	infrared window	
04.1877	中红外峰	mid-infrared peak	
04.1878	真空紫外谱学	vacuum ultraviolet spectroscopy	
04.1879	光散射谱学	light scattering spectroscopy	
04.1880	漫射波光谱学	diffusing wave spectroscopy	
04.1881	共振拉曼光谱学	resonance Raman spectroscopy	
04.1882	隧穿谱学	tunneling spectroscopy	
04.1883	光声谱学	photoacoustic spectroscopy, optoacoustic spectroscopy	
04.1884	时间分辨[光]谱学	time-resolved spectroscopy	
04.1885	时间分辨荧光	time-resolved fluorescence	
04.1886	抽运探测实验	pump and probe experiment	
04.1887	激发探测实验	excite-probe experiment	
04.1888	超快过程	ultrafast process	
04.1889	超快光学	ultrafast optics	
04.1890	超快光谱术	ultrafast optical spectroscopy	
04.1891	Z 扫描技术	Z-scan technique	又称“纵向扫描技术”。
04.1892	光漂白	optical bleaching	
04.1893	发光	luminescence	
04.1894	自发光	autoluminescence, self-luminescence	
04.1895	施主-受主对发光	donor-acceptor pair luminescence	
04.1896	电致发光	electroluminescence	
04.1897	有机电致发光	organic electroluminescence, OEL	
04.1898	电流发光	galvanoluminescence	
04.1899	光致发光	photoluminescence	
04.1900	声致发光	sonoluminescence	
04.1901	白炽发光	candoluminescence	
04.1902	热光	thermal light	
04.1903	热光效应	thermooptical effect	
04.1904	热致发光	thermoluminescence	
04.1905	热释光[学]	pyroluminescence	

序　号	汉　文　名	英　文　名	注　　释
04.1906	冷光	cold light	
04.1907	荧光	fluorescence	
04.1908	荧光学	fluoroscopy	
04.1909	荧光计	fluorimeter	
04.1910	荧光光度计	fluorophotometer	
04.1911	荧光素	fluorescein	
04.1912	荧光材料	fluorescent material	
04.1913	荧光线	fluorescent line	
04.1914	荧光探剂	fluorescence probe	
04.1915	荧光猝灭	fluorescence quenching	
04.1916	荧光镜	fluoroscope	
04.1917	荧光关联谱[学]	fluorescence correlation spectroscopy, FCS	
04.1918	荧光屏	photoscope	
04.1919	透视镜	photoscope	
04.1920	长余辉荧光屏	long persistence screen	
04.1921	磷光	phosphorescence	
04.1922	磷光体	phosphorescent material, phosphor	
04.1923	电化学发光	electrochemiluminescence	
04.1924	辉光	glow	
04.1925	阴电辉	negative glow	
04.1926	气辉	airglow	全称“大气辉光”。
04.1927	光力学	optomechanics	
04.1928	光力学晶体	optomechanical crystal	
04.1929	光[测]弹性	photoelasticity	
04.1930	光[测]弹性学	photoelasticity	
04.1931	光测弹性术	photoelastometry	
04.1932	光电效应	photoelectric effect	
04.1933	次级光电效应	secondary photoelectric effect	
04.1934	负光电效应	photonegative effect	因电子复合而使光电子减少的效应。
04.1935	光电效应方程	photoelectric equation	
04.1936	光热效应	photothermal effect, optothermal effect	
04.1937	光电子	photoelectron	
04.1938	光电子学	optoelectronics, optronics	
04.1939	光电子激发	photoelectron excitation	
04.1940	光电子产额	photoelectric yield	又称“光电子产率”。

序　号	汉　文　名	英　文　名	注　　释
04.1941	光电子能谱仪	photoelectron spectrometer	
04.1942	光电子光谱显微术	photoelectron spectromicroscopy	
04.1943	光电子发射显微术	photoelectron emission microscopy, PEEM	
04.1944	光电流	photocurrent	
04.1945	光电池	photoelectric cell, photocell	
04.1946	光电管	photoelectric tube	
04.1947	光电倍增管	photomultiplier [tube]	
04.1948	光敏阴极	light-sensitive cathode	
04.1949	光电导效应	photoconductive effect	又称“内光电效应(inner photoelectric effect)”。
04.1950	光电导体	photoconductor	
04.1951	光[致]电流效应	optogalvanic effect, photogalvanic effect	
04.1952	光生伏打效应	photovoltaic effect	简称“光伏效应”。
04.1953	光电压	photovoltage	
04.1954	光生伏打电池	photovoltaic cell	简称“光伏电池”。
04.1955	光电变换器	optical-to-electrical transducer	
04.1956	光电二极管	photodiode	
04.1957	光控电致发光	photoelectroluminescence	
04.1958	光声效应	optoacoustic effect, photoacoustic effect	
04.1959	光声调制	optoacoustic modulation	
04.1960	康普顿效应	Compton effect	
04.1961	逆康普顿效应	inverse Compton effect	
04.1962	逆康普顿散射	inverse Compton scattering	
04.1963	光压	light pressure	
04.1964	迈克耳孙-莫雷实验	Michelson-Morley experiment	
04.1965	切连科夫效应	Cherenkov effect	
04.1966	切连科夫辐射	Cherenkov radiation	
04.1967	轫致辐射	bremsstrahlung	又称“制动辐射(braking radiation)”。
04.1968	偶极辐射	dipole radiation	
04.1969	四极辐射	quadrupole radiation	
04.1970	自发辐射	spontaneous radiation	
04.1971	受激发射	stimulated emission	
04.1972	受激吸收	stimulated absorption	

序　号	汉　文　名	英　文　名	注　　释
04.1973	自发发射	spontaneous emission	
04.1974	放大自发发射	amplified spontaneous emission	
04.1975	自放大自发发射	self-amplified spontaneous emission, SASF	
04.1976	关联自发发射	correlated spontaneous emission	
04.1977	受激跃迁	stimulated transition	
04.1978	受激辐射	stimulated radiation	
04.1979	爱因斯坦系数	Einstein's coefficient	
04.1980	量子电子学	quantum electronics	
04.1981	微波激射	microwave amplification by stimulated emission of radiation	
04.1982	微波激射器	maser	曾称"微波量子放大器"。
04.1983	分子束微波激射器	molecular beam maser	
04.1984	再激发	restimulation	
04.1985	泵[浦]	pump, pumping	又称"抽运"。
04.1986	抽运过程	pumping process	
04.1987	远程抽运	remote pumping	又称"远程泵浦"。
04.1988	光激发	optical excitation	
04.1989	光抽运	optical pumping, light pumping	
04.1990	光泵	light pump	
04.1991	粒子数布居反转	population inversion	简称"粒子数反转""布居反转"。
04.1992	反转[粒子数]布居	inverted population	
04.1993	激活介质	active medium	
04.1994	激活区	active region	又称"有源区"。
04.1995	增益系数	gain coefficient	
04.1996	负吸收	negative absorption	
04.1997	放大系数	amplification coefficient	
04.1998	吸收损耗	absorption loss	
04.1999	阈值条件	threshold condition	
04.2000	受激阈	stimulated threshold	
04.2001	振荡阈值	oscillation threshold	
04.2002	激光	laser, laser light	
04.2003	激光器	laser	
04.2004	激光物理[学]	laser physics	
04.2005	激光医学	laser medicine	
04.2006	激[光发]射	lasing	

序　号	汉　文　名	英　文　名	注　　释
04.2007	无反转激射	lasing without inversion, LWI	
04.2008	激光[振荡]条件	laser [oscillation] condition	
04.2009	精细度	finesse(法文)	谐振腔的。
04.2010	空腔辐射	cavity radiation	
04.2011	空腔辐射体	cavity radiator	
04.2012	光[学]腔	optical cavity	
04.2013	光学共振腔	optical resonant cavity, optical resonator	
04.2014	激光[共振]腔	laser cavity, laser resonator	
04.2015	开[共振]腔	open cavity, open resonator	
04.2016	闭合共振器	closed resonator	
04.2017	内[共振]腔	intracavity	
04.2018	平行平面[共振]腔	plane-parallel resonator	
04.2019	法布里–珀罗共振腔	Fabry-Perot resonator	
04.2020	球面镜[共振]腔	spherical mirror resonator	
04.2021	共心[共振]腔	concentric resonator	又称“球面[共振]腔(spherical resonator)”。
04.2022	半球面[共振]腔	hemispherical resonator	
04.2023	共焦[共振]腔	confocal resonator	
04.2024	准共焦[共振]腔	quasi-confocal resonator	
04.2025	半共心[共振]腔	half-concentric resonator, hemiconcentric resonator	
04.2026	半共焦[共振]腔	half-confocal resonator, hemiconfocal resonator	
04.2027	半对称[共振]腔	half-symmetric resonator	
04.2028	椭球腔	ellipsoidal cavity	
04.2029	椭圆柱面腔	elliptical cylindrical cavity	
04.2030	有耗腔	lossy cavity	
04.2031	高耗[共振]腔	high-loss resonator	
04.2032	低耗[共振]腔	low-loss resonator	
04.2033	布儒斯特窗	Brewster window	
04.2034	稳定[共振]腔	stable resonator	
04.2035	亚稳[共振]腔	metastable resonator	
04.2036	不稳定腔	unstable cavity	
04.2037	稳定性图	stability diagram	
04.2038	稳定比	stabilization ratio	
04.2039	环形腔	ring cavity	
04.2040	折叠腔	folded cavity	

序　号	汉　文　名	英　文　名	注　　释
04.2041	复合共振腔	combination resonator, complex resonator	
04.2042	耦合[共振]腔	coupled resonators	
04.2043	介电[质]腔	dielectric cavity	
04.2044	解理耦合腔	cleaved coupled cavity	
04.2045	微腔	microcavity	
04.2046	介电[质]微腔	dielectric microcavity	
04.2047	法布里-珀罗微腔	Fabry-Perot microcavity	
04.2048	激活腔	active cavity	又称"有源腔"。
04.2049	无源腔	passive cavity	
04.2050	光增益	optical gain, light gain	
04.2051	小信号增益	small-signal gain	
04.2052	单程增益	single-pass gain	
04.2053	环行增益	round-trip gain	环行腔内的增益。
04.2054	往返增益	round-trip gain	法布里-珀罗共振腔内的增益。
04.2055	净增益	net gain	
04.2056	阈值增益	threshold gain	
04.2057	增益效率	gain efficiency	
04.2058	增益反转	gain inversion	
04.2059	增益[谱线]变窄	gain narrowing	
04.2060	光放大	light amplification	
04.2061	光放大器	optical amplifier	
04.2062	激光放大器	laser amplifier	
04.2063	无反转放大	amplification without inversion, AWI	
04.2064	激光振荡器	laser oscillator	
04.2065	腔振荡	cavity oscillation	
04.2066	激光束	laser beam	
04.2067	扇[形]束	fan-beam	
04.2068	高斯光束	Gaussian beam	
04.2069	复光束参量	complex beam parameter	高斯光束的。
04.2070	[光]束腰	beam waist	
04.2071	[光]束腰半径	waist radius	
04.2072	[光]束斑	beam spot	
04.2073	光束图样	beam pattern	
04.2074	[光]束半径	beam radius	
04.2075	束宽[度]	beam width	
04.2076	[光]束发散角	beam divergence angle	

序　号	汉　文　名	英　文　名	注　　释
04.2077	束发散度	beam divergence	
04.2078	束会聚度	beam convergence	
04.2079	激光模[式]	mode of laser	
04.2080	腔模	cavity mode	
04.2081	模结构	mode configuration	
04.2082	模图样	mode pattern	
04.2083	模序列	mode sequence	
04.2084	模数	mode number	
04.2085	纵模	longitudinal mode	又称"轴[向]模(axial mode)"。
04.2086	横模	transverse mode, lateral mode	
04.2087	基模	fundamental mode	
04.2088	高阶模	higher-order mode	
04.2089	厄米-高斯模	Hermite-Gauss mode	
04.2090	厄米-高斯光束	Hermite-Gauss beam	
04.2091	拉盖尔-高斯模	Laguerre-Gaussian mode	
04.2092	因斯-高斯模	Ince-Gaussian mode	
04.2093	超几何-高斯模	hypergeometric-Gaussian mode	
04.2094	纵模间距	longitudinal mode spacing	又称"轴模间距(axial mode spacing)"。
04.2095	环形模	ring mode	
04.2096	动态模	dynamic mode	
04.2097	增益钳位	gain-clamping	
04.2098	饱和增益	saturated gain	
04.2099	不饱和增益	unsaturated gain	
04.2100	饱和强度	saturation intensity	
04.2101	增益[线]轮廓	gain profile	
04.2102	饱和凹陷	saturation dip	
04.2103	多模腔	multimode cavity	
04.2104	多模振荡	multimode oscillation	
04.2105	选模	mode selection	
04.2106	模抑制	mode suppression	
04.2107	单模	single mode	
04.2108	单模线宽	single-mode line width	
04.2109	锁模	mode-locking	
04.2110	强制锁模	forced mode-locking	
04.2111	主动锁模	active mode-locking	
04.2112	被动锁模	passive mode-locking	

序号	汉文名	英文名	注释
04.2113	锁模激光器	mode-locked laser	
04.2114	倾腔脉冲	dumped pulse	
04.2115	模竞争	mode competition	
04.2116	模牵引效应	mode-pulling effect	
04.2117	模推斥效应	mode-pushing effect	
04.2118	兰姆半经典理论	Lamb's semiclassical theory	
04.2119	烧孔[效应]	hole burning [effect]	
04.2120	兰姆凹陷	Lamb dip	
04.2121	倒兰姆凹陷	inverted Lamb dip	
04.2122	频率牵引	frequency pulling	
04.2123	频率推斥	frequency pushing	
04.2124	品质因子	Q value, Q factor	
04.2125	调Q	Q modulation	
04.2126	Q突变	Q spoiling	
04.2127	Q开关	Q switch	
04.2128	染料Q开关	dye Q switching	
04.2129	主动[式]Q开关	active Q switching	
04.2130	被动[式]Q开关	passive Q switching	
04.2131	超声Q开关	ultrasonic Q switching	
04.2132	声光Q开关	acousto-optic Q switch	
04.2133	脉冲反射模	pulse reflection mode	
04.2134	脉冲透射模	pulse transmission mode	
04.2135	快光	fast light	
04.2136	快波	fast wave	
04.2137	延迟效应	retardation effect	由介质引起的光延迟。
04.2138	慢光传播	slow light propagation	
04.2139	超慢光	ultraslow light	
04.2140	亚光[群]速	subluminal speed	
04.2141	前沿	leading edge	谱线的或脉冲的。
04.2142	超短脉冲	ultrashort pulse	
04.2143	超短激光脉冲	ultrashort laser pulse	
04.2144	变换置限[最短]脉冲	transform-limited pulse	
04.2145	少周[期]脉冲	few-cycle pulse	
04.2146	单周期脉冲	single-cycle pulse	
04.2147	亚周期脉冲	sub-cycle pulse	
04.2148	激光脉冲压缩	laser pulse compression	
04.2149	光脉冲压缩	light pulse compression	

序 号	汉 文 名	英 文 名	注 释
04.2150	超短脉冲压缩	compression of ultrashort pulses	
04.2151	啁啾	chirp	又称“调频脉冲”。
04.2152	消啁啾	dechirping	
04.2153	啁啾滤波器	chirp filter	又称“线性调频滤波器”。
04.2154	啁啾脉冲	chirped pulse	
04.2155	啁啾高斯脉冲	chirped Gaussian pulse	
04.2156	光频梳	optical frequency comb	
04.2157	光频梳发生器	optical frequency comb generator	
04.2158	倾腔	cavity dumping	
04.2159	倾腔器	[cavity] dumper	
04.2160	倾腔激光器	cavity-dumped laser	
04.2161	巨脉冲激光器	giant-pulse laser	
04.2162	饱和吸收	saturated absorption	
04.2163	[可]饱和吸收器	saturable absorber	
04.2164	鉴频器	frequency discriminator	
04.2165	稳频	frequency stabilization	
04.2166	频标	frequency standard	全称“频率标准”。
04.2167	激光长度基准	laser length standard	
04.2168	稳频激光器	frequency stabilized laser	
04.2169	锁相激光器	phase-locking laser	
04.2170	腔内扫描	intracavity scanning	
04.2171	声光腔	acousto-optic cavity	
04.2172	声光偏转器	acousto-optic deflector	
04.2173	光隔离器	optical isolator	
04.2174	脉冲氙灯	pulse xenon lamp	
04.2175	抽运灯	pumping lamp	
04.2176	扫描干涉仪	scanning interferometer	
04.2177	光阀	light valve	
04.2178	激光能量计	laser energy meter	
04.2179	抽运光	pumping light	
04.2180	共振抽运	resonance pumping	
04.2181	饱和反转	saturated inversion	
04.2182	阈值功率	threshold power	
04.2183	模间拍[频]	intermode beat	
04.2184	光拍	light beat, photo-beat	
04.2185	集体拍	collective beating	
04.2186	激光尖峰	laser spiking	

序　号	汉　文　名	英　文　名	注　　释
04.2187	热透镜效应	thermal lensing effect	
04.2188	光束波导	beam waveguide	
04.2189	集成光学	integrated optics	
04.2190	集成光路	integrated optical circuit	
04.2191	混合集成平台	platform for hybrid integration	
04.2192	微阵列	microarray	
04.2193	微束	microbeam	
04.2194	受导波	guided wave	
04.2195	耦合模	coupled modes	
04.2196	模匹配	mode matching	
04.2197	无反射镜激光器	mirrorless laser	
04.2198	连续波激光器	continuous wave laser	
04.2199	气体激光器	gas laser	
04.2200	高功率激光器	high-power laser	
04.2201	气动激光器	[gas] dynamic laser	
04.2202	电子束激发激光器	electron beam excitation laser	
04.2203	自由电子激光器	free-electron laser, FEL	
04.2204	切连科夫自由电子激光器	Cherenkov free-electron laser	
04.2205	等离[子]体激光器	plasma laser	又称"电浆激光器"。
04.2206	脉冲激光器	pulsed laser	
04.2207	激基分子激光器	excimer laser, exciplex laser	又称"准分子激光器"。
04.2208	自脉冲激光器	self-pulsing laser	
04.2209	扫描激光器	scanned laser	
04.2210	多色激光器	multicolor laser	
04.2211	可调谐激光器	tunable laser	
04.2212	单频	single-frequency	
04.2213	腔内调制	intracavity modulation	
04.2214	调频激光器	frequency modulation laser	
04.2215	染料激光器	dye laser	
04.2216	塞曼调谐激光器	Zeeman-tuned laser	
04.2217	磁调谐激光器	magnetic tuning laser	
04.2218	断续调谐红外激光器	discretely tunable infrared laser	
04.2219	固体激光器	solid state laser	
04.2220	红宝石激光器	ruby laser	
04.2221	色心激光器	color center laser	
04.2222	拉曼激光器	Raman laser	

序 号	汉 文 名	英 文 名	注 释
04.2223	拉曼频移激光器	Raman-shifted laser	
04.2224	自旋反转拉曼激光器	spin-flip Raman laser	
04.2225	注入式激光器	injection laser	
04.2226	栅极注频	grid injection	
04.2227	注入电流	injection current	
04.2228	半导体激光器	semiconductor laser	
04.2229	激光[器]基质	laser host	
04.2230	二极管激光器	diode laser	
04.2231	结型激光器	junction laser	
04.2232	同质结激光器	homojunction laser	
04.2233	异质结激光器	heterojunction laser, heterolaser	
04.2234	分布反馈激光器	distributed-feedback laser, DFB laser	
04.2235	垂直腔表面发射激光器	vertical-cavity surface-emitting laser, VCSEL	
04.2236	端抽运激光器	end-pumped laser	
04.2237	面抽运激光器	face-pumped laser	
04.2238	盘状激光器	disk laser	
04.2239	微盘激光器	microdisk laser	
04.2240	无序介质激光器	random laser	
04.2241	化学激光器	chemical laser	
04.2242	离解激光器	dissociative laser	
04.2243	复合激光器	recombination laser	
04.2244	再生激光器	regenerative laser	
04.2245	再生放大	regenerative amplification	
04.2246	二能级激光器	two-level laser	
04.2247	多能级激光器	multilevel laser	
04.2248	束缚-束缚激光器	bound-bound laser	
04.2249	束缚-自由激光器	bound-free laser	
04.2250	级联激光器	cascade laser, staged laser	
04.2251	折叠[腔]激光器	folded laser	
04.2252	双腔激光器	dual-cavity laser	
04.2253	孪激光器	twin laser	
04.2254	环形激光器	ring laser	
04.2255	光纤激光器	fiber laser	
04.2256	光纤放大器	optical fiber amplifier	
04.2257	拉曼光纤放大器	Raman fiber amplifier	
04.2258	激光[器]阵列	laser array	

序　号	汉　文　名	英　文　名	注　　释
04.2259	多路激光[器]系统	multichannel laser system	
04.2260	多模激光器	multimode laser	
04.2261	行波激光器	traveling-wave laser	
04.2262	分时激光器	time-sharing laser	
04.2263	谐波激光器	harmonic-generator laser	
04.2264	频扫激光器	sweep laser	
04.2265	扫描时间	sweep time	
04.2266	双频激光器	two-frequency laser	
04.2267	红外激光器	infrared laser	
04.2268	紫外激光器	ultraviolet laser	
04.2269	真空紫外激光器	vacuum ultraviolet laser	
04.2270	X 射线激光器	xaser, X-ray laser	
04.2271	伽马射线激射器	gaser	
04.2272	合作发射	cooperative emission	
04.2273	混沌激光	chaotic laser light	
04.2274	散斑	speckle	
04.2275	散斑图样	speckle pattern	
04.2276	激光散斑	laser speckle	
04.2277	光猝灭	optical quenching	
04.2278	光猝发	burst of light	
04.2279	激光蒸发方法	laser vaporization method	
04.2280	激光烧蚀	laser ablation	
04.2281	激光加工	laser processing	
04.2282	激光打孔	laser boring	
04.2283	激光切割	laser cutting	
04.2284	激光焊接	laser bonding	
04.2285	激光致冷	laser cooling	
04.2286	多普勒冷却	Doppler cooling	
04.2287	西西弗斯效应	Sisyphus effect	原子冷却中的效应。
04.2288	激光显示	laser display	
04.2289	激光通信	laser communication	
04.2290	光纤通信	optical fiber communication	
04.2291	激光陀螺[仪]	laser gyroscope	
04.2292	光陀螺仪	optical gyroscope	
04.2293	激光制导	laser guidance	
04.2294	激光校直	laser aligning	
04.2295	激光抽运	laser pumping	
04.2296	激光激发	laser excitation	

序　号	汉　文　名	英　文　名	注　　释
04.2297	激光感生荧光	laser induced fluorescence	
04.2298	激光同位素分离	laser isotope separation	
04.2299	激光裂变	laser fission	
04.2300	激光聚变	laser fusion	
04.2301	激光加速器	laser accelerator	
04.2302	激光测速术	laser velocimetry	
04.2303	多普勒速度计	Doppler velocimeter	
04.2304	激光多普勒测[风]速仪	laser-Doppler anemometry	
04.2305	测距	ranging	
04.2306	激光测距系统	laser distance measuring system	
04.2307	激光测距仪	laser range finder	
04.2308	光[学]定向测距	optical direction and ranging, OPDAR	
04.2309	[激]光雷达	lidar, light detection and ranging	
04.2310	相干[激]光雷达	coherent laser radar	
04.2311	晶体光学	crystal optics	
04.2312	介电椭球	dielectric ellipsoid	
04.2313	[光]正晶体	[optically] positive crystal	
04.2314	[光]负晶体	[optically] negative crystal	
04.2315	单轴晶体	uniaxial crystal	
04.2316	双轴晶体	biaxial crystal	
04.2317	半长轴	semimajor axis	晶体光轴。
04.2318	半短轴	semiminor axis	晶体光轴。
04.2319	晶体主截面	principal section of crystal	
04.2320	晶体主平面	principal plane of crystal	
04.2321	光折射椭球	optical indicatrix	
04.2322	主折射率	principal refractive index	
04.2323	轴的色散	dispersion of axes	晶体光学中的概念。
04.2324	走离角	walk-off angle	晶体中出射光线与法线的夹角。
04.2325	旋光晶体	gyrostatic crystal	
04.2326	右旋晶体	right-handed crystal	
04.2327	左旋晶体	left-handed crystal	
04.2328	[旋光]糖量计	saccharimeter	
04.2329	非线性介质	nonlinear medium	
04.2330	非线性[光学]晶体	nonlinear crystal	
04.2331	快非线性	fast nonlinearity	

序号	汉文名	英文名	注释
04.2332	时间响应	time response	
04.2333	非线性[光学]极化率	nonlinear [optical] susceptibility	
04.2334	置换对称	permutation symmetry	
04.2335	超极化率	hyperpolarizability	
04.2336	缓变幅近似	slowly varying amplitude approximation	
04.2337	耦合波	coupled waves	
04.2338	耦合波理论	coupled wave theory	
04.2339	同向耦合	codirectional coupling	
04.2340	反向耦合	contradirectional coupling	
04.2341	交叉耦合	cross coupling	
04.2342	纵向弛豫	longitudinal relaxation	
04.2343	横向弛豫	transverse relaxation	
04.2344	退相[位]时间	dephasing time	
04.2345	拉曼效应	Raman effect	
04.2346	逆拉曼效应	inverse Raman effect	
04.2347	逆斯塔克效应	inverse Stark effect	
04.2348	电光效应	electro-optic effect	
04.2349	线性电光效应	linear electro-optic effect	
04.2350	泡克耳斯效应	Pockels effect	
04.2351	电致反[射改]变	electro-reflectance	
04.2352	压致反[射改]变	piezoreflectance	
04.2353	二次电光张量	quadratic electro-optical tensor	
04.2354	克尔效应	Kerr effect	
04.2355	克尔盒	Kerr cell	
04.2356	电光系数	electro-optic coefficient	
04.2357	电光偏转	electro-optic deflection	
04.2358	电光调制	electro-optic modulation	
04.2359	磁光效应	magneto-optic effect	
04.2360	科顿效应	Cotton effect	
04.2361	科顿-穆顿效应	Cotton-Mouton effect	
04.2362	逆磁光效应	inverse magneto-optic effect	
04.2363	磁光调制	magneto-optic modulation	
04.2364	磁光快门	magneto-optic shutter	
04.2365	磁旋光性物质	magnetically active substance	
04.2366	声光学	acousto-optics	
04.2367	声光效应	acousto-optic effect	
04.2368	声光系数张量	acousto-optic tensor	

序　号	汉　文　名	英　文　名	注　　释
04.2369	声光偏转	acousto-optic deflection	
04.2370	声光调制	acousto-optic modulation	
04.2371	声光信号处理	acousto-optic signal processing	
04.2372	声光可调滤波器	acousto-optical tunable filter	
04.2373	光学整流	optical rectification	
04.2374	和频	sum frequency	
04.2375	差频	difference frequency	
04.2376	[二]倍频	frequency doubling, frequency multiplication	
04.2377	二次谐波	second harmonic	
04.2378	二次谐波产生	second harmonic generation	
04.2379	二次谐波发生器	second harmonic generator, SHG	又称“倍频器”。
04.2380	相位匹配	phase matching	
04.2381	相位失配	phase mismatch	
04.2382	第一类相位匹配	type I phase matching	
04.2383	第二类相位匹配	type II phase matching	
04.2384	共线相位匹配	collinear phase matching	
04.2385	非共线相位匹配	noncollinear phase matching	
04.2386	准相位匹配	quasi-phase-matching	
04.2387	消色差相位匹配	achromatic phase matching	
04.2388	波矢匹配	wave vector matching	
04.2389	匹配角	matching angle	
04.2390	转换效率	conversion efficiency	
04.2391	谐波产生	harmonic generation	
04.2392	三阶非线性	third-order nonlinearity	
04.2393	三阶非线性极化率	third-order nonlinear susceptibility	
04.2394	三次谐波	third harmonic	
04.2395	高阶谐波产生	high-order harmonic generation	
04.2396	光学参变放大	optical parametric amplification	
04.2397	参变超荧光	parametric superfluorescence	
04.2398	光学参变振荡	optical parametric oscillation	
04.2399	光学参变振荡器	optical parametric oscillator, OPO	
04.2400	参量上转换	parametric upconversion	
04.2401	参量下转换	parametric downconversion	
04.2402	频率转换	frequency conversion	
04.2403	升频转换	frequency upconversion	又称“频率上转换”。
04.2404	降频转换	frequency downconversion	又称“频率下转换”。
04.2405	分谐波发生[效应]	subharmonic generation	

序　号	汉　文　名	英　文　名	注　　释
04.2406	抽运波	pumping wave	
04.2407	探测波	probing wave	
04.2408	抽运功率	pump power	
04.2409	抽运消耗	pump depletion	
04.2410	双光子共振	two-photon resonance	
04.2411	双光子吸收	two-photon absorption	
04.2412	双光子发射	two-photon emission	
04.2413	双光子失谐	two-photon detuning	
04.2414	双光子湮没	two-photon annihilation	
04.2415	双光子激光	two-photon laser	
04.2416	三光子过程	three-photon process	
04.2417	多光子过程	multiphoton process	
04.2418	多光子效应	multiphoton effect	
04.2419	混频	frequency mixing	
04.2420	晶体混频器	crystal mixer	
04.2421	分频器	frequency divider	
04.2422	频率合成	frequency synthesis	
04.2423	光混频	optical mixing, photomixing	
04.2424	四波混合	four-wave mixing	
04.2425	简并四波混合	degenerate four-wave mixing	又称“简并四波混频”。
04.2426	光共轭	optical conjugation	
04.2427	光学相位共轭	optical phase conjugation	
04.2428	波前反转	wavefront reversal	
04.2429	共轭波	conjugate wave	
04.2430	共轭分数	conjugation fraction	
04.2431	自抽运	self-pumping	
04.2432	受迫光散射	forced light scattering	
04.2433	增强拉曼散射	enhanced Raman scattering	
04.2434	受激拉曼散射	stimulated Raman scattering	
04.2435	受激布里渊散射	stimulated Brillouin scattering	
04.2436	受激瑞利散射	stimulated Rayleigh scattering	
04.2437	相干拉曼散射	coherent Raman scattering	
04.2438	相干反斯托克斯-拉曼散射	coherent anti-Stokes Raman scattering, CARS	
04.2439	超拉曼散射	hyper-Raman scattering	
04.2440	超瑞利散射	hyper-Rayleigh scattering	
04.2441	光感生光栅	light-induced grating	

序　号	汉　文　名	英　文　名	注　　释
04.2442	光折变效应	photorefractive effect	
04.2443	光折变相位光栅	photorefractive phase grating	
04.2444	光折变束扇效应	photorefractive beam-fanning effect	
04.2445	光折变晶体	photorefractive crystal	
04.2446	光折变空间孤子	photorefractive spatial soliton	
04.2447	光场克尔效应	optical Kerr effect	
04.2448	光[学]双稳性	optical bistability	
04.2449	吸收[型]光双稳性	absorptive optical bistability	
04.2450	色散[型]光双稳性	dispersive optical bistability	
04.2451	双稳结构	bistable structure	
04.2452	光[学]多稳性	optical multistability	
04.2453	光限幅	optical limiting	
04.2454	自作用	self-action	
04.2455	自聚焦	self-focusing	
04.2456	自聚焦[光]丝	self-focused filament	
04.2457	自调相	self-phase modulation	
04.2458	自陡化	self-steepening	
04.2459	自陷俘	self-trapping	
04.2460	自衍射	self-diffraction	
04.2461	自散焦	self-defocusing	
04.2462	灾变性激光损伤阈	catastrophic laser-damage threshold	
04.2463	多光子激发	multiphoton excitation	
04.2464	多光子离解	multiphoton dissociation	
04.2465	多光子光谱学	multiphoton spectroscopy	
04.2466	光致分离	photodetachment	
04.2467	库仑爆炸	Coulomb explosion	
04.2468	光致离解	photodissociation	
04.2469	光致预离解	photopredissociation	
04.2470	光学致冷	optical cooling	
04.2471	俘获	entrapment	
04.2472	光[学]陷俘	optical trapping	原子和离子的。
04.2473	光阱	light trap	
04.2474	磁光阱	magneto-optical trap, MOT	
04.2475	光陷俘力	optical trapping force	
04.2476	自发发射陷俘	spontaneous emission trapping	
04.2477	自发发射引导	spontaneous emission steering	
04.2478	相干发射	coherent emission	
04.2479	相干捕获	coherent trap	

序　号	汉　文　名	英　文　名	注　　释
04.2480	相干布居囚禁	coherent population trapping	
04.2481	相干布居转移	coherent population transfer	
04.2482	相干布居振荡	coherent population oscillation	
04.2483	光镊	optical tweezers	
04.2484	激光引导原子	laser guided atom	
04.2485	光浮	optical levitation	全称“光学浮置”。
04.2486	相干暂态效应	coherent transient effect	
04.2487	定相	phasing	
04.2488	退相[位]	dephasing	
04.2489	旋[转]波近似	rotating wave approximation	
04.2490	拉比频率	Rabi frequency	
04.2491	光子回波	photon echo	
04.2492	光学章动	optical nutation	
04.2493	自感生透明	self-induced transparency	
04.2494	自由感应衰减	free-induction decay	
04.2495	浸渐跟随	adiabatic following	
04.2496	浸渐反转	adiabatic inversion	
04.2497	碰[撞]致排列	collision-induced alignment	
04.2498	碰撞感生相干性	collision-induced coherence	
04.2499	汉勒效应	Hanle effect	
04.2500	圆锥发射	cone emission	
04.2501	锥光法	conoscopy	
04.2502	激活光纤	active optical fiber	
04.2503	光孤子	optical soliton	
04.2504	暗孤子	dark soliton	
04.2505	多色空间孤子	multicolor spatial soliton	
04.2506	光学击穿	optical breakdown	
04.2507	[电子]雪崩电离	[electron] avalanche ionization	
04.2508	超阈电离	above-threshold ionization	
04.2509	反关联	anticorrelation	
04.2510	交叉关联	cross correlation	
04.2511	强度谱	intensity spectrum	
04.2512	时间积分强度	time integrated intensity	
04.2513	光[电]探测	photodetection, photoelectric detection	
04.2514	光[电]探测器	photodetector	
04.2515	光子	photon	
04.2516	弹道光子	ballistic photon	在散射介质中仍以直

序　号	汉　文　名	英　文　名	注　　释
			线向前传播的光子。
04.2517	微散射光子	snake photon	又称"蛇行光子"。在散射介质中受到微散射,保留一定程度相干性的光子。
04.2518	光子气	photon gas	
04.2519	光子探测器	photon detector	
04.2520	单光子探测器	single-photon detector	
04.2521	光子计数	photocounting, photon counting	
04.2522	光子计数器	photon counter	
04.2523	光子符合	photon coincidence	
04.2524	符合计数	coincidence counting	
04.2525	符合率	coincidence rate	
04.2526	光子群聚	photon bunching	
04.2527	光子反群聚	photon antibunching	
04.2528	寂静光	quiet light	
04.2529	寄生计数	spurious count	
04.2530	光子学	photonics	
04.2531	光子统计学	photon statistics	
04.2532	光子涨落	photon fluctuation	
04.2533	光子噪声	photon noise	
04.2534	光子简并度	photon degeneracy	
04.2535	光子通量	photon flux	
04.2536	光子态	photon state	
04.2537	[光子]数态	number state	
04.2538	福克态	Fock state	
04.2539	全[局]福克态	global Fock state	
04.2540	光子雪崩	photon avalanche	
04.2541	光学格[子]	optical lattice	
04.2542	光子压力	photon pressure force	
04.2543	光子化学	photonic chemistry	
04.2544	光子开关	photonic switch	
04.2545	真空稳定性	vacuum stability	
04.2546	亚泊松光	sub-Poisson light	
04.2547	超泊松光	super-Poisson light	
04.2548	模密度	mode density	
04.2549	偶极近似	dipole approximation	
04.2550	阻尼振子	damped oscillator	

序　号	汉　文　名	英　文　名	注　　释
04.2551	受驱阻尼振子	driven damped oscillator	
04.2552	感生发射	induced emission	
04.2553	感生吸收	induced absorption	
04.2554	级联发射	cascade emission	
04.2555	禁戒发射	forbidden emission	
04.2556	禁[戒谱]线	forbidden [spectral] line	
04.2557	量子拍	quantum beat	
04.2558	动态斯塔克分裂	dynamic Stark splitting	又称“光场斯塔克效应(optical Stark effect)”。
04.2559	超荧光	superfluorescence	
04.2560	超发光	superluminescence	
04.2561	超辐射	superradiance, superradiation	
04.2562	超辐射态	superradiant state	
04.2563	耗散	dissipation	
04.2564	布罗塞尔-比特实验	Brossel-Bitter experiment	
04.2565	双共振	double-resonance	
04.2566	奥特勒-汤斯效应	Autler-Townes effect	
04.2567	戈莱盒	Golay cell	
04.2568	光敏传感器	light sensor	
04.2569	光敏电阻	photoresistance	
04.2570	光敏性	photosensitivity, light sensitivity	
04.2571	光敏效应	photosensitive effect	
04.2572	光敏面	photosurface	
04.2573	光化性	actinicity	
04.2574	光化辐射	actinic radiation	
04.2575	光化作用	photochemical action	
04.2576	本质色性	idiochromatism	
04.2577	掺质色性	allochromatism	
04.2578	发色团	chromophore	
04.2579	助色团	auxochrome	
04.2580	二色性	dichromatism	
04.2581	磁圆二色性	magnetic circular dichroism, MCD	
04.2582	光[赋]色效应	photochromic effect	
04.2583	光[赋]色性	photochromism	
04.2584	光致二向色性	photodichroism	
04.2585	热色性	thermochromatism	
04.2586	脱色	decoloration	

序　号	汉　文　名	英　文　名	注　　释
04.2587	褪色	discoloration	
04.2588	光致褪色	photobleaching	
04.2589	光解作用	photolysis	
04.2590	闪光光解	flash photolysis	
04.2591	光塑效应	photoplastic effect	
04.2592	光致反应	photoreaction	
04.2593	光催化	photocatalysis	
04.2594	光[致]聚合作用	photopolymerization	
04.2595	光聚合物	photopolymer	
04.2596	光极化	optical poling	
04.2597	光致自旋取向	optical spin orientation	
04.2598	光致复合	photo-recombination	
04.2599	光生物学	photobiology	
04.2600	光合作用	photosynthesis	
04.2601	光生作用	photoproduction	
04.2602	光泳	photophoresis	
04.2603	重力光泳现象	gravitophotophoresis	
04.2604	光泳力	photophoretic force	

04.02　声　　学

04.2605	声学	acoustics	
04.2606	大气声学	atmospheric acoustics	
04.2607	水声学	marine acoustics	又称“海洋声学”。
04.2608	水下声学	underwater acoustics	
04.2609	电声学	electro-acoustics	
04.2610	几何声学	geometrical acoustics	
04.2611	波动声学	wave acoustics	
04.2612	非线性声学	nonlinear acoustics	
04.2613	分子声学	molecular acoustics	
04.2614	折声学	diacoustics, diaphonics	
04.2615	声谱学	sonography	
04.2616	声能学	sonics	
04.2617	超声学	ultrasonics	
04.2618	超声物理学	ultrasonic physics	
04.2619	声[音]	sound	
04.2620	固有振动	natural vibration	
04.2621	振子	vibrator	
04.2622	振动计	vibrometer	

序　号	汉　文　名	英　文　名	注　　释
04.2623	示振仪	vibrograph	
04.2624	和应振动	sympathetic vibration	简称“和振”。
04.2625	摇摆振动	wag vibration	
04.2626	阻尼振动	damped vibration	
04.2627	波	wave	
04.2628	波型	waveform	
04.2629	行波	traveling wave	
04.2630	反向行波	oppositely directed traveling wave, ODTW	
04.2631	纵波	longitudinal wave	
04.2632	横波	transverse wave	
04.2633	平面波	plane wave	
04.2634	柱面波	cylindrical wave	
04.2635	球面波	spherical wave	
04.2636	机械波	mechanical wave	
04.2637	前进波	advancing wave, progressive wave	
04.2638	简谐波	simple harmonic wave	
04.2639	表面张力波	capillary wave	
04.2640	压强波	pressure wave	
04.2641	波阵面	wavefront	又称“波前”。
04.2642	波面	wave surface	
04.2643	波长	wavelength	
04.2644	波数	wave number	
04.2645	波矢[量]	wave vector	又称“传播矢量(propagation vector)”。
04.2646	子波	wavelet	
04.2647	次级子波	secondary wavelet	
04.2648	波包	wave packet	
04.2649	波剖面	wave profile	
04.2650	波周期	wave period	
04.2651	波[面]法线	wave normal	
04.2652	驻波	standing wave	
04.2653	驻波比	standing wave ratio	
04.2654	波节	wave node	
04.2655	波腹	wave loop, antinode	
04.2656	波峰	wave crest	
04.2657	波谷	wave trough	
04.2658	涟波	ripple	

序　号	汉 文 名	英 文 名	注　　释
04.2659	波段	wave band	
04.2660	波幅	wave amplitude, amplitude of a wave	
04.2661	波传播	wave propagation	
04.2662	导波体	wave director	
04.2663	波场区	wave zone	
04.2664	列波	wavetrain	
04.2665	波列	train of wave	
04.2666	波速[度]	wave velocity, wave speed	
04.2667	相速[度]	phase velocity	
04.2668	群速[度]	group velocity	
04.2669	惠更斯原理	Huygens' principle	
04.2670	多普勒效应	Doppler effect	
04.2671	多普勒频移	Doppler shift	
04.2672	能流[量]	energy flux	
04.2673	能流密度	energy flux density	
04.2674	声波	acoustic wave, sound wave	
04.2675	声-重力波	acoustic-gravity wave	
04.2676	表面声波	surface acoustic wave, surface sound wave	
04.2677	准声波	quasiacoustic wave	
04.2678	超声波	ultrasonic wave	频率高于20kHz的声波。
04.2679	次声波	infrasonic wave	频率低于20Hz的声波。
04.2680	声速	velocity of sound, speed of sound	
04.2681	亚声逺	subsonic speed	低于声速的速度。
04.2682	超声逺	supersonic speed	高于声速的速度。
04.2683	声压[强]	sound pressure, acoustic pressure	
04.2684	声级	acoustic level, sound level	
04.2685	声强	acoustic intensity, intensity of sound	
04.2686	声强计	phonometer	
04.2687	声频	acoustic frequency, audio frequency	
04.2688	特高频	ultra-high frequency	
04.2689	高频	high frequency	
04.2690	中频	medium frequency	
04.2691	低频	low frequency	
04.2692	次声频	undersonic frequency	
04.2693	甚低频	very low frequency	

序 号	汉 文 名	英 文 名	注 释
04.2694	超低频	ultra-low frequency	
04.2695	简正频率	normal frequency	
04.2696	组合频率	combination frequency	又称"合成频率"。
04.2697	波阻抗	wave impedance	
04.2698	声阻抗	acoustic impedance	
04.2699	声阻	acoustic resistance	
04.2700	声阻率	specific acoustic resistance	
04.2701	声欧[姆]	acoustic ohm	
04.2702	声抗	acoustic reactance	
04.2703	声抗率	specific acoustic reactance	
04.2704	声导纳	acoustic admittance	声阻抗的倒数。
04.2705	声导	acoustic conductance	
04.2706	声纳	acoustic susceptance	
04.2707	拍	beat	
04.2708	拍频	beat frequency	
04.2709	拍频振荡器	beat frequency oscillator, BFO	
04.2710	回波	echo	
04.2711	回声	echo	
04.2712	回波图	echogram	
04.2713	简谐函数	harmonic function	
04.2714	谐音	harmonic sound	
04.2715	谐波分析	harmonic analysis	
04.2716	谐波展开	harmonic expansion	
04.2717	非简谐波	nonharmonic wave	
04.2718	非谐频率部分	inharmonic frequency component	
04.2719	谐分量	harmonic component	
04.2720	亚谐波	subharmonic	
04.2721	谐和力	harmonic force	
04.2722	声源	acoustic source, sound source	
04.2723	声发射	acoustic emission	
04.2724	激声	saser	
04.2725	声激射	phaser, phonon maser	
04.2726	声传播常数	acoustical propagation constant	
04.2727	声频散	acoustic dispersion, sound dispersion	
04.2728	声辐射	acoustic radiation	
04.2729	声辐射力	acoustic radiation force	
04.2730	声劲度	acoustic stiffness	
04.2731	声顺	acoustic compliance	

序号	汉文名	英文名	注释
04.2732	声损耗	acoustic loss	
04.2733	声空化	acoustic cavitation	
04.2734	声容	acoustic capacitance	
04.2735	声能	acoustic energy	
04.2736	响度	loudness	
04.2737	响度级	loudness level	
04.2738	共鸣	resonance	
04.2739	声共振	acoustic resonance, sound resonance	
04.2740	纵向共振	longitudinal resonance	
04.2741	音叉	tuning fork	
04.2742	弦	string	
04.2743	弦音计	sonometer	
04.2744	开管	open pipe	
04.2745	孔特管	Kundt's tube	
04.2746	共鸣管	resonance tube	
04.2747	共鸣板	sound board	
04.2748	声谱	audio spectrum	
04.2749	声像	acoustic image	
04.2750	波像差	wave aberration	
04.2751	滞后相位	lagging phase	
04.2752	声吸收	sound absorption	
04.2753	吸声材料	sound absorption material	
04.2754	超声	ultrasound, ultrasonic sound	
04.2755	超声处理	ultrasonication	
04.2756	超声吸收	ultrasonic absorption	
04.2757	超声凝聚	ultrasonic agglomeration	
04.2758	超声空化	ultrasonic cavitation	
04.2759	超声凝结	ultrasonic coagulation	
04.2760	超声显示术	ultrasonoscopy	
04.2761	超声成像	ultrasonic imaging	
04.2762	超声致光衍射	ultrasonic light diffraction	
04.2763	拉曼-奈斯衍射	Raman-Nath diffraction	
04.2764	超声光栅	ultrasonic grating	
04.2765	超声致材料弥散	ultrasonic material dispersion	
04.2766	超声焊接	ultrasonic soldering	
04.2767	超声谱分析	ultrasonic spectrum analysis	
04.2768	超声频闪视测器	ultrasonic stroboscope	
04.2769	特超声	hypersonic sound	

序 号	汉 文 名	英 文 名	注 释
04.2770	特超声空气动力学	hypersonic aerodynamics	
04.2771	声显微术	acoustic microscopy	
04.2772	声层析术	acoustic tomography	
04.2773	声全息术	acoustic holography	
04.2774	超声全息术	ultrasonic holography	
04.2775	共振超声波谱术	resonant ultrasound spectroscopy, RUS	
04.2776	测声术	acoumetry	
04.2777	声谱分析仪	sonic analyzer	
04.2778	声光布拉格衍射	acousto-optic Bragg diffraction	
04.2779	声多普勒效应	acoustic Doppler effect	
04.2780	多普勒超声	Doppler ultrasound	
04.2781	多普勒雷达	Doppler radar	
04.2782	电声效应	electrophonic effect	
04.2783	比声计	acoustic meter	
04.2784	声呐	sonar	
04.2785	声定位器	sonic locator	
04.2786	发声器	sounder	
04.2787	拾声器	sound detector	
04.2788	声传感器	acoustic sensor	
04.2789	扬声器	loudspeaker	
04.2790	扩音器	megaphone	
04.2791	声共鸣器	acoustic resonator	
04.2792	蜂鸣器	buzzer	
04.2793	弱音器	mute	
04.2794	消声器	muffler	
04.2795	消声室	anechoic chamber	
04.2796	可听度	audibility	
04.2797	可听频率	audible frequency	
04.2798	颤噪声	microphonics	
04.2799	声音清晰度	sound articulation	
04.2800	声障	sound barrier	
04.2801	声场	sound field	
04.2802	音	tone	
04.2803	泛音	overtone	
04.2804	泛音频率	overtone frequency	
04.2805	分音	partial tone	
04.2806	音色	tone quality	又称“音品”。

序　号	汉　文　名	英　文　名	注　　释
04.2807	不谐和弦	discord	
04.2808	音控制	tone control	
04.2809	音调制	tone modulation	
04.2810	音阶	tone scale	
04.2811	声调	intonation, pitch	又称“音调”。
04.2812	调谐	tuning	
04.2813	声带	vocal cord	
04.2814	语音合成仪	voice operation demonstrator	
04.2815	声码器	vocoder	又称“自动语音合成仪”。
04.2816	语图仪	[visible speech] sound spectrograph	

05. 热学、统计物理学

序　号	汉　文　名	英　文　名	注　　释
		05.01　热学、热力学	
05.0001	热	heat	
05.0002	热量	heat	
05.0003	热学	heat	
05.0004	热物理学	thermal physics	
05.0005	热力学	thermodynamics	
05.0006	经典热力学	classical thermodynamics	
05.0007	大气热力学	atmospheric thermodynamics	
05.0008	气动热力学	aerothermodynamics	
05.0009	化学热力学	chemical thermodynamics	
05.0010	生物热力学	biological thermodynamics	
05.0011	统计热力学	statistical thermodynamics	
05.0012	热力学系统	thermodynamic system	
05.0013	热力学原理	thermodynamic principle	
05.0014	热效应	thermal effect	
05.0015	热平衡	thermal equilibrium	
05.0016	温度	temperature	
05.0017	测温术	thermometry	
05.0018	测温性质	thermometric property	
05.0019	温标	temperature scale, thermometric scale	

序　号	汉　文　名	英　文　名	注　　释
05.0020	国际温标	international temperature scale, ITS	
05.0021	国际实用温标	international practical temperature scale, IPTS	
05.0022	摄氏温标	Celsius thermometric scale	
05.0023	华氏温标	Fahrenheit thermometric scale	
05.0024	理想气体温标	ideal gas [temperature] scale	
05.0025	热力学温标	thermodynamic scale of temperature	
05.0026	热力学温度	thermodynamic temperature	又称“绝对温度”。
05.0027	开尔文温标	Kelvin temperature scale	
05.0028	绝对零度	absolute zero	
05.0029	负[绝对]温度	negative temperature	
05.0030	冰点	ice point	
05.0031	汽点	steam point	
05.0032	三相点	triple point	
05.0033	四相点	quadruple point	
05.0034	临界温度	critical temperature	
05.0035	软化温度	softening temperature	
05.0036	反转温度	inversion temperature	焦耳–汤姆孙系数等于零时的温度。
05.0037	约化温度	reduced temperature	
05.0038	等效温度	equivalent temperature	
05.0039	物性	properties of matter	
05.0040	气体	gas	
05.0041	惰性气体	inert gas	
05.0042	[普适]气体常量	[universal] gas constant	
05.0043	气体定律	gas law	
05.0044	气态	gaseous state	
05.0045	气化	gasification	
05.0046	液体	liquid	
05.0047	固体	solid	
05.0048	固态	solid state	
05.0049	固相	solid phase	
05.0050	分体积	partial volume	
05.0051	组分气体	constituent gas	
05.0052	比体积	specific volume	曾称“比容”。
05.0053	摩尔体积	molar volume	
05.0054	物质[的]量	amount of substance	
05.0055	摩尔质量	molar mass	

序　号	汉　文　名	英　文　名	注　　释
05.0056	大气	atmosphere	
05.0057	标准大气压	standard atmospheric pressure	
05.0058	理想气体	ideal gas, perfect gas	
05.0059	理想气体定律	ideal gas law	
05.0060	非理想气体	imperfect gas	
05.0061	真实气体	real gas	
05.0062	混合气体	mixed gas	
05.0063	稀原子气体	dilute atomic gas	
05.0064	稀有气体	rare gas	
05.0065	单原子气体	monoatomic gas	
05.0066	双原子气体	diatomic gas	
05.0067	多原子气体	multiatomic gas	
05.0068	玻意耳定律	Boyle's law	
05.0069	查理定律	Charles' law	
05.0070	盖吕萨克定律	Gay-Lussac's law	理想气体内能仅为温度的函数。
05.0071	焦耳定律	Joule's law	
05.0072	分压	partial pressure	
05.0073	道尔顿[分压]定律	Dalton's law [of partial pressure]	
05.0074	分压律	law of partial pressure	
05.0075	阿伏伽德罗定律	Avogadro's law	
05.0076	阿伏伽德罗常量	Avogadro's number	
05.0077	洛施密特常量	Loschmidt constant, Loschmidt number	
05.0078	压缩因子	compressibility factor	
05.0079	物态方程	equation of state	
05.0080	范德瓦耳斯方程	van der Waals equation	
05.0081	麦克斯韦等面积定则	Maxwell equal area rule	
05.0082	狄特里奇方程	Dieterici's equation	
05.0083	卡末林-昂内斯方程	Kamerlingh-Onnes' equation	
05.0084	位力系数	virial coefficient	曾称“维里系数”。
05.0085	第一位力系数	first virial coefficient	
05.0086	位力状态方程	virial equation of state	
05.0087	膨胀	expansion	
05.0088	膨胀系数	coefficient of expansion	
05.0089	体胀系数	coefficient of volume expansion	
05.0090	热[膨]胀系数	coefficient of thermal expansion	
05.0091	等压膨胀系数	coefficient of isobaric expansion	

序　号	汉 文 名	英 文 名	注　　释
05.0092	膨胀率	expansivity	
05.0093	线膨胀率	linear expansivity	
05.0094	热收缩	negative thermal expansion	材料加热收缩。
05.0095	表面张力	surface tension	
05.0096	表面张力系数	surface tension coefficient	
05.0097	毛细现象	capillarity	
05.0098	毛细能	capillary energy	
05.0099	毛细压强	capillary pressure	
05.0100	毛细管	capillary [tube]	
05.0101	内聚力	cohesion	
05.0102	量热学	calorimetry	
05.0103	热功当量	mechanical equivalent of heat	
05.0104	热当量	thermal equivalent	
05.0105	热容[量]	heat capacity	
05.0106	比热[容]	specific heat [capacity]	
05.0107	摩尔热容	molar heat capacity	
05.0108	定容[积]比热	specific heat at constant volume	
05.0109	定压比热	specific heat at constant pressure	
05.0110	温度计	thermometer	
05.0111	测温物质	thermometric substance	
05.0112	标准温度计	standard thermometer	
05.0113	次级温度计	secondary thermometer	
05.0114	电阻温度计	resistance thermometer	
05.0115	气体温度计	gas thermometer	
05.0116	湿球温度计	wet-bulb thermometer	
05.0117	铂电阻温度计	platinum resistance thermometer	
05.0118	碳电阻温度计	carbon resistance thermometer	
05.0119	华氏温度计	Fahrenheit thermometer	
05.0120	温度记录仪	thermograph	
05.0121	高温计	pyrometer	
05.0122	比色高温计	colorimetric pyrometer	
05.0123	光测高温计	optical pyrometer	
05.0124	铠装高温计	sheathed pyrometer	
05.0125	测高温学	pyrometry	
05.0126	恒温器	thermostat	
05.0127	低温恒温器	cryostat	
05.0128	差分扫描量热术	differential scanning calorimetry	
05.0129	差热分析	differential thermal analysis, DTA	

序　号	汉 文 名	英 文 名	注　　释
05.0130	绝热量热学	adiabatic calorimetry	
05.0131	能斯特真空量热器	Nernst vacuum calorimeter	
05.0132	辐射热计	bolometer	
05.0133	分光变阻测热计	spectrobolometer	
05.0134	热探测器	thermal detector	
05.0135	瑟尔热导仪	Searle's thermal conductivity apparatus	
05.0136	湿度计	hygrometer	
05.0137	干湿球湿度计	psychrometer	
05.0138	毛发湿度计	hair hygrometer	
05.0139	真空规	vacuum gauge	
05.0140	皮拉尼真空规	Pirani gauge	
05.0141	麦克劳德真空规	McLeod vacuum gauge	
05.0142	电离真空计	ionization [vacuum] gauge	
05.0143	温差电偶真空规	thermocouple vacuum gauge	
05.0144	抽气泵	air pump	
05.0145	扩散泵	diffusion pump	
05.0146	溅射离子泵	sputtering ion pump	
05.0147	高真空泵	high-vacuum pump	
05.0148	旋转泵	rotary pump	
05.0149	冷阱	cold trap	
05.0150	致冷	refrigeration	
05.0151	致冷学	refrigeration	
05.0152	液化	liquefaction	
05.0153	液化点	liquefaction point	
05.0154	绝热膨胀液化	liquefaction by adiabatic expansion	
05.0155	节流过程	throttling process	
05.0156	节流阀	throttle	
05.0157	节流流动	throttled flow	
05.0158	节流膨胀液化	liquefaction by throttling expansion	
05.0159	焦耳-汤姆孙效应	Joule-Thomson effect	
05.0160	焦耳-汤姆孙系数	Joule-Thomson coefficient	
05.0161	膨胀致冷	expansion refrigeration	
05.0162	致冷循环	refrigeration cycle	
05.0163	吸收[式]致冷循环	absorption refrigeration cycle	
05.0164	致冷效应	refrigeration effect	
05.0165	致冷剂	refrigerant	
05.0166	致冷机	refrigerator	又称“致冷器”。

序　号	汉　文　名	英　文　名	注　　释
05.0167	林德液化机	Linde liquefier	
05.0168	闭合循环致冷机	closed-cycle refrigerator	
05.0169	脉冲管制冷器	pulse tube refrigerator	
05.0170	蓄冷器	regenerator	
05.0171	组分	component, constituent	
05.0172	[状]态	state	
05.0173	热力学态	thermodynamic state	
05.0174	态变量	state variable	
05.0175	[物]态参量	state parameter	
05.0176	广延量	extensive quantity	
05.0177	广延变量	extensive variable	
05.0178	宏观[态]变量	macroscopic [state] variable	
05.0179	强度量	intensive quantity	
05.0180	化学浓度	chemical concentration	
05.0181	热力学平衡	thermodynamic equilibrium	
05.0182	局域热力学平衡	local thermodynamic equilibrium	
05.0183	平衡衡量	equilibrium constant	
05.0184	平衡判据	criterion for equilibrium	
05.0185	平衡系统	equilibrium system	
05.0186	远离平衡系统	far-from-equilibrium system	
05.0187	非平衡系统	nonequilibrium system	
05.0188	非平衡热力学	nonequilibrium thermodynamics	
05.0189	单变系	univariant system	
05.0190	热力学涨落	thermodynamic fluctuations	
05.0191	平衡态	equilibrium state	
05.0192	准稳态	quasi-stable state	
05.0193	非平衡态	nonequilibrium state	
05.0194	热力学过程	thermodynamic process	
05.0195	初态	initial state	
05.0196	末态	final state	
05.0197	准静态过程	quasi-static process	
05.0198	准静态	quasi-static state	
05.0199	准稳恒过程	quasi-stationary process	
05.0200	非静态过程	non-static process	
05.0201	可逆性	reversibility	
05.0202	可逆过程	reversible process	
05.0203	不可逆性	irreversibility	
05.0204	不可逆过程	irreversible process	

序　号	汉　文　名	英　文　名	注　　释
05.0205	线性不可逆过程	linear irreversible process	
05.0206	不可逆[过程]热力学	irreversible thermodynamics	
05.0207	不可逆循环	irreversible cycle	
05.0208	自发过程	spontaneous process	
05.0209	自由膨胀	free expansion	
05.0210	等温过程	isothermal process	
05.0211	等温线	isotherm[al]	
05.0212	等温顺度	isothermal compliance	
05.0213	等温压缩率	isothermal compressibility	
05.0214	等容过程	isochoric process	又称“等体积过程”。
05.0215	等容线	isochore	又称“等体积线”。
05.0216	等容压强系数	isochoric pressure coefficient	又称“等体积压强系数”。
05.0217	等压过程	isobaric process	
05.0218	等压线	isobar	
05.0219	多方过程	polytropic process	
05.0220	多方指数	polytropic exponent	
05.0221	绝热过程	adiabatic process	
05.0222	绝热系统	adiabatic system	
05.0223	非绝热过程	diabatic process	
05.0224	绝热膨胀	adiabatic expansion	
05.0225	绝热膨胀致冷	adiabatic expansion cooling	
05.0226	绝热定理	adiabatic theorem	
05.0227	绝热方程	adiabatic equation	
05.0228	绝热指数	adiabatic exponent	
05.0229	饱和绝热递减率	saturated adiabatic lapse rate	
05.0230	绝热壁	adiabatic wall	
05.0231	绝热线	adiabat	
05.0232	热绝缘	thermal insulation	
05.0233	热绝缘体	thermal insulator	
05.0234	热隔离	thermal isolation	
05.0235	等焓过程	isenthalpic process	
05.0236	等熵过程	isentropic process	
05.0237	透热性	diathermaneity	
05.0238	透热壁	diathermic wall	
05.0239	热接触	thermal contact	
05.0240	焦耳实验	Joule’s experiment	
05.0241	热源	heat source	

序　号	汉　文　名	英　文　名	注　　释
05.0242	热库	heat reservoir	
05.0243	高温热库	high temperature reservoir	
05.0244	低温热库	low temperature reservoir	
05.0245	热能	thermal energy	
05.0246	储能	stored energy	
05.0247	孤立过程	isolated process	没有物质或能量进出的过程。
05.0248	循环过程	cyclic processes	
05.0249	热力学循环	thermodynamic cycle	
05.0250	热循环	thermal cycle	
05.0251	正循环	positive cycle	
05.0252	逆循环	inverted cycle	
05.0253	负循环	negative cycle	
05.0254	闭循环	closed cycle	
05.0255	再循环	recycling	
05.0256	狄塞尔循环	Diesel cycle	
05.0257	卡诺循环	Carnot cycle	
05.0258	卡诺定理	Carnot's theorem	
05.0259	理想热机	ideal heat engine	
05.0260	卡诺热机	Carnot engine	
05.0261	可逆热机	reversible heat engine	
05.0262	斯特林引擎	Stirling engine	
05.0263	蒸汽机	steam engine	
05.0264	热机效率	efficiency of heat engine	
05.0265	热效率	thermal efficiency, heat efficiency	
05.0266	克劳修斯等式	Clausius equality	
05.0267	克劳修斯不等式	Clausius inequality	
05.0268	热力学定律	laws of thermodynamics	
05.0269	热力学第零定律	zeroth law of thermodynamics	
05.0270	热力学第一定律	first law of thermodynamics	
05.0271	热力学第二定律	second law of thermodynamics	
05.0272	热力学第三定律	third law of thermodynamics	
05.0273	能斯特定理	Nernst's theorem	又称“能斯特假设(Nernst's postulate)”。
05.0274	喀拉氏定理	Carathéodory's theorem	
05.0275	热寂	heat death	
05.0276	热质说	caloric theory of heat	
05.0277	第一类永动机	perpetual motion machine of the first	

序号	汉文名	英文名	注释
		kind	
05.0278	第二类永动机	perpetual motion machine of the second kind	
05.0279	吉布斯佯谬	Gibbs paradox	
05.0280	麦克斯韦妖	Maxwell's demon	
05.0281	热力学坐标	thermodynamic coordinate	
05.0282	热力学变量	thermodynamic variable	
05.0283	热力学函数	thermodynamic function	
05.0284	态函数	state function	
05.0285	特性函数	characteristic function	
05.0286	内能	internal energy	
05.0287	内能密度	density of internal energy	
05.0288	熵	entropy	
05.0289	克劳修斯熵	Clausius entropy	
05.0290	玻尔兹曼熵	Boltzmann entropy	
05.0291	绝对熵	absolute entropy	
05.0292	负熵	negentropy	
05.0293	最大熵	maximum entropy	
05.0294	相变熵	entropy of transition	
05.0295	熵力	entropic force	
05.0296	亥姆霍兹自由能	Helmholtz free energy	
05.0297	自由能	free energy	
05.0298	焓	enthalpy, heat content	
05.0299	自由焓	free enthalpy	又称"吉布斯函数(Gibbs function)"、"吉布斯自由能(Gibbs free energy)"。
05.0300	巨[热力学]势	grand potential	又称"朗道势(Landau potential)"。
05.0301	马休-普朗克函数	Massieu-Planck function	
05.0302	化学势	chemical potential	
05.0303	组分[化学]势	partial potential	
05.0304	电化学势	electrochemical potential	
05.0305	热力学势	thermodynamic potential	
05.0306	勒让德变换	Legendre transformation	
05.0307	麦克斯韦关系	Maxwell's relations	
05.0308	吉布斯-杜安关系	Gibbs-Duhem relation	
05.0309	熵增加原理	principle of entropy increase	

序 号	汉 文 名	英 文 名	注 释
05.0310	混合熵	mixing entropy	
05.0311	最大功原理	principle of maximum work	
05.0312	[物]相	phase	
05.0313	热力学相	thermodynamic phase	
05.0314	有序相	ordered phase	
05.0315	稠密相	dense phase	
05.0316	单相系	single-phase system	
05.0317	多相系	multi-phase system	
05.0318	三元相图	ternary phase diagram	
05.0319	多元开放系统	multicomponent open system	
05.0320	相律	phase rule	
05.0321	吉布斯相律	Gibbs phase rule	
05.0322	相点	phase point	
05.0323	相分离	phase separation	
05.0324	相图	phase diagram	
05.0325	平衡相图	equilibrium phase diagam	
05.0326	温熵图	temperature-entropy diagram	
05.0327	相平面	phase plane	相图中的。
05.0328	共存线	coexistence line	
05.0329	共存相	coexisting phase	
05.0330	相平衡	phase equilibrium	
05.0331	相变	phase transition	
05.0332	无扩散转化	diffusionless transformation	
05.0333	有序无序相变	order-disorder phase transition	
05.0334	等温相变	isothermal phase transition	
05.0335	固液相变	solid-liquid transition	
05.0336	固气相变	solid-vapor transition	
05.0337	相变过程	transition process	
05.0338	相变点	transition point	
05.0339	相变温度	transition temperature	又称“转变温度”。
05.0340	相变区	transition region	又称“转变区”。
05.0341	一级相变	first-order phase transition	
05.0342	二级相变	second-order phase transition	
05.0343	无限级相变	infinite-order phase transition	又称“高级相变(higher-order phase transition)”。连续、不破坏对称性,如二维 KT 相变。

序 号	汉 文 名	英 文 名	注 释
05.0344	热力学判据	thermodynamic criterion	
05.0345	熵判据	entropy criterion	
05.0346	自由能判据	free energy criterion	
05.0347	自由焓判据	free enthalpy criterion	
05.0348	热平衡条件	thermal equilibrium condition	
05.0349	局域热平衡	local thermal equilibrium	
05.0350	非热动平衡	non-thermodynamic equilibrium, NTE	
05.0351	力学平衡条件	mechanical equilibrium condition	
05.0352	相变平衡条件	equilibrium condition of phase transition	
05.0353	化学平衡条件	chemical equilibrium condition	
05.0354	热力学稳定性	thermodynamic stability	
05.0355	准稳恒条件	quasi-steady condition	
05.0356	临界现象	critical phenomenon	
05.0357	临界乳光	critical opalescence	
05.0358	临界点	critical point	
05.0359	量子临界点	quantum critical point	
05.0360	临界条件	critical condition	
05.0361	临界密度	critical density	
05.0362	临界态	critical state	
05.0363	超临界态	supercritical state, hypercritical state	
05.0364	临界参量	critical parameter	临界态下的态参量。
05.0365	临界系数	critical coefficient	
05.0366	临界值	critical value	
05.0367	临界压强	critical pressure	
05.0368	热力学临界场	thermodynamic critical field	
05.0369	亚稳平衡	metastable equilibrium	
05.0370	亚稳态	metastable state	
05.0371	饱和	saturation	
05.0372	彰度	saturation	
05.0373	过饱和	supersaturation	
05.0374	低度过饱和	low supersaturation	
05.0375	蒸气	vapor	
05.0376	未饱和蒸气	unsaturated vapor	
05.0377	饱和蒸气	saturated vapor	
05.0378	蒸气压	vapor pressure	
05.0379	饱和蒸气压	saturated vapor pressure	

序　号	汉　文　名	英　文　名	注　　释
05.0380	过饱和蒸气压	supersaturation vapor pressure	
05.0381	过热	overheating	
05.0382	过热液体	superheated liquid	
05.0383	过冷	overcooling	
05.0384	过冷蒸气	supercooled vapor	
05.0385	汽化	vaporization	
05.0386	汽化曲线	vaporization curve	
05.0387	蒸发	evaporation	
05.0388	沸腾	boiling	
05.0389	分馏	fractional distillation	
05.0390	升华	sublimation	
05.0391	升华曲线	sublimation curve	
05.0392	升华泵	sublimation pump	
05.0393	凝结	condensation	
05.0394	冷凝器	condenser	
05.0395	凝结核	nucleus of condensation	
05.0396	熔化	melting, fusion	
05.0397	熔点	melting point	
05.0398	熔区	melting zone	
05.0399	熔解	fuse	
05.0400	可熔度	fusibility	
05.0401	初熔	incipient melting	
05.0402	软化点	softening point	
05.0403	凝固	solidification	
05.0404	凝固点	freezing point, solidifying point	
05.0405	凝聚	condensation	
05.0406	固化热	heat of solidification	
05.0407	固化点	solidification point	
05.0408	固化温度	solidification temperature	
05.0409	定向固化	directional solidification	
05.0410	定向凝固	directional solidification	
05.0411	溶解	solvation	
05.0412	离解	dissociation	
05.0413	热离解	thermal dissociation	
05.0414	热[分]解	pyrolysis, thermolysis	
05.0415	沸点	boiling point	
05.0416	沸点高度	boiling point elevation	
05.0417	露点	dew point	

序号	汉文名	英文名	注释
05.0418	湿度	humidity	
05.0419	燃点	ignition point	
05.0420	潜热	latent heat	
05.0421	蒸发热	heat of evaporation	
05.0422	汽化热	heat of vaporization	
05.0423	升华热	heat of sublimation	
05.0424	熔化热	melting heat, heat of fusion	
05.0425	溶解热	heat of solution	
05.0426	稀释热	heat of dilution	
05.0427	离解热	heat of dissociation	
05.0428	辐射热	radiant heat	
05.0429	还原热	heat of reduction	
05.0430	生成热	heat of formation	
05.0431	反应热	heat of reaction	
05.0432	汤姆森热	Thomsen's heat	
05.0433	克劳修斯-克拉珀龙方程	Clausius-Clapeyron equation	
05.0434	对应态	corresponding state	
05.0435	对应态[定]律	law of corresponding states	
05.0436	质量作用定律	law of mass action	
05.0437	[化学]平衡常量	[chemical] equilibrium constant	
05.0438	勒夏特列原理	Le Chatelier's principle	
05.0439	开系	open system	
05.0440	闭[合体]系	closed system	
05.0441	绝热孤立系	adiabatically isolated system	
05.0442	透热孤立系	diathermically isolated system	
05.0443	熵流	entropy flow	
05.0444	负熵流	negative entropy flow	
05.0445	熵产生	entropy production	
05.0446	标准反应熵	standard entropy of reaction	
05.0447	生成焓	enthalpy of formation	
05.0448	标准生成焓	standard enthalpy of formation	
05.0449	反应焓	enthalpy of reaction	
05.0450	标准反应焓	standard enthalpy of reaction	
05.0451	局域平衡	local equilibrium	
05.0452	平衡方程	balance equation	
05.0453	熵平衡方程	entropy balance equation	
05.0454	流密度矢量	flux-density vector	

序号	汉文名	英文名	注释
05.0455	化学能	chemical energy	
05.0456	化学亲和势	chemical affinity	
05.0457	线性[非平衡]热力学	linear [nonequilibrium] thermodynamics	
05.0458	非线性热力学	nonlinear thermodynamics	
05.0459	唯象关系	phenomenological relation	
05.0460	昂萨格倒易关系	Onsager's reciprocal relation	
05.0461	非平衡定态	nonequilibrium stationary state	
05.0462	最小熵产生定理	theorem of minimum entropy production	
05.0463	主动输运	active transport	
05.0464	普适演化判据	universal evolution criterion	
05.0465	逾力	excess force	
05.0466	逾流	excess flux	
05.0467	逾熵	excess entropy	
05.0468	逾熵产生	excess entropy production	
05.0469	逾熵平衡方程	excess entropy balance equation	

05.02 统计物理学

序号	汉文名	英文名	注释
05.0470	统计物理[学]	statistical physics	
05.0471	统计力学	statistical mechanics	
05.0472	量子统计力学	quantum statistical mechanics	
05.0473	统计规律性	statistical regularity	
05.0474	统计分布	statistical distribution	
05.0475	统计平衡	statistical equilibrium	
05.0476	统计权重	statistical weight	
05.0477	统计涨落	statistical fluctuation	
05.0478	统计分析	statistical analysis	
05.0479	统计算符	statistical operator	
05.0480	无规	random	
05.0481	无规性	randomness	
05.0482	无规分布	random distribution	
05.0483	重分布	redistribution	
05.0484	再分配	redistribution	
05.0485	无规过程	random process	
05.0486	随机过程	stochastic process	
05.0487	无规矩阵理论	random matrix theory	
05.0488	无规运动	random motion	

序号	汉文名	英文名	注释
05.0489	热运动	thermal motion	
05.0490	系[统]	system	
05.0491	多体系统	many-body system	
05.0492	近独立粒子系统	nearly independent particle system	
05.0493	遍历假说	ergodic hypothesis	
05.0494	遍历性	ergodicity	
05.0495	混合性	mixing	遍历理论中的。
05.0496	弱混[合]性	weak mixing	遍历理论中的。
05.0497	度规传递性	metric transitivity	
05.0498	微观量	microscopic quantity	
05.0499	动力学变量	dynamical variable	
05.0500	宏观态	macroscopic state	
05.0501	宏观量	macroscopic quantity	
05.0502	微观可逆性	microscopic reversibility	
05.0503	宏观不可逆性	macroscopic irreversibility	
05.0504	庞加莱复现	Poincaré recurrence	
05.0505	[洛施密特]可逆性佯谬	[Loschmidt's] reversibility paradox	
05.0506	[策梅洛]复现佯谬	[Zermelo's] recurrence paradox	
05.0507	可重复性	reproducibility	
05.0508	位形空间	configuration space	
05.0509	相空间	phase space	
05.0510	子相空间	phase subspace	
05.0511	相体积	phase volume	
05.0512	相格	phase cell	
05.0513	代表点	representative point	
05.0514	相轨[道]	phase trajectory	
05.0515	特定相	specific phase	
05.0516	类分相	generic phase	
05.0517	细粒密度	fine-grained density	
05.0518	粗粒密度	coarse-grained density	
05.0519	粗粒化	coarse-graining	
05.0520	可及态	accessible state	
05.0521	配容	complexion	
05.0522	概率	probability	曾称“几率”。
05.0523	等概率假设	postulate of equal a priori probabilities	
05.0524	无规相位假设	postulate of random phases	

序　号	汉　文　名	英　文　名	注　　释
05.0525	统计平均	statistical average	
05.0526	分布	distribution	
05.0527	均匀分布	uniform distribution	
05.0528	分布函数	distribution function	
05.0529	密度矩阵	density matrix	
05.0530	最大熵原理	principle of maximum entropy	
05.0531	刘维尔定理	Liouville's theorem	
05.0532	系综	ensemble	
05.0533	统计系综	statistical ensemble	
05.0534	定态系综	stationary ensemble	
05.0535	系综理论	ensemble theory	
05.0536	系综平均	ensemble average	
05.0537	微正则系综	microcanonical ensemble	
05.0538	微正则分布	microcanonical distribution	
05.0539	正则系综	canonical ensemble	
05.0540	正则分布	canonical distribution	
05.0541	巨正则系综	grand canonical ensemble	
05.0542	巨系综	grand ensemble	
05.0543	巨正则分布	grand canonical distribution	
05.0544	巨自由能	grand free energy	
05.0545	压强系综	pressure ensemble	
05.0546	等温等压系综	isothermal-isobaric ensemble	
05.0547	广义系综	generalized ensemble	
05.0548	布洛赫方程	Bloch equation	
05.0549	配分函数	partition function	
05.0550	巨配分函数	grand partition function	
05.0551	路径积分	path integral	
05.0552	温度倒数	inverse temperature	
05.0553	局域系	localized system	
05.0554	非局域系	non-localized system	
05.0555	半经典近似	semiclassical approximation	
05.0556	经典近似	classical approximation	
05.0557	统计势	statistical potential	
05.0558	热波长	thermal wavelength	
05.0559	热力学熵	thermodynamic entropy	
05.0560	热力学极限	thermodynamic limit	
05.0561	态密度	density of states, DOS	
05.0562	能量均分定理	equipartition theorem	

序号	汉文名	英文名	注释
05.0563	杜隆-珀蒂定律	Dulong-Petit law	
05.0564	热力学概率	thermodynamic probability	
05.0565	最概然分布	most probable distribution	又称“最可几分布”。
05.0566	速度空间	velocity space	
05.0567	速度分布函数	velocity distribution function	
05.0568	麦克斯韦速度分布	Maxwell velocity distribution	
05.0569	麦克斯韦速率分布	Maxwell speed distribution	
05.0570	平均速率	mean speed	
05.0571	方均根速率	root-mean-square speed, rms speed	
05.0572	最概然速率	most probable speed	又称“最可几速率”。
05.0573	统计法	statistics	
05.0574	分数统计法	fractional statistics	
05.0575	经典统计法	classical statistics	
05.0576	量子统计法	quantum statistics	
05.0577	[麦克斯韦-]玻尔兹曼统计法	[Maxwell-]Boltzmann statistics	
05.0578	[麦克斯韦-]玻尔兹曼分布	[Maxwell-]Boltzmann distribution	
05.0579	玻尔兹曼系统	Boltzmann system	
05.0580	玻尔兹曼因子	Boltzmann factor	
05.0581	玻尔兹曼常量	Boltzmann constant	
05.0582	逸度	fugacity	
05.0583	费米[-狄拉克]统计法	Fermi[-Dirac] statistics	
05.0584	费米[-狄拉克]分布	Fermi[-Dirac] distribution	
05.0585	费米-狄拉克积分	Fermi-Dirac integral	
05.0586	费米能级	Fermi level	
05.0587	费米能[量]	Fermi energy	
05.0588	费米动量	Fermi momentum	
05.0589	费米温度	Fermi temperature	
05.0590	费米球	Fermi sphere	
05.0591	费米面	Fermi surface	
05.0592	费米海	Fermi sea	
05.0593	费米子	fermion	
05.0594	受制费米子	slave fermion	
05.0595	费米环	Fermi loop	
05.0596	费米口袋	Fermi pocket	
05.0597	费米点	Fermi point	

序　号	汉　文　名	英　文　名	注　　释
05.0598	费米跃迁	Fermi transition	
05.0599	费米真空	Fermi vacuum	
05.0600	费米速度	Fermi velocity	
05.0601	费米波矢	Fermi wave vector	
05.0602	费米波长	Fermi wavelength	
05.0603	费米面学	fermiology	
05.0604	费米边奇异性	Fermi edge singularity	
05.0605	狄拉克费米子	Dirac fermion	
05.0606	玻色[-爱因斯坦]统计法	Bose[-Einstein] statistics	
05.0607	玻色[-爱因斯坦]分布	Bose[-Einstein] distribution	
05.0608	玻色-爱因斯坦凝聚	Bose-Einstein condensation, BEC	
05.0609	量子凝聚	quantum condensation	
05.0610	玻色-爱因斯坦积分	Bose-Einstein integral	
05.0611	费希巴赫共振	Feshbach resonance	
05.0612	玻色系统	Bose system	
05.0613	玻色子	boson	
05.0614	受制玻色子	slave boson	
05.0615	简并系统	degenerate system	
05.0616	简并量子气体	degenerate quantum gas	
05.0617	简并费米气体	degenerate Fermi gas	
05.0618	简并玻色气体	degenerate Bose gas	
05.0619	简并性判据	degeneracy criterion	
05.0620	简并温度	degeneracy temperature	
05.0621	经典极限	classical limit	
05.0622	经典自由度	classical degree of freedom	
05.0623	内部自由度	internal degree of freedom	
05.0624	平动自由度	translational degree of freedom	
05.0625	转动自由度	rotational degree of freedom	
05.0626	振动自由度	vibrational degree of freedom	
05.0627	未激发自由度	unexcited degree of freedom	
05.0628	自由度冻结	freezing of degrees of freedom	
05.0629	正态	ortho state	
05.0630	仲态	para state	
05.0631	正仲平衡	ortho-para equilibrium	
05.0632	正仲转换	ortho-para conversion	
05.0633	正仲比	ortho-para ratio	
05.0634	仲统计法	parastatistics	

序　号	汉　文　名	英　文　名	注　　释
05.0635	仲玻色子	paraboson	
05.0636	仲费米子	parafermion	
05.0637	黑体	black body	
05.0638	理想黑体	ideal black body	
05.0639	灰体	gray body	
05.0640	黑体辐射	black body radiation	
05.0641	热辐射	heat radiation, thermal radiation	
05.0642	辐射能密度	radiant energy density	
05.0643	斯特藩-玻尔兹曼定律	Stefan-Boltzmann's law	
05.0644	斯特藩常量	Stefan's constant	
05.0645	普朗克[辐射]公式	Planck's [radiation] formula	
05.0646	瑞利-金斯公式	Rayleigh-Jeans formula	
05.0647	维恩公式	Wien's formula	
05.0648	维恩位移律	Wien's displacement law	
05.0649	辐射压[强]	radiation pressure	
05.0650	辐射量子化	quantization of radiation	
05.0651	电磁场量子化	quantization of electromagnetic field	
05.0652	辐射体	radiating body	
05.0653	辐射本领	radiating capacity	
05.0654	辐射系数	radiation coefficient	
05.0655	辐射截面	radiation cross-section	
05.0656	辐射强度	radiant intensity, radiation strength	
05.0657	辐射传输	radiative transfer	
05.0658	多体问题	many-body problem	
05.0659	多体效应	many-body effect	
05.0660	多粒子性质	multiparticle property	
05.0661	多电子态	many-electron state	
05.0662	多体理论	many-body theory	
05.0663	[相]互作用系统	interacting system	
05.0664	迈耶函数	Mayer function	
05.0665	位形	configuration	
05.0666	组态	configuration	
05.0667	组态相互作用	configuration interaction	
05.0668	位形积分	configuration integral	
05.0669	集团	cluster	
05.0670	团簇	cluster	
05.0671	集团展开	cluster expansion	
05.0672	经典集团化	classical clustering	

序　号	汉　文　名	英　文　名	注　　释
05.0673	量子集团化	quantum clustering	
05.0674	累积[量]展开	cumulant expansion	
05.0675	集团积分	cluster integral	
05.0676	不可约集团积分	irreducible cluster integral	
05.0677	集团函数	cluster function	
05.0678	乌泽尔算法	Ursell's algorithm	集团展开法的。
05.0679	乌泽尔函数	Ursell function	
05.0680	相连[乘]积	connected product	
05.0681	位力展开	virial expansion	
05.0682	非加性修正	nonadditivity correction	
05.0683	硬球势	hard-sphere potential	
05.0684	排斥势	repulsive potential	
05.0685	伦纳德-琼斯势	Lennard-Jones potential	简称“LJ 势(LJ potential)”。
05.0686	硬椭球势	hard ellipsoid potential	
05.0687	斯托克迈耶势	Stockmayer potential	
05.0688	经验物态方程	empirical equation of state	
05.0689	萨哈方程	Saha's equation	
05.0690	帕德逼近式	Padé approximant	
05.0691	量子修正	quantum correction	
05.0692	对分布函数	pair-distribution function	
05.0693	径向分布函数	radial distribution function	
05.0694	奥恩斯坦-策尼克关系	Ornstein-Zernike relation	简称“OZ 关系(OZ relation)”。
05.0695	[柯克伍德]叠加近似	[Kirkwood] superposition approximation	
05.0696	玻恩-格林方程	Born-Green equation	
05.0697	柯克伍德方程	Kirkwood equation	
05.0698	珀卡斯-耶维克积分方程	Percus-Yevick integral equation	简称“PY 方程(PY equation)”。
05.0699	超网链方程	hypernetted chain equation, HNC equation	
05.0700	不可约图	irreducible graph	
05.0701	关节点	articulation point	
05.0702	根点	root point	
05.0703	集团图	cluster graph	
05.0704	链图	chain graph	
05.0705	丛图	bundle graph	

序　号	汉　文　名	英　文　名	注　　释
05.0706	元团	elementary cluster	
05.0707	[李政道-杨振宁]二体碰撞法	binary collision method[of Lee and Yang]	
05.0708	赝势法	method of pseudopotential	
05.0709	占有数	occupation number	
05.0710	占有数表象	occupation number representation	
05.0711	占[有]态	occupied state	
05.0712	占有概率	occupation probability	
05.0713	占有率[型]调制	occupational modulation	
05.0714	福克空间	Fock space	
05.0715	场算符	field operator	
05.0716	动量空间成序	momentum-space ordering	
05.0717	博戈子	bogolon	
05.0718	准粒子谱	quasiparticle spectrum	
05.0719	准粒子寿命	quasiparticle lifetime	
05.0720	元激发	elementary excitation	
05.0721	准粒子	quasiparticle	
05.0722	声子	phonon	
05.0723	声子谱	phonon spectrum	
05.0724	声学声子	acoustic phonon	
05.0725	光学声子	optical phonon	
05.0726	激子	exciton	
05.0727	叁[荷激]子	trion	
05.0728	准电子	quasi-electron	
05.0729	螺旋波等离体元	helicon	
05.0730	螺旋振子	helicon	
05.0731	非线性元激发	nonlinear elementary excitation	
05.0732	拓扑[性]元激发	topological elementary excitation	
05.0733	集体频率	collective frequency	
05.0734	集体振荡	collective oscillation, mass oscillation	
05.0735	虚束缚态	virtual bound state	
05.0736	共振态	resonance state	
05.0737	量子固体	quantum solid	
05.0738	凝胶模型	jellium model	
05.0739	动理学	kinetics	在相空间中研究多粒子体系的运动规律。
05.0740	自由程	free path	
05.0741	平均自由程	mean free path	

序 号	汉 文 名	英 文 名	注 释
05.0742	平均碰撞时间	mean collision time	
05.0743	泻流	effusion	
05.0744	克努森效应	Knudsen effect	曾称"克努曾效应"。
05.0745	动理[学]方程	kinetic equation	
05.0746	玻尔兹曼[输运]方程	Boltzmann [transport] equation	
05.0747	[玻尔兹曼]H 函数	[Boltzmann's] H-function	
05.0748	[玻尔兹曼]H 定理	[Boltzmann's] H-theorem	
05.0749	分子混沌拟设	molecular chaos hypothesis, Stosszahlansatz(德)	
05.0750	硬球近似	hard sphere approximation, hard-sphere approximation	
05.0751	模型势	model potential	
05.0752	索宁多项式	Sonine polynomial	又称"广义拉盖尔多项式(generalized Laguerre polynomial)"。
05.0753	查普曼-恩斯库格展开法	Chapman-Enskog expansion method	
05.0754	克努森数	Knudsen number	
05.0755	细致平衡	detailed balance	
05.0756	细致平衡原理	principle of detailed balance	
05.0757	动态平衡	dynamical equilibrium	
05.0758	准定态	quasi-stationary state	
05.0759	近平衡态	near-equilibrium state	
05.0760	粒子数守恒	conservation of particle number	
05.0761	输运	transport	
05.0762	输运现象	transport phenomenon	
05.0763	输运过程	transport process	
05.0764	输运系数	transport coefficient	
05.0765	输运方程	transport equation	
05.0766	线性输运理论	linear transport theory	
05.0767	非线性输运	nonlinear transport	
05.0768	气相输运	vapor transport	
05.0769	扩散	diffusion	
05.0770	热扩散	thermal diffusion	
05.0771	扩散率	diffusivity	
05.0772	扩散系数	coefficient of diffusion	
05.0773	扩散常量	diffusion constant	
05.0774	菲克定律	Fick's law	

序　号	汉　文　名	英　文　名	注　　释
05.0775	扩散能力	diffusibility	
05.0776	扩散势垒	diffusion barrier	
05.0777	对流扩散	convection diffusion	
05.0778	定向扩散	directed diffusion	
05.0779	反扩散	counterdiffusion	
05.0780	互扩散	interdiffusion	
05.0781	传热	heat transfer, thermal transmission	
05.0782	导热性	heat conductivity	
05.0783	热输运	heat transport	
05.0784	传导	conduction	
05.0785	热传导	heat conduction	
05.0786	热导率	thermal conductivity, heat conductivity	
05.0787	傅里叶定律	Fourier's law	
05.0788	热流	heat flow, heat current	
05.0789	热通量	heat flux	
05.0790	热对流	heat convection	
05.0791	热扩散	heat diffusion	
05.0792	热耗散	heat dissipation	
05.0793	传质	mass transfer	又称“质量转移”。
05.0794	质量输运方程	mass transport equation	
05.0795	迁移速度	migration velocity	
05.0796	迁移率张量	mobility tensor	
05.0797	速度场	velocity field	
05.0798	速度梯度	velocity gradient	
05.0799	非黏滞流	nonviscous flow	
05.0800	渗透	osmosis	
05.0801	渗透压[强]	osmotic pressure	
05.0802	渗透计	osmometer	
05.0803	弛豫	relaxation	
05.0804	弛豫时间	relaxation time	
05.0805	弛豫时间近似	relaxation time approximation	
05.0806	弛豫过程	relaxation process	
05.0807	弛豫函数	relaxation function	
05.0808	维德曼-弗兰兹定律	Wiedemann-Franz law	
05.0809	洛伦茨常量	Lorenz constant, Lorenz number	
05.0810	涨落	fluctuation	
05.0811	涨落方程	fluctuation equation	

序　号	汉 文 名	英 文 名	注　　释
05.0812	热涨落	thermal fluctuation	
05.0813	朗道涨落	Landau fluctuation	
05.0814	高斯涨落	Gaussian fluctuation	
05.0815	普适谱涨落	universal spectral fluctuation	
05.0816	相对涨落	relative fluctuation	
05.0817	密度涨落	density fluctuation	
05.0818	相位涨落	phase fluctuation	
05.0819	涨落壁	fluctuating wall	
05.0820	涨落耗散定理	fluctuation-dissipation theorem	
05.0821	动理势	kinetic potential	
05.0822	布朗运动	Brownian motion	
05.0823	布朗粒子	Brownian particle	
05.0824	无规行走	random walk	
05.0825	方均位移	mean square displacement	
05.0826	噪声	noise	
05.0827	热噪声	thermal noise	又称“约翰孙-尼奎斯特噪声(Johnson-Nyquist noise)”。
05.0828	固有噪声	inherent noise	
05.0829	散粒噪声	shot noise	又称“肖特基噪声(Schottky noise)”。
05.0830	全散粒噪声	full shot noise	
05.0831	低频噪声	low frequency noise	又称“1/f 噪声(1/f noise)”。
05.0832	白谱	white spectrum	
05.0833	白噪声	white noise	
05.0834	色噪声	colored noise	
05.0835	无规噪声	random noise	
05.0836	自拍噪声	self-beat noise	
05.0837	脉冲噪声	impulse noise	
05.0838	背景噪声	background noise	又称“本底噪声”。
05.0839	爱因斯坦-斯莫卢霍夫斯基理论	Einstein-Smoluchowski theory	
05.0840	爱因斯坦关系	Einstein relation	
05.0841	马尔可夫过程	Markov process	
05.0842	马尔可夫近似	Markov approximation	
05.0843	朗之万方程	Langevin equation	
05.0844	广义朗之万方程	generalized Langevin equation	

序号	汉文名	英文名	注释
05.0845	福克尔-普朗克方程	Fokker-Planck equation	
05.0846	广义福克尔-普朗克方程	generalized Fokker-Planck equation	
05.0847	主方程	master equation	
05.0848	广义主方程	generalized master equation	
05.0849	多变量主方程	multivariate master equation	
05.0850	非线性主方程	nonlinear master equation	
05.0851	矩方程	moment equation	
05.0852	科尔莫戈罗夫-查普曼方程	Kolmogorov-Chapman equation	
05.0853	生成函数法	generating-function method	
05.0854	涨落力	fluctuating force	
05.0855	保守流	conservative flow	
05.0856	耗散流	dissipative flow	
05.0857	投影算符	projection operator	
05.0858	涨落项	fluctuation term	
05.0859	漂移项	drift term	
05.0860	后效函数	after-effect function	
05.0861	记忆函数	memory function	
05.0862	漂移矢量	drift vector	
05.0863	扩散核函	diffusion kernel	
05.0864	长时尾	long time tail	
05.0865	祖巴列夫统计算符	Zubarev's statistical operator	
05.0866	配分泛函	partition functional	
05.0867	拉格朗日乘[子]函[数]	Lagrange multiplier function	
05.0868	熵泛函	entropy functional	
05.0869	局域平衡理论	local equilibrium theory	
05.0870	动力学扰动	dynamical perturbation	
05.0871	浸渐启闭	adiabatic switching	
05.0872	响应	response	
05.0873	响应时间	response time	
05.0874	响应度	responsibility	
05.0875	响应率	susceptibility	
05.0876	广义响应率	generalized susceptibility	
05.0877	响应函数	response function	
05.0878	线性响应	linear response	
05.0879	非线性响应	nonlinear response	

序 号	汉 文 名	英 文 名	注 释
05.0880	响应泛函	response functional	
05.0881	动力学响应理论	dynamic response theory	
05.0882	时间关联	time correlation	
05.0883	空间关联	space correlation, spatial correlation	
05.0884	时空关联	space time correlation	
05.0885	关联函数	correlation function	又称“相关函数”。
05.0886	自关联	autocorrelation	
05.0887	互关联	mutual correlation	
05.0888	自关联系数	coefficient of autocorrelation	
05.0889	总关联	total correlation	
05.0890	二阶关联	second order correlation	
05.0891	直接关联	direct correlation	
05.0892	关联长度	correlation length	
05.0893	速度关联函数	velocity correlation function	
05.0894	久保公式	Kubo formula	
05.0895	因果函数	causal function	
05.0896	因果变换	causal transform	
05.0897	变率过程	rate process	
05.0898	流体[动]力学极限	hydrodynamic limit	
05.0899	模耦合	mode coupling	
05.0900	涨落回归	regression of fluctuation	
05.0901	梯度展开	gradient expansion	
05.0902	时间方向性	time direction	
05.0903	博戈留波夫三阶段	three stages of Bogoliubov	按时间标度划分的。
05.0904	多粒子分布函数	multiparticle distribution function	
05.0905	单粒子分布函数	single-particle distribution function	
05.0906	动理学阶段	kinetics stage	
05.0907	流体力学阶段	hydrodynamics stage	
05.0908	分布函数矩量	moment of distribution function	
05.0909	局域守恒量	locally conserved quantity	
05.0910	刘维尔方程	Liouville equation	
05.0911	刘维尔算符	Liouville operator	
05.0912	约化密度矩阵	reduced density matrix	
05.0913	约化统计算符	reduced statistical operator	
05.0914	BBGKY 级列[方程]	Bogoliubov-Born-Green-Kirkwood-Yvon hierarchy, BBGKY hierarchy	
05.0915	维格纳分布函数	Wigner's distribution function	
05.0916	非平衡理论	nonequilibrium theory	

序号	汉文名	英文名	注释
05.0917	非平衡统计力学	nonequilibrium statistical mechanics	
05.0918	非平衡分子动力学	nonequilibrium molecular dynamics, NEMD	
05.0919	非平衡输运	nonequilibrium transport	
05.0920	非平衡统计算符	nonequilibrium statistical operator	
05.0921	粗粒统计算符	coarse-grained statistical operator	
05.0922	蒙特卡罗法	Monte Carlo method	
05.0923	非平衡蒙特卡罗法	nonequilibrium Monte Carlo method, NEMC method	
05.0924	随机矩阵	stochastic matrix	
05.0925	关联衰减原理	principle of attenuation of correlations, PAC	
05.0926	子动力学	subdynamics	
05.0927	分子动力学法	molecular dynamics method, MD method	
05.0928	格林函数	Green's function	
05.0929	推迟格林函数	retarded Green's function	
05.0930	超前格林函数	advanced Green's function	
05.0931	因果格林函数	causal Green's function	
05.0932	温度格林函数	temperature Green's function	又称“松原函数(Matsubara function)”“虚时格林函数(imaginary time Green's function)”。
05.0933	热力学格林函数	thermodynamical Green's function	
05.0934	双时格林函数	double-time Green's function	
05.0935	双粒子格林函数	two-particle Green's function	
05.0936	极化格林函数	polarization Green's function	
05.0937	反常格林函数	anomalous Green's function	
05.0938	闭[时]路格林函数	closed [time] path Green's function	
05.0939	莱曼表示	Lehmann representation	
05.0940	威克定理	Wick's theorem	
05.0941	编时算符	chronological operator	
05.0942	编时序	chronological order	
05.0943	时序[乘]积	chronological product	
05.0944	时序函数	time-ordered function	
05.0945	时序模拟	timing simulation	
05.0946	正规[乘]积	normal product, N product	

序　号	汉　文　名	英　文　名	注　　释
05.0947	算符缩并	contraction of operators	
05.0948	图解展开	graphical expansion	
05.0949	图解规则	diagram rule	
05.0950	费曼图	Feynman diagram	
05.0951	粒子线	particle line	
05.0952	闭[合]回路	closed loop	
05.0953	相连图	connected diagram	
05.0954	相连图展开	connected diagram expansion	
05.0955	戴森方程	Dyson's equation	
05.0956	真自能	proper self-energy	
05.0957	自能修正	self-energy correction	
05.0958	真极化	proper polarization	
05.0959	真顶角	proper vertex	
05.0960	温序[乘]积	temperature-ordered product	
05.0961	谱函数	spectral function	
05.0962	图形部分求和	partial summation of diagrams	
05.0963	有效[相]互作用	effective interaction	
05.0964	自洽哈特里-福克近似	self-consistent Hartree-Fock approximation	
05.0965	无规相[位]近似	random phase approximation, RPA	
05.0966	单圈图近似	single-loop diagram approximation	
05.0967	红外发散	infrared divergence	
05.0968	红外奇异[性]	infrared singularity	
05.0969	蝌蚪图	tadpole diagram	
05.0970	梯图	ladder diagram	
05.0971	梯图求和	ladder sum	
05.0972	贝特-萨佩特方程	Bethe-Salpeter equation	
05.0973	凯尔迪什图	Keldysh diagram	
05.0974	涨落场论	fluctuation field theory	
05.0975	热场动力学	thermo-field dynamics	
05.0976	铁磁相变	ferromagnetic phase transition	
05.0977	对称破缺	symmetry-broken	
05.0978	连续相变	continuous phase transition	
05.0979	气液连续性	continuity of the gaseous and liquid states	
05.0980	朗道自由能	Landau free energy	
05.0981	朗道相变理论	Landau's theory of phase transition	
05.0982	级	order	

序　号	汉 文 名	英 文 名	注　　释
05.0983	阶	order	
05.0984	序	order	
05.0985	有序	order	
05.0986	无序	disorder	
05.0987	自平均	self-averaging	
05.0988	有序无序转变	order-disorder transition	
05.0989	长程序	long-range order, LRO	
05.0990	短程序	short-range order, SRO	
05.0991	非对角长程序	off-diagonal long range order, ODLRO	
05.0992	准长程序	quasi-long range order	
05.0993	序参量	order parameter	
05.0994	合作现象	cooperative phenomenon	
05.0995	布拉格-威廉斯近似	Bragg-Williams approximation	
05.0996	无规混合近似	random mixing approximation	
05.0997	贝特近似	Bethe approximation	
05.0998	准化学近似	quasi-chemical approximation	
05.0999	三相临界点	tricritical point	
05.1000	多相临界点	multicritical point	
05.1001	双临界点	bicritical point	
05.1002	临界指数	critical exponent	
05.1003	结构相变	structural phase transition	
05.1004	软晶格	soft lattice	
05.1005	软模	soft mode	
05.1006	零频	zero frequency	
05.1007	广义软模	generalized soft mode	
05.1008	硬模	hard mode	
05.1009	戈德斯通模	Goldstone mode	
05.1010	金兹堡判据	Ginzburg's criterion	
05.1011	半群	semigroup	
05.1012	自旋玻璃	spin glass	
05.1013	临界维度	critical dimension	
05.1014	窘态	frustration	
05.1015	窘态函数	frustration function	
05.1016	窘态网络	frustration network	
05.1017	窘态嵌板	frustrated plaquette	
05.1018	窘组位形	frustrated configuration	
05.1019	凝聚体	condensate	

序号	汉文名	英文名	注释
05.1020	凝聚体分数	condensate fraction	
05.1021	凝聚能	condensation energy	
05.1022	凝聚温度	condensation temperature	
05.1023	电子自能	electron self-energy	
05.1024	电子温度	electron temperature	
05.1025	严格解模型	exactly solved model	
05.1026	经典自旋模型	classical spin model	
05.1027	伊辛模型	Ising model	
05.1028	无规场伊辛模型	random-field Ising system	
05.1029	XY 模型	XY model	
05.1030	球模型	spherical model	
05.1031	高斯模型	Gauss model	
05.1032	阿什金-特勒模型	Ashkin-Teller model	
05.1033	波茨模型	Potts model	
05.1034	六顶点模型	six-vertex model	
05.1035	八顶点模型	eight-vertex model	
05.1036	冰模型	ice model	
05.1037	冰式模型	ice-type model	
05.1038	交错相变	staggered phase transition	
05.1039	杨[振宁]-巴克斯特方程	Yang-Baxter equation	
05.1040	定态模型	stationary model	
05.1041	李杨理论	Lee-Yang theory	
05.1042	杨李边	Yang-Lee edge	
05.1043	杨[振宁]-李[政道]边奇异	Yang-Lee edge singularity	
05.1044	权[重]函数	weight function	
05.1045	参量空间	parameter space	
05.1046	有关参量	relevant parameter	
05.1047	无关参量	irrelevant parameter	
05.1048	边缘参量	marginal parameter	
05.1049	临界面	critical surface	
05.1050	跨接效应	crossover effect	
05.1051	跨接临界指数	crossover critical exponent	
05.1052	红外渐近自由	infrared asymptotic freedom	
05.1053	渐近简并性	asymptotic degeneracy	
05.1054	贝特拟设	Bethe ansatz	
05.1055	贝特格[子]	Bethe lattice	

序　号	汉　文　名	英　文　名	注　释
05.1056	韦尔斯家族树	Wells family tree	
05.1057	级联过程	cascade process	
05.1058	色动对偶性	color-kinematics duality	
05.1059	传递矩阵	transfer matrix	
05.1060	对偶性	duality	
05.1061	冰熵	ice entropy	
05.1062	自旋熵	spin entropy	
05.1063	冰定则	ice rules	又称"冰条件(ice condition)"。
05.1064	冰晶[体]	ice crystal	
05.1065	骨架图	skeleton diagram	
05.1066	*n*-维矢量模型	*n*-vector model	
05.1067	三自旋模型	three-spin model	
05.1068	空间维数	space dimensionality	
05.1069	拓扑[性]相变	topological phase transition	
05.1070	非平衡相变	nonequilibrium phase transition	
05.1071	临界慢化	critical slowing down	
05.1072	慢模	slow mode	
05.1073	长波涨落	long-wave fluctuation	
05.1074	序参量弛豫	order parameter relaxation	
05.1075	相变动理学	kinetics of phase transition	
05.1076	重正化群	renormalization group	
05.1077	重正化规则	renormalization rule	
05.1078	重正化方案	renormalization scheme	
05.1079	可重正性	renormalizability	
05.1080	可重正理论	renormalizable theory	
05.1081	自洽重正化	self-consistent renormalization	
05.1082	重正化微扰展开	renormalized perturbation expansion	
05.1083	重正化标度	renormalization scale	
05.1084	元胞自旋	cell spin	
05.1085	块区自旋	block spin	
05.1086	多数规则	majority rule	
05.1087	抽取规则	decimation rule	
05.1088	标度因子	scaling factor	
05.1089	标度变换	scale transformation	
05.1090	标度不变性	scaling invariance	
05.1091	标度律	scaling law	
05.1092	强标度律	hyperscaling law, strong scaling law	

序号	汉文名	英文名	注释
05.1093	标度线	scale mark	
05.1094	标度模型	scale model	
05.1095	标度论证	scaling argument	
05.1096	标度函数	scaling function	
05.1097	标度极限	scaling limit	
05.1098	标度假设	scaling hypothesis	
05.1099	标度理论	scaling theory	
05.1100	重标度	rescaling	
05.1101	标度维数	scaling dimensionality	
05.1102	标度指数	scaling exponent	
05.1103	普适标度函数	universal scaling function	
05.1104	普适性	universality	
05.1105	普适[性]类	universality class	
05.1106	卡比博普适性	Cabibbo universality	
05.1107	平均场理论	mean field theory	
05.1108	活性	activity	
05.1109	活度	activity	
05.1110	绝对活度	absolute activity	
05.1111	放射性活度	activity	
05.1112	亲和势	affinity	
05.1113	亲和性	affinity	
05.1114	信息熵	information entropy	
05.1115	信息论	information theory	
05.1116	雷尼信息	Renyi information	
05.1117	雷尼熵	Renyi entropy	
05.1118	拓扑熵	topological entropy	
05.1119	测度熵	metric entropy	
05.1120	德拜-休克尔理论	Debye-Hückel theory	

06. 相对论、量子理论、量子信息

序号	汉文名	英文名	注释

06.01 相对论

06.0001	相对性	relativity	
06.0002	相对论	[theory of] relativity	
06.0003	狭义相对论	special relativity	

序号	汉文名	英文名	注释
06.0004	相对性原理	relativity principle	
06.0005	狭义相对性原理	principle of special relativity	
06.0006	光信号	light signal	
06.0007	光速不变原理	principle of constancy of light velocity	
06.0008	时空	spacetime	
06.0009	绝对时空观	absolute view of space time	
06.0010	绝对空间	absolute space	
06.0011	绝对时间	absolute time	
06.0012	以太	ether, aether	
06.0013	以太漂移	ether drift	
06.0014	以太风	ether wind	
06.0015	漂移速度	drift velocity	
06.0016	光以太	luminiferous ether	
06.0017	以太曳引	ether drag	
06.0018	曳引效应	drag effect	
06.0019	曳引系数	drag coefficient	
06.0020	绝对参考系	absolute reference frame	
06.0021	事件	event	
06.0022	世界管	world tube	
06.0023	事件排序	ordering of events	
06.0024	[事件]间隔	interval of events	
06.0025	线元	line element	
06.0026	洛伦兹变换	Lorentz transformation	
06.0027	洛伦兹群	Lorentz group	
06.0028	洛伦兹因子	Lorentz factor	
06.0029	洛伦兹度规	Lorentz metric	
06.0030	洛伦兹变换的双曲形式	Lorentz transformation in hyperbolic form	
06.0031	相对论[性]协变量	relativistic covariant	
06.0032	相对论[性]协变式	relativistic covariant	
06.0033	洛伦兹协变量	Lorentz covariant	
06.0034	洛伦兹协变式	Lorentz covariant	
06.0035	相对论[性]协变性	relativistic covariance	
06.0036	洛伦兹协变性	Lorentz covariance	
06.0037	相对论[性]不变量	relativistic invariant	
06.0038	相对论[性]不变式	relativistic invariant	
06.0039	洛伦兹不变式	Lorentz invariant	
06.0040	相对论[性]不变性	relativistic invariance	

序　号	汉　文　名	英　文　名	注　　释
06.0041	洛伦兹不变性	Lorentz invariance	
06.0042	庞加莱变换	Poincaré transformation	
06.0043	庞加莱群	Poincaré group	
06.0044	标准钟	standard clock	
06.0045	理想钟	ideal clock	
06.0046	同步[性]	synchronism	
06.0047	钟的同步	synchronization of clocks	
06.0048	爱因斯坦同步	Einstein synchronization	
06.0049	慢移钟同步	slow clock synchronization	
06.0050	固有时	proper time	
06.0051	固有时间隔	proper time interval	
06.0052	同时事件	simultaneous events	
06.0053	同时性	simultaneity	
06.0054	同时性的相对性	relativity of simultaneity	
06.0055	时间延缓	time dilation	
06.0056	双生子佯谬	twin paradox	
06.0057	刚性杆	rigid rod	在相对论中用作度量空间距离的标准。
06.0058	长度收缩	length contraction	
06.0059	固有长度	proper length	
06.0060	菲佐实验	Fizeau's experiment	
06.0061	光行差	aberration	
06.0062	闵可夫斯基空间	Minkowski space, Minkowski world	
06.0063	闵可夫斯基几何	Minkowski geometry	
06.0064	纯虚时间	purely imaginary time	
06.0065	闵可夫斯基坐标系	Minkowski coordinate system	
06.0066	闵可夫斯基度规	Minkowski metric	
06.0067	时空连续统	space time continuum	
06.0068	时空流形	space time manifold	
06.0069	四维时空	four dimensional space time	
06.0070	时空坐标	space time coordinate	
06.0071	时空图	space time diagram	
06.0072	闵可夫斯基图	Minkowski diagram, Minkowski map	
06.0073	光锥	light cone	又称"零锥(null cone)"。
06.0074	因果性	causality	
06.0075	未来	future	
06.0076	现在	present	

序　号	汉　文　名	英　文　名	注　　释
06.0077	过去	past	
06.0078	绝对未来	absolute future	又称“因果未来(causal future)”。
06.0079	绝对过去	absolute past	又称“因果过去(causal past)”。
06.0080	相对位置	relative position	
06.0081	超曲面	hypersurface	
06.0082	类光线	lightlike line	
06.0083	类光矢量	lightlike vector	又称“零[模]矢(null vector)”。
06.0084	类光间隔	lightlike interval	
06.0085	类光事件	lightlike event	
06.0086	类光曲线	null curve	
06.0087	类光测地线	null geodesic	
06.0088	类光超曲面	null hypersurface	
06.0089	时空奇点	spacetime singularity	
06.0090	时空观	spacetime view	
06.0091	旋量场	spinor field	
06.0092	旋量变换	spinor transformation	
06.0093	定态极限	stationary limit, static limit	
06.0094	类时	timelike	
06.0095	类时矢量	timelike vector	
06.0096	类时线	timelike line	
06.0097	类时事件	timelike event	
06.0098	类时间隔	timelike interval	
06.0099	类时超曲面	timelike hypersurface	
06.0100	类空	spacelike	
06.0101	类空矢量	spacelike vector	
06.0102	类空线	spacelike line	
06.0103	类空事件	spacelike event	
06.0104	类空间隔	spacelike interval	
06.0105	类空截面	spacelike section	
06.0106	类空超曲面	spacelike hypersurface	
06.0107	超光群速	superluminal speed	
06.0108	思想实验	thought experiment	
06.0109	时间坐标	time coordinate	
06.0110	拓扑守恒率	topological conservation law	
06.0111	特鲁顿-诺伯实验	Trouton-Noble experiment	

序 号	汉 文 名	英 文 名	注 释
06.0112	孪生子效应	twin effect	
06.0113	双钟效应	twin-clock effect	
06.0114	双钟问题	twin-clock problem	
06.0115	时空均匀性	homogeneity of spacetime, uniformity of spacetime	
06.0116	时间方向	time orientation	
06.0117	实轴	real axis	
06.0118	指向未来	future pointing, future-pointing	
06.0119	指向过去	past pointing, past-pointing	
06.0120	实奇点	real singularity	
06.0121	实空间	real space	
06.0122	实时	real time	
06.0123	实时修复	real-time restoration	
06.0124	重复指标	repeated index	
06.0125	相对坐标系	relative coordinate system	
06.0126	傀标	dummy index	
06.0127	巡标	running index	
06.0128	固定指标	fixed index	
06.0129	自由指标	free index	
06.0130	度规张量	metric tensor	
06.0131	爱因斯坦求和约定	Einstein summation convention	
06.0132	固有速度	proper velocity	
06.0133	固有加速度	proper acceleration	
06.0134	表观形状	apparent shape	
06.0135	相对论[性]物理学	relativistic physics	
06.0136	相对论[性]力学	relativistic mechanics	
06.0137	相对论[性]动力学	relativistic dynamics	
06.0138	相对论[性]运动学	relativistic kinematics	
06.0139	相对论性粒子	relativistic particle	
06.0140	固有质量	proper mass	
06.0141	静质量	rest mass	
06.0142	相对论[性]质量	relativistic mass	
06.0143	横质量	transverse mass	
06.0144	纵质量	longitudinal mass	
06.0145	质能等价性	mass-energy equivalence	
06.0146	能量动量张量	energy-momentum tensor	简称“能动张量”。
06.0147	相对论[性]修正	relativistic correction	
06.0148	非相对论性极限	non-relativistic limit	

序　号	汉 文 名	英 文 名	注　　释
06.0149	相对论[性]效应	relativistic effect	
06.0150	相对论[性]场方程	relativistic field equation	
06.0151	电磁场张量	electromagnetic field tensor	
06.0152	相对论[性]热力学	relativistic thermodynamics	
06.0153	相对论[性]流体力学	relativistic hydrodynamics	
06.0154	绝对异地	absolute elsewhere	
06.0155	四维矢量	four-vector	
06.0156	四维张量	four-tensor	
06.0157	四维速度	four-velocity	
06.0158	四维加速度	four-acceleration	
06.0159	四维力	four-force	
06.0160	四维动量	four-momentum	
06.0161	四维流	four-current	
06.0162	频率四维矢[量]	frequency four-vector	
06.0163	相对论[性]速度加法公式	relativistic velocity addition formula	
06.0164	静[质]能	rest [mass] energy	
06.0165	厄特沃什实验	Eötvös experiment	
06.0166	费米-沃克迁移	Fermi-Walker transport	
06.0167	扇状自旋有序	fan spin order	
06.0168	等效性	equivalence	
06.0169	相对论[性]轫致辐射	relativistic bremsstrahlung	
06.0170	相对论[性]密度泛函理论	relativistic density-functional theory	
06.0171	相对论能量-动量关系	relativistic energy-momentum relation	
06.0172	相对论[性]运动方程	relativistic equation of motion	
06.0173	相对论[性]动量	relativistic momentum	
06.0174	相对论[性]统计力学	relativistic statistical mechanics	
06.0175	相对论性像	relativistic image	
06.0176	时钟比对	clock comparison	
06.0177	时钟佯谬	clock paradox	
06.0178	质能关系	mass-energy relation	
06.0179	质能守恒	conservation of mass-energy	
06.0180	连续时空变换	continuous space time transformation	
06.0181	缩并张量	contracted tensor	又称“降秩张量”。
06.0182	逆变矢量	contravariant vector	
06.0183	协变性	covariance	

序　号	汉　文　名	英　文　名	注　　释
06.0184	协变矢量	covariant vector	
06.0185	时钟同步	clock synchronization	
06.0186	协调世界时	coordinate universal time	
06.0187	电子静止质量	electron rest mass	
06.0188	γ因子	gamma-factor	
06.0189	水平分量	horizontal component	
06.0190	洛伦兹收缩	Lorentz contraction	
06.0191	光矢量	light vector	
06.0192	局域惯性系	local inertial system	
06.0193	质量亏损	mass deficit	
06.0194	光锥求和规则	light-cone sum rule	
06.0195	平行时空	parallel space time	
06.0196	正度规	positive metric	
06.0197	标准时	standard time	
06.0198	静止质量	static mass	
06.0199	麦克斯韦方程的四维形式	four-dimensional form of Maxwell's equations	
06.0200	偶宇称	even parity	
06.0201	奇宇称	odd parity	
06.0202	宇称选择定则	parity selection rule	
06.0203	广义相对论	general relativity	
06.0204	爱因斯坦等效原理	Einstein's equivalence principle	
06.0205	广义相对性原理	principle of general relativity	
06.0206	广义协变[性]原理	principle of general covariance	
06.0207	爱因斯坦场方程	Einstein's field equation	
06.0208	万有引力	universal gravitation	
06.0209	引力场强度	intensity of gravitational field	
06.0210	引力势	gravitational potential	
06.0211	局域参考系	local frame of reference	
06.0212	等效原理	equivalence principle	
06.0213	弱等效原理	weak equivalence principle	
06.0214	强等效原理	strong equivalence principle	
06.0215	马赫原理	Mach's principle	
06.0216	度规场	metric field	
06.0217	平直时空	flat spacetime	
06.0218	弯曲时空	curved spacetime	
06.0219	坐标钟	coordinate clock	
06.0220	坐标时	coordinate time	

序号	汉文名	英文名	注释
06.0221	比安基恒等式	Bianchi identities	
06.0222	施瓦氏解	Schwarzschild solution	
06.0223	施瓦氏坐标	Schwarzschild coordinate	
06.0224	施瓦氏半径	Schwarzschild radius	
06.0225	时空点	spacetime point	
06.0226	世界线	world line	
06.0227	克鲁斯卡尔坐标	Kruskal coordinate	
06.0228	克尔度规	Kerr metric	
06.0229	克尔解	Kerr's solution	
06.0230	静[态]场	static field	
06.0231	定态场	stationary field	
06.0232	爱因斯坦-麦克斯韦方程	Einstein-Maxwell equation	
06.0233	恩斯特方程	Ernst's equation	
06.0234	恩斯特势	Ernst potential	
06.0235	几何化单位	geometrized unit	
06.0236	普朗克单位	Planck unit	
06.0237	普朗克长度	Planck length	
06.0238	普朗克时间	Planck time	
06.0239	彼得罗夫分类	Petrov classification	
06.0240	内禀几何	intrinsic geometry	
06.0241	时空几何	spacetime geometry	
06.0242	协变张量	covariant tensor	
06.0243	反变张量	contravariant tensor	
06.0244	混变张量	mixed tensor	
06.0245	符号差	signature	
06.0246	收缩	contraction	
06.0247	缩并	contraction	
06.0248	赝张量	pseudotensor	
06.0249	张量密度	tensor density	
06.0250	共动参考系	comoving reference frame	
06.0251	谐和坐标系	harmonic coordinate system	
06.0252	从优参考系	preferred frame	
06.0253	坐标条件	coordinate condition	
06.0254	莱维-齐维塔平移	Levi-Civita parallel displacement	
06.0255	协变导数	covariant derivative	
06.0256	协变微分	covariant differential	
06.0257	克里斯多菲符号	Christoffel symbol	

序　号	汉　文　名	英　文　名	注　　释
06.0258	时空曲率	curvature of spacetime	
06.0259	曲率张量	curvature tensor	
06.0260	爱因斯坦[曲率]张量	Einstein's [curvature] tensor	
06.0261	高斯曲率	Gaussian curvature	
06.0262	曲率标量	curvature scalar, scalar curvature	
06.0263	外尔张量	Weyl tensor	又称"共形张量(conformal tensor)"。
06.0264	外[延]曲率	extrinsic curvature	
06.0265	内[禀]曲率	intrinsic curvature	
06.0266	挠率张量	torsion tensor	
06.0267	扭量	twistor	
06.0268	仿射空间	affine space	
06.0269	仿射联络	affine connection	
06.0270	仿射参量	affine parameter	
06.0271	李导数	Lie derivative	
06.0272	纤维丛	fiber bundle	
06.0273	时空拓扑	topology of spacetime	
06.0274	彭罗斯图	Penrose diagram	
06.0275	包容图	embedding diagram	
06.0276	编时条件	chronology condition	
06.0277	正能定理	positive energy theorem	
06.0278	奇异边界	singular boundary	
06.0279	类光四维标架	null tetrad	
06.0280	基灵矢量场	Killing vector field	
06.0281	基灵方程	Killing's equation	
06.0282	测地完备性	geodesic completeness	
06.0283	共形不变性	conformal invariance	
06.0284	共形变换	conformal transformation	
06.0285	等度规	isometry	
06.0286	测地线	geodesic line, geodesics	
06.0287	渐近平时空	asymptotically flat space time	
06.0288	裸奇异性	naked singularity	
06.0289	宇宙监督假设	cosmic censorship hypothesis	
06.0290	引力红移	gravitational redshift	
06.0291	宇宙学红移	cosmological redshift	
06.0292	引力透镜	gravitational len	
06.0293	引力时间膨胀	gravitational time dilation	曾称"引力时间延缓"。

序号	汉文名	英文名	注释
06.0294	引力坍缩	gravitational collapse	
06.0295	地平圈	horizon circle	
06.0296	水平线	horizon	又称“地平线”。
06.0297	事件视界	event horizon	
06.0298	粒子视界	particle horizon	
06.0299	视界面积	area of horizon	
06.0300	面积定理	area theorem	黑洞视界的。
06.0301	无毛定理	no-hair theorem	黑洞的。
06.0302	陷俘面	trapped surface	
06.0303	能层	ergosphere	
06.0304	黑洞辐射	black hole radiation	
06.0305	引力波	gravitational wave	
06.0306	引力辐射	gravitational radiation	
06.0307	赝转动	pseudorotation	
06.0308	克罗内克符号	Kronecker symbol	
06.0309	莱维-齐维塔张量	Levi-Civita tensor	
06.0310	空间反演	space inversion	
06.0311	黎曼[曲率]张量	Riemannian [curvature] tensor	
06.0312	里奇[曲率]张量	Ricci [curvature] tensor	
06.0313	罗伯逊-沃克度规	Robertson-Walker metric	
06.0314	广义协变性	general covariance	
06.0315	引力几何化	geometrization of gravitation	
06.0316	光线的引力偏折	gravitational deflection of light	
06.0317	相对论[性]近星点进动	relativistic periastron precession	
06.0318	黎曼空间	Riemann space	
06.0319	近日点进动	advance of perihelion	
06.0320	内重力波	internal gravity wave	
06.0321	微引力透镜效应	microlensing	
06.0322	反引力	repulsive gravitation	
06.0323	时空标量曲率	scalar curvature of spacetime	
06.0324	施瓦西黑洞	Schwarzschild black hole	
06.0325	缓冷[却]	slow cooling	
06.0326	时空弯曲	spacetime bending	
06.0327	宇宙项	cosmological term	
06.0328	量子宇宙学	quantum cosmology	
06.0329	观测宇宙学	observational cosmology	
06.0330	稳[恒]态宇宙学	steady-state cosmology	

序 号	汉 文 名	英 文 名	注 释
06.0331	宇宙发生学	cosmogenesis	
06.0332	微波背景辐射	microwave background radiation, MBR	
06.0333	宇宙[微波]背景辐射	cosmic [microwave] background radiation, CMBR	
06.0334	爱因斯坦静态宇宙	Einstein's static universe	
06.0335	弗里德曼宇宙	Friedmann universe	
06.0336	宇宙演化	universe evolution	
06.0337	宇宙年龄	universe's age, cosmic age	
06.0338	暴胀宇宙	inflationary universe	
06.0339	非均匀宇宙	non-uniform universe	
06.0340	开[放]宇宙	open universe	
06.0341	静态宇宙	static universe	
06.0342	哈勃定律	Hubble's law	
06.0343	哈勃常数	Hubble constant	
06.0344	宇宙学原理	cosmological principle	
06.0345	原初核合成	primordial nucleosynthesis	
06.0346	后牛顿近似	post-Newtonian approximation	
06.0347	博戈留波夫变换	Bogoliubov transformation	
06.0348	卡西米尔效应	Casimir effect	
06.0349	量子引力	quantum gravity	
06.0350	非度规理论	non-metric theories	
06.0351	人择原理	anthropic principle	
06.0352	重子生成	baryogenesis	
06.0353	引力半径	gravitational radius	
06.0354	暗物质	dark matter	
06.0355	暗能量	dark energy	
06.0356	宇宙起源	origin of the universe	
06.0357	宇宙常量	cosmic constant	
06.0358	宇宙膨胀	cosmic expansion	
06.0359	宇宙[学]常数	cosmological constant	
06.0360	宇宙常数[量]Λ 项	cosmological Λ-term	
06.0361	暴胀宇宙模型	inflationary cosmological model	

06.02 量 子 理 论

序 号	汉 文 名	英 文 名	注 释
06.0362	量子理论	quantum theory	
06.0363	量子力学	quantum mechanics	
06.0364	量子物理[学]	quantum physics	

序　号	汉　文　名	英　文　名	注　　释
06.0365	量子动力学	quantum dynamics	
06.0366	相对论[性]量子力学	relativistic quantum mechanics	
06.0367	量子宇宙	quantum universe	
06.0368	量子化学	quantum chemistry	
06.0369	紫外灾难	ultraviolet catastrophe, Rayleigh-Jeans catastrophe	
06.0370	普朗克定律	Planck's law	
06.0371	普朗克常量	Planck constant	
06.0372	哈特里能量	Hartree energy	能量的原子单位，等于 $2R_{\infty}hc$。
06.0373	量子	quantum	
06.0374	量子化	quantization	
06.0375	量子作用	quantum of action	
06.0376	能量子	quantum of energy	
06.0377	能量量子化	energy quantization	
06.0378	场量子化	field quantization	
06.0379	空间量子化	space quantization	
06.0380	方向量子化	directional quantization	
06.0381	取向量子化	orientation quantization	
06.0382	轨道量子化	quantization of orbit	
06.0383	角动量量子化	quantization of angular momentum	
06.0384	磁量子化	magnetic quantization	
06.0385	磁通量子化	quantization of magnetic flux	
06.0386	电荷量子化	charge quantization	
06.0387	朗道量子化	Landau quantization	
06.0388	量子数	quantum number	
06.0389	轨道量子数	orbital quantum number	
06.0390	角动量量子数	angular-momentum quantum number	
06.0391	内量子数	inner quantum number	
06.0392	角量子数	azimuthal quantum number, angular quantum number	
06.0393	角波数	angular wave number	
06.0394	转动量子数	rotational quantum number	
06.0395	径量子数	radial quantum number	
06.0396	纬量子数	latitudinal quantum number	
06.0397	磁量子数	magnetic quantum number	
06.0398	赤道量子数	equatorial quantum number, magnetic quantum number	

序　号	汉　文　名	英　文　名	注　　释
06.0399	自旋	spin	
06.0400	自旋取向	spin orientation	
06.0401	自旋矩	spin moment	
06.0402	自旋进动	spin precession	
06.0403	自旋轨道分裂	spin-orbit splitting	
06.0404	自旋量子数	spin quantum number	
06.0405	电子自旋	electron spin	
06.0406	主量子数	total quantum number, principal quantum number	
06.0407	好量子数	good quantum number	
06.0408	经典数	c-number	又称“c 数”。
06.0409	场量子	field quantum	
06.0410	电阻量子	resistance quantum	
06.0411	哥本哈根诠释	Copenhagen interpretation	
06.0412	薛定谔猫	Schrödinger's cat	
06.0413	[量子]纠缠	[quantum] entanglement	
06.0414	量子干涉	quantum interference	
06.0415	多世界诠释	many-worlds interpretation	
06.0416	玻姆量子力学	Bohmian mechanics	
06.0417	导波理论	pilot-wave theory	
06.0418	局域隐变量	local hidden variable	
06.0419	科亨-施佩克尔定理	Kochen-Specker theorem	证明了隐变量理论存在的矛盾(1967 年)。
06.0420	玻尔互补原理	Bohr's principle of complementarity	
06.0421	互补原理	complementarity principle, principle of complementarity	又称“并协原理”。
06.0422	对应原理	correspondence principle	
06.0423	玻尔[原子]模型	Bohr [atom] model	
06.0424	玻尔半径	Bohr radius	
06.0425	索末菲椭圆轨道	Sommerfeld's elliptical orbit	
06.0426	泡利不相容原理	Pauli exclusion principle	
06.0427	表象	representation	又称“表示”。
06.0428	薛定谔绘景	Schrödinger picture	
06.0429	薛定谔表象	Schrödinger representation	
06.0430	薛定谔方程	Schrödinger equation	
06.0431	定态薛定谔方程	stationary Schrödinger equation	
06.0432	含时薛定谔方程	time-dependent Schrödinger equation	

序　号	汉　文　名	英　文　名	注　　释
06.0433	克莱因-戈尔登-福克方程	Klein-Gordon-Fock equation	
06.0434	哈特里-福克近似	Hartree-Fock approximation	
06.0435	相似子	similariton	
06.0436	自洽场	self-consistent field	
06.0437	自洽解	self-consistent solution	
06.0438	海森伯绘景	Heisenberg picture	
06.0439	海森伯表象	Heisenberg representation	
06.0440	矩阵力学	matrix mechanics	
06.0441	矩阵表示	matrix representation	
06.0442	位置表象	position representation	
06.0443	坐标表象	coordinate representation	
06.0444	动量表象	momentum representation	
06.0445	能量表象	energy representation	
06.0446	k 空间	k-space	又称“动量空间(momentum space)”。
06.0447	[海森伯]不确定性原理	[Heisenberg] uncertainty principle	又称“[海森伯]测不准原理”,简称“不确定原理”。
06.0448	不确定[度]关系	uncertainty relation	又称“测不准关系”。
06.0449	狄拉克绘景	Dirac picture	又称“[相]互作用绘景(interaction picture)”。
06.0450	[相]互作用表象	interaction representation	
06.0451	对易关系	commutation relation	
06.0452	反对易关系	anticommutation relation	
06.0453	可对易性	commutability	
06.0454	不可对易性	noncommutability	
06.0455	对易式	commutator	
06.0456	反对易式	anticommutator	
06.0457	正则对易关系	canonical commutation relation	
06.0458	正则对易子	canonical commutator	
06.0459	波粒二象性	wave-particle duality, wave-particle dualism	
06.0460	物质波	matter wave	
06.0461	德布罗意关系	de Broglie relation	
06.0462	德布罗意波	de Broglie wave	
06.0463	德布罗意波长	de Broglie wavelength	
06.0464	热德布罗意波长	thermal de Broglie wavelength	

序　号	汉　文　名	英　文　名	注　　释
06.0465	粒子性	corpuscular property	
06.0466	波动性	undulatory property	
06.0467	不可分辨性	indistinguishability	
06.0468	矢量模型	vector model	
06.0469	组合原理	combination principle	
06.0470	康普顿散射	Compton scattering	
06.0471	康普顿波长	Compton wavelength	
06.0472	基态	ground state	
06.0473	基态能量	ground state energy	
06.0474	零点能量	zero-point energy	
06.0475	零点运动	zero-point motion	
06.0476	零点涨落	zero-point fluctuation	
06.0477	真空能量	vacuum energy	
06.0478	激发偶对态	excited-pair state	
06.0479	能级	energy level	
06.0480	能带	energy band	
06.0481	能谱	energy spectrum	
06.0482	能态	energy state	
06.0483	能级图	energy-level diagram	
06.0484	二能级模型	two-level model	
06.0485	双态系统	two-state system	
06.0486	能级结构	energy level structure	
06.0487	能级宽度	energy level width	
06.0488	能级寿命	energy level lifetime	
06.0489	磁子	magneton	
06.0490	玻尔磁子	Bohr magneton	
06.0491	轨道磁矩	orbital magnetic moment	
06.0492	自旋磁矩	spin magnetic moment	
06.0493	旋磁比	gyromagnetic ratio	
06.0494	磁旋比	magnetogyric ratio	
06.0495	波动力学	wave mechanics	
06.0496	玻恩定理	Born's rule, Born's law	
06.0497	基函数	basis function	
06.0498	本征态	eigenstate	
06.0499	本征态[完备]集	complete set of eigenstate	
06.0500	完备性	completeness	
06.0501	完备性关系	completeness relation	
06.0502	复共轭	complex conjugate	

序 号	汉 文 名	英 文 名	注 释
06.0503	共轭基	conjugate basis	
06.0504	共轭变量	conjugate variable	
06.0505	共轭矢量	conjugate vector	
06.0506	量子态	quantum state	
06.0507	定态解	stationary solution	
06.0508	定态轨道	stationary orbit	
06.0509	定态	stationary state	
06.0510	非定态	nonstationary state	
06.0511	陷俘态	trapped state	
06.0512	简并态	degenerate state	
06.0513	简并性	degeneracy	
06.0514	简并度	degeneracy	
06.0515	简并化	degeneration	
06.0516	弱简并	weak degeneration	
06.0517	简并塌缩	degeneracy collapse	
06.0518	纯态	pure state	
06.0519	混合态	mixed state	
06.0520	模糊态	smeared state	位置不确定较模糊的量子态。
06.0521	项链态	necklace state	
06.0522	波函数	wave function	
06.0523	态矢量	state vector	
06.0524	反对称波函数	antisymmetric wave function	
06.0525	斯莱特行列式	Slater determinant	
06.0526	波包坍缩	wave packet collapse	
06.0527	核[函数]	kernel	
06.0528	概率分布函数	probability distribution function	
06.0529	概率矩阵	probability matrix	
06.0530	负概率	negative probability	
06.0531	概率波	probability wave	
06.0532	概率密度	probability density	
06.0533	概率幅	probability amplitude	
06.0534	概率流	probability current, probability flux	又称“概率通量”。
06.0535	归一化	normalization	
06.0536	归一[化]条件	normalization condition	
06.0537	归一[化]因子	normalization factor	
06.0538	玻色化	bosonization	
06.0539	相[位]因子	phase factor	

序　号	汉　文　名	英　文　名	注　　释
06.0540	正交归一系	orthonormal system	
06.0541	态叠加原理	principle of superposition of state	
06.0542	线性叠加	linear superposition	
06.0543	可观测量	observable	
06.0544	波函数坍缩	collapse of wave function	
06.0545	坍缩恢复现象	collapse and revival	
06.0546	算符	operator	
06.0547	单位算符	unit operator	
06.0548	逆算符	inverse operator	
06.0549	本征方程	eigen equation	
06.0550	本征函数	eigenfunction, proper function	
06.0551	共有本征函数	common eigenfunction	
06.0552	共同本征函数	simultaneous eigenfunction	
06.0553	本征值	eigenvalue	
06.0554	离散本征值	discrete eigenvalue	曾称“分立本征值”。
06.0555	连续本征值	continuous eigenvalue	
06.0556	期望值	expectation value	曾称“期待值”。
06.0557	费曼路径积分	Feynman path integral	
06.0558	厄米性	hermiticity	
06.0559	厄米多项式	Hermite polynomial	
06.0560	厄米变换	Hermitian transformation	
06.0561	厄米矩阵	Hermitian matrix	
06.0562	[矩阵的]迹	trace [of matrix]	相应对角元之和。
06.0563	转置算符	transposed operator	
06.0564	转置复[数]共轭	transposed complex conjugate	
06.0565	狄拉克括号	Dirac bracket	
06.0566	左矢	bra	曾称“刁”。
06.0567	右矢	ket	曾称“刃”。
06.0568	狄拉克符号	Dirac [bra-ket] notation	
06.0569	希尔伯特空间	Hilbert space	
06.0570	希尔伯特-施密特算符	Hilbert-Schmidt operator	
06.0571	变换算符	transformation operator	
06.0572	跃迁算符	transition operator	
06.0573	动量算符	momentum operator	
06.0574	平移算符	translation operator	
06.0575	移位算符	shift operator	
06.0576	转动算符	rotation operator	
06.0577	转动矩阵	rotation matrix	

序 号	汉 文 名	英 文 名	注 释
06.0578	宇称算符	parity operator	
06.0579	置换算符	permutation operator	
06.0580	[可]对易算符	commuting operator	
06.0581	幺正表示	unitary representation	
06.0582	幺正不可约表示	unitary irreducible representation	
06.0583	幺正群	unitary group	
06.0584	幺正演化	unitary evolution	
06.0585	幺正变换	unitary transformation	
06.0586	幺正算符	unitary operator	
06.0587	反幺正算符	antiunitary operator	
06.0588	伴[随]算符	adjoint operator	
06.0589	厄米算符	Hermitian operator	
06.0590	共轭算符	conjugation operator	
06.0591	复共轭算符	complex conjugate operator	
06.0592	δ 算符	delta operator	
06.0593	交换算符	interchange operator	
06.0594	哈密顿算符	Hamiltonian operator	
06.0595	有效哈密顿量	effective Hamiltonian	
06.0596	隧穿哈密顿量	tunneling Hamiltonian	
06.0597	海森伯算符	Heisenberg operators	
06.0598	演化算符	evolution operator	
06.0599	微分算符	differential operator	
06.0600	电流算符	current operator	
06.0601	久期方程	secular equation	
06.0602	特征方程	characteristic equation	
06.0603	微扰论	perturbation theory	又称“摄动理论”。
06.0604	不含时微扰	time-independent perturbation	
06.0605	含时微扰	time-dependent perturbation	
06.0606	微扰近似	perturbation approximation	
06.0607	简并微扰论	degenerate perturbation theory	
06.0608	非简并微扰论	non-degenerate perturbation theory	
06.0609	费米黄金规则	Fermi's golden rule	
06.0610	微扰展开式	perturbation expansion	
06.0611	微扰矩阵元	perturbation matrix element	
06.0612	微扰势	perturbing potential	
06.0613	量子限域	quantum confinement	
06.0614	盒中粒子	particle in a box	
06.0615	势阱	potential well	

序号	汉文名	英文名	注释
06.0616	[无限深]方势阱	[infinite] square well	
06.0617	势垒	potential barrier	
06.0618	势垒穿透	barrier penetration	
06.0619	隧道效应	tunnel effect	
06.0620	隧穿效应	tunneling effect	
06.0621	量子隧穿	quantum tunneling	
06.0622	隧道势垒	tunneling barrier	
06.0623	相干电子隧穿	coherent electron tunneling	
06.0624	共隧穿	co-tunneling	
06.0625	谐振子	harmonic oscillator	
06.0626	非[简]谐振子	anharmonic oscillator	
06.0627	广义振子强度	generalized oscillator strength	
06.0628	一维谐振子	one-dimensional harmonic oscillator	
06.0629	变分原理	variational principle	
06.0630	半经典理论	semiclassical theory	
06.0631	准经典近似	quasi-classical approximation	
06.0632	WKB[J]近似	WKB[J] approximation, Wentzel-Kramers-Brillouin[-Jeffreys] approximation	
06.0633	浸渐近似	adiabatic approximation	曾称“绝热近似”。
06.0634	非浸渐近似	diabatic approximation, diabatic approach	曾称“非绝热近似”。
06.0635	跃迁	transition	
06.0636	容许跃迁	allowed transition	
06.0637	禁戒跃迁	forbidden transition	
06.0638	自发跃迁	spontaneous transition	
06.0639	跃迁概率	transition probability	
06.0640	跃迁系数	transition coefficient	
06.0641	选择定则	selection rule	
06.0642	弹性散射	elastic scattering	
06.0643	非弹性散射	inelastic scattering	
06.0644	玻恩近似	Born approximation	
06.0645	散射矩阵	scattering matrix	简称“S 矩阵(S matrix)”。
06.0646	分波展开	partial-wave expansion	
06.0647	分波法	method of partial waves	
06.0648	传播函数	propagator	
06.0649	预解式	resolvent	

序　号	汉　文　名	英　文　名	注　　释
06.0650	自旋算符	spin operator	
06.0651	自旋交换算符	spin exchange operator	
06.0652	自旋容许跃迁	spin-allowed transition	
06.0653	自旋哈密顿量	spin Hamiltonian	
06.0654	自旋矩阵	spin matrix	
06.0655	自旋单态	spin singlet	
06.0656	自旋三重态	spin triplet	
06.0657	旋量	spinor	
06.0658	旋量波函数	spinor wave function	
06.0659	自旋角动量	spin angular momentum	
06.0660	固有角动量	proper angular momentum	
06.0661	内禀角动量	intrinsic angular momentum	
06.0662	轨道角动量	orbital angular momentum	
06.0663	泡利方程	Pauli equation	
06.0664	泡利[自旋]矩阵	Pauli [spin] matrix	
06.0665	泡利算符	Pauli operator	
06.0666	不可约表示	irreducible representation	
06.0667	不可约张量算符	irreducible tensor operator	
06.0668	约化矩阵元	reduced matrix element	
06.0669	CG[矢量耦合]系数	Clebsch-Gordan [vector coupling] coefficient	简称“CG[矢耦]系数”。
06.0670	维格纳-埃卡特定理	Wigner-Eckart theorem	
06.0671	宇称	parity	
06.0672	宇称守恒	parity conservation	
06.0673	宇称不守恒	parity nonconservation	
06.0674	全同粒子	identical particle	
06.0675	离散变换	discrete transformation	
06.0676	离散化过程	discretization process	
06.0677	二次量子化	second quantization	
06.0678	产生	creation	
06.0679	湮没	annihilation	又称“湮灭”。
06.0680	产生算符	creation operator	
06.0681	湮没算符	annihilation operator	
06.0682	粒子数算符	number operator	
06.0683	交换能	exchange energy	
06.0684	关联能	correlation energy	
06.0685	狄拉克方程	Dirac equation	
06.0686	狄拉克自旋矩阵	Dirac spin matrix	

序　号	汉　文　名	英　文　名	注　　释
06.0687	狄拉克旋量	Dirac spinor	
06.0688	狄拉克海	Dirac sea	
06.0689	狄拉克点	Dirac point	
06.0690	颤动	Zitterbewegung(德)	
06.0691	正电子	positron	
06.0692	朗道规范	Landau gauge	
06.0693	朗道极点	Landau pole	
06.0694	量子蒙特卡罗法	quantum Monte Carlo method	
06.0695	米格达尔定理	Migdal's theorem	
06.0696	量子相变	quantum phase transition	
06.0697	量子共振	quantum resonance	
06.0698	时间变换	time transformation	又称"T 变换"。
06.0699	时间平移	time displacement, time translation	
06.0700	时间平移算符	time displacement operator, time translation operator	简称"时移算符"。
06.0701	时间演化算符	time evolution operator	
06.0702	含时波函数	time-dependent wave function	
06.0703	不含时波动方程[式]	time-independent wave equation	
06.0704	时间平移不变性	time displacement invariance, time translation invariance	
06.0705	时间平移对称[性]	time displacement symmetry	
06.0706	时间反演	time reversal,time inversion	
06.0707	时间反演算符	time reversal operator	
06.0708	编序算符	ordering operator	
06.0709	正规编序	normal ordering	算符的。
06.0710	反正规排序	antinormal ordering	算符的。
06.0711	时间反演不变性	time reversal invariance	
06.0712	时间反演对称性	time reversal symmetry	
06.0713	时间反演路径	time-reversed path	
06.0714	时间反演态	time-reversed state	
06.0715	空间对称群	spatial symmetry group	
06.0716	旋转不变性	rotation invariance	
06.0717	手征不变性	chirality invariance	

06.03　量子信息

06.0718	量子信息	quantum information	
06.0719	量子信息学	quantum information science	
06.0720	爱因斯坦-波多尔斯基-	Einstein-Podolsky-Rosen paradox,	简称"EPR 佯谬",又

序 号	汉 文 名	英 文 名	注 释
	罗森佯谬	EPR paradox	称“EPR 思想实验”。
06.0721	非定域性	nonlocality	
06.0722	[鬼魅]超距作用	spooky action at a distance	
06.0723	[薛定谔]猫态	[Schrödinger] cat state	
06.0724	爱因斯坦-波多尔斯基-罗森[粒子]对	Einstein-Podolsky-Rosen pair	简称“EPR[粒子]对”。
06.0725	纠缠态	entangled state	
06.0726	纠缠光子	entangled photon	
06.0727	孪生光子对	biphoton	纠缠的光子对。
06.0728	标示光子	heralded photon	
06.0729	多粒子纠缠	multipartite entanglement	
06.0730	多光子纠缠	multiphoton entanglement	
06.0731	超纠缠	hyperentanglement	
06.0732	GHZ 态	Greenberger-Horne-Zeilinger state	
06.0733	W 态	W state	
06.0734	NOON 态	NOON state	N 零、零 N 纠缠态。
06.0735	量子比特	qubit	又称“量子位(quantum bit)”。
06.0736	纠缠比特	ebit	
06.0737	量子字节	qubyte	由 8 个量子比特组成。
06.0738	3 维量子信息单位	qutrit	又称“3 维量子比特”。
06.0739	4 维量子信息单位	ququart	又称“4 维量子比特”。
06.0740	*d* 维量子信息单位	qudit	又称“*d* 维量子比特”。
06.0741	*n* 维量子信息单位	qunit	又称“*n* 维量子比特”。
06.0742	纠缠度	degree of entanglement	
06.0743	纠缠浓缩	entanglement concentration	
06.0744	纠缠度量	entanglement measure	
06.0745	量子失谐	quantum discord	
06.0746	生成纠缠	entanglement of formation	
06.0747	纠缠纯化	entanglement purification	
06.0748	纠缠蒸馏	entanglement distillation	
06.0749	纠缠交换	entanglement swapping	
06.0750	纠缠见证	entanglement witness	

序　号	汉　文　名	英　文　名	注　　释
06.0751	可蒸馏纠缠	distillable entanglement	
06.0752	并发纠缠	concurrence	又称"量子并发"。
06.0753	纠缠单配性	entanglement monogamy	
06.0754	纠缠单调列	entanglement monotone	
06.0755	施密特分解	Schmidt decomposition	
06.0756	可分离[量子]态	separable [quantum] state	
06.0757	可分离性	separability	
06.0758	可分离判据	separability criterion	
06.0759	佩雷斯-霍罗德基判据	Peres-Horodecki criterion	
06.0760	范围判据	range criterion	
06.0761	约化判据	reduction criterion	
06.0762	正部分转置判据	positive partial transpose criterion	
06.0763	换位	transposition	
06.0764	对换	transposition	矩阵转置操作。
06.0765	互不偏基	mutually unbiased bases	
06.0766	不可扩展直积基	unextendible product bases	
06.0767	贝尔态	Bell state	
06.0768	魔基	magic basis	又称"贝尔基(Bell basis)"。
06.0769	贝尔不等式	Bell inequality	
06.0770	贝尔算符	Bell operator	
06.0771	量子操作	quantum operation	
06.0772	量子操控	quantum manipulation	
06.0773	量子工程	quantum engineering	
06.0774	量子态制备	quantum state preparation	
06.0775	远程态制备	remote state preparation	
06.0776	量子层析[学]	quantum tomography	
06.0777	量子远程传态	quantum teleportation	又称"量子隐性传态""量子离物传态"。
06.0778	单光子干涉	single-photon interference	
06.0779	双光子干涉	two-photon interference	
06.0780	量子干涉仪	quantum interferometer	
06.0781	物质波干涉法	matter-wave interferometry	
06.0782	冯·诺依曼投影公设	von Neumann's projection postulate	
06.0783	量子坍缩	quantum collapse	
06.0784	量子复苏	quantum revival	
06.0785	量子完全测量	complete quantum measurement	
06.0786	量子非破坏性测量	quantum nondemolition measurement	

序　号	汉　文　名	英　文　名	注　　释
06.0787	量子齐诺效应	quantum Zeno effect	
06.0788	量子擦除	quantum eraser	
06.0789	延迟选择	delayed choice	
06.0790	路径检测器	which-way detector	
06.0791	半正定算子测量	positive-operator valued measure, POVM	
06.0792	腔量子电动力学	cavity quantum electrodynamics	
06.0793	J-C 模型	Jaynes-Cummings model	二能级原子模型。
06.0794	拉比振荡	Rabi oscillation	
06.0795	腔暗态	cavity dark state	
06.0796	激光陷俘	laser trapping	
06.0797	离子阱	ion trap	
06.0798	陷俘时间	trapping time	
06.0799	多粒子系统	multiparticle system	
06.0800	粒子光学	particle optics	
06.0801	原子量子比特	atomic qubit	
06.0802	电荷量子比特	charge qubit	
06.0803	相位量子比特	phase qubit	又称“相位量子位”。
06.0804	电荷-相位量子比特	charge-phase qubit	
06.0805	光子量子比特	photonic qubit	
06.0806	陷俘离子量子比特	trapped-ion qubit	
06.0807	量子调控	quantum control	
06.0808	量子导引	quantum steering	
06.0809	量子计算机	quantum computer	
06.0810	量子计算	quantum computing	
06.0811	普适量子计算机	universal quantum computer	
06.0812	量子图灵机	quantum Turing machine	
06.0813	量子并行计算	quantum parallel computation	
06.0814	量子神经网络	quantum neural network	
06.0815	量子逻辑	quantum logic	
06.0816	量子逻辑门	quantum logic gate	
06.0817	量子门路	quantum circuit	又称“量子线路”。
06.0818	量子元胞自动机	quantum cellular automata	
06.0819	单量子位门	single-qubit quantum gate	
06.0820	普适量子门	universal quantum gate	
06.0821	泡利门	Pauli gate	
06.0822	量子相移门	quantum phase-shift gate	
06.0823	量子交换门	quantum swap gate	

序　号	汉　文　名	英　文　名	注　　释
06.0824	量子受控非门	quantum controlled-NOT gate, CNOT gate	
06.0825	阿达玛门	Hadamard gate	
06.0826	弗雷德金门	Fredkin gate, CSWAP gate	
06.0827	托佛利门	Toffoli gate, CCNOT gate	
06.0828	[单光子]逐通闸门	[single-photon] turnstile	又称“[单光子]旋转门”。
06.0829	密集编码	dense coding	
06.0830	超密编码	superdense coding	
06.0831	量子算法	quantum algorithm	
06.0832	多依奇-乔萨算法	Deutsch-Jozsa algorithm	
06.0833	肖尔算法	Shor's algorithm	
06.0834	量子因数分解	quantum factoring	
06.0835	格罗夫尔算法	Grover's algorithm	
06.0836	西蒙算法	Simon's algorithm	
06.0837	肖尔[代]码	Shor code	
06.0838	量子傅里叶变换	quantum Fourier transform	
06.0839	图态	graph state	量子计算中用。
06.0840	量子纠错	quantum error correction	
06.0841	量子寄存器	quantum register	
06.0842	量子复杂性理论	quantum complexity theory	
06.0843	量子通信	quantum communication	
06.0844	量子直接通信	quantum direct communication	
06.0845	量子密码术	quantum cryptography	
06.0846	量子密码学	quantum cryptology	
06.0847	量子密钥分发	quantum key distribution	又称“量子密钥分配”。
06.0848	量子克隆	quantum cloning	
06.0849	[量子]不可克隆定理	[quantum] no-cloning theorem	
06.0850	量子态保真度	fidelity of quantum states	
06.0851	量子迹距离	quantum trace distance	
06.0852	远程克隆	telecloning	
06.0853	量子放大器	quantum amplifier	
06.0854	量子信道	quantum channel	
06.0855	量子网络	quantum network	
06.0856	量子代码	quantum code	
06.0857	共轭编码	conjugate coding	
06.0858	量子编码	quantum encoding	

序　号	汉　文　名	英　文　名	注　　释
06.0859	量子加密	quantum encryption	
06.0860	不经意传输	oblivious transfer	
06.0861	信息协调	information reconciliation	
06.0862	保密性放大	privacy amplification	
06.0863	诱骗态	decoy state	
06.0864	解[密]码	decryption	
06.0865	密[码]文	cryptogram	
06.0866	窃听	tapping	
06.0867	相干攻击	coherent attack	
06.0868	截取-重发攻击	intercept-resend attack	
06.0869	真空场	vacuum field	
06.0870	量子散粒噪声	quantum shot noise	
06.0871	量子噪声	quantum noise	
06.0872	量子极限	quantum limit	
06.0873	标准量子极限	standard quantum limit	
06.0874	量子涨落	quantum fluctuation	
06.0875	广义相干态	generalized coherent state	
06.0876	正交[相位]分量	quadrature [phase] amplitude	
06.0877	量子噪声挤压	squeezing of quantum noise	又称“量子噪声压缩”。
06.0878	挤压态	squeezed state	又称“压缩态”。
06.0879	挤压真空态	squeezed vacuum state	又称“压缩真空态”。
06.0880	挤压相干态	squeezed coherent state	又称“压缩相干态”。
06.0881	双光子相干态	two-photon coherent state	
06.0882	振幅挤压态	amplitude-squeezed state	又称“振幅压缩态”。
06.0883	相位挤压态	phase-squeezed state	又称“相位压缩态”。
06.0884	光子数挤压态	photon-number squeezed state	又称“光子数压缩态”。
06.0885	压扁态	squashed state	
06.0886	局域操作	local operation	
06.0887	局域操作与经典通信	local operations and classical communication, LOCC	
06.0888	光学隧穿	optical tunneling	
06.0889	量子淬火	quantum quenching	
06.0890	量子退火	quantum annealing	
06.0891	R 表象	R-representation	
06.0892	P 表象	P-representation	
06.0893	曼德尔 Q 因子	Mandel Q parameter	

序　号	汉　文　名	英　文　名	注　　释
06.0894	法诺因子	Fano factor	
06.0895	洛施密特回波	Loschmidt echo	
06.0896	量子相干性	quantum coherence	
06.0897	量子退相干	quantum decoherence	又称“量子消相干”。
06.0898	相位相干	phase coherence	
06.0899	相位相干时间	phase coherence time	
06.0900	感生相干性	induced coherence	
06.0901	相干相消	coherent subtraction	
06.0902	相位关联	phase correlation	
06.0903	角关联	angle correlation	
06.0904	准概率分布	quasiprobability distribution	
06.0905	维格纳函数	Wigner function	
06.0906	量子效率	quantum efficiency	
06.0907	量子产额	quantum yield	
06.0908	量子计量	quantum metrology	
06.0909	量子频标	quantum frequency standard	
06.0910	光量计	quantometer	
06.0911	量子器件	quantum device	
06.0912	量子盒	quantum box	
06.0913	量子博弈论	quantum game theory	
06.0914	卑劣国王问题	mean king's problem	
06.0915	量子成像	quantum imaging	
06.0916	鬼成像	ghost imaging	二阶关联成像。
06.0917	鬼干涉	ghost interference	二阶关联干涉。
06.0918	亚波长干涉	subwavelength interference	
06.0919	亚波长成像	subwavelength imaging	
06.0920	腔光力学	cavity optomechanics	

07. 原子、分子物理学

序　号	汉　文　名	英　文　名	注　　释
07.0001	原子物理[学]	atomic physics	
07.0002	原子分子学说	atomic-molecular theory	
07.0003	原子	atom	
07.0004	原子量	atomic weight	
07.0005	原子论	atomic theory, atomism	
07.0006	原子序数	atomic number, Z-number	

序　号	汉　文　名	英　文　名	注　　释
07.0007	原子电荷数	atomic charge number	
07.0008	原子常数	atomic constant	
07.0009	原子轨道	atomic orbital	
07.0010	原子半径	atomic radius	
07.0011	原子结构	atomic structure	
07.0012	原子光谱	atomic spectrum	
07.0013	原子单位	atomic unit	
07.0014	原子模型	atomic model	
07.0015	布丁模型	plum pudding model	
07.0016	原子的汤姆孙模型	Thomson model of the atom	
07.0017	原子有核模型	atomic model with nucleus	
07.0018	卢瑟福[原子]模型	Rutherford['s] model	
07.0019	氢原子	hydrogen atom	
07.0020	玻尔轨道	Bohr orbit	
07.0021	原子光谱学	atomic spectroscopy	
07.0022	广义巴耳末公式	generalized Balmer formula	
07.0023	莱曼系	Lyman series	
07.0024	巴耳末系	Balmer series	
07.0025	帕邢系	Paschen series	
07.0026	布拉开系	Brackett series	
07.0027	普丰德系	Pfund series	
07.0028	谱	spectrum	
07.0029	离散谱	discrete spectrum	曾称“分立谱”。
07.0030	谱项	spectral term	
07.0031	线系极限	series limit	
07.0032	里德伯常量	Rydberg constant	
07.0033	束缚能	bound energy	
07.0034	电离能	ionization energy	
07.0035	辐射跃迁	radiative transition	
07.0036	电偶极跃迁	electric dipole transition	
07.0037	无辐射跃迁	radiationless transition	
07.0038	受迫跃迁	forced transition	
07.0039	自由-自由跃迁	free-free transition	又称“自由态间跃迁”。
07.0040	碱金属原子	alkali-metal atom	
07.0041	原子芯	atomic core	又称“原子实”。
07.0042	价电子	valence electron	
07.0043	辅量子数	auxiliary quantum number	

序　号	汉　文　名	英　文　名	注　　释
07.0044	壳层	shell	
07.0045	壳层封闭	shell closure	
07.0046	闭壳层	closed shell	又称“满壳层(completely filled shell)”。
07.0047	开壳层	open shell	
07.0048	壳层结构	shell structure	
07.0049	壳层坍缩	collapse of shell	
07.0050	内壳层	inner shell	
07.0051	内[壳]层电子	inner-shell electron	
07.0052	最内层电子	innermost electron	
07.0053	最外电子壳层	outermost electronic shell	
07.0054	外壳层电子	outer-shell electron	
07.0055	外围电子	peripheral electron	
07.0056	未满轨道	incomplete orbit	
07.0057	电子组态	electron configuration	
07.0058	多组态	multiconfiguration	
07.0059	电子能级	electron energy level	
07.0060	电子壳层	electron shell	
07.0061	电子跃迁	electron transition	
07.0062	类氢原子	hydrogen-like atom	
07.0063	类氢离子	hydrogen-like ion	
07.0064	等效电子	equivalent electron	曾称“同科电子”。
07.0065	洪德定则	Hund's rule	
07.0066	精细结构	fine structure	
07.0067	精细结构常数	fine structure constant	
07.0068	超精细结构	hyperfine structure	
07.0069	兰姆移位	Lamb shift	
07.0070	玻尔单位	Bohr unit	
07.0071	玻尔对应原理	Bohr correspondence principle	
07.0072	弗兰克-赫兹实验	Franck-Hertz experiment	
07.0073	施特恩-格拉赫实验	Stern-Gerlach experiment	
07.0074	朗德 g 因子	Landé g factor	
07.0075	单态	singlet state	
07.0076	三重态	triplet state	
07.0077	斯塔克效应	Stark effect	
07.0078	交流斯塔克效应	alternating current Stark effect, AC Stark effect	
07.0079	斯塔克偏移	Stark shift	

序号	汉文名	英文名	注释
07.0080	塞曼能量	Zeeman energy	
07.0081	塞曼能级	Zeeman level	
07.0082	塞曼跃迁	Zeeman transition	
07.0083	相容性	compatibility	
07.0084	不相容性	incompatibility	
07.0085	倒多重线	inverted multiplet	
07.0086	受激电子	excited electron	
07.0087	受激原子	excited atom	
07.0088	激发态	state of excitation	
07.0089	激发态寿命	excited state lifetime	
07.0090	自然寿命	natural lifetime	
07.0091	分立能级	discrete level	
07.0092	缀饰电子	dressed electron	又称“着衣电子”。
07.0093	缀饰原子	dressed atom	又称“着衣原子”。
07.0094	原子波函数	atomic wave function	
07.0095	原子径向分布函数	atomic radial distribution function	
07.0096	径向波函数	radial wave function	
07.0097	自旋极化原子氢	spin-polarized atomic hydrogen	
07.0098	轨函	orbital	原子和分子中电子的轨道波函数。
07.0099	里德伯原子	Rydberg atom	
07.0100	动力学对称	dynamical symmetry	
07.0101	同位素移位	isotope shift	
07.0102	耦合方式	coupling scheme	
07.0103	自旋轨道耦合	spin-orbit coupling	
07.0104	自旋轨道相互作用	spin-orbit interaction	
07.0105	jj 耦合	jj coupling	
07.0106	拉塞尔-桑德斯耦合	Russell-Saunders coupling	又称“LS 耦合(LS coupling)”。
07.0107	朗德间隔定则	Landé interval rule	
07.0108	朗德劈裂因子	Landé splitting factor	
07.0109	劈裂因子	splitting factor	
07.0110	能级交叉效应	level-crossiong effect	
07.0111	抗交叉效应	anti-crossing effect	
07.0112	自电离态	autoionization state	
07.0113	电离边	ionization edge	
07.0114	电离平衡	ionization equilibrium	
07.0115	电离势	ionization potential	

序　号	汉 文 名	英 文 名	注　　释
07.0116	电离阈值	ionization threshold	
07.0117	电离辐射	ionizing radiation	
07.0118	电离发光	ionoluminescence	
07.0119	亚稳原子	metastable atom	
07.0120	自分离[过程]	autodetachment	
07.0121	散射长度	scattering length	
07.0122	原子碰撞	atomic collision	
07.0123	碰撞[谱线]增宽	collision broadening, impact broadening	
07.0124	碰撞频率	collision frequency	
07.0125	碰撞区	collision region	
07.0126	碰撞冷却	collision cooling	
07.0127	周边碰撞	peripheral collision	又称“边缘碰撞”。
07.0128	X 射线	X-ray	又称“伦琴射线(Röntgen ray)”。
07.0129	莫塞莱定律	Moseley's law	
07.0130	莫塞莱图	Moseley diagram	
07.0131	连续[谱]X 辐射	continuous X-radiation	
07.0132	硬 X 射线	hard X-ray	
07.0133	白 X[谱]辐射	white X-radiation	
07.0134	X 射线吸收	X-ray absorption	
07.0135	X 射线吸收边	X-ray absorption edge	
07.0136	X 射线吸收精细结构	X-ray absorption fine structure, XAFS	
07.0137	X 射线分析	X-ray analysis	
07.0138	X 射线发射谱学	X-ray emission spectroscopy, XES	
07.0139	X 射线荧光分析	X-ray fluorescence analysis	
07.0140	X 射线全息术	X-ray holography	
07.0141	X 射线散射	X-ray scattering	
07.0142	X 射线谱	X-ray spectrum	
07.0143	X 射线形貌术	X-ray topography	
07.0144	X 射线激发荧光	X-ray-excited fluorescence	
07.0145	原子俘获	atom capture	
07.0146	原子芯片	atom chip	
07.0147	冷原子	cold atom	
07.0148	原子全息术	atom holography	
07.0149	原子干涉仪	atom interferometer	
07.0150	相干原子反冲	coherent atomic recoil	

序　号	汉 文 名	英 文 名	注　　释
07.0151	原子凝射器	atom laser	
07.0152	原子光学	atom optics	
07.0153	原子阱	atom trap	
07.0154	原子陷俘	atom trapping	又称“原子捕获”。
07.0155	原子波导	atom waveguide	
07.0156	原子操控技术	atom-controlled technology	
07.0157	原子时	atomic time	
07.0158	原子钟	atomic clock	
07.0159	铯原子钟	cesium atomic clock	
07.0160	氢钟	hydrogen clock	
07.0161	光钟	optical clock	
07.0162	原子相干[性]	atomic coherence	
07.0163	原子衍射	atomic diffraction	
07.0164	集成原子光学	integrated atom optics	
07.0165	原子电子学	atomtronics	
07.0166	原子喷泉	atomic fountain	
07.0167	分子物理[学]	molecular physics	
07.0168	分子说	molecular theory	
07.0169	分子量	molecular weight	
07.0170	分子	molecule	
07.0171	分子结构	molecular structure	
07.0172	大分子	giant molecular, macromolecule	
07.0173	范德瓦耳斯分子	van der Waals molecule	
07.0174	里德伯分子	Rydberg molecule	
07.0175	手征分子	chiral molecule	又称“手性分子”。
07.0176	奇特分子	exotic molecule	
07.0177	哑铃状分子	dumbbell molecule	
07.0178	同核分子	homonuclear molecule	
07.0179	双原子分子	diatomic molecule	
07.0180	标记分子	labeled molecule	
07.0181	分子波谱	molecular spectrum	
07.0182	转动光谱	rotational spectrum	
07.0183	转动态	rotational state	
07.0184	振动能带	vibrational band	
07.0185	振动激发	vibrational excitation	
07.0186	振动谱	vibrational spectrum	
07.0187	振动态	vibrational state	
07.0188	振动-转动谱带	vibration-rotation band	

序　号	汉　文　名	英　文　名	注　　释
07.0189	转动-振动谱带	rotation-vibration band	
07.0190	正氢	orthohydrogen	
07.0191	仲氢	parahydrogen	
07.0192	仲氦	parahelium	
07.0193	正-仲转换	para-ortho conversion	又称“对[位-]邻位变换”。
07.0194	键	bond	
07.0195	弯键	bent bond	
07.0196	背成键	back bonding	
07.0197	桥键	bridge bond	
07.0198	三心键	three-center bond	
07.0199	侧链	side chain	
07.0200	σ 键	sigma bond	
07.0201	单键	single bond	
07.0202	键角	bond angle	
07.0203	键长	bond length	
07.0204	键距	bond distance	
07.0205	键能	bond energy	
07.0206	键极化性	bond polarizability	
07.0207	杂化轨道[函数]	hybrid orbital	
07.0208	[轨道]重叠积分	[orbital] overlap integral	
07.0209	杂化键	hybrid bond	
07.0210	混杂态	hybrid state	又称“杂化态”。
07.0211	前沿轨道函数	frontier orbital	简称“前沿轨函”。
07.0212	分子间力	intermolecular force	
07.0213	化学电离	chemi-ionization	
07.0214	彭宁电离	Penning ionization	
07.0215	手征化合物	chiral compound	
07.0216	非[简]谐修正	anharmonic correction	
07.0217	缔合电离[作用]	associative ionization	
07.0218	莫尔斯势	Morse potential	
07.0219	浸渐演化	adiabatic evolution	
07.0220	价电子近似	valence electron approximation	
07.0221	共振价键模型	resonating valence bond model, RVB model	
07.0222	共振价键态	resonating valence bond state, RVB state	
07.0223	角因数	angular factor	

序　号	汉 文 名	英 文 名	注　　释
07.0224	屏蔽势	screened potential	
07.0225	势形共振	shape resonance	
07.0226	对称适化系数	symmetry-adapted coefficient	
07.0227	对称适化波函数	symmetry-adapted wave function	
07.0228	有效算符	effective operator	
07.0229	本征通道	eigenchannel	
07.0230	电子欠缺	electron deficiency	
07.0231	亲电体	electrophile	
07.0232	增强因数	enhancement factor	
07.0233	受驱振荡	driven oscillation	
07.0234	激活电子	active electron	
07.0235	浸渐条件	adiabatic condition	又称“绝热条件”。
07.0236	非局域响应	nonlocal response	
07.0237	电荷转移过程	charge transfer process	
07.0238	内屏蔽	inner screening	
07.0239	通道间[相]互作用	interchannel interaction	
07.0240	通道内[相]互作用	intrachannel interaction	
07.0241	不变嵌入法	invariant imbedding method	
07.0242	分离过程	detachment process	
07.0243	运送电子	convey electron	
07.0244	芯电子	core electron	
07.0245	疾[速]交叉	diabatic crossing	
07.0246	双电子复合	dielectronic recombination	
07.0247	水合能	hydration energy	
07.0248	冲激近似	impulse approximation	
07.0249	自电离	autoionization	
07.0250	二能级系统	two-level system	
07.0251	多能级系统	multilevel system	
07.0252	不相交定则	noncrossing rule	
07.0253	原子联合极限	united-atom limit	
07.0254	虚跃迁	virtual transition	
07.0255	维格纳阈值定律	Wigner threshold law	
07.0256	零程近似	zero-range approximation	
07.0257	最高占据分子轨道	highest occupied molecular orbit, HOMO	
07.0258	最低未占分子轨道	lowest unoccupied molecular orbit, LUMO	
07.0259	振子强度	oscillator strength	

序　号	汉　文　名	英　文　名	注　　释
07.0260	等电子序列	isoelectronic sequence	
07.0261	局域交换势	local exchange potential	
07.0262	宏观极化	macroscopic polarization	
07.0263	磁弛豫	magnetic relaxation	
07.0264	消除点	cancellation point	
07.0265	萃取势	extraction potential	
07.0266	洪德[耦合]方式	Hund's case	
07.0267	回避交叉	avoided crossing	
07.0268	光学黏团	optical molasses	又称“光学饴团”。
07.0269	对耦合	pair coupling	
07.0270	参变混合	parametric mixing	
07.0271	祖源	parentage	又称“族系”。
07.0272	相位约定	phase convention	
07.0273	势脊	potential ridge	
07.0274	准分子	quasi-molecule	
07.0275	变[化]率方程	rate equation	又称“速率方程”。
07.0276	g 态	gerade state, g-state	分子轨函的偶态。
07.0277	u 态	ungerade state, u-state	分子轨函的奇态。
07.0278	分离能	separation energy	
07.0279	分离功	separative work	
07.0280	原子分离极限	separate-atom limit	
07.0281	离解能	dissociation energy	
07.0282	离解态	dissociative state	
07.0283	离解复合[过程]	dissociative recombination	
07.0284	震激	shake-up	
07.0285	震离	shake-off	
07.0286	冻结芯近似	frozen-core approximation	
07.0287	束缚转动	bound rotation	
07.0288	堆积原理	building-up principle	
07.0289	笼形分子	cage molecule	
07.0290	笼形结构	cagelike structure	
07.0291	分子间键合	intermolecular bonding	
07.0292	分子间聚合	intermolecular condensation	
07.0293	分子吸附	molecular adsorption	
07.0294	分子缔合	molecular association	
07.0295	分子键	molecular bond	
07.0296	分子钟	molecular clock	
07.0297	分子动力学	molecular dynamics	

序　号	汉　文　名	英　文　名	注　　释
07.0298	分子喷泉	molecular fountain	
07.0299	分子磁体	molecular magnet	
07.0300	分子轨道	molecular orbital	
07.0301	分子轨道法	molecular orbital method	
07.0302	分子极化率	molecular polarizability	
07.0303	分子筛	molecular sieve	
07.0304	分子筛阱	molecular sieve trap	
07.0305	分子汇	molecular sink	
07.0306	分子电子学	molecular electronics	
07.0307	单原子链	monatomic chain	
07.0308	准束缚态	quasi-bound state	
07.0309	自发力阱	spontaneous force trap	
07.0310	去屏蔽	descreening	
07.0311	隧穿电离	tunneling ionization	

08．凝聚态物理学

序　号	汉　文　名	英　文　名	注　　释
08.0001	凝聚态物理[学]	condensed matter physics	
08.0002	凝[聚]体	condensed matter	
08.0003	固体物理[学]	solid state physics	又称“固态物理[学]”。
08.0004	晶体物理[学]	crystal physics	
08.0005	金属物理[学]	metal physics	
08.0006	半导体物理[学]	semiconductor physics	
08.0007	低温物理[学]	low temperature physics	
08.0008	高压物理[学]	high pressure physics	
08.0009	介观物理[学]	mesoscopic physics	
08.0010	低维物理[学]	low dimensional physics	
08.0011	高分子物理[学]	polymer physics	
08.0012	物性学	properties of matter	
08.0013	材料科学	material science	
08.0014	材料学	materiology	
08.0015	物质结构	structure of matter	
08.0016	微结构	microstructure	
08.0017	宏[观]结构	macrostructure	
08.0018	介观结构	mesoscopic structure, mesostructure	

序　号	汉　文　名	英　文　名	注　　释

08.01　结　　构

序　号	汉　文　名	英　文　名	注　　释
08.0019	晶态	crystalline state	
08.0020	晶体	crystal	
08.0021	晶体学	crystallography	
08.0022	几何晶体学	geometrical crystallography	
08.0023	结构晶体学	structural crystallography	
08.0024	大分子晶体学	macromolecular crystallography	
08.0025	电子晶体学	electron crystallography	
08.0026	准晶态	quasicrystalline state	
08.0027	准晶	quasicrystal	
08.0028	周期性排列	periodic arrangement	
08.0029	均匀性	homogeneity	
08.0030	自限性	self-limitation	
08.0031	单晶[体]	single crystal, monocrystal	
08.0032	单晶硅	monocrystalline silicon	
08.0033	多晶[体]	polycrystal	
08.0034	多型体	polytype	
08.0035	微晶[体]	microcrystal	
08.0036	宏晶[体]	macrocrystal	
08.0037	纳米晶体	nano-crystal	
08.0038	晶粒	[crystalline] grain	
08.0039	亚晶粒	subgrain	
08.0040	晶[粒间]界	grain boundary	
08.0041	亚晶界	sub-boundary	
08.0042	晶体多面体	crystal polyhedron	
08.0043	晶棱	crystal edge	
08.0044	晶列	crystal column	
08.0045	[外]晶面	crystal face	
08.0046	晶面	crystal plane	包括内部的面,如(110)面。
08.0047	晶形	crystal form	
08.0048	单形	simple form	
08.0049	二形性	dimorphism	
08.0050	开形	open form	
08.0051	闭形	closed form	
08.0052	对映单形	enantiomorphous form	
08.0053	米勒指数	Miller indices	

序　号	汉　文　名	英　文　名	注　　释
08.0054	晶面指数	indices of crystal plane	
08.0055	晶面矢	crystal plane vector	
08.0056	晶[体学方]向	crystallographic direction, crystal direction	
08.0057	晶向指数	indices of crystal direction	
08.0058	晶向矢	crystal direction vector	
08.0059	面间角恒定[定]律	law of constancy of interfacial angles	
08.0060	有理指数[定]律	law of rational indices	
08.0061	对称定律	law of symmetry	
08.0062	晶带	[crystal] zone	
08.0063	晶带轴	zone axis	
08.0064	晶带指数	zone index	
08.0065	晶带定律	zone law	
08.0066	晶体结构	crystal structure	
08.0067	晶格	[crystal] lattice	又称“晶体点阵”。
08.0068	[结构]基元	basis	
08.0069	格点	lattice point	又称“阵点”。
08.0070	格点行	lattice [point] row	又称“阵点行”。
08.0071	空间格点	space lattice	
08.0072	格面	lattice plane	
08.0073	平面族	family of planes	
08.0074	格矢	lattice vector	
08.0075	[初]基矢	primitive vector	
08.0076	基矢变换	base transformation	
08.0077	初基格	primitive lattice	
08.0078	原胞	primitive cell	
08.0079	维格纳-塞茨原胞	Wigner-Seitz cell	
08.0080	单胞	unit cell	
08.0081	惯用单胞	conventional unit cell	
08.0082	晶胞	crystal cell	
08.0083	胞棱	cell edge	
08.0084	晶胞参量	cell parameter	
08.0085	晶格常数	lattice constant	
08.0086	亚晶胞	subcell	
08.0087	超[结构]晶胞	supercell	
08.0088	配位数	coordination number	
08.0089	最近邻	nearest neighbor	
08.0090	次近邻	next-nearest neighbor, second-	

序号	汉文名	英文名	注释
		nearest neighbor	
08.0091	简单晶格	simple lattice	
08.0092	底心格[子]	base-centered lattice	
08.0093	体心格[子]	body-centered lattice	
08.0094	菱面体格[子]	rhombohedral lattice	
08.0095	约化胞	reduced cell	
08.0096	亚晶格	sublattice	又称“亚点阵”“子晶格”“子点阵”。
08.0097	三轴坐标系	three-axis coordinate system	
08.0098	四轴坐标系	four-axis coordinate system	
08.0099	晶轴	crystallographic axis	
08.0100	轴间角	interaxial angle	
08.0101	配位多面体	coordination polyhedron	
08.0102	理想晶体	ideal crystal	
08.0103	近完美晶体	nearly perfect crystal	
08.0104	含水晶体	hydrated crystal	
08.0105	微晶	crystallite	
08.0106	刚晶格	rigid lattice	
08.0107	晶态各向异性	crystalline anisotropy	
08.0108	有序度	degree of order	
08.0109	非晶体学对称	noncrystallographic symmetry	
08.0110	晶体学对称性	crystallographic symmetry	
08.0111	晶体对称性	crystal symmetry	
08.0112	晶格对称性	lattice symmetry	
08.0113	共形空间群	symmorphic space group	又称“简单空间群”。
08.0114	非共形空间群	non-symmorphic space group	又称“复杂空间群”。
08.0115	多面体群	polyhedral group	
08.0116	点对称	point symmetry	
08.0117	空间对称	space symmetry	
08.0118	操作定义	operational definition	
08.0119	格点平移	lattice translation	
08.0120	平移对称	translation symmetry	
08.0121	平移不变性	transitional invariance	
08.0122	色对称	color symmetry	
08.0123	对称操作	symmetry operation	
08.0124	空间对称操作	space symmetry operation	
08.0125	点对称操作	point symmetry operation	
08.0126	对称变换	symmetry transformation	

序　号	汉　文　名	英　文　名	注　　释
08.0127	对称元素	symmetry element	
08.0128	旋转对称性	rotational symmetry	
08.0129	主轴	principal axis	
08.0130	对称轴	axis of symmetry	
08.0131	轴对称	axial symmetry	
08.0132	转动轴	rotation axis	
08.0133	n 重轴	n-fold axis	
08.0134	非正常转动	improper rotation	
08.0135	非正常对称操作	improper symmetry operation	
08.0136	反演	inversion	
08.0137	镜像反演	mirror inversion	
08.0138	反演对称性	inversion symmetry	
08.0139	单反演轴	inversion monad	
08.0140	二重[对称]轴	twofold [symmetry] axis	
08.0141	二重反演轴	inversion diad	
08.0142	三重对称轴	threefold [symmetry] axis	
08.0143	三重轴	triad axis	
08.0144	三重反演轴	inversion triad	
08.0145	四重[对称]轴	fourfold [symmetry] axis	
08.0146	四重反演轴	inversion tetrad	
08.0147	六重[对称]轴	sixfold [symmetry] axis	
08.0148	六重反演轴	inversion hexad	
08.0149	平移矢[量]	translation vector	
08.0150	反映面	reflection plane	
08.0151	对称面	plane of symmetry	
08.0152	滑移面	glide plane	
08.0153	滑移反射	glide reflection	
08.0154	螺旋轴	screw axis	
08.0155	恒等操作	identity operation	
08.0156	单位操作	unit operation	
08.0157	逆操作	inverse operation	
08.0158	群论	group theory	
08.0159	对称操作群	group of symmetry operations	
08.0160	点群	point group	
08.0161	晶类	crystal class	
08.0162	单轴群	monad group	
08.0163	二面体群	dihedral group	
08.0164	四面体群	tetrahedral group	

序　号	汉　文　名	英　文　名	注　　释
08.0165	八面体群	octahedral group	
08.0166	十二面体群	dodecahedral group	
08.0167	二十面体群	icosahedral group	
08.0168	劳厄[对称]群	Laue [symmetry] group	
08.0169	极限群	limiting group	
08.0170	全[面体]对称性	holohedrism	
08.0171	全面体对称	holosymmetry, holohedral symmetry	
08.0172	申夫利斯符号	Schönflies symbol, Schoenflies symbol	曾称“熊夫利符号”。一种旧的表示点群和空间群的符号。
08.0173	国际[晶体]符号	international [crystal] symbol	
08.0174	特征标	character	
08.0175	群特征标	group character	
08.0176	特征标表	character table	
08.0177	平移群	translation group	
08.0178	空间群	space group	
08.0179	反对称空间群	antisymmetry space group	
08.0180	磁群	magnetic group	
08.0181	色群	color group	又称“舒布尼科夫群(Shubnikov group)”。
08.0182	黑白群	black-and-white group	
08.0183	灰[色]群	gray group	
08.0184	相似变换群	group of similarity transformations	
08.0185	色点群	color point group	
08.0186	剖面层群	sectional layer group	
08.0187	回转群	rotation group	
08.0188	循环群	cyclic group	
08.0189	循环对称性	cyclic symmetry	
08.0190	群表示	group representation	
08.0191	反步自同构	contragredient automorphism	
08.0192	球面投影	spherical projection	
08.0193	极射赤面投影	stereographic projection	
08.0194	乌尔夫网	Wulff net	
08.0195	乌尔夫图	Wulff plot	
08.0196	正格子	direct lattice	
08.0197	晶系	crystal system, lattice system, crystal family	
08.0198	三斜晶系	triclinic crystal system	

序 号	汉 文 名	英 文 名	注 释
08.0199	单斜晶系	monoclinic crystal system	
08.0200	正交晶系	orthorhombic crystal system	
08.0201	四方晶系	tetragonal crystal system	
08.0202	三角晶系	trigonal crystal system	
08.0203	六角晶系	hexagonal crystal system	
08.0204	立方晶系	cubic crystal system	
08.0205	布拉维格[子]	Bravais lattice	又称“布拉维点阵”。
08.0206	三维布拉维格[子]	three-dimensional Bravais lattice	
08.0207	三斜格[子]	triclinic lattice	
08.0208	简单单斜格[子]	simple monoclinic lattice	
08.0209	底心单斜格[子]	base-centered monoclinic lattice	
08.0210	简单正交格[子]	simple orthorhombic lattice	
08.0211	底心正交格[子]	base-centered orthorhombic lattice	
08.0212	体心正交格[子]	body-centered orthorhombic lattice	
08.0213	面心正交格[子]	face-centered orthorhombic lattice	
08.0214	简单四方格[子]	simple tetragonal lattice	
08.0215	体心四方格[子]	body-centered tetragonal lattice	
08.0216	三角格[子]	trigonal lattice	
08.0217	简单六角格[子]	simple hexagonal lattice	
08.0218	简单立方格[子]	simple cubic lattice	
08.0219	体心立方格[子]	body-centered cubic lattice, bcc lattice	
08.0220	面心立方格[子]	face-centered cubic lattice, fcc lattice	
08.0221	二维布拉维格[子]	two-dimensional Bravais lattice	
08.0222	斜方格[子]	oblique lattice	
08.0223	长方格[子]	rectangular lattice	
08.0224	中心长方格[子]	centered rectangular lattice	
08.0225	六角格[子]	hexagonal lattice	
08.0226	正方格[子]	square lattice	
08.0227	二维网络固体	two-dimensional network solid	
08.0228	格点模型	lattice model	
08.0229	格点阵列	lattice array	
08.0230	格点键联	lattice binding	
08.0231	格点对应	lattice correspondence	
08.0232	外科夫位置	Wyckoff position	
08.0233	重位点阵	coincidence site lattice	
08.0234	网格点	mesh point	

序　号	汉　文　名	英　文　名	注　　释
08.0235	同晶异质体	allomer	
08.0236	同晶异质性	allomerism	
08.0237	同质异晶性	allomorphism	
08.0238	同素异形	allotropy	
08.0239	同素异形体	allotrope	
08.0240	互变异构体	tautomer	
08.0241	密堆积	close packing	
08.0242	密堆积结构	close-packed structure	
08.0243	堆垛序	stacking order	
08.0244	立方密[堆]积	cubic close packing	
08.0245	六角密[堆]积结构	hexagonal close-packed structure, HCP structure	
08.0246	复式格[子]	complex lattice	
08.0247	复合材料	composite material	
08.0248	复合结构	composite structure	
08.0249	复晶	compound crystal	
08.0250	金刚石[型]结构	diamond structure	
08.0251	氯化钠[型]结构	sodium chloride structure, NaCl structure	
08.0252	钙钛矿[型]结构	perovskite structure	
08.0253	钨青铜[型]结构	tungsten bronze structure	
08.0254	尖晶石[型]结构	spinel structure	
08.0255	砷化镍[型]结构	nickel arsenide structure	
08.0256	金红石[型]结构	rutile structure	
08.0257	氟化钙[型]结构	calcium fluoride structure	
08.0258	氯化铯[型]结构	cesium chloride structure	
08.0259	闪锌矿[型]结构	zincblende structure, sphalerite structure	
08.0260	黄铁矿[型]结构	pyrite structure	
08.0261	焦绿石[型]结构	pyrochlore structure	
08.0262	反萤石[型]结构	antifluorite structure	
08.0263	纤锌矿[型]结构	wurtzite structure	
08.0264	白锡结构	white tin structure	
08.0265	灰锡结构	gray tin structure	
08.0266	石墨结构	graphite structure	
08.0267	石墨化	graphitization	
08.0268	针状晶体	acicular crystal	
08.0269	枝晶	arborescent crystal	又称“树枝形晶体”。

序　号	汉　文　名	英　文　名	注　　释
08.0270	枝蔓体	dendrite	
08.0271	树枝晶	dendrite	
08.0272	枝蔓晶体	dendritic crystal	
08.0273	各向异性晶体	anisotropic crystal	
08.0274	隐晶	cryptocrystalline	
08.0275	轴晶	axialite	
08.0276	晶界	crystal boundary	
08.0277	晶畴	crystal domain	
08.0278	晶体不完整性	crystal imperfection	
08.0279	晶体形态学	crystal morphology	
08.0280	晶体表面	crystal surface	
08.0281	畸变晶格	distorted lattice	
08.0282	多面体	polyhedron	
08.0283	菱面体	rhombohedron	
08.0284	二面体	dihedron	
08.0285	三四面体	tristetrahedron	
08.0286	三八面体	trisoctahedron	
08.0287	偏方三八面体	trapezohedron	
08.0288	三八凸起面体	triakisoctahedron	
08.0289	四面体	tetrahedron	
08.0290	四面体键	tetrahedral bond	
08.0291	四面体间隙	tetrahedral interstice	
08.0292	四面体位置	tetrahedral site	
08.0293	四六面体	tetrahexahedron	
08.0294	六边形	hexagon	
08.0295	六面体	hexahedron	
08.0296	双六面体	dihexahedron	
08.0297	六四面体	hexatetrahedron	
08.0298	六八面体	hexakisoctahedron	
08.0299	七边形	heptagon	
08.0300	七面体	heptahedron	
08.0301	八边形	octagon	
08.0302	八面体	octahedron	
08.0303	双八面体	dioctahedron	
08.0304	八面体间隙	octahedral interstice	
08.0305	八面体位置	octahedral site	
08.0306	十面体	decahedron	
08.0307	十一边形	hendecagon	

序 号	汉 文 名	英 文 名	注 释
08.0308	十一面体	hendecahedron	
08.0309	偏方十二面体	deltohedron	
08.0310	偏菱形十二面体	deltoid dodecahedron	
08.0311	十四面体	tetradecahedron	
08.0312	二十边形	icosagon	
08.0313	二十面体	icosahedron	
08.0314	二十四面体	icositetrahedron, deltoid icositetrahedron	
08.0315	偏方二十四面体	dyakisdodecahedron	
08.0316	三十面体	triacontahedron	
08.0317	有心结构	centric structure	
08.0318	中心对称结构	centrosymmetric structure	
08.0319	右旋同构物	dextroisomer	
08.0320	定向键	directional bond	
08.0321	等轴晶系	regular system	
08.0322	层状体	lamina	
08.0323	层状晶体	lamellar crystal	
08.0324	叠层	laminate	
08.0325	叠层结构	laminated structure	
08.0326	层状材料	layer material	
08.0327	晶格不稳定性	lattice instability	
08.0328	晶格匹配	lattice matching	
08.0329	晶格错合	lattice misfit	
08.0330	晶格参数	lattice parameter	
08.0331	配位体	ligand	
08.0332	配位场理论	ligand field theory	
08.0333	堆积因子	packing factor	
08.0334	堆积密度	packing density	
08.0335	堆积效应	packing effect	
08.0336	准同型性	morphotropism	
08.0337	变形性	morphotropy	
08.0338	镶嵌结构	mosaic structure	
08.0339	镶嵌晶体	mosaic crystal	
08.0340	镶嵌成像	mosaic imaging	
08.0341	半对称性	hemihedrism	
08.0342	[晶体]杂键结构	heterodesmic structure	
08.0343	原子间距	atomic spacing	
08.0344	原子间矢量	interatomic vector	

序　号	汉　文　名	英　文　名	注　　释
08.0345	[晶]面间距	interplanar spacing	
08.0346	未约化晶胞	unreduced cell	
08.0347	包晶	peritectic	
08.0348	包析[体]	peritectoid	
08.0349	幻晶	phantom crystal	
08.0350	基质	host	
08.0351	基质晶体	host crystal	又称“主晶”。
08.0352	亚共晶结构	hypoeutectic structure	
08.0353	冰洲石	iceland spar	双折射透明方解石。
08.0354	反演孪晶	inversion twin	
08.0355	球晶	spherulite	
08.0356	V 截晶体	V-cut crystal	
08.0357	棱锥四面体	triakistetrahedron	
08.0358	平截头棱锥体	prismoid	
08.0359	斜轴	clinoaxis	
08.0360	硬石	adamant	金刚石、刚玉等。
08.0361	刚玉	adamantine spar	
08.0362	方解石	calcareous spar, calc-spar, calcite	
08.0363	冰晶石	cryolite	
08.0364	水晶	rock crystal	
08.0365	金刚石	diamond	
08.0366	蓝宝石	sapphire	
08.0367	萤石	fluorite	
08.0368	似孪晶	mimetic twinning	
08.0369	混频晶体	mixer crystal	
08.0370	变晶系列	morphotropic series	
08.0371	多晶型物	polymorph	
08.0372	多晶型[现象]	polymorphism	
08.0373	等轴晶粒	equiaxial grain	
08.0374	柱体近似	column approximation	
08.0375	柱状结构	columnar structure	
08.0376	拓扑异构体	topoisomer	
08.0377	位变异构体	metamer	
08.0378	叶状织构	foliaceous texture	
08.0379	硬石结构	adamantine structure	
08.0380	间隙	interstice	
08.0381	超结构	superstructure	
08.0382	超晶格结构	superlattice structure	

序　号	汉　文　名	英　文　名	注　　释
08.0383	卡斯珀[配位]多面体	Kasper [coordination] polyhedron	
08.0384	容忍因子	tolerance factor	
08.0385	指标化	indexing	
08.0386	倒易格子	reciprocal lattice	简称“倒格”。
08.0387	倒易单胞	reciprocal unit cell	
08.0388	倒易阵点	reciprocal lattice node	又称“倒格点”。
08.0389	倒格矢	reciprocal lattice vector	
08.0390	结合力	binding force	
08.0391	化学键	chemical bond	
08.0392	双健	double bond	
08.0393	价	valence, valency	
08.0394	价态	valence state	
08.0395	价键	valence bond	
08.0396	价键角	valence angle	
08.0397	价键理论	valence bond theory	
08.0398	价键晶体	valence crystal	
08.0399	价键匹配原理	valence-matching principle	
08.0400	键价	bond valence	
08.0401	键强度	bond strength	
08.0402	键涨落	bond fluctuation	
08.0403	键角序	bond-angle order	
08.0404	键取向序	bond-orientational order	
08.0405	成键态	bonding state	
08.0406	反键态	antibonding state	
08.0407	成键电子	bonding electron	
08.0408	反键成键分裂	antibonding-bonding splitting	
08.0409	内聚能	cohesive energy	
08.0410	晶格能	lattice energy	
08.0411	格点和	lattice sum	
08.0412	原子间力	interatomic force	
08.0413	共价晶体	covalent crystal	
08.0414	共价键	covalent bond	
08.0415	共价键合	covalent bonding	
08.0416	共轭键	conjugated bond	
08.0417	键杂化[作用]	bond hybridization	
08.0418	杂化能	hybrid energy	
08.0419	晋升能	promotion energy	
08.0420	固体离子学	solid state ionics	

序　号	汉 文 名	英 文 名	注　　释
08.0421	离子晶体	ionic crystal	
08.0422	离子半径	ionic radius	
08.0423	离子键	ionic bond	
08.0424	居间键	intermediate bond	
08.0425	马德隆能[量]	Madelung energy	
08.0426	马德隆常数	Madelung constant	
08.0427	玻恩-哈伯循环	Born-Haber cycle	
08.0428	自由离子模型	free-ion model	
08.0429	离子导[电]体	ionic conductor	
08.0430	离子迁移率	ionic mobility	
08.0431	离子电导率	ionic conductivity	
08.0432	快离子导体	fast ionic conductor	
08.0433	超离子导体	superionic conductor	
08.0434	离子器件	ionic device	
08.0435	路径概率法	path probability method	
08.0436	分子晶体	molecular crystal	
08.0437	范德瓦耳斯互作用	van der Waals interaction	
08.0438	范德瓦耳斯晶体	van der Waals crystal	
08.0439	偶极相互作用	dipole interaction	
08.0440	玻恩-迈耶势	Born-Mayer potential	
08.0441	金属键合	metallic bonding	
08.0442	金属键	metallic bond	
08.0443	氢键	hydrogen bond	
08.0444	氢键固体	hydrogen-bonded solid	
08.0445	缺陷	defect	
08.0446	晶体缺陷	crystal defect	
08.0447	晶格缺陷	lattice defect	
08.0448	点缺陷	point defect	
08.0449	肖特基缺陷	Schottky defect	
08.0450	弗仑克尔缺陷	Frenkel defect	
08.0451	空位子	vacancion	
08.0452	陷俘离子	trapped ion	
08.0453	外来原子	foreign atom	
08.0454	替代式杂质	substitutional impurity	
08.0455	色心	color center	
08.0456	M 心	M-center	
08.0457	H 心	H-center	
08.0458	F 心	F-center	

序号	汉文名	英文名	注释
08.0459	R 心	R-center	
08.0460	U 心	U-center	
08.0461	填隙子	interstitial	
08.0462	填隙位置	interstitial site, interstitial position	
08.0463	填隙原子	interstitial atom	
08.0464	填隙式缺陷	interstitial defect	
08.0465	自填隙子	self-interstitials	
08.0466	可动缺陷	mobile defect	
08.0467	填隙式扩散	interstitial diffusion	
08.0468	填隙式固溶体	interstitial solid solution	
08.0469	位错	dislocation	
08.0470	晶格位错	lattice dislocation	
08.0471	位错[核]芯	dislocation core	
08.0472	位错线	dislocation line	
08.0473	弗兰克-里德[位错]源	Frank-Read [dislocation] source	
08.0474	位错密度	dislocation density	
08.0475	拉伸位错	tensile dislocation	
08.0476	刃[型]位错	edge dislocation	
08.0477	螺[型]位错	screw dislocation	
08.0478	混合位错	mixed dislocation	
08.0479	不全位错	partial dislocation	
08.0480	错合位错	misfit dislocation	
08.0481	保守位错运动	conservative dislocation motion	位错沿滑移面平行于伯格斯矢量运动,无净质量流。
08.0482	位错攀移	dislocation climb	
08.0483	位错滑移	dislocation slip	
08.0484	位错堆积	pile-up of dislocations	
08.0485	位错割阶	jogs in dislocation	
08.0486	位错扭折	kink in dislocation	
08.0487	位错蠕变	dislocation creep	
08.0488	位错缠结	dislocation tangle	
08.0489	劈形位错	wedge dislocation	
08.0490	螺[棱]柱位错	spiral prismatic dislocation	
08.0491	棱柱位错	prismatic dislocation	
08.0492	梯杆位错	stair-rod dislocation	
08.0493	锯齿型位错	zigzag dislocation	
08.0494	滑移轴	glide axis	

序　号	汉　文　名	英　文　名	注　　释
08.0495	滑移线	glide line	
08.0496	滑移位错	glissile dislocation	
08.0497	不可滑[移]位错	sessile dislocation	
08.0498	位错网[络]	dislocation network	
08.0499	螺形畸变	spiral distortion	
08.0500	伯格斯回路	Burgers circuit	
08.0501	伯格斯矢[量]	Burgers vector	
08.0502	巴丁-赫林[位错]源	Bardeen-Herring [dislocation] source	
08.0503	反相畴	antiphase domain	
08.0504	堆垛层错	stacking fault	
08.0505	向错	disclination	
08.0506	λ-向错	λ-disclination	
08.0507	τ-向错	τ-disclination	
08.0508	χ-向错	χ-disclination	
08.0509	包裹体	inclusion	
08.0510	缀饰法	decoration	
08.0511	向位错	dispiration	
08.0512	孪晶律	twin law	
08.0513	小角度晶粒边界	small-angle grain boundary	
08.0514	拓扑[学]	topology	
08.0515	拓扑群	topological group	
08.0516	拓扑等价	topological equivalence	
08.0517	拓扑不变量	topological invariant	
08.0518	拓扑映射	topological mapping	
08.0519	拓扑量子数	topological quantum number	
08.0520	拓扑稳定性	topological stability	
08.0521	拓扑空间	topological space	
08.0522	拓扑劲度	topological stiffness	
08.0523	拓扑结构	topological structure	
08.0524	拓扑绕数	topological winding number	
08.0525	拓扑绝缘体	topological insulator	
08.0526	拓扑金属	topological metal	
08.0527	空位	vacancy	
08.0528	淬入空位	quenched-in vacancy	
08.0529	晶格空位	lattice vacancy	
08.0530	空位徙动	vacancy migration	
08.0531	空位迁移率	vacancy mobility	

序 号	汉 文 名	英 文 名	注 释
08.0532	双晶界	bicrystal boundary	
08.0533	格点无序	lattice disorder	
08.0534	晶格畸变	lattice distortion	
08.0535	线缺陷	line defect	
08.0536	大角度晶界	large angle grain boundary	
08.0537	小角度晶界	low angle grain boundary	
08.0538	错合	misfit	
08.0539	失配	mismatch	
08.0540	台面结构	terrace structure	
08.0541	扭折	kink	
08.0542	扭折角	kinking angle	
08.0543	扭波矢	twist wave vector	
08.0544	扭曲晶界相	twist-grain boundary phase, TGB phase	
08.0545	旋错	disgyration	
08.0546	五重对称	five-fold symmetry	
08.0547	彭罗斯铺砌块	Penrose tiles	
08.0548	彭罗斯铺砌	Penrose tiling	
08.0549	非晶性	amorphism	
08.0550	非晶态	amorphous state	
08.0551	非晶体	amorphous matter	
08.0552	非晶材料	amorphous material	
08.0553	非晶合金	amorphous alloy	
08.0554	非周期[性]晶体	aperiodic crystal	
08.0555	玻璃	glass	
08.0556	玻璃相	glass phase	
08.0557	玻璃态	glassy state, vitreous state	
08.0558	玻璃碳	glassy carbon, vitreous carbon	
08.0559	玻璃纤维	glass fiber	
08.0560	玻璃陶瓷	glass-ceramics	
08.0561	金属玻璃	metallic glass	
08.0562	玻璃态金属	glassy metal	
08.0563	铁磁玻璃	ferromagnetic glass	
08.0564	理想玻璃	ideal glass	
08.0565	玻璃化转变	glass transition, vitrification	
08.0566	理想玻璃化转变	ideal glass transition	
08.0567	玻璃化[转变]温度	glass transition temperature	
08.0568	弗洛里温度	Flory temperature	玻璃相变温度。

序　号	汉　文　名	英　文　名	注　　释
08.0569	时温转变图	time-temperature transformation diagram, 3T diagram	简称“3T 图”。
08.0570	急冷	rapid cooling	
08.0571	熔态旋凝法	melt-spinning method	
08.0572	熔态淬火法	melt-quenching method	
08.0573	冷底板淬火法	splat-quenching method	
08.0574	激光玻璃化法	laser glazing method	
08.0575	化学短程序	chemical short-range order	
08.0576	中程序	medium-range order, intermediate range order	
08.0577	替代[式]无序	substitutional disorder	
08.0578	结构无序	structural disorder	
08.0579	拓扑无序	topological disorder	
08.0580	成分无序	compositional disorder	
08.0581	混晶	mixed crystal	
08.0582	塑性晶体	plastic crystal	
08.0583	取向无序	orientational disorder	
08.0584	格座	lattice site	
08.0585	座无序	site disorder	
08.0586	键无序	bond disorder	
08.0587	缺面体无序	merohedral disorder	
08.0588	淬致无序	quenched disorder	
08.0589	声子回波	phonon echo	
08.0590	虚晶[体]近似	virtual crystal approximation	
08.0591	平均 t 矩阵近似	average t-matrix approximation, ATA	
08.0592	密耦[合]近似	close-coupling approximation	
08.0593	复型法	replica method	
08.0594	复型技术	replica technique	
08.0595	微晶模型	microcrystalline model	
08.0596	聚合物位形	polymer configuration	
08.0597	氧化物玻璃	oxide glass	
08.0598	有机玻璃	organic glass	
08.0599	硫属玻璃	chalcogenide glass	
08.0600	非晶半导体	amorphous semiconductor	
08.0601	非晶硅	amorphous silicon	
08.0602	无规网络	random network	
08.0603	连续无规网络	continuous random network, CRN	
08.0604	随机几何学	stochastic geometry	

序号	汉文名	英文名	注释
08.0605	配位层	coordination shell	
08.0606	干涉函数	interference function	
08.0607	[部]分径向分布函数	partial radial distribution function, partial RDF	
08.0608	固态镶嵌	solid tessellation	
08.0609	沃罗努瓦多面体	Voronoi polyhedron	
08.0610	沃罗努瓦泡沫	Voronoi froth	
08.0611	重构	reconstruction	
08.0612	几何近邻	geometric neighbor	
08.0613	邻接	contiguity	
08.0614	邻接对	contiguous pair	
08.0615	邻接数	contiguity number	
08.0616	局域密堆积	local close packing	
08.0617	长程密度	long-range density	
08.0618	单纯图	simplicial graph	
08.0619	对偶图	dual graph	
08.0620	沃罗努瓦图	Voronoi diagram	
08.0621	始现电势	appearance potential	
08.0622	德洛奈分划	Delaunay division	
08.0623	共价键网络	covalent network	
08.0624	共价图	covalent graph	
08.0625	子图	subgraph	
08.0626	共价玻璃	covalent glass	
08.0627	缀饰变换	decoration transformation	
08.0628	缀饰格[子]	decorated lattice	
08.0629	缀饰蜂房格子	decorated honeycomb lattice	
08.0630	统计蜂房[格子]	statistical honeycomb [lattice]	
08.0631	悬键	dangling bond	
08.0632	环统计	ring statistics	逾渗中 n 元环出现的频度分布。
08.0633	波尔克模型	Polk model	
08.0634	二面角统计	dihedral angle statistics	
08.0635	遮掩[键]位形	eclipsed [bond] configuration	
08.0636	交错[键]位形	staggered [bond] configuration	
08.0637	椅位形	chair configuration	
08.0638	船位形	boat configuration	
08.0639	键弯模	bond-bending mode	
08.0640	键伸模	bond-stretching mode	

序号	汉文名	英文名	注释
08.0641	桥接原子	bridging atom	
08.0642	分子固体	molecular solid	
08.0643	网络维数	network dimensionality	
08.0644	三维网络固体	three-dimensional network solid	
08.0645	键开关	bond switching	
08.0646	键重构	bond reconstruction	
08.0647	光致结晶	photocrystallization	
08.0648	成分自由度	compositional [degree of] freedom	
08.0649	扩展链	extended chain	
08.0650	几何无序	geometrical disorder	
08.0651	网络形成物	network former	
08.0652	网络调节物	network modifier	
08.0653	8-*n* 定则	8-*n* [bonding] rule	
08.0654	内部未饱和键	interior unsatisfied bond	
08.0655	拓扑缺陷	topological defect	
08.0656	变价	valence alternation	
08.0657	变价对	valence alternation pair	
08.0658	拓扑变换	topological transformation	
08.0659	共轭缺陷	conjugate defect	
08.0660	分支点	branch point	
08.0661	拓扑奇点	topological singularity	
08.0662	紧密变价对	intimate valence alternation pair, IVAP	
08.0663	链悬环	pendant	
08.0664	循链长度	contour length	
08.0665	球粒	nodule	
08.0666	柔链位形	flexible chain configuration	
08.0667	逾渗模型	percolation model	
08.0668	无规电阻网络	random resistor network	
08.0669	几何短程序	geometric short-range order, GSRO	
08.0670	竞争序	competing orders	
08.0671	自由体积模型	free-volume model	
08.0672	无规密堆积	random close packing, RCP	
08.0673	局域堆积规则	local packing rule	
08.0674	不规则密堆积	irregular close packing	
08.0675	扩展态	extended state	
08.0676	局域态	localized state	
08.0677	局域化	localization	

序号	汉文名	英文名	注释
08.0678	安德森转变	Anderson transition	
08.0679	缺陷局域态	defect localized state	
08.0680	安德森局域[化]	Anderson localization	
08.0681	安德森判据	Anderson criterion	
08.0682	扩展态区	extended state regime	
08.0683	迁移率边	mobility edge	扩展态和局域态的分界。
08.0684	迁移率隙	mobility gap	两迁移率边之间的能隙。
08.0685	定域子	locator	
08.0686	响应率跳变	susceptibility jump	
08.0687	莫特转变	Mott transition	又称“莫特相变”。
08.0688	莫特绝缘体	Mott insulator	
08.0689	带尾局域态	localized band-tail state	
08.0690	局域化长度	localization length	
08.0691	伊辛-布洛赫转变	Ising-Bloch transition	
08.0692	金属绝缘体转变	metal-insulator transition	
08.0693	压淬	pressure quenching	
08.0694	扩散游移	diffusive excursion	
08.0695	类固元胞	solid-like cell	
08.0696	类液元胞	liquid-like cell	
08.0697	类液团簇	liquid-like cluster	
08.0698	公有熵	communal entropy	
08.0699	位形熵	configurational entropy	
08.0700	局域有序	local order	
08.0701	键结构	bond structure	
08.0702	化学成键	chemical bonding	
08.0703	超声键合	ultrasonic bonding	
08.0704	杂化[作用]	hybridization	
08.0705	成键	bonding	
08.0706	反[成]键	antibonding	
08.0707	未饱和键	unsaturated bond	
08.0708	孤对电子	lone pair electrons	
08.0709	变程跳跃	variable-range hopping	
08.0710	弥散输运	dispersive transport	
08.0711	晶性	crystallinity	
08.0712	固体性	solidity	
08.0713	流体性	fluidity	

序号	汉文名	英文名	注释
08.0714	晶体生长	crystal growth	
08.0715	晶体生长学	crystallogeny	
08.0716	晶种	crystal seed	
08.0717	生长	growth	
08.0718	生长模型	growth model	
08.0719	生长螺线	growth spiral	
08.0720	垂直布里奇曼技术	vertical Bridgman technique	
08.0721	垂直梯度冷凝技术	vertical gradient freeze technique	
08.0722	单晶生长	growth of single crystal	
08.0723	熔盐生长	flux growth	又称“助熔剂生长”。
08.0724	水热法生长	hydrothermal growth	
08.0725	水溶液生长	aqueous solution growth	
08.0726	焰熔法	flame fusion method	
08.0727	溶质分凝	solute segregation	
08.0728	生长动理学	growth kinetics	
08.0729	小面生长	facet growth	
08.0730	成核	nucleation	
08.0731	成核中心	nucleating center	
08.0732	成核过程	nucleation process	
08.0733	晶核	crystal nucleus	
08.0734	成晶核	nucleus of crystallization	
08.0735	籽晶	seed crystal	
08.0736	籽核	seed nucleus	
08.0737	结晶	crystallization	
08.0738	半晶态	semi-crystalline state	
08.0739	分部结晶	fractional crystallization	
08.0740	晶须	[crystal] whisker	
08.0741	晶粒生长	grain growth	
08.0742	顶籽晶溶液生长	top-seeded solution growth	
08.0743	单轴取向	uniaxial orientation	
08.0744	晶粒取向	grain orientation	
08.0745	弯晶	curved crystal	全称“弯曲晶体”。
08.0746	同形性	homomorphism	又称“异质同晶[现象]”。
08.0747	同极[键]晶体	homopolar crystal	
08.0748	亚晶	metacrystal	
08.0749	穿晶	transcrystalline	
08.0750	共结晶	cocrystallization	

序　号	汉　文　名	英　文　名	注　　释
08.0751	取向有序	orientational order	
08.0752	晶体倾斜	crystal tilt	
08.0753	晶粒碎裂	grain fragmentation	
08.0754	缺陷晶格	defect lattice	
08.0755	螺型晶体生长	spiral crystal growth	
08.0756	晶体的螺型生长	spiral growth of crystal	
08.0757	枝状生长	dendritic growth	
08.0758	晶界传导	grain boundary conduction	
08.0759	晶界偏析	grain boundary segregation	
08.0760	晶界腐蚀	grain boundary attack	
08.0761	形状各向异性	shape anisotropy	
08.0762	同[晶]形性	isomorphism	
08.0763	仲晶	paracrystal	
08.0764	同质异晶体	paramorph	
08.0765	孪晶[体]	twin [crystal], bicrystal	
08.0766	孪晶化	twinning	
08.0767	孪晶界	twin boundary	
08.0768	孪晶面	twin plane	
08.0769	贯穿孪晶	penetration twin	
08.0770	互穿孪晶	interpenetration twin	
08.0771	极性晶体	polar crystal	
08.0772	极性态	polar state	
08.0773	X 截晶体	X-cut crystal	
08.0774	Y 截晶体	Y-cut crystal	
08.0775	Z 截晶体	Z-cut crystal	
08.0776	超微晶体	ultra microcrystal	
08.0777	须状晶体	whisker crystal	简称“须晶”。
08.0778	有机晶体	organic crystal	
08.0779	粗晶粒	macrograin	
08.0780	宏晶材料	macrocrystalline material	
08.0781	理想配比成分	stoichiometric composition	
08.0782	非理想配比	nonstoichiometry	
08.0783	非理想配比晶体	nonstoichiometric crystal	
08.0784	母相	parent phase	
08.0785	相界	phase boundary	
08.0786	固相线	solidus [line]	
08.0787	无规介质	random medium	
08.0788	无规取向	random orientation	

序　号	汉　文　名	英　文　名	注　　释
08.0789	无规散堆积	random loose packing, RLP	
08.0790	晶带平面	zone plane	简称“带面”。
08.0791	近晶面	vicinal surface	
08.0792	亚稳相	metastable phase	
08.0793	同族素	homotopy	
08.0794	凝晶质	crystalloid	
08.0795	分解	decomposition	
08.0796	时间分辨晶体学	time-resolved crystallograghy	
08.0797	梯度炉温凝固技术	gradient freeze technique	
08.0798	丘克拉斯基法	Czochralski method	又称“生长单晶提拉法”。
08.0799	电弧炉	arc furnace	
08.0800	超净室	clean room	
08.0801	净化	decontamination, cleaning	又称“清洁处理”。
08.0802	沉积	deposition	
08.0803	气相沉积	vapor deposition	
08.0804	气相沉积术	vapor deposition technique	
08.0805	物理气相沉积	physical vapor deposition,PVD	
08.0806	化学气相沉积	chemical vapor deposition, CVD	
08.0807	低压化学气相沉积	low pressure chemical vapor deposition, LPCVD	
08.0808	电化学气相沉积	electrochemical vapor deposition, EVD	
08.0809	金属有机物化学气相沉积	metal-organic chemical vapor deposition, MOCVD	
08.0810	催化化学气相沉积	catalytic chemical vapor deposition, cat-CVD	
08.0811	真空蒸发	vacuum evaporation	
08.0812	真空沉积	vacuum deposition	
08.0813	磁控溅射	magnetron sputtering	
08.0814	溅射沉积	sputter deposition	
08.0815	脉冲激光沉积	pulsed laser deposition	
08.0816	激光烧蚀沉积	laser ablation deposition	
08.0817	微波辅助沉积	microwave assisted deposition	
08.0818	原子层沉积	atomic layer deposition	
08.0819	共沉积	codeposition	
08.0820	缓变沉积	graded deposit	
08.0821	沉积率	deposition rate	

序　号	汉　文　名	英　文　名	注　　释
08.0822	敷层	coating	
08.0823	激光镀膜	laser coating	
08.0824	气相生长	vapor growth	
08.0825	气相扩散	vapor phase diffusion	
08.0826	尺寸效应	size effect	
08.0827	金属有机化合物	metal organic compound	
08.0828	化学气相渗透	chemical vapor infiltration, CVI	
08.0829	真空技术	vacuum technique	
08.0830	真空系统	vacuum system	
08.0831	真空室	vacuum chamber	
08.0832	火花检漏仪	spark leak detector	
08.0833	真空退火	vacuum annealing	
08.0834	喷涂	spray coating	
08.0835	火焰喷涂	flame spraying	
08.0836	急冷技术	quenching technique	
08.0837	高温蠕变	high temperature creep	
08.0838	电子束蒸发	electron beam evaporation	
08.0839	电子束加工	electron beam processing	
08.0840	浮区法	floating zone method	
08.0841	区域熔化提纯	zone melting purification	又称“逐区熔化提纯”。
08.0842	区域精炼	zone refining	
08.0843	高频感应炉	high-frequency induction stove	
08.0844	纯化	purification	
08.0845	纯化器	purifier	
08.0846	纯度	purity	
08.0847	高纯度	high purity	
08.0848	温度控制器	temperature controller	
08.0849	温度梯度	temperature gradient	
08.0850	温度梯度区熔	temperature gradient zone melting	
08.0851	热离子学	thermionics	
08.0852	离子束溅射	ion beam sputtering	
08.0853	离子轰击	ion bombardment	
08.0854	离子枪	ion gun	
08.0855	离子辐照	ion irradiation	
08.0856	离子迁徙	ion migration	
08.0857	离子敷镀	ion plating	
08.0858	聚粒化	germination	

序号	汉文名	英文名	注释
08.0859	退火	annealing	
08.0860	退火温度	annealing temperature	
08.0861	激光退火	laser annealing	
08.0862	淬火	quenching	
08.0863	猝灭	quenching	
08.0864	淬致缺陷	quenching defect	
08.0865	淬火效应	quenching effect	
08.0866	回火	tempering	
08.0867	老化	aging	英式英语为 ageing。
08.0868	时效硬化	age-hardening	
08.0869	时效沉积	age-deposition	
08.0870	焦锥缺陷	focal conic defect	
08.0871	[晶]粒间势垒	intergranular barrier	
08.0872	液相	liquid phase	
08.0873	母液	mother liquor	
08.0874	液相生长	liquid growth	
08.0875	液态金属	liquid metal	
08.0876	熔体	melt	
08.0877	可熔性	meltability	
08.0878	熔体生长	melt growth	
08.0879	交互生长	intergrowth	
08.0880	凝固温度	temperature of solidification	
08.0881	共析	eutectoid	
08.0882	共析分解	eutiectoid decomposition	
08.0883	沉淀[物]	precipitate	
08.0884	脱溶[物]	precipitate	
08.0885	脱溶硬化	precipitation hardening	
08.0886	固溶度	solid solubility	
08.0887	固溶性	solid solubility	
08.0888	再固化	resolidification	
08.0889	固态反应	solid state reaction	
08.0890	烧结合金	sintered alloy	
08.0891	粉末烧结样品	sintered powder sample	
08.0892	烧结温度	sintering temperature	
08.0893	空隙比	void ratio	
08.0894	乌尔夫构造法	Wulff construction	
08.0895	休姆-罗瑟里定则	Hume-Rothery rule	有关固溶体。
08.0896	结构弛豫	structural relaxation	

序　号	汉　文　名	英　文　名	注　　释
08.0897	时效	aging	
08.0898	时效过程	aging process	又称“老化过程”。
08.0899	时效试验	aging test	又称“老化试验”。
08.0900	渗碳	carburization, cementation	
08.0901	陶瓷	ceramic	
08.0902	陶瓷金属封接	ceramic-metal seal	
08.0903	陶瓷学	ceramics	
08.0904	金属陶瓷	cermet	
08.0905	生态陶瓷	eco-ceramic	
08.0906	马氏体	martensite	
08.0907	马氏体相变	martensitic transformation	
08.0908	珍珠岩	pearlite	
08.0909	珠光体	pearlite	
08.0910	贝氏体	bainite	
08.0911	奥氏体	austenite	
08.0912	渗碳体	cementite	
08.0913	铁素体	ferrite	
08.0914	铁氧体	ferrite	
08.0915	择优分凝	preferential partition	
08.0916	择优方向	preferential direction	
08.0917	择优取向	preferred orientation	
08.0918	共格界面	coherent interface	
08.0919	非共格界面	incoherent interface	
08.0920	半共格界面	semicoherent interface	
08.0921	共晶点	eutectic point	又称“共熔点”。
08.0922	共晶转变	eutectic transformation	
08.0923	共晶停点	rest of eutectic	
08.0924	偏晶转变	monotectic transformation	
08.0925	包晶转变	peritectic transformation	
08.0926	包晶停点	rest of peritectic	
08.0927	杠杆定则	lever rule	
08.0928	同成分熔化	congruent melting	
08.0929	异成分熔化	incongruent melting	
08.0930	液相线	liquidus [line]	
08.0931	溶[解度曲]线	solubility curve	
08.0932	溶线	solubility curve, solvus	
08.0933	烧结	sintering	
08.0934	偏析	segregation	又称“分凝”。

序 号	汉 文 名	英 文 名	注 释
08.0935	偏析系数	segregation coefficient	
08.0936	逆偏析	inverse segregation	
08.0937	脱溶[作用]	precipitation	
08.0938	腐蚀	corrosion	
08.0939	解理脆度	cleavage brittleness	
08.0940	脆性结构	fragile structure	
08.0941	热分析	thermal analysis	
08.0942	单相	uniphase	
08.0943	形貌	topogram	
08.0944	痕量	trace amount	
08.0945	痕量化学	trace chemistry	
08.0946	晶片	wafer	又称"圆片"。
08.0947	熔接	welding	
08.0948	焊接效应	welding effect	
08.0949	平面工艺	planar technology	
08.0950	刻蚀	etching	
08.0951	侵蚀	etching	
08.0952	刻蚀术	lithography	
08.0953	光刻[蚀]	photoetching	
08.0954	光刻术	photolithography	
08.0955	干刻蚀	dry etching	
08.0956	湿刻蚀	wet etching	
08.0957	溅射刻蚀	sputter etching	
08.0958	电子束刻蚀	electron beam lithography	
08.0959	离子束刻蚀	ion beam etching	
08.0960	反应离子刻蚀	reactive ion etching	
08.0961	微应变	microstrain	
08.0962	基片	substrate	又称"衬底"。
08.0963	衬底偏压	substrate bias	
08.0964	外延	epitaxy	
08.0965	外延沉积	epitaxial deposition	
08.0966	固相外延	solid phase epitaxy	
08.0967	液相外延	liquid phase epitaxy	
08.0968	气相外延	vapor phase epitaxy	
08.0969	准外延	quasi-epitaxy	
08.0970	外延膜	epitaxial film	
08.0971	薄膜生长	film growth	
08.0972	分子束外延	molecular beam epitaxy	

序　号	汉 文 名	英 文 名	注　　释
08.0973	金属有机物分子束外延	metal-organic molecular beam epitaxy	
08.0974	金属有机物气相外延	metal-organic vapor-phase epitaxy, MOVPE	
08.0975	植入	implantation	
08.0976	离子注入	ion implantation	
08.0977	调制掺杂	modulation doping	
08.0978	高掺杂晶体	heavily doped crystal	
08.0979	包层	cladding	
08.0980	去湿润生长	dewetting growth	
08.0981	比耗	specific loss	
08.0982	高熔混合物	dystectic mixture	
08.0983	喷注淬火	jet quenching	
08.0984	化学计量学	stoichiometry	
08.0985	热加工	hot working	
08.0986	吸气剂	getter	
08.0987	吸气效应	getter effect	
08.0988	箔	foil	
08.0989	网目	mesh	
08.0990	栅网	mesh of grids	
08.0991	从头测定晶体结构	ab initio crystal structure determination	
08.0992	可靠性	reliability	
08.0993	可靠指数	index of reliability	
08.0994	吸收校正	absorption correction	
08.0995	消光校正	extinction correction	
08.0996	晶体衍射	crystal diffraction	
08.0997	晶体衍射图	crystallogram	
08.0998	衍射指数	indices of diffraction	
08.0999	达尔文宽度	Darwin width	衍射形貌术中用。
08.1000	X 射线晶体学	X-ray crystallography	
08.1001	劳厄条件	Laue condition	
08.1002	劳厄方程	Laue equation	
08.1003	布拉格反射	Bragg reflection	
08.1004	布拉格角	Bragg angle	
08.1005	布拉格峰	Bragg peak	
08.1006	布拉格面	Bragg plane	
08.1007	原子形状因子	atomic form factor	
08.1008	原子散射因子	atomic scattering factor	

序　号	汉 文 名	英 文 名	注　　释
08.1009	结构因子	structure factor	
08.1010	几何结构因子	geometrical structure factor	
08.1011	晶体结构因子	crystalline structure factor	
08.1012	静态结构因子	static structure factor	
08.1013	动态结构因子	dynamic structure factor	
08.1014	归一化结构因子	normalized structure factor	
08.1015	径向结构函数	radial structure function	
08.1016	埃瓦尔德球	Ewald sphere	又称“反射球”。
08.1017	埃瓦尔德作图法	Ewald construction	
08.1018	劳厄法	Laue method	
08.1019	劳厄衍射图样	Laue diffraction pattern	
08.1020	劳厄照相	Laue photograph	
08.1021	劳厄带	Laue zone	
08.1022	高阶劳厄带	high order Laue zone	
08.1023	高阶劳厄[带]线	high order Laue zone line	
08.1024	旋转晶体法	rotating crystal method	
08.1025	回摆照相	oscillation photograph	
08.1026	射线照相术	radiography	
08.1027	X 射线粉末法	X-ray powder method	
08.1028	粉末衍射仪	powder diffractometer	
08.1029	四圆衍射仪	four-circle diffractometer	
08.1030	塞尔等式	Sayre's equation	衍射法定晶体结构用。
08.1031	弗里德定律	Friedel's law	
08.1032	弗里德求和规则	Friedel sum rule	
08.1033	零阶劳厄带	zero-order Laue zone	
08.1034	结构分析	structure analysis	
08.1035	傅里叶合成	Fourier synthesis	
08.1036	差分傅里叶综合[法]	difference Fourier synthesis	
08.1037	帕特森法	Patterson method	
08.1038	同晶型置换法	isomorphous replacement	
08.1039	直接法	direct method	
08.1040	结构细化	structure refinement	
08.1041	积分强度	integrated intensity	
08.1042	形貌术	topography	
08.1043	X 射线衍射形貌术	X-ray diffraction topography	
08.1044	同步辐射形貌术	synchrotron radiation topography	
08.1045	热漫散射	thermal diffuse scattering	

序 号	汉 文 名	英 文 名	注 释
08.1046	黄[昆]散射	Huang scattering	
08.1047	小角散射	small-angle scattering	
08.1048	德拜–沃勒因子	Debye-Waller factor	
08.1049	晶格像	lattice image	
08.1050	高维晶体学	high-dimensional crystallography	
08.1051	非弹性 X 射线谱学	inelastic X-ray spectroscopy, IXS	
08.1052	扩展 X 射线吸收精细结构	extended X-ray absorption fine structure, EXAFS	
08.1053	双晶谱仪	double-crystal spectrometer	
08.1054	角色散 X 射线衍射	angle-dispersive X-ray diffraction, ADXRD	
08.1055	小角[度]X 射线散射	small-angle X-ray scattering, SAX	
08.1056	三轴谱术	triple-axis spectroscopy	
08.1057	角分辨光电子谱[学]	angular resolved photoemission spectroscopy, ARPES	
08.1058	电子显微镜	electron microscope	
08.1059	低能电子显微术	low-energy electron microscopy, LEEM	
08.1060	洛伦兹显微术	Lorentz microscopy	
08.1061	扫描电容显微术	scanning capacitance microscopy, SCM	
08.1062	扫描电化学显微术	scanning electrochemical microscopy, SECM	
08.1063	扫描离子电导显微术	scanning ion-conductance microscopy, SICM	
08.1064	探测	probe	
08.1065	探头	probe	又称“探针”。
08.1066	原子探针	atom probe	
08.1067	多探针测量	multiple probe measurement	
08.1068	电子微探针	electron microprobe, EMP	
08.1069	电子探针微区分析	electron probe microanalysis, EPMA	
08.1070	点分辨率	point resolution	
08.1071	自旋极化低能电子显微术	spin-polarized low-energy electron microscopy	
08.1072	原子力显微术	atomic force microscopy	
08.1073	原子自旋磁强计	atomic spin magnetometer	
08.1074	电子能量损失谱仪	electron energy loss spectrometer, EELS	简称“电子能损谱仪。

序　号	汉 文 名	英 文 名	注　　释
08.1075	能量选择像	energy-selected image, ESI	
08.1076	广延能损精细结构	extended energy loss fine structure, EXELFS	
08.1077	零损失峰	zero loss peak	电子能量损失谱用词。
08.1078	横向力显微镜	lateral force microscope, LFM	又称"侧向力显微镜"。
08.1079	低能原子衍射	low-energy atom diffraction, LEAD	
08.1080	电子背散射图样	electron backscattering pattern	
08.1081	俄歇电子发射显微术	Auger electron emission microscopy	
08.1082	电子衍射	electron diffraction	
08.1083	会聚束电子衍射	convergent beam electron diffraction, CBED	
08.1084	透射电子衍射	transmission electron diffraction	
08.1085	高能电子衍射	high energy electron diffraction, HEED	
08.1086	透射高能电子衍射	transmission high energy electron diffraction,THEED	
08.1087	反射高能电子衍射	reflection high energy electron diffraction, RHEED	
08.1088	扫描高能电子衍射	scanning high energy electron diffraction, SHEED	
08.1089	弱相位物体近似	weak phase object approximation	
08.1090	菊池图样	Kikuchi pattern	
08.1091	菊池线	Kikuchi line	
08.1092	菊池带	Kikuchi band	
08.1093	菊池衍射	Kikuchi diffraction	
08.1094	菊池衍射图样	Kikuchi diffraction pattern	
08.1095	分析电子显微学	analytical electron microscopy	
08.1096	反射电子显微术	reflection electron microscopy, REM	
08.1097	次级电子	secondary electron	
08.1098	次级电子发射显微术	secondary electron emission microscopy, SEEM	
08.1099	反射比各向异性谱术	reflectance anisotropy spectroscopy, RAS	
08.1100	反射比差分谱学	reflectance difference spectroscopy, RDS	
08.1101	非弹性中子散射	inelastic neutron scattering, INS	

序　号	汉　文　名	英　文　名	注　　释
08.1102	傅里叶[变换]核磁共振	Fourier [transform] nuclear magnetic resonance	
08.1103	分度	graduation	
08.1104	俘获道	capture channel	
08.1105	俘获系数	capture coefficient	
08.1106	俘获辐射	capture radiation	
08.1107	俘获共振	capture resonance	
08.1108	俘获散射	capture scattering	
08.1109	显微硬度	micro-penetration hardness	
08.1110	非破坏性检验	non-destructive testing	
08.1111	热重分析	thermogravimetric analysis	
08.1112	热重分析术	thermogravimetry	
08.1113	次级结构	secondary structure	
08.1114	超微结构	ultra-microstructure	
08.1115	超微晶粒	ultracrystallite	
08.1116	超微显微镜	ultramicroscope	
08.1117	超微显微术	ultramicroscopy	
08.1118	粉末法	powder method	
08.1119	非侵入测量	non-invasive measurement	
08.1120	非侵入方法	non-invasive method	
08.1121	全图对称性	whole pattern symmetry	
08.1122	多片模型	multislice model	
08.1123	多片法	multislice method	
08.1124	多片[法]计算	multislice calculation	
08.1125	电子束感应电流	electron-beam-induced current, EBIC	
08.1126	中能电子衍射	medium energy electron diffraction, MEED	
08.1127	磁康普顿散射	magnetic Compton scattering	
08.1128	质谱分析器	mass analyzer	
08.1129	电流谱	current spectrum	
08.1130	反应场	reaction field	
08.1131	冶金学	metallurgy	
08.1132	形态学	morphology	
08.1133	金相学	metallography	
08.1134	金相技术	metallographic technique	
08.1135	金相显微镜	metallographic microscope	
08.1136	金相显微术	metallurgical microscopy	

序　号	汉　文　名	英　文　名	注　　释
08.1137	定量金相学	quantitative metallography	
08.1138	鉴相	phase identification	
08.1139	面密度	area density	
08.1140	解理面	cleavage surface	
08.1141	表面粗糙度	surface roughness	
08.1142	表面缺陷	surface defect	
08.1143	表面结构分析器	surface structure analyzer	
08.1144	外斯晶带定律	Weiss zone law	
08.1145	超微量分析	submicroanalysis	
08.1146	剥离技术	lift-off technique	
08.1147	云母片	sheet mica	
08.1148	亚金属	metametal	
08.1149	类金属	metalloid	
08.1150	非过渡金属	nontransition metal	
08.1151	有机金属化合物	organometallic compound	
08.1152	灰锡	gray tin	
08.1153	黄铜	brass	
08.1154	青铜	bronze	
08.1155	锰铜	manganin	
08.1156	多价	polyvalence, multivalence	
08.1157	多价金属	polyvalent metal	
08.1158	双金属	bimetal	
08.1159	双金属片	bimetallic strip	
08.1160	费伽德定律	Vegard's law	
08.1161	二元合金	binary alloy	
08.1162	铝镁合金	magnalium	
08.1163	三元合金	ternary alloy	
08.1164	四元系	quaternary system	
08.1165	四元结构	quaternary structure	
08.1166	四元合金	quaternary alloy	
08.1167	四元化合物	quaternary compound	
08.1168	四元共晶	quaternary eutectic alloy	
08.1169	低合金	low alloy	
08.1170	共晶合金	eutectic alloy	
08.1171	理想配比合金	stoichiometric alloy	
08.1172	有序合金	ordered alloy	
08.1173	多相合金	multiphase alloy	
08.1174	易熔合金	fusible alloy	又称“软合金(slush

序 号	汉 文 名	英 文 名	注 释
			metal)”。
08.1175	焊料	solder	
08.1176	软焊料	soft solder	
08.1177	高熔点金属	high-melting metal	
08.1178	耐热合金	heat-resistant alloy	
08.1179	高电阻率合金	high-resistivity alloy	
08.1180	BAM[超硬]材料	BAM material	由 B、Al 和 Mg,以及 TiB_2 组成的陶瓷合金。
08.1181	不锈钢	stainless steel	
08.1182	因瓦	Invar	
08.1183	因瓦效应	Invar effect	
08.1184	金属间化合物	intermetallic compound	
08.1185	极性金属间化合物	polar intermetallic compround	
08.1186	金属塑料	metallic plastic	
08.1187	石英丝	quartz fiber	
08.1188	石英稳频器	quartz frequency stabilizer	
08.1189	石英振荡器	quartz oscillator	
08.1190	石英钟	quartz clock	
08.1191	石英换能器	quartz transducer	又称“石英转换器”。
08.1192	石英晶体滤波器	quartz crystal filter	
08.1193	熔融石英	fused silica	
08.1194	多晶材料	polycrystalline material	
08.1195	多晶硅	polysilicon	
08.1196	多孔硅	porous silicon	
08.1197	超微颗粒	ultrafine particle	
08.1198	纤维增强复合材料	fiber reinforced composite material	
08.1199	储氢材料	hydrogen-storage material	
08.1200	固溶体	solid solution	
08.1201	居间相	intermediate phase	
08.1202	居间价化合物	intermediate valence compound	
08.1203	电子性化合物	electron compound	合金结构。
08.1204	填隙式合金	interstitial alloy	
08.1205	多铁序材料	multiferroics	
08.1206	顺弹性晶体	paraelastic crystal	
08.1207	石墨	graphite	
08.1208	石墨减速剂	graphite moderator	
08.1209	稀土螯合物	rare-earth chelate	
08.1210	矿相学	mineralography	

序号	汉文名	英文名	注释
08.1211	留西特[有机]玻璃	lucite	
08.1212	罗谢尔盐	Rochelle salt	
08.1213	电荷转移盐	charge transfer salt	

08.02 固体及其性质

序号	汉文名	英文名	注释
08.1214	金属	metal	
08.1215	简单金属	simple metal	
08.1216	正常金属	normal metal	
08.1217	碱金属	alkaline metal	
08.1218	二价金属	divalent metal	
08.1219	碱土金属	alkaline earth metal	
08.1220	贵金属	noble metal	
08.1221	过渡金属	transition metal	
08.1222	稀有金属	rare metal	
08.1223	稀土金属	rare-earth metal	
08.1224	锕系金属	actinide metal	
08.1225	重金属	heavy metal	
08.1226	奇异金属	strange metal	
08.1227	合金	alloy	
08.1228	坡莫合金	permalloy	又称“高导磁合金”。
08.1229	罗斯合金	Rose's metal	一种低熔合金。
08.1230	伍德合金	Wood's metal	
08.1231	形状记忆合金	shape-memory alloy	
08.1232	替代式合金	substitutional alloy	
08.1233	无序合金	disordered alloy	
08.1234	半金属	semimetal	导带、价带有少量交叠。
08.1235	[自旋]半金属	half-metal	一种自旋取向为金属态。
08.1236	有机导体	organic conductor	
08.1237	有机金属	organic metal	
08.1238	体效应	bulk effect	
08.1239	体性质	bulk property	
08.1240	经典电子论	classical electron theory	
08.1241	空晶格近似	empty lattice approximation	
08.1242	德鲁德模型	Drude model	
08.1243	自由电子气	free electron gas	
08.1244	自由电子近似	free electron approximation	

序 号	汉 文 名	英 文 名	注 释
08.1245	自由电子模型	free electron model	
08.1246	单电子模型	single electron model	
08.1247	独立电子近似	independent electron approximation	
08.1248	近自由电子模型	nearly free electron model	
08.1249	准自由电子近似	quasi-free electron approximation	
08.1250	电子密度	electron density	
08.1251	传导电子	conduction electron	
08.1252	电子漂移	electronic drift	
08.1253	电子迁移率	electron mobility	
08.1254	索末菲金属理论	Sommerfeld theory of metal	
08.1255	索末菲展开	Sommerfeld expansion	
08.1256	简并气体	degenerate gas	
08.1257	简并电子气体	degenerate electron gas	
08.1258	电子比热	electronic specific heat	
08.1259	非简并电子气体	non-degenerate electron gas	
08.1260	传导层	conducting layer	又称“导电层”。
08.1261	导体壳	conducting shell	
08.1262	表层电阻率	skin resistivity	
08.1263	反常趋肤效应	anomalous skin effect	
08.1264	电导率调制	conductivity modulation	
08.1265	电子-电子相互作用	electron-electron interaction	
08.1266	电子-晶格相互作用	electron-lattice interaction	
08.1267	电子声子耦合	electron-phonon coupling	
08.1268	非束缚电子	unbound electron	
08.1269	弗里德振荡	Friedel oscillation	
08.1270	动态屏蔽	dynamic screening	
08.1271	屏蔽库仑作用	screened Coulomb interaction	
08.1272	弱周期势	weak periodic potential	
08.1273	能带论	[energy] band theory	
08.1274	能带模型	band model	
08.1275	电子能谱	electronic energy spectrum	
08.1276	偶然简并性	accidental degeneracy	
08.1277	玻恩-奥本海默近似	Born-Oppenheimer approximation	
08.1278	玻恩-冯卡门边界条件	Born-von Karman boundary condition	
08.1279	相容关系	compatibility relation	
08.1280	布洛赫定理	Bloch's theorem	
08.1281	布洛赫波函数	Bloch wave function	
08.1282	布洛赫波	Bloch wave	

序　号	汉　文　名	英　文　名	注　　释
08.1283	布洛赫态	Bloch state	
08.1284	布洛赫电子	Bloch electron	
08.1285	布洛赫振荡	Bloch oscillations	
08.1286	紧束缚近似	tight-binding approximation, TBA	
08.1287	紧束缚法	tight-binding method	
08.1288	扩展紧束缚法	extended tight-banding method	
08.1289	琼斯区	Jones zone	
08.1290	元胞法	cellular method	
08.1291	维格纳-塞茨边界条件	Wigner-Seitz boundary condition	
08.1292	维格纳-塞茨理论	Wigner-Seitz theory	
08.1293	原子轨道线性组合法	linear combination of atomic orbital method, LCAO method	
08.1294	正交化平面波法	orthogonalized plane wave method, OPW method	
08.1295	缀加平面波法	augmented plane wave method, APW method	又称"增广平面波法"。
08.1296	缀加球面波法	augmented spherical wave method, ASW method	又称"增广球面波法"。
08.1297	线性[化]缀加平面波法	linearized augmented plane wave method, LAPW method	简称"LAPW 法"。
08.1298	线性[化]糕模轨道法	linearized muffin tin orbital method, LMTO method	简称"LMTO 法"。
08.1299	原子球近似	atomic sphere approximation	
08.1300	KKR 法	Korringa-Kohn-Rostoker method, KKR method	
08.1301	k · p 法	k · p method	
08.1302	波矢群	wave vector group	
08.1303	有效质量	effective mass	
08.1304	哈特里-福克电子	Hartree-Fock electron	
08.1305	托马斯-费米模型	Thomas-Fermi model	
08.1306	托马斯-费米-狄拉克模型	Thomas-Fermi-Dirac model, TFD model	
08.1307	糕模势	muffin-tin potential	
08.1308	糕模近似	muffin-tin approximation	
08.1309	经验赝势法	empirical pseudopotential method	
08.1310	密度泛函理论	density functional theory, DFT	
08.1311	含时密度泛函理论	time-dependent density functional theory	

序　号	汉　文　名	英　文　名	注　　释
08.1312	霍恩伯格-科恩-沈[吕九]定理	Hohenberg-Kohn-Sham theorem, HKS theorem	简称“HKS 定理”。
08.1313	霍恩伯格-科恩能量泛函	Hohenberg-Kohn energy functional	
08.1314	科恩-沈方程	Kohn-Sham equation	
08.1315	自旋极化密度泛函理论	spin-polarized density functional theory	
08.1316	局域密度泛函	local density functional, LDF	
08.1317	局域密度近似	local density approximation, LDA	
08.1318	局域自旋密度近似	local spin density approximation	
08.1319	广义梯度近似	generalized gradient approximation, GGA	密度泛函理论中用。
08.1320	卡尔-帕林尼罗方法	Car-Parrinello method	
08.1321	相干势近似	coherent potential approximation	
08.1322	库普曼斯定理	Koopmans' theorem	
08.1323	赫尔曼-费恩曼定理	Hellmann-Feynman theorem	
08.1324	朗道能级	Landau level	
08.1325	克勒尼希-彭尼模型	Kronig-Penney model	
08.1326	芯态	core state	
08.1327	能带结构	energy-band structure	
08.1328	导带	conduction band	
08.1329	价带	valence band	
08.1330	禁带	forbidden band	
08.1331	能隙	energy gap	
08.1332	微能隙	minigap	
08.1333	准能隙	quasigap	
08.1334	带隙	band gap	
08.1335	能隙参数	gap parameter	
08.1336	能隙宽度	gap width	
08.1337	约化能隙	reduced energy gap	
08.1338	能隙对称性	gap symmetry	
08.1339	能隙各向异性	gap anisotropy	
08.1340	电子态密度	electronic density of states	
08.1341	联合态密度	joint density of states	
08.1342	积分态密度	integral density of states	
08.1343	广义态密度	generalized density of states	
08.1344	带指标	band index	
08.1345	带弯曲	band bending	

序号	汉文名	英文名	注释
08.1346	带排斥	band repulsion	
08.1347	等能[量]面	isoenergetic surface, constant-energy surface	
08.1348	低[位]能级	low-lying level	
08.1349	低[位]能态	low-lying state	
08.1350	布里渊区	Brillouin zone	
08.1351	第一布里渊区	first Brillouin zone	
08.1352	约化区图式	reduced-zone scheme	又称“简约区图式”。
08.1353	扩展区图式	extended-zone scheme	
08.1354	重复区图式	repeated-zone scheme	又称“周期区图式”。
08.1355	折叠布里渊区	folding Brillouin zone	
08.1356	不可约区	irreducible zone	
08.1357	约化区	reduced zone	又称“折合区”。
08.1358	约化布里渊区	reduced Brillouin zone	又称“简约布里渊区”。
08.1359	区折叠近似	zone-folding approximation	
08.1360	容许带	allowed band	
08.1361	容许态	allowed state	
08.1362	宽带	wide band	
08.1363	窄带	narrow band	
08.1364	满带	filled band, occupied band	
08.1365	空带	empty band, unoccupied band	
08.1366	子带	subband	
08.1367	子能隙结构	subgap structure	
08.1368	微[能]带	miniband	
08.1369	电子袋	electron pocket	
08.1370	空穴袋	hole pocket	
08.1371	未占能级	unoccupied level	
08.1372	交换积分	exchange integral	
08.1373	交换各向异性	exchange anisotropy	
08.1374	交换空穴	exchange hole	
08.1375	交换关联空穴	exchange-correlation hole	
08.1376	交换关联泛函	exchange-correlation functional	
08.1377	准能带结构模型	quasiband structure model	
08.1378	舒布尼科夫-德哈斯效应	Shubnikov-de Haas effect	
08.1379	有效质量近似	effective mass approximation	
08.1380	回旋有效质量	cyclotron effective mass	

序 号	汉 文 名	英 文 名	注 释
08.1381	电子能量损失近边结构	electron energy loss near-edge structure	简称"电子能损近边结构"。
08.1382	带间吸收	interband adsorption	
08.1383	带间配对	interband pairing	
08.1384	带间复合	interband recombination	
08.1385	带间散射	interband scattering	
08.1386	带内跃迁	intraband transition	
08.1387	朗道管	Landau tube	
08.1388	刚[能]带模型	rigid band model	
08.1389	海森伯哈密顿量	Heisenberg Hamiltonian	
08.1390	准空穴	quasihole	
08.1391	托马斯-费米介电函数	Thomas-Fermi dielectric function	
08.1392	托马斯-费米屏蔽	Thomas-Fermi screening	
08.1393	X 射线边问题	X-ray edge problem	
08.1394	垂直跃迁	vertical transition	
08.1395	科林格关系	Korringa relation	
08.1396	齐纳隧穿	Zener tunneling	
08.1397	布林克曼-赖斯转变	Brinkman-Rice transition	金属绝缘体转变。
08.1398	晶格动力学	lattice dynamics	
08.1399	晶格振动	lattice vibration	
08.1400	晶格振动谱	vibrational spectrum of crystal	
08.1401	零点振动	zero-point vibration	
08.1402	晶格弛豫	lattice relaxation	
08.1403	格波	lattice wave	
08.1404	格波动量	lattice wave momentum	
08.1405	声学支	acoustic branch	
08.1406	声学模	acoustic mode	
08.1407	纵声子	longitudinal phonon	
08.1408	纵声学声子	longitudinal acoustic phonon, LA phonon	
08.1409	横声学声子	transverse acoustic phonon, TA phonon	
08.1410	光学支	optical branch	
08.1411	光学模	optical mode	
08.1412	纵光学声子	longitudinal optical phonon, LO phonon	
08.1413	横光学声子	transverse optic phonon, TO phonon	
08.1414	声子气	phonon gas	

序号	汉文名	英文名	注释
08.1415	声子散射	phonon scattering	
08.1416	声子自能	phonon self-energy	
08.1417	声子软化	phonon softening	
08.1418	多声子谱	multiphonon spectrum	
08.1419	多声子过程	multiphonon process	
08.1420	多声子弛豫	multiphonon relaxation	
08.1421	集体坐标	collective coordinate	
08.1422	集体运动	collective motion	
08.1423	集体模	collective mode	
08.1424	局域晶格振动	localized lattice vibration	
08.1425	局域声子	localized phonon	
08.1426	晶格比热	lattice specific heat	
08.1427	晶格热容	lattice heat capacity	
08.1428	德拜近似	Debye approximation	
08.1429	德拜函数	Debye function	
08.1430	德拜[声子谱]模型	Debye model [of phonon spectrum]	
08.1431	德拜 T^3 定律	Debye T^3 law	
08.1432	德拜波矢	Debye wave vector	
08.1433	德拜频率	Debye frequency	
08.1434	德拜温度	Debye temperature	
08.1435	爱因斯坦频率	Einstein frequency	
08.1436	爱因斯坦温度	Einstein temperature	
08.1437	比热反常	specific heat anomaly	
08.1438	比热陡变	specific heat discontinuity	
08.1439	磁比热	magnetic specific heat	
08.1440	斯托克斯散射	Stokes scattering	
08.1441	反斯托克斯散射	anti-Stokes scattering	
08.1442	背向布里渊散射	backward Brillouin scattering	
08.1443	准简谐近似	quasi-harmonic approximation	
08.1444	准周期格[子]	quasiperiodic lattice	
08.1445	非[简]谐性	anharmonicity	
08.1446	非简谐力	anharmonic force	
08.1447	非[简]谐效应	anharmonic effect	
08.1448	非[简]谐项	anharmonic term	
08.1449	非平衡声子	nonequilibrium phonon	
08.1450	热导	thermal conductance	
08.1451	热阻	thermal resistance	
08.1452	热阻率	thermal resistivity	

序　号	汉　文　名	英　文　名	注　　释
08.1453	正常过程	normal process, N-process	又称“N 过程”。
08.1454	翻转过程	flop-over process	
08.1455	倒逆过程	umklapp process, U-process	又称“U 过程”。
08.1456	U 过程电阻率	U-process resistivity	
08.1457	边界散射	boundary scattering	
08.1458	热膨胀	thermal expansion	
08.1459	热膨胀反常	thermal expansion anomaly	
08.1460	反常膨胀	anomalous expansion	
08.1461	格林艾森常数	Grüneisen constant	
08.1462	马西森定则	Matthiessen's rule	
08.1463	剩余电阻率	residual resistivity	
08.1464	晶[体]场理论	crystal field theory	
08.1465	刚性离子近似	rigid-ion approximation	
08.1466	玻恩-黄[昆]近似	Born-Huang approximation	
08.1467	黄[昆]方程组	Huang equations	
08.1468	黄昆-里斯因子	Huang-Rhys factor	
08.1469	林德曼[熔化]判据	Lindemann criterion [of melting]	
08.1470	热激活	thermal activation	
08.1471	热骚动	thermal agitation	
08.1472	热展宽	thermal broadening	
08.1473	热振动	thermal vibration	
08.1474	热弹变换	thermoelastic transformation	
08.1475	热电子发射	thermal electron emission	
08.1476	热电荷发射	thermionic emission	此处电荷可以是电子或离子。
08.1477	电荷输运	charge transport	
08.1478	电荷速度	charge velocity	
08.1479	漂移电流	drift current	
08.1480	漂移速率	drift speed	
08.1481	电声子散射	electron-phonon scattering	
08.1482	背散射电子	back scattered electron	
08.1483	蒙哥马利法	Montgomery method	
08.1484	范德堡法	van der Pauw method	
08.1485	空穴电导率	hole conductivity	
08.1486	剩余电阻	residual resistance	
08.1487	剩余电阻比	residual resistivity ratio, RRR	
08.1488	最小金属电导率	minimum metallic conductivity	
08.1489	负微分电阻	negative differential resistance	

序　号	汉　文　名	英　文　名	注　　释
08.1490	负磁[致电]阻	negative magnetoresistance	
08.1491	庞磁电阻	colossal magnetoresistance, CMR	
08.1492	科克勒定则	Kohler's rule	
08.1493	反常霍尔效应	anomalous Hall effect	
08.1494	负温度系数	negative temperature coefficient	
08.1495	近藤效应	Kondo effect	
08.1496	近藤温度	Kondo temperature	
08.1497	多道近藤效应	multichannel Kondo effect	
08.1498	欠屏蔽近藤效应	underscreened Kondo effect	
08.1499	过屏蔽近藤效应	overscreened Kondo effect	
08.1500	佩尔捷效应	Peltier effect	
08.1501	佩尔捷系数	Peltier coefficient	
08.1502	声曳引	sound drag	
08.1503	声子曳引	phonon drag	
08.1504	曳引力	drag force	
08.1505	铜-康铜温差电偶	copper-constantan thermocouple	
08.1506	汤姆孙电动势	Thomson electromotive force	
08.1507	汤姆孙热	Thomson heat	
08.1508	反向扩散	back diffusion	
08.1509	电荷转移激子	charge-transfer exciton	
08.1510	合作效应	cooperative effect	
08.1511	合作扩散	cooperative diffusion	
08.1512	合作取向	cooperative orientation	
08.1513	安德森-莫特绝缘体	Anderson-Mott insulator	
08.1514	杂质原子	impurity atom	
08.1515	杂质子	impuriton	
08.1516	杂质态	impurity state	
08.1517	杂质散射	impurity scattering	
08.1518	杂质偏析	impurity segregation	
08.1519	杂质系综	impurity ensemble	
08.1520	杂质平均	impurity average	
08.1521	杂质[能]带	impurity band	
08.1522	杂质带电导	impurity band conduction	
08.1523	陷俘中心	trapping centre	
08.1524	陷俘电子	trapped electron	
08.1525	陷俘载流子	trapped carrier	
08.1526	激活跳跃	activated hopping	
08.1527	激活隧穿	activated tunneling	

序号	汉文名	英文名	注释
08.1528	空穴子	holon	
08.1529	空穴-电子复合	hole-electron recombination	
08.1530	大角度散射	large angle scattering	
08.1531	光电导	optical conductivity	
08.1532	零偏压	zero bias	
08.1533	零偏压电导	zero bias conductance	
08.1534	零偏压电阻	zero bias resistance	
08.1535	零偏压反常	zero bias anomaly	
08.1536	单粒子格林函数	single-particle Green's function	
08.1537	单粒子传播函数	single-particle propagator	
08.1538	束缚-束缚跃迁	bound-bound transition	
08.1539	束缚-自由跃迁	bound-free transition	
08.1540	共振散射	resonant scattering	
08.1541	共振 X 射线散射	resonant X-ray scattering	
08.1542	热载流子	hot carrier	
08.1543	能量输运	energy transport	
08.1544	密度关联函数	density correlation function	
08.1545	正常费米液体	normal Fermi liquid	
08.1546	非费米液体	non-Fermi liquid	
08.1547	非费米液体行为	non-Fermi liquid behavior	
08.1548	哈伯德哈密顿量	Hubbard Hamiltonian	
08.1549	哈伯德模型	Hubbard model	
08.1550	t-J 模型	t-J model	
08.1551	厄立希伯格方程	Eliashberg equation	
08.1552	厄立希伯格强耦合理论	Eliashberg theory of strong-coupling	
08.1553	双激子	biexciton	
08.1554	多激子复合体	multiexciton complex	
08.1555	固态电子学	solid-state electronics	
08.1556	半导体	semiconductor	
08.1557	半导体电子学	semiconductor electronics	
08.1558	本征半导体	intrinsic semiconductor	
08.1559	非本征半导体	extrinsic semiconductor	
08.1560	简并半导体	degenerate semiconductor	
08.1561	非简并半导体	non-degenerate semiconductor	
08.1562	窄带隙半导体	narrow-gap semiconductor	
08.1563	零能隙半导体	zero-gap semiconductor	
08.1564	宽能隙半导体	wide-gap semiconductor	
08.1565	n 型半导体	n-type semiconductor	

序　号	汉　文　名	英　文　名	注　　释
08.1566	p 型半导体	p-type semiconductor	
08.1567	载流子	charge carrier, carrier	又称“荷电粒子”。
08.1568	载流子浓度	carrier concentration	
08.1569	载流子扩散	carrier diffusion	
08.1570	载流子迁移	carrier migration	
08.1571	载流子库	carrier reservoir	
08.1572	载流子阱	carrier trap	
08.1573	载流子耗尽	carrier depletion	
08.1574	内禀载流子	intrinsic carrier	
08.1575	光生载流子	photocarrier	
08.1576	多[数载流]子	majority carrier	
08.1577	少[数载流]子	minority carrier	
08.1578	非平衡载流子	nonequilibrium carrier	
08.1579	内建场	built-in field	
08.1580	掺杂	doping	
08.1581	掺杂物	dopant	
08.1582	浅杂质	shallow impurity	
08.1583	施主	donor	
08.1584	浅施主	shallow donor	
08.1585	施主杂质	donor impurity	
08.1586	施主能级	donor level	
08.1587	施主浓度	donor density	
08.1588	受主	acceptor	
08.1589	接受器	acceptor	
08.1590	浅受主	shallow acceptor	
08.1591	受主杂质	acceptor impurity	
08.1592	受主能级	acceptor level	
08.1593	受主浓度	acceptor density	
08.1594	多子浓度	majority carrier density	
08.1595	少子浓度	minority carrier density	
08.1596	复合率	recombination rate	
08.1597	产生率	generation rate	
08.1598	内禀载流子浓度	intrinsic carrier density	
08.1599	施主电离能	donor ionization energy	
08.1500	受主电离能	acceptor ionization energy	
08.1501	直接带隙	direct band gap	
08.1502	直接跃迁	direct transition	
08.1503	直接带隙半导体	direct-gap semiconductor	

序　号	汉　文　名	英　文　名	注　　释
08.1604	间接带隙	indirect band gap	
08.1605	激活能	activation energy	
08.1606	杂质	impurity	
08.1607	杂质能级	impurity level	
08.1608	自旋简并性	spin degeneracy	
08.1609	双性杂质	amphoteric impurity	
08.1610	中性杂质	neutral impurity	
08.1611	致命杂质	deathnium	
08.1612	除杂区	denuded zone	
08.1613	基区掺杂	base doping	
08.1614	晶格散射	lattice scattering	
08.1615	谷间散射	intervalley scattering	
08.1616	谷内散射	intravalley scattering	
08.1617	回旋共振	cyclotron resonance	
08.1618	谷分裂	valley splitting	
08.1619	埃廷斯豪森效应	Ettingshausen effect	
08.1620	能斯特效应	Nernst effect	
08.1621	泽贝克效应	Seebeck effect	
08.1622	汤姆孙效应	Thomson effect	
08.1623	里吉-勒迪克效应	Righi-Leduc effect	
08.1624	带尾	band tail	
08.1625	隙能级	gap level	
08.1626	隙[内]态	in-gap state	
08.1627	载流子注入	carrier injection	
08.1628	载流子复合	carrier recombination	
08.1629	复合中心	recombination center	
08.1630	自由-束缚跃迁	free-bound transition	
08.1631	[陷]阱	trap	
08.1632	漂移迁移率	drift mobility	
08.1633	双极扩散系数	ambipolar diffusion coefficient	
08.1634	双极[漂移]迁移率	ambipolar [drift] mobility	
08.1635	浅能级	shallow level	
08.1636	深能级	deep level	
08.1637	分界能级	demarcation level	
08.1638	深能级瞬态谱学	deep level transient spectroscopy, DLTS	
08.1639	空位团	vacancy cluster	
08.1640	暗噪声	dark noise	

序 号	汉 文 名	英 文 名	注 释
08.1641	结	junction	
08.1642	pn 结	p-n junction	
08.1643	单结晶体管	unijunction transistor	
08.1644	pnp 晶体管	p-n-p transistor	
08.1645	平面结	planar junction	
08.1646	突变结	abrupt junction	
08.1647	超突变结	hyperabrupt junction	
08.1648	缓变结	graded junction	
08.1649	宽禁带结	wide-gap junction	
08.1650	挤压结	squeezable junction	
08.1651	肖特基势垒	Schottky barrier	
08.1652	莫特势垒	Mott barrier	
08.1653	矩形势垒	rectangular potential barrier	
08.1654	空间电荷区	space charge region	
08.1655	累积层	accumulation layer	
08.1656	表面积累层	surface accumulation layer	
08.1657	耗尽层	depletion layer, exhaustion layer	
08.1658	表面耗尽层	surface depletion layer	
08.1659	耗尽宽度	depletion width	
08.1660	反型层	inversion layer	
08.1661	逆温层	inversion layer	
08.1662	场效应	field effect	
08.1663	金属-半导体结	metal-semiconductor junction	
08.1664	光电导[性]	photoconductivity	
08.1665	半导体材料	semiconductor material	
08.1666	氧化物半导体	oxide semiconductor	
08.1667	有机半导体	organic semiconductor	
08.1668	聚合物半导体	polymer semiconductor	
08.1669	半导体陶瓷	semiconductor ceramics	
08.1670	玻璃半导体	glass semiconductor, vitreous semiconductor	
08.1671	磁性半导体	magnetic semiconductor	
08.1672	稀磁半导体	dilute magnetic semiconductor, DMS	
08.1673	掺杂半导体	doped semiconductor	
08.1674	中子嬗变掺杂	neutron transmutation doping, NTD	
08.1675	自掺杂	autodoping	
08.1676	砷化镓	gallium arsenide, GaAs	
08.1677	锑化铟	indium antimonide, InSb	

序　号	汉　文　名	英　文　名	注　　释
08.1678	磷化镓	gallium phosphide，GaP	
08.1679	磷化铟	indium phosphide，InP	
08.1680	氧化亚铜	cuprous oxide	
08.1681	多硅结构	polycide	多晶硅和硅化物(silicide)的复合结构。
08.1682	微缺陷	microdefect	
08.1683	晶格失配	lattice mismatch	
08.1684	同质外延	homoepitaxy	
08.1685	异质外延	heteroepitaxy	
08.1686	同质结	homojunction	
08.1687	异质结	heterojunction	
08.1688	半导体异质结	semiconductor heterojunction	
08.1689	突变异质结	abrupt heterojunction	
08.1690	缓变异质结	graded heterojunction	
08.1691	单异质结	single heterostructure	
08.1692	双异质结	double heterostructure	
08.1693	同价异质结	isovalent heterojunction	
08.1694	异质结结构	heterostructure	
08.1695	组织	tissue	
08.1696	带阶	band offset	
08.1697	结电容	junction capacitance	
08.1698	结电阻	junction resistance	
08.1699	超注入	superinjection	
08.1700	齐纳击穿	Zener breakdown	
08.1701	齐纳二极管	Zener diode	
08.1702	稳压二极管	voltage stabilizing diode	
08.1703	变容二极管	varactor	
08.1704	隧道二极管	tunnel diode	
08.1705	激光二极管	laser diode	
08.1706	发光二极管	light emitting diode，LED	
08.1707	江崎二极管	Esaki diode	
08.1708	肖克利二极管	Shockley diode	
08.1709	肖特基反常	Schottky anomaly	
08.1710	肖特基接触	Schottky contact	
08.1711	肖特基二极管	Schottky diode	
08.1712	雪崩效应	avalanche effect	
08.1713	雪崩电压	avalanche voltage	
08.1714	雪崩二极管	avalanche diode	

序　号	汉　文　名	英　文　名	注　　释
08.1715	雪崩光电二极管	avalanche photodiode, APD	
08.1716	耿氏效应	Gunn effect	
08.1717	穿通效应	punch-through effect	
08.1718	箍断效应	pinch-off effect	
08.1719	准费米能级	quasi Fermi level	
08.1720	欧姆接触	ohmic contact	
08.1721	场效应[晶体]管	field-effect transistor, FET	
08.1722	结型场效应晶体管	junction field-effect transistor, JFET	
08.1723	双极[结]晶体管	bipolar junction transistor	
08.1724	异质结场效应晶体管	heterojunction field-effect transistor, HFET	
08.1725	绝缘栅场效[应]管	insulated-gate field-effect transistor, IGFET	
08.1726	离子选控场效应[晶体]管	ion-selective field-effect transistor	
08.1727	高电子迁移率晶体管	high-electron-mobility transistor, HEMT	
08.1728	面内选通晶体管	in-plane-gate transistor	
08.1729	场效应器件	field-effect device, FED	
08.1730	金属-绝缘体-半导体结构	metal-insulator-semiconductor structure, MIS	
08.1731	晶闸管	thyristor	
08.1732	电荷转移器件	charge transfer device, CTD	
08.1733	电荷注入器件	charge injection device, CID	
08.1734	功率半导体器件	power semiconductor device	
08.1735	光子器件	photonic device	
08.1736	光电子器件	optoelectronic device	
08.1737	磁敏传感器	magnetosensitive sensor	
08.1738	气敏器件	gas sensing device, gas sensor	
08.1739	光敏器件	photosensitive device	
08.1740	热敏器件	thermosensitive device	
08.1741	记忆效应	memory effect	
08.1742	记忆电路	memory circuit	又称“存储电路”。
08.1743	固体电路	solid circuit	
08.1744	集成电路	integrated circuit, IC	
08.1745	大规模集成电路	large-scale integrated circuit, LSI	
08.1746	超大规模集成电路	very-large-scale integrated circuit, VLSI	

序　号	汉　文　名	英　文　名	注　　释
08.1747	芯片	chip	
08.1748	扩散层	diffusion layer, diffused layer	
08.1749	扩散区	diffusion region	
08.1750	扩散结	diffused junction	
08.1751	扩散长度	diffusion length	
08.1752	扩散前沿	diffusion front	
08.1753	扩散蠕变	diffusion creep	
08.1754	扩散电流	diffusion current	
08.1755	扩散方程	diffusion equation	
08.1756	扩散梯度	diffusion gradient	
08.1757	扩散输运	diffusive transport	
08.1758	砷化物	arsenide	
08.1759	硅探测器	silicon detector	
08.1760	发射结	emitter junction	
08.1761	漏[极]	drain [electrode]	
08.1762	源漏特性	source-drain characteristics	
08.1763	电流-电压特性曲线	I-V characteristic curve	简称“I-V 特性曲线”。
08.1764	台面结	mesa junction	
08.1765	台面晶体管	mesa transistor	
08.1766	金属-半导体场效应晶体管	metal-semiconductor field-effect transistor, MESFET	
08.1767	金属绝缘体半导体场效应晶体管	metal-insulator-semiconductor field-effect transistor, MISFET	
08.1768	金属-氧化物-半导体结构	metal-oxide-semiconductor structure, MOS structure	简称“MOS 结构”。
08.1769	金属-氧化物-半导体场效应晶体管	metal-oxide-semiconductor field-effect transistor, MOSFET	
08.1770	固体器件	solid state device	
08.1771	摩尔定律	Moore's law	
08.1772	固态电路	solid state circuit	
08.1773	固体探测器	solid state detector	
08.1774	欠掺杂	underdoping	
08.1775	欠掺杂区域	underdoped regime	
08.1776	深杂质	deep impurity	
08.1777	补偿杂质	compensated impurity	
08.1778	互补金属氧化物半导体	complementary metal oxide semiconductor, CMOS	

序　号	汉 文 名	英 文 名	注　　释
08.1779	非均匀半导体	inhomogeneous semiconductor	
08.1780	化合物半导体	compound semiconductor	
08.1781	异价半导体	heterovalent semiconductor	
08.1782	反铁磁半导体	antiferromagnetic semiconductor	
08.1783	薄膜物理学	thin-film physics	
08.1784	薄膜晶体管	thin-film transistor	
08.1785	薄膜集成电路	thin-film integrated circuit	
08.1786	薄膜太阳[能]电池	thin-film solar cell	
08.1787	耦合阱	coupled wells	
08.1788	耦合能	coupling energy	
08.1789	耦合强度	coupling strength	
08.1790	触须	cat whisker	
08.1791	沟道化	channeling	
08.1792	沟道效应	channel effect	
08.1793	深[陷]阱	deep trap	
08.1794	禁隙	forbidden gap	
08.1795	空穴	hole	
08.1796	轻空穴	light hole	
08.1797	重空穴	heavy hole	
08.1798	束缚空穴	immobile hole	
08.1799	闲空穴陷阱	empty hole trap	
08.1800	电子空穴对	electron-hole pair	
08.1801	电子空穴液体	electron-hole liquid	
08.1802	电子空穴[液]滴	electron-hole droplet	
08.1803	微滴子	dropleton, quantum droplet	
08.1804	电子空穴复合	electron-hole recombination	
08.1805	电子离子复合	electron-ion recombination	
08.1806	准粒子注入	quasiparticle injection	
08.1807	准粒子隧穿	quasiparticle tunneling	
08.1808	非相干隧穿	incoherent tunneling	
08.1809	非弹性隧穿	inelastic tunneling	
08.1810	双势垒隧穿	double-barrier tunneling	
08.1811	缓变带隙层	graded bandgap layer	
08.1812	再俘获	recapture	
08.1813	过剩电流	excess current	
08.1814	复合电流	recombination current	
08.1815	复合时间	recombination time	
08.1816	边界层	boundary layer	

序号	汉文名	英文名	注释
08.1817	共掺质	co-dopant	
08.1818	缓冲层	buffer layer	
08.1819	空态	empty state	
08.1820	间接跃迁	indirect transition	
08.1821	调制结构	modulated structure	
08.1822	调制带	modulation band	
08.1823	调制深度	modulation depth	
08.1824	分裂栅	split-gate	又称“劈裂栅”。
08.1825	阶跃势	step potential	
08.1826	单极晶体管	unipolar transistor	
08.1827	阈[值]电流	threshold current	
08.1828	阈值场	threshold field	
08.1829	电子雪崩	electron avalanche	
08.1830	雪崩计数器	avalanche counter	
08.1831	敏感元件	sensitive element	
08.1832	可控硅整流器	silicon-controlled rectifier	
08.1833	闪速存储器	flash memory	简称“闪存”。
08.1834	易失性存储器	volatile memory	
08.1835	万尼尔函数	Wannier function	
08.1836	万尼尔方程	Wannier equation	
08.1837	万尼尔激发	Wannier excitation	
08.1838	万尼尔激子	Wannier exciton	
08.1839	间接激子	indirect exciton	
08.1840	感生双激子吸收	induced biexciton absorption	
08.1841	振动激子	vibrational exciton	
08.1842	磁性	magnetism	
08.1843	磁学	magnetism	
08.1844	原子磁矩	atomic magnetic moment	
08.1845	冻结轨道磁矩	quenched orbital moment	
08.1846	玻尔-范莱文定理	Bohr-van Leeuwen theorem	
08.1847	核磁性	nuclear magnetism	
08.1848	核磁矩	nuclear magnetic moment	
08.1849	核磁弛豫	nuclear magnetic relaxation	
08.1850	巡游电子	itinerant electron	
08.1851	巡游电子磁性	itinerant electron magnetism	
08.1852	局域电子磁性	local electron magnetism	
08.1853	核顺磁性	nuclear paramagnetism	
08.1854	朗之万顺磁性	Langevin paramagnetism	

序号	汉文名	英文名	注释
08.1855	泡利顺磁性	Pauli paramagnetism	
08.1856	奈特位移	Knight shift	
08.1857	范弗莱克顺磁性	van Vleck paramagnetism	
08.1858	电子顺磁性	electronic paramagnetism	
08.1859	轨道顺磁性	orbital paramagnetism	
08.1860	顺磁体	paramagnet	
08.1861	顺磁磁化率	paramagnetic susceptibility	
08.1862	顺磁共振	paramagnetic resonance, PMR	
08.1863	超顺磁性	superparamagnetism	
08.1864	抗磁质	diamagnetic substance	
08.1865	电子抗磁性	electronic diamagnetism	
08.1866	拉莫尔抗磁性	Larmor diamagnetism	
08.1867	朗道抗磁性	Landau diamagnetism	
08.1868	居里定律	Curie's law	
08.1869	居里-外斯定律	Curie-Weiss law	
08.1870	朗之万-德拜公式	Langevin-Debye formula	
08.1871	朗之万函数	Langevin function	
08.1872	布里渊函数	Brillouin function	
08.1873	海森伯磁模型	Heisenberg model of magnetism	
08.1874	晶[体]场	crystal field	
08.1875	自旋冻结	spin freezing	
08.1876	自发磁化	spontaneous magnetization	
08.1877	自发磁化强度	spontaneous magnetization	
08.1878	磁有序	magnetic order	
08.1879	初铁磁性	incipient ferromagnetism	
08.1880	铁磁体	ferromagnet	
08.1881	居里温度	Curie temperature	
08.1882	铁磁居里点	ferromagnetic Curie point	
08.1883	磁相互作用	magnetic interaction	
08.1884	交换作用	exchange interaction	
08.1885	直接交换作用	direct exchange interaction	
08.1886	间接交换作用	indirect exchange interaction	
08.1887	双交换相互作用	double exchange interaction	
08.1888	超交换作用	superexchange interaction	
08.1889	超超交换作用	super-superexchange interaction	
08.1890	巡游交换	itinerant exchange	
08.1891	分子场理论	molecular field theory	
08.1892	外斯分子场	Weiss molecular field	

序　号	汉　文　名	英　文　名	注　　释
08.1893	内禀磁化强度	intrinsic magnetization	
08.1894	剩余磁感应强度	remanent magnetic induction	
08.1895	起始磁化率	initial susceptibility	
08.1896	起始磁导率	initial permeability	
08.1897	磁化方向	direction of magnetization	
08.1898	退磁场	demagnetizing field	
08.1899	强场畴	high-field domain	
08.1900	矫顽场	coercive field	
08.1901	矫顽力	coercive force	
08.1902	铁磁材料	ferromagnetic material	
08.1903	磁赤铁矿	maghemite	
08.1904	铁镍钴[合金]	fernico	又称"科伐合金(Kovar)"。
08.1905	铝镍钴[合金]	alnico	
08.1906	铜镍钴[合金]	cunico	
08.1907	铜镍铁[永磁合金]	cunife	
08.1908	霍伊斯勒合金	Heusler alloy	
08.1909	超坡莫合金	supermalloy	
08.1910	钕铁硼磁体	NdFeB magnet	
08.1911	半金属铁磁体	half-metallic ferromagnet	
08.1912	条形磁铁	bar magnet	
08.1913	铁磁流体	ferrofluid	
08.1914	铁磁[性]流体力学	ferrohydrodynamics	
08.1915	亚铁磁性	ferrimagnetism	
08.1916	亚铁磁体	ferrimagnet	
08.1917	软磁铁氧体	soft ferrite	
08.1918	抵消点	compensation point	
08.1919	反铁磁性	antiferromagnetism	
08.1920	反铁磁体	antiferromagnet	
08.1921	反铁磁相互作用	antiferromagnetic interaction	
08.1922	奈尔点	Néel point	
08.1923	奈尔温度	Néel temperature	
08.1924	反铁磁畴	antiferromagnetic domain	
08.1925	反铁磁共振	antiferromagnetic resonance	
08.1926	铁磁反铁磁相变	ferromagnetic-antiferromagnetic phase transition	
08.1927	螺[旋]磁性	helimagnetism	
08.1928	散磁性	speromagnetism	

序号	汉文名	英文名	注释
08.1929	散铁磁性	asperomagnetism	
08.1930	磁场电流效应	galvanomagnetic effect	
08.1931	巴尼特效应	Barnett effect	
08.1932	费尔韦效应	Verwey effect	
08.1933	爱因斯坦-德哈斯效应	Einstein-de Haas effect	
08.1934	德哈斯-范阿尔芬效应	de Haas-van Alphen effect	
08.1935	磁声效应	magnetoacoustic effect	
08.1936	磁弹效应	magnetoelastic effect	
08.1937	磁力效应	magnetomechanical effect	
08.1938	磁电效应	magnetoelectric effect	
08.1939	磁[电]阻	magnetoresistance	
08.1940	磁热效应	magnetothermal effect, magnetocaloric effect	
08.1941	热磁效应	thermomagnetic effect	
08.1942	热释磁效应	pyromagnetism	因温度改变使材料显现磁化。
08.1943	压磁效应	piezomagnetic effect	
08.1944	磁波[振]子	magnon	
08.1945	顺磁子	paramagnon	
08.1946	铁磁子	ferromagnon	
08.1947	混合价	mixed valence	
08.1948	价涨落	valence fluctuation	
08.1949	价不稳定性	valence instability	
08.1950	各向同性介质	isotropic medium	
08.1951	各向异性介质	anisotropic medium	
08.1952	磁各向异性	magnetic anisotropy	
08.1953	感生各向异性	induced anisotropy	
08.1954	退火感生各向异性	annealing-induced anisotropy	
08.1955	磁格子	magnetic lattice	
08.1956	磁相变	magnetic phase transition	
08.1957	极化子	polaron	
08.1958	磁极化子	magnetic polaron, magnetopolaron	
08.1959	耦[合波]子	polariton	与光在离子晶体中有关。
08.1960	暗态光耦[合波]子	dark-state polariton	
08.1961	腔电磁耦[合波]子	cavity polariton	
08.1962	磁结构	magnetic structure	
08.1963	磁对称性	magnetic symmetry	

序　号	汉　文　名	英　文　名	注　　释
08.1964	小口理论	Oguchi method	英文惯用,一种有效场理论。
08.1965	贝特-派尔斯-外斯方法	Bethe-Peierls-Weiss method, BPW method	BPW 方法。
08.1966	RKKY 模型	Ruderman-Kittel- Kasuya-Yosida model, RKKY model	
08.1967	翻转场	switching field	
08.1968	开关时间	switching time	
08.1969	莫林相变	Morin transition	
08.1970	自旋波	spin wave	
08.1971	临界涨落	critical fluctuation	
08.1972	磁晶各向异性	magneto crystalline anisotropy	
08.1973	易[磁化方]向	easy direction of magnetization	
08.1974	易[磁化]轴	easy axis [of magnetization]	
08.1975	难磁化方向	hard direction of magnetization	
08.1976	难磁化轴	hard axis of magnetization	
08.1977	磁致伸缩	magnetostriction	
08.1978	退磁	demagnetization	
08.1979	退磁因子	demagnetization factor	
08.1980	畴	domain	
08.1981	畴壁	domain wall	
08.1982	布洛赫[畴]壁	Bloch wall	
08.1983	奈尔[畴]壁	Néel wall	
08.1984	畴结构	domain structure	
08.1985	畴转过程	domain rotation process	
08.1986	畴壁能	domain wall energy	
08.1987	畴壁钉扎	domain wall pinning	
08.1988	畴壁共振	domain wall resonance	
08.1989	巴克豪森跳跃	Barkhausen jump	
08.1990	布洛赫线	Bloch line	
08.1991	减落	disaccommodation	
08.1992	铁损	iron loss	
08.1993	漏泄因子	leakage factor	
08.1994	磁后效	magnetic aftereffect	
08.1995	磁泡	magnetic bubble	
08.1996	硬磁泡	hard magnetic bubble	
08.1997	半磁泡	magnetic half-bubble	
08.1998	磁滞	magnetic hysteresis	

序号	汉文名	英文名	注释
08.1999	磁记录	magnetic recording	
08.2000	磁存储	magnetic storage	
08.2001	磁谱	magnetic spectrum	
08.2002	磁黏性	magnetic viscosity	
08.2003	最大磁能积	maximum magnetic energy product	
08.2004	微磁学	micromagnetics	
08.2005	混磁性	mictomagnetism	
08.2006	剩余损耗	residual loss	
08.2007	单[磁]畴	single domain	
08.2008	闭合畴	closure domain	
08.2009	技术磁化	technical magnetization	
08.2010	[磁]芯损耗	core loss	
08.2011	有效线宽	effective line width	
08.2012	电子-核双共振	electron-nuclear double resonance, ENDOR	
08.2013	电子自旋共振	electron spin resonance, ESR	
08.2014	电子顺磁共振	electron paramagnetic resonance, EPR	
08.2015	帕邢-巴克效应	Paschen-Back effect	
08.2016	铁磁共振	ferromagnetic resonance, FMR	
08.2017	旋磁效应	gyromagnetic effect	
08.2018	超精细场	hyperfine field	
08.2019	同核异能移位	isomer shift	
08.2020	磁共振	magnetic resonance	
08.2021	磁弹波	magnetoelastic wave	
08.2022	静磁波	magnetostatic wave	
08.2023	穆斯堡尔谱	Mössbauer spectrum	
08.2024	核四极[矩]共振	nuclear quadrupole resonance, NQR	
08.2025	顺磁弛豫	paramagnetic relaxation	
08.2026	自旋-晶格弛豫	spin-lattice relaxation	
08.2027	自旋回波	spin echo	
08.2028	自旋回波技术	spin echo technique	
08.2029	自旋温度	spin temperature	
08.2030	自旋波散射	spin wave scattering	
08.2031	自旋波共振	spin wave resonance, SWR	
08.2032	自旋探测器	spin detector	
08.2033	张量磁导率	tensor permeability	
08.2034	矩型磁滞回线	rectangular hysteresis loop	

序　号	汉　文　名	英　文　名	注　　释
08.2035	高磁导率材料	high-permeability material	
08.2036	亚铁磁材料	ferrimagnetic material	
08.2037	旋磁材料	gyromagnetic material	
08.2038	永磁性	permanent magnetism	
08.2039	永矩	permanent moment	
08.2040	永磁材料	permanent magnetic material	
08.2041	稀土永磁体	rare-earth permanent magnet	
08.2042	压磁材料	piezomagnetic material	
08.2043	磁[性]流体	magnetic fluid	
08.2044	无定向磁强计	astatic magnetometer	
08.2045	比特粉纹图[样]	Bitter powder pattern	
08.2046	法拉第效应	Faraday effect	
08.2047	法拉第磁秤	Faraday balance	
08.2048	磁通门磁强计	fluxgate magnetometer	
08.2049	μ子自旋进动	muon spin precession	
08.2050	μ子自旋旋进	muon spin rotation	
08.2051	极化中子	polarized neutron	
08.2052	中子磁散射	magnetic neutron scattering	
08.2053	小角[度]中子散射	small-angle neutron scattering, SANS	
08.2054	中子形貌术	neutron topography	
08.2055	超导量子干涉磁强计	superconducting quantum interference magnetometer	又称“SQUID 磁强计”。
08.2056	振动样品磁强计	vibrating sample magnetometer, VSM	
08.2057	旋磁器件	gyromagnetic device	
08.2058	磁声[转换]器件	magneto-acoustic device	
08.2059	局域磁子	localized magnon	
08.2060	磁性杂质	magnetic impurity	
08.2061	磁拉曼散射	magnetic Raman scattering	
08.2062	磁随机[存取]存储器	magnetic random-access memory, MRAM	
08.2063	磁共振成像	magnetic resonance imaging, MRI	
08.2064	磁共振谱学	magnetic resonance spectroscopy, MRS	
08.2065	磁散射	magnetic scattering	
08.2066	磁共振散射	magnetic resonant scattering	
08.2067	磁屏	magnetic screen	
08.2068	磁屏蔽	magnetic screening, magnetic shielding	

序　号	汉　文　名	英　文　名	注　　释
08.2069	磁传感器	magnetic sensor	
08.2070	磁性孤子	magnetic soliton	
08.2071	磁致应力	magnetic stress	
08.2072	磁击穿	magnetic breakdown	
08.2073	磁子带	magnetic subband	
08.2074	磁亚点格	magnetic sublattice	又称“磁亚格子”。
08.2075	磁扭秤	magnetic torsion balance	
08.2076	磁电导率	magnetoconductivity	
08.2077	磁动力学	magnetodynamics	
08.2078	磁致弹性	magnetoelasticity	
08.2079	磁电子学	magnetoelectronics	
08.2080	磁光克尔效应	magneto-optic Kerr effect	
08.2081	磁激子	magneto-exciton	
08.2082	磁等离激元模	magneto-plasmon mode	
08.2083	分数磁荷	fractional magnetic charge	
08.2084	变磁体	metamagnet	
08.2085	变磁性	metamagnetism	
08.2086	弯曲磁体	bending magnet	又称“转向磁体”。使束流转向的磁体。
08.2087	再磁化	remagnetization	
08.2088	各向异性磁阻	anisotropic magnetoresistance, AMR	
08.2089	各向异性能	anisotropy energy	
08.2090	弱铁磁性	weak ferromagnetism	
08.2091	外斯常量	Weiss constant	
08.2092	外斯磁子	Weiss magneton	
08.2093	斯托纳增强因子	Stoner enhancement factor	
08.2094	斯托纳模型	Stoner model	
08.2095	热剩磁	thermoremanent magnetization	
08.2096	共振线宽	resonance line width	核磁共振用词。
08.2097	非自旋[的]磁矩	extra-spin magnetic moment	
08.2098	偶极磁场	dipole magnetic field	
08.2099	巴克豪森噪声	Barkhausen noise	
08.2100	自旋耦合	spin coupling	
08.2101	自旋自旋耦合	spin-spin coupling	
08.2102	自旋自旋耦合常数	spin-spin coupling constant	
08.2103	自旋自旋相互作用	spin-spin interaction	
08.2104	自旋自旋弛豫	spin-spin relaxation	
08.2105	自旋自旋弛豫时间	spin-spin relaxation time	

序　号	汉　文　名	英　文　名	注　　释
08.2106	标量耦合	scalar coupling, JJ-coupling	
08.2107	间接耦合	indirect coupling	
08.2108	自旋坐标	spin coordinate	
08.2109	自旋排列	spin arrangement	
08.2110	螺旋自旋有序	helical spin order	
08.2111	倾斜自旋有序	canted spin order	
08.2112	自旋相反取向	opposite spin orientation	
08.2113	自旋隙	spin gap	
08.2114	自旋相关散射	spin-dependent scattering	
08.2115	自旋反转散射	spin-flip scattering	
08.2116	自旋-晶格弛豫时间	spin-lattice relaxation time	
08.2117	磁声共振	magneto-phonon resonance	
08.2118	粉纹图	powder pattern	
08.2119	粉末相机	powder camera	
08.2120	磁放大器	magnetic amplifiar	
08.2121	磁性天线	magnetic antenna	
08.2122	磁秤	magnetic balance	
08.2123	磁浮力	magnetic buoyancy	
08.2124	磁悬浮	magnetic levitation, maglev, magnetic suspension	
08.2125	磁悬浮列车	maglev train, magnetic levitation train	
08.2126	磁力显微镜	magnetic force microscope	
08.2127	磁力显微学	magnetic force microscopy	
08.2128	非金属材料	nonmetallic materials	
08.2129	极性介电质	polar dielectrics	又称“极性介电体”。
08.2130	介电极化	dielectric polarization	
08.2131	介电极化率	dielectric susceptibility	
08.2132	科尔-科尔图	Cole-Cole plot	
08.2133	介电吸收	dielectric absorption	
08.2134	介电损耗	dielectric loss	
08.2135	介电顺度	dielectric compliance	
08.2136	介电阻隔率	dielectric impermeability	
08.2137	介电膜	dielectric film	又称“介质膜”。具有介电性质的膜。
08.2138	介电谱学	dielectric spectroscopy	
08.2139	射电介电谱学	radiowave dielectric spectroscopy	
08.2140	介电弛豫	dielectric relaxation	

序　号	汉 文 名	英 文 名	注　　释
08.2141	德拜弛豫	Debye relaxation	
08.2142	洛伦兹场	Lorentz field	
08.2143	永偶极子	permanent dipole	
08.2144	克拉默斯-克勒尼希关系	Kramers-Kronig relation	
08.2145	弹性自由焓	elastic free enthalpy	
08.2146	电自由焓	electric free enthalpy	
08.2147	介电体击穿	dielectric breakdown	
08.2148	介电老化	dielectric aging	
08.2149	顺电性	paraelectricity	
08.2150	顺电共振	paraelectric resonance	
08.2151	铁电体	ferroelectrics	
08.2152	铁电晶体	ferroelectric crystal	
08.2153	非本征铁电体	improper ferroelectrics	
08.2154	反铁电体	antiferroelectric	
08.2155	亚铁电体	ferrielectrics	
08.2156	亚铁电晶体	ferrielectric crystal	
08.2157	自发极化	spontaneous polarization	
08.2158	[铁]电滞回线	ferroelectric hysteresis loop	
08.2159	电饱和	electric saturation	
08.2160	饱和极化强度	saturated polarization	
08.2161	剩余极化强度	remanent polarization	
08.2162	极化反转	polarization reversal	
08.2163	铁电畴	ferroelectric domain	
08.2164	铁电畴壁	ferroelectric domain wall	
08.2165	扬-特勒效应	Jahn-Teller effect	
08.2166	铁电相变	ferroelectric phase transition	
08.2167	铁电软模	ferroelectric soft mode	
08.2168	赝自旋机理	pseudospin mechanism	
08.2169	铁电隧道模	ferroelectric tunnel mode	
08.2170	自发应变	spontaneous strain	
08.2171	矫顽应力	coercive stress	
08.2172	铁弹体	ferroelastics	
08.2173	铁弹畴	ferroelastic domain	
08.2174	铁电铁磁体	ferroelectric ferromagnet	
08.2175	非晶介电体	amorphous dielectrics	
08.2176	铁性体	ferroic	
08.2177	同极电荷	homocharge	

序　号	汉　文　名	英　文　名	注　　释
08.2178	异极电荷	heterocharge	
08.2179	电-力耦合	electromechanical coupling	
08.2180	力学品质因数	mechanical quality factor	
08.2181	电弹常量	electroelastic constant	
08.2182	压电性	piezoelectricity	
08.2183	压电常量	piezoelectric constant	
08.2184	压电振子	piezoelectric vibrator	
08.2185	压电晶体	piezoelectric crystal, piezocrystal	
08.2186	压电石英	piezoelectric quartz	
08.2187	压电陶瓷	piezoelectric ceramics	
08.2188	压电[陶瓷]管	piezo tube, piezoelectric tube	
08.2189	压电扫描器	piezoscanner	
08.2190	压电[陶瓷]步进马达	piezostep motor	
08.2191	压电模量	piezoelectric modulus	
08.2192	压电换能器	piezoelectric transducer	
08.2193	压电传感器	piezoelectric sensor	
08.2194	声电效应	acoustoelectric effect	
08.2195	电声倒易	electro-acoustic reciprocity	
08.2196	压电增劲速度	piezoelectric stiffened velocity	
08.2197	铁电传感器	ferroelectric sensor, ferroelectric transducer	
08.2198	铁电反铁电相变	ferroelectric-antiferroelectric phase transition	
08.2199	热释电[学]	pyroelectricity	
08.2200	热激电流	thermally stimulated current	
08.2201	热释电效应	pyroelectric effect	
08.2202	热释电晶体	pyroelectric crystal	
08.2203	压磁性	piezomagnetism	
08.2204	压热效应	piezocaloric effect	
08.2205	压致电阻效应	piezoresistive effect	简称“压阻效应”。
08.2206	热弹性效应	thermoelastic effect	
08.2207	电热效应	electrocaloric effect	
08.2208	光弹效应	photoelastic effect	
08.2209	光致介电效应	photodielectric effect	
08.2210	光致铁电体	photoferroelectrics	
08.2211	光损伤	optical damage	
08.2212	介电陶瓷	dielectric ceramics	
08.2213	旋电效应	gyroelectric effect	

序　号	汉　文　名	英　文　名	注　　释
08.2214	介电频散	dielectric dispersion	
08.2215	介电函数	dielectric function	
08.2216	介电响应函数	dielectric response function	
08.2217	介电体超晶格	dielectric superlattice	
08.2218	硬球模型	hard sphere model	
08.2219	晶格极化	lattice polarization	
08.2220	混合场效应	hybrid field effect	
08.2221	发光学	luminography	
08.2222	生物发光	bioluminescence	
08.2223	红外受激发光	infrared stimulated luminescence	
08.2224	辐射[致]发光	radioluminescence	
08.2225	晶体发光	crystalloluminescence	
08.2226	晶溶发光	lyoluminescence	
08.2227	摩擦发光	triboluminescence	
08.2228	力致发光	mechanoluminescence	
08.2229	压致发光	piezoluminescence	因摩擦、挤压、撕裂而发出闪光。
08.2230	发光中心	luminescent center	
08.2231	发光体	luminophor	
08.2232	长余辉磷光体	long afterglow phosphor	
08.2233	上变频磷光体	upconversion phosphor	
08.2234	荧光分析	fluorescence analysis	
08.2235	孪生复合	geminate recombination	
08.2236	辉光曲线	glow curve	
08.2237	过热发光	hot luminescence	
08.2238	过热电子	hot electron	
08.2239	发光猝灭	quenching of luminescence	
08.2240	余辉	afterglow	
08.2241	复辉	recalescence	
08.2242	带间跃迁	interband transition	
08.2243	电荷补偿	charge compensation	
08.2244	电荷转移态	charge transfer state, charge-transfer state	
08.2245	合作发光	cooperative luminescence	
08.2246	发光效率	luminescence efficiency	
08.2247	高阶弛豫	high order relaxation, high-order relaxation	
08.2248	交叉弛豫	cross relaxation	

序号	汉文名	英文名	注释
08.2249	热化	thermalization	
08.2250	共振荧光	resonance fluorescence	
08.2251	声[子]助跃迁	phonon-assisted transition	
08.2252	边发射	edge emission	
08.2253	激活剂	activator	
08.2254	矩阵显示	matrix display	
08.2255	参变荧光	parametric fluorescence	
08.2256	光磁效应	photomagnetic effect	
08.2257	光磁[致]电效应	photomagnetoelectric effect	
08.2258	消旋性	racemism	
08.2259	光化[学]效应	photochemical effect	
08.2260	旋光效应	roto-optic effect	
08.2261	激光材料	laser material	
08.2262	吸收比	absorptance	
08.2263	吸收边	absorption edge	
08.2264	吸收限	absorption limit	
08.2265	感生跃迁	induced transition	
08.2266	带边跃迁	band edge transition	
08.2267	单声子吸收	one-phonon absorption	
08.2268	多声子吸收	multiphonon absorption	
08.2269	光学带隙	optical band gap	
08.2270	自吸收	self-absorption	
08.2271	选择激发	selective excitation	
08.2272	共振吸收	resonance absorption	
08.2273	共振激发	resonance excitation	
08.2274	动生变窄	motional narrowing	
08.2275	迂回激发	Umweganregung(德)	
08.2276	压光效应	piezo-optic effect	
08.2277	弹光效应	elasto-optic effect	
08.2278	旋声性	acoustic activity	
08.2279	阿兹贝尔-卡纳[回旋]共振	Azbel-Kaner [cyclotron] resonance	
08.2280	超声衰减	ultrasonic attenuation	
08.2281	自生光电效应	autophotoelectric effect	
08.2282	体积光电导	volume photoconductivity	
08.2283	体积光电效应	volume photoelectric effect	
08.2284	内光电发射	internal photoemission	
08.2285	发光材料	luminescent material	

序　号	汉　文　名	英　文　名	注　　释
08.2286	发光染料	luminescent dye	
08.2287	发光晶体	luminescent crystal	
08.2288	光致载流子	photoinduced carrier	
08.2289	光致同分异构体	photoisomer	
08.2290	光致异化结构	photoisomerization	
08.2291	X射线光电子	X-ray photoelectron	
08.2292	光子晶体	photonic crystal	
08.2293	光子带隙	photonic band gap	
08.2294	感生双折射	induced birefringence	
08.2295	共振腔发光二极管	resonant-cavity light-emitting diode	
08.2296	内量子效率	internal quantum efficiency	
08.2297	无选择吸收	non-selective absorption	
08.2298	久保-格林伍德公式	Kubo-Greenwood formula	
08.2299	X射线光电子能谱学	X-ray photoelectron spectroscopy, XPS	
08.2300	逆光电子发射谱学	inverse photoemission spectroscopy	
08.2301	X射线光子激发二次电子发射谱学	X-ray photon-excited secondary electron emission microscopy, XPSEEM	
08.2302	紫外光电子能谱学	ultraviolet photoelectron spectroscopy, UPS	
08.2303	超快激光烧蚀	ultrafast laser ablation	
08.2304	自发参变荧光	spontaneous parametric fluorescence	
08.2305	场致光发射	field induced photoemission	
08.2306	原子实光电子谱[学]	core photoemission spectroscopy, CPS	
08.2307	不发光体	non-luminous body	
08.2308	光电吸收	photoelectric absorption	
08.2309	光电发射	photoelectric emission	
08.2310	光凝胶	photogel	
08.2311	光子扫描隧穿显微镜	photon scanning tunneling microscope, PSTM	
08.2312	弹性应力	elastic stress	
08.2313	弹性模量	elastic modulus, modulus of elasticity	
08.2314	戈里科夫方程	Gor'kov equation	
08.2315	弹性能	elastic energy	
08.2316	逆弹性	dielasticity	
08.2317	弹性后效	elastic after-effect	

序　号	汉　文　名	英　文　名	注　　释
08.2318	赝弹性	pseudoelasticity	
08.2319	滞弹性	anelasticity	
08.2320	低弹性	hypoelasticity	
08.2321	黏弹性	viscoelasticity	
08.2322	铁弹性	ferroelasticity	
08.2323	弹性介质	elastic medium	
08.2324	弹性势	elastic potential	
08.2325	弹性波	elastic wave	
08.2326	内耗	internal friction	
08.2327	蠕变柔度	creep compliance	
08.2328	蠕[变压]缩	creep compression	
08.2329	蠕变流	creep flow	
08.2330	蠕波	creep wave	又称“爬波”。
08.2331	蠕动模型	creep model	
08.2332	科伯扩散蠕移	Coble diffusion creep	
08.2333	葛庭燧扭摆	Ke torsion pendulum	
08.2334	疲劳	fatigue	
08.2335	疲劳限[度]	fatigue limit, endurance limit	
08.2336	疲劳寿命	fatigue life	
08.2337	疲劳强度	fatigue strength	
08.2338	疲劳裂纹	fatigue crack	
08.2339	疲劳断裂	fatigue fracture	
08.2340	包辛格效应	Bauschinger effect	
08.2341	硬度	hardness	
08.2342	硬度规	hardness gauge	
08.2343	加工硬化	work hardening	
08.2344	刻痕硬度	scratch hardness	
08.2345	耐磨硬度	abrasive hardness	
08.2346	应变硬化	strain hardening	
08.2347	刚度	rigidity	
08.2348	刚性	rigidity	
08.2349	韧度	toughness, tenacity	
08.2350	韧性	toughness, tenacity	
08.2351	微塑性	microplasticity	
08.2352	黏塑性	viscoplasticity	
08.2353	超塑性	superplasticity	
08.2354	屈服应力	yield stress	
08.2355	屈服强度	yield strength	

序　号	汉　文　名	英　文　名	注　　释
08.2356	屈服条件	yield condition	
08.2357	屈服准则	yield criterion	
08.2358	极限强度	ultimate strength	
08.2359	滑移带	slip band	
08.2360	扭折带	kink band	
08.2361	多边形化	polygonization	
08.2362	再结晶	recrystallization	
08.2363	织构	texture	又称“纹理”。
08.2364	解理	cleavage	
08.2365	脆性	brittleness	
08.2366	脆化	embrittlement	
08.2367	脆[性断]裂	brittle fracture	
08.2368	延性	ductility	
08.2369	延[性断]裂	ductile fracture	
08.2370	微裂纹萌生	microcrack initiation	
08.2371	热脆性	hot shortness, red shortness	
08.2372	延脆转变	ductile-brittle transition	
08.2373	脆化温度	brittle temperature	
08.2374	氢脆	hydrogen embrittlement	
08.2375	裂纹扩展	crack propagation	
08.2376	辐照效应	irradiation effect	
08.2377	超强度材料	ultrastrength material	
08.2378	极限拉伸强度	ultimate tensile strength	
08.2379	冷加工	cold work	
08.2380	负泊松比材料	auxetics, negative Poisson's ratio material	
08.2381	形变势	deformation potential	
08.2382	形变张量	deformation tensor	
08.2383	滞弹形变	anelastic deformation	
08.2384	永久形变	permanent deformation	
08.2385	展性	malleability	
08.2386	热疲劳	thermal fatigue	
08.2387	热迟滞	thermal hysteresis	
08.2388	热应力	thermal stress	
08.2389	热成像术	thermography	
08.2390	壁能	wall energy	
08.2391	壁效应	wall effect	
08.2392	触壁碰撞	wall collision	

序号	汉文名	英文名	注释
08.2393	长程相互作用	long range interaction	
08.2394	定程跳跃	fixed-range hopping	
08.2395	跳跃能	hopping energy	
08.2396	跳跃概率	hopping probability	
08.2397	跳跃输运	hopping transport	
08.2398	跳跃电导	hopping conductance	
08.2399	退局域	delocalization	又称“离域”。
08.2400	退局域能	delocalization energy	
08.2401	退局域键	delocalized bond	
08.2402	不溶性	infusibility	
08.2403	难溶性	infusibility	
08.2404	成分	ingredient	
08.2405	约飞-雷格尔判据	Ioffe-Regel criterion	
08.2406	绝缘体-金属相变	insulator-metal phase transition	
08.2407	安德森绝缘体	Anderson insulator	
08.2408	电荷转移绝缘体	charge transfer insulator	
08.2409	等电子杂质	isoelectronic impurity	
08.2410	扬-特勒极化子	Jahn-Teller polaron	
08.2411	大极化子	large polaron	
08.2412	小极化子	small polaron	
08.2413	局域激子	localized exciton	
08.2414	弱无序	weak disorder	
08.2415	经典波局域化	classical wave localization	
08.2416	动态局域化	dynamic localization	
08.2417	局域退局域转变	localization-delocalization transition	
08.2418	自旋轨道散射	spin-orbit scattering	
08.2419	轨道杂化	orbital hybridization	

08.03 软物质物理

08.2420	软物质物理学	soft matter physics	
08.2421	软物质	soft matter	
08.2422	聚合物	polymer	又称“高分子”。
08.2423	聚合物刷	polymer brush	
08.2424	聚合物乳胶	polymer latex	
08.2425	共聚混合物	polymer blend	
08.2426	聚合物晶体	polymer crystal	
08.2427	聚合物胶体	polymer colloid	
08.2428	聚合物薄膜	polymer film	

序　号	汉 文 名	英 文 名	注　释
08.2429	聚合物位形模型	polymer-configuration model	
08.2430	无规线团模型	random coil model	
08.2431	溶胀线团	swollen coil	
08.2432	线团–小球转变	coil-globule transition	
08.2433	螺旋–线团转变	helix-coil transition	
08.2434	无规[立构]聚合物	atactic polymer	
08.2435	无规立构链	atactic chain	
08.2436	无规立构度	atacticity	
08.2437	高聚物	high polymer	
08.2438	有机聚合物	organic polymer	
08.2439	导电聚合物	conducting polymer	
08.2440	共轭聚合物	conjugated polymer	
08.2441	发光聚合物	light-emitting polymer	
08.2442	长链聚合物	long chain polymer	
08.2443	均聚合物	homopolymer	
08.2444	杂聚物	heteropolymer	
08.2445	互聚物	interpolymer	
08.2446	共聚物	copolymer	
08.2447	镶嵌共聚物	block copolymer	
08.2448	热固性聚合物	thermosets	
08.2449	共聚[化]	interpolymerization	
08.2450	聚合度	degree of polymerization	
08.2451	均聚反应	homopolymerization	
08.2452	枝状聚合	dendritic polymerization	
08.2453	热塑性塑料	thermoplastics	
08.2454	热塑材料	thermoplastic material	
08.2455	团迹	blob	又称“链滴”。
08.2456	链	chain	
08.2457	链折叠	chain folding	
08.2458	链状分子	chain molecule	
08.2459	共轭分子	conjugated molecule	
08.2460	长链体系	long chain system	
08.2461	链统计学	chain statistics	
08.2462	弗罗里–哈金斯理论	Flory-Huggins theory	
08.2463	弗罗里–斯托克迈耶理论	Flory-Stockmayer theory	
08.2464	自回避无规行走	self-avoiding random walk, SARW	
08.2465	赝相	pseudo-phase	

序号	汉文名	英文名	注释
08.2466	赝相分离	pseudo-phase separation	
08.2467	失稳曲线	spinodal curve	
08.2468	失稳分解	spinodal decomposition	
08.2469	失稳[分解]点	spinodal decomposition point	
08.2470	半浓聚合物溶液	semi-dilute polymer solution	
08.2471	剪切稠化	shear thickening	又称“剪切致稠”。
08.2472	剪切稀化	shear thinning	又称“剪切致稀”。
08.2473	溶胀	swelling	
08.2474	自同构	automorphism	
08.2475	顺反异构	cis-trans isomerism	
08.2476	配位异构	coordination isomerism	
08.2477	稳变异构性	desmotropism	
08.2478	立体异构体	stereoisomer	
08.2479	分子立体异构	steric configuration of molecules	
08.2480	反-左式异构化	trans-gauche isomerization	
08.2481	反-顺式异构化	trans-cis isomerization	
08.2482	变构效应	allosteric effect	
08.2483	方位熵	steric entropy	
08.2484	体斥效应	excluded volume effect	
08.2485	立体排斥	steric repulsion	
08.2486	立构规整度	tacticity	
08.2487	全同[立构]规整度	isotacticity	
08.2488	间同[立构]规整度	syndiotacticity	
08.2489	橡胶态稠度	rubbery consistency	
08.2490	橡胶交联网	rubbery network	
08.2491	橡胶态高弹区	rubbery plateau zone	
08.2492	硬橡胶	ebonite	
08.2493	无管虹吸	tubeless syphon	
08.2494	胶体	colloid	
08.2495	胶质	colloid	
08.2496	半胶体	hemicolloid	
08.2497	胶[体]态	colloidal state	
08.2498	连续相	continuous phase	
08.2499	亲液胶体	lyophilic colloid	
08.2500	疏液胶体	lyophobic colloid	
08.2501	胶态悬浮[体]	colloidal suspension	
08.2502	缔合胶体	association colloid	
08.2503	大分子胶体	macromolecular colloid	

序　号	汉 文 名	英 文 名	注　　释
08.2504	网络胶体	network colloid	
08.2505	带电胶体	charged colloid	
08.2506	胶体稳定性	colloid stability	
08.2507	DLVO 理论	Derjaguin-Landau-Verwey-Overbeek theory, DLVO theory	
08.2508	胶粒	colloidal particle	
08.2509	胶度	colloidality	
08.2510	胶性	colloidality	
08.2511	絮凝粒	floccule	
08.2512	絮聚	flocculation	
08.2513	排空絮聚	depletion flocculation	
08.2514	排空力	depletion force	
08.2515	凝结	coagulation	
08.2516	弥散	dispersion	
08.2517	弥散系	dispersed system	
08.2518	弥散相	dispersed phase	
08.2519	弥散度	dispersity	
08.2520	非均匀分散	heterodisperse	
08.2521	非均匀性	heterogeneity	
08.2522	沉降平衡	sedimentation equilibrium	
08.2523	沉降势	sedimentation potential	
08.2524	临界凝结浓度	critical coagulation concentration	
08.2525	电荷致稳	charge stabilization	
08.2526	空间致稳	steric stabilization	
08.2527	复形性	heteromorphism	
08.2528	触变流体	thixotropic fluid	
08.2529	爬杆效应	rod-climbing effect	
08.2530	时变流体	time-dependent fluid	
08.2531	电流变效应	electro rheological effect	
08.2532	电流变液	electro rheological fluid	
08.2533	磁流变液	magneto rheological fluid	
08.2534	磁流变学	magneto rheology	
08.2535	迁移	migration	
08.2536	凝集	agglutination	
08.2537	聚集	aggregation	
08.2538	弹道聚集	ballistic aggregation	
08.2539	聚集态	state of aggregation	
08.2540	聚集体	aggregate	

序　号	汉　文　名	英　文　名	注　　释
08.2541	弹道聚集体	ballistic aggregate	
08.2542	聚合	coalescence	又称“并合”。
08.2543	凝聚微滴	coacervate droplet	
08.2544	乳状液	emulsion	
08.2545	乳化剂	emulsifier	
08.2546	稳定剂	stabilizer	
08.2547	微乳状液	microemulsion	
08.2548	凝胶	gel	
08.2549	气凝胶	aerogel	
08.2550	水凝胶	hydrogel	
08.2551	热敏水凝胶	thermosensitive hydrogel	
08.2552	溶胶	sol	
08.2553	溶胶-凝胶转变	sol-gel transition	
08.2554	有机凝胶	organogel	
08.2555	气溶胶	aerosol	
08.2556	黏土	clay	
08.2557	胶溶[作用]	peptization	
08.2558	泡沫	foam	
08.2559	泡沫物理学	foam physics	
08.2560	泡沫材料隔热	foam insulation	
08.2561	明胶	gelatin	
08.2562	乳胶	latex	
08.2563	乳胶分散体	latex dispersion	
08.2564	两亲分子	amphiphile, amphiphilic molecule	
08.2565	亲水基团	hydrophilic group	
08.2566	疏水效应	hydrophobic effect	
08.2567	亲水力	hydrophilic force	
08.2568	疏水力	hydrophobic force	
08.2569	疏水缔合	hydrophobic association	
08.2570	表面活性剂	surfactant	
08.2571	辅[助]表面活性剂	cosurfactant	
08.2572	非离子型表面活性剂	nonionic surfactant	
08.2573	负离子型表面活性剂	anionic surfactant	
08.2574	正离子型表面活性剂	cationic surfactant	
08.2575	两性离子型表面活性剂	zwitterionic surfactant	
08.2576	自组装	self-assembly	
08.2577	自组装单层	self-assembled monolayer, SAM	
08.2578	超分子结构	supermolecular structure	

序　号	汉　文　名	英　文　名	注　　释
08.2579	海绵相	sponge phase, plumber's nightmare	
08.2580	螺旋状结构	helical structure	
08.2581	胶束	micelle	又称“胶团”。
08.2582	临界胶束浓度	critical micelle concentration, CMC	
08.2583	复合体	complex	
08.2584	络合物	complex	
08.2585	化合物	compound	
08.2586	单体	monomer	
08.2587	二聚体	dimer	
08.2588	二聚化	dimerization	
08.2589	润湿	wetting	
08.2590	润湿角	wetting angle	
08.2591	可润性	wettability	
08.2592	接触角	contact angle	
08.2593	渗透率	permeability	
08.2594	多孔性	porosity	
08.2595	空隙率	porosity, void fraction	
08.2596	多孔膜	porous membrane	
08.2597	附着力	adhesive force	
08.2598	黏附性	adhesiveness	
08.2599	黏附度	adhesiveness	
08.2600	黏附计	adhesiometer	
08.2601	吸附能力	adsorbability	
08.2602	被吸附物	adsorbate	
08.2603	吸附原子	adsorbed atom, adatom	
08.2604	吸附膜	adsorbed film	
08.2605	吸附层	adsorbed layer	
08.2606	层状膜	laminar film	
08.2607	双层	bilayer	
08.2608	双层结构	bilayer structure	
08.2609	吸附等温线	adsorption isotherm	
08.2610	朗谬尔吸附方程	Langmuir adsorption equation	
08.2611	吉布斯吸附方程	Gibbs adsorption equation	
08.2612	朗谬尔单层	Langmuir monolayer	
08.2613	朗谬尔-布洛杰特膜	Langmuir-Blodgett film	简称“LB 膜”。
08.2614	液晶	liquid crystal	
08.2615	液晶相	liquid crystal phase	
08.2616	介晶相	mesomorphic phase	

序　号	汉　文　名	英　文　名	注　　释
08.2617	介晶性	mesomorphism	
08.2618	热致液晶	thermotropic liquid crystal	
08.2619	清亮点	cleaning point	
08.2620	溶致液晶	lyotropic liquid crystal	
08.2621	凝胶相	gel phase	
08.2622	溶致相	lyophase	
08.2623	指向矢	director	
08.2624	聚合物液晶	polymer liquid crystal	
08.2625	单变型液晶	monotropic liquid crystal	
08.2626	互变型液晶	enantiotropic liquid crystal	
08.2627	向列相	nematic phase	又称“丝状相”。
08.2628	向列相液晶	nematic liquid crystal, nematogen	
08.2629	手征性	chirality	
08.2630	手征液晶	chiral liquid crystal	
08.2631	手征向列相	chiral nematic phase	
08.2632	再入向列相	reentrant nematic phase	
08.2633	超扭曲向列相	super-twisted nematic phase	
08.2634	胆甾相	cholesteric phase	又称“螺状相”。
08.2635	蓝相	blue phase	
08.2636	近晶相	smectic phase	又称“层状相”。
08.2637	近晶 A 相	smectic A phase	
08.2638	近晶 C 相	smectic C phase	
08.2639	中介相	mesogen	
08.2640	棒状中介相	calamitic mesogen	
08.2641	柱状相	columnar phase	
08.2642	盘形分子液晶	discotic liquid crystal	
08.2643	盘状相	discotics	
08.2644	碗形分子液晶	bowlic liquid crystal	
08.2645	棒形分子液晶	rodic liquid crystal	
08.2646	液晶盒	liquid crystal cell	
08.2647	液晶显示	liquid crystal display	
08.2648	沃尔泰拉过程	Volterra process	
08.2649	点向错	point disclination	
08.2650	线向错	line disclination	
08.2651	劈形向错	wedge disclination	
08.2652	扭曲向错	twist disclination	
08.2653	纹影织构	schlieren texture	
08.2654	向错回线	disclination loop	

序　号	汉　文　名	英　文　名	注　　释
08.2655	液晶劈	liquid crystal wedge	
08.2656	格朗让-喀诺劈	Grandjean-Cano wedge	
08.2657	喀诺条纹	Cano fringe	
08.2658	螺旋状织构	helical texture	
08.2659	格朗让织构	Grandjean texture	
08.2660	取向涨落	orientation fluctuation	
08.2661	蓝相液晶	blue phase liquid crystal	
08.2662	可混性	mixability	
08.2663	可混定则	mixability rule	
08.2664	焦锥织构	focal conic texture	
08.2665	迪潘四次圆纹曲面	Dupin cyclide	
08.2666	反转壁	inversion wall	
08.2667	黑尔弗里希形变	Helfrich deformation	
08.2668	鬼转变	ghost transition	
08.2669	磁致双折射	magnetic birefringence	
08.2670	方格栅图样	square grid pattern	
08.2671	介电各向异性	dielectric anisotropy	
08.2672	弯电效应	flexoelectric effect	
08.2673	宾主效应	guest-host effect	
08.2674	奇偶效应	odd-even effect	
08.2675	相变前效应	pretransition effect	
08.2676	沙特-黑尔弗里希效应	Schadt-Helfrich effect	
08.2677	黑尔弗里希力	Helfrich force	
08.2678	黑尔弗里希自发曲率模型	Helfrich spontaneous curvature model	
08.2679	展曲	splay	
08.2680	扭曲	twist, contortion	
08.2681	弹性转矩密度	elastic torgue density	
08.2682	弗里德里克斯转变	Freedericksz transition	
08.2683	平行[基片]排列	planar alignment	
08.2684	垂直[基片]排列	homeotropic alignment	
08.2685	取向致流[效应]	backflow [effect]	
08.2686	磁相干长度	magnetic coherence length	
08.2687	扭曲向列相液晶盒	twisted nematic cell	
08.2688	锚泊	anchoring	
08.2689	梅索维奇黏性系数	Miesowicz viscosity coefficient	
08.2690	帕罗迪关系	Parodi's relation	
08.2691	莱曼转动	Lehmann rotation	

序　号	汉　文　名	英　文　名	注　　释
08.2692	黑尔弗里希渗透模型	Helfrich's permeation model	
08.2693	有核畴	nucleated domain	
08.2694	动态散射	dynamic scattering	
08.2695	导电方式区	conduction regime	
08.2696	介电方式区	dielectric regime	
08.2697	人字形图样	chevron pattern	
08.2698	速失方式	fast turn-off mode	
08.2699	费利奇不稳定性	Felici instability	
08.2700	均匀不稳定性	homogeneous instability	
08.2701	滚流不稳定性	roll instability	
08.2702	昂萨格硬棒模型	Onsager hard-rod model	
08.2703	朗道-德让纳模型	Landau-de Gennes model	
08.2704	梅尔-绍珀平均场理论	Maier-Saupe mean field theory	
08.2705	分聚	segregation	

08.04　特殊物相与极端条件

08.2706	表面	surface	
08.2707	表面结构	surface structure	
08.2708	表面晶体学	surface crystallography	
08.2709	表面形貌学	surface topography	
08.2710	表面弛豫	surface relaxation	
08.2711	表面波子	surfon	
08.2712	表面合金	surface alloy	
08.2713	表面重构	surface reconstruction	
08.2714	表面偏析	surface segregation	
08.2715	分凝	fractional condensation	
08.2716	表面净化	surface cleaning	
08.2717	氩离子溅射净化	argon ion sputtering cleaning	
08.2718	洁净表面	clean surface	
08.2719	表面催化	surface catalysis	
08.2720	次表面原子	subsurface atom	
08.2721	台阶表面	ledge surface	
08.2722	台阶结构	ledge structure	
08.2723	台面台阶扭折结构	terrace-ledge-kink structure	
08.2724	符合结构	coincidence structure	
08.2725	附着	adhesion	
08.2726	吸附	adsorption	
08.2727	吸附位	adsorption site	

序　号	汉　文　名	英　文　名	注　　释
08.2728	吸附物	sorbate	
08.2729	吸着剂	sorbent	
08.2730	表面吸附	surface adsorption	
08.2731	多层吸附	multilayer adsorption	
08.2732	物理吸附	physisorption	
08.2733	化学吸附	chemisorption	
08.2734	朗缪尔吸附	Langmuir adsorption	
08.2735	离子交换吸附	ion exchange adsorption	
08.2736	共吸附	co-adsorption	
08.2737	吸附热	heat of adsorption	
08.2738	黏附系数	sticking coefficient	
08.2739	束助脱附	beam-assisted desorption	
08.2740	电子激励脱附	electron stimulated desorption	
08.2741	瑞利表面波	Rayleigh surface wave	
08.2742	寻常瑞利波	ordinary Rayleigh wave	
08.2743	广义瑞利波	generalized Rayleigh wave	
08.2744	赝表面波	pseudosurface wave	
08.2745	布勒斯坦-古利亚耶夫波	Bleustein-Gulyaev wave	
08.2746	表面电磁振荡	surface electromagnetic oscillations	
08.2747	表面声子	surface phonon	
08.2748	表面等离激元	surface plasmon	
08.2749	表面等离激元激射器	surface plasmon amplification by stimulated emission of radiation, spaser	
08.2750	表面势垒	surface barrier	
08.2751	表面畴	surface domain	
08.2752	表面态	surface state	
08.2753	塔姆表面态	Tamm surface state	
08.2754	肖克利表面态	Shockley surface state	
08.2755	表面悬键态	surface dangling bond state	
08.2756	表面桥键态	surface bridge bond state	
08.2757	表面共振态	surface resonance state	
08.2758	表面应力	surface stress	
08.2759	表面电荷	surface charge	
08.2760	表面电偶极层	surface dipole layer	
08.2761	表面背键	surface back bond	
08.2762	表面电子态	surface electronic state	

序　号	汉　文　名	英　文　名	注　　释
08.2763	表面能级	surface energy level	
08.2764	表面子能带	surface subband	
08.2765	表面态密度	surface density of states	
08.2766	德让纳-托潘长度	de Gennes-Taupin length	
08.2767	表面散射	surface scattering	
08.2768	表面击穿	surface breakdown	
08.2769	表面电导	surface conductance	
08.2770	表面扩散	surface diffusion	
08.2771	表面离解	dissociation on surface	
08.2772	表面化学	surface chemistry	
08.2773	界面	interface	
08.2774	界面态	interface state	
08.2775	界面自由能	interface free energy	
08.2776	界面张力	interfacial tension	
08.2777	界面电阻	interface resistance	
08.2778	边界效应	boundary effect	
08.2779	边缘态	edge state	
08.2780	单层	monolayer	
08.2781	原子单层	atomic monolayer	
08.2782	偶极层	dipole layer	
08.2783	覆盖层	overlayer	
08.2784	界层	interlayer	
08.2785	层间距	interlamellar spacing	
08.2786	层间隧穿	interlayer tunneling	
08.2787	死层	dead layer	表面或界面处无净磁矩原子层。
08.2788	插层	intercalation	
08.2789	插层元素	intercalated element	
08.2790	插层物质	intercalant	
08.2791	插层石墨	intercalated graphite	
08.2792	构型分析	conformational analysis	又称“构象分析”。
08.2793	层状超薄共格结构	layered ultrathin coherent structure, LUCS	
08.2794	层状化合物	layered compound	
08.2795	插层化合物	intercalation compound	
08.2796	局域态密度	local density of states	
08.2797	局域对称性	local symmetry	
08.2798	背散射	backscattering	

序　号	汉　文　名	英　文　名	注　　释
08.2799	卢瑟福背散射	Rutherford backscattering	
08.2800	多重散射	multiple scattering	
08.2801	场[致]蒸发	field evaporation	
08.2802	俄歇中和	Auger neutralization	
08.2803	阈值频率	threshold frequency	简称“阈频”。
08.2804	光电[子]发射	photoemission	
08.2805	角分辨光电发射	angular resolved photoemission	
08.2806	逃逸深度	escape depth	
08.2807	阴影效应	shadow effect	
08.2808	光致电离	photoionization	
08.2809	质子诱发 X 射线	proton-induced X-ray, PIX	
08.2810	低能电子衍射	low-energy electron diffraction, LEED	
08.2811	电子能量分析器	electron energy analyzer	
08.2812	柱面分析器	cylinder analyzer	一种表面电子能量分析器。
08.2813	筒镜分析器	cylindrical mirror analyzer	一种表面电子能量分析器。
08.2814	半球分析器	hemispherical analyzer	一种表面电子能量分析器。
08.2815	减速电势分析器	retarding potential analyzer	又称“阻滞电位分析仪”。
08.2816	电子能谱学	electron spectroscopy	
08.2817	表面振动谱学	surface vibrational spectroscopy	
08.2818	俄歇电子[能]谱学	Auger electron spectroscopy, AES	
08.2819	光电子能谱学	photoelectron spectroscopy, PES	
08.2820	光电[子]发射谱术	photoelectron emission spectroscopy	
08.2821	逆光电效应能谱学	inverse photoelectric spectroscopy, IPS	
08.2822	电子能量损失谱学	electron energy loss spectroscopy	简称“电子能损谱学”。
08.2823	始现电势谱学	appearance potential spectroscopy, APS	
08.2824	消失电势谱学	disappearence potential spectroscopy	
08.2825	扫描力显微术	scanning force microscopy	
08.2826	扫描探针显微术	scanning probe microscopy, SPM	
08.2827	场电子显微镜	field electron microscope	
08.2828	扫描电子显微镜	scanning electron microscope, SEM	

序　号	汉　文　名	英　文　名	注　　释
08.2829	扫描透射电子显微术	scanning transmission electron microscopy, STEM	
08.2830	扫描隧穿显微学	scanning tunneling microscopy, STM	
08.2831	扫描隧穿谱学	scanning tunneling spectroscopy	
08.2832	自旋极化扫描隧穿显微学	spin-polarized scanning tunneling spectroscopy	
08.2833	近场光谱显微术	near-field spectromicroscopy	
08.2834	电离谱学	ionization spectroscopy	
08.2835	彭宁电离电子谱学	Penning ionization electron spectroscopy	
08.2836	彭宁阱	Penning trap	
08.2837	场离子显微镜	field ion microscope, field-ion microscope, FIM	
08.2838	四极质谱仪	quadrupole mass spectrometer	
08.2839	次级离子质谱学	secondary ion mass spectroscopy, SIMS	
08.2840	离子微探针	ion microprobe	
08.2841	离子中和谱学	ion neutralization spectroscopy	
08.2842	离子散射谱学	ion scattering spectroscopy, ISS	
08.2843	热脱附谱学	thermal desorption spectroscopy, TDS	
08.2844	场脱附谱学	field desorption spectroscopy	
08.2845	X 射线近吸收边精细结构	near edge X-ray absorption fine structure, NEXAFS	
08.2846	部分产额谱学	partial yield spectroscopy	
08.2847	扫描近场光学显微术	scanning near-field optical microscopy, SNOM	
08.2848	表面增强拉曼谱学	surface enhanced Raman spectroscopy	
08.2849	表面增强拉曼散射	surface enhanced Raman scattering, SERS	
08.2850	兰德空位模型	Lander vacancy model	
08.2851	库珀极小	Cooper minimum	
08.2852	伴线结构	satellite structure	
08.2853	小面化	faceting	
08.2854	氩离子刻蚀	argon ion etching	
08.2855	低维[度]	low dimension	
08.2856	低维体系	low dimensional system	
08.2857	低维固体	low dimensional solid	

序　号	汉　文　名	英　文　名	注　　释
08.2858	低维晶体	low dimensional crystal	
08.2859	低维导体	low dimensional conductor	
08.2860	链状结构	chain structure	
08.2861	一维体系	one-dimensional system	
08.2862	一维晶体	one-dimensional crystal	
08.2863	一维晶格	one-dimensional lattice	
08.2864	一维链	one-dimensional chain	
08.2865	一维导体	one-dimensional conductor	
08.2866	拉廷格液体	Luttinger liquid	
08.2867	拉廷格模型	Luttinger model	
08.2868	准一维导体	quasi-one dimensional conductor	
08.2869	派尔斯相变	Peierls phase transition	
08.2870	派尔斯能隙	Peierls gap	
08.2871	派尔斯不稳定性	Peierls instability	
08.2872	派尔斯绝缘体	Peierls insulator	
08.2873	自旋派尔斯有序	spin-Peierls order	
08.2874	科恩反常	Kohn anomaly	
08.2875	电荷密度波	charge density wave, CDW	
08.2876	搓板[型]势	washboard potential	
08.2877	自旋密度波	spin density wave, SDW	
08.2878	贝希加德盐	Bechgaard salt	为准一维导体。
08.2879	一维磁性	one-dimensional magnetism	
08.2880	二维体系	two-dimensional system	
08.2881	二维电子系统	two-dimensional electron system	
08.2882	二维电子气	two-dimensional electron gas, 2DEG	
08.2883	高迁移率二维电子气	high mobility 2DEG	
08.2884	维格纳格[子]	Wigner lattice	
08.2885	二维有序	two-dimensional order	
08.2886	准二维体系	quasi-two-dimensional system	
08.2887	准二维电子气	quasi-two-dimensional electron gas	
08.2888	KT 相变	Kosterlitz-Thouless phase transition, KT phase transition	
08.2889	拓扑序	topological order	
08.2890	涡线对	vortex pair	
08.2891	涡度	vorticity	
08.2892	量子输运	quantum transport	
08.2893	量子霍尔效应	quantum Hall effect	
08.2894	分数量子霍尔效应	fractional quantum Hall effect	

序　号	汉　文　名	英　文　名	注　　释
08.2895	劳夫林波函数	Laughlin wave function	
08.2896	磁长度	magnetic length	
08.2897	填充因子	filling factor	
08.2898	量子自旋霍尔效应	quantum spin Hall effect	
08.2899	不可压缩量子液体	incompressible quantum liquid	
08.2900	量子电容	quantum capacitance	
08.2901	量子电导	quantum conductance	
08.2902	电导量子	conductance quantum	
08.2903	h/2e 振荡	h/2e oscillation	
08.2904	量子围栏	quantum corral	
08.2905	量子点接触	quantum point contact	
08.2906	量子自旋链	quantum spin chain	
08.2907	薄膜	thin-film	
08.2908	超薄膜	ultrathin film	
08.2909	绝缘体上硅[薄膜]	silicon on insulator, SOI	
08.2910	硅蓝宝石技术	silicon on sapphire, SOS	集成电路技术。
08.2911	层状结构	layer structure	
08.2912	下层	sublayer	又称"次层"。
08.2913	碳[原子]单层	graphene	又称"石墨烯"。
08.2914	石墨插层化合物	graphite intercalation compound	
08.2915	超晶格	superlattice	
08.2916	双极化子	bipolaron	
08.2917	呼吸子	breather	
08.2918	呼吸模	breathing mode	
08.2919	相[位]子	phason	
08.2920	公度相	commensurate phase	
08.2921	非公度相	incommensurate phase	
08.2922	非公度晶体	incommensurate crystal	
08.2923	非公度调制结构	incommensurate modulation structure	
08.2924	公度非公度转变	commensurate-incommensurate transition	
08.2925	无理数自旋	irrational spin	
08.2926	赝对称性	pseudosymmetry	
08.2927	超空间群	superspace group	
08.2928	窄带噪声	narrow band noise	
08.2929	电子空穴量子液滴	quantum droplet of electrons and holes	
08.2930	量子磁体	quantum magnet	超冷原子列阵中原子

序　号	汉　文　名	英　文　名	注　　释
			自旋排列后形成的磁体。
08.2931	投影结构	projected structure	
08.2932	投影势	projected potential	
08.2933	涟[波]子	ripplon	
08.2934	无扩散相变	diffusion less phase transition	
08.2935	有限尺寸效应	finite size effect	
08.2936	量子尺寸效应	quantum size effect	
08.2937	零维系统	zero-dimensional system	
08.2938	户田格[点]	Toda lattice	
08.2939	户田链	Toda chain	
08.2940	格孤子	lattice soliton	
08.2941	公度错	discommensuration	
08.2942	纳米尺度	nanoscale	
08.2943	纳米科学	nanoscience	
08.2944	纳米加工	nanofabrication	又称"纳米制造"。
08.2945	纳米压痕	nanoindentation	
08.2946	纳米悬臂	nanocantilever	
08.2947	纳米芯片	nanochip	
08.2948	纳米复合材料	nanocomposite material	
08.2949	纳米晶体材料	nanocrystalline material	
08.2950	纳米器件	nanodevice	
08.2951	纳米激光器	nanolaser	
08.2952	纳米机电系统	nanoelectromechanical system	
08.2953	微电子机械系统	micro-electromechanical system, MEMS	
08.2954	纳米[洋]葱	nano-onion	
08.2955	纳米颗粒	nanoparticle	
08.2956	纳米相材料	nanophase material	
08.2957	纳米结构	nanostructure	
08.2958	自组装纳米结构	self-assembled nanostructure	
08.2959	纳米技术	nanotechnology	
08.2960	纳米管	nanotube	
08.2961	碳纳米管	carbon nanotube	
08.2962	手征纳米管	chiral nanotube	
08.2963	多壁纳米管	multiwall nanotube	
08.2964	扶手椅型纳米管	armchair nanotube	
08.2965	锯齿型纳米管	zigzag nanotube	

序号	汉文名	英文名	注释
08.2966	纳米管阵列	nanotube array	
08.2967	纳米线	nanowire	
08.2968	微桥	microbridge	
08.2969	微芯片	microchip	
08.2970	簇态	cluster state	
08.2971	裸团簇	naked cluster	
08.2972	聚团簇	cybotactic cluster	
08.2973	分子团簇	molecular cluster	
08.2974	人工势垒	artificial barrier	
08.2975	人[工构]造原子	artificial atom	
08.2976	富勒体	fullerene	曾称“富勒烯”。
08.2977	固态富勒体	fullerite	
08.2978	内嵌原子富勒体	endohedral fullerene	
08.2979	异构性	isomerism	
08.2980	官能团	functional group	
08.2981	功能材料	functional material	
08.2982	功能纳米结构	functional nanostructure	
08.2983	单分子磁体	single-molecular magnet	
08.2984	球状体	globule	
08.2985	颗粒	granule	
08.2986	颗粒性	granularity	
08.2987	颗粒膜	granular film	
08.2988	颗粒材料	granular material	
08.2989	量子晶体	quantum crystal	
08.2990	量子气体	quantum gas	
08.2991	量子流体	quantum fluid	
08.2992	量子液体	quantum liquid	
08.2993	液[体]氦	liquid helium	
08.2994	液体氦 4	liquid helium-4	
08.2995	λ 线	lambda line	
08.2996	λ 点	lambda point	
08.2997	λ 相变	lambda transition	
08.2998	恢复长度	healing length	也用于超导。
08.2999	[液]氦 I	[liquid] He I	
08.3000	[液]氦 II	[liquid] He II	
08.3001	正常相	normal phase	
08.3002	超流相	superfluid phase	
08.3003	超流[动]性	superfluidity	

序　号	汉 文 名	英 文 名	注　　释
08.3004	超漏	superleak	
08.3005	持续[电]流	persistent current	持续电流用于超导电性。
08.3006	膜流	film flow	
08.3007	爬[行]膜效应	creeping film effect	
08.3008	力热效应	mechanocaloric effect	
08.3009	热分子压强效应	thermomolecular pressure effect	
08.3010	热机械效应	thermomechanical effect	
08.3011	喷泉效应	fountain effect	
08.3012	二流体模型	two-fluid model	
08.3013	正常流体	normal fluid	
08.3014	超流体	superfluid	
08.3015	正常流分量	normal fluid component	
08.3016	正常流密度	normal fluid density	
08.3017	超流分量	superfluid component	
08.3018	超流密度	superfluid density	
08.3019	超流速度	superfluid velocity	
08.3020	[二流体]对流热流	convective heat flow	零温差零质量流。
08.3021	安德罗尼卡什维里实验	Andronikashvili's expeirment	
08.3022	非经典转动惯量	nonclassical rotational inertia	
08.3023	瑞利盘	Rayleigh disc	
08.3024	伦敦超流理论	London theory of superfluidity	
08.3025	元激发谱	elementary excitation spectrum	
08.3026	临界速度	critical velocity	
08.3027	朗道[超流]判据	Landau criterion [of superfluidity]	
08.3028	朗道超流理论	Landau's theory of superfluidity	
08.3029	费曼超流理论	Feynman's theory of superfluidity	
08.3030	旋子	roton	
08.3031	零声	zero sound	液体氦 3 中的无碰撞声(collisionless sound)。
08.3032	第一声	first sound	液体氦中的普通声(ordinary sound)。
08.3033	第二声	second sound	液体氦中的温度波。
08.3034	温度波	temperature wave	
08.3035	第三声	third sound	液体氦中的表面波(surface waves)。
08.3036	第四声	fourth sound	液体氦中正常流被锁定时的波。

序　号	汉　文　名	英　文　名	注　　释
08.3037	回转实验	gyroscope experiment	确认超流存在的重要实验。
08.3038	超流湍态	superfluid turbulence state	
08.3039	环流量子化	quantization of circulation	
08.3040	环量量子	quantum of circulation	
08.3041	量子化涡旋线	quantized vortex line	超流氦中的重要概念。
08.3042	涡旋环	vortex ring	
08.3043	涡旋缠结	vortex tangle	
08.3044	涡旋波	vortex wave	
08.3045	互摩擦	mutual friction	
08.3046	各向异性超流体	anisotropic superfluid	
08.3047	晶化波	crystallization wave	存在于固液氦界面处。
08.3048	超流玻璃	superfluid glass	
08.3049	超流劲度	superfluid stiffness	
08.3050	超[流]固体	supersolid	
08.3051	费米气体	Fermi gas	
08.3052	液体氦 3	liquid helium-3	
08.3053	费米液体	Fermi liquid	
08.3054	[朗道]费米液体理论	[Landau's] Fermi-liquid theory	
08.3055	费米液体参数	Fermi liquid parameter	
08.3056	朗道参量	Landau parameter	
08.3057	近局域费米液体	almost localized Fermi liquid	
08.3058	边缘费米液体理论	marginal Fermi liquid theory, MFL theory	
08.3059	费米弧	Fermi arc	
08.3060	[费米面]叠套	nesting [of Fermi surfaces]	
08.3061	超流氦 3	superfluid helium-3	
08.3062	氦 3 A 相	helium-3 A phase	
08.3063	氦 3 B 相	helium-3 B phase	
08.3064	类 A 相	A-like phase	
08.3065	类 B 相	B-like phase	
08.3066	ABM 态	Anderson-Brinkman-Morel state	
08.3067	BW 态	Balian-Werthamer state	
08.3068	列格特方程	Leggett equations	超流氦 3 的重要方程。
08.3069	取向自由度	orientational degree of freedom	

序　号	汉　文　名	英　文　名	注　　释
08.3070	d 矢量	vector d	
08.3071	共临界点	polycritical point	氦3正常、A及B三相的。
08.3072	布经	boojum	超流氦3中的一种取向织构。
08.3073	猬缺陷	hedgehog defect	
08.3074	自旋态	spin state	
08.3075	自旋涨落交换	spin fluctuation exchange	
08.3076	自旋三重态配对	spin triplet pairing	
08.3077	同[向]自旋配对态	equal-spin-pairing state, ESP state	
08.3078	拆对效应	pair-breaking effect	
08.3079	自旋涨落反馈	spin fluctuation feedback	
08.3080	核磁共振频移	nuclear magnetic resonance frequency shift	
08.3081	正常态	normal state	
08.3082	超导	superconductance	
08.3083	超导态	superconducting state	
08.3084	超导转变温度	superconducting transition temperature	
08.3085	超导临界温度	superconducting critical temperature	
08.3086	零电阻现象	zero-resistance phenomenon	
08.3087	迈斯纳效应	Meissner effect	
08.3088	迈斯纳态	Meissner state	
08.3089	完全抗磁性	perfect diamagnetism	
08.3090	临界场	critical field	
08.3091	临界磁场	critical magnetic field	
08.3092	上临界磁场	upper critical magnetic field	
08.3093	下临界磁场	lower critical magnetic field	
08.3094	表面临界场	surface critical field	
08.3095	第三临界磁场	third critical magnetic field	又称“超导鞘临界磁场(superconductive sheath critical field)”。
08.3096	超导电流	supercurrent	
08.3097	临界电流	critical current	
08.3098	西尔斯比定则	Silsbee rule	
08.3099	西尔斯比效应	Silsbee effect	
08.3100	转变宽度	width of transition	
08.3101	超导能隙	superconducting energy gap	

序　号	汉　文　名	英　文　名	注　　释
08.3102	同位素效应	isotope effect	
08.3103	反常同位素效应	anomalous isotope effect	
08.3104	居间态	intermediate state	又称“中间态”。
08.3105	界面能	interfacial energy	
08.3106	过冷现象	supercooling phenomenon	
08.3107	过热现象	superheating phenomenon	
08.3108	临界行为	critical behavior	
08.3109	超导判据	criterion for superconductivity	
08.3110	超导涨落	superconducting fluctuation	
08.3111	超导-正常相变	superconducting-normal transition	
08.3112	超导绝缘体转变	superconductor-insulator transition	
08.3113	伦敦方程	London equation	
08.3114	伦敦穿透深度	London penetration depth	
08.3115	伦敦规范	London gauge	
08.3116	伦敦刚性	London rigidity	
08.3117	皮帕德[非定域]理论	Pippard [nonlocal] theory	
08.3118	皮帕德相干长度	Pippard coherence length	
08.3119	皮帕德核函	Pippard kernel	
08.3120	金兹堡-朗道方程	Ginzburg-Landau equation, GL equation	简称“GL 方程”。
08.3121	金兹堡-朗道参数	Ginzburg-Landau parameter, GL parameter	简称“GL 参数”。
08.3122	金兹堡-朗道相干长度	Ginzburg-Landau coherence length, GL coherence length	简称“GL 相干长度”。
08.3123	金兹堡-朗道-阿布里科索夫-高里科夫理论	Ginzburg-Landau-Abrikosov-Gor’kov, GLAG theory	简称“GLAG 理论”。
08.3124	含时金兹堡-朗道方程	time-dependent Ginzburg-Landau equation, TDGL equation	
08.3125	弗勒利希相互作用	Fröhlich interaction	
08.3126	弗勒利希耦合常数	Fröhlich coupling constant	
08.3127	弗勒利希模	Fröhlich mode	
08.3128	库仑赝势	Coulomb pseudopotential	
08.3129	电子声子互作用	electron-phonon interaction	
08.3130	有效声子谱	effective phonon spectrum	
08.3131	超导声子谱	phonon spectrum of superconductor	
08.3132	BCS 理论	Bardeen-Cooper-Schrieffer theory	
08.3133	库珀对	Cooper pair	

序号	汉文名	英文名	注释
08.3134	库珀不稳定性	Cooper instability	
08.3135	电子对	electron pair	
08.3136	电子配对	electron pairing	
08.3137	BCS 基态	BCS ground state	
08.3138	超导波函数	superconducting wave function	
08.3139	超导凝聚能	superconducting condensation energy	
08.3140	博戈留波夫-瓦拉京变换	Bogoliubov-Valatin transformation	
08.3141	南部-厄立希伯格方程	Nambu-Eliashberg equation	
08.3142	强关联	strong correlation	
08.3143	共振价键理论	resonating valence bond theory, RVB theory	
08.3144	未配对电子	unpaired electron	
08.3145	对对称性	pair symmetry	
08.3146	p 波配对	p-wave pairing	
08.3147	p 波超导体	p-wave superconductor	
08.3148	d 波配对	d-wave pairing	
08.3149	d 波超导体	d-wave superconductor	
08.3150	d 波电荷密度波	d-density wave, DDW	
08.3151	三重态配对	triplet pairing	
08.3152	三重态超导体	triplet superconductor	
08.3153	非常规配对	unconventional pairing	
08.3154	赝[能]隙	pseudogap	
08.3155	超导体	superconductor	
08.3156	BCS 超导体	BCS superconductor	
08.3157	第一类超导体	type Ⅰ superconductor	
08.3158	第 1.5 类超导体	type 1.5 superconductor	
08.3159	第二类超导体	type Ⅱ superconductor	
08.3160	软超导体	soft superconductor	
08.3161	硬超导体	hard superconductor	
08.3162	弱超导电性	weak superconductivity	
08.3163	强耦合超导体	strong-coupling superconductor	
08.3164	麦克米伦 Tc 公式	McMillan's Tc formula	
08.3165	脏超导体	dirty superconductor	
08.3166	脏极限	dirty limit	
08.3167	脏金属区	dirty-metal regime	
08.3168	[干]净极限	clean limit	
08.3169	低温超导体	low temperature superconductor	

序号	汉文名	英文名	注释
08.3170	高温超导体	high temperature superconductor, HTS	
08.3171	高 Tc 超导体	high Tc superconductor	
08.3172	电子型高温超导体	electron-type high temperature superconductor	
08.3173	空穴型高温超导体	hole-type high temperature superconductor	
08.3174	氧化物超导体	oxide superconductor	
08.3175	铜氧化物超导体	cuprate superconductor	
08.3176	钇钡铜氧超导体	yttrium-barium-copper oxide superconductor, YBCO superconductor	
08.3177	铁基超导体	iron-pnictide superconductor, iron-based superconductor	
08.3178	二带超导体	two-band superconductor	
08.3179	非常规超导体	unconventional superconductor	
08.3180	奇特超导体	exotic superconductor	
08.3181	重费米子超导体	heavy fermion superconductor	
08.3182	富尔德-费雷尔-拉尔金-奥夫钦尼科夫态	Fulde-Ferrell-Larkin-Ovchinnikov state, FFLO state	简称“FFLO 态”。重费米子超导体中的态。
08.3183	有机超导体	organic superconductor	
08.3184	A_3C_{60}超导体	A_3C_{60} superconductor	
08.3185	颗粒超导体	granular superconductor	
08.3186	重入超导体	reentrant superconductor	
08.3187	重入效应	reentrant effect	
08.3188	准二维超导体	quasi-two-dimensional superconductor	
08.3189	表面超导电性	surface superconductivity	
08.3190	表面鞘超导电性	surface sheath superconductivity	
08.3191	超导鞘	superconductive sheath	
08.3192	表面鞘	surface sheath	
08.3193	无能隙超导电性	gapless superconductivity	
08.3194	局域超导电性	localized superconductivity	
08.3195	介观超导电性	mesoscopic superconductivity	
08.3196	非平衡超导性	nonequilibrium superconductivity	
08.3197	电荷不平衡	charge imbalance	
08.3198	相位破缺时间	phase breaking time	
08.3199	相位劲度	phase stiffness	
08.3200	相位相干隧穿	phase-coherent tunneling	
08.3201	相位弛豫	phase-relaxation	

序　号	汉　文　名	英　文　名	注　　释
08.3202	电荷有序	charge ordering	
08.3203	电荷库	charge reservoir	
08.3204	条纹	stripe	
08.3205	条纹相	stripe phase	
08.3206	电荷条纹相	charge stripe phase	
08.3207	涡旋态	vortex state	
08.3208	阿布里科索夫涡旋态	Abrikosov vortex state	
08.3209	涡旋结构	vortex structure	
08.3210	涡旋芯	vortex core	
08.3211	涡旋格	vortex lattice	
08.3212	阿布里科索夫涡旋格	Abrikosov vortex lattice	
08.3213	涡旋阵列	vortex array	
08.3214	超导涡旋格	superconducting vortex lattice	
08.3215	涡旋物质	vortex matter	
08.3216	涡旋玻璃模型	vortex glass model	
08.3217	半量子涡旋	half-quantum vortex	
08.3218	薄饼模型	pancake model	
08.3219	薄饼涡旋	pancake vortex	
08.3220	珀尔涡旋	Pearl vortex	
08.3221	类磁通	fluxoid	
08.3222	类磁通守恒	fluxoid conservation	
08.3223	磁通量子	fluxon, magnetic flux quantum	
08.3224	准磁通量子	quasi-fluxon	
08.3225	磁通线	flux line	
08.3226	磁通线格子	flux-line lattice	
08.3227	磁通束	flux bundle	
08.3228	磁通管	flux tube	
08.3229	磁通钉扎	flux pinning	
08.3230	钉扎中心	pinning center	
08.3231	钉扎能	pinning energy	
08.3232	钉扎力	pinning force	
08.3233	强钉扎	strong pinning	
08.3234	脱钉[扎]	depinning	
08.3235	比恩模型	Bean model	
08.3236	集体钉扎模型	collective pinning model	
08.3237	磁通陷俘	flux trapping	
08.3238	陷俘磁通	trapped flux	
08.3239	陷俘磁场	trapped magnetic field	

序　号	汉 文 名	英 文 名	注　　释
08.3240	磁通蠕动	flux creep	
08.3241	磁通流动	flux flow	
08.3242	磁通流阻	flux flow resistance	
08.3243	磁通跳跃	flux jumping	
08.3244	超导材料	superconducting material	
08.3245	马蒂亚斯定则	Matthias rule	
08.3246	铌钛合金	nickel-titanium alloy	
08.3247	A–15 超导体	A-15 superconductor	
08.3248	β–W 结构	beta tungsten structure	即 A-15 结构。
08.3249	谢弗雷尔相	Chevrel phase	
08.3250	三元超导体	ternary superconductor	
08.3251	多芯复合超导体	multifilamentary composite superconductor	
08.3252	超导膜	superconducting film	
08.3253	薄膜超导体	thin-film superconductor	
08.3254	隧穿电导	tunneling conductance	
08.3255	隧穿电流	tunneling current	
08.3256	隧穿电阻	tunneling resistance	
08.3257	隧穿时间	tunneling time	
08.3258	正常电子隧穿	normal electron tunneling	
08.3259	光[子]助隧穿	photon-assisted tunneling	
08.3260	声[子]助隧穿	phonon-assisted tunneling	
08.3261	共振隧穿	resonant tunneling	
08.3262	串列共振隧穿	sequential resonant tunneling	
08.3263	无反射接触	reflectionless contact	
08.3264	无反射隧穿	reflectionless tunneling	
08.3265	安德列也夫束缚态	Andreev bound state	
08.3266	安德列也夫镜[子]	Andreev mirror	
08.3267	安德列也夫反射	Andreev reflection	
08.3268	安德列也夫散射	Andreev scattering	
08.3269	邻近效应	proximity effect	
08.3270	超导邻近效应	superconducting proximity effect	
08.3271	反常邻近效应	anomalous proximity effect	
08.3272	邻近势	proximity potential	
08.3273	感生配对势	induced pairing potential	
08.3274	博戈留波夫[–德让纳]方程	Bogoliubov [-de Gennes] equation	
08.3275	布朗德–廷汉姆–克拉	Blonder-Tinkham-Klapwijk model,	简称“BTK 模型”。

序号	汉文名	英文名	注释
	伯维克模型	BTK model	
08.3276	非弹性电子隧穿谱学	inelastic electron tunneling spectroscopy, IETS	
08.3277	宏观量子现象	macroscopic quantum phenomenon	
08.3278	宏观量子态	macroscopic quantum state	
08.3279	宏观波函数	macroscopic wave function	
08.3280	宏观量子隧穿	macroscopic quantum tunneling	
08.3281	库珀子	Cooperon	
08.3282	约瑟夫森效应	Josephson effect	
08.3283	零电压态	zero-voltage state	
08.3284	超导隧穿	superconducting tunneling	
08.3285	电子对隧穿	electron pair tunneling	
08.3286	对隧穿	pair tunneling	
08.3287	双粒子隧穿	two-particle tunneling	
08.3288	多粒子隧穿	multiparticle tunneling	
08.3289	直流约瑟夫森效应	DC Josephson effect	
08.3290	交流约瑟夫森效应	AC Josephson effect	
08.3291	逆交流约瑟夫森效应	inverse AC Josephson effect	
08.3292	约瑟夫森耦合能	Josephson coupling energy	
08.3293	约瑟夫森临界电流	Josephson critical current	
08.3294	约瑟夫森隧穿电流	Josephson tunneling current	
08.3295	约瑟夫森穿透深度	Josephson penetration depth	
08.3296	约瑟夫森频率	Josephson frequency	
08.3297	微波感生台阶	microwave-induced step	
08.3298	夏皮洛台阶	Shapiro step	
08.3299	约瑟夫森辐射	Josephson radiation	
08.3300	约瑟夫森涡旋	Josephson vortex	
08.3301	隧道结	tunnel junction	
08.3302	超导体-正常金属-超导体结	SNS junction	
08.3303	超导体-绝缘体-超导体隧道结	SIS tunnel junction	
08.3304	约瑟夫森[隧道]结	Josephson [tunnel] junction	
08.3305	超导弱连[接]	superconducting weak link	
08.3306	弱连结	weak link [junction]	
08.3307	十字结	cross junction	
08.3308	点接触结	point contact junction	
08.3309	安德森-达依姆桥	Anderson-Dayem bridge	

序　号	汉　文　名	英　文　名	注　　释
08.3310	超导微桥	superconducting microbridge	
08.3311	断裂结	break junction	
08.3312	焊滴结	solder drop junction	
08.3313	π 结	pi-junction	
08.3314	双晶结	bicrystal junction	
08.3315	环形结	annular junction	
08.3316	托马希振荡	Tomasch oscillation	
08.3317	超导电子学	superconducting electronics	
08.3318	超导量子电子学	superconducting quantum electronics	
08.3319	约瑟夫森器件	Josephson device	
08.3320	约瑟夫森电压基准	Josephson voltage standard	
08.3321	超导量子干涉现象	superconducting quantum interference phenomenon	
08.3322	超导量子干涉器件	superconducting quantum interference device, SQUID	
08.3323	直流超导量子干涉器件	DC SQUID	
08.3324	射频超导量子干涉器件	RF SQUID	
08.3325	电阻分路结模型	resistively shunted junction model, RSJ model	
08.3326	库珀对盒子	Cooper pair box	
08.3327	约瑟夫森逻辑门	Josephson logic gate	
08.3328	约瑟夫森记忆单元	Josephson memory cell	
08.3329	约瑟夫森 A/D 转换器	Josephson A/D converter	又称"超导 A/D 转换器(superconducting A/D converter)"。
08.3330	约瑟夫森场效应管	Josephson field effect transistor, JOFET	又称"超导场效应管(superconducting field effect transistor)"。
08.3331	磁通流放大器	flux flow amplifier, FFA	
08.3332	磁通流振荡器	flux flow oscillator, FFO	
08.3333	磁通流三极管	flux flow transistor, FFT	又称"涡旋流三极管(vortex flow transistor)"。
08.3334	冷子管	cryotron	
08.3335	超导磁梯度计	superconducting magnetic gradiometer	
08.3336	超导磁通变换器	superconducting flux transformer	
08.3337	超导探测器	superconducting detector	
08.3338	超导粒子探测器	superconducting particle detector	

序 号	汉 文 名	英 文 名	注 释
08.3339	超导传输线	superconducting transmission line	
08.3340	超导微波滤波器	superconducting microwave filter	
08.3341	传输门	transmon	降低对电荷噪声的灵敏度。
08.3342	超导卷积器	superconductive convolver	
08.3343	超导延迟线	superconductive delay line	
08.3344	超导热开关	superconducting thermal switch	
08.3345	超导磁体	superconducting magnet	
08.3346	低温磁体	cryogenic magnet	
08.3347	磁体退化	degradation of magnet	
08.3348	磁体猝灭	magnet quench	超导磁体。
08.3349	超导磁屏蔽	superconducting magnetic shielding	
08.3350	超导磁悬浮	superconducting magnetic levitation	
08.3351	悬浮磁体	levitated magnet	
08.3352	电磁悬浮	electromagnetic levitation	
08.3353	巨磁[电]阻	giant magnetoresistance, GMR	
08.3354	巨磁致伸缩	giant magnetostriction	
08.3355	强场物理	strong field physics	
08.3356	低温实验法	cryogenics	
08.3357	液化器	liquefier	
08.3358	液化率	liquefied fraction	
08.3359	林德循环	Linde cycle	
08.3360	克洛德循环	Claude cycle	
08.3361	卡皮查液化器	Kapitza liquefier	
08.3362	柯林斯液化器	Collins liquefier	
08.3363	斯特林循环	Stirling cycle	
08.3364	热交换	heat exchange	
08.3365	热交换器	heat exchanger	
08.3366	热开关	heat switch	
08.3367	热损失	heat loss	
08.3368	漏热	heat leak	
08.3369	凝结热	heat of condensation, coagulation heat	
08.3370	结晶热	heat of crystallization	
08.3371	分解热	heat of decomposition	
08.3372	脱附热	heat of desorption	
08.3373	热泵	heat pump	
08.3374	热屏	heat shield	

序　号	汉　文　名	英　文　名	注　　释
08.3375	热处理	heat treatment	
08.3376	热天平	thermobalance	
08.3377	加热器	heater	
08.3378	加热系统	heating system	
08.3379	空气压缩机	air compressor	
08.3380	空气液化	air liquefaction	
08.3381	液态空气	liquid air	
08.3382	过冷液体	undercooled liquid	
08.3383	液氮温度	liquid nitrogen temperature	
08.3384	液氢温度	liquid hydrogen temperature	
08.3385	氦致冷机	helium refrigerator	
08.3386	氦液化器	helium liquefier	
08.3387	液氦温度	liquid helium temperature	
08.3388	杜瓦瓶	dewar	
08.3389	存储杜瓦	storage dewar	
08.3390	存储时间	storage time	
08.3391	超低温	ultra-low temperature	
08.3392	毫开温度	millikelvin temperature	
08.3393	微开温度	microkelvin temperature	
08.3394	波梅兰丘克致冷	Pomeranchuk refrigeration	
08.3395	稀释致冷	dilution refrigeration	
08.3396	稀相	dilute phase, ^{3}He-poor phase	
08.3397	浓相	concentrated phase, ^{3}He-rich phase	
08.3398	冷头	cold finger	
08.3399	磁致冷	magnetic refrigeration	
08.3400	绝热退磁	adiabatic demagnetization	
08.3401	绝热退磁致冷	adiabatic demagnetization cooling	
08.3402	顺磁[盐]绝热退磁	paramagnetic adiabatic demagnetization	
08.3403	核[绝热]退磁	nuclear [adiabatic] demagnetization	
08.3404	核自旋温度	nuclear spin temperature	
08.3405	核自旋弛豫	nuclear spin relaxation	
08.3406	核取向	nuclear orientation	
08.3407	核冷却	nuclear cooling	
08.3408	核致冷	nuclear refrigeration	
08.3409	级联冷却	cascade cooling	
08.3410	预冷	precooling	

序 号	汉 文 名	英 文 名	注 释
08.3411	热汇	heat sink, thermal anchoring	
08.3412	隔离振动	vibration isolation	简称“隔振”。
08.3413	低温泵	cryopump	
08.3414	低温阱	cryotrap	
08.3415	吸附泵	sorption pump	
08.3416	涡轮分子泵	turbomolecular pump	
08.3417	离子泵	ion pump	
08.3418	高真空隔热	high vacuum insulation	
08.3419	粉末隔热	powder insulation	
08.3420	多层隔热	multilayer insulation	
08.3421	辐射屏蔽	radiation shield	
08.3422	卡皮查[界面]热阻	Kapitza [thermal boundary] resistance	
08.3423	界面热阻	thermal boundary resistance	
08.3424	核沸腾	nuclear boiling	
08.3425	膜沸腾	film boiling	
08.3426	超临界氦	supercritical helium	
08.3427	热声振荡	thermal acoustic oscillation	
08.3428	声子寿命	phonon lifetime	
08.3429	重费米子	heavy fermion	
08.3430	感生巨磁矩	induced giant moment	
08.3431	低温吸附	cryosorption	
08.3432	低温[温度]计	cryometer, low temperature thermometer	
08.3433	蒸气压温度计	vapor pressure thermometer	
08.3434	声学温度计	acoustic thermometer	
08.3435	磁温度计	magnetic thermometer	
08.3436	核磁共振温度计	NMR thermometer	
08.3437	噪声温度计	noise thermometer	
08.3438	低温电子学	low temperature electronics, cryotronics	
08.3439	低温雪崩开关	cryosar	
08.3440	密封垫[圈]	gasket	
08.3441	检漏仪	leak detector	
08.3442	氦检漏仪	helium leak detector	
08.3443	预真空	forevacuum	
08.3444	低真空	low vacuum	
08.3445	超高真空	ultra-high vacuum, UHV	

序号	汉文名	英文名	注释
08.3446	极限真空	ultimate vacuum	
08.3447	超弹性	hyperelasticity	
08.3448	冷拉	hard drawing	
08.3449	库仑阻塞	Coulomb blockade	
08.3450	阻塞效应	blocking effect	
08.3451	库仑岛	Coulomb island	又称“单电子岛(single electron island)”。
08.3452	单电子泵	single electron pump	
08.3453	单电子晶体管	single electron transistor	
08.3454	单电子隧穿	single electron tunneling	
08.3455	库仑台阶	Coulomb staircase	
08.3456	库仑隙	Coulomb gap	
08.3457	库仑气	Coulomb gas	和KT相变,xy模型,二维体系有关。
08.3458	单电子旋转门	single electron turnstile	
08.3459	索列斯能量	Thouless energy	
08.3460	索列斯长度	Thouless length	
08.3461	索列斯比	Thouless ratio	
08.3462	索列斯时间	Thouless time	
08.3463	强局域	strong localization	
08.3464	弱局域化	weak localization	
08.3465	反弱局域化	weak anti-localization	
08.3466	费曼路径	Feynman path	
08.3467	费曼管	Feynman tube	
08.3468	相干背散射	coherent back scattering	
08.3469	样品个性特质	sample-specific nature	
08.3470	量子阱	quantum well	
08.3471	多量子阱	multiple quantum well	
08.3472	耦合量子阱	coupled quantum well	
08.3473	朗道尔公式	Landauer formula	
08.3474	比特克公式	Büttiker formula	
08.3475	介观体系	mesoscopic system	
08.3476	量子线	quantum wire	
08.3477	阿哈罗诺夫-玻姆电导振荡	Aharonov-Bohm [conductance] oscillation, AB oscillation	简称“AB振荡”。
08.3478	阿哈罗诺夫-玻姆效应	Aharonov-Bohm effect, AB effect	简称“AB效应”。
08.3479	阿哈罗诺夫-玻姆磁通	Aharonov-Bohm flux, AB flux	简称“AB磁通”。
08.3480	阿尔特舒勒-阿罗诺	Altshuler-Aronov-Spivak effect, AAS	简称“AAS效应”。

序　号	汉　文　名	英　文　名	注　　释
	夫-斯皮瓦克效应	effect	
08.3481	热长度	thermal length	温度关联的退相位长度。
08.3482	电导涨落	conductance fluctuation	
08.3483	普适电导涨落	universal conductance fluctuation, UCF	
08.3484	介观涨落	mesoscopic fluctuation	
08.3485	指纹	fingerprint	
08.3486	频率相关电导率	frequency-dependent conductivity	
08.3487	幂次率电导	power-law conductance	
08.3488	相位不确定性	phase uncertainty	
08.3489	散射率	scattering rate	
08.3490	通道数	channel number	
08.3491	有效通道数	effective channel number	
08.3492	磁通灵敏度	flux sensitivity	
08.3493	一维局域	one-dimensional localization	
08.3494	量子点	quantum dot	
08.3495	返回概率	return probability	
08.3496	昂萨格对称[性]	Onsager symmetry	
08.3497	感生磁通	induced flux	
08.3498	劳夫林准粒子	Laughlin quasiparticle	
08.3499	相位滑移中心	phase-slip center	
08.3500	量子化电导	quantized conductance	
08.3501	弹道输运	ballistic transport	
08.3502	弹道电子注入	ballistic electron injection	
08.3503	弯曲电阻	bend resistance	
08.3504	点接触	point contact	
08.3505	点接触隧穿	point contact tunneling	
08.3506	跳跃轨道	skipping orbit	
08.3507	边缘通道	edge channel	
08.3508	绝热输运	adiabatic transport	
08.3509	热相位破缺时间	thermal phase-breaking time	
08.3510	各向异性限域	anisotropic confinement	
08.3511	反量子点	antidot, quantum antidot	
08.3512	反局域化	antilocalization	
08.3513	自旋阻塞	spin blocking	
08.3514	自旋倾斜	spin canting	
08.3515	自旋链	spin chain	

序　号	汉　文　名	英　文　名	注　　释
08.3516	自旋相干	spin coherence	
08.3517	自旋关联函数	spin correlation function	
08.3518	自旋扩散长度	spin diffusion length	
08.3519	自旋动力学	spin dynamics	
08.3520	自旋场效应晶体管	spin field effect transistor, spin-FET	
08.3521	自旋过滤器	spin filter	
08.3522	自旋反转	spin flipping	
08.3523	自旋转向	spin flop	
08.3524	自旋涨落	spin fluctuation	
08.3525	量子自旋玻璃	quantum spin glass	
08.3526	自旋玻璃转变	spin glass transition, spin-glass transition	
08.3527	自旋冰材料	spin ice material	
08.3528	自旋注入	spin injection	
08.3529	自旋梯	spin ladder	
08.3530	自旋梯[状]化合物	spin ladder compound	
08.3531	自旋梯模型	spin ladder model	
08.3532	自旋配对	spin pairing	
08.3533	自旋顺磁性	spin paramagnetism	
08.3534	自旋极化	spin polarization	
08.3535	自旋极化度	spin polarization	
08.3536	自旋弛豫	spin relaxation	
08.3537	自旋共振	spin resonance	
08.3538	自旋单[重]态配对	spin singlet pairing	
08.3539	自旋劲度	spin stiffness	
08.3540	自旋液体	spin liquid	
08.3541	自旋超流	spin supercurrent	
08.3542	自旋磁化率	spin susceptibility	
08.3543	自旋输运	spin transport	
08.3544	自旋阀	spin valve	
08.3545	自旋阀晶体管	spin valve transistor	
08.3546	自旋速度	spin velocity	
08.3547	自旋波谱学	spin wave spectroscopy	
08.3548	自旋-电荷分离	spin-charge separation	
08.3549	电荷自旋耦合	charge-spin coupling	
08.3550	自旋散射长度	spin scattering length	
08.3551	自旋子	spinon	
08.3552	自旋极化电流	spin-polarized current	

序　号	汉　文　名	英　文　名	注　　释
08.3553	自旋极化电子隧穿	spin-polarized electron tunneling	
08.3554	自旋极化场效应晶体管	spin-polarized field effect transistor	
08.3555	自旋极化输运	spin-polarized transport	
08.3556	自旋电子学	spintronics	
08.3557	自旋波劲度	spinwave stiffness	
08.3558	超分子方法	supermolecular approach	
08.3559	高压	high pressure	
08.3560	高压技术	high pressure technique	
08.3561	静态高压技术	static high-pressure technique	
08.3562	动态高压技术	dynamic high-pressure technique	
08.3563	流体静压[强]	hydrostatic pressure	又称"静水压"。
08.3564	准静压强	quasi-hydrostatic pressure	
08.3565	基准压[强]	base pressure	
08.3566	传压介质	pressure transmitting medium	
08.3567	压力密封	pressure seal	
08.3568	无支撑面积原理	unsupported-area principle	
08.3569	无支撑面积密封	unsupported-area seal	
08.3570	布里奇曼密封	Bridgman seal	
08.3571	液压密封	hydraulic seal	
08.3572	活塞圆筒装置	piston-cylinder apparatus	
08.3573	对顶砧	opposed anvil	
08.3574	布里奇曼[压]砧	Bridgman anvil	
08.3575	大质量支撑原理	massive support principle	
08.3576	金刚石[压]砧室	diamond anvil cell, DAC	
08.3577	多砧装置	multiple-anvil apparatus	
08.3578	四面体装置	tetrahedral apparatus	
08.3579	六面体装置	hexahedral apparatus	
08.3580	分割球装置	split-sphere apparatus	
08.3581	压强标定	pressure calibration	简称"压标"。
08.3582	初级压标	primary pressure standard	
08.3583	次级压标	secondary pressure standard	
08.3584	击波压强	shock pressure	
08.3585	击波温度	shock temperature	
08.3586	于戈尼奥方程	Hugoniot equation	
08.3587	绝热压缩	adiabatic compression	
08.3588	平面[击]波发生器	plane [shock] wave generator	又称"平面波透镜(plane wave lens)"。
08.3589	鼠夹装置	mousetrap apparatus	化爆高压装置中的一

序 号	汉 文 名	英 文 名	注 释
			种平面波发生器。
08.3590	等熵压缩	isentropic compression	
08.3591	磁[场]压缩	magnetic compression	
08.3592	击波管	shock tube	
08.3593	自由表面近似	free surface approximation	
08.3594	探针技术	probe technique	
08.3595	压力传感器	pressure transducer	
08.3596	零温物态方程	zero-temperature equation of state	
08.3597	高压物态方程	high pressure equation of state	
08.3598	布里奇曼[物态]方程	Bridgman equation [of state]	
08.3599	默纳汉方程	Murnaghan equation	
08.3600	伯奇方程	Birch equation	
08.3601	压致相变	pressure-induced phase transition	
08.3602	石英	quartz	
08.3603	科[氏]石英	coesite	
08.3604	斯[氏]石英	stishovite	
08.3605	压致软模相变	pressure-induced soft mode phase transition	
08.3606	压致结晶	pressure-induced crystallization	
08.3607	电子相变	electron phase transition	
08.3608	压致磁[性]相变	pressure-induced magnetic phase transition	
08.3609	压致超导相变	pressure-induced superconducting phase transition	
08.3610	莫特-哈伯德相变	Mott-Hubbard phase transition	
08.3611	合作性扬-特勒相变	cooperative Jahn-Teller phase transition	
08.3612	压强温度相图	pressure-temperature phase diagram	简称“压温相图”。
08.3613	人造金刚石	artificial diamond	
08.3614	金属化	metallization	
08.3615	金属氢	metallic hydrogen	
08.3616	蜂窝型光子晶体	honeycomb photonic crystal	
08.3617	人造材料	artificially structured material	
08.3618	超构材料	metamaterial	
08.3619	左手材料	left-handed material	
08.3620	负折射率	negative refractive index	
08.3621	多功能材料	multifunctional material	
08.3622	组分[型]调制	compositional modulation	

序　号	汉 文 名	英 文 名	注　　释
08.3623	水晶	quartz	
08.3624	石英玻璃	quartz glass	
08.3625	维克玻璃	Vycor glass	一种特殊的石英玻璃。
08.3626	石英管	quartz tube	
08.3627	云母	mica	
08.3628	树脂	resin	
08.3629	沸石	zeolite	
08.3630	活性炭	charcoal	
08.3631	多孔材料	porous material	
08.3632	保护气体	blanket gas	
08.3633	类体结构	bulklike structure	
08.3634	致密化	densification	
08.3635	可动平衡	mobile equilibrium	
08.3636	工作点	working point	
08.3637	零场能	zero-field energy	
08.3638	群聚态	cybotactic state	
08.3639	群聚性	cybotaxis	
08.3640	环化	cyclization	
08.3641	除气	degassing	
08.3642	变性	denaturation	
08.3643	树枝状大分子	dendrimer	
08.3644	脱附	desorption	又称“解吸”。
08.3645	分解	disassembly	
08.3646	不连续体	discontinuum	
08.3647	双微结构	duplex microstructure	
08.3648	场冷	field cooling	
08.3649	悬浮滴	floating drop	
08.3650	浮置相	floating phase	
08.3651	感测探针	sensing probe	
08.3652	阴影像	shadow image	
08.3653	尺度共振	dimensional resonance	
08.3654	脱氢[作用]	dehydrogenation	
08.3655	粗糙度	[degree of] roughness	
08.3656	离子交换树脂	ion exchange resin	

09. 原子核物理学、粒子物理学

序　号	汉　文　名	英　文　名	注　　释

09.01　原子核物理学

序　号	汉　文　名	英　文　名	注　　释
09.0001	原子核物理[学]	atomic nuclear physics	
09.0002	核物理[学]	nuclear physics	
09.0003	高能核物理[学]	high-energy nuclear physics	
09.0004	原子核理论	nuclear theory	
09.0005	原子核	atomic nucleus, nucleus	
09.0006	质子	proton	
09.0007	中子	neutron	
09.0008	核子	nucleon	
09.0009	质子数	proton number	
09.0010	中子数	neutron number	
09.0011	核子数	nucleon number	
09.0012	质量数	mass number	
09.0013	原子质量	atomic mass	
09.0014	核素	nuclide	
09.0015	同位素	isotope	
09.0016	同量异位素	isobar	
09.0017	同中子[异位]素	isotone	
09.0018	同核异能素	isomer	
09.0019	同分异构体	isomer	
09.0020	核半径	nuclear radius	
09.0021	核物质	nuclear matter	
09.0022	核密度	nuclear density	
09.0023	核电荷	nuclear charge	
09.0024	核电荷数	nuclear charge number	
09.0025	核成分	nuclear composition	
09.0026	核极化	nuclear polarization	
09.0027	核自旋	nuclear spin	
09.0028	核磁子	nuclear magneton	
09.0029	核旋磁比	nuclear gyromagnetic ratio	
09.0030	g 因子	g factor, g-factor	
09.0031	核数据	nuclear data	

序 号	汉 文 名	英 文 名	注 释
09.0032	核常数	nuclear constant	
09.0033	核参数	nuclear parameter	
09.0034	核统计法	nuclear statistics	
09.0035	质量盈余	mass excess	
09.0036	核子分离能	nucleon separation energy	
09.0037	结合能	binding energy	
09.0038	比结合能	specific binding energy	
09.0039	中子结合能	neutron binding energy	
09.0040	质子结合能	proton binding energy	
09.0041	核结合能	nuclear binding energy	
09.0042	β 稳定线	beta-stability line	
09.0043	中子质子比	neutron-proton ratio	简称“中质比”。
09.0044	过剩中子	excess neutron	
09.0045	中子盈余	neutron excess	
09.0046	丰中子核素	neutron-rich nuclide	
09.0047	丰质子核素	proton-rich nuclide	
09.0048	缺中子核素	neutron-deficient nuclide	
09.0049	缺质子核素	proton-deficient nuclide	
09.0050	丰中子同位素	neutron-rich isotope	
09.0051	丰质子同位素	proton-rich isotope	
09.0052	缺中子同位素	neutron-deficient isotope	
09.0053	缺质子同位素	proton-deficient isotope	
09.0054	主同位素	primary isotope	
09.0055	轻同位素	light isotope	
09.0056	重同位素	heavy isotope	
09.0057	人造元素	artificial element	
09.0058	超重元素	superheavy element	
09.0059	超重核	superheavy nucleus	
09.0060	稳定岛	island of stability	
09.0061	超重元素岛	island of superheavy element	
09.0062	核合成	nucleosynthesis	
09.0063	核质量	nuclear mass	
09.0064	体积能	volume energy	
09.0065	表面能	surface energy	
09.0066	库仑能	Coulomb energy	
09.0067	对称能	symmetry energy	
09.0068	[配]对能	pairing energy	
09.0069	偶偶核	even-even nucleus	

序号	汉文名	英文名	注释
09.0070	偶奇核	even-odd nucleus	
09.0071	奇偶核	odd-even nucleus	
09.0072	奇奇核	odd-odd nucleus	
09.0073	质量公式	mass formula	
09.0074	半经验质量公式	semiempirical mass formula	
09.0075	核素图	chart of nuclides, nuclide chart	
09.0076	核力	nuclear force	
09.0077	短程力	short-range force	
09.0078	长程力	long-range force	
09.0079	非有心力	non-central force	
09.0080	交换力	exchange force	
09.0081	自旋相关力	spin-dependent force	
09.0082	张量力	tensor force	
09.0083	三体力	three-body force	
09.0084	核相互作用	nuclear interaction	
09.0085	短程相互作用	short-range interaction	
09.0086	核势	nuclear potential	
09.0087	核内力	intranuclear force	
09.0088	有效力程	effective range	
09.0089	原子核系综	nuclear ensemble	
09.0090	排斥芯	repulsive core	
09.0091	卢瑟福散射	Rutherford scattering	
09.0092	卢瑟福[α 散射]实验	Rutherford [α-particle scattering] experiment	
09.0093	汤川势	Yukawa potential	
09.0094	电荷无关性	charge independence	
09.0095	电荷对称性	charge symmetry	
09.0096	同位旋	isobaric spin, isospin, isotopic spin	
09.0097	同位旋空间	isospin space	
09.0098	同位旋多重态	isospin multiplet	
09.0099	同位旋相似态	isospin analog state, isobaric analog state, isotopic analog state	
09.0100	同位旋标量	isoscalar	
09.0101	同位旋标量共振	isoscalar resonance	
09.0102	同位旋矢量	isovector	
09.0103	同位旋矢量共振	isovector resonance	
09.0104	镜像核	mirror nucleus	
09.0105	单 π[介子]交换势	one-pion exchange potential, OPEP	

序　号	汉 文 名	英 文 名	注　　释
09.0106	单玻色子交换势	one-boson exchange potential, OBEP	
09.0107	放射性	radioactivity	
09.0108	天然放射性	natural radioactivity	
09.0109	人工放射性	artificial radioactivity	
09.0110	α 放射性	α-radioactivity	
09.0111	β 放射性	β-radioactivity	
09.0112	γ 放射性	γ-radioactivity	
09.0113	α 射线	alpha ray, α-ray	
09.0114	β 射线	beta ray, β-ray	
09.0115	γ 射线	gamma ray, γ-ray	
09.0116	α 谱	alpha spectrum, α-spectrum	
09.0117	β 谱	beta spectrum, β-spectrum	
09.0118	γ 谱	gamma spectrum, γ-spectrum	
09.0119	α 射线谱	alpha-ray spectrum	
09.0120	β 射线谱	beta-ray spectum	
09.0121	γ 射线谱	gamma-ray spectrum	
09.0122	α 粒子	alpha particle, α-particle	
09.0123	β 粒子	beta particle, β-particle	
09.0124	γ 光子	gamma photon, γ-photon	
09.0125	衰变	decay	
09.0126	α 衰变	alpha decay, α-decay	
09.0127	β 衰变	beta decay, β-decay	
09.0128	γ 衰变	gamma decay, γ-decay	
09.0129	蜕变	disintegration	
09.0130	α 蜕变	alpha disintegration, α-disintegration	
09.0131	β 蜕变	beta disintegration, β-disintegration	
09.0132	γ 蜕变	gamma disintegration, γ-disintegration	
09.0133	衰变率	decay rate	
09.0134	衰变定律	decay law	
09.0135	半衰期	half life, half life period	
09.0136	衰减时间	decay time	
09.0137	平均寿命	mean lifetime	
09.0138	衰变常量	decay constant	
09.0139	分衰变常量	partial decay constant	
09.0140	衰变热	decay heat	
09.0141	衰变链	decay chain	
09.0142	蜕变链	disintegration chain	

序　号	汉　文　名	英　文　名	注　　释
09.0143	衰变纲图	decay scheme	
09.0144	衰变能	decay energy	
09.0145	分支比	branching ratio	
09.0146	放射性平衡	radioactive equilibrium	
09.0147	暂态平衡	transient equilibrium	
09.0148	久期平衡	secular equilibrium	
09.0149	比活度	specific activity	
09.0150	延迟衰变	delayed decay	
09.0151	活性材料	active material	
09.0152	活性	activity	
09.0153	放射性核素	radioactive nuclide	
09.0154	放射性同位素	radioactive isotope	
09.0155	放射性元素	radioactive element	
09.0156	放射性衰变	radioactive decay	
09.0157	放射性位移定律	radioactive displacement law	
09.0158	放射性材料	radioactive material	
09.0159	放射性物质	radioactive substance	
09.0160	放射性废物	radioactive waste	
09.0161	放射性毒理学	radiotoxicology	
09.0162	放射系	radioactive series	
09.0163	系列衰变	serial decay	
09.0164	钍系	thorium series	
09.0165	铀系	uranium series	
09.0166	锕系	actinium series	
09.0167	镎系	neptunium series	
09.0168	γ 辐射	gamma radiation	
09.0169	双中子	dineutron, bineutron	
09.0170	氘核	deuteron	
09.0171	氘	deuterium, diplogen	又称“重氢(heavy hydrogen)”。
09.0172	氚核	triton	
09.0173	氚	tritium	
09.0174	反核	antinucleus	
09.0175	反氘核	antideuteron	
09.0176	反氦-4 核	antihelium-4, anti-4He	
09.0177	反[物质]超核	antimatter hypernucleus	
09.0178	反超氚核	antihypertriton	
09.0179	放射性核	radioactive nucleus	

序　号	汉 文 名	英 文 名	注　　释
09.0180	奇特核	exotic nucleus	
09.0181	晕核	halo nucleus	
09.0182	弱束缚核	weakly bound nucleus	
09.0183	极化核	polarized nucleus	
09.0184	全剥[离]核	stripped nucleus	
09.0185	母核	parent nucleus	
09.0186	子核	daughter nucleus	
09.0187	子体	descendent	
09.0188	子元素	daughter element	
09.0189	盖革-努塔尔定律	Geiger-Nuttall law	
09.0190	库仑势垒	Coulomb barrier	
09.0191	伽莫夫因子	Gamow factor	
09.0192	阻碍因子	hindrance factor	
09.0193	形成因子	formation factor	
09.0194	质子放射性	proton radioactivity	
09.0195	重离子放射性	heavy-ion radioactivity	
09.0196	缓发中子	delayed neutron	
09.0197	缓发质子	delayed proton	
09.0198	中微子	neutrino	
09.0199	反中微子	antineutrino	
09.0200	双 β 衰变	double β-decay	
09.0201	2 中微子双 β 衰变	two neutrino double-β decay, 2νββ decay	
09.0202	无中微子双 β 衰变	neutrinoless double-β decay, 0νββ decay	
09.0203	反常子	anomalon	
09.0204	K 俘获	K-capture	
09.0205	K 俘获辐射	K-capture radiation	
09.0206	K 电子俘获	K-electron capture	
09.0207	K 转换系数	K-conversion coefficient	
09.0208	轨道电子俘获	orbital electron capture	
09.0209	电子俘获衰变	electron-capture decay	
09.0210	俄歇电子	Auger electron	
09.0211	弱相互作用	weak interaction	
09.0212	电磁相互作用	electromagnetic interaction	
09.0213	强相互作用	strong interaction	
09.0214	黄金定则	golden rule	
09.0215	跃迁矩阵	transition matrix	

序　号	汉　文　名	英　文　名	注　　释
09.0216	库仑修正因子	Coulomb correction factor	
09.0217	费米函数	Fermi function	
09.0218	伽莫夫-特勒相互作用	Gamow-Teller interaction	
09.0219	费米相互作用	Fermi interaction	
09.0220	库里厄图	Kurie plot	
09.0221	比较半衰期	comparative half-life	
09.0222	形状修正因子	shape correction factor	
09.0223	萨金特曲线	Sargent curve	
09.0224	超容许跃迁	superallowed transition	
09.0225	唯一型禁戒跃迁	unique forbidden transition	
09.0226	电跃迁	electric transition	
09.0227	磁跃迁	magnetic transition	
09.0228	单极跃迁	monopole transition	
09.0229	磁四极辐射	magnetic quadrupole radiation	
09.0230	多极场	multipole field	
09.0231	多极矩	multipole moments	
09.0232	多极级	multipole order	
09.0233	多极性	multipolarity	
09.0234	多极发射	multipole emission	
09.0235	多极辐射	multipole radiation	
09.0236	多极跃迁	multipole transition	
09.0237	约化跃迁概率	reduced transition probability	
09.0238	普适时间常量	universal time constant	
09.0239	核自旋动力学	nuclear spin dynamics	
09.0240	内禀宇称	intrinsic parity	
09.0241	内转换	internal conversion	
09.0242	内转换系数	internal conversion coefficient	
09.0243	内转换电子	internal conversion electron	
09.0244	内转换电子对	internal conversion pair	
09.0245	同核异能态	isomer state	
09.0246	同核异能能级	isomeric level	
09.0247	形状同核异能素	shape isomer	
09.0248	同核异能素岛	island of isomerism	
09.0249	核谱学	nuclear spectroscopy	
09.0250	角分布	angular distribution	
09.0251	极化关联	polarization correlation	
09.0252	受扰角关联	perturbed angular correlation	
09.0253	核矩	nuclear moment	

序 号	汉 文 名	英 文 名	注 释
09.0254	混合比	mixing ratio	
09.0255	级联辐射	cascade radiation	
09.0256	级联跃迁	cascade transition	
09.0257	级联衰变	cascade decay	
09.0258	α 衰变谱学	alpha-decay spectroscopy	
09.0259	β 衰变谱学	beta-decay spectroscopy	
09.0260	禁戒 β 衰变	forbidden beta decay	
09.0261	γ 射线谱学	gamma-ray spectroscopy	
09.0262	γ 射线谱仪	gamma-ray spetrometer	
09.0263	γ 跃迁	gamma trasition	
09.0264	γ-γ 角关联	gamma-gamma angular correlation	
09.0265	γ 同核异能素	gamma isomer	
09.0266	穆斯堡尔效应	Mössbauer effect	
09.0267	超精细分裂	hyperfine splitting	
09.0268	超精细相互作用	hyperfine interaction	
09.0269	核磁共振	nuclear magnetic resonance, NMR	
09.0270	核磁共振成像	nuclear magnetic resonance imaging	
09.0271	衰减系数	attenuation coefficient	
09.0272	质量衰减系数	mass-attenuation coefficient	
09.0273	辐射源	radiation source	
09.0274	剂量学	dosimetry	
09.0275	辐射剂量	radiation dose	
09.0276	辐射剂量计	radio dosimeter	
09.0277	比释动能	kerma, kinetic energy released in matter	
09.0278	剂量当量	dose equivalent	
09.0279	辐射等剂量曲线	radiation isodose curve	
09.0280	中子剂量学	neutron dosimetry	
09.0281	核辐射	nuclear radiation	
09.0282	辐射防护	radiation protection	
09.0283	放射性衰变热	radioactive heat	
09.0284	放射性同位素稀释	radioisotopic dilution	
09.0285	放射治疗	radiation therapy, radiotherapy	
09.0286	放射性示踪物	radioactive tracer	
09.0287	放射性同位素示踪物	radioisotopic tracer	
09.0288	辐射危害	radiation hazard	
09.0289	辐射安全	radiation safety	
09.0290	照射剂量	exposure dose	

序号	汉文名	英文名	注释
09.0291	伦琴当量	Roentgen equivalent	
09.0292	辐照	irradiation	
09.0293	辐照损伤	irradiation damage	
09.0294	中子辐照	neutron irradiation	
09.0295	耐辐射物质	radiation-resistant material	
09.0296	嬗变	transmutation	
09.0297	核嬗变	nuclear transmutation	一种核素到另一种核素的转变。
09.0298	自发衰变	spontaneous decay	
09.0299	自发蜕变	spontaneous disintegration	
09.0300	光致蜕变	photodisintegration	
09.0301	核结构	nuclear structure	
09.0302	核模型	nuclear model	
09.0303	独立粒子模型	independent-particle model	
09.0304	原子核壳模型	nuclear shell model	
09.0305	集体模型	collective model	
09.0306	玻尔-莫特尔松模型	Bohr-Mottelson model	
09.0307	光学模型	optical model	
09.0308	综合模型	unified model	又称"统一模型"。
09.0309	液滴模型	liquid-drop model, drop model	
09.0310	统计模型	statistical model	
09.0311	单粒子模型	single-particle model	
09.0312	集团模型	cluster model	
09.0313	超流模型	superfluid model	
09.0314	无旋流模型	irrotational flow model	
09.0315	[相]互作用玻色子模型	interacting boson model, IBM	
09.0316	[相]互作用玻色子费米子模型	interacting boson-fermion model, IBFM	
09.0317	推转模型	cranking model	
09.0318	激发能	excitation energy	
09.0319	退激[发]	deexcitation	
09.0320	单粒子激发	single-particle excitation	
09.0321	集体激发	collective excitation	
09.0322	准粒子激发	quasiparticle excitation	
09.0323	少体问题	few-body problem	
09.0324	幻数	magic number	
09.0325	幻核	magic nucleus	

序　号	汉　文　名	英　文　名	注　　释
09.0326	平均场	mean field	
09.0327	平均场近似	mean field approximation	
09.0328	伍兹-萨克森势	Woods-Saxon potential	
09.0329	谐振子势	harmonic-oscillator potential	
09.0330	矩阱势	rectangular-well potential	
09.0331	核子组态	nucleonic configuration	
09.0332	单粒子态	single-particle state	
09.0333	韦斯科普夫单位	Weisskopf unit	
09.0334	双幻[数]核	doubly-magic nucleus	
09.0335	近幻数核	near-magic nucleus	
09.0336	未满壳层	unfilled shell, incomplete shell	
09.0337	未满态	unfilled state	又称“未填充态”。
09.0338	组态混合	configuration mixing	
09.0339	施密特线	Schmidt line	
09.0340	剩余相互作用	residual interaction	
09.0341	[配]对力	pairing force	
09.0342	对能隙	pairing gap	
09.0343	[配]对效应	pairing effect	
09.0344	对关联	pairing correlation	
09.0345	对关联函数	pairing correlation function	
09.0346	对势	pair potential	
09.0347	对波函数	pair wave function	
09.0348	对振动	pairing vibration	
09.0349	拆对	depairing	
09.0350	不成对核子	unpaired nucleon	
09.0351	芯激发	core excitation	
09.0352	芯极化	core polarization	
09.0353	准粒子对	quasiparticle pair	
09.0354	空穴态	hole state	
09.0355	高位数	seniority	
09.0356	粒子数守恒方程	particle conservation equation	
09.0357	磁刚度	magnetic rigidity	
09.0358	集体转动	collective rotation	
09.0359	集体振动	collective vibration	
09.0360	集体相互作用	collective interaction	
09.0361	核偶极相互作用	nuclear dipole interaction	
09.0362	四极相互作用	quadrupole interaction	又称“四极交互作用”。

序　号	汉　文　名	英　文　名	注　　释
09.0363	核形变	nuclear deformation	
09.0364	形变能	deformation energy	
09.0365	球形核	spherical nucleus	
09.0366	变形核	deformed nucleus	
09.0367	轴对称变形核	axially symmetric deformed nucleus	
09.0368	平衡形变	equilibrium deformation	
09.0369	过渡核	transition nucleus	
09.0370	表面振动	surface vibration	
09.0371	四极振动	quadrupole vibration	
09.0372	四极共振	quadrupole resonance	
09.0373	四重线	quartet	
09.0374	八极振动	octopole vibration	
09.0375	八重态[理]论	octet theory	
09.0376	多重态结构	multiplet structure	
09.0377	β 振动	beta-vibration	
09.0378	转动能级	rotational energy level	
09.0379	振动能级	vibrational energy level	
09.0380	尼尔逊能级	Nilsson energy level	
09.0381	简并能级	degenerate energy level	
09.0382	渐近量子数	asymptotic quantum number	
09.0383	旋称	signature	
09.0384	旋称反转	signature inversion	
09.0385	内禀电四极矩	intrinsic electric quadrupole moment	
09.0386	内禀磁矩	intrinsic magnetic moment	
09.0387	K 选择定则	K-selection rule	
09.0388	在束 γ 谱学	in-beam γ-spectroscopy	
09.0389	高自旋态	high-spin state	
09.0390	回弯	backbending	
09.0391	转晕线	yrast line	
09.0392	转晕能级	yrast level	
09.0393	次转晕能级	yrare level	
09.0394	带交叉	band crossing	
09.0395	带结构	band structure	
09.0396	形状因子	form factor, shape factor	
09.0397	形状跃迁	shape transition	
09.0398	形状共存	shape coexistence	
09.0399	强耦合	strong coupling	
09.0400	弱耦合	weak coupling	

序号	汉文名	英文名	注释
09.0401	中等耦合	intermediate coupling	
09.0402	转振耦合	rotation-vibration coupling	
09.0403	退耦带	decoupled band	
09.0404	退耦参量	decoupling parameter	
09.0405	旁馈	side feeding	
09.0406	核反应	nuclear reaction	
09.0407	核反应运动学	nuclear reaction kinematics	
09.0408	核反应动力学	nuclear reaction dynamics	
09.0409	低能核反应	low-energy nuclear reaction	
09.0410	中能核反应	intermediate-energy nuclear reaction	
09.0411	高能核反应	high-energy nuclear reaction	
09.0412	带电粒子反应	charged particle reaction	
09.0413	中子反应	neutron [induced] reaction	
09.0414	光[致]核反应	photonuclear reaction	
09.0415	散裂反应	spallation reaction	
09.0416	重离子反应	heavy-ion reaction	
09.0417	重离子碰撞	heavy-ion collision	
09.0418	核-核碰撞	nucleus-nucleus collision	
09.0419	核子学	nucleonics	
09.0420	核子-核子碰撞	nucleon-nucleon collision	
09.0421	程函方程	eikonal equation	
09.0422	轻核	light nucleus	
09.0423	中重核	intermediate nucleus, medium weight nucleus	
09.0424	重核	heavy nucleus	
09.0425	核散射	nuclear scattering	
09.0426	反应[通]道	reaction channel	
09.0427	靶核	target nucleus	
09.0428	轰击粒子	bombarding particle	
09.0429	出射粒子	outgoing particle	
09.0430	剩余核	residual nucleus	
09.0431	反冲核	recoil nucleus	
09.0432	蒸发核子	evaporation nucleon	
09.0433	粒子束	particle beam	
09.0434	入射粒子	incident particle	
09.0435	入射束	incoming beam	
09.0436	入射道	incoming channel	
09.0437	出射道	outgoing channel	

序　号	汉　文　名	英　文　名	注　　释
09.0438	出射角	outgoing angle	
09.0439	电荷守恒	charge conservation	
09.0440	质量数守恒	mass-number conservation	
09.0441	反应能	reaction energy	
09.0442	反应 Q 值	reaction Q-value	
09.0443	实验 Q 值	experimental Q-value	
09.0444	放能反应	exothermic reaction	又称“放热反应”。
09.0445	吸能反应	endothermic reaction	又称“吸热反应”。
09.0446	阈值能量	threshold energy	简称“阈能”。
09.0447	核反应阈	nuclear reaction threshold	
09.0448	圆锥效应	cone effect	
09.0449	反应截面	reaction cross-section	
09.0450	总截面	total cross-section	
09.0451	分截面	partial cross-section	
09.0452	弹性散射截面	elastic scattering cross-section	
09.0453	非弹性散射截面	inelastic scattering cross-section	
09.0454	去弹性散射截面	nonelastic scattering cross-section	
09.0455	准弹性散射截面	quasielastic scattering cross-section	
09.0456	吸收截面	absorption cross-section	
09.0457	俘获截面	capture cross-section	
09.0458	裂变截面	fission cross-section	
09.0459	转移截面	transfer cross-section	
09.0460	有效截面	effective cross-section	
09.0461	微分截面	differential cross-section	
09.0462	双微分截面	double-differential cross-section	
09.0463	积分截面	integrated cross-section	
09.0464	绝对截面	absolute cross-section	
09.0465	平均截面	average cross-section	
09.0466	宏观截面	macroscopic cross-section	
09.0467	微观截面	microscopic cross-section	
09.0468	激发函数	excitation function	
09.0469	激发曲线	excitation curve	
09.0470	薄靶	thin target	
09.0471	厚靶	thick target	
09.0472	质量厚度	mass thickness	
09.0473	束流强度	beam intensity	
09.0474	反应率	reaction rate	
09.0475	衰变产物	decay product	

序 号	汉 文 名	英 文 名	注 释
09.0476	反应产物	reaction product	
09.0477	反应产额	reaction yield	
09.0478	绝对产额	absolute yield	
09.0479	分波分析	partial-wave analysis	
09.0480	分波截面	partial-wave cross-section	
09.0481	散射振幅	scattering amplitude	
09.0482	势散射	potential scattering	
09.0483	细致平衡原理	detailed balance principle	
09.0484	倒易定理	reciprocity theorem	
09.0485	离心势垒	centrifugal barrier	
09.0486	谱因子	spectroscopic factor	
09.0487	巨共振	giant resonance	
09.0488	复势	complex potential	
09.0489	共振峰	resonance peak	
09.0490	共振能量	resonance energy	
09.0491	共振截面	resonance cross-section	
09.0492	共振积分	resonance integral	
09.0493	共振宽度	resonance width	
09.0494	辐射宽度	radiation width	
09.0495	中子宽度	neutron width	
09.0496	分宽度	partial width	
09.0497	强度函数	strength function	
09.0498	布雷特-维格纳公式	Breit-Wigner formula	
09.0499	核能级密度	nuclear level density	
09.0500	核温度	nuclear temperature	
09.0501	道自旋	channel spin	
09.0502	复合系统	compound system	
09.0503	复合核	compound nucleus	
09.0504	复合核理论	compound-nucleus theory	
09.0505	复合核衰变	compound-nucleus decay	
09.0506	形状弹性散射	shape-elastic scattering	
09.0507	复合[核]弹性散射	compound-elastic scattering	
09.0508	非弹性散射激发	inelastic scattering excitation	
09.0509	虚能级	virtual level	
09.0510	硬球散射	hard-sphere scattering	
09.0511	平衡前过程	pre-equilibration process	
09.0512	平衡前发射	pre-equilibration emission	
09.0513	激子模型	exciton model	

序 号	汉 文 名	英 文 名	注 释
09.0514	门态	doorway state	
09.0515	蒸发模型	evaporation model	
09.0516	能级密度	level density	
09.0517	蒸发谱	evaporation spectrum	
09.0518	几何截面	geometric[al] cross-section	
09.0519	直接反应	direct reaction	
09.0520	转移反应	transfer reaction	
09.0521	拾取反应	pickup reaction	
09.0522	削裂反应	stripping reaction	
09.0523	核子转移	nucleon transfer	
09.0524	单核子转移反应	one-nucleon transfer reaction	
09.0525	二核子转移反应	two-nucleon transfer reaction	
09.0526	少[数]核子转移	few-nucleon transfer	
09.0527	多[数]核子转移	multinucleon transfer	
09.0528	电荷交换反应	charge exchange reaction	
09.0529	敲出反应	knockout reaction	
09.0530	破裂反应	breakup reaction	
09.0531	碎裂反应	fragmentation reaction	
09.0532	扭曲波[玻恩]近似	distorted wave Born approximation, DWBA	
09.0533	辐射俘获	radiative capture	
09.0534	辐射吸收	radiative absorption	
09.0535	齐拉-却尔曼斯效应	Szilard-Chalmers effect	
09.0536	莫特散射	Mott scattering	
09.0537	准弹性散射	quasi-elastic scattering	
09.0538	深度非弹性散射	deep inelastic scattering	
09.0539	深度非弹性碰撞	deep inelastic collision	
09.0540	阻尼碰撞	damped collision	
09.0541	擦边碰撞	grazing collision	
09.0542	擦边角动量	grazing angular momentum	
09.0543	抛物线近似	parabola approximation	
09.0544	偏转函数	deflection function	
09.0545	库仑激发	Coulomb excitation	
09.0546	重取向效应	reorientation effect	
09.0547	索末菲参量	Sommerfeld parameter	
09.0548	折叠势	folding potential	
09.0549	单折叠势	single folding potential	
09.0550	双折叠势	double folding potential	

序　号	汉　文　名	英　文　名	注　　释
09.0551	聚变	fusion	
09.0552	磁[约束]聚变	magnetic confinement fusion	
09.0553	聚变反应	fusion reaction	
09.0554	氘-氘循环	D-D cycle	
09.0555	熔合反应	fusion reaction	
09.0556	亚垒熔合	sub-barrier fusion	又称“垒下熔合”。
09.0557	[完]全熔合	complete fusion	
09.0558	非[完]全熔合	incomplete fusion	
09.0559	耦合道理论	coupled channels theory	
09.0560	锐截止模型	sharp cut-off model	
09.0561	临界角动量	critical angular momentum	
09.0562	临界距离	critical distance	
09.0563	虹模型	rainbow model	
09.0564	核影散射	shadow scattering	
09.0565	核火球模型	nuclear fireball model	
09.0566	中子学	neutronics	
09.0567	中子谱学	neutron spectroscopy	
09.0568	中子谱仪	neutron spectrometer	
09.0569	快中子谱仪	fast-neutron spectrometer	
09.0570	中子监测器	neutron monitor	
09.0571	中子准直器	neutron collimator	
09.0572	中子斩流器	neutron chopper	
09.0573	中子单色器	neutron monochromator	
09.0574	中子源	neutron source	
09.0575	镭铍中子源	radium-beryllium neutron source	
09.0576	散裂中子源	spallation neutron source	
09.0577	散裂产物	spallation product	
09.0578	冷中子	cold neutron	
09.0579	超冷中子	ultracold neutron	
09.0580	热中子	thermal neutron	
09.0581	慢中子	slow neutron	
09.0582	超热中子	epithermal neutron	
09.0583	超镉中子	epicadmium neutron	
09.0584	共振中子	resonance neutron	
09.0585	中能中子	intermediate neutron	
09.0586	快中子	fast neutron	
09.0587	超快中子	ultrafast neutron	
09.0588	热化中子	thermalized neutron	

序　号	汉　文　名	英　文　名	注　　释
09.0589	中子俘获	neutron capture	
09.0590	中子散射	neutron scattering	
09.0591	中子弹性散射	neutron elastic scattering	
09.0592	中子非弹性散射	neutron inelastic scattering	
09.0593	中子衍射	neutron diffraction	
09.0594	中子衍射图样	neutron diffraction pattern	
09.0595	中子注量	neutron fluence	
09.0596	中子通量	neutron flux	
09.0597	自由中子	free neutron	
09.0598	中子瓶	neutron bottle	
09.0599	中子衰变	neutron decay	
09.0600	中子寿命	neutron lifetime	
09.0601	中子磁矩	neutron magnetic moment	
09.0602	中子输运方程	neutron transport equation	
09.0603	慢化中子	degraded neutron	
09.0604	中子扩散	neutron diffusion	
09.0605	中子逃逸	neutron escape	
09.0606	中子泄露	neutron leakage	
09.0607	中子年龄	neutron age	
09.0608	慢化	slowing-down	
09.0609	慢化效应	moderating effect	
09.0610	慢化剂	moderator	
09.0611	重水	heavy water	
09.0612	勒	lethargy	对数能降。
09.0613	倍增因子	multiplication factor	
09.0614	核电池	nuclear battery	
09.0615	核能	nuclear energy	
09.0616	原子能	atomic energy	
09.0617	原子弹	atomic bomb	
09.0618	核动力	nuclear power	
09.0619	核电站	nuclear power station	
09.0620	核武器	nuclear weapon	
09.0621	核聚变	nuclear fusion	
09.0622	聚变能	fusion energy	
09.0623	热核反应	thermonuclear reaction	
09.0624	热核技术学	thermonucleonics	
09.0625	热核能	thermonuclear energy	
09.0626	热核爆炸	thermonuclear explosion	

序　号	汉　文　名	英　文　名	注　　释
09.0627	氢弹	hydrogen bomb	
09.0628	核碎片	nuclear debris	
09.0629	裂变	fission	又称“分裂”。
09.0630	核裂变	nuclear fission	
09.0631	自发裂变	spontaneous fission	
09.0632	诱发裂变	induced fission	
09.0633	光致裂变	photofission	
09.0634	中子诱发裂变	neutron-induced fission	
09.0635	重核裂变	heavy nuclear fission	
09.0636	二分裂变	binary fission	
09.0637	三分裂变	ternary fission	
09.0638	四分裂变	quaternary fission	
09.0639	裂变核素	fission nuclide	
09.0640	熔合裂变	fusion-fission	
09.0641	准裂变	quasi-fission	
09.0642	快裂变	fast fission	
09.0643	易裂变性	fissility	
09.0644	裂变势垒	fission barrier	
09.0645	裂变碎片	fission fragment	
09.0646	裂变阈	fission threshold	
09.0647	裂变产物	fission product	
09.0648	裂变[产物]链	fission [product] chain	
09.0649	裂变产额	fission yield	
09.0650	产额曲线	yield curve	
09.0651	相对链产额	fractional chain yield	
09.0652	分积累产额	fractional cumulative yield	
09.0653	分独立产额	fractional independent yield	
09.0654	轻[裂变]碎片	light [fission] fragment	
09.0655	重[裂变]碎片	heavy [fission] fragment	
09.0656	不对称裂变	asymmetrical fission	
09.0657	裂变中子	fission neutron	
09.0658	裂变谱中子	fission-spectrum neutron	
09.0659	瞬发中子	prompt neutron	
09.0660	中子多重性	neutron multiplicity	
09.0661	裂变 γ 射线	fission gamma ray	
09.0662	缓发 γ 射线	delayed gamma ray	
09.0663	前驱核	precursor	
09.0664	裂变参量	fission parameter	

序号	汉文名	英文名	注释
09.0665	势能面	potential energy surface	
09.0666	裂变鞍点	fission saddle point	
09.0667	断点	scission point	
09.0668	裂变能	fission energy	
09.0669	壳修正	shell correction	
09.0670	斯特鲁金斯基方法	Strutinsky method	
09.0671	双峰势垒	double-humped barrier	
09.0672	中间结构	intermediate structure	
09.0673	链式反应	chain reaction	
09.0674	中子链式反应	neutron chain reaction	
09.0675	中子循环	neutron cycle	
09.0676	中子倍增	neutron multiplication	
09.0677	快中子增殖	fast neutron multiplication	
09.0678	k 因子	k-factor	
09.0679	可裂变核	fissile nucleus, fissionable nucleus	
09.0680	超锕元素	transactinide element	
09.0681	超铀元素	transuranic element	
09.0682	超钚元素	transplutonium element	
09.0683	超锔元素	transcurium element	
09.0684	核材料	nuclear material	
09.0685	核燃料	nuclear fuel	
09.0686	离心分离	centrifugal separation	
09.0687	离心机	centrifuge	
09.0688	超离心机	ultracentrifuge	
09.0689	乏燃料	spent fuel	
09.0690	核燃料循环	nuclear fuel cycle	
09.0691	核燃料后处理	nuclear fuel reprocessing	
09.0692	核废料	nuclear waste	
09.0693	天然铀	natural uranium	
09.0694	阻止本领	stopping power	
09.0695	质量阻止本领	mass stopping power	
09.0696	电子阻止本领	electron stopping power	
09.0697	核阻止本领	nuclear stopping power	
09.0698	原子阻止截面	atomic stopping cross-section	
09.0699	射程	range	
09.0700	平均射程	mean range	
09.0701	外推射程	extrapolated range	
09.0702	射程歧离	range straggling	

序　号	汉 文 名	英 文 名	注　释
09.0703	射程能量关系	range-energy relation	简称“能程关系”。
09.0704	平均电离势	mean ionization potential	
09.0705	比电离[度]	specific ionization	
09.0706	有效电荷	effective charge	
09.0707	康普顿电子	Compton electron	
09.0708	能量损失	energy loss	
09.0709	能量损失函数	energy-loss function	
09.0710	贝特方程	Bethe equation	
09.0711	K 介原子	kaon atom	
09.0712	克莱因-仁科公式	Klein-Nishina formula	
09.0713	对产生	pair creation, pair production	
09.0714	正负电子对产生	electron-positron pair creation	
09.0715	湮没辐射	annihilation radiation	
09.0716	放射源	radioactive source	
09.0717	天然本底辐射	natural background radiation	
09.0718	靶室	target chamber, scattering chamber	
09.0719	定标器	scaler	
09.0720	正比计数器	proportional counter	
09.0721	盖革-米勒计数器	Geiger-Müller counter	
09.0722	自猝灭计数器	self-quenching counter	
09.0723	固体计数器	solid state counter	
09.0724	切连科夫计数器	Cherenkov counter	
09.0725	闪烁计数器	scintillation counter	
09.0726	闪烁探测器	scintillation detector	
09.0727	中子计数器	neutron counter	
09.0728	三氟化硼计数器	boron trifluoride counter	
09.0729	符合法	coincidence method	
09.0730	反符合	anticoincidence	
09.0731	延时符合	delayed coincidence	
09.0732	符合电路	coincidence circuit	
09.0733	反符合电路	anticoincidence circuit	
09.0734	快慢符合装置	fast-slow coincidence assembly	
09.0735	死时间	dead time	
09.0736	单道分析器	single-channel analyzer	
09.0737	多道分析器	multichannel analyzer	
09.0738	电离电流	ionization current	
09.0739	电离室	ionization chamber	
09.0740	脉冲电离室	pulse ionization chamber	

序　号	汉　文　名	英　文　名	注　　释
09.0741	屏栅电离室	grid ionization chamber	
09.0742	电流电离室	current ionization chamber	
09.0743	[气]泡室	bubble chamber	
09.0744	气液泡室	gas-liquid bubble chamber	
09.0745	火花室	spark chamber	
09.0746	分辨时间	resolving time	
09.0747	能量分辨本领	energy resolution power	
09.0748	能量分辨率	energy resolution	
09.0749	光阴极	photocathode	
09.0750	闪烁体	scintillator	
09.0751	闪烁谱仪	scintillation spectrometer	
09.0752	液体闪烁体	liquid scintillator	
09.0753	探测器	detector	
09.0754	探测效率	detection efficiency	
09.0755	探测灵敏度	detection sensitivity	
09.0756	半导体探测器	semiconductor detector	
09.0757	硅面垒探测器	silicon surface barrier detector	
09.0758	锂漂移探测器	lithium drift detector	
09.0759	锗探测器	germanium detector	
09.0760	反康普顿屏蔽	anti-Compton shield	
09.0761	同轴型探测器	coaxial-type detector	
09.0762	平面型探测器	planar-type detector	
09.0763	中子探测器	neutron detector	
09.0764	径迹探测器	track detector	
09.0765	固体径迹探测器	solid state track detector	
09.0766	辐射损伤	radiation damage	
09.0767	核乳胶	nuclear emulsion	
09.0768	核照相乳胶	nuclear photographyic emulsion	
09.0769	核径迹乳胶	nuclear track emulsion	
09.0770	云室	cloud chamber	
09.0771	威耳逊云室	Wilson cloud chamber	
09.0772	多丝[正比]室	multiple-wire [proportional] chamber	
09.0773	粒子径迹	particle track	
09.0774	热释光剂量仪	thermoluminescent dosimeter	
09.0775	全能峰	full energy peak	
09.0776	光电峰	photopeak	
09.0777	逃逸峰	escape peak	
09.0778	单逃逸峰	single-escape peak	

序号	汉文名	英文名	注释
09.0779	双逃逸峰	double-escape peak	
09.0780	粒子鉴别	particle identification	
09.0781	脉冲形状甄别	pulse-shape discrimination	
09.0782	飞行时间法	time-of-flight method	
09.0783	飞行时间谱仪	time-of-flight spectrometer	
09.0784	望远镜探测器	telescope detector	
09.0785	微通道板	microchannel plate	
09.0786	多普勒频移衰减法	Doppler shift attenuation method, DSAM	
09.0787	稳定同位素	stable isotope	
09.0788	不稳定同位素	unstable isotope	
09.0789	天然同位素	natural isotope	
09.0790	人造同位素	man-made isotope	
09.0791	同位素丰度	isotopic abundance	
09.0792	相对丰度	relative abundance	
09.0793	同位素富集	isotope enrichment	
09.0794	同位素稀释	isotope dilution	
09.0795	同位素标记	isotope labeling	
09.0796	同位素分离	isotope separation, nuclear separation	
09.0797	同位素分离器	isotope separator	
09.0798	同位素分析器	isotron	
09.0799	同位素示踪剂	isotopic tracer	
09.0800	示踪原子	tracer atom	
09.0801	示踪元素	tracer element	
09.0802	示踪物	tracer	
09.0803	示踪探测器	tracer detector	
09.0804	质量分离器	mass separator	
09.0805	活化分析	activation analysis	
09.0806	中子活化分析	neutron activation analysis, NAA	
09.0807	离子束分析	ion-beam analysis, IBA	
09.0808	核反应分析	nuclear reaction analysis	
09.0809	核反冲法	method of nuclear recoil	
09.0810	深度剖析	depth profiling	
09.0811	锐共振反应	sharp resonance reaction	
09.0812	粒子诱发X[射线]发射	particle induced X-ray emission, PIXE	
09.0813	背散射分析	backscattering analysis, BSA	
09.0814	离子背散射谱学	ion back-scattering spectroscopy, IBS	

序　号	汉　文　名	英　文　名	注　　释
09.0815	核医学	nuclear medicine	
09.0816	正电子[发射]层析术	positron-emission tomography, PET	
09.0817	核磁共振层析术	nuclear magnetic resonance tomography, NMR tomography	简称“NMR 层析术”。
09.0818	γ 射线穿透仪	penetron	
09.0819	辐射改性	radiation modification	
09.0820	离子束混合	ion-beam mixing	
09.0821	溅射	sputtering	
09.0822	射频溅射	radio-frequency sputtering, RF sputtering	
09.0823	三极[管]溅射	triode sputtering	
09.0824	真空敷膜	vacuum coating	
09.0825	德拜-谢勒法	Debye-Scherrer method	
09.0826	核共振 X 射线谱学	nuclear resonance X-ray spectroscopy, NRXS	
09.0827	软 X 射线谱学	soft X-ray spectroscopy	
09.0828	软 X 射线发射	soft X-ray emission	
09.0829	X 射线摄谱仪	X-ray spectrograph	
09.0830	X 射线衍射仪	X-ray diffractometer	
09.0831	电子衍射仪	electron diffractometer	
09.0832	穆斯堡尔谱仪	Mössbauer spectrometer	
09.0833	透射穆斯堡尔谱术	transmission Mössbauer spectroscopy	
09.0834	磁取向穆斯堡尔谱术	magnetic orientation Mössbauer spectroscopy	
09.0835	质谱仪	mass spectrograph, mass spectrometer	
09.0836	回旋质谱仪	omegatron	
09.0837	加速器质谱仪	accelerator mass spectrometer, AMS	
09.0838	反冲质谱议	recoil mass spectrometer, RMS	
09.0839	肖特基质谱术	Schottky mass spectrometry	
09.0840	质谱	mass spectrum	又称“Ω 器”。
09.0841	质谱法	mass spectrometry	
09.0842	场离子质谱学	field ion mass spectroscopy	
09.0843	磁谱仪	magnetic spectrometer	
09.0844	半圆谱仪	semicircular spectrometer	
09.0845	双聚焦谱仪	double-focusing spectrometer	
09.0846	透镜谱仪	lens spectrometer	
09.0847	核测井	nuclear logging	

序号	汉文名	英文名	注释
09.0848	中子活化测井	neutron activation logging	
09.0849	中子照相	neutron exposure	
09.0850	年代学	chronology	
09.0851	放射性鉴年法	radioactive dating, radiometric dating	
09.0852	碳 14 测年	^{14}C dating	
09.0853	裂变径迹年代测定	fission track dating	
09.0854	加速器	accelerator	
09.0855	粒子加速器	particle accelerator	
09.0856	高压倍加器	Cockcroft-Walton accelerator	
09.0857	范德格拉夫加速器	van de Graaff accelerator	又称“静电加速器(constant-potential accelerator)”。
09.0858	串列[式]加速器	tandem accelerator	
09.0859	中子发生器	neutron generator	又称“中子产生器”。
09.0860	千电子伏级加速器	kevatron	
09.0861	电子回旋加速器	microtron	
09.0862	电子感应加速器	betatron	
09.0863	回旋加速器	cyclotron	
09.0864	等时性回旋加速器	isochronous cyclotron	
09.0865	调频回旋加速器	frequency-modulated cyclotron	
09.0866	回旋同步加速器	cyclosynchrotron	
09.0867	同步回旋加速器	synchrocyclotron	
09.0868	同步稳相加速器	synchrophasotron	
09.0869	同步加速器	synchrotron	
09.0870	交变梯度同步加速器	alternating-gradient synchrotron	
09.0871	同步[加速器]辐射	synchrotron radiation	又称“磁轫致辐射(magneto-bremsstrah-101lung)”。
09.0872	同步回旋[加速器]辐射	synchrocyclotron radiation	
09.0873	时间分辨同步辐射	time-resolved synchrotron radiation	
09.0874	同步-康普顿辐射	synchro-Compton radiation	
09.0875	定磁场加速器	fixed-field accelerator	
09.0876	重离子加速器	heavy-ion accelerator	
09.0877	超导直线加速器	superconducting linear accelerator	
09.0878	超级质子同步加速器	super proton synchrotron, SPS	
09.0879	超导存储环	superconducting storage ring	
09.0880	超导[谐振]腔	superconducting cavity	

序　号	汉 文 名	英 文 名	注　　释
09.0881	加速管	accelerating tube	
09.0882	加速电压	accelerating voltage	
09.0883	电子群聚	electron bunching	
09.0884	电子冷却	electron cooling	
09.0885	电子捕获	electron capture	
09.0886	电子回旋辐射	electron cyclotron radiation	
09.0887	电子回旋共振	electron cyclotron resonance	
09.0888	电子回旋频率	electron cyclotron frequency	
09.0889	反应堆	reactor	
09.0890	原子反应堆	nuclear reactor	
09.0891	核反应堆	nuclear pile	
09.0892	裂变反应堆	fission reactor	
09.0893	轻水反应堆	light water reactor, LWR	
09.0894	增殖反应堆	breeder reactor	
09.0895	快中子反应堆	fast neutron reactor	
09.0896	零功率装置	zero-power assembly	
09.0897	临界装置	critical assembly	
09.0898	临界体积	critical volume	
09.0899	临界质量	critical mass	
09.0900	次临界质量	subcritical mass	
09.0901	空洞系数	void coefficient	核反应堆用语。
09.0902	空洞效应	void effect	核反应堆用语。
09.0903	聚变反应堆	fusion reactor	
09.0904	久期项	secular term	

09.02　粒子物理学

09.0905	粒子物理[学]	particle physics	
09.0906	高能物理[学]	high energy physics	
09.0907	重味物理[学]	heavy flavor physics	
09.0908	粲粒子物理[学]	charm physics	
09.0909	高能天体物理[学]	high-energy astrophysics	
09.0910	宇宙线物理[学]	cosmic ray physics	
09.0911	宇宙学	cosmology	
09.0912	宇宙物理[学]	cosmophysics	
09.0913	计算物理[学]	computational physics	
09.0914	正则量子化	canonical quantization	
09.0915	猜想	conjecture	又称“猜测”。
09.0916	测量假设	postulate of measurement	

序　号	汉　文　名	英　文　名	注　　释
09.0917	自然单位	natural unit	
09.0918	接触相互作用	contact interaction	
09.0919	半空间	half-space	
09.0920	基本粒子	elementary particle	
09.0921	反粒子	antiparticle	
09.0922	稳定粒子	stable particle	
09.0923	规范粒子	gauge particle	
09.0924	规范玻色子	gauge boson	
09.0925	反费米子	antifermion	
09.0926	矢量玻色子	vector boson	
09.0927	反玻色子	antiboson	
09.0928	强子	hadron	
09.0929	介子	meson	又称“重电子(heavy electron)”。
09.0930	赝标介子	pseudoscalar meson	
09.0931	矢量介子	vector meson	
09.0932	轴矢介子	axial-vector meson	
09.0933	标量介子	scalar meson	
09.0934	隐粲介子	hidden charm meson	
09.0935	重子	baryon	
09.0936	反重子	antibaryon	
09.0937	重子偶素	baryonium	
09.0938	双重子	dibaryon	
09.0939	核子偶素	nucleonium	
09.0940	轻子	lepton	
09.0941	反轻子	antilepton	
09.0942	双轻子	bilepton	
09.0943	重轻子	heavy lepton	
09.0944	[正负]电子偶素	positronium	
09.0945	电[子型]中微子	electrino	
09.0946	正态电子偶素	orthopositronium	
09.0947	仲态电子偶素	parapositronium	
09.0948	左旋中微子	left neutrino	
09.0949	轻子数	leptonic number	
09.0950	轻子型衰变	leptonic decay	
09.0951	μ 子	muon	
09.0952	反 μ 子	antimuon	
09.0953	μ 子素	muonium	

序号	汉文名	英文名	注释
09.0954	双μ子	dimuon	
09.0955	μ原子	muonic atom	
09.0956	μ子数	muon[ic] number	
09.0957	μ俘获	muon capture	
09.0958	τ轻子	tau lepton	
09.0959	τ[子型]中微子	tau neutrino	
09.0960	π介子	pion	又称“汤川介子(Yukawa meson)”。
09.0961	π介子素	pionium	
09.0962	π原子	pionic atom	
09.0963	π介子化	pionization	
09.0964	π介子工厂	pion factory	
09.0965	K介子	kaon	
09.0966	反K介子	antikaon	
09.0967	K介子再生	kaon regeneration	
09.0968	K介子工厂	kaon factory	
09.0969	反质子	antiproton	
09.0970	质子偶素	protonium	
09.0971	反中子	antineutron	
09.0972	奇异粒子	strange particle	
09.0973	价核子	valence nucleon	
09.0974	超子	hyperon	
09.0975	粲粒子	charmed particle	
09.0976	粲偶素	charmonium	
09.0977	正粲偶素	orthocharmonium	
09.0978	仲粲偶素	paracharmonium	
09.0979	J/ψ粒子	J/psi particle	
09.0980	c介子	chi meson	
09.0981	胶球	glueball	
09.0982	混杂子	hybrid	正反夸克与胶子组成的粒子。
09.0983	奇特态	exotic state	
09.0984	遍举过程	exclusive process	
09.0985	奇特原子	exotic atom	
09.0986	中间玻色子	intermediate boson	
09.0987	胶子	gluon	
09.0988	标量光子	scalar photon	
09.0989	引力子	graviton	

序号	汉文名	英文名	注释
09.0990	重光子	heavy photon	
09.0991	夸克	quark	
09.0992	反夸克	antiquark	
09.0993	夸克偶素	quarkonium	
09.0994	价夸克	valence quark	
09.0995	轻夸克	light quark	
09.0996	轻夸[玻色]子	leptoquark	轻夸克伴随子。
09.0997	海夸克	sea quark	
09.0998	重夸克	heavy quark	
09.0999	微夸克	wee quark	
09.1000	层子	straton	
09.1001	u 夸克	up quark	又称“上夸克”。
09.1002	d 夸克	down quark	又称“下夸克”。
09.1003	c 夸克	charm quark	又称“粲夸克”。
09.1004	s 夸克	strange quark	又称“奇异夸克”。
09.1005	t 夸克	top quark	又称“顶夸克”。
09.1006	b 夸克	bottom quark	又称“底夸克”,曾称“美夸克(beauty quark)”。
09.1007	奇异数	strangeness	
09.1008	粲数	charm	
09.1009	顶数	topness	
09.1010	底数	bottomness	
09.1011	底偶素	bottonium	
09.1012	顶夸克偶素	topponium	
09.1013	配偶子	partner	又称“伴随子”。
09.1014	部分子	parton	
09.1015	超[对称]粒子	sparticle	
09.1016	标量轻子	scalar lepton, slepton	
09.1017	标量 μ 子	scalar muon, smuon	
09.1018	标量中微子	scalar neutrino, sneutrino	
09.1019	规范微子	gaugino	
09.1020	光微子	photino	又称“伴光子”。
09.1021	引力微子	gravitino	
09.1022	胶微子	gluino	
09.1023	中性微子	neutralino	
09.1024	带电微子	chargino	
09.1025	磁单极子	magnetic monopole	

序 号	汉 文 名	英 文 名	注 释
09.1026	反单极子	antimonopole	
09.1027	双荷子	dyon	
09.1028	反双荷子	antidyon	
09.1029	双荷子偶素	dyonium	
09.1030	任意子	anyon	
09.1031	轴子	axion	
09.1032	半子	meron	
09.1033	前子	preon	
09.1034	前夸克	prequark	
09.1035	初子	rishon	
09.1036	亚场	subfield	
09.1037	亚轻子	sublepton	
09.1038	亚夸克	subquark	
09.1039	瞬子	instanton	
09.1040	快子	tachyon	
09.1041	戈德斯通粒子	Goldstone particle	
09.1042	希格斯玻色子	Higgs boson	
09.1043	希格斯粒子	Higgs particle	
09.1044	坡密子	pomeron	
09.1045	次级粒子	secondary particle	
09.1046	次级发射	secondary emission	
09.1047	裸电子	bare electron	
09.1048	裸离子	bare ion	
09.1049	裸质量	bare mass	
09.1050	裸核	bare nucleus	
09.1051	原初电子	primary electron	
09.1052	赝原子	pseudoatom	
09.1053	反[物质]元素	antielement	
09.1054	反物质	antimatter	
09.1055	反[物质]星系	antigalaxy	
09.1056	反[物质]世界	antiworld	
09.1057	规范势	gauge potential	
09.1058	电荷算符	charge operator	
09.1059	电荷半径	charge radius	
09.1060	电荷不对称性	charge asymmetry	
09.1061	手征场	chiral field	
09.1062	手征荷	chiral charge	
09.1063	手征流	chiral current	

序 号	汉 文 名	英 文 名	注 释
09.1064	手征粒子	chiral particle	
09.1065	手征对称性	chiral symmetry	
09.1066	规范场	gauge field	
09.1067	代	generation	
09.1068	鬼态	ghost state	又称“伪态（spurious state）”。
09.1069	整体对称[性]	global symmetry	
09.1070	重离子	heavy ion	
09.1071	非相干产生	incoherent production	
09.1072	独立振幅	independent amplitude	
09.1073	指数定理	index theorem	
09.1074	非弹性	inelasticity	
09.1075	内部对称性	internal symmetry	
09.1076	内禀自由度	intrinsic degree of freedom	
09.1077	不变振幅	invariant amplitude	
09.1078	不变质量	invariant mass	
09.1079	纵[向]动量	longitudinal momentum	
09.1080	长寿命粒子	long-lived particle	
09.1081	长程关联	long-range correlation	
09.1082	下界	lower bound	
09.1083	下限	lower limit	
09.1084	宏观因果性	macrocausality	
09.1085	微观因果性	microcausality	
09.1086	微观过程	microprocess	
09.1087	微观世界	microworld	
09.1088	宏观系统	macrosystem	
09.1089	马约拉纳粒子	Majorana particle	
09.1090	有质量粒子	massive particle	
09.1091	无质量粒子	massless particle	
09.1092	质量算符	mass operator	
09.1093	丢失质量	missing mass	
09.1094	质壳	mass shell	
09.1095	中微子振荡	neutrino oscillation	
09.1096	中微子[致产]生	neutrino induced production	
09.1097	非轻子衰变	nonleptonic decay	
09.1098	非物理粒子	unphysical particle	
09.1099	[类]点粒子	point[-like] particle	
09.1100	软过程	soft process	

序 号	汉 文 名	英 文 名	注 释
09.1101	类空区	spacelike region	
09.1102	强[作用]衰变	strong decay	
09.1103	类时区	timelike region	
09.1104	拓扑截面	topological cross-section	
09.1105	横向动量	transverse momentum	
09.1106	弱[作用]衰变	weak decay	
09.1107	弱超荷	weak hypercharge	
09.1108	反常磁矩	anomalous magnetic moment, abnormal magnetic moment	
09.1109	重子数	baryon number	
09.1110	弱同位旋	weak isospin	
09.1111	彩[色]	technicolor	
09.1112	衰变模式	decay mode	
09.1113	赝势	pseudopotential	
09.1114	赝标量	pseudoscalar	
09.1115	赝快度	pseudorapidity	
09.1116	物理区域	physical region	
09.1117	耦合常数	coupling constant	
09.1118	μ[子型]中微子	mutrino	
09.1119	横向能量	transverse energy	
09.1120	组分质量	constituent mass	
09.1121	流质量	current mass	
09.1122	半轻子型衰变	semileptonic decay	
09.1123	极端相对论性粒子	ultrarelativistic particle	
09.1124	衰变分支比	decay fraction	
09.1125	衰变宽度	decay width	
09.1126	有效半径	effective radius	
09.1127	电磁衰变	electromagnetic decay	
09.1128	电磁半径	electromagnetic radius	
09.1129	电磁簇射	electromagnetic shower	
09.1130	费米[子]弦	fermionic string	
09.1131	普朗克质量	Planck mass	
09.1132	阿贝尔规范场	Abelian gauge field	
09.1133	非阿贝尔规范场	nonabelian gauge field	
09.1134	色荷	color charge	
09.1135	色空间	color space	
09.1136	组分夸克	constituent quark	
09.1137	流夸克	current quark	

序号	汉文名	英文名	注释
09.1138	玻色[子]弦	bosonic string	
09.1139	多重态	multiplet	
09.1140	多重线	multiplet	
09.1141	十重态	decimet, decuplet	
09.1142	双关共振	dual resonance	又称“对偶共振”。
09.1143	味	flavor	
09.1144	味空间	flavor space	
09.1145	味对称性	flavor symmetry	
09.1146	硬光子	hard photon	
09.1147	超荷	hypercharge	
09.1148	超色	hypercolor	
09.1149	格点规范	lattice gauge	
09.1150	电弱[相互]作用	electroweak interaction	
09.1151	规范相互作用	gauge interaction	
09.1152	引力相互作用	gravitational interaction	
09.1153	乱真子	spurion	
09.1154	超强相互作用	superstrong interaction	
09.1155	超弱相互作用	superweak interaction	
09.1156	汤川相互作用	Yukawa interaction	
09.1157	标量电子	scalar electron, selectron	又称“电子伴随子”。
09.1158	标量夸克	scalar quark, squark	又称“夸克伴随子”。
09.1159	δ 电子	delta electron	
09.1160	电子[型]中微子	e-neutrino	
09.1161	基本相互作用	fundamental interaction	
09.1162	[粒子]生成寿命	generation lifetime	
09.1163	鬼粒子	ghost particle	
09.1164	胶子偶素	gluonium	
09.1165	强子期	hadron era	
09.1166	Σ 超子	sigma hyperon	
09.1167	σ 介子	sigma meson	
09.1168	反超子	antihyperon	
09.1169	反 Σ 超子	antisigma hyperon	
09.1170	反电子	antielectron	
09.1171	反介子	antimeson	
09.1172	慢子	bradyon	
09.1173	复合玻色子	composite boson	
09.1174	复合费米子	composite fermion	
09.1175	带色粒子	colored particle	

序　号	汉　文　名	英　文　名	注　　释
09.1176	带色夸克	colored quark	
09.1177	电荷分布半径	charge distribution radius	
09.1178	复合粒子	composite particle	
09.1179	共轭粒子	conjugate particle	
09.1180	伸缩子	dilaton	
09.1181	双夸克	diquark	
09.1182	二重性	duplicity	
09.1183	重介子	heavy meson	
09.1184	螺旋面	helicoid	
09.1185	高能中微子	high energy neutrino	
09.1186	高能粒子	high energy particle	
09.1187	J/ψ 家族	J/psi family	
09.1188	轻子期	lepton era	
09.1189	轻子荷	leptonic charge	
09.1190	轻介子	light meson	
09.1191	马约拉纳中微子	Majorana neutrino	
09.1192	负超子	negative hyperon	
09.1193	负介子	negative meson	
09.1194	负电子	negatron	
09.1195	中性介子	neutral meson	
09.1196	中性粒子	neutral particle	
09.1197	非相对论性粒子	non-relativistic particle	
09.1198	五夸克态	penta-quark state	
09.1199	光生中微子	photoneutrino	
09.1200	光[致]中子	photoneutron	
09.1201	τ 子	tau-meson	
09.1202	不稳定粒子	unstable particle	
09.1203	Υ 粒子	upsilon particle	
09.1204	元重子	urbaryon	
09.1205	W 玻色子	W-boson	
09.1206	弱玻色子	weak boson	
09.1207	微部分子	wee parton	
09.1208	Ξ 超子	xi-hyperon	
09.1209	介[子]原子	mesonic atom	
09.1210	介子素	mesonium	
09.1211	史科[粒]子	skyrmion	
09.1212	场论	field theory	
09.1213	统一场论	unified field theory	

序　号	汉　文　名	英　文　名	注　　释
09.1214	量子色动力学	quantum chromodynamics, QCD	
09.1215	量子电动力学	quantum electrodynamics, QED	
09.1216	规范场论	gauge field theory	
09.1217	量子味动力学	quantum flavor dynamics, QFD	
09.1218	量子引力动力学	quantum gravitational dynamics	
09.1219	中微子混合矩阵	neutrino mixing matrix	
09.1220	退禁闭相	deconfinement phase	
09.1221	禁闭相	confinement phase	
09.1222	宇宙微波辐射	cosmological microwave radiation	
09.1223	电弱统一理论	electroweak unified theory	
09.1224	大统一	grand unification	
09.1225	大统一理论	grand unified theory, GUT	
09.1226	非线性场论	nonlinear field theory	
09.1227	非局域场论	nonlocal field theory	又称“非定域场论”。
09.1228	杨[振宁]-米尔斯场	Yang-Mills field	
09.1229	夸克模型	quark model	
09.1230	部分子模型	parton model	
09.1231	费曼标度无关性	Feynman scaling	
09.1232	标度[无关]行为	scaling behavior	
09.1233	标度无关变量	scaling variable	
09.1234	标度无关性破坏	scaling violation	
09.1235	渐近行为	asymptotic behavior	
09.1236	渐近自由	asymptotic freedom	
09.1237	渐近态	asymptotic state	
09.1238	紫外截断[频率]	ultraviolet cutoff	
09.1239	红外截断[频率]	infrared cutoff	
09.1240	[口]袋模型	bag model	
09.1241	自举模型	bootstrap model	又称“靴袢模型”。
09.1242	复合性	compositeness	
09.1243	火球模型	fireball model	
09.1244	对偶模型	dual model	
09.1245	希格斯场	Higgs field	
09.1246	希格斯机理	Higgs mechanism	
09.1247	希格斯模型	Higgs model	
09.1248	希格斯区	Higgs sector	
09.1249	李[政道]模型	Lee model	
09.1250	戈德斯通定理	Goldstone's theorem	
09.1251	超弦理论	superstring theory	

序　号	汉　文　名	英　文　名	注　　释
09.1252	巴格曼-维格纳方程	Bargmann-Wigner equation	
09.1253	坂田模型	Sakata model	
09.1254	层子模型	straton model	
09.1255	弦模型	string model	
09.1256	离[质]壳粒子	off-mass-shell particle	
09.1257	机理	mechanism	
09.1258	度规	metric	
09.1259	混合角	mixing angle	
09.1260	多重边缘链	multiperipheral chain	
09.1261	多重数	multiplicity	
09.1262	多重性	multiplicity	
09.1263	负度规	negative metric	
09.1264	快度	rapidity	
09.1265	树[形]图近似	tree diagram approximation	
09.1266	幺正极限	unitarity limit	
09.1267	幺旋	unitary spin	
09.1268	上下对称性	up-down symmetry	
09.1269	上下不对称性	up-down asymmetry	
09.1270	真空态	vacuum state	
09.1271	矢量流	vector current	
09.1272	矢量耦合	vector coupling	
09.1273	弱中性流	weak neutral current	
09.1274	粲数改变流	charm changing current	
09.1275	多重产生	multiproduction	
09.1276	单举过程	inclusive process	
09.1277	双举过程	double inclusive process	
09.1278	[相]互作用长度	interaction length	
09.1279	吸收长度	absorption length	
09.1280	亮度	luminosity	描述对撞机中粒子束性能的量。
09.1281	信道	channel	
09.1282	外晕	outer halo	
09.1283	参量化	parametrization	
09.1284	因子化	factorization	
09.1285	弹性道	elastic channel	
09.1286	演化	evolution	
09.1287	形成时间	formation time	
09.1288	寿命延长	lifetime dilation	

序　号	汉　文　名	英　文　名	注　　释
09.1289	费曼规范	Feynman gauge	
09.1290	费曼规则	Feynman rule	
09.1291	基本长度	fundamental length	
09.1292	第一[性]原理	first principle	
09.1293	从头计算	ab initio calculation	又称“第一[性]原理计算(first principle calculation)”。
09.1294	树形图	tree diagram	
09.1295	反厄米算符	antihermitian operator	
09.1296	反对称化	antisymmetrization	
09.1297	反幺正性	antiunitarity	
09.1298	反常流	abnormal current	
09.1299	反常量纲	anomalous dimension	
09.1300	轴矢流	axial current, axial-vector current	
09.1301	裸电荷	bare charge	
09.1302	裸耦合	bare coupling	
09.1303	双线性耦合	bilinear coupling	
09.1304	双局域算符	bilocal operator	又称“双定域算符”。
09.1305	正反粒子共轭	charge conjugation	
09.1306	C 对称性	C-symmetry	全称“正反粒子共轭对称性”。
09.1307	CP 对称	CP symmetry	
09.1308	CP 破坏	CP violation	
09.1309	T 对称性	T-symmetry	
09.1310	P 对称性	P-symmetry	
09.1311	CPT 定理	CPT theorem	
09.1312	相干产生	coherent generation	
09.1313	共轭场	conjugate field	
09.1314	全对称性	complete symmetry	
09.1315	流对易子	current commutator	
09.1316	流代数	current algebra	
09.1317	光锥[流]代数	light-cone [current] algebra	
09.1318	校正场	correcting field	
09.1319	计数定则	counting rule	
09.1320	交叉[通]道	cross channel	
09.1321	交叉束	crossing beam	
09.1322	交叉对称[性]	crossing symmetry	
09.1323	衍射分解	diffractive dissociation	

序号	汉文名	英文名	注释
09.1324	量纲计数规则	dimensional counting rule	
09.1325	维数约化	dimensional reduction	
09.1326	维数正规化	dimensional regularization	
09.1327	对偶场	dual field	
09.1328	对偶空间	dual space	
09.1329	对偶张量	dual tensor	
09.1330	八重法	eightfold way	
09.1331	程函模型	eikonal model	
09.1332	强子动力学	hadrodynamics	
09.1333	强子型衰变	hadronic decay	
09.1334	硬过程	hard process	
09.1335	隐对称[性]	hidden symmetry	
09.1336	隐变量	hidden variable	
09.1337	级列问题	hierarchy problem	
09.1338	水平对称性	horizontal symmetry	
09.1339	无限大动量系	infinite momentum frame	
09.1340	红外奴役	infrared slavery	
09.1341	三喷注	three jet	
09.1342	喷注模型	jet model	
09.1343	喷注簇射	jet shower	
09.1344	电荷交换碰撞	charge exchange collision	
09.1345	电荷宇称	charge parity	
09.1346	电荷宇称效应	charge parity effect	
09.1347	电荷重正化	charge renormalization	
09.1348	带电粒子径迹	charged particle track	
09.1349	手征对称[性]破缺	chiral symmetry breaking	
09.1350	色动力学	chromodynamics	
09.1351	色相互作用	color interaction	
09.1352	色量子数	color quantum number	
09.1353	康普顿散射截面	Compton cross-section	
09.1354	康普顿反冲	Compton recoil	
09.1355	禁闭	confinement	
09.1356	退禁闭	deconfiment	
09.1357	相干散射	coherent scattering	
09.1358	相干散射长度	coherent scattering length	
09.1359	相干源	coherent source	
09.1360	相干态	coherent state	
09.1361	相干波	coherent wave	

序　号	汉　文　名	英　文　名	注　　释
09.1362	相干态表象	coherent-state representation	
09.1363	组合宇称	combined parity	
09.1364	达里兹图	Dalitz plot	
09.1365	有效场理论	effective field theory	
09.1366	电子-中微子场	electron-neutrino field	
09.1367	小林-益川混合矩阵	Kobayashi-Maskawa mixing matrix	
09.1368	梯形[图]近似	ladder approximation	
09.1369	淬火近似	quenching approximation	
09.1370	主导对数项	leading logarithm	
09.1371	主导粒子	leading particle	
09.1372	主导极点	leading pole	
09.1373	主导项	leading term	
09.1374	雷杰割线	Regge cut	
09.1375	左手流	left-handed current	
09.1376	极限碎裂	limiting fragmentation	
09.1377	局域场论	local field theory	
09.1378	局域性	locality	
09.1379	算符代数	operator algebra	
09.1380	宇称破坏	parity violation	
09.1381	夸克禁闭	quark confinement	
09.1382	准玻色子	quasi-boson	
09.1383	准平衡	quasi-equilibrium	
09.1384	雷杰极点	Regge pole	
09.1385	雷杰轨迹	Regge trajectory	
09.1386	跑动耦合常数	running coupling constant	
09.1387	海鸥效应	seagull effect	
09.1388	半经典方法	semiclassical approach	
09.1389	σ 模型	sigma model	
09.1390	空间反射	space reflection	
09.1391	时空反演	spacetime inversion	
09.1392	一次球度	sphericity	多粒子产生事件中角分布球对称性(以动量分量平方定义)的量度。
09.1393	二次球度	spherocity	多粒子产生事件中角分布球对称性(以动量分量绝对值定义)的量度。

序 号	汉 文 名	英 文 名	注 释
09.1394	真空涨落	vacuum fluctuation	
09.1395	正负电子对湮没	electron-positron pair annihilation	
09.1396	弱电力	electroweak force	
09.1397	随机量子化	stochastic quantization	
09.1398	结构函数	structure function	
09.1399	超场	superfield	
09.1400	超对称	supersymmetry	
09.1401	超统一	superunification	
09.1402	超规范	supergauge	
09.1403	超引力	supergravity	
09.1404	超选择定则	superselection rule	
09.1405	超空间	superspace	
09.1406	超弦	superstring	
09.1407	超流液体	superfluid liquid	
09.1408	多彩对称性	technicolor symmetry	
09.1409	θ-τ 疑难	theta-tau puzzle	
09.1410	拓扑荷	topological charge	
09.1411	拓扑孤子	topological soliton	
09.1412	ABJ 反常	Adler-Bell-Jackiw anomaly, ABJ anomaly	
09.1413	守恒矢量流	conserved vector current, CVC	
09.1414	守恒轴矢流	conserved axial current, CAC	
09.1415	部分守恒轴矢流	partially conserved axial current, PCAC	
09.1416	中性流	neutral current, NC	
09.1417	时空对称性	spacetime symmetry	
09.1418	动力学对称破缺	dynamical symmetry breaking	
09.1419	真空极化	vacuum polarization	
09.1420	发散困难	divergence difficulty	
09.1421	高能簇射	energetic shower	
09.1422	重正化	renormalization	
09.1423	能量转换	energy conversion	
09.1424	幺正性	unitarity	
09.1425	能量退降	energy degradation	
09.1426	色散关系	dispersion relation	
09.1427	格拉肖-伊利奥普洛斯-马亚尼机制	Glashow-Iliopoulos-Maiani mechanism, GIM mechanism	简称“GIM 机制”。
09.1428	阿德勒反常	Adler anomaly	

序　号	汉　文　名	英　文　名	注　　释
09.1429	杂化超弦理论	heterotic superstring theory	
09.1430	谱理论	spectral theory	
09.1431	法雷定理	Furry's theorem	
09.1432	单举[反应]截面	inclusive cross-section	
09.1433	加速机制	acceleration mechanism	
09.1434	注入锁定	injection-locking	
09.1435	离边喷注	away-side jet	
09.1436	K 介子俘获	K-meson capture	
09.1437	束流冷却	beam cooling	
09.1438	宇称守恒定律	law of parity conservation	
09.1439	δ[电子]损失	delta loss	
09.1440	双芯簇射	double-core shower	
09.1441	最小标准模型	minimum standard model, MSM	
09.1442	多芯结构	multicore structure	
09.1443	μ 子极化	muon polarization	
09.1444	离线分析	off-line analysis	
09.1445	μ 子自旋弛豫	muon spin relaxation	
09.1446	在线分析	on-line analysis	
09.1447	μ 子自旋共振	muon spin resonance, μSR	
09.1448	μ 子自旋旋转谱学	muon spin rotation spectroscopy, μSR spectroscopy	
09.1449	程长	path length	
09.1450	止步定理	no-go theorem	
09.1451	渡越辐射	transition radiation	
09.1452	跃迁振幅	transition amplitude	
09.1453	渡越时间	transition time	
09.1454	非局域赝势	nonlocal pseudopotential	
09.1455	非局域[化]	non-localization	
09.1456	电[致产]生	electroproduction	
09.1457	非局域干涉	non-localized interference	
09.1458	螺旋度	helicity	
09.1459	螺旋性	helicity	
09.1460	非辐射产生	non-radiative generation	
09.1461	分数电荷	fractional [electric] charge	
09.1462	粒子探测	particle detection	
09.1463	右手流	right-handed current	
09.1464	粒子-反粒子共轭	particle-antiparticle conjugation	
09.1465	半举过程	semi-inclusive process	

序　号	汉　文　名	英　文　名	注　　释
09.1466	粒子空穴理论	particle-hole theory	
09.1467	半举反应	semi-inclusive reaction	
09.1468	场流关系	field-current relation	
09.1469	φ4 模型	phi-quadruplicate model	
09.1470	第一类流	first-class current	
09.1471	正电子发射	positron emission	
09.1472	自相互作用	self-interaction	
09.1473	正电子湮没	positron-annihilation apparatus	
09.1474	基矢[量]	basis vector	
09.1475	盖尔曼-西岛关系式	Gell-Mann-Nishijima relation	
09.1476	质子俘获	proton capture	
09.1477	格拉肖-温伯格-萨拉姆模型	Glashow-Weinberg-Salam model	
09.1478	对称性原理	principle of symmetry	
09.1479	萨拉姆-温伯格模型	Salam-Weinberg model	
09.1480	质子-质子循环	proton-proton cycle, p-p cycle	
09.1481	费米耦合常数	Fermi coupling constant	
09.1482	二次发散	quadratic divergence	
09.1483	味荷	flavor charge	
09.1484	量子化场	quantized field	
09.1485	味守恒	flavor conservation	
09.1486	量子引力理论	quantum gravitation theory	
09.1487	味规范	flavor gauge	
09.1488	夸克-强子对偶性	quark-hadron duality	
09.1489	味量子数	flavor quantum number	
09.1490	四重态	quartet	
09.1491	规范协变性	gauge covariance	
09.1492	五重态	quintet	
09.1493	五重线	quintet	
09.1494	五重项	quintet	
09.1495	规范群	gauge group	
09.1496	空间反演变换	space reversal transformation	
09.1497	规范对称性	gauge symmetry	
09.1498	公理化场论	axiomatic field theory	
09.1499	空间转动不变性	space rotation invariance	
09.1500	空间平移不变性	space translation invariance	
09.1501	反时序函数	anti-time ordered function	
09.1502	标准模型	standard model, SM	

序号	汉文名	英文名	注释
09.1503	卡比博-小林-益川矩阵	Cabibbo-Kobayashi-Maskawa matrix, CKM matrix	简称“CKM 矩阵”。
09.1504	弦理论	string theory	
09.1505	电荷共轭变换	charge conjugation transformation	正反粒子共轭变换。
09.1506	C 宇称	C-parity, charge-parity	全称“正反[粒子]共轭宇称”。
09.1507	G 宇称	G-parity	
09.1508	电荷共轭和空间反射	charge-conjugation parity, CP	
09.1509	时间反演对称性破缺	time reversal symmetry breaking	
09.1510	CP 不变性	charge parity invariance, CP invariance	全称“正反[粒子]共轭空间反射不变性”。
09.1511	电荷共轭时空反演	charge conjugation-parity-time reversal, CPT reversal	正反粒子共轭时空反演。
09.1512	对称性自发破缺	spontaneous symmetry breaking, SSB	
09.1513	CPT 不变性	charge-parity-time invariance, CPT invariance	全称“正反[粒子]共轭空间反射时间反演不变性”。
09.1514	粒子歧离	straggling of particles	
09.1515	对称性破缺	broken symmetry	
09.1516	电荷湮没	charge annihilation	又称“电荷湮灭”。
09.1517	亚原子粒子	subatomic particle	
09.1518	亚原子结构	subatomic structure	
09.1519	亚原子系统	subatomic system	
09.1520	超多重态	supermultiplet	
09.1521	超多重线	supermultiplet	
09.1522	时序算符	time-ordering operator	
09.1523	二分量中微子理论	two-component neutrino theory	
09.1524	二分量旋量	two-component spinor	
09.1525	紫外发散	ultraviolet divergence	
09.1526	单位[磁]极	unit pole	
09.1527	幺正性条件	unitarity condition	
09.1528	非粒子物理	unparticle physics	
09.1529	未重正量	unrenormalized quantity	曾称“未重整量”。
09.1530	真空简并	vacuum degeneracy	
09.1531	真空隧穿	vacuum tunneling	
09.1532	范霍夫理论	van Hove's theory	
09.1533	顶角	vertex angle	
09.1534	顶点修正	vertex correction	

序 号	汉 文 名	英 文 名	注 释
09.1535	顶点函数	vertex function	
09.1536	顶点算符	vertex operator	
09.1537	虚粒子	virtual particle	
09.1538	虚声子	virtual phonon	
09.1539	虚光子	virtual photon	
09.1540	虚态	virtual state	
09.1541	华德恒等式	Ward identity	
09.1542	弱[作用]流	weak [interaction] current	
09.1543	弱[相互作用]力	weak force	
09.1544	弱普适性	weak universality	
09.1545	温伯格-萨拉姆模型	Weinberg-Salam model	
09.1546	吴[大峻]-杨[振宁]单极	Wu-Yang monopole	
09.1547	杨[振宁]-米尔斯方程	Yang-Mills equation	
09.1548	汤川力	Yukawa force	
09.1549	非局域效应	nonlocal effect	
09.1550	非局域相互作用	nonlocal interaction	
09.1551	量子场	quantum field	
09.1552	量子场论	quantum field theory, QFT	
09.1553	对振幅	pair amplitude	
09.1554	对湮没	pair annihilation	
09.1555	对转换	pair conversion	
09.1556	靶粒子	target particle	
09.1557	粒子空穴相互作用	particle-hole interaction	
09.1558	重子[数]守恒	baryon conservation	
09.1559	重子-反重子不对称性	baryon-antibaryon asymmetry	
09.1560	表观电荷	apparent charge	又称“视电荷”。
09.1561	介子俘获	meson capture	
09.1562	介子场	meson field	
09.1563	介子簇射	meson shower	
09.1564	核力的介子理论	meson theory of nuclear force	
09.1565	耦合强度重正化	renormalization of coupling strength	曾称“耦合强度重整化”。
09.1566	重正化质量	renormalized mass	曾称“重整化质量”。
09.1567	复本对称破缺	replica symmetry breaking	
09.1568	费米[中子]年龄	Fermi age	
09.1569	南部方程	Nambu equation	
09.1570	奇粒子异构性	odd-particle isomerism	

序号	汉文名	英文名	注释
09.1571	海特勒-伦敦理论	Heitler-London theory	
09.1572	f 求和规则	f-sum rule	
09.1573	法诺线型	Fano profile, Fano lineshape	
09.1574	法诺共振	Fano resonance	
09.1575	六重态	sextuplet, sextet	
09.1576	六重线	sextuplet, sextet	
09.1577	七重态	septuplet, septet	
09.1578	七重线	septuplet, septet	
09.1579	八重态	octet	
09.1580	八重线	octet	
09.1581	九重态	nonet	
09.1582	九重线	nonet	
09.1583	格点规范理论	lattice gauge theory	又称“格点场论(lattice field theory)”。
09.1584	格点格林函数	lattice Green's function	
09.1585	母体化合物	parent compound	
09.1586	母元素	parent element	
09.1587	母结构	parent structure	
09.1588	极化态	polarization state	
09.1589	自旋位形	spin configuration	
09.1590	自旋组态	spin configuration	
09.1591	射频[波]谱	radio-frequency spectrum	
09.1592	四极能	quadrupole energy	
09.1593	准定常态	quasi-steady state	
09.1594	重排	rearrangement	
09.1595	质量厚度衬度	mass-thickness contrast	简称“质厚衬度”。
09.1596	耦合道	coupled channel	
09.1597	重壁	heavy wall	
09.1598	内禀对称性	intrinsic symmetry	
09.1599	内禀属性	intrinsic property	
09.1600	内禀衰减	intrinsic decay	
09.1601	算符乘积展开	operator product expansion	
09.1602	共形场论	conformal field theory	
09.1603	额外维	extra dimension	
09.1604	高量纲	higher dimension	
09.1605	QCD 求和规则	QCD sum rule	
09.1606	全息原理	holography principle	
09.1607	分布振幅	distribution amplitude	

序　号	汉　文　名	英　文　名	注　　释
09.1608	背景场	background field	
09.1609	巴巴散射	Bhabha scattering	
09.1610	布约肯标度无关性	Bjorken scaling	
09.1611	手征反常	chiral anomaly	
09.1612	光锥展开	light-cone expansion	
09.1613	最小减除	minimum subtraction	
09.1614	交缠发散	overlapping divergence	
09.1615	辐射修正	radiative correction	
09.1616	减除点	subtraction point	
09.1617	紫外固定点	ultraviolet fixed point	
09.1618	探测器分辨率	detector resolution	
09.1619	漂移室	drift chamber	
09.1620	正负电子对撞机	electron-positron collider	
09.1621	正负电子[存储]环	electron-positron ring	
09.1622	直线加速器	linac, linear accelerator	
09.1623	固定靶	fixed target	
09.1624	质量分辨率	mass resolution	
09.1625	簇射计数器	shower counter	
09.1626	存储环	storage ring	
09.1627	强聚焦	strong focusing	
09.1628	流光室	streamer chamber	
09.1629	弱聚焦	weak focusing	
09.1630	径迹室	track chamber	
09.1631	吉伏质子加速器	bevatron	又称“高能质子同步稳相加速器”。
09.1632	太伏质子加速器	tevatron	
09.1633	径迹重建	track reconstruction	
09.1634	辐射长度	radiation length	
09.1635	辐射探测器	radiation detector	
09.1636	辐射剂量测定法	radiation dosimetry	
09.1637	辐射剂量学	radiation dosimetry	
09.1638	乳胶室	emulsion chamber	
09.1639	渡越辐射探测器	transition radiation detector	
09.1640	多步雪崩室	multistep avalanche chamber	
09.1641	强子量能器	hadron calorimeter	
09.1642	电子同步加速器	electron synchrotron	
09.1643	质子同步加速器	proton synchrotron	
09.1644	稳相加速器	phasotron	

序 号	汉 文 名	英 文 名	注 释
09.1645	超导加速器	superconducting accelerator	
09.1646	交叉存储环	intersecting storage ring, ISR	
09.1647	增强器	booster	
09.1648	注入器	injector	
09.1649	预注入器	preinjector	
09.1650	触发器	trigger	
09.1651	靶	target	
09.1652	径迹	track	
09.1653	量能器	calorimeter	高能物理中的。
09.1654	双臂谱仪	double-arm spectrometer	
09.1655	单臂谱仪	single-arm spectrometer	
09.1656	对撞束环	colliding beam torus	
09.1657	对撞机	collider	
09.1658	对撞束	colliding beam	
09.1659	对撞环	collision ring	
09.1660	强流束	high-current beam	
09.1661	高压云室	high-pressure cloud chamber	
09.1662	大型强子对撞机	large hadron collider, LHC	
09.1663	相对论性重离子对撞机	relativistic heavy ion collider, RHIC	
09.1664	直线对撞机	linear collider	
09.1665	乳胶叠	pellicle stack	
09.1666	彭宁离子源	Penning ion source	
09.1667	质子[旋进]磁力仪	proton [precession] magnetometer	
09.1668	质子对撞机	proton collider	
09.1669	超导超级对撞机	superconducting super collider, SSC	
09.1670	宇宙线	cosmic ray	
09.1671	广延大气簇射	extensive air shower	
09.1672	半人马事例	Centauro event	宇宙线的。
09.1673	宇宙中微子	cosmic neutrino	
09.1674	弱相互作用大质量粒子	weakly interacting massive particle, WIMP	
09.1675	原初[裂变]碎片	primary [fission] fragment	
09.1676	初始能量	primary energy	
09.1677	超高能	ultra-high energy	
09.1678	原[初]射线	primary ray	
09.1679	原初火球	primordial fireball	
09.1680	质子事件	proton event	
09.1681	质子晕	proton halo	

序　号	汉　文　名	英　文　名	注　　释
09.1682	穿透概率	penetration probability	
09.1683	强子化	hadronization	
09.1684	夸克胶子等离子体	quark-gluon plasma, QGP	
09.1685	夸克-强子相	quark-hadron phase	

10. 等离子体物理学

序　号	汉　文　名	英　文　名	注　　释
10.0001	等离[子]体物理学	plasma physics	又称“电浆物理学”。
10.0002	等离[子]体	plasma	又称“电浆”。
10.0003	准中性	quasi-neutrality	
10.0004	德拜屏蔽	Debye screening	
10.0005	德拜[屏蔽]长度	Debye [screening] length	
10.0006	德拜球	Debye sphere	
10.0007	等离[子]体参量	plasma parameter	
10.0008	低温等离[子]体	low-temperature plasma	
10.0009	高温等离[子]体	high-temperature plasma	
10.0010	热核等离[子]体	thermonuclear plasma	
10.0011	冷等离[子]体	cold plasma	
10.0012	热等离[子]体	hot plasma	
10.0013	稀薄等离[子]体	rarefied plasma	
10.0014	无碰撞等离[子]体	collisionless plasma	
10.0015	有界等离[子]体	bounded plasma	
10.0016	弱电离等离[子]体	weekly ionized plasma	
10.0017	全电离等离[子]体	fully ionized plasma	
10.0018	全剥等离[子]体	stripped plasma	
10.0019	单组分等离[子]体	one-component plasma	
10.0020	多组分等离[子]体	multicomponent plasma	
10.0021	各向同性等离[子]体	isotropic plasma	
10.0022	磁化等离[子]体	magnetized plasma, magnetoactive plasma	
10.0023	宁静等离[子]体	quiescent plasma, Q-plasma	
10.0024	非中性等离[子]体	nonneutral plasma	
10.0025	固态等离[子]体	solid state plasma	
10.0026	简并等离[子]体	degenerated plasma	
10.0027	太空等离[子]体	space plasma	又称“空间等离[子]体”。

序　号	汉　文　名	英　文　名	注　　释
10.0028	宇宙等离[子]体	cosmic plasma	
10.0029	天体物理学等离[子]体	astrophysical plasma	简称“天体等离[子]体”。
10.0030	尘埃等离[子]体	dust plasma	
10.0031	温等离[子]体	warm plasma	
10.0032	温密等离[子]体	warm dense plasma	
10.0033	激光产生等离[子]体	laser-produced plasma	
10.0034	磁约束等离[子]体	magnetically confined plasma	
10.0035	电荷分离等离[子]体	charge-separated plasma	
10.0036	湍动等离[子]体	turbulent plasma	
10.0037	等离[子]体动力学	plasma dynamics	
10.0038	等离[子]体振荡	plasma oscillation	
10.0039	等离[子]体频率	plasma frequency	
10.0040	等离[子]体波	plasma wave	
10.0041	等离[子]体波导	plasmaguide	
10.0042	等离[子]体枪	plasma gun	
10.0043	等离[子]体发生器	plasmatron	又称“等离子体源”。
10.0044	双等离[子]体源	duoplasmatron	
10.0045	三等离[子]体源	triplasmatron	
10.0046	表面波等离[子体]源	surfatron	
10.0047	等离[子]体发电机	plasma generator	
10.0048	等离[子]体加速器	plasma accelerator	
10.0049	等离[子]体团	plasmoid	
10.0050	等离[子]体焦点	plasma focus	
10.0051	等离[子]体鞘	plasma sheath	
10.0052	等离[子]体羽	plasma plume	
10.0053	等离[子]体炬	plasma torch	
10.0054	热电离	thermal ionization	
10.0055	气体放电	gas discharge	
10.0056	气体击穿	gas breakdown	
10.0057	辉光放电	glow discharge	
10.0058	弧光放电	arc discharge	
10.0059	火花放电	spark discharge	
10.0060	电晕放电	corona discharge	
10.0061	高频放电	high-frequency discharge	
10.0062	空心放电	hollow discharge	
10.0063	放电清洗	discharge cleaning	
10.0064	受激导电	stimulated conduction	

序号	汉文名	英文名	注释
10.0065	自持放电	self-maintained discharge, self-sustained discharge	
10.0066	电离度	degree of ionization	
10.0067	复合	recombination	
10.0068	复合截面	recombination cross-section	
10.0069	簇射	shower	
10.0070	簇射粒子	shower particle	
10.0071	级联簇射	cascade shower	
10.0072	电荷交换	charge exchange	
10.0073	等离[子]体理论	plasma theory	
10.0074	粒子轨道理论	orbit theory	
10.0075	回旋半径	cyclotron radius	
10.0076	导[向中]心	guiding center	
10.0077	漂移	drift	
10.0078	漂移近似	drift approximation	
10.0079	漂移动理方程	drift kinetic equation	
10.0080	电漂移	electric drift	
10.0081	曲率漂移	curvature drift	
10.0082	磁场梯度漂移	gradient B drift	
10.0083	压强梯度漂移	pressure gradient drift	
10.0084	重力漂移	gravitational drift	
10.0085	极化漂移	polarization drift	
10.0086	纵向浸渐不变量	longitudinal adiabatic invariant	
10.0087	磁通浸渐不变量	flux adiabatic invariant	
10.0088	陷俘	trapping	
10.0089	消陷俘	detrapping	
10.0090	弹跳	bounce	
10.0091	环效应	toroidal effect	
10.0092	环漂移	toroidal drift	
10.0093	电荷分离	charge separation	
10.0094	磁流体[动]力学	magnetohydrodynamics, hydromagnetics, magnetofluid dynamics	
10.0095	广义欧姆定律	generalized Ohm's law	
10.0096	单流体描述	one-fluid description, single-fluid description	
10.0097	二流体描述	two-fluid description	
10.0098	双绝热近似	double adiabatic approximation	
10.0099	CGL 方程	Chew-Goldberger-Low equation, CGL	

序 号	汉 文 名	英 文 名	注 释
		equation	
10.0100	磁压	magnetic pressure	
10.0101	磁场冻结	magnetic field freezing	
10.0102	冻结场	frozen field	
10.0103	磁力线重联	reconnection of magnetic field lines, magnetic reconnection	
10.0104	磁场扩散	diffusion of magnetic field	
10.0105	磁扩散系数	magnetic diffusion coefficient	
10.0106	磁黏性系数	magnetic viscosity coefficient	
10.0107	磁雷诺数	magnetic Reynolds number	
10.0108	[等离子体]箍缩	[plasma] pinch, magnetic pinch	
10.0109	直线箍缩	linear pinch	
10.0110	环形箍缩	toroidal pinch	
10.0111	角向箍缩	azimuthal pinch, θ-pinch	
10.0112	带状箍缩	belt pinch	
10.0113	螺旋箍缩	screw pinch	
10.0114	弥散箍缩	diffuse pinch	
10.0115	Z 箍缩	Z-pinch	
10.0116	哈特曼流	Hartmann flow	
10.0117	磁流体发电	magnetohydrodynamic generation, MHD generation	
10.0118	等离[子]体动理[学理]论	kinetic theory of plasma	
10.0119	动理温度	kinetic temperature	
10.0120	弗拉索夫方程	Vlasov equation	
10.0121	朗道方程	Landau equation	
10.0122	朗道截断	Landau cut-off	
10.0123	巴列斯库-莱纳德碰撞项	Balescu-Lenard collision term	
10.0124	克利蒙托维奇方程	Klimontovich equation	
10.0125	约化分布函数	reduced distribution function	
10.0126	双麦克斯韦分布	bi-Maxwellian distribution	
10.0127	有质动力	ponderomotive force	
10.0128	等离[子]体色散函数	plasma dispersion function	
10.0129	无碰撞阻尼	collisionless damping	
10.0130	朗道阻尼	Landau damping	
10.0131	朗道增长	Landau growth	
10.0132	波粒共振	wave-particle resonance	

序 号	汉 文 名	英 文 名	注 释
10.0133	切连科夫共振	Cherenkov resonance	
10.0134	抗磁共振	diamagnetic resonance, DMR	
10.0135	共振粒子	resonant particle	
10.0136	离子回旋共振	ion-cyclotron resonance	
10.0137	等离[子]体输运	plasma transport	
10.0138	试探粒子	test particle	
10.0139	场粒子	field particle	
10.0140	碰撞积分	collision integral	
10.0141	碰撞截面	collision cross-section	
10.0142	二体碰撞	binary collision	
10.0143	三体碰撞	ternary collision	
10.0144	远碰撞	distant collision	
10.0145	长程碰撞	long-range collision	
10.0146	库仑对数	Coulomb logarithm	
10.0147	逃逸电子	runaway electron	
10.0148	[投]掷角散射	pitch-angle scattering	
10.0149	双极扩散	ambipolar diffusion	
10.0150	[电]阻性扩散	resistive diffusion	
10.0151	横越磁场扩散	cross-field diffusion	
10.0152	泄漏扩散	drain diffusion	
10.0153	反扩散	antidiffusion	
10.0154	经典输运	classical transport	
10.0155	反常输运	anomalous transport	
10.0156	反常扩散	anomalous diffusion	
10.0157	玻姆扩散	Bohm diffusion	
10.0158	反常电阻	anomalous resistance	
10.0159	反常热导率	anomalous thermal conductivity	
10.0160	新经典理论	neoclassical theory	
10.0161	新经典输运	neoclassical transport	
10.0162	香蕉[形]轨道	banana orbit	
10.0163	香蕉宽度	banana width	
10.0164	香蕉区	banana regime	
10.0165	香蕉区扩散	banana regime diffusion	
10.0166	香蕉[形轨道]粒子	banana particle	
10.0167	香蕉旋成体	bananoid	
10.0168	超香蕉[形轨道]	superbanana	
10.0169	坪区	plateau	
10.0170	坪区扩散	plateau diffusion	

序号	汉文名	英文名	注释
10.0171	自举电流	bootstrap current	
10.0172	陷俘粒子	trapped particle	
10.0173	原子[的]陷俘	trapping of atoms	
10.0174	通行粒子	transit particle	
10.0175	陷俘香蕉[形轨道]	trapped banana	
10.0176	通行香蕉[形轨道]	transit banana	
10.0177	赝经典输运	pseudoclassical transport	
10.0178	等离[子]体辐射	plasma radiation	
10.0179	回旋辐射	cyclotron radiation	
10.0180	韧致辐射逆过程	inverse bremsstrahlung	
10.0181	热韧致辐射	thermal bremsstrahlung	
10.0182	超热韧致辐射	superthermal bremsstrahlung	
10.0183	非热辐射	nonthermal radiation	
10.0184	前驱辐射	precursor radiation	
10.0185	同步吸收逆过程	inverse synchrotron absorption	
10.0186	汤姆孙散射	Thomson scattering	
10.0187	本征模[式]	eigenmode	
10.0188	磁流体力学波	magnetohydrodynamic wave, MHD wave	
10.0189	CMA 图	Clemmow-Mullaly-Allis diagram, CMA diagram	
10.0190	正能波	positive energy wave	
10.0191	负能波	negative energy wave	
10.0192	静电振荡	electrostatic oscillation	
10.0193	静电波	electrostatic wave	
10.0194	朗谬尔振荡	Langmuir oscillation	
10.0195	朗谬尔波	Langmuir wave	
10.0196	离子声波	ion acoustic wave	
10.0197	离子声速	ion sound speed	
10.0198	阿尔文波	Alfvén wave	
10.0199	阿尔文速度	Alfvén velocity	
10.0200	压缩阿尔文波	compressional Alfvén wave	
10.0201	斜阿尔文波	oblique Alfvén wave	
10.0202	动力阿尔文波	dynamic Alfvén wave	
10.0203	快阿尔文波	fast Alfvén wave	
10.0204	慢阿尔文波	slow Alfvén wave	
10.0205	剪切阿尔文波	shear Alfvén wave	
10.0206	磁声波	magneto-acoustic wave	

序　号	汉　文　名	英　文　名	注　　释
10.0207	离子回旋波	ion cyclotron wave	
10.0208	哨声	whistler	
10.0209	哨声波	whistler wave	
10.0210	螺旋波	helicon wave	
10.0211	电子回旋波	electron cyclotron wave	
10.0212	寻常波	ordinary wave	
10.0213	非常波	extraordinary wave	
10.0214	上混杂振荡	upper hybrid oscillation	
10.0215	下混杂振荡	lower hybrid oscillation	
10.0216	高混杂波	high hybrid wave	
10.0217	低混杂波	low hybrid wave	
10.0218	低混杂频率	low hybrid frequency	
10.0219	高混杂频率	high hybrid frequency	
10.0220	快模	fast mode	
10.0221	动理模	kinetic mode	
10.0222	伯恩斯坦波	Berstein wave	
10.0223	漂移波	drift wave	
10.0224	BGK 模	Bernstein-Greene-Kruskal mode, BGK mode	
10.0225	气球模	ballooning mode	
10.0226	拍模	beat mode	
10.0227	爆炸波	blast wave	
10.0228	束缚波	bound wave	
10.0229	熵波	entropy wave	
10.0230	高阻尼波	heavily damped wave	
10.0231	交换模	exchange mode	
10.0232	扭曲模	kink mode	
10.0233	前导波	leading wave	
10.0234	局域模	local mode	
10.0235	相邻模	neighboring mode	
10.0236	特异波	peculiar wave	
10.0237	准模	quasi-mode	
10.0238	稀疏波	rarefaction wave	
10.0239	涟[波]模	rippling mode	
10.0240	剪切模	shear mode	
10.0241	辅模	subsidiary mode	
10.0242	撕裂模	tearing mode	
10.0243	扭转模	torsional mode	

序　号	汉　文　名	英　文　名	注　　释
10.0244	尾迹波	trailing wave	
10.0245	遍布模	ubiquitous mode	
10.0246	Z 模	Z-mode	
10.0247	磁流体力学击波	magnetohydrodynamic shock, MHD shock	
10.0248	无碰撞击波	collisionless shock	
10.0249	包络击波	envelope shock	
10.0250	色散击波	dispersion shock	
10.0251	层流击波	laminar shock	
10.0252	湍动击波	turbulent shock	
10.0253	耗散击波	dissipative shock	
10.0254	正击波	normal shock	
10.0255	准击波	quasi-shock	
10.0256	亚击波	sub-shock	
10.0257	锥形击波	cone shock	
10.0258	爆震波	detonation wave	
10.0259	雪耙模型	snowplow model	
10.0260	不稳定性	instability	
10.0261	宏观不稳定性	macroscopic instability	
10.0262	微观不稳定性	microinstability	
10.0263	动理学不稳定性	kinetic instability	
10.0264	对流不稳定性	convective instability	
10.0265	绝对不稳定性	absolute instability	
10.0266	整体不稳定性	global instability	
10.0267	局域不稳定性	local instability	
10.0268	静电不稳定性	electrostatic instability	
10.0269	电磁不稳定性	electromagnetic instability	
10.0270	无碰撞不稳定性	collisionless instability	
10.0271	爆炸不稳定性	explosive instability	
10.0272	边缘不稳定性	marginal instability	
10.0273	腊肠[形]不稳定性	bulge instability, sausage instability	
10.0274	交换不稳定性	exchange instability	
10.0275	槽纹不稳定性	flute instability	
10.0276	螺旋不稳定性	helical instability	
10.0277	水龙带不稳定性	firehose instability	
10.0278	开尔文-亥姆霍兹不稳定性	Kelvin-Helmholtz instability	
10.0279	瑞利-泰勒不稳定性	Rayleigh-Taylor instability	

序　号	汉　文　名	英　文　名	注　　释
10.0280	重力不稳定性	gravitational instability	
10.0281	离子-声不稳定性	ion-acoustic instability	
10.0282	离子波不稳定性	ion-wave instability	
10.0283	回旋不稳定性	cyclotron instability	
10.0284	哨声不稳定性	whistler instability	
10.0285	混杂不稳定性	hybrid instability	
10.0286	漏失锥不稳定性	loss cone instability	
10.0287	磁镜不稳定性	mirror instability	
10.0288	尾隆不稳定性	bump-in-tail instability	
10.0289	缓隆不稳定性	gentle-bump instability	
10.0290	冲流不稳定性	streaming instability	
10.0291	双流不稳定性	two-stream instability	
10.0292	比内曼不稳定性	Buneman instability	
10.0293	束-等离[子]体不稳定性	beam-plasma instability	
10.0294	交叉流不稳定性	cross-stream instability	
10.0295	发电机不稳定性	dynamo instability	
10.0296	交叉场不稳定性	cross-field instability	
10.0297	漂移不稳定性	drift instability	
10.0298	普适不稳定性	universal instability	
10.0299	陷俘粒子不稳定性	trapped particle instability	
10.0300	熵不稳定性	entropy instability	
10.0301	撕裂不稳定性	tearing instability	
10.0302	[电]阻性撕裂不稳定性	resistive tearing instability	
10.0303	无碰撞撕裂不稳定性	collisionless tearing instability	
10.0304	崩裂不稳定性	breakup instability	
10.0305	破裂不稳定性	disruptive instability	
10.0306	气球不稳定性	ballooning instability	
10.0307	丝状不稳定性	filamentary instability	
10.0308	磁流体力学不稳定性	magnetohydrodynamic instability	
10.0309	滑移不稳定性	diocotron instability	
10.0310	磁流体不稳定性	hydromagnetic instability	
10.0311	扭曲不稳定性	kink instability, wriggling instability	
10.0312	退稳	destabilization	
10.0313	稳定化	stabilization	
10.0314	自稳定性	autostability	
10.0315	过稳定性	overstability	

序号	汉文名	英文名	注释
10.0316	准线性理论	quasi-linear theory	
10.0317	非线性效应	nonlinear effect	
10.0318	腔子	caviton	
10.0319	等离[子]体回波	plasma echo	
10.0320	相混合	phase mixing	
10.0321	三波过程	three-wave process	
10.0322	母波	parent wave	
10.0323	子波	daughter wave	
10.0324	闲[散]波	idler wave	
10.0325	伴波	satellite wave	
10.0326	上频移	upshift	
10.0327	下频移	downshift	
10.0328	频率匹配	frequency matching	
10.0329	非线性朗道阻尼	nonlinear Landau damping	
10.0330	参变过程	parametric process	
10.0331	参变耦合	parametric coupling	
10.0332	参变衰减	parametric decay	
10.0333	参变不稳定性	parametric instability	
10.0334	调制不稳定性	modulation instability	
10.0335	包络不稳定性	envelope instability	
10.0336	衰变不稳定性	decay instability	
10.0337	等离[子]体湍动	plasma turbulence	
10.0338	磁致湍动	magnetic turbulence	
10.0339	湍动谱	turbulent spectrum	
10.0340	弱湍动	weak turbulence	
10.0341	强湍动	strong turbulence	
10.0342	群聚	bunch, bunching	
10.0343	群聚压缩	bunch compression	
10.0344	弹道群聚	ballistic bunching	
10.0345	反群聚	antibunching	
10.0346	凝团	clump	
10.0347	热核聚变	thermonuclear fusion	
10.0348	热核装置	thermonuclear machine	
10.0349	受控热核聚变	controlled thermonuclear fusion	
10.0350	惯性[约束]聚变	inertial confinement fusion, ICF	
10.0351	冷聚变	cold fusion	
10.0352	约束	confinement	
10.0353	等离[子]体约束	plasma confinement	

序　号	汉　文　名	英　文　名	注　　释
10.0354	约束时间	confinement time	
10.0355	点火	ignition	
10.0356	点火条件	ignition condition	
10.0357	点火温度	ignition temperature	
10.0358	劳森判据	Lawson criterion	
10.0359	得失相当	break-even	
10.0360	磁约束	magnetic confinement	
10.0361	磁场位形	magnetic configuration	
10.0362	平衡位形	equilibrium configuration	
10.0363	开端几何位形	open-ended geometry	
10.0364	磁瓶	magnetic bottle	
10.0365	磁阱	magnetic well	
10.0366	磁镜	magnetic mirror	
10.0367	串接磁镜	tandem mirror	
10.0368	磁镜比	mirror ratio	
10.0369	端漏[失]	end loss	
10.0370	漏失锥	loss cone	又称“损失锥”。
10.0371	漏失[锥]角	loss cone angle	
10.0372	端塞	end plug，end-stopper	
10.0373	高频堵漏	high-frequency plugging	
10.0374	热垒	heat barrier	
10.0375	不漏失概率	non-leakage probability	
10.0376	最小磁场位形	min-B configuration	
10.0377	约费棒	Ioffe bar	
10.0378	约费阱	Ioffe trap	
10.0379	棒球[缝线形]线圈	baseball[-seam] coil	
10.0380	阴阳线圈	yin-yang coil	
10.0381	会切	cusp	
10.0382	会切[磁]场	cusp field	
10.0383	点会切	point cusp	
10.0384	线会切	line cusp	
10.0385	多会切	multicusp	
10.0386	堵缝会切	caulked cusp，stuffed cusp	
10.0387	双锥[形]会切	biconical cusp	
10.0388	纺锤[形]会切	spindle cusp	
10.0389	会切漏失	cusp loss	
10.0390	反场位形	reversed-field configuration	
10.0391	环[状]几何位形	toroidal geometry configuration	

序　号	汉　文　名	英　文　名	注　　释
10.0392	纵横比	aspect ratio	
10.0393	环向磁场	toroidal magnetic field	
10.0394	角向磁场	poloidal magnetic field, azimuthal magnetic field	
10.0395	螺旋场	corkscrew field	
10.0396	磁轴	magnetic axis	
10.0397	磁面	magnetic surface	
10.0398	有理磁面	rational magnetic surface	
10.0399	旋转变换	rotational transform	
10.0400	旋转变换角	rotational transform angle	
10.0401	安全因数	safety factor	
10.0402	剪切[磁]场	shearing field	
10.0403	磁[场]剪切	magnetic shear	
10.0404	磁螺旋度	magnetic helicity	
10.0405	垂直磁场	vertical magnetic field	
10.0406	托卡马克	tokamak	
10.0407	仿星器	stellarator	
10.0408	波纹环	bumpy torus	
10.0409	紧凑环	compact torus	
10.0410	皱褶环	corrugated torus	
10.0411	浮环	floating torus	
10.0412	高压比环	high-beta torus	又称“高β环”。
10.0413	非圆截面等离[子]体	non-circular plasma	
10.0414	球[型]马克	spheromak	
10.0415	偏滤器	divertor	
10.0416	限制器	limiter	
10.0417	环	toroid	
10.0418	环形室	toroidal chamber	
10.0419	环形线圈	toroidal coil	
10.0420	环电流	toroidal current	
10.0421	多极位形	multipole configuration	
10.0422	约束模式	confinement mode	
10.0423	高约束模式	high-mode, H-mode	又称“H模”。
10.0424	低约束模式	low-mode, L-mode	又称“L模”。
10.0425	惯性约束	inertial confinement	
10.0426	带电粒子束聚变	charged particle beam fusion	
10.0427	靶丸	pellet	
10.0428	爆聚	implosion	

序　号	汉　文　名	英　文　名	注　　释
10.0429	壳[层]爆聚	shell implosion	
10.0430	微聚变	microfusion	
10.0431	中性束电流驱动	neutral beam current drive	
10.0432	射频电流驱动	radio-frequency current drive	
10.0433	等离[子]体加热	plasma heating	
10.0434	焦耳加热	Joule heating	
10.0435	非欧姆加热	non-ohmic heating	
10.0436	辅助加热	auxiliary heating	
10.0437	中性[粒子]注入	neutral injection	
10.0438	绝热压缩加热	adiabatic compression heating	
10.0439	磁抽运	magnetic pumping	
10.0440	角向箍缩加热	poloidal pinch heating	
10.0441	回旋共振加热	cyclotron-resonance heating	
10.0442	[偏]离共振加热	off-resonant heating	
10.0443	击波加热	shock heating	
10.0444	碰撞加热	collisional heating	
10.0445	湍动加热	turbulent heating	
10.0446	爆聚加热	implosion heating	
10.0447	高频加热	high-frequency heating	
10.0448	射频加热	radio-frequency heating, RF heating	
10.0449	诊断学	diagnostics	
10.0450	等离[子]体诊断	plasma diagnostics	
10.0451	光学诊断	optical diagnostics	
10.0452	微波诊断	microwave diagnostics	
10.0453	等离[子]体吞食器	plasma eater	
10.0454	抗磁回路	diamagnetic loop	
10.0455	罗戈夫斯基线圈	Rogowski coil	
10.0456	磁探针	magnetic probe	
10.0457	朗缪尔探针	Langmuir probe	
10.0458	双探针	twin probe	
10.0459	差作用探针	differential probe	
10.0460	多栅探头	multigrid probe	
10.0461	四极聚焦透镜	quadrupole focusing lens	
10.0462	非聚变中子	false neutron	
10.0463	电离层	ionosphere	
10.0464	电离层顶	ionopause	
10.0465	电离层扰动	ionospheric disturbance	
10.0466	磁层	magnetosphere	

序　号	汉　文　名	英　文　名	注　　释
10.0467	磁层顶	magnetopause	
10.0468	等离[子]体层	plasmasphere	
10.0469	等离[子]体层顶	plasmapause	
10.0470	磁[层]尾	magnetic tail	
10.0471	范艾仑带	van Allen belt	
10.0472	太阳风	solar wind	
10.0473	艏[击]波	bow shock	
10.0474	磁离子理论	magneto-ionic theory	
10.0475	磁暴	magnetic storm	
10.0476	磁亚暴	magnetic substorm	
10.0477	磁层暴	magnetospheric storm	
10.0478	磁鞘	magnetosheath	
10.0479	磁流体扰动	hydromagnetic disturbance	
10.0480	磁流体发电机	hydromagnetic dynamo	
10.0481	磁流体发电机机制	hydromagnetic dynamo mechanism	
10.0482	磁[场]湮没	magnetic annihilation	
10.0483	磁场并合	magnetic merging	
10.0484	等离体子	plasmon	又称“电浆子”。
10.0485	局域等离体子	local plasmon	
10.0486	等离体子学	plasmonics	
10.0487	磁等离体子-声子模	magnetoplasmon-phonon mode	
10.0488	等离[子]体显示屏	plasma display panel, PDP	
10.0489	等离[子]体氧化过程	plasma oxidation process	
10.0490	等离子体喷涂过程	plasma spray process	
10.0491	等离[子]体刻蚀	plasma etching	
10.0492	等离[子]体增强化学气相沉积	plasma-enhanced chemical vapor deposition, PECVD	
10.0493	涡旋晶体	vortex crystal	

11. 交叉学科

序　号	汉　文　名	英　文　名	注　　释

11.01　天体物理学

序　号	汉　文　名	英　文　名	注　　释
11.0001	实测天文学	observational astronomy	又称“观测天文学”。
11.0002	天文动力学	astrodynamics	又称“航天动力学”。
11.0003	天体测量[学]	astrometry	

序　号	汉　文　名	英　文　名	注　　释
11.0004	天体力学	celestial mechanics	
11.0005	等离子体天体物理学	plasma astrophysics	又称“电浆天体物理学”。
11.0006	天体演化学	cosmogony	又称“宇宙起源学”。
11.0007	生物天体物理学	bioastrophysics	
11.0008	核天体物理	nuclear astrophysics	
11.0009	宇宙	universe, cosmos	
11.0010	宇宙[演化]论	cosmism	
11.0011	[宇宙]大爆炸	big bang	
11.0012	[宇宙]大爆炸模型	big bang model	
11.0013	大爆炸核合成	big bang nucleosynthesis	
11.0014	宇宙核合成	cosmological nucleosynthesis	
11.0015	暴胀演化	evolution of inflation	
11.0016	早期宇宙	early universe	
11.0017	膨胀宇宙	expanding universe	
11.0018	宇宙气体动力学	cosmic gas dynamics, cosmic aerodynamics	
11.0019	宇宙线天体物理学	cosmic ray astrophysics	
11.0020	粒子天体物理学	astroparticle physics, particle astrophysics	
11.0021	相对论[性]天体物理	relativistic astrophysics	
11.0022	相对论[性]宇宙学	relativistic cosmology	
11.0023	闭宇宙	closed universe	
11.0024	各向同性宇宙	isotropic universe	
11.0025	收缩[宇宙]模型	contracting model	
11.0026	实物期	matter era	又称“实物时代”。
11.0027	辐射主导期	radiation dominated era	
11.0028	宇宙丰度	cosmic abundance, universe abundance	
11.0029	辐射主导宇宙	radiation dominated universe	
11.0030	物质-反物质宇宙学	matter-antimatter cosmology	
11.0031	减速参数	deceleration parameter	
11.0032	爆缩	implosion	
11.0033	宇宙弦	cosmic string	
11.0034	宇宙视界	universal horizon	
11.0035	过去光锥	past light cone	
11.0036	空洞	void	又称“巨洞”。
11.0037	宇宙背景	universal background	

序　号	汉　文　名	英　文　名	注　　释
11.0038	背景热辐射	thermal background radiation	
11.0039	3K 背景辐射	three-Kelvin [background] radiation	
11.0040	宇宙的大尺度结构	large scale structure of the universe	
11.0041	哈勃时间	Hubble time	
11.0042	退行速度	regression velocity	
11.0043	本动	peculiar motion	
11.0044	奔赴点	vertex	
11.0045	总星系	Metagalaxy	
11.0046	河外星系	external galaxy	
11.0047	射电星系	radio galaxy	
11.0048	射电类星体	radio quasar	
11.0049	星系团	cluster of galaxies	
11.0050	巨星系	giant galaxy	
11.0051	致密星系	compact galaxy	
11.0052	漩涡星系	spiral galaxy	
11.0053	特殊星系	peculiar galaxy	
11.0054	双重星系	binary galaxy	
11.0055	爆发星系	explosive galaxy	
11.0056	超星系	supergalaxy	
11.0057	伴星系	companion galaxy	
11.0058	星系体	galaxoid	
11.0059	星系自转	galactic rotation	
11.0060	康德–拉普拉斯星云学说	Kant-Laplace nebular theory	
11.0061	类星体	quasi-stellar object, QSO, quasar	
11.0062	巨引力透镜效应	macrolensing	
11.0063	引力透镜效应	gravitational lens effect	
11.0064	微引力透镜	microgravitational lens, microlens	
11.0065	引力凝聚	gravitational condensation	
11.0066	星系	galaxy	
11.0067	银河[系]	Galaxy	
11.0068	银[河系中]心	Galactic center	
11.0069	银河系自转	Galactic rotation	
11.0070	银纬	galactic latitude	
11.0071	银经	galactic longitude	
11.0072	银道面	Galactic plane	
11.0073	银极	Galactic pole	
11.0074	较差自转	differential rotation	

序　号	汉　文　名	英　文　名	注　　释
11.0075	星团	star cluster	
11.0076	球状星团	globular cluster	
11.0077	疏散星团	open cluster	
11.0078	晕[星]族	halo population	
11.0079	宇宙尘	cosmic dust	
11.0080	密度波	density wave	
11.0081	金斯不稳定性	Jeans instability	
11.0082	超新星	supernova	
11.0083	超新星遗迹	supernova remnant	
11.0084	星云	nebula	
11.0085	行星状星云	planetary nebula	
11.0086	射电星云	radio nebula	
11.0087	背景辐射	background radiation	又称“本底辐射”。
11.0088	背景温度	background temperature	又称“本底温度”。
11.0089	恒星	star	
11.0090	恒星云	star cloud	
11.0091	星等	[stellar] magnitude	
11.0092	星座	constellation	
11.0093	基本星表	Fundamental Catalogue	
11.0094	标准烛光	standard candle	
11.0095	视差角	parallactic angle	
11.0096	卡文迪什实验	Cavendish experiment	
11.0097	视差位移	parallactic displacement	
11.0098	三角测量	triangulation	
11.0099	秒差距	parallax second, parsec, PC	
11.0100	光年	light year, ly	
11.0101	天文单位	astronomical unit, AU	等于日地平均距离。
11.0102	元素起源	origin of elements	
11.0103	元素形成	element formation	
11.0104	元素丰度	element abundance	
11.0105	元素分布	elemental mapping	
11.0106	碳循环	carbon cycle	恒星内部的。
11.0107	碳氮氧循环	CNO cycle	恒星将氢转换成氦的两种过程之一。
11.0108	pp 链	pp-chain	又称“质子质子链”。
11.0109	天体	celestial body	
11.0110	主序星	main sequence star	
11.0111	金属星	metal star	

序号	汉文名	英文名	注释
11.0112	贫金属星	metal-poor star	
11.0113	聚星	multiple star	
11.0114	巨星	giant star	
11.0115	超巨星	supergiant	
11.0116	超密[恒]星	superdense star	
11.0117	双星	binary star	
11.0118	主星	primary star	
11.0119	伴星	companion star	
11.0120	变星	variable star	
11.0121	远星点	apoastron	
11.0122	近星点	periastron	
11.0123	近星点进动	periastron advance	
11.0124	偏心角	eccentric angle	
11.0125	偏心轨道	eccentric orbit	
11.0126	偏心率	eccentricity	
11.0127	轨道偏心率	orbital eccentricity	
11.0128	椭圆轨道	elliptical orbit	
11.0129	视超光速运动	superluminal motion	又称"表观超光速运动(apparent superluminal motion)"。
11.0130	开普勒常量	Kepler's constant	
11.0131	坍缩	collapse	
11.0132	坍缩星	collapsar	
11.0133	新星	nova	
11.0134	新星爆发	nova outburst	
11.0135	射电新星	radio nova	
11.0136	致密天体	compact object	
11.0137	致密星	compact star	
11.0138	黑洞	black hole	
11.0139	克尔-纽曼黑洞	Kerr-Newman black hole	
11.0140	白洞	white hole	
11.0141	霍金辐射	Hawking radiation	
11.0142	简并星	degenerate star	
11.0143	中子星	neutron star	
11.0144	奇异星	strange star	
11.0145	脉冲星	pulsar	
11.0146	白矮星	white dwarf	
11.0147	超密物质	overdense matter	

序　号	汉　文　名	英　文　名	注　　释
11.0148	自转突变	glitch	又称“星震”。
11.0149	天体磁学	astromagnetism	
11.0150	光学天体	optical object	
11.0151	暗天体	faint object	
11.0152	宇宙线暴发	cosmic ray burst	
11.0153	宇宙线簇射	cosmic ray shower	
11.0154	天体 X 射线源	celestial X-ray source	
11.0155	X 射线星	extar	
11.0156	X 射线双星	X-ray binary	
11.0157	X 射线爆	X-ray burst	
11.0158	X 射线脉冲星	X-ray pulsar	
11.0159	γ 射线脉冲星	gamma-ray pulsar	
11.0160	γ 射线爆	gamma-ray burst, GRB	
11.0161	射电脉冲星	radio pulsar	
11.0162	脉冲双星	binary pulsar	
11.0163	双脉冲星	double pulsar	
11.0164	相接双星	contact binary	
11.0165	吸积盘	accretion disk	
11.0166	光变曲线	light curve	
11.0167	光速圆柱面	light cylinder	
11.0168	磁倾角	magnetic inclination	
11.0169	极冠间隙	polar gap	
11.0170	曲率半径	radius of curvature	
11.0171	灯塔效应	lighthouse effect	
11.0172	射电源	radio source	
11.0173	陡谱	steep spectrum	
11.0174	星际空间	interstellar space	
11.0175	星际云	interstellar cloud	
11.0176	星际尘埃	interstellar dust	
11.0177	星际消光	interstellar extinction	
11.0178	星际物质	interstellar matter	
11.0179	宇宙噪声	cosmic noise	
11.0180	日心视差	heliocentric parallax	
11.0181	日心[宇宙]体系	heliocentric system	
11.0182	外太阳系	outer solar system	
11.0183	[太阳]系外生命	extrasolar life	
11.0184	地外生命	extraterrestrial life	
11.0185	类地行星	terrestrial planet	

序号	汉文名	英文名	注释
11.0186	日震学	helioseismology	
11.0187	日球层	heliosphere	
11.0188	色球	chromosphere	
11.0189	光球	photosphere	
11.0190	太阳黑子	sunspot	
11.0191	太阳照片	photoheliogram	
11.0192	耀发	flare	
11.0193	日冕	solar corona	
11.0194	冕洞	coronal hole	
11.0195	太阳能	solar energy	
11.0196	太阳中微子亏损	solar neutrino deficit	
11.0197	日食	solar eclipse	
11.0198	食	eclipse	又称“蚀”。
11.0199	偏食	partial eclipse	
11.0200	满月	full moon	又称“望”。
11.0201	月食	lunar eclipse	
11.0202	日月食理论	sciametry	
11.0203	内行星	inferior planet	
11.0204	内太阳系	inner solar system	
11.0205	外[侧]行星	superior planet	
11.0206	行星际尘埃	interplanetary dust	
11.0207	行星际物质	interplanetary matter	
11.0208	月球背面	far-side of the moon	
11.0209	日界线	date line	
11.0210	公转	revolution	
11.0211	公转方向	sense of revolution	
11.0212	公转周期	period of revolution, orbital period	
11.0213	自转	rotation	
11.0214	自转方向	sense of rotation	
11.0215	自转周期	rotation period, period of rotaion	
11.0216	黄道	ecliptic	
11.0217	卫星	satellite	
11.0218	行星	planet	
11.0219	水星	Mercury	
11.0220	金星	Venus	
11.0221	火星	Mars	
11.0222	土星	Saturn	
11.0223	木星	Jupiter	

序　号	汉　文　名	英　文　名	注　　释
11.0224	天王星	Uranus	
11.0225	海王星	Neptune	
11.0226	大行星	major planet	
11.0227	流星	meteor, shooting star	
11.0228	陨石	meteorite	又称“陨星”。
11.0229	流星体	meteoroid	
11.0230	近日点	perihelion	
11.0231	远日点	aphelion	
11.0232	近地小行星	near-earth asteroid	
11.0233	行星光行差	planet aberration, planetary aberration	
11.0234	微行星	planetesimal	又称“星子”。
11.0235	小行星	minor planet, asteroid	
11.0236	小行星带	asteroid belt	
11.0237	逆行	retrograde motion, retrogression	
11.0238	彗星	comet	
11.0239	近地彗星	near-earth comet	
11.0240	摄动体	perturbative body	
11.0241	摄动力	perturbative force	
11.0242	自转轴	rotation axis	
11.0243	自转曲线	rotation curve	
11.0244	黄纬	celestial latitude, ecliptic latitude	
11.0245	黄经	celestial longitude, ecliptic longitude	
11.0246	赤纬	declination	
11.0247	赤经	right ascension, RA	
11.0248	赤道	equator	
11.0249	赤道轨道	equatorial orbit	
11.0250	天顶	zenith	
11.0251	恒星时	sidereal time	
11.0252	世界时	universal time, UT	
11.0253	地方时	local time, LT	
11.0254	时区	time zone	
11.0255	区[域]时	zone time	
11.0256	历元	epoch	
11.0257	阳历	solar calendar	
11.0258	阴历	lunar calendar	
11.0259	阴阳历	lunisolar calendar	
11.0260	春分点	vernal equinox, spring equinox	
11.0261	夏至点	summer solstice	

序　号	汉　文　名	英　文　名	注　　释
11.0262	秋分点	autumnal equinox	
11.0263	冬至点	winter solstice	
11.0264	子午圈	meridian	
11.0265	磁子午线	magnetic meridian	
11.0266	日晷	sundial	
11.0267	哈勃太空望远镜	Hubble Space Telescope	
11.0268	太空望远镜	spaceborne telescope	
11.0269	开普勒望远镜	Keplerian telescope	
11.0270	射电望远镜	radio telescope	
11.0271	长基线干涉仪	long baseline interferometer, LBI	
11.0272	甚长基线干涉仪	very long baseline interferometer	
11.0273	天电干扰	parasite	
11.0274	射电干扰	radio interference	
11.0275	指向精度	pointing accuracy	
11.0276	跟踪	tracking	
11.0277	跟踪系统	tracking system	
11.0278	位置角	position angle	
11.0279	闪烁	twinkling, scintillation	
11.0280	导引星	guide star	
11.0281	网格	reseau	
11.0282	太空天体物理学	space astrophysics	曾称“空间天体物理学”。
11.0283	空间物理学	space physics	
11.0284	太空物理学	space physics	
11.0285	太空电子学	space electronics	
11.0286	日地[空间]物理学	solar-terrestrial physics	
11.0287	宇航学	astronautics	
11.0288	航天学	space aeronautics	
11.0289	宇航医学物理学	aerospace medical physics	
11.0290	近太空环境	near-space environment	
11.0291	太空	outer space	
11.0292	近日空间	near-solar space	
11.0293	环月轨道	circumlunar orbit	
11.0294	环日轨道	circumsolar orbit	
11.0295	环地轨道	circumterrestrial orbit	
11.0296	同步轨道	synchronous orbit	
11.0297	地周空间	circumterrestrial space	
11.0298	月地空间	cis-lunar space	

序 号	汉 文 名	英 文 名	注 释
11.0299	辐射带	radiation belt	
11.0300	地月空间	earth-moon space	
11.0301	近地空间	terrestrial space, near-earth space	
11.0302	近地轨道	near-earth orbit	
11.0303	空间电荷层	space charge layer	
11.0304	天文导航	astronavigation, celestial navigation, celestial guidance	
11.0305	导航天体	navigational object	
11.0306	惯性导航	inertial guidance	
11.0307	航天器	spacecraft	
11.0308	太空实验室	spacelab	又称“空间实验室”。
11.0309	月球探测器	lunar probe	
11.0310	登月舱	Lunar [Excursion] Module, LEM	
11.0311	返回舱	reentry module	
11.0312	太空行走	space walk	
11.0313	太空飞行	space flight	
11.0314	太空环境	space environment	
11.0315	零重力	zero gravity	
11.0316	微重力	microgravity	
11.0317	微重力测量学	microgravimetry	
11.0318	远地点	apogee	
11.0319	近地点	perigee	
11.0320	反射层	reflecting layer	
11.0321	天波	sky wave	
11.0322	航天飞机	shuttle	
11.0323	通信卫星	telecommunication satellite	
11.0324	太空污染	space pollution	
11.0325	太空垃圾	space debris	
11.0326	探空气球	sounding balloon	
11.0327	地球动力学	geodynamics	
11.0328	大气物理学	atmospheric physics	
11.0329	大地测量学	geodesy	
11.0330	大地测量	geodetic survey	
11.0331	[地壳]构造物理学	tectonophysics	

11.02 生物物理学

11.0332	分子生物物理学	molecular biophysics	

序　号	汉　文　名	英　文　名	注　　释
11.0333	仿生学	bionics	
11.0334	磁生物学	magnetobiology	
11.0335	低温生物学	cryobiology	
11.0336	放射生物学	radiobiology	
11.0337	放射生物效应	radiobiological effect	
11.0338	电生理学	electrophysiology	
11.0339	生物力学	biomechanics	
11.0340	生物声学	bioacoustics	
11.0341	生物磁学	biomagnetism	
11.0342	生物光子学	biophotonics	
11.0343	生物电子学	bioelectronics	
11.0344	生物分子电子学	biomolecular electronics	
11.0345	生物信息学	bioinformatics	
11.0346	血管力学	vascular mechanics	
11.0347	血管流变学	vascular rheology	
11.0348	动物磁性	zoomagnetism	
11.0349	生物芯片	biochip	
11.0350	生物计算机	biocomputer	
11.0351	原核生物	prokaryote	
11.0352	真核生物	eukaryote	
11.0353	基因	gene	
11.0354	基因突变	gene mutation	
11.0355	基因图谱	gene map	
11.0356	基因重组	genetic recombination	
11.0357	基因工程	genetic engineering	
11.0358	遗传学	genetics	
11.0359	遗传密码	genetic code	
11.0360	遗传信息	genetic information	
11.0361	基因组	genome	
11.0362	染色体	chromosome	
11.0363	染色质	chromatin	
11.0364	染色体组	genome	
11.0365	克隆	clone	
11.0366	非理想克隆	imperfect cloning	
11.0367	克隆保真度	cloning fidelity	
11.0368	陪伴机理	chaperone mechanism	
11.0369	易位	translocation	
11.0370	模体	motif	

序 号	汉 文 名	英 文 名	注 释
11.0371	红细胞	erythrocyte	
11.0372	细胞骨架	cytoskeleton	
11.0373	细胞质	cytoplasm	
11.0374	线粒体	mitochondrion	
11.0375	生物膜	biomembrane	
11.0376	离子载体	ionophore	
11.0377	生物膜输运	biomembrane transport	
11.0378	透膜过程	transmembrane process	
11.0379	内渗	endosmosis	
11.0380	膜泡	vesicle	
11.0381	脂质体	liposome	
11.0382	泡状结构	vesicular structure	
11.0383	神经科学	neuroscience	
11.0384	神经系统	nervous system	
11.0385	神经网络	neuronetwork	
11.0386	神经无序	neurological disorder	
11.0387	神经传导	nerve conduction	
11.0388	神经元	neuron	
11.0389	神经丝	neurofilament	
11.0390	突触	synapse	
11.0391	轴突	axon	
11.0392	轴质	axoplasm	
11.0393	鞘	sheath	
11.0394	磷脂	phospholipid	
11.0395	卵磷脂	lecithin	
11.0396	多糖	polysaccharide	
11.0397	核糖	ribose	
11.0398	核糖体	ribosome	
11.0399	脱氧核糖	deoxyribose	
11.0400	核酸	nucleic acid	
11.0401	核糖核酸	ribonucleic acid, RNA	
11.0402	脱氧核糖核酸	deoxyribonucleic acid, DNA	
11.0403	核苷酸链	nucleotide chain	
11.0404	腺嘌呤	adenine, A	
11.0405	鸟嘌呤	guanine, G	
11.0406	胞嘧啶	cytosine, C	
11.0407	胸腺嘧啶	thymine,T	
11.0408	尿嘧啶	uracil,U	

序号	汉文名	英文名	注释
11.0409	双螺旋结构	double helix structure	
11.0410	核小体	nucleosome	
11.0411	蛋白质	protein	
11.0412	蛋白质折叠	protein folding	
11.0413	蛋白质变性	protein denaturation	
11.0414	错折叠	misfolding	
11.0415	酶	enzyme	
11.0416	聚合酶	polymerase	
11.0417	拓扑异构酶	topoisomerase	
11.0418	膜蛋白	membrane protein	
11.0419	[膜]内在蛋白	integral [membrane] protein	
11.0420	穿膜蛋白	transmembrane protein	
11.0421	肌动蛋白	actin	
11.0422	肌球蛋白	myosin	
11.0423	血红蛋白	hemoglobin	
11.0424	肌红蛋白	myoglobin	
11.0425	微管蛋白	tubulin	
11.0426	丝心蛋白	fibroin	
11.0427	驱动蛋白	kinesin	
11.0428	组蛋白	histone	
11.0429	氨基酸	amino acid	
11.0430	肽键	peptide bond	
11.0431	α-螺旋	alpha-helix	
11.0432	β-薄片	beta-sheet	
11.0433	三磷酸腺苷	adenosine triphosphate, ATP	
11.0434	分子机械	molecular machinery	
11.0435	分子马达	molecular motor	
11.0436	抗体	antibody	
11.0437	酵母	yeast	
11.0438	叶绿素	chlorophyll	
11.0439	示踪法	trace method	
11.0440	标记原子	tagged atom	
11.0441	体内成像	in vivo imaging	
11.0442	药物输运	drug delivery	
11.0443	玻璃体	vitreous body	
11.0444	玻璃状液	vitreous humor	
11.0445	胆汁	bile	
11.0446	胶原	collagen	

序　号	汉　文　名	英　文　名	注　　释
11.0447	左旋	levorotation	
11.0448	左旋物质	levorotatory substance	
11.0449	右旋	dextrorotation	
11.0450	趋光性	phototaxis	

11.03　非线性物理学

11.0451	非线性	nonlinearity	
11.0452	非线性现象	nonlinear phenomenon	
11.0453	非线性科学	nonlinear science	
11.0454	非线性理论	nonlinear theory	
11.0455	非线性动力学	nonlinear dynamics	
11.0456	非线性系统	nonlinear system	
11.0457	动力学系统	dynamical system	又称“动态系统”。
11.0458	动力系统理论	theory of dynamic system	
11.0459	自治系统	autonomous system	不显含时间的动力学系统。
11.0460	非自治系统	nonautonomous system	
11.0461	不动点	fixed point	
11.0462	稳定不动点	stable limit cycle	
11.0463	不稳定不动点	unstable fixed point	
11.0464	奇异性	strangeness, singularity	
11.0465	奇点	singularity	
11.0466	简单奇点	simple singularity	
11.0467	孤立奇点	isolated singularity	
11.0468	多重奇点	multiple singularity	
11.0469	单切结点	one-tangent node	
11.0470	腹点	antinodal point	又称“反[波]节点”。
11.0471	鞍点	saddle point	
11.0472	极限环	limit cycle	
11.0473	不稳定极限环	unstable limit cycle	
11.0474	庞加莱极限环	Poincaré limit cycle	
11.0475	界轨[线]	separatrix	
11.0476	同宿点	homoclinic point	
11.0477	异宿点	heteroclinic point	
11.0478	同宿轨道	homoclinic orbit	
11.0479	异宿轨道	heteroclinic orbit	
11.0480	分岔	bifurcation	
11.0481	分岔理论	bifurcation theory	

序号	汉文名	英文名	注释
11.0482	倍周期分岔	period-doubling bifurcation	
11.0483	倒倍周期分岔	inverse period-doubling bifurcation	
11.0484	切分岔	tangential bifurcation	
11.0485	叉式分岔	pitchfork bifurcation	
11.0486	霍普夫分岔	Hopf bifurcation	
11.0487	跨临界分岔	transcritical bifurcation	
11.0488	全局分岔	global bifurcation	
11.0489	次级分岔	secondary bifurcation	
11.0490	分岔集	bifurcation set	
11.0491	分岔图骨架	skeleton of bifurcation diagram	
11.0492	局域分析	local analysis	
11.0493	非线性振荡	nonlinear oscillation	
11.0494	非线性振动	nonlinear vibration	
11.0495	保守振荡	conservative oscillation	
11.0496	自激振荡	autovibration, self-excited oscillation	
11.0497	准周期振动	quasi-oscillation	
11.0498	准周期函数	quasiperiodic function	
11.0499	殆周期振荡	almost periodic oscillation	
11.0500	庞加莱映射	Poincaré map	
11.0501	庞加莱截面	Poincaré section	
11.0502	伯克霍夫定理	Birkhoff's theorem	
11.0503	范德波尔方程	van der Pol's equation	
11.0504	杜芬方程	Duffing's equation	
11.0505	MSS 序列	Metropolis-Stein-Stein sequence	
11.0506	奇异扰动	singular perturbation	
11.0507	猎食模型	predator-prey model	又称"洛特卡-沃尔泰拉模型(Lotka-Volterra model)"。
11.0508	沃尔泰拉方程组	Volterra's equations	
11.0509	洛特卡-沃尔泰拉方程	Lotka-Volterra equation	
11.0510	台球模型	billiard ball model	
11.0511	台球问题	billiard ball problem	
11.0512	台球碰撞	billiard ball collision	
11.0513	同步	synchronization	
11.0514	锁相	phase-locking	
11.0515	标准映射	standard mapping	
11.0516	圆[周]映射	circle mapping	
11.0517	转数	rotation number	

序号	汉文名	英文名	注释
11.0518	有理转数	rational rotation number	
11.0519	无理转数	irrational rotation number	
11.0520	魔梯	devil's staircase	
11.0521	阶梯结构	staircase structure	
11.0522	阿诺德舌[形区]	Arnold tongue	
11.0523	法里树	Farey tree	
11.0524	法里序列	Farey sequence	
11.0525	拓扑度	topological degree	
11.0526	拓扑度定理	theorem of topological degree	
11.0527	黄金分割数	golden mean	
11.0528	费根鲍姆[重正化群]方程	Feigenbaum's [renormalization group] equation	
11.0529	符号动力学	symbolic dynamics	
11.0530	内部相似性	internal similarity	
11.0531	普适周期轨道序列	universal sequence of periodic orbits	简称"U 序列"。
11.0532	协同学	synergetics	
11.0533	奴役原理	slaving principle	
11.0534	快过程	fast process	
11.0535	慢过程	slow process	
11.0536	快变量	fast variable	
11.0537	慢变量	slow variable	
11.0538	浸渐消除	adiabatic elimination	
11.0539	[托姆]突变论	[Thom's] catastrophe theory	
11.0540	突跳	jump	
11.0541	突跳频率	jump frequency	
11.0542	突弹跳变	snap-through	
11.0543	滞后[效应]	hysteresis	
11.0544	滞后回线	hysteresis loop	
11.0545	折叠[型突变]	folding	
11.0546	开折[型突变]	unfolding	又称"去折叠"。
11.0547	燕尾[型突变]	swallow tail	
11.0548	双曲脐[型突变]	hyperbolic umbilic	
11.0549	椭圆脐[型突变]	elliptic umbilic	
11.0550	抛物脐[型突变]	parabolic umbilic	
11.0551	突变集合	catastrophe set	
11.0552	突变性自聚焦	catastrophic self-focusing	又称"灾变性自聚"。
11.0553	混沌	chaos	
11.0554	混沌运动	chaotic motion	

序　号	汉　文　名	英　文　名	注　　释
11.0555	阵发混沌	intermittency chaos	
11.0556	暂态混沌	transient chaos	
11.0557	动力学混沌	dynamical chaos	
11.0558	超混沌	hyperchaos	
11.0559	激变	crisis	混沌运动的。
11.0560	李[天岩]-约克定理	Lee-Yorke theorem, Li-Yorke theorem	
11.0561	通向混沌之路	route to chaos	
11.0562	吕埃勒-塔肯斯路线	Ruelle-Takens route	通向混沌的。
11.0563	量子混沌	quantum chaos	
11.0564	内禀随机性	intrinsic stochasticity	
11.0565	赝随机运动	pseudostochastic motion	
11.0566	稳定性理论	stability theory	
11.0567	渐近稳定性	asymptotic stability	
11.0568	轨道稳定性	orbital stability	
11.0569	结构稳定性	structural stability	
11.0570	长期稳定性	long-term stability	
11.0571	线性[化]稳定性分析	linearized stability analysis	
11.0572	李雅普诺夫指数	Lyapunov exponent	
11.0573	李雅普诺夫函数	Lyapunov function	
11.0574	李雅普诺夫泛函	Lyapunov functional	
11.0575	李雅普诺夫稳定性	Lyapunov stability	
11.0576	态空间	state space	
11.0577	控制参量	control parameter	
11.0578	映射	map	
11.0579	映像	map	
11.0580	控制混沌	controlling chaos	
11.0581	吸引子	attractor	
11.0582	吸引域	basin of attraction	
11.0583	排斥子	repeller	
11.0584	奇怪吸引子	strange attractor	
11.0585	混沌吸引子	chaotic attractor	
11.0586	卡普兰-约克猜想	Kaplan-Yorke conjecture	
11.0587	逻辑斯谛映射	logistic map	
11.0588	费根鲍姆数	Feigenbaum's number	
11.0589	费根鲍姆标度律	Feigenbaum's scaling law	
11.0590	高斯映射	Gaussian map	
11.0591	沙尔科夫斯基序列	Sharkovskii sequence	

序　号	汉　文　名	英　文　名	注　　释
11.0592	虫口模型	insect-population model	
11.0593	单峰映射	one-hump map	
11.0594	帐篷[形]映射	tent map	
11.0595	双峰分布	bimodal distribution	
11.0596	洛伦茨模型	Lorenz model	
11.0597	初态敏感性	sensitivity to initial state	
11.0598	蝴蝶效应	butterfly effect	天气预报的。
11.0599	洛伦茨吸引子	Lorenz attractor	
11.0600	埃农映射	Hénon map	
11.0601	埃农吸引子	Hénon attractor	
11.0602	猫脸映射	Arnold's cat map	
11.0603	斯梅尔马蹄	Smale horseshoe	
11.0604	揉面变换	kneading transformation	
11.0605	扭曲映射	twist map	
11.0606	拓扑共轭映射	topological conjugacy map	
11.0607	KAM 定理	Kolmogorov-Arnold-Moser theorem, KAM theorem	
11.0608	KAM 环面	Kolmogorov-Arnold-Moser torus, KAM torus	
11.0609	可积性	integrability	
11.0610	可积系统	integrable system	
11.0611	近可积系统	nearly integrable system	
11.0612	梅利尼科夫积分	Mel'nikov integral	
11.0613	KS 熵	Kolmogorov-Sinai entropy, KS entropy	
11.0614	功率[密度]谱	power [density] spectrum	
11.0615	含混吸引子	vague attractor [of Kolmogorov]	
11.0616	混沌测度	chaotic measure	
11.0617	混沌同步	chaos synchronization	
11.0618	混沌通信	chaotic communication	
11.0619	混沌噪声	chaotic noise	
11.0620	分形	fractal	
11.0621	分形体	fractal	
11.0622	分形子	fracton	
11.0623	多重分形	multifractal	
11.0624	前分形	prefractal	
11.0625	分形维数	fractal dimension	简称“分维”。
11.0626	分形测度	fractal measure	
11.0627	小盒计数法	box counting	

序号	汉文名	英文名	注释
11.0628	覆盖维数	covering dimension	
11.0629	空间维度	spatial dimensionality	
11.0630	容量维数	capacity dimension	
11.0631	边缘维数	marginal dimension	
11.0632	上边缘维数	upper marginal dimension	
11.0633	下边缘维数	lower marginal dimension	
11.0634	上临界维度	upper critical dimension	
11.0635	信息维数	information dimension	
11.0636	关联维数	correlation dimension	
11.0637	李雅普诺夫维数	Lyapunov dimension	
11.0638	欧几里得维数	Euclidean dimension	
11.0639	豪斯多夫维数	Hausdorff dimension	
11.0640	拓扑维数	topological dimension	
11.0641	余维[数]	codimension	
11.0642	豪斯多夫余维	Hausdorff codimension	
11.0643	维数不变量	dimensionality invariant	
11.0644	维度跨接	dimensionality crossover, dimensional crossover	
11.0645	康托尔集[合]	Cantor set	
11.0646	康托尔环面	cantorus	
11.0647	科赫曲线	Koch curve	
11.0648	科赫岛	Koch island	
11.0649	谢尔平斯基镂垫	Sierpinski gasket	
11.0650	谢尔平斯基海绵	Sierpinski sponge	
11.0651	芒德布罗集[合]	Mandelbrot set	
11.0652	茹利亚集[合]	Julia set	
11.0653	凯莱树	Cayley tree	
11.0654	分形生长	fractal growth	
11.0655	斐波那契链	Fibonacci chain	
11.0656	斐波那契序列	Fibonacci sequence	
11.0657	扩散置限聚集	diffusion-limited aggregation, DLA	
11.0658	指进	fingering	又称“爪进”。
11.0659	黏性指进	viscous fingering	
11.0660	临界体积分数	critical volume fraction	
11.0661	逾渗	percolation	曾称“渗流”。
11.0662	逾渗理论	percolation theory	
11.0663	座逾渗	site percolation	
11.0664	键逾渗	bond percolation	

序　号	汉　文　名	英　文　名	注　　释
11.0665	座键逾渗	site-bond percolation	
11.0666	扩程逾渗	extended-range percolation	
11.0667	逾渗转变	percolation transition	
11.0668	逾渗阈值	percolation threshold	
11.0669	逾渗通路	percolation path	
11.0670	逾渗概率	percolation probability	
11.0671	逾渗团主干	backbone of percolation cluster	
11.0672	连续区逾渗	continuum percolation	
11.0673	多色逾渗	percoloration, polychromatic percolation	
11.0674	高密度逾渗	high-density percolation	
11.0675	入侵逾渗	invasion percolation	
11.0676	实座	filled site	又称"填充位"。
11.0677	空位	empty site	
11.0678	连通键	connected bond, unblocked bond	
11.0679	闭锁键	blocked bond	
11.0680	长程连通性	long-range connectivity	
11.0681	跨越集团	spanning cluster	
11.0682	跨越长度	spanning length	
11.0683	自相似变换	self-similarity transformation	
11.0684	热力学分支	thermodynamic branch	
11.0685	热力学阈	thermodynamic threshold	
11.0686	耗散系统	dissipative system	
11.0687	耗散能	dissipated energy	
11.0688	耗散算符	dissipative operator	
11.0689	协合结构	coherent structure	
11.0690	耗散结构	dissipative structure	
11.0691	耗散结构理论	theory of dissipative structure	
11.0692	临界长度	critical length	耗散结构的。
11.0693	瑞利-贝纳尔不稳定性	Rayleigh-Bénard instability	
11.0694	贝纳尔对流	Bénard convection	
11.0695	六角[形]图样	hexagon pattern	
11.0696	卷筒图样	roll pattern	
11.0697	瑞利数	Rayleigh number	
11.0698	普朗特数	Prandtl number	
11.0699	BZ 反应	Belousov-Zhabotinski reaction, BZ reaction	
11.0700	俄勒冈模型	Oregonator	

序　号	汉　文　名	英　文　名	注　　释
11.0701	布鲁塞尔模型	Brusselator	又称“三分子模型(trimolecular model)”。
11.0702	涨落化学	fluctuation chemistry	
11.0703	化学钟	chemical clock	
11.0704	化学波	chemical wave	
11.0705	螺旋流	spiral flow	
11.0706	多重定态	multiple steady state	
11.0707	斑图	pattern	
11.0708	图灵斑图	Turing pattern	
11.0709	斑图动力学	pattern dynamics	
11.0710	反应扩散方程	reaction-diffusion equation	
11.0711	自组织	self-organization	
11.0712	自组织临界性	self-organized criticality	
11.0713	自组织织构	self-organized texture	
11.0714	格[子]	lattice	
11.0715	笼目格	kagomé lattice	
11.0716	自对偶性	self-duality	
11.0717	对偶格[点]	dual lattice	
11.0718	格气模型	lattice gas model	
11.0719	格点液体	lattice liquid	
11.0720	离散流体[模型]	discrete fluid [model]	
11.0721	格点动物	lattice animal	
11.0722	侵入物	invader	
11.0723	退守物	defender	
11.0724	生灭过程	birth[-and]-death process	
11.0725	存活概率	survival probability	又称“残存概率”。
11.0726	元胞自动机	cellular automaton	
11.0727	演化规则	evolution rule	
11.0728	概率性规则	probabilistic rule	
11.0729	决定论性规则	deterministic rule	
11.0730	自复制	self-duplicating	
11.0731	自复原	self-recovery	
11.0732	自调节	self-regulation	
11.0733	算法复杂性	algorithm complexity	个别轨道不可预测性的度量。
11.0734	不可预测性	unpredictability	
11.0735	能量景貌	energy landscape	简称“能景”。
11.0736	孤[立]波	solitary wave	

序　号	汉　文　名	英　文　名	注　　释
11.0737	孤[立]子	soliton	
11.0738	FPU 问题	Fermi-Pasta-Ulam problem, FPU problem	
11.0739	KdV 方程	Korteweg-de Vries equation, KdV equation	
11.0740	椭圆余弦波	cnoidal wave	
11.0741	施瓦茨导数	Schwarz derivative	
11.0742	非线性薛定谔方程	nonlinear Schrödinger equation	
11.0743	正弦戈登方程	sine-Gordon equation	
11.0744	扎布斯基方程	Zabusky equation	
11.0745	逆散射法	inverse scattering method	
11.0746	非线性隧穿	nonlinear tunneling	
11.0747	空间孤子	spatial soliton	
11.0748	二次孤子	quadratic solitons	
11.0749	色散调控孤子	dispersion-managed soliton	
11.0750	呼吸式孤子	breather soliton	
11.0751	多重暗孤子	multiple dark soliton	

英 汉 索 引

A

absorption length　吸收长度　09.1279
absorption limit　吸收[极]限　04.1830，吸收限 08.2264
absorption line　吸收[谱]线　04.1698
absorption loss　吸收损耗　04.1998
absorption peak　吸收峰　04.1674
absorption refrigeration cycle　吸收[式]致冷循环 05.0163
absorption spectroscopy　吸收光谱学　04.1847
absorption spectrum　吸收光谱　04.1673
absorptive optical bistability　吸收[型]光双稳性 04.2449
absorptive power　吸收本领　04.1618
absorptivity　吸收率　04.1601
AC　交[变电]流　03.0592
AC bridge　交流电桥　03.0833
accelerated motion　加速运动　02.0084
accelerating tube　加速管　09.0881
accelerating voltage　加速电压　09.0882
acceleration　加速度　02.0066
acceleration mechanism　加速机制　09.1433
accelerator　加速器　09.0854
accelerator mass spectrometer　加速器质谱仪　09.0837
accelerometer　加速度计　02.0317
acceptance angle　接收角　04.0475
acceptor　受主　08.1588，接受器　08.1589
acceptor density　受主浓度　08.1593
acceptor impurity　受主杂质　08.1591
acceptor ionization energy　受主电离能　08.1600
acceptor level　受主能级　08.1592
accessible state　可及态　05.0520
accidental accuracy　随机精度　01.0215
accidental coincidence　偶然符合　01.0258
accidental degeneracy　偶然简并性　08.1276
accidental error　偶然误差　01.0224
AC circuit　交流电路　03.0594
accommodation　[眼]调焦　04.0696
accretion disk　吸积盘　11.0165
accumulation layer　累积层　08.1655
accumulator　蓄电池　03.0803
accuracy　精度　01.0213，准确度　01.0270
AC generator　交流发电机　03.0872
achometer　转速计　02.0924
achromat　消色差透镜　04.0534
achromatic lens　消色差透镜　04.0534
achromatic phase matching　消色差相位匹配　04.2387
achromatic prism　消色差棱镜　04.0535
achromatic wave plate　消色差波片　04.0533
achromatism　消色差[性]　04.0528
acicular crystal　针状晶体　08.0268
AC Josephson effect　交流约瑟夫森效应　08.3290
acoumetry　测声术　04.2776
acoustic activity　旋声性　08.2278
acoustic admittance　声导纳　04.2704
acoustical propagation constant　声传播常数　04.2726
acoustic birefringence　声致双折射　04.1321
acoustic branch　声学支　08.1405
acoustic capacitance　声容　04.2734
acoustic cavitation　声空化　04.2733
acoustic compliance　声顺　04.2731
acoustic conductance　声导　04.2705
acoustic dispersion　声频散　04.2727
acoustic Doppler effect　声多普勒效应　04.2779
acoustic emission　声发射　04.2723
acoustic energy　声能　04.2735
acoustic frequency　声频　04.2687
acoustic-gravity wave　声-重力波　04.2675
acoustic holography　声全息术　04.2773
acoustic image　声像　04.2749
acoustic impedance　声阻抗　04.2698
acoustic intensity　声强　04.2685
acoustic level　声级　04.2684
acoustic loss　声损耗　04.2732
acoustic meter　比声计　04.2783
acoustic microscopy　声显微术　04.2771
acoustic mode　声学模　08.1406
acoustic ohm　声欧[姆]　04.2701
acoustic phonon　声学声子　05.0724
acoustic pressure　声压[强]　04.2683
acoustic radiation　声辐射　04.2728
acoustic radiation force　声辐射力　04.2729
acoustic reactance　声抗　04.2702
acoustic resistance　声阻　04.2699
acoustic resonance　声共振　04.2739
acoustic resonator　声共鸣器　04.2791
acoustics　声学　04.2605
acoustic sensor　声传感器　04.2788
acoustic source　声源　04.2722

acoustic stiffness 声劲度 04.2730
acoustic susceptance 声纳 04.2706
acoustic thermometer 声学温度计 08.3434
acoustic tomography 声层析术 04.2772
acoustic wave 声波 04.2674
acoustoelectric effect 声电效应 08.2194
acousto-optical tunable filter 声光可调滤波器 04.2372
acousto-optic Bragg diffraction 声光布拉格衍射 04.2778
acousto-optic cavity 声光腔 04.2171
acousto-optic deflection 声光偏转 04.2369
acousto-optic deflector 声光偏转器 04.2172
acousto-optic effect 声光效应 04.2367
acousto-optic modulation 声光调制 04.2370
acousto-optic Q switch 声光 Q 开关 04.2132
acousto-optics 声光学 04.2366
acousto-optic signal processing 声光信号处理 04.2371
acousto-optic tensor 声光系数张量 04.2368
AC Stark effect 交流斯塔克效应 07.0078
actin 肌动蛋白 11.0421
[acting] force 作用力 02.0152
actinicity 光化性 04.2573
actinic radiation 光化辐射 04.2574
actinide metal 锕系金属 08.1224
actinium series 锕系 09.0166
actinometry 辐射测量[学] 04.0584
action 作用 02.0150, 作用量 02.0154
action at a distance 超距作用 02.0248
activated hopping 激活跳跃 08.1526
activated tunneling 激活隧穿 08.1527
activation analysis 活化分析 09.0805
activation energy 激活能 08.1605
activator 激活剂 08.2253
active cavity 激活腔, *有源腔 04.2048
active component 有功部分 03.0644, 有源元件 03 0910
active current 有功电流 03.0645
active device 有源器件 03.0911
active electron 激活电子 07.0234
active field 有源场 03.0565
active imaging system 有源成像系统 04.0622
active material 活性材料 09.0151
active medium 激活介质 04.1993
active mode-locking 主动锁模 04.2111
active optical fiber 激活光纤 04.2502
active optics 主动光学 04.0024
active power 有功功率 03.0647
active Q switching 主动[式]Q 开关 04.2129
active region 激活区, *有源区 04.1994
active transport 主动输运 05.0463
activity 活性 05.1108, 活度 05.1109, 放射性活度 05.1111
activity coefficient 活性系数 09.0152
acyclic motion 非周期运动 02.0022
adamant 硬石 08.0360
adamantine spar 刚玉 08.0361
adamantine structure 硬石结构 08.0379
adapter 适配器 03.1100, 转接器 03.1104
adaptive optical system 自适应光学系统 04.0766
adaptive optics 自适应光学 04.0765
adatom 吸附原子 08.2603
additive color 相加色 04.0752
additive color mixing 加法混色 04.0749
additivity law 加性定律 04.0754
address hologram 编址全息图 04.1387
adenine 腺嘌呤 11.0404
adenosine triphosphate 三磷酸腺苷 11.0433
adhesiometer 黏附计 08.2600
adhesion 附着 08.2725
adhesive force 附着力 08.2597
adhesiveness 黏附性 08.2598, 黏附度 08.2599
adiabat 绝热线 05.0231
adiabatically isolated system 绝热孤立系 05.0441
adiabatic approximation 浸渐近似, *绝热近似 06.0633
adiabatic calorimetry 绝热量热学 05.0130
adiabatic compression 绝热压缩 08.3587
adiabatic compression heating 绝热压缩加热 10.0438
adiabatic condition 浸渐条件, *绝热条件 07.0235
adiabatic demagnetization 绝热退磁 08.3400
adiabatic demagnetization cooling 绝热退磁致冷 08.3401
adiabatic elimination 浸渐消除 11.0538
adiabatic equation 绝热方程 05.0227
adiabatic evolution 浸渐演化 07.0219
adiabatic expansion 绝热膨胀 05.0224
adiabatic expansion cooling 绝热膨胀致冷 05.0225
adiabatic exponent 绝热指数 05.0228

adiabatic following 浸渐跟随 04.2495
adiabatic inversion 浸渐反转 04.2496
adiabatic process 绝热过程 05.0221
adiabatic switching 浸渐启闭 05.0871
adiabatic system 绝热系统 05.0222
adiabatic theorem 绝热定理 05.0226
adiabatic transport 绝热输运 08.3508
adiabatic wall 绝热壁 05.0230
adjoint operator 伴[随]算符 06.0588
adjustment 调节 01.0181
Adler anomaly 阿德勒反常 09.1428
Adler-Bell-Jackiw anomaly ABJ 反常 09.1412
admissible error 容许误差 01.0240
admittance 导纳 03.0634
adsorbability 吸附能力 08.2601
adsorbate 被吸附物 08.2602
adsorbed atom 吸附原子 08.2603
adsorbed film 吸附膜 08.2604
adsorbed layer 吸附层 08.2605
adsorption 吸附 08.2726
adsorption isotherm 吸附等温线 08.2609
adsorption site 吸附位 08.2727
advanced Green's function 超前格林函数 05.0930
advance of perihelion 近日点进动 06.0319
advancing wave 前进波 04.2637
advection 平流 02.0719
ADXRD 角色散 X 射线衍射 08.1054
aerodynamic drag 气动阻力 02.0846
aerodynamic force 气动力 02.0845
aerodynamics 空气动力学 02.0843
aerogel 气凝胶 08.2549
aeromechanics 空气力学 02.0842
aeronautics 航空学 02.0856
aerosol 气溶胶 08.2555
aerospace medical physics 宇航医学物理学 11.0289
aerostatics 气体静力学 02.0841
aerothermodynamics 气动热力学 05.0008
AES 俄歇电子[能]谱学 08.2818
aether 以太 06.0012
affine connection 仿射联络 06.0269
affine parameter 仿射参量 06.0270
affine space 仿射空间 06.0268
affine transformation *仿射变换 04.0373
affinity 亲和势 05.1112, 亲和性 05.1113
afocal imaging system 无焦成像系统 04.0624
after effect 后效 04.0698
after-effect function 后效函数 05.0860
afterglow 余辉 08.2240
after image 余留像, *剩余像 04.0699
age-deposition 时效沉积 08.0869
age-hardening 时效硬化 08.0868
agglomeration in space 空间凝集 03.1118
agglutination 凝集 08.2536
aggregate 聚集体 08.2540
aggregation 聚集 08.2537
aging 老化 08.0867, 时效 08.0897
aging process 时效过程, *老化过程 08.0898
aging test 时效试验, *老化试验 08.0899
Aharonov-Bohm [conductance] oscillation 阿哈罗诺夫-玻姆电导振荡, *AB 振荡 08.3477
Aharonov-Bohm effect 阿哈罗诺夫-玻姆效应, *AB 效应 08.3478
Aharonov-Bohm flux 阿哈罗诺夫-玻姆磁通, *AB 磁通 08.3479
aiming distance 瞄准距离 02.0422
air compressor 空气压缩机 08.3379
airglow 气辉, *大气辉光 04.1926
air liquefaction 空气液化 08.3380
air pressure 气压 02.0871
air pressure gauge 气压计 02.0872
air pump 抽气泵 05.0144
air resistance 空气阻力 02.0855
air table 气垫台 02.0898
air track 气垫导轨 02.0897
Airy disk 艾里斑 04.1017
Alfvén velocity 阿尔文速度 10.0199
Alfvén wave 阿尔文波 10.0198
algorithm complexity 算法复杂性 11.0733
alignment 合轴 01.0187, 对准 01.0188
A-like phase 类 A 相 08.3064
alkali-metal atom 碱金属原子 07.0040
alkaline earth metal 碱土金属 08.1219
alkaline metal 碱金属 08.1217
allochromatism 掺质色性 04.2577
allomer 同晶异质体 08.0235
allomerism 同晶异质性 08.0236
allomorphism 同质异晶性 08.0237
all-optical device 全光器件 04.0060

allosteric effect 变构效应 08.2482
allotrope 同素异形体 08.0239
allotropy 同素异形 08.0238
allowed band 容许带 08.1360
allowed state 容许态 08.1361
allowed transition 容许跃迁 06.0636
alloy 合金 08.1227
almost localized Fermi liquid 近局域费米液体 08.3057
almost periodic oscillation 殆周期振荡 11.0499
alnico 铝镍钴[合金] 08.1905
alpha decay α衰变 09.0126
alpha-decay spectroscopy α衰变谱学 09.0258
alpha disintegration α蜕变 09.0130
alpha-helix α-螺旋 11.0431
alpha particle α粒子 09.0122
alpha ray α射线 09.0113
alpha-ray spectrum α射线谱 09.0119
alpha spectrum α谱 09.0116
alternating current 交[变电]流 03.0592
alternating current bridge 交流电桥 03.0833
alternating [current] circuit 交流电路 03.0594
alternating current generator 交流发电机 03.0872
alternating current Stark effect 交流斯塔克效应 07.0078
alternating electric field 交变电场 03.0593
alternating-gradient synchrotron 交变梯度同步加速器 09.0870
alternating magnetic field 交变磁场 03.0372
altimeter 测高仪 02.0899
Altshuler-Aronov-Spivak effect 阿尔特舒勒-阿罗诺夫-斯皮瓦克效应，*AAS效应 08.3480
ambipolar diffusion 双极扩散 10.0149
ambipolar diffusion coefficient 双极扩散系数 08.1633
ambipolar [drift] mobility 双极[漂移]迁移率 08.1634
amino acid 氨基酸 11.0429
ammeter 安培计，*电流计 03.0814
amorphism 非晶性 08.0549
amorphous alloy 非晶合金 08.0553
amorphous dielectrics 非晶介电体 08.2175
amorphous material 非晶材料 08.0552
amorphous matter 非晶体 08.0551
amorphous semiconductor 非晶半导体 08.0600
amorphous silicon 非晶硅 08.0601
amorphous state 非晶态 08.0550
amount of substance 物质[的]量 05.0054
Ampère balance 安培天平 03.0845
Ampère's circuital theorem 安培环路定理 03.0393
Ampère's closed path 安培环路 03.0236
Ampère's experiment 安培实验 03.0234
Ampère's force 安培力 03.0388
Ampère's formula 安培公式 03.0235
Ampère's hypothesis 安培假说 03.0444
Ampère's law 安培定律 03.0387
ampere-turns 安[培]匝数 03.0493
amphiphile 两亲分子 08.2564
amphiphilic molecule 两亲分子 08.2564
amphoteric impurity 双性杂质 08.1609
amplification 放大 03.0978
amplification coefficient 放大系数 04.1997
amplification without inversion 无反转放大 04.2063
amplified spontaneous emission 放大自发发射 04.1974
amplifier 放大器 03.0979
amplitude 振幅 02.0354
amplitude contrast 振幅衬度 04.1249
amplitude-division interferometer 振幅分割干涉仪 04.1085
amplitude grating 幅光栅，*振幅型光栅 04.1048
amplitude hologram 振幅[型]全息图 04.1378
amplitude impulse response 振幅脉冲响应 04.1236
amplitude modulation 调幅 04.1217
amplitude of a wave 波幅 04.2660
amplitude reflectivity 振幅反射率 04.0872
amplitude spread function 振幅扩展函数 04.1235
amplitude-squeezed state 振幅挤压态，*振幅压缩态 06.0882
amplitude transfer function 振幅传递函数 04.1238
amplitude transformer 变幅杆 02.0618
amplitude transmissivity 振幅透射率 04.0868
AMR 各向异性磁阻 08.2088
AMS 加速器质谱仪 09.0837
analogy 类比 01.0128
analytical balance 分析天平 02.0890
[analytical] continuation [解析]延拓 01.0462
analytical electron microscopy 分析电子显微学 08.1095
analytical extrapolation 解析外推法 01.0463
analytical mechanics 分析力学 02.0006

analyticity 解析性 01.0461
analytic signal 解析信号 04.1287
anamorphic [optical] system 变形[光学]系统 04.0625
anamorphose 图像变形 04.0626
anamorphosis 图像变形法 04.0627
anamorphote lens 变形镜头 04.0628
anastigmat 消像散透镜 04.0518
anchoring 锚泊 08.2688
Anderson-Brinkman-Morel state ABM 态 08.3066
Anderson criterion 安德森判据 08.0681
Anderson-Dayem bridge 安德森-达依姆桥 08.3309
Anderson insulator 安德森绝缘体 08.2407
Anderson localization 安德森局域[化] 08.0680
Anderson-Mott insulator 安德森-莫特绝缘体 08.1513
Anderson transition 安德森转变 08.0678
AND gate 与门 03.1054
Andreev bound state 安德列也夫束缚态 08.3265
Andreev mirror 安德列也夫镜[子] 08.3266
Andreev reflection 安德列也夫反射 08.3267
Andreev scattering 安德列也夫散射 08.3268
Andronikashvili's expeirment 安德罗尼卡什维里实验 08.3021
anechoic chamber 消声室 04.2795
anelastic deformation 滞弹形变 08.2383
anelasticity 滞弹性 08.2319
aneroid 无液气压计 02.0873
aneroid barometer 无液气压计 02.0873
angle correlation 角关联 06.0903
angle-dispersive X-ray diffraction 角色散 X 射线衍射 08.1054
angle eikonal 角程函 04.0630
angle gauge 角规 04.0181
angle mirror 角[反射]镜 04.0150
angle of deviation 偏离角, *偏向角 04.0185
angle of diffraction 衍射角 04.1007
angle of divergence 发散角 04.0990
angle of friction 摩擦角 02.0241
angle of impedance 阻抗角 03.0632
angle of minimum deviation 最小偏离角 04.0186
angle of minimum resolution 最小分辨角 04.1016
angle of nutation 章动角 02.0506
angle of precession 进动角 02.0513
angle of rotation 转动角 02.0497
angle of shear 剪切角 02.0670
angular acceleration 角加速度 02.0493
angular aperture 角孔径 04.0445
angular characteristic function 角特征函数 04.0633
angular dispersion 角色散 04.0187
angular displacement 角位移 02.0491
angular distribution 角分布 09.0250
angular factor 角因数 07.0223
angular field *角视场 04.0474
angular frequency 角频率 02.0391
angular impulse 角冲量 02.0264
angular magnification 角放大率 04.0334
angular momentum 角动量 02.0271
angular-momentum quantum number 角动量量子数 06.0390
angular motion 角[向]运动 02.0269
angular quantum number 角量子数 06.0392
angular resolution 角分辨率 04.1014
angular resolved photoemission 角分辨光电发射 08.2805
angular resolved photoemission spectroscopy 角分辨光电子谱[学] 08.1057
angular spectrum 角谱 04.1310
angular speed 角速率 02.0051
angular velocity 角速度 02.0492
angular wave number 角波数 06.0393
anharmonic correction 非[简]谐修正 07.0216
anharmonic effect 非[简]谐效应 08.1447
anharmonic force 非简谐力 08.1446
anharmonicity 非[简]谐性 08.1445
anharmonic oscillator 非[简]谐振子 06.0626
anharmonic term 非[简]谐项 08.1448
anharmonic vibration 非[简]谐振动 02.0369
anholonomic constraint 非完整约束 02.0577
anion *阴离子 03.0339
anionic surfactant 负离子型表面活性剂 08.2573
anisotropic confinement 各向异性限域 08.3510
anisotropic crystal 各向异性晶体 08.0273
anisotropic magnetoresistance 各向异性磁阻 08.2088
anisotropic medium 各向异性介质 08.1951
anisotropic superfluid 各向异性超流体 08.3046
anisotropy 各向异性 01.0164
anisotropy energy 各向异性能 08.2089
annealing 退火 08.0859

annealing-induced anisotropy 退火感生各向异性 08.1954
annealing temperature 退火温度 08.0860
annihilation 湮没，*湮灭 06.0679
annihilation operator 湮没算符 06.0681
annihilation radiation 湮没辐射 09.0715
annular aperture 环孔径 04.0454
annular coil 环状线圈 03.0880
annular junction 环形结 08.3315
anode 阳极 03.0299
anomalon 反常子 09.0203
anomalous absorption 反常吸收 04.1597
anomalous diffusion 反常扩散 10.0156
anomalous dimension 反常量纲 09.1299
anomalous dispersion 反常色散 04.1635
anomalous expansion 反常膨胀 08.1460
anomalous Green's function 反常格林函数 05.0937
anomalous Hall effect 反常霍尔效应 08.1493
anomalous isotope effect 反常同位素效应 08.3103
anomalous magnetic moment 反常磁矩 09.1108
anomalous proximity effect 反常邻近效应 08.3271
anomalous resistance 反常电阻 10.0158
anomalous scattering 反常散射 04.1577
anomalous skin effect 反常趋肤效应 08.1263
anomalous thermal conductivity 反常热导率 10.0159
anomalous transport 反常输运 10.0155
anomalous Zeeman effect 反常塞曼效应 04.1773
anomaly 反常 01.0172
ansatz 拟设 01.0146
antenna 天线 03.0753
antenna aperture 天线孔径 03.0760
antenna array 天线阵 03.0757
anthropic principle 人择原理 06.0351
anti-4He 反氦-4 核 09.0176
antibaryon 反重子 09.0936
antibody 抗体 11.0436
antibonding 反[成]键 08.0706
antibonding-bonding splitting 反键成键分裂 08.0408
antibonding state 反键态 08.0406
antiboson 反玻色子 09.0927
antibunching 反群聚 10.0345
anticoincidence 反符合 09.0730
anticoincidence circuit 反符合电路 09.0733
anticommutation relation 反对易关系 06.0452
anticommutator 反对易式 06.0456
anti-Compton shield 反康普顿屏蔽 09.0760
anticorrelation 反关联 04.2509
anti-crossing effect 抗交叉效应 07.0111
antideuteron 反氘核 09.0175
antidiffusion 反扩散 10.0153
antidot 反量子点 08.3511
antidyon 反双荷子 09.1028
antielectron 反电子 09.1170
antielement 反[物质]元素 09.1053
antifermion 反费米子 09.0925
antiferroelectric 反铁电体 08.2154
antiferromagnet 反铁磁体 08.1920
antiferromagnetic domain 反铁磁畴 08.1924
antiferromagnetic interaction 反铁磁相互作用 08.1921
antiferromagnetic resonance 反铁磁共振 08.1925
antiferromagnetic semiconductor 反铁磁半导体 08.1782
antiferromagnetism 反铁磁性 08.1919
antifluorite structure 反萤石[型]结构 08.0262
antigalaxy 反[物质]星系 09.1055
antihelium-4 反氦-4 核 09.0176
antihermitian operator 反厄米算符 09.1295
antihyperon 反超子 09.1168
antihypertriton 反超氚核 09.0178
antikaon 反 K 介子 09.0966
antilepton 反轻子 09.0941
antilocalization 反局域化 08.3512
antimatter 反物质 09.1054
antimatter hypernucleus 反[物质]超核 09.0177
antimeson 反介子 09.1171
antimonopole 反单极子 09.1026
antimuon 反 μ 子 09.0952
antineutrino 反中微子 09.0199
antineutron 反中子 09.0971
antinodal point 腹点，*反[波]节点 11.0470
antinode 波腹 04.2655
antinormal ordering 反正规排序 06.0710
antinucleus 反核 09.0174
antiparticle 反粒子 09.0921
antiphase domain 反相畴 08.0503
antiproton 反质子 09.0969
antiquark 反夸克 09.0992
antireflecting film 减反射膜，*增透膜 04.0938

Ashkin-Teller model 阿什金-特勒模型 05.1032
aspect ratio 纵横比 10.0392
asperomagnetism 散铁磁性 08.1929
aspherical lens 非球面透镜 04.0258
aspheric mirror 非球面[反射]镜 04.0151
association colloid 缔合胶体 08.2502
associative ionization 缔合电离[作用] 07.0217
associative storage 连带存储 04.1541
assumption 假设 01.0148
astatic balance 无定向秤 02.0858
astatic magnetometer 无定向磁强计 08.2044
asteroid 小行星 11.0235
asteroid belt 小行星带 11.0236
astigmatism 像散 04.0517，散光 04.0700
astigmatoscope 散光镜 04.0390
astigmia 像散 04.0517，散光 04.0700
astrodynamics 天文动力学，＊航天动力学 11.0002
astromagnetism 天体磁学 11.0149
astrometry 天体测量[学] 11.0003
astronautics 宇航学 11.0287
astronavigation 天文导航 11.0304
astronomical optics 天文光学 04.0014
astronomical telescope 天文望远镜 04.0643
astronomical unit 天文单位 11.0101
astroparticle physics 粒子天体物理学 11.0020
astrophysical plasma 天体物理学等离[子]体，＊天体等离[子]体 10.0029
astrophysics 天体物理[学] 01.0017
astrospectroscopy 天体光谱学 04.1846
A-15 superconductor A-15 超导体 08.3247
ASW method 缀加球面波法，＊增广球面波法 08.1296
asymmetrical fission 不对称裂变 09.0656
asymmetrical friction 非对称摩擦 03.1123
asymmetry 非对称性 01.0166
asymptote 渐近线 01.0384
asymptotically flat space time 渐近平时空 06.0287
asymptotic behavior 渐近行为 09.1235
asymptotic degeneracy 渐近简并性 05.1053
asymptotic freedom 渐近自由 09.1236
asymptotic quantum number 渐近量子数 09.0382
asymptotic solution 渐近解 01.0383
asymptotic stability 渐近稳定性 11.0567
asymptotic state 渐近态 09.1237
asynchronous motor 异步电动机 03.0871
ATA 平均 t 矩阵近似 08.0591
atactic chain 无规立构链 08.2435
atacticity 无规立构度 08.2436
atactic polymer 无规[立构]聚合物 08.2434
atmosphere 大气 05.0056
atmospheric acoustics 大气声学 04.2606
atmospheric optics 大气光学 04.0015
atmospheric physics 大气物理学 11.0328
atmospheric thermodynamics 大气热力学 05.0007
atom 原子 07.0003
atom capture 原子俘获 07.0145
atom chip 原子芯片 07.0146
atom-controlled technology 原子操控技术 07.0156
atom holography 原子全息术 07.0148
atomic bomb 原子弹 09.0617
atomic charge number 原子电荷数 07.0007
atomic clock 原子钟 07.0158
atomic coherence 原子相干[性] 07.0162
atomic collision 原子碰撞 07.0122
atomic constant 原子常数 07.0008
atomic core 原子芯，＊原子实 07.0041
atomic diffraction 原子衍射 07.0163
atomic energy 原子能 09.0616
atomic fluorescence spectroscopy 原子荧光光谱术 04.1848
atomic force microscopy 原子力显微术 08.1072
atomic form factor 原子形状因子 08.1007
atomic fountain 原子喷泉 07.0166
atomic layer deposition 原子层沉积 08.0818
atomic line filter 原子滤光器 04.0761
atomic magnetic moment 原子磁矩 08.1844
atomic mass 原子质量 09.0013
atomic model 原子模型 07.0014
atomic model with nucleus 原子有核模型 07.0017
atomic-molecular theory 原子分子学说 07.0002
atomic monolayer 原子单层 08.2781
atomic nuclear physics 原子核物理[学] 09.0001
atomic nucleus 原子核 09.0005
atomic number 原子序数 07.0006
atomic orbital 原子轨道 07.0009
atomic physics 原子物理[学] 07.0001
atomic polarizability 原子极化率 03.0204
atomic qubit 原子量子比特 06.0801

atomic radial distribution function 原子径向分布函数 07.0095
atomic radius 原子半径 07.0010
atomic scattering factor 原子散射因子 08.1008
atomic spacing 原子间距 08.0343
atomic spectral line 原子谱线 04.1743
atomic spectroscopy 原子光谱学 07.0021
atomic spectrum 原子光谱 07.0012
atomic sphere approximation 原子球近似 08.1299
atomic spin magnetometer 原子自旋磁强计 08.1073
atomic stopping cross-section 原子阻止截面 09.0698
atomic structure 原子结构 07.0011
atomic theory 原子论 07.0005
atomic time 原子时 07.0157
atomic unit 原子单位 07.0013
atomic wave function 原子波函数 07.0094
atomic weight 原子量 07.0004
atom interferometer 原子干涉仪 07.0149
atomism 原子论 07.0005
atom laser 原子凝射器 07.0151
atom optics 原子光学 07.0152
atom probe 原子探针 08.1066
atom trap 原子阱 07.0153
atom trapping 原子陷俘，*原子捕获 07.0154
atomtronics 原子电子学 07.0165
atom waveguide 原子波导 07.0155
ATP 三磷酸腺苷 11.0433
attenuated total reflection 衰减全反射 04.0941
attenuation coefficient 衰减系数 09.0271
attenuation constant 衰减常量 03.0702
attenuator 衰减器 03.1110
attractive force 吸引力 02.0218
attractor 吸引子 11.0581
Atwood machine 阿特伍德机 02.0316
AU 天文单位 11.0101
audibility 可听度 04.2796
audible frequency 可听频率 04.2797
audio frequency 声频 04.2687
audio oscillator 声频振荡器 03.1016
audio spectrum 声谱 04.2748
Auger electron 俄歇电子 09.0210
Auger electron emission microscopy 俄歇电子发射显微术 08.1081
Auger electron spectroscopy 俄歇电子[能]谱学 08.2818
Auger neutralization 俄歇中和 08.2802
augmented plane wave method 缀加平面波法，*增广平面波法 08.1295
augmented spherical wave method 缀加球面波法，*增广球面波法 08.1296
austenite 奥氏体 08.0911
Autler-Townes effect 奥特勒-汤斯效应 04.2566
autocollimating spectrometer 自准直谱仪 04.0191
autocollimation 自准直 04.0634
autocontrol 自动控制 02.0344
autocorrection 自校正 02.0345
autocorrelation 自关联 05.0886
autodetachment 自分离[过程] 07.0120
autodoping 自掺杂 08.1675
autodyne 自拍[频] 03.1009
auto-emission 自发射 04.1583
autofocusing 自[动]调焦 04.0635
autoionization 自电离 07.0249
autoionization spectroscopy 自电离光谱学 04.1850
autoionization state 自电离态 07.0112
autoluminescence 自发光 04.1894
automatic control 自动控制 02.0344
automorphism 自同构 08.2474
autonomous system 自治系统 11.0459
autophotoelectric effect 自生光电效应 08.2281
autoreflection 自返反射 04.0636
autostability 自稳定性 10.0314
autotransformer 自耦变压器 03.0856
autovibration 自激振荡 11.0496
autumnal equinox 秋分点 11.0262
auxetics 负泊松比材料 08.2380
auxiliary heating 辅助加热 10.0436
auxiliary quantum number 辅量子数 07.0043
auxochrome 助色团 04.2579
avalanche breakdown 雪崩击穿 03.0143
avalanche counter 雪崩计数器 08.1830
avalanche diode 雪崩二极管 08.1714
avalanche effect 雪崩效应 08.1712
avalanche photodiode 雪崩光电二极管 08.1715
avalanche voltage 雪崩电压 08.1713
average cross-section 平均截面 09.0465
average error 平均误差 01.0232
average t-matrix approximation 平均 t 矩阵近似

B

ballistic photon　弹道光子　04.2516
ballistics　弹道学　02.0041
ballistic transport　弹道输运　08.3501
ballooning instability　气球不稳定性　10.0306
ballooning mode　气球模　10.0225
Balmer series　巴耳末系　07.0024
BAM　布儒斯特角显微术　04.0429
BAM material　BAM[超硬]材料　08.1180
banana orbit　香蕉[形]轨道　10.0162
banana particle　香蕉[形轨道]粒子　10.0166
banana regime　香蕉区　10.0164
banana regime diffusion　香蕉区扩散　10.0165
banana width　香蕉宽度　10.0163
bananoid　香蕉旋成体　10.0167
band bending　带弯曲　08.1345
band crossing　带交叉　09.0394
band edge transition　带边跃迁　08.2266
band filter　带通滤光片　04.0951
band gap　带隙　08.1334
band index　带指标　08.1344
bandlimited signal　带限信号　04.1325
band model　能带模型　08.1274
band offset　带阶　08.1696
band-pass amplifier　带通放大器　03.0984
band-pass filter　带通滤光片　04.0951
band rejection filter　陷波滤光片　04.0960
band repulsion　带排斥　08.1346
band spectrum　带状谱　04.1681
band-stop filter　带阻滤波器　03.0957，陷波滤光片　04.0960
band structure　带结构　09.0395
band tail　带尾　08.1624
bandwidth-limited pulse　带宽置限脉冲，*宽限脉冲　04.1324
barcode　条形码　04.1513
barcode reader　条[形]码扫描器　04.1514
Bardeen-Cooper-Schrieffer theory　BCS 理论　08.3132
Bardeen-Herring [dislocation] source　巴丁-赫林[位错]源　08.0502
bare charge　裸电荷　09.1301
bare coupling　裸耦合　09.1302
bare electron　裸电子　09.1047
bare ion　裸离子　09.1048
bare mass　裸质量　09.1049
bare nucleus　裸核　09.1050
bare particle　裸粒子　01.0087
Bargmann-Wigner equation　巴格曼-维格纳方程　09.1252
Barkhausen jump　巴克豪森跳跃　08.1989
Barkhausen noise　巴克豪森噪声　08.2099
bar magnet　条形磁铁　08.1912
Barnett effect　巴尼特效应　08.1931
baroclinic instability　斜压不稳定性　02.0879
baroclinic mode　斜压模[态]　02.0878
barometer　气压计　02.0872
barometric altimeter　气压高度计　02.0875
barometric pressure　气压　02.0871
barostat　恒压器　02.0859
barrel distortion　桶形畸变　04.0521
barretter　镇流电阻器　03.0263
barrier penetration　势垒穿透　06.0618
baryogenesis　重子生成　06.0352
baryon　重子　09.0935
baryon-antibaryon asymmetry　重子-反重子不对称性　09.1559
baryon conservation　重子[数]守恒　09.1558
baryonium　重子偶素　09.0937
baryon number　重子数　09.1109
basal plane　基[平]面　04.0367
base　基极　03.0937
baseball[-seam] coil　棒球[缝线形]线圈　10.0379
base-centered lattice　底心格[子]　08.0092
base-centered monoclinic lattice　底心单斜格[子]　08.0209
base-centered orthorhombic lattice　底心正交格[子]　08.0211
base doping　基区掺杂　08.1613
base pressure　基准压[强]　08.3565
base transformation　基矢变换　08.0076
basin of attraction　吸引域　11.0582
basis　[结构]基元　08.0068
basis function　基函数　06.0497
basis vector　基矢[量]　09.1474
battery　电池　03.0797
battery charger　电池充电器　03.0804
Bauschinger effect　包辛格效应　08.2340
BBGKY hierarchy　BBGKY 级列[方程]　05.0914
bcc lattice　体心立方格[子]　08.0219

BCS ground state　BCS 基态　08.3137
BCS superconductor　BCS 超导体　08.3156
beam-assisted desorption　束助脱附　08.2739
beam convergence　束会聚度　04.2078
beam cooling　束流冷却　09.1437
beam divergence　束发散度　04.2077
beam divergence angle　[光]束发散角　04.2076
beam expander　扩束器　04.0575
beam-foil spectroscopy　束箔光谱学　04.1851
beam intensity　束流强度　09.0473
beam pattern　光束图样　04.2073
beam-plasma instability　束-等离[子]体不稳定性　10.0293
beam radius　[光]束半径　04.2074
beam ratio　束强比　04.1354
beam splitter　分束器　04.0880
beam spot　[光]束斑　04.2072
beam waist　[光]束腰　04.2070
beam waveguide　光束波导　04.2188
beam width　束宽[度]　04.2075
Bean model　比恩模型　08.3235
bearing force　支[承]力　02.0204
bearing stress　支[承]应力　02.0205
beat　拍　04.2707
beat frequency　拍频　04.2708
beat frequency oscillator　拍频振荡器　04.2709
beat mode　拍模　10.0226
beat spectrum　拍谱　04.1853
beauty quark　＊美夸克　09.1006
BEC　玻色-爱因斯坦凝聚　05.0608
Bechgaard salt　贝希加德盐　08.2878
Beer-Lambert law　比尔-朗伯[吸收]定律　04.1616
Beer's law　比尔定律　04.1617
behavior　行为　01.0274
Bell basis　＊贝尔基　06.0768
Bell inequality　贝尔不等式　06.0769
Bell operator　贝尔算符　06.0770
Bell state　贝尔态　06.0767
Belousov-Zhabotinski reaction　BZ 反应　11.0699
belt pinch　带状箍缩　10.0112
Bénard convection　贝纳尔对流　11.0694
bending　弯曲　02.0659
bending magnet　弯曲磁体，＊转向磁体　08.2086
bending strain　弯[曲]应变　02.0661
bending strength　抗弯强度　02.0663
bending stress　弯[曲]应力　02.0660
bend resistance　弯曲电阻　08.3503
bent bond　弯键　07.0195
Bernoulli distribution　伯努利分布　02.0837
Bernoulli's equation　伯努利方程　02.0836
Bernoulli's theorem　＊伯努利定律　01.0547
Bernstein-Greene-Kruskal mode　BGK 模　10.0224
Berstein wave　伯恩斯坦波　10.0222
beta decay　β 衰变　09.0127
beta-decay spectroscopy　β 衰变谱学　09.0259
beta disintegration　β 蜕变　09.0131
beta particle　β 粒子　09.0123
beta ray　β 射线　09.0114
beta-ray spectum　β 射线谱　09.0120
beta-sheet　β-薄片　11.0432
beta spectrum　β 谱　09.0117
beta-stability line　β 稳定线　09.0042
betatron　电子感应加速器　09.0862
beta tungsten structure　β-W 结构　08.3248
beta-vibration　β 振动　09.0377
Bethe ansatz　贝特拟设　05.1054
Bethe approximation　贝特近似　05.0997
Bethe equation　贝特方程　09.0710
Bethe lattice　贝特格[子]　05.1055
Bethe-Peierls-Weiss method　贝特-派尔斯-外斯方法　08.1965
Bethe-Salpeter equation　贝特-萨佩特方程　05.0972
bevatron　吉伏质子加速器，＊高能质子同步稳相加速器　09.1631
BFO　拍频振荡器　04.2709
BGK mode　BGK 模　10.0224
Bhabha scattering　巴巴散射　09.1609
Bianchi identities　比安基恒等式　06.0221
bias　偏置　03.0942
bias battery　偏压电池[组]　03.0952
bias current　偏置电流　03.0950
bias field　偏置场　03.0951
biasing holography　偏置全息术　04.1413
bias voltage　偏[置电]压　03.0949
biaxial crystal　双轴晶体　04.2316
biconcave lens　双凹透镜　04.0250
biconical cusp　双锥[形]会切　10.0387
biconvex lens　双凸透镜　04.0249

bicritical point　双临界点　05.1001
bicrystal　孪晶[体]　08.0765
bicrystal boundary　双晶界　08.0532
bicrystal junction　双晶结　08.3314
bidirectional diode　双向二极管　03.0917
bidirectional pulse　双向脉冲　03.1049
biexciton　双激子　08.1553
bifocal lens　双焦透镜　04.0264
bifocus　双焦点　04.0287
bifurcation　分岔　11.0480
bifurcation set　分岔集　11.0490
bifurcation theory　分岔理论　11.0481
big bang　[宇宙]大爆炸　11.0011
big bang model　[宇宙]大爆炸模型　11.0012
big bang nucleosynthesis　大爆炸核合成　11.0013
bilateral constraint　双侧约束，* 不可解约束　02.0573
bilayer　双层　08.2607
bilayer structure　双层结构　08.2608
bile　胆汁　11.0445
bilens　双透镜　04.0268
bilepton　双轻子　09.0942
bilinear coupling　双线性耦合　09.1303
Billet split lens　比耶对切透镜　04.0926
billiard ball collision　台球碰撞　11.0512
billiard ball model　台球模型　11.0510
billiard ball problem　台球问题　11.0511
bilocal operator　双局域算符，* 双定域算符　09.1304
bi-Maxwellian distribution　双麦克斯韦分布　10.0126
bimetal　双金属　08.1158
bimetallic strip　双金属片　08.1159
bimodal distribution　双峰分布　11.0595
binary alloy　二元合金　08.1161
binary coding　二进制编码　04.1516
binary collision　二体碰撞　10.0142
binary collision method[of Lee and Yang]　[李政道-杨振宁]二体碰撞法　05.0707
binary fission　二分裂变　09.0636
binary galaxy　双重星系　11.0054
binary hologram　二元全息图　04.1407
binary optics　二元光学　04.1021
binary pulsar　脉冲双星　11.0162
binary star　双星　11.0117
binary system　二元系　02.0203
binding energy　结合能　09.0037
binding force　结合力　08.0390
bineutron　双中子　09.0169
binocular microscope　双目显微镜，* 双筒显微镜　04.0415
binocular telescope　双目望远镜　04.0644
binocular vision　双目视觉　04.0701
binomial distribution　二项分布　01.0417
bioacoustics　生物声学　11.0340
bioastrophysics　生物天体物理学　11.0007
biochip　生物芯片　11.0349
biocomputer　生物计算机　11.0350
bioelectronics　生物电子学　11.0343
bioinformatics　生物信息学　11.0345
biological microscope　生物显微镜　04.0421
biological thermodynamics　生物热力学　05.0010
bioluminescence　生物发光　08.2222
biomagnetism　生物磁学　11.0341
biomechanics　生物力学　11.0339
biomembrane　生物膜　11.0375
biomembrane transport　生物膜输运　11.0377
biomolecular electronics　生物分子电子学　11.0344
bionics　仿生学　11.0333
biophotonics　生物光子学　11.0342
biophysics　生物物理[学]　01.0019
Biot number　毕奥数　02.0743
Biot-Savart law　毕奥-萨伐尔定律　03.0392
biphoton　孪生光子对　06.0727
bipolar junction transistor　双极[结]晶体管　08.1723
bipolaron　双极化子　08.2916
biprism　双棱镜　04.0166
Birch equation　伯奇方程　08.3600
birefringence　双折射　04.1169
Birkhoff's theorem　伯克霍夫定理　11.0502
bi-rotation　双异旋光　04.1194
birth[-and]-death process　生灭过程　11.0724
bistable structure　双稳结构　04.2451
bistable trigger circuit　双稳触发电路　03.1036
Bitter powder pattern　比特粉纹图[样]　08.2045
Bjorken scaling　布约肯标度无关性　09.1610
black-and-white group　黑白群　08.0182
black body　黑体　05.0637
black body radiation　黑体辐射　05.0640
black hole　黑洞　11.0138
black hole radiation　黑洞辐射　06.0304

blanket gas　保护气体　08.3632
blast wave　爆炸波　10.0227
blazed grating　闪耀光栅　04.1055
blazed hologram　闪耀全息图　04.1402
blaze wavelength　闪耀波长　04.1057
blazing angle　闪耀角　04.1056
bleached hologram　漂白全息图　04.1395
Bleustein-Gulyaev wave　布勒斯坦-古利亚耶夫波　08.2745
B-like phase　类B相　08.3065
blind spot　盲点　04.0702
blob　团迹，*链滴　08.2455
Bloch electron　布洛赫电子　08.1284
Bloch equation　布洛赫方程　05.0548
Bloch line　布洛赫线　08.1990
Bloch oscillations　布洛赫振荡　08.1285
Bloch state　布洛赫态　08.1283
Bloch's theorem　布洛赫定理　08.1280
Bloch wall　布洛赫[畴]壁　08.1982
Bloch wave　布洛赫波　08.1282
Bloch wave function　布洛赫波函数　08.1281
block copolymer　镶嵌共聚物　08.2447
blocked bond　闭锁键　11.0679
blocking effect　阻塞效应　08.3450
block-organized holographic memory　分块全息存储　04.1428
block prism　方块棱镜　04.0176
block spin　块区自旋　05.1085
Blonder-Tinkham-Klapwijk model　布朗德-廷汉姆-克拉伯维克模型，*BTK模型　08.3275
blue phase　蓝相　08.2635
blue phase liquid crystal　蓝相液晶　08.2661
blue shift　蓝移　04.1789
blunder error　疏失误差　01.0230
boat configuration　船位形　08.0638
body-centered cubic lattice　体心立方格[子]　08.0219
body-centered lattice　体心格[子]　08.0093
body-centered orthorhombic lattice　体心正交格[子]　08.0212
body-centered tetragonal lattice　体心四方格[子]　08.0215
body color　体色　04.0755
body force　[彻]体力　02.0784
Bogoliubov-Born-Green-KirkwoodYvon hierarchy　BBGKY级列[方程]　05.0914
Bogoliubov [-de Gennes] equation　博戈留波夫[-德让纳]方程　08.3274
Bogoliubov transformation　博戈留波夫变换　06.0347
Bogoliubov-Valatin transformation　博戈留波夫-瓦拉京变换　08.3140
bogolon　博戈子　05.0717
Bohm diffusion　玻姆扩散　10.0157
Bohmian mechanics　玻姆量子力学　06.0416
Bohr [atom] model　玻尔[原子]模型　06.0423
Bohr correspondence principle　玻尔对应原理　07.0071
Bohr magneton　玻尔磁子　06.0490
Bohr-Mottelson model　玻尔-莫特尔松模型　09.0306
Bohr orbit　玻尔轨道　07.0020
Bohr radius　玻尔半径　06.0424
Bohr's principle of complementarity　玻尔互补原理　06.0420
Bohr unit　玻尔单位　07.0070
Bohr-van Leeuwen theorem　玻尔-范莱文定理　08.1846
boiling　沸腾　05.0388
boiling point　沸点　05.0415
boiling point elevation　沸点高度　05.0416
bokeh　模糊聚焦，*焦外成像　04.0302
bolometer　辐射热计　05.0132
Boltzmann constant　玻尔兹曼常量　05.0581
Boltzmann entropy　玻尔兹曼熵　05.0290
Boltzmann factor　玻尔兹曼因子　05.0580
[Boltzmann's] H-function　[玻尔兹曼]H函数　05.0747
[Boltzmann's] H-theorem　[玻尔兹曼]H定理　05.0748
Boltzmann system　玻尔兹曼系统　05.0579
Boltzmann [transport] equation　玻尔兹曼[输运]方程　05.0746
bombarding particle　轰击粒子　09.0428
bond　键　07.0194
bond angle　键角　07.0202
bond-angle order　键角序　08.0403
bond-bending mode　键弯模　08.0639
bond disorder　键无序　08.0586
bond distance　键距　07.0204
bond energy　键能　07.0205
bond fluctuation　键涨落　08.0402
bond hybridization　键杂化[作用]　08.0417
bonding　成键　08.0705
bonding electron　成键电子　08.0407

8-*n* [bonding] rule　8-*n* 定则　08.0653
bonding state　成键态　08.0405
bond length　键长　07.0203
bond-orientational order　键取向序　08.0404
bond percolation　键逾渗　11.0664
bond polarizability　键极化性　07.0206
bond reconstruction　键重构　08.0646
bond strength　键强度　08.0401
bond-stretching mode　键伸模　08.0640
bond structure　键结构　08.0701
bond switching　键开关　08.0645
bond valence　键价　08.0400
boojum　布经　08.3072
booster　增强器　09.1647
bootstrap current　自举电流　10.0171
bootstrap model　自举模型，*靴袢模型　09.1241
Born approximation　玻恩近似　06.0644
Born-Green equation　玻恩-格林方程　05.0696
Born-Haber cycle　玻恩-哈伯循环　08.0427
Born-Huang approximation　玻恩-黄[昆]近似　08.1466
Born-Mayer potential　玻恩-迈耶势　08.0440
Born-Oppenheimer approximation　玻恩-奥本海默近似　08.1277
Born's law　玻恩定理　06.0496
Born's rule　玻恩定理　06.0496
Born-von Karman boundary condition　玻恩-冯卡门边界条件　08.1278
boron trifluoride counter　三氟化硼计数器　09.0728
Bose-Einstein condensation　玻色-爱因斯坦凝聚　05.0608
Bose[-Einstein] distribution　玻色[-爱因斯坦]分布　05.0607
Bose-Einstein integral　玻色-爱因斯坦积分　05.0610
Bose[-Einstein] statistics　玻色[-爱因斯坦]统计法　05.0606
Bose system　玻色系统　05.0612
boson　玻色子　05.0613
bosonic string　玻色[子]弦　09.1138
bosonization　玻色化　06.0538
bottomness　底数　09.1010
bottom quark　b 夸克，*底夸克　09.1006
bottonium　底偶素　09.1011
Bouguer's law　布格定律　04.1615
bounce　反弹　02.0407，弹跳　10.0090
boundary condition　边[界]条件　03.0168
boundary [diffraction] wave　边界[衍射]波　04.1313
boundary effect　边界效应　08.2778
boundary layer　边界层　08.1816
boundary relation　边值关系　03.0167
boundary scattering　边界散射　08.1457
boundary-value problem　边值问题　03.0166
bound-bound laser　束缚-束缚激光器　04.2248
bound-bound transition　束缚-束缚跃迁　08.1538
bound charge　束缚电荷　03.0212
bounded plasma　有界等离[子]体　10.0015
bounded space　有界空间　03.0695
bound electron　束缚电子　03.0052
bound energy　束缚能　07.0033
bound-free laser　束缚-自由激光器　04.2249
bound-free transition　束缚-自由跃迁　08.1539
bound rotation　束缚转动　07.0287
bound wave　束缚波　10.0228
Bourdon pressure gauge　波登压力计　02.0876
Bourdon tube　波登管　02.0877
bowlic liquid crystal　碗形分子液晶　08.2644
bow shock　艏[击]波　10.0473
bow-tie fiber　领结型光纤，*蝴蝶结型光纤　04.1458
box counting　小盒计数法　11.0627
Boyle's law　玻意耳定律　05.0068
BPW method　贝特-派尔斯-外斯方法　08.1965
bra　左矢，*刁　06.0566
Brackett series　布拉开系　07.0026
bradyon　慢子　09.1172
Bragg angle　布拉格角　08.1004
Bragg diffraction　布拉格衍射　04.1030
Bragg [effect] hologram　布拉格[效应]全息图　04.1380
Bragg grating　布拉格光栅　04.1033
Bragg peak　布拉格峰　08.1005
Bragg plane　布拉格面　08.1006
Bragg reflection　布拉格反射　08.1003
Bragg's condition　布拉格条件　04.1032
Bragg's law　布拉格定律　04.1031
Bragg waveguide　布拉格波导　04.1442
Bragg-Williams approximation　布拉格-威廉斯近似　05.0995
braking radiation　*制动辐射　04.1967
branching ratio　分支比　09.0145

branch loop 支路 03.0307
branch point 分支点 08.0660
brass 黄铜 08.1153
Bravais lattice 布拉维格[子]，＊布拉维点阵 08.0205
breakdown 击穿 03.0139
breakdown field strength 击穿场强 03.0144
breakdown voltage 击穿电压 03.0145
break-even 得失相当 10.0359
breaking strength 断裂强度 02.0177
breaking stress 断裂应力 02.0176
break junction 断裂结 08.3311
breakup instability 崩裂不稳定性 10.0304
breakup reaction 破裂反应 09.0530
breather 呼吸子 08.2917
breather soliton 呼吸式孤子 11.0750
breathing mode 呼吸模 08.2918
breeder reactor 增殖反应堆 09.0894
Breit-Wigner formula 布雷特-维格纳公式 09.0498
bremsstrahlung 轫致辐射 04.1967
Brewster angle microscopy 布儒斯特角显微术 04.0429
Brewster's angle 布儒斯特角 04.1163
Brewster window 布儒斯特窗 04.2033
bridge bond 桥键 07.0197
bridge method 电桥法 03.0829
bridge rectifier 桥式整流器 03.0976
bridging atom 桥接原子 08.0641
Bridgman anvil 布里奇曼[压]砧 08.3574
Bridgman equation [of state] 布里奇曼[物态]方程 08.3598
Bridgman seal 布里奇曼密封 08.3570
bright field 明[视]场 04.0647
bright line 明线 04.1690
brightness 亮度 04.0602
brilliance 耀度 04.0744
Brillouin function 布里渊函数 08.1872
Brillouin scattering 布里渊散射 04.1576
Brillouin shift 布里渊频移 04.1792
Brillouin zone 布里渊区 08.1350
Brinkman number 布林克曼数 02.0763
Brinkman-Rice transition 布林克曼-赖斯转变 08.1397
brittle fracture 脆[性断]裂 08.2367
brittleness 脆性 08.2365
brittle temperature 脆化温度 08.2373
broadband signal 宽带信号 04.1326
broken symmetry 对称性破缺 09.1515
bronze 青铜 08.1154
Brossel-Bitter experiment 布罗塞尔-比特实验 04.2564
Brownian motion 布朗运动 05.0822
Brownian particle 布朗粒子 05.0823
Brusselator 布鲁塞尔模型 11.0701
BSA 背散射分析 09.0813
BTK model 布朗德-廷汉姆-克拉伯维克模型，＊BTK 模型 08.3275
bubble chamber [气]泡室 09.0743
bucket detector 桶探测器 04.1561
buckling mode 翘曲模 02.0662
buffer amplifier 缓冲放大器 03.0989
buffer gas 缓冲气体 02.0852
buffer layer 缓冲层 08.1818
building-up principle 堆积原理 07.0288
build-up effect 积累效应 01.0311
built-in field 内建场 08.1579
bulge instability 腊肠[形]不稳定性 10.0273
bulk absorption 体吸收 04.1596
bulk effect 体效应 08.1238
bulklike structure 类体结构 08.3633
bulk property 体性质 08.1239
bulk resistor 体电阻器 03.0262
bump-in-tail instability 尾隆不稳定性 10.0288
bumpy torus 波纹环 10.0408
bunch 群聚 10.0342
bunch compression 群聚压缩 10.0343
buncher [电子]聚束栅 03.0891
bunching 群聚 10.0342
bundle graph 丛图 05.0705
Buneman instability 比内曼不稳定性 10.0292
buoyancy force 浮力 02.0825
Burgers circuit 伯格斯回路 08.0500
Burgers vector 伯格斯矢[量] 08.0501
burst of light 光猝发 04.2278
butterfly effect 蝴蝶效应 11.0598
Büttiker formula 比特克公式 08.3474
buzzer 蜂鸣器 04.2792
by-pass 旁路 03.0309
by-pass capacitor 旁路电容器 03.0159
BZ reaction BZ 反应 11.0699

C

carrier recombination 载流子复合 08.1628
carrier reservoir 载流子库 08.1571
carrier trap 载流子阱 08.1572
CARS 相干反斯托克斯-拉曼散射 04.2438
Cartesian coordinate 笛卡儿坐标 01.0345
cascade cooling 级联冷却 08.3409
cascade decay 级联衰变 09.0257
cascade emission 级联发射 04.2554
cascade laser 级联激光器 04.2250
cascade process 级联过程 05.1057
cascade radiation 级联辐射 09.0255
cascade shower 级联簇射 10.0071
cascade transition 级联跃迁 09.0256
Casimir effect 卡西米尔效应 06.0348
Cassegrain reflecting telescope 卡塞格林反射望远镜 04.0433
catadioptrics 反射折射光学 04.0651
catadioptric system 反射折射光学系统，*反折系统 04.0650
catalytic chemical vapor deposition 催化化学气相沉积 08.0810
catastrophe set 突变集合 11.0551
catastrophic laser-damage threshold 灾变性激光损伤阈 04.2462
catastrophic self-focusing 突变性自聚焦，*灾变性自聚 11.0552
cat-CVD 催化化学气相沉积 08.0810
cathode 阴极 03.0298
cathode emission 阴极发射 03.0175
cathodeluminescence 阴极射线致发光 03.0932
cathode ray 阴极射线 03.0929
cathode ray tube 阴极射线管 03.0930
cathodic arc deposition 阴极电弧沉积 03.1156
cation *阳离子 03.0338
cationic surfactant 正离子型表面活性剂 08.2574
catoptric imaging 反射成像 04.0654
catoptrics 反射光学 04.0652
cat whisker 触须 08.1790
Cauchy dispersion formula 柯西色散公式 04.1639
caulked cusp 堵缝会切 10.0386
causal function 因果函数 05.0895
causal future *因果未来 06.0078
causal Green's function 因果格林函数 05.0931
causality 因果性 06.0074
causal past *因果过去 06.0079
causal transform 因果变换 05.0896
caustic 焦散线 04.0294
Cavendish experiment 卡文迪什实验 11.0096
caviton 腔子 10.0318
cavity dark state 腔暗态 06.0795
cavity-dumped laser 倾腔激光器 04.2160
[cavity] dumper 倾腔器 04.2159
cavity dumping 倾腔 04.2158
cavity mode 腔模 04.2080
cavity optomechanics 腔光力学 06.0920
cavity oscillation 腔振荡 04.2065
cavity polariton 腔电磁耦[合波]子 08.1961
cavity quantum electrodynamics 腔量子电动力学 06.0792
cavity radiation 空腔辐射 04.2010
cavity radiator 空腔辐射体 04.2011
Cayley tree 凯莱树 11.0653
CBED 会聚束电子衍射 08.1083
CCNOT gate 托佛利门 06.0827
^{14}C dating 碳14测年 09.0852
CDW 电荷密度波 08.2875
celestial body 天体 11.0109
celestial guidance 天文导航 11.0304
celestial latitude 黄纬 11.0244
celestial longitude 黄经 11.0245
celestial mechanics 天体力学 11.0004
celestial navigation 天文导航 11.0304
celestial photography 天体照相术 04.0551
celestial X-ray source 天体X射线源 11.0154
cell 电池 03.0797
cell edge 胞棱 08.0083
cell parameter 晶胞参量 08.0084
cell spin 元胞自旋 05.1084
cellular automaton 元胞自动机 11.0726
cellular method 元胞法 08.1290
Celsius thermometric scale 摄氏温标 05.0022
cementation 渗碳 08.0900
cemented doublet 胶合双透镜 04.0270
cementite 渗碳体 08.0912
Centauro event 半人马事例 09.1672
center 中心[点] 02.0462
centered rectangular lattice 中心长方格[子] 08.0224
centered system 共轴组 04.0335

centered system of spherical surface　球面共轴组　04.0336
center of buoyancy　浮[力中]心　02.0828
center of force　力心　02.0404
center of gravity　重心　02.0463
center of gyration　回转中心　02.0501
center of inertia　惯性中心　02.0120
center of inversion　反演中心　01.0354
center of mass　质心　02.0056
center-of-mass coordinate system　质心坐标系　02.0103
center-of-mass energy　质心[系]能量　02.0302
center-of-mass frame　质心参考系　02.0102
center of moment　矩心　02.0277
center-of-momentum frame　零动量参考系　02.0101
center of percussion　撞击中心　02.0427
center of reduction　约化中心　02.0566
center of symmetry　对称中心　01.0355
central axis of inertia　惯性中心轴　02.0122
central collision　中心碰撞　02.0426
central dark ground method　中心暗场法　04.1311
central field　有心力场，*辏力场　02.0402
central force　有心力，*辏力　02.0401
central fringe　中央条纹　04.0899
central maximum　中央极大　04.0901
central orbit　有心轨道　02.0403
central ray　中央光线　04.0655
centration error　共轴性误差　04.0337
centric structure　有心结构　08.0317
centrifugal barrier　离心势垒　09.0485
centrifugal potential　离心势　02.0159
centrifugal separation　离心分离　09.0686
centrifuge　离心机　09.0687
centripetal acceleration　向心加速度　02.0072
centripetal force　向心力　02.0160
centrosymmetric structure　中心对称结构　08.0318
ceramic　陶瓷　08.0901
ceramic-metal seal　陶瓷金属封接　08.0902
ceramics　陶瓷学　08.0903
cermet　金属陶瓷　08.0904
cesium atomic clock　铯原子钟　07.0159
cesium chloride structure　氯化铯[型]结构　08.0258
CGL equation　CGL 方程　10.0099
chain　链　08.2456
chain folding　链折叠　08.2457
chain graph　链图　05.0704
chain molecule　链状分子　08.2458
chain reaction　链式反应　09.0673
chain statistics　链统计学　08.2461
chain structure　链状结构　08.2860
chair configuration　椅位形　08.0637
chalcogenide glass　硫属玻璃　08.0599
channel　信道　09.1281
channel capacity　信道容量　04.1436
channeled spectrum　沟槽光谱　04.1824
channel effect　沟道效应　08.1792
channel electron multiplier　通道电子倍增器　03.0991
channeling　沟道化　08.1791
channel multiplexing　通道复用　04.1486
channel number　通道数　08.3490
channel spin　道自旋　09.0501
channel waveguide　沟道波导　04.1440
chaos　混沌　11.0553
chaos synchronization　混沌同步　11.0617
chaotic attractor　混沌吸引子　11.0585
chaotic communication　混沌通信　11.0618
chaotic laser light　混沌激光　04.2273
chaotic measure　混沌测度　11.0616
chaotic motion　混沌运动　11.0554
chaotic noise　混沌噪声　11.0619
chaperone mechanism　陪伴机理　11.0368
Chapman-Enskog expansion method　查普曼-恩斯库格展开法　05.0753
character　特征标　08.0174
characteristic class　示性类，*特征类　01.0491
characteristic curve　特征曲线　03.1094
characteristic equation　特征方程　06.0602
characteristic frequency　特性频率　03.1095
characteristic function　特性函数　05.0285
characteristic impedance　特性阻抗　03.1096
characteristic spectrum　特征光谱　04.1754
character table　特征标表　08.0176
charcoal　活性炭　08.3630
charge annihilation　电荷湮没，*电荷湮灭　09.1516
charge asymmetry　电荷不对称性　09.1060
charge carrier　载流子，*荷电粒子　08.1567
charge compensation　电荷补偿　08.2243
charge conjugation　正反粒子共轭　09.1305
charge-conjugation parity　电荷共轭和空间反射

09.1508
charge conjugation-parity-time reversal 电荷共轭时空反演 09.1511
charge conjugation transformation 电荷共轭变换 09.1505
charge conservation 电荷守恒 09.0439
charged body 带电体 03.0023
charged colloid 带电胶体 08.2505
charge density wave 电荷密度波 08.2875
charge distribution radius 电荷分布半径 09.1177
charged particle 带电粒子 03.0024
charged particle beam fusion 带电粒子束聚变 10.0426
charged particle reaction 带电粒子反应 09.0412
charged particle track 带电粒子径迹 09.1348
charge exchange 电荷交换 10.0072
charge exchange collision 电荷交换碰撞 09.1344
charge exchange reaction 电荷交换反应 09.0528
charge imbalance 电荷不平衡 08.3197
charge independence 电荷无关性 09.0094
charge injection device 电荷注入器件 08.1733
charge operator 电荷算符 09.1058
charge ordering 电荷有序 08.3202
charge parity 电荷宇称 09.1345
charge-parity C 宇称，＊正反[粒子]共轭宇称 09.1506
charge parity effect 电荷宇称效应 09.1346
charge parity invariance CP 不变性，＊正反[粒子]共轭空间反射不变性 09.1510
charge-parity-time invariance CPT 不变性，＊正反[粒子]共轭空间反射时间反演不变性 09.1513
charge-phase qubit 电荷-相位量子比特 06.0804
charge quantization 电荷量子化 06.0386
charge qubit 电荷量子比特 06.0802
charge radius 电荷半径 09.1059
charge removing electrode 消静电电极 03.1170
charge renormalization 电荷重正化 09.1347
charge reservoir 电荷库 08.3203
charge-separated plasma 电荷分离等离[子]体 10.0035
charge separation 电荷分离 10.0093
charge-spin coupling 电荷自旋耦合 08.3549
charge stabilization 电荷致稳 08.2525
charge stripe phase 电荷条纹相 08.3206
charge symmetry 电荷对称性 09.0095
charge-to-mass ratio 荷质比 03.0009
charge transfer device 电荷转移器件 08.1732
charge-transfer exciton 电荷转移激子 08.1509
charge transfer insulator 电荷转移绝缘体 08.2408
charge transfer process 电荷转移过程 07.0237
charge transfer salt 电荷转移盐 08.1213
charge transfer state 电荷转移态 08.2244
charge-transfer state 电荷转移态 08.2244
charge transport 电荷输运 08.1477
charge velocity 电荷速度 08.1478
charging 充电 03.0120
charging energy 充电能 03.0102
charging time constant 荷电时间常量 03.1126
chargino 带电微子 09.1024
Charles' law 查理定律 05.0069
charm 粲数 09.1008
charm changing current 粲数改变流 09.1274
charmed particle 粲粒子 09.0975
charmonium 粲偶素 09.0976
charm physics 粲粒子物理[学] 09.0908
charm quark c 夸克，＊粲夸克 09.1003
chart of nuclides 核素图 09.0075
chemical affinity 化学亲和势 05.0456
chemical bond 化学键 08.0391
chemical bonding 化学成键 08.0702
chemical clock 化学钟 11.0703
chemical concentration 化学浓度 05.0180
chemical energy 化学能 05.0455
chemical equilibrium condition 化学平衡条件 05.0353
[chemical] equilibrium constant [化学]平衡常量 05.0437
chemical laser 化学激光器 04.2241
chemical physics 化学物理[学] 01.0014
chemical potential 化学势 05.0302
chemical short-range order 化学短程序 08.0575
chemical thermodynamics 化学热力学 05.0009
chemical vapor deposition 化学气相沉积 08.0806
chemical vapor infiltration 化学气相渗透 08.0828
chemical wave 化学波 11.0704
chemi-ionization 化学电离 07.0213
chemisorption 化学吸附 08.2733
Cherenkov counter 切连科夫计数器 09.0724
Cherenkov effect 切连科夫效应 04.1965
Cherenkov free-electron laser 切连科夫自由电子激光器

04.2204
Cherenkov radiation 切连科夫辐射 04.1966
Cherenkov resonance 切连科夫共振 10.0133
Chevrel phase 谢弗雷尔相 08.3249
chevron pattern 人字形图样 08.2697
Chew-Goldberger-Low equation CGL 方程 10.0099
chief ray 主光线 04.0656
chi meson c 介子 09.0980
chip 芯片 08.1747
chiral anomaly 手征反常 09.1611
chiral charge 手征荷 09.1062
chiral compound 手征化合物 07.0215
chiral current 手征流 09.1063
chiral field 手征场 09.1061
chirality 手征性 08.2629
chirality invariance 手征不变性 06.0717
chiral liquid crystal 手征液晶 08.2630
chiral molecule 手征分子，*手性分子 07.0175
chiral nanotube 手征纳米管 08.2962
chiral nematic phase 手征向列相 08.2631
chiral particle 手征粒子 09.1064
chiral symmetry 手征对称性 09.1065
chiral symmetry breaking 手征对称[性]破缺 09.1349
chirp 啁啾，*调频脉冲 04.2151
chirped Gaussian pulse 啁啾高斯脉冲 04.2155
chirped grating 啁啾光栅 04.1063
chirped pulse 啁啾脉冲 04.2154
chirp filter 啁啾滤波器，*线性调频滤波器 04.2153
chi square distribution χ^2 分布 01.0420
chi square test χ^2 检验 01.0421
chlorophyll 叶绿素 11.0438
choking coil 扼流[线]圈 03.0810
cholesteric phase 胆甾相，*螺状相 08.2634
chop frequency 斩波频率 04.0770
chopper 斩波器 04.0769
Christoffel symbol 克里斯多菲符号 06.0257
chromatic aberration 色[像]差 04.0527
chromatic dispersion 色散，*频散 04.1620
chromaticity 色品 04.0720
chromaticity coordinate 色品坐标 04.0722
chromaticity diagram 色品图 04.0721
chromatic sensitivity 感色性 04.0729
chromatin 染色质 11.0363
chromatism of magnification 放大率色差，*倍率色差
04.0530
chromatism of position 位置色差 04.0531
chromatogram 色[层]谱图 04.0762
chromatograph 色[层]谱仪 04.0763
chromatography 色[层]谱法 04.0764
chromatometer 色[视]觉仪 04.0703，色度计
04.0731
chrominance 色度 04.0728
chromodynamics 色动力学 09.1350
chromogen 色原 04.0734
chromometer 色度计 04.0731
chromophore 发色团 04.2578
chromosome 染色体 11.0362
chromosphere 色球 11.0188
chronological operator 编时算符 05.0941
chronological order 编时序 05.0942
chronological product 时序[乘]积 05.0943
chronology 年代学 09.0850
chronology condition 编时条件 06.0276
CID 电荷注入器件 08.1733
cineholography 电影全息术 04.1417
circle mapping 圆[周]映射 11.0516
circle of least confusion 最小模糊圆 04.0516
circle of reference 参考圆 02.0392
circuit 回路 03.0305
circuit analysis 电路分析 03.0233
circular birefringence 圆双折射 04.1181
circular dichroism 圆偏振二[向]色性 04.1180
circular disk diffraction 圆盘衍射 04.1000
circular frequency *圆频率 02.0391
circular hole diffraction 圆孔衍射 04.0999
circular motion 圆周运动 02.0092
circular polarization 圆偏振 04.1117
circulating current 环流 02.0712
circulation 环流 02.0712
circumlunar orbit 环月轨道 11.0293
circumsolar orbit 环日轨道 11.0294
circumterrestrial orbit 环地轨道 11.0295
circumterrestrial space 地周空间 11.0297
cis-lunar space 月地空间 11.0298
cis-trans isomerism 顺反异构 08.2475
CKM matrix 卡比博-小林-益川矩阵，*CKM 矩阵
09.1503
cladded optical fiber 包层光纤 04.1460

cladding　包层　08.0979
clamping　钳位　03.1059
classical approximation　经典近似　05.0556
classical clustering　经典集团化　05.0672
classical coherence　经典相干性　04.1286
classical degree of freedom　经典自由度　05.0622
classical electrodynamics　经典电动力学　03.0667
classical electron radius　经典电子半径　03.0780
classical electron theory　经典电子论　08.1240
classical fluid　经典流体　02.0694
classical limit　经典极限　05.0621
classical mechanics　经典力学　02.0005
classical optics　经典光学　04.0006
classical physics　经典物理[学]　01.0008
classical spin model　经典自旋模型　05.1026
classical statistics　经典统计法　05.0575
classical thermodynamics　经典热力学　05.0006
classical transport　经典输运　10.0154
classical wave localization　经典波局域化　08.2415
Claude cycle　克洛德循环　08.3360
Clausius-Clapeyron equation　克劳修斯-克拉珀龙方程　05.0433
Clausius entropy　克劳修斯熵　05.0289
Clausius equality　克劳修斯等式　05.0266
Clausius inequality　克劳修斯不等式　05.0267
Clausius-Mossotti equation　克劳修斯-莫索提方程　03.0205
clay　黏土　08.2556
cleaning　净化，＊清洁处理　08.0801
cleaning point　清亮点　08.2619
clean limit　[干]净极限　08.3168
clean room　超净室　08.0800
clean surface　洁净表面　08.2718
clear aperture　通光孔径　04.0444
cleavage　解理　08.2364
cleavage brittleness　解理脆度　08.0939
cleavage surface　解理面　08.1140
cleaved coupled cavity　解理耦合腔　04.2044
Clebsch-Gordan [vector coupling] coefficient　CG[矢量耦合]系数，＊CG[矢耦]系数　06.0669
Clemmow-Mullaly-Allis diagram　CMA 图　10.0189
clinoaxis　斜轴　08.0359
cloaking　隐形，＊隐身　04.1559
clock comparison　时钟比对　06.0176
clock paradox　时钟佯谬　06.0177
clock synchronization　时钟同步　06.0185
clockwise　顺时针方向　01.0170
clone　克隆　11.0365
cloning fidelity　克隆保真度　11.0367
close collision　切近碰撞　02.0429
close-coupling approximation　密耦[合]近似　08.0592
closed channel　闭通道　02.0881
closed cycle　闭循环　05.0254
closed-cycle refrigerator　闭合循环致冷机　05.0168
closed form　闭形　08.0051
closed loop　闭[合]回路　05.0952
closed resonator　闭合共振器　04.2016
closed shell　闭壳层　07.0046
closed system　闭[合体]系　05.0440
closed [time] path Green's function　闭[时]路格林函数　05.0938
closed universe　闭宇宙　11.0023
close-packed structure　密堆积结构　08.0242
close packing　密堆积　08.0241
closure domain　闭合畴　08.2008
cloud chamber　云室　09.0770
clump　凝团　10.0346
cluster　集团　05.0669，团簇　05.0670
cluster expansion　集团展开　05.0671
cluster function　集团函数　05.0677
cluster graph　集团图　05.0703
cluster integral　集团积分　05.0675
cluster model　集团模型　09.0312
cluster of galaxies　星系团　11.0049
cluster state　簇态　08.2970
CMA diagram　CMA 图　10.0189
CMBR　宇宙[微波]背景辐射　06.0333
CMC　临界胶束浓度　08.2582
CMOS　互补金属氧化物半导体　08.1778
CMR　庞磁电阻　08.1491
CNO cycle　碳氮氧循环　11.0107
cnoidal wave　椭圆余弦波　11.0740
CNOT gate　量子受控非门　06.0824
c-number　经典数，＊c 数　06.0408
coacervate droplet　凝聚微滴　08.2543
co-adsorption　共吸附　08.2736
coagulation　凝结　08.2515
coagulation heat　凝结热　08.3369

coalescence 聚合，＊并合 08.2542
coarse adjustment 粗调 01.0183
coarse-grained density 粗粒密度 05.0518
coarse-grained statistical operator 粗粒统计算符 05.0921
coarse-graining 粗粒化 05.0519
coated lens 镀膜透镜 04.0272
coating 敷层 08.0822
coaxial cable 同轴电缆 03.0036
coaxiality 同轴性 04.0338
coaxial line 同轴线 03.0035
coaxial resonant cavity 同轴共振腔 03.1022
coaxial spherical system 同轴球面系统 04.0339
coaxial-type detector 同轴型探测器 09.0761
Coble diffusion creep 科伯扩散蠕移 08.2332
Cockcroft-Walton accelerator 高压倍加器 09.0856
cocrystallization 共结晶 08.0750
code ［代］码 04.1522
coded aperture 编码孔径 04.1546
code discriminator 鉴码器 04.1527
codeposition 共沉积 08.0819
codimension 余维［数］ 11.0641
coding 编码 04.1515
codirectional coupling 同向耦合 04.2339
co-dopant 共掺质 08.1817
coefficient 系数 01.0093
coefficient of autocorrelation 自关联系数 05.0888
coefficient of diffusion 扩散系数 05.0772
coefficient of elasticity 弹性系数 02.0469
coefficient of expansion 膨胀系数 05.0088
coefficient of isobaric expansion 等压膨胀系数 05.0091
coefficient of refraction 折射系数 04.0092
coefficient of restitution 恢复系数 02.0484
coefficient of sliding friction 滑动摩擦系数 02.0239
coefficient of static friction 静摩擦系数 02.0240
coefficient of thermal expansion 热［膨］胀系数 05.0090
coefficient of viscosity ＊黏性系数 02.0748
coefficient of volume expansion 体胀系数 05.0089
coercive field 矫顽场 08.1900
coercive force 矫顽磁力 03.0489，矫顽力 08.1901
coercive stress 矫顽应力 08.2171
coercivity 矫顽磁力 03.0489
coesite 科［氏］石英 08.3603
coexistence line 共存线 05.0328
coexisting phase 共存相 05.0329
coherence 相干性 04.1258
coherence area 相干面积 04.1273
coherence condition 相干条件 04.1267
coherence effect 相干效应 04.1266
coherence factor 相干因子 04.1244
coherence function 相干函数 04.1275
coherence length 相干长度 04.1272
coherence time 相干时间 04.1269
coherent addition 相干叠加 04.1277
coherent anti-Stokes Raman scattering 相干反斯托克斯-拉曼散射 04.2438
coherent aperture 相干孔径 04.1276
coherent atomic recoil 相干原子反冲 07.0150
coherent attack 相干攻击 06.0867
coherent back scattering 相干背散射 08.3468
coherent electron tunneling 相干电子隧穿 06.0623
coherent emission 相干发射 04.2478
coherent generation 相干产生 09.1312
coherent illumination 相干照明 04.1261
coherent image processing 相干图像处理 04.1508
coherent imaging 相干成像 04.1243
coherent interface 共格界面 08.0918
coherent laser radar 相干［激］光雷达 04.2310
coherent light 相干光 04.1259
coherent optical information processing 光［学］信息处理 04.1507
coherent population oscillation 相干布居振荡 04.2482
coherent population transfer 相干布居转移 04.2481
coherent population trapping 相干布居囚禁 04.2480
coherent potential approximation 相干势近似 08.1321
coherent radiation 相干辐射 04.1260
coherent Raman scattering 相干拉曼散射 04.2437
coherent scattering 相干散射 09.1357
coherent scattering length 相干散射长度 09.1358
coherent source 相干源 09.1359
coherent state 相干态 09.1360
coherent-state representation 相干态表象 09.1362
coherent structure 协合结构 11.0689
coherent subtraction 相干相消 06.0901
coherent transient effect 相干暂态效应 04.2486
coherent trap 相干捕获 04.2479
coherent wave 相干波 09.1361

colored light 色光 04.0718
colored noise 色噪声 05.0834
colored particle 带色粒子 09.1175
colored quark 带色夸克 09.1176
color filter 滤色片，*滤色器 04.0757
color group 色群 08.0181
color holography 彩色全息术 04.1411
colorimeter 色度计 04.0731
colorimetric pyrometer 比色高温计 05.0122
colorimetry 色度学 04.0730
color interaction 色相互作用 09.1351
color-kinematics duality 色动对偶性 05.1058
color mixture 混合色 04.0738
color point group 色点群 08.0185
color quantum number 色量子数 09.1352
color scale 色标 04.0726
color space 色空间 09.1135
color symmetry 色对称 08.0122
color temperature 色温 04.0727
color tone 色调 04.0732
color triangle [原]色三角 04.0735
color vision 色[视]觉 04.0719
colossal magnetoresistance 庞磁电阻 08.1491
colume vecter 列矢量 01.0431
column approximation 柱体近似 08.0374
columnar phase 柱状相 08.2641
columnar structure 柱状结构 08.0375
coma 彗[形象]差 04.0507
coma-free mirror 消彗差镜 04.0513
comatic aberration 彗[形象]差 04.0507
combination frequency 组合频率，*合成频率 04.2696
combination line 组合[谱]线 04.1732
combination of lenses 透镜组 04.0341
combination principle 组合原理 06.0469
combination resonator 复合共振腔 04.2041
combination scattering 组合散射 04.1568
combined parity 组合宇称 09.1363
comb structure 梳齿状结构 04.1482
comet 彗星 11.0238
commensurate-incommensurate transition 公度非公度转变 08.2924
commensurate phase 公度相 08.2920
common eigenfunction 共有本征函数 06.0551
common path interferometer 共路干涉仪 04.1083
communal entropy 公有熵 08.0698
commutability 可对易性 06.0453
commutation 整流 03.0971
commutation relation 对易关系 06.0451
commutator 对易式 06.0455
commuting operator [可]对易算符 06.0580
comoving reference frame 共动参考系 06.0250
compact galaxy 致密星系 11.0051
compact object 致密天体 11.0136
compact star 致密星 11.0137
compact torus 紧凑环 10.0409
companion galaxy 伴星系 11.0057
companion star 伴星 11.0119
comparative half-life 比较半衰期 09.0221
comparison spectrum 比较光谱 04.1821
compatibility 相容性 07.0083
compatibility relation 相容关系 08.1279
compensated impurity 补偿杂质 08.1777
compensating eyepiece [色差]补偿目镜 04.0404
compensating filter 补偿滤光片 04.0758
compensating plate 补偿板 04.0918
compensation point 抵消点 08.1918
compensator 补偿器 03.1101
competing orders 竞争序 08.0670
complementarity principle 互补原理，*并协原理 06.0421
complementary color [互]补色 04.0736
complementary [diffraction] screen 互补[衍射]屏 04.0979
complementary metal oxide semiconductor 互补金属氧化物半导体 08.1778
complete fusion [完]全熔合 09.0557
completely filled shell *满壳层 07.0046
completely inelastic collision 完全非弹性碰撞 02.0467
completeness 完备性 06.0500
completeness relation 完备性关系 06.0501
complete quantum measurement 量子完全测量 06.0785
complete set of eigenstate 本征态[完备]集 06.0499
complete symmetry 全对称性 09.1314
complex 复合体 08.2583，络合物 08.2584
complex admittance 复导纳 03.0635
complex amplitude 复振幅 04.0856
complex analytical signal 复解析信号 04.1334

complex beam parameter 复光束参量 04.2069
complex conjugate 复共轭 06.0502
complex conjugate matrix 复共轭矩阵 01.0435
complex conjugate operator 复共轭算符 06.0591
complex conjugate pulse 复共轭脉冲 03.1050
complex degree of coherence 复相干度 04.1291
complex dielectric constant 复介电常量 03.0186
complex impedance 复阻抗 03.0640
complexion 配容 05.0521
complex lattice 复式格[子] 08.0246
complex permeability 复磁导率 03.0459
complex permittivity 复电容率 03.0187
complex potential 复势 09.0488
complex quantity 复量 01.0456
complex refractive index 复折射率 04.0086
complex resonator 复合共振腔 04.2041
complex spectrum 复[杂]光谱 04.1716
complex wave 复[合]波 04.0830
compliance 顺度, *柔度 02.0624
component 分量 02.0330, 组分 05.0171
component color 组分色 04.0737
composite boson 复合玻色子 09.1173
composite fermion 复合费米子 09.1174
composite hologram 复合全息图 04.1388
composite material 复合材料 08.0247
compositeness 复合性 09.1242
composite operator 复合算符 01.0539
composite particle 复合粒子 09.1178
composite structure 复合结构 08.0248
compositional [degree of] freedom 成分自由度 08.0648
compositional disorder 成分无序 08.0580
compositional modulation 组分[型]调制 08.3622
composition of forces 力的合成 02.0333
composition of velocities 速度[的]合成 02.0326
compound 化合物 08.2585
compound crystal 复晶 08.0249
compound-elastic scattering 复合[核]弹性散射 09.0507
compound eye 复眼 04.0705
compound lens 复合透镜 04.0269
compound microscope 复显微镜 04.0418
compound nucleus 复合核 09.0503
compound-nucleus decay 复合核衰变 09.0505
compound-nucleus theory 复合核理论 09.0504
compound pendulum 复摆 02.0309
compound semiconductor 化合物半导体 08.1780
compound system 复合系统 09.0502
compressed sensing 压缩感知 04.1510
compressibility 可压缩性 02.0477, 压缩率 02.0478
compressibility factor 压缩因子 05.0078
compressible fluid 可压缩流体 02.0831
compression 压缩 02.0470
compressional Alfvén wave 压缩阿尔文波 10.0200
compression modulus 压缩模量 02.0472
compression of ultrashort pulses 超短脉冲压缩 04.2150
compressive sampling 压缩采样 04.1511
compressive sensing 压缩感知 04.1510
compressive strain 压[缩]应变 02.0473
compressive strength 抗压强度 02.0474
compressive stress 压[缩]应力 02.0476
Compton cross-section 康普顿散射截面 09.1353
Compton effect 康普顿效应 04.1960
Compton electron 康普顿电子 09.0707
Compton recoil 康普顿反冲 09.1354
Compton scattering 康普顿散射 06.0470
Compton wavelength 康普顿波长 06.0471
computational fluid dynamics 计算流体动力学 02.0702
computational physics 计算物理[学] 09.0913
computer-generated hologram 计算机[制作]全息图 04.1406
concave grating 凹面光栅 04.1071
concave lens 凹透镜 04.0248
concave mirror 凹面镜 04.0149
concentrated force 集中力 02.0249
concentrated phase 浓相 08.3397
concentric beam 同心光束 04.0563
concentric lens 同心透镜 04.0265
concentric resonator 共心[共振]腔 04.2021
concurrence 并发纠缠, *量子并发 06.0752
concurrent force 共点力 02.0545
condensate 凝聚体 05.1019
condensate fraction 凝聚体分数 05.1020
condensation 凝结 05.0393, 凝聚 05.0405
condensation energy 凝聚能 05.1021
condensation temperature 凝聚温度 05.1022
condensed matter 凝[聚]体 08.0002
condensed matter physics 凝聚态物理[学] 08.0001

condenser 聚光器 04.0457，冷凝器 05.0394
condenser [lens] 聚光[透]镜 04.0458
conductance 电导 03.0271
conductance fluctuation 电导涨落 08.3482
conductance quantum 电导量子 08.2902
conducting layer 传导层，＊导电层 08.1260
conducting medium 导电介质 03.0698
conducting polymer 导电聚合物 08.2439
conducting shell 导体壳 08.1261
conduction 传导 05.0784
conduction band 导带 08.1328
conduction current 传导电流 03.0326
conduction electron 传导电子 08.1251
conduction regime 导电方式区 08.2695
conductive fiber 导电纤维 03.0037
conductivity 电导率 03.0272
conductivity modulation 电导率调制 08.1264
conductor 导体 03.0026
cone effect 圆锥效应 09.0448
cone emission 圆锥发射 04.2500
cone shock 锥形击波 10.0257
confidence 置信度 01.0277
confidence level 置信水平 01.0280
confidence limit 置信限 01.0278
configuration 位形 05.0665，组态 05.0666
configurational entropy 位形熵 08.0699
configuration integral 位形积分 05.0668
configuration interaction 组态相互作用 05.0667
configuration mixing 组态混合 09.0338
configuration space 位形空间 05.0508
confinement 禁闭 09.1355，约束 10.0352
confinement mode 约束模式 10.0422
confinement phase 禁闭相 09.1221
confinement time 约束时间 10.0354
confluent function 合流函数 01.0398
confluent hypergeometric equation 合流超几何方程 01.0400
confluent hypergeometric function 合流超几何函数 01.0399
confocal microscopy 共焦显微术 04.0426
confocal resonator 共焦[共振]腔 04.2023
conformal field theory 共形场论 09.1602
conformal invariance 共形不变性 06.0283
conformal mapping 保角变换 01.0464
conformal tensor ＊共形张量 06.0263
conformal transformation 共形变换 06.0284
conformational analysis 构型分析，＊构象分析 08.2792
congruent melting 同成分熔化 08.0928
conical refraction 锥形折射 04.0093
conjecture 猜想，＊猜测 09.0915
conjugate axis 共轭轴 01.0457
conjugate basis 共轭基 06.0503
conjugate coding 共轭编码 06.0857
conjugated bond 共轭键 08.0416
conjugate anglex number 共轭复数 01.0458
conjugate curve 共轭曲线 01.0459
conjugated molecule 共轭分子 08.2459
conjugated polymer 共轭聚合物 08.2440
conjugate field 共轭场 09.1313
conjugate image 共轭像 04.0358
conjugate particle 共轭粒子 09.1179
conjugate plane 共轭面 04.0357
conjugate point 共轭点 04.0356
conjugate ray 共轭光线 04.0355
conjugate variable 共轭变量 06.0504
conjugate vector 共轭矢量 06.0505
conjugate wave 共轭波 04.2429
conjugation fraction 共轭分数 04.2430
conjugation operator 共轭算符 06.0590
connected bond 连通键 11.0678
connected diagram 相连图 05.0953
connected diagram expansion 相连图展开 05.0954
connected product 相连[乘]积 05.0680
connection in parallel 并联 03.0164
connection in series 串联 03.0162
conoscopy 锥光法 04.2501
conservation 守恒 01.0052
conservation law 守恒律 01.0142
conservation of angular momentum 角动量守恒 02.0274
conservation of energy 能量守恒 02.0296
conservation of magnetic flux 磁通守恒 03.0479
conservation of mass-energy 质能守恒 06.0179
conservation of momentum 动量守恒 02.0265
conservation of particle number 粒子数守恒 05.0760
conservative dislocation motion 保守位错运动 08.0481
conservative field 保守场 02.0268
conservative flow 保守流 05.0855

conservative force 保守力 02.0163
conservative oscillation 保守振荡 11.0495
conservative system 保守系 02.0305
conserved axial current 守恒轴矢流 09.1414
conserved quantity 守恒量 01.0053
conserved vector current 守恒矢量流 09.1413
consistency 一致性 01.0395
consistency equation 相容性方程 01.0454
constant 常量，*常数 01.0061
constant current source 恒流源 03.0244
constant deviation prism 恒偏[向]棱镜 04.0179
constant-energy surface 等能[量]面 08.1347
constant force 恒力 02.0253
constant of motion 运动常量 02.0256
constant-potential accelerator *静电加速器 09.0857
constant transformation 切[触]变换 02.0554
constant vector field 恒矢量场 01.0366
constant voltage source 恒压源 03.0242
constellation 星座 11.0092
constituent 组分 05.0171
constituent gas 组分气体 05.0051
constituent mass 组分质量 09.1120
constituent quark 组分夸克 09.1136
constrained motion 约束运动 02.0571
constraining force 约束力 02.0161
constraint of velocity *速度约束 02.0577
constructive interference 相长干涉 04.0894
contact angle 接触角 08.2592
contact binary 相接双星 11.0164
contact electromotive force 接触[电动]势 03.0348
contact force 接触力 02.0245
contact interaction 接触相互作用 09.0918
contact potential difference 接触电势差 03.0349
contact resistance 接触电阻 03.0257
contiguity 邻接 08.0613
contiguity number 邻接数 08.0615
contiguous pair 邻接对 08.0614
continuity 连续性 01.0161
continuity condition 连续性条件 02.0015
continuity equation 连续性方程 02.0706
continuity of the gaseous and liquid states 气液连续性 05.0979
continuous absorption 连续吸收 04.1699
continuous eigenvalue 连续本征值 06.0555
continuous group 连续群 01.0486
continuous phase 连续相 08.2498
continuous phase transition 连续相变 05.0978
continuous radiation 连续辐射 03.0782
continuous random network 连续无规网络 08.0603
continuous space time transformation 连续时空变换 06.0180
continuous spectrum 连续谱 04.1682
continuous wave 连续波 04.0831
continuous wave laser 连续波激光器 04.2198
continuous X-radiation 连续[谱]X 辐射 07.0131
continuum 连续谱 04.1682，连续区 04.1731
continuum emission 连续谱发射 04.1697
continuum percolation 连续区逾渗 11.0672
contortion 扭曲 08.2680
contour 围道 01.0465
contour analysis 轮廓分析 01.0492
contour length 循链长度 08.0664
contour line 等高线 01.0493，等值线 01.0494
contour plot 等值线图 01.0495
contracted tensor 缩并张量，*降秩张量 06.0181
contracting model 收缩[宇宙]模型 11.0025
contraction 收缩 06.0246，缩并 06.0247
contraction of operators 算符缩并 05.0947
contradirectional coupling 反向耦合 04.2340
contragredient automorphism 反步自同构 08.0191
contrast 衬度，*对比度，*反差 04.1247
contravariant tensor 反变张量 06.0243
contravariant vector 逆变矢量 06.0182
controlled thermonuclear fusion 受控热核聚变 10.0349
controlling chaos 控制混沌 11.0580
control parameter 控制参量 11.0577
convected acceleration 牵连加速度 02.0075
convected force 牵连力 02.0447
convected motion 牵连运动 02.0088
convected velocity 牵连速度 02.0061
convection 对流 02.0733，运流 02.0785
convection current 运流电流 03.0327，对流流 03.0612
convection diffusion 对流扩散 05.0777
convective heat flow [二流体]对流热流 08.3020
convective instability 对流不稳定性 10.0264
convective zone 对流带 02.0734
conventional unit cell 惯用单胞 08.0081

convergence factor 收敛因子 01.0535
convergence limit 收敛限 04.1734
convergent beam electron diffraction 会聚束电子衍射 08.1083
convergent meniscus lens 会聚弯月透镜 04.0254
convergent wave 会聚波 04.0568
converging angle 会聚角 04.0244
converging lens 会聚透镜 04.0243
converging light 会聚光 04.0567
conversion efficiency 转换效率 04.2390
conversion spectrum 变换谱 01.0468
convex lens 凸透镜 04.0247
convex mirror 凸面镜 04.0148
convey electron 运送电子 07.0243
convolution 卷积，＊褶积 01.0425
convolution analysis 卷积分析，＊褶积分析 01.0426
Cook triplet lens 柯克透镜，＊柯克三片式物镜 04.0663
cooperative diffusion 合作扩散 08.1511
cooperative effect 合作效应 08.1510
cooperative emission 合作发射 04.2272
cooperative Jahn-Teller phase transition 合作性扬-特勒相变 08.3611
cooperative luminescence 合作发光 08.2245
cooperative orientation 合作取向 08.1512
cooperative phenomenon 合作现象 05.0994
Cooper instability 库珀不稳定性 08.3134
Cooper minimum 库珀极小 08.2851
Cooperon 库珀子 08.3281
Cooper pair 库珀对 08.3133
Cooper pair box 库珀对盒子 08.3326
coordinate clock 坐标钟 06.0219
coordinate condition 坐标条件 06.0253
coordinate representation 坐标表象 06.0443
coordinates of the center of mass 质心坐标 02.0057
coordinate system 坐标系 01.0125
coordinate time 坐标时 06.0220
coordinate transformation 坐标变换 01.0350
coordinate universal time 协调世界时 06.0186
coordination isomerism 配位异构 08.2476
coordination number 配位数 08.0088
coordination polyhedron 配位多面体 08.0101
coordination shell 配位层 08.0605
Copenhagen interpretation 哥本哈根诠释 06.0411
cophasal surface 等相面 04.1252
coplanar force 共面力 02.0548
coplanar waveguide 共面波导 03.1063
copolymer 共聚物 08.2446
copper-constantan thermocouple 铜-康铜温差电偶 08.1505
copropagating waves 同传波 04.0833
core electron 芯电子 07.0244
core energy 芯能 03.0497
core excitation 芯激发 09.0351
core loss ［磁］芯损耗 08.2010
core photoemission spectroscopy 原子实光电子谱［学］ 08.2306
core polarization 芯极化 09.0352
core state 芯态 08.1326
Coriolis acceleration 科里奥利加速度 02.0077
Coriolis force 科里奥利力 02.0446
corkscrew field 螺旋场 10.0395
corner cube 隅角棱镜，＊角锥棱镜 04.0180
corner prism 隅角棱镜，＊角锥棱镜 04.0180
corner reflector 角形反射器，＊角锥［反射器］ 04.0076
Cornu spiral 考纽螺旋线 04.1005
corollary 推论 01.0325
corona 电晕 03.0123
corona discharge 电晕放电 10.0060
coronal hole 冕洞 11.0194
corona quenching effect 电晕猝灭效应 03.1127
corotation 共转 02.0490
corpuscular property 粒子性 06.0465
corpuscular theory 微粒说 04.0027
correcting field 校正场 09.1318
correcting lens 校正透镜 04.0547
correction 校正 01.0109，修正 01.0110
correction coefficient 改正系数 01.0388
correction plate 校正板 04.0543
correlated spontaneous emission 关联自发发射 04.1976
correlation coefficient 关联系数 01.0564
correlation dimension 关联维数 11.0636
correlation energy 关联能 06.0684
correlation function 关联函数，＊相关函数 05.0885
correlation length 关联长度 05.0892
correlation spectrum 关联谱 04.1339
correspondence principle 对应原理 06.0422

corresponding state 对应态 05.0434
corrosion 腐蚀 08.0938
corrugated torus 皱褶环 10.0410
coset 陪集 01.0519
cosine emitter 余弦发射体 04.0604
cosmic abundance 宇宙丰度 11.0028
cosmic aerodynamics 宇宙气体动力学 11.0018
cosmic age 宇宙年龄 06.0337
cosmic censorship hypothesis 宇宙监督假设 06.0289
cosmic constant 宇宙常量 06.0357
cosmic dust 宇宙尘 11.0079
cosmic expansion 宇宙膨胀 06.0358
cosmic gas dynamics 宇宙气体动力学 11.0018
cosmic [microwave] background radiation 宇宙[微波]背景辐射 06.0333
cosmic neutrino 宇宙中微子 09.1673
cosmic noise 宇宙噪声 11.0179
cosmic plasma 宇宙等离[子]体 10.0028
cosmic ray 宇宙线 09.1670
cosmic ray astrophysics 宇宙线天体物理学 11.0019
cosmic ray burst 宇宙线暴发 11.0152
cosmic ray physics 宇宙线物理[学] 09.0910
cosmic ray shower 宇宙线簇射 11.0153
cosmic string 宇宙弦 11.0033
cosmism 宇宙[演化]论 11.0010
cosmogenesis 宇宙发生学 06.0331
cosmogony 天体演化学，*宇宙起源学 11.0006
cosmological constant 宇宙[学]常数 06.0359
cosmological microwave radiation 宇宙微波辐射 09.1222
cosmological nucleosynthesis 宇宙核合成 11.0014
cosmological principle 宇宙学原理 06.0344
cosmological redshift 宇宙学红移 06.0291
cosmological term 宇宙项 06.0327
cosmological Λ-term 宇宙常数[量]Λ项 06.0360
cosmology 宇宙学 09.0911
cosmophysics 宇宙物理[学] 09.0912
cosmos 宇宙 11.0009
cosurfactant 辅[助]表面活性剂 08.2571
Cotton effect 科顿效应 04.2360
Cotton-Mouton effect 科顿-穆顿效应 04.2361
co-tunneling 共隧穿 06.0624
Coudé telescope 折轴望远镜，*库德望远镜 04.0645
Couette flow 库埃特流 02.0727
Coulomb barrier 库仑势垒 09.0190
Coulomb blockade 库仑阻塞 08.3449
Coulomb correction factor 库仑修正因子 09.0216
Coulomb energy 库仑能 09.0066
Coulomb excitation 库仑激发 09.0545
Coulomb explosion 库仑爆炸 04.2467
Coulomb field 库仑场 03.0059
Coulomb gap 库仑隙 08.3456
Coulomb gas 库仑气 08.3457
Coulomb gauge 库仑规范 03.0712
Coulomb interaction 库仑[相互]作用 03.0060
Coulomb island 库仑岛 08.3451
Coulomb logarithm 库仑对数 10.0146
Coulomb potential 库仑势 03.0061
Coulomb pseudopotential 库仑赝势 08.3128
Coulomb repulsion 库仑斥[力] 03.0062
Coulomb scattering 库仑散射 03.0063
Coulomb's law 库仑定律 03.0064
Coulomb staircase 库仑台阶 08.3455
counteraction 反作用 02.0151
counter clockwise 逆时针方向 01.0171
counter current 反电流 03.0602
counterdiffusion 反扩散 05.0779
counter electromotive force 反电动势 03.0240
counter emf 反电动势 03.0240
counterpropagating waves 对传波 04.0832
counter telescope 计数器望远镜 04.0432
counting rule 计数定则 09.1319
couple 力偶 02.0553
coupled channel 耦合道 09.1596
coupled channels theory 耦合道理论 09.0559
coupled modes 耦合模 04.2195
coupled pendulum 耦合摆 02.0315
coupled quantum well 耦合量子阱 08.3472
coupled resonators 耦合[共振]腔 04.2042
coupled transformer 耦合变压器 03.0857
coupled waves 耦合波 04.2337
coupled wave theory 耦合波理论 04.2338
coupled wells 耦合阱 08.1787
coupling coefficient 耦合系数 03.0863
coupling constant 耦合常数 09.1117
coupling energy 耦合能 08.1788
coupling scheme 耦合方式 07.0102
coupling strength 耦合强度 08.1789

covalent bond 共价键 08.0414
covalent bonding 共价键合 08.0415
covalent crystal 共价晶体 08.0413
covalent glass 共价玻璃 08.0626
covalent graph 共价图 08.0624
covalent network 共价键网络 08.0623
covariance 协方差 01.0549, 协变性 06.0183
covariant derivative 协变导数 06.0255
covariant differential 协变微分 06.0256
covariant tensor 协变张量 06.0242
covariant vector 协变矢量 06.0184
covering dimension 覆盖维数 11.0628
CP 电荷共轭和空间反射 09.1508
C-parity C 宇称, * 正反[粒子]共轭宇称 09.1506
CP invariance CP 不变性, * 正反[粒子]共轭空间反射不变性 09.1510
CPS 原子实光电子谱[学] 08.2306
CP symmetry CP 对称 09.1307
CPT invariance CPT 不变性, * 正反[粒子]共轭空间反射时间反演不变性 09.1513
CPT reversal 电荷共轭时空反演 09.1511
CPT theorem CPT 定理 09.1311
CP violation CP 破坏 09.1308
crack 裂纹 02.0178
crack propagation 裂纹扩展 08.2375
cranked eyepiece 转向目镜 04.0405
cranking model 推转模型 09.0317
creation 产生 06.0678
creation operator 产生算符 06.0680
creep compliance 蠕变柔度 08.2327
creep compression 蠕[变压]缩 08.2328
creep flow 蠕变流 08.2329
creeping film effect 爬[行]膜效应 08.3007
creep model 蠕动模型 08.2331
creep wave 蠕波, * 爬波 08.2330
crisis 激变 11.0559
criterion 判据 01.0153
criterion for equilibrium 平衡判据 05.0184
criterion for superconductivity 超导判据 08.3109
critical angle 临界角 04.0123
critical angle refractometry 临界角测折射率术 04.0158
critical angular momentum 临界角动量 09.0561
critical assembly 临界装置 09.0897
critical behavior 临界行为 08.3108
critical coagulation concentration 临界凝结浓度 08.2524
critical coefficient 临界系数 05.0365
critical condition 临界条件 05.0360
critical current 临界电流 08.3097
critical damping 临界阻尼 02.0382
critical [damping] resistance 临界[阻尼]电阻 02.0386
critical density 临界密度 05.0361
critical dimension 临界维度 05.1013
critical distance 临界距离 09.0562
critical exponent 临界指数 05.1002
critical field 临界场 08.3090
critical fluctuation 临界涨落 08.1971
critical illumination 中肯照明, * 临界照明 04.0667
critical length 临界长度 11.0692
critical magnetic field 临界磁场 08.3091
critical mass 临界质量 09.0899
critical micelle concentration 临界胶束浓度 08.2582
critical opalescence 临界乳光 05.0357
critical parameter 临界参量 05.0364
critical phenomenon 临界现象 05.0356
critical point 临界点 05.0358
critical pressure 临界压强 05.0367
critical Reynolds number 临界雷诺数 02.0802
critical slowing down 临界慢化 05.1071
critical state 临界态 05.0362
critical surface 临界面 05.1049
critical temperature 临界温度 05.0034
critical value 临界值 05.0366
critical velocity 临界速度 08.3026
critical volume 临界体积 09.0898
critical volume fraction 临界体积分数 11.0660
critical wavelength 临界波长 04.0827
CRN 连续无规网络 08.0603
cross channel 交叉[通]道 09.1320
cross coherence 交叉相干[性], * 互相干[性] 04.1288
cross correlation 交叉关联 04.2510
cross coupling 交叉耦合 04.2341
crossed grating 交叉光栅 04.1069
crossed Nicol prism 正交尼科耳棱镜 04.1157
crossed polarizer 正交偏振器 04.1156
cross field 交叉场 03.0527

cross-field diffusion　横越磁场扩散　10.0151
cross-field instability　交叉场不稳定性　10.0296
cross-hairs　叉丝　04.0409
crossing beam　交叉束　09.1321
crossing symmetry　交叉对称[性]　09.1322
cross junction　十字结　08.3307
cross modulation　交叉调制　04.1215
crossover critical exponent　跨接临界指数　05.1051
crossover effect　跨接效应　05.1050
cross-phase modulation　交叉相位调制　04.1220
cross polarization　正交偏振　04.1111
cross prism　正交棱镜　04.0167
cross relaxation　交叉弛豫　08.2248
[cross] section　截面　01.0301
cross-spectral density　交叉谱密度　04.1294
cross-spectral purity　交叉谱纯　04.1296
cross-stream instability　交叉流不稳定性　10.0294
cross-symmetry condition　交叉对称条件　04.1297
crown glass　冕牌玻璃　04.0384
CRT　阴极射线管　03.0930
cryobiology　低温生物学　11.0335
cryogenic magnet　低温磁体　08.3346
cryogenics　低温实验法　08.3356
cryolite　冰晶石　08.0363
cryometer　低温[温度]计　08.3432
cryopump　低温泵　08.3413
cryosar　低温雪崩开关　08.3439
cryosorption　低温吸附　08.3431
cryostat　低温恒温器　05.0127
cryotrap　低温阱　08.3414
cryotron　冷子管　08.3334
cryotronics　低温电子学　08.3438
cryptocrystalline　隐晶　08.0274
cryptogram　密[码]文　06.0865
crystal　晶体　08.0020
crystal boundary　晶界　08.0276
crystal cell　晶胞　08.0082
crystal class　晶类　08.0161
crystal column　晶列　08.0044
crystal defect　晶体缺陷　08.0446
crystal diffraction　晶体衍射　08.0996
crystal diode　晶体二极管　03.0916
crystal direction　晶[体学方]向　08.0056
crystal direction vector　晶向矢　08.0058
crystal domain　晶畴　08.0277
crystal edge　晶棱　08.0043
crystal face　[外]晶面　08.0045
crystal family　晶系　08.0197
crystal field　晶[体]场　08.1874
crystal field theory　晶[体]场理论　08.1464
crystal form　晶形　08.0047
crystal growth　晶体生长　08.0714
crystal imperfection　晶体不完整性　08.0278
[crystal] lattice　晶格，*晶体点阵　08.0067
crystalline anisotropy　晶态各向异性　08.0107
[crystalline] grain　晶粒　08.0038
crystalline state　晶态　08.0019
crystalline structure factor　晶体结构因子　08.1011
crystallinity　晶性　08.0711
crystallite　微晶　08.0105
crystallization　结晶　08.0737
crystallization wave　晶化波　08.3047
crystallogeny　晶体生长学　08.0715
crystallogram　晶体衍射图　08.0997
crystallographic axis　晶轴　08.0099
crystallographic direction　晶[体学方]向　08.0056
crystallographic symmetry　晶体学对称性　08.0110
crystallography　晶体学　08.0021
crystalloid　凝晶质　08.0794
crystalloluminescence　晶体发光　08.2225
crystal mixer　晶体混频器　04.2420
crystal morphology　晶体形态学　08.0279
crystal nucleus　晶核　08.0733
crystal optics　晶体光学　04.2311
crystal physics　晶体物理[学]　08.0004
crystal plane　晶面　08.0046
crystal plane vector　晶面矢　08.0055
crystal polyhedron　晶体多面体　08.0042
crystal seed　晶种　08.0716
crystal spectrum　晶体光谱　04.1828
crystal structure　晶体结构　08.0066
crystal surface　晶体表面　08.0280
crystal symmetry　晶体对称性　08.0111
crystal system　晶系　08.0197
crystal tilt　晶体倾斜　08.0752
[crystal] whisker　晶须　08.0740
[crystal] zone　晶带　08.0062
CSWAP gate　弗雷德金门　06.0826

D

DAC 金刚石[压]砧室 08.3576
d'Alembert equation 达朗贝尔方程 02.0589
d'Alembert inertial force 达朗贝尔惯性力 02.0590
d'Alembert principle 达朗贝尔原理 02.0588
Dalitz plot 达里兹图 09.1364
Dalton's law [of partial pressure] 道尔顿[分压]定律 05.0073
damped collision 阻尼碰撞 09.0540
damped oscillator 阻尼振子 04.2550
damped vibration 阻尼振动 04.2626
damped wave 阻尼波 02.0387
damper 阻尼器 02.0388
damping 阻尼 02.0381
damping coefficient 阻尼系数 02.0389
damping coil 阻尼线圈 03.1081
damping force 阻尼力 02.0385
dangling bond 悬键 08.0631
dark band 暗带 04.1700
dark current 暗[电]流 03.1082
dark energy 暗能量 06.0355
dark exciton 暗激子 04.1827
dark field 暗[视]场 04.0648
dark field image 暗场像 04.0649
dark halo 暗晕 04.0238
dark line 暗线 04.1691
dark matter 暗物质 06.0354
dark noise 暗噪声 08.1640
dark soliton 暗孤子 04.2504
dark-state polariton 暗态光耦[合波]子 08.1960
Darwin width 达尔文宽度 08.0999
data 数据 01.0192
data acquisition 数据采集 04.1536
database 数据库 04.1537
data capacity 数据容量 04.1538
data processing 数据处理 01.0194
data smoothing 数据光滑[化] 01.0527
data storage 数据存储 04.1539
date line 日界线 11.0209
daughter element 子元素 09.0188
daughter nucleus 子核 09.0186
daughter wave 子波 10.0323
DBD 介质阻挡放电 03.1132
DC 直流 03.0231
DC bridge 直流电桥 03.0832
DC Josephson effect 直流约瑟夫森效应 08.3289
DC motor 直流电动机 03.0867
DC SQUID 直流超导量子干涉器件 08.3323
D-D cycle 氘-氘循环 09.0554
d-density wave d 波电荷密度波 08.3150
DDW d 波电荷密度波 08.3150
dead layer 死层 08.2787
dead time 死时间 09.0735
deathnium 致命杂质 08.1611
de Broglie relation 德布罗意关系 06.0461
de Broglie wave 德布罗意波 06.0462
de Broglie wavelength 德布罗意波长 06.0463
debunching [电子]离散 03.1075
Debye approximation 德拜近似 08.1428
Debye frequency 德拜频率 08.1433
Debye function 德拜函数 08.1429
Debye-Hückel theory 德拜-休克尔理论 05.1120
Debye model [of phonon spectrum] 德拜[声子谱]模型 08.1430
Debye relaxation 德拜弛豫 08.2141
Debye-Scherrer method 德拜-谢勒法 09.0825
Debye screening 德拜屏蔽 10.0004
Debye [screening] length 德拜[屏蔽]长度 10.0005
Debye sphere 德拜球 10.0006
Debye temperature 德拜温度 08.1434
Debye T^3 law 德拜 T^3 定律 08.1431
Debye-Waller factor 德拜-沃勒因子 08.1048
Debye wave vector 德拜波矢 08.1432
decade resistance box 十进电阻箱 03.0256
decahedron 十面体 08.0306
decay 衰变 09.0125
α-decay α 衰变 09.0126
β-decay β 衰变 09.0127
γ-decay γ 衰变 09.0128

0νββ decay　无中微子双 β 衰变　09.0202
2νββ decay　2 中微子双 β 衰变　09.0201
decay chain　衰变链　09.0141
decay constant　衰变常量　09.0138
decay energy　衰变能　09.0144
decay fraction　衰变分支比　09.1124
decay heat　衰变热　09.0140
decaying wave　衰减波　04.0835
decay instability　衰变不稳定性　10.0336
decay law　衰变定律　09.0134
decay mode　衰变模式　09.1112
decay product　衰变产物　09.0475
decay rate　衰变率　09.0133
decay scheme　衰变纲图　09.0143
decay time　衰减时间　09.0136
decay width　衰变宽度　09.1125
deceleration　减速度　02.0052
deceleration parameter　减速参数　11.0031
dechirping　消啁啾　04.2152
decimation rule　抽取规则　05.1087
decimet　十重态　09.1141
decipherment　译码　04.1534
declination　赤纬　11.0246
decoder　解码器　04.1526
decoherence　退相干，＊消相干　04.0896
decoloration　脱色　04.2586
decomposition　分解　08.0795
decomposition of force　力的分解　02.0334
decomposition of velocity　速度[的]分解　02.0328
deconfiment　退禁闭　09.1356
deconfinement phase　退禁闭相　09.1220
decontamination　净化，＊清洁处理　08.0801
decorated honeycomb lattice　缀饰蜂房格子　08.0629
decorated lattice　缀饰格[子]　08.0628
decoration　缀饰法　08.0510
decoration transformation　缀饰变换　08.0627
decoupled band　退耦带　09.0403
decoupling capacitor　去耦电容器　03.0160
decoupling parameter　退耦参量　09.0404
decoy state　诱骗态　06.0863
decryption　解[密]码　06.0864
decuplet　十重态　09.1141
de-dispersion　消色散　04.1624
deep holography　纵深[记录]全息术　04.1376
deep impurity　深杂质　08.1776
deep inelastic collision　深度非弹性碰撞　09.0539
deep inelastic scattering　深度非弹性散射　09.0538
deep level　深能级　08.1636
deep level transient spectroscopy　深能级瞬态谱学　08.1638
deep trap　深[陷]阱　08.1793
deexcitation　退激[发]　09.0319
defect　缺陷　08.0445
defect lattice　缺陷晶格　08.0754
defect localized state　缺陷局域态　08.0679
defender　退守物　11.0723
definition　定义　01.0115，清晰度　01.0272
deflecting electrode　偏转电极　03.1083
deflecting field　偏转场　03.1084
deflecting force　偏转力　03.1085
deflecting plate　偏转板　03.0894
deflection　偏转　04.0095
deflection function　偏转函数　09.0544
defocus　离焦　04.0305
defocused beam　散焦光束　04.0572
defocus spread　离焦扩展　04.0306
deformable body　[可]变形体　02.0619
deformation　形变　02.0616
deformation energy　形变能　09.0364
deformation potential　形变势　08.2381
deformation tensor　形变张量　08.2382
deformed nucleus　变形核　09.0366
2DEG　二维电子气　08.2882
degassing　除气　08.3641
degeneracy　简并性　06.0513，简并度　06.0514
degeneracy collapse　简并塌缩　06.0517
degeneracy criterion　简并性判据　05.0619
degeneracy temperature　简并温度　05.0620
degenerate Bose gas　简并玻色气体　05.0618
degenerated plasma　简并等离[子]体　10.0026
degenerate electron gas　简并电子气体　08.1257
degenerate energy level　简并能级　09.0381
degenerate Fermi gas　简并费米气体　05.0617
degenerate four-wave mixing　简并四波混合，＊简并四波混频　04.2425
degenerate gas　简并气体　08.1256
degenerate perturbation theory　简并微扰论　06.0607
degenerate quantum gas　简并量子气体　05.0616

depletion layer 耗尽层 08.1657
depletion width 耗尽宽度 08.1659
depolarization 退极化 03.0195，退偏振 04.1129
depolarization factor 退极化因子 03.0196
depolarization field 退极[化]场 03.0197
depolarizing beamsplitter ＊去偏振分束器 04.1147
deposition 沉积 08.0802
deposition rate 沉积率 08.0821
depth of field 景深 04.0558
depth of focus 焦深 04.0559
depth profiling 深度剖析 09.0810
dereflection 去反射，＊消反射 04.0078
derived quantity 导出量 01.0069
derived unit 导出单位 01.0070
Derjaguin-Landau-Verwey-Overbeek theory DLVO 理论 08.2507
descendent 子体 09.0187
descreening 去屏蔽 07.0310
desmotropism 稳变异构性 08.2477
desorption 脱附，＊解吸 08.3644
destabilization 退稳 10.0312
destructive interference 相消干涉 04.0895
detachment process 分离过程 07.0242
detailed balance 细致平衡 05.0755
detection 检测 01.0108
detection efficiency 探测效率 09.0754
detection sensitivity 探测灵敏度 09.0755
detector 探测器 09.0753
detector resolution 探测器分辨率 09.1618
determination 测定 01.0107
determinism 决定论 01.0084
deterministic equation 决定论方程 01.0376
deterministic rule 决定论性规则 11.0729
detonation wave 爆震波 10.0258
detrapping 消陷俘 10.0089
detuning 失调 04.1785
deuterium 氘 09.0171
deuteron 氘核 09.0170
Deutsch-Jozsa algorithm 多依奇-乔萨算法 06.0832
developer 显影剂 04.0805
development 显影 04.0804
deviating prism 偏向棱镜 04.0178
deviation 偏差 01.0248
deviation parameter 偏离参量 01.0079
device 器件 01.0294
devil's staircase 魔梯 11.0520
dewar 杜瓦瓶 08.3388
dewetting growth 去湿润生长 08.0980
dew point 露点 05.0417
dextroisomer 右旋同构物 08.0319
dextropolarization 右旋偏振 04.1124
dextrorotation 右旋 11.0449
DFB laser 分布反馈激光器 04.2234
DFT 密度泛函理论 08.1310
diabatic approach 非浸渐近似，＊非绝热近似 06.0634
diabatic approximation 非浸渐近似，＊非绝热近似 06.0634
diabatic crossing 疾[速]交叉 07.0245
diabatic process 非绝热过程 05.0223
diacoustics 折声学 04.2614
diagnostics 诊断学 10.0449
diagonal element 对角元 01.0438
diagonalization 对角化 01.0444
diagonal matrix 对角矩阵 01.0434
diagonal-sum rule 对角和规则 01.0446
diagram rule 图解规则 05.0949
diamagnetic loop 抗磁回路 10.0454
diamagnetic resonance 抗磁共振 10.0134
diamagnetic substance 抗磁质 08.1864
diamagnetism 抗磁性 03.0481
diamond 金刚石 08.0365
diamond anvil cell 金刚石[压]砧室 08.3576
diamond structure 金刚石[型]结构 08.0250
diaphonics 折声学 04.2614
diaphragm 光阑 04.0464
diapoint 焦散点 04.0295
diathermaneity 透热性 05.0237
diathermically isolated system 透热孤立系 05.0442
diathermic wall 透热壁 05.0238
diatomic gas 双原子气体 05.0066
diatomic molecule 双原子分子 07.0179
dibaryon 双重子 09.0938
dichroic mirror 二向色[反射]镜，＊分色镜 04.0956
dichroic polarizer 二向色性偏振器 04.1199
dichroism 二[向]色性 04.1179
dichromatism 二色性 04.2580
dielasticity 逆弹性 08.2316

dielectric 介电体，* 电介质 03.0177
dielectric absorption 介电吸收 08.2133
dielectric aging 介电老化 08.2148
dielectric anisotropy 介电各向异性 08.2671
dielectric barrier discharge 介质阻挡放电 03.1132
dielectric breakdown 介电体击穿 08.2147
dielectric cavity 介电[质]腔 04.2043
dielectric ceramics 介电陶瓷 08.2212
dielectric compliance 介电顺度 08.2135
dielectric constant 介电常量 03.0182
dielectric constant of vacuum 真空介电常量 03.0188
dielectric dispersion 介电频散 08.2214
dielectric ellipsoid 介电椭球 04.2312
dielectric film 介电膜，* 介质膜 08.2137
dielectric function 介电函数 08.2215
dielectric impermeability 介电阻隔率 08.2136
dielectric loss 介电损耗 08.2134
dielectric microcavity 介电[质]微腔 04.2046
dielectric optical waveguide 介电[质]光波导 04.1445
dielectric polarization 介电极化 08.2130
dielectric regime 介电方式区 08.2696
dielectric relaxation 介电弛豫 08.2140
dielectric response function 介电响应函数 08.2216
dielectric spectroscopy 介电谱学 08.2138
dielectric strength 介电强度 03.0192
dielectric superlattice 介电体超晶格 08.2217
dielectric susceptibility 介电极化率 08.2131
dielectric tensor 介电张量 03.0190
dielectric waveguide 介电质波导 04.1446
dielectronic recombination 双电子复合 07.0246
dielectrophoresis 介电电泳 03.1129
dielectrophoresis force 介电电泳力 03.1130
Diesel cycle 狄塞尔循环 05.0256
Dieterici's equation 狄特里奇方程 05.0082
difference Fourier synthesis 差分傅里叶综合[法] 08.1036
difference frequency 差频 04.2375
differential amplifier 差分放大器 02.0923
differential capacity 微分电容 03.0909
differential circuit 微分电路 03.0908
differential conductance 微分电导 03.0277
differential constraint * 微分约束 02.0577
differential cross-section 微分截面 09.0461
differential group delay 差分群时延 04.1476
differential input 差分输入 03.0962
differential interferometry 差分干涉测量术 04.1078
differential operator 微分算符 06.0599
differential photometry 差示光度术，* 较差测光 04.0684
differential probe 差作用探针 10.0459
differential rotation 较差自转 11.0074
differential scanning calorimetry 差分扫描量热术 05.0128
differential scattering cross-section 微分散射截面 02.0414
differential thermal analysis 差热分析 05.0129
diffraction 衍射 04.0966
diffraction angle 衍射角 04.1007
diffraction efficiency 衍射效率 04.1011
diffraction-free beam 消衍射光束 04.0977
diffraction fringe 衍射条纹 04.0997
diffraction grating 衍射光栅 04.1042
diffraction group 衍射群 04.0998
diffraction halo 衍射晕 04.1314
diffraction limit 衍射极限 04.1018
diffraction-limited beam 衍[射置]限光束 04.0978
diffraction-limited lens 衍[射置]限透镜 04.1306
diffraction microscope 衍射显微镜 04.1024
diffraction optics 衍射光学 04.1019
diffraction order 衍射级 04.1008
diffraction pattern 衍射图样 04.0981
diffraction ring 衍射环 04.1001
diffraction spectrum 衍射光谱 04.1668
diffractive binary optics 衍射二元光学 04.1022
diffractive dissociation 衍射分解 09.1323
diffractogram [像的]衍射图 04.0982
diffractometer 衍射仪 04.1023
diffused junction 扩散结 08.1750
diffused layer 扩散层 08.1748
diffused light 漫射光 04.0133
diffuseness parameter 弥散参数 04.0132
diffuse pinch 弥散箍缩 10.0114
diffuser 漫射体 04.0876
diffuse reflection 漫反射 04.0134
diffuse scattering 漫散射 04.1566
diffuse series 漫线系 04.1728
diffusibility 扩散能力 05.0775
diffusing medium 漫射介质 04.0130

diffusing surface　漫射面　04.0131
diffusing wave spectroscopy　漫射波光谱学　04.1880
diffusion　扩散　05.0769
diffusional charging　扩散荷电　03.0017
diffusion barrier　扩散势垒　05.0776
diffusion charging　扩散荷电　03.0017
diffusion constant　扩散常量　05.0773
diffusion creep　扩散蠕变　08.1753
diffusion current　扩散电流　08.1754
diffusion equation　扩散方程　08.1755
diffusion front　扩散前沿　08.1752
diffusion gradient　扩散梯度　08.1756
diffusion kernel　扩散核函　05.0863
diffusion layer　扩散层　08.1748
diffusion length　扩散长度　08.1751
diffusionless transformation　无扩散转化　05.0332
diffusionless phase transition　无扩散相变　08.2934
diffusion-limited aggregation　扩散置限聚集　11.0657
diffusion of magnetic field　磁场扩散　10.0104
diffusion pump　扩散泵　05.0145
diffusion region　扩散区　08.1749
diffusive excursion　扩散游移　08.0694
diffusive transport　扩散输运　08.1757
diffusivity　扩散率　05.0771
digital diffractive optics　数字衍射光学　04.1020
digital hologram　数字全息图　04.1408
digit coding　数字编码　04.1521
dihedral angle statistics　二面角统计　08.0634
dihedral group　二面体群　08.0163
dihedron　二面体　08.0284
dihexahedron　双六面体　08.0296
dilatational wave　膨胀波　02.0849
dilatation constant　膨胀常量　02.0847
dilation symmetry　伸缩对称　02.0850
dilatometry　膨胀测量术　02.0851
dilaton　伸缩子　09.1180
dilute atomic gas　稀原子气体　05.0063
dilute magnetic semiconductor　稀磁半导体　08.1672
dilute phase　稀相　08.3396
dilution refrigeration　稀释致冷　08.3395
dimension　量纲　01.0313，维［度］　01.0314
dimensional analysis　量纲分析　01.0315
dimensional constant　有量纲常量　01.0065
dimensional counting rule　量纲计数规则　09.1324
dimensional crossover　维度跨接　11.0644
dimensionality crossover　维度跨接　11.0644
dimensionality invariant　维数不变量　11.0643
dimensional reduction　维数约化　09.1325
dimensional regularization　维数正规化　09.1326
dimensional resonance　尺度共振　08.3653
dimensionless conductance　无量纲电导　03.0280
dimensionless constant　无量纲常量　01.0066
dimensionless parameter　无量纲参量　01.0078
dimer　二聚体　08.2587
dimerization　二聚化　08.2588
dimorphism　二形性　08.0049
dimuon　双μ子　09.0954
dineutron　双中子　09.0169
diocotron instability　滑移不稳定性　10.0309
dioctahedron　双八面体　08.0303
diode　二极管　03.0913
diode laser　二极管激光器　04.2230
diopter　屈光度　04.0313
dioptrics　折射光学　04.0653
dip　［磁］倾角　03.0534
diplogen　氘　09.0171
dipole　偶极子　03.0104
dipole approximation　偶极近似　04.2549
dipole interaction　偶极相互作用　08.0439
dipole layer　偶极层　08.2782
dipole magnetic field　偶极磁场　08.2098
dipole moment　偶极矩　03.0105
dipole oscillator　偶极振子　03.0106
dipole radiation　偶极辐射　04.1968
diquark　双夸克　09.1181
Dirac bracket　狄拉克括号　06.0565
Dirac［bra-ket］notation　狄拉克符号　06.0568
Dirac equation　狄拉克方程　06.0685
Dirac fermion　狄拉克费米子　05.0605
Dirac picture　狄拉克绘景　06.0449
Dirac point　狄拉克点　06.0689
Dirac sea　狄拉克海　06.0688
Dirac spin matrix　狄拉克自旋矩阵　06.0686
Dirac spinor　狄拉克旋量　06.0687
direct absorption　直接吸收　04.1831
direct band gap　直接带隙　08.1601
direct correlation　直接关联　05.0891
direct current　直流　03.0231

direct current bridge 直流电桥 03.0832
direct current motor 直流电动机 03.0867
directed beam 定向光束 04.0573
directed diffusion 定向扩散 05.0778
direct exchange interaction 直接交换作用 08.1885
direct-gap semiconductor 直接带隙半导体 08.1603
direct impact 正碰 02.0424
directional bond 定向键 08.0320
directional coupler 定向耦合器 04.1501
directional derivative 方向导数 01.0359, 方向微商 01.0360
directional emitter 定向发射体 04.0605
directionality 方向性 01.0160
directional quantization 方向量子化 06.0380
directional solidification 定向固化 05.0409
directional solidification 定向凝固 05.0410
direction of magnetization 磁化方向 08.1897
direct lattice 正格子 08.0196
direct measurement 直接测量 01.0208
direct method 直接法 08.1039
director 指向矢 08.2623
direct product 直乘, *直积 01.0453
direct reaction 直接反应 09.0519
direct transition 直接跃迁 08.1602
direct vision prism 直视棱镜 04.0169
direct-vision prism 直视棱镜 04.0169
dirty limit 脏极限 08.3166
dirty-metal regime 脏金属区 08.3167
dirty superconductor 脏超导体 08.3165
disaccommodation 减落 08.1991
disappearence potential spectroscopy 消失电势谱学 08.2824
disassembly 分解 08.3645
discharge 放电 03.0119
discharge cleaning 放电清洗 10.0063
discharge resistance 放电电阻 03.1134
discharge time constant 放电时间常量 03.1133
discharge tube 放电管 04.1643
disclination 向错 08.0505
λ-disclination λ-向错 08.0506
τ-disclination τ-向错 08.0507
χ-disclination χ-向错 08.0508
disclination loop 向错回线 08.2654
discoloration 褪色 04.2587
discommensuration 公度错 08.2941
discontinuity 不连续[性] 01.0162
discontinuous wave 断续波 02.0435
discontinuum 不连续体 08.3646
discord 不谐和弦 04.2807
discotic liquid crystal 盘形分子液晶 08.2642
discotics 盘状相 08.2643
discrete-carrier hologram 离散载体全息图 04.1389
discrete eigenvalue 离散本征值, *分立本征值 06.0554
discrete fluid [model] 离散流体[模型] 11.0720
discrete level 分立能级 07.0091
discrete symmetry 离散对称 01.0481
discretely tunable infrared laser 断续调谐红外激光器 04.2218
discrete spectrum 离散谱, *分立谱 07.0029
discrete transformation 离散变换 06.0675
discretization process 离散化过程 06.0676
discrimination 鉴别 01.0130
disgyration 旋错 08.0545
disintegration 蜕变 09.0129
α-disintegration α蜕变 09.0130
β-disintegration β蜕变 09.0131
γ-disintegration γ蜕变 09.0132
disintegration chain 蜕变链 09.0142
disk laser 盘状激光器 04.2238
dislocation 位错 08.0469
dislocation climb 位错攀移 08.0482
dislocation core 位错[核]芯 08.0471
dislocation creep 位错蠕变 08.0487
dislocation density 位错密度 08.0474
dislocation line 位错线 08.0472
dislocation network 位错网[络] 08.0498
dislocation slip 位错滑移 08.0483
dislocation tangle 位错缠结 08.0488
disorder 无序 05.0986
disordered alloy 无序合金 08.1233
dispersed phase 弥散相 08.2518
dispersed system 弥散系 08.2517
dispersing prism 色散棱镜 04.1642
dispersion 色散, *频散 04.1620, 弥散 08.2516
dispersion compensation 色散补偿 04.1629
dispersion curve 色散曲线 04.1637
dispersion equation 色散方程 04.1638

dispersion frequency 色散频率 04.1628
dispersion-managed soliton 色散调控孤子 11.0749
dispersion of axes 轴的色散 04.2323
dispersion relation 色散关系 09.1426
dispersion shock 色散击波 10.0250
dispersity 色散度 04.1630，弥散度 08.2519
dispersity measure 色散度 04.1630
dispersive medium 色散介质 04.1640
dispersive optical bistability 色散[型]光双稳性 04.2450
dispersive power 色散率 04.1636
dispersive transport 弥散输运 08.0710
dispersive wave 频散波 04.1627
dispiration 向位错 08.0511
displacement 位移 02.0032
displacement current 位移电流 03.0563
displacement law 位移律 04.1739
displacement polarization 位移极化 03.0201
displacement resonance 位移共振 02.0399
displacive modulation 位移[型]调制 04.1867
disruptive instability 破裂不稳定性 10.0305
dissipated energy 耗散能 11.0687
dissipation 耗散 04.2563
dissipation factor 耗散因子 03.0703
dissipative flow 耗散流 05.0856
dissipative force 耗散力 02.0168
dissipative operator 耗散算符 11.0688
dissipative shock 耗散击波 10.0253
dissipative structure 耗散结构 11.0690
dissipative system 耗散系统 11.0686
dissociation 离解 05.0412
dissociation energy 离解能 07.0281
dissociation on surface 表面离解 08.2771
dissociative laser 离解激光器 04.2242
dissociative recombination 离解复合[过程] 07.0283
dissociative state 离解态 07.0282
distance of distinct vision 明视距离 04.0389
distant collision 远碰撞 10.0144
distillable entanglement 可蒸馏纠缠 06.0751
distorted lattice 畸变晶格 08.0281
distorted wave 畸变波 04.0838
distorted wave Born approximation 扭曲波[玻恩]近似 09.0532
distorting medium [致]畸变介质 04.0621
distortion 畸变 04.0519
distributed Bragg reflector 分布布拉格反射器 04.1034
distributed capacitance 分布电容 03.0150
distributed-feedback laser 分布反馈激光器 04.2234
distributed force 分布力 02.0250
distributed inductance 分布电感 03.0615
distribution 分布 05.0526
distribution amplitude 分布振幅 09.1607
distribution function 分布函数 05.0528
disturbance 摄动 02.0351
divalent metal 二价金属 08.1218
divergence difficulty 发散困难 09.1420
divergent meniscus lens 发散弯月透镜 04.0255
divergent wave 发散波 04.0569
diverging lens 发散透镜 04.0246
diverter 分流器 03.1105
divertor 偏滤器 10.0415
division of amplitude 振幅分割 04.0875
division of wavefront 波阵面分割 04.0874
DLA 扩散置限聚集 11.0657
DLTS 深能级瞬态谱学 08.1638
DLVO theory DLVO 理论 08.2507
DMR 抗磁共振 10.0134
DMS 稀磁半导体 08.1672
DNA 脱氧核糖核酸 11.0402
dodecahedral group 十二面体群 08.0166
domain 畴 08.1980
domain rotation process 畴转过程 08.1985
domain structure 畴结构 08.1984
domain wall 畴壁 08.1981
domain wall energy 畴壁能 08.1986
domain wall pinning 畴壁钉扎 08.1987
domain wall resonance 畴壁共振 08.1988
donor 施主 08.1583
donor-acceptor pair luminescence 施主-受主对发光 04.1895
donor density 施主浓度 08.1587
donor impurity 施主杂质 08.1585
donor ionization energy 施主电离能 08.1599
donor level 施主能级 08.1586
doorway state 门态 09.0514
dopant 掺杂物 08.1581
doped semiconductor 掺杂半导体 08.1673
doping 掺杂 08.1580

dual graph 对偶图 08.0619
dual-grating spectrograph 双光栅摄谱仪 04.1665
duality 对偶性 05.1060
dual lattice 对偶格[点] 11.0717
dual model 对偶模型 09.1244
dual resonance 双关共振，*对偶共振 09.1142
dual space 对偶空间 09.1328
dual tensor 对偶张量 09.1329
ductile-brittle transition 延脆转变 08.2372
ductile fracture 延[性断]裂 08.2369
ductility 延性 08.2368
Duffing's equation 杜芬方程 11.0504
Dulong-Petit law 杜隆-珀蒂定律 05.0563
dumbbell molecule 哑铃状分子 07.0177
dummy index 傀标 06.0126
dumped pulse 倾腔脉冲 04.2114
duoplasmatron 双等离[子]体源 10.0044
Dupin cyclide 迪潘四次圆纹曲面 08.2665
duplex microstructure 双微结构 08.3647
duplicity 二重性 09.1182
dust plasma 尘埃等离[子]体 10.0030
duty cycle 负载循环 03.1053
duty ratio 占空比，*负载比 03.1052
d-wave pairing d 波配对 08.3148
d-wave superconductor d 波超导体 08.3149
DWBA 扭曲波[玻恩]近似 09.0532
dyad 并矢 02.0034
dyakisdodecahedron 偏方二十四面体 08.0315
dye laser 染料激光器 04.2215
dye Q switching 染料 Q 开关 04.2128
dynamical chaos 动力学混沌 11.0557
dynamical diffraction 动力学衍射 04.1028
dynamical equilibrium 动态平衡 05.0757
dynamical friction 动力摩擦 02.0236
dynamic Alfvén wave 动力阿尔文波 10.0202
dynamical mass 动力学质量 02.0124
dynamical perturbation 动力学扰动 05.0870
dynamical pressure 动压 02.0783
dynamical symmetry 动力学对称 07.0100
dynamical symmetry breaking 动力学对称破缺 09.1418
dynamical system 动力学系统，*动态系统 11.0457
dynamical variable 动力学变量 05.0499
dynamical viscosity 动黏性 02.0753
dynamic high-pressure technique 动态高压技术 08.3562
dynamic hologram 动态全息图 04.1404
dynamic localization 动态局域化 08.2416
dynamic mode 动态模 04.2096
dynamic range 动态范围 04.0814
dynamic response theory 动力学响应理论 05.0881
dynamics 动力学 02.0003
dynamic scattering 动态散射 08.2694
dynamic screening 动态屏蔽 08.1270
dynamic stability 动力稳定性 02.0347
dynamic Stark splitting 动态斯塔克分裂 04.2558
dynamic structure factor 动态结构因子 08.1013
dynamo instability 发电机不稳定性 10.0295
dynamo theory 发电机理论 03.0865
dyon 双荷子 09.1027
dyonium 双荷子偶素 09.1029
Dyson's equation 戴森方程 05.0955
dystectic mixture 高熔混合物 08.0982

E

early universe 早期宇宙 11.0016
earth 接地 03.0121
earth-moon space 地月空间 11.0300
earth wire 接地线 03.0663
easy axis [of magnetization] 易[磁化]轴 08.1974
easy direction of magnetization 易[磁化方]向 08.1973
EBIC 电子束感应电流 08.1125
ebit 纠缠比特 06.0736
ebonite 硬橡胶 08.2492
eccentric angle 偏心角 11.0124
eccentricity 偏心率 11.0126
eccentric orbit 偏心轨道 11.0125
echelette grating 小阶梯光栅 04.1060
echelle grating 中阶梯光栅 04.1061
echelon grating 阶梯光栅 04.1058
echo 回波 04.2710，回声 04.2711
echogram 回波图 04.2712
eclipse 食，*蚀 11.0198

eclipsed [bond] configuration 遮掩[键]位形 08.0635
ecliptic 黄道 11.0216
ecliptic latitude 黄纬 11.0244
ecliptic longitude 黄经 11.0245
eco-ceramic 生态陶瓷 08.0905
eddy current 涡[电]流 03.0576
eddy current loss 涡流损耗 03.0577
edge channel 边缘通道 08.3507
edge dislocation 刃[型]位错 08.0476
edge effect 边缘效应 03.0176
edge emission 边发射 08.2252
edge enhancement 边缘增强效应 04.0706
edge state 边缘态 08.2779
EELS 电子能量损失谱仪，*电子能损谱仪 08.1074
effective action 有效作用量 02.0157
effective aperture 有效孔径 04.0452
effective channel number 有效通道数 08.3491
effective charge 有效电荷 09.0706
effective conductivity 有效电导率 03.0274
effective cross-section 有效截面 09.0460
effective field theory 有效场理论 09.1365
effective f-number 有效光圈数，*有效 f 数 04.0450
effective Hamiltonian 有效哈密顿量 06.0595
effective interaction 有效[相]互作用 05.0963
effective line width 有效线宽 08.2011
effective mass 有效质量 08.1303
effective mass approximation 有效质量近似 08.1379
effective operator 有效算符 07.0228
effective phonon spectrum 有效声子谱 08.3130
effective potential 有效势 02.0290
effective radius 有效半径 09.1126
effective range 有效力程 09.0088
effective value 有效值 03.0600
efficiency of heat engine 热机效率 05.0264
efflux 射流 02.0767
effusion 泻流 05.0743
EFM 静电力显微术 03.0424
E-glass fiber E 玻璃纤维 04.1469
EHD 电流体力学 03.1138
eigenchannel 本征通道 07.0229
eigen equation 本征方程 06.0549
eigen frequency 本征频率 03.1026
eigenfunction 本征函数 06.0550
eigenmode 本征模[式] 10.0187
eigen oscillation 本征振荡 03.1025
eigenstate 本征态 06.0498
eigenvalue 本征值 06.0553
eigenvector 本征矢[量] 02.0615
eigenvibration 本征振动 02.0357
eightfold way 八重法 09.1330
eight-vertex model 八顶点模型 05.1035
eikonal equation 程函方程 09.0421
eikonal [function] 程函 04.0629
eikonal model 程函模型 09.1331
Einstein-de Haas effect 爱因斯坦-德哈斯效应 08.1933
Einstein frequency 爱因斯坦频率 08.1435
Einstein-Maxwell equation 爱因斯坦-麦克斯韦方程 06.0232
Einstein-Podolsky-Rosen pair 爱因斯坦-波多尔斯基-罗森[粒子]对，*EPR[粒子]对 06.0724
Einstein-Podolsky-Rosen paradox 爱因斯坦-波多尔斯基-罗森佯谬，*EPR 佯谬，*EPR 思想实验 06.0720
Einstein relation 爱因斯坦关系 05.0840
Einstein's coefficient 爱因斯坦系数 04.1979
Einstein's [curvature] tensor 爱因斯坦[曲率]张量 06.0260
Einstein's equivalence principle 爱因斯坦等效原理 06.0204
Einstein's field equation 爱因斯坦场方程 06.0207
Einstein-Smoluchowski theory 爱因斯坦-斯莫卢霍夫斯基理论 05.0839
Einstein's static universe 爱因斯坦静态宇宙 06.0334
Einstein summation convention 爱因斯坦求和约定 06.0131
Einstein synchronization 爱因斯坦同步 06.0048
Einstein temperature 爱因斯坦温度 08.1436
elastance 倒电容 03.0149
elastic after-effect 弹性后效 08.2317
elastic anisotropy 弹性各向异性 02.0623
elastic body 弹性体 02.0621
elastic channel 弹性道 09.1285
elastic collision 弹性碰撞 02.0465
elastic compliance 弹性顺度 02.0625
elastic constant 弹性常数 02.0626
elastic deformation 弹性形变 02.0627
elastic energy 弹性能 08.2315
elastic force 弹[性]力 02.0207

elastic free enthalpy 弹性自由焓 08.2145
elasticity 弹性 02.0620
elasticity of elongation 伸长弹性 02.0629
elasticity of flexure 弯曲弹性 02.0630
elasticity of torsion 扭转弹性 02.0631
elastic limit 弹性限度 02.0628
elastic medium 弹性介质 08.2323
elastic modulus 弹性模量 08.2313
elastic potential 弹性势 08.2324
elastic recoil spectrometry 弹性反冲光谱术 04.1844
elastic scattering 弹性散射 06.0642
elastic scattering cross-section 弹性散射截面 09.0452
elastic stress 弹性应力 08.2312
elastic torgue density 弹性转矩密度 08.2681
elastic wave 弹性波 08.2325
elasto-optic effect 弹光效应 08.2277
elastoplasticity 弹塑性 02.0632
electret 永电体, *驻极体 03.0219
electrical isolation 电绝缘 03.0039
electric birefringence 电致双折射 04.1320
electric breakdown 电击穿 03.0140
[electric] bridge 电桥 03.0828
electric charge 电荷 03.0004
electric circuit 电路 03.0232
electric current 电流 03.0222
electric current strength 电流强度 03.0223
electric curtain 电帘 03.1135
electric deflection 电偏转 03.0895
electric dipole 电偶极子 03.0115
electric [dipole] moment 电[偶极]矩 03.0116
electric dipole radiation 电偶极辐射 03.0723
electric dipole transition 电偶极跃迁 07.0036
electric displacement 电位移 03.0213
electric displacement line 电位移线 03.0214
electric double layer 电偶层 03.0117
electric drift 电漂移 10.0080
electric energy 电能 03.0098
electric equilibrium 电平衡 03.0133
electric field 电场 03.0053
[electric] field breakdown [电]场致击穿 03.0141
electric field intensity 电场强度 03.0070
electric field line 电场线 03.0075
electric field strength 电场强度 03.0070
electric flux 电通量 03.0074
electric free enthalpy 电自由焓 08.2146
electric hysteresis effect 电滞效应 03.0220
electric image 电像 03.0172
electric induction 电感应 03.0538
electricity 电学 03.0001, 电 03.0002
electric leakage 漏电 03.0138
electric multipole 电多极子 03.0112
electric multipole moment 电多极矩 03.0113
electric neutrality 电中性 03.0132
[electric] polarization [电]极化强度 03.0198
electric potential 电势 03.0077
electric potential difference 电势差 03.0078
electric power 电功率 03.0295
electric quadrupole 电四极子 03.0109
electric quadrupole moment 电四极矩 03.0111
electric quadrupole radiation 电四极辐射 03.0724
electric quantity 电量 03.0005
[electric] resistance 电阻 03.0245
electric saturation 电饱和 08.2159
electric transition 电跃迁 09.0226
electric vector 电矢 03.0076
electric wind 电风 03.0124
electrification 起电 03.0134
electrification by friction 摩擦起电 03.0043
electrified body 带电体 03.0023
electrino 电[子型]中微子 09.0945
electroabsorption modulator 电吸收调制器 04.1868
electro-acoustic reciprocity 电声倒易 08.2195
electro-acoustics 电声学 04.2609
electrocaloric effect 电热效应 08.2207
electrochemical potential 电化学势 05.0304
electrochemical vapor deposition 电化学气相沉积 08.0808
electrochemiluminescence 电化学发光 04.1923
electrode 电极 03.0297
electrode for dust remoral 除尘[用消静电]电极 03.1171
electrodynamics 电动力学 03.0666
electroelastic constant 电弹常量 08.2181
electrohydrodynamics 电流体力学 03.1138
electrokinetic potential 流动[起]电势 03.1149
electroluminescence 电致发光 04.1896
electrolysis 电解 03.0329
electrolyte 电解质 03.0330

electrolytic capacitor 电解电容[器] 03.0157
electrolytic conductor 电解质导体 03.0331
electrolytic dissociation 电离解 03.0332
electromagnet 电磁体 03.0437
electromagnetic absorption 电磁吸收 03.0737
electromagnetically induced absorption 电磁感生吸收 03.0547
electromagnetically induced transparency 电磁感生透明 03.0548
electromagnetic calorimeter 电磁量能器 03.0738
electromagnetic coupling 电磁耦合 03.1092
electromagnetic damping 电磁阻尼 03.0578
electromagnetic decay 电磁衰变 09.1127
electromagnetic drive 电磁驱动 03.0417
electromagnetic-environment effect 电磁环境效应 03.0549
electromagnetic field 电磁场 03.0579
electromagnetic field tensor 电磁场张量 06.0151
electromagnetic focusing 电磁聚焦 03.0418
electromagnetic force 电磁力 03.0416
electromagnetic gauge invariance 电磁规范不变性 03.0715
electromagnetic induction 电磁感应 03.0539
electromagnetic inertia 电磁惯量 03.0739
electromagnetic instability 电磁不稳定性 10.0269
electromagnetic interaction 电磁相互作用 09.0212
electromagnetic interference 电磁干扰 03.0766
electromagnetic lens 电磁透镜 03.0419
electromagnetic levitation 电磁悬浮 08.3352
electromagnetic mass 电磁质量 03.0778
electromagnetic momentum 电磁动量 03.0690
electromagnetic multipole radiation 电磁多极辐射 03.0722
electromagnetic radiation 电磁辐射 03.0721
electromagnetic radius 电磁半径 09.1128
electromagnetic screening 电磁屏蔽 03.0748
electromagnetic shower 电磁簇射 09.1129
electromagnetic stress tensor 电磁[场]应力张量 03.0693
electromagnetic theory of light 光的电磁理论 04.0029
electromagnetic wave 电磁波 03.0671
electromagnetic wave spectrum 电磁波谱 03.0672
electromagnetism 电磁学 03.0003
electromechanical coupling 电-力耦合 08.2179
electrometer 静电计 03.0791
electrometer of field strength 场强计，*电场强度计 03.0794
electromotive force 电动势 03.0239
electromotive force of mutual induction 互感电动势 03.0550
electromotive force of self-induction 自感电动势 03.0551
electron 电子 03.0049
electron avalanche 电子雪崩 08.1829
[electron] avalanche ionization [电子]雪崩电离 04.2507
electron backscattering pattern 电子背散射图样 08.1080
electron beam 电子束 03.0340
electron beam evaporation 电子束蒸发 08.0838
electron beam excitation laser 电子束激发激光器 04.2202
electron-beam-induced current 电子束感应电流 08.1125
electron-beam lithography 电子束刻蚀 08.0958
electron beam processing 电子束加工 08.0839
electron bunching 电子群聚 09.0883
electron capture 电子捕获 09.0885
electron-capture decay 电子俘获衰变 09.0209
electron cloud 电子云 03.0050
electron compound 电子性化合物 08.1203
electron configuration 电子组态 07.0057
electron cooling 电子冷却 09.0884
electron crystallography 电子晶体学 08.0025
electron cyclotron frequency 电子回旋频率 09.0888
electron cyclotron radiation 电子回旋辐射 09.0886
electron cyclotron resonance 电子回旋共振 09.0887
electron cyclotron wave 电子回旋波 10.0211
electron deficiency 电子欠缺 07.0230
electron density 电子密度 08.1250
electron diffraction 电子衍射 08.1082
electron diffractometer 电子衍射仪 09.0831
electron-electron interaction 电子-电子相互作用 08.1265
electron energy analyzer 电子能量分析器 08.2811
electron energy level 电子能级 07.0059
electron energy loss near-edge structure 电子能量损失近边结构，*电子能损近边结构 08.1381

electron energy loss spectrometer 电子能量损失谱仪，
*电子能损谱仪 08.1074
electron energy loss spectroscopy 电子能量损失谱学，
*电子能损谱学 08.2822
electroneutrality 电中性 03.0132
electron focusing 电子聚焦 03.0890
electron gas 电子气 03.0342
electron gun 电子枪 03.0928
electron-hole droplet 电子空穴[液]滴 08.1802
electron-hole liquid 电子空穴液体 08.1801
electron-hole pair 电子空穴对 08.1800
electron-hole recombination 电子空穴复合 08.1804
electron holography 电子全息术 03.0763
electronic density of states 电子态密度 08.1340
electronic diamagnetism 电子抗磁性 08.1865
electronic drift 电子漂移 08.1252
electronic energy spectrum 电子能谱 08.1275
electronic paramagnetism 电子顺磁性 08.1858
electronics 电子学 01.0015
electronic specific heat 电子比热 08.1258
electronic speckle interferometry 电子散斑干涉仪
04.1425
electron-ion recombination 电子离子复合 08.1805
electron-lattice interaction 电子-晶格相互作用
08.1266
electron lens 电子透镜 03.0421
electron magnetic moment 电子磁矩 03.0446
electron magnetic resonance 电子磁共振 03.0447
electron microprobe 电子微探针 08.1068
electron microscope 电子显微镜 08.1058
electron mobility 电子迁移率 08.1253
electron multiplier 电子倍增器 03.0990
electron-neutrino field 电子-中微子场 09.1366
electron-nuclear double resonance 电子-核双共振
08.2012
electron optics 电子光学 01.0016
electron pair 电子对 08.3135
electron pairing 电子配对 08.3136
electron pair tunneling 电子对隧穿 08.3285
electron paramagnetic resonance 电子顺磁共振
08.2014
electron phase transition 电子相变 08.3607
electron-phonon coupling 电子声子耦合 08.1267
electron-phonon interaction 电子声子互作用 08.3129
electron-phonon scattering 电声子散射 08.1481
electron pocket 电子袋 08.1369
electron-positron collider 正负电子对撞机 09.1620
electron-positron pair annihilation 正负电子对湮没
09.1395
electron-positron pair creation 正负电子对产生
09.0714
electron-positron ring 正负电子[存储]环 09.1621
electron probe microanalysis 电子探针微区分析
08.1069
electron rest mass 电子静止质量 06.0187
electron self-energy 电子自能 05.1023
electron shell 电子壳层 07.0060
electron spectroscopy 电子能谱学 08.2816
electron spin 电子自旋 06.0405
electron spin resonance 电子自旋共振 08.2013
electron stimulated desorption 电子激励脱附 08.2740
electron stopping power 电子阻止本领 09.0696
electron synchrotron 电子同步加速器 09.1642
electron temperature 电子温度 05.1024
electron transition 电子跃迁 07.0061
electron-type high temperature superconductor 电子型高
温超导体 08.3172
electro-optic coefficient 电光系数 04.2356
electro-optic deflection 电光偏转 04.2357
electro-optic effect 电光效应 04.2348
electro-optic modulation 电光调制 04.2358
electro-optics 电光学 04.0021
electroosmosis 电渗现象 03.1169
electrophile 亲电体 07.0231
electrophonic effect 电声效应 04.2782
electrophoresis 电泳 03.1128
electrophorus 起电盘 03.0784
electrophysiology 电生理学 11.0338
electroplating 电镀 03.0334
electroproduction 电[致产]生 09.1456
electroreflectance 电致反射 04.0081
electro-reflectance 电致反[射改]变 04.2351
electro rheological effect 电流变效应 08.2531
electro rheological fluid 电流变液 08.2532
electroscope 验电器 03.0789
electrostatic accumulation 静电积累 03.1140
electrostatic atomization 静电雾化 03.1146
electrostatic conductor 静电导体 03.1143

electrostatic deflector 静电偏转器 03.0130
electrostatic dissipation 静电消散 03.1141
electrostatic energy 静电能 03.0101
electrostatic equilibrium 静电平衡 03.0129
electrostatic field 静电场 03.0057
electrostatic focusing 静电聚焦 03.0128
electrostatic force 静电力 03.0058
electrostatic force microscopy 静电力显微术 03.0424
electrostatic generator 静电起电机 03.0136
electrostatic hazard 静电灾害 03.1145
electrostatic induction 静电感应 03.0127
electrostatic instability 静电不稳定性 10.0268
electrostatic leakage 静电泄漏 03.1142
electrostatic lens 静电透镜 03.0423
electrostatic measuring device 静电测定装置 03.1172
electrostatic non-conductor 静电非导体 03.1144
electrostatic oscillation 静电振荡 10.0192
electrostatic potential 静电势 03.0125
electrostatics 静电学 03.0055
electrostatic screening 静电屏蔽 03.0126
electrostatic shielding 静电屏蔽 03.0126
electrostatic voltmeter 静电伏特计 03.0793
electrostatic wave 静电波 10.0193
electrostriction 电致伸缩 03.0221
electroviscous effect 电黏性效应 03.1148
electroweak force 弱电力 09.1396
electroweak interaction 电弱[相互]作用 09.1150
electroweak unified theory 电弱统一理论 09.1223
element 元件 01.0295, 元素 01.0296
element abundance 元素丰度 11.0104
elemental mapping 元素分布 11.0105
elementary beam 元[光]束 04.0564
elementary charge 元电荷 03.0007
elementary cluster 元团 05.0706
elementary excitation 元激发 05.0720
elementary excitation spectrum 元激发谱 08.3025
elementary hologram 基元全息图 04.1369
elementary particle 基本粒子 09.0920
elementary wave 元波 04.0828
elementary work 元功 02.0285
element formation 元素形成 11.0103
elevation angle 仰角 01.0343
Eliashberg equation 厄立希伯格方程 08.1551
Eliashberg theory of strong-coupling 厄立希伯格强耦合理论 08.1552
ellipsoid 椭球 01.0330
ellipsoidal cavity 椭球腔 04.2028
ellipsoidal mirror 椭[球]面镜 04.0152
ellipsoid of inertia 惯量椭球 02.0525
ellipsoid of revolution 回转椭球 01.0331
ellipsometer 椭圆偏振计, ＊椭偏计 04.1204
ellipsometry 椭圆偏振测量术, ＊椭偏测量术 04.1205
elliptical-clad fiber 椭圆包层光纤 04.1461
elliptical cylindrical cavity 椭圆柱面腔 04.2029
elliptical orbit 椭圆轨道 11.0128
elliptic polarization 椭圆偏振 04.1118
elliptic umbilic 椭圆脐[型突变] 11.0549
embedding diagram 包容图 06.0275
embossed hologram 模压全息图 04.1394
embrittlement 脆化 08.2366
emf 电动势 03.0239
emission 发射 04.1581
emission angle 发射角 04.1590
emission efficiency 发射效率 04.1588
emission line 发射[谱]线 04.1696
emission mechanism 发射机制 04.1582
emission spectroscopy 发射光谱学 04.1849
emission spectrum 发射光谱 04.1670
emissive power 发射本领 04.1589
emissivity 发射率 04.1587
emittance 发射度 04.1585
emitter 发射极 03.0938, 发射体 03.0939
emitter junction 发射结 08.1760
EMP 电子微探针 08.1068
empirical equation of state 经验物态方程 05.0688
empirical formula 经验公式 01.0092
empirical pseudopotential method 经验赝势法 08.1309
empty band 空带 08.1365
empty hole trap 闲空穴陷阱 08.1799
empty lattice approximation 空晶格近似 08.1241
empty site 空位 11.0677
empty state 空态 08.1819
EMR 电子磁共振 03.0447
emulation 仿真 01.0303
emulsifier 乳化剂 08.2545
emulsion 乳状液 08.2544
emulsion chamber 乳胶室 09.1638
enantiomorphous form 对映单形 08.0052

enantiotropic liquid crystal　互变型液晶　08.2626
encoder　编码器　04.1525
encoding　编码　04.1515
end correction　末端修正　01.0266
end loss　端漏[失]　10.0369
endohedral fullerene　内嵌原子富勒体　08.2978
ENDOR　电子-核双共振　08.2012
endosmosis　内渗　11.0379
endothermic reaction　吸能反应，*吸热反应　09.0445
end plug　端塞　10.0372
end-pumped laser　端抽运激光器　04.2236
end-stopper　端塞　10.0372
endurance limit　疲劳限[度]　08.2335
energetic shower　高能簇射　09.1421
energy　能量　01.0051
energy band　能带　06.0480
energy-band structure　能带结构　08.1327
[energy] band theory　能带论　08.1273
energy conservation　能量守恒　02.0296
energy consumption　能[量消]耗　02.0300
energy conversion　能量转换　09.1423
energy degradation　能量退降　09.1425
energy density　能量密度　03.0103
energy dispersion X-ray diffraction　能[量色]散 X 射线衍射　04.1037
energy equipartition　能量均分　02.0301
energy-filtered diffraction　能量过滤衍射　04.1038
energy-filtered image　能量过滤像　04.0235
energy flux　能流[量]　04.2672
energy flux density　能流密度　04.2673
energy flux vector　能流矢量　02.0299
energy gap　能隙　08.1331
energy landscape　能量景貌，*能景　11.0735
energy level　能级　06.0479
energy-level diagram　能级图　06.0483
energy level lifetime　能级寿命　06.0488
energy level structure　能级结构　06.0486
energy level width　能级宽度　06.0487
energy loss　能量损失　09.0708
energy-loss function　能量损失函数　09.0709
energy-momentum tensor　能量动量张量，*能动张量　06.0146
energy quantization　能量量子化　06.0377
energy representation　能量表象　06.0445
energy resolution　能量分辨率　09.0748
energy resolution power　能量分辨本领　09.0747
energy-selected image　能量选择像　08.1075
energy spectrum　能谱　06.0481
energy state　能态　06.0482
energy transport　能量输运　08.1543
e-neutrino　电子[型]中微子　09.1160
enhanced line　增强谱线　04.1703
enhanced Raman scattering　增强拉曼散射　04.2433
enhancement factor　增强因数　07.0232
ensemble　系综　05.0532
ensemble average　系综平均　05.0536
ensemble theory　系综理论　05.0535
entangled photon　纠缠光子　06.0726
entangled state　纠缠态　06.0725
entanglement concentration　纠缠浓缩　06.0743
entanglement distillation　纠缠蒸馏　06.0748
entanglement measure　纠缠度量　06.0744
entanglement monogamy　纠缠单配性　06.0753
entanglement monotone　纠缠单调列　06.0754
entanglement of formation　生成纠缠　06.0746
entanglement purification　纠缠纯化　06.0747
entanglement swapping　纠缠交换　06.0749
entanglement witness　纠缠见证　06.0750
enthalpy　焓　05.0298
enthalpy of formation　生成焓　05.0447
enthalpy of reaction　反应焓　05.0449
entrance pupil　入[射光]瞳　04.0485
entrapment　俘获　04.2471
entropic force　熵力　05.0295
entropy　熵　05.0288
entropy balance equation　熵平衡方程　05.0453
entropy criterion　熵判据　05.0345
entropy flow　熵流　05.0443
entropy functional　熵泛函　05.0868
entropy instability　熵不稳定性　10.0300
entropy of transition　相变熵　05.0294
entropy production　熵产生　05.0445
entropy wave　熵波　10.0229
envelope function　包络函数　01.0567
envelope instability　包络不稳定性　10.0335
envelope shock　包络击波　10.0249
enzyme　酶　11.0415
epicadmium neutron　超镉中子　09.0583

epitaxial deposition 外延沉积 08.0965
epitaxial film 外延膜 08.0970
epitaxy 外延 08.0964
epithermal neutron 超热中子 09.0582
EPMA 电子探针微区分析 08.1069
epoch 历元 11.0256
EPR 电子顺磁共振 08.2014
EPR paradox 爱因斯坦-波多尔斯基-罗森佯谬，* EPR 佯谬，* EPR 思想实验 06.0720
equal inclination fringes 等倾条纹 04.0914
equal inclination interference 等倾干涉 04.0913
equal-spin-pairing state 同[向]自旋配对态 08.3077
equal thickness fringes 等厚条纹 04.0912
equal thickness interference 等厚干涉 04.0911
equation of continuity 连续性方程 02.0706
equation of motion 运动方程 02.0097
equation of state 物态方程 05.0079
equator 赤道 11.0248
equatorial orbit 赤道轨道 11.0249
equatorial quantum number 赤道量子数 06.0398
equiaxial grain 等轴晶粒 08.0373
equiconcave lens 等凹透镜 04.0256
equilibrium 平衡 02.0335
equilibrium condition 平衡条件 02.0338
equilibrium condition of phase transition 相变平衡条件 05.0352
equilibrium configuration 平衡位形 10.0362
equilibrium constant 平衡衡量 05.0183
equilibrium deformation 平衡形变 09.0368
equilibrium phase diagam 平衡相图 05.0325
equilibrium point 平衡点 02.0689
equilibrium position 平衡位置 02.0337
equilibrium state 平衡态 05.0191
equilibrium system 平衡系统 05.0185
equipartition theorem 能量均分定理 05.0562
equipment 装置 01.0288
equipotential line 等势线 02.0295
equipotential surface 等势面 02.0294
equivalence 等效性 06.0168
equivalence principle 等效原理 06.0212
equivalent circuit 等效电路 03.0993
equivalent electron 等效电子，* 同科电子 07.0064
equivalent force system 等效力系 02.0551
equivalent lens 等焦透镜，* 等效透镜 04.0262
equivalent mass 等效质量 02.0119
equivalent resistance 等效电阻 03.0267
equivalent temperature 等效温度 05.0038
equivalent weight 当量 02.0303
erasable hologram 可擦除全息图 04.1396
erect image 正像 04.0223
erecting prism 正像棱镜 04.0171
ergodic hypothesis 遍历假说 05.0493
ergodicity 遍历性 05.0494
ergosphere 能层 06.0303
Ernst potential 恩斯特势 06.0234
Ernst's equation 恩斯特方程 06.0233
error 误差 01.0222
error analysis 误差分析 01.0244
error bar 误差棒 01.0223
error correction 纠错 04.1528
error correction code 纠错码 04.1529
error of mean square 方均误差 01.0234
error propagation formula 误差传递公式 01.0246
erythrocyte 红细胞 11.0371
Esaki diode 江崎二极管 08.1707
escape depth 逃逸深度 08.2806
escape energy 逃逸能量 02.0439
escape peak 逃逸峰 09.0777
escape rate 逃逸速率 02.0438
escape velocity 逃逸速度 02.0437
ESI 能量选择像 08.1075
ESP state 同[向]自旋配对态 08.3077
ESR 电子自旋共振 08.2013
estimation 估计 01.0111
etalon 标准具 04.0962
etched grating 刻蚀光栅 04.1054
etching 刻蚀 08.0950，侵蚀 08.0951
ether 以太 06.0012
ether drag 以太曳引 06.0017
ether drift 以太漂移 06.0013
ether wind 以太风 06.0014
Ettingshausen effect 埃廷斯豪森效应 08.1619
Eötvös experiment 厄特沃什实验 06.0165
Euclidean dimension 欧几里得维数 11.0638
Euclidean metric 欧几里得度规 01.0503
Euclidean space 欧几里得空间 01.0502
eukaryote 真核生物 11.0352
Euler angle 欧拉角 02.0504

Euler's kinematical equations　欧拉运动学方程　02.0521
Euler spiral　欧拉螺旋线　04.1006
eutectic alloy　共晶合金　08.1170
eutectic point　共晶点，*共熔点　08.0921
eutectic transformation　共晶转变　08.0922
eutectoid　共析　08.0881
eutiectoid decomposition　共析分解　08.0882
EUV　极端紫外　04.1711
evanescent field coupling　隐失场耦合　04.0945
evanescent state　隐失态　04.0944
evanescent wave　隐失波，*晕失波　04.0943
evaporation　蒸发　05.0387
evaporation model　蒸发模型　09.0515
evaporation nucleon　蒸发核子　09.0432
evaporation spectrum　蒸发谱　09.0517
EVD　电化学气相沉积　08.0808
even-even nucleus　偶偶核　09.0069
even-odd nucleus　偶奇核　09.0070
even parity　偶宇称　06.0200
event　事件　06.0021
event horizon　事件视界　06.0297
evolution　演化　09.1286
evolution of inflation　暴胀演化　11.0015
evolution operator　演化算符　06.0598
evolution rule　演化规则　11.0727
Ewald construction　埃瓦尔德作图法　08.1017
Ewald sphere　埃瓦尔德球，*反射球　08.1016
exactly solved model　严格解模型　05.1025
exact solution　精确解　01.0377
EXAFS　扩展X射线吸收精细结构　08.1052
excess current　过剩电流　08.1813
excess entropy　逾熵　05.0467
excess entropy balance equation　逾熵平衡方程　05.0469
excess entropy production　逾熵产生　05.0468
excess flux　逾流　05.0466
excess force　逾力　05.0465
excess neutron　过剩中子　09.0044
exchange anisotropy　交换各向异性　08.1373
exchange-correlation functional　交换关联泛函　08.1376
exchange-correlation hole　交换关联空穴　08.1375
exchange energy　交换能　06.0683
exchange force　交换力　09.0080
exchange hole　交换空穴　08.1374
exchange instability　交换不稳定性　10.0274
exchange integral　交换积分　08.1372
exchange interaction　交换作用　08.1884
exchange mode　交换模　10.0231
exchange symmetry　交换对称性　01.0483
excimer laser　激基分子激光器，*准分子激光器　04.2207
exciplex laser　激基分子激光器，*准分子激光器　04.2207
excitation　激发　01.0116
excitation curve　激发曲线　09.0469
excitation energy　激发能　09.0318
excitation function　激发函数　09.0468
excitation spectrum　激发光谱　04.1669
excited atom　受激原子　07.0087
excited electron　受激电子　07.0086
excited-pair state　激发偶对态　06.0478
excited state lifetime　激发态寿命　07.0089
excite-probe experiment　激发探测实验　04.1887
exciton　激子　05.0726
exciton model　激子模型　09.0513
exciton spectrum　激子光谱　04.1826
excluded volume effect　体斥效应　08.2484
exclusive process　遍举过程　09.0984
EXELFS　广延能损精细结构　08.1076
exhaustion layer　耗尽层　08.1657
exit pupil　出[射光]瞳　04.0486
exit wave reconstruction　出射波重建　04.1358
exothermic reaction　放能反应，*放热反应　09.0444
exotic atom　奇特原子　09.0985
exotic molecule　奇特分子　07.0176
exotic nucleus　奇特核　09.0180
exotic state　奇特态　09.0983
exotic superconductor　奇特超导体　08.3180
expanding universe　膨胀宇宙　11.0017
expansion　膨胀　05.0087
expansion refrigeration　膨胀致冷　05.0161
expansivity　膨胀率　05.0092
expectation value　期望值，*期待值　06.0556
experiment　实验　01.0100
experimental physics　实验物理[学]　01.0005
experimental Q-value　实验Q值　09.0443
explosive galaxy　爆发星系　11.0055
explosive instability　爆炸不稳定性　10.0271
exponential decay　指数式衰减　01.0413

exposure 曝光 04.0799, 照射量 04.0802
exposure dose 照射剂量 09.0290
exposure time 曝光时间 04.0800
extar X射线星 11.0155
extended chain 扩展链 08.0649
extended energy loss fine structure 广延能损精细结构 08.1076
extended [light] source 扩展[光]源 04.0033
extended-range percolation 扩程逾渗 11.0666
extended state 扩展态 08.0675
extended state regime 扩展态区 08.0682
extended tight-banding method 扩展紧束缚法 08.1288
extended X-ray absorption fine structure 扩展X射线吸收精细结构 08.1052
extended-zone scheme 扩展区图式 08.1353
extensibility 延伸率 02.0681
extensive air shower 广延大气簇射 09.1671
extensive quantity 广延量 05.0176
extensive variable 广延变量 05.0177
exterior contact 外切 02.0459
external conical refraction 外锥折射 04.1178
external field 外场 03.0775
external force 外力 02.0458
external galaxy 河外星系 11.0046
external reflection 外反射 04.0125
external work 外功 02.0460
extinction 消光 04.1182
extinction coefficient 消光系数 04.1188
extinction contour 消光轮廓 04.1184
extinction correction 消光校正 08.0995
extinction distance 消光距离 04.1185
extinction index 消光率 04.1186
extinction ratio 消光比 04.1189
extinction rule 消光定则 04.1187
extinction theorem 消光定理 04.1176
extra-axial imagery 轴外成像 04.0221
extraction potential 萃取势 07.0265
extra dimension 额外维 09.1603
extrafocal image 焦外像 04.0222
extraordinary ray 非寻常光[线] 04.1171
extraordinary refractive index 非寻常折射率 04.1173
extraordinary wave 非常波 10.0213
extrapolated range 外推射程 09.0701
extrapolation 外推 01.0196
extrasolar life [太阳]系外生命 11.0183
extra-spectral color ＊谱外色 04.0741
extra-spin magnetic moment 非自旋[的]磁矩 08.2097
extraterrestrial life 地外生命 11.0184
extremal curve 极值曲线 01.0393
extremal function 极值函数 01.0406
extremal orbit 极值轨道 02.0039
extreme path 极端光程 04.0110
extreme ultraviolet 极端紫外 04.1711
extrinsic absorption 非本征吸收 04.1834
extrinsic curvature 外[延]曲率 06.0264
extrinsic semiconductor 非本征半导体 08.1559
eye lens 接目镜 04.0407
eyepiece 目镜 04.0396
eye-point distance 眼点距 04.0408

F

Fabry-Perot etalon 法布里-珀罗标准具 04.0963
Fabry-Perot filter 法布里-珀罗滤波器 04.0964
Fabry-Perot interferometer 法布里-珀罗干涉仪 04.1098
Fabry-Perot microcavity 法布里-珀罗微腔 04.2047
Fabry-Perot resonator 法布里-珀罗共振腔 04.2019
face-centered cubic lattice 面心立方格[子] 08.0220
face-centered orthorhombic lattice 面心正交格[子] 08.0213
face-pumped laser 面抽运激光器 04.2237
facet growth 小面生长 08.0729
faceting 小面化 08.2853
factor 因数 01.0096, 因子 01.0097
factorization 因子化 09.1284
Fahrenheit thermometer 华氏温度计 05.0119
Fahrenheit thermometric scale 华氏温标 05.0023
faint object 暗天体 11.0151
falling body 落体 02.0224
false front 伪波前 04.1357
false image 假像 04.0232
false neutron 非聚变中子 10.0462
family of planes 平面族 08.0073

fan-beam 扇[形]束 04.2067
Fano factor 法诺因子 06.0894
Fano lineshape 法诺线型 09.1573
Fano profile 法诺线型 09.1573
Fano resonance 法诺共振 09.1574
fan spin order 扇状自旋有序 06.0167
Faraday balance 法拉第磁秤 08.2047
Faraday depolarization 法拉第退偏振 04.1130
Faraday effect 法拉第效应 08.2046
Faraday rotation 法拉第旋转 04.1208
Faraday's cylinder 法拉第[圆]筒 03.0786
Faraday's law of electrolysis 法拉第电解定律 03.0333
Faraday's law of electromagnetic induction 法拉第电磁感应定律 03.0546
Farey sequence 法里序列 11.0524
Farey tree 法里树 11.0523
far field 远场 04.0988
far field diffraction 远场衍射 04.0991
far-field diffraction 远场衍射 04.0991
far-field pattern 远场图样 04.0989
far field pattern 远场图样 04.0989
far-from-equilibrium system 远离平衡系统 05.0186
far infrared 远红外 04.1708
far-side of the moon 月球背面 11.0208
far sight 远视 04.0386
far ultraviolet 远紫外 04.1710
far-zone focusing 远区对焦 04.0304
fast Alfvén wave 快阿尔文波 10.0203
fast axis 快轴 04.1140
fast fission 快裂变 09.0642
fast ionic conductor 快离子导体 08.0432
fast light 快光 04.2135
fast mode 快模 10.0220
fast neutron 快中子 09.0586
fast neutron multiplication 快中子增殖 09.0677
fast neutron reactor 快中子反应堆 09.0895
fast-neutron spectrometer 快中子谱仪 09.0569
fast nonlinearity 快非线性 04.2331
fast process 快过程 11.0534
fast-slow coincidence assembly 快慢符合装置 09.0734
fast turn-off mode 速失方式 08.2698
fast variable 快变量 11.0536
fast wave 快波 04.2136
fatigue 疲劳 08.2334
fatigue crack 疲劳裂纹 08.2338
fatigue fracture 疲劳断裂 08.2339
fatigue life 疲劳寿命 08.2336
fatigue limit 疲劳限[度] 08.2335
fatigue strength 疲劳强度 08.2337
FBR 回馈反射镜 04.0146
fcc lattice 面心立方格[子] 08.0220
F-center F 心 08.0458
FCS 荧光关联谱[学] 04.1917
FED 场效应器件 08.1729
feedback 反馈 03.0964
feedback circuit 反馈电路 03.1068
feedback reflector 回馈反射镜 04.0146
feeder 馈线 03.1067
feed mechanism 馈给机制 03.1069
feed-point resistance 馈入点电阻 03.1071
feed rate 馈给率 03.1070
Feigenbaum's number 费根鲍姆数 11.0588
Feigenbaum's [renormalization group] equation 费根鲍姆[重正化群]方程 11.0528
Feigenbaum's scaling law 费根鲍姆标度律 11.0589
FEL 自由电子激光器 04.2203
Felici instability 费利奇不稳定性 08.2699
FEM 场[致]发射电子显微镜 03.0427
Fermat's principle 费马原理 04.0113
Fermi age 费米[中子]年龄 09.1568
Fermi arc 费米弧 08.3059
Fermi coupling constant 费米耦合常数 09.1481
Fermi[-Dirac] distribution 费米[-狄拉克]分布 05.0584
Fermi-Dirac integral 费米-狄拉克积分 05.0585
Fermi[-Dirac] statistics 费米[-狄拉克]统计法 05.0583
Fermi edge singularity 费米边奇异性 05.0604
Fermi energy 费米能[量] 05.0587
Fermi function 费米函数 09.0217
Fermi gas 费米气体 08.3051
Fermi interaction 费米相互作用 09.0219
Fermi level 费米能级 05.0586
Fermi liquid 费米液体 08.3053
Fermi liquid parameter 费米液体参数 08.3055
Fermi loop 费米环 05.0595
Fermi momentum 费米动量 05.0588
fermiology 费米面学 05.0603

fermion 费米子 05.0593
fermionic string 费米[子]弦 09.1130
Fermi-Pasta-Ulam problem FPU 问题 11.0738
Fermi pocket 费米口袋 05.0596
Fermi point 费米点 05.0597
Fermi sea 费米海 05.0592
Fermi's golden rule 费米黄金规则 06.0609
Fermi sphere 费米球 05.0590
Fermi surface 费米面 05.0591
Fermi temperature 费米温度 05.0589
Fermi transition 费米跃迁 05.0598
Fermi vacuum 费米真空 05.0599
Fermi velocity 费米速度 05.0600
Fermi-Walker transport 费米-沃克迁移 06.0166
Fermi wavelength 费米波长 05.0602
Fermi wave vector 费米波矢 05.0601
fernico 铁镍钴[合金] 08.1904
ferrielectric crystal 亚铁电晶体 08.2156
ferrielectrics 亚铁电体 08.2155
ferrimagnet 亚铁磁体 08.1916
ferrimagnetic material 亚铁磁材料 08.2036
ferrimagnetism 亚铁磁性 08.1915
ferrite 铁素体 08.0913, 铁氧体 08.0914
ferroelastic domain 铁弹畴 08.2173
ferroelasticity 铁弹性 08.2322
ferroelastics 铁弹体 08.2172
ferroelectric-antiferroelectric phase transition 铁电反铁电相变 08.2198
ferroelectric crystal 铁电晶体 08.2152
ferroelectric domain 铁电畴 08.2163
ferroelectric domain wall 铁电畴壁 08.2164
ferroelectric ferromagnet 铁电铁磁体 08.2174
ferroelectric hysteresis loop [铁]电滞回线 08.2158
ferroelectricity 铁电性 03.0215
ferroelectric phase transition 铁电相变 08.2166
ferroelectrics 铁电体 08.2151
ferroelectric sensor 铁电传感器 08.2197
ferroelectric soft mode 铁电软模 08.2167
ferroelectric transducer 铁电传感器 08.2197
ferroelectric tunnel mode 铁电隧道模 08.2169
ferrofluid 铁磁流体 08.1913
ferrohydrodynamics 铁磁[性]流体力学 08.1914
ferroic 铁性体 08.2176
ferromagnet 铁磁体 08.1880
ferromagnetic-antiferromagnetic phase transition 铁磁反铁磁相变 08.1926
ferromagnetic Curie point 铁磁居里点 08.1882
ferromagnetic glass 铁磁玻璃 08.0563
ferromagnetic material 铁磁材料 08.1902
ferromagnetic phase transition 铁磁相变 05.0976
ferromagnetic resonance 铁磁共振 08.2016
ferromagnetism 铁磁性 03.0482
ferromagnon 铁磁子 08.1946
FESEM 场[致]发射扫描电子显微镜 03.0428
Feshbach resonance 费希巴赫共振 05.0611
FET 场效应[晶体]管 08.1721
few-body problem 少体问题 09.0323
few-cycle pulse 少周[期]脉冲 04.2145
few-nucleon transfer 少[数]核子转移 09.0526
Feynman diagram 费曼图 05.0950
Feynman gauge 费曼规范 09.1289
Feynman path 费曼路径 08.3466
Feynman path integral 费曼路径积分 06.0557
Feynman rule 费曼规则 09.1290
Feynman scaling 费曼标度无关性 09.1231
Feynman's theory of superfluidity 费曼超流理论 08.3029
Feynman tube 费曼管 08.3467
FFA 磁通流放大器 08.3331
FFLO state 富尔德-费雷尔-拉尔金-奥夫钦尼科夫态, *FFLO 态 08.3182
FFO 磁通流振荡器 08.3332
FFT 磁通流三极管 08.3333
fiber bundle 纤维丛 06.0272
fiber cladding 光纤包层 04.1459
fiber grating 光纤光栅 04.1066
fiber laser 光纤激光器 04.2255
fiber-lens coupler 光纤透镜耦合器 04.1500
fiber optics 光纤光学 04.1449
fiber reinforced composite material 纤维增强复合材料 08.1198
fiberscope 光纤[观察]镜 04.1470
Fibonacci chain 斐波那契链 11.0655
Fibonacci sequence 斐波那契序列 11.0656
fibroin 丝心蛋白 11.0426
Fick's law 菲克定律 05.0774
fictitious charge 虚拟电荷 03.0015
fidelity 保真度 01.0275, 保真性 01.0276

fidelity of quantum states 量子态保真度 06.0850
fiducial confidence bar 置信条 01.0279
fiducial point 基准点 01.0282
fiducial probability 置信概率 01.0281
field angle 视场角 04.0474
field charging 场致荷电 03.0016
field cooling 场冷 08.3648
field corrector 像场校正器 04.0544
field-current relation 场流关系 09.1468
field desorption spectroscopy 场脱附谱学 08.2844
field distribution 场分布 04.0860
field effect 场效应 08.1662
field-effect device 场效应器件 08.1729
field-effect transistor 场效应[晶体]管 08.1721
field electron microscope 场电子显微镜 08.2827
field emission 场致发射 03.0173
field emission microscope 场[致]发射电子显微镜 03.0427
field emission scanning electron microscope 场[致]发射扫描电子显微镜 03.0428
field evaporation 场[致]蒸发 08.2801
field flattening lens 平[像]场透镜 04.0546
field-flattening lens 平[像]场透镜 04.0546
field free space 无场空间 03.0777
field induced photoemission 场致光发射 08.2305
field ionization 场致电离 03.0420
field ion mass spectroscopy 场离子质谱学 09.0842
field ion microscope 场离子显微镜 08.2837
field-ion microscope 场离子显微镜 08.2837
field lens [向]场镜 04.0406
field of view 视场 04.0469
field operator 场算符 05.0715
field particle 场粒子 10.0139
field point 场点 03.0071
field quantization 场量子化 06.0378
field quantum 场量子 06.0409
field source 场源 03.0073
field stop 视场光阑，*场阑 04.0479
field strength 场强 03.0069
field theory 场论 09.1212
fifth-order aberration 五级像差 04.0496
filament 丝极 03.0941
filamentary instability 丝状不稳定性 10.0307
filled band 满带 08.1364
filled site 实座，*填充位 11.0676
filling factor 填充因子 08.2897
film boiling 膜沸腾 08.3425
film flow 膜流 08.3006
film growth 薄膜生长 08.0971
filter capacitor 滤波电容器 03.0158
filter passband 滤波器通带 04.0949
FIM 场离子显微镜 08.2837
final state 末态 05.0196
final velocity 末速[度] 02.0065
fine adjustment 细调 01.0182
fine-grained density 细粒密度 05.0517
finesse(法文) 精细度 04.2009
fine structure 精细结构 07.0066
fine structure constant 精细结构常数 07.0067
fingering 指进，*爪进 11.0658
fingerprint 指纹 08.3485
finite-amplitude wave 有限振幅波，*大振幅波 04.0834
finite-difference method 有限差分法 01.0537
finite-difference time-domain method 有限差分时域法 01.0538
finite rotation 有限转动 02.0519
finite size effect 有限尺寸效应 08.2935
FIR 远红外 04.1708
fireball model 火球模型 09.1243
firehose instability 水龙带不稳定性 10.0277
first approximation 一级近似 01.0380
first Brillouin zone 第一布里渊区 08.1351
first-class current 第一类流 09.1470
first cosmic velocity 第一宇宙速度 02.0440
first integral 第一积分 02.0257
first law of thermodynamics 热力学第一定律 05.0270
first-order aberration 一级像差 04.0494
first-order phase transition 一级相变 05.0341
first-order spectrum 一级光谱 04.1714
first principle 第一[性]原理 09.1292
first principle calculation *第一[性]原理计算 09.1293
first sound 第一声 08.3032
first virial coefficient 第一位力系数 05.0085
fissile nucleus 可裂变核 09.0679
fissility 易裂变性 09.0643
fission 裂变，*分裂 09.0629

fissionable nucleus　可裂变核　09.0679
fission barrier　裂变势垒　09.0644
fission cross-section　裂变截面　09.0458
fission energy　裂变能　09.0668
fission fragment　裂变碎片　09.0645
fission gamma ray　裂变 γ 射线　09.0661
fission neutron　裂变中子　09.0657
fission nuclide　裂变核素　09.0639
fission parameter　裂变参量　09.0664
fission product　裂变产物　09.0647
fission [product] chain　裂变[产物]链　09.0648
fission reactor　裂变反应堆　09.0892
fission saddle point　裂变鞍点　09.0666
fission-spectrum neutron　裂变谱中子　09.0658
fission threshold　裂变阈　09.0646
fission track dating　裂变径迹年代测定　09.0853
fission yield　裂变产额　09.0649
fitting curve　拟合曲线　01.0198
five-fold symmetry　五重对称　08.0546
fixed bias　固定偏压　03.0947
fixed-field accelerator　定磁场加速器　09.0875
fixed index　固定指标　06.0128
fixed point　不动点　11.0461
fixed-range hopping　定程跳跃　08.2394
fixed target　固定靶　09.1623
fixer　定影剂　04.0807
fixing　定影　04.0806
Fizeau fringes　菲佐[干涉]条纹　04.0921
Fizeau's experiment　菲佐实验　06.0060
flame fusion method　焰熔法　08.0726
flame photometer　火焰光度计　04.0683
flame spraying　火焰喷涂　08.0835
flare　耀发　11.0192
flash memory　闪速存储器，* 闪存　08.1833
flash photolysis　闪光光解　04.2590
flash spectroscopy　闪光光谱术　04.1845
flat interferometer　平面干涉仪　04.1099
flatness of field　像场平度　04.0525
flat spacetime　平直时空　06.0217
flattening　扁率　01.0335
flavor　味　09.1143
flavor charge　味荷　09.1483
flavor conservation　味守恒　09.1485
flavor gauge　味规范　09.1487
flavor quantum number　味量子数　09.1489
flavor space　味空间　09.1144
flavor symmetry　味对称性　09.1145
flexible chain configuration　柔链位形　08.0666
flexoelectric effect　弯电效应　08.2672
flexural center　挠曲中心　02.0174
flexural rigidity　抗挠刚度　02.0175
flexural stress　弯[曲]应力　02.0660
flexural vibration　弯曲振动　02.0367
flint glass　火石玻璃　04.0385
flip-flop circuit　触发电路　03.1034
flip-flop multivibrator　多振子触发器　03.1035
floating drop　悬浮滴　08.3649
floating phase　浮置相　08.3650
floating probe　浮置电极，* 浮置探针　03.0302
floating torus　浮环　10.0411
floating zone method　浮区法　08.0840
flocculation　絮聚　08.2512
floccule　絮凝粒　08.2511
flop-over process　翻转过程　08.1454
Flory-Huggins theory　弗罗里-哈金斯理论　08.2462
Flory-Stockmayer theory　弗罗里-斯托克迈耶理论　08.2463
Flory temperature　弗洛里温度　08.0568
flotation balance　浮力秤　02.0895
flow field　流场　02.0716
flow gauge　流量计　02.0905
flow layer　流层　02.0717
flowmeter　流量计　02.0905
flow potential　流动势　02.0721
flow resistance　流阻　02.0718
fluctuating force　涨落力　05.0854
fluctuating wall　涨落壁　05.0819
fluctuation　涨落　05.0810
fluctuation chemistry　涨落化学　11.0702
fluctuation-dissipation theorem　涨落耗散定理　05.0820
fluctuation equation　涨落方程　05.0811
fluctuation field theory　涨落场论　05.0974
fluctuation term　涨落项　05.0858
fluence　注量　02.0720
fluid　流体　02.0692
fluidics　流控技术，* 射流技术　02.0827
fluidity　流体性　08.0713
fluid kinematics　流体运动学　02.0700

fluid mechanics 流体力学 02.0697
fluid statics 流体静力学 02.0698
fluorescein 荧光素 04.1911
fluorescence 荧光 04.1907
fluorescence analysis 荧光分析 08.2234
fluorescence correlation spectroscopy 荧光关联谱[学] 04.1917
fluorescence probe 荧光探剂 04.1914
fluorescence quenching 荧光猝灭 04.1915
fluorescent line 荧光线 04.1913
fluorescent material 荧光材料 04.1912
fluorimeter 荧光计 04.1909
fluorite 萤石 08.0367
fluorophotometer 荧光光度计 04.1910
fluoroscope 荧光镜 04.1916
fluoroscopy 荧光学 04.1908
flute instability 槽纹不稳定性 10.0275
flux 通量 01.0293
flux adiabatic invariant 磁通浸渐不变量 10.0087
flux bundle 磁通束 08.3227
flux creep 磁通蠕动 08.3240
flux-density vector 流密度矢量 05.0454
flux flow 磁通流动 08.3241
flux flow amplifier 磁通流放大器 08.3331
flux flow oscillator 磁通流振荡器 08.3332
flux flow resistance 磁通流阻 08.3242
flux flow transistor 磁通流三极管 08.3333
fluxgate magnetometer 磁通门磁强计 08.2048
flux growth 熔盐生长，* 助熔剂生长 08.0723
flux jumping 磁通跳跃 08.3243
flux line 磁通线 08.3225
flux-line lattice 磁通线格子 08.3226
fluxmeter 磁通计 03.0524
fluxoid 类磁通 08.3221
fluxoid conservation 类磁通守恒 08.3222
fluxon 磁通量子 08.3223
flux pinning 磁通钉扎 08.3229
flux sensitivity 磁通灵敏度 08.3492
flux trapping 磁通陷俘 08.3237
flux tube 磁通管 08.3228
flying-spot microscope 飞点显微镜 04.0416
flying-spot scanner 飞点扫描器 04.0576
fly's eye lens 蝇眼透镜 04.0661
FMR 铁磁共振 08.2016
f-number 光圈数，* f 数 04.0449
foam 泡沫 08.2558
foam insulation 泡沫材料隔热 08.2560
foam physics 泡沫物理学 08.2559
focal area 焦域，* 焦区 04.0292
focal conic defect 焦锥缺陷 08.0870
focal conic texture 焦锥织构 08.2664
focal distance 焦距 04.0308
focal length 焦距 04.0308
focal plane 焦面 04.0296
focal power [光]焦度 04.0310
focal ratio 焦比 04.0293
focal spot 焦斑 04.0291
focal tolerance 焦点容限 04.0541
Fock space 福克空间 05.0714
Fock state 福克态 04.2538
focometer 焦距计 04.0309
focus 焦点 04.0286
focused ion beam microscopy 离子束聚焦显微术 04.0427
focusing 聚焦 04.0298, 调焦 04.0303
focusing lens 聚焦透镜 04.0263
focus variation method 变[聚]焦方法 04.0307
foil 箔 08.0988
Fokker-Planck equation 福克尔-普朗克方程 05.0845
folded cavity 折叠腔 04.2040
folded laser 折叠[腔]激光器 04.2251
folding 折叠[型突变] 11.0545
folding Brillouin zone 折叠布里渊区 08.1355
folding potential 折叠势 09.0548
foliaceous texture 叶状织构 08.0378
follower control 随动控制 02.0343
forbidden band 禁带 08.1330
forbidden beta decay 禁戒β衰变 09.0260
forbidden emission 禁戒发射 04.2555
forbidden gap 禁隙 08.1794
forbidden [spectral] line 禁[戒谱]线 04.2556
forbidden transition 禁戒跃迁 06.0637
force 力 02.0135
force components 分力 02.0331
force constant 力常数 02.0684
forced convection 强制对流 02.0737
forced light scattering 受迫光散射 04.2432
forced mode-locking 强制锁模 04.2110

forced transition 受迫跃迁 07.0038
forced vibration 受迫振动 02.0368
force equilibrium 力平衡 02.0688
force field 力场 02.0139
force line 力线 02.0685
force screw 力螺旋 02.0567
foreign atom 外来原子 08.0453
fore-prism 前置棱镜，*预色散棱镜 04.0177
foreshock 前兆击波 02.0865
forevacuum 预真空 08.3443
formation factor 形成因子 09.0193
formation time 形成时间 09.1287
form birefringence 形序双折射 04.1318
form factor 形状因子 09.0396
formulation 表述 01.0131
Fortin barometer 福丁气压计 02.0874
forward bias 正向偏压 03.0948
forward scattering 前向散射 04.1569
forward wave 前向波 04.0842
Foucault current *傅科电流 03.0576
Foucault pendulum 傅科摆 02.0313
fountain effect 喷泉效应 08.3011
four-acceleration 四维加速度 06.0158
four-axis coordinate system 四轴坐标系 08.0098
four-circle diffractometer 四圆衍射仪 08.1029
four-current 四维流 06.0161
four-dimensional form of Maxwell's equations 麦克斯韦方程的四维形式 06.0199
four dimensional space time 四维时空 06.0069
fourfold [symmetry] axis 四重[对称]轴 08.0145
four-force 四维力 06.0159
Fourier imaging 傅里叶成像[术] 04.1223
Fourier optics 傅里叶光学 04.1221
Fourier's law 傅里叶定律 05.0787
Fourier synthesis 傅里叶合成 08.1035
Fourier transform 傅里叶变换[式] 01.0472
Fourier [transform] hologram 傅里叶[变换]全息图 04.1384
Fourier [transform] nuclear magnetic resonance 傅里叶[变换]核磁共振 08.1102
Fourier [transform] Raman spectroscopy 傅里叶[变换]拉曼光谱学 04.1865
Fourier [transform] spectroscopy 傅里叶[变换]光谱学 04.1864
four-momentum 四维动量 06.0160
four-tensor 四维张量 06.0156
four-terminal method 四[端]引线法 03.0250
four-terminal resistance 四端电阻 03.0249
fourth sound 第四声 08.3036
four-vector 四维矢量 06.0155
four-velocity 四维速度 06.0157
four-wave mixing 四波混合 04.2424
FPU problem FPU 问题 11.0738
fractal 分形 11.0620，分形体 11.0621
fractal dimension 分形维数，*分维 11.0625
fractal growth 分形生长 11.0654
fractal measure 分形测度 11.0626
fractional chain yield 相对链产额 09.0651
fractional condensation 分凝 08.2715
fractional crystallization 分部结晶 08.0739
fractional cumulative yield 分积累产额 09.0652
fractional distillation 分馏 05.0389
fractional drag 摩擦曳引 02.0231
fractional [electric] charge 分数电荷 09.1461
fractional heat 摩擦热 02.0242
fractional independent yield 分独立产额 09.0653
fractional magnetic charge 分数磁荷 08.2083
fractional quantum Hall effect 分数量子霍尔效应 08.2894
fractional statistics 分数统计法 05.0574
fracton 分形子 11.0622
fragile structure 脆性结构 08.0940
fragmentation reaction 碎裂反应 09.0531
Franck-Condon principle 弗兰克-康登原理 04.1871
Franck-Hertz experiment 弗兰克-赫兹实验 07.0072
Frank-Read [dislocation] source 弗兰克-里德[位错]源 08.0473
Fraunhofer diffraction 夫琅禾费衍射 04.0974
Fraunhofer hologram 夫琅禾费全息图 04.1381
Fraunhofer line 夫琅禾费谱线 04.1753
Fredkin gate 弗雷德金门 06.0826
free-bound continuous spectrum 自由-束缚连续谱 04.1683
free-bound transition 自由-束缚跃迁 08.1630
free charge 自由电荷 03.0211
Freedericksz transition 弗里德里克斯转变 08.2682
free electron 自由电子 03.0051
free electron approximation 自由电子近似 08.1244

friction coefficient 摩擦系数 02.0238
friction drag 摩擦曳引 02.0231
friction force 摩擦力 02.0230
friction heat 摩擦热 02.0242
frictionless flow 无黏滞性流 02.0747
friction loss 摩擦损耗 02.0244
Friedel oscillation 弗里德振荡 08.1269
Friedel's law 弗里德定律 08.1031
Friedel sum rule 弗里德求和规则 08.1032
Friedmann universe 弗里德曼宇宙 06.0335
fringe pattern ［干涉］条纹图 04.0898
frontier orbital 前沿轨道函数，＊前沿轨函 07.0211
front velocity 波前速度 04.1351
frozen-core approximation 冻结芯近似 07.0286
frozen field 冻结场 10.0102
frustrated configuration 窘组位形 05.1018
frustrated plaquette 窘态嵌板 05.1017
frustrated total reflection 受抑全反射 04.0942
frustration 窘态 05.1014
frustration function 窘态函数 05.1015
frustration network 窘态网络 05.1016
f-sum rule f 求和规则 09.1572
fuel cell 燃料电池 03.0802
fugacity 逸度 05.0582
Fulde-Ferrell-Larkin-Ovchinnikov state 富尔德－费雷尔－拉尔金－奥夫钦尼科夫态，＊FFLO 态 08.3182
full aperture 全孔径 04.0453
full energy peak 全能峰 09.0775
fullerene 富勒体，＊富勒烯 08.2976
fullerite 固态富勒体 08.2977
full moon 满月，＊望 11.0200
full shot noise 全散粒噪声 05.0830
full view 全景 04.0476
full view hologram 全景全息图 04.1403
full-view hologram 全景全息图 04.1403
full-wave plate 全波片 04.1132
full width at half maximum 半峰全宽 04.1805
fully ionized plasma 全电离等离［子］体 10.0017
functional analysis 泛函分析 01.0520
functional derivative 泛函导数 01.0521
functional group 官能团 08.2980
functional material 功能材料 08.2981
functional nanostructure 功能纳米结构 08.2982
Fundamental Catalogue 基本星表 11.0093
fundamental force 基本力 02.0138
fundamental interaction 基本相互作用 09.1161
fundamental length 基本长度 09.1291
fundamental mode 基模 04.2087
fundamental physical constant 基本物理常量 01.0063
fundamental quantity 基本量 01.0068
fundamental series 基线系 04.1729
fundamental wave 基波 04.0829
Furry's theorem 法雷定理 09.1431
fuse 保险丝 03.0665，熔解 05.0399
fused silica 熔融石英 08.1193
fusibility 可熔度 05.0400
fusible alloy 易熔合金 08.1174
fusion 熔化 05.0396，聚变 09.0551
fusion energy 聚变能 09.0622
fusion-fission 熔合裂变 09.0640
fusion reaction 聚变反应 09.0553，熔合反应 09.0555
fusion reactor 聚变反应堆 09.0903
future 未来 06.0075
future pointing 指向未来 06.0118
future-pointing 指向未来 06.0118
FUV 远紫外 04.1710
fuzzy mathematics 模糊数学 01.0569

G

G 鸟嘌呤 11.0405
GaAs 砷化镓 08.1676
Gabor hologram 伽博全息图 04.1367
Gabor's method 伽博法 04.1362
gain 增益 03.0963
gain-clamping 增益钳位 04.2097
gain coefficient 增益系数 04.1995
gain efficiency 增益效率 04.2057
gain inversion 增益反转 04.2058
gain narrowing 增益［谱线］变窄 04.2059
gain profile 增益［线］轮廓 04.2101
Galactic center 银［河系中］心 11.0068
galactic latitude 银纬 11.0070
galactic longitude 银经 11.0071

Galactic plane 银道面 11.0072
Galactic pole 银极 11.0073
galactic rotation 星系自转 11.0059
Galactic rotation 银河系自转 11.0069
galaxoid 星系体 11.0058
galaxy 星系 11.0066
Galaxy 银河[系] 11.0067
Galilean invariance 伽利略不变性 02.0149
Galilean principle of relativity 伽利略相对性原理 02.0148
Galilean transformation 伽利略变换 02.0147
Galileo's telescope 伽利略望远镜 04.0641
gallium arsenide 砷化镓 08.1676
gallium phosphide 磷化镓 08.1678
galvanoluminescence 电流发光 04.1898
galvanomagnetic effect 磁场电流效应 08.1930
galvanometer 灵敏电流计，*检流计 03.0811
gamma decay γ衰变 09.0128
gamma disintegration γ蜕变 09.0132
gamma-factor γ因子 06.0188
gamma-gamma angular correlation γ-γ角关联 09.0264
gamma isomer γ同核异能素 09.0265
gamma photon γ光子 09.0124
gamma radiation γ辐射 09.0168
gamma ray γ射线 09.0115
gamma-ray burst γ射线爆 11.0160
gamma-ray pulsar γ射线脉冲星 11.0159
gamma-ray spectroscopy γ射线谱学 09.0261
gamma-ray spectrum γ射线谱 09.0121
gamma-ray spetrometer γ射线谱仪 09.0262
gamma spectrum γ谱 09.0118
gamma trasition γ跃迁 09.0263
Gamow factor 伽莫夫因子 09.0191
Gamow-Teller interaction 伽莫夫-特勒相互作用 09.0218
gang capacitor 共轴电容器 03.0156
GaP 磷化镓 08.1678
gap anisotropy 能隙各向异性 08.1339
gapless superconductivity 无能隙超导电性 08.3193
gap level 隙能级 08.1625
gap parameter 能隙参数 08.1335
gap symmetry 能隙对称性 08.1338
gap width 能隙宽度 08.1336
gas 气体 05.0040
gas breakdown 气体击穿 10.0056
gas discharge 气体放电 10.0055
[gas] dynamic laser 气动激光器 04.2201
gas dynamics 气体动力学 02.0839
gaseous state 气态 05.0044
gaser 伽马射线激射器 04.2271
gas flow 气流 02.0710
gasification 气化 05.0045
gasket 密封垫[圈] 08.3440
gas kinematics 气体运动学 02.0840
gas laser 气体激光器 04.2199
gas law 气体定律 05.0043
gas-liquid bubble chamber 气液泡室 09.0744
gas sensing device 气敏器件 08.1738
gas sensor 气敏器件 08.1738
gas thermometer 气体温度计 05.0115
gate current 门电流 03.0935
gate pulse 门[选通]脉冲 03.1057
gate voltage 门电压 03.1058
gauge boson 规范玻色子 09.0924
gauge covariance 规范协变性 09.1491
gauge field 规范场 09.1066
gauge field theory 规范场论 09.1216
gauge group 规范群 09.1495
gauge interaction 规范相互作用 09.1151
gauge invariance 规范不变性 03.0713
gauge particle 规范粒子 09.0923
gauge potential 规范势 09.1057
gauge symmetry 规范对称性 09.1497
gauge transformation 规范变换 03.0710
gaugino 规范微子 09.1019
Gauss error function 高斯误差函数 01.0247
Gauss eyepiece 高斯目镜 04.0401
Gaussian beam 高斯光束 04.2068
Gaussian curvature 高斯曲率 06.0261
Gaussian distribution 高斯分布 01.0419
Gaussian fluctuation 高斯涨落 05.0814
Gaussian focus 高斯聚焦 04.0301
Gaussian image plane 高斯像面 04.0322
Gaussian integral 高斯积分 03.0454
Gaussian map 高斯映射 11.0590
Gaussian optics 高斯光学 04.0005
Gaussian surface 高斯面 03.0455
gaussmeter 高斯计 03.0846

Gauss model 高斯模型 05.1031
Gauss's flux law 高斯通量定律 03.0456
Gauss's law 高斯定律 03.0067
Gauss's theorem 高斯定理 03.0066
Gay-Lussac's law 盖吕萨克定律 05.0070
gedanken experiment 假想实验 01.0101
Geiger-Müller counter 盖革-米勒计数器 09.0721
Geiger-Nuttall law 盖革-努塔尔定律 09.0189
gel 凝胶 08.2548
gelatin 明胶 08.2561
Gell-Mann-Nishijima relation 盖尔曼-西岛关系式 09.1475
gel phase 凝胶相 08.2621
geminate recombination 孪生复合 08.2235
gene 基因 11.0353
gene map 基因图谱 11.0355
gene mutation 基因突变 11.0354
general covariance 广义协变性 06.0314
generalization 广义化 01.0135，普遍化 01.0136
generalized Balmer formula 广义巴耳末公式 07.0022
generalized coherent state 广义相干态 06.0875
generalized coordinate 广义坐标 02.0584
generalized density of states 广义态密度 08.1343
generalized ensemble 广义系综 05.0547
generalized Fokker-Planck equation 广义福克尔-普朗克方程 05.0846
generalized force 广义力 02.0585
generalized gradient approximation 广义梯度近似 08.1319
generalized Laguerre polynomial ＊广义拉盖尔多项式 05.0752
generalized Langevin equation 广义朗之万方程 05.0844
generalized master equation 广义主方程 05.0848
generalized momentum 广义动量 02.0587
generalized Ohm's law 广义欧姆定律 10.0095
generalized oscillator strength 广义振子强度 06.0627
generalized radiance 广义辐射度 04.0678
generalized Rayleigh wave 广义瑞利波 08.2743
generalized soft mode 广义软模 05.1007
generalized susceptibility 广义响应率 05.0876
generalized velocity 广义速度 02.0586
generalized work 广义功 02.0283
general physics 普通物理[学] 01.0002
general refractive index 广义折射率 04.0087
general relativity 广义相对论 06.0203
generating-function method 生成函数法 05.0853
generation 代 09.1067
generation lifetime ［粒子］生成寿命 09.1162
generation rate 产生率 08.1597
generator 发电机 03.0864
generatrix 母点 01.0361，母面 01.0362，母线 01.0363
generic phase 类分相 05.0516
genetic code 遗传密码 11.0359
genetic engineering 基因工程 11.0357
genetic information 遗传信息 11.0360
genetic recombination 基因重组 11.0356
genetics 遗传学 11.0358
genome 基因组 11.0361，染色体组 11.0364
gentle-bump instability 缓隆不稳定性 10.0289
geodesic completeness 测地完备性 06.0282
geodesic line 测地线 06.0286
geodesics 测地线 06.0286
geodesy 大地测量学 11.0329
geodetic survey 大地测量 11.0330
geodynamics 地球动力学 11.0327
geometrical aberration 几何像差 04.0504
geometrical acoustics 几何声学 04.2610
geometrical constraint ＊几何约束 02.0576
geometric[al] cross-section 几何截面 09.0518
geometrical crystallography 几何晶体学 08.0022
geometrical disorder 几何无序 08.0650
geometrical optics 几何光学 04.0003
geometrical structure factor 几何结构因子 08.1010
geometric neighbor 几何近邻 08.0612
geometric short-range order 几何短程序 08.0669
geometrization of gravitation 引力几何化 06.0315
geometrized unit 几何化单位 06.0235
geophysics 地球物理[学] 01.0018
gerade state g 态 07.0276
germanium detector 锗探测器 09.0759
germination 聚粒化 08.0858
getter 吸气剂 08.0986
getter effect 吸气效应 08.0987
g factor g 因子 09.0030
g-factor g 因子 09.0030
GGA 广义梯度近似 08.1319

ghost image　鬼像　04.0213
ghost imaging　鬼成像　06.0916
ghost interference　鬼干涉　06.0917
ghost line　鬼线，*伪线　04.1719
ghost particle　鬼粒子　09.1163
ghost state　鬼态　09.1068
ghost surface　鬼面　04.0772
ghost transition　鬼转变　08.2668
giant galaxy　巨星系　11.0050
giant magnetoresistance　巨磁[电]阻　08.3353
giant magnetostriction　巨磁致伸缩　08.3354
giant molecular　大分子　07.0172
giant-pulse laser　巨脉冲激光器　04.2161
giant resonance　巨共振　09.0487
giant star　巨星　11.0114
Gibbs adsorption equation　吉布斯吸附方程　08.2611
Gibbs-Duhem relation　吉布斯-杜安关系　05.0308
Gibbs free energy　*吉布斯自由能　05.0299
Gibbs function　*吉布斯函数　05.0299
Gibbs paradox　吉布斯佯谬　05.0279
Gibbs phase rule　吉布斯相律　05.0321
GIM mechanism　格拉肖-伊利奥普洛斯-马亚尼机制，*GIM 机制　09.1427
Ginzburg-Landau-Abrikosov-Gor'kov　金兹堡-朗道-阿布里科索夫-高里科夫理论，*GLAG 理论　08.3123
Ginzburg-Landau coherence length　金兹堡-朗道相干长度，*GL 相干长度　08.3122
Ginzburg-Landau equation　金兹堡-朗道方程，*GL 方程　08.3120
Ginzburg-Landau parameter　金兹堡-朗道参数，*GL 参数　08.3121
Ginzburg's criterion　金兹堡判据　05.1010
GIR spectroscopy　掠入射反射光谱术　04.1840
GLAG theory　金兹堡-朗道-阿布里科索夫-高里科夫理论，*GLAG 理论　08.3123
glancing angle　掠射角　04.0122
glancing incidence　掠入射　04.0121
Glan prism　格兰棱镜　04.1150
glare effect　眩光效应　04.0603
Glashow-Iliopoulos-Maiani mechanism　格拉肖-伊利奥普洛斯-马亚尼机制，*GIM 机制　09.1427
Glashow-Weinberg-Salam model　格拉肖-温伯格-萨拉姆模型　09.1477
glass　玻璃　08.0555
glass-ceramics　玻璃陶瓷　08.0560
glass fiber　玻璃纤维　08.0559
glass phase　玻璃相　08.0556
glass semiconductor　玻璃半导体　08.1670
glass transition　玻璃化转变　08.0565
glass transition temperature　玻璃化[转变]温度　08.0567
glassy carbon　玻璃碳　08.0558
glassy metal　玻璃态金属　08.0562
glassy state　玻璃态　08.0557
GL coherence length　金兹堡-朗道相干长度，*GL 相干长度　08.3122
GL equation　金兹堡-朗道方程，*GL 方程　08.3120
glide　滑移　02.0769
glide axis　滑移轴　08.0494
glide line　滑移线　08.0495
glide plane　滑移面　08.0152
glide reflection　滑移反射　08.0153
glissile dislocation　滑移位错　08.0496
glitch　自转突变，*星震　11.0148
global bifurcation　全局分岔　11.0488
global Fock state　全[局]福克态　04.2539
global instability　整体不稳定性　10.0266
global symmetry　整体对称[性]　09.1069
globe lens　球透镜　04.0266
globular cluster　球状星团　11.0076
globule　球状体　08.2984
glow　辉光　04.1924
glow curve　辉光曲线　08.2236
glow discharge　辉光放电　10.0057
GL parameter　金兹堡-朗道参数，*GL 参数　08.3121
glueball　胶球　09.0981
gluino　胶微子　09.1022
gluon　胶子　09.0987
gluonium　胶子偶素　09.1164
GMR　巨磁[电]阻　08.3353
Golay cell　戈莱盒　04.2567
golden mean　黄金分割数　11.0527
golden rule　黄金定则　09.0214
Goldstone mode　戈德斯通模　05.1009
Goldstone particle　戈德斯通粒子　09.1041
Goldstone's theorem　戈德斯通定理　09.1250
goniometer　测角器，*测向器　04.0785
good conductor　良导体　03.0028

good quantum number 好量子数 06.0407
Gor'kov equation 戈里科夫方程 08.2314
G-parity G 宇称 09.1507
graded bandgap layer 缓变带隙层 08.1811
graded deposit 缓变沉积 08.0820
graded heterojunction 缓变异质结 08.1690
graded index fiber 坡度折射率光纤 04.1455
graded index lens 梯度折射率透镜 04.0273
graded junction 缓变结 08.1648
graded [refractive] index 坡度折射率 04.1452
gradient B drift 磁场梯度漂移 10.0082
gradient expansion 梯度展开 05.0901
gradient freeze technique 梯度炉温凝固技术 08.0797
graduation 分度 08.1103
grain boundary 晶[粒间]界 08.0040
grain boundary attack 晶界腐蚀 08.0760
grain boundary conduction 晶界传导 08.0758
grain boundary segregation 晶界偏析 08.0759
grain fragmentation 晶粒碎裂 08.0753
grain growth 晶粒生长 08.0741
grain orientation 晶粒取向 08.0744
grand canonical distribution 巨正则分布 05.0543
grand canonical ensemble 巨正则系综 05.0541
grand ensemble 巨系综 05.0542
grand free energy 巨自由能 05.0544
Grandjean-Cano wedge 格朗让-喀诺劈 08.2656
Grandjean texture 格朗让织构 08.2659
grand partition function 巨配分函数 05.0550
grand potential 巨[热力学]势 05.0300
grand unification 大统一 09.1224
grand unified theory 大统一理论 09.1225
granular film 颗粒膜 08.2987
granularity 颗粒性 08.2986
granular material 颗粒材料 08.2988
granular superconductor 颗粒超导体 08.3185
granule 颗粒 08.2985
graph 图[形] 01.0556
graphene 碳[原子]单层，*石墨烯 08.2913
graphical expansion 图解展开 05.0948
graphical method 图解法 01.0557
graphite 石墨 08.1207
graphite intercalation compound 石墨插层化合物 08.2914
graphite moderator 石墨减速剂 08.1208
graphite structure 石墨结构 08.0266
graphitization 石墨化 08.0267
graph state 图态 06.0839
graticle 分划板 04.0410
grating 光栅 04.1039
grating constant 光栅常量 04.1041
grating-like hologram 类光栅全息图 04.1385
grating-prism 棱栅 04.0184
grating satellite 光栅伴线 04.1695
grating space 栅线间距 04.1040
grating spectrograph 光栅摄谱仪 04.1664
grating spectrometer 光栅分光计 04.1659
gravitation 引力 02.0213
gravitational acceleration 重力加速度 02.0222
gravitational collapse 引力坍缩 06.0294
gravitational condensation 引力凝聚 11.0065
gravitational constant 引力常量 02.0215
gravitational deflection of light 光线的引力偏折 06.0316
gravitational drift 重力漂移 10.0084
gravitational field 引力场 02.0216
gravitational instability 重力不稳定性 10.0280
gravitational interaction 引力相互作用 09.1152
gravitational len 引力透镜 06.0292
gravitational lens effect 引力透镜效应 11.0063
gravitational mass 引力质量 02.0123
gravitational potential 引力势 06.0210
gravitational potential energy 重力势能 02.0221
gravitational radiation 引力辐射 06.0306
gravitational radius 引力半径 06.0353
gravitational redshift 引力红移 06.0290
gravitational time dilation 引力时间膨胀，*引力时间延缓 06.0293
gravitational wave 引力波 06.0305
gravitino 引力微子 09.1021
graviton 引力子 09.0989
gravitophotophoresis 重力光泳现象 04.2603
gravity 重力 02.0219
gravity field 重力场 02.0220
gravity wave 重力波 02.0223
gray body 灰体 05.0639
Gray code 格雷码 04.1530
gray group 灰[色]群 08.0183
gray tin 灰锡 08.1152

gray tin structure　灰锡结构　08.0265
grazing angle　掠射角　04.0122
grazing angular momentum　擦边角动量　09.0542
grazing collision　擦边碰撞　09.0541
grazing incidence　掠入射　04.0121
grazing incidence reflection spectroscopy　掠入射反射光谱术　04.1840
GRB　γ射线爆　11.0160
Greenberger-Horne-Zeilinger state　GHZ 态　06.0732
Green's function　格林函数　05.0928
Greenwich time　格林尼治时　01.0033
grid　栅极　03.0936
grid bias　栅偏压　03.0945
grid control　栅极控制　03.0946
grid injection　栅极注频　04.2226
grid ionization chamber　屏栅电离室　09.0741
grid leak　栅漏[电阻]　03.0270
GRIN　梯度折射率透镜　04.0273
grism　棱栅　04.0184
groove grating　槽形光栅，＊刻槽光栅　04.1053
ground　接地　03.0121
ground state　基态　06.0472
ground state energy　基态能量　06.0473
group character　群特征标　08.0175
group code　群码　04.1523
group frequency　群频率　04.0824
group index of refraction　群折射率　04.0085
group of similarity transformations　相似变换群　08.0184
group of symmetry operations　对称操作群　08.0159
group representation　群表示　08.0190
group theory　群论　08.0158
group velocity　群速[度]　04.2668
group velocity dispersion　群速度色散　04.1622
Grover's algorithm　格罗夫尔算法　06.0835
growth　生长　08.0717
growth kinetics　生长动理学　08.0728
growth model　生长模型　08.0718
growth of single crystal　单晶生长　08.0722
growth spiral　生长螺线　08.0719
Grüneisen constant　格林艾森常数　08.1461
GSRO　几何短程序　08.0669
g-state　g 态　07.0276
guanine　鸟嘌呤　11.0405
guest-host effect　宾主效应　08.2673
guide beam　导引束　04.0565
guided wave　受导波　04.2194
guided wave optics　导波光学　04.1437
guide star　导引星　11.0280
guiding center　导[向中]心　10.0076
Gunn effect　耿氏效应　08.1716
GUT　大统一理论　09.1225
gyration　回转　02.0536
gyroelectric effect　旋电效应　08.2213
gyromagnetic device　旋磁器件　08.2057
gyromagnetic effect　旋磁效应　08.2017
gyromagnetic material　旋磁材料　08.2037
gyromagnetic ratio　旋磁比　06.0493
gyroscope　陀螺仪　02.0535
gyroscope experiment　回转实验　08.3037
gyroscopic effect　回转效应　02.0537
gyrostatic crystal　旋光晶体　04.2325
gyrostatic moment　回转矩　02.0538
gyrotron　磁旋管　03.0926

H

h/2e oscillation　h/2e 振荡　08.2903
HAADF image　高角[度]环状暗场像　04.0523
Hadamard gate　阿达玛门　06.0825
hadrodynamics　强子动力学　09.1332
hadron　强子　09.0928
hadron calorimeter　强子量能器　09.1641
hadron era　强子期　09.1165
hadronic decay　强子型衰变　09.1333
hadronization　强子化　09.1683
Haidinger's brush　海丁格刷　04.0707
hair hygrometer　毛发湿度计　05.0138
hair spring　游丝　02.0622
hairspring　游丝　02.0622
half-concentric resonator　半共心[共振]腔　04.2025
half-confocal resonator　半共焦[共振]腔　04.2026
half life　半衰期　09.0135
half life period　半衰期　09.0135
half-metal　[自旋]半金属　08.1235

head-on collision 对头碰撞 02.0428
healing length 恢复长度 08.2998
heat 热 05.0001，热量 05.0002，热学 05.0003
heat barrier 热垒 10.0374
heat capacity 热容[量] 05.0105
heat conduction 热传导 05.0785
heat conductivity 导热性 05.0782
heat conductivity 热导率 05.0786
heat content 焓 05.0298
heat convection 热对流 05.0790
heat current 热流 05.0788
heat death 热寂 05.0275
heat diffusion 热扩散 05.0791
heat dissipation 热耗散 05.0792
heat efficiency 热效率 05.0265
heater 加热器 08.3377
heat exchange 热交换 08.3364
heat exchanger 热交换器 08.3365
heat flow 热流 05.0788
heat flux 热通量 05.0789
heating system 加热系统 08.3378
heat leak 漏热 08.3368
heat loss 热损失 08.3367
heat of adsorption 吸附热 08.2737
heat of condensation 凝结热 08.3369
heat of crystallization 结晶热 08.3370
heat of decomposition 分解热 08.3371
heat of desorption 脱附热 08.3372
heat of dilution 稀释热 05.0426
heat of dissociation 离解热 05.0427
heat of evaporation 蒸发热 05.0421
heat of formation 生成热 05.0430
heat of fusion 熔化热 05.0424
heat of reaction 反应热 05.0431
heat of reduction 还原热 05.0429
heat of solidification 固化热 05.0406
heat of solution 溶解热 05.0425
heat of sublimation 升华热 05.0423
heat of vaporization 汽化热 05.0422
heat pump 热泵 08.3373
heat radiation 热辐射 05.0641
heat reservoir 热库 05.0242
heat-resistant alloy 耐热合金 08.1178
heat shield 热屏 08.3374
heat sink 热汇 08.3411
heat source 热源 05.0241
heat switch 热开关 08.3366
heat transfer 传热 05.0781
heat transport 热输运 05.0783
heat treatment 热处理 08.3375
heavily damped wave 高阻尼波 10.0230
heavily doped crystal 高掺杂晶体 08.0978
heavy electron ＊重电子 09.0929
heavy fermion 重费米子 08.3429
heavy fermion superconductor 重费米子超导体 08.3181
heavy [fission] fragment 重[裂变]碎片 09.0655
heavy flavor physics 重味物理[学] 09.0907
heavy hole 重空穴 08.1797
heavy hydrogen ＊重氢 09.0171
heavy ion 重离子 09.1070
heavy-ion accelerator 重离子加速器 09.0876
heavy-ion collision 重离子碰撞 09.0417
heavy-ion radioactivity 重离子放射性 09.0195
heavy-ion reaction 重离子反应 09.0416
heavy isotope 重同位素 09.0056
heavy lepton 重轻子 09.0943
heavy meson 重介子 09.1183
heavy metal 重金属 08.1225
heavy nuclear fission 重核裂变 09.0635
heavy nucleus 重核 09.0424
heavy photon 重光子 09.0990
heavy quark 重夸克 09.0998
heavy wall 重壁 09.1597
heavy water 重水 09.0611
hedgehog defect 猬缺陷 08.3073
HEED 高能电子衍射 08.1085
Heisenberg Hamiltonian 海森伯哈密顿量 08.1389
Heisenberg model of magnetism 海森伯磁模型 08.1873
Heisenberg operators 海森伯算符 06.0597
Heisenberg picture 海森伯绘景 06.0438
Heisenberg representation 海森伯表象 06.0439
[Heisenberg] uncertainty principle [海森伯]不确定性原理，＊[海森伯]测不准原理，＊不确定原理 06.0447
Heitler-London theory 海特勒-伦敦理论 09.1571
Helfrich deformation 黑尔弗里希形变 08.2667
Helfrich force 黑尔弗里希力 08.2677

Helfrich's permeation model 黑尔弗里希渗透模型 08.2692
Helfrich spontaneous curvature model 黑尔弗里希自发曲率模型 08.2678
helical instability 螺旋不稳定性 10.0276
helical motion 螺旋运动 02.0093
helical spin order 螺旋自旋有序 08.2110
helical structure 螺旋状结构 08.2580
helical texture 螺旋状织构 08.2658
helicity 螺旋度 09.1458, 螺旋性 09.1459
helicoid 螺旋面 09.1184
helicon 螺旋波等离体元 05.0729, 螺旋振子 05.0730
helicon wave 螺旋波 10.0210
helimagnetism 螺[旋]磁性 08.1927
heliocentric parallax 日心视差 11.0180
heliocentric system 日心[宇宙]体系 11.0181
helioseismology 日震学 11.0186
heliosphere 日球层 11.0187
heliostat 定日镜 04.0773
helium-3 A phase 氦3 A相 08.3062
helium-3 B phase 氦3 B相 08.3063
helium leak detector 氦检漏仪 08.3442
helium liquefier 氦液化器 08.3386
helium refrigerator 氦致冷机 08.3385
helix-coil transition 螺旋-线团转变 08.2433
Hellmann-Feynman theorem 赫尔曼-费恩曼定理 08.1323
Helmholtz coils 亥姆霍兹线圈 03.0430
Helmholtz free energy 亥姆霍兹自由能 05.0296
Helmholtz-Lagrange theorem 亥姆霍兹-拉格朗日定理 04.0354
Helmholtz's equation 亥姆霍兹方程 03.0670
Helmholtz's reciprocity theorem 亥姆霍兹互易性定理 04.1302
hemicolloid 半胶体 08.2496
hemiconcentric resonator 半共心[共振]腔 04.2025
hemiconfocal resonator 半共焦[共振]腔 04.2026
hemihedrism 半对称性 08.0341
hemispherical analyzer 半球分析器 08.2814
hemispherical resonator 半球面[共振]腔 04.2022
hemoglobin 血红蛋白 11.0423
HEMT 高电子迁移率晶体管 08.1727
hendecagon 十一边形 08.0307
hendecahedron 十一面体 08.0308
Hénon attractor 埃农吸引子 11.0601
Hénon map 埃农映射 11.0600
^{3}He-poor phase 稀相 08.3396
heptagon 七边形 08.0299
heptahedron 七面体 08.0300
heralded photon 标示光子 06.0728
^{3}He-rich phase 浓相 08.3397
Hermite-Gauss beam 厄米-高斯光束 04.2090
Hermite-Gauss mode 厄米-高斯模 04.2089
Hermite polynomial 厄米多项式 06.0559
Hermitian matrix 厄米矩阵 06.0561
Hermitian operator 厄米算符 06.0589
Hermitian transformation 厄米变换 06.0560
hermiticity 厄米性 06.0558
herpolhode 空间瞬心迹 02.0503
Herschel's condition 赫歇尔条件 04.0510
Hertzian oscillator 赫兹振子 03.0725
Hertz resonator 赫兹共振器 03.1018
heterocharge 异极电荷 08.2178
heterochromatic light 杂色光 04.0854
heteroclinic orbit 异宿轨道 11.0479
heteroclinic point 异宿点 11.0477
heterodesmic structure [晶体]杂键结构 08.0342
heterodisperse 非均匀分散 08.2520
heterodyne detection 外差检测 03.1012
heterodyne hologram 外差全息图 04.1405
heteroepitaxy 异质外延 08.1685
heterogeneity 非均匀性 08.2521
heterogeneous light 杂色光 04.0854
heterojunction 异质结 08.1687
heterojunction field-effect transistor 异质结场效应晶体管 08.1724
heterojunction laser 异质结激光器 04.2233
heterolaser 异质结激光器 04.2233
heteromorphism 复形性 08.2527
heteropolymer 杂聚物 08.2444
heterostructure 异质结结构 08.1694
heterotic superstring theory 杂化超弦理论 09.1429
heterovalent semiconductor 异价半导体 08.1781
Heusler alloy 霍伊斯勒合金 08.1908
hexagon 六边形 08.0294
hexagonal close-packed structure 六角密[堆]积结构 08.0245

hexagonal crystal system 六角晶系 08.0203
hexagonal lattice 六角格[子] 08.0225
hexagon pattern 六角[形]图样 11.0695
hexahedral apparatus 六面体装置 08.3579
hexahedron 六面体 08.0295
hexakisoctahedron 六八面体 08.0298
hexatetrahedron 六四面体 08.0297
HFET 异质结场效应晶体管 08.1724
hidden charm meson 隐粲介子 09.0934
hidden symmetry 隐对称[性] 09.1335
hidden variable 隐变量 09.1336
hierarchy problem 级列问题 09.1337
Higgs boson 希格斯玻色子 09.1042
Higgs field 希格斯场 09.1245
Higgs mechanism 希格斯机理 09.1246
Higgs model 希格斯模型 09.1247
Higgs particle 希格斯粒子 09.1043
Higgs sector 希格斯区 09.1248
high-angle annular dark-field image 高角[度]环状暗场像 04.0523
high-aperture lens 大孔径透镜 04.0274
high-beta torus 高压比环, *高 β 环 10.0412
high-contrast film 高反差[胶]片 04.0796
high-current beam 强流束 09.1660
high-density percolation 高密度逾渗 11.0674
high-dimensional crystallography 高维晶体学 08.1050
high-electron-mobility transistor 高电子迁移率晶体管 08.1727
high-energy astrophysics 高能天体物理[学] 09.0909
high energy electron diffraction 高能电子衍射 08.1085
high energy neutrino 高能中微子 09.1185
high-energy nuclear physics 高能核物理[学] 09.0003
high-energy nuclear reaction 高能核反应 09.0411
high energy particle 高能粒子 09.1186
high energy physics 高能物理[学] 09.0906
higher dimension 高量纲 09.1604
higher-order mode 高阶模 04.2088
higher-order phase transition *高级相变 05.0343
highest occupied molecular orbit 最高占据分子轨道 07.0257
high-field domain 强场畴 08.1899
high frequency 高频 04.2689
high-frequency discharge 高频放电 10.0061
high-frequency heating 高频加热 10.0447
high-frequency induction stove 高频感应炉 08.0843
high-frequency plugging 高频堵漏 10.0373
high hybrid frequency 高混杂频率 10.0219
high hybrid wave 高混杂波 10.0216
high-loss resonator 高耗[共振]腔 04.2031
high-melting metal 高熔点金属 08.1177
high mobility 2DEG 高迁移率二维电子气 08.2883
high-mode 高约束模式, *H 模 10.0423
high-order dispersion 高阶色散 04.1631
high-order harmonic generation 高阶谐波产生 04.2395
high order Laue zone 高阶劳厄带 08.1022
high order Laue zone line 高阶劳厄[带]线 08.1023
high-order relaxation 高阶弛豫 08.2247
high order relaxation 高阶弛豫 08.2247
high-order residual aberration 高阶残余像差 04.0497
high pass filter 高通滤波器 03.0955
high-pass filter 高通滤波器 03.0955
high-permeability material 高磁导率材料 08.2035
high polymer 高聚物 08.2437
high-power laser 高功率激光器 04.2200
high pressure 高压 08.3559
high-pressure cloud chamber 高压云室 09.1661
high pressure equation of state 高压物态方程 08.3597
high pressure physics 高压物理[学] 08.0008
high pressure technique 高压技术 08.3560
high purity 高纯度 08.0847
high-reflecting coating 高反射膜 04.0940
high-resistivity alloy 高电阻率合金 08.1179
high-resolution spectroscopy 高分辨光谱学 04.1857
high-speed camera 高速照相机, *高速摄影机 04.0435
high-spin state 高自旋态 09.0389
high Tc superconductor 高 Tc 超导体 08.3171
high temperature creep 高温蠕变 08.0837
high-temperature plasma 高温等离[子]体 10.0009
high temperature reservoir 高温热库 05.0243
high temperature superconductor 高温超导体 08.3170
high vacuum 高真空 01.0127
high vacuum insulation 高真空隔热 08.3418
high-vacuum pump 高真空泵 05.0147
high voltage electron microscopy 高压电子显微术 03.0425
Hilbert space 希尔伯特空间 06.0569
Hilbert-Schmidt operator 希尔伯特–施密特算符 06.

0570
hindrance factor 阻碍因子 09.0192
histogram 直方图 01.0496
histone 组蛋白 11.0428
HKS theorem 霍恩伯格-科恩-沈[吕九]定理，*HKS 定理 08.1312
H-mode 高约束模式，*H模 10.0423
HNC equation 超网链方程 05.0699
Hohenberg-Kohn energy functional 霍恩伯格-科恩能量泛函 08.1313
Hohenberg-Kohn-Sham theorem 霍恩伯格-科恩-沈[吕九]定理，*HKS 定理 08.1312
hole 空穴 08.1795
hole burning [effect] 烧孔[效应] 04.2119
hole conductivity 空穴电导率 08.1485
hole-electron recombination 空穴-电子复合 08.1529
hole pocket 空穴袋 08.1370
hole state 空穴态 09.0354
hole-type high temperature superconductor 空穴型高温超导体 08.3173
holey fiber 多孔光纤 04.1465
hollow-cathode lamp 空心阴极灯 04.1646
hollow core optical fiber 空心光纤 04.1466
hollow discharge 空心放电 10.0062
holofilm 全息胶片 04.1430
hologram 全息图 04.1342
holograph 全息照相 04.1341
holographic deconvolution 全息解卷积 04.1350
holographic filter 全息滤波器 04.1420
holographic grating 全息光栅 04.1421
holographic image 全息像 04.1364
holographic interferometry 全息干涉测量术 04.1424
holographic lens 全息透镜 04.1422
holographic mask *全息掩模 04.1420
holographic memory 全息存储 04.1427
holographic microscopy 全息显微术 04.1419
holographic nondestructive testing 全息无损检验 04.1426
holographic optics 全息光学 04.1423
holographic representation 全息描述，*全息再现 04.1429
holographic storage 全息存储 04.1427
holography 全息术 04.1340
holography principle 全息原理 09.1606
holohedral symmetry 全面体对称 08.0171
holohedrism 全[面体]对称性 08.0170
hololens 全息透镜 04.1422
holon 空穴子 08.1528
holonomic constraint 完整约束 02.0576
holonomic system 完整系 02.0579
holophote 全聚反光装置 04.0774
holosymmetry 全面体对称 08.0171
homeotropic alignment 垂直[基片]排列 08.2684
HOMO 最高占据分子轨道 07.0257
homocentric beam 同心光束 04.0563
homocharge 同极电荷 08.2177
homoclinic orbit 同宿轨道 11.0478
homoclinic point 同宿点 11.0476
homodyne 零[差]拍 03.1010
homodyne detection 零拍探测 03.1011
homoepitaxy 同质外延 08.1684
homogeneity 均匀性 08.0029
homogeneity of spacetime 时空均匀性 06.0115
homogeneous broadening 均匀[谱线]增宽 04.1812
homogeneous equation 齐次方程[式] 01.0374
homogeneous instability 均匀不稳定性 08.2700
homogeneous light 均匀光 04.0855
homogeneous polarization 均匀极化 03.0208
homogeneous wave 均匀波 04.0836
homojunction 同质结 08.1686
homojunction laser 同质结激光器 04.2232
homologous deformation 同系形变 02.0617
homologous pair 同系对 04.1770
homologous ray 同系光线 04.0571
homomorphism 同形性，*异质同晶[现象] 08.0746
homonuclear molecule 同核分子 07.0178
homopolar crystal 同极[键]晶体 08.0747
homopolymer 均聚合物 08.2443
homopolymerization 均聚反应 08.2451
homotopy 同族素 08.0793
honeycomb photonic crystal 蜂窝型光子晶体 08.3616
Hooke's law 胡克定律 02.0210
Hopf bifurcation 霍普夫分岔 11.0486
hopping conductance 跳跃电导 08.2398
hopping energy 跳跃能 08.2395
hopping probability 跳跃概率 08.2396
hopping transport 跳跃输运 08.2397
horizon 视界 04.0470

hypercharge　超荷　09.1147
hyperchromatic lens　多色差透镜　04.0529
hyperchromic effect　增色效应　04.0714
hypercolor　超色　09.1148
hypercritical state　超临界态　05.0363
hyperelasticity　超弹性　08.3447
hyperentanglement　超纠缠　06.0731
hyperfine field　超精细场　08.2018
hyperfine interaction　超精细相互作用　09.0268
hyperfine splitting　超精细分裂　09.0267
hyperfine structure　超精细结构　07.0068
hypergeometric-Gaussian mode　超几何-高斯模　04.2093
hypernetted chain equation　超网链方程　05.0699
hyperon　超子　09.0974
hyperopia　远视　04.0386
hyperpolarizability　超极化率　04.2335
hyper-Raman scattering　超拉曼散射　04.2439
hyper-Rayleigh scattering　超瑞利散射　04.2440
hyperscaling law　强标度律　05.1092
hypersonic aerodynamics　特超声空气动力学　04.2770
hypersonic sound　特超声　04.2769
hyperspherical coordinate　超球坐标　01.0348
hyperstereoscopic image　超体视像　04.0217
hypersurface　超曲面　06.0081
hypoelasticity　低弹性　08.2320
hypoeutectic structure　亚共晶结构　08.0352
hypostereoscopic image　亚体视像　04.0218
hypothesis　假说　01.0149
hysteresis　滞后[效应]　11.0543
hysteresis loop　滞后回线　11.0544
hysteresis loop　磁滞回线　03.0484

I

IBA　离子束分析　09.0807
IBFM　[相]互作用玻色子费米子模型　09.0316
IBM　[相]互作用玻色子模型　09.0315
IBS　离子背散射谱学　09.0814
IC　集成电路　08.1744
ice condition　*冰条件　05.1063
ice crystal　冰晶[体]　05.1064
ice entropy　冰熵　05.1061
iceland spar　冰洲石　08.0353
ice model　冰模型　05.1036
ice point　冰点　05.0030
ice rules　冰定则　05.1063
ice-type model　冰式模型　05.1037
ICF　惯性[约束]聚变　10.0350
icosagon　二十边形　08.0312
icosahedral group　二十面体群　08.0167
icosahedron　二十面体　08.0313
icositetrahedron　二十四面体　08.0314
ideal black body　理想黑体　05.0638
ideal clock　理想钟　06.0045
ideal constraint　理想约束　02.0578
ideal crystal　理想晶体　08.0102
ideal fluid　理想流体　02.0693
ideal gas　理想气体　05.0058
ideal gas law　理想气体定律　05.0059
ideal gas [temperature] scale　理想气体温标　05.0024
ideal glass　理想玻璃　08.0564
ideal glass transition　理想玻璃化转变　08.0566
ideal heat engine　理想热机　05.0259
identical particle　全同粒子　06.0674
identification　识别　01.0129
identity operation　恒等操作　08.0155
idiochromatism　本质色性　04.2576
idler current　无功电流　03.0646
idler wave　闲[散]波　10.0324
IETS　非弹性电子隧穿谱学　08.3276
IGFET　绝缘栅场效[应]管　08.1725
ignition　点火　10.0355
ignition condition　点火条件　10.0356
ignition energy　点火能　03.1153
ignition point　燃点　05.0419
ignition temperature　点火温度　10.0357
ignorable coordinate　可遗坐标　02.0598
illegal code　禁码　04.1524
illuminance　[光]照度　04.0593
illuminant　施照体　04.0595
illuminated body　受照体　04.0596
illumination　照明　04.0665
illuminator　照明器　04.0597
image　像　04.0194

image angle　像角　04.0324
image charge　镜像电荷　03.0018
image coding　图像编码，＊特征编码　04.1517
image construction　像构[作图]法　04.0381
image distance　像距　04.0316
image field　像场　04.0522
image force　镜像力　03.0171
image formation　成像　04.0198
image height　像高　04.0318
image plane　像平面　04.0320
image plane holography　像面全息术　04.1410
image point　像点　04.0195
imagery　成像　04.0198
image space　像[方]空间　04.0327
image-space focus　像方焦点　04.0330
image surface　像面　04.0321
imaginary time Green's function　＊虚时格林函数　05.0932
imaging　成像　04.0198
imaging spectrograph　成像摄谱仪　04.0192
imitation　模仿　01.0114
immersion medium　浸没介质　04.0119
immersion objective　浸没物镜　04.0577
immobile hole　束缚空穴　08.1798
impact broadening　碰撞[谱线]增宽　07.0123
impact ionization　碰撞电离　03.0344
impact parameter　＊碰撞参量　02.0422
impact stress　冲击应力　02.0434
impedance　阻抗　03.0620
impedance coupling　阻抗耦合　03.0625
impedance matching　阻抗匹配　03.0631
impedance spectroscopy　阻抗谱术　03.0624
imperfect cloning　非理想克隆　11.0366
imperfect earth　不良接地　03.0664
imperfect elastic collision　非完全弹性碰撞　02.0468
imperfect gas　非理想气体　05.0060
impingement angle　碰撞角　02.0432
implantation　植入　08.0975
implosion　爆聚　10.0428，爆缩　11.0032
implosion heating　爆聚加热　10.0446
improper ferroelectrics　非本征铁电体　08.2153
improper rotation　非正常转动　08.0134
improper symmetry operation　非正常对称操作　08.0135
impulse　冲击　02.0262，冲量　02.0263
impulse approximation　冲激近似　07.0248
impulse coding　脉冲编码　04.1520
impulse current　脉冲电流　03.1045
impulse generator　脉冲发生器　03.1041
impulse noise　脉冲噪声　05.0837
impulse of compression　压缩冲量　02.0471
impulse of restitution　恢复冲量　02.0483
impulse response　脉冲响应　04.1232
impulsive force　冲力　02.0433
impulsive stimulated scattering　冲激散射　02.0436
impuriton　杂质子　08.1515
impurity　杂质　08.1606
impurity atom　杂质原子　08.1514
impurity average　杂质平均　08.1520
impurity band　杂质[能]带　08.1521
impurity band conduction　杂质带电导　08.1522
impurity ensemble　杂质系综　08.1519
impurity level　杂质能级　08.1607
impurity scattering　杂质散射　08.1517
impurity segregation　杂质偏析　08.1518
impurity state　杂质态　08.1516
in-beam γ-spectroscopy　在束 γ 谱学　09.0388
incandescent lamp　白炽灯　04.1644
Ince-Gaussian mode　因斯-高斯模　04.2092
incident angle　入射角　04.0102
incident particle　入射粒子　09.0434
incident ray　入射线　04.0097
incident wave　入射波　04.0839
incipient ferromagnetism　初铁磁性　08.1879
incipient melting　初熔　05.0401
inclination factor　倾斜因子　04.0971
inclined plane　斜面　02.0667
inclinometer　磁倾计　03.0848
included angle　夹角　04.0101
inclusion　包裹体　08.0509
inclusive cross-section　单举[反应]截面　09.1432
inclusive process　单举过程　09.1276
incoherence　非相干性　04.1284
incoherent emission　非相干发射　04.1281
incoherent illumination　非相干照明　04.1283
incoherent imaging　非相干成像　04.1245
incoherent interface　非共格界面　08.0919
incoherent light　非相干光　04.1279
incoherent production　非相干产生　09.1071

international practical temperaturescale 国际实用温标 05.0021
international temperature scale 国际温标 05.0020
interpenetration twin 互穿孪晶 08.0770
interplanar spacing [晶]面间距 08.0345
interplanetary dust 行星际尘埃 11.0206
interplanetary matter 行星际物质 11.0207
interpolation 内插 01.0195
interpolymer 互聚物 08.2445
interpolymerization 共聚[化] 08.2449
intersecting storage ring 交叉存储环 09.1646
interstellar cloud 星际云 11.0175
interstellar dust 星际尘埃 11.0176
interstellar extinction 星际消光 11.0177
interstellar matter 星际物质 11.0178
interstellar space 星际空间 11.0174
interstice 间隙 08.0380
interstitial 填隙子 08.0461
interstitial alloy 填隙式合金 08.1204
interstitial atom 填隙原子 08.0463
interstitial defect 填隙式缺陷 08.0464
interstitial diffusion 填隙式扩散 08.0467
interstitial position 填隙位置 08.0462
interstitial site 填隙位置 08.0462
interstitial solid solution 填隙式固溶体 08.0468
intersymbol interference 码间干扰 04.1333
intervalley scattering 谷间散射 08.1615
interval of events [事件]间隔 06.0024
intimate valence alternation pair 紧密变价对 08.0662
intonation 声调，*音调 04.2811
intraband transition 带内跃迁 08.1386
intracavity 内[共振]腔 04.2017
intracavity modulation 腔内调制 04.2213
intracavity scanning 腔内扫描 04.2170
intrachannel interaction 通道内[相]互作用 07.0240
intranuclear force 核内力 09.0087
intravalley scattering 谷内散射 08.1616
intrinsic absorption 内禀吸收 04.1833
intrinsic angular momentum 内禀角动量 06.0661
intrinsic carrier 内禀载流子 08.1574
intrinsic carrier density 内禀载流子浓度 08.1598
intrinsic curvature 内[禀]曲率 06.0265
intrinsic decay 内禀衰减 09.1600
intrinsic degree of freedom 内禀自由度 09.1076
intrinsic electric quadrupole moment 内禀电四极矩 09.0385
intrinsic equation 内禀方程 02.0082
intrinsic geometry 内禀几何 06.0240
intrinsic linewidth 本征线宽 04.1808
intrinsic magnetic moment 内禀磁矩 09.0386
intrinsic magnetization 内禀磁化强度 08.1893
intrinsic parity 内禀宇称 09.0240
intrinsic property 内禀属性 09.1599
intrinsic semiconductor 本征半导体 08.1558
intrinsic stochasticity 内禀随机性 11.0564
intrinsic symmetry 内禀对称性 09.1598
invader 侵入物 11.0722
Invar 因瓦 08.1182
Invar effect 因瓦效应 08.1183
invariance 不变性 01.0075
invariant 不变量 01.0076
invariant amplitude 不变振幅 09.1077
invariant imbedding method 不变嵌入法 07.0241
invariant mass 不变质量 09.1078
invasion percolation 入侵逾渗 11.0675
inverse AC Josephson effect 逆交流约瑟夫森效应 08.3291
inverse bremsstrahlung 轫致辐射逆过程 10.0180
inverse Compton effect 逆康普顿效应 04.1961
inverse Compton scattering 逆康普顿散射 04.1962
inverse magneto-optic effect 逆磁光效应 04.2362
inverse matrix 逆矩阵 01.0436
inverse operation 逆操作 08.0157
inverse operator 逆算符 06.0548
inverse period-doubling bifurcation 倒倍周期分岔 11.0483
inverse photoelectric spectroscopy 逆光电效应能谱学 08.2821
inverse photoemission spectroscopy 逆光电子发射谱学 08.2300
inverse problem 逆问题 01.0306
inverse Raman effect 逆拉曼效应 04.2346
inverse scattering method 逆散射法 11.0745
inverse segregation 逆偏析 08.0936
inverse square law 平方反比律 01.0424
inverse Stark effect 逆斯塔克效应 04.2347
inverse synchrotron absorption 同步吸收逆过程 10.0185

inverse temperature　温度倒数　05.0552
inverse Zeeman effect　逆塞曼效应　04.1774
inversion　反演　08.0136
inversion diad　二重反演轴　08.0141
inversion hexad　六重反演轴　08.0148
inversion layer　反型层　08.1660，逆温层　08.1661
inversion monad　单反演轴　08.0139
inversion symmetry　反演对称性　08.0138
inversion temperature　反转温度　05.0036
inversion tetrad　四重反演轴　08.0146
inversion triad　三重反演轴　08.0144
inversion twin　反演孪晶　08.0354
inversion wall　反转壁　08.2666
inverted cycle　逆循环　05.0252
inverted image　倒像　04.0224
inverted Lamb dip　倒兰姆凹陷　04.2121
inverted multiplet　倒多重线　07.0085
inverted population　反转[粒子数]布居　04.1992
inverter　反相器，*逆变器　03.1107
inverting prism　倒像棱镜　04.0170
inviscid flow　无黏性流　02.0746
invisible light　不可见光　04.0038
in vivo imaging　体内成像　11.0441
Ioffe bar　约费棒　10.0377
Ioffe-Regel criterion　约飞-雷格尔判据　08.2405
Ioffe trap　约费阱　10.0378
ion　离子　03.0335
ion-acoustic instability　离子-声不稳定性　10.0281
ion acoustic wave　离子声波　10.0196
ion back-scattering spectroscopy　离子背散射谱学　09.0814
ion beam　离子束　03.0341
ion-beam analysis　离子束分析　09.0807
ion beam etching　离子束刻蚀　08.0959
ion-beam mixing　离子束混合　09.0820
ion beam sputtering　离子束溅射　08.0852
ion bombardment　离子轰击　08.0853
ion core　离子实　03.0336
ion-cyclotron resonance　离子回旋共振　10.0136
ion cyclotron wave　离子回旋波　10.0207
ion exchange adsorption　离子交换吸附　08.2735
ion exchange resin　离子交换树脂　08.3656
ion gun　离子枪　08.0854
ionic bond　离子键　08.0423
ionic conductivity　离子电导率　08.0431
ionic conductor　离子导[电]体　08.0429
ionic crystal　离子晶体　08.0421
ionic device　离子器件　08.0434
ionic mobility　离子迁移率　08.0430
ionic radius　离子半径　08.0422
ion implantation　离子注入　08.0976
ion irradiation　离子辐照　08.0855
ionization　电离　03.0343
ionization by collision　碰撞电离　03.0344
ionization chamber　电离室　09.0739
ionization current　电离电流　09.0738
ionization edge　电离边　07.0113
ionization energy　电离能　07.0034
ionization equilibrium　电离平衡　07.0114
ionization potential　电离势　07.0115
ionization spectroscopy　电离谱学　08.2834
ionization threshold　电离阈值　07.0116
ionization [vacuum] gauge　电离真空计　05.0142
ionizing radiation　电离辐射　07.0117
ion microprobe　离子微探针　08.2840
ion migration　离子迁徙　08.0856
ion neutralization spectroscopy　离子中和谱学　08 2841
ionoluminescence　电离发光　07.0118
ionopause　电离层顶　10.0464
ionophore　离子载体　11.0376
ion optics　离子光学　03.0346
ionosphere　电离层　10.0463
ionospheric disturbance　电离层扰动　10.0465
ion plating　离子敷镀　08.0857
ion pump　离子泵　08.3417
ion scattering spectroscopy　离子散射谱学　08.2842
ion-selective field-effect transistor　离子选控场效应[晶体]管　08.1726
ion sound speed　离子声速　10.0197
ion source　离子源　03.0337
ion trap　离子阱　06.0797
ion-wave instability　离子波不稳定性　10.0282
IPS　逆光电效应能谱学　08.2821
IPTS　国际实用温标　05.0021
IQHE　整数量子霍尔效应　03.0402
IRAS　红外反射吸收谱学　04.1875
iris　可变光阑　04.0467
ironbased superconductor　铁基超导体　08.3177

iron core coil 铁芯线圈 03.0529
iron loss 铁损 08.1992
iron-pnictide superconductor 铁基超导体 08.3177
irradiance 辐照度 04.0586
irradiation 辐照 09.0292
irradiation damage 辐照损伤 09.0293
irradiation effect 辐照效应 08.2376
irrational rotation number 无理转数 11.0519
irrational spin 无理数自旋 08.2925
irreducible cluster integral 不可约集团积分 05.0676
irreducible graph 不可约图 05.0700
irreducible representation 不可约表示 06.0666
irreducible tensor operator 不可约张量算符 06.0667
irreducible zone 不可约区 08.1356
irregular close packing 不规则密堆积 08.0674
irrelevant parameter 无关参量 05.1047
irreversibility 不可逆性 05.0203
irreversible cycle 不可逆循环 05.0207
irreversible process 不可逆过程 05.0204
irreversible thermodynamics 不可逆[过程]热力学 05.0206
irrotational field 无旋场 03.0568
irrotational flow model 无旋流模型 09.0314
isenthalpic process 等焓过程 05.0235
isentropic compression 等熵压缩 08.3590
isentropic process 等熵过程 05.0236
Ising-Bloch transition 伊辛-布洛赫转变 08.0691
Ising model 伊辛模型 05.1027
island of isomerism 同核异能素岛 09.0248
island of stability 稳定岛 09.0060
island of superheavy element 超重元素岛 09.0061
isobar 等压线 05.0218, 同量异位素 09.0016
isobaric analog state 同位旋相似态 09.0099
isobaric process 等压过程 05.0217
isobaric spin 同位旋 09.0096
isochore 等容线, ＊等体积线 05.0215
isochoric pressure coefficient 等容压强系数, ＊等体积压强系数 05.0216
isochoric process 等容过程, ＊等体积过程 05.0214
isochromate 等色线 04.1315
isochromatic line 等色线 04.1315
isochronism 等时性 02.0312
isochronous cyclotron 等时性回旋加速器 09.0864
isochronous pendulum 等时摆 02.0311
isocline 等[磁]倾线 03.0469
isoelectronic impurity 等电子杂质 08.2409
isoelectronic sequence 等电子序列 07.0260
isoenergetic surface 等能[量]面 08.1347
isogyre 同消色线 04.1316
isolated conductor 孤立导体 03.0030
isolated process 孤立过程 05.0247
isolated singularity 孤立奇点 11.0467
isolated system 孤立系 02.0306
isolator 隔离器 03.1111
isomer 同核异能素 09.0018
isomer 同分异构体 09.0019
isomeric level 同核异能能级 09.0246
isomerism 异构性 08.2979
isomer shift 同核异能移位 08.2019
isomer state 同核异能态 09.0245
isometry 等度规 06.0285
isomorphism 同[晶]形性 08.0762
isomorphous replacement 同晶型置换法 08.1038
isophote 等强度线 04.1309
isoplanatic condition 等晕条件 04.0669
isoplanatic region 等晕区 04.0670
isoscalar 同位旋标量 09.0100
isoscalar resonance 同位旋标量共振 09.0101
isospin 同位旋 09.0096
isospin analog state 同位旋相似态 09.0099
isospin multiplet 同位旋多重态 09.0098
isospin space 同位旋空间 09.0097
isotacticity 全同[立构]规整度 08.2487
isotherm[al] 等温线 05.0211
isothermal compliance 等温顺度 05.0212
isothermal compressibility 等温压缩率 05.0213
isothermal-isobaric ensemble 等温等压系综 05.0546
isothermal phase transition 等温相变 05.0334
isothermal process 等温过程 05.0210
isotone 同中子[异位]素 09.0017
isotope 同位素 09.0015
isotope dilution 同位素稀释 09.0794
isotope effect 同位素效应 08.3102
isotope enrichment 同位素富集 09.0793
isotope labeling 同位素标记 09.0795
isotope separation 同位素分离 09.0796
isotope separator 同位素分离器 09.0797
isotope shift 同位素移位 07.0101

isotopic abundance 同位素丰度 09.0791
isotopic analog state 同位旋相似态 09.0099
isotopic spin 同位旋 09.0096
isotopic tracer 同位素示踪剂 09.0799
isotron 同位素分析器 09.0798
isotropic medium 各向同性介质 08.1950
isotropic plasma 各向同性等离[子]体 10.0021
isotropic scattering 各向同性散射 02.0415
isotropic universe 各向同性宇宙 11.0024
isotropy 各向同性 01.0163
isovalent heterojunction 同价异质结 08.1693
isovector 同位旋矢量 09.0102
isovector resonance 同位旋矢量共振 09.0103
ISR 交叉存储环 09.1646
ISS 离子散射谱学 08.2842
iteration 迭代 01.0528
iterative method 迭代法 01.0529
itinerant electron 巡游电子 08.1850
itinerant electron magnetism 巡游电子磁性 08.1851
itinerant exchange 巡游交换 08.1890
ITS 国际温标 05.0020
IVAP 紧密变价对 08.0662
I-V characteristic curve 电流-电压特性曲线，* I-V 特性曲线 08.1763
IXS 非弹性 X 射线谱学 08.1051

J

J/psi family J/ψ 家族 09.1187
J/psi particle J/ψ 粒子 09.0979
Jahn-Teller effect 扬-特勒效应 08.2165
Jahn-Teller polaron 扬-特勒极化子 08.2410
Jaynes-Cummings model J-C 模型 06.0793
Jeans instability 金斯不稳定性 11.0081
jellium model 凝胶模型 05.0738
jet electrification 喷注起电 03.1162
jet model 喷注模型 09.1342
jet quenching 喷注淬火 08.0983
jet shower 喷注簇射 09.1343
JFET 结型场效应晶体管 08.1722
jj coupling jj 耦合 07.0105
JJ-coupling 标量耦合 08.2106
JOFET 约瑟夫森场效应管 08.3330
jogs in dislocation 位错割阶 08.0485
Johnson-Nyquist noise * 约翰孙-尼奎斯特噪声 05.0827
joint density of states 联合态密度 08.1341
Jolly spring balance 约利弹簧秤 02.0894
Jones matrix 琼斯矩阵 04.1167
Jones zone 琼斯区 08.1289
Josephson A/D converter 约瑟夫森 A/D 转换器 08.3329
Josephson coupling energy 约瑟夫森耦合能 08.3292
Josephson critical current 约瑟夫森临界电流 08.3293
Josephson device 约瑟夫森器件 08.3319
Josephson effect 约瑟夫森效应 08.3282
Josephson field effect transistor 约瑟夫森场效应管 08.3330
Josephson frequency 约瑟夫森频率 08.3296
Josephson logic gate 约瑟夫森逻辑门 08.3327
Josephson memory cell 约瑟夫森记忆单元 08.3328
Josephson penetration depth 约瑟夫森穿透深度 08.3295
Josephson radiation 约瑟夫森辐射 08.3299
Josephson tunneling current 约瑟夫森隧穿电流 08.3294
Josephson [tunnel] junction 约瑟夫森[隧道]结 08.3304
Josephson voltage standard 约瑟夫森电压基准 08.3320
Josephson vortex 约瑟夫森涡旋 08.3300
Joule heat 焦耳热 03.0291
Joule heating 焦耳加热 10.0434
Joule's experiment 焦耳实验 05.0240
Joule's law 焦耳定律 05.0071
Joule-Thomson coefficient 焦耳-汤姆孙系数 05.0160
Joule-Thomson effect 焦耳-汤姆孙效应 05.0159
Julia set 茹利亚集[合] 11.0652
jump 突跳 11.0540
jump frequency 突跳频率 11.0541
jumping ring experiment 浮环实验 03.0513
junction 结 08.1641
junction capacitance 结电容 08.1697
junction field-effect transistor 结型场效应晶体管 08.1722

junction laser　结型激光器　04.2231
junction resistance　结电阻　08.1698
Jupiter　木星　11.0223

K

k · p method　k · p 法　08.1301
kagome lattice　笼目格　11.0715
Kamerlingh-Onnes' equation　卡末林-昂内斯方程　05.0083
KAM theorem　KAM 定理　11.0607
KAM torus　KAM 环面　11.0608
Kant-Laplace nebular theory　康德-拉普拉斯星云学说　11.0060
kaon　K 介子　09.0965
kaon atom　K 介原子　09.0711
kaon factory　K 介子工厂　09.0968
kaon regeneration　K 介子再生　09.0967
Kapitza liquefier　卡皮查液化器　08.3361
Kapitza [thermal boundary] resistance　卡皮查[界面]热阻　08.3422
Kaplan-Yorke conjecture　卡普兰-约克猜想　11.0586
Karman vortex street　卡门涡街　02.0812
Kasper [coordination] polyhedron　卡斯珀[配位]多面体　08.0383
K-capture　K 俘获　09.0204
K-capture radiation　K 俘获辐射　09.0205
K-conversion coefficient　K 转换系数　09.0207
KdV equation　KdV 方程　11.0739
Keldysh diagram　凯尔迪什图　05.0973
K-electron capture　K 电子俘获　09.0206
Kelvin double bridge　开尔文双电桥　03.0831
Kelvin-Helmholtz instability　开尔文-亥姆霍兹不稳定性　10.0278
Kelvin temperature scale　开尔文温标　05.0027
Keplerian telescope　开普勒望远镜　11.0269
Kepler's constant　开普勒常量　11.0130
Kepler's laws　开普勒定律　02.0145
kerma　比释动能　09.0277
kernel　核[函数]　06.0527
Kerr cell　克尔盒　04.2355
Kerr effect　克尔效应　04.2354
Kerr metric　克尔度规　06.0228
Kerr-Newman black hole　克尔-纽曼黑洞　11.0139
Kerr's solution　克尔解　06.0229
ket　右矢，＊刃　06.0567
Ke torsion pendulum　葛庭燧扭摆　08.2333
kevatron　千电子伏级加速器　09.0860
k-factor　k 因子　09.0678
Khinchine number　欣钦数　01.0477
kicksorting of pulses　脉冲高度分析　03.1051
Kikuchi band　菊池带　08.1092
Kikuchi diffraction　菊池衍射　08.1093
Kikuchi diffraction pattern　菊池衍射图样　08.1094
Kikuchi line　菊池线　08.1091
Kikuchi pattern　菊池图样　08.1090
Killing's equation　基灵方程　06.0281
Killing vector field　基灵矢量场　06.0280
kinematical diffraction　运动学衍射　04.1029
kinematics　运动学　02.0002
kinematics equation　运动学方程　02.0083
kinematic viscosity　运动黏度　02.0749
kinescope　[电子]显像管　03.0931
kinesin　驱动蛋白　11.0427
kinetic energy　动能　02.0278
kinetic energy released inmatter　比释动能　09.0277
kinetic equation　动理[学]方程　05.0745
kinetic equilibrium　动平衡　02.0341
kinetic friction　动摩擦　02.0237
kinetic instability　动理学不稳定性　10.0263
kinetic mode　动理模　10.0221
kinetic potential　动理势　05.0821
kinetics　动理学　05.0739
kinetics of phase transition　相变动理学　05.1075
kinetics stage　动理学阶段　05.0906
kinetic temperature　动理温度　10.0119
kinetic theory of plasma　等离[子]体动理[学理]论　10.0118
kinetic viscosity　动力黏度　02.0750
kink　扭折　08.0541
kink band　扭折带　08.2360
kink in dislocation　位错扭折　08.0486
kinking angle　扭折角　08.0542
kink instability　扭曲不稳定性　10.0311

kink mode　扭曲模　10.0232
kinoform　相[全]息图　04.1397
kinoform lens　相位衍射透镜　04.1398
Kirchhoff's circuit law　基尔霍夫[电路]定律　03.0315
Kirchhoff's [diffraction] formula　基尔霍夫[衍射]公式　03.0770
Kirchhoff's diffraction theory　基尔霍夫衍射理论　04.0969
Kirchhoff's equations　基尔霍夫方程组　03.0314
Kirchhoff's integral theorem　基尔霍夫积分定理　04.0967
Kirchhoff's radiation law　基尔霍夫辐射定律　03.0769
Kirkwood equation　柯克伍德方程　05.0697
[Kirkwood] superposition approximation　[柯克伍德]叠加近似　05.0695
KKR method　KKR 法　08.1300
Klein-Gordon-Fock equation　克莱因-戈尔登-福克方程　06.0433
Klein-Nishina formula　克莱因-仁科公式　09.0712
Klimontovich equation　克利蒙托维奇方程　10.0124
klystron　速调管　03.0924
K-meson capture　K 介子俘获　09.1436
kneading transformation　揉面变换　11.0604
knife-edge test　刀口检验　04.0618
Knight shift　奈特位移　08.1856
König's theorem　柯尼西定理　02.0451
knockout reaction　敲出反应　09.0529
knot　扭结　01.0550
knot theory　扭结理论　01.0551
Knudsen effect　克努森效应，＊克努曾效应　05.0744
Knudsen number　克努森数　05.0754
Kobayashi-Maskawa mixing matrix　小林-益川混合矩阵　09.1367
Koch curve　科赫曲线　11.0647
Kochen-Specker theorem　科亨-施佩克尔定理　06.0419
Koch island　科赫岛　11.0648
Kohler illumination　科勒照明　04.0666
Kohler's rule　科克勒定则　08.1492
Kohn anomaly　科恩反常　08.2874
Kohn-Sham equation　科恩-沈方程　08.1314
Kolmogorov-Arnold-Moser theorem　KAM 定理　11.0607
Kolmogorov-Arnold-Moser torus　KAM 环面　11.0608
Kolmogorov-Chapman equation　科尔莫戈罗夫-查普曼方程　05.0852
Kolmogorov-Sinai entropy　KS 熵　11.0613
Kondo effect　近藤效应　08.1495
Kondo temperature　近藤温度　08.1496
Koopmans' theorem　库普曼斯定理　08.1322
Korringa-Kohn-Rostoker method　KKR 法　08.1300
Korringa relation　科林格关系　08.1395
Korteweg-de Vries equation　KdV 方程　11.0739
Kosterlitz-Thouless phase transition　KT 相变　08.2888
Kovar　＊科伐合金　08.1904
Kramers-Kronig relation　克拉默斯-克勒尼希关系　08.2144
Kronecker symbol　克罗内克符号　06.0308
Kronig-Penney model　克勒尼希-彭尼模型　08.1325
Kruskal coordinate　克鲁斯卡尔坐标　06.0227
K-selection rule　K 选择定则　09.0387
KS entropy　KS 熵　11.0613
k-space　k 空间　06.0446
KT phase transition　KT 相变　08.2888
Kubo formula　久保公式　05.0894
Kubo-Greenwood formula　久保-格林伍德公式　08.2298
Kundt's tube　孔特管　04.2745
Kurie plot　库里厄图　09.0220
kurtosis　峭度　01.0561

L

labeled molecule　标记分子　07.0180
lab frame　实验室参考系　02.0107
laboratory coordinate system　实验室坐标系　02.0108
laboratory frame　实验室参考系　02.0107
ladder approximation　梯形[图]近似　09.1368
ladder diagram　梯图　05.0970
ladder sum　梯图求和　05.0971
lagging phase　滞后相位　04.2751
Lagrange invariant　拉格朗日不变量　02.0596
Lagrange multiplier　拉格朗日乘子　02.0597
Lagrange multiplier function　拉格朗日乘[子]函[数]　05.0867
Lagrange's equation　[第二类]拉格朗日方程　02.0594
Lagrange's equation of the first kind　第一类拉格朗日方

程 02.0595
Lagrange's theorem 拉格朗日定理 02.0592
Lagrangian 拉格朗日[量] 02.0591
Lagrangian function 拉格朗日函数 02.0593
Lagrangian mechanics 拉格朗日力学 02.0012
Laguerre-Gaussian mode 拉盖尔-高斯模 04.2091
lambda line λ线 08.2995
lambda point λ点 08.2996
lambda transition λ相变 08.2997
Lamb dip 兰姆凹陷 04.2120
Lambert-Bouguer law *朗伯-布格定律 04.1615
Lambert's cosine law 朗伯余弦定律 04.0135
Lambert's law 朗伯定律 04.1614
Lamb shift 兰姆移位 07.0069
Lamb's semiclassical theory 兰姆半经典理论 04.2118
lamellar crystal 层状晶体 08.0323
lamellar grating 层状光栅 04.1068
lamina 层状体 08.0322
laminar film 层状膜 08.2606
laminar flow 层流 02.0786
laminar motion 平面平行运动 02.0547
laminar shock 层流击波 10.0251
laminate 叠层 08.0324
laminated structure 叠层结构 08.0325
Landau criterion [of superfluidity] 朗道[超流]判据 08.3027
Landau cut-off 朗道截断 10.0122
Landau damping 朗道阻尼 10.0130
Landau-de Gennes model 朗道-德让纳模型 08.2703
Landau diamagnetism 朗道抗磁性 08.1867
Landau equation 朗道方程 10.0121
Landauer formula 朗道尔公式 08.3473
Landau fluctuation 朗道涨落 05.0813
Landau free energy 朗道自由能 05.0980
Landau gauge 朗道规范 06.0692
Landau growth 朗道增长 10.0131
Landau level 朗道能级 08.1324
Landau parameter 朗道参量 08.3056
Landau pole 朗道极点 06.0693
Lan-dau potential *朗道势 05.0300
Landau quantization 朗道量子化 06.0387
[Landau's] Fermi-liquid theory [朗道]费米液体理论 08.3054
Landau's theory of phase transition 朗道相变理论 05.0981
Landau's theory of superfluidity 朗道超流理论 08.3028
Landau tube 朗道管 08.1387
Landé g factor 朗德g因子 07.0074
Landé interval rule 朗德间隔定则 07.0107
Lander vacancy model 兰德空位模型 08.2850
Landé splitting factor 朗德劈裂因子 07.0108
landing electrode 搭接电极 03.0303
Langevin-Debye formula 朗之万-德拜公式 08.1870
Langevin equation 朗之万方程 05.0843
Langevin function 朗之万函数 08.1871
Langevin paramagnetism 朗之万顺磁性 08.1854
Langmuir adsorption 朗缪尔吸附 08.2734
Langmuir adsorption equation 朗谬尔吸附方程 08.2610
Langmuir-Blodgett film 朗谬尔-布洛杰特膜, *LB膜 08.2613
Langmuir monolayer 朗谬尔单层 08.2612
Langmuir oscillation 朗谬尔振荡 10.0194
Langmuir probe 朗缪尔探针 10.0457
Langmuir wave 朗谬尔波 10.0195
LA phonon 纵声学声子 08.1408
Laplace's equation 拉普拉斯方程 03.0068
Laplace transform 拉普拉斯变换[式] 01.0473
Laplacian operator 拉普拉斯算符 01.0358
LAPW method 线性[化]缀加平面波法, *LAPW法 08.1297
large angle grain boundary 大角度晶界 08.0536
large angle scattering 大角度散射 08.1530
large hadron collider 大型强子对撞机 09.1662
large polaron 大极化子 08.2411
large-scale integrated circuit 大规模集成电路 08.1745
large scale structure of the universe 宇宙的大尺度结构 11.0040
Larmor diamagnetism 拉莫尔抗磁性 08.1866
Larmor frequency 拉莫尔频率 02.0515
Larmor precession 拉莫尔进动, *拉莫尔旋进 02.0514
Larmor radius 拉莫尔半径 03.0537
laser 激光 04.2002
laser 激光器 04.2003
laser ablation 激光烧蚀 04.2280
laser ablation deposition 激光烧蚀沉积 08.0816
laser accelerator 激光加速器 04.2301

laser aligning 激光校直 04.2294
laser amplifier 激光放大器 04.2062
laser annealing 激光退火 08.0861
laser array 激光[器]阵列 04.2258
laser beam 激光束 04.2066
laser [beam information] scanning 激光[束信息]扫描 04.1477
laser bonding 激光焊接 04.2284
laser boring 激光打孔 04.2282
laser cavity 激光[共振]腔 04.2014
laser coating 激光镀膜 08.0823
laser communication 激光通信 04.2289
laser cooling 激光致冷 04.2285
laser cutting 激光切割 04.2283
laser diode 激光二极管 08.1705
laser display 激光显示 04.2288
laser distance measuring system 激光测距系统 04.2306
laser-Doppler anemometry 激光多普勒测[风]速仪 04.2304
laser energy meter 激光能量计 04.2178
laser excitation 激光激发 04.2296
laser fission 激光裂变 04.2299
laser fusion 激光聚变 04.2300
laser glazing method 激光玻璃化法 08.0574
laser guidance 激光制导 04.2293
laser guided atom 激光引导原子 04.2484
laser gyroscope 激光陀螺[仪] 04.2291
laser host 激光[器]基质 04.2229
laser induced fluorescence 激光感生荧光 04.2297
laser interferometer 激光干涉仪 04.1103
laser isotope separation 激光同位素分离 04.2298
laser length standard 激光长度基准 04.2167
laser light 激光 04.2002
laser material 激光材料 08.2261
laser medicine 激光医学 04.2005
laser [oscillation] condition 激光[振荡]条件 04.2008
laser oscillator 激光振荡器 04.2064
laser physics 激光物理[学] 04.2004
laser processing 激光加工 04.2281
laser-produced plasma 激光产生等离[子]体 10.0033
laser pulse compression 激光脉冲压缩 04.2148
laser pumping 激光抽运 04.2295
laser range finder 激光测距仪 04.2307
laser resonator 激光[共振]腔 04.2014
laser speckle 激光散斑 04.2276
laser spectroscopy 激光光谱学 04.1856
laser spiking 激光尖峰 04.2186
laser trapping 激光陷俘 06.0796
laser vaporization method 激光蒸发方法 04.2279
laser velocimetry 激光测速术 04.2302
lasing 激[光发]射 04.2006
lasing without inversion 无反转激射 04.2007
latch 锁存器 03.1114
latching gyromagnetic device 锁式旋磁器件 03.0515
latent heat 潜热 05.0420
latent image 潜像 04.0803
lateral aberration 横向像差 04.0499
lateral chromatism 横[向]色差 04.0532
lateral coherence 横向相干性 04.1271
lateral force microscope 横向力显微镜，*侧向力显微镜 08.1078
lateral magnification 横向放大率 04.0332
lateral mode 横模 04.2086
lateral shearing interferometer 横向剪切干涉仪 04.1101
lateral voltage 横向电压 03.0088
latex 乳胶 08.2562
latex dispersion 乳胶分散体 08.2563
latitude of exposure 曝光时限，*曝光范围 04.0301
latitudinal quantum number 纬量子数 06.0396
lattice 格[子] 11.0714
lattice animal 格点动物 11.0721
lattice array 格点阵列 08.0229
lattice binding 格点键联 08.0230
lattice constant 晶格常数 08.0085
lattice correspondence 格点对应 08.0231
lattice defect 晶格缺陷 08.0447
lattice dislocation 晶格位错 08.0470
lattice disorder 格点无序 08.0533
lattice distortion 晶格畸变 08.0534
lattice dynamics 晶格动力学 08.1398
lattice energy 晶格能 08.0410
lattice field theory *格点场论 09.1583
lattice gas model 格气模型 11.0718
lattice gauge 格点规范 09.1149
lattice gauge theory 格点规范理论 09.1583
lattice Green's function 格点格林函数 09.1584
lattice heat capacity 晶格热容 08.1427

lattice image 晶格像 08.1049
lattice instability 晶格不稳定性 08.0327
lattice liquid 格点液体 11.0719
lattice matching 晶格匹配 08.0328
lattice misfit 晶格错合 08.0329
lattice mismatch 晶格失配 08.1683
lattice model 格点模型 08.0228
lattice parameter 晶格参数 08.0330
lattice plane 格面 08.0072
lattice point 格点，＊阵点 08.0069
lattice [point] row 格点行，＊阵点行 08.0070
lattice polarization 晶格极化 08.2219
lattice relaxation 晶格弛豫 08.1402
lattice scattering 晶格散射 08.1614
lattice site 格座 08.0584
lattice soliton 格孤子 08.2940
lattice specific heat 晶格比热 08.1426
lattice sum 格点和 08.0411
lattice symmetry 晶格对称性 08.0112
lattice system 晶系 08.0197
lattice translation 格点平移 08.0119
lattice vacancy 晶格空位 08.0529
lattice vector 格矢 08.0074
lattice vibration 晶格振动 08.1399
lattice wave 格波 08.1403
lattice wave momentum 格波动量 08.1404
Laue condition 劳厄条件 08.1001
Laue diffraction pattern 劳厄衍射图样 08.1019
Laue equation 劳厄方程 08.1002
Lau effect 劳效应 04.1076
Laue method 劳厄法 08.1018
Laue photograph 劳厄照相 08.1020
Laue [symmetry] group 劳厄[对称]群 08.0168
Laue zone 劳厄带 08.1021
Laughlin quasiparticle 劳夫林准粒子 08.3498
Laughlin wave function 劳夫林波函数 08.2895
law 定律 01.0140
law of causation 因果律 01.0086
law of conservation of angular momentum 角动量守恒定律 02.0275
law of conservation of charge 电荷守恒定律 03.0237
law of conservation of energy 能量守恒定律，＊能量守恒与转化定律 02.0297
law of conservation of mechanical energy 机械能守恒定律 02.0298
law of conservation of momentum 动量守恒定律 02.0267
law of constancy of interfacial angles 面间角恒定[定]律 08.0059
law of corresponding states 对应态[定]律 05.0435
law of electromagnetic induction 电磁感应定律 03.0545
law of inertia ＊惯性定律 02.0142
law of large numbers 大数定律 01.0547
law of mass action 质量作用定律 05.0436
law of parity conservation 宇称守恒定律 09.1438
law of partial pressure 分压律 05.0074
law of rational indices 有理指数[定]律 08.0060
law of reflection 反射定律 04.0105
law of refraction 折射定律 04.0106
law of symmetry 对称定律 08.0061
law of universal gravitation 万有引力定律 02.0214
laws of thermodynamics 热力学定律 05.0268
Lawson criterion 劳森判据 10.0358
layered compound 层状化合物 08.2794
layered ultrathin coherent structure 层状超薄共格结构 08.2793
layer material 层状材料 08.0326
layer structure 层状结构 08.2911
LBI 长基线干涉仪 11.0271
LCAO method 原子轨道线性组合法 08.1293
LC circuit LC 电路，＊电感电容电路 03.0595
LDA 局域密度近似 08.1317
LDF 局域密度泛函 08.1316
LEAD 低能原子衍射 08.1079
leader stroke 先导电击 03.1154
leading edge 前沿 04.2141
leading logarithm 主导对数项 09.1370
leading particle 主导粒子 09.1371
leading pole 主导极点 09.1372
leading term 主导项 09.1373
leading wave 前导波 10.0233
leakage current 漏电流 03.0610
leakage factor 漏泄因子 08.1993
leakage flux 漏通量 03.0463
leakage inductance 漏电感 03.0616
leakage magnetic flux 漏磁通 03.0462
leakage resistance 漏电阻 03.0259

light amplification 光放大 04.2060
light balancing filter 衡消滤光片 04.0760
light beat 光拍 04.2184
light beating spectroscopy 光拍光谱术 04.1852
light chopper 斩光器 04.0768
light cone 光锥 06.0073
light-cone [current] algebra 光锥[流]代数 09.1317
light-cone expansion 光锥展开 09.1612
light-cone sum rule 光锥求和规则 06.0194
light curve 光变曲线 11.0166
light cylinder 光柱 04.0566
light cylinder 光速圆柱面 11.0167
light detection and ranging [激]光雷达 04.2309
light diffusion 光漫射 04.0129
light emittance 光射度 04.1586
light emitting diode 发光二极管 08.1706
light-emitting polymer 发光聚合物 08.2441
light field 光场 04.0050
light [fission] fragment 轻[裂变]碎片 09.0654
light gain 光增益 04.2050
light-gathering power 聚光本领 04.0451
light gating 光选通 04.1478
light guide 光导 04.1438
light hole 轻空穴 08.1796
lighthouse effect 灯塔效应 11.0171
light-induced grating 光感生光栅 04.2441
lighting device 发光器件 04.0061
light isotope 轻同位素 09.0055
lightlike event 类光事件 06.0085
lightlike interval 类光间隔 06.0084
lightlike line 类光线 06.0082
lightlike vector 类光矢量 06.0083
light meson 轻介子 09.1190
light modulator 光调制器，*调光器 04.1212
lightning rod 避雷针 03.0788
light nucleus 轻核 09.0422
light pipe [导]光管 04.0775
light pressure 光压 04.1963
light pulse 光脉冲 04.0053
light pulse compression 光脉冲压缩 04.2149
light pump 光泵 04.1990
light pumping 光抽运 04.1989
light quantum 光量子 04.0052
light quark 轻夸克 09.0995
light ray 光线 04.0067
light scattering spectroscopy 光散射谱学 04.1879
light-sensitive cathode 光敏阴极 04.1948
light sensitivity 光敏性 04.2570
light sensor 光敏传感器 04.2568
light shift 光致频移 04.1794
light signal 光信号 06.0006
light source 光源 04.0030
light spectrum 光谱 04.1666
light splitter 分光器 04.0162
light spot 光斑 04.0068
light trap 光阱 04.2473
light valve 光阀 04.2177
light vector 光矢量 06.0191
light velocity 光速 04.0036
light water reactor 轻水反应堆 09.0893
light wave 光波 04.0560
light year 光年 11.0100
limit cycle 极限环 11.0472
limiter 限幅器 03.1109
limiter 限制器 10.0416
limiting fragmentation 极限碎裂 09.1376
limiting group 极限群 08.0169
limiting velocity 极限速度 02.0323
linac 直线加速器 09.1622
Linde cycle 林德循环 08.3359
Linde liquefier 林德液化机 05.0167
Lindemann criterion [of melting] 林德曼[熔化]判据 08.1469
line advance 谱线前移 04.1687
linear acceleration 线加速度 02.0067
linear accelerator 直线加速器 09.1622
linear amplifier 线性放大器 03.0987
linear charge density 线电荷密度 03.0022
linear circuit 线性电路 03.0907
linear collider 直线对撞机 09.1664
linear combination of atomic orbitalmethod 原子轨道线性组合法 08.1293
linear dependence 线性相关 01.0411
linear electro-optic effect 线性电光效应 04.2349
linear element 线性元件 03.0904
linear expansivity 线膨胀率 05.0093
linear harmonic oscillator 线性谐振子 03.0906
linear independence 线性无关 01.0412

linear irreversible process 线性不可逆过程 05.0205
linearized augmented plane wave method 线性[化]缀加平面波法，*LAPW 法 08.1297
linearized muffin tin orbital method 线性[化]糕模轨道法，*LMTO 法 08.1298
linearized stability analysis 线性[化]稳定性分析 11.0571
linear [nonequilibrium] thermodynamics 线性[非平衡]热力学 05.0457
linear operator 线性算符 01.0356
linear optics 线性光学 04.0012
linear pinch 直线箍缩 10.0109
linear polarization 线偏振 04.1116
linear resistance 线性电阻 03.0266
linear resolution 线分辨率 04.1015
linear response 线性响应 05.0878
linear superposition 线性叠加 06.0542
linear transformation 线性变换 01.0469
linear transport theory 线性输运理论 05.0766
linear velocity 线速度 02.0045
line-breadth 谱线宽度，*线宽 04.1803
line broadening 谱线致宽 04.1809
line charge 线电荷 03.0011
line current 线电流 03.0324
line cusp 线会切 10.0384
line defect 线缺陷 08.0535
line disclination 线向错 08.2650
line element 线元 06.0025
line of current 电流线 03.0325
line of electric force *电力线 03.0075
line of flow 流线 02.0713
line profile *谱线轮廓 04.1798
line series [谱]线系 04.1721
line shape 线形，*谱线形状" 04.1798
line shift 谱线移位 04.1781
line spectrum 线状谱 04.1680
line spread function 线扩展函数 04.1234
line strength 谱线强度 04.1797
line voltage 线电压 03.0656
line width 谱线宽度，*线宽 04.1803
Liouville equation 刘维尔方程 05.0910
Liouville operator 刘维尔算符 05.0911
Liouville's theorem 刘维尔定理 05.0531
liposome 脂质体 11.0381
Lippmann-Bragg hologram 李普曼-布拉格全息图 04.1386
liquefaction 液化 05.0152
liquefaction by adiabatic expansion 绝热膨胀液化 05.0154
liquefaction by throttling expansion 节流膨胀液化 05.0158
liquefaction point 液化点 05.0153
liquefied fraction 液化率 08.3358
liquefier 液化器 08.3357
liquid 液体 05.0046
liquid air 液态空气 08.3381
liquid crystal 液晶 08.2614
liquid crystal cell 液晶盒 08.2646
liquid crystal display 液晶显示 08.2647
liquid crystal phase 液晶相 08.2615
liquid crystal wedge 液晶劈 08.2655
liquid-drop model 液滴模型 09.0309
liquid growth 液相生长 08.0874
[liquid] He Ⅰ [液]氦Ⅰ 08.2999
[liquid] He Ⅱ [液]氦Ⅱ 08.3000
liquid helium 液[体]氦 08.2993
liquid helium-3 液体氦 3 08.3052
liquid helium-4 液体氦 4 08.2994
liquid helium temperature 液氦温度 08.3387
liquid hydrogen temperature 液氢温度 08.3384
liquid lens 液体透镜 04.0277
liquid-like cell 类液元胞 08.0696
liquid-like cluster 类液团簇 08.0697
liquid metal 液态金属 08.0875
liquid nitrogen temperature 液氮温度 08.3383
liquid phase 液相 08.0872
liquid phase epitaxy 液相外延 08.0967
liquid scintillator 液体闪烁体 09.0752
liquidus [line] 液相线 08.0930
Lissajous figure 李萨如图形 03.0888
lithium cell 锂电池 03.0805
lithium drift detector 锂漂移探测器 09.0758
lithography 刻蚀术 08.0952
Littrow monochromator 利特罗单色仪 04.1650
Littrow [reflection] grating 利特罗[反射]光栅 04.1044
Litz wire 辫线 03.0032
Li-Yorke theorem 李[天岩]-约克定理 11.0560

LJ potential ＊LJ 势 05.0685
Lloyd's mirror 劳埃德镜 04.0922
L-mode 低约束模式，＊L 模 10.0424
LMTO method 线性[化]糕模轨道法，＊LMTO 法 08.1298
load 负载 03.0281
loaded impedance 加载阻抗 03.0287
loaded line 加感线 03.0619
load factor 负载因子 03.0285
loading 加载 03.0282
load resistance 负载电阻 03.0286
local analysis 局域分析 11.0492
local close packing 局域密堆积 08.0616
local density approximation 局域密度近似 08.1317
local density functional 局域密度泛函 08.1316
local density of states 局域态密度 08.2796
local electron magnetism 局域电子磁性 08.1852
local equilibrium 局域平衡 05.0451
local equilibrium theory 局域平衡理论 05.0869
local exchange potential 局域交换势 07.0261
local field theory 局域场论 09.1377
local frame of reference 局域参考系 06.0211
local gauge transformation 局域规范变换 03.0716
local hidden variable 局域隐变量 06.0418
local inertial system 局域惯性系 06.0192
local instability 局域不稳定性 10.0267
locality 局域性 09.1378
localization 局域化 08.0677
localization-delocalization transition 局域退局域转变 08.2417
localization length 局域化长度 08.0690
localized band-tail state 带尾局域态 08.0689
localized exciton 局域激子 08.2413
localized fringe 局域条纹 04.0909
localized interference 局域干涉 04.0908
localized lattice vibration 局域晶格振动 08.1424
localized magnon 局域磁子 08.2059
localized phonon 局域声子 08.1425
localized state 局域态 08.0676
localized superconductivity 局域超导电性 08.3194
localized system 局域系 05.0553
locally conserved quantity 局域守恒量 05.0909
local mode 局域模 10.0234
local operation 局域操作 06.0886
local operations and classical communication 局域操作与经典通信 06.0887
local order 局域有序 08.0700
local oscillator 本地振荡器，＊本机振荡器 04.1551
local packing rule 局域堆积规则 08.0673
local plasmon 局域等离体子 10.0485
local spin density approximation 局域自旋密度近似 08.1318
local symmetry 局域对称性 08.2797
local thermal equilibrium 局域热平衡 05.0349
local thermodynamic equilibrium 局域热力学平衡 05.0182
local time 地方时 11.0253
locator 定域子 08.0685
LOCC 局域操作与经典通信 06.0887
lock-in amplifier 锁定放大器，＊锁相放大器 03.0988
logistic map 逻辑斯谛映射 11.0587
Lohmann hologram 勒曼全息图 04.1401
London equation 伦敦方程 08.3113
London gauge 伦敦规范 08.3115
London penetration depth 伦敦穿透深度 08.3114
London rigidity 伦敦刚性 08.3116
London theory of superfluidity 伦敦超流理论 08.3024
lone pair electrons 孤对电子 08.0708
long afterglow phosphor 长余辉磷光体 08.2232
long baseline interferometer 长基线干涉仪 11.0271
long chain polymer 长链聚合物 08.2442
long chain system 长链体系 08.2460
longitudinal aberration 纵向像差 04.0498
longitudinal acoustic phonon 纵声学声子 08.1408
longitudinal adiabatic invariant 纵向浸渐不变量 10.0086
longitudinal field 纵场 03.0718
longitudinal magnification 纵向放大率 04.0333
longitudinal mass 纵质量 06.0144
longitudinal mode 纵模 04.2085
longitudinal mode spacing 纵模间距 04.2094
longitudinal momentum 纵[向]动量 09.1079
longitudinal optical phonon 纵光学声子 08.1412
longitudinal phonon 纵声子 08.1407
longitudinal relaxation 纵向弛豫 04.2342
longitudinal resonance 纵向共振 04.2740
longitudinal wave 纵波 04.2631
long-lived particle 长寿命粒子 09.1080

long-period fiber grating　长周期光纤光栅　04.1468
long persistence screen　长余辉荧光屏　04.1920
long-range collision　长程碰撞　10.0145
long-range connectivity　长程连通性　11.0680
long-range correlation　长程关联　09.1081
long-range density　长程密度　08.0617
long-range force　长程力　09.0078
long range interaction　长程相互作用　08.2393
long-range order　长程序　05.0989
long-term stability　长期稳定性　11.0570
long time tail　长时尾　05.0864
long wave cut-off filter　截长波滤光片　04.0954
long-wave fluctuation　长波涨落　05.1073
long wave pass filter　长波通滤光片　04.0952
loop　环路　03.0304，回路　03.0305
loop voltage　回路电压　03.0087
LO phonon　纵光学声子　08.1412
Lorentz broadening　洛伦兹[谱线]增宽　04.1814
Lorentz condition　洛伦兹条件　03.0714
Lorentz contraction　洛伦兹收缩　06.0190
Lorentz covariance　洛伦兹协变性　06.0036
Lorentz covariant　洛伦兹协变量　06.0033，洛伦兹协变式　06.0034
Lorentz distribution　洛伦兹分布　04.1799
Lorentz factor　洛伦兹因子　06.0028
Lorentz field　洛伦兹场　08.2142
Lorentz force　洛伦兹力　03.0386
Lorentz gauge　洛伦兹规范　03.0711
Lorentz group　洛伦兹群　06.0027
Lorentz invariance　洛伦兹不变性　06.0041
Lorentz invariant　洛伦兹不变式　06.0039
Lorentz line shape function　洛伦兹线形函数　04.1800
Lorentz-Lorenz formula　洛伦兹-洛伦茨公式　04.1563
Lorentz metric　洛伦兹度规　06.0029
Lorentz microscopy　洛伦兹显微术　08.1060
Lorentz transformation　洛伦兹变换　06.0026
Lorentz transformation in hyperbolic form　洛伦兹变换的双曲形式　06.0030
Lorenz attractor　洛伦茨吸引子　11.0599
Lorenz constant　洛伦茨常量　05.0809
Lorenz model　洛伦茨模型　11.0596
Lorenz number　洛伦茨常量　05.0809
Loschmidt constant　洛施密特常量　05.0077
Loschmidt echo　洛施密特回波　06.0895
Loschmidt number　洛施密特常量　05.0077
[Loschmidt's] reversibility paradox　[洛施密特]可逆性佯谬　05.0505
loss cone　漏失锥，＊损失锥　10.0370
loss cone angle　漏失[锥]角　10.0371
loss cone instability　漏失锥不稳定性　10.0286
lossy cavity　有耗腔　04.2030
Lotka-Volterra equation　洛特卡-沃尔泰拉方程　11.0509
Lotka-Volte-rra model　＊洛特卡-沃尔泰拉模型　11.0507
loudness　响度　04.2736
loudness level　响度级　04.2737
loudspeaker　扬声器　04.2789
low alloy　低合金　08.1169
low angle grain boundary　小角度晶界　08.0537
low angle scattering　低角散射　04.1567
low dimension　低维[度]　08.2855
low dimensional conductor　低维导体　08.2859
low dimensional crystal　低维晶体　08.2858
low dimensional physics　低维物理[学]　08.0010
low dimensional solid　低维固体　08.2857
low dimensional system　低维体系　08.2856
low-energy atom diffraction　低能原子衍射　08.1079
low-energy electron diffraction　低能电子衍射　08.2810
low-energy electron microscopy　低能电子显微术　08.1059
low-energy nuclear reaction　低能核反应　09.0409
lower bound　下界　09.1082
lower critical magnetic field　下临界磁场　08.3093
lower hybrid oscillation　下混杂振荡　10.0215
lower limit　下限　09.1083
lower marginal dimension　下边缘维数　11.0633
lowest unoccupied molecular orbit　最低未占分子轨道　07.0258
low frequency　低频　04.2691
low-frequency amplifier　低频放大器　03.0982
low frequency noise　低频噪声　05.0831
low hybrid frequency　低混杂频率　10.0218
low hybrid wave　低混杂波　10.0217
low-light-level imaging　微光成像　04.0202
low-loss resonator　低耗[共振]腔　04.2032
low-lying level　低[位]能级　08.1348
low-lying state　低[位]能态　08.1349

M

macromolecular colloid　大分子胶体　08.2503
macromolecular crystallography　大分子晶体学　08.0024
macromolecule　大分子　07.0172
macrophysics　宏观物理[学]　01.0003
macroscopic body　宏观物体　01.0122
macroscopic cross-section　宏观截面　09.0466
macroscopic instability　宏观不稳定性　10.0261
macroscopic irreversibility　宏观不可逆性　05.0503
macroscopic physics　宏观物理[学]　01.0003
macroscopic polarization　宏观极化　07.0262
macroscopic quantity　宏观量　05.0501
macroscopic quantum phenomenon　宏观量子现象　08.3277
macroscopic quantum state　宏观量子态　08.3278
macroscopic quantum tunneling　宏观量子隧穿　08.3280
macroscopic state　宏观态　05.0500
macroscopic [state] variable　宏观[态]变量　05.0178
macroscopic wave function　宏观波函数　08.3279
macrostructure　宏[观]结构　08.0017
macrosystem　宏观系统　09.1088
macroturbulence　宏观湍流　02.0793
Madelung constant　马德隆常数　08.0426
Madelung energy　马德隆能[量]　08.0425
maghemite　磁赤铁矿　08.1903
magic basis　魔基　06.0768
magic nucleus　幻核　09.0325
magic number　幻数　09.0324
maglev　磁悬浮　08.2124
maglev train　磁悬浮列车　08.2125
magnalium　铝镁合金　08.1162
magnet　磁体　03.0435
magnetic aftereffect　磁后效　08.1994
magnetically active substance　磁旋光性物质　04.2365
magnetically confined plasma　磁约束等离[子]体　10.0034
magnetic amplifiar　磁放大器　08.2120
magnetic anisotropy　磁各向异性　08.1952
magnetic annihilation　磁[场]湮没　10.0482
magnetic antenna　磁性天线　08.2121
magnetic axis　磁轴　10.0396
magnetic balance　磁秤　08.2122
magnetic birefringence　磁致双折射　08.2669
magnetic bottle　磁瓶　10.0364
magnetic braking　磁制动　03.0514
magnetic breakdown　磁击穿　08.2072
magnetic bubble　磁泡　08.1995
magnetic buoyancy　磁浮力　08.2123
magnetic charge　磁荷　03.0442
magnetic circuit　磁路　03.0490
magnetic circuit law　磁路定律　03.0453
magnetic circular dichroism　磁圆二色性　04.2581
magnetic coherence length　磁相干长度　08.2686
magnetic compression　磁[场]压缩　08.3591
magnetic Compton scattering　磁康普顿散射　08.1127
magnetic conductivity　磁导率　03.0458
magnetic configuration　磁场位形　10.0361
magnetic confinement　磁约束　10.0360
magnetic confinement fusion　磁[约束]聚变　09.0552
magnetic core　磁芯　03.0498
magnetic Coulomb's law　磁库仑定律　03.0452
magnetic coupling　磁耦合　03.0501
magnetic damping　磁阻尼　03.0502
magnetic deflection　磁偏转　03.0896
magnetic diffusion coefficient　磁扩散系数　10.0105
magnetic dipolar interaction　磁偶极相互作用　03.0503
magnetic dipole　磁偶极子　03.0449
magnetic dipole layer　磁偶极层　03.0504
magnetic dipole moment　磁偶极矩　03.0450
magnetic dipole radiation　磁偶极辐射　03.0731
magnetic disk　磁盘　03.0500
magnetic disorder　磁无序　03.0505
magnetic domain　磁畴　03.0487
magnetic electron lens　磁电子透镜　03.0422
magnetic energy　磁能　03.0398
magnetic energy density　磁能密度　03.0399
magnetic energy level　磁能级　03.0506
magnetic energy product　磁能积　03.0507
magnetic erasure　消磁，*磁擦除　03.0508
magnetic field　磁场　03.0370
magnetic field freezing　磁场冻结　10.0101
magnetic field line　磁场线　03.0378
magnetic field strength　磁场强度　03.0377
magnetic fluctuation　磁涨落　03.0509
magnetic fluid　磁[性]流体　08.2043
magnetic flux　磁通量　03.0379
magnetic flux linkage　磁链　03.0380
magnetic flux quantum　磁通量子　08.3223
magnetic focusing　磁聚焦　03.0414

magnetic substorm 磁亚暴 10.0476
magnetic surface 磁面 10.0397
magnetic susceptibility 磁化率 03.0477
magnetic suspension 磁悬浮 08.2124
magnetic symmetry 磁对称性 08.1963
magnetic tail 磁[层]尾 10.0470
magnetic thermometer 磁温度计 08.3435
magnetic torsion balance 磁扭秤 08.2075
magnetic transition 磁跃迁 09.0227
magnetic tuning laser 磁调谐激光器 04.2217
magnetic turbulence 磁致湍动 10.0338
magnetic vector potential 磁矢势 03.0396
magnetic viscosity 磁黏性 08.2002
magnetic viscosity coefficient 磁黏性系数 10.0106
magnetic well 磁阱 10.0365
magnetic yoke 磁轭 03.0531
magnetism 磁性 08.1842,磁学 08.1843
magnetite 磁铁矿 03.0536
magnetization 磁化 03.0464
magnetization 磁化强度 03.0465
magnetization current 磁化电流 03.0476
magnetization curve 磁化曲线 03.0483
magnetization process 磁化过程 03.0473
magnetized plasma 磁化等离[子]体 10.0022
magnetizer 磁化器,*磁化机 03.0474
magnetizing field 磁化场 03.0475
magnetizing process 磁化过程 03.0473
magneto 永磁发电机 03.0533
magneto-acoustic device 磁声[转换]器件 08.2058
magnetoacoustic effect 磁声效应 08.1935
magneto-acoustic wave 磁声波 10.0206
magnetoactive plasma 磁化等离[子]体 10.0022
magnetobiology 磁生物学 11.0334
magneto-bremsstrah-101lung *磁轫致辐射 09.0871
magnetocaloric effect 磁热效应 08.1940
magnetoconductivity 磁电导率 08.2076
magneto crystalline anisotropy 磁晶各向异性 08.1972
magnetodynamics 磁动力学 08.2077
magnetoelastic effect 磁弹效应 08.1936
magnetoelasticity 磁致弹性 08.2078
magnetoelastic wave 磁弹波 08.2021
magnetoelectric effect 磁电效应 08.1938
magnetoelectric galvanometer 磁电式电流计 03.0824
magnetoelectronics 磁电子学 08.2079
magneto-exciton 磁激子 08.2081
magnetofluid dynamics 磁流体[动]力学 10.0094
magnetogradiometer 磁梯度计 03.0521
magnetogram 磁像图 03.0519
magnetograph 磁像仪 03.0520
magnetogyric ratio 磁旋比 06.0494
magnetohydrodynamic generation 磁流体发电 10.0117
magnetohydrodynamic instability 磁流体力学不稳定性 10.0308
magnetohydrodynamics 磁流体[动]力学 10.0094
magnetohydrodynamic shock 磁流体力学击波 10.0247
magnetohydrodynamic wave 磁流体力学波 10.0188
magneto-ionic theory 磁离子理论 10.0474
magnetomechanical effect 磁力效应 08.1937
magnetometer 磁强计 03.0516
magnetometry 测磁强术 03.0517
magnetomotive force 磁通势,*磁动势 03.0495
magneton 磁子 06.0489
magneto-optical drive 磁光驱动器 04.1542
magneto-optical rotation 磁致旋光 04.1207
magneto-optical trap 磁光阱 04.2474
magneto-optic effect 磁光效应 04.2359
magneto-optic Kerr effect 磁光克尔效应 08.2080
magneto-optic modulation 磁光调制 04.2363
magneto-optics 磁光学 04.0022
magneto-optic shutter 磁光快门 04.2364
magnetopause 磁层顶 10.0467
magneto-phonon resonance 磁声共振 08.2117
magneto-plasmon mode 磁等离激元模 08.2082
magnetoplasmon-phonon mode 磁等离体子-声子模 10.0487
magnetopolaron 磁极化子 08.1958
magnetoresistance 磁[电]阻 08.1939
magneto rheological fluid 磁流变液 08.2533
magneto rheology 磁流变学 08.2534
magnetosensitive sensor 磁敏传感器 08.1737
magnetosheath 磁鞘 10.0478
magnetosphere 磁层 10.0466
magnetospheric storm 磁层暴 10.0477
magnetostatic field 静磁场 03.0371
magnetostatics 静磁学 03.0369
magnetostatic wave 静磁波 08.2022
magnetostriction 磁致伸缩 08.1977
magnetotellurics 大地磁学 03.0439

magnetothermal effect 磁热效应 08.1940
magnet quench 磁体猝灭 08.3348
magnetron 磁控管 03.0925
magnetron sputtering 磁控溅射 08.0813
magnification 放大 03.0978，放大率 04.0331
magnifier 放大镜 04.0391
magnifying eyepiece 放大目镜 04.0398
magnifying lens 放大镜 04.0391
magnifying power 放大率 04.0331
magnitude 量值 01.0050
magnon 磁波[振]子 08.1944
Magnus effect 马格纳斯效应 02.0799
Magnus force 马格纳斯力 02.0800
Maier-Saupe mean field theory 梅尔-绍珀平均场理论 08.2704
main flux 主磁通 03.0461
main sequence star 主序星 11.0110
Majorana neutrino 马约拉纳中微子 09.1191
Majorana particle 马约拉纳粒子 09.1089
majority carrier 多[数载流]子 08.1576
majority carrier density 多子浓度 08.1594
majority rule 多数规则 05.1086
major planet 大行星 11.0226
malleability 展性 08.2385
Malus' law 马吕斯定律 04.1109
Mandelbrot set 芒德布罗集[合] 11.0651
Mandel Q parameter 曼德尔 Q 因子 06.0893
manganin 锰铜 08.1155
man-made isotope 人造同位素 09.0790
manometer 流体压强计 02.0909
many-body effect 多体效应 05.0659
many-body problem 多体问题 05.0658
many-body system 多体系统 05.0491
many-body theory 多体理论 05.0662
many-electron state 多电子态 05.0661
many-worlds interpretation 多世界诠释 06.0415
map 映射 11.0578，映像 11.0579
marginal dimension 边缘维数 11.0631
marginal Fermi liquid theory 边缘费米液体理论 08.3058
marginal instability 边缘不稳定性 10.0272
marginal parameter 边缘参量 05.1048
marginal ray 边缘光线 04.0364
marine acoustics 水声学，*海洋声学 04.2607
Markov approximation 马尔可夫近似 05.0842
Markov process 马尔可夫过程 05.0841
Mars 火星 11.0221
martensite 马氏体 08.0906
martensitic transformation 马氏体相变 08.0907
maser 微波激射器，*微波量子放大器 04.1982
mass 质量 01.0049
mass analyzer 质谱分析器 08.1128
mass-attenuation coefficient 质量衰减系数 09.0272
mass balance equation 质量平衡方程 01.0203
mass deficit 质量亏损 06.0193
mass density 质量密度 02.0126
mass distribution 质量分布 02.0127
mass-energy equivalence 质能等价性 06.0145
mass-energy relation 质能关系 06.0178
mass excess 质量盈余 09.0035
mass flow rate 质量流率 02.0128
mass flux 质量通量 02.0129
mass formula 质量公式 09.0073
Massieu-Planck function 马休-普朗克函数 05.0301
massive particle 有质量粒子 09.1090
massive support principle 大质量支撑原理 08.3575
massless particle 无质量粒子 09.1091
mass number 质量数 09.0012
mass-number conservation 质量数守恒 09.0440
mass operator 质量算符 09.1092
mass oscillation 集体振荡 05.0734
mass resolution 质量分辨率 09.1624
mass separator 质量分离器 09.0804
mass shell 质壳 09.1094
mass spectrograph 质谱仪 09.0835
mass spectrometer 质谱仪 09.0835
mass spectrometry 质谱法 09.0841
mass spectrum 质谱，*Ω 器 09.0840
mass stopping power 质量阻止本领 09.0695
mass thickness 质量厚度 09.0472
mass-thickness contrast 质量厚度衬度，*质厚衬度 09.1595
mass transfer 传质，*质量转移 05.0793
mass transport equation 质量输运方程 05.0794
master equation 主方程 05.0847
master grating 母光栅 04.1064
master oscillator 主控振荡器 03.1015
master pulse 主脉冲 03.1042

matching angle　匹配角　04.2389
matching impedance　匹配阻抗　03.0622
matching load　匹配负载　03.0623
material　材料　01.0047
material science　材料科学　08.0013
materiology　材料学　08.0014
mathematical pendulum　＊数学摆　02.0308
mathematical physics　数理物理[学]　01.0010
mathematical statistics　数理统计[学]　01.0011
matrix　矩阵　01.0429
matrix display　矩阵显示　08.2254
matrix element　矩阵元　01.0437
matrix mechanics　矩阵力学　06.0440
matrix optics　矩阵光学　04.0011
matrix representation　矩阵表示　06.0441
Matsubara function　＊松原函数　05.0932
matter　物质　01.0048
matter-antimatter cosmology　物质-反物质宇宙学　11.0030
matter era　实物期，＊实物时代　11.0026
matter wave　物质波　06.0460
matter-wave interferometry　物质波干涉法　06.0781
Matthias rule　马蒂亚斯定则　08.3245
Matthiessen's rule　马西森定则　08.1462
maximum deviation　最大偏差　01.0250
maximum entropy　最大熵　05.0293
maximum error　最大误差　01.0237
maximum likelihood method　最大似然法　01.0533
maximum magnetic energy product　最大磁能积　08.2003
[Maxwell-]Boltzmann distribution　[麦克斯韦-]玻尔兹曼分布　05.0578
[Maxwell-]Boltzmann statistics　[麦克斯韦-]玻尔兹曼统计法　05.0577
Maxwell bridge　麦克斯韦电桥　03.0836
Maxwell equal area rule　麦克斯韦等面积定则　05.0081
Maxwell's demon　麦克斯韦妖　05.0280
Maxwell's equations　麦克斯韦方程组　03.0668
Maxwell speed distribution　麦克斯韦速率分布　05.0569
Maxwell's relations　麦克斯韦关系　05.0307
Maxwell stress tensor　电磁[场]应力张量　03.0693
Maxwell velocity distribution　麦克斯韦速度分布　05.0568
Mayer function　迈耶函数　05.0664
MBR　微波背景辐射　06.0332
MCD　磁圆二色性　04.2581
M-center　M心　08.0456
McLeod vacuum gauge　麦克劳德真空规　05.0141
McMillan's Tc formula　麦克米伦Tc公式　08.3164
MD method　分子动力学法　05.0927
mean collision time　平均碰撞时间　05.0742
mean deviation　平均偏差　01.0251
mean error　平均误差　01.0232
mean field　平均场　09.0326
mean field approximation　平均场近似　09.0327
mean field theory　平均场理论　05.1107
mean free path　平均自由程　05.0741
mean ionization potential　平均电离势　09.0704
mean king's problem　卑劣国王问题　06.0914
mean lifetime　平均寿命　09.0137
mean range　平均射程　09.0700
mean speed　平均速率　05.0570
mean square deviation　方均偏差　01.0252
mean square displacement　方均位移　05.0825
mean value　平均值　01.0261
mean velocity　平均速度　02.0046
measurable quantity　可测量　01.0055
measurement　测量　01.0207
measurement accuracy　测量精度　01.0211
measurement error　测量误差　01.0212
mechanical compliance　力顺度　02.0211
mechanical energy　机械能　02.0293
mechanical equilibrium condition　力学平衡条件　05.0351
mechanical equivalent of heat　热功当量　05.0103
mechanical equivalent of light　光功当量　04.0610
mechanical impedance　机械阻抗，＊力[学]阻抗　02.0561
mechanical mass　力学质量　03.0779
mechanical motion　机械运动，＊力学运动　02.0020
mechanical quality factor　力学品质因数　08.2180
mechanical quantity　力学量　02.0455
mechanical reactance　力抗　02.0456
mechanical system　力学体系，＊力学系[统]　02.0304
mechanical vibration　机械振动　02.0355
mechanical wave　机械波　04.2636
mechanical work　机械功　02.0282
mechanics　力学　02.0001

mechanics of continuous media 连续介质力学 02.0014
mechanics of explosion 爆炸力学 02.0010
mechanics of materials 材料力学 02.0013
mechanism 机理 09.1257
mechanocaloric effect 力热效应 08.3008
mechanoluminescence 力致发光 08.2228
medical physics 医学物理[学] 01.0020
medium 介质 03.0178
medium energy electron diffraction 中能电子衍射 08.1126
medium frequency 中频 04.2690
medium-range order 中程序 08.0576
medium weight nucleus 中重核 09.0423
MEED 中能电子衍射 08.1126
megaphone 扩音器 04.2790
megohmmeter 兆欧表 03.0817
Meissner effect 迈斯纳效应 08.3087
Meissner state 迈斯纳态 08.3088
Mel'nikov integral 梅利尼科夫积分 11.0612
melt 熔体 08.0876
meltability 可熔性 08.0877
melt growth 熔体生长 08.0878
melting 熔化 05.0396
melting heat 熔化热 05.0424
melting point 熔点 05.0397
melting zone 熔区 05.0398
melt-quenching method 熔态淬火法 08.0572
melt-spinning method 熔态旋凝法 08.0571
MEM 镜式电子显微术 03.0426
membrane protein 膜蛋白 11.0418
memory circuit 记忆电路, *存储电路 08.1742
memory effect 记忆效应 08.1741
memory element *记忆元件 03.1115
memory function 记忆函数 05.0861
memristor 忆阻器 03.0251
MEMS 微电子机械系统 08.2953
meniscus lens 弯月透镜 04.0253
Mercury 水星 11.0219
meridian 子午圈 11.0264
meridional focal line 子午焦线 04.0514
meridional ray 子午光线 04.0360
merohedral disorder 缺面体无序 08.0587
meron 半子 09.1032
mesa junction 台面结 08.1764
mesa transistor 台面晶体管 08.1765
MESFET 金属-半导体场效应晶体管 08.1766
mesh 网目 08.0989
mesh of grids 栅网 08.0990
mesh point 网格点 08.0234
mesogen 中介相 08.2639
mesomechanics 细观力学 02.0011
mesomorphic phase 介晶相 08.2616
mesomorphism 介晶性 08.2617
meson 介子 09.0929
meson capture 介子俘获 09.1561
meson field 介子场 09.1562
mesonic atom 介[子]原子 09.1209
mesonium 介子素 09.1210
meson shower 介子簇射 09.1563
meson theory of nuclear force 核力的介子理论 09.1564
mesoscopic fluctuation 介观涨落 08.3484
mesoscopic physics 介观物理[学] 08.0009
mesoscopic structure 介观结构 08.0018
mesoscopic superconductivity 介观超导电性 08.3195
mesoscopic system 介观体系 08.3475
mesostructure 介观结构 08.0018
metacenter 定倾中心 02.0121
metacrystal 亚晶 08.0748
Metagalaxy 总星系 11.0045
metal 金属 08.1214
metal-insulator-semiconductor field effect transistor 金属绝缘体半导体场效应晶体管 08.1767
metal-insulator-semiconductor structure 金属-绝缘体-半导体结构 08.1730
metal-insulator transition 金属绝缘体转变 08.0692
metallic bond 金属键 08.0442
metallic bonding 金属键合 08.0441
metallic glass 金属玻璃 08.0561
metallic hydrogen 金属氢 08.3615
metallic plastic 金属塑料 08.1186
metallization 金属化 08.3614
metallographic microscope 金相显微镜 08.1135
metallographic technique 金相技术 08.1134
metallography 金相学 08.1133
metalloid 类金属 08.1149
metallurgical microscopy 金相显微术 08.1136
metallurgy 冶金学 08.1131
metal-organic chemical vapor deposition 金属有机物化学

气相沉积 08.0809
metal organic compound 金属有机化合物 08.0827
metal-organic molecular beam epitaxy 金属有机物分子束外延 08.0973
metal-organic vapor-phase epitaxy 金属有机物气相外延 08.0974
metal-oxide-semiconductor field-effect transistor 金属–氧化物–半导体场效应晶体管 08.1769
metal-oxide-semiconductor structure 金属–氧化物–半导体结构，＊MOS 结构 08.1768
metal physics 金属物理[学] 08.0005
metal-poor star 贫金属星 11.0112
metal-semiconductor field-effect transistor 金属–半导体场效应晶体管 08.1766
metal-semiconductor junction 金属–半导体结 08.1663
metal star 金属星 11.0111
metamagnet 变磁体 08.2084
metamagnetism 变磁性 08.2085
metamaterial 超构材料 08.3618
metamer 位变异构体 08.0377
metametal 亚金属 08.1148
metastability 亚稳定性 02.0349
metastable atom 亚稳原子 07.0119
metastable equilibrium 亚稳平衡 05.0369
metastable phase 亚稳相 08.0792
metastable resonator 亚稳[共振]腔 04.2035
metastable state 亚稳态 05.0370
meteor 流星 11.0227
meteorite 陨石，＊陨星 11.0228
meteoroid 流星体 11.0229
method of images 镜像法，＊电像法 03.0170
method of nuclear recoil 核反冲法 09.0809
method of partial waves 分波法 06.0647
method of pseudopotential 赝势法 05.0708
method of substitution 替代法 01.0180
method of vector diagram 矢量图解法 02.0031
metric 度规 09.1258
metric entropy 测度熵 05.1119
metric field 度规场 06.0216
metric tensor 度规张量 06.0130
metric transitivity 度规传递性 05.0497
metrology 计量学 01.0206
Metropolis-Stein-Stein sequence MSS 序列 11.0505
MFL theory 边缘费米液体理论 08.3058
MHD generation 磁流体发电 10.0117
MHD shock 磁流体力学击波 10.0247
MHD wave 磁流体力学波 10.0188
mica 云母 08.3627
micelle 胶束，＊胶团 08.2581
Michelson echelon [grating] 迈克耳孙阶梯光栅 04.1059
Michelson interferometer 迈克耳孙干涉仪 04.1092
Michelson-Morley experiment 迈克耳孙–莫雷实验 04.1964
microarray 微阵列 04.2192
microbalance 微量天平 02.0891
microbeam 微束 04.2193
microbridge 微桥 08.2968
microcanonical distribution 微正则分布 05.0538
microcanonical ensemble 微正则系综 05.0537
microcausality 微观因果性 09.1085
microcavity 微腔 04.2045
microchannel plate 微通道板 09.0785
microchip 微芯片 08.2969
microcrack initiation 微裂纹萌生 08.2370
microcrystal 微晶[体] 08.0035
microcrystalline model 微晶模型 08.0595
microdefect 微缺陷 08.1682
microdisk laser 微盘激光器 04.2239
micro-electromechanical system 微电子机械系统 08.2953
microemulsion 微乳状液 08.2547
microfluidics 微流控术 02.0832
microfusion 微聚变 10.0430
microgravimetry 微重力测量学 11.0317
microgravitational lens 微引力透镜 11.0064
microgravity 微重力 11.0316
micro-image storage 缩微像存储 04.1335
microinstability 微观不稳定性 10.0262
microkelvin temperature 微开温度 08.3393
microlens 微透镜 04.0278
microlens 微引力透镜 11.0064
microlensing 微引力透镜效应 06.0321
micromagnetics 微磁学 08.2004
micromechanics 微观力学 02.0009
micromechanism 微观机制 01.0083
micrometer caliper 螺旋测微器 02.0884
micrometer eyepiece 测微目镜 04.0400

micro-optics ［显］微光学 04.0414
micro-penetration hardness 显微硬度 08.1109
microphonics 颤噪声 04.2798
micro［photo］densitometer 测微［光］密度计 04.0809
microphotometer 测微光度计 04.0687
microphotometer comparator 测微光度比长仪 04.0612
microphysics 微观物理［学］ 01.0004
microplasticity 微塑性 08.2351
microprocess 微观过程 09.1086
microscope 显微镜 04.0413
microscopic cross-section 微观截面 09.0467
microscopic holography 显微全息术 04.1418
microscopic physics 微观物理［学］ 01.0004
microscopic quantity 微观量 05.0498
microscopic reversibility 微观可逆性 05.0502
microscopic state 微观态 01.0119
microscopy 显微术 04.0423
microspectrophotometer 测微分光光度计 04.1656
microstate 微观态 01.0119
microstrain 微应变 08.0961
microstructure 微结构 08.0016
microsystem 微系统 01.0123
microtron 电子回旋加速器 09.0861
microwave 微波 03.0675
microwave absorption 微波吸收 03.0679
microwave amplification by stimulatedemission of radiation 微波激射 04.1981
microwave assisted deposition 微波辅助沉积 08.0817
microwave background radiation 微波背景辐射 06.0332
microwave cavity 微波腔 03.1024
microwave diagnostics 微波诊断 10.0452
microwave-induced step 微波感生台阶 08.3297
microwave isolator 微波隔离器 03.0912
microwave radiation 微波辐射 03.0678
microwave spectroscopy 微波波谱学 03.0677
microwave spectrum 微波谱 03.0676
microworld 微观世界 09.1087
mictomagnetism 混磁性 08.2005
mid-infrared peak 中红外峰 04.1877
Mie scattering 米氏散射 04.0878
Miescwicz viscosity coefficient 梅索维奇黏性系数 08.2689
Migdal's theorem 米格达尔定理 06.0695
migration 迁移 08.2535
migration velocity 迁移速度 05.0795
Miller indices 米勒指数 08.0053
Millikan's oil drop experiment 密立根油滴实验 03.0010
millikelvin temperature 毫开温度 08.3392
millimeter wave imaging 毫米波成像 04.0203
mimetic twinning 似孪晶 08.0368
min-B configuration 最小磁场位形 10.0376
mineralography 矿相学 08.1210
miniband 微［能］带 08.1368
minigap 微能隙 08.1332
minimum ignition energy 最小点火能 03.1155
minimum metallic conductivity 最小金属电导率 08.1488
minimum standard model 最小标准模型 09.1441
minimum subtraction 最小减除 09.1613
Minkowski coordinate system 闵可夫斯基坐标系 06.0065
Minkowski diagram 闵可夫斯基图 06.0072
Minkowski geometry 闵可夫斯基几何 06.0063
Minkowski map 闵可夫斯基图 06.0072
Minkowski metric 闵可夫斯基度规 06.0066
Minkowski space 闵可夫斯基空间 06.0062
Minkowski world 闵可夫斯基空间 06.0062
minority carrier 少［数载流］子 08.1577
minority carrier density 少子浓度 08.1595
minor planet 小行星 11.0235
mirror ［反射］镜 04.0140
mirror electron microscopy 镜式电子显微术 03.0426
mirror image 镜像 04.0210
mirror instability 磁镜不稳定性 10.0287
mirror inversion 镜像反演 08.0137
mirrorless laser 无反射镜激光器 04.2197
mirror nucleus 镜像核 09.0104
mirror plane 镜面 04.0141
mirror ratio 磁镜比 10.0368
mirror reflection 镜面反射 04.0142
mirror symmetry 镜像对称 04.0143
MIS 金属-绝缘体-半导体结构 08.1730
miscibility 溶混性，＊可混性 02.0789
miscible fluid 互溶流体 02.0788
MISFET 金属绝缘体半导体场效应晶体管 08.1767
misfit 错合 08.0538

misfit dislocation　错合位错　08.0480
misfocusing　＊散焦　04.0305
misfolding　错折叠　11.0414
mismatch　失配　08.0539
missing mass　丢失质量　09.1093
missing order　缺级　04.1717
mitochondrion　线粒体　11.0374
mixability　可混性　08.2662
mixability rule　可混定则　08.2663
mixed crystal　混晶　08.0581
mixed dislocation　混合位错　08.0478
mixed gas　混合气体　05.0062
mixed state　混合态　06.0519
mixed tensor　混变张量　06.0244
mixed valence　混合价　08.1947
mixer　混频器　03.0922，混合器　03.0923，合路器　03.1040
mixer crystal　混频晶体　08.0369
mixing　混合性　05.0495
mixing angle　混合角　09.1259
mixing entropy　混合熵　05.0310
mixing ratio　混合比　09.0254
MMT　多镜面望远镜　04.0640
mobile defect　可动缺陷　08.0466
mobile equilibrium　可动平衡　08.3635
mobility　迁移率　03.0347
mobility edge　迁移率边　08.0683
mobility gap　迁移率隙　08.0684
mobility tensor　迁移率张量　05.0796
MOCVD　金属有机物化学气相沉积　08.0809
modal dispersion　模色散　04.1471
mode competition　模竞争　04.2115
mode configuration　模结构　04.2081
mode coupling　模耦合　05.0899
mode density　模密度　04.2548
mode-locked laser　锁模激光器　04.2113
mode-locking　锁模　04.2109
model potential　模型势　05.0751
mode matching　模匹配　04.2196
mode number　模数　04.2084
mode of laser　激光模[式]　04.2079
mode of vibration　振动模[式]　02.0359
mode pattern　模图样　04.2082
mode-pulling effect　模牵引效应　04.2116
mode-pushing effect　模推斥效应　04.2117
moderating effect　慢化效应　09.0609
moderator　慢化剂　09.0610
modern physics　近代物理[学]　01.0009
mode selection　选模　04.2105
mode sequence　模序列　04.2083
mode suppression　模抑制　04.2106
MODFET　调制掺杂场效应晶体管　03.0918
modified value　修正值　01.0389
modulated structure　调制结构　08.1821
modulation band　调制带　08.1822
modulation depth　调制深度　08.1823
modulation-doped field-effect transistor　调制掺杂场效应晶体管　03.0918
modulation doping　调制掺杂　08.0977
modulation envelope　调制包络线　03.1113
modulation instability　调制不稳定性　10.0334
modulation spectroscopy　调制光谱学　04.1866
modulation transfer function　调制传递函数　04.1241
modulator　调制器　03.1112
modulus　模量　01.0094，模数　01.0095
modulus of compression　压缩模量　02.0472
modulus of elasticity　弹性模量　08.2313
Mohs hardness scale　莫氏硬度标　02.0480
moiré(法) fringe　叠栅条纹，＊莫阿条纹　04.1074
molar heat capacity　摩尔热容　05.0107
molar mass　摩尔质量　05.0055
molar volume　摩尔体积　05.0053
molecular acoustics　分子声学　04.2613
molecular adsorption　分子吸附　07.0293
molecular association　分子缔合　07.0294
molecular beam epitaxy　分子束外延　08.0972
molecular beam maser　分子束微波激射器　04.1983
molecular biophysics　分子生物物理学　11.0332
molecular bond　分子键　07.0295
molecular chaos hypothesis　分子混沌拟设　05.0749
molecular clock　分子钟　07.0296
molecular cluster　分子团簇　08.2973
molecular crystal　分子晶体　08.0436
molecular current　分子电流　03.0443
molecular dynamics　分子动力学　07.0297
molecular dynamics method　分子动力学法　05.0927
molecular electronics　分子电子学　07.0306
molecular field theory　分子场理论　08.1891

molecular fountain 分子喷泉 07.0298
molecular machinery 分子机械 11.0434
molecular magnet 分子磁体 07.0299
molecular magnetic moment 分子磁矩 03.0448
molecular motor 分子马达 11.0435
molecular optics 分子光学 04.0017
molecular orbital 分子轨道 07.0300
molecular orbital method 分子轨道法 07.0301
molecular physics 分子物理[学] 07.0167
molecular polarizability 分子极化率 07.0302
molecular refraction 分子折射度 04.1564
molecular scattering 分子散射 04.1571
molecular sieve 分子筛 07.0303
molecular sieve trap 分子筛阱 07.0304
molecular sink 分子汇 07.0305
molecular solid 分子固体 08.0642
molecular spectroscopy 分子光谱学 04.1870
molecular spectrum 分子波谱 07.0181
molecular structure 分子结构 07.0171
molecular theory 分子说 07.0168
molecular weight 分子量 07.0169
molecule 分子 07.0170
moment 矩 02.0556
moment arm 矩臂 02.0683
moment equation 矩方程 05.0851
moment method 矩量法 01.0562
moment of couple 力偶矩 02.0557
moment of dipole 偶极矩 03.0105
moment of distribution function 分布函数矩量 05.0908
moment of force 力矩 02.0276
moment of inertia 转动惯量 02.0523
moment of magnetic couple 磁力偶矩 03.0451
moment of momentum 动量矩 02.0270
moment of resistance 阻力矩 02.0560
moment of rotation 转矩 02.0565
momentum 动量 02.0258
momentum density 动量密度 03.0691
momentum flow density 动量流密度 03.0692
momentum operator 动量算符 06.0573
momentum representation 动量表象 06.0444
momentum space ＊动量空间 06.0446
momentum-space ordering 动量空间成序 05.0716
momentum transfer 动量传递 02.0261
moment vector 矩矢[量] 02.0559
moment vector of couple 力偶矩矢 02.0558
monad group 单轴群 08.0162
monatomic chain 单原子链 07.0307
Monge's surface 蒙日曲面 01.0373
monitor 监视器 03.0889
monoatomic gas 单原子气体 05.0065
monochromatic aberration 单色像差 04.0493
monochromatic light 单色光 04.0847
monochromatic [light] source 单色光源 04.0849
monochromatic radiation 单色辐射 04.0045
monochromatic wave 单色波 03.0688
monochromatization 单色化 04.0848
monochromator 单色仪 04.1647
monoclinic crystal system 单斜晶系 08.0199
monocrystal 单晶[体] 08.0031
monocrystalline silicon 单晶硅 08.0032
monolayer 单层 08.2780
monomer 单体 08.2586
monopole transition 单极跃迁 09.0228
monotectic transformation 偏晶转变 08.0924
monotropic liquid crystal 单变型液晶 08.2625
Monte Carlo method 蒙特卡罗法 05.0922
Montgomery method 蒙哥马利法 08.1483
Moore's law 摩尔定律 08.1771
Morin transition 莫林相变 08.1969
morphology 形态学 08.1132
morphotropic series 变晶系列 08.0370
morphotropism 准同型性 08.0336
morphotropy 变形性 08.0337
Morse potential 莫尔斯势 07.0218
mosaic crystal 镶嵌晶体 08.0339
mosaic imaging 镶嵌成像 08.0340
mosaic structure 镶嵌结构 08.0338
Moseley diagram 莫塞莱图 07.0130
Moseley's law 莫塞莱定律 07.0129
MOSFET 金属-氧化物-半导体场效应晶体管 08.1769
MOS structure 金属-氧化物-半导体结构，＊MOS 结构 08.1768
most probable distribution 最概然分布，＊最可几分布 05.0565
most probable speed 最概然速率，＊最可几速率 05.0572
most probable value 最概然值，＊最可几值 01.0257

MOT　磁光阱　04.2474
mother liquor　母液　08.0873
motif　模体　11.0370
motion　[运]动　02.0018
motional electromotive force　动生电动势　03.0543
motional impedance　动生阻抗　03.1097
motional narrowing　动生变窄　08.2274
motor　电动机　03.0866
Mott barrier　莫特势垒　08.1652
Mott-Hubbard phase transition　莫特–哈伯德相变　08.3610
Mott insulator　莫特绝缘体　08.0688
Mott scattering　莫特散射　09.0536
Mott transition　莫特转变，* 莫特相变　08.0687
mousetrap apparatus　鼠夹装置　08.3589
moving frame　运动参考系　02.0105
MOVPE　金属有机物气相外延　08.0974
MRAM　磁随机[存取]存储器　08.2062
MRI　磁共振成像　08.2063
MRS　磁共振谱学　08.2064
MSM　最小标准模型　09.1441
Mössbauer effect　穆斯堡尔效应　09.0266
Mössbauer spectrometer　穆斯堡尔谱仪　09.0832
Mössbauer spectrum　穆斯堡尔谱　08.2023
Mueller matrix　缪勒矩阵　04.1168
muffin-tin approximation　糕模近似　08.1308
muffin-tin potential　糕模势　08.1307
muffler　消声器　04.2794
multiatomic gas　多原子气体　05.0067
multichannel analyzer　多道分析器　09.0737
multichannel holography　多道全息术　04.1416
multichannel Kondo effect　多道近藤效应　08.1497
multichannel laser system　多路激光[器]系统　04.2259
multichannel spectrometer　多道分光计　04.1660
multicolor laser　多色激光器　04.2210
multicolor spatial soliton　多色空间孤子　04.2505
multicomponent open system　多元开放系统　05.0319
multicomponent plasma　多组分等离[子]体　10.0020
multiconfiguration　多组态　07.0058
multicore structure　多芯结构　09.1442
multicritical point　多相临界点　05.1000
multicusp　多会切　10.0385
multielement lens　多元透镜　04.0657
multiexciton complex　多激子复合体　08.1554
multiexposure　多次曝光　04.0819
multiferroics　多铁序材料　08.1205
multifilamentary composite superconductor　多芯复合超导体　08.3251
multifractal　多重分形　11.0623
multifunctional material　多功能材料　08.3621
multigrid probe　多栅探头　10.0460
multilayer adsorption　多层吸附　08.2731
multilayer dielectric film　多层介质膜，* 多层介电膜　04.0932
multilayer insulation　多层隔热　08.3420
multilevel laser　多能级激光器　04.2247
multilevel system　多能级系统　07.0251
multimeter　多用[电]表　03.0818
multi-mirror telescope　多镜面望远镜　04.0640
multimode cavity　多模腔　04.2103
multimode laser　多模激光器　04.2260
multimode [optical] fiber　多模光纤　04.1451
multimode oscillation　多模振荡　04.2104
multinucleon transfer　多[数]核子转移　09.0527
multiparticle distribution function　多粒子分布函数　05.0904
multiparticle property　多粒子性质　05.0660
multiparticle system　多粒子系统　06.0799
multiparticle tunneling　多粒子隧穿　08.3288
multipartite entanglement　多粒子纠缠　06.0729
multiperipheral chain　多重边缘链　09.1260
multiphase alloy　多相合金　08.1173
multi-phase system　多相系　05.0317
multiphonon absorption　多声子吸收　08.2268
multiphonon process　多声子过程　08.1419
multiphonon relaxation　多声子弛豫　08.1420
multiphonon spectrum　多声子谱　08.1418
multiphoton dissociation　多光子离解　04.2464
multiphoton effect　多光子效应　04.2418
multiphoton entanglement　多光子纠缠　06.0730
multiphoton excitation　多光子激发　04.2463
multiphoton process　多光子过程　04.2417
multiphoton spectroscopy　多光子光谱学　04.2465
multiple-anvil apparatus　多砧装置　08.3577
multiple-beam interference　多光束干涉　04.0888
multiple dark soliton　多重暗孤子　11.0751
multiple diffraction　多次衍射　04.1026
multiple exposure　多次曝光　04.0819

multiple grating　复[式]光栅　04.1062
multiple-order wave plate　多级波片　04.1137
multiple probe measurement　多探针测量　08.1067
multiple quantum well　多量子阱　08.3471
multiple scattering　多重散射　08.2800
multiple singularity　多重奇点　11.0468
multiple star　聚星　11.0113
multiple steady state　多重定态　11.0706
multiplet　多重态　09.1139，多重线　09.1140
multiplet structure　多重态结构　09.0376
multiple-wave interference　多波干涉　04.0929
multiple-wire [proportional] chamber　多丝[正比]室　09.0772
multiplexer　复用器　04.1484
multiplex hologram　多重全息图　04.1391
multiplex optical spectroscopy　多路光谱术　04.1841
multiplication factor　倍增因子　09.0613
multiplicity　多重数　09.1261，多重性　09.1262
multipolarity　多极性　09.0233
multipole configuration　多极位形　10.0421
multipole emission　多极发射　09.0234
multipole expansion　多极展开　03.0118
multipole field　多极场　09.0230
multipole moments　多极矩　09.0231
multipole order　多极级　09.0232
multipole radiation　多极辐射　09.0235
multipole transition　多极跃迁　09.0236
multiproduction　多重产生　09.1275
multislice calculation　多片[法]计算　08.1124
multislice method　多片法　08.1123
multislice model　多片模型　08.1122
multislit diffraction　多缝衍射　04.1027
multislit interference　多缝干涉　04.0886
multistep avalanche chamber　多步雪崩室　09.1640
multivalence　多价　08.1156
multivariate master equation　多变量主方程　05.0849
multiwall nanotube　多壁纳米管　08.2963
multi-wavelength routing　多波长路由　04.1505
Munsell color system　芒塞尔色系　04.0739
muon　μ子　09.0951
muon capture　μ俘获　09.0957
muonic atom　μ原子　09.0955
muon[ic] number　μ子数　09.0956
muonium　μ子素　09.0953
muon polarization　μ子极化　09.1443
muon spin precession　μ子自旋进动　08.2049
muon spin relaxation　μ子自旋弛豫　09.1445
muon spin resonance　μ子自旋共振　09.1447
muon spin rotation　μ子自旋旋进　08.2050
muon spin rotation spectroscopy　μ子自旋旋转谱学　09.1448
Murnaghan equation　默纳汉方程　08.3599
muta-rotation　变异旋光　04.1195
mute　弱音器　04.2793
mutrino　μ[子型]中微子　09.1118
mutual coherence function　互相干函数　04.1289
mutual conductance　互导　03.0636
mutual correlation　互关联　05.0887
mutual friction　互摩擦　08.3045
mutual inductance　互感系数　03.0573
mutual inductance circuit　互感电路　03.0618
mutual induction　互感[应]　03.0572
mutual induction electromotive force　互感电动势　03.0550
mutual inductor　互感器　03.0575
mutual intensity　互强度　04.1298
mutually unbiased bases　互不偏基　06.0765
mutual spectral density　互谱密度　04.1295
myoglobin　肌红蛋白　11.0424
myopia　近视　04.0387
myosin　肌球蛋白　11.0422

N

NAA　中子活化分析　09.0806
nabla　倒三角算符　01.0357
NaCl structure　氯化钠[型]结构　08.0251
naïve ansatz　自然拟设　01.0147
naked cluster　裸团簇　08.2971
naked singularity　裸奇异性　06.0288
Nambu-Eliashberg equation　南部–厄立希伯格方程　08.3141
Nambu equation　南部方程　09.1569
nanocantilever　纳米悬臂　08.2946

nanochip 纳米芯片 08.2947
nanocomposite material 纳米复合材料 08.2948
nano-crystal 纳米晶体 08.0037
nanocrystalline material 纳米晶体材料 08.2949
nanodevice 纳米器件 08.2950
nanoelectromechanical system 纳米机电系统 08.2952
nanofabrication 纳米加工，*纳米制造 08.2944
nanoindentation 纳米压痕 08.2945
nanolaser 纳米激光器 08.2951
nano-onion 纳米[洋]葱 08.2954
nanoparticle 纳米颗粒 08.2955
nanophase material 纳米相材料 08.2956
nanoscale 纳米尺度 08.2942
nanoscience 纳米科学 08.2943
nanostructure 纳米结构 08.2957
nanotechnology 纳米技术 08.2959
nanotube 纳米管 08.2960
nanotube array 纳米管阵列 08.2966
nanowire 纳米线 08.2967
narrow band 窄带 08.1363
narrow-band filter 窄带滤光片 04.0959
narrow band noise 窄带噪声 08.2928
narrow-gap semiconductor 窄带隙半导体 08.1562
natural background radiation 天然本底辐射 09.0717
natural broadening 固有[谱线]增宽 04.1810
natural coordinate 自然坐标 02.0110
natural frequency 固有频率 02.0372
natural isotope 天然同位素 09.0789
natural lifetime 自然寿命 07.0090
natural light 自然光 04.1105
natural linewidth 固有线宽，*自然线宽 04.1807
natural oscillation 固有振荡 02.0371
natural radioactivity 天然放射性 09.0108
natural resonance 固有共振 04.1757
natural unit 自然单位 09.0917
natural uranium 天然铀 09.0693
natural vibration 固有振动 04.2620
Navier-Stokes equation 纳维-斯托克斯方程 02.0838
navigational object 导航天体 11.0305
NC 中性流 09.1416
NdFeB magnet 钕铁硼磁体 08.1910
near axial ray *近轴光线 04.0348
near-earth asteroid 近地小行星 11.0232
near-earth comet 近地彗星 11.0239
near-earth orbit 近地轨道 11.0302
near-earth space 近地空间 11.0301
near edge X-ray absorption fine structure X射线近吸收边精细结构 08.2845
near-equilibrium state 近平衡态 05.0759
nearest neighbor 最近邻 08.0089
near field 近场 04.0986
near-field microscopy 近场显微术 04.0425
near-field optical microscope 近场光学显微镜 04.0422
near-field pattern 近场图样 04.0987
near-field spectromicroscopy 近场光谱显微术 08.2833
near-forward scattering 近前向散射 04.1570
near infrared 近红外 04.1707
near-IR 近红外 04.1707
nearly free electron model 近自由电子模型 08.1248
nearly independent particle system 近独立粒子系统 05.0492
nearly integrable system 近可积系统 11.0611
nearly perfect crystal 近完美晶体 08.0103
near-magic nucleus 近幻数核 09.0335
near-monochromatic radiation 近单色辐射 04.0851
near sight 近视 04.0387
near-solar space 近日空间 11.0292
near-space environment 近太空环境 11.0290
near ultraviolet 近紫外 04.1709
near-UV 近紫外 04.1709
nebula 星云 11.0084
necklace state 项链态 06.0521
Néel point 奈尔点 08.1922
Néel temperature 奈尔温度 08.1923
Néel wall 奈尔[畴]壁 08.1983
negative 负片，*底片 04.0793
negative absorption 负吸收 04.1996
negative biaxial medium 负双轴介质 04.0056
negative charge 负电荷 03.0048
negative cycle 负循环 05.0253
negative differential resistance 负微分电阻 08.1489
negative dispersion 负色散 04.1621
negative energy wave 负能波 10.0191
negative entropy flow 负熵流 05.0444
negative eyepiece 负目镜 04.0397
negative feedback 负反馈 03.0965
negative glow 阴电辉 04.1925
negative hologram 负全息图 04.1373

negative hyperon 负超子 09.1192
negative image 负像 04.0233
negative index medium 负折射率介质 04.1174
negative ion 负离子 03.0339
negative lens 负透镜 04.0279
negative magnetoresistance 负磁[致电]阻 08.1490
negative meson 负介子 09.1193
negative metric 负度规 09.1263
negative plate 负极板 03.0301
negative Poisson's ratio material 负泊松比材料 08.2380
negative probability 负概率 06.0530
negative refractive index 负折射率 08.3620
negative resistance 负[电]阻 03.0268
negative-resistance device 负阻器件 03.0269
negative temperature 负[绝对]温度 05.0029
negative temperature coefficient 负温度系数 08.1494
negative thermal expansion 热收缩 05.0094
negatron 负电子 09.1194
negentropy 负熵 05.0292
neighboring mode 相邻模 10.0235
nematic liquid crystal 向列相液晶 08.2628
nematic phase 向列相，*丝状相 08.2627
nematogen 向列相液晶 08.2628
NEMC method 非平衡蒙特卡罗法 05.0923
NEMD 非平衡分子动力学 05.0918
neoclassical theory 新经典理论 10.0160
neoclassical transport 新经典输运 10.0161
Neptune 海王星 11.0225
neptunium series 镎系 09.0167
Nernst effect 能斯特效应 08.1620
Nernst's postulate *能斯特假设 05.0273
Nernst's theorem 能斯特定理 05.0273
Nernst vacuum calorimeter 能斯特真空量热器 05.0131
nerve conduction 神经传导 11.0387
nervous system 神经系统 11.0384
nesting [of Fermi surfaces] [费米面]叠套 08.3060
net charge 净电荷 03.0012
NETD 噪声等价温差 03.1000
net gain 净增益 04.2055
network 网络 03.0321
network colloid 网络胶体 08.2504
network dimensionality 网络维数 08.0643
network former 网络形成物 08.0651
network modifier 网络调节物 08.0652
neurofilament 神经丝 11.0389
neurological disorder 神经无序 11.0386
neuron 神经元 11.0388
neuronetwork 神经网络 11.0385
neuroscience 神经科学 11.0383
neutral beam current drive 中性束电流驱动 10.0431
neutral current 中性流 09.1416
neutral [density] filter 中性滤光片 04.0759
neutral equilibrium 随遇平衡 02.0342
neutral impurity 中性杂质 08.1610
neutral injection 中性[粒子]注入 10.0437
neutralino 中性微子 09.1023
neutralization 中和 03.0137
neutral line 中[性]线 03.0657
neutral meson 中性介子 09.1195
neutral mirror 中性反射镜 04.0776
neutral particle 中性粒子 09.1196
neutral step filter 中性阶梯滤光器 04.0778
neutrino 中微子 09.0198
neutrino induced production 中微子[致产]生 09.1096
neutrinoless double-β decay 无中微子双β衰变 09.0202
neutrino mixing matrix 中微子混合矩阵 09.1219
neutrino oscillation 中微子振荡 09.1095
neutrodyne receiver 衡消接收机 03.0764
neutron 中子 09.0007
neutron activation analysis 中子活化分析 09.0806
neutron activation logging 中子活化测井 09.0848
neutron age 中子年龄 09.0607
neutron binding energy 中子结合能 09.0039
neutron bottle 中子瓶 09.0598
neutron capture 中子俘获 09.0589
neutron chain reaction 中子链式反应 09.0674
neutron chopper 中子斩流器 09.0572
neutron collimator 中子准直器 09.0571
neutron counter 中子计数器 09.0727
neutron cycle 中子循环 09.0675
neutron decay 中子衰变 09.0599
neutron-deficient isotope 缺中子同位素 09.0052
neutron-deficient nuclide 缺中子核素 09.0048
neutron detector 中子探测器 09.0763
neutron diffraction 中子衍射 09.0593
neutron diffraction pattern 中子衍射图样 09.0594
neutron diffusion 中子扩散 09.0604

neutron dosimetry 中子剂量学 09.0280
neutron elastic scattering 中子弹性散射 09.0591
neutron escape 中子逃逸 09.0605
neutron excess 中子盈余 09.0045
neutron exposure 中子照相 09.0849
neutron fluence 中子注量 09.0595
neutron flux 中子通量 09.0596
neutron generator 中子发生器，＊中子产生器 09.0859
neutronics 中子学 09.0566
neutron-induced fission 中子诱发裂变 09.0634
neutron [induced] reaction 中子反应 09.0413
neutron inelastic scattering 中子非弹性散射 09.0592
neutron irradiation 中子辐照 09.0294
neutron leakage 中子泄露 09.0606
neutron lifetime 中子寿命 09.0600
neutron magnetic moment 中子磁矩 09.0601
neutron monitor 中子监测器 09.0570
neutron monochromator 中子单色器 09.0573
neutron multiplication 中子倍增 09.0676
neutron multiplicity 中子多重性 09.0660
neutron number 中子数 09.0010
neutron-proton ratio 中子质子比，＊中质比 09.0043
neutron-rich isotope 丰中子同位素 09.0050
neutron-rich nuclide 丰中子核素 09.0046
neutron scattering 中子散射 09.0590
neutron source 中子源 09.0574
neutron spectrometer 中子谱仪 09.0568
neutron spectroscopy 中子谱学 09.0567
neutron star 中子星 11.0143
neutron topography 中子形貌术 08.2054
neutron transmutation doping 中子嬗变掺杂 08.1674
neutron transport equation 中子输运方程 09.0602
neutron width 中子宽度 09.0495
Newton [color] disc 牛顿[色]盘 04.0704
Newtonian fluid 牛顿流体 02.0695
Newtonian mechanics 牛顿力学 02.0140
Newton's first law 牛顿第一定律 02.0142
Newton's law of motion 牛顿运动定律 02.0141
Newton's rings 牛顿环 04.0916
Newton's second law 牛顿第二定律 02.0143
Newton's third law 牛顿第三定律 02.0144
NEXAFS X射线近吸收边精细结构 08.2845
next-nearest neighbor 次近邻 08.0090
n-fold axis n重轴 08.0133
nickel arsenide structure 砷化镍[型]结构 08.0255
nickel-titanium alloy 铌钛合金 08.3246
Nicol prism 尼科耳棱镜 04.1149
Nilsson energy level 尼尔逊能级 09.0380
NMR 核磁共振 09.0269
NMR thermometer 核磁共振温度计 08.3436
NMR tomography 核磁共振层析术，＊NMR层析术 09.0817
noble metal 贵金属 08.1220
nocturnal radiation 夜间辐射 04.0677
nodal plane 节面 04.0377
nodal point 节点 04.0376
nodal slide 测节器 04.0378
node [波]节 03.0308
node current equations 节点电流方程组 03.0316
nodule 球粒 08.0665
no-go theorem 止步定理 09.1450
no-hair theorem 无毛定理 06.0301
1/fnoise ＊1/f噪声 05.0831
noise 噪声 05.0826
noise equivalent temperature difference 噪声等价温差 03.1000
noise factor 噪声因子 03.1001
noise level 噪声级 03.1002
noise power spectrum 噪声功率谱 03.1003
noise temperature 噪声温度 03.1004
noise thermometer 噪声温度计 08.3437
no-load current 空载电流 03.0604
Nomarski prism 诺马斯基棱镜 04.1153
nonabelian gauge field 非阿贝尔规范场 09.1133
nonadditivity correction 非加性修正 05.0682
nonautonomous system 非自治系统 11.0460
non-central force 非有心力 09.0079
non-circular plasma 非圆截面等离[子]体 10.0413
nonclassical rotational inertia 非经典转动惯量 08.3022
noncollinear phase matching 非共线相位匹配 04.2385
noncommutability 不可对易性 06.0454
nonconservative field 非保守场 02.0165
nonconservative force 非保守力 02.0164
nonconservative system 非保守系 02.0166
noncontact action 非接触作用 02.0246
noncontact coupling 非接触耦合 02.0247
noncrossing rule 不相交定则 07.0252
noncrystallographic symmetry 非晶体学对称 08.0109

nonmetallic materials 非金属材料 08.2128
non-metric theories 非度规理论 06.0350
non-monochromaticity 非单色性 04.0046
nonneutral plasma 非中性等离[子]体 10.0024
non-Newtonian fluid 非牛顿流体 02.0696
non-ohmic behavior 非欧姆行为 03.0293
non-ohmic heating 非欧姆加热 10.0435
non-ohmic material 非欧姆材料 03.0294
non-periodic motion 非周期运动 02.0022
nonpolarized light 非偏振光 04.1106
nonpolarizing beamsplitter 非偏振分束器 04.1147
nonpolar molecule 无极分子 03.0200
non-radiative generation 非辐射产生 09.1460
non-reciprocal property 非互易性 01.0555
non-reflecting film 无反射膜 04.0939
non-relativistic limit 非相对论性极限 06.0148
non-relativistic particle 非相对论性粒子 09.1197
non-resonant process 非共振过程 04.1763
non-resonant scattering 非共振散射 04.1764
non-rigid body 非刚性物体 02.0488
non-selective absorption 无选择吸收 08.2297
non-spectral color 非谱色 04.0741
non-spherical lens 非球面透镜 04.0258
non-static process 非静态过程 05.0200
nonstationary state 非定态 06.0510
nonstoichiometic crystal 非理想配比晶体 08.0783
nonstoichiometry 非理想配比 08.0782
non-symmorphic space group 非共形空间群，＊复杂空间群 08.0114
nonthermal radiation 非热辐射 10.0183
non-thermodynamic equilibrium 非热动平衡 05.0350
nontransition metal 非过渡金属 08.1150
non-uniform universe 非均匀宇宙 06.0339
nonviscous flow 非黏滞流 05.0799
non-volatile memory 非易失存储器 03.1116
non-zero dispersion-shifted fiber 非零色散位移光纤 04.1462
NOON state NOON 态 06.0734
NOR gate 或非门 03.1056
norm 模方 01.0460，范数 01.0499
normal 法线 01.0327
normal acceleration 法向加速度 02.0071
normal component 法向分量 02.0189
normal coordinate 简正坐标 02.0360
normal current 正常电流 03.0229
normal dispersion 正常色散 04.1634
normal distribution ＊正态分布 01.0419
normal electron tunneling 正常电子隧穿 08.3258
normal Fermi liquid 正常费米液体 08.1545
normal fluid 正常流体 08.3013
normal fluid component 正常流分量 08.3015
normal fluid density 正常流密度 08.3016
normal force 法向力 02.0188
normal frequency 简正频率 04.2695
normal incidence 正入射 04.0120
normalization 归一化 06.0535
normalization condition 归一[化]条件 06.0536
normalization factor 归一[化]因子 06.0537
normalized structure factor 归一化结构因子 08.1014
normal metal 正常金属 08.1216
normal mode 简正模[式] 02.0361
normal mode of vibration 简正振动模 02.0362
normal ordering 正规编序 06.0709
normal phase 正常相 08.3001
normal process 正常过程，＊N 过程 08.1453
normal product 正规[乘]积 05.0946
normal shock 正击波 10.0254
normal skin effect 正常趋肤效应 03.0705
normal state 正常态 08.3081
normal strain 法向应变 02.0193
normal stress 法向应力 02.0643
normal surface 法向面，＊垂直面，＊正交面 02.0190
normal vector 法向矢量 02.0191
normal vibration 简正振动 02.0358
normal Zeeman effect 正常塞曼效应 04.1772
notch filter ＊刻槽滤光片 04.0960
NOT gate 非门 03.1055
nova 新星 11.0133
nova outburst 新星爆发 11.0134
N-process 正常过程，＊N 过程 08.1453
N product 正规[乘]积 05.0946
NQR 核四极[矩]共振 08.2024
NRXS 核共振 X 射线谱学 09.0826
NTD 中子嬗变掺杂 08.1674
NTE 非热动平衡 05.0350
n-type semiconductor n 型半导体 08.1565
nuclear [adiabatic] demagnetization 核[绝热]退磁 08.3403

nuclear astrophysics 核天体物理 11.0008
nuclear battery 核电池 09.0614
nuclear binding energy 核结合能 09.0041
nuclear boiling 核沸腾 08.3424
nuclear charge 核电荷 09.0023
nuclear charge number 核电荷数 09.0024
nuclear composition 核成分 09.0025
nuclear constant 核常数 09.0032
nuclear cooling 核冷却 08.3407
nuclear data 核数据 09.0031
nuclear debris 核碎片 09.0628
nuclear deformation 核形变 09.0363
nuclear density 核密度 09.0022
nuclear dipole interaction 核偶极相互作用 09.0361
nuclear emulsion 核乳胶 09.0767
nuclear energy 核能 09.0615
nuclear ensemble 原子核系综 09.0089
nuclear fireball model 核火球模型 09.0565
nuclear fission 核裂变 09.0630
nuclear force 核力 09.0076
nuclear fuel 核燃料 09.0685
nuclear fuel cycle 核燃料循环 09.0690
nuclear fuel reprocessing 核燃料后处理 09.0691
nuclear fusion 核聚变 09.0621
nuclear gyromagnetic ratio 核旋磁比 09.0029
nuclear interaction 核相互作用 09.0084
nuclear level density 核能级密度 09.0499
nuclear logging 核测井 09.0847
nuclear magnetic moment 核磁矩 08.1848
nuclear magnetic relaxation 核磁弛豫 08.1849
nuclear magnetic resonance 核磁共振 09.0269
nuclear magnetic resonance frequency shift 核磁共振频移 08.3080
nuclear magnetic resonance imaging 核磁共振成像 09.0270
nuclear magnetic resonance tomography 核磁共振层析术，* NMR 层析术 09.0817
nuclear magnetism 核磁性 08.1847
nuclear magneton 核磁子 09.0028
nuclear mass 核质量 09.0063
nuclear material 核材料 09.0684
nuclear matter 核物质 09.0021
nuclear medicine 核医学 09.0815
nuclear model 核模型 09.0302
nuclear moment 核矩 09.0253
nuclear orientation 核取向 08.3406
nuclear paramagnetism 核顺磁性 08.1853
nuclear parameter 核参数 09.0033
nuclear photographyic emulsion 核照相乳胶 09.0768
nuclear physics 核物理[学] 09.0002
nuclear pile 核反应堆 09.0891
nuclear polarization 核极化 09.0026
nuclear potential 核势 09.0086
nuclear power 核动力 09.0618
nuclear power station 核电站 09.0619
nuclear quadrupole resonance 核四极[矩]共振 08.2024
nuclear radiation 核辐射 09.0281
nuclear radius 核半径 09.0020
nuclear reaction 核反应 09.0406
nuclear reaction analysis 核反应分析 09.0808
nuclear reaction dynamics 核反应动力学 09.0408
nuclear reaction kinematics 核反应运动学 09.0407
nuclear reaction threshold 核反应阈 09.0447
nuclear reactor 原子反应堆 09.0890
nuclear refrigeration 核致冷 08.3408
nuclear resonance X-ray spectroscopy 核共振 X 射线谱学 09.0826
nuclear scattering 核散射 09.0425
nuclear separation 同位素分离 09.0796
nuclear shell model 原子核壳模型 09.0304
nuclear spectroscopy 核谱学 09.0249
nuclear spin 核自旋 09.0027
nuclear spin dynamics 核自旋动力学 09.0239
nuclear spin relaxation 核自旋弛豫 08.3405
nuclear spin temperature 核自旋温度 08.3404
nuclear statistics 核统计法 09.0034
nuclear stopping power 核阻止本领 09.0697
nuclear structure 核结构 09.0301
nuclear temperature 核温度 09.0500
nuclear theory 原子核理论 09.0004
nuclear track emulsion 核径迹乳胶 09.0769
nuclear transmutation 核嬗变 09.0297
nuclear waste 核废料 09.0692
nuclear weapon 核武器 09.0620
nucleated domain 有核畴 08.2693
nucleating center 成核中心 08.0731
nucleation 成核 08.0730

nucleation process　成核过程　08.0732
nucleic acid　核酸　11.0400
nucleon　核子　09.0008
nucleonic configuration　核子组态　09.0331
nucleonics　核子学　09.0419
nucleonium　核子偶素　09.0939
nucleon-nucleon collision　核子-核子碰撞　09.0420
nucleon number　核子数　09.0011
nucleon separation energy　核子分离能　09.0036
nucleon transfer　核子转移　09.0523
nucleosome　核小体　11.0410
nucleosynthesis　核合成　09.0062
nucleotide chain　核苷酸链　11.0403
nucleus　原子核　09.0005
nucleus-nucleus collision　核-核碰撞　09.0418
nucleus of condensation　凝结核　05.0395
nucleus of crystallization　成晶核　08.0734
nuclide　核素　09.0014
nuclide chart　核素图　09.0075
null cone　*零锥　06.0073
null curve　类光曲线　06.0086
null-force system　零力系　02.0550
null geodesic　类光测地线　06.0087
null hypersurface　类光超曲面　06.0088
null indicator　示零器　03.0839
nulling optics　衡消光学[系统]　04.0342
null tetrad　类光四维标架　06.0279
null vector　*零[模]矢　06.0083
number operator　粒子数算符　06.0682
number state　[光子]数态　04.2537
numerical aperture　数值孔径　04.0448
numerical calculation　数值计算　01.0523
numerical method　数值法　01.0524
numerical simulation　数值模拟　01.0525
numerical solution　数值解　01.0526
nutation　章动　02.0505

O

OBEP　单玻色子交换势　09.0106
object　物[体]　04.0193
object angle　物角　04.0323
object beam　物光束　04.1346
object contrast　物衬度　04.1250
object distance　物距　04.0314
object focus　物焦　04.0329
object height　物高　04.0317
objective [lens]　物镜　04.0392
objective magnification　物镜放大　04.0394
objective magnification power　物镜放大倍率　04.0395
object plane　物平面　04.0319
object point　物点　04.0315
object side　物方　04.0326
object space　物[方]空间　04.0325
object-space focus　物方焦点　04.0328
object wave　物波　04.1345
oblateness　扁率　01.0335
oblate spheroid　扁椭球　01.0333
oblique Alfvén wave　斜阿尔文波　10.0201
oblique collision　斜碰撞　02.0430
oblique impact　斜碰　02.0425
oblique lattice　斜方格[子]　08.0222
oblique ray　斜光线　04.0361
oblique rotator　斜转子　02.0512
oblivious transfer　不经意传输　06.0860
observable　可观测量　06.0543
observation　观测　01.0105
observation　观察　01.0106
observational astronomy　实测天文学，*观测天文学　11.0001
observational cosmology　观测宇宙学　06.0329
occupational modulation　占有率[型]调制　05.0713
occupation number　占有数　05.0709
occupation number representation　占有数表象　05.0710
occupation probability　占有概率　05.0712
occupied band　满带　08.1364
occupied state　占[有]态　05.0711
octagon　八边形　08.0301
octahedral group　八面体群　08.0165
octahedral interstice　八面体间隙　08.0304
octahedral site　八面体位置　08.0305
octahedron　八面体　08.0302
octet　八重态　09.1579，八重线　09.1580
octet theory　八重态[理]论　09.0375
octopole vibration　八极振动　09.0374

ocular 目镜 04.0396
ocular micrometer 目镜测微计 04.0412
odd-even effect 奇偶效应 08.2674
odd-even nucleus 奇偶核 09.0071
odd-odd nucleus 奇奇核 09.0072
odd parity 奇宇称 06.0201
odd-particle isomerism 奇粒子异构性 09.1570
ODLRO 非对角长程序 05.0991
ODTW 反向行波 04.2630
OEL 有机电致发光 04.1897
off-axis aberration 轴外像差 04.0500
off-axis angle 偏轴角 04.0362
off-axis ellipsoidal mirror 离轴椭球面镜 04.0155
off-axis holography 离轴全息术 04.1414
off-axis system 离轴系统 04.0340
off-diagonal element 非对角元 01.0439
off-diagonal long range order 非对角长程序 05.0991
off-line analysis 离线分析 09.1444
off-mass-shell particle 离[质]壳粒子 09.1256
off-resonance [偏]离共振 04.1762
off-resonant heating [偏]离共振加热 10.0442
offset angle 偏移角 02.0431
Oguchi method 小口理论 08.1964
ohmic contact 欧姆接触 08.1720
ohmic heating 欧姆加热 03.0289
ohmic loss 欧姆损耗 03.0292
ohmmeter 欧姆表 03.0816
Ohm's law 欧姆定律 03.0288
oil immersion objective 油浸物镜 04.0578
omegatron 回旋质谱仪 09.0836
omni guide fiber 全导型光纤 04.1464
one-boson exchange potential 单玻色子交换势 09.0106
one-component plasma 单组分等离[子]体 10.0019
one-dimensional chain 一维链 08.2864
one-dimensional conductor 一维导体 08.2865
one-dimensional crystal 一维晶体 08.2862
one-dimensional harmonic oscillator 一维谐振子 06.0628
one-dimensional lattice 一维晶格 08.2863
one-dimensional localization 一维局域 08.3493
one-dimensional magnetism 一维磁性 08.2879
one-dimensional system 一维体系 08.2861
one-fluid description 单流体描述 10.0096
one-hump map 单峰映射 11.0593
one-nucleon transfer reaction 单核子转移反应 09.0524
one-phonon absorption 单声子吸收 08.2267
one-pion exchange potential 单π[介子]交换势 09.0105
one-tangent node 单切结点 11.0469
on-line analysis 在线分析 09.1446
Onsager hard-rod model 昂萨格硬棒模型 08.2702
Onsager's reciprocal relation 昂萨格倒易关系 05.0460
Onsager symmetry 昂萨格对称[性] 08.3496
opacity 不透明度 04.1611, 不透明性 04.1612
opalescence 乳光 04.1578
op-amp 运算放大器 03.0992
opaque body 不透明体 04.1613
OPDAR 光[学]定向测距 04.2308
open cavity 开[共振]腔 04.2015
open channel 开通道 02.0880
open circuit 开路 03.0317
open cluster 疏散星团 11.0077
open-ended geometry 开端几何位形 10.0363
open form 开形 08.0050
open loop 开环 03.0306
open orbit 开轨道 02.0322
open pipe 开管 04.2744
open resonator 开[共振]腔 04.2015
open shell 开壳层 07.0047
open system 开系 05.0439
open universe 开[放]宇宙 06.0340
OPEP 单π[介子]交换势 09.0105
operating voltage 工作电压 03.0086
operation 运算 01.0522
operational amplifier 运算放大器 03.0992
operational definition 操作定义 08.0118
operator 算符 06.0546
operator algebra 算符代数 09.1379
operator product expansion 算符乘积展开 09.1601
ophthalmic lens 眼膜透镜 04.0692
ophthalmic optics 眼科光学 04.0020
ophthalmometer 眼膜曲率计 04.0693
ophthalmoscope 眼膜曲率镜 04.0694
OPO 光学参变振荡器 04.2399
opposed anvil 对顶砧 08.3573
oppositely directed traveling wave 反向行波 04.2630
opposite spin orientation 自旋相反取向 08.2112
optical absorption 光吸收 04.1592

optical activity　旋光性　04.1190
optical add/drop multiplexer　光上/下路分插复用器，*光分插复用器　04.1492
optical alignment　光学校直　04.0616
[optical] all-pass filter　全通滤光片　04.0948
optical amplifier　光放大器　04.2061
optical antipode　旋光对映体　04.1197
optical band gap　光学带隙　08.2269
optical bench　光具座，*光学平台　04.0382
optical bistability　光[学]双稳性　04.2448
optical bleaching　光漂白　04.1892
optical branch　光学支　08.1410
optical breakdown　光学击穿　04.2506
optical cable　光缆　04.1448
optical cavity　光[学]腔　04.2012
optical cement　光胶　04.0771
optical center　光心　04.0283
optical clock　光钟　07.0161
optical coating　光学镀膜，*光学敷层　04.0933
optical coherence tomography　光学相干层析术　04.1093
optical collimator　光瞄准仪　04.0614
optical communication　光[学]通信　04.1433
optical compensation　光补偿　04.0919
optical computing　光计算　04.1552
optical conductivity　光电导　08.1531
optical conjugation　光共轭　04.2426
optical constant　光学常数　04.0057
optical contact　光学接触　04.0139
optical cooling　光学致冷　04.2470
optical correlation　光学相关，*光关联　04.1336
optical coupler　光耦合器　04.1499
optical coupling　光耦合　04.1498
optical cross-connection　光交叉连接　04.1495
optical damage　光损伤　08.2211
optical delay line　光延迟线　04.0779
optical density　光密度　04.0808
optical depth　光学深度，*光深　04.0557
optical design　光学设计　04.0548
optical device　光学器件　04.0059
optical diagnostics　光学诊断　10.0451
optical direction and ranging　光[学]定向测距　04.2308
optical distance　光[程]距　04.0109
optical element　光学元件　04.0058
optical encryption　光编码　04.1532
optical excitation　光激发　04.1988
optical fiber　光纤　04.1447
optical fiber amplifier　光纤放大器　04.2256
optical fiber communication　光纤通信　04.2290
optical field　光场　04.0050
optical filter　滤光片，*滤光器　04.0756
optical flat　光学平面　04.0137
optical flatness　光学平面度　04.0138
optical Fourier transform　光学傅里叶变换　04.1222
optical frequency　光频　04.0823
optical frequency comb　光频梳　04.2156
optical frequency comb generator　光频梳发生器　04.2157
optical gain　光增益　04.2050
optical glass　光学玻璃　04.0383
optical goniometer　[光学]测角计　04.0613
optical guidance　光制导　04.0780
optical gyroscope　光陀螺仪　04.2292
optical heterodyne　光[学]外差　04.1549
optical holography　光[学]全息术　04.1344
optical homodyne　光[学]零差　04.1550
optical hybrid integrated circuit　混合集成光路　04.0782
optical imaging　光[学]成像　04.0199
optical indicatrix　光折射椭球　04.2321
optical instrument　光学仪器　04.0062
optical integration　光学集成　04.0781
optical interferometer　光学干涉仪　04.1082
optical invariant　光学不变量　04.0351
optical isolator　光隔离器　04.2173
optical isomer　旋光异构体　04.1198
optical Kerr effect　光场克尔效应　04.2447
optical lattice　光学格[子]　04.2541
optical lever　光杠杆　02.0901
optical levitation　光浮，*光学浮置　04.2485
optical limiting　光限幅　04.2453
optical logic　光学逻辑　04.1555
optically active substance　旋光物质　04.1191
optically denser medium　光密介质　04.0118
[optically] negative crystal　[光]负晶体　04.2314
[optically] positive crystal　[光]正晶体　04.2313
optically thinner medium　光疏介质　04.0117
optical medium　光学介质　04.0055
optical memory　光学存储　04.1540
optical microscopy　光学显微术　04.0424

optical mixing　光混频　04.2423
optical mode　光学模　08.1411
optical model　光学模型　09.0307
optical modulation　光调制　04.1211
optical molasses　光学黏团，＊光学饴团　07.0268
optical multichannel analysis　光学多道分析　04.1481
optical multiplexing　光[学]多路传输　04.1487
optical multistability　光[学]多稳性　04.2452
optical nutation　光学章动　04.2492
optical object　光学天体　11.0150
optical parallelism　光学平行性　04.0136
optical parametric amplification　光学参变放大　04.2396
optical parametric oscillation　光学参变振荡　04.2398
optical parametric oscillator　光学参变振荡器　04.2399
optical path　光程　04.0107
optical path difference　光程差　04.0108
optical path length　光学长度　04.0116
optical phase conjugation　光学相位共轭　04.2427
optical phase encryption　光学相位编码　04.1533
optical phonon　光学声子　05.0725
optical poling　光极化　04.2596
optical pumping　光抽运　04.1989
optical pyrometer　光测高温计　05.0123
optical quenching　光猝灭　04.2277
optical radiation　光辐射　04.0047
optical Ramsey fringes　光学冉赛条纹　04.1860
optical random access　随机光学存取　04.1554
optical range finder　光学测距仪　04.0783
optical rectification　光学整流　04.2373
optical resonant cavity　光学共振腔　04.2013
optical resonator　光学共振腔　04.2013
optical rotation　旋光性　04.1190
[optical] rotatory power　旋光率，＊旋光系数　04.1193
optical router　光路由器　04.1503
optical scanner　光扫描器　04.0615
optical sight　光学瞄准镜　04.0157
optical soliton　光孤子　04.2503
optical spectrum　光谱　04.1666
optical spin orientation　光致自旋取向　04.2597
optical Stark effect　＊光场斯塔克效应　04.2558
optical storage　光学存储　04.1540
optical switch　光[致]开关　04.1480
optical system　光学系统，＊光具组　04.0365
optical thickness　光学厚度　04.0917
optical thin-film　光学薄膜　04.0934
optical time division multiplexing　光学时分复用　04.1493
optical-to-electrical transducer　光电变换器　04.1955
optical tolerance　光学容限　04.0542
optical transfer function　光学传递函数　04.1237
optical transform　光学变换　04.1230
optical transistor　光学三极管　04.1553
optical transport network　光学传输网络　04.1434
optical trapping　光[学]陷俘　04.2472
optical trapping force　光陷俘力　04.2475
optical tunneling　光学隧穿　06.0888
optical tweezers　光镊　04.2483
optical vortex　光涡旋　04.1127
optical wave　光波　04.0560
optical waveguide　光波导　04.1439
optical wedge　光劈　04.0920
optic axis　光轴　04.0280
optics　光学　04.0002
optimization　优化　01.0145
optoacoustic effect　光声效应　04.1958
optoacoustic modulation　光声调制　04.1959
optoacoustic spectroscopy　光声谱学　04.1883
optoelectronic communication　光电子通信　04.1432
optoelectronic device　光电子器件　08.1736
optoelectronics　光电子学　04.1938
optogalvanic effect　光[致]电流效应　04.1951
optomechanical crystal　光力学晶体　04.1928
optomechanics　光力学　04.1927
optothermal effect　光热效应　04.1936
optronics　光电子学　04.1938
OPW method　正交化平面波法　08.1294
orbit　轨道　02.0037，轨迹　02.0038
orbital　轨函　07.0098
orbital angular momentum　轨道角动量　06.0662
orbital angular momentum of light　光轨道角动量　04.1126
orbital eccentricity　轨道偏心率　11.0127
orbital electron capture　轨道电子俘获　09.0208
orbital hybridization　轨道杂化　08.2419
orbital magnetic moment　轨道磁矩　06.0491
[orbital] overlap integral　[轨道]重叠积分　07.0208
orbital paramagnetism　轨道顺磁性　08.1859
orbital period　公转周期　11.0212

orbital quantum number 轨道量子数 06.0389
orbital stability 轨道稳定性 11.0568
orbit theory 粒子轨道理论 10.0074
order 级 05.0982, 阶 05.0983, 序 05.0984, 有序 05.0985
order-disorder phase transition 有序无序相变 05.0333
order-disorder transition 有序无序转变 05.0988
ordered alloy 有序合金 08.1172
ordered phase 有序相 05.0314
ordering 有序化 01.0516
ordering 排序 01.0514
ordering of events 事件排序 06.0023
ordering operator 编序算符 06.0708
order of interference 干涉级 04.0903
order of magnitude 数量级 01.0324
order parameter 序参量 05.0993
order parameter relaxation 序参量弛豫 05.1074
ordinary ray 寻常光[线] 04.1170
ordinary Rayleigh wave 寻常瑞利波 08.2742
ordinary refractive index 寻常折射率 04.1172
ordinary wave 寻常波 10.0212
Oregonator 俄勒冈模型 11.0700
organic conductor 有机导体 08.1236
organic crystal 有机晶体 08.0778
organic electroluminescence 有机电致发光 04.1897
organic glass 有机玻璃 08.0598
organic metal 有机金属 08.1237
organic polymer 有机聚合物 08.2438
organic semiconductor 有机半导体 08.1667
organic superconductor 有机超导体 08.3183
organogel 有机凝胶 08.2554
organometallic compound 有机金属化合物 08.1151
orientation 取向 01.0040
orientational degree of freedom 取向自由度 08.3069
orientational disorder 取向无序 08.0583
orientational order 取向有序 08.0751
orientation birefringence 取向双折射 04.1319
orientation fluctuation 取向涨落 08.2660
orientation polarization 取向极化 03.0202
orientation quantization 取向量子化 06.0381
origin 原点 01.0220
origin of elements 元素起源 11.0102
origin of the universe 宇宙起源 06.0356
Ornstein-Zernike relation 奥恩斯坦-策尼克关系 05.0694
orthocharmonium 正粲偶素 09.0977
orthogonal coordinate 正交坐标 01.0349
orthogonal function 正交函数 01.0396
orthogonality 正交性 01.0408
orthogonalized plane wave method 正交化平面波法 08.1294
orthogonal transformation 正交变换 01.0471
orthohydrogen 正氢 07.0190
orthonormality 正交归一性 01.0409
orthonormal system 正交归一系 06.0540
orthopanchromatic film 正全色[胶]片 04.0795
ortho-para conversion 正仲转换 05.0632
ortho-para equilibrium 正仲平衡 05.0631
ortho-para ratio 正仲比 05.0633
orthopositronium 正态电子偶素 09.0946
orthorhombic crystal system 正交晶系 08.0200
orthoscopic eyepiece 无畸变目镜 04.0549
orthoscopic image 凹凸正常像, * 无畸变像 04.1365
ortho state 正态 05.0629
oscillation 振荡 03.1013
oscillation period 振荡周期 03.1029
oscillation photograph 回摆照相 08.1025
oscillation threshold 振荡阈值 04.2001
oscillator 振荡器 03.1014
oscillator strength 振子强度 07.0259
oscillatory circuit 振荡电路 03.1030
oscillatory effect 振荡效应 03.1031
oscillogram 波形图 03.0887
oscillograph 示波器 03.0885
oscilloscope 示波器 03.0885
osmometer 渗透计 05.0802
osmosis 渗透 05.0800
osmotic pressure 渗透压[强] 05.0801
outer halo 外晕 09.1282
outermost electronic shell 最外电子壳层 07.0053
outer-shell electron 外壳层电子 07.0054
outer solar system 外太阳系 11.0182
outer space 太空 11.0291
outgoing angle 出射角 09.0438
outgoing channel 出射道 09.0437
outgoing particle 出射粒子 09.0429
outgoing wave 出射波 04.0841
out-of-focus image 离焦像 04.0211

P

parallel resonance　并联共振　03.0653
parallel space time　平行时空　06.0195
paramagnet　顺磁体　08.1860
paramagnetic adiabatic demagnetization　顺磁[盐]绝热退磁　08.3402
paramagnetic relaxation　顺磁弛豫　08.2025
paramagnetic resonance　顺磁共振　08.1862
paramagnetic susceptibility　顺磁磁化率　08.1861
paramagnetism　顺磁性　03.0480
paramagnon　顺磁子　08.1945
parameter　参量，*参数　01.0077
parameter space　参量空间　05.1045
parametric amplification　参量放大　03.0985
parametric amplifier　参量放大器　03.0986
parametric coupling　参变耦合　10.0331
parametric decay　参变衰减　10.0332
parametric downconversion　参量下转换　04.2401
parametric fluorescence　参变荧光　08.2255
parametric instability　参变不稳定性　10.0333
parametric mixing　参变混合　07.0270
parametric oscillation　参变振荡　03.1027
parametric process　参变过程　10.0330
parametric resonance　参变共振　02.0376
parametric superfluorescence　参变超荧光　04.2397
parametric upconversion　参量上转换　04.2400
parametrization　参量化　09.1283
paramorph　同质异晶体　08.0764
para-ortho conversion　正-仲转换，*对[位-]邻位变换　07.0193
parapositronium　仲态电子偶素　09.0947
parasite　天电干扰　11.0273
parasitic capacitance　寄生电容　03.0153
parasitic image　寄生像　04.0214
parasitic light　杂光　04.0786
parasitic oscillation　寄生振荡　03.0999
para state　仲态　05.0630
parastatistics　仲统计法　05.0634
paraxial approximation　傍轴近似　04.0343
paraxial condition　傍轴条件　04.0346
paraxial constant　傍轴常量　04.0347
paraxial focus　傍轴焦点　04.0349
paraxial imaging　傍轴成像　04.0350
paraxial optics　傍轴光学　04.0344
paraxial ray　傍轴光线　04.0348
paraxial region　傍轴区　04.0345
parentage　祖源，*族系　07.0271
parent compound　母体化合物　09.1585
parent element　母元素　09.1586
parent nucleus　母核　09.0185
parent phase　母相　08.0784
parent structure　母结构　09.1587
parent wave　母波　10.0322
parity　宇称　06.0671
parity conservation　宇称守恒　06.0672
parity nonconservation　宇称不守恒　06.0673
parity operator　宇称算符　06.0578
parity selection rule　宇称选择定则　06.0202
parity violation　宇称破坏　09.1380
Parodi's relation　帕罗迪关系　08.2690
parsec　秒差距　11.0099
partial coherence　部分相干性　04.1265
partial cross-section　分截面　09.0451
partial decay constant　分衰变常量　09.0139
partial dislocation　不全位错　08.0479
partial eclipse　偏食　11.0199
partially coherent light　部分相干光　04.1278
partially conserved axial current　部分守恒轴矢流　09.1415
partial polarization　部分偏振　04.1110
partial potential　组分[化学]势　05.0303
partial pressure　分压　05.0072
partial radial distribution function　[部]分径向分布函数　08.0607
partial RDF　[部]分径向分布函数　08.0607
partial summation of diagrams　图形部分求和　05.0962
partial tone　分音　04.2805
partial trace　分迹　01.0449
partial transpose　部分转置　01.0443
partial volume　分体积　05.0050
partial-wave analysis　分波分析　09.0479
partial-wave cross-section　分波截面　09.0480
partial-wave expansion　分波展开　06.0646
partial width　分宽度　09.0496
partial yield spectroscopy　部分产额谱学　08.2846
particle　质点　02.0017
α-particle　α 粒子　09.0122
β-particle　β 粒子　09.0123
particle accelerator　粒子加速器　09.0855

pentagonal prism 五角棱镜 04.0183
pentaprism 五角棱镜 04.0183
penta-quark state 五夸克态 09.1198
pentode 五极管 03.0920
penumbra 半影 04.0241
peptide bond 肽键 11.0430
peptization 胶溶[作用] 08.2557
percolation 逾渗，*渗流 11.0661
percolation model 逾渗模型 08.0667
percolation path 逾渗通路 11.0669
percolation probability 逾渗概率 11.0670
percolation theory 逾渗理论 11.0662
percolation threshold 逾渗阈值 11.0668
percolation transition 逾渗转变 11.0667
percoloration 多色逾渗 11.0673
Percus-Yevick integral equation 珀卡斯-耶维克积分方程 05.0698
Peres-Horodecki criterion 佩雷斯-霍罗德基判据 06.0759
perfect conductor 理想导体 03.0027
perfect diamagnetism 完全抗磁性 08.3089
perfect fluid 理想流体 02.0693
perfect gas 理想气体 05.0058
perfect imaging 理想成像 04.0369
perfect optical system 理想光学系统 04.0366
perforated electrode 凿孔电极 03.0893
periastron 近星点 11.0122
periastron advance 近星点进动 11.0123
perigee 近地点 11.0319
perihelion 近日点 11.0230
perimeter 周长 01.0337
period 周期 01.0039
period-doubling bifurcation 倍周期分岔 11.0482
periodic arrangement 周期性排列 08.0028
periodic boundary condition 周期边界条件 02.0025
periodicity 周期性 02.0378
periodic motion 周期运动 02.0021
periodic potential 周期势 02.0026
period of revolution 公转周期 11.0212
period of rotaion 自转周期 11.0215
peripheral collision 周边碰撞，*边缘碰撞 07.0127
peripheral electron 外围电子 07.0055
periscope 潜望镜 04.0156
peritectic 包晶 08.0347
peritectic transformation 包晶转变 08.0925
peritectoid 包析[体] 08.0348
permalloy 坡莫合金，*高导磁合金 08.1228
permanent deformation 永久形变 08.2384
permanent dipole 永偶极子 08.2143
permanent magnet 永磁体 03.0436
permanent magnetic material 永磁材料 08.2040
permanent magnetism 永磁性 08.2038
permanent moment 永矩 08.2039
permeability 磁导率 03.0458
permeability 渗透率 08.2593
permeability of vacuum 真空磁导率 03.0460
permeameter 磁导计 03.0523
permeance 磁导 03.0457
permittivity 电容率 03.0184
permittivity of vacuum 真空电容率 03.0189
permittivity tensor 电容率张量 03.0191
permutation group 置换群 01.0480
permutation operator 置换算符 06.0579
permutation symmetry 置换对称 04.2334
perovskite structure 钙钛矿[型]结构 08.0252
perpendicular axis theorem 垂直轴定理 02.0530
perpetual motion machine of the first kind 第一类永动机 05.0277
perpetual motion machine of the second kind 第二类永动机 05.0278
persistence of vision 视觉暂留 04.0708
persistent current 持续[电]流 08.3005
persistent line 滞留谱线 04.1755
perturbation 微扰 02.0352，摄动 02.0351
perturbation approximation 微扰近似 06.0606
perturbation expansion 微扰展开式 06.0610
perturbation matrix element 微扰矩阵元 06.0611
perturbation theory 微扰论，*摄动理论 06.0603
perturbative body 摄动体 11.0240
perturbative force 摄动力 11.0241
perturbed angular correlation 受扰角关联 09.0252
perturbing potential 微扰势 06.0612
PES 光电子能谱学 08.2819
PET 正电子[发射]层析术 09.0816
Petrov classification 彼得罗夫分类 06.0239
Petzval's condition 佩茨瓦尔条件 04.0526
Pfund series 普丰德系 07.0027
phantom 幻像，*幻影 04.0234

phantom crystal 幻晶 08.0349
phase 相[位] 02.0393,[物]相 05.0312
phase aberrator 相[位]板 04.1312
phase angle 相[位]角 02.0396
phase boundary 相界 08.0785
phase breaking time 相位破缺时间 08.3198
phase bunching 相位聚束 03.0892
phase cell 相格 05.0512
phase coherence 相位相干 06.0898
phase coherence time 相位相干时间 06.0899
phase-coherent tunneling 相位相干隧穿 08.3200
phase conjugation 相位[复]共轭 04.1356
phase constant 相位常量 03.0701
phase contrast 相衬,*相位对比 04.1251
phase contrast microscopy 相衬显微术,*相位对比显微术 04.1256
phase convention 相位约定 07.0272
phase correlation 相位关联 06.0902
phased array optics 相位阵列光学 04.1257
phase detector 检相器 03.0968
phase diagram 相图 05.0324
phase difference 相[位]差 02.0398
phase equilibrium 相平衡 05.0330
phase factor 相[位]因子 06.0539
phase fluctuation 相位涨落 05.0818
phase grating 相[位型]光栅 04.1047
phase hologram 相位[型]全息图 04.1379
phase identification 鉴相 08.1138
phase jump 相位跃变 04.0881
phase-locking 锁相 11.0514
phase-locking laser 锁相激光器 04.2169
phase matching 相位匹配 04.2380
phase mismatch 相位失配 04.2381
phase mixing 相混合 10.0320
phase modulation 调相 04.1219
phase object 相[位型]物体 04.1254
phase plane 相平面 05.0327
phase plate 相[位]板 04.1312
phase point 相点 05.0322
phase qubit 相位量子比特,*相位量子位 06.0803
phaser 声激射 04.2725
phase-relaxation 相位弛豫 08.3201
phase rule 相律 05.0320
phase-sensitive detector 相敏检测器 03.0969
phase separation 相分离 05.0323
phase shift 相移 03.0959
phase shifter 移相器 03.0967
phase-slip center 相位滑移中心 08.3499
phase space 相空间 05.0509
phase-squeezed state 相位挤压态,*相位压缩态 06.0883
phase stiffness 相位劲度 08.3199
phase subspace 子相空间 05.0510
phase trajectory 相轨[道] 05.0514
phase transfer function 相位传递函数 04.1240
phase transition 相变 01.0090,05.0331
phase uncertainty 相位不确定性 08.3488
phase vector 相矢量 02.0397
phase velocity 相速[度] 04.2667
phase voltage 相电压 03.0655
phase volume 相体积 05.0511
phasing 定相 04.2487
phason 相[位]子 08.2919
phasor 相矢量 02.0397
phasotron 稳相加速器 09.1644
phenomenological relation 唯象关系 05.0459
phenomenological theory 唯象理论 01.0082
phenomenology 唯象学 01.0081
phenomenon 现象 01.0099
phi-quadruplicate model φ4 模型 09.1469
phonometer 声强计 04.2686
phonon 声子 05.0722
phonon-assisted transition 声[子]助跃迁 08.2251
phonon-assisted tunneling 声[子]助隧穿 08.3260
phonon drag 声子曳引 08.1503
phonon echo 声子回波 08.0589
phonon gas 声子气 08.1414
phonon lifetime 声子寿命 08.3428
phonon maser 声激射 04.2725
phonon scattering 声子散射 08.1415
phonon self-energy 声子自能 08.1416
phonon softening 声子软化 08.1417
phonon spectrum 声子谱 05.0723
phonon spectrum of superconductor 超导声子谱 08.3131
phospholipid 磷脂 11.0394
phosphor 磷光体 04.1922
phosphorescence 磷光 04.1921

phosphorescent material　磷光体　04.1922
photino　光微子，＊伴光子　09.1020
photo absorption　光吸收　04.1592
photoacoustic effect　光声效应　04.1958
photoacoustic imaging　光声成像　04.0205
photoacoustic spectroscopy　光声谱学　04.1883
photo-beat　光拍　04.2184
photobiology　光生物学　04.2599
photobleaching　光致褪色　04.2588
photocarrier　光生载流子　08.1575
photocatalysis　光催化　04.2593
photocathode　光阴极　09.0749
photocell　光电池　04.1945
photochemical action　光化作用　04.2575
photochemical effect　光化[学]效应　08.2259
photochromic effect　光[赋]色效应　04.2582
photochromism　光[赋]色性　04.2583
photoconductive effect　光电导效应　04.1949
photoconductivity　光电导[性]　08.1664
photoconductor　光电导体　04.1950
photocounting　光子计数　04.2521
photocrystallization　光致结晶　08.0647
photocurrent　光电流　04.1944
photodetachment　光致分离　04.2466
photodetection　光[电]探测　04.2513
photodetector　光[电]探测器　04.2514
photodichroism　光致二向色性　04.2584
photodielectric effect　光致介电效应　08.2209
photodiode　光电二极管　04.1956
photodisintegration　光致蜕变　09.0300
photodissociation　光致离解　04.2468
photoelastic effect　光弹效应　08.2208
photoelasticity　光[测]弹性　04.1929
photoelasticity　光[测]弹性学　04.1930
photoelastometry　光测弹性术　04.1931
photoelectric absorption　光电吸收　08.2308
photoelectric cell　光电池　04.1945
photoelectric detection　光[电]探测　04.2513
photoelectric effect　光电效应　04.1932
photoelectric emission　光电发射　08.2309
photoelectric equation　光电效应方程　04.1935
photoelectric microphotometer　光电测微光度计　04.0688
photoelectric tube　光电管　04.1946
photoelectric yield　光电子产额，＊光电子产率　04.1940
photoelectroluminescence　光控电致发光　04.1957
photoelectron　光电子　04.1937
photoelectron emission microscopy　光电子发射显微术　04.1943
photoelectron emission spectroscopy　光电[子]发射谱术　08.2820
photoelectron excitation　光电子激发　04.1939
photoelectronic imaging　光电成像　04.0206
photoelectron spectrometer　光电子能谱仪　04.1941
photoelectron spectromicroscopy　光电子光谱显微术　04.1942
photoelectron spectroscopy　光电子能谱学　08.2819
photoemission　光电[子]发射　08.2804
photoetching　光刻[蚀]　08.0953
photoferroelectrics　光致铁电体　08.2210
photofission　光致裂变　09.0633
photogalvanic effect　光[致]电流效应　04.1951
photogel　光凝胶　08.2310
photographic emulsion　照相乳胶　04.0798
photographic layer　[照相]感光层　04.0797
photographic lens　照相镜头　04.0436
photographic plate　照相底板　04.0792
photography　照相术，＊摄影　04.0550
photoheliogram　太阳照片　11.0191
photoinduced carrier　光致载流子　08.2288
photoionization　光致电离　08.2808
photoisomer　光致同分异构体　08.2289
photoisomerization　光致异化结构　08.2290
photolithography　光刻术　08.0954
photoluminescence　光致发光　04.1899
photolysis　光解作用　04.2589
photomagnetic effect　光磁效应　08.2256
photomagnetoelectric effect　光磁[致]电效应　08.2257
photometer　光度计　04.0581
photometry　测光　04.0579，光度学　04.0580
photomicrometer　测微光度计　04.0687
photomixing　光混频　04.2423
photomultiplier [tube]　光电倍增管　04.1947
photon　光子　04.2515
γ-photon　γ光子　09.0124
photon antibunching　光子反群聚　04.2527
photon-assisted tunneling　光[子]助隧穿　08.3259

photon avalanche 光子雪崩 04.2540
photon bunching 光子群聚 04.2526
photon coincidence 光子符合 04.2523
photon counter 光子计数器 04.2522
photon counting 光子计数 04.2521
photon degeneracy 光子简并度 04.2534
photon detector 光子探测器 04.2519
photon echo 光子回波 04.2491
photonegative effect 负光电效应 04.1934
photoneutrino 光生中微子 09.1199
photoneutron 光[致]中子 09.1200
photon fluctuation 光子涨落 04.2532
photon flux 光子通量 04.2535
photon gas 光子气 04.2518
photonic band gap 光子带隙 08.2293
photonic chemistry 光子化学 04.2543
photonic crystal 光子晶体 08.2292
photonic-crystal fiber 光子晶体光纤 04.1467
photonic-crystal waveguide 光子晶体波导 04.1558
photonic device 光子器件 08.1735
photonic integrated circuit 光子集成电路 04.1556
photonic qubit 光子量子比特 06.0805
photonics 光子学 04.2530
photonic switch 光子开关 04.2544
photon noise 光子噪声 04.2533
photon-number squeezed state 光子数挤压态，* 光子数压缩态 06.0884
photon pressure force 光子压力 04.2542
photon scanning tunneling microscope 光子扫描隧穿显微镜 08.2311
photon sieve 光子筛 04.1004
photon state 光子态 04.2536
photon statistics 光子统计学 04.2531
photonuclear reaction 光[致]核反应 09.0414
photopeak 光电峰 09.0776
photophoresis 光泳 04.2602
photophoretic force 光泳力 04.2604
photopia 光适应 04.0709
photopic visibility curve 适亮性视见函数 04.0590
photopic vision 适亮视觉 04.0710
photoplastic effect 光塑效应 04.2591
photoplate 照相底板 04.0792
photopolarimetry 偏振测光 04.1162
photopolymer 光聚合物 04.2595
photopolymerization 光[致]聚合作用 04.2594
photopredissociation 光致预离解 04.2469
photoproduction 光生作用 04.2601
photoreaction 光致反应 04.2592
photoreceptor 光感受体 04.0712
photo-recombination 光致复合 04.2598
photorefractive beam-fanning effect 光折变束扇效应 04.2444
photorefractive crystal 光折变晶体 04.2445
photorefractive effect 光折变效应 04.2442
photorefractive phase grating 光折变相位光栅 04.2443
photorefractive spatial soliton 光折变空间孤子 04.2446
photoresistance 光敏电阻 04.2569
photoscope 荧光屏 04.1918，透视镜 04.1919
photosensitive device 光敏器件 08.1739
photosensitive effect 光敏效应 04.2571
photosensitivity 光敏性 04.2570
photosphere 光球 11.0189
photosurface 光敏面 04.2572
photosynthesis 光合作用 04.2600
phototaxis 趋光性 11.0450
photothermal effect 光热效应 04.1936
photovoltage 光电压 04.1953
photovoltaic cell 光生伏打电池，* 光伏电池 04.1954
photovoltaic effect 光生伏打效应，* 光伏效应 04.1952
physical balance 物理天平 02.0889
physical constant 物理常量 01.0062
physical optics 物理光学 04.0008
physi-cal pendulum * 物理摆 02.0309
physical quantity 物理量 01.0054
physical region 物理区域 09.1116
physical vapor deposition 物理气相沉积 08.0805
physics 物理[学] 01.0001
physiological optics 生理光学 04.0019
physisorption 物理吸附 08.2732
pick-up coil 拾波线圈 03.0851
pickup reaction 拾取反应 09.0521
piezobirefringence 应力双折射 04.1317
piezocaloric effect 压热效应 08.2204
piezocrystal 压电晶体 08.2185
piezoelectric ceramics 压电陶瓷 08.2187
piezoelectric constant 压电常量 08.2183
piezoelectric crystal 压电晶体 08.2185

piezoelectric effect　压电效应　03.0216
piezoelectricity　压电性　08.2182
piezoelectric modulus　压电模量　08.2191
piezoelectric quartz　压电石英　08.2186
piezoelectrics　压电体　03.0218
piezoelectric sensor　压电传感器　08.2193
piezoelectric stiffened velocity　压电增劲速度　08.2196
piezoelectric transducer　压电换能器　08.2192
piezoelectric tube　压电[陶瓷]管　08.2188
piezoelectric vibrator　压电振子　08.2184
piezoluminescence　压致发光　08.2229
piezomagnetic effect　压磁效应　08.1943
piezomagnetic material　压磁材料　08.2042
piezomagnetism　压磁性　08.2203
piezometer　压强计　02.0908
piezo-optic effect　压光效应　08.2276
piezoreflectance　压致反[射改]变　04.2352
piezoresistive effect　压致电阻效应，* 压阻效应　08.2205
piezoscanner　压电扫描器　08.2189
piezostep motor　压电[陶瓷]步进马达　08.2190
piezo tube　压电[陶瓷]管　08.2188
pi-junction　π结　08.3313
pile-of-plate polarizer　片堆起偏器　04.1145
pile-up of dislocations　位错堆积　08.0484
pillbox antenna　抛物柱面天线　03.0759
pilot-wave theory　导波理论　06.0417
θ-pinch　角向箍缩　10.0111
pinch-off effect　箍断效应　08.1718
pincushion distortion　枕形畸变　04.0520
pinhole array　针孔列阵　04.0201
pinhole camera　针孔照相机　04.0552
pinhole collimation　针孔准直　04.0459
pinhole filter　针孔滤波器　04.1228
pinhole imaging　针孔成像　04.0200
pinning center　钉扎中心　08.3230
pinning energy　钉扎能　08.3231
pinning force　钉扎力　08.3232
pion　π介子　09.0960
pion factory　π介子工厂　09.0964
pionic atom　π原子　09.0962
pionium　π介子素　09.0961
pionization　π介子化　09.0963
Pippard coherence length　皮帕德相干长度　08.3118
Pippard kernel　皮帕德核函　08.3119
pinchPippard [nonlocal] theory　皮帕德[非定域]理论　08.3117
Pirani gauge　皮拉尼真空规　05.0140
piston-cylinder apparatus　活塞圆筒装置　08.3572
pitch　声调，* 音调　04.2811
pitch-angle scattering　[投]掷角散射　10.0148
pitchfork bifurcation　叉式分岔　11.0485
pivot　支点　02.0405
PIX　质子诱发 X 射线　08.2809
PIXE　粒子诱发 X[射线]发射　09.0812
pixel　像素，* 像元　04.0196
planar alignment　平行[基片]排列　08.2683
planar junction　平面结　08.1645
planar technology　平面工艺　08.0949
planar-type detector　平面型探测器　09.0762
planar waveguide　平面型波导　04.1443
Planck constant　普朗克常量　06.0371
Planck length　普朗克长度　06.0237
Planck mass　普朗克质量　09.1131
Planck's law　普朗克定律　06.0370
Planck's [radiation] formula　普朗克[辐射]公式　05.0645
Planck time　普朗克时间　06.0238
Planck unit　普朗克单位　06.0236
plane-concave lens　平凹透镜　04.0252
plane-convex lens　平凸透镜　04.0251
plane electromagnetic wave　平面电磁波　03.0673
plane grating　平面光栅　04.1050
plane hologram　平面全息图　04.1370
plane of incidence　入射[平]面　04.0098
plane of polarization　偏振面　04.1115
plane of symmetry　对称面　08.0151
plane-parallel motion　平面平行运动　02.0547
plane-parallel resonator　平行平面[共振]腔　04.2018
plane polarization　* 平面偏振　04.1116
plane [shock] wave generator　平面[击]波发生器　08.3588
planet　行星　11.0218
planet aberration　行星光行差　11.0233
planetary aberration　行星光行差　11.0233
planetary nebula　行星状星云　11.0085
planetesimal　微行星，* 星子　11.0234
plane wave　平面波　04.2633

plane wave lens　*平面波透镜　08.3588
plasma　等离[子]体，*电浆　10.0002
plasma accelerator　等离[子]体加速器　10.0048
plasma astrophysics　等离子体天体物理学，*电浆天体物理学　11.0005
plasma confinement　等离[子]体约束　10.0353
plasma diagnostics　等离[子]体诊断　10.0450
plasma dispersion function　等离[子]体色散函数　10.0128
plasma display panel　等离[子]体显示屏　10.0488
plasma dynamics　等离[子]体动力学　10.0037
plasma eater　等离[子]体吞食器　10.0453
plasma echo　等离[子]体回波　10.0319
plasma-enhanced chemical vapor deposition　等离[子]体增强化学气相沉积　10.0492
plasma etching　等离[子]体刻蚀　10.0491
plasma focus　等离[子]体焦点　10.0050
plasma frequency　等离[子]体频率　10.0039
plasma generator　等离[子]体发电机　10.0047
plasma guide　等离[子]体波导　10.0041
plasma gun　等离[子]体枪　10.0042
plasma heating　等离[子]体加热　10.0433
plasma laser　等离[子]体激光器，*电浆激光器　04.2205
plasma oscillation　等离[子]体振荡　10.0038
plasma oxidation process　等离[子]体氧化过程　10.0489
plasma parameter　等离[子]体参量　10.0007
plasma pause　等离[子]体层顶　10.0469
plasma physics　等离[子]体物理学，*电浆物理学　10.0001
[plasma] pinch　[等离子体]箍缩　10.0108
plasma plume　等离[子]体羽　10.0052
plasma radiation　等离[子]体辐射　10.0178
plasma sheath　等离[子]体鞘　10.0051
plasmasphere　等离[子]体层　10.0468
plasma spray process　等离子体喷涂过程　10.0490
plasma theory　等离[子]体理论　10.0073
plasma torch　等离[子]体炬　10.0053
plasma transport　等离[子]体输运　10.0137
plasmatron　等离[子]体发生器，*等离子体源　10.0043
plasma turbulence　等离[子]体湍动　10.0337
plasma wave　等离[子]体波　10.0040
plasmoid　等离[子]体团　10.0049
plasmon　等离体子，*电浆子　10.0484
plasmonics　等离体子学　10.0486
plastic crystal　塑性晶体　08.0582
plastic deformation　塑性形变　02.0634
plastic flow　塑性流　02.0635
plasticity　塑性　02.0633
plastometer　塑性计　02.0636
plateau　坪区　10.0169
plateau diffusion　坪区扩散　10.0170
platform for hybrid integration　混合集成平台　04.2191
platinum resistance thermometer　铂电阻温度计　05.0117
plenoptic camera　全光相机　04.0438
plenoptic lens　全光镜头　04.0437
plumber's nightmare　海绵相　08.2579
plumb line　铅垂线　02.0226
plum pudding model　布丁模型　07.0015
pluralism　多样性　01.0167
plus-minus sign　正负号　01.0323
PMR　顺磁共振　08.1862
p-n junction　pn 结　08.1642
p-n-p transistor　pnp 晶体管　08.1644
Pockels effect　泡克耳斯效应　04.2350
Poincaré group　庞加莱群　06.0043
Poincaré limit cycle　庞加莱极限环　11.0474
Poincaré map　庞加莱映射　11.0500
Poincaré recurrence　庞加莱复现　05.0504
Poincaré section　庞加莱截面　11.0501
Poincaré sphere　庞加莱球　04.1164
Poincaré transformation　庞加莱变换　06.0042
Poinsot motion　潘索运动　02.0533
point characteristic function　点特征函数　04.0632
point charge　点电荷　03.0006
point contact　点接触　08.3504
point contact junction　点接触结　08.3308
point contact tunneling　点接触隧穿　08.3505
point cusp　点会切　10.0383
point defect　点缺陷　08.0448
point discharge　尖端放电　03.0122
point disclination　点向错　08.2649
point group　点群　08.0160
pointing accuracy　指向精度　11.0275
point[-like] particle　[类]点粒子　09.1099

point mass　质点　02.0017
point resolution　点分辨率　08.1070
point source　点源　04.0031
point spread function　点扩展函数　04.1233
point symmetry　点对称　08.0116
point symmetry operation　点对称操作　08.0125
poise　泊　02.0755
Poiseuille's law　泊肃叶定律　02.0835
Poisson bracket　泊松括号　02.0614
Poisson distribution　泊松分布　01.0418
Poisson ratio　泊松比　02.0658
Poi-sson's spot　*泊松亮斑　04.0983
polar coordinate　极坐标　02.0111
polar crystal　极性晶体　08.0771
polar diagram　极坐标图　02.0112
polar dielectrics　极性介电质，*极性介电体　08.2129
polar gap　极冠间隙　11.0169
polarimeter　偏振仪　04.1202
polarimetry　测偏振术　04.1161
polar intermetallic compround　极性金属间化合物　08.1185
polariscope　偏光仪，*偏[振]光镜　04.1201
polariton　耦[合波]子　08.1959
polarity　极性　03.0209
polarizability　极化率　03.0203
polarization　极化　03.0193
polarization　极化度　03.0194
polarization　偏振[性]　04.1107
polarization analyzer　检偏器　04.1143
polarization charge　极化电荷　03.0206
polarization correlation　极化关联　09.0251
polarization crosstalk　偏振串扰　04.1474
polarization current　极化电流　03.0207
polarization dependent loss　偏振相关损耗　04.1473
polarization drift　极化漂移　10.0085
polarization Green's function　极化格林函数　05.0936
polarization labeling spectroscopy　偏振标记光谱术　04.1863
polarization maintaining fiber　保偏光纤　04.1456
polarization modal dispersion　偏振模色散　04.1472
polarization reversal　极化反转　08.2162
polarization spectroscopy　偏振光谱学　04.1862
polarization state　偏振态　04.1113
polarization state　极化态　09.1588
polarization wave　偏振波　04.1112
polarized light　偏振光　04.1108
polarized neutron　极化中子　08.2051
polarized nucleus　极化核　09.0183
polarized wave　偏振波　04.1112
polarizer　起偏器　04.1142
polarizing angle　起偏角　04.1159
polarizing beamsplitter　偏振分束器　04.1146
polarizing eyepiece　起偏目镜　04.1200
polarizing microscope　偏光显微镜　04.1206
polarizing power　起偏本领　04.1160
polarizing prism　[起]偏振棱镜　04.1148
polar medium　极性介质　03.0210
polar molecule　极性分子　03.0199
polaroid sheet　偏振片　04.1154
polaron　极化子　08.1957
polar state　极性态　08.0772
polar vector　极矢[量]　02.0517
polhode　本体瞬心迹　02.0502
Polk model　波尔克模型　08.0633
poloidal magnetic field　角向磁场　10.0394
poloidal pinch heating　角向箍缩加热　10.0440
polychroism　多色性　04.0725
polychromatic light　多色光　04.0853
polychromatic percolation　多色逾渗　11.0673
polychromatism　多色性　04.0725
polycide　多硅结构　08.1681
polycritical point　共临界点　08.3071
polycrystal　多晶[体]　08.0033
polycrystalline material　多晶材料　08.1194
polydioptric camera　多折射相机　04.0553
polygonization　多边形化　08.2361
polyhedral group　多面体群　08.0115
polyhedron　多面体　08.0282
polymer　聚合物，*高分子　08.2422
polymerase　聚合酶　11.0416
polymer blend　共聚混合物　08.2425
polymer brush　聚合物刷　08.2423
polymer colloid　聚合物胶体　08.2427
polymer configuration　聚合物位形　08.0596
polymer-configuration model　聚合物位形模型　08.2429
polymer crystal　聚合物晶体　08.2426
polymer film　聚合物薄膜　08.2428
polymer latex　聚合物乳胶　08.2424

polymer liquid crystal 聚合物液晶 08.2624
polymer physics 高分子物理[学] 08.0011
polymer semiconductor 聚合物半导体 08.1668
polymorph 多晶型物 08.0371
polymorphism 多晶型[现象] 08.0372
polyphase 多相 03.0868
polyphase motor 多相电机 03.0869
polysaccharide 多糖 11.0396
polysilicon 多晶硅 08.1195
polytropic exponent 多方指数 05.0220
polytropic process 多方过程 05.0219
polytype 多型体 08.0034
polyvalence 多价 08.1156
polyvalent metal 多价金属 08.1157
Pomeranchuk refrigeration 波梅兰丘克致冷 08.3394
pomeron 坡密子 09.1044
ponderomotive force 有质动力 10.0127
poor conductor 不良导体 03.0029
population inversion 粒子数布居反转，*粒子数反转，*布居反转 04.1991
porosity 多孔性 08.2594
porosity 空隙率 08.2595
porous material 多孔材料 08.3631
porous membrane 多孔膜 08.2596
porous silicon 多孔硅 08.1196
positional constraint *位置约束 02.0576
positional disorder 位置无序 02.0030
position angle 位置角 11.0278
position representation 位置表象 06.0442
position vector 位置矢量，*位矢 02.0029
positive charge 正电荷 03.0046
positive cycle 正循环 05.0251
positive energy theorem 正能定理 06.0277
positive energy wave 正能波 10.0190
positive feedback 正反馈 03.0966
positive ion 正离子 03.0338
positive metric 正度规 06.0196
positive-operator valued measure 半正定算子测量 06.0791
positive partial transpose criterion 正部分转置判据 06 0762
positive plate 正极板 03.0300
positron 正电子 06.0691
positron-annihilation apparatus 正电子湮没 09.1473
positron emission 正电子发射 09.1471
positron-emission tomography 正电子[发射]层析术 09.0816
positronium [正负]电子偶素 09.0944
post-Newtonian approximation 后牛顿近似 06.0346
postulate of equal a priori probabilities 等概率假设 05.0523
postulate of measurement 测量假设 09.0916
postulate of random phases 无规相位假设 05.0524
potential 势 02.0289
ζ-potential *ζ电势 03.1149
potential barrier 势垒 06.0617
potential difference 势差 03.0079
potential drop 电势降[落] 03.0296
potential energy 势能 02.0291
potential energy surface 势能面 09.0665
potential field 势场 02.0027
potential flow 势流 02.0028
potential force 有势力 02.0167
potential function 势函数 02.0292
potential ridge 势脊 07.0273
potential scattering 势散射 09.0482
potential vorticity 势涡度 02.0808
potential well 势阱 06.0615
potentiometer 电势差计 03.0826，电位器 03.0854，分压器 03.0310
Potts model 波茨模型 05.1033
POVM 半正定算子测量 06.0791
powder camera 粉末相机 08.2119
powder diffractometer 粉末衍射仪 08.1028
powder insulation 粉末隔热 08.3419
powder method 粉末法 08.1118
powder pattern 粉纹图 08.2118
power 功率 02.0286
power broadening 功率[谱线]增宽 04.1815
power [density] spectrum 功率[密度]谱 11.0614
power dissipation 功率耗散 02.0287
power factor 功率因数 03.0643
power-law conductance 幂次率电导 08.3487
power-law decay 幂律衰减 01.0415
power-law distribution 幂次分布律 01.0414
power-law exponent 幂律指数 01.0416
power semiconductor device 功率半导体器件 08.1734
power source 电源 03.0238

power spectrum 功率谱 02.0288
power supply 电源 03.0238
Poynting vector 坡印亭矢量 03.0689
pp-chain pp 链，＊质子质子链 11.0108
p-p cycle 质子-质子循环 09.1480
Prandtl number 普朗特数 11.0698
preamplifier 前置放大器 03.0980
precession 进动，＊旋进 02.0507
precession frequency 进动频率 02.0511
precipitate 沉淀[物] 08.0883，脱溶[物] 08.0884
precipitation 脱溶[作用] 08.0937
precipitation hardening 脱溶硬化 08.0885
precision 精密度 01.0271
precision optics system 精密光学系统 04.0675
precooling 预冷 08.3410
precursor 前驱核 09.0663
precursor radiation 前驱辐射 10.0184
predator-prey model 猎食模型 11.0507
pre-equilibration emission 平衡前发射 09.0512
pre-equilibration process 平衡前过程 09.0511
prefactor 前[置]因子 01.0498
preferential direction 择优方向 08.0916
preferential partition 择优分凝 08.0915
preferred frame 从优参考系 06.0252
preferred orientation 择优取向 08.0917
prefilter 前置滤波器 03.0956
prefractal 前分形 11.0624
preinjector 预注入器 09.1649
premonochromator 前置单色仪 04.1648
preon 前子 09.1033
P-representation P 表象 06.0892
prequark 前夸克 09.1034
presbyopia 老花眼 04.0388
present 现在 06.0076
pressure 压力 02.0777
pressure 压强 02.0778
pressure broadening 压致[谱线]增宽 04.1816
pressure calibration 压强标定，＊压标 08.3581
pressure ensemble 压强系综 05.0545
pressure gradient drift 压强梯度漂移 10.0083
pressure-induced crystallization 压致结晶 08.3606
pressure-induced magnetic phase transition 压致磁[性]相变 08.3608
pressure-induced phase transition 压致相变 08.3601
pressure-induced soft mode phase transition 压致软模相变 08.3605
pressure-induced superconducting phase transition 压致超导相变 08.3609
pressure quenching 压淬 08.0693
pressure seal 压力密封 08.3567
pressure shift 压致频移 04.1793
pressure-temperature phase diagram 压强温度相图，＊压温相图 08.3612
pressure transducer 压力传感器 08.3595
pressure transmitting medium 传压介质 08.3566
pressure wave 压强波 04.2640
pretransition effect 相变前效应 08.2675
primary aberration ＊初级像差 04.0495
primary cell 原电池 03.0807
primary coil 原线圈 03.0849
primary color 原色 04.0745
primary current 原电流 03.0225
primary electron 原初电子 09.1051
primary energy 初始能量 09.1676
primary [fission] fragment 原初[裂变]碎片 09.1675
primary focal point ＊第一焦点 04.0328
primary image 原像 04.0208
primary isotope 主同位素 09.0054
primary optic axis 主光轴 04.0281
primary pressure standard 初级压标 08.3582
primary radiation 原辐射 04.0048
primary rainbow 虹 04.0790
primary ray 原[初]射线 09.1678
primary source 原光源 04.0035
primary spectrum 一级光谱 04.1714
primary star 主星 11.0118
primitive cell 原胞 08.0078
primitive lattice 初基格 08.0077
primitive vector [初]基矢 08.0075
primordial fireball 原初火球 09.1679
primordial nucleosynthesis 原初核合成 06.0345
principal axis 主轴 08.0129
principal axis of inertia 惯量主轴 02.0528
principal dielectric axes 介电主轴 03.0180
principal maximum 主极大 04.0900
principal moment 主矩 02.0564
principal moment of inertia 主转动惯量 02.0526
principal normal 主法线 04.0096

principal plane 主面 04.0380
principal plane of crystal 晶体主平面 04.2320
principal point 主点 04.0375
principal quantum number 主量子数 06.0406
principal ray 主光线 04.0656
principal refractive index 主折射率 04.2322
principal section of crystal 晶体主截面 04.2319
principal series 主线系 04.1727
principal state model 主态模型 04.1475
principal state of polarization 主偏振态 04.1114
principal vector 主矢[量] 02.0544
principle 原理 01.0139
principle of action and reaction 作用反作用原理 02.0158
principle of attenuation of correlations 关联衰减原理 05.0925
principle of complementarity 互补原理，* 并协原理 06.0421
principle of constancy of light velocity 光速不变原理 06.0007
principle of continuity 连续性原理 02.0016
principle of detailed balance 细致平衡原理 05.0756
principle of entropy increase 熵增加原理 05.0309
principle of equal optical path 等光程原理 04.0111
principle of general covariance 广义协变[性]原理 06.0206
principle of general relativity 广义相对性原理 06.0205
principle of inertia 惯性原理 02.0443
principle of least action 最小作用[量]原理 02.0156
principle of maximum entropy 最大熵原理 05.0530
principle of maximum work 最大功原理 05.0311
principle of optical path reversibility 光路可逆性原理 04.0115
principle of special relativity 狭义相对性原理 06.0005
principle of superposition of [light] waves [光]波的叠加原理 04.0561
principle of superposition of state 态叠加原理 06.0541
principle of symmetry 对称性原理 09.1478
principle of virtual displacement * 虚位移原理 02.0570
principle of virtual work 虚功原理 02.0570
prior estimation 先验估计 01.0112
prism 棱镜 04.0163
prismatic decomposition 棱镜分光 04.0165
prismatic dislocation 棱柱位错 08.0491
prismatic spectrum 棱镜光谱 04.1667
prism diopter 棱镜折光度 04.0164
prismoid 平截头棱锥体 08.0358
prism spectrograph 棱镜摄谱仪 04.0190
privacy amplification 保密性放大 06.0862
probabilistic rule 概率性规则 11.0728
probability 概率，* 几率 05.0522
probability amplitude 概率幅 06.0533
probability current 概率流，* 概率通量 06.0534
probability density 概率密度 06.0532
probability distribution function 概率分布函数 06.0528
probability flux 概率流，* 概率通量 06.0534
probability matrix 概率矩阵 06.0529
probability wave 概率波 06.0531
probable error 概然误差 01.0231
probe 探测 08.1064，探头，* 探针 08.1065
probe technique 探针技术 08.3594
probing wave 探测波 04.2407
procedure 步骤 01.0175
process 过程 01.0176
processing 处理 01.0177，加工 01.0178
product of inertia 惯量积 02.0527
profile 剖面，* 轮廓 01.0353
programing 程序设计 01.0536
programmable add/drop multiplexer 可编程上下分插复用器 04.1494
progressive error 累进误差 01.0243
progressive wave 前进波 04.2637
projected potential 投影势 08.2932
projected structure 投影结构 08.2931
projectile 抛体 02.0318
projectile motion 抛体运动 02.0319
projection 投影 04.0671
projection image 投影像 04.0672
projection objective 投影物镜 04.0673
projection operator 投影算符 05.0857
projection optics 投影光学 04.0456
projective transformation 射影变换 04.0371
projector 投影仪 04.0455
prokaryote 原核生物 11.0351
prolate spheroid 长椭球 01.0334
promotion energy 晋升能 08.0419
prompt neutron 瞬发中子 09.0659

propagation constant 传播常量 03.0700
propagation of error 误差传递 01.0245
propagation vector ＊传播矢量 04.2645
propagator 传播函数 06.0648
proper acceleration 固有加速度 06.0133
proper angular momentum 固有角动量 06.0660
proper function 本征函数 06.0550
proper length 固有长度 06.0059
proper mass 固有质量 06.0140
proper polarization 真极化 05.0958
proper self-energy 真自能 05.0956
properties of matter 物性 05.0039，物性学 08.0012
proper time 固有时 06.0050
proper time interval 固有时间隔 06.0051
proper velocity 固有速度 06.0132
proper vertex 真顶角 05.0959
proportional counter 正比计数器 09.0720
protein 蛋白质 11.0411
protein denaturation 蛋白质变性 11.0413
protein folding 蛋白质折叠 11.0412
protocol 协议 01.0152
proton 质子 09.0006
proton binding energy 质子结合能 09.0040
proton capture 质子俘获 09.1476
proton collider 质子对撞机 09.1668
proton-deficient isotope 缺质子同位素 09.0053
proton-deficient nuclide 缺质子核素 09.0049
proton event 质子事件 09.1680
proton halo 质子晕 09.1681
proton-induced X-ray 质子诱发 X 射线 08.2809
protonium 质子偶素 09.0970
proton number 质子数 09.0009
proton [precession] magnetometer 质子[旋进]磁力仪 09.1667
proton-proton cycle 质子-质子循环 09.1480
proton radioactivity 质子放射性 09.0194
proton-rich isotope 丰质子同位素 09.0051
proton-rich nuclide 丰质子核素 09.0047
proton synchrotron 质子同步加速器 09.1643
prototype 样机 01.0289，原器 01.0290，原型 01.0291
proximity effect 邻近效应 08.3269
proximity potential 邻近势 08.3272
pseudoatom 赝原子 09.1052
pseudoclassical transport 赝经典输运 10.0177
pseudoelasticity 赝弹性 08.2318
pseudoforce 赝力 02.0136
pseudogap 赝[能]隙 08.3154
pseudo-nondiffracting beam 赝非衍射束 04.0975
pseudo-phase 赝相 08.2465
pseudo-phase separation 赝相分离 08.2466
pseudopotential 赝势 09.1113
pseudorapidity 赝快度 09.1115
pseudoregular precession 赝规则进动 02.0510
pseudorotation 赝转动 06.0307
pseudoscalar 赝标量 09.1114
pseudoscalar meson 赝标介子 09.0930
pseudoscope 幻视镜 04.0216
pseudoscopic image 凹凸反转像，＊幻视像 04.1366
pseudospin mechanism 赝自旋机理 08.2168
pseudostochastic motion 赝随机运动 11.0565
pseudosurface wave 赝表面波 08.2744
pseudosymmetry 赝对称性 08.2926
pseudotensor 赝张量 06.0248
pseudothermal light ＊赝热光 04.1280
pseudovector 赝矢量 02.0137
pseudovector 轴矢[量] 02.0516
PSTM 光子扫描隧穿显微镜 08.2311
psychrometer 干湿球湿度计 05.0137
P-symmetry P 对称性 09.1310
p-type semiconductor p 型半导体 08.1566
pulley 滑轮 02.0913
pulley blocks 滑轮组 02.0914
pulsar 脉冲星 11.0145
pulsating current 脉动电流 03.1046
pulsating magnetic field 脉动磁场 03.0525
pulsed laser 脉冲激光器 04.2206
pulsed laser deposition 脉冲激光沉积 08.0815
pulsed magnet 脉冲磁体 03.0526
pulse-echo method 脉冲回波法 02.0475
pulse ionization chamber 脉冲电离室 09.0740
pulse reflection mode 脉冲反射模 04.2133
pulse-shape discrimination 脉冲形状甄别 09.0781
pulse transmission mode 脉冲透射模 04.2134
pulse tube refrigerator 脉冲管制冷器 05.0169
pulse xenon lamp 脉冲氙灯 04.2174
pump 泵[浦]，＊抽运 04.1985
pump and probe experiment 抽运探测实验 04.1886

pump depletion 抽运消耗 04.2409
pumping 泵[浦], *抽运 04.1985
pumping lamp 抽运灯 04.2175
pumping light 抽运光 04.2179
pumping process 抽运过程 04.1986
pumping wave 抽运波 04.2406
pump power 抽运功率 04.2408
punch-through effect 穿通效应 08.1717
pupil 光瞳 04.0484
pupil function [光]瞳函数 04.0487
purely imaginary time 纯虚时间 06.0064
pure state 纯态 06.0518
purification 纯化 08.0844
purifier 纯化器 08.0845
purity 纯度 08.0846
puzzle 疑难 01.0173
PVD 物理气相沉积 08.0805
p-wave pairing p 波配对 08.3146
p-wave superconductor p 波超导体 08.3147
pycnometer 比重瓶 02.0904
PY equation *PY 方程 05.0698
pyrite structure 黄铁矿[型]结构 08.0260
pyrochlore structure 焦绿石[型]结构 08.0261
pyroelectric crystal 热释电晶体 08.2202
pyroelectric effect 热释电效应 08.2201
pyroelectricity 热释电[学] 08.2199
pyroluminescence 热释光[学] 04.1905
pyrolysis 热[分]解 05.0414
pyromagnetism 热释磁效应 08.1942
pyrometer 高温计 05.0121
pyrometry 测高温学 05.0125

Q

QCD 量子色动力学 09.1214
QCD sum rule QCD 求和规则 09.1605
QED 量子电动力学 09.1215
Q factor 品质因子 04.2124
QFD 量子味动力学 09.1217
QFT 量子场论 09.1552
QGP 夸克胶子等离子体 09.1684
Q modulation 调 Q 04.2125
Q-plasma 宁静等离[子]体 10.0023
QSO 类星体 11.0061
Q spoiling Q 突变 04.2126
Q switch Q 开关 04.2127
quadrant 象限 02.0116, 象限仪 02.0117
quadrant electrometer 象限静电计 03.0792
quadratic divergence 二次发散 09.1482
quadratic electro-optical tensor 二次电光张量 04.2353
quadratic solitons 二次孤子 11.0748
quadratic sum 平方和 01.0321
quadratron 四极管 03.0919
quadrature component 正交分量 02.0192
quadrature modulation 正交调制 04.1214
quadrature [phase] amplitude 正交[相位]分量 06.0876
quadric [surface] 二次曲面 01.0336
quadruple point 四相点 05.0033
quadrupole 四极 03.0107
quadrupole 四极子 03.0108
quadrupole effect 四极效应 03.0114
quadrupole energy 四极能 09.1592
quadrupole focusing lens 四极聚焦透镜 10.0461
quadrupole interaction 四极相互作用, *四极交互作用 09.0362
quadrupole magnet 四极磁体 03.0440
quadrupole mass spectrometer 四极质谱仪 08.2838
quadrupole moment 四极矩 03.0110
quadrupole radiation 四极辐射 04.1969
quadrupole resonance 四极共振 09.0372
quadrupole vibration 四极振动 09.0371
qualitative analysis 定性分析 01.0137
quantitative analysis 定量分析 01.0138
quantitative metallography 定量金相学 08.1137
quantization 量子化 06.0374
quantization of angular momentum 角动量量子化 06.0383
quantization of circulation 环流量子化 08.3039
quantization of electromagnetic field 电磁场量子化 05.0651
quantization of magnetic flux 磁通量子化 06.0385
quantization of orbit 轨道量子化 06.0382
quantization of radiation 辐射量子化 05.0650

R

β-radioactivity β放射性 09.0111
γ-radioactivity γ放射性 09.0112
radiobiological effect 放射生物效应 11.0337
radiobiology 放射生物学 11.0336
radio dosimeter 辐射剂量计 09.0276
radio-frequency amplifier 射频放大器 03.0983
radio-frequency current drive 射频电流驱动 10.0432
radio-frequency heating 射频加热 10.0448
radio-frequency oscillator 射频振荡器 03.1017
radio-frequency spectrum 射频[波]谱 09.1591
radio-frequency sputtering 射频溅射 09.0822
radio galaxy 射电星系 11.0047
radiography 射线照相术 08.1026
radio interference 射电干扰 11.0274
radioisotopic dilution 放射性同位素稀释 09.0284
radioisotopic tracer 放射性同位素示踪物 09.0287
radiology 辐射学 03.0727
radioluminescence 辐射[致]发光 08.2224
radiometer 辐射计 03.0730
radiometric dating 放射性鉴年法 09.0851
radiometric temperature 辐射温度 03.0745
radiometry 辐射度[计]量学 04.0583
radio nebula 射电星云 11.0086
radio nova 射电新星 11.0135
radio physics 无线电物理学 03.1008
radio pulsar 射电脉冲星 11.0161
radio quasar 射电类星体 11.0048
radioresistance 抗辐射 03.0740
radio source 射电源 11.0172
radio telescope 射电望远镜 11.0270
radiotherapy 放射治疗 09.0285
radiotoxicology 放射性毒理学 09.0161
radio wave 无线电波 03.1007
radiowave dielectric spectroscopy 射电介电谱学 08.2139
radium-beryllium neutron source 镭铍中子源 09.0575
radius of curvature 曲率半径 11.0170
radius of gyration 回转半径 02.0532
radius vector 径矢 02.0033
rainbow holography 彩虹全息术 04.1412
rainbow model 虹模型 09.0563
Raman effect 拉曼效应 04.2345
Raman fiber amplifier 拉曼光纤放大器 04.2257
Raman laser 拉曼激光器 04.2222
Raman-Nath diffraction 拉曼-奈斯衍射 04.2763
Raman scattering 拉曼散射 04.1575
Raman-shifted laser 拉曼频移激光器 04.2223
Raman spectroscopy 拉曼谱学 04.1778
Raman spectrum 拉曼[光]谱 04.1777
ram pressure 冲压 02.0781
ramp voltage 斜[变]电压 03.0093
Ramsden eyepiece 拉姆斯登目镜 04.0403
random 无规 05.0480
random close packing 无规密堆积 08.0672
random coil model 无规线团模型 08.2430
random distribution 无规分布 05.0482
random error 随机误差 01.0225
random event 随机事件 01.0543
random-field Ising system 无规场伊辛模型 05.1028
random laser 无序介质激光器 04.2240
random loose packing 无规散堆积 08.0789
random matrix theory 无规矩阵理论 05.0487
random medium 无规介质 08.0787
random mixing approximation 无规混合近似 05.0996
random motion 无规运动 05.0488
randomness 无规性 05.0481
random network 无规网络 08.0602
random noise 无规噪声 05.0835
random number 随机数 01.0546
random orientation 无规取向 08.0788
random phase approximation 无规相[位]近似 05.0965
random polarization 随机偏振 04.1120
random process 无规过程 05.0485
random pulse 随机脉冲，*无规脉冲 03.1047
random resistor network 无规电阻网络 08.0668
random sampling 随机取样 01.0544
random variable 随机变量 01.0545
random walk 无规行走 05.0824
range 范围 01.0297，量程 01.0298，射程 01.0299
range criterion 范围判据 06.0760
range-energy relation 射程能量关系，*能程关系 09.0703
range of force 力程 02.0406
range straggling 射程歧离 09.0702
ranging 测距 04.2305
rapid cooling 急冷 08.0570
rapidity 快度 09.1264
rapidity of convergence 收敛速率 01.0534

rare-earth chelate 稀土螯合物 08.1209
rare-earth metal 稀土金属 08.1223
rare-earth permanent magnet 稀土永磁体 08.2041
rarefaction wave 稀疏波 10.0238
rarefied plasma 稀薄等离[子]体 10.0013
rare gas 稀有气体 05.0064
rare metal 稀有金属 08.1222
RAS 反射比各向异性谱术 08.1099
rated power 额定功率 03.0883
rated voltage 额定电压 03.0091
rate equation 变[化]率方程, ＊速率方程 07.0275
rate process 变率过程 05.0897
ratio 比率 01.0221
rational magnetic surface 有理磁面 10.0398
rational rotation number 有理转数 11.0518
raw data 原始数据 01.0193
ray 射线 04.0064
α-ray α 射线 09.0113
β-ray β 射线 09.0114
γ-ray γ 射线 09.0115
ray axis 射线轴 04.0065
Rayleigh-Bénard instability 瑞利-贝纳尔不稳定性 11.0693
Rayleigh disc 瑞利盘 08.3023
Rayleigh interferometer 瑞利干涉仪 04.1096
Rayleigh-Jeans catastrophe 紫外灾难 06.0369
Rayleigh-Jeans formula 瑞利-金斯公式 05.0646
Rayleigh limit 瑞利限[度], ＊瑞利极限 04.0370
Rayleigh number 瑞利数 11.0697
Rayleigh scattering 瑞利散射 04.1573
Rayleigh's criterion 瑞利判据 04.1012
Rayleigh-Sommerfeld diffraction formula 瑞利-索末菲衍射公式 04.0970
Rayleigh surface wave 瑞利表面波 08.2741
Rayleigh-Taylor instability 瑞利-泰勒不稳定性 10.0279
Rayleigh-wing scattering 瑞利翼散射 04.1574
ray surface 射线面 04.0066
ray tracing 光线追迹 04.0359
R-center R 心 08.0459
RCP 无规密堆积 08.0672
RDS 反射比差分谱学 08.1100
reactance 电抗 03.0627
reaction 反作用 02.0151
reaction channel 反应[通]道 09.0426
reaction cross-section 反应截面 09.0449
reaction-diffusion equation 反应扩散方程 11.0710
reaction energy 反应能 09.0441
reaction field 反应场 08.1130
reaction product 反应产物 09.0476
reaction Q-value 反应 Q 值 09.0442
reaction rate 反应率 09.0474
reaction yield 反应产额 09.0477
reactive current 无功电流 03.0646
reactive force 反作用力 02.0153
reactive ion etching 反应离子刻蚀 08.0960
reactive load 无功负载 03.0875
reactive power 无功功率 03.0648
reactor 电抗器 03.0628, 反应堆 09.0889
reading error 读数误差 01.0241
reading optical beam 读出光束 04.1431
readout 读出 01.0197
real axis 实轴 06.0117
real focus 实焦点 04.0289
real gas 真实气体 05.0061
real image 实像 04.0228
real object 实物 04.0227
real singularity 实奇点 06.0120
real space 实空间 06.0121
real time 实时 06.0122
real-time restoration 实时修复 06.0123
real-time signal processing 实时信号处理 04.1509
rearrangement 重排 09.1594
reasoning 推理 01.0132
rebound 回跳 02.0408
recalescence 复辉 08.2241
recapture 再俘获 08.1812
receding wave 后退波 04.0843
reciprocal lattice 倒易格子, ＊倒格 08.0386
reciprocal lattice node 倒易阵点, ＊倒格点 08.0388
reciprocal lattice vector 倒格矢 08.0389
reciprocal unit cell 倒易单胞 08.0387
reciprocity 互易性 01.0554
reciprocity theorem 倒易定理 09.0484
recoil 反冲 02.0485
recoil mass spectrometer 反冲质谱仪 09.0838
recoil nucleus 反冲核 09.0431
recombination 复合 10.0067

recombination center　复合中心　08.1629
recombination cross-section　复合截面　10.0068
recombination current　复合电流　08.1814
recombination laser　复合激光器　04.2243
recombination rate　复合率　08.1596
recombination time　复合时间　08.1815
reconnection of magnetic field lines　磁力线重联　10.0103
reconstructed image　重建像　04.1360
reconstructing wave　重建波，*再现波　04.1359
reconstruction　重构　08.0611
recovery time　恢复时间　01.0307
recrystallization　再结晶　08.2362
rectangular aperture diffraction　矩孔衍射　04.0995
rectangular hysteresis loop　矩型磁滞回线　08.2034
rectangular lattice　长方格[子]　08.0223
rectangular potential barrier　矩形势垒　08.1653
rectangular waveguide　矩形波导　03.1061
rectangular-well potential　矩阱势　09.0330
rectification　整流　03.0971
rectifier　整流器　03.0972
rectilinear motion　直线运动　02.0090
rectilinear propagation of light　光的直线传播　04.0070
recurrence　复现[性]　01.0308
recurrence formula　递推公式　01.0506
recursion method　递推法　01.0507
recycling　再循环　05.0255
redistribution　重分布　05.0483，再分配　05.0484
red satellite　红伴线　04.1693
red shift　红移　04.1788
red shortness　热脆性　08.2371
reduced Brillouin zone　约化布里渊区，*简约布里渊区　08.1358
reduced cell　约化胞　08.0095
reduced density matrix　约化密度矩阵　05.0912
reduced distribution function　约化分布函数　10.0125
reduced energy gap　约化能隙　08.1337
reduced mass　约化质量　02.0464
reduced matrix element　约化矩阵元　06.0668
reduced quantity　约化量　01.0201
reduced statistical operator　约化统计算符　05.0913
reduced temperature　约化温度　05.0037
reduced transition probability　约化跃迁概率　09.0237
reduced wavelength　约化波长　04.0826
reduced zone　约化区，*折合区　08.1357
reduced-zone scheme　约化区图式，*简约区图式　08.1352
reduction　还原　01.0199，约化　01.0200
reduction criterion　约化判据　06.0761
reduction formula　约化公式　01.0202
reduction method　归算法　01.0508
re-emission　再发射　04.1584
reentrant effect　重入效应　08.3187
reentrant nematic phase　再入向列相　08.2632
reentrant superconductor　重入超导体　08.3186
reentry module　返回舱　11.0311
reference angle　参考角　04.1349
reference beam　参考光束　04.1348
reference frame　参考系　01.0124
reference point　参考点　01.0191
reference wave　参考波　04.1347
reflectance　反射比　04.0072
reflectance anisotropy spectroscopy　反射比各向异性谱术　08.1099
reflectance difference spectroscopy　反射比差分谱学　08.1100
reflected ray　反射线　04.0099
reflecting layer　反射层　11.0320
reflecting plane　反射[平]面　04.0077
reflecting telescope　反射望远镜　04.0639
reflection　反射　04.0071
reflection angle　反射角　04.0103
reflection coefficient　反射系数　03.0699
reflection electron microscopy　反射电子显微术　08.1096
reflection grating　反射光栅　04.1043
reflection high energy electron diffraction　反射高能电子衍射　08.1087
reflection hologram　反射全息图　04.1372
reflectionless contact　无反射接触　08.3263
reflectionless tunneling　无反射隧穿　08.3264
reflection loss　反射损失　04.0079
reflection plane　反映面　08.0150
reflection spectrum　反射光谱　04.1671
reflection symmetry　反射对称性　04.0080
refracted ray　折射线　04.0100
refraction　折射　04.0082
refraction angle　折射角　04.0104

relaxation time　弛豫时间　05.0804
relaxation time approximation　弛豫时间近似　05.0805
relevant parameter　有关参量　05.1046
reliability　可靠性　08.0992
relief telescope　体视望远镜　04.0646
reluctance　磁阻　03.0491
reluctivity　磁阻率　03.0492
REM　反射电子显微术　08.1096
remagnetization　再磁化　08.2087
remainder function　余函数　01.0407
remanence　剩余磁化强度，*剩磁　03.0468
remanent magnetic induction　剩余磁感应强度　08.1894
remanent magnetization　剩余磁化强度，*剩磁　03.0468
remanent polarization　剩余极化强度　08.2161
remanent strain　剩余应变　02.0182
remanent stress　残余应力　02.0644
remote pumping　远程抽运，*远程泵浦　04.1987
remote state preparation　远程态制备　06.0775
renormalizability　可重正性　05.1079
renormalizable theory　可重正理论　05.1080
renormalization　重正化　09.1422
renormalization group　重正化群　05.1076
renormalization of coupling strength　耦合强度重正化，*耦合强度重整化　09.1565
renormalization rule　重正化规则　05.1077
renormalization scale　重正化标度　05.1083
renormalization scheme　重正化方案　05.1078
renormalized mass　重正化质量，*重整化质量　09.1566
renormalized perturbation expansion　重正化微扰展开　05.1082
Renyi entropy　雷尼熵　05.1117
Renyi information　雷尼信息　05.1116
reorientation effect　重取向效应　09.0546
repeated index　重复指标　06.0124
repeated-zone scheme　重复区图式，*周期区图式　08.1354
repeater　中继器　04.1502
repeller　排斥子　11.0583
replacement　置换，*代换　01.0479
replica grating　复制光栅　04.1065
replica method　复型法　08.0593
replica symmetry breaking　复本对称破缺　09.1567
replica technique　复型技术　08.0594
representation　表象，*表示　06.0427
representative point　代表点　05.0513
reproducibility　可重复性　05.0507
repulsion　斥力　02.0410，排斥　02.0409
repulsion energy　排斥能　02.0411
repulsion force　斥力　02.0410
repulsive core　排斥芯　09.0090
repulsive gravitation　反引力　06.0322
repulsive potential　排斥势　05.0684
rescaling　重标度　05.1100
reseau　网格　11.0281
reset　复位　02.0481
residual aberration　剩余像差　04.0537
residual error　残差　01.0255
residual image　余留像，*剩余像　04.0699
residual interaction　剩余相互作用　09.0340
residual loss　剩余损耗　08.2006
residual nucleus　剩余核　09.0430
residual phase　残差相位，*相位残差　04.1253
residual polarization　剩余极化　03.1131
residual ray　剩余射线　04.1835
residual resistance　剩余电阻　08.1486
residual resistivity　剩余电阻率　08.1463
residual resistivity ratio　剩余电阻比　08.1487
residue　留数　01.0466
resin　树脂　08.3628
resinous electricity　负电　03.0047
resistance　阻力　02.0380
resistance box　电阻箱　03.0255
resistance coefficient　阻力系数　02.0562
resistance heating　电阻加热　03.0290
resistance network　电阻网络　03.0265
resistance quantum　电阻量子　06.0410
resistance thermometer　电阻温度计　05.0114
resistive diffusion　[电]阻性扩散　10.0150
resistively shunted junction model　电阻分路结模型　08.3325
resistive tearing instability　[电]阻性撕裂不稳定性　10.0302
resistivity　电阻率　03.0246
resistor　电阻器　03.0261
resolidification　再固化　08.0888
resolution　分辨率　01.0284，分解　01.0285

resolution bandwidth　鉴辨带宽，* 分辨带宽　04.1305
resolution limit　分辨[率极]限　04.1304
resolvent　预解式　06.0649
resolving power　分辨本领　04.1013
resolving time　分辨时间　09.0746
resonance　共振　02.0373，共鸣　04.2738
resonance absorption　共振吸收　08.2272
resonance amplification　共振放大　04.1759
resonance capture　共振俘获　04.1758
resonance circuit　共振回路　03.1028
resonance cross-section　共振截面　09.0491
resonance dip　共振凹陷　04.1760
resonance energy　共振能量　09.0490
resonance excitation　共振激发　08.2273
resonance fluorescence　共振荧光　08.2250
resonance integral　共振积分　09.0492
resonance level　共振能级　04.1761
resonance line　共振线　04.1756
resonance line width　共振线宽　08.2096
resonance neutron　共振中子　09.0584
resonance peak　共振峰　09.0489
resonance pumping　共振抽运　04.2180
resonance Raman spectroscopy　共振拉曼光谱学　04.1881
resonance state　共振态　05.0736
resonance tube　共鸣管　04.2746
resonance width　共振宽度　09.0493
resonant cavity　共振腔　03.1020
resonant-cavity light-emitting diode　共振腔发光二极管　08.2295
resonant frequency　共振频率　02.0377
resonant mode　共振[波]模　03.1021
resonant particle　共振粒子　10.0135
resonant scattering　共振散射　08.1540
resonant tunneling　共振隧穿　08.3261
resonant ultrasound spectroscopy　共振超声波谱术　04.2775
resonant X-ray scattering　共振 X 射线散射　08.1541
resonating valence bond model　共振价键模型　07.0221
resonating valence bond state　共振价键态　07.0222
resonating valence bond theory　共振价键理论　08.3143
resonator　共振器　03.1019
resorption　再吸收　04.1593
response　响应　05.0872
response function　响应函数　05.0877
response functional　响应泛函　05.0880
response time　响应时间　05.0873
responsibility　响应度　05.0874
rest frame　静止参考系　02.0104
restimulation　再激发　04.1984
restitution　恢复　02.0482
restitution coefficient　恢复系数　02.0484
rest mass　静质量　06.0141
rest [mass] energy　静[质]能　06.0164
rest of eutectic　共晶停点　08.0923
rest of peritectic　包晶停点　08.0926
restoring force　回复力　02.0461
restricted three-body problem　限制性三体问题　02.0454
reststrahlen　剩余射线　04.1835
reststrahlen band　剩余射线带　04.1836
resultant couple　合力偶　02.0563
resultant force　合力　02.0332
resultant velocity　合速度　02.0325
retardation　减速　02.0078
retardation coil　扼流[线]圈　03.0810
retardation effect　延迟效应　04.2137
retardation plate　延迟片，* 减速片　04.1138
retardation wedge　延迟光劈，* 减速光劈　04.1139
retarded effect　推迟效应　03.0720
retarded Green's function　推迟格林函数　05.0929
retarded potential　推迟势　03.0719
retarding field　减速场　02.0053
retarding force　减速力　02.0054
retarding potential analyzer　减速电势分析器，* 阻滞电位分析仪　08.2815
retarding voltage　遏止电压，* 减速电压　03.0090
reticle　标线　04.0411
retina　[视]网膜　04.0695
retrograde motion　逆行　11.0237
retrogression　逆行　11.0237
retrogressive wave　后退波　04.0843
retroreflection　返射　04.0637
return probability　返回概率　08.3495
reversal magnetization　反磁化　03.0471
reverse bias　反[向]偏压　03.0943
reversed-field configuration　反场位形　10.0390
reversed image　反像　04.0225
reverse-dispersion fiber　逆色散光纤　04.1463

rotating frame 转动参考系 02.0106
rotating magnetic field 旋转磁场 03.0882
rotating mirror [旋]转镜 04.0787
rotating object 旋转体 02.0489
rotating wave approximation 旋[转]波近似 04.2489
rotation 转动 02.0495, 自转 11.0213
rotational band 转动[谱]带 04.1745
rotational degree of freedom 转动自由度 05.0625
rotational energy 转动能 02.0496
rotational energy level 转动能级 09.0378
rotational field 有旋场 03.0567
rotational line 转动[谱]线 04.1744
rotational medium 旋光介质 04.1192
rotational quantum number 转动量子数 06.0394
rotational spectrum 转动光谱 07.0182
rotational speed 转速 02.0498
rotational state 转动态 07.0183
rotational symmetry 旋转对称性 08.0128
rotational transform 旋转变换 10.0399
rotational transform angle 旋转变换角 10.0400
rotation axis 转动轴 08.0132, 自转轴 11.0242
rotation curve 自转曲线 11.0243
rotation group 回转群 08.0187
rotation invariance 旋转不变性 06.0716
rotation matrix 转动矩阵 06.0577
rotation number 转数 11.0517
rotation operator 转动算符 06.0576
rotation period 自转周期 11.0215
rotation-vibration band 转动-振动谱带 07.0189
rotation-vibration coupling 转振耦合 09.0402
rotatory dispersion 旋光色散 04.1196
roton 旋子 08.3030
roto-optic effect 旋光效应 08.2260
rotor-type electrometer 转子式静电计 03.1176
round-off error 舍入误差 01.0239
round-trip gain 往返增益 04.2054, 环行增益 04.2053
route to chaos 通向混沌之路 11.0561
Rowland circle 罗兰圆 04.1718
Rowland ring 罗兰环 03.0385
row vector 行矢量 01.0430
RPA 无规相[位]近似 05.0965
RQE 辐射量子效率 03.0746
R-representation R 表象 06.0891
RRR 剩余电阻比 08.1487
RSJ model 电阻分路结模型 08.3325
rubbery consistency 橡胶态稠度 08.2489
rubbery network 橡胶交联网 08.2490
rubbery plateau zone 橡胶态高弹区 08.2491
rubidium-vapor frequency standard 铷蒸气频率标准 03.0822
ruby laser 红宝石激光器 04.2220
Ruderman-Kittel-Kasuya-Yosidamodel RKKY 模型 08.1966
Ruelle-Takens route 吕埃勒-塔肯斯路线 11.0562
rule 定则 01.0143, 法则 01.0144
ruling grating 刻划光栅 04.1052
runaway electron 逃逸电子 10.0147
running coupling constant 跑动耦合常数 09.1386
running index 巡标 06.0127
running term 巡项 04.1733
RUS 共振超声波谱术 04.2775
Russell-Saunders coupling 拉塞尔-桑德斯耦合 07.0106
Rutherford backscattering 卢瑟福背散射 08.2799
Rutherford scattering 卢瑟福散射 09.0091
Rutherford['s] model 卢瑟福[原子]模型 07.0018
Rutherford [α-particle scattering] experiment 卢瑟福[α散射]实验 09.0092
rutile structure 金红石[型]结构 08.0256
RVB model 共振价键模型 07.0221
RVB state 共振价键态 07.0222
RVB theory 共振价键理论 08.3143
Rydberg atom 里德伯原子 07.0099
Rydberg constant 里德伯常量 07.0032
Rydberg molecule 里德伯分子 07.0174
Rydberg series 里德伯[线]系 04.1725

S

saccharimeter [旋光]糖量计 04.2328
saddle point 鞍点 11.0471

safety factor　安全因数　10.0401
sagittal focal line　弧矢焦线　04.0515
Sagnac effect　萨尼亚克效应　04.1090
Sagnac interferometer　萨尼亚克干涉仪　04.1091
Saha's equation　萨哈方程　05.0689
Sakata model　坂田模型　09.1253
Salam-Weinberg model　萨拉姆-温伯格模型　09.1479
SAM　自组装单层　08.2577
sample　样品　01.0302
sample-specific nature　样品个性特质　08.3469
sandwich hologram　夹层[式]全息图　04.1399
SANS　小角[度]中子散射　08.2053
sapphire　蓝宝石　08.0366
Sargent curve　萨金特曲线　09.0223
SARW　自回避无规行走　08.2464
saser　激声　04.2724
SASF　自放大自发发射　04.1975
satellite　卫星　11.0217，伴线　04.1692
satellite line　伴线　04.1692
satellite peak　伴峰　04.1702
satellite structure　伴线结构　08.2852
satellite wave　伴波　10.0325
saturable absorber　[可]饱和吸收器　04.2163
saturated absorption　饱和吸收　04.2162
saturated adiabatic lapse rate　饱和绝热递减率　05.0229
saturated color　彰色　04.0742
saturated gain　饱和增益　04.2098
saturated inversion　饱和反转　04.2181
saturated polarization　饱和极化强度　08.2160
saturated vapor　饱和蒸气　05.0377
saturated vapor pressure　饱和蒸气压　05.0379
saturation　饱和　05.0371，彰度　05.0372
saturation current　饱和电流　03.0328
saturation dip　饱和凹陷　04.2102
saturation intensity　饱和强度　04.2100
saturation magnetization　饱和磁化强度　03.0467
saturation spectroscopy　饱和光谱学　04.1861
Saturn　土星　11.0222
sausage instability　腊肠[形]不稳定性　10.0273
sawtooth wave　锯齿[形]波　03.1074
SAX　小角[度]X射线散射　08.1055
Sayre's equation　塞尔等式　08.1030
scalar　标量　01.0056
scalar coupling　标量耦合　08.2106
scalar curvature　曲率标量　06.0262
scalar curvature of spacetime　时空标量曲率　06.0323
scalar diffraction theory　标量衍射理论　03.0768
scalar electron　标量电子，＊电子伴随子　09.1157
scalar field　标量场　01.0364
scalar lepton　标量轻子　09.1016
scalar meson　标量介子　09.0933
scalar muon　标量μ子　09.1017
scalar neutrino　标量中微子　09.1018
scalar photon　标量光子　09.0988
scalar potential　标[量]势　03.0709
scalar product　标[量]积　01.0057
scalar quark　标量夸克，＊夸克伴随子　09.1158
scalar wave theory　标量波理论　04.0857
scale　尺度　01.0312
scale eyepiece　带标目镜　04.0399
scale mark　标度线　05.1093
scale model　标度模型　05.1094
scaler　定标器　09.0719
scale transformation　标度变换　05.1089
scaling　标定　01.0189，定标　01.0190
scaling argument　标度论证　05.1095
scaling behavior　标度[无关]行为　09.1232
scaling dimensionality　标度维数　05.1101
scaling exponent　标度指数　05.1102
scaling factor　标度因子　05.1088
scaling function　标度函数　05.1096
scaling hypothesis　标度假设　05.1098
scaling invariance　标度不变性　05.1090
scaling law　标度律　05.1091
scaling limit　标度极限　05.1097
scaling theory　标度理论　05.1099
scaling variable　标度无关变量　09.1233
scaling violation　标度无关性破坏　09.1234
scanned laser　扫描激光器　04.2209
scanner　扫描器　03.0898
scanning　扫描　03.0897
scanning capacitance microscopy　扫描电容显微术　08.1061
scanning electrochemical microscopy　扫描电化学显微术　08.1062
scanning electron microscope　扫描电子显微镜　08.2828
scanning force microscopy　扫描力显微术　08.2825
scanning high energy electron diffraction　扫描高能电子衍

射 08.1088
scanning interferometer 扫描干涉仪 04.2176
scanning ion-conductance microscopy 扫描离子电导显微术 08.1063
scanning near-field optical microscopy 扫描近场光学显微术 08.2847
scanning probe microscopy 扫描探针显微术 08.2826
scanning speed 扫描速率 03.0899
scanning transmission electronmicroscopy 扫描透射电子显微术 08.2829
scanning tunneling microscopy 扫描隧穿显微学 08.2830
scanning tunneling spectroscopy 扫描隧穿谱学 08.2831
scattered light 散射光 04.1565
scattered wave 散射波 04.0846
scatterer 散射体 01.0121
scattering 散射 02.0412
scattering amplitude 散射振幅 09.0481
scattering angle 散射角 02.0417
scattering chamber 靶室 09.0718
scattering cross-section 散射截面 02.0413
scattering factor 散射因子 02.0420
scattering intensity 散射强度 02.0421
scattering length 散射长度 07.0121
scattering matrix 散射矩阵 06.0645
scattering rate 散射率 08.3489
Schadt-Helfrich effect 沙特-黑尔弗里希效应 08.2676
schematic diagram 示意图，＊略图 01.0154
Schering bridge 谢林电桥 03.0837
schlieren photography 纹影照相术 04.1025
schlieren texture 纹影织构 08.2653
Schmidt corrector 施密特校正器 04.0545
Schmidt decomposition 施密特分解 06.0755
Schmidt line 施密特线 09.0339
Schönflies symbol 申夫利斯符号，＊熊夫利符号 08.0172
Schoenflies symbol 申夫利斯符号，＊熊夫利符号 08.0172
Schottky anomaly 肖特基反常 08.1709
Schottky barrier 肖特基势垒 08.1651
Schottky contact 肖特基接触 08.1710
Schottky defect 肖特基缺陷 08.0449
Schottky diode 肖特基二极管 08.1711
Schottky mass spectrometry 肖特基质谱术 09.0839
Schottky noise ＊肖特基噪声 05.0829
[Schrödinger] cat state [薛定谔]猫态 06.0723
Schrödinger equation 薛定谔方程 06.0430
Schrödinger picture 薛定谔绘景 06.0428
Schrödinger representation 薛定谔表象 06.0429
Schrödinger's cat 薛定谔猫 06.0412
Schwarz derivative 施瓦茨导数 11.0741
Schwarz inequality 施瓦茨不等式 01.0455
Schwarzschild black hole 施瓦西黑洞 06.0324
Schwarzschild coordinate 施瓦氏坐标 06.0223
Schwarzschild radius 施瓦氏半径 06.0224
Schwarzschild solution 施瓦氏解 06.0222
sciametry 日月食理论 11.0202
scintillation 闪烁 11.0279
scintillation counter 闪烁计数器 09.0725
scintillation detector 闪烁探测器 09.0726
scintillation spectrometer 闪烁谱仪 09.0751
scintillator 闪烁体 09.0750
scission point 断点 09.0667
scleronomic constraint 定常约束 02.0574
SCM 扫描电容显微术 08.1061
scope 显示器 03.0886，视界 04.0470
scotopic visibility curve 适暗性视见函数 04.0591
scotopic vision 适暗视觉 04.0711
scratch hardness 刻痕硬度 08.2344
screened Coulomb interaction 屏蔽库仑作用 08.1271
screened potential 屏蔽势 07.0224
screen function 屏函数 04.0980
screening 屏蔽 03.0747
screening current 屏蔽电流 03.0750
screening distance 屏蔽距离 03.0751
screening length 屏蔽长度 03.0752
screw axis 螺旋轴 08.0154
screw dislocation 螺[型]位错 08.0477
screw pinch 螺旋箍缩 10.0113
SDW 自旋密度波 08.2877
seagull effect 海鸥效应 09.1387
sea quark 海夸克 09.0997
search coil 探测线圈 03.0850
Searle's thermal conductivity apparatus 瑟尔热导仪 05.0135
SECM 扫描电化学显微术 08.1062
secondary aberration ＊次级像差 04.0496

secondary bifurcation 次级分岔 11.0489
secondary coil 副线圈 03.0879
secondary color 副色 04.0748
secondary diffraction 二次衍射 04.1010
secondary electron 次级电子 08.1097
secondary electron emission microscopy 次级电子发射显微术 08.1098
secondary emission 次级发射 09.1046
secondary extinction 次级消光 04.1183
secondary focal point *第二焦点 04.0330
secondary ion mass spectroscopy 次级离子质谱学 08.2839
secondary maximum 次极大 04.0902
secondary optic axis 副光轴 04.0282
secondary particle 次级粒子 09.1045
secondary photoelectric effect 次级光电效应 04.1933
secondary pressure standard 次级压标 08.3583
secondary radiation 次级辐射 04.0049
secondary rainbow 霓 04.0791
secondary spectrum 次级光谱 04.1715
secondary structure 次级结构 08.1113
secondary thermometer 次级温度计 05.0113
secondary wavelet 次级子波 04.2647
second cosmic velocity 第二宇宙速度 02.0441
second harmonic 二次谐波 04.2377
second harmonic generation 二次谐波产生 04.2378
second harmonic generator 二次谐波发生器，*倍频器 04.2379
second law of thermodynamics 热力学第二定律 05.0271
second nearest neighbor 次近邻 08.0090
second-order coherence 二级相干性 04.1263
second order correlation 二阶关联 05.0890
second order effect 二阶效应 01.0382
second-order phase transition 二级相变 05.0342
second order term 二阶项 01.0381
second quantization 二次量子化 06.0677
second sound 第二声 08.3033
sectional layer group 剖面层群 08.0186
sector velocity *扇形速度 02.0055
secular equation 久期方程 06.0601
secular equilibrium 久期平衡 09.0148
secular term 久期项 09.0904
sedimentation electrification 淀积起电 03.1157
sedimentation equilibrium 沉降平衡 08.2522
sedimentation potential 沉降势 08.2523
sedimentation potential difference 淀积电势差 03.1158
Seebeck effect 泽贝克效应 08.1621
seed crystal 籽晶 08.0735
seed nucleus 籽核 08.0736
SEEM 次级电子发射显微术 08.1098
segregation 偏析，*分凝 08.0934，分聚 08.2705
segregation coefficient 偏析系数 08.0935
Seidel aberration *赛德尔像差 04.0495
Seidel optics 赛德尔光学 04.0502
Seidel variable 赛德尔变量 04.0503
selection rule 选择定则 06.0641
selective absorption 选择吸收 04.1595
selective excitation 选择激发 08.2271
selective reflection 选择反射 04.0074
selectron 标量电子，*电子伴随子 09.1157
self-absorption 自吸收 08.2270
self-action 自作用 04.2454
self-amplified spontaneous emission 自放大自发发射 04.1975
self-assembled monolayer 自组装单层 08.2577
self-assembled nanostructure 自组装纳米结构 08.2958
self-assembly 自组装 08.2576
self-averaging 自平均 05.0987
self-avoiding random walk 自回避无规行走 08.2464
self-beat noise 自拍噪声 05.0836
self bias 自[给]偏压 03.0944
self-capacitance 自电容 03.0148
self-coherence 自相干 04.1262
self-consistency 自洽性 01.0102
self-consistent field 自洽场 06.0436
self-consistent Hartree-Fock approximation 自洽哈特里-福克近似 05.0964
self-consistent method 自洽[方]法 01.0103
self-consistent renormalization 自洽重正化 05.1031
self-consistent solution 自洽解 06.0437
self-defocusing 自散焦 04.2461
self-diffraction 自衍射 04.2460
self-duality 自对偶性 11.0716
self-duplicating 自复制 11.0730
self-energy 自能 03.0099
self-energy correction 自能修正 05.0957
self-excitation 自激[发] 03.1039

self-excited oscillation 自激振荡 11.0496
self-excited oscillator 自激振荡器 03.1038
self-field 自场 03.0772
self-focused filament 自聚焦[光]丝 04.2456
self-focusing 自聚焦 04.2455
self-induced transparency 自感生透明 04.2493
self-inductance 自感系数 03.0571
self-induction 自感[应] 03.0570
self-induction electromotive force 自感电动势 03.0551
self-interaction 自相互作用 09.1472
self-interstitials 自填隙子 08.0465
self-limitation 自限性 08.0030
self-luminescence 自发光 04.1894
self-maintained discharge 自持放电 10.0065
self-organization 自组织 11.0711
self-organized criticality 自组织临界性 11.0712
self-organized texture 自组织织构 11.0713
self-phase modulation 自调相 04.2457
self-pulsing laser 自脉冲激光器 04.2208
self-pumping 自抽运 04.2431
self-quenching counter 自猝灭计数器 09.0722
self-reaction force 自反[作用]力 03.0783
self-recovery 自复原 11.0731
self-regulation 自调节 11.0732
self-reversal of spectral lines [光]谱线自蚀 04.1818
self-similarity 自相似性 02.0708
self-similarity transformation 自相似变换 11.0683
self-similar solution 自相似解 02.0707
self-steepening 自陡化 04.2458
self-sustained discharge 自持放电 10.0065
self-sustained oscillation 自持振荡 03.1037
self-sustaining conduction 自持导电 03.0279
self-trapping 自陷俘 04.2459
SEM 扫描电子显微镜 08.2828
semicircular spectrometer 半圆谱仪 09.0844
semiclassical approach 半经典方法 09.1388
semiclassical approximation 半经典近似 05.0555
semiclassical theory 半经典理论 06.0630
semicoherent interface 半共格界面 08.0920
semiconductor 半导体 08.1556
semiconductor ceramics 半导体陶瓷 08.1669
semiconductor detector 半导体探测器 09.0756
semiconductor electronics 半导体电子学 08.1557
semiconductor heterojunction 半导体异质结 08.1688
semiconductor laser 半导体激光器 04.2228
semiconductor material 半导体材料 08.1665
semiconductor physics 半导体物理[学] 08.0006
semi-crystalline state 半晶态 08.0738
semi-dilute polymer solution 半浓聚合物溶液 08.2470
semiempirical mass formula 半经验质量公式 09.0074
semiempirical theory 半经验理论 01.0091
semigroup 半群 05.1011
semi-inclusive process 半举过程 09.1465
semi-inclusive reaction 半举反应 09.1467
semi-infinite plane 半无限平面 01.0352
semileptonic decay 半轻子型衰变 09.1122
semimajor axis 半长轴 04.2317
semimetal 半金属 08.1234
semiminor axis 半短轴 04.2318
semitransparent film 半透[明]膜 04.0935
seniority 高位数 09.0355
sense of revolution 公转方向 11.0211
sense of rotation 自转方向 11.0214
sensing probe 感测探针 08.3651
sensitive element 敏感元件 08.1831
sensitivity 灵敏度 01.0216
sensitivity to initial state 初态敏感性 11.0597
sensitometer 感光计 04.0611
sensitometric characteristic 感光特性 04.0811
sensor 传感器 03.0853
separability 可分离性 06.0757
separability criterion 可分离判据 06.0758
separable [quantum] state 可分离[量子]态 06.0756
separate-atom limit 原子分离极限 07.0280
separation energy 分离能 07.0278
separative work 分离功 07.0279
separator 分离器 02.0919
separatrix 界轨[线] 11.0475
septet 七重态 09.1577, 七重线 09.1578
septuplet 七重态 09.1577, 七重线 09.1578
sequencing 排序 01.0514
sequential resonant tunneling 串列共振隧穿 08.3262
serial decay 系列衰变 09.0163
series circuit 串联电路 03.0163
series connection 串联 03.0162
series limit 线系极限 07.0031
series resonance 串联共振 03.0652
SERS 表面增强拉曼散射 08.2849

sessile dislocation　不可滑[移]位错　08.0497
set-up error　调定误差　01.0238
sextet　六重态　09.1575，六重线　09.1576
sextuplet　六重态　09.1575，六重线　09.1576
shadow　影　04.0239
shadow effect　阴影效应　08.2807
shadow image　阴影像　08.3652
shadow photometer　比影光度计　04.0682
shadow scattering　核影散射　09.0564
shake-off　震离　07.0285
shake-up　震激　07.0284
shallow acceptor　浅受主　08.1590
shallow donor　浅施主　08.1584
shallow impurity　浅杂质　08.1582
shallow level　浅能级　08.1635
shallow-water theory　浅水理论　02.0776
shape anisotropy　形状各向异性　08.0761
shape coexistence　形状共存　09.0398
shape correction factor　形状修正因子　09.0222
shape-elastic scattering　形状弹性散射　09.0506
shape factor　形状因子　09.0396
shape isomer　形状同核异能素　09.0247
shape-memory alloy　形状记忆合金　08.1231
shape resonance　势形共振　07.0225
shape transition　形状跃迁　09.0397
shaping circuit　整形电路　03.0597
Shapiro step　夏皮洛台阶　08.3298
Sharkovskii sequence　沙尔科夫斯基序列　11.0591
sharp cut-off model　锐截止模型　09.0560
sharpness　锐度　04.1248
sharp resonance reaction　锐共振反应　09.0811
sharp series　锐线系　04.1726
sharp tuning　锐调谐　04.1784
Sharvin conductance　沙尔文电导　03.0278
shear　剪切　02.0664，切变　02.0665
shear Alfvén wave　剪切阿尔文波　10.0205
shear distortion　剪切畸变　02.0184
shearing effect　剪切效应　02.0766
shearing field　剪切[磁]场　10.0402
shearing interferometer　剪切干涉仪　04.1100
shearing strain　剪应变　02.0669
shear mode　剪切模　10.0240
shear modulus　剪[切]模量　02.0671
shear strain　剪[切]应变　02.0183
shear stress　剪应力　02.0668
shear thickening　剪切稠化，＊剪切致稠　08.2471
shear thinning　剪切稀化，＊剪切致稀　08.2472
shear viscosity coefficient　剪切黏性系数　02.0765
sheath　鞘　11.0393
sheathed pyrometer　铠装高温计　05.0124
SHEED　扫描高能电子衍射　08.1088
sheet mica　云母片　08.1147
shell　壳层　07.0044
shell closure　壳层封闭　07.0045
shell correction　壳修正　09.0669
shell implosion　壳[层]爆聚　10.0429
shell structure　壳层结构　07.0048
SHG　二次谐波发生器，＊倍频器　04.2379
shielded electron　屏蔽电子　03.0749
shielding　屏蔽　03.0747
shielding current　屏蔽电流　03.0750
shift angle　偏移角　02.0431
shift operator　移位算符　06.0575
shock front　[冲]击波前　02.0866
shock heating　击波加热　10.0443
Shockley diode　肖克利二极管　08.1708
Shockley surface state　肖克利表面态　08.2754
shock pressure　击波压强　08.3584
shock temperature　击波温度　08.3585
shock tube　击波管　08.3592
shock wave　[冲]击波　02.0863
shooting star　流星　11.0227
Shor code　肖尔[代]码　06.0837
Shor's algorithm　肖尔算法　06.0833
short circuit　短路　03.0318
short-range force　短程力　09.0077
short-range interaction　短程相互作用　09.0085
short-range order　短程序　05.0990
short wave cut-off filter　截短波滤光片　04.0955
short wave pass filter　短波通滤光片　04.0953
shot noise　散粒噪声　05.0829
shower　簇射　10.0069
shower counter　簇射计数器　09.1625
shower particle　簇射粒子　10.0070
Shubnikov-de Haas effect　舒布尼科夫－德哈斯效应　08.1378
Shubnikov group　＊舒布尼科夫群　08.0181
shunt　分流器　03.0311，分路　03.0312

[single-photon] turnstile　[单光子]逐通闸门，*[单光子]旋转门　06.0828
single-pixel camera　单像素相机　04.1562
single-qubit quantum gate　单量子位门　06.0819
single-slit diffraction　单缝衍射　04.0993
singlet　单线　04.1735
singlet state　单态　07.0075
singular boundary　奇异边界　06.0278
singularity　奇点　11.0465，奇异性　11.0464
singular perturbation　奇异扰动　11.0506
sintered alloy　烧结合金　08.0890
sintered powder sample　粉末烧结样品　08.0891
sintering　烧结　08.0933
sintering temperature　烧结温度　08.0892
sinusoidal current　正弦式电流　03.0598
sinusoidal grating　正弦光栅　04.1046
siphon　虹吸管　02.0912
SIS tunnel junction　超导体-绝缘体-超导体隧道结　08.3303
Sisyphus effect　西西弗斯效应　04.2287
site-bond percolation　座键逾渗　11.0665
site disorder　座无序　08.0585
site percolation　座逾渗　11.0663
sixfold [symmetry] axis　六重[对称]轴　08.0147
six-vertex model　六顶点模型　05.1034
size effect　尺寸效应　08.0826
skeleton diagram　骨架图　05.1065
skeleton of bifurcation diagram　分岔图骨架　11.0491
skew ray　斜错光线，*不交轴光线　04.0363
skin depth　趋肤深度　03.0706
skin effect　趋肤效应　03.0704
skin resistivity　表层电阻率　08.1262
skipping orbit　跳跃轨道　08.3506
skyrmion　史科[粒]子　09.1211
sky wave　天波　11.0321
slab waveguide　平板型波导　04.1444
Slater determinant　斯莱特行列式　06.0525
slave boson　受制玻色子　05.0614
slave fermion　受制费米子　05.0594
slaving principle　奴役原理　11.0533
slepton　标量轻子　09.1016
slide rheostat　滑动变阻器　03.0253
slide wire potentiometer　滑线电势差计　03.0827
sliding flow　滑移流　02.0770
sliding friction　滑动摩擦　02.0232
sliding model　滑移模型　02.0771
sliding vector　滑移矢[量]　02.0542
slip band　滑移带　08.2359
slip modulus　滑移模量　02.0772
slipping　滑移　02.0769
slit　狭缝　04.0879
slit diaphragm　狭缝光阑　04.0465
slitless spectrograph　无缝摄谱仪　04.1663
slope　斜率　01.0329
slotted diaphragm　开槽光阑　04.0466
slotted waveguide　开槽波导　04.1441
slow Alfvén wave　慢阿尔文波　10.0204
slow axis　慢轴　04.1141
slow clock synchronization　慢移钟同步　06.0049
slow cooling　缓冷[却]　06.0325
slowing-down　慢化　09.0608
slow light propagation　慢光传播　04.2138
slowly varying amplitude approximation　缓变幅近似　04.2336
slow mode　慢模　05.1072
slow neutron　慢中子　09.0581
slow process　慢过程　11.0535
slow variable　慢变量　11.0537
slush metal　*软合金　08.1174
SM　标准模型　09.1502
Smale horseshoe　斯梅尔马蹄　11.0603
small-angle grain boundary　小角度晶粒边界　08.0513
small-angle neutron scattering　小角[度]中子散射　08.2053
small-angle scattering　小角散射　08.1047
small-angle X-ray scattering　小角[度]X射线散射　08.1055
small polaron　小极化子　08.2412
small-signal gain　小信号增益　04.2051
small vibration　小振动　02.0356
S matrix　*S矩阵　06.0645
smeared state　模糊态　06.0520
smectic A phase　近晶A相　08.2637
smectic C phase　近晶C相　08.2638
smectic phase　近晶相，*层状相　08.2636
smooth curve　光滑曲线　01.0558
smoothness　平滑度　01.0553
smuon　标量μ子　09.1017

snake photon 微散射光子，* 蛇行光子 04.2517
snap-through 突弹跳变 11.0542
Snell's law * 斯涅耳定律 04.0106
sneutrino 标量中微子 09.1018
SNOM 扫描近场光学显微术 08.2847
snowplow model 雪耙模型 10.0259
SNS junction 超导体-正常金属-超导体结 08.3302
sodium chloride structure 氯化钠[型]结构 08.0251
softening point 软化点 05.0402
softening temperature 软化温度 05.0035
soft ferrite 软磁铁氧体 08.1917
soft lattice 软晶格 05.1004
soft magnetic material 软磁材料 03.0433
soft matter 软物质 08.2421
soft matter physics 软物质物理学 08.2420
soft mode 软模 05.1005
soft process 软过程 09.1100
soft solder 软焊料 08.1176
soft superconductor 软超导体 08.3160
soft X-ray emission 软 X 射线发射 09.0828
soft X-ray spectroscopy 软 X 射线谱学 09.0827
SOI 绝缘体上硅[薄膜] 08.2909
sol 溶胶 08.2552
solar calendar 阳历 11.0257
solar cell 太阳能电池 03.0801
solar corona 日冕 11.0193
solar eclipse 日食 11.0197
solar energy 太阳能 11.0195
solar neutrino deficit 太阳中微子亏损 11.0196
solar-terrestrial physics 日地[空间]物理学 11.0286
solar wind 太阳风 10.0472
solder 焊料 08.1175
solder drop junction 焊滴结 08.3312
solenoid 螺线管 03.0383
sol-gel transition 溶胶-凝胶转变 08.2553
solid 固体 05.0047
solid circuit 固体电路 08.1743
solidification 凝固 05.0403
solidification point 固化点 05.0407
solidification temperature 固化温度 05.0408
solidifying point 凝固点 05.0404
solidity 固体性 08.0712
solid-like cell 类固元胞 08.0695
solid-liquid transition 固液相变 05.0335
solid phase 固相 05.0049
solid phase epitaxy 固相外延 08.0966
solid solubility 固溶度 08.0886，固溶性 08.0887
solid solution 固溶体 08.1200
solid state 固态 05.0048
solid state circuit 固态电路 08.1772
solid state counter 固体计数器 09.0723
solid state detector 固体探测器 08.1773
solid state device 固体器件 08.1770
solid-state electronics 固态电子学 08.1555
solid state ionics 固体离子学 08.0420
solid state laser 固体激光器 04.2219
solid state physics 固体物理[学]，* 固态物理[学] 08.0003
solid state plasma 固态等离[子]体 10.0025
solid state reaction 固态反应 08.0889
solid state spectrum 固体光谱 04.1829
solid state track detector 固体径迹探测器 09.0765
solid tessellation 固态镶嵌 08.0608
solidus [line] 固相线 08.0786
solid-vapor transition 固气相变 05.0336
solitary wave 孤[立]波 11.0736
soliton 孤[立]子 11.0737
solubility curve 溶线 08.0932
solubility curve 溶[解度曲]线 08.0931
solute segregation 溶质分凝 08.0727
solvation 溶解 05.0411
solvus 溶线 08.0932
Sommerfeld expansion 索末菲展开 08.1255
Sommerfeld parameter 索末菲参量 09.0547
Sommerfeld's elliptical orbit 索末菲椭圆轨道 06.0425
Sommerfeld theory of metal 索末菲金属理论 08.1254
sonar 声呐 04.2784
sonic analyzer 声谱分析仪 04.2777
sonic locator 声定位器 04.2785
sonics 声能学 04.2616
Sonine polynomial 索宁多项式 05.0752
sonography 声谱学 04.2615
sonoluminescence 声致发光 04.1900
sonometer 弦音计 04.2743
sorbate 吸附物 08.2728
sorbent 吸着剂 08.2729
sorption pump 吸附泵 08.3415
SOS 硅蓝宝石技术 08.2910

sound　声[音]　04.2619
sound absorption　声吸收　04.2752
sound absorption material　吸声材料　04.2753
sound articulation　声音清晰度　04.2799
sound barrier　声障　04.2800
sound board　共鸣板　04.2747
sound detector　拾声器　04.2787
sound dispersion　声频散　04.2727
sound drag　声曳引　08.1502
sounder　发声器　04.2786
sound field　声场　04.2801
sounding balloon　探空气球　11.0326
sound level　声级　04.2684
sound pressure　声压[强]　04.2683
sound resonance　声共振　04.2739
sound source　声源　04.2722
sound wave　声波　04.2674
source-drain characteristics　源漏特性　08.1762
source point　源点　03.0072
space　空间　01.0035，太空　01.0036
space aeronautics　航天学　11.0288
space astrophysics　太空天体物理学，＊空间天体物理学　11.0282
spaceborne telescope　太空望远镜　11.0268
space charge　空间电荷　03.1159
space charge cloud　空间电荷云　03.1160
space charge effect　空间电荷效应　03.1161
space charge layer　空间电荷层　11.0303
space charge region　空间电荷区　08.1654
space correlation　空间关联　05.0883
spacecraft　航天器　11.0307
space debris　太空垃圾　11.0325
space dimensionality　空间维数　05.1068
space domain　空[间]域　04.1329
space electronics　太空电子学　11.0285
space environment　太空环境　11.0314
space flight　太空飞行　11.0313
space group　空间群　08.0178
space inversion　空间反演　06.0310
spacelab　太空实验室，＊空间实验室　11.0308
space lattice　空间格点　08.0071
spacelike　类空　06.0100
spacelike event　类空事件　06.0103
spacelike hypersurface　类空超曲面　06.0106
spacelike interval　类空间隔　06.0104
spacelike line　类空线　06.0102
spacelike region　类空区　09.1101
spacelike section　类空截面　06.0105
spacelike vector　类空矢量　06.0101
space physics　空间物理学　11.0283，太空物理学　11.0284
space plasma　太空等离[子]体，＊空间等离[子]体　10.0027
space pollution　太空污染　11.0324
space quantization　空间量子化　06.0379
space reflection　空间反射　09.1390
space reversal transformation　空间反演变换　09.1496
space rotation invariance　空间转动不变性　09.1499
space symmetry　空间对称　08.0117
space symmetry operation　空间对称操作　08.0124
spacetime　时空　06.0008
spacetime bending　时空弯曲　06.0326
spacetime continuum　时空连续统　06.0067
spacetime coordinate　时空坐标　06.0070
spacetime correlation　时空关联　05.0884
spacetime diagram　时空图　06.0071
spacetime geometry　时空几何　06.0241
spacetime inversion　时空反演　09.1391
spacetime manifold　时空流形　06.0068
spacetime optics　时空光学　04.0023
spacetime point　时空点　06.0225
spacetime singularity　时空奇点　06.0089
spacetime symmetry　时空对称性　09.1417
spacetime view　时空观　06.0090
space translation invariance　空间平移不变性　09.1500
space walk　太空行走　11.0312
spallation neutron source　散裂中子源　09.0576
spallation product　散裂产物　09.0577
spallation reaction　散裂反应　09.0415
spanning cluster　跨越集团　11.0681
spanning length　跨越长度　11.0682
spark chamber　火花室　09.0745
spark discharge　火花放电　10.0059
spark leak detector　火花检漏仪　08.0832
spark spectrum　火花光谱　04.1677
spark timer　火花计时器　02.0926
sparticle　超[对称]粒子　09.1015
spaser　表面等离激元激射器　08.2749

spectroscopic term 光谱项 04.1722
[spectroscopic] term series 光谱项系 04.1723
spectroscopy [光]谱学, *[光]谱术 04.1837
spectrum 谱 07.0028
α-spectrum α 谱 09.0116
β-spectrum β 谱 09.0117
γ-spectrum γ 谱 09.0118
spectrum analysis 谱分析 04.1765
spectrum index 谱指数 04.1724
specular reflection 镜面反射 04.0142
speculum metal 镜用合金 04.0788
speed 速率 02.0043
speed of sound 声速 04.2680
spent fuel 乏燃料 09.0689
speromagnetism 散磁性 08.1928
sphalerite structure 闪锌矿[型]结构 08.0259
spherical aberration 球[面像]差 04.0505
spherical analyzer 球形分析器 03.0131
spherical angle 球面角 01.0341
spherical cone 球面锥体 02.0113
spherical coordinate 球坐标 01.0347
spherical harmonics 球谐函数 01.0397
spherical lens 球面透镜 04.0257
spherical mirror 球面镜 04.0147
spherical mirror resonator 球面镜[共振]腔 04.2020
spherical model 球模型 05.1030
spherical nucleus 球形核 09.0365
spherical pendulum 球面摆 02.0310
spherical projection 球面投影 08.0192
spherical resonator *球面[共振]腔 04.2021
spherical symmetry 球对称 02.0114
spherical triangle 球面三角 01.0344
spherical wave 球面波 04.2635
sphericity 一次球度 09.1392
spherocity 二次球度 09.1393
spheroid 旋[转对]称椭球 01.0332
spheromak 球[型]马克 10.0414
spherometer 球径计 02.0885
spherulite 球晶 08.0355
spike pulse 尖脉冲 03.1043
spin 自旋 06.0399
spin-allowed transition 自旋容许跃迁 06.0652
spin angular momentum 自旋角动量 06.0659
spin angular momentum of light 光自旋角动量 04.1125
spin arrangement 自旋排列 08.2109
spin blocking 自旋阻塞 08.3513
spin canting 自旋倾斜 08.3514
spin chain 自旋链 08.3515
spin-charge separation 自旋-电荷分离 08.3548
spin coherence 自旋相干 08.3516
spin configuration 自旋位形 09.1589, 自旋组态 09.1590
spin coordinate 自旋坐标 08.2108
spin correlation function 自旋关联函数 08.3517
spin coupling 自旋耦合 08.2100
spin degeneracy 自旋简并性 08.1608
spin density wave 自旋密度波 08.2877
spin-dependent force 自旋相关力 09.0081
spin-dependent scattering 自旋相关散射 08.2114
spin detector 自旋探测器 08.2032
spin diffusion length 自旋扩散长度 08.3518
spindle cusp 纺锤[形]会切 10.0388
spin dynamics 自旋动力学 08.3519
spin echo 自旋回波 08.2027
spin echo technique 自旋回波技术 08.2028
spinel structure 尖晶石[型]结构 08.0254
spin entropy 自旋熵 05.1062
spin exchange operator 自旋交换算符 06.0651
spin-FET 自旋场效应晶体管 08.3520
spin field effect transistor 自旋场效应晶体管 08.3520
spin filter 自旋过滤器 08.3521
spin flipping 自旋反转 08.3522
spin-flip Raman laser 自旋反转拉曼激光器 04.2224
spin-flip scattering 自旋反转散射 08.2115
spin flop 自旋转向 08.3523
spin fluctuation 自旋涨落 08.3524
spin fluctuation exchange 自旋涨落交换 08.3075
spin fluctuation feedback 自旋涨落反馈 08.3079
spin freezing 自旋冻结 08.1875
spin gap 自旋隙 08.2113
spin glass 自旋玻璃 05.1012
spin-glass transition 自旋玻璃转变 08.3526
spin glass transition 自旋玻璃转变 08.3526
spin Hamiltonian 自旋哈密顿量 06.0653
spin ice material 自旋冰材料 08.3527
spin injection 自旋注入 08.3528
spin ladder 自旋梯 08.3529
spin ladder compound 自旋梯[状]化合物 08.3530

spin ladder model 自旋梯模型 08.3531
spin-lattice relaxation 自旋-晶格弛豫 08.2026
spin-lattice relaxation time 自旋-晶格弛豫时间 08.2116
spin liquid 自旋液体 08.3540
spin magnetic moment 自旋磁矩 06.0492
spin matrix 自旋矩阵 06.0654
spin moment 自旋矩 06.0401
spinodal curve 失稳曲线 08.2467
spinodal decomposition 失稳分解 08.2468
spinodal decomposition point 失稳[分解]点 08.2469
spinon 自旋子 08.3551
spin operator 自旋算符 06.0650
spinor 旋量 06.0657
spin-orbit coupling 自旋轨道耦合 07.0103
spin-orbit interaction 自旋轨道相互作用 07.0104
spin-orbit scattering 自旋轨道散射 08.2418
spin-orbit splitting 自旋轨道分裂 06.0403
spinor field 旋量场 06.0091
spin orientation 自旋取向 06.0400
spinor transformation 旋量变换 06.0092
spinor wave function 旋量波函数 06.0658
spin pairing 自旋配对 08.3532
spin paramagnetism 自旋顺磁性 08.3533
spin-Peierls order 自旋派尔斯有序 08.2873
spin polarization 自旋极化 08.3534，自旋极化度 08.3535
spin-polarized atomic hydrogen 自旋极化原子氢 07.0097
spin-polarized current 自旋极化电流 08.3552
spin-polarized density functional theory 自旋极化密度泛函理论 08.1315
spin-polarized electron tunneling 自旋极化电子隧穿 08.3553
spin-polarized field effect transistor 自旋极化场效应晶体管 08.3554
spin-polarized low-energy electron microscopy 自旋极化低能电子显微术 08.1071
spin-polarized scanning tunneling spectroscopy 自旋极化扫描隧穿显微学 08.2832
spin-polarized transport 自旋极化输运 08.3555
spin precession 自旋进动 06.0402
spin quantum number 自旋量子数 06.0404
spin relaxation 自旋弛豫 08.3536
spin resonance 自旋共振 08.3537
spin scattering length 自旋散射长度 08.3550
spin singlet 自旋单态 06.0655
spin singlet pairing 自旋单[重]态配对 08.3538
spin-spin coupling 自旋自旋耦合 08.2101
spin-spin coupling constant 自旋自旋耦合常数 08.2102
spin-spin interaction 自旋自旋相互作用 08.2103
spin-spin relaxation 自旋自旋弛豫 08.2104
spin-spin relaxation time 自旋自旋弛豫时间 08.2105
spin state 自旋态 08.3074
spin stiffness 自旋劲度 08.3539
spin supercurrent 自旋超流 08.3541
spin susceptibility 自旋磁化率 08.3542
spin temperature 自旋温度 08.2029
spin transport 自旋输运 08.3543
spin triplet 自旋三重态 06.0656
spin triplet pairing 自旋三重态配对 08.3076
spintronics 自旋电子学 08.3556
spin valve 自旋阀 08.3544
spin valve transistor 自旋阀晶体管 08.3545
spin velocity 自旋速度 08.3546
spin wave 自旋波 08.1970
spin wave resonance 自旋波共振 08.2031
spin wave scattering 自旋波散射 08.2030
spin wave spectroscopy 自旋波谱学 08.3547
spin wave stiffness 自旋波劲度 08.3557
spiral 卷线 01.0565，螺旋线 01.0566
spiral crystal growth 螺型晶体生长 08.0755
spiral distortion 螺形畸变 08.0499
spiral flow 螺旋流 11.0705
spiral galaxy 旋涡星系 11.0052
spiral growth of crystal 晶体的螺型生长 08.0756
spiral prismatic dislocation 螺[棱]柱位错 08.0490
spirit level [气泡]水平仪 02.0888
splash electrification 喷溅起电 03.1163
splat-quenching method 冷底板淬火法 08.0573
splay 展曲 08.2679
split-flow 分流 02.0768
split-gate 分裂栅，*劈裂栅 08.1824
split ring commutator 裂环整流器 03.0977
split-ring commutator 裂环整流器 03.0977
split-sphere apparatus 分割球装置 08.3580
splitter 分路器 03.1102，分裂器 03.1103，分流器

03.0311
splitting factor 劈裂因子 07.0109
SPM 扫描探针显微术 08.2826
sponge phase 海绵相 08.2579
spontaneity 自发性 01.0156
spontaneous decay 自发衰变 09.0298
spontaneous disintegration 自发蜕变 09.0299
spontaneous emission 自发发射 04.1973
spontaneous emission steering 自发发射引导 04.2477
spontaneous emission trapping 自发发射陷俘 04.2476
spontaneous fission 自发裂变 09.0631
spontaneous force trap 自发力阱 07.0309
spontaneous magnetization 自发磁化 08.1876
spontaneous magnetization 自发磁化强度 08.1877
spontaneous parametric fluorescence 自发参变荧光 08.2304
spontaneous polarization 自发极化 08.2157
spontaneous process 自发过程 05.0208
spontaneous radiation 自发辐射 04.1970
spontaneous strain 自发应变 08.2170
spontaneous symmetry breaking 对称性自发破缺 09.1512
spontaneous transition 自发跃迁 06.0638
spooky action at a distance [鬼魅]超距作用 06.0722
spot size 光斑大小 04.0069
spray coating 喷涂 08.0834
spray electrification 喷雾起电 03.1164
spring balance 弹簧秤 02.0893
spring constant 弹性常数 02.0626
spring equinox 春分点 11.0260
spring oscillator 弹簧振子 02.0209
SPS 超级质子同步加速器 09.0878
spurion 乱真子 09.1153
spurious count 寄生计数 04.2529
spurious image 伪像 04.0212
spurious line 鬼线，*伪线 04.1719
spurious signal 乱真信号 03.0767
spurious state *伪态 09.1068
sputter deposition 溅射沉积 08.0814
sputter etching 溅射刻蚀 08.0957
sputtering 溅射 09.0821
sputtering ion pump 溅射离子泵 05.0146
square degree 平方度 01.0339
square grid pattern 方格栅图样 08.2670
square lattice 正方格[子] 08.0226
square-law detector 平方律检波器 03.0970
squark 标量夸克，*夸克伴随子 09.1158
squashed state 压扁态 06.0885
squeezable junction 挤压结 08.1650
squeezed coherent state 挤压相干态，*压缩相干态 06.0880
squeezed state 挤压态，*压缩态 06.0878
squeezed vacuum state 挤压真空态，*压缩真空态 06.0879
squeezing of quantum noise 量子噪声挤压，*量子噪声压缩 06.0877
SQUID 超导量子干涉器件 08.3322
μSR μ子自旋共振 09.1447
SRO 短程序 05.0990
μSR spectroscopy μ子自旋旋转谱学 09.1448
SSB 对称性自发破缺 09.1512
SSC 超导超级对撞机 09.1669
stability 稳定性 02.0346
stability diagram 稳定性图 04.2037
stability theory 稳定性理论 11.0566
stabilization 稳定化 10.0313
stabilization ratio 稳定比 04.2038
stabilized current supply 稳流电源 03.0809
stabilized voltage supply 稳压电源 03.0808
stabilizer 稳定剂 08.2546
stable equilibrium 稳定平衡 02.0339
stable isotope 稳定同位素 09.0787
stable limit cycle 稳定不动点 11.0462
stable particle 稳定粒子 09.0922
stable resonator 稳定[共振]腔 04.2034
stable state 稳态 01.0117
stacking fault 堆垛层错 08.0504
stacking order 堆垛序 08.0243
staged laser 级联激光器 04.2250
staggered [bond] configuration 交错[键]位形 08.0636
staggered phase transition 交错相变 05.1038
stagnation point 驻点 02.0826
stainless steel 不锈钢 08.1181
staircase structure 阶梯结构 11.0521
stair-rod dislocation 梯杆位错 08.0492
standard atmospheric pressure 标准大气压 05.0057
standard candle 标准烛光 11.0094
standard cell 标准电池 03.0800

standard clock 标准钟 06.0044
standard deviation 标准偏差 01.0249
standard enthalpy of formation 标准生成焓 05.0448
standard enthalpy of reaction 标准反应焓 05.0450
standard entropy of reaction 标准反应熵 05.0446
standard error 标准误差 01.0226
standard [light] source 标准[光]源 04.0034
standard mapping 标准映射 11.0515
standard model 标准模型 09.1502
standard quantum limit 标准量子极限 06.0873
standard resistance 标准电阻 03.0247
standard thermometer 标准温度计 05.0112
standard time 标准时 06.0197
standard wavelength 标准波长 04.1822
standard weights 标准砝码 02.0892
standing wave 驻波 04.2652
standing-wave electric curtain 驻波电帘 03.1136
standing wave ratio 驻波比 04.2653
star 恒星 11.0089
star cloud 恒星云 11.0090
star cluster 星团 11.0075
star connection 星形接法 03.0660
star coupler 星形耦合器 03.0661
Stark broadening 斯塔克[谱线]增宽 04.1817
Stark effect 斯塔克效应 07.0077
Stark shift 斯塔克偏移 07.0079
Stark splitting 斯塔克分裂 04.1776
state [状]态 05.0172
state function 态函数 05.0284
state of aggregation 聚集态 08.2539
state of excitation 激发态 07.0088
state of matter 物态 01.0118
state of motion 运动状态 02.0019
state parameter [物]态参量 05.0175
state space 态空间 11.0576
state variable 态变量 05.0174
state vector 态矢量 06.0523
statically determinate problem 静定问题 02.0539
statically indeterminate problem 静不定问题，*超静定问题 02.0540
static charge 静电荷 03.0013
static conductivity 静电导率 03.1139
static electricity 静电学 03.0055，静电 03.0056
static field 静[态]场 06.0230
static friction 静摩擦 02.0234
static high-pressure technique 静态高压技术 08.3561
static limit 定态极限 06.0093
static mass 静止质量 06.0198
static pressure 静压 02.0782
statics 静力学 02.0004
static structure factor 静态结构因子 08.1012
static target 静止靶 02.0929
static universe 静态宇宙 06.0341
stationary ensemble 定态系综 05.0534
stationary field 定态场 06.0231
stationary limit 定态极限 06.0093
stationary model 定态模型 05.1040
stationary orbit 定态轨道 06.0508
stationary Schrödinger equation 定态薛定谔方程 06.0431
stationary solution 定态解 06.0507
stationary state 定态 06.0509
stationary wave *定态波 03.0687
statistical analysis 统计分析 05.0478
statistical average 统计平均 05.0525
statistical distribution 统计分布 05.0474
statistical ensemble 统计系综 05.0533
statistical equilibrium 统计平衡 05.0475
statistical error 统计误差 01.0228
statistical fluctuation 统计涨落 05.0477
statistical honeycomb [lattice] 统计蜂房[格子] 08.0630
statistical mechanics 统计力学 05.0471
statistical model 统计模型 09.0310
statistical operator 统计算符 05.0479
statistical optics 统计光学 04.0009
statistical physics 统计物理[学] 05.0470
statistical potential 统计势 05.0557
statistical regularity 统计规律性 05.0473
statistical thermodynamics 统计热力学 05.0011
statistical weight 统计权重 05.0476
statistics 统计法 05.0573
stator 定子 03.0877
steady current 恒定电流 03.0228
steady flow 定常流[动] 02.0725
steady state 定常态 03.0580
steady-state cosmology 稳[恒]态宇宙学 06.0330
steam engine 蒸汽机 05.0263

strain tensor　应变张量　02.0195
stranded wire　绞合线　03.0033
strange attractor　奇怪吸引子　11.0584
strange metal　奇异金属　08.1226
strangeness　奇异性　11.0464
strangeness　奇异数　09.1007
strange particle　奇异粒子　09.0972
strange quark　s 夸克，＊奇异夸克　09.1004
strange star　奇异星　11.0144
stratified flow　层状流，＊分层流　02.0787
straton　层子　09.1000
straton model　层子模型　09.1254
stray capacitance　杂散电容　03.0154
stray current　杂散电流　03.0611
stray light　杂光　04.0786
streak camera　高速扫描照相机，＊高速扫描摄影机　04.0555
streakline　条纹线　02.0741
streamer chamber　流光室　09.1628
stream function　流函数　02.0790
streaming electrification　冲流起电　03.1165
streaming instability　冲流不稳定性　10.0290
streaming potential　冲流电压　03.1168
streamline　流线　02.0713
stream tube　流管　02.0715
strength　强度　01.0273
strength function　强度函数　09.0497
stress　应力，＊胁强　02.0639
stress birefringence　应力双折射　04.1317
stress-strain relation　应力应变关系　02.0186
stress tensor　应力张量　02.0653
stretching force　拉伸力　02.0169
stretching stress　拉伸应力　02.0170
stretch tensor　拉伸张量　02.0172
string　弦　04.2742
string electrometer　弦线静电计　03.1175
string galvanometer　弦线检流计　03.0825
string model　弦模型　09.1255
string theory　弦理论　09.1504
stripe　条纹　08.3204
stripe phase　条纹相　08.3205
stripped nucleus　全剥[离]核　09.0184
stripped plasma　全剥等离[子]体　10.0018
stripping electrification　剥离起电　03.1166
stripping reaction　削裂反应　09.0522
stroboscope　频闪仪　02.0916
strobotach　频闪测速计　02.0917
strong correlation　强关联　08.3142
strong coupling　强耦合　09.0399
strong-coupling superconductor　强耦合超导体　08.3163
strong decay　强[作用]衰变　09.1102
strong equivalence principle　强等效原理　06.0214
strong field physics　强场物理　08.3355
strong focusing　强聚焦　09.1627
strong interaction　强相互作用　09.0213
strong localization　强局域　08.3463
strong pinning　强钉扎　08.3233
strong scaling law　强标度律　05.1092
strong turbulence　强湍动　10.0341
structural crystallography　结构晶体学　08.0023
structural disorder　结构无序　08.0578
structural phase transition　结构相变　05.1003
structural relaxation　结构弛豫　08.0896
structural stability　结构稳定性　11.0569
structure analysis　结构分析　08.1034
structure factor　结构因子　08.1009
structure function　结构函数　09.1398
structure image　结构像　04.0220
structure of matter　物质结构　08.0015
structure refinement　结构细化　08.1040
Strutinsky method　斯特鲁金斯基方法　09.0670
Student's distribution　t 分布　01.0422
Student's test　t 检验　01.0423
stuffed cusp　堵缝会切　10.0386
subatomic particle　亚原子粒子　09.1517
subatomic structure　亚原子结构　09.1518
subatomic system　亚原子系统　09.1519
subband　子带　08.1366
sub-barrier fusion　亚垒熔合，＊垒下熔合　09.0556
sub-boundary　亚晶界　08.0041
subcell　亚晶胞　08.0086
subcritical mass　次临界质量　09.0900
sub-cycle pulse　亚周期脉冲　04.2147
subdynamics　子动力学　05.0926
subfield　亚场　09.1036
subgap structure　子能隙结构　08.1367
subgrain　亚晶粒　08.0039
subgraph　子图　08.0625

subgroup 子群 01.0490
subharmonic 亚谐波 04.2720
subharmonic generation 分谐波发生[效应] 04.2405
subhologram 子全息图，*亚全息图 04.1409
subjective luminance 主观亮度 04.0606
sublattice 亚晶格，*亚点阵，*子晶格，*子点阵 08.0096
sublayer 下层，*次层 08.2912
sublepton 亚轻子 09.1037
sublimation 升华 05.0390
sublimation curve 升华曲线 05.0391
sublimation pump 升华泵 05.0392
subluminal speed 亚光[群]速 04.2140
submicroanalysis 超微量分析 08.1145
subordinate series 辅线系 04.1730
sub-Poisson light 亚泊松光 04.2546
subquark 亚夸克 09.1038
sub-shock 亚击波 10.0256
subsidiary mode 辅模 10.0241
subsonic speed 亚声速 04.2681
subspace 子空间 01.0501
substance 物质 01.0048
substitutional alloy 替代式合金 08.1232
substitutional disorder 替代[式]无序 08.0577
substitutional impurity 替代式杂质 08.0454
substractive color mixing 减法混色 04.0750
substrate 基片，*衬底 08.0962
substrate bias 衬底偏压 08.0963
subsurface atom 次表面原子 08.2720
subsystem 子系统 01.0500
subtraction point 减除点 09.1616
subwavelength imaging 亚波长成像 06.0919
subwavelength interference 亚波长干涉 06.0918
sum frequency 和频 04.2374
summer solstice 夏至点 11.0261
sum rule 求和定则 04.1741
sundial 日晷 11.0266
sunspot 太阳黑子 11.0190
superaerodynamics 超稀薄气体动力学 02.0844
superallowed transition 超容许跃迁 09.0224
superbanana 超香蕉[形轨道] 10.0168
supercell 超[结构]晶胞 08.0087
superconductance 超导 08.3082
superconducting A/D converter *超导 A/D 转换器 08.3329
superconducting accelerator 超导加速器 09.1645
superconducting cavity 超导[谐振]腔 09.0880
superconducting condensation energy 超导凝聚能 08.3139
superconducting critical temperature 超导临界温度 08.3085
superconducting detector 超导探测器 08.3337
superconducting electronics 超导电子学 08.3317
superconducting energy gap 超导能隙 08.3101
superconducting fieldeffect transisto *超导场效应管 08.3330
superconducting film 超导膜 08.3252
superconducting fluctuation 超导涨落 08.3110
superconducting flux transformer 超导磁通变换器 08.3336
superconducting linear accelerator 超导直线加速器 09.0877
superconducting magnet 超导磁体 08.3345
superconducting magnetic gradiometer 超导磁梯度计 08.3335
superconducting magnetic levitation 超导磁悬浮 08.3350
superconducting magnetic shielding 超导磁屏蔽 08.3349
superconducting material 超导材料 08.3244
superconducting microbridge 超导微桥 08.3310
superconducting microwave filter 超导微波滤波器 08.3340
superconducting-normal transition 超导－正常相变 08.3111
superconducting particle detector 超导粒子探测器 08.3338
superconducting proximity effect 超导邻近效应 08.3270
superconducting quantum electronics 超导量子电子学 08.3318
superconducting quantum interferencedevice 超导量子干涉器件 08.3322
superconducting quantum interference magnetometer 超导量子干涉磁强计，*SQUID 磁强计 08.2055
superconducting quantum interference phenomenon 超导量子干涉现象 08.3321
superconducting state 超导态 08.3083

superconducting storage ring 超导存储环 09.0879
superconducting super collider 超导超级对撞机 09.1669
superconducting thermal switch 超导热开关 08.3344
superconducting transition temperature 超导转变温度 08.3084
superconducting transmission line 超导传输线 08.3339
superconducting tunneling 超导隧穿 08.3284
superconducting vortex lattice 超导涡旋格 08.3214
superconducting wave function 超导波函数 08.3138
superconducting weak link 超导弱连[接] 08.3305
superconductive convolver 超导卷积器 08.3342
superconductive delay line 超导延迟线 08.3343
superconductive sheath 超导鞘 08.3191
superconductive sheath critical field ＊超导鞘临界磁场 08.3095
superconductor 超导体 08.3155
superconductor-insulator transition 超导绝缘体转变 08.3112
supercontinuum generation 超连续[光]发生 04.1685
supercontinuum spectrum 超连续谱 04.1684
supercooled vapor 过冷蒸气 05.0384
supercooling phenomenon 过冷现象 08.3106
supercritical helium 超临界氦 08.3426
supercritical state 超临界态 05.0363
supercurrent 超导电流 08.3096
superdense coding 超密编码 06.0830
superdense star 超密[恒]星 11.0116
superexchange interaction 超交换作用 08.1888
superfield 超场 09.1399
superfluid 超流体 08.3014
superfluid component 超流分量 08.3017
superfluid density 超流密度 08.3018
superfluid glass 超流玻璃 08.3048
superfluid helium-3 超流氦3 08.3061
superfluidity 超流[动]性 08.3003
superfluid liquid 超流液体 09.1407
superfluid model 超流模型 09.0313
superfluid phase 超流相 08.3002
superfluid stiffness 超流劲度 08.3049
superfluid turbulence state 超流湍态 08.3038
superfluid velocity 超流速度 08.3019
superfluorescence 超荧光 04.2559
supergalaxy 超星系 11.0056
supergauge 超规范 09.1402
supergiant 超巨星 11.0115
supergravity 超引力 09.1403
superheated liquid 过热液体 05.0382
superheating phenomenon 过热现象 08.3107
superheavy element 超重元素 09.0058
superheavy nucleus 超重核 09.0059
super-heterodyne 超外差 03.0765
superimposition 叠置 04.0236
superinjection 超注入 08.1699
superionic conductor 超离子导体 08.0433
superior planet 外[侧]行星 11.0205
superlattice 超晶格 08.2915
superlattice structure 超晶格结构 08.0382
superleak 超漏 08.3004
superluminal motion 视超光速运动 11.0129
superluminal speed 超光群速 06.0107
superluminescence 超发光 04.2560
supermalloy 超坡莫合金 08.1909
supermolecular approach 超分子方法 08.3558
supermolecular structure 超分子结构 08.2578
supermultiplet 超多重态 09.1520
supermultiplet 超多重线 09.1521
supernova 超新星 11.0082
supernova remnant 超新星遗迹 11.0083
superparamagnetism 超顺磁性 08.1863
superplasticity 超塑性 08.2353
super-Poisson light 超泊松光 04.2547
superposition principle 叠加原理 03.0065
super proton synchrotron 超级质子同步加速器 09.0878
superradiance 超辐射 04.2561
superradiant state 超辐射态 04.2562
superradiation 超辐射 04.2561
super-resolution 超分辨率 04.1308
supersaturation 过饱和 05.0373
supersaturation vapor pressure 过饱和蒸气压 05.0380
superselection rule 超选择定则 09.1404
supersolid 超[流]固体 08.3050
supersonic speed 超声速 04.2682
superspace 超空间 09.1405
superspace group 超空间群 08.2927
superstring 超弦 09.1406
superstring theory 超弦理论 09.1251

superstrong interaction 超强相互作用 09.1154
superstructure 超结构 08.0381
super-superexchange interaction 超超交换作用 08.1889
supersymmetry 超对称 09.1400
superthermal bremsstrahlung 超热轫致辐射 10.0182
super-twisted nematic phase 超扭曲向列相 08.2633
superunification 超统一 09.1401
superweak interaction 超弱相互作用 09.1155
surface 表面 08.2706
surface accumulation layer 表面积累层 08.1656
surface acoustic wave 表面声波 04.2676
surface adsorption 表面吸附 08.2730
surface alloy 表面合金 08.2712
surface back bond 表面背键 08.2761
surface barrier 表面势垒 08.2750
surface breakdown 表面击穿 08.2768
surface bridge bond state 表面桥键态 08.2756
surface catalysis 表面催化 08.2719
surface charge 表面电荷 08.2759
surface charge density 面电荷密度 03.0021
surface chemistry 表面化学 08.2772
surface cleaning 表面净化 08.2716
surface color 表面色 04.0753
surface conductance 表面电导 08.2769
surface critical field 表面临界场 08.3094
surface crystallography 表面晶体学 08.2708
surface current density 面电流密度 03.0227
surface dangling bond state 表面悬键态 08.2755
surface defect 表面缺陷 08.1142
surface density of states 表面态密度 08.2765
surface depletion layer 表面耗尽层 08.1658
surface diffusion 表面扩散 08.2770
surface dipole layer 表面电偶极层 08.2760
surface domain 表面畴 08.2751
surface electromagnetic oscillations 表面电磁振荡 08.2746
surface electromagnetic wave 表面电磁波 03.0674
surface electronic state 表面电子态 08.2762
surface energy 表面能 09.0065
surface energy level 表面能级 08.2763
surface enhanced Raman scattering 表面增强拉曼散射 08.2849
surface enhanced Raman spectroscopy 表面增强拉曼谱学 08.2848
surface impedance 表面阻抗 03.0641
surface phonon 表面声子 08.2747
surface plasmon 表面等离激元 08.2748
surface plasmon amplification by stimulated emission of radiation 表面等离激元激射器 08.2749
surface reactance 表面电抗 03.0642
surface reconstruction 表面重构 08.2713
surface relaxation 表面弛豫 08.2710
surface resistance 表面电阻 03.0708
surface resonance state 表面共振态 08.2757
surface roughness 表面粗糙度 08.1141
surface scattering 表面散射 08.2767
surface science 表面科学 01.0012
surface segregation 表面偏析 08.2714
surface sheath 表面鞘 08.3192
surface sheath superconductivity 表面鞘超导电性 08.3190
surface sound wave 表面声波 04.2676
surface state 表面态 08.2752
surface stress 表面应力 08.2758
surface structure 表面结构 08.2707
surface structure analyzer 表面结构分析器 08.1143
surface subband 表面子能带 08.2764
surface superconductivity 表面超导电性 08.3189
surface tension 表面张力 05.0095
surface tension coefficient 表面张力系数 05.0096
surface topography 表面形貌学 08.2709
surface vibration 表面振动 09.0370
surface vibrational spectroscopy 表面振动谱学 08.2817
surface wave 表面波 04.0844
surfactant 表面活性剂 08.2570
surfatron 表面波等离[子体]源 10.0046
surfon 表面波子 08.2711
survival probability 存活概率，*残存概率 11.0725
susceptance 电纳 03.0639
susceptibility 响应率 05.0875
susceptibility jump 响应率跳变 08.0686
suspended coil galvanometer 悬圈电流计 03.0823
suspension 悬浮 02.0829
sustained wave 持续波 04.0845
swallow tail 燕尾[型突变] 11.0547
sweep circuit 扫描电路 03.0900
sweep generator 扫描发生器 03.0901

sweep laser 频扫激光器 04.2264
sweep time 扫描时间 04.2265
swelling 溶胀 08.2473
switch 开关 03.0795
suitching field 转场 08.1967
switching time 开关时间 08.1968
swollen coil 溶胀线团 08.2431
SWR 自旋波共振 08.2031
symbolic dynamics 符号动力学 11.0529
symmetric group ＊对称群 01.0480
symmetry 对称性 01.0165
symmetry-adapted coefficient 对称适化系数 07.0226
symmetry-adapted wave function 对称适化波函数 07.0227
symmetry-broken 对称破缺 05.0977
symmetry element 对称元素 08.0127
symmetry energy 对称能 09.0067
symmetry group 对称[性]群 01.0484
symmetry operation 对称操作 08.0123
symmetry transformation 对称变换 08.0126
symmorphic space group 共形空间群，＊简单空间群 08.0113
sympathetic vibration 和应振动，＊和振 04.2624
synapse 突触 11.0390
synchro-Compton radiation 同步-康普顿辐射 09.0874
synchrocyclotron 同步回旋加速器 09.0867
synchrocyclotron radiation 同步回旋[加速器]辐射 09.0872
synchronism 同步[性] 06.0046
synchronization 同步 11.0513
synchronization of clocks 钟的同步 06.0047
synchronous orbit 同步轨道 11.0296
synchrophasotron 同步稳相加速器 09.0868
synchrotron 同步加速器 09.0869
synchrotron radiation 同步[加速器]辐射 09.0871
synchrotron radiation optics 同步辐射光学 04.0025
synchrotron radiation topography 同步辐射形貌术 08.1044
syndiotacticity 间同[立构]规整度 08.2488
synergetics 协同学 11.0532
synthetic aperture 综合孔径，＊合成孔径 04.1547
synthetic hologram 综合全息图 04.1393
system 体系 01.0120，系[统] 05.0490
systematic error 系统误差 01.0227
system of concurrent force 共点力系 02.0546
system of coplanar force 共面力系 02.0549
system of couples 力偶系 02.0555
system of forces 力系 02.0541
system of parallel forces 平行力系 02.0552
system of particles 质点系 02.0450
system of units 单位制 01.0318
Szilard-Chalmers effect 齐拉-却尔曼斯效应 09.0535

T

T 胸腺嘧啶 11.0407
tachyon 快子 09.1040
tackle and block 滑轮组 02.0914
tacticity 立构规整度 08.2486
tadpole diagram 蝌蚪图 05.0969
tagged atom 标记原子 11.0440
TAI 国际原子时 01.0034
Talbot effect 塔尔博特效应 04.1075
Tamm surface state 塔姆表面态 08.2753
tandem accelerator 串列[式]加速器 09.0858
tandem mirror 串接磁镜 10.0367
tangent 切线 01.0328
tangential acceleration 切向加速度 02.0070
tangential bifurcation 切分岔 11.0484
tangential coma 切向彗差 04.0508
tangential component 切向分量 02.0641
tangential force 切向力 02.0187
tangential motion 切向运动 02.0094
tangential plane 切面 02.0666
tangential stress 切向应力 02.0640
tangential unit vector 切向单位矢量 02.0642
tangential velocity 切向速度 02.0329
tangle theory 缠结理论 01.0552
tank circuit 储能电路 03.0596
TA phonon 横声学声子 08.1409
tapped coil 多[接]头线圈 03.0852
tapping 窃听 06.0866
target 靶 09.1651
target chamber 靶室 09.0718
target nucleus 靶核 09.0427

target particle　靶粒子　09.1556
tau lepton　τ轻子　09.0958
tau-meson　τ子　09.1201
tau neutrino　τ[子型]中微子　09.0959
tautomer　互变异构体　08.0240
Taylor criterion　泰勒判据　01.0390
Taylor expansion　泰勒展开　01.0391
Taylor series　泰勒级数　01.0392
Taylor vortex　泰勒涡旋　02.0824
TBA　紧束缚近似　08.1286
TDGL equation　含时金兹堡-朗道方程　08.3124
3T diagram　时温转变图，*3T 图　08.0569
TDS　热脱附谱学　08.2843
tearing instability　撕裂不稳定性　10.0301
tearing mode　撕裂模　10.0242
technical magnetization　技术磁化　08.2009
technicolor　彩[色]　09.1111
technicolor symmetry　多彩对称性　09.1408
tectonophysics　[地壳]构造物理学　11.0331
telecentric beam　远心光束　04.0574
telecentric stop　焦阑，*远心光阑　04.0480
telecentric system　焦阑系统，*远心系统　04.0481
telecloning　远程克隆　06.0852
telecommunication　无线电通信　03.0761
telecommunication satellite　通信卫星　11.0323
telegrapher's equation　电报方程　03.0762
telephoto objective　远摄物镜　04.0393
telescope　望远镜　04.0431
telescope detector　望远镜探测器　09.0784
telescopic diffraction　远焦衍射　04.0992
telescopic transformation　远焦变换，*远心变换　04.0373
telestereoscope　体视望远镜　04.0646
TEM　透射电子显微学　03.0429
TEM mode　横电磁波模　03.0686
TE mode　横电波模　03.0682
temperature　温度　05.0016
temperature controller　温度控制器　08.0848
temperature-entropy diagram　温熵图　05.0326
temperature gradient　温度梯度　08.0849
temperature gradient zone melting　温度梯度区熔　08.0850
temperature Green's function　温度格林函数　05.0932
temperature of solidification　凝固温度　08.0880
temperature-ordered product　温序[乘]积　05.0960
temperature scale　温标　05.0019
temperature wave　温度波　08.3034
tempering　回火　08.0866
temporal coherence　时间相干性　04.1268
temporal dimension　时间维度　01.0030
temporal resolution　时间分辨率　01.0032
Temps Atomique International(法)　国际原子时　01.0034
TEM wave　横电磁波　03.0685
TEM mode　横电磁波模　03.0686
tenacity　韧性　08.2350，韧度　08.2349
tensile dislocation　拉伸位错　08.0475
tensile force　张力　02.0251
tension gange　张力计　02.0252
tensile strain　拉伸应变　02.0657
tensile strength　拉伸强度　02.0171
tensile stress　拉伸应力　02.0170
tension　张力　02.0251
tensor　张量　01.0060
tensor analysis　张量分析　02.0196
tensor density　张量密度　06.0249
tensor field　张量场　02.0197
tensor force　张量力　09.0082
tensor permeability　张量磁导率　08.2033
tent map　帐篷[形]映射　11.0594
terminal　终端　03.0319
terminal velocity　终极速度　02.0324
terminal voltage　端[电]压　03.0085
terminating impedance　终端阻抗　03.0320
term of inverted spectrum　倒谱项　04.1740
ternary alloy　三元合金　08.1163
ternary collision　三体碰撞　10.0143
ternary fission　三分裂变　09.0637
ternary phase diagram　三元相图　05.0318
ternary superconductor　三元超导体　08.3250
terrace-ledge-kink structure　台面台阶扭折结构　08.2723
terrace structure　台面结构　08.0540
terrestrial planet　类地行星　11.0185
terrestrial refraction　地面[大气]折射　04.1322
terrestrial space　近地空间　11.0301
terrestrial telescope　地面望远镜　04.0642
teslameter　特斯拉计　03.0847

Tessar lens 特萨透镜 04.0275
test charge 检验电荷 03.0019
test particle 试探粒子 10.0138
tetradecahedron 十四面体 08.0311
tetragonal crystal system 四方晶系 08.0201
tetrahedral apparatus 四面体装置 08.3578
tetrahedral bond 四面体键 08.0290
tetrahedral group 四面体群 08.0164
tetrahedral interstice 四面体间隙 08.0291
tetrahedral site 四面体位置 08.0292
tetrahedron 四面体 08.0289
tetrahexahedron 四六面体 08.0293
tevatron 太伏质子加速器 09.1632
TE wave 横电波 03.0681
texture 织构，*纹理 08.2363
TFD model 托马斯-费米-狄拉克模型 08.1306
TGB phase 扭曲晶界相 08.0544
THEED 透射高能电子衍射 08.1086
theorem 定理 01.0141
theorem of angular momentum 角动量定理 02.0273
theorem of impulse *冲量定理 02.0266
theorem of kinetic energy 动能定理 02.0280
theorem of minimum entropy production 最小熵产生定理 05.0462
theorem of momentum 动量定理 02.0266
theorem of residues 留数定理 01.0467
theorem of topological degree 拓扑度定理 11.0526
theoretical error 理论误差 01.0229
theoretical mechanics 理论力学 02.0007
theoretical physics 理论物理[学] 01.0006
theory 理论 01.0104
theory of dissipative structure 耗散结构理论 11.0691
theory of dynamic system 动力系统理论 11.0458
theory of probability 概率论 01.0542
[theory of] relativity 相对论 06.0002
thermal acoustic oscillation 热声振荡 08.3427
thermal activation 热激活 08.1470
thermal agitation 热骚动 08.1471
thermal analysis 热分析 08.0941
thermal anchoring 热汇 08.3411
thermal background radiation 背景热辐射 11.0038
thermal boundary resistance 界面热阻 08.3423
thermal bremsstrahlung 热轫致辐射 10.0181
thermal broadening 热展宽 08.1472
thermal conductance 热导 08.1450
thermal conductivity 热导率 05.0786
thermal contact 热接触 05.0239
thermal cycle 热循环 05.0250
thermodynamic entropy 热力学熵 05.0559
thermal de Broglie wavelength 热德布罗意波长 06.0464
thermal desorption spectroscopy 热脱附谱学 08.2843
thermal detector 热探测器 05.0134
thermal diffuse scattering 热漫散射 08.1045
thermal diffusion 热扩散 05.0770
thermal dissociation 热离解 05.0413
thermal effect 热效应 05.0014
thermal efficiency 热效率 05.0265
thermal electron 热电子 03.0367
thermal electron emission 热电子发射 08.1475
thermal energy 热能 05.0245
thermal equilibrium 热平衡 05.0015
thermal equilibrium condition 热平衡条件 05.0348
thermal equivalent 热当量 05.0104
thermal expansion 热膨胀 08.1458
thermal expansion anomaly 热膨胀反常 08.1459
thermal fatigue 热疲劳 08.2386
thermal fluctuation 热涨落 05.0812
thermal hysteresis 热迟滞 08.2387
thermal imaging 热成像 04.0207
thermal instability 热不稳定性 02.0348
thermal insulation 热绝缘 05.0232
thermal insulator 热绝缘体 05.0233
thermal ionization 热电离 10.0054
thermal isolation 热隔离 05.0234
thermalization 热化 08.2249
thermalized neutron 热化中子 09.0588
thermal length 热长度 08.3481
thermal lensing effect 热透镜效应 04.2187
thermal light 热光 04.1902
thermally engraved hologram 热塑全息图 04.1400
thermally stimulated current 热激电流 08.2200
thermal motion 热运动 05.0489
thermal neutron 热中子 09.0580
thermal noise 热噪声 05.0827
thermal phase-breaking time 热相位破缺时间 08.3509
thermal physics 热物理学 05.0004
thermal radiation 热辐射 05.0641

thermal resistance 热阻 08.1451
thermal resistivity 热阻率 08.1452
thermal stress 热应力 08.2388
thermal transmission 传热 05.0781
thermal vibration 热振动 08.1473
thermal wavelength 热波长 05.0558
thermion 热[发射]离子 03.0345
thermionic emission 热电荷发射 08.1476
thermionic emission 热离子发射 03.0934
thermionics 热离子学 08.0851
thermistor 热敏电阻 03.0260
thermobalance 热天平 08.3376
thermochromatism 热色性 04.2585
thermocouple 热电偶，*温差电偶 03.0354
thermocouple vacuum gauge 温差电偶真空规 05.0143
thermodynamical Green's function 热力学格林函数 05.0933
thermodynamic branch 热力学分支 11.0684
thermodynamic coordinate 热力学坐标 05.0281
thermodynamic criterion 热力学判据 05.0344
thermodynamic critical field 热力学临界场 05.0368
thermodynamic cycle 热力学循环 05.0249
thermodynamic entropy 热力学熵 05.0559
thermodynamic equilibrium 热力学平衡 05.0181
thermodynamic fluctuations 热力学涨落 05.0190
thermodynamic function 热力学函数 05.0283
thermodynamic limit 热力学极限 05.0560
thermodynamic phase 热力学相 05.0313
thermodynamic potential 热力学势 05.0305
thermodynamic principle 热力学原理 05.0013
thermodynamic probability 热力学概率 05.0564
thermodynamic process 热力学过程 05.0194
thermodynamics 热力学 05.0005
thermodynamic scale of temperature 热力学温标 05.0025
thermodynamic stability 热力学稳定性 05.0354
thermodynamic state 热力学态 05.0173
thermodynamic system 热力学系统 05.0012
thermodynamic temperature 热力学温度，*绝对温度 05.0026
thermodynamic threshold 热力学阈 11.0685
thermodynamic variable 热力学变量 05.0282
thermoelastic effect 热弹性效应 08.2206
thermoelastic transformation 热弹变换 08.1474
thermoelectric coefficient 热电系数 03.0352
thermoelectric cooling 热电冷却 03.0353
thermoelectric couple 热电偶，*温差电偶 03.0354
thermoelectric current 热电流 03.0355
thermoelectric device 热电器件 03.0356
thermoelectric effect 温差电效应 03.0351
thermoelectric field 温差电场 03.0357
thermoelectric generator 热电发生器 03.0359
thermoelectric heating 热电加热 03.0360
thermoelectricity 温差电 03.0364，温差电学 03.0365
thermoelectric material 热电材料 03.0361
thermoelectric power 热电势[率] 03.0362
thermoelectric refrigerator 温差电致冷器 03.0363
thermo-electromotive force 热电动势 03.0366
thermoelectron 热电子 03.0367
thermoelement 热偶元件 03.0368
thermo-field dynamics 热场动力学 05.0975
thermograph 温度记录仪 05.0120
thermography 热成像术 08.2389
thermogravimetric analysis 热重分析 08.1111
thermogravimetry 热重分析术 08.1112
thermoluminescence 热致发光 04.1904
thermoluminescent dosimeter 热释光剂量仪 09.0774
thermolysis 热[分]解 05.0414
thermomagnetic effect 热磁效应 08.1941
thermomechanical effect 热机械效应 08.3010
thermometer 温度计 05.0110
thermometric property 测温性质 05.0018
thermometric scale 温标 05.0019
thermometric substance 测温物质 05.0111
thermometry 测温术 05.0017
thermomolecular pressure effect 热分子压强效应 08.3009
thermonuclear energy 热核能 09.0625
thermonuclear explosion 热核爆炸 09.0626
thermonuclear fusion 热核聚变 10.0347
thermonuclear machine 热核装置 10.0348
thermonuclear plasma 热核等离[子]体 10.0010
thermonuclear reaction 热核反应 09.0623
thermonucleonics 热核技术学 09.0624
thermooptical effect 热光效应 04.1903
thermopile 温差电堆 03.0358
thermoplastic hologram 热塑全息图 04.1400

thermoplastic material 热塑材料 08.2454
thermoplastics 热塑性塑料 08.2453
thermopower 热电势[率] 03.0362
thermoremanent magnetization 热剩磁 08.2095
thermosensitive device 热敏器件 08.1740
thermosensitive hydrogel 热敏水凝胶 08.2551
thermosets 热固性聚合物 08.2448
thermostat 恒温器 05.0126
thermotropic liquid crystal 热致液晶 08.2618
theta-tau puzzle θ-τ 疑难 09.1409
Thevenin's theorem 戴维南定理 03.0323
thick lens 厚透镜 04.0261
thickness contour 厚度轮廓 04.0915
thickness gauge 厚度规 02.0918
thick target 厚靶 09.0471
thin-film 薄膜 08.2907
thin-film integrated circuit 薄膜集成电路 08.1785
thin-film interference 薄膜干涉 04.0930
thin-film optics 薄膜光学 04.0016
thin-film physics 薄膜物理学 08.1783
thin-film solar cell 薄膜太阳[能]电池 08.1786
thin-film superconductor 薄膜超导体 08.3253
thin-film transistor 薄膜晶体管 08.1784
thin lens 薄透镜 04.0260
thin target 薄靶 09.0470
third cosmic velocity 第三宇宙速度 02.0442
third critical magnetic field 第三临界磁场 08.3095
third harmonic 三次谐波 04.2394
third law of thermodynamics 热力学第三定律 05.0272
third-order aberration 三级像差 04.0495
third-order nonlinearity 三阶非线性 04.2392
third-order nonlinear susceptibility 三阶非线性极化率 04.2393
third sound 第三声 08.3035
thixotropic fluid 触变流体 08.2528
Thomas-Fermi dielectric function 托马斯-费米介电函数 08.1391
Thomas-Fermi-Dirac model 托马斯-费米-狄拉克模型 08.1306
Thomas-Fermi model 托马斯-费米模型 08.1305
Thomas-Fermi screening 托马斯-费米屏蔽 08.1392
[Thom's] catastrophe theory [托姆]突变论 11.0539
Thomsen's heat 汤姆森热 05.0432
Thomson effect 汤姆孙效应 08.1622
Thomson electromotive force 汤姆孙电动势 08.1506
Thomson heat 汤姆孙热 08.1507
Thomson model of the atom 原子的汤姆孙模型 07.0016
Thomson scattering 汤姆孙散射 10.0186
thorium series 钍系 09.0164
thought experiment 思想实验 06.0108
thought experiment 假想实验 01.0101
Thouless energy 索列斯能量 08.3459
Thouless length 索列斯长度 08.3460
Thouless ratio 索列斯比 08.3461
Thouless time 索列斯时间 08.3462
three-axis coordinate system 三轴坐标系 08.0097
three-body force 三体力 09.0083
three-body problem 三体问题 02.0453
three-center bond 三心键 07.0198
three-color tube 三色管 04.0724
three-dimensional Bravais lattice 三维布拉维格[子] 08.0206
three-dimensional diffraction 三维衍射 04.1073
three-dimensional grating 三维光栅 04.1072
three-dimensional imaging 三维成像，*立体成像 04.0204
three-dimensional network solid 三维网络固体 08.0644
threefold [symmetry] axis 三重对称轴 08.0142
three jet 三喷注 09.1341
three-Kelvin [background] radiation 3K背景辐射 11.0039
three-phase alternating current 三相[交变]电流 03.0654
three-phase induction motor 三相感应电动机，*三相异步电动机 03.0870
three-photon process 三光子过程 04.2416
three primary colors 三原色 04.0746
three-spin model 三自旋模型 05.1067
three stages of Bogoliubov 博戈留波夫三阶段 05.0903
three-terminal resistance 三端电阻 03.0248
three-wave process 三波过程 10.0321
threshold 阈[值] 01.0217
threshold condition 阈值条件 04.1999
threshold current 阈[值]电流 08.1827
threshold detector 阈探测器 03.1076
threshold energy 阈值能量，*阈能 09.0446
threshold field 阈值场 08.1828

threshold frequency 阈值频率，*阈频 08.2803
threshold gain 阈值增益 04.2056
threshold of sensitivity 灵敏度阈 01.0218
threshold power 阈值功率 04.2182
threshold voltage 阈值电压 03.1077
throttle 节流阀 05.0156
throttled flow 节流流动 05.0157
throttling process 节流过程 05.0155
through-focus image 系列变焦像 04.0226
thrust 推力 02.0206
thymine 胸腺嘧啶 11.0407
thyratron 闸流管 03.0927
thyristor 晶闸管 08.1731
tight-binding approximation 紧束缚近似 08.1286
tight-binding method 紧束缚法 08.1287
time 时间 01.0021
time-averaged interferometry 时间平均干涉术 04.1080
time-bandwidth product 时间带宽积 04.1327
time base 时基 01.0025
time constant 时间常量 03.0590
time coordinate 时间坐标 06.0109
time correlation 时间关联 05.0882
time delay 时间延迟，*时延 01.0031
time-dependent density functional theory 含时密度泛函理论 08.1311
time-dependent fluid 时变流体 08.2530
time-dependent Ginzburg-Landau equation 含时金兹堡-朗道方程 08.3124
time-dependent perturbation 含时微扰 06.0605
time-dependent Schrödinger equation 含时薛定谔方程 06.0432
time-dependent wave function 含时波函数 06.0702
time dilation 时间延缓 06.0055
time dimension 时间维度 01.0030
time direction 时间方向性 05.0902
time displacement 时间平移 06.0699
time displacement invariance 时间平移不变性 06.0704
time displacement operator 时间平移算符，*时移算符 06.0700
time displacement symmetry 时间平移对称[性] 06.0705
time domain 时域 01.0023
time evolution operator 时间演化算符 06.0701
time gate 时间门 01.0029
time-harmonic light wave 时谐光波 04.0562
time-harmonic wave 时谐波 03.0687
time-independent perturbation 不含时微扰 06.0604
time-independent wave equation 不含时波动方程[式] 06.0703
time integrated intensity 时间积分强度 04.2512
time interval 时间间隔，*时段 02.0921
time inversion 时间反演 06.0706
time lag 时滞 01.0024
timelike 类时 06.0094
timelike event 类时事件 06.0097
timelike hypersurface 类时超曲面 06.0099
timelike interval 类时间隔 06.0098
timelike line 类时线 06.0096
timelike region 类时区 09.1103
timelike vector 类时矢量 06.0095
time-of-flight method 飞行时间法 09.0782
time-of-flight spectrometer 飞行时间谱仪 09.0783
time of repose 静置时间 03.1167
time-ordered function 时序函数 05.0944
time-ordering operator 时序算符 09.1522
time orientation 时间方向 06.0116
timer 定时器，*计时器 02.0922
time-resolved crystallograghy 时间分辨晶体学 08.0796
time-resolved fluorescence 时间分辨荧光 04.1885
time-resolved spectroscopy 时间分辨[光]谱学 04.1884
time-resolved synchrotron radiation 时间分辨同步辐射 09.0873
time response 时间响应 04.2332
time reversal 时间反演 06.0706
time reversal invariance 时间反演不变性 06.0711
time reversal operator 时间反演算符 06.0707
time reversal symmetry 时间反演对称性 06.0712
time reversal symmetry breaking 时间反演对称性破缺 09.1509
time-reversed path 时间反演路径 06.0713
time-reversed state 时间反演态 06.0714
time's arrow 时矢 01.0022
time scale 时标 01.0026
time-sharing laser 分时激光器 04.2262
time-temperature transformation diagram 时温转变图，*3T 图 08.0569
time transformation 时间变换，*T 变换 06.0698

time translation 时间平移 06.0699
time translation invariance 时间平移不变性 06.0704
time translation operator 时间平移算符，* 时移算符 06.0700
time zone 时区 11.0254
timing 计时 01.0027，校时 01.0028
timing pulse 计时脉冲 02.0920
timing simulation 时序模拟 05.0945
tissue 组织 08.1695
t-J model t-J 模型 08.1550
TM mode 横磁波模 03.0684
Toda chain 户田链 08.2939
Toda lattice 户田格[点] 08.2938
Toffoli gate 托佛利门 06.0827
tokamak 托卡马克 10.0406
tolerance 容限，* 公差 04.0539
tolerance factor 容忍因子 08.0384
tolerance for aberration 像差容限 04.0540
Tomasch oscillation 托马希振荡 08.3316
tone 音 04.2802
tone control 音控制 04.2808
tone modulation 音调制 04.2809
tone quality 音色，* 音品 04.2806
tone scale 音阶 04.2810
top 陀螺 02.0534
TO phonon 横光学声子 08.1413
topness 顶数 09.1009
topogon lens 小孔径宽视场镜头 04.0439
topogram 形貌 08.0943
topography 形貌术 08.1042
topoisomer 拓扑异构体 08.0376
topoisomerase 拓扑异构酶 11.0417
topological charge 拓扑荷 09.1410
topological conjugacy map 拓扑共轭映射 11.0606
topological conservation law 拓扑守恒率 06.0110
topological cross-section 拓扑截面 09.1104
topological defect 拓扑缺陷 08.0655
topological degree 拓扑度 11.0525
topological dimension 拓扑维数 11.0640
topological disorder 拓扑无序 08.0579
topological elementary excitation 拓扑[性]元激发 05.0732
topological entropy 拓扑熵 05.1118
topological equivalence 拓扑等价 08.0516
topological group 拓扑群 08.0515
topological insulator 拓扑绝缘体 08.0525
topological invariant 拓扑不变量 08.0517
topological mapping 拓扑映射 08.0518
topological metal 拓扑金属 08.0526
topological order 拓扑序 08.2889
topological phase transition 拓扑[性]相变 05.1069
topological quantum number 拓扑量子数 08.0519
topological singularity 拓扑奇点 08.0661
topological soliton 拓扑孤子 09.1411
topological space 拓扑空间 08.0521
topological stability 拓扑稳定性 08.0520
topological stiffness 拓扑劲度 08.0522
topological structure 拓扑结构 08.0523
topological transformation 拓扑变换 08.0658
topological winding number 拓扑绕数 08.0524
topology 拓扑[学] 08.0514
topology of spacetime 时空拓扑 06.0273
topponium 顶夸克偶素 09.1012
top quark t 夸克，* 顶夸克 09.1005
top-seeded solution growth 顶籽晶溶液生长 08.0742
toric lens 环面透镜 04.0658
toroid 环 10.0417
toroidal chamber 环形室 10.0418
toroidal coil 环形线圈 10.0419
toroidal current 环电流 10.0420
toroidal drift 环漂移 10.0092
toroidal effect 环效应 10.0091
toroidal geometry configuration 环[状]几何位形 10.0391
toroidal magnetic field 环向磁场 10.0393
toroidal pinch 环形箍缩 10.0110
torque 转矩 02.0565
torque magnetometer 转矩磁强计 03.0518
Torricelli's theorem 托里拆利定理 02.0907
torsion 扭转 02.0672
torsional meter 扭力计 02.0680
torsional mode 扭转模 10.0243
torsional moment 扭矩 02.0673
torsional oscillation 扭[转型]振荡 02.0677
torsional oscillator 扭振子 02.0674
torsional pendulum 扭摆 02.0686
torsional rigidity 抗扭劲度 02.0690
torsional strain 扭应变 02.0199

torsional stress 扭应力 02.0200
torsional vibration 扭转振动 02.0675
torsion balance 扭秤 02.0687
torsion constant 扭转常数 02.0679
torsion fiber 扭丝 02.0678
torsion rod 扭杆 02.0676
torsion tensor 挠率张量 06.0266
torus 螺绕环 03.0384
total absorption 总吸收 04.1594
total angular momentum 总角动量 02.0272
total correlation 总关联 05.0889
total cross-section 总截面 09.0450
total external reflection 全外反射 04.0126
total internal reflection 全内反射 04.0128
total internal reflection fluorescence microscopy 全反射荧光显微术 04.0430
total quantum number 主量子数 06.0406
total reflection 全反射 04.0124
toughness 韧性 08.2350, 韧度 08.2349
trace [阵]迹 01.0447
trace amount 痕量 08.0944
trace chemistry 痕量化学 08.0945
trace method 示踪法 11.0439
trace [of matrix] [矩阵的]迹 06.0562
trace of matrix 矩阵迹 01.0448
trace of tensor 张量迹 01.0450
tracer 示踪物 09.0802
tracer atom 示踪原子 09.0800
tracer detector 示踪探测器 09.0803
tracer element 示踪元素 09.0801
track 径迹 09.1652
track chamber 径迹室 09.1630
track detector 径迹探测器 09.0764
tracking 跟踪 11.0276
tracking system 跟踪系统 11.0277
track reconstruction 径迹重建 09.1633
tractive force 牵引力 02.0217
trailing vortex 后缘涡旋, *尾随涡旋 02.0806
trailing wave 尾迹波 10.0244
train of wave 波列 04.2665
trajectory 轨道 02.0037, 轨迹 02.0038
transactinide element 超锕元素 09.0680
transadmittance 跨导纳 03.0638
trans-cis isomerization 反-顺式异构化 08.2481
transconductance 跨导 03.0637
transcritical bifurcation 跨临界分岔 11.0487
transcrystalline 穿晶 08.0749
transcurium element 超锔元素 09.0683
transducer 转换器, *换能器 03.0902
transfer 转移 01.0205
transfer cross-section 转移截面 09.0459
transfer function 传递函数 01.0563
transfer matrix 传递矩阵 05.1059
transfer reaction 转移反应 09.0520
transformation matrix 变换矩阵 01.0442
transformation operator 变换算符 06.0571
transformer 变压器 03.0855
transform-limited pulse 变换置限[最短]脉冲 04.2144
transform optics 变换光学 04.1231
trans-gauche isomerization 反-左式异构化 08.2480
transient analyzer 暂态分析器 03.0586
transient chaos 暂态混沌 11.0556
transient characteristic 暂态特性 03.0587
transient current 暂态电流 03.0588
transient effect 暂态效应 03.0589
transient equilibrium 暂态平衡 09.0147
transient event 暂现事件 01.0309
transient motion 暂态运动, *瞬态运动 02.0400
transient perturbation 暂态扰动 03.0583
transient process 暂态过程 03.0582
transient response 暂态响应 03.0584
transient solution 暂态解 01.0310
transient state 暂态 03.0581
transient voltage 暂态电压 03.0585
transistor 晶体管 03.0915
transit banana 通行香蕉[形轨道] 10.0176
transition 跃迁 06.0635
transitional invariance 平移不变性 08.0121
transition amplitude 跃迁振幅 09.1452
transition coefficient 跃迁系数 06.0640
transition matrix 跃迁矩阵 09.0215
transition metal 过渡金属 08.1221
transition nucleus 过渡核 09.0369
transition operator 跃迁算符 06.0572
transition point 相变点 05.0338
transition probability 跃迁概率 06.0639
transition process 相变过程 05.0337
transition radiation 渡越辐射 09.1451

transition radiation detector　渡越辐射探测器　09.1639
transition region　相变区，＊转变区　05.0340
transition temperature　相变温度，＊转变温度　05.0339
transition time　渡越时间　09.1453
transit particle　通行粒子　10.0174
transitron　负跨导管　02.0910
translation　平移　02.0494
translational degree of freedom　平动自由度　05.0624
translational motion　平移运动　02.0095
translation group　平移群　08.0177
translation operator　平移算符　06.0574
translation symmetry　平移对称　08.0120
translation vector　平移矢[量]　08.0149
translocation　易位　11.0369
translucency　半透明性　04.1609，半透明度　04.1610
translucent medium　半透明介质　04.1608
transmembrane process　透膜过程　11.0378
transmembrane protein　穿膜蛋白　11.0420
transmission　传递　01.0204，透射　04.0865
transmission coefficient　透射系数　04.0866
transmission electron diffraction　透射电子衍射　08.1084
transmission electron microscopy　透射电子显微学　03.0429
transmission function　透射函数　04.0870
transmission grating　透射光栅　04.1045
transmission high energy electron diffraction　透射高能电子衍射　08.1086
transmission hologram　透射全息图　04.1371
transmission line　传输线　03.1064
transmission loss　传输损耗　03.1065
transmission Mössbauer spectroscopy　透射穆斯堡尔谱术　09.0833
transmission spectrum　透射光谱　04.1672
transmissivity　透射率　04.0867
transmittance　透射比　04.0073
transmittance-exposure curve　透射比曝光量曲线　04.0813
transmon　传输门　08.3341
transmutation　嬗变　09.0296
transparency　透明性　04.1605，透明度　04.1606
transparent medium　透明介质　04.1607
transplutonium element　超钚元素　09.0682
transport　输运　05.0761
transport coefficient　输运系数　05.0764
transport equation　输运方程　05.0765
transport phenomenon　输运现象　05.0762
transport process　输运过程　05.0763
transposed complex conjugate　转置复[数]共轭　06.0564
transposed conjugate matrix　转置共轭矩阵　01.0441
transposed matrix　转置矩阵　01.0440
transposed operator　转置算符　06.0563
transposition　对换　06.0764，换位　06.0763
transuranic element　超铀元素　09.0681
transversal filter　横向滤波器　03.0958
transverse acceleration　横向加速度　02.0069
transverse acoustic phonon　横声学声子　08.1409
transverse coherence　横向相干性　04.1271
transverse correlation function　横向关联函数　04.1337
transverse electric mode　横电波模　03.0682
transverse electric wave　横电波　03.0681
transverse electromagnetic mode　横电磁波模　03.0686
transverse electromagnetic wave　横电磁波　03.0685
transverse energy　横向能量　09.1119
transverse field　横场　03.0717
transverse magnetic mode　横磁波模　03.0684
transverse magnetic wave　横磁波　03.0683
transverse mass　横质量　06.0143
transverse mode　横模　04.2086
transverse modulation　横调制　04.1216
transverse momentum　横向动量　09.1105
transverse optic phonon　横光学声子　08.1413
transverse piezoelectric effect　横向压电效应　03.0217
transverse relaxation　横向弛豫　04.2343
transverse resonance　横向共振　02.0374
transverse velocity　横向速度　02.0050
transverse wave　横波　04.2632
trap　[陷]阱　08.1631
trapezohedron　偏方三八面体　08.0287
trapezoidal pulse　梯形脉冲　03.1048
trapped banana　陷俘香蕉[形轨道]　10.0175
trapped carrier　陷俘载流子　08.1525
trapped electron　陷俘电子　08.1524
trapped flux　陷俘磁通　08.3238
trapped ion　陷俘离子　08.0452
trapped-ion qubit　陷俘离子量子比特　06.0806
trapped magnetic field　陷俘磁场　08.3239
trapped particle　陷俘粒子　10.0172

trapped particle instability　陷俘粒子不稳定性　10.0299
trapped state　陷俘态　06.0511
trapped surface　陷俘面　06.0302
trapping　陷俘　10.0088
trapping centre　陷俘中心　08.1523
trapping of atoms　原子[的]陷俘　10.0173
trapping time　陷俘时间　06.0798
traveling microscope　移测显微镜，＊读数显微镜　04.0417
traveling wave　行波　04.2629
traveling-wave electric curtain　行波电帘　03.1137
traveling-wave laser　行波激光器　04.2261
travel path　传播路径　03.1098
travel time　传播时间　03.1099
tree diagram　树形图　09.1294
tree diagram approximation　树[形]图近似　09.1265
triacontahedron　三十面体　08.0316
triad axis　三重轴　08.0143
triakisoctahedron　三八凸起面体　08.0288
triakistetrahedron　棱锥四面体　08.0357
trial-and-error method　尝试法　01.0179
trial function　尝试函数　01.0405
triangle of impedance　阻抗三角形　03.0633
triangulation　三角测量　11.0098
triboelectric effect　摩擦起电效应　03.0044
triboelectricity　摩擦电　03.0042
tribology　摩擦学　02.0228
triboluminescence　摩擦发光　08.2227
tribophysics　摩擦物理学　02.0229
trichroism　三色性　04.0723
trichromatic system　三[原]色系统　04.0747
trichromatic vision　三色视觉　04.0717
triclinic crystal system　三斜晶系　08.0198
triclinic lattice　三斜格[子]　08.0207
tricritical point　三相临界点　05.0999
tridiagonalization　三对角化　01.0445
trigger　触发器　09.1650
trigonal crystal system　三角晶系　08.0202
trigonal lattice　三角格[子]　08.0216
trimolecular model　＊三分子模型　11.0701
triode　三极管　03.0914
triode sputtering　三极[管]溅射　09.0823
trion　叁[荷激]子　05.0727
triplasmatron　三等离[子]体源　10.0045
triple-axis spectroscopy　三轴谱术　08.1056
triple point　三相点　05.0032
triplet　三重线　04.1737
triplet lens　三合透镜　04.0271
triplet pairing　三重态配对　08.3151
triplet state　三重态　07.0076
triplet superconductor　三重态超导体　08.3152
trisoctahedron　三八面体　08.0286
tristetrahedron　三四面体　08.0285
tritium　氚　09.0173
triton　氚核　09.0172
trivial solution　平凡解　01.0385
Trouton-Noble experiment　特鲁顿-诺伯实验　06.0111
true value　真值　01.0256
truncation error　截断误差　01.0386
truncation factor　截断因子　01.0387
T-symmetry　T 对称性　09.1309
tubeless syphon　无管虹吸　08.2493
tubular waveguide　管状波导　03.1062
tubulin　微管蛋白　11.0425
tunable laser　可调谐激光器　04.2211
tungsten bronze structure　钨青铜[型]结构　08.0253
tuning　调谐　04.2812
tuning fork　音叉　04.2741
tunnel diode　隧道二极管　08.1704
tunnel effect　隧道效应　06.0619
tunneling barrier　隧道势垒　06.0622
tunneling conductance　隧穿电导　08.3254
tunneling current　隧穿电流　08.3255
tunneling effect　隧穿效应　06.0620
tunneling Hamiltonian　隧穿哈密顿量　06.0596
tunneling ionization　隧穿电离　07.0311
tunneling resistance　隧穿电阻　08.3256
tunneling spectroscopy　隧穿谱学　04.1882
tunneling time　隧穿时间　08.3257
tunnel junction　隧道结　08.3301
turbidity　浊度　04.1580
turbid medium　混浊介质　04.1579
turbomolecular pump　涡轮分子泵　08.3416
turbulence　湍流　02.0791
turbulent boundary layer　湍流边界层　02.0795
turbulent element　湍流元　02.0792
turbulent flow　湍流　02.0791
turbulent heating　湍动加热　10.0445

turbulent medium 湍流介质 02.0796
turbulent plasma 湍动等离[子]体 10.0036
turbulent resistance 湍流阻力 02.0794
turbulent shock 湍动击波 10.0252
turbulent spectrum 湍动谱 10.0339
Turing pattern 图灵斑图 11.0708
turning angle 转折角 02.0418
turning force 转折力 02.0419
turn ratio 匝数比 03.0860
twin boundary 孪晶界 08.0767
twin-clock effect 双钟效应 06.0113
twin-clock problem 双钟问题 06.0114
twin [crystal] 孪晶[体] 08.0765
twin effect 孪生子效应 06.0112
twin image 孪[生]像 04.1361
twinkling 闪烁 11.0279
twin laser 孪激光器 04.2253
twin law 孪晶律 08.0512
twinning 孪晶化 08.0766
twin paradox 双生子佯谬 06.0056
twin plane 孪晶面 08.0768
twin probe 双探针 10.0458
twist 扭曲 08.2680
twist disclination 扭曲向错 08.2652
twisted anisotropic medium 扭曲各向异性介质 03.0181
twisted nematic cell 扭曲向列相液晶盒 08.2687
twist-grain boundary phase 扭曲晶界相 08.0544
twisting force 扭力 02.0198
twisting strain 扭应变 02.0199
twisting stress 扭应力 02.0200
twist map 扭曲映射 11.0605
twistor 扭量 06.0267
twist wave vector 扭波矢 08.0543
two-band superconductor 二带超导体 08.3178
two-beam interferometry 双[光]束干涉测量术 04.1079
two-body force 二体力 02.0201
two-body interaction 二体相互作用 02.0202
two-body problem 二体问题 02.0452
two-component neutrino theory 二分量中微子理论 09.1523
two-component spinor 二分量旋量 09.1524
two-dimensional Bravais lattice 二维布拉维格[子] 08.0221
two-dimensional electron gas 二维电子气 08.2882
two-dimensional electron system 二维电子系统 08.2881
two-dimensional grating 二维光栅 04.1070
two-dimensional network solid 二维网络固体 08.0227
two-dimensional order 二维有序 08.2885
two-dimensional system 二维体系 08.2880
two-fluid description 二流体描述 10.0097
two-fluid model 二流体模型 08.3012
twofold [symmetry] axis 二重[对称]轴 08.0140
two-frequency laser 双频激光器 04.2266
two-level laser 二能级激光器 04.2246
two-level model 二能级模型 06.0484
two-level system 二能级系统 07.0250
two-mode turbulence 双模式湍动 02.0797
two neutrino double-β decay 2 中微子双 β 衰变 09.0201
two-nucleon transfer reaction 二核子转移反应 09.0525
two-particle Green's function 双粒子格林函数 05.0935
two-particle tunneling 双粒子隧穿 08.3287
two-photon absorption 双光子吸收 04.2411
two-photon annihilation 双光子湮没 04.2414
two-photon coherent state 双光子相干态 06.0881
two-photon detuning 双光子失谐 04.2413
two-photon emission 双光子发射 04.2412
two-photon interference 双光子干涉 06.0779
two-photon laser 双光子激光 04.2415
two-photon resonance 双光子共振 04.2410
two-state system 双态系统 06.0485
two-stream instability 双流不稳定性 10.0291
two-terminal network 二端网络 03.0322
Twyman-Green interferometer 特外曼-格林干涉仪 04.1094
Tyndall scattering 廷德尔散射 04.1572
type 1.5 superconductor 第1.5类超导体 08.3158
type Ⅰ superconductor 第一类超导体 08.3157
type Ⅱ superconductor 第二类超导体 08.3159
type II phase matching 第二类相位匹配 04.2383
type I phase matching 第一类相位匹配 04.2382

U

U　尿嘧啶　11.0408
ubiquitous mode　遍布模　10.0245
U-center　U 心　08.0460
UCF　普适电导涨落　08.3483
UHV　超高真空　08.3445
ultimate strength　极限强度　08.2358
ultimate tensile strength　极限拉伸强度　08.2378
ultimate vacuum　极限真空　08.3446
ultracentrifuge　超离心机　09.0688
ultracold neutron　超冷中子　09.0579
ultracrystallite　超微晶粒　08.1115
ultrafast laser ablation　超快激光烧蚀　08.2303
ultrafast neutron　超快中子　09.0587
ultrafast optical spectroscopy　超快光谱术　04.1890
ultrafast optics　超快光学　04.1889
ultrafast process　超快过程　04.1888
ultrafine particle　超微颗粒　08.1197
ultra-high energy　超高能　09.1677
ultra-high frequency　特高频　04.2688
ultra-high vacuum　超高真空　08.3445
ultra-low frequency　超低频　04.2694
ultra-low temperature　超低温　08.3391
ultra microcrystal　超微晶体　08.0776
ultramicroscope　超微显微镜　08.1116
ultramicroscopy　超微显微术　08.1117
ultra-microstructure　超微结构　08.1114
ultrarelativistic particle　极端相对论性粒子　09.1123
ultrashort laser pulse　超短激光脉冲　04.2143
ultrashort pulse　超短脉冲　04.2142
ultraslow light　超慢光　04.2139
ultrasonic absorption　超声吸收　04.2756
ultrasonic agglomeration　超声凝聚　04.2757
ultrasonication　超声处理　04.2755
ultrasonic attenuation　超声衰减　08.2280
ultrasonic bonding　超声键合　08.0703
ultrasonic cavitation　超声空化　04.2758
ultrasonic coagulation　超声凝结　04.2759
ultrasonic grating　超声光栅　04.2764
ultrasonic holography　超声全息术　04.2774
ultrasonic imaging　超声成像　04.2761
ultrasonic light diffraction　超声致光衍射　04.2762
ultrasonic material dispersion　超声致材料弥散　04.2765
ultrasonic physics　超声物理学　04.2618
ultrasonic Q switching　超声 Q 开关　04.2131
ultrasonics　超声学　04.2617
ultrasonic soldering　超声焊接　04.2766
ultrasonic sound　超声　04.2754
ultrasonic spectrum analysis　超声谱分析　04.2767
ultrasonic stroboscope　超声频闪视测器　04.2768
ultrasonic wave　超声波　04.2678
ultrasonoscopy　超声显示术　04.2760
ultrasound　超声　04.2754
ultrastrength material　超强度材料　08.2377
ultrathin film　超薄膜　08.2908
ultraviolet absorption spectrum　紫外[光]吸收谱　04.1675
ultraviolet catastrophe　紫外灾难　06.0369
ultraviolet cutoff　紫外截断[频率]　09.1238
ultraviolet divergence　紫外发散　09.1525
ultraviolet fixed point　紫外固定点　09.1617
ultraviolet laser　紫外激光器　04.2268
ultraviolet photoelectron spectroscopy　紫外光电子能谱学　08.2302
ultraviolet radiation　紫外辐射　04.0040
ultraviolet ray　紫外光，*紫外线　04.0039
umbra　本影　04.0240
umklapp process　倒逆过程，*U 过程　08.1455
Umweganregung(德)　迂回激发　08.2275
unbacked film　无衬底片　04.0820
unblocked bond　连通键　11.0678
unbounded space　无界空间　03.0694
unbound electron　非束缚电子　08.1268
uncertainty　不确定度　01.0283
uncertainty relation　不确定[度]关系，*测不准关系　06.0448
uncharged particle　不带电粒子　03.0025
unconstrained system　无约束系　02.0580
unconventional pairing　非常规配对　08.3153

unconventional superconductor 非常规超导体 08.3179
undamped oscillation 无阻尼振荡 02.0363
undamped oscillator 无阻尼振子 02.0364
undercooled liquid 过冷液体 08.3382
undercorrected lens 欠校[正]透镜 04.0660
undercoupling 欠耦合 03.0626
undercurrent 潜流 02.0711
underdamped motion 欠阻尼运动 02.0365
underdamping 欠阻尼 02.0384
underdetermined system 欠定系统 02.0582
underdetermined system of equations 欠定方程组 01.0375
underdevelopment 欠显[影] 04.0817
underdoped regime 欠掺杂区域 08.1775
underdoping 欠掺杂 08.1774
underexposure 欠曝[光] 04.0815
underfocus 欠[聚]焦 04.0299
underload 欠载 03.0284
underscreened Kondo effect 欠屏蔽近藤效应 08.1498
undershoot 下冲 03.0095
undershoot 负脉冲 03.1044
undersonic frequency 次声频 04.2692
underwater acoustics 水下声学 04.2608
undetermined multiplier 待定乘子 01.0497
undulatory property 波动性 06.0466
undulatory theory 波动说 04.0028
unexcited degree of freedom 未激发自由度 05.0627
unextendible product bases 不可扩展直积基 06.0766
unfilled shell 未满壳层 09.0336
unfilled state 未满态，＊未填充态 09.0337
unfolding 开折[型突变]，＊去折叠 11.0546
ungerade state u态 07.0277
uniaxial crystal 单轴晶体 04.2315
uniaxial orientation 单轴取向 08.0743
unified field theory 统一场论 09.1213
unified model 综合模型，＊统一模型 09.0308
uniform accelerated motion 匀加速运动 02.0086
uniform acceleration 匀加速度 02.0085
uniform circular motion 匀速圆周运动 02.0081
uniform dielectric 均匀电介质 03.0179
uniform distribution 均匀分布 05.0527
uniform field 均匀场 03.0054
uniform flow 均匀流 02.0729
uniform illumination 均匀照明 04.0668
uniformity of spacetime 时空均匀性 06.0115
uniform motion 匀速运动 02.0080
uniform point source 均匀点源 04.0032
uniform resonance 一致共振 02.0375
uniform velocity 匀速度 02.0079
unijunction transistor 单结晶体管 08.1643
unilateral conductivity 单向电导率 03.0275，单向电导性 03.0276
unilateral constraint 单侧约束，＊可解约束 02.0572
uniphase 单相 08.0942
unipolar induction 单极感应 03.0561
unipolar transistor 单极晶体管 08.1826
unique forbidden transition 唯一型禁戒跃迁 09.0225
uniqueness 唯一性 01.0394，单值性 01.0410
uniqueness theorem 唯一性定理 03.0169
unit 单位 01.0098
unitarity 幺正性 09.1424
unitarity condition 幺正性条件 09.1527
unitarity limit 幺正极限 09.1266
unitary evolution 幺正演化 06.0584
unitary group 幺正群 06.0583
unitary irreducible representation 幺正不可约表示 06.0582
unitary matrix 幺正矩阵，＊酉矩阵 01.0432
unitary operator 幺正算符 06.0586
unitary representation 幺正表示 06.0581
unitary spin 幺旋 09.1267
unitary symmetry 幺正对称 01.0433
unitary transformation 幺正变换 06.0585
unit cell 单胞 08.0080
unit charge 单位电荷 03.0008
united-atom limit 原子联合极限 07.0253
uniterminal axis 单极轴 02.0531
unit operation 单位操作 08.0156
unit operator 单位算符 06.0547
unit pole 单位[磁]极 09.1526
unit system 单位制 01.0318
univariant system 单变系 05.0189
universal background 宇宙背景 11.0037
universal conductance fluctuation 普适电导涨落 08.3483
universal constant 普适常量 01.0064
universal curve 普适曲线 01.0155
universal evolution criterion 普适演化判据 05.0464

[universal] gas constant [普适]气体常量 05.0042
universal gravitation 万有引力 06.0208
universal horizon 宇宙视界 11.0034
universal instability 普适不稳定性 10.0298
universality 普适性 05.1104
universality class 普适[性]类 05.1105
universal meter 多用[电]表 03.0818
universal quantum computer 普适量子计算机 06.0811
universal quantum gate 普适量子门 06.0820
universal scaling function 普适标度函数 05.1103
universal sequence of periodic orbits 普适周期轨道序列，*U 序列 11.0531
universal spectral fluctuation 普适谱涨落 05.0815
universal time 世界时 11.0252
universal time constant 普适时间常量 09.0238
universe 宇宙 11.0009
universe abundance 宇宙丰度 11.0028
universe evolution 宇宙演化 06.0336
universe's age 宇宙年龄 06.0337
unoccupied band 空带 08.1365
unoccupied level 未占能级 08.1371
unpaired electron 未配对电子 08.3144
unpaired nucleon 不成对核子 09.0350
unparticle physics 非粒子物理 09.1528
unphysical particle 非物理粒子 09.1098
unpolarized light 非偏振光 04.1106
unpredictability 不可预测性 11.0734
unreduced cell 未约化晶胞 08.0346
unrenormalized quantity 未重正量，*未重整量 09.1529
unsaturated bond 未饱和键 08.0707
unsaturated color 不饱和色 04.0743
unsaturated gain 不饱和增益 04.2099
unsaturated vapor 未饱和蒸气 05.0376
unstable cavity 不稳定腔 04.2036
unstable equilibrium 不稳定平衡 02.0340
unstable fixed point 不稳定不动点 11.0463
unstable isotope 不稳定同位素 09.0788
unstable limit cycle 不稳定极限环 11.0473
unstable particle 不稳定粒子 09.1202
unsteady flow 非定常流 02.0726
unsteady state 非定常态 02.0350
unsupported-area principle 无支撑面积原理 08.3568
unsupported-area seal 无支撑面积密封 08.3569
upconversion phosphor 上变频磷光体 08.2233
up-down asymmetry 上下不对称性 09.1269
up-down symmetry 上下对称性 09.1268
upper critical dimension 上临界维度 11.0634
upper critical magnetic field 上临界磁场 08.3092
upper harmonic wave 高谐波 02.0868
upper hybrid oscillation 上混杂振荡 10.0214
upper marginal dimension 上边缘维数 11.0632
up quark u 夸克，*上夸克 09.1001
U-process 倒逆过程，*U 过程 08.1455
U-process resistivity U 过程电阻率 08.1456
UPS 紫外光电子能谱学 08.2302
upshift 上频移 10.0326
upsilon particle Υ 粒子 09.1203
uracil 尿嘧啶 11.0408
uranium series 铀系 09.0165
Uranus 天王星 11.0224
urbaryon 元重子 09.1204
Ursell function 乌泽尔函数 05.0679
Ursell's algorithm 乌泽尔算法 05.0678
u-state u 态 07.0277
UT 世界时 11.0252

V

vacancion 空位子 08.0451
vacancy 空位 08.0527
vacancy cluster 空位团 08.1639
vacancy migration 空位徙动 08.0530
vacancy mobility 空位迁移率 08.0531
vacuum 真空 01.0126
vacuum annealing 真空退火 08.0833
vacuum breakdown 真空击穿 03.0142
vacuum chamber 真空室 08.0831
vacuum coating 真空敷膜 09.0824
vacuum deposition 真空沉积 08.0812
vacuum energy 真空能量 06.0477
vacuum degeneracy 真空简并 09.1530
vacuum evaporation 真空蒸发 08.0811
vacuum field 真空场 06.0869
vacuum fluctuation 真空涨落 09.1394

vacuum gauge 真空规 05.0139
vacuum physics 真空物理[学] 01.0013
vacuum polarization 真空极化 09.1419
vacuum spectrograph 真空摄谱仪 04.1662
vacuum stability 真空稳定性 04.2545
vacuum state 真空态 09.1270
vacuum system 真空系统 08.0830
vacuum technique 真空技术 08.0829
vacuum tube 真空管 03.0921
vacuum tunneling 真空隧穿 09.1531
vacuum ultraviolet 真空紫外 04.1712
vacuum ultraviolet laser 真空紫外激光器 04.2269
vacuum ultraviolet spectroscopy 真空紫外谱学 04.1878
vague attractor [of Kolmogorov] 含混吸引子 11.0615
valence 价 08.0393
valence alternation 变价 08.0656
valence alternation pair 变价对 08.0657
valence angle 价键角 08.0396
valence band 价带 08.1329
valence bond 价键 08.0395
valence bond theory 价键理论 08.0397
valence crystal 价键晶体 08.0398
valence electron 价电子 07.0042
valence electron approximation 价电子近似 07.0220
valence fluctuation 价涨落 08.1948
valence instability 价不稳定性 08.1949
valence-matching principle 价键匹配原理 08.0399
valence nucleon 价核子 09.0973
valence quark 价夸克 09.0994
valence state 价态 08.0394
valency 价 08.0393
validity 有效性 01.0157, 真实性 01.0158
validity check 有效性检查 01.0159
valley current 谷电流 03.0603
valley point 谷点 01.0219
valley splitting 谷分裂 08.1618
valley voltage 谷电压 03.0092
van Allen belt 范艾仑带 10.0471
van Cittert-Zernike theorem 范西泰特–策尼克定理 04.1301
van de Graaff accelerator 范德格拉夫加速器 09.0857
van de Graaff generator 范德格拉夫起电机 03.0785
van der Pauw method 范德堡法 08.1484
van der Pol's equation 范德波尔方程 11.0503
van der Waals crystal 范德瓦耳斯晶体 08.0438
van der Waals equation 范德瓦耳斯方程 05.0080
van der Waals interaction 范德瓦耳斯互作用 08.0437
van der Waals molecule 范德瓦耳斯分子 07.0173
van Hove's theory 范霍夫理论 09.1532
van Vleck paramagnetism 范弗莱克顺磁性 08.1857
vapor 蒸气 05.0375
vapor deposition 气相沉积 08.0803
vapor deposition technique 气相沉积术 08.0804
vapor growth 气相生长 08.0824
vaporization 汽化 05.0385
vaporization curve 汽化曲线 05.0386
vapor phase diffusion 气相扩散 08.0825
vapor phase epitaxy 气相外延 08.0968
vapor pressure 蒸气压 05.0378
vapor pressure thermometer 蒸气压温度计 08.3433
vapor transport 气相输运 05.0768
varactor 变容二极管 08.1703
variable 变量 01.0071
variable-mass system 变质量系 02.0486
variable-range hopping 变程跳跃 08.0709
variable star 变星 11.0120
variance 方差 01.0548
variational condition 变分条件 01.0505
variational method 变分法 01.0504
variational principle 变分原理 06.0629
variometer 磁变仪 03.0522, 可变电感器 03.0617
varistor 阻变元件 03.0254
vascular mechanics 血管力学 11.0346
vascular rheology 血管流变学 11.0347
VCSEL 垂直腔表面发射激光器 04.2235
V-cut crystal V截晶体 08.0356
vector 矢量, *向量 01.0058
vector boson 矢量玻色子 09.0926
vector coupling 矢量耦合 09.1272
vector current 矢量流 09.1271
vector d d矢量 08.3070
vector field 矢量场 01.0365
vector meson 矢量介子 09.0931
vector model 矢量模型 06.0468
n-vector model *n*-维矢量模型 05.1066
vector operator 矢量算符 01.0541
vector potential 矢势 03.0397
vector product 矢积 01.0059

vector set 矢量集 01.0367
vector space 矢量空间 01.0368
vector sum 矢量[求]和 01.0369
vector translation 矢量平移 01.0370
Vegard's law 费伽德定律 08.1160
velocimetry 流速学 02.0728
velocity 速度 02.0044
velocity addition 速度合成，*速度加法 02.0096
velocity component 分速度 02.0327
velocity correlation function 速度关联函数 05.0893
velocity distribution function 速度分布函数 05.0567
velocity field 速度场 05.0797
velocity gradient 速度梯度 05.0798
velocity of light 光速 04.0036
velocity of sound 声速 04.2680
velocity of the center of mass 质心速度 02.0058
velocity space 速度空间 05.0566
Venturi effect 文丘里效应 02.0853
Venturi meter 文丘里流量计 02.0906
vent valve 排气阀 02.0857
Venus 金星 11.0220
Verdet constant 韦尔代常数 04.1209
verification 验证 01.0134
vernal equinox 春分点 11.0260
vernier 游标 02.0882
vernier caliper 游标卡尺 02.0883
vertex 顶[点] 01.0338，奔赴点 11.0044
vertex angle 顶角 09.1533
vertex correction 顶点修正 09.1534
vertex function 顶点函数 09.1535
vertex operator 顶点算符 09.1536
vertical 垂线，*竖直线 01.0326
vertical Bridgman technique 垂直布里奇曼技术 08.0720
vertical-cavity surface-emittinglaser 垂直腔表面发射激光器 04.2235
vertical gradient freeze technique 垂直梯度冷凝技术 08.0721
vertical magnetic field 垂直磁场 10.0405
vertical transition 垂直跃迁 08.1394
Verwey effect 费尔韦效应 08.1932
very-large-scale integrated circuit 超大规模集成电路 08.1746
very long baseline interferometer 甚长基线干涉仪 11.0272
very low frequency 甚低频 04.2693
vesicle 膜泡 11.0380
vesicular structure 泡状结构 11.0382
vibrating electrometer 振动静电计 03.1173
vibrating-reed electrometer 振簧静电计 03.1174
vibrating sample magnetometer 振动样品磁强计 08.2056
vibration 振动 02.0353
vibrational band 振动能带 07.0184
vibrational degree of freedom 振动自由度 05.0626
vibrational energy level 振动能级 09.0379
vibrational excitation 振动激发 07.0185
vibrational exciton 振动激子 08.1841
vibrational line 振动[谱]线 04.1746
vibrational spectrum 振动谱 07.0186
vibrational spectrum of crystal 晶格振动谱 08.1400
vibrational state 振动态 07.0187
vibration isolation 隔离振动，*隔振 08.3412
vibration-rotation band 振动-转动谱带 07.0188
vibrator 振子 04.2621
vibrograph 示振仪 04.2623
vibrometer 振动计 04.2622
vicinal surface 近晶面 08.0791
video bandwidth 视频带宽 04.1545
video camera 摄像机 04.0434
video frequency 视频[频率] 04.1544
videotape 录像带 04.1543
viewer 观察器 04.0488
view finder 取景器 04.0477，探视器 04.0489
viewing angle 视角 04.0472
viewing angle magnification 视角放大率 04.0473
viewing field 视场 04.0469
view stop 视场光阑，*场阑 04.0479
vignetting effect 渐晕效应 04.0483
vignetting stop 渐晕光阑 04.0482
violet satellite 紫伴线 04.1694
violet shift 紫移 04.1790
virial 均位力积，*位力 02.0610
virial coefficient 位力系数，*维里系数 05.0084
virial equation of state 位力状态方程 05.0086
virial expansion 位力展开 05.0681
virial theorem 位力定理，*维里定理 02.0611
virtual bound state 虚束缚态 05.0735

virtual crystal approximation　虚晶[体]近似　08.0590
virtual displacement　虚位移　02.0568
virtual focus　虚焦点　04.0290
virtual image　虚像　04.0230
virtual imaged phased array　虚像相位列阵　04.0231
virtual level　虚能级　09.0509
virtual object　虚物　04.0229
virtual optical path　虚光程　04.0112
virtual optics　虚拟光学　04.0026
virtual particle　虚粒子　09.1537
virtual phonon　虚声子　09.1538
virtual photon　虚光子　09.1539
virtual state　虚态　09.1540
virtual transition　虚跃迁　07.0254
virtual value　有效值　03.0600
virtual work　虚功　02.0569
virtual work principle　虚功原理　02.0570
viscoelastic fluid　黏弹性流体　02.0756
viscoelasticity　黏弹性　08.2321
viscometer　黏度计　02.0754
viscoplasticity　黏塑性　08.2352
viscosimeter　黏度计　02.0754
viscosity　黏度　02.0748，黏性　02.0751
viscosity coefficient　黏度系数　02.0759
viscous damping　黏性阻尼　02.0760
viscous diffusion　黏性扩散　02.0761
viscous dissipation　黏滞耗散　02.0762
viscous fingering　黏性指进　11.0659
viscous flow　黏性流　02.0745
viscous fluid　黏性流体　02.0744
viscous force　黏[性]力　02.0752
viscous resistance　黏性阻力　02.0764
visibility　可见度　04.1246
visibility function　可见度函数　04.1290
visible light　可见光　04.0037
visible range　可见[光谱]区　04.1705
visible region　可见[光谱]区　04.1705
visible spectrum　可见光谱　04.1679
[visible speech] sound spectrograph　语图仪　04.2816
visible wavelength　可见光波长　04.1706
vision　视觉　04.0689
vision function　视觉函数　04.0587
visual acuity　视觉敏锐度　04.0697
visual diameter　视直径　04.0490
visual line　视线　04.0468
visual method　视觉法　04.0691
visual optical instrument　目视光学仪器　04.0063
visual persistence　视觉暂留　04.0708
visual photometer　目测光度计　04.0686
visual resolution　视觉分辨率　04.0690
visual system　目视系统　04.0674
vitreous body　玻璃体　11.0443
vitreous carbon　玻璃碳　08.0558
vitreous electricity　正电，＊玻璃电　03.0045
vitreous humor　玻璃状液　11.0444
vitreous semiconductor　玻璃半导体　08.1670
vitreous state　玻璃态　08.0557
vitrification　玻璃化转变　08.0565
Vlasov equation　弗拉索夫方程　10.0120
VLSI　超大规模集成电路　08.1746
vocal cord　声带　04.2813
vocoder　声码器，＊自动语音合成仪　04.2815
voice operation demonstrator　语音合成仪　04.2814
void　空洞，＊巨洞　11.0036
void coefficient　空洞系数　09.0901
void effect　空洞效应　09.0902
void fraction　空隙率　08.2595
void ratio　空隙比　08.0893
volatile memory　易失性存储器　08.1834
Volta effect　伏打效应　03.0135
voltage　电压　03.0080
voltage amplifier　电压放大器　03.0981
voltage amplitude　电压振幅　03.0096
voltage divider　分压器　03.0310
voltage drop　电压降　03.0081
voltage fluctuation　电压涨落　03.0097
voltage regulator　调压器　03.0861
voltage source　电压源　03.0241
voltage stabilizer　稳压器　03.0862
voltage stabilizing diode　稳压二极管　08.1702
voltage standard　电压基准，＊电压标准　03.0082
voltage transformation ratio　电压变比　03.0083
voltage transmission coefficient　电压传输系数　03.0084
voltage-turns ratio　伏特匝数比，＊伏匝比　03.0494
voltaic cell　伏打电池　03.0799
voltameter　电量计　03.0790
Volterra process　沃尔泰拉过程　08.2648
Volterra's equations　沃尔泰拉方程组　11.0508

voltmeter 伏特计 03.0815
voltmeter-ammeter method 伏安法 03.0813
volume 容积 01.0044，体积 01.0045，音量 01.0046
volume charge density 体电荷密度 03.0020
volume compressibility 体压缩系数 02.0479
volume conductivity 体电导率 03.0273
volume current 体电流 03.0601
volume elasticity 体积弹性 02.0208
volume energy 体积能 09.0064
volume flow rate 体积流率 02.0723
volume flux 体积流量 02.0722
volume hologram 体全息图 04.1343
volume magnetostriction 体磁致伸缩 03.0486
volume of coherence 相干体积 04.1274
volume photoconductivity 体积光电导 08.2282
volume photoelectric effect 体积光电效应 08.2283
volume strain 体应变 02.0255
volume stress 体应力 02.0254
von Neumann's projection postulate 冯·诺依曼投影公设 06.0782
Voronoi diagram 沃罗努瓦图 08.0620
Voronoi froth 沃罗努瓦泡沫 08.0610
Voronoi polyhedron 沃罗努瓦多面体 08.0609
vortex 涡旋 02.0803
vortex array 涡旋阵列 08.3213
vortex core 涡旋芯 08.3210
vortex crystal 涡旋晶体 10.0493
vortex electric field 涡旋电场 03.0569
vortex energy 涡旋能量 02.0823
vortex flow 涡[旋]流 02.0805
vortex flow transistor ＊涡旋流三极管 08.3333
vortex glass model 涡旋玻璃模型 08.3216
vortex lattice 涡旋格 08.3211
vortex line 涡[旋]线 02.0804
vortex matter 涡旋物质 08.3215
vortex motion 涡动 02.0809
vortex pair 涡线对 08.2890
vortex ring 涡旋环 08.3042
vortex sheet 涡[旋]片 02.0810
vortex state 涡旋态 08.3207
vortex street 涡街 02.0811
vortex structure 涡旋结构 08.3209
vortex surface 涡面 02.0813
vortex tangle 涡旋缠结 08.3043
vortex theory 涡旋理论 02.0814
vortex tube 涡管 02.0815
vortex-type flow 涡[旋]型流 02.0817
vortex velocity 涡[旋]速度 02.0816
vortex wake 涡旋尾流 02.0819
vortex wave 涡旋波 08.3044
vortical liquid 涡旋液体 02.0818
vorticity 涡度 08.2891
voxel 三维像素，＊体像元 04.0197
VSM 振动样品磁强计 08.2056
VUV 真空紫外 04.1712
Vycor glass 维克玻璃 08.3625

W

wafer 晶片，＊圆片 08.0946
wag vibration 摇摆振动 04.2625
waist radius [光]束腰半径 04.2071
wake field 尾场 02.0821
wake flow 尾流 02.0820
wake resistance 尾流阻力 02.0822
walk-off angle 走离角 04.2324
wall collision 触壁碰撞 08.2392
wall effect 壁效应 08.2391
wall energy 壁能 08.2390
Wannier equation 万尼尔方程 08.1836
Wannier excitation 万尼尔激发 08.1837
Wannier exciton 万尼尔激子 08.1838
Wannier function 万尼尔函数 08.1835
Ward identity 华德恒等式 09.1541
warm dense plasma 温密等离[子]体 10.0032
warm plasma 温等离[子]体 10.0031
washboard potential 搓板[型]势 08.2876
water maser 水微波激射器 02.0911
watt-hour meter 瓦时计 03.0820
wattmeter 瓦特计 03.0819
wave 波 04.2627
wave aberration 波像差 04.2750
wave acoustics 波动声学 04.2611

wave amplitude　波幅　04.2660
wave band　波段　04.2659
wave crest　波峰　04.2656
wave director　导波体　04.2662
wave equation　波动方程　03.0669
[wave] filter　滤波器　03.0953
waveform　波型　04.2628
wavefront　波阵面，*波前　04.2641
wavefront division　波前分割　04.1353
wavefront-division interferometer　波阵面分割干涉仪　04.1086
wavefront function　波前函数　04.1352
wavefront reconstruction　波前重建　04.1355
wavefront reversal　波前反转　04.2428
wave function　波函数　06.0522
waveguide　波导　03.1060
waveguide cavity　波导腔　03.1023
waveguide grating router　波导光栅路由器　04.1504
wave impedance　波阻抗　04.2697
wavelength　波长　04.2643
wavelength division demultiplexing　解波分复用　04.1490
wavelength division multiplexing　波分复用，*波长分割复用　04.1489
wavelength interchanging cross-connect　波长互换的交叉连接　04.1496
wavelength in vacuum　真空波长　04.0825
wavelength-selective cross-connect　波长选择的交叉连接　04.1497
wavelet　子波　04.2646
wavelet transformation　小波变换　01.0560
wave loop　波腹　04.2655
wave mechanics　波动力学　06.0495
wave mode　波模　03.0680
wave node　波节　04.2654
wave normal　波[面]法线　04.2651
wave number　波数　04.2644
wave optics　波动光学　04.0004
wave packet　波包　04.2648
wave packet collapse　波包坍缩　06.0526
wave-particle dualism　波粒二象性　06.0459
wave-particle duality　波粒二象性　06.0459
wave-particle resonance　波粒共振　10.0132
wave period　波周期　04.2650
wave plate　波片　04.1131
wave profile　波剖面　04.2649
wave propagation　波传播　04.2661
wave speed　波速[度]　04.2666
wave surface　波面　04.2642
wave theory　波动说　04.0028
wavetrain　列波　04.2664
wave trough　波谷　04.2657
wave vector　波矢[量]　04.2645
wave vector group　波矢群　08.1302
wave vector matching　波矢匹配　04.2388
wave velocity　波速[度]　04.2666
wave zone　波场区　04.2663
W-boson　W玻色子　09.1205
weak anti-localization　反弱局域化　08.3465
weak boson　弱玻色子　09.1206
weak coupling　弱耦合　09.0400
weak decay　弱[作用]衰变　09.1106
weak degeneration　弱简并　06.0516
weak disorder　弱无序　08.2414
weak equivalence principle　弱等效原理　06.0213
weak ferromagnetism　弱铁磁性　08.2090
weak field　弱场　03.0773
weak focusing　弱聚焦　09.1629
weak force　弱[相互作用]力　09.1543
weak hypercharge　弱超荷　09.1107
weak interaction　弱相互作用　09.0211
weak [interaction] current　弱[作用]流　09.1542
weak isospin　弱同位旋　09.1110
weak link [junction]　弱连结　08.3306
weak localization　弱局域化　08.3464
weakly bound nucleus　弱束缚核　09.0182
weakly interacting massive particle　弱相互作用大质量粒子　09.1674
weak mixing　弱混[合]性　05.0496
weak neutral current　弱中性流　09.1273
weak periodic potential　弱周期势　08.1272
weak phase object approximation　弱相位物体近似　08.1089
weak superconductivity　弱超导电性　08.3162
weak turbulence　弱湍动　10.0340
weak universality　弱普适性　09.1544
wearing surface　磨损面　02.0243
wedge disclination　劈形向错　08.2651
wedge dislocation　劈形位错　08.0489

wedge filter 楔形滤光片 04.0961
weekly ionized plasma 弱电离等离[子]体 10.0016
wee parton 微部分子 09.1207
wee quark 微夸克 09.0999
weight 权[重] 01.0259，重量 01.0260
weighted average 加权平均 01.0263
weighted mean 加权平均值 01.0265
weight function 权[重]函数 05.1044
weighting factor 加权因子 01.0264
weightlessness 失重 02.0448
Weinberg-Salam model 温伯格-萨拉姆模型 09.1545
Weiss constant 外斯常量 08.2091
Weisskopf unit 韦斯科普夫单位 09.0333
Weiss magneton 外斯磁子 08.2092
Weiss molecular field 外斯分子场 08.1892
Weiss zone law 外斯晶带定律 08.1144
welding 熔接 08.0947
welding effect 焊接效应 08.0948
well-ordered 良序 01.0517
well-ordered function 良序函数 01.0518
Wells family tree 韦尔斯家族树 05.1056
Wentzel-Kramers-Brillouin[-Jeffreys] approximation WKB[J]近似 06.0632
wet-bulb thermometer 湿球温度计 05.0116
wet etching 湿刻蚀 08.0956
wettability 可润性 08.2591
wetting 润湿 08.2589
wetting angle 润湿角 08.2590
Weyl tensor 外尔张量 06.0263
Wheatstone bridge 惠斯通电桥 03.0830
which-way detector 路径检测器 06.0790
whisker crystal 须状晶体，*须晶 08.0777
whistler 哨声 10.0208
whistler instability 哨声不稳定性 10.0284
whistler wave 哨声波 10.0209
white dwarf 白矮星 11.0146
white hole 白洞 11.0140
white light 白光 04.0044
white light hologram 白光全息图 04.1375
white light interference 白光干涉 04.0889
white noise 白噪声 05.0833
white spectrum 白谱 05.0832
white tin structure 白锡结构 08.0264
white X-radiation 白X[谱]辐射 07.0133
whole pattern symmetry 全图对称性 08.1121
whole-wave plate 全波片 04.1132
Wick's theorem 威克定理 05.0940
wide-aperture lens 大孔径透镜 04.0274
wide band 宽带 08.1362
wide-gap junction 宽禁带结 08.1649
wide-gap semiconductor 宽能隙半导体 08.1564
width of transition 转变宽度 08.3100
Wiedemann-Franz law 维德曼-弗兰兹定律 05.0808
Wiener-Khinchine theorem 维纳-欣钦定理 01.0478
Wien's displacement law 维恩位移律 05.0648
Wien's formula 维恩公式 05.0647
wiggler 扭摆器 03.1106
Wigner-Eckart theorem 维格纳-埃卡特定理 06.0670
Wigner function 维格纳函数 06.0905
Wigner lattice 维格纳格[子] 08.2884
Wigner's distribution function 维格纳分布函数 05.0915
Wigner-Seitz boundary condition 维格纳-塞茨边界条件 08.1291
Wigner-Seitz cell 维格纳-塞茨原胞 08.0079
Wigner-Seitz theory 维格纳-塞茨理论 08.1292
Wigner threshold law 维格纳阈值定律 07.0255
Wilson cloud chamber 威耳逊云室 09.0771
WIMP 弱相互作用大质量粒子 09.1674
winding 绕组 03.0878
winding number 绕数，*回转数 03.0532
wind tunnel 风洞 02.0854
winter solstice 冬至点 11.0263
wire 导线 03.0031
wire grating 线光栅 04.1051
WKB[J] approximation WKB[J]近似 06.0632
Wollaston prism 沃拉斯顿棱镜 04.1152
Wood's metal 伍德合金 08.1230
Woods-Saxon potential 伍兹-萨克森势 09.0328
work 功 02.0281
work-energy principle 功能原理 02.0284
work function 功函数，*逸出功 03.0350
work hardening 加工硬化 08.2343
working hypothesis 工作假说 01.0150
working point 工作点 08.3636
world line 世界线 06.0226
world tube 世界管 06.0022
wrench 扳钳 02.0915

X

Y

Yukawa force　汤川力　09.1548
Yukawa interaction　汤川相互作用　09.1156
Yukawa meson　*汤川介子　09.0960
Yukawa potential　汤川势　09.0093

Z

Zabusky equation　扎布斯基方程　11.0744
Z-cut crystal　Z 截晶体　08.0775
Zeeman effect　塞曼效应　04.1771
Zeeman energy　塞曼能量　07.0080
Zeeman level　塞曼能级　07.0081
Zeeman splitting　塞曼分裂　04.1775
Zeeman transition　塞曼跃迁　07.0082
Zeeman-tuned laser　塞曼调谐激光器　04.2216
Zener breakdown　齐纳击穿　08.1700
Zener diode　齐纳二极管　08.1701
Zener tunneling　齐纳隧穿　08.1396
zenith　天顶　11.0250
zeolite　沸石　08.3629
[Zermelo's] recurrence paradox　[策梅洛]复现佯谬　05.0506
Zernike's phase contrast principle　泽尼克相衬原理　04.1255
zero bias　零偏压　08.1532
zero bias anomaly　零偏压反常　08.1535
zero bias conductance　零偏压电导　08.1533
zero bias resistance　零偏压电阻　08.1534
zero-dimensional system　零维系统　08.2937
zero-dispersion wavelength　零色散波长　04.1626
zero drift　零点漂移，*零漂　03.0840
zero elimination　消零　03.0841
zero-field energy　零场能　08.3637
zero frequency　零频　05.1006
zero-gap semiconductor　零能隙半导体　08.1563
zero gravity　零重力　11.0315
zero line　零线　03.0658
zero loss peak　零损失峰　08.1077
zero-order Laue zone　零阶劳厄带　08.1033
zero-order wave plate　零级波片　04.1136
zero-point energy　零点能量　06.0474
zero-point fluctuation　零点涨落　06.0476
zero-point motion　零点运动　06.0475
zero-point shift　零点移动　03.0843
zero-point vibration　零点振动　08.1401
zero-power assembly　零功率装置　09.0896
zero-range approximation　零程近似　07.0256
zero-resistance phenomenon　零电阻现象　08.3086
zero setting　置零　03.0842
zero sound　零声　08.3031
zero-temperature equation of state　零温物态方程　08.3596
zeroth law of thermodynamics　热力学第零定律　05.0269
zero-voltage state　零电压态　08.3283
zigzag dislocation　锯齿型位错　08.0493
zigzag nanotube　锯齿型纳米管　08.2965
zincblende structure　闪锌矿[型]结构　08.0259
Zitterbewegung(德)　颤动　06.0690
Z-mode　Z 模　10.0246
Z-number　原子序数　07.0006
zone axis　晶带轴　08.0063
zone-folding approximation　区折叠近似　08.1359
zone index　晶带指数　08.0064
zone law　晶带定律　08.0065
zone melting purification　区域熔化提纯，*逐区熔化提纯　08.0841
zone plane　晶带平面，*带面　08.0790
zone refining　区域精炼　08.0842
zone time　区[域]时　11.0255
zoomagnetism　动物磁性　11.0348
zooming　变焦　04.0440
zoom lens　变焦镜头　04.0441
Z-pinch　Z 箍缩　10.0115
Z-scan technique　Z 扫描技术，*纵向扫描技术　04.1891
Zubarev's statistical operator　祖巴列夫统计算符　05.0865
zwitterionic surfactant　两性离子型表面活性剂　08.2575

汉 英 索 引

A

安德森转变　Anderson transition　08.0678
安培定律　Ampère's law　03.0387
安培公式　Ampère's formula　03.0235
安培环路　Ampère's closed path　03.0236
安培环路定理　Ampère's circuital theorem　03.0393
安培计　ammeter　03.0814
安培假说　Ampère's hypothesis　03.0444
安培力　Ampère's force　03.0388
安培实验　Ampère's experiment　03.0234
安培天平　Ampère balance　03.0845
安[培]匝数　ampere-turns　03.0493
安全因数　safety factor　10.0401
氨基酸　amino acid　11.0429
鞍点　saddle point　11.0471
暗场像　dark field image　04.0649
暗带　dark band　04.1700
暗[电]流　dark current　03.1082
暗孤子　dark soliton　04.2504
暗激子　dark exciton　04.1827
暗能量　dark energy　06.0355
暗[视]场　dark field　04.0648
暗态光耦[合波]子　dark-state polariton　08.1960
暗天体　faint object　11.0151
暗物质　dark matter　06.0354
暗线　dark line　04.1691
暗晕　dark halo　04.0238
暗噪声　dark noise　08.1640
昂萨格倒易关系　Onsager's reciprocal relation　05.0460
昂萨格对称[性]　Onsager symmetry　08.3496
昂萨格硬棒模型　Onsager hard-rod model　08.2702
凹面光栅　concave grating　04.1071
凹面镜　concave mirror　04.0149
凹透镜　concave lens　04.0248
凹凸反转像　pseudoscopic image　04.1366
凹凸正常像　orthoscopic image　04.1365
奥恩斯坦-策尼克关系　Ornstein-Zernike relation　05.0694
奥氏体　austenite　08.0911
奥特勒-汤斯效应　Autler-Townes effect　04.2566
奥温电桥　Owen bridge　03.0838

B

八边形　octagon　08.0301
八重法　eightfold way　09.1330
八重态　octet　09.1579
八重态[理]论　octet theory　09.0375
八重线　octet　09.1580
八顶点模型　eight-vertex model　05.1035
八极振动　octopole vibration　09.0374
八面体　octahedron　08.0302
八面体间隙　octahedral interstice　08.0304
八面体群　octahedral group　08.0165
八面体位置　octahedral site　08.0305
巴巴散射　Bhabha scattering　09.1609
巴比涅补偿器　Babinet compensator　04.1155
巴比涅原理　Babinet's principle　04.0984
巴丁-赫林[位错]源　Bardeen-Herring [dislocation] source　08.0502
巴耳末系　Balmer series　07.0024
巴格曼-维格纳方程　Bargmann-Wigner equation　09.1252
巴克豪森跳跃　Barkhausen jump　08.1989
巴克豪森噪声　Barkhausen noise　08.2099
巴列斯库-莱纳德碰撞项　Balescu-Lenard collision term　10.0123
巴尼特效应　Barnett effect　08.1931
靶　target　09.1651
靶核　target nucleus　09.0427
靶粒子　target particle　09.1556
靶室　target chamber, scattering chamber　09.0718
靶丸　pellet　10.0427
白X[谱]辐射　white X-radiation　07.0133
白矮星　white dwarf　11.0146
白炽灯　incandescent lamp　04.1644
白炽发光　candoluminescence　04.1901
白洞　white hole　11.0140
白光　white light　04.0044
白光干涉　white light interference　04.0889
白光全息图　white light hologram　04.1375
白谱　white spectrum　05.0832
白锡结构　white tin structure　08.0264
白噪声　white noise　05.0833
摆　pendulum　02.0307
摆动曲线　rocking curve　02.0691

扳钳　wrench　02.0915
斑图　pattern　11.0707
斑图动力学　pattern dynamics　11.0709
坂田模型　Sakata model　09.1253
半波电压　half-wave voltage　03.0973
半波反射　half-wave reflection　03.0974
半波滤波器　half-wave filter　04.0947
半波片　half-wave plate　04.1133
半波损失　half-wave loss　04.0882
半波天线　half-wave antenna　03.0754
半波振子　half-wave oscillator　03.0755
半波整流器　half-wave rectifier　03.0975
半长轴　semimajor axis　04.2317
半磁泡　magnetic half-bubble　08.1997
半导体　semiconductor　08.1556
半导体材料　semiconductor material　08.1665
半导体电子学　semiconductor electronics　08.1557
半导体激光器　semiconductor laser　04.2228
半导体探测器　semiconductor detector　09.0756
半导体陶瓷　semiconductor ceramics　08.1669
半导体物理[学]　semiconductor physics　08.0006
半导体异质结　semiconductor heterojunction　08.1688
半镀银镜　half-silvered mirror　04.0145
半短轴　semiminor axis　04.2318
半对称[共振]腔　half-symmetric resonator　04.2027
半对称性　hemihedrism　08.0341
半峰半宽　half width at half maximum, HWHM　04.1806
半峰全宽　full width at half maximum, halfpeak width　04.1805
半共格界面　semicoherent interface　08.0920
半共焦[共振]腔　half-confocal resonator, hemiconfocal resonator　04.2026
半共心[共振]腔　half-concentric resonator, hemiconcentric resonator　04.2025
半胶体　hemicolloid　08.2496
半金属　semimetal　08.1234
半金属铁磁体　half-metallic ferromagnet　08.1911
半经典方法　semiclassical approach　09.1388
半经典近似　semiclassical approximation　05.0555
半经典理论　semiclassical theory　06.0630
半经验理论　semiempirical theory　01.0091
半经验质量公式　semiempirical mass formula　09.0074
半晶态　semi-crystalline state　08.0738
半举反应　semi-inclusive reaction　09.1467
半举过程　semi-inclusive process　09.1465
半空间　half-space　09.0919
半量子涡旋　half-quantum vortex　08.3217
半浓聚合物溶液　semi-dilute polymer solution　08.2470
半轻子型衰变　semileptonic decay　09.1122
半球分析器　hemispherical analyzer　08.2814
半球面[共振]腔　hemispherical resonator　04.2022
半群　semigroup　05.1011
半人马事例　Centauro event　09.1672
半色调　half-tone　04.0733
半衰期　half life, half life period　09.0135
半透明度　translucency　04.1610
半透明介质　translucent medium　04.1608
半透[明]膜　semitransparent film　04.0935
半透明性　translucency　04.1609
半无限平面　semi-infinite plane　01.0352
半影　penumbra　04.0241
半影器件　half-shade device　04.1203
半圆谱仪　semicircular spectrometer　09.0844
半正定算子测量　positive-operator valued measure, POVM　06.0791
半周期带　half-period zone　04.1009
半子　meron　09.1032
伴波　satellite wave　10.0325
伴峰　satellite peak　04.1702
＊伴光子　photino　09.1020
伴[随]算符　adjoint operator　06.0588
＊伴随子　partner　09.1013
伴线　satellite line, satellite　04.1692
伴线结构　satellite structure　08.2852
伴星　companion star　11.0119
伴星系　companion galaxy　11.0057
傍轴常量　paraxial constant　04.0347
傍轴成像　paraxial imaging　04.0350
傍轴光线　paraxial ray　04.0348
傍轴光学　paraxial optics　04.0344
傍轴焦点　paraxial focus　04.0349
傍轴近似　paraxial approximation　04.0343
傍轴区　paraxial region　04.0345
傍轴条件　paraxial condition　04.0346
棒球[缝线形]线圈　baseball[-seam] coil　10.0379
棒形分子液晶　rodic liquid crystal　08.2645
棒状中介相　calamitic mesogen　08.2640
包层　cladding　08.0979

包层光纤 cladded optical fiber 04.1460
包裹体 inclusion 08.0509
包晶 peritectic 08.0347
包晶停点 rest of peritectic 08.0926
包晶转变 peritectic transformation 08.0925
包络不稳定性 envelope instability 10.0335
包络函数 envelope function 01.0567
包络击波 envelope shock 10.0249
包容图 embedding diagram 06.0275
包析[体] peritectoid 08.0348
包辛格效应 Bauschinger effect 08.2340
胞棱 cell edge 08.0083
胞嘧啶 cytosine,C 11.0406
饱和 saturation 05.0371
饱和凹陷 saturation dip 04.2102
饱和磁化强度 saturation magnetization 03.0467
饱和电流 saturation current 03.0328
饱和反转 saturated inversion 04.2181
饱和光谱学 saturation spectroscopy 04.1861
饱和极化强度 saturated polarization 08.2160
饱和绝热递减率 saturated adiabatic lapse rate 05.0229
饱和强度 saturation intensity 04.2100
饱和吸收 saturated absorption 04.2162
饱和增益 saturated gain 04.2098
饱和蒸气 saturated vapor 05.0377
饱和蒸气压 saturated vapor pressure 05.0379
保护气体 blanket gas 08.3632
保角变换 conformal mapping 01.0464
保密性放大 privacy amplification 06.0862
保偏光纤 polarization maintaining fiber 04.1456
保守场 conservative field 02.0268
保守力 conservative force 02.0163
保守流 conservative flow 05.0855
保守位错运动 conservative dislocation motion 08.0481
保守系 conservative system 02.0305
保守振荡 conservative oscillation 11.0495
保险丝 fuse 03.0665
保真度 fidelity 01.0275
保真性 fidelity 01.0276
暴胀演化 evolution of inflation 11.0015
暴胀宇宙 inflationary universe 06.0338
暴胀宇宙模型 inflationary cosmological model 06.0361
曝光 exposure 04.0799
*曝光范围 latitude of exposure 04.0801
曝光时间 exposure time 04.0800
曝光时限 latitude of exposure 04.0801
爆发星系 explosive galaxy 11.0055
爆聚 implosion 10.0428
爆聚加热 implosion heating 10.0446
爆缩 implosion 11.0032
爆炸波 blast wave 10.0227
爆炸不稳定性 explosive instability 10.0271
爆炸力学 mechanics of explosion 02.0010
爆震波 detonation wave 10.0258
卑劣国王问题 mean king's problem 06.0914
贝尔不等式 Bell inequality 06.0769
*贝尔基 Bell basis 06.0768
贝尔算符 Bell operator 06.0770
贝尔态 Bell state 06.0767
贝纳尔对流 Bénard convection 11.0694
贝氏体 bainite 08.0910
贝特方程 Bethe equation 09.0710
贝特格[子] Bethe lattice 05.1055
贝特近似 Bethe approximation 05.0997
贝特拟设 Bethe ansatz 05.1054
贝特-派尔斯-外斯方法 Bethe-Peierls-Weiss method, BPW method 08.1965
贝特-萨佩特方程 Bethe-Salpeter equation 05.0972
贝希加德盐 Bechgaard salt 08.2878
背成键 back bonding 07.0196
背反射 backreflection 04.0638
背景 background 01.0304
背景场 background field 09.1608
3K 背景辐射 three-Kelvin [background] radiation 11.0039
背景辐射 background radiation 11.0087
背景热辐射 thermal background radiation 11.0038
背景温度 background temperature 11.0088
背景噪声 background noise 05.0838
背散射 backscattering 08.2798
背散射电子 back scattered electron 08.1482
背散射分析 backscattering analysis, BSA 09.0813
背向布里渊散射 backward Brillouin scattering 08.1442
*倍率色差 chromatism of magnification 04.0530
*倍频器 second harmonic generator, SHG 04.2379
倍增因子 multiplication factor 09.0613
倍周期分岔 period-doubling bifurcation 11.0482
被动对准 passive alignment 04.0617

被动[式]Q 开关 passive Q switching 04.2130
被动锁模 passive mode-locking 04.2112
被吸附物 adsorbate 08.2602
奔赴点 vertex 11.0044
*本底 background 01.0304
*本底辐射 background radiation 11.0087
本底灰雾 background fog 04.0821
本底[灰雾]密度 background density 04.0822
*本底温度 background temperature 11.0088
*本底噪声 background noise 05.0838
本地振荡器 local oscillator 04.1551
本动 peculiar motion 11.0043
*本机振荡器 local oscillator 04.1551
本体瞬心迹 polhode 02.0502
本影 umbra 04.0240
本征半导体 intrinsic semiconductor 08.1558
本征方程 eigen equation 06.0549
本征函数 eigen function, proper function 06.0550
本征模[式] eigenmode 10.0187
本征频率 eigen frequency 03.1026
本征矢[量] eigenvector 02.0615
本征态 eigenstate 06.0498
本征态[完备]集 complete set of eigenstate 06.0499
本征通道 eigenchannel 07.0229
本征线宽 intrinsic linewidth 04.1808
本征振荡 eigen oscillation 03.1025
本征振动 eigenvibration 02.0357
本征值 eigenvalue 06.0553
本质色性 idiochromatism 04.2576
崩裂不稳定性 breakup instability 10.0304
泵[浦] pump, pumping 04.1985
比安基恒等式 Bianchi identities 06.0221
比电离[度] specific ionization 09.0705
比恩模型 Bean model 08.3235
比尔定律 Beer's law 04.1617
比尔-朗伯[吸收]定律 Beer-Lambert law 04.1616
比耗 specific loss 08.0981
*比荷 specific charge 03.0009
比活度 specific activity 09.0149
比较半衰期 comparative half-life 09.0221
比较光谱 comparison spectrum 04.1821
比结合能 specific binding energy 09.0038
比率 ratio 01.0221
比内曼不稳定性 Buneman instability 10.0292
比热陡变 specific heat discontinuity 08.1438
比热反常 specific heat anomaly 08.1437
比热[容] specific heat [capacity] 05.0106
*比容 specific volume 05.0052
比色高温计 colorimetric pyrometer 05.0122
比声计 acoustic meter 04.2783
比释动能 kerma, kinetic energy released inmatter 09.0277
比特粉纹图[样] Bitter powder pattern 08.2045
比特克公式 Büttiker formula 08.3474
比体积 specific volume 05.0052
比耶对切透镜 Billet split lens 04.0926
比影光度计 shadow photometer 04.0682
比质量 specific mass 02.0125
比重 specific gravity, specific weight 02.0134
比重计 density gauge 02.0742
比重瓶 pycnometer, density bottle 02.0904
彼得罗夫分类 Petrov classification 06.0239
毕奥-萨伐尔定律 Biot-Savart law 03.0392
毕奥数 Biot number 02.0743
闭合畴 closure domain 08.2008
闭合共振器 closed resonator 04.2016
闭[合]回路 closed loop 05.0952
闭[合体]系 closed system 05.0440
闭合循环致冷机 closed-cycle refrigerator 05.0168
闭壳层 closed shell 07.0046
闭[时]路格林函数 closed [time] path Green's function 05.0938
闭锁键 blocked bond 11.0679
闭通道 closed channel 02.0881
闭形 closed form 08.0051
闭循环 closed cycle 05.0254
闭宇宙 closed universe 11.0023
壁能 wall energy 08.2390
壁效应 wall effect 08.2391
避雷针 lightning rod 03.0788
边发射 edge emission 08.2252
边界层 boundary layer 08.1816
边界散射 boundary scattering 08.1457
边[界]条件 boundary condition 03.0168
边界效应 boundary effect 08.2778
边界[衍射]波 boundary [diffraction] wave 04.1313
边缘不稳定性 marginal instability 10.0272
边缘参量 marginal parameter 05.1048

边缘费米液体理论　marginal Fermi liquid theory, MFL-theory　08.3058
边缘光线　marginal ray　04.0364
*边缘碰撞　peripheral collision　07.0127
边缘态　edge state　08.2779
边缘通道　edge channel　08.3507
边缘维数　marginal dimension　11.0631
边缘效应　edge effect　03.0176
边缘增强效应　edge enhancement　04.0706
边值关系　boundary relation　03.0167
边值问题　boundary-value problem　03.0166
编码　coding, encoding　04.1515
编码孔径　coded aperture　04.1546
编码器　encoder　04.1525
编时算符　chronological operator　05.0941
编时条件　chronology condition　06.0276
编时序　chronological order　05.0942
编序算符　ordering operator　06.0708
编址全息图　address hologram　04.1387
扁率　oblateness, flattening　01.0335
扁椭球　oblate spheroid　01.0333
变程跳跃　variable-range hopping　08.0709
变磁体　metamagnet　08.2084
变磁性　metamagnetism　08.2085
变分法　variational method　01.0504
变分条件　variational condition　01.0505
变分原理　variational principle　06.0629
变幅杆　amplitude transformer　02.0618
变构效应　allosteric effect　08.2482
变[化]率方程　rate equation　07.0275
*T 变换　time transformation　06.0698
变换光学　transform optics　04.1231
变换矩阵　transformation matrix　01.0442
变换谱　conversion spectrum　01.0468
变换算符　transformation operator　06.0571
变换置限[最短]脉冲　transform-limited pulse　04.2144
变价　valence alternation　08.0656
变价对　valence alternation pair　08.0657
变焦　zooming　04.0440
变焦镜头　zoom lens　04.0441
变晶系列　morphotropic series　08.0370
变[聚]焦方法　focus variation method　04.0307
变量　variable　01.0071
变率过程　rate process　05.0897
变容二极管　varactor　08.1703
变星　variable star　11.0120
变形[光学]系统　anamorphic [optical] system　04.0625
变形核　deformed nucleus　09.0366
变形镜头　anamorphote lens　04.0628
变形性　morphotropy　08.0337
变性　denaturation　08.3642
变压器　transformer　03.0855
变异旋光　muta-rotation　04.1195
变质量系　variable-mass system　02.0486
变阻器　rheostat　03.0252
遍布模　ubiquitous mode　10.0245
遍举过程　exclusive process　09.0984
遍历假说　ergodic hypothesis　05.0493
遍历性　ergodicity　05.0494
辫线　Litz wire　03.0032
标定　scaling　01.0189
标度变换　scale transformation　05.1089
标度不变性　scaling invariance　05.1090
标度函数　scaling function　05.1096
标度极限　scaling limit　05.1097
标度假设　scaling hypothesis　05.1098
标度理论　scaling theory　05.1099
标度律　scaling law　05.1091
标度论证　scaling argument　05.1095
标度模型　scale model　05.1094
标度维数　scaling dimensionality　05.1101
标度无关变量　scaling variable　09.1233
标度[无关]行为　scaling behavior　09.1232
标度无关性破坏　scaling violation　09.1234
标度线　scale mark　05.1093
标度因子　scaling factor　05.1088
标度指数　scaling exponent　05.1102
标记分子　labeled molecule　07.0180
标记原子　tagged atom　11.0440
标镜　index glass, index mirror　04.0144
标量　scalar　01.0056
标量 μ 子　scalar muon, smuon　09.1017
标量波理论　scalar wave theory　04.0857
标量场　scalar field　01.0364
标量电子　scalar electron, selectron　09.1157
标量光子　scalar photon　09.0988
标[量]积　scalar product　01.0057

标量介子　scalar meson　09.0933
标量夸克　scalar quark, squark　09.1158
标量耦合　scalar coupling, JJ-coupling　08.2106
标量轻子　scalar lepton, slepton　09.1016
标[量]势　scalar potential　03.0709
标量衍射理论　scalar diffraction theory　03.0768
标量中微子　scalar neutrino, sneutrino　09.1018
标示光子　heralded photon　06.0728
标线　reticle　04.0411
标准波长　standard wavelength　04.1822
标准大气压　standard atmospheric pressure　05.0057
标准电池　standard cell　03.0800
标准电阻　standard resistance　03.0247
标准砝码　standard weights　02.0892
标准反应焓　standard enthalpy of reaction　05.0450
标准反应熵　standard entropy of reaction　05.0446
标准[光]源　standard [light] source　04.0034
标准具　etalon　04.0962
标准量子极限　standard quantum limit　06.0873
标准模型　standard model, SM　09.1502
标准偏差　standard deviation　01.0249
标准生成焓　standard enthalpy of formation　05.0448
标准时　standard time　06.0197
标准温度计　standard thermometer　05.0112
标准误差　standard error　01.0226
标准映射　standard mapping　11.0515
标准钟　standard clock　06.0044
标准烛光　standard candle　11.0094
表层电阻率　skin resistivity　08.1262
*表观超光速运动　apparent superluminal motion　11.0129
表观电荷　apparent charge　09.1560
表观功率　apparent power　03.0649
表观形状　apparent shape　06.0134
表观值　apparent value　01.0269
表面　surface　08.2706
表面背键　surface back bond　08.2761
表面波　surface wave　04.0844
表面波等离[子体]源　surfatron　10.0046
表面波子　surfon　08.2711
表面超导电性　surface superconductivity　08.3189
表面弛豫　surface relaxation　08.2710
表面重构　surface reconstruction　08.2713
表面畴　surface domain　08.2751
表面粗糙度　surface roughness　08.1141
表面催化　surface catalysis　08.2719
表面等离激元　surface plasmon　08.2748
表面等离激元激射器　surface plasmon amplification by stimulated emission of radiation, spaser　08.2749
表面电磁波　surface electromagnetic wave　03.0674
表面电磁振荡　surface electromagnetic oscillations　08.2746
表面电导　surface conductance　08.2769
表面电荷　surface charge　08.2759
表面电抗　surface reactance　03.0642
表面电偶极层　surface dipole layer　08.2760
表面电子态　surface electronic state　08.2762
表面电阻　surface resistance　03.0708
表面共振态　surface resonance state　08.2757
表面耗尽层　surface depletion layer　08.1658
表面合金　surface alloy　08.2712
表面化学　surface chemistry　08.2772
表面活性剂　surfactant　08.2570
表面击穿　surface breakdown　08.2768
表面积累层　surface accumulation layer　08.1656
表面结构　surface structure　08.2707
表面结构分析器　surface structure analyzer　08.1143
表面晶体学　surface crystallography　08.2708
表面净化　surface cleaning　08.2716
表面科学　surface science　01.0012
表面扩散　surface diffusion　08.2770
表面离解　dissociation on surface　08.2771
表面临界场　surface critical field　08.3094
表面能　surface energy　09.0065
表面能级　surface energy level　08.2763
表面偏析　surface segregation　08.2714
表面桥键态　surface bridge bond state　08.2756
表面鞘　surface sheath　08.3192
表面鞘超导电性　surface sheath superconductivity　08.3190
表面缺陷　surface defect　08.1142
表面散射　surface scattering　08.2767
表面色　surface color　04.0753
表面声波　surface acoustic wave, surface soundwave　04.2676
表面声子　surface phonon　08.2747
表面势垒　surface barrier　08.2750
表面态　surface state　08.2752

表面态密度　surface density of states　08.2765
表面吸附　surface adsorption　08.2730
表面形貌学　surface topography　08.2709
表面悬键态　surface dangling bond state　08.2755
表面应力　surface stress　08.2758
表面增强拉曼谱学　surface enhanced Raman spectroscopy　08.2848
表面增强拉曼散射　surface enhanced Raman scattering, SERS　08.2849
表面张力　surface tension　05.0095
表面张力波　capillary wave　04.2639
表面张力系数　surface tension coefficient　05.0096
表面振动　surface vibration　09.0370
表面振动谱学　surface vibrational spectroscopy　08.2817
表面子能带　surface subband　08.2764
表面阻抗　surface impedance　03.0641
*表示　representation　06.0427
表述　formulation　01.0131
表象　representation　06.0427
P 表象　P-representation　06.0892
R 表象　R-representation　06.0891
宾主效应　guest-host effect　08.2673
冰点　ice point　05.0030
冰定则　ice rules　05.1063
冰晶石　cryolite　08.0363
冰晶[体]　ice crystal　05.1064
冰模型　ice model　05.1036
冰熵　ice entropy　05.1061
冰式模型　ice-type model　05.1037
*冰条件　icecondition　05.1063
冰洲石　iceland spar　08.0353
并发纠缠　concurrence　06.0752
*并合　coalescence　08.2542
并联　connection in parallel, parallel connection　03.0164
并联电路　parallel circuit　03.0165
并联共振　parallel resonance　03.0653
并矢　dyad　02.0034
*并协原理　complementarity principle, principle of complementarity　06.0421
并行光学接口　parallel optical interface　04.1557
波　wave　04.2627
波包　wave packet　04.2648
波包坍缩　wave packet collapse　06.0526
波长　wavelength　04.2643
*波长分割复用　wavelength division multiplexing　04.1489
波长互换的交叉连接　wavelength interchanging cross-connect　04.1496
波长选择的交叉连接　wavelength-selective cross-connect　04.1497
波场区　wave zone　04.2663
d 波超导体　d-wave superconductor　08.3149
p 波超导体　p-wave superconductor　08.3147
波传播　wave propagation　04.2661
波茨模型　Potts model　05.1033
波导　waveguide　03.1060
波导光栅路由器　waveguide grating router　04.1504
波导腔　waveguide cavity　03.1023
波登管　Bourdon tube　02.0877
波登压力计　Bourdon pressure gauge　02.0876
d 波电荷密度波　d-density wave, DDW　08.3150
波动方程　wave equation　03.0669
波动光学　wave optics　04.0004
波动力学　wave mechanics　06.0495
波动声学　wave acoustics　04.2611
波动说　undulatory theory, wave theory　04.0028
波动性　undulatory property　06.0466
波段　wave band　04.2659
波尔克模型　Polk model　08.0633
波分复用　wavelength division multiplexing　04.1489
波峰　wave crest　04.2656
波幅　wave amplitude, amplitude of a wave　04.2660
波腹　wave loop, antinode　04.2655
波谷　wave trough　04.2657
波函数　wave function　06.0522
波函数坍缩　collapse of wave function　06.0544
[波]节　node　03.0308
波节　wave node　04.2654
波粒二象性　wave-particle duality, wave-particle dualism　06.0459
波粒共振　wave-particle resonance　10.0132
波列　train of wave　04.2665
波梅兰丘克致冷　Pomeranchuk refrigeration　08.3394
波面　wave surface　04.2642
波[面]法线　wave normal　04.2651
波模　wave mode　03.0680
d 波配对　d-wave pairing　08.3148

p 波配对　p-wave pairing　08.3146
1/4 波片　quarter-wave plate　04.1134
波片　wave plate　04.1131
波剖面　wave profile　04.2649
＊波前　wavefront　04.2641
波前重建　wavefront reconstruction　04.1355
波前反转　wavefront reversal　04.2428
波前分割　wavefront division　04.1353
波前函数　wavefront function　04.1352
波前速度　front velocity　04.1351
波矢[量]　wave vector　04.2645
波矢匹配　wave vector matching　04.2388
波矢群　wave vector group　08.1302
波数　wave number　04.2644
波速[度]　wave velocity, wave speed　04.2666
波纹环　bumpy torus　10.0408
1/4 波线　quarter-wave line　04.1135
波像差　wave aberration　04.2750
波形图　oscillogram　03.0887
波型　waveform　04.2628
波阵面　wavefront　04.2641
波阵面分割　division of wavefront　04.0874
波阵面分割干涉仪　wavefront-division interferometer　04.1086
波周期　wave period　04.2650
波阻抗　wave impedance　04.2697
玻恩-奥本海默近似　Born-Oppenheimer approximation　08.1277
玻恩定理　Born's rule, Born's law　06.0496
玻恩-冯卡门边界条件　Born-von Karman boundary condition　08.1278
玻恩-格林方程　Born-Green equation　05.0696
玻恩-哈伯循环　Born-Haber cycle　08.0427
玻恩-黄[昆]近似　Born-Huang approximation　08.1466
玻恩近似　Born approximation　06.0644
玻恩-迈耶势　Born-Mayer potential　08.0440
玻尔半径　Bohr radius　06.0424
玻尔磁子　Bohr magneton　06.0490
玻尔单位　Bohr unit　07.0070
玻尔对应原理　Bohr correspondence principle　07.0071
玻尔-范莱文定理　Bohr-van Leeuwen theorem　08.1846
玻尔轨道　Bohr orbit　07.0020
玻尔互补原理　Bohr's principle of complementarity　06 0420
玻尔-莫特尔松模型　Bohr-Mottelson model　09.0306
玻尔[原子]模型　Bohr [atom] model　06.0423
[玻尔兹曼]H 定理　[Boltzmann's] H-theorem　05.0748
[玻尔兹曼]H 函数　[Boltzmann's] H-function　05.0747
玻尔兹曼常量　Boltzmann constant　05.0581
玻尔兹曼熵　Boltzmann entropy　05.0290
玻尔兹曼[输运]方程　Boltzmann [transport] equation　05.0746
玻尔兹曼系统　Boltzmann system　05.0579
玻尔兹曼因子　Boltzmann factor　05.0580
玻璃　glass　08.0555
玻璃半导体　glass semiconductor, vitreous semiconductor　08.1670
＊玻璃电　vitreous electricity　03.0045
玻璃化转变　glass transition, vitrification　08.0565
玻璃化[转变]温度　glass transition temperature　08.0567
玻璃态　glassy state, vitreous state　08.0557
玻璃态金属　glassy metal　08.0562
玻璃碳　glassy carbon, vitreous carbon　08.0558
玻璃陶瓷　glass-ceramics　08.0560
玻璃体　vitreous body　11.0443
E 玻璃纤维　E-glass fiber　04.1469
玻璃纤维　glass fiber　08.0559
玻璃相　glass phase　08.0556
玻璃状液　vitreous humor　11.0444
玻姆扩散　Bohm diffusion　10.0157
玻姆量子力学　Bohmian mechanics　06.0416
玻色[-爱因斯坦]分布　Bose[-Einstein] distribution　05.0607
玻色-爱因斯坦积分　Bose-Einstein integral　05.0610
玻色-爱因斯坦凝聚　Bose-Einstein condensation, BEC　05.0608
玻色[-爱因斯坦]统计法　Bose[-Einstein] statistics　05.0606
玻色化　bosonization　06.0538
玻色系统　Bose system　05.0612
玻色子　boson　05.0613
W 玻色子　W-boson　09.1205
玻色[子]弦　bosonic string　09.1138
玻意耳定律　Boyle's law　05.0068
剥离技术　lift-off technique　08.1146
剥离起电　stripping electrification　03.1166
伯恩斯坦波　Berstein wave　10.0222

伯格斯回路 Burgers circuit 08.0500
伯格斯矢[量] Burgers vector 08.0501
伯克霍夫定理 Birkhoff's theorem 11.0502
*伯努利定律 Bernoulli's theorem 01.0547
伯努利方程 Bernoulli's equation 02.0836
伯努利分布 Bernoulli dislribution 02.0837
伯奇方程 Birch equation 08.3600
泊 poise 02.0755
泊松比 Poisson ratio 02.0658
泊松分布 Poisson distribution 01.0418
泊松括号 Poisson bracket 02.0614
*泊松亮斑 Poisson's spot 04.0983
泊肃叶定律 Poiseuille's law 02.0835
铂电阻温度计 platinum resistance thermometer 05.0117
博戈留波夫变换 Bogoliubov transformation 06.0347
博戈留波夫[-德让纳]方程 Bogoliubov [-de Gennes] equation 08.3274
博戈留波夫三阶段 three stages of Bogoliubov 05.0903
博戈留波夫-瓦拉京变换 Bogoliubov-Valatin transformation 08.3140
博戈子 bogolon 05.0717
箔 foil 08.0988
薄靶 thin target 09.0470
薄饼模型 pancake model 08.3218
薄饼涡旋 pancake vortex 08.3219
薄膜 thin-film 08.2907
薄膜超导体 thin-film superconductor 08.3253
薄膜干涉 thin-film interference 04.0930
薄膜光学 thin-film optics 04.0016
薄膜集成电路 thin-film integrated circuit 08.1785
薄膜晶体管 thin-film transistor 08.1784
薄膜生长 film growth 08.0971
薄膜太阳[能]电池 thin-film solar cell 08.1786
薄膜物理学 thin-film physics 08.1783
β-薄片 beta-sheet 11.0432
薄透镜 thin lens 04.0260
补偿板 compensating plate 04.0918
补偿滤光片 compensating filter 04.0758
补偿器 compensator 03.1101
补偿杂质 compensated impurity 08.1777
不饱和色 unsaturated color 04.0743
不饱和增益 unsaturated gain 04.2099
不变量 invariant 01.0076
不变嵌入法 invariant imbedding method 07.0241
不变性 invariance 01.0075
CPT 不变性 charge-parity-time invariance, CPT invariance 09.1513
CP 不变性 charge parity invariance, CP invariance 09.1510
不变振幅 invariant amplitude 09.1077
不变质量 invariant mass 09.1078
不成对核子 unpaired nucleon 09.0350
不带电粒子 uncharged particle 03.0025
不动点 fixed point 11.0461
不对称裂变 asymmetrical fission 09.0656
不发光体 non-luminous body 08.2307
不规则密堆积 irregular close packing 08.0674
不含时波动方程[式] time-independent wave equation 06.0703
不含时微扰 time-independent perturbation 06.0604
*不交轴光线 skew ray 04.0363
不经意传输 oblivious transfer 06.0860
不可对易性 noncommutability 06.0454
不可分辨性 indistinguishability 06.0467
不可滑[移]位错 sessile dislocation 08.0497
不可见光 invisible light 04.0038
*不可解约束 bilateral constraint 02.0573
不可扩展直积基 unextendible product bases 06.0766
不可逆过程 irreversible process 05.0204
不可逆[过程]热力学 irreversible thermodynamics 05.0206
不可逆性 irreversibility 05.0203
不可逆循环 irreversible cycle 05.0207
不可压缩量子液体 incompressible quantum liquid 08.2899
不可压缩性 incompressibility 02.0830
不可预测性 unpredictability 11.0734
不可约表示 irreducible representation 06.0666
不可约集团积分 irreducible cluster integral 05.0676
不可约区 irreducible zone 08.1356
不可约图 irreducible graph 05.0700
不可约张量算符 irreducible tensor operator 06.0667
不连续体 discontinuum 08.3646
不连续[性] discontinuity 01.0162
不良导体 poor conductor 03.0029
不良接地 imperfect earth 03.0664
不漏失概率 non-leakage probability 10.0375

不全位错 partial dislocation 08.0479
不确定度 uncertainty 01.0283
不确定[度]关系 uncertainty relation 06.0448
*不确定原理 [Heisenberg] uncertainty principle 06.0447
不熔性 infusibility 08.2402
不透明度 opacity 04.1611
不透明体 opaque body 04.1613
不透明性 opacity 04.1612
不稳定不动点 unstable fixed point 11.0463
不稳定极限环 unstable limit cycle 11.0473
不稳定粒子 unstable particle 09.1202
不稳定平衡 unstable equilibrium 02.0340
不稳定腔 unstable cavity 04.2036
不稳定同位素 unstable isotope 09.0788
不稳定性 instability 10.0260
不相交定则 noncrossing rule 07.0252
不相容性 incompatibility 07.0084
不谐和弦 discord 04.2807
不锈钢 stainless steel 08.1181
布丁模型 plum pudding model 07.0015
布格定律 Bouguer's law 04.1615
布经 boojum 08.3072
*布居反转 population inversion 04.1991
布拉格波导 Bragg waveguide 04.1442
布拉格定律 Bragg's law 04.1031
布拉格反射 Bragg reflection 08.1003
布拉格峰 Bragg peak 08.1005
布拉格光栅 Bragg grating 04.1033
布拉格角 Bragg angle 08.1004
布拉格面 Bragg plane 08.1006
布拉格条件 Bragg's condition 04.1032
布拉格-威廉斯近似 Bragg-Williams approximation 05.0995
布拉格[效应]全息图 Bragg [effect] hologram 04.1380
布拉格衍射 Bragg diffraction 04.1030
布拉开系 Brackett series 07.0026
*布拉维点阵 Bravais lattice 08.0205
布拉维格[子] Bravais lattice 08.0205
布朗德-廷汉姆-克拉伯维克模型 Blonder-Tinkham-Klapwijk model, BTK model 08.3275
布朗粒子 Brownian particle 05.0823
布朗运动 Brownian motion 05.0822
布勒斯坦-古利亚耶夫波 Bleustein-Gulyaev wave 08.2745
布雷特-维格纳公式 Breit-Wigner formula 09.0498
布里奇曼密封 Bridgman seal 08.3570
布里奇曼[物态]方程 Bridgman equation [of state] 08.3598
布里奇曼[压]砧 Bridgman anvil 08.3574
布里渊函数 Brillouin function 08.1872
布里渊频移 Brillouin shift 04.1792
布里渊区 Brillouin zone 08.1350
布里渊散射 Brillouin scattering 04.1576
布林克曼-赖斯转变 Brinkman-Rice transition 08.1397
布林克曼数 Brinkman number 02.0763
布鲁塞尔模型 Brusselator 11.0701
布罗塞尔-比特实验 Brossel-Bitter experiment 04.2564
布洛赫波 Bloch wave 08.1282
布洛赫波函数 Bloch wave function 08.1281
布洛赫[畴]壁 Bloch wall 08.1982
布洛赫电子 Bloch electron 08.1284
布洛赫定理 Bloch's theorem 08.1280
布洛赫方程 Bloch equation 05.0548
布洛赫态 Bloch state 08.1283
布洛赫线 Bloch line 08.1990
布洛赫振荡 Bloch oscillations 08.1285
布儒斯特窗 Brewster window 04.2033
布儒斯特角 Brewster's angle 04.1163
布儒斯特角显微术 Brewster angle microscopy, BAM 04.0429
布约肯标度无关性 Bjorken scaling 09.1610
步骤 procedure 01.0175
部分产额谱学 partial yield spectroscopy 08.2846
[部]分径向分布函数 partial radial distribution function, partial RDF 08.0607
部分偏振 partial polarization 04.1110
部分守恒轴矢流 partially conserved axial current, PCAC 09.1415
部分相干光 partially coherent light 04.1278
部分相干性 partial coherence 04.1265
部分转置 partial transpose 01.0443
部分子 parton 09.1014
部分子模型 parton model 09.1230

C

测温物质　thermometric substance　05.0111
测温性质　thermometric property　05.0018
＊测向器　goniometer　04.0785
［策梅洛］复现佯谬　［Zermelo's］ recurrence paradox　05.0506
层间距　interlamellar spacing　08.2785
层间隧穿　interlayer tunneling　08.2786
层流　laminar flow　02.0786
层流击波　laminar shock　10.0251
＊NMR 层析术　nuclear magnetic resonance tomography, NMR tomography　09.0817
层状材料　layer material　08.0326
层状超薄共格结构　layered ultrathin coherent structure, LUCS　08.2793
层状光栅　lamellar grating　04.1068
层状化合物　layered compound　08.2794
层状结构　layer structure　08.2911
层状晶体　lamellar crystal　08.0323
层状流　stratified flow　02.0787
层状膜　laminar film　08.2606
层状体　lamina　08.0322
＊层状相　smectic phase　08.2636
层子　straton　09.1000
层子模型　straton model　09.1254
叉式分岔　pitchfork bifurcation　11.0485
叉丝　cross-hairs　04.0409
叉指换能器　interdigital transducer　03.1108
插层　intercalation　08.2788
插层化合物　intercalation compound　08.2795
插层石墨　intercalated graphite　08.2791
插层物质　intercalant　08.2790
插层元素　intercalated element　08.2789
插入损耗　insertion loss　03.1066
查理定律　Charles' law　05.0069
查普曼-恩斯库格展开法　Chapman-Enskog expansion method　05.0753
差分放大器　differential amplifier　02.0923
差分傅里叶综合［法］　difference Fourier synthesis　08.1036
差分干涉测量术　differential interferometry　04.1078
差分群时延　differential group delay　04.1476
差分扫描量热术　differential scanning calorimetry　05.0128
差分输入　differential input　03.0962
差频　difference frequency　04.2375
差热分析　differential thermal analysis, DTA　05.0129
差示光度术　differential photometry　04.0684
差作用探针　differential probe　10.0459
拆对　depairing　09.0349
拆对效应　pair-breaking effect　08.3078
掺杂　doping　08.1580
掺杂半导体　doped semiconductor　08.1673
掺杂物　dopant　08.1581
掺质色性　allochromatism　04.2577
缠结理论　tangle theory　01.0552
产额曲线　yield curve　09.0650
产生　creation　06.0678
产生率　generation rate　08.1597
产生算符　creation operator　06.0680
颤动　Zitterbewegung（德）　06.0690
颤噪声　microphonics　04.2798
长波通滤光片　long wave pass filter　04.0952
长波涨落　long-wave fluctuation　05.1073
长程关联　long-range correlation　09.1081
长程力　long-range force　09.0078
长程连通性　long-range connectivity　11.0680
长程密度　long-range density　08.0617
长程碰撞　long-range collision　10.0145
长程相互作用　long range interaction　08.2393
长程序　long-range order, LRO　05.0989
长度　length　01.0041
长度收缩　length contraction　06.0058
长方格［子］　rectangular lattice　08.0223
长基线干涉仪　long baseline interferometer, LBI　11.0271
长链聚合物　long chain polymer　08.2442
长链体系　long chain system　08.2460
长期稳定性　long-term stability　11.0570
长时尾　long time tail　05.0864
长寿命粒子　long-lived particle　09.1080
长椭球　prolate spheroid　01.0334
长余辉磷光体　long afterglow phosphor　08.2232
长余辉荧光屏　long persistence screen　04.1920
长周期光纤光栅　long-period fiber grating　04.1468
尝试法　trial-and-error method　01.0179
尝试函数　trial function　01.0405
常量　constant　01.0061
＊常数　constant　01.0061

场点　field point　03.0071
场电子显微镜　field electron microscope　08.2827
场分布　field distribution　04.0860
＊场阑　field stop, view stop　04.0479
场冷　field cooling　08.3648
场离子显微镜　field ion microscope, field-ion microscope, FIM　08.2837
场离子质谱学　field ion mass spectroscopy　09.0842
场粒子　field particle　10.0139
场量子　field quantum　06.0409
场量子化　field quantization　06.0378
场流关系　field-current relation　09.1468
场论　field theory　09.1212
场强　field strength　03.0069
场强计　electrometer of field strength　03.0794
＊场曲　curvature of field　04.0524
场算符　field operator　05.0715
场脱附谱学　field desorption spectroscopy　08.2844
场效应　field effect　08.1662
场效应[晶体]管　field-effect transistor, FET　08.1721
场效应器件　field-effect device, FED　08.1729
场源　field source　03.0073
场致电离　field ionization　03.0420
场致发射　field emission　03.0173
场[致]发射电子显微镜　field emission microscope, FEM　03.0427
场[致]发射扫描电子显微镜　field emission scanning electron microscope, FESEM　03.0428
场致光发射　field induced photoemission　08.2305
场致荷电　field charging　03.0016
场[致]蒸发　field evaporation　08.2801
超锕元素　transactinide element　09.0680
超泊松光　super-Poisson light　04.2547
超薄膜　ultrathin film　08.2908
超钚元素　transplutonium element　09.0682
超场　superfield　09.1399
超超交换作用　super-superexchange interaction　08.1889
超大规模集成电路　very-large-scale integrated circuit, VLSI　08.1746
超导　superconductance　08.3082
超导波函数　superconducting wave function　08.3138
超导材料　superconducting material　08.3244
＊超导场效应管　superconducting field effect transistor　08.3330
超导超级对撞机　superconducting super collider, SSC　09.1669
超导传输线　superconducting transmission line　08.3339
超导磁屏蔽　superconducting magnetic shielding　08.3349
超导磁梯度计　superconducting magnetic gradiometer　08.3335
超导磁体　superconducting magnet　08.3345
超导磁通变换器　superconducting flux transformer　08.3336
超导磁悬浮　superconducting magnetic levitation　08.3350
超导存储环　superconducting storage ring　09.0879
超导电流　supercurrent　08.3096
超导电子学　superconducting electronics　08.3317
超导加速器　superconducting accelerator　09.1645
超导卷积器　superconductive convolver　08.3342
超导绝缘体转变　superconductor-insulator transition　08.3112
超导粒子探测器　superconducting particle detector　08.3338
超导量子电子学　superconducting quantum electronics　08.3318
超导量子干涉磁强计　superconducting quantum interference magnetometer　08.2055
超导量子干涉器件　superconducting quantum interferencedevice, SQUID　08.3322
超导量子干涉现象　superconducting quantum interferencephenomenon　08.3321
超导邻近效应　superconducting proximity effect　08.3270
超导临界温度　superconducting critical temperature　08.3085
超导膜　superconducting film　08.3252
超导能隙　superconducting energy gap　08.3101
超导凝聚能　superconducting condensation energy　08.3139
超导判据　criterion for superconductivity　08.3109
超导鞘　superconductive sheath　08.3191
＊超导鞘临界磁场　superconductive sheath critical field　08.3095
超导热开关　superconducting thermal switch　08.3344
超导弱连[接]　superconducting weak link　08.3305

超导声子谱　phonon spectrum of superconductor　08.3131
超导隧穿　superconducting tunneling　08.3284
超导态　superconducting state　08.3083
超导探测器　superconducting detector　08.3337
超导体　superconductor　08.3155
A-15 超导体　A-15 superconductor　08.3247
A_3C_{60}超导体　A_3C_{60} superconductor　08.3184
BCS 超导体　BCS superconductor　08.3156
超导体-绝缘体-超导体隧道结　SIS tunnel junction　08.3303
超导体-正常金属-超导体结　SNS junction　08.3302
超导微波滤波器　superconducting microwave filter　08.3340
超导微桥　superconducting microbridge　08.3310
超导涡旋格　superconducting vortex lattice　08.3214
超导[谐振]腔　superconducting cavity　09.0880
超导延迟线　superconductive delay line　08.3343
超导涨落　superconducting fluctuation　08.3110
超导-正常相变　superconducting-normal transition　08.3111
超导直线加速器　superconducting linear accelerator　09.0877
超导转变温度　superconducting transition temperature　08.3084
* 超导 A/D 转换器　superconducting A/D converter　08.3329
超低频　ultra-low frequency　04.2694
超低温　ultra-low temperature　08.3391
超短激光脉冲　ultrashort laser pulse　04.2143
超短脉冲　ultrashort pulse　04.2142
超短脉冲压缩　compression of ultrashort pulses　04.2150
超对称　supersymmetry　09.1400
超[对称]粒子　sparticle　09.1015
超多重态　supermultiplet　09.1520
超多重线　supermultiplet　09.1521
超发光　superluminescence　04.2560
超分辨率　super-resolution　04.1308
超分子方法　supermolecular approach　08.3558
超分子结构　supermolecular structure　08.2578
超辐射　superradiance, superradiation　04.2561
超辐射态　superradiant state　04.2562
超高能　ultra-high energy　09.1677
超高真空　ultra-high vacuum, UHV　08.3445
超镉中子　epicadmium neutron　09.0583
超构材料　metamaterial　08.3618
超光群速　superluminal speed　06.0107
超规范　supergauge　09.1402
超荷　hypercharge　09.1147
超混沌　hyperchaos　11.0558
超级质子同步加速器　super proton synchrotron, SPS　09.0878
超极化率　hyperpolarizability　04.2335
超几何-高斯模　hypergeometric-Gaussian mode　04.2093
超交换作用　superexchange interaction　08.1888
超结构　superstructure　08.0381
超[结构]晶胞　supercell　08.0087
超晶格　superlattice　08.2915
超晶格结构　superlattice structure　08.0382
超精细场　hyperfine field　08.2018
超精细分裂　hyperfine splitting　09.0267
超精细结构　hyperfine structure　07.0068
超精细相互作用　hyperfine interaction　09.0268
超净室　clean room　08.0800
* 超静定问题　statically indeterminate problem　02.0540
超纠缠　hyperentanglement　06.0731
超锔元素　transcurium element　09.0683
超巨星　supergiant　11.0115
超距作用　action at a distance　02.0248
超空间　superspace　09.1405
超空间群　superspace group　08.2927
超快光谱术　ultrafast optical spectroscopy　04.1890
超快光学　ultrafast optics　04.1889
超快过程　ultrafast process　04.1888
超快激光烧蚀　ultrafast laser ablation　08.2303
超快中子　ultrafast neutron　09.0587
超拉曼散射　hyper-Raman scattering　04.2439
超冷中子　ultracold neutron　09.0579
超离心机　ultracentrifuge　09.0688
超离子导体　superionic conductor　08.0433
超连续[光]发生　supercontinuum generation　04.1685
超连续谱　supercontinuum spectrum　04.1684
超临界氦　supercritical helium　08.3426
超临界态　supercritical state, hypercritical state　05.0363
超流玻璃　superfluid glass　08.3048
超流[动]性　superfluidity　08.3003

超流分量　superfluid component　08.3017
超[流]固体　supersolid　08.3050
超流氦 3　superfluid helium-3　08.3061
超流劲度　superfluid stiffness　08.3049
超流密度　superfluid density　08.3018
超流模型　superfluid model　09.0313
超流速度　superfluid velocity　08.3019
超流体　superfluid　08.3014
超流湍态　superfluid turbulence state　08.3038
超流相　superfluid phase　08.3002
超流液体　superfluid liquid　09.1407
超漏　superleak　08.3004
超慢光　ultraslow light　04.2139
超密编码　superdense coding　06.0830
超密[恒]星　superdense star　11.0116
超密物质　overdense matter　11.0147
超扭曲向列相　super-twisted nematic phase　08.2633
超坡莫合金　supermalloy　08.1909
超前格林函数　advanced Green's function　05.0930
超强度材料　ultrastrength material　08.2377
超强相互作用　superstrong interaction　09.1154
超球坐标　hyperspherical coordinate　01.0348
超曲面　hypersurface　06.0081
超热轫致辐射　superthermal bremsstrahlung　10.0182
超热中子　epithermal neutron　09.0582
超容许跃迁　superallowed transition　09.0224
超瑞利散射　hyper-Rayleigh scattering　04.2440
超弱相互作用　superweak interaction　09.1155
超色　hypercolor　09.1148
超声　ultrasound, ultrasonic sound　04.2754
超声 Q 开关　ultrasonic Q switching　04.2131
超声波　ultrasonic wave　04.2678
超声成像　ultrasonic imaging　04.2761
超声处理　ultrasonication　04.2755
超声光栅　ultrasonic grating　04.2764
超声焊接　ultrasonic soldering　04.2766
超声键合　ultrasonic bonding　08.0703
超声空化　ultrasonic cavitation　04.2758
超声凝结　ultrasonic coagulation　04.2759
超声凝聚　ultrasonic agglomeration　04.2757
超声频闪视测器　ultrasonic stroboscope　04.2768
超声谱分析　ultrasonic spectrum analysis　04.2767
超声全息术　ultrasonic holography　04.2774
超声衰减　ultrasonic attenuation　08.2280
超声速　supersonic speed　04.2682
超声物理学　ultrasonic physics　04.2618
超声吸收　ultrasonic absorption　04.2756
超声显示术　ultrasonoscopy　04.2760
超声学　ultrasonics　04.2617
超声致材料弥散　ultrasonic material dispersion　04.2765
超声致光衍射　ultrasonic light diffraction　04.2762
超顺磁性　superparamagnetism　08.1863
超塑性　superplasticity　08.2353
超弹性　hyperelasticity　08.3447
超体视像　hyperstereoscopic image　04.0217
超调　overshoot　01.0184
超统一　superunification　09.1401
超突变结　hyperabrupt junction　08.1647
超外差　super-heterodyne　03.0765
超网链方程　hypernetted chain equation, HNC equation　05.0699
超微结构　ultra-microstructure　08.1114
超微晶粒　ultracrystallite　08.1115
超微晶体　ultra microcrystal　08.0776
超微颗粒　ultrafine particle　08.1197
超微量分析　submicroanalysis　08.1145
超微显微镜　ultramicroscope　08.1116
超微显微术　ultramicroscopy　08.1117
超稀薄气体动力学　superaerodynamics　02.0844
超弦　superstring　09.1406
超弦理论　superstring theory　09.1251
超香蕉[形轨道]　superbanana　10.0168
超新星　supernova　11.0082
超新星遗迹　supernova remnant　11.0083
超星系　supergalaxy　11.0056
超选择定则　superselection rule　09.1404
超引力　supergravity　09.1403
超荧光　superfluorescence　04.2559
BAM[超硬]材料　BAM material　08.1180
超铀元素　transuranic element　09.0681
超阈电离　above-threshold ionization　04.2508
超重　overweight　02.0449
超重核　superheavy nucleus　09.0059
超重元素　superheavy element　09.0058
超重元素岛　island of superheavy element　09.0061
超注入　superinjection　08.1699
超子　hyperon　09.0974
Ξ 超子　xi-hyperon　09.1208

*抽运　pump, pumping　04.1985
抽运波　pumping wave　04.2406
抽运灯　pumping lamp　04.2175
抽运功率　pump power　04.2408
抽运光　pumping light　04.2179
抽运过程　pumping process　04.1986
抽运探测实验　pump and probe experiment　04.1886
抽运消耗　pump depletion　04.2409
畴　domain　08.1980
畴壁　domain wall　08.1981
畴壁钉扎　domain wall pinning　08.1987
畴壁共振　domain wall resonance　08.1988
畴壁能　domain wall energy　08.1986
畴结构　domain structure　08.1984
畴转过程　domain rotation process　08.1985
稠密相　dense phase　05.0315
出射波　outgoing wave　04.0841
出射波重建　exit wave reconstruction　04.1358
出射道　outgoing channel　09.0437
出[射光]瞳　exit pupil　04.0486
出射角　outgoing angle　09.0438
出射粒子　outgoing particle　09.0429
初基格　primitive lattice　08.0077
[初]基矢　primitive vector　08.0075
*初级像差　pri-mary aberration　04.0495
初级压标　primary pressure standard　08.3582
初熔　incipient melting　05.0401
初始能量　primary energy　09.1676
初[始]条件　initial condition　02.0063
初速[度]　initial velocity　02.0062
初态　initial state　05.0195
初态敏感性　sensitivity to initial state　11.0597
初铁磁性　incipient ferromagnetism　08.1879
初相位　initial phase　02.0394
初值问题　initial-value problem　02.0064
初子　rishon　09.1035
除尘[用消静电]电极　electrode for dust remoral　03.1171
除气　degassing　08.3641
除杂区　denuded zone　08.1612
储能　stored energy　05.0246
储能电路　tank circuit　03.0596
储氢材料　hydrogen-storage material　08.1199
处理　processing　01.0177
触壁碰撞　wall collision　08.2392
触变流体　thixotropic fluid　08.2528
触发电路　flip-flop circuit　03.1034
触发器　trigger　09.1650
触须　cat whisker　08.1790
氚　tritium　09.0173
氚核　triton　09.0172
穿晶　transcrystalline　08.0749
穿膜蛋白　transmembrane protein　11.0420
穿通效应　punch-through effect　08.1717
穿透概率　penetration probability　09.1682
穿透深度　penetration depth　03.0707
传播常量　propagation constant　03.0700
传播函数　propagator　06.0648
传播路径　travel path　03.1098
传播时间　travel time　03.1099
*传播矢量　propagation vector　04.2645
传导　conduction　05.0784
传导层　conducting layer　08.1260
传导电流　conduction current　03.0326
传导电子　conduction electron　08.1251
传递　transmission　01.0204
传递函数　transfer function　01.0563
传递矩阵　transfer matrix　05.1059
传感器　sensor　03.0853
传热　heat transfer, thermal transmission　05.0781
传输门　transmon　08.3341
传输损耗　transmission loss　03.1065
传输线　transmission line　03.1064
传压介质　pressure transmitting medium　08.3566
传质　mass transfer　05.0793
船位形　boat configuration　08.0638
串接磁镜　tandem mirror　10.0367
串联　connection in series, series connection　03.0162
串联电路　series circuit　03.0163
串联共振　series resonance　03.0652
串列共振隧穿　sequential resonant tunneling　08.3262
串列[式]加速器　tandem accelerator　09.0858
垂线　vertical　01.0326
垂直布里奇曼技术　vertical Bridgman technique　08.0720
垂直磁场　vertical magnetic field　10.0405
垂直[基片]排列　homeotropic alignment　08.2684
*垂直面　normal surface　02.0190

垂直腔表面发射激光器　vertical-cavity surface-emitting laser, VCSEL　04.2235
垂直梯度冷凝技术　vertical gradient freeze technique　08.0721
垂直跃迁　vertical transition　08.1394
垂直轴定理　perpendicular axis theorem　02.0530
春分点　vernal equinox, spring equinox　11.0260
纯度　purity　08.0846
纯化　purification　08.0844
纯化器　purifier　08.0845
纯态　pure state　06.0518
纯虚时间　purely imaginary time　06.0064
磁饱和　magnetic saturation　03.0472
磁暴　magnetic storm　10.0475
磁比热　magnetic specific heat　08.1439
磁变仪　variometer　03.0522
磁标势　magnetic scalar potential　03.0395
磁波[振]子　magnon　08.1944
*磁擦除　magnetic erasure　03.0508
磁层　magnetosphere　10.0466
磁层暴　magnetospheric storm　10.0477
磁层顶　magnetopause　10.0467
磁[层]尾　magnetic tail　10.0470
磁长度　magnetic length　08.2896
*磁常量　macon-stant　03.0460
磁场　magnetic field　03.0370
磁场并合　magnetic merging　10.0483
磁场电流效应　galvanomagnetic effect　08.1930
磁场冻结　magnetic field freezing　10.0101
磁[场]剪切　magnetic shear　10.0403
磁场扩散　diffusion of magnetic field　10.0104
磁场强度　magnetic field strength　03.0377
磁场梯度　magnetic gradient　03.0512
磁场梯度漂移　gradient B drift　10.0082
磁场位形　magnetic configuration　10.0361
磁场线　magnetic field line　03.0378
磁[场]压缩　magnetic compression　08.3591
磁[场]湮没　magnetic annihilation　10.0482
磁秤　magnetic balance　08.2122
磁弛豫　magnetic relaxation　07.0263
磁赤铁矿　maghemite　08.1903
磁抽运　magnetic pumping　10.0439
磁畴　magnetic domain　03.0487
磁传感器　magnetic sensor　08.2069
磁存储　magnetic storage　08.2000
磁单极子　magnetic monopole　09.1025
磁导　permeance　03.0457
磁导计　permeameter　03.0523
磁导率　permeability, magnetic conductivity　03.0458
磁等离激元模　magneto-plasmon mode　08.2082
磁等离体子－声子模　magnetoplasmon-phonon mode　10.0487
磁电导率　magnetoconductivity　08.2076
磁电式电流计　magnetoelectric galvanometer　03.0824
磁电效应　magnetoelectric effect　08.1938
磁电子透镜　magnetic electron lens　03.0422
磁电子学　magnetoelectronics　08.2079
磁[电]阻　magnetoresistance　08.1939
磁动力学　magnetodynamics　08.2077
*磁动势　magnetomotive force　03.0495
磁对称性　magnetic symmetry　08.1963
磁多极辐射　magnetic multipole radiation　03.0528
磁轭　magnetic yoke　03.0531
磁放大器　magnetic amplifiar　08.2120
磁浮力　magnetic buoyancy　08.2123
磁感[应]强度　magnetic induction　03.0376
磁刚度　magnetic rigidity　09.0357
磁格子　magnetic lattice　08.1955
磁各向异性　magnetic anisotropy　08.1952
磁共振　magnetic resonance　08.2020
磁共振成像　magnetic resonance imaging, MRI　08.2063
磁共振谱学　magnetic resonance spectroscopy, MRS　08.2064
磁共振散射　magnetic resonant scattering　08.2066
磁光阱　magneto-optical trap, MOT　04.2474
磁光克尔效应　magneto-optic Kerr effect　08.2080
磁光快门　magneto-optic shutter　04.2364
磁光驱动器　magneto-optical drive　04.1542
磁光调制　magneto-optic modulation　04.2363
磁光效应　magneto-optic effect　04.2359
磁光学　magneto-optics　04.0022
磁荷　magnetic charge　03.0442
磁后效　magnetic aftereffect　08.1994
磁化　magnetization　03.0464
磁化场　magnetizing field　03.0475
磁化等离[子]体　magnetized plasma, magnetoactiveplasma　10.0022
磁化电流　magnetization current　03.0476

磁化方向　direction of magnetization　08.1897
磁化过程　magnetization process, magnetizingprocess　03.0473
＊磁化机　magnetizer　03.0474
磁化率　magnetic susceptibility　03.0477
磁化器　magnetizer　03.0474
磁化强度　magnetization　03.0465
磁化曲线　magnetization curve　03.0483
磁击穿　magnetic breakdown　08.2072
磁激子　magneto-exciton　08.2081
磁极　magnetic pole　03.0438
磁极化强度　magnetic polarization　03.0466
磁极化子　magnetic polaron, magnetopolaron　08.1958
磁记录　magnetic recording　08.1999
磁结构　magnetic structure　08.1962
磁介质　magnetic medium　03.0431
磁晶各向异性　magneto crystalline anisotropy　08.1972
磁阱　magnetic well　10.0365
磁镜　magnetic mirror　10.0366
磁镜比　mirror ratio　10.0368
磁镜不稳定性　mirror instability　10.0287
磁矩　magnetic moment　03.0445
磁聚焦　magnetic focusing　03.0414
磁康普顿散射　magnetic Compton scattering　08.1127
磁壳　magnetic shell　03.0496
磁控管　magnetron　03.0925
磁控溅射　magnetron sputtering　08.0813
磁库仑定律　magnetic Coulomb's law　03.0452
磁扩散系数　magnetic diffusion coefficient　10.0105
磁拉曼散射　magnetic Raman scattering　08.2061
磁雷诺数　magnetic Reynolds number　10.0107
磁离子理论　magneto-ionic theory　10.0474
磁力　magnetic force　03.0374
磁[力]分离　magnetic separation　03.0535
磁力偶矩　moment of magnetic couple　03.0451
磁力显微镜　magnetic force microscope　08.2126
磁力显微学　magnetic force microscopy　08.2127
磁力线　magnetic line of force　03.0375
磁力线重联　reconnection of magnetic field lines, magnetic reconnection　10.0103
磁力效应　magnetomechanical effect　08.1937
磁链　magnetic flux linkage　03.0380
磁量子化　magnetic quantization　06.0384
磁量子数　magnetic quantum number　06.0397
磁流变学　magneto rheology　08.2534
磁流变液　magneto rheological fluid　08.2533
磁流体不稳定性　hydromagnetic instability　10.0310
磁流体[动]力学　magnetohydrodynamics, hydromagnetics, magnetofluid dynamics　10.0094
磁流体发电　magnetohydrodynamic generation, MHD generation　10.0117
磁流体发电机　hydromagnetic dynamo　10.0480
磁流体发电机机制　hydromagnetic dynamo mechanism　10.0481
磁流体力学波　magnetohydrodynamic wave, MHDwave　10.0188
磁流体力学不稳定性　magnetohydrodynamic instability　10.0308
磁流体力学击波　magnetohydrodynamic shock, MHD-shock　10.0247
磁流体扰动　hydromagnetic disturbance　10.0479
磁漏　magnetic leakage　03.0510
磁路　magnetic circuit　03.0490
磁路定律　magnetic circuit law　03.0453
磁螺旋度　magnetic helicity　10.0404
磁面　magnetic surface　10.0397
磁敏传感器　magnetosensitive sensor　08.1737
磁能　magnetic energy　03.0398
磁能积　magnetic energy product　03.0507
磁能级　magnetic energy level　03.0506
磁能密度　magnetic energy density　03.0399
磁黏性　magnetic viscosity　08.2002
磁黏性系数　magnetic viscosity coefficient　10.0106
磁扭秤　magnetic torsion balance　08.2075
磁偶极层　magnetic dipole layer　03.0504
磁偶极辐射　magnetic dipole radiation　03.0731
磁偶极矩　magnetic dipole moment　03.0450
磁偶极相互作用　magnetic dipolar interaction　03.0503
磁偶极子　magnetic dipole　03.0449
磁耦合　magnetic coupling　03.0501
磁盘　magnetic disk　03.0500
磁泡　magnetic bubble　08.1995
磁偏转　magnetic deflection　03.0896
磁屏　magnetic screen　08.2067
磁屏蔽　magnetic screening, magnetic shielding　08.2068
磁瓶　magnetic bottle　10.0364
磁谱　magnetic spectrum　08.2001
磁谱仪　magnetic spectrometer　09.0843

磁强计 magnetometer 03.0516
* SQUID 磁强计 superconducting quantum interference magnetometer 08.2055
磁鞘 magnetosheath 10.0478
磁倾计 inclinometer 03.0848
[磁]倾角 dip 03.0534
磁倾角 magnetic inclination 11.0168
磁取向穆斯堡尔谱术 magnetic orientation Mössbauer spectroscopy 09.0834
磁群 magnetic group 08.0180
磁热效应 magnetothermal effect, magnetocaloric effect 08.1940
* 磁轫致辐射 magneto-bremsstrah-101lung 09.0871
磁散射 magnetic scattering 08.2065
磁生物学 magnetobiology 11.0334
磁声波 magneto-acoustic wave 10.0206
磁声共振 magneto-phonon resonance 08.2117
磁声效应 magnetoaccustic effect 08.1935
磁声[转换]器件 magneto-acoustic device 08.2058
磁矢势 magnetic vector potential 03.0396
磁势 magnetic potential 03.0394
磁四极辐射 magnetic quadrupole radiation 09.0229
磁随机[存取]存储器 magnetic random-access memory, MRAM 08.2062
磁损耗 magnetic loss 03.0511
磁弹波 magnetoelastic wave 08.2021
磁弹效应 magnetoelastic effect 08.1936
磁探针 magnetic probe 10.0456
磁梯度计 magnetogradiometer 03.0521
磁体 magnet 03.0435
磁体猝灭 magnet quench 08.3348
磁体退化 degradation of magnet 08.3347
磁调谐激光器 magnetic tuning laser 04.2217
磁铁矿 magnetite 03.0536
* AB 磁通 Aharonov-Bohm flux, AB flux 08.3479
磁通钉扎 flux pinning 08.3229
磁通管 flux tube 08.3228
磁通计 fluxmeter 03.0524
磁通浸渐不变量 flux adiabatic invariant 10.0087
磁通量 magnetic flux 03.0379
磁通量子 fluxon, magnetic flux quantum 08.3223
磁通量子化 quantization of magnetic flux 06.0385
磁通灵敏度 flux sensitivity 08.3492
磁通流动 flux flow 08.3241
磁通流放大器 flux flow amplifier, FFA 08.3331
磁通流三极管 flux flow transistor, FFT 08.3333
磁通流振荡器 flux flow oscillator, FFO 08.3332
磁通流阻 flux flow resistance 08.3242
磁通门磁强计 fluxgate magnetometer 08.2048
磁通蠕动 flux creep 08.3240
磁通势 magnetomotive force 03.0495
磁通守恒 conservation of magnetic flux 03.0479
磁通束 flux bundle 08.3227
磁通跳跃 flux jumping 08.3243
磁通线 flux line 08.3225
磁通线格子 flux-line lattice 08.3226
磁通陷俘 flux trapping 08.3237
磁透镜 magnetic lens 03.0415
磁温度计 magnetic thermometer 08.3435
磁无序 magnetic disorder 03.0505
磁相变 magnetic phase transition 08.1956
磁相干长度 magnetic coherence length 08.2686
磁相互作用 magnetic interaction 08.1883
磁像图 magnetogram 03.0519
磁像仪 magnetograph 03.0520
磁芯 magnetic core 03.0498
[磁]芯损耗 core loss 08.2010
磁形状因子 magnetic form factor 03.0470
磁性 magnetism 08.1842
磁性半导体 magnetic semiconductor 08.1671
磁性材料 magnetic material 03.0432
磁性孤子 magnetic soliton 08.2070
磁[性]流体 magnetic fluid 08.2043
磁性天线 magnetic antenna 08.2121
磁性杂质 magnetic impurity 08.2060
磁悬浮 magnetic levitation, maglev, magnetic suspension 08.2124
磁悬浮列车 maglev train, magnetic levitationtrain 08.2125
磁旋比 magnetogyric ratio 06.0494
磁旋管 gyrotron 03.0926
磁旋光性物质 magnetically active substance 04.2365
磁学 magnetism 08.1843
磁压 magnetic pressure 10.0100
磁亚暴 magnetic substorm 10.0476
磁亚点格 magnetic sublattice 08.2074
* 磁亚格子 magnetic sublattice 08.2074
磁有序 magnetic order 08.1878

磁圆二色性 magnetic circular dichroism, MCD 04.2581
磁约束 magnetic confinement 10.0360
磁约束等离[子]体 magnetically confined plasma 10.0034
磁[约束]聚变 magnetic confinement fusion 09.0552
磁跃迁 magnetic transition 09.0227
磁涨落 magnetic fluctuation 03.0509
磁针 magnetic needle 03.0441
磁制动 magnetic braking 03.0514
磁致冷 magnetic refrigeration 08.3399
磁致伸缩 magnetostriction 08.1977
磁致双折射 magnetic birefringence 08.2669
磁致弹性 magnetoelasticity 08.2078
磁致湍动 magnetic turbulence 10.0338
磁致旋光 magneto-optical rotation 04.1207
磁致旋光率 specific magnetic rotation 04.1210
磁致应力 magnetic stress 08.2071
磁滞 magnetic hysteresis 08.1998
磁滞回线 magnetic hysteresis loop, hysteresis loop 03.0484
磁滞损耗 magnetic hysteresis loss 03.0485
磁轴 magnetic axis 10.0396
磁子 magneton 06.0489
磁子带 magnetic subband 08.2073
磁子午线 magnetic meridian 11.0265
磁阻 magnetic reluctance, magnetic resistance, reluctance 03.0491
磁阻率 reluctivity, specific reluctance 03.0492
磁阻尼 magnetic damping 03.0502
次表面原子 subsurface atom 08.2720
*次层 sublayer 08.2912
次级电子 secondary electron 08.1097
次级电子发射显微术 secondary electron emission microscopy, SEEM 08.1098
次级发射 secondary emission 09.1046
次级分岔 secondary bifurcation 11.0489
次级辐射 secondary radiation 04.0049
次级光电效应 secondary photoelectric effect 04.1933
次级光谱 secondary spectrum 04.1715
次级结构 secondary structure 08.1113
次级离子质谱学 secondary ion mass spectroscopy, SIMS 08.2839
次级粒子 secondary particle 09.1045
次级温度计 secondary thermometer 05.0113
*次级像差 secondary aberration 04.0496
次级消光 secondary extinction 04.1183
次级压标 secondary pressure standard 08.3583
次级子波 secondary wavelet 04.2647
次极大 secondary maximum 04.0902
次近邻 next-nearest neighbor, second-nearest neighbor 08.0090
次临界质量 subcritical mass 09.0900
次声波 infrasonic wave 04.2679
次声频 undersonic frequency 04.2692
次转晕能级 yrare level 09.0393
从头测定晶体结构 ab initio crystal structure determination 08.0991
从头计算 ab initio calculation 09.1293
从图 bundle graph 05.0705
从优参考系 preferred frame 06.0252
*辏力 central force 02.0401
*辏力场 central field 02.0402
粗糙度 [degree of] roughness 08.3655
粗晶粒 macrograin 08.0779
粗粒化 coarse-graining 05.0519
粗粒密度 coarse-grained density 05.0518
粗粒统计算符 coarse-grained statistical operator 05.0921
粗调 coarse adjustment 01.0183
猝灭 quenching 08.0863
猝灭火花隙 quenched gap 02.0927
簇射 shower 10.0069
簇射计数器 shower counter 09.1625
簇射粒子 shower particle 10.0070
簇态 cluster state 08.2970
催化化学气相沉积 catalytic chemical vapor deposition, cat-CVD 08.0810
脆化 embrittlement 08.2366
脆化温度 brittle temperature 08.2373
脆性 brittleness 08.2365
脆[性断]裂 brittle fracture 08.2367
脆性结构 fragile structure 08.0940
淬火 quenching 08.0862
淬火近似 quenching approximation 09.1369
淬火效应 quenching effect 08.0865
淬入空位 quenched-in vacancy 08.0528
淬致缺陷 quenching defect 08.0864

D

带阻滤波器 band stop filter 03.0957
待定乘子 undetermined multiplier 01.0497
殆周期振荡 almost periodic oscillation 11.0499
戴森方程 Dyson's equation 05.0955
戴维南定理 Thevenin's theorem 03.0323
*丹尼舒克反射全息图 Denisyuk reflection hologram 04.1363
单π[介子]交换势 one-pion exchange potential, OPEP 09.0105
单摆 simple pendulum 02.0308
单胞 unit cell 08.0080
单臂谱仪 single-arm spectrometer 09.1655
单变系 univariant system 05.0189
单变型液晶 monotropic liquid crystal 08.2625
单玻色子交换势 one-boson exchange potential, OBEP 09.0106
单侧约束 unilateral constraint 02.0572
单层 monolayer 08.2780
单层膜 single layer 04.0931
单程增益 single-pass gain 04.2052
单纯图 simplicial graph 08.0618
单[磁]畴 single domain 08.2007
单次曝光 single exposure 04.0818
单道分析器 single-channel analyzer 09.0736
单电子泵 single electron pump 08.3452
*单电子岛 single electron island 08.3451
单电子晶体管 single electron transistor 08.3453
单电子模型 single electron model 08.1246
单电子隧穿 single electron tunneling 08.3454
单电子旋转门 single electron turnstile 08.3458
单反演轴 inversion monad 08.0139
单分子磁体 single-molecular magnet 08.2983
单峰映射 sngle-hump map 11.0593
单缝衍射 single-slit diffraction 04.0993
单光子干涉 single-photon interference 06.0778
单光子探测器 single-photon detector 04.2520
*[单光子]旋转门 [single-photon] turnstile 06.0828
[单光子]逐通闸门 [single-photon] turnstile 06.0828
单核子转移反应 one-nucleon transfer reaction 09.0524
单极感应 unipolar induction 03.0561
单极晶体管 unipolar transistor 08.1826
单极跃迁 monopole transition 09.0228
单极轴 uniterminal axis 02.0531
单键 single bond 07.0201
单结晶体管 unijunction transistor 08.1643
单晶生长 growth of single crystal 08.0722
单晶[体] single crystal, monocrystal 08.0031
单晶硅 nonocrystalline silicon 08.0032
单举[反应]截面 inclusive cross-section 09.1432
单举过程 inclusive process 09.1276
单粒子传播函数 single-particle propagator 08.1537
单粒子分布函数 single-particle distribution function 05.0905
单粒子格林函数 single-particle Green's function 08.1536
单粒子激发 single-particle excitation 09.0320
单粒子模型 single-particle model 09.0311
单粒子态 single-particle state 09.0332
单量子位门 single-qubit quantum gate 06.0819
单流体描述 one-fluid description, single-fluid description 10.0096
单模 single mode 04.2107
单模光纤 single-mode fiber 04.1450
单模线宽 single-mode line width 04.2108
单频 single-frequency 04.2212
单切结点 one-tangent node 11.0469
单圈图近似 single-loop diagram approximation 05.0966
单色波 monochromatic wave 03.0688
单色辐射 monochromatic radiation 04.0045
单色光 monochromatic light 04.0847
单色光源 monochromatic [light] source 04.0849
单色化 monochromatization 04.0848
单色像差 monochromatic aberration 04.0493
单色仪 monochromator 04.1647
单声子吸收 one-phonon absorption 08.2267
单态 singlet state 07.0075
单逃逸峰 single-escape peak 09.0778
单体 monomer 08.2586
单透镜 simple lens 04.0267
单位 unit 01.0098
单位操作 unit operation 08.0156
单位[磁]极 unit pole 09.1526
单位电荷 unit charge 03.0008
单位算符 unit operator 06.0547
单位制 system of units, unit system 01.0318
单线 singlet 04.1735
单相 uniphase 08.0942
单相系 single-phase system 05.0316

单向电寻率　unilateral conductivity　03.0275
单向电导性　unilateral conductivity　03.0276
单像素相机　single-pixel camera　04.1562
单斜晶系　monoclinic crystal system　08.0199
单形　simple form　08.0048
单异质结　single heterostructure　08.1691
单原子链　monatomic chain　07.0307
单原子气体　monoatomic gas　05.0065
单折叠势　single folding potential　09.0549
单值性　uniqueness　01.0410
单周期脉冲　single-cycle pulse　04.2146
单轴晶体　uniaxial crystal　04.2315
单轴取向　uniaxial orientation　08.0743
单轴群　monad group　08.0162
单组分等离[子]体　one-component plasma　10.0019
胆甾相　cholesteric phase　08.2634
胆汁　bile　11.0445
弹道电子注入　ballistic electron injection　08.3502
弹道光子　ballistic photon　04.2516
弹道聚集　ballistic aggregation　08.2538
弹道聚集体　ballistic aggregate　08.2541
弹道[曲线]　ballistic curve　02.0042
弹道群聚　ballistic bunching　10.0344
弹道输运　ballistic transport　08.3501
弹道学　ballistics　02.0041
蛋白质　protein　11.0411
蛋白质变性　protein denaturation　11.0413
蛋白质折叠　protein folding　11.0412
当量　equivalent weight　02.0303
刀口检验　knife-edge test　04.0618
氘　deuterium, diplogen　09.0171
氘-氘循环　D-D cycle　09.0554
氘核　deuteron　09.0170
导波光学　guided wave optics　04.1437
导波理论　pilot-wave theory　06.0417
导波体　wave director　04.2662
导出单位　derived unit　01.0070
导出量　derived quantity　01.0069
导带　conduction band　08.1328
*导电层　conducting layer　08.1260
导电方式区　conduction regime　08.2695
导电介质　conducting medium　03.0698
导电聚合物　conducting polymer　08.2439
导电纤维　conductive fiber　03.0037
[导]光管　light pipe　04.0775
导航天体　navigational object　11.0305
导纳　admittance　03.0634
导热性　heat conductivity　05.0782
导体　conductor　03.0026
导体壳　conducting shell　08.1261
导线　wire　03.0031
导[向中]心　guiding center　10.0076
导引束　guide beam　04.0565
导引星　guide star　11.0280
倒倍周期分岔　inverse period-doubling bifurcation　11.0483
倒电容　elastance　03.0149
倒多重线　inverted multiplet　07.0085
*倒格　reciprocal lattice　08.0386
*倒格点　reciprocal lattice node　08.0388
倒格矢　reciprocal lattice vector　08.0389
倒兰姆凹陷　inverted Lamb dip　04.2121
倒逆过程　umklapp process, U-process　08.1455
倒谱项　term of inverted spectrum　04.1740
倒三角算符　del operator, nabla　01.0357
倒像　inverted image　04.0224
倒像棱镜　inverting prism　04.0170
倒易单胞　reciprocal unit cell　08.0387
倒易定理　reciprocity theorem　09.0484
倒易格子　reciprocal lattice　08.0386
倒易阵点　reciprocal lattice node　08.0388
道尔顿[分压]定律　Dalton's law [of partial pressure]　05.0073
道自旋　channel spin　09.0501
得失相当　break-even　10.0359
德拜波矢　Debye wave vector　08.1432
德拜弛豫　Debye relaxation　08.2141
德拜函数　Debye function　08.1429
德拜近似　Debye approximation　08.1428
德拜频率　Debye frequency　08.1433
德拜屏蔽　Debye screening　10.0004
德拜[屏蔽]长度　Debye [screening] length　10.0005
德拜球　Debye sphere　10.0006
德拜[声子谱]模型　Debye model [of phonon spectrum]　08.1430
德拜温度　Debye temperature　08.1434
德拜-沃勒因子　Debye-Waller factor　08.1048
德拜-谢勒法　Debye-Scherrer method　09.0825

德拜-休克尔理论　Debye-Hückel theory　05.1120
德拜 T^3 定律　Debye T^3 law　08.1431
德布罗意波　de Broglie wave　06.0462
德布罗意波长　de Broglie wavelength　06.0463
德布罗意关系　de Broglie relation　06.0461
德哈斯-范阿尔芬效应　de Haas-van Alphen effect　08.1934
德鲁德模型　Drude model　08.1242
德洛奈分划　Delaunay division　08.0622
德让纳-托潘长度　de Gennes-Taupin length　08.2766
灯塔效应　lighthouse effect　11.0171
登月舱　Lunar [Excursion] Module, LEM　11.0310
等凹透镜　equiconcave lens　04.0256
等[磁]倾线　[magnetic] isoclinic line, isocline　03.0469
等电子序列　isoelectronic sequence　07.0260
等电子杂质　isoelectronic impurity　08.2409
等度规　isometry　06.0285
等概率假设　postulate of equal a priori probabilities　05.0523
等高线　contour line　01.0493
等光程原理　principle of equal optical path　04.0111
等焓过程　isenthalpic process　05.0235
等厚干涉　equal thickness interference　04.0911
等厚条纹　equal thickness fringes　04.0912
等焦透镜　equivalent lens　04.0262
等离体子　plasmon　10.0484
等离体子学　plasmonics　10.0486
等离[子]体　plasma　10.0002
等离[子]体波　plasma wave　10.0040
等离[子]体波导　plasmaguide　10.0041
等离[子]体参量　plasma parameter　10.0007
等离[子]体层　plasmasphere　10.0468
等离[子]体层顶　plasmapause　10.0469
等离[子]体动理[学理]论　kinetic theory of plasma　10.0118
等离[子]体动力学　plasma dynamics　10.0037
等离[子]体发电机　plasma generator　10.0047
等离[子]体发生器　plasmatron　10.0043
等离[子]体辐射　plasma radiation　10.0178
[等离子体]箍缩　[plasma] pinch, magnetic pinch　10.0108
等离[子]体回波　plasma echo　10.0319
等离[子]体激光器　plasma laser　04.2205
等离[子]体加热　plasma heating　10.0433
等离[子]体加速器　plasma accelerator　10.0048
等离[子]体焦点　plasma focus　10.0050
等离[子]体炬　plasma torch　10.0053
等离[子]体刻蚀　plasma etching　10.0491
等离[子]体理论　plasma theory　10.0073
等离子体喷涂过程　plasma spray process　10.0490
等离[子]体频率　plasma frequency　10.0039
等离[子]体枪　plasma gun　10.0042
等离[子]体鞘　plasma sheath　10.0051
等离[子]体色散函数　plasma dispersion function　10.0128
等离[子]体输运　plasma transport　10.0137
等离子体天体物理学　plasma astrophysics　11.0005
等离[子]体湍动　plasma turbulence　10.0337
等离[子]体团　plasmoid　10.0049
等离[子]体吞食器　plasma eater　10.0453
等离[子]体物理学　plasma physics　10.0001
等离[子]体显示屏　plasma display panel, PDP　10.0488
等离[子]体氧化过程　plasma oxidation process　10.0489
等离[子]体羽　plasma plume　10.0052
*等离子体源　plasmatron　10.0043
等离[子]体约束　plasma confinement　10.0353
等离[子]体增强化学气相沉积　plasma-enhanced chemical vapor deposition, PECVD　10.0492
等离[子]体诊断　plasma diagnostics　10.0450
等离[子]体振荡　plasma oscillation　10.0038
等能[量]面　isoenergetic surface, constant-energy surface　08.1347
等强度线　isophote　04.1309
等倾干涉　equal inclination interference　04.0913
等倾条纹　equal inclination fringes　04.0914
等容过程　isochoric process　05.0214
等容线　isochore　05.0215
等容压强系数　isochoric pressure coefficient　05.0216
等色线　isochromatic line, isochromate　04.1315
等熵过程　isentropic process　05.0236
等熵压缩　isentropic compression　08.3590
等时摆　isochronous pendulum　02.0311
等时性　isochronism　02.0312
等时性回旋加速器　isochronous cyclotron　09.0864

等势面　equipotential surface　02.0294
等势线　equipotential line　02.0295
* 等体积过程　isochoric process　05.0214
* 等体积线　isochore　05.0215
* 等体积压强系数　isochoric pressure coefficient 05.0216
等温等压系综　isothermal-isobaric ensemble　05.0546
等温过程　isothermal process　05.0210
等温顺度　isothermal compliance　05.0212
等温线　isotherm[al]　05.0211
等温相变　isothermal phase transition　05.0334
等温压缩率　isothermal compressibility　05.0213
等相面　cophasal surface　04.1252
等效电路　equivalent circuit　03.0993
等效电子　equivalent electron　07.0064
等效电阻　equivalent resistance　03.0267
等效力系　equivalent force system　02.0551
* 等效透镜　equivalent lens　04.0262
等效温度　equivalent temperature　05.0038
等效性　equivalence　06.0168
等效原理　equivalence principle　06.0212
等效质量　equivalent mass　02.0119
等压过程　isobaric process　05.0217
等压膨胀系数　coefficient of isobaric expansion　05.0091
等压线　isobar　05.0218
等晕区　isoplanatic region　04.0670
等晕条件　isoplanatic condition　04.0669
等张比容　parachor　02.0848
等值线　contour line, level curve　01.0494
等值线图　contour plot　01.0495
等轴晶粒　equiaxial grain　08.0373
等轴晶系　regular system　08.0321
低度过饱和　low supersaturation　05.0374
低耗[共振]腔　low-loss resonator　04.2032
低合金　low alloy　08.1169
低混杂波　low hybrid wave　10.0217
低混杂频率　low hybrid frequency　10.0218
低角散射　low angle scattering　04.1567
低能电子显微术　low-energy electron microscopy, LEEM 08.1059
低能电子衍射　low-energy electron diffraction, LEED 08.2810
低能核反应　low-energy nuclear reaction　09.0409
低能原子衍射　low-energy atom diffraction, LEAD 08.1079
低频　low frequency　04.2691
低频放大器　low-frequency amplifier　03.0982
低频噪声　low frequency noise　05.0831
低弹性　hypoelasticity　08.2320
低通滤波器　low pass filter, low-pass filter　03.0954
低维导体　low dimensional conductor　08.2859
低维[度]　low dimension　08.2855
低维固体　low dimensional solid　08.2857
低维晶体　low dimensional crystal　08.2858
低维体系　low dimensional system　08.2856
低维物理[学]　low dimensional physics　08.0010
低[位]能级　low-lying level　08.1348
低[位]能态　low-lying state　08.1349
低温泵　cryopump　08.3413
低温超导体　low temperature superconductor　08.3169
低温磁体　cryogenic magnet　08.3346
低温等离[子]体　low-temperature plasma　10.0008
低温电子学　low temperature electronics, cryotronics 08.3438
低温恒温器　cryostat　05.0127
低温阱　cryotrap　08.3414
低温热库　low temperature reservoir　05.0244
低温生物学　cryobiology　11.0335
低温实验法　cryogenics　08.3356
低温[温度]计　cryometer, low temperature thermometer 08.3432
低温物理[学]　low temperature physics　08.0007
低温吸附　cryosorption　08.3431
低温雪崩开关　cryosar　08.3439
低压化学气相沉积　low pressure chemical vapor deposition, LPCVD　08.0807
低约束模式　low-mode, L-mode　10.0424
低真空　low vacuum　08.3444
狄拉克点　Dirac point　06.0689
狄拉克方程　Dirac equation　06.0685
狄拉克费米子　Dirac fermion　05.0605
狄拉克符号　Dirac [bra-ket] notation　06.0568
狄拉克海　Dirac sea　06.0688
狄拉克绘景　Dirac picture　06.0449
狄拉克括号　Dirac bracket　06.0565
狄拉克旋量　Dirac spinor　06.0687
狄拉克自旋矩阵　Dirac spin matrix　06.0686
狄塞尔循环　Diesel cycle　05.0256

狄特里奇方程 Dieterici's equation 05.0082
迪潘四次圆纹曲面 Dupin cyclide 08.2665
笛卡儿坐标 Cartesian coordinate 01.0345
*底夸克 bottom quark 09.1006
底偶素 bottonium 09.1011
*底片 negative 04.0793
底数 bottomness 09.1010
底心单斜格[子] base-centered monoclinic lattice 08.0209
底心格[子] base-centered lattice 08.0092
底心正交格[子] base-centered orthorhombic lattice 08.0211
抵消点 compensation point 08.1918
地方时 local time, LT 11.0253
地面[大气]折射 terrestrial refraction 04.1322
地面望远镜 terrestrial telescope 04.0642
地平圈 horizon circle 06.0295
*地平线 horizon 06.0296
[地壳]构造物理学 tectonophysics 11.0331
地球动力学 geodynamics 11.0327
地球物理[学] geophysics 01.0018
地外生命 extraterrestrial life 11.0184
地月空间 earth-moon space 11.0300
地周空间 circumterrestrial space 11.0297
递推法 recursion method 01.0507
递推公式 recurrence formula 01.0506
第1.5类超导体 type 1.5 superconductor 08.3158
*第二焦点 secondary focal point 04.0330
第二类超导体 type Ⅱ superconductor 08.3159
[第二类]拉格朗日方程 Lagrange's equation 02.0594
第二类相位匹配 type II phase matching 04.2383
第二类永动机 perpetual motion machine of the second kind 05.0278
第二声 second sound 08.3033
第二宇宙速度 second cosmic velocity 02.0441
第三临界磁场 third critical magnetic field 08.3095
第三声 third sound 08.3035
第三宇宙速度 third cosmic velocity 02.0442
第四声 fourth sound 08.3036
第一布里渊区 first Brillouin zone 08.1351
第一积分 first integral 02.0257
*第一焦点 primary focal point 04.0328
第一类超导体 type Ⅰ superconductor 08.3157
第一类拉格朗日方程 Lagrange's equation of the first kind 02.0595
第一类流 first-class current 09.1470
第一类相位匹配 type I phase matching 04.2382
第一类永动机 perpetual motion machine of the first kind 05.0277
第一声 first sound 08.3032
第一位力系数 first virial coefficient 05.0085
第一[性]原理 first principle 09.1292
*第一[性]原理计算 first principle calculation 09.1293
第一宇宙速度 first cosmic velocity 02.0440
缔合电离[作用] associative ionization 07.0217
缔合胶体 association colloid 08.2502
*巅值 peak [value] 03.0599
λ点 lambda point 08.2996
点电荷 point charge 03.0006
点对称 point symmetry 08.0116
点对称操作 point symmetry operation 08.0125
点分辨率 point resolution 08.1070
点会切 point cusp 10.0383
点火 ignition 10.0355
点火能 ignition energy 03.1153
点火条件 ignition condition 10.0356
点火温度 ignition temperature 10.0357
点接触 point contact 08.3504
点接触结 point contact junction 08.3308
点接触隧穿 point contact tunneling 08.3505
点扩展函数 point spread function 04.1233
点缺陷 point defect 08.0448
点群 point group 08.0160
点特征函数 point characteristic function 04.0632
点向错 point disclination 08.2649
点源 point source 04.0031
电 electricity 03.0002
电饱和 electric saturation 08.2159
电报方程 telegrapher's equation 03.0762
电场 electric field 03.0053
电场强度 electric field strength, electric field intensity 03.0070
*电场强度计 electrometer of field strength 03.0794
电场线 electric field line 03.0075
[电]场致击穿 [electric] field breakdown 03.0141
电池 battery, cell 03.0797
电池充电器 battery charger 03.0804

电荷密度波 charge density wave, CDW 08.2875
电荷守恒 charge conservation 09.0439
电荷守恒定律 law of conservation of charge 03.0237
电荷输运 charge transport 08.1477
电荷速度 charge velocity 08.1478
电荷算符 charge operator 09.1058
电荷条纹相 charge stripe phase 08.3206
电荷无关性 charge independence 09.0094
电荷-相位量子比特 charge-phase qubit 06.0804
电荷湮没 charge annihilation 09.1516
*电荷湮灭 charge annihilation 09.1516
电荷有序 charge ordering 08.3202
电荷宇称 charge parity 09.1345
电荷宇称效应 charge parity effect 09.1346
电荷致稳 charge stabilization 08.2525
电荷注入器件 charge injection device, CID 08.1733
电荷转移过程 charge transfer process 07.0237
电荷转移激子 charge-transfer exciton 08.1509
电荷转移绝缘体 charge transfer insulator 08.2408
电荷转移器件 charge transfer device, CTD 08.1732
电荷转移态 charge transfer state, charge-transfer state 08.2244
电荷转移盐 charge transfer salt 08.1213
电荷自旋耦合 charge-spin coupling 08.3549
电弧炉 arc furnace 08.0799
电化学发光 electrochemiluminescence 04.1923
电化学气相沉积 electrochemical vapor deposition, EVD 08.0808
电化学势 electrochemical potential 05.0304
电击穿 electric breakdown 03.0140
电极 electrode 03.0297
[电]极化强度 [electric] polarization 03.0198
*电浆 plasma 10.0002
*电浆激光器 plasma laser 04.2205
*电浆天体物理学 plasma astrophysics 11.0005
*电浆物理学 plasma physics 10.0001
*电浆子 plasmon 10.0484
电解 electrolysis 03.0329
电解电容[器] electrolytic capacitor 03.0157
电解质 electrolyte 03.0330
电解质导体 electrolytic conductor 03.0331
*电介质 dielectric 03.0177
电绝缘 electrical isolation 03.0039
电抗 reactance 03.0627
电抗器 reactor 03.0628
电缆 cable 03.0034
电离 ionization 03.0343
电离边 ionization edge 07.0113
电离层 ionosphere 10.0463
电离层顶 ionopause 10.0464
电离层扰动 ionospheric disturbance 10.0465
电离电流 ionization current 09.0738
电离度 degree of ionization 10.0066
电离发光 ionoluminescence 07.0118
电离辐射 ionizing radiation 07.0117
电离解 electrolytic dissociation 03.0332
电离能 ionization energy 07.0034
电离平衡 ionization equilibrium 07.0114
电离谱学 ionization spectroscopy 08.2834
电离势 ionization potential 07.0115
电离室 ionization chamber 09.0739
电离阈值 ionization threshold 07.0116
电离真空计 ionization [vacuum] gauge 05.0142
电-力耦合 electromechanical coupling 08.2179
*电力线 line of electric force 03.0075
电帘 electric curtain 03.1135
电量 electric quantity 03.0005
电量计 voltameter 03.0790
电流 electric current 03.0222
电流变换比 current transformation ratio 03.0607
电流变效应 electro rheological effect 08.2531
电流变液 electro rheological fluid 08.2532
电流场 current field 03.0606
电流电离室 current ionization chamber 09.0742
电流-电压特性曲线 I-V characteristic curve 08.1763
电流发光 galvanoluminescence 04.1898
电流放大 current amplification 03.0591
*电流计 ammeter 03.0814
电流密度 current density 03.0226
电流偏置 current bias 03.0605
电流谱 current spectrum 08.1129
电流强度 current strength 03.0223
电流算符 current operator 06.0600
电流体力学 electrohydrodynamics, EHD 03.1138
电流天平 current balance 03.0844
电流线 line of current 03.0325
电流元 current element 03.0224
电流源 current source 03.0243

电路 electric circuit 03.0232
LC 电路 LC circuit 03.0595
电路分析 circuit analysis 03.0233
电纳 susceptance 03.0639
电能 electric energy 03.0098
电黏性效应 electroviscous effect 03.1148
电偶层 electric double layer 03.0117
电偶极辐射 electric dipole radiation 03.0723
电[偶极]矩 electric [dipole] moment 03.0116
电偶极跃迁 electric dipole transition 07.0036
电偶极子 electric dipole 03.0115
电偏转 electric deflection 03.0895
电漂移 electric drift 10.0080
电平衡 electric equilibrium 03.0133
电桥 [electric] bridge 03.0828
电桥法 bridge method 03.0829
电热效应 electrocaloric effect 08.2207
电容 capacitance 03.0146
电容量 capacity 03.0147
电容率 permittivity 03.0184
电容率张量 permittivity tensor 03.0191
电容器 capacitor 03.0155
电容[性]耦合 capacitive coupling 03.0151
电容转换器 capacitance transducer 03.0161
电弱统一理论 electroweak unified theory 09.1223
电弱[相互]作用 electroweak interaction 09.1150
电渗现象 electroosmosis 03.1169
电生理学 electrophysiology 11.0338
电声倒易 electro-acoustic reciprocity 08.2195
电声效应 electrophonic effect 04.2782
电声学 electro-acoustics 04.2609
电声子散射 electron-phonon scattering 08.1481
电矢 electric vector 03.0076
电势 electric potential 03.0077
*ζ 电势 ζ-potential 03.1149
电势差 electric potential difference 03.0078
电势差计 potentiometer 03.0826
电势降[落] potential drop 03.0296
电四极辐射 electric quadrupole radiation 03.0724
电四极矩 electric quadrupole moment 03.0111
电四极子 electric quadrupole 03.0109
电弹常量 electroelastic constant 08.2181
电通量 electric flux 03.0074
电位器 potentiometer 03.0854
电位移 electric displacement 03.0213
电位移线 electric displacement line 03.0214
电吸收调制器 electroabsorption modulator 04.1868
电像 electric image 03.0172
*电像法 method of images 03.0170
电学 electricity 03.0001
电压 voltage 03.0080
电压变比 voltage transformation ratio 03.0083
*电压标准 voltage standard 03.0082
电压传输系数 voltage transmission coefficient 03.0084
电压放大器 voltage amplifier 03.0981
电压基准 voltage standard 03.0082
电压降 voltage drop 03.0081
电压源 voltage source 03.0241
电压涨落 voltage fluctuation 03.0097
电压振幅 voltage amplitude 03.0096
电影全息术 cineholography 04.1417
电泳 electrophoresis 03.1128
电源 power source, power supply 03.0238
电跃迁 electric transition 09.0226
电晕 corona 03.0123
电晕猝灭效应 corona quenching effect 03.1127
电晕放电 corona discharge 10.0060
电[致产]生 electroproduction 09.1456
电致发光 electroluminescence 04.1896
电致反射 electroreflectance 04.0081
电致反[射改]变 electro-reflectance 04.2351
电致伸缩 electrostriction 03.0221
电致双折射 electric birefringence 04.1320
电滞效应 electric hysteresis effect 03.0220
电中性 electric neutrality, electroneutrality 03.0132
电子 electron 03.0049
δ 电子 delta electron 09.1159
*电子伴随子 scalar electron, selectron 09.1157
电子背散射图样 electron backscattering pattern 08.1080
电子倍增器 electron multiplier 03.0990
电子比热 electronic specific heat 08.1258
电子捕获 electron capture 09.0885
电子磁共振 electron magnetic resonance, EMR 03.0447
电子磁矩 electron magnetic moment 03.0446
电子袋 electron pocket 08.1369
电子-电子相互作用 electron-electron interaction

08.1265
电子对　electron pair　08.3135
电子对隧穿　electron pair tunneling　08.3285
K 电子俘获　K-electron capture　09.0206
电子俘获衰变　electron-capture decay　09.0209
电子感应加速器　betatron　09.0862
电子光学　electron optics　01.0016
电子-核双共振　electron-nuclear double resonance, ENDOR　08.2012
电子回旋波　electron cyclotron wave　10.0211
电子回旋辐射　electron cyclotron radiation　09.0886
电子回旋共振　electron cyclotron resonance　09.0887
电子回旋加速器　microtron　09.0861
电子回旋频率　electron cyclotron frequency　09.0888
电子激励脱附　electron stimulated desorption　08.2740
电子-晶格相互作用　electron-lattice interaction　08.1266
电子晶体学　electron crystallography　08.0025
电子静止质量　electron rest mass　06.0187
电子聚焦　electron focusing　03.0890
[电子]聚束栅　buncher　03.0891
电子抗磁性　electronic diamagnetism　08.1865
电子壳层　electron shell　07.0060
电子空穴对　electron-hole pair　08.1800
电子空穴复合　electron-hole recombination　08.1804
电子空穴量子液滴　quantum droplet of electrons and holes　08.2929
电子空穴[液]滴　electron-hole droplet　08.1802
电子空穴液体　electron-hole liquid　08.1801
电子冷却　electron cooling　09.0884
[电子]离散　debunching　03.1075
电子离子复合　electron-ion recombination　08.1805
电子密度　electron density　08.1250
电子能级　electron energy level　07.0059
电子能量分析器　electron energy analyzer　08.2811
电子能量损失近边结构　electron energy loss near-edge structure　08.1381
电子能量损失谱学　electron energy loss spectroscopy　08.2822
电子能量损失谱仪　electron energy loss spectrometer, EELS
08.1074
电子能谱　electronic energy spectrum　08.1275
电子能谱学　electron spectroscopy　08.2816
＊电子能损近边结构　electron energy loss near-edge structure　08.1381
＊电子能损谱学　electron energy loss spectroscopy　08.2822
＊电子能损谱仪　electron energy loss spectrometer, EELS　08.1074
电子配对　electron pairing　08.3136
电子漂移　electronic drift　08.1252
电子气　electron gas　03.0342
电子迁移率　electron mobility　08.1253
电子欠缺　electron deficiency　07.0230
电子枪　electron gun　03.0928
电子全息术　electron holography　03.0763
电子群聚　electron bunching　09.0883
电子散斑干涉仪　electronic speckle interferometry　04.1425
电子声子互作用　electron-phonon interaction　08.3129
电子声子耦合　electron-phonon coupling　08.1267
电子束　electron beam　03.0340
电子束感应电流　electron-beam-induced current, EBIC　08.1125
电子束激发激光器　electron beam excitation laser　04.2202
电子束加工　electron beam processing　08.0839
电子束刻蚀　electron beam lithography　08.0958
电子束蒸发　electron beam evaporation　08.0838
电子顺磁共振　electron paramagnetic resonance, EPR　08.2014
电子顺磁性　electronic paramagnetism　08.1858
δ[电子]损失　delta loss　09.1439
电子态密度　electronic density of states　08.1340
电子探针微区分析　electron probe microanalysis, EPMA　08.1069
电子同步加速器　electron synchrotron　09.1642
电子透镜　electron lens　03.0421
电子微探针　electron microprobe, EMP　08.1068
电子温度　electron temperature　05.1024
电子显微镜　electron microscope　08.1058
[电子]显像管　kinescope　03.0931
电子相变　electron phase transition　08.3607
电子型高温超导体　electron-type high temperature superconductor　08.3172
电子[型]中微子　e-neutrino　09.1160
电子性化合物　electron compound　08.1203

电子学　electronics　01.0015
电子雪崩　electron avalanche　08.1829
[电子]雪崩电离　[electron] avalanche ionization　04.2507
电子衍射　electron diffraction　08.1082
电子衍射仪　electron diffractometer　09.0831
电子跃迁　electron transition　07.0061
电子云　electron cloud　03.0050
电子-中微子场　electron-neutrino field　09.1366
电子自能　electron self-energy　05.1023
电子自旋　electron spin　06.0405
电子自旋共振　electron spin resonance, ESR　08.2013
电子阻止本领　electron stopping power　09.0696
电子组态　electron configuration　07.0057
电自由焓　electric free enthalpy　08.2146
电阻　[electric] resistance　03.0245
电阻分路结模型　resistively shunted junction model, RSJ model　08.3325
电阻加热　resistance heating　03.0290
电阻量子　resistance quantum　06.0410
电阻率　resistivity　03.0246
电阻器　resistor　03.0261
电阻网络　resistance network　03.0265
电阻温度计　resistance thermometer　05.0114
电阻箱　resistance box　03.0255
[电]阻性扩散　resistive diffusion　10.0150
[电]阻性撕裂不稳定性　resistive tearing instability　10.0302
淀积电势差　sedimentation potential difference　03.1158
淀积起电　sedimentation electrification　03.1157
*刁　bra　06.0566
迭代　iteration　01.0528
迭代法　iterative method　01.0529
叠层　laminate　08.0324
叠层结构　laminated structure　08.0325
叠加原理　superposition principle　03.0065
叠像测距仪　coincidence range finder　04.0784
叠像棱镜　coincidence prism　04.0175
叠栅条纹　moiré(法) fringe　04.1074
叠置　superimposition　04.0236
钉扎力　pinning force　08.3232
钉扎能　pinning energy　08.3231
钉扎中心　pinning center　08.3230
顶[点]　vertex　01.0338
顶点函数　vertex function　09.1535
顶点算符　vertex operator　09.1536
顶点修正　vertex correction　09.1534
顶角　vertex angle　09.1533
*顶夸克　top quark　09.1005
顶夸克偶素　topponium　09.1012
顶数　topness　09.1009
顶籽晶溶液生长　top-seeded solution growth　08.0742
定标　scaling　01.0190
定标器　scaler　09.0719
定常流[动]　steady flow　02.0725
定常态　steady state　03.0580
定常约束　scleronomic constraint　02.0574
定程跳跃　fixed-range hopping　08.2394
定磁场加速器　fixed-field accelerator　09.0875
定理　theorem　01.0141
CPT 定理　CPT theorem　09.1311
KAM 定理　Kolmogorov-Arnold-Moser theorem, KAM theorem　11.0607
*HKS 定理　Hohenberg-Kohn-Sham theorem, HKS theorem　08.1312
定量分析　quantitative analysis　01.0138
定量金相学　quantitative metallography　08.1137
定律　law　01.0140
定倾中心　metacenter　02.0121
定日镜　heliostat　04.0773
定容[积]比热　specific heat at constant volume　05.0108
定时器　timer　02.0922
定态　stationary state　06.0509
*定态波　stationary wave　03.0687
定态场　stationary field　06.0231
定态轨道　stationary orbit　06.0508
定态极限　stationary limit, static limit　06.0093
定态解　stationary solution　06.0507
定态模型　stationary model　05.1040
定态系综　stationary ensemble　05.0534
定态薛定谔方程　stationary Schrödinger equation　06.0431
定相　phasing　04.2487
定向发射体　directional emitter　04.0605
定向固化　directional solidification　05.0409
定向光束　directed beam　04.0573
定向键　directional bond　08.0320

定向扩散　directed diffusion　05.0778
定向凝固　directional solidification　05.0410
定向耦合器　directional coupler　04.1501
定性分析　qualitative analysis　01.0137
定压比热　specific heat at constant pressure　05.0109
定义　definition　01.0115
定影　fixing　04.0806
定影剂　fixer　04.0807
定域子　locator　08.0685
定则　rule　01.0143
8-*n* 定则　8-*n* [bonding] rule　08.0653
定子　stator　03.0877
丢失质量　missing mass　09.1093
冬至点　winter solstice　11.0263
动理模　kinetic mode　10.0221
动理势　kinetic potential　05.0821
动理温度　kinetic temperature　10.0119
动理学　kinetics　05.0739
动理学不稳定性　kinetic instability　10.0263
动理[学]方程　kinetic equation　05.0745
动理学阶段　kinetics stage　05.0906
动力阿尔文波　dynamic Alfvén wave　10.0202
动力摩擦　dynamical friction　02.0236
动力黏度　kinetic viscosity　02.0750
动力稳定性　dynamic stability　02.0347
动力系统理论　theory of dynamic system　11.0458
动力学　dynamics　02.0003
动力学变量　dynamical variable　05.0499
动力学对称　dynamical symmetry　07.0100
动力学对称破缺　dynamical symmetry breaking　09.1418
动力学混沌　dynamical chaos　11.0557
动力学扰动　dynamical perturbation　05.0870
动力学系统　dynamical system　11.0457
动力学响应理论　dynamic response theory　05.0881
动力学衍射　dynamical diffraction　04.1028
动力学质量　dynamical mass　02.0124
动量　momentum　02.0258
动量表象　momentum representation　06.0444
动量传递　momentum transfer　02.0261
动量定理　theorem of momentum　02.0266
动量矩　moment of momentum　02.0270
* 动量空间　momentum space　06.0446
动量空间成序　momentum-space ordering　05.0716
动量流密度　momentum flow density　03.0692
动量密度　momentum density　03.0691
动量守恒　conservation of momentum　02.0265
动量守恒定律　law of conservation of momentum　02.0267
动量算符　momentum operator　06.0573
动摩擦　kinetic friction　02.0237
动能　kinetic energy　02.0278
动能定理　theorem of kinetic energy　02.0280
动黏性　dynamical viscosity　02.0753
动平衡　kinetic equilibrium　02.0341
动生变窄　motional narrowing　08.2274
动生电动势　motional electromotive force　03.0543
动生阻抗　motional impedance　03.1097
动态范围　dynamic range　04.0814
动态高压技术　dynamic high-pressure technique　08.3562
动态结构因子　dynamic structure factor　08.1013
动态局域化　dynamic localization　08.2416
动态模　dynamic mode　04.2096
动态平衡　dynamical equilibrium　05.0757
动态屏蔽　dynamic screening　08.1270
动态全息图　dynamic hologram　04.1404
动态散射　dynamic scattering　08.2694
动态斯塔克分裂　dynamic Stark splitting　04.2558
* 动态系统　dynamical system　11.0457
动物磁性　zoomagnetism　11.0348
动压　dynamical pressure　02.0783
冻结场　frozen field　10.0102
冻结轨道磁矩　quenched orbital moment　08.1845
冻结芯近似　frozen-core approximation　07.0286
陡谱　steep spectrum　11.0173
读出　readout　01.0197
读出光束　reading optical beam　04.1431
读数误差　reading error　01.0241
* 读数显微镜　traveling microscope　04.0417
独立电子近似　independent electron approximation　08.1247
独立分量　independent component　01.0371
独立粒子模型　independent-particle model　09.0303
独立振幅　independent amplitude　09.1072
堵缝会切　caulked cusp, stuffed cusp　10.0386
杜芬方程　Duffing's equation　11.0504
杜隆-珀蒂定律　Dulong-Petit law　05.0563

杜瓦瓶　dewar　08.3388
度[光]谱术　spectrometry　04.1838
度规　metric　09.1258
度规场　metric field　06.0216
度规传递性　metric transitivity　05.0497
度规张量　metric tensor　06.0130
渡越辐射　transition radiation　09.1451
渡越辐射探测器　transition radiation detector　09.1639
渡越时间　transition time　09.1453
镀膜透镜　coated lens　04.0272
端抽运激光器　end-pumped laser　04.2236
端[电]压　terminal voltage　03.0085
端漏[失]　end loss　10.0369
端塞　end plug, end-stopper　10.0372
短波通滤光片　short wave pass filter　04.0953
短程力　short-range force　09.0077
短程相互作用　short-range interaction　09.0085
短程序　short-range order, SRO　05.0990
短路　short circuit　03.0318
断点　scission point　09.0667
断裂结　break junction　08.3311
断裂强度　breaking strength　02.0177
断裂应力　breaking stress　02.0176
断续波　discontinuous wave　02.0435
断续调谐红外激光器　discretely tunable infrared laser　04.2218
堆垛层错　stacking fault　08.0504
堆垛序　stacking order　08.0243
堆积密度　packing density　08.0334
堆积效应　packing effect　08.0335
堆积因子　packing factor　08.0333
堆积原理　building-up principle　07.0288
*对比度　contrast　04.1247
对波函数　pair wave function　09.0347
对产生　pair creation, pair production　09.0713
CP 对称　CP symmetry　09.1307
对称变换　symmetry transformation　08.0126
对称操作　symmetry operation　08.0123
对称操作群　group of symmetry operations　08.0159
对称定律　law of symmetry　08.0061
对称面　plane of symmetry　08.0151
对称能　symmetry energy　09.0067
对称破缺　symmetry-broken　05.0977
*对称群　symmetric group　01.0480
对称适化波函数　symmetry-adapted wave function　07.0227
对称适化系数　symmetry-adapted coefficient　07.0226
对称性　symmetry　01.0165
C 对称性　C-symmetry　09.1306
P 对称性　P-symmetry　09.1310
T 对称性　T-symmetry　09.1309
对称性破缺　broken symmetry　09.1515
对称[性]群　symmetry group　01.0484
对称性原理　principle of symmetry　09.1478
对称性自发破缺　spontaneous symmetry breaking, SSB　09.1512
对称元素　symmetry element　08.0127
对称中心　center of symmetry　01.0355
对称轴　axis of symmetry　08.0130
对传波　counterpropagating waves　04.0832
对顶砧　opposed anvil　08.3573
对对称性　pair symmetry　08.3145
对分布函数　pair-distribution function　05.0692
对关联　pairing correlation　09.0344
对关联函数　pairing correlation function　09.0345
对换　transposition　06.0764
对角和规则　diagonal-sum rule　01.0446
对角化　diagonalization　01.0444
对角矩阵　diagonal matrix　01.0434
对角元　diagonal element　01.0438
对流　convection　02.0733
对流不稳定性　convective instability　10.0264
对流带　convective zone　02.0734
对流扩散　convection diffusion　05.0777
对流流　convection current　03.0612
对能隙　pairing gap　09.0342
对偶场　dual field　09.1327
对偶格[点]　dual lattice　11.0717
*对偶共振　dual resonance　09.1142
对偶空间　dual space　09.1328
对偶模型　dual model　09.1244
对偶图　dual graph　08.0619
对偶性　duality　05.1060
对偶张量　dual tensor　09.1329
对耦合　pair coupling　07.0269
对势　pair potential　09.0346
对算符　pair operator　01.0540
对隧穿　pair tunneling　08.3286

对头碰撞　head-on collision　02.0428
＊对[位-]邻位变换　para-ortho conversion　07.0193
对湮没　pair annihilation　09.1554
对易关系　commutation relation　06.0451
对易式　commutator　06.0455
对应态　corresponding state　05.0434
对应态[定]律　law of corresponding states　05.0435
对应原理　correspondence principle　06.0422
对映单形　enantiomorphous form　08.0052
对振动　pairing vibration　09.0348
对振幅　pair amplitude　09.1553
对转换　pair conversion　09.1555
对撞环　collision ring　09.1659
对撞机　collider　09.1657
对撞束　colliding beam　09.1658
对撞束环　colliding beam torus　09.1656
对准　alignment　01.0188
多壁纳米管　multiwall nanotube　08.2963
多边形化　polygonization　08.2361
多变量主方程　multivariate master equation　05.0849
多波长路由　multi-wavelength routing　04.1505
多波干涉　multiple-wave interference　04.0929
多步雪崩室　multistep avalanche chamber　09.1640
多彩对称性　technicolor symmetry　09.1408
多层隔热　multilayer insulation　08.3420
＊多层介电膜　multilayer dielectric film　04.0932
多层介质膜　multilayer dielectric film　04.0932
多层吸附　multilayer adsorption　08.2731
多重暗孤子　multiple dark soliton　11.0751
多重边缘链　multiperipheral chain　09.1260
多重产生　multiproduction　09.1275
多重定态　multiple steady state　11.0706
多重分形　multifractal　11.0623
多重奇点　multiple singularity　11.0468
多重全息图　multiplex hologram　04.1391
多重散射　multiple scattering　08.2800
多重数　multiplicity　09.1261
多重态　multiplet　09.1139
多重态结构　multiplet structure　09.0376
多重线　multiplet　09.1140
多重性　multiplicity　09.1262
多次曝光　multiexposure, multiple exposure　04.0819
多次衍射　multiple diffraction　04.1026
多道分光计　multichannel spectrometer　04.1660
多道分析器　multichannel analyzer　09.0737
多道近藤效应　multichannel Kondo effect　08.1497
多道全息术　multichannel holography　04.1416
多电子态　many-electron state　05.0661
多方过程　polytropic process　05.0219
多方指数　polytropic exponent　05.0220
多缝干涉　multislit interference　04.0886
多缝衍射　multislit diffraction　04.1027
多功能材料　multifunctional material　08.3621
多光束干涉　multiple-beam interference　04.0888
多光子光谱学　multiphoton spectroscopy　04.2465
多光子过程　multiphoton process　04.2417
多光子激发　multiphoton excitation　04.2463
多光子纠缠　multiphoton entanglement　06.0730
多光子离解　multiphoton dissociation　04.2464
多光子效应　multiphoton effect　04.2418
多硅结构　polycide　08.1681
多会切　multicusp　10.0385
多激子复合体　multiexciton complex　08.1554
多级波片　multiple-order wave plate　04.1137
多极场　multipole field　09.0230
多极发射　multipole emission　09.0234
多极辐射　multipole radiation　09.0235
多极级　multipole order　09.0232
多极矩　multipole moments　09.0231
多极位形　multipole configuration　10.0421
多极性　multipolarity　09.0233
多极跃迁　multipole transition　09.0236
多极展开　multipole expansion　03.0118
多价　polyvalence, multivalence　08.1156
多价金属　polyvalent metal　08.1157
多[接]头线圈　tapped coil　03.0852
多晶材料　polycrystalline material　08.1194
多晶硅　polysilicon　08.1195
多晶[体]　polycrystal　08.0033
多晶型物　polymorph　08.0371
多晶型[现象]　polymorphism　08.0372
多镜面望远镜　multi-mirror telescope, MMT　04.0640
多孔材料　porous material　08.3631
多孔光纤　holey fiber　04.1465
多孔硅　porous silicon　08.1196
多孔膜　porous membrane　08.2596
多孔性　porosity　08.2594
多粒子分布函数　multiparticle distribution function

E

俄歇中和 Auger neutralization 08.2802
额定电压 rated voltage 03.0091
额定功率 rated power 03.0883
额外维 extra dimension 09.1603
厄立希伯格方程 Eliashberg equation 08.1551
厄立希伯格强耦合理论 Eliashberg theory of strong-coupling 08.1552
厄米变换 Hermitian transformation 06.0560
厄米多项式 Hermite polynomial 06.0559
厄米-高斯光束 Hermite-Gauss beam 04.2090
厄米-高斯模 Hermite-Gauss mode 04.2089
厄米矩阵 Hermitian matrix 06.0561
厄米算符 Hermitian operator 06.0589
厄米性 hermiticity 06.0558
厄特沃什实验 Eötvös experiment 06.0165
扼流[线]圈 choking coil, retardation coil 03.0810
轭铁 yoke [of magnet] 03.0530
遏止电压 retarding voltage 03.0090
恩斯特方程 Ernst's equation 06.0233
恩斯特势 Ernst potential 06.0234
[二]倍频 frequency doubling, frequency multiplication 04.2376
二重[对称]轴 twofold [symmetry] axis 08.0140
二重反演轴 inversion diad 08.0141
二重性 duplicity 09.1182
二次电光张量 quadratic electro-optical tensor 04.2353
二次发散 quadratic divergence 09.1482
二次孤子 quadratic solitons 11.0748
二次量子化 second quantization 06.0677
二次球度 spherocity 09.1393
二次曲面 quadric [surface] 01.0336
二次谐波 second harmonic 04.2377
二次谐波产生 second harmonic generation 04.2378
二次谐波发生器 second harmonic generator, SHG 04.2379
二次衍射 secondary diffraction 04.1010
二带超导体 two-band superconductor 08.3178
二端网络 two-terminal network 03.0322
二分量旋量 two-component spinor 09.1524
二分量中微子理论 two-component neutrino theory 09.1523
二分裂变 binary fission 09.0636
二核子转移反应 two-nucleon transfer reaction 09.0525
二级相变 second-order phase transition 05.0342
二级相干性 second-order coherence 04.1263
二极管 diode 03.0913
二极管激光器 diode laser 04.2230
二价金属 divalent metal 08.1218
二阶关联 second order correlation 05.0890
二阶项 second order term 01.0381
二阶效应 second order effect 01.0382
二进制编码 binary coding 04.1516
二聚化 dimerization 08.2588
二聚体 dimer 08.2587
[二流体]对流热流 convective heat flow 08.3020
二流体描述 two-fluid description 10.0097
二流体模型 two-fluid model 08.3012
二面角统计 dihedral angle statistics 08.0634
二面体 dihedron 08.0284
二面体群 dihedral group 08.0163
二能级激光器 two-level laser 04.2246
二能级模型 two-level model 06.0484
二能级系统 two-level system 07.0250
二色性 dichromatism 04.2580
二十边形 icosagon 08.0312
二十面体 icosahedron 08.0313
二十面体群 icosahedral group 08.0167
二十四面体 icositetrahedron, deltoid icositetrahedron 08.0314
二体力 two-body force 02.0201
二体碰撞 binary collision 10.0142
二体问题 two-body problem 02.0452
二体相互作用 two-body interaction 02.0202
二维布拉维格[子] two-dimensional Bravais lattice 08.0221
二维电子气 two-dimensional electron gas, 2DEG 08.2882
二维电子系统 two-dimensional electron system 08.2881
二维光栅 two-dimensional grating 04.1070
二维体系 two-dimensional system 08.2880
二维网络固体 two-dimensional network solid 08.0227
二维有序 two-dimensional order 08.2885
二向色[反射]镜 dichroic mirror 04.0956
二[向]色性 dichroism 04.1179
二向色性偏振器 dichroic polarizer 04.1199
二项分布 binomial distribution 01.0417
二形性 dimorphism 08.0049

F

反射光学　catoptrics　04.0652
反射光栅　reflection grating　04.1043
反射角　reflection angle　04.0103
[反射]镜　mirror　04.0140
反射[平]面　reflecting plane　04.0077
*反射球　Ewald sphere　08.1016
反射全息图　reflection hologram　04.1372
反射损失　reflection loss　04.0079
反射望远镜　reflecting telescope　04.0639
反射系数　reflection coefficient　03.0699
反射线　reflected ray　04.0099
反射折射光学　catadioptrics　04.0651
反射折射光学系统　catadioptric system　04.0650
反时序函数　anti-time ordered function　09.1501
反双荷子　antidyon　09.1028
反-顺式异构化　trans-cis isomerization　08.2481
反斯托克斯散射　anti-Stokes scattering　08.1441
反斯托克斯线　anti-Stokes line　04.1780
反弹　bounce　02.0407
反铁磁半导体　antiferromagnetic semiconductor　08.1782
反铁磁畴　antiferromagnetic domain　08.1924
反铁磁共振　antiferromagnetic resonance　08.1925
反铁磁体　antiferromagnet　08.1920
反铁磁相互作用　antiferromagnetic interaction　08.1921
反铁磁性　antiferromagnetism　08.1919
反铁电体　antiferroelectric　08.2154
反物质　antimatter　09.1054
反[物质]超核　antimatter hypernucleus　09.0177
反[物质]世界　antiworld　09.1056
反[物质]星系　antigalaxy　09.1055
反[物质]元素　antielement　09.1053
反相畴　antiphase domain　08.0503
反相器　inverter　03.1107
反向波　back wave, backward wave　04.0840
反向电压　reverse voltage　03.0089
反向扩散　back diffusion　08.1508
反向耦合　contradirectional coupling　04.2340
反[向]偏压　reverse bias　03.0943
反向行波　oppositely directed traveling wave, ODTW　04.2630
反像　reversed image　04.0225
反像棱镜　reversing prism　04.0172
反型层　inversion layer　08.1660
反演　inversion　08.0136
反演对称性　inversion symmetry　08.0138
反演孪晶　inversion twin　08.0354
反演中心　center of inversion　01.0354
反幺正性　antiunitarity　09.1297
反引力　repulsive gravitation　06.0322
BZ 反应　Belousov-Zhabotinski reaction, BZ reaction　11.0699
反应 Q 值　reaction Q-value　09.0442
反应产额　reaction yield　09.0477
反应产物　reaction product　09.0476
反应场　reaction field　08.1130
反应堆　reactor　09.0889
反应焓　enthalpy of reaction　05.0449
反应截面　reaction cross-section　09.0449
反应扩散方程　reaction-diffusion equation　11.0710
反应离子刻蚀　reactive ion etching　08.0960
反应率　reaction rate　09.0474
反应能　reaction energy　09.0441
反应热　heat of reaction　05.0431
反应[通]道　reaction channel　09.0426
反萤石[型]结构　antifluorite structure　08.0262
反映面　reflection plane　08.0150
反远摄透镜　reverse telephoto lens　04.0662
*反远摄物镜　reverse telephoto lens　04.0662
*反折系统　catadioptric system　04.0650
反正规排序　antinormal ordering　06.0710
反质子　antiproton　09.0969
反中微子　antineutrino　09.0199
反中子　antineutron　09.0971
反重子　antibaryon　09.0936
反转壁　inversion wall　08.2666
反转[粒子数]布居　inverted population　04.1992
反转温度　inversion temperature　05.0036
反-左式异构化　trans-gauche isomerization　08.2480
反作用　reaction, counteraction　02.0151
反作用力　reactive force　02.0153
返回舱　reentry module　11.0311
返回概率　return probability　08.3495
返射　retroreflection　04.0637
泛函导数　functional derivative　01.0521
泛函分析　functional analysis　01.0520
泛音　overtone　04.2803
泛音频率　overtone frequency　04.2804
范艾仑带　van Allen belt　10.0471

范德堡法　van der Pauw method　08.1484
范德波尔方程　van der Pol's equation　11.0503
范德格拉夫加速器　van de Graaff accelerator　09.0857
范德格拉夫起电机　van de Graaff generator　03.0785
范德瓦耳斯方程　van der Waals equation　05.0080
范德瓦耳斯分子　van der Waals molecule　07.0173
范德瓦耳斯互作用　van der Waals interaction　08.0437
范德瓦耳斯晶体　van der Waals crystal　08.0438
范弗莱克顺磁性　van Vleck paramagnetism　08.1857
范霍夫理论　van Hove's theory　09.1532
范数　norm　01.0499
范围　range　01.0297
范围判据　range criterion　06.0760
范西泰特-策尼克定理　van Cittert-Zernike theorem　04.1301
方差　variance　01.0548
CGL 方程　Chew-Goldberger-Low equation, CGLequation　10.0099
KdV 方程　Korteweg-de Vries equation, KdV equation　11.0739
* GL 方程　Ginzburg-Landau equation, GL equation　08.3120
* PY 方程　PY equation　05.0698
方格栅图样　square grid pattern　08.2670
方解石　calcareous spar, calc-spar, calcite　08.0362
方均根偏差　root-mean-square deviation, rms deviation　01.0253
方均根速率　root-mean-square speed, rms speed　05.0571
方均根误差　root-mean-square error, rms error　01.0233
方均偏差　mean square deviation　01.0252
方均位移　mean square displacement　05.0825
方均误差　error of mean square　01.0234
方块棱镜　block prism　04.0176
方位角　azimuthal angle　01.0342
方位熵　steric entropy　08.2483
方向导数　directional derivative　01.0359
方向量子化　directional quantization　06.0380
方向微商　directional derivative　01.0360
方向性　directionality　01.0160
防静电材料　antistatic material　03.1121
防静电措施　antistatic countermeasure　03.1120
防静电剂　antistatic agent　03.1119
防静电纤维　antistatic fiber　03.1122
* 仿射变换　affine transformation　04.0373
仿射参量　affine parameter　06.0270
仿射空间　affine space　06.0268
仿射联络　affine connection　06.0269
仿生学　bionics　11.0333
仿星器　stellarator　10.0407
仿真　emulation　01.0303
纺锤[形]会切　spindle cusp　10.0388
放大　amplification, magnification　03.0978
放大镜　magnifier, magnifying lens　04.0391
放大率　magnification, magnifying power　04.0331
放大率色差　chromatism of magnification　04.0530
放大目镜　magnifying eyepiece　04.0398
放大器　amplifier　03.0979
放大系数　amplification coefficient　04.1997
放大自发发射　amplified spontaneous emission　04.1974
放电　discharge　03.0119
放电电阻　discharge resistance　03.1134
放电管　discharge tube　04.1643
放电清洗　discharge cleaning　10.0063
放电时间常量　discharge time constant　03.1133
放能反应　exothermic reaction　09.0444
* 放热反应　exothermic reaction　09.0444
放射生物效应　radiobiological effect　11.0337
放射生物学　radiobiology　11.0336
放射系　radioactive series　09.0162
放射性　radioactivity　09.0107
α 放射性　α-radioactivity　09.0110
β 放射性　β-radioactivity　09.0111
γ 放射性　γ-radioactivity　09.0112
放射性材料　radioactive material　09.0158
放射性毒理学　radiotoxicology　09.0161
放射性废物　radioactive waste　09.0160
放射性核　radioactive nucleus　09.0179
放射性核素　radioactive nuclide　09.0153
放射性活度　activity　05.1111
放射性鉴年法　radioactive dating, radiometric dating　09.0851
放射性平衡　radioactive equilibrium　09.0146
放射性示踪物　radioactive tracer　09.0286
放射性衰变　radioactive decay　09.0156
放射性衰变热　radioactive heat　09.0283
放射性同位素　radioactive isotope　09.0154
放射性同位素示踪物　radioisotopic tracer　09.0287

非局域响应　nonlocal response　07.0236
非局域效应　nonlocal effect　09.1549
非局域赝势　nonlocal pseudopotential　09.1454
非聚变中子　false neutron　10.0462
非绝热过程　diabatic process　05.0223
*非绝热近似　diabatic approximation, diabatic approach　06.0634
非均匀半导体　inhomogeneous semiconductor　08.1779
非均匀波　inhomogeneous wave　04.0837
非均匀分散　heterodisperse　08.2520
非均匀[谱线]增宽　inhomogeneous broadening　04.1813
非均匀湍流　inhomogeneous turbulence　02.0798
非均匀性　heterogeneity　08.2521
非均匀宇宙　non-uniform universe　06.0339
非均质流　nonhomogeneous flow　02.0730
非离子型表面活性剂　nonionic surfactant　08.2572
非理想克隆　imperfect cloning　11.0366
非理想配比　nonstoichiometry　08.0782
非理想配比晶体　nonstoichiometric crystal　08.0783
非理想气体　imperfect gas　05.0060
非粒子物理　unparticle physics　09.1528
非零色散位移光纤　non-zero dispersion-shifted fiber　04.1462
非门　NOT gate　03.1055
非牛顿流体　non-Newtonian fluid　02.0696
非欧姆材料　non-ohmic material　03.0294
非欧姆加热　non-ohmic heating　10.0435
非欧姆行为　non-ohmic behavior　03.0293
非偏振分束器　nonpolarizing beamsplitter　04.1147
非偏振光　nonpolarized light, unpolarized light　04.1106
非平衡超导性　nonequilibrium superconductivity　08.3196
非平衡定态　nonequilibrium stationary state　05.0461
非平衡分子动力学　nonequilibrium molecular dynamics, NEMD　05.0918
非平衡理论　nonequilibrium theory　05.0916
非平衡蒙特卡罗法　nonequilibrium Monte Carlo method, NEMC method　05.0923
非平衡热力学　nonequilibrium thermodynamics　05.0188
非平衡声子　nonequilibrium phonon　08.1449
非平衡输运　nonequilibrium transport　05.0919
非平衡态　nonequilibrium state　05.0193
非平衡统计力学　nonequilibrium statistical mechanics　05.0917
非平衡统计算符　nonequilibrium statistical operator　05.0920
非平衡系统　nonequilibrium system　05.0187
非平衡相变　nonequilibrium phase transition　05.1070
非平衡载流子　nonequilibrium carrier　08.1578
非破坏性读出　non-destructive readout　03.1117
非破坏性检验　non-destructive testing　08.1110
非谱色　non-spectral color　04.0741
非侵入测量　non-invasive measurement　08.1119
非侵入方法　non-invasive method　08.1120
非轻子衰变　nonleptonic decay　09.1097
非球面[反射]镜　aspheric mirror　04.0151
非球面透镜　non-spherical lens, aspherical lens　04.0258
非热动平衡　non-thermodynamic equilibrium, NTE　05.0350
非热辐射　nonthermal radiation　10.0183
非束缚电子　unbound electron　08.1268
非弹性　inelasticity　09.1074
非弹性X射线谱学　inelastic X-ray spectroscopy, IXS　08.1051
非弹性电子隧穿谱学　inelastic electron tunneling spectroscopy, IETS　08.3276
非弹性碰撞　inelastic collision　02.0466
非弹性散射　inelastic scattering　06.0643
非弹性散射激发　inelastic scattering excitation　09.0508
非弹性散射截面　inelastic scattering cross-section　09.0453
非弹性隧穿　inelastic tunneling　08.1809
非弹性中子散射　inelastic neutron scattering, INS　08.1101
非[完]全熔合　incomplete fusion　09.0558
非完全弹性碰撞　imperfect elastic collision　02.0468
非完整系　nonholonomic system　02.0581
非完整约束　nonholonomic constraint, anholonomic constraint　02.0577
非物理粒子　unphysical particle　09.1098
非线性　nonlinearity　11.0451
非线性场论　nonlinear field theory　09.1226
非线性动力学　nonlinear dynamics　11.0455
非线性光谱学　nonlinear spectroscopy　04.1858
非线性光学　nonlinear optics　04.0013
非线性[光学]极化率　nonlinear [optical] susceptibility

04.2333
非线性[光学]晶体　nonlinear crystal　04.2330
非线性介质　nonlinear medium　04.2329
非线性科学　nonlinear science　11.0453
非线性朗道阻尼　nonlinear Landau damping　10.0329
非线性理论　nonlinear theory　11.0454
非线性热力学　nonlinear thermodynamics　05.0458
非线性声学　nonlinear acoustics　04.2612
非线性输运　nonlinear transport　05.0767
非线性隧穿　nonlinear tunneling　11.0746
非线性系统　nonlinear system　11.0456
非线性现象　nonlinear phenomenon　11.0452
非线性响应　nonlinear response　05.0879
非线性效应　nonlinear effect　10.0317
非线性薛定谔方程　nonlinear Schrödinger equation　11.0742
非线性元激发　nonlinear elementary excitation　05.0731
非线性元件　nonlinear element　03.0905
非线性振荡　nonlinear oscillation　11.0493
非线性振动　nonlinear vibration　11.0494
非线性主方程　nonlinear master equation　05.0850
非相对论性极限　non-relativistic limit　06.0148
非相对论性粒子　non-relativistic particle　09.1197
非相干产生　incoherent production　09.1071
非相干成像　incoherent imaging　04.1245
非相干叠加　incoherent superposition　04.1285
非相干发射　incoherent emission　04.1281
非相干辐射　incoherent radiation　04.1282
非相干光　incoherent light　04.1279
非相干散射　incoherent scattering　04.0877
非相干隧穿　incoherent tunneling　08.1808
非相干性　incoherence　04.1284
非相干照明　incoherent illumination　04.1283
非谐[频率]部分　inharmonic [frequency] component　02.0370
非谐频率部分　inharmonic frequency component　04.2718
非寻常光[线]　extraordinary ray　04.1171
非寻常折射率　extraordinary refractive index　04.1173
非衍射光束　nondiffracting beam　04.0976
非易失存储器　non-volatile memory　03.1116
非有心力　non-central force　09.0079
非圆截面等离[子]体　non-circular plasma　10.0413
非黏滞流　nonviscous flow　05.0799
非正常对称操作　improper symmetry operation　08.0135
非正常转动　improper rotation　08.0134
非中性等离[子]体　nonneutral plasma　10.0024
非周期性　aperiodicity　02.0379
非周期[性]晶体　aperiodic crystal　08.0554
非周期运动　non-periodic motion, acyclic motion　02.0022
非自旋[的]磁矩　extra-spin magnetic moment　08.2097
非自治系统　nonautonomous system　11.0460
菲克定律　Fick's law　05.0774
菲涅耳波带[法]　Fresnel zone [construction]　04.0972
[菲涅耳]波带片　[Fresnel] zone plate　04.1002
菲涅耳传播因子　Fresnel propagator　04.0864
菲涅耳定律　Fresnel's law　04.0863
菲涅耳复式棱镜　Fresnel multiple prism　04.0925
菲涅耳公式　Fresnel's equation　04.0862
菲涅耳-基尔霍夫公式　Fresnel-Kirchhoff formula　04.0968
菲涅耳菱体　Fresnel rhombus　04.1151
菲涅耳全息图　Fresnel hologram　04.1382
菲涅耳数　Fresnel number　04.0985
菲涅耳双镜　Fresnel bimirror　04.0923
菲涅耳双棱镜　Fresnel biprism　04.0924
菲涅耳透镜　Fresnel lens　04.1003
菲涅耳衍射　Fresnel diffraction　04.0973
菲佐[干涉]条纹　Fizeau fringes　04.0921
菲佐实验　Fizeau's experiment　06.0060
斐波那契链　Fibonacci chain　11.0655
斐波那契序列　Fibonacci sequence　11.0656
沸点　boiling point　05.0415
沸点高度　boiling point elevation　05.0416
沸石　zeolite　08.3629
沸腾　boiling　05.0388
费尔韦效应　Verwey effect　08.1932
费伽德定律　Vegard's law　08.1160
费根鲍姆标度律　Feigenbaum's scaling law　11.0589
费根鲍姆[重正化群]方程　Feigenbaum's [renormalization group] equation　11.0528
费根鲍姆数　Feigenbaum's number　11.0588
费利奇不稳定性　Felici instability　08.2699
费马原理　Fermat's principle　04.0113
费曼标度无关性　Feynman scaling　09.1231
费曼超流理论　Feynman's theory of superfluidity　08.3029

费曼管　Feynman tube　08.3467
费曼规范　Feynman gauge　09.1289
费曼规则　Feynman rule　09.1290
费曼路径　Feynman path　08.3466
费曼路径积分　Feynman path integral　06.0557
费曼图　Feynman diagram　05.0950
费米边奇异性　Fermi edge singularity　05.0604
费米波长　Fermi wavelength　05.0602
费米波矢　Fermi wave vector　05.0601
费米[-狄拉克]分布　Fermi [-Dirac] distribution　05.0584
费米-狄拉克积分　Fermi-Dirac integral　05.0585
费米[-狄拉克]统计法　Fermi [-Dirac] statistics　05.0583
费米点　Fermi point　05.0597
费米动量　Fermi momentum　05.0588
费米海　Fermi sea　05.0592
费米函数　Fermi function　09.0217
费米弧　Fermi arc　08.3059
费米环　Fermi loop　05.0595
费米黄金规则　Fermi's golden rule　06.0609
费米口袋　Fermi pocket　05.0596
费米面　Fermi surface　05.0591
[费米面]叠套　nesting [of Fermi surfaces]　08.3060
费米面学　fermiology　05.0603
费米能级　Fermi level　05.0586
费米能[量]　Fermi energy　05.0587
费米耦合常数　Fermi coupling constant　09.1481
费米气体　Fermi gas　08.3051
费米球　Fermi sphere　05.0590
费米速度　Fermi velocity　05.0600
费米温度　Fermi temperature　05.0589
费米-沃克迁移　Fermi-Walker transport　06.0166
费米相互作用　Fermi interaction　09.0219
费米液体　Fermi liquid　08.3053
费米液体参数　Fermi liquid parameter　08.3055
费米跃迁　Fermi transition　05.0598
费米真空　Fermi vacuum　05.0599
费米[中子]年龄　Fermi age　09.1568
费米子　fermion　05.0593
费米[子]弦　fermionic string　09.1130
费希巴赫共振　Feshbach resonance　05.0611
分辨本领　resolving power　04.1013
*分辨带宽　resolution bandwidth　04.1305
分辨率　resolution　01.0284
分辨[率极]限　resolution limit　04.1304
分辨时间　resolving time　09.0746
分波法　method of partial waves　06.0647
分波分析　partial-wave analysis　09.0479
分波截面　partial-wave cross-section　09.0480
分波展开　partial-wave expansion　06.0646
分布　distribution　05.0526
t 分布　Student's distribution　01.0422
δ 分布　delta distribution　01.0402
χ^2 分布　chi square distribution　01.0420
分布布拉格反射器　distributed Bragg reflector　04.1034
分布电感　distributed inductance　03.0615
分布电容　distributed capacitance　03.0150
分布反馈激光器　distributed-feedback laser, DFB laser　04.2234
分布函数　distribution function　05.0528
分布函数矩量　moment of distribution function　05.0908
分布力　distributed force　02.0250
分布振幅　distribution amplitude　09.1607
分部混色　partitive color mixing　04.0751
分部结晶　fractional crystallization　08.0739
*分层流　stratified flow　02.0787
分岔　bifurcation　11.0480
分岔集　bifurcation set　11.0490
分岔理论　bifurcation theory　11.0481
分岔图骨架　skeleton of bifurcation diagram　11.0491
分独立产额　fractional independent yield　09.0653
分度　graduation　08.1103
分复用器　demultiplexer　04.1485
分割球装置　split-sphere apparatus　08.3580
分光变阻测热计　spectrobolometer　05.0133
分光光度法　spectrophotometry　04.1653
分光光度计　spectrophotometer　04.1654
分光光度学　spectrophotometry　04.0685
分光计　spectrometer　04.0189
分光镜　spectroscope　04.0161
分光器　light splitter　04.0162
分划板　graticle　04.0410
分迹　partial trace　01.0449
分积累产额　fractional cumulative yield　09.0652
分截面　partial cross-section　09.0451
分解　resolution　01.0285, decomposition　08.0795; disassembly　08.3645

分解热　heat of decomposition　08.3371
分界能级　demarcation level　08.1637
分聚　segregation　08.2705
分块全息存储　block-organized holographic memory　04.1428
分宽度　partial width　09.0496
分离功　separative work　07.0279
分离过程　detachment process　07.0242
分离能　separation energy　07.0278
分离器　separator　02.0919
分力　force components　02.0331
*分立本征值　discrete eigenvalue　06.0554
分立能级　discrete level　07.0091
*分立谱　discrete spectrum　07.0029
分量　component　02.0330
*分裂　fission　09.0629
分裂器　splitter　03.1103
分裂栅　split-gate　08.1824
分流　split-flow　02.0768
分流电阻　shunt resistance　03.0313
分流器　shunt, splitter　03.0311
分流器　diverter　03.1105
分馏　fractional distillation　05.0389
分路　shunt　03.0312
分路器　splitter　03.1102
*分凝　segregation　08.0934
分凝　fractional condensation　08.2715
分频器　frequency divider　04.2421
*分色镜　dichroic mirror　04.0956
分时激光器　time-sharing laser　04.2262
分束器　beam splitter　04.0880
分数磁荷　fractional magnetic charge　08.2083
分数电荷　fractional [electric] charge　09.1461
分数量子霍尔效应　fractional quantum Hall effect　08.2894
分数统计法　fractional statistics　05.0574
分衰变常量　partial decay constant　09.0139
分速度　velocity component　02.0327
分体积　partial volume　05.0050
*分维　fractal dimension　11.0625
分析电子显微学　analytical electron microscopy　08.1095
分析力学　analytical mechanics　02.0006
分析天平　analytical balance　02.0890
分谐波发生[效应]　subharmonic generation　04.2405
分形　fractal　11.0620
分形测度　fractal measure　11.0626
分形生长　fractal growth　11.0654
分形体　fractal　11.0621
分形维数　fractal dimension　11.0625
分形子　fracton　11.0622
分压　partial pressure　05.0072
分压律　law of partial pressure　05.0074
分压器　voltage divider, potentiometer　03.0310
分音　partial tone　04.2805
分支比　branching ratio　09.0145
分支点　branch point　08.0660
分子　molecule　07.0170
分子波谱　molecular spectrum　07.0181
分子场理论　molecular field theory　08.1891
分子磁矩　molecular magnetic moment　03.0448
分子磁体　molecular magnet　07.0299
分子缔合　molecular association　07.0294
分子电流　molecular current　03.0443
分子电子学　molecular electronics　07.0306
分子动力学　molecular dynamics　07.0297
分子动力学法　molecular dynamics method, MD method　05.0927
分子固体　molecular solid　08.0642
分子光谱学　molecular spectroscopy　04.1870
分子光学　molecular optics　04.0017
分子轨道　molecular orbital　07.0300
分子轨道法　molecular orbital method　07.0301
分子汇　molecular sink　07.0305
分子混沌拟设　molecular chaos hypothesis, Stosszahlansatz(德)　05.0749
分子机械　molecular machinery　11.0434
分子极化率　molecular polarizability　07.0302
分子间键合　intermolecular bonding　07.0291
分子间聚合　intermolecular condensation　07.0292
分子间力　intermolecular force　07.0212
分子键　molecular bond　07.0295
分子结构　molecular structure　07.0171
分子晶体　molecular crystal　08.0436
分子立体异构　steric configuration of molecules　08.2479
分子量　molecular weight　07.0169

分子马达　molecular motor　11.0435
分子喷泉　molecular fountain　07.0298
分子散射　molecular scattering　04.1571
分子筛　molecular sieve　07.0303
分子筛阱　molecular sieve trap　07.0304
分子生物物理学　molecular biophysics　11.0332
分子声学　molecular acoustics　04.2613
分子束外延　molecular beam epitaxy　08.0972
分子束微波激射器　molecular beam maser　04.1983
分子说　molecular theory　07.0168
分子团簇　molecular cluster　08.2973
分子物理[学]　molecular physics　07.0167
分子吸附　molecular adsorption　07.0293
分子折射度　molecular refraction　04.1564
分子钟　molecular clock　07.0296
粉末法　powder method　08.1118
粉末隔热　powder insulation　08.3419
粉末烧结样品　sintered powder sample　08.0891
粉末相机　powder camera　08.2119
粉末衍射仪　powder diffractometer　08.1028
粉纹图　powder pattern　08.2118
丰质子核素　proton-rich nuclide　09.0047
丰质子同位素　proton-rich isotope　09.0051
丰中子核素　neutron-rich nuclide　09.0046
丰中子同位素　neutron-rich isotope　09.0050
风洞　wind tunnel　02.0854
峰谷比　peak-to-valley ratio　03.0651
峰[值]　peak [value]　03.0599
峰[值]功率　peak power　03.0650
蜂鸣器　buzzer　04.2792
蜂窝型光子晶体　honeycomb photonic crystal　08.3616
冯·诺依曼投影公设　von Neumann's projection postulate　06.0782
夫琅禾费谱线　Fraunhofer line　04.1753
夫琅禾费全息图　Fraunhofer hologram　04.1381
夫琅禾费衍射　Fraunhofer diffraction　04.0974
敷层　coating　08.0822
弗拉索夫方程　Vlasov equation　10.0120
弗兰克-赫兹实验　Franck-Hertz experiment　07.0072
弗兰克-康登原理　Franck-Condon principle　04.1871
弗兰克-里德[位错]源　Frank-Read [dislocation] source　08.0473
弗勒利希模　Fröhlich mode　08.3127
弗勒利希耦合常数　Fröhlich coupling constant　08.3126
弗勒利希相互作用　Fröhlich interaction　08.3125
弗雷德金门　Fredkin gate, CSWAP gate　06.0826
弗里德定律　Friedel's law　08.1031
弗里德里克斯转变　Freedericksz transition　08.2682
弗里德曼宇宙　Friedmann universe　06.0335
弗里德求和规则　Friedel sum rule　08.1032
弗里德振荡　Friedel oscillation　08.1269
弗仑克尔缺陷　Frenkel defect　08.0450
弗罗里-哈金斯理论　Flory-Huggins theory　08.2462
弗罗里-斯托克迈耶理论　Flory-Stockmayer theory　08.2463
弗洛里温度　Flory temperature　08.0568
伏安法　voltmeter-ammeter method　03.0813
伏打电池　voltaic cell　03.0799
伏打效应　Volta effect　03.0135
伏特计　voltmeter　03.0815
伏特匝数比　voltage-turns ratio　03.0494
＊伏匝比　voltage-turns ratio　03.0494
扶手椅型纳米管　armchair nanotube　08.2964
俘获　entrapment　04.2471
K俘获　K-capture　09.0204
μ俘获　muon capture　09.0957
俘获道　capture channel　08.1104
俘获辐射　capture radiation　08.1106
K俘获辐射　K-capture radiation　09.0205
俘获共振　capture resonance　08.1107
俘获截面　capture cross-section　09.0457
俘获散射　capture scattering　08.1108
俘获系数　capture coefficient　08.1105
氟化钙[型]结构　calcium fluoride structure　08.0257
浮环　floating torus　10.0411
浮环实验　jumping ring experiment　03.0513
浮力　buoyancy force　02.0825
浮力秤　flotation balance　02.0895
浮[力中]心　center of buoyancy　02.0828
浮区法　floating zone method　08.0840
浮置电极　floating probe　03.0302
＊浮置探针　floating probe　03.0302
浮置相　floating phase　08.3650
符号　sign　01.0322
符号差　signature　06.0245
符号动力学　symbolic dynamics　11.0529
符合电路　coincidence circuit　09.0732
符合法　coincidence method　09.0729

符合光谱 coincidence spectrum 04.1825
符合光谱术 coincidence spectroscopy 04.1843
符合计数 coincidence counting 04.2524
符合结构 coincidence structure 08.2724
符合率 coincidence rate 04.2525
幅光栅 amplitude grating 04.1048
福丁气压计 Fortin barometer 02.0874
福克尔-普朗克方程 Fokker-Planck equation 05.0845
福克空间 Fock space 05.0714
福克态 Fock state 04.2538
辐射 radiation 03.0726
γ辐射 gamma radiation 09.0168
辐射安全 radiation safety 09.0289
辐射本领 radiating capacity 05.0653
辐射测量[学] actinometry 04.0584
辐射长度 radiation length 09.1634
辐射场 radiation field 03.0729
辐射出射度 radiant exitance 04.0680
辐射传输 radiative transfer 05.0657
辐射带 radiation belt 11.0299
辐射等剂量曲线 radiation isodose curve 09.0279
辐射电阻 radiation resistance 03.0741
辐射度[计]量学 radiometry 04.0583
辐射发射度 radiant emittance 04.0679
辐射[方向]图 radiation pattern 03.0732
辐射防护 radiation protection 09.0282
辐射俘获 radiative capture 09.0533
辐射改性 radiation modification 09.0819
辐射功率 radiation power 03.0734
辐射计 radiation gauge, radiometer 03.0730
辐射剂量 radiation dose 09.0275
辐射剂量测定法 radiation dosimetry 09.1636
辐射剂量计 radio dosimeter 09.0276
辐射剂量学 radiation dosimetry 09.1637
辐射角分布 radiation angular distribution 03.0733
辐射截面 radiation cross-section 05.0655
辐射宽度 radiation width 09.0494
辐射亮度 radiance 04.0676
辐射量子化 quantization of radiation 05.0650
辐射量子效率 radiative quantum efficiency, RQE 03.0746
辐射密度 radiation density 03.0736
辐射能密度 radiant energy density 05.0642
辐射频谱 radiation frequency spectrum 03.0735
辐射屏蔽 radiation shield 08.3421
辐射器 radiator 03.0728
辐射强度 radiant intensity, radiation strength 05.0656
辐射热 radiant heat 05.0428
辐射热计 bolometer 05.0132
辐射寿命 radiative lifetime 03.0744
辐射衰变 radiative decay 03.0743
辐射损伤 radiation damage 09.0766
辐射探测器 radiation detector 09.1635
辐射体 radiating body 05.0652
辐射通量 radiation flux 04.0585
辐射危害 radiation hazard 09.0288
辐射温度 radiometric temperature 03.0745
辐射吸收 radiative absorption 09.0534
辐射系数 radiation coefficient 05.0654
辐射修正 radiative correction 09.1615
辐射学 radiology 03.0727
辐射压[强] radiation pressure 05.0649
辐射源 radiation source 09.0273
辐射跃迁 radiative transition 07.0035
辐射[致]发光 radioluminescence 08.2224
辐射主导期 radiation dominated era 11.0027
辐射主导宇宙 radiation dominated universe 11.0029
辐射阻抗 radiation impedance 03.0742
辐射阻尼 radiation damping 03.0781
辐照 irradiation 09.0292
辐照度 irradiance 04.0586
辐照损伤 irradiation damage 09.0293
辐照效应 irradiation effect 08.2376
辅量子数 auxiliary quantum number 07.0043
辅模 subsidiary mode 10.0241
辅线系 subordinate series 04.1730
辅[助]表面活性剂 cosurfactant 08.2571
辅助加热 auxiliary heating 10.0436
腐蚀 corrosion 08.0938
负泊松比材料 auxetics, negative Poisson's ratio material 08.2380
负超子 negative hyperon 09.1192
负磁[致电]阻 negative magnetoresistance 08.1490
负电 resinous electricity 03.0047
负电荷 negative charge 03.0048
负电子 negatron 09.1194
负[电]阻 negative resistance 03.0268
负度规 negative metric 09.1263

G

[干涉]条纹图 fringe pattern 04.0898
干涉图 interferogram 04.0891
干涉图样 interference pattern 04.0897
干涉显微镜 interference microscope 04.1087
干涉项 interference term 04.0893
干涉仪 interferometer 04.1081
干湿球湿度计 psychrometer 05.0137
感测探针 sensing probe 08.3651
感光计 sensitometer 04.0611
[感光]密度计 densitometer 04.0810
感光特性 sensitometric characteristic 04.0811
感抗 inductive reactance 03.0630
感色性 chromatic sensitivity 04.0729
感生磁通 induced flux 08.3497
感生电场 induced electric field 03.0564
感生电动势 induced electromotive force 03.0544
感生电荷 induced charge 03.0014
感生电流 induced electric current 03.0541
感生发射 induced emission 04.2552
感生各向异性 induced anisotropy 08.1953
感生巨磁矩 induced giant moment 08.3430
感生配对势 induced pairing potential 08.3273
感生双激子吸收 induced biexciton absorption 08.1840
感生双折射 induced birefringence 08.2294
感生吸收 induced absorption 04.2553
感生相干性 induced coherence 06.0900
感生跃迁 induced transition 08.2265
感应电动机 induction motor 03.0559
感应电动势 induction electromotive force 03.0542
感应电流 induction current 03.0540
感应电炉 induction furnace 03.0557
感应加热 induction heating 03.0558
感应加速度 induction acceleration 03.0556
感应[线]圈 induction coil 03.0574
感应作用 inductive action 03.0560
刚度 rigidity 08.2347
刚度系数 rigidity 02.0212
刚晶格 rigid lattice 08.0106
刚[能]带模型 rigid band model 08.1388
刚体 rigid body 02.0487
刚性 rigidity 08.2348
刚性杆 rigid rod 06.0057
刚性离子近似 rigid-ion approximation 08.1465
刚玉 adamantine spar 08.0361
杠杆臂 lever arm 02.0900
杠杆定则 lever rule 08.0927
杠杆陀螺仪 lever gyrosecope 02.0902
高 Tc 超导体 high Tc superconductor 08.3171
＊高 β 环 high-beta torus 10.0412
高掺杂晶体 heavily doped crystal 08.0978
高纯度 high purity 08.0847
高磁导率材料 high-permeability material 08.2035
＊高导磁合金 permalloy 08.1228
高电子迁移率晶体管 high-electron-mobility transistor, HEMT 08.1727
高电阻率合金 high-resistivity alloy 08.1179
高反差[胶]片 high-contrast film 04.0796
高反射膜 high-reflecting coating 04.0940
高分辨光谱学 high-resolution spectroscopy 04.1857
＊高分子 polymer 08.2422
高分子物理[学] polymer physics 08.0011
高功率激光器 high-power laser 04.2200
高耗[共振]腔 high-loss resonator 04.2031
高混杂波 high hybrid wave 10.0216
高混杂频率 high hybrid frequency 10.0219
＊高级相变 higher-order phase tran-sition 05.0343
高角[度]环状暗场像 high-angle annular dark-field image, HAADF image 04.0523
高阶残余像差 high-order residual aberration 04.0497
高阶弛豫 high order relaxation, high-orderrelaxation 08.2247
高阶劳厄带 high order Laue zone 08.1022
高阶劳厄[带]线 high order Laue zone line 08.1023
高阶模 higher-order mode 04.2088
高阶色散 high-order dispersion 04.1631
高阶谐波产生 high-order harmonic generation 04.2395
高聚物 high polymer 08.2437
高量纲 higher dimension 09.1604
高密度逾渗 high-density percolation 11.0674
高能簇射 energetic shower 09.1421
高能电子衍射 high energy electron diffraction, HEED 08.1085
高能核反应 high-energy nuclear reaction 09.0411
高能核物理[学] high-energy nuclear physics 09.0003
高能粒子 high energy particle 09.1186
高能天体物理[学] high-energy astrophysics 09.0909
高能物理[学] high energy physics 09.0906
＊高能质子同步稳相加速器 bevatron 09.1631

高能中微子 high energy neutrino 09.1185
高频 high frequency 04.2689
高频堵漏 high-frequency plugging 10.0373
高频放电 high-frequency discharge 10.0061
高频感应炉 high-frequency induction stove 08.0843
高频加热 high-frequency heating 10.0447
高迁移率二维电子气 high mobility 2DEG 08.2883
高熔点金属 high-melting metal 08.1177
高熔混合物 dystectic mixture 08.0982
高斯定理 Gauss's theorem 03.0066
高斯定律 Gauss's law 03.0067
高斯分布 Gaussian distribution 01.0419
高斯光束 Gaussian beam 04.2068
高斯光学 Gaussian optics 04.0005
高斯积分 Gaussian integral 03.0454
高斯计 gaussmeter 03.0846
高斯聚焦 Gaussian focus 04.0301
高斯面 Gaussian surface 03.0455
高斯模型 Gauss model 05.1031
高斯目镜 Gauss eyepiece 04.0401
高斯曲率 Gaussian curvature 06.0261
高斯通量定律 Gauss's flux law 03.0456
高斯误差函数 Gauss error function 01.0247
高斯像面 Gaussian image plane 04.0322
高斯映射 Gaussian map 11.0590
高斯涨落 Gaussian fluctuation 05.0814
*高速扫描摄影机 streak camera 04.0555
高速扫描照相机 streak camera 04.0555
*高速摄影机 high-speed camera 04.0435
高速照相机 high-speed camera 04.0435
高通滤波器 high pass filter, high-pass filter 03.0955
高维晶体学 high-dimensional crystallography 08.1050
高位数 seniority 09.0355
高温超导体 high temperature superconductor, HTS 08.3170
高温等离[子]体 high-temperature plasma 10.0009
高温计 pyrometer 05.0121
高温热库 high temperature reservoir 05.0243
高温蠕变 high temperature creep 08.0837
高谐波 upper harmonic wave 02.0868
高压 high pressure 08.3559
高压倍加器 Cockcroft-Walton accelerator 09.0856
高压比环 high-beta torus 10.0412
高压电子显微术 high voltage electron microscopy 03.0425
高压技术 high pressure technique 08.3560
高压物理[学] high pressure physics 08.0008
高压物态方程 high pressure equation of state 08.3597
高压云室 high-pressure cloud chamber 09.1661
高约束模式 high-mode, H-mode 10.0423
高真空 high vacuum 01.0127
高真空泵 high-vacuum pump 05.0147
高真空隔热 high vacuum insulation 08.3418
高自旋态 high-spin state 09.0389
高阻尼波 heavily damped wave 10.0230
糕模近似 muffin-tin approximation 08.1308
糕模势 muffin-tin potential 08.1307
戈德斯通定理 Goldstone's theorem 09.1250
戈德斯通粒子 Goldstone particle 09.1041
戈德斯通模 Goldstone mode 05.1009
戈莱盒 Golay cell 04.2567
戈里科夫方程 Gor'kov equation 08.2314
哥本哈根诠释 Copenhagen interpretation 06.0411
格波 lattice wave 08.1403
格波动量 lattice wave momentum 08.1404
格点 lattice point 08.0069
*格点场论 lattice field theory 09.1583
格点动物 lattice animal 11.0721
格点对应 lattice correspondence 08.0231
格点格林函数 lattice Green's function 09.1584
格点规范 lattice gauge 09.1149
格点规范理论 lattice gauge theory 09.1583
格点行 lattice [point] row 08.0070
格点和 lattice sum 08.0411
格点键联 lattice binding 08.0230
格点模型 lattice model 08.0228
格点平移 lattice translation 08.0119
格点无序 lattice disorder 08.0533
格点液体 lattice liquid 11.0719
格点阵列 lattice array 08.0229
格孤子 lattice soliton 08.2940
格拉肖-温伯格-萨拉姆模型 Glashow-Weinberg-Salam model 09.1477
格拉肖-伊利奥普洛斯-马亚尼机制 Glashow-Iliopoulos-Maiani mechanism, GIM mechanism 09.1427
格兰棱镜 Glan prism 04.1150
格朗让-喀诺劈 Grandjean-Cano wedge 08.2656
格朗让织构 Grandjean texture 08.2659

格雷码　Gray code　04.1530
格林艾森常数　Grüneisen constant　08.1461
格林函数　Green's function　05.0928
格林尼治时　Greenwich time　01.0033
格罗夫尔算法　Grover's algorithm　06.0835
格面　lattice plane　08.0072
格气模型　lattice gas model　11.0718
格矢　lattice vector　08.0074
格[子]　lattice　11.0714
格座　lattice site　08.0584
葛庭燧扭摆　Ke torsion pendulum　08.2333
隔离器　isolator　03.1111
隔离振动　vibration isolation　08.3412
＊隔振　vibration isolation　08.3412
镉电池　cadmium cell　03.0806
各向同性　isotropy　01.0163
各向同性等离[子]体　isotropic plasma　10.0021
各向同性介质　isotropic medium　08.1950
各向同性散射　isotropic scattering　02.0415
各向同性宇宙　isotropic universe　11.0024
各向异性　anisotropy　01.0164
各向异性超流体　anisotropic superfluid　08.3046
各向异性磁阻　anisotropic magnetoresistance, AMR　08.2088
各向异性介质　anisotropic medium　08.1951
各向异性晶体　anisotropic crystal　08.0273
各向异性能　anisotropy energy　08.2089
各向异性限域　anisotropic confinement　08.3510
根点　root point　05.0702
跟踪　tracking　11.0276
跟踪系统　tracking system　11.0277
耿氏效应　Gunn effect　08.1716
工作点　working point　08.3636
工作电压　operating voltage　03.0086
工作假说　working hypothesis　01.0150
＊公差　tolerance　04.0539
公度错　discommensuration　08.2941
公度非公度转变　commensurate-incommensurate transition　08.2924
公度相　commensurate phase　08.2920
公理　axiom　01.0151
公理化场论　axiomatic field theory　09.1498
公有熵　communal entropy　08.0698
公转　revolution　11.0210
公转方向　sense of revolution　11.0211
公转周期　period of revolution, orbital period　11.0212
功　work　02.0281
功函数　work function　03.0350
功率　power　02.0286
功率半导体器件　power semiconductor device　08.1734
功率耗散　power dissipation　02.0287
功率[密度]谱　power [density] spectrum　11.0614
功率谱　power spectrum　02.0288
功率[谱线]增宽　power broadening　04.1815
功率因数　power factor　03.0643
功能材料　functional material　08.2981
功能纳米结构　functional nanostructure　08.2982
功能原理　work-energy principle　02.0284
共掺质　co-dopant　08.1817
共沉积　codeposition　08.0819
共存线　coexistence line　05.0328
共存相　coexisting phase　05.0329
＊共点成像　stigmatic imaging　04.0368
共点力　concurrent force　02.0545
共点力系　system of concurrent forces　02.0546
共动参考系　comoving reference frame　06.0250
共轭编码　conjugate coding　06.0857
共轭变量　conjugate variable　01.0458, 06.0504
共轭波　conjugate wave　04.2429
共轭场　conjugate field　09.1313
共轭点　conjugate point　04.0356
共轭分数　conjugation fraction　04.2430
共轭分子　conjugated molecule　08.2459
共轭复数　conjugate complex number　01.0458
共轭光线　conjugate ray　04.0355
共轭基　conjugate basis　06.0503
共轭键　conjugated bond　08.0416
共轭聚合物　conjugated polymer　08.2440
共轭粒子　conjugate particle　09.1179
共轭面　conjugate plane　04.0357
共轭曲线　conjugate curve　01.0459
共轭缺陷　conjugate defect　08.0659
共轭矢量　conjugate vector　06.0505
共轭算符　conjugation operator　06.0590
共轭像　conjugate image　04.0358
共轭轴　conjugate axis　01.0457
共格界面　coherent interface　08.0918
共价玻璃　covalent glass　08.0626

共价键　covalent bond　08.0414
共价键合　covalent bonding　08.0415
共价键网络　covalent network　08.0623
共价晶体　covalent crystal　08.0413
共价图　covalent graph　08.0624
共焦[共振]腔　confocal resonator　04.2023
共焦显微术　confocal microscopy　04.0426
共结晶　cocrystallization　08.0750
共晶点　eutectic point　08.0921
共晶合金　eutectic alloy　08.1170
共晶停点　rest of eutectic　08.0923
共晶转变　eutectic transformation　08.0922
共聚[化]　interpolymerization　08.2449
共聚混合物　polymer blend　08.2425
共聚物　copolymer　08.2446
共临界点　polycritical point　08.3071
共路干涉仪　common path interferometer　04.1083
共面波导　coplanar waveguide　03.1063
共面力　coplanar force　02.0548
共面力系　system of coplanar forces　02.0549
共鸣　resonance　04.2738
共鸣板　sound board　04.2747
共鸣管　resonance tube　04.2746
*共熔点　eutectic point　08.0921
共隧穿　co-tunneling　06.0624
共同本征函数　simultaneous eigenfunction　06.0552
共吸附　co-adsorption　08.2736
共析　eutectoid　08.0881
共析分解　eutiectoid decomposition　08.0882
*共线变换　collinear transformation, collineation　04.0372
共线相位匹配　collinear phase matching　04.2384
共心[共振]腔　concentric resonator　04.2021
共形变换　conformal transformation　06.0284
共形不变性　conformal invariance　06.0283
共形场论　conformal field theory　09.1602
共形空间群　symmorphic space group　08.0113
*共形张量　con-formal tensor　06.0263
共有本征函数　common eigenfunction　06.0551
共振　resonance　02.0373
共振X射线散射　resonant X-ray scattering　08.1541
共振凹陷　resonance dip　04.1760
共振[波]模　resonant mode　03.1021
共振超声波谱术　resonant ultrasound spectroscopy, RUS　04.2775
共振抽运　resonance pumping　04.2180
共振放大　resonance amplification　04.1759
共振峰　resonance peak　09.0489
共振俘获　resonance capture　04.1758
共振回路　resonance circuit　03.1028
共振积分　resonance integral　09.0492
共振激发　resonance excitation　08.2273
共振价键理论　resonating valence bond theory, RVB theory　08.3143
共振价键模型　resonating valence bond model, RVB model　07.0221
共振价键态　resonating valence bond state, RVB state　07.0222
共振截面　resonance cross-section　09.0491
共振宽度　resonance width　09.0493
共振拉曼光谱学　resonance Raman spectroscopy　04.1881
共振粒子　resonant particle　10.0135
共振能级　resonance level　04.1761
共振能量　resonance energy　09.0490
共振频率　resonant frequency　02.0377
共振器　resonator　03.1019
共振腔　resonant cavity　03.1020
共振腔发光二极管　resonant-cavity light-emitting diode　08.2295
共振散射　resonant scattering　08.1540
共振隧穿　resonant tunneling　08.3261
共振态　resonance state　05.0736
共振吸收　resonance absorption　08.2272
共振线　resonance line　04.1756
共振线宽　resonance line width　08.2096
共振荧光　resonance fluorescence　08.2250
共振中子　resonance neutron　09.0584
共轴电容器　gang capacitor　03.0156
共轴性误差　centration error　04.0337
共轴组　centered system　04.0335
共转　corotation　02.0490
沟槽光谱　channeled spectrum　04.1824
沟道波导　channel waveguide　04.1440
沟道化　channeling　08.1791
沟道效应　channel effect　08.1792
*构象分析　conformational analysis　08.2792
构型分析　conformational analysis　08.2792

估计　estimation　01.0111
孤对电子　lone pair electrons　08.0708
孤[立]波　solitary wave　11.0736
孤立导体　isolated conductor　03.0030
孤立过程　isolated process　05.0247
孤立奇点　isolated singularity　11.0467
孤立系　isolated system　02.0306
孤[立]子　soliton　11.0737
箍断效应　pinch-off effect　08.1718
Z 箍缩　Z-pinch　10.0115
谷点　valley point　01.0219
谷电流　valley current　03.0603
谷电压　valley voltage　03.0092
谷分裂　valley splitting　08.1618
谷间散射　intervalley scattering　08.1615
谷内散射　intravalley scattering　08.1616
骨架图　skeleton diagram　05.1065
固定靶　fixed target　09.1623
固定偏压　fixed bias　03.0947
固定指标　fixed index　06.0128
固化点　solidification point　05.0407
固化热　heat of solidification　05.0406
固化温度　solidification temperature　05.0408
固气相变　solid-vapor transition　05.0336
固溶度　solid solubility　08.0886
固溶体　solid solution　08.1200
固溶性　solid solubility　08.0887
固态　solid state　05.0048
固态等离[子]体　solid state plasma　10.0025
固态电路　solid state circuit　08.1772
固态电子学　solid-state electronics　08.1555
固态反应　solid state reaction　08.0889
固态富勒体　fullerite　08.2977
＊固态物理[学]　solid state physics　08.0003
固态镶嵌　solid tessellation　08.0608
固体　solid　05.0047
固体电路　solid circuit　08.1743
固体光谱　solid state spectrum　04.1829
固体激光器　solid state laser　04.2219
固体计数器　solid state counter　09.0723
固体径迹探测器　solid state track detector　09.0765
固体离子学　solid state ionics　08.0420
固体器件　solid state device　08.1770
固体探测器　solid state detector　08.1773
固体物理[学]　solid state physics　08.0003
固体性　solidity　08.0712
固相　solid phase　05.0049
固相外延　solid phase epitaxy　08.0966
固相线　solidus [line]　08.0786
固液相变　solid-liquid transition　05.0335
固有长度　proper length　06.0059
固有共振　natural resonance　04.1757
固有加速度　proper acceleration　06.0133
固有角动量　proper angular momentum　06.0660
固有频率　natural frequency　02.0372
固有[谱线]增宽　natural broadening　04.1810
固有时　proper time　06.0050
固有时间隔　proper time interval　06.0051
固有速度　proper velocity　06.0132
固有线宽　natural linewidth　04.1807
固有噪声　inherent noise　05.0828
固有振荡　natural oscillation　02.0371
固有振动　natural vibration　04.2620
固有质量　proper mass　06.0140
关节点　articulation point　05.0701
关联长度　correlation length　05.0892
关联函数　correlation function　05.0885
关联能　correlation energy　06.0684
关联谱　correlation spectrum　04.1339
关联衰减原理　principle of attenuation of correlations, PAC　05.0925
关联维数　correlation dimension　11.0636
关联系数　correlation coefficient　01.0564
关联自发发射　correlated spontaneous emission　04.1976
＊OZ 关系　Oz relation　05.0694
观测　observation　01.0105
＊观测天文学　observational astronomy　11.0001
观测宇宙学　osbervational cosmology　06.0329
观察　observation　01.0106
观察器　viewer　04.0488
官能团　functional group　08.2980
管状波导　tubular waveguide　03.1062
贯穿孪晶　penetration twin　08.0769
惯量积　product of inertia　02.0527
惯量椭球　ellipsoid of inertia　02.0525
惯量张量　inertia tensor　02.0524
惯量主轴　principal axis of inertia　02.0528
惯性　inertia　02.0098

惯性参考系　inertial frame　02.0099
惯性导航　inertial guidance　11.0306
*惯性定律　law of inertia　02.0142
惯性力　inertial force　02.0445
惯性原理　principle of inertia　02.0443
惯性约束　inertial confinement　10.0425
惯性[约束]聚变　inertial confinement fusion, ICF　10.0350
惯性质量　inertial mass　02.0118
惯性中心　center of inertia　02.0120
惯性中心轴　central axis of inertia　02.0122
惯用单胞　conventional unit cell　08.0081
光　light　04.0001
光斑　light spot　04.0068
光斑大小　spot size　04.0069
光泵　light pump　04.1990
光编码　optical encryption　04.1532
光变曲线　light curve　11.0166
光波　light wave, optical wave　04.0560
光波导　optical waveguide　04.1439
[光]波的叠加原理　principle of superposition of [light] waves　04.0561
光补偿　optical compensation　04.0919
光测高温计　optical pyrometer　05.0123
光[测]弹性　photoelasticity　04.1929
光测弹性术　photoelastometry　04.1931
光[测]弹性学　photoelasticity　04.1930
光场　optical field, light field　04.0050
光场克尔效应　optical Kerr effect　04.2447
*光场斯塔克效应　optical Stark effect　04.2558
光程　optical path　04.0107
光程差　optical path difference　04.0108
光[程]距　optical distance　04.0109
光抽运　optical pumping, light pumping　04.1989
光磁致应　photomagnetic effect　08.2256
光磁[致]电效应　photomagnetoelectric effect　08.2257
光猝发　burst of light　04.2278
光猝灭　optical quenching　04.2277
光催化　photocatalysis　04.2593
光导　light guide　04.1438
光的电磁理论　electromagnetic theory of light　04.0029
光的直线传播　rectilinear propagation of light　04.0070
光电倍增管　photomultiplier [tube]　04.1947
光电变换器　optical-to-electrical transducer　04.1955
光电测微光度计　photoelectric microphotometer　04.0688
光电成像　photoelectronic imaging　04.0206
光电池　photoelectric cell, photocell　04.1945
光电导　optical conductivity　08.1531
光电导体　photoconductor　04.1950
光电导效应　photoconductive effect　04.1949
光电导[性]　photoconductivity　08.1664
光电二极管　photodiode　04.1956
光电发射　photoelectric emission　08.2309
光电峰　photopeak　09.0776
光电管　photoelectric tube　04.1946
光电流　photocurrent　04.1944
光[电]探测　photodetection, photoelectric detection　04.2513
光[电]探测器　photodetector　04.2514
光电吸收　photoelectric absorption　08.2308
光电效应　photoelectric effect　04.1932
光电效应方程　photoelectric equation　04.1935
光电压　photovoltage　04.1953
光电子　photoelectron　04.1937
光电子产额　photoelectric yield　04.1940
*光电子产率　photoelectric yield　04.1940
光电[子]发射　photoemission　08.2804
光电[子]发射谱术　photoelectron emission spectroscopy　08.2820
光电子发射显微术　photoelectron emission microscopy, PEEM　04.1943
光电子光谱显微术　photoelectron spectromicroscopy　04.1942
光电子激发　photoelectron excitation　04.1939
光电子能谱学　photoelectron spectroscopy, PES　08.2819
光电子能谱仪　photoelectron spectrometer　04.1941
光电子器件　optoelectronic device　08.1736
光电子通信　optoelectronic communication　04.1432
光电子学　optoelectronics, optronics　04.1938
光度计　photometer　04.0581
光度学　photometry　04.0580
光发射度　luminous emittance　04.0600
光发射率　luminous emissivity　04.0054
光阀　light valve　04.2177
光放大　light amplification　04.2060
光放大器　optical amplifier　04.2061

＊光分插复用器　optical add/drop multiplexer　04.1492
＊光伏电池　photovoltaic cell　04.1954
＊光伏效应　photovoltaic effect　04.1952
光浮　optical levitation　04.2485
光辐射　optical radiation　04.0047
［光］负晶体　［optically］ negative crystal　04.2314
光［赋］色效应　photochromic effect　04.2582
光［赋］色性　photochromism　04.2583
光感生光栅　light-induced grating　04.2441
光感受体　photoreceptor　04.0712
光杠杆　optical lever　02.0901
光隔离器　optical isolator　04.2173
光功当量　mechanical equivalent of light　04.0610
光共轭　optical conjugation　04.2426
光孤子　optical soliton　04.2503
＊光关联　optical correlation　04.1336
光轨道角动量　orbital angular momentum of light　04.1126
光合作用　photosynthesis　04.2600
光弧　luminous arc　04.0601
光滑曲线　smooth curve　01.0558
光化辐射　actinic radiation　04.2574
光化性　actinicity　04.2573
光化［学］效应　photochemical effect　08.2259
光化作用　photochemical action　04.2575
光混频　optical mixing, photomixing　04.2423
光激发　optical excitation　04.1988
光极化　optical poling　04.2596
光计算　optical computing　04.1552
光交叉连接　optical cross-connection　04.1495
光胶　optical cement　04.0771
［光］焦度　focal power　04.0310
光解作用　photolysis　04.2589
光阱　light trap　04.2473
＊光具组　optical system　04.0365
光具座　optical bench　04.0382
光聚合物　photopolymer　04.2595
光刻［蚀］　photoetching　08.0953
光刻术　photolithography　08.0954
光控电致发光　photoelectroluminescence　04.1957
光阑　diaphragm, stop　04.0464
光缆　optical cable　04.1448
光力学　optomechanics　04.1927
光力学晶体　optomechanical crystal　04.1928
光量计　quantometer　06.0910
光量子　light quantum　04.0052
光路可逆性　reversibility of optical path　04.0114
光路可逆性原理　principle of optical path reversibility　04.0115
光路由器　optical router　04.1503
光脉冲　light pulse　04.0053
光脉冲压缩　light pulse compression　04.2149
光漫射　light diffusion　04.0129
光密度　optical density　04.0808
光密介质　optically denser medium　04.0118
光瞄准仪　optical collimator　04.0614
光敏传感器　light sensor　04.2568
光敏电阻　photoresistance　04.2569
光敏面　photosurface　04.2572
光敏器件　photosensitive device　08.1739
光敏效应　photosensitive effect　04.2571
光敏性　photosensitivity, light sensitivity　04.2570
光敏阴极　light-sensitive cathode　04.1948
光能　luminous energy　04.0051
光年　light year, ly　11.0100
光镊　optical tweezer　04.2483
光凝胶　photogel　08.2310
光耦合　optical coupling　04.1498
光耦合器　optical coupler　04.1499
光拍　light beat, photo-beat　04.2184
光拍光谱术　light beating spectroscopy　04.1852
光劈　optical wedge　04.0920
光漂白　optical bleaching　04.1892
光频　optical frequency　04.0823
光频梳　optical frequency comb　04.2156
光频梳发生器　optical frequency comb generator　04.2157
光谱　optical spectrum, light spectrum　04.1666
光谱比较仪　spectrocomparator　04.1842
光谱纯度　spectral purity　04.1823
［光］谱带　spectral band　04.1688
光谱化学　spectrochemistry　04.1678
光谱级　spectral order　04.1713
光谱色度学　spectrocolorimetry　04.0582
＊［光］谱术　spectroscopy　04.1837
光谱图　spectrogram　04.1820
光谱显微镜　spectromicroscope　04.0420
光谱线同位素位移　spectroscopic isotope shift　04.1782

[光]谱线系　spectral series　04.1720
[光]谱线自蚀　self-reversal of spectral lines　04.1818
光谱项　spectroscopic term　04.1722
光谱项系　[spectroscopic] term series　04.1723
[光]谱学　spectroscopy　04.1837
[光]谱仪　spectrometer　04.0188
[光]谱支　spectral branch　04.1689
光启[动]开关　light-activated switch　04.1479
光强[度]　intensity of light　04.0858
光球　photosphere　11.0189
光圈数　f-number, stop number　04.0449
光热效应　photothermal effect, optothermal effect　04.1936
光散射谱学　light scattering spectroscopy　04.1879
光扫描器　optical scanner　04.0615
光上/下路分插复用器　optical add/drop multiplexer　04.1492
光射度　light emittance　04.1586
＊光深　optical depth　04.0557
光生伏打电池　photovoltaic cell　04.1954
光生伏打效应　photovoltaic effect　04.1952
光生物学　photobiology　04.2599
光生载流子　photocarrier　08.1575
光生中微子　photoneutrino　09.1199
光生作用　photoproduction　04.2601
光声成像　photoacoustic imaging　04.0205
光声谱学　photoacoustic spectroscopy, optoacoustic spectroscopy　04.1883
光声调制　optoacoustic modulation　04.1959
光声效应　optoacoustic effect, photoacoustic effect　04.1958
光矢量　light vector　06.0191
光视效率　luminous efficiency　04.0607
光视效能　luminous efficacy　04.0608
光适应　photopia　04.0709
光疏介质　optically thinner medium　04.0117
[光]束斑　beam spot　04.2072
[光]束半径　beam radius　04.2074
光束波导　beam waveguide　04.2188
[光]束发散角　beam divergence angle　04.2076
光束图样　beam pattern　04.2073
[光]束腰　beam waist　04.2070
[光]束腰半径　waist radius　04.2071
光速　velocity of light, light velocity　04.0036
光速不变原理　principle of constancy of light velocity　06.0007
光速圆柱面　light cylinder　11.0167
光塑效应　photoplastic effect　04.2591
光损伤　optical damage　08.2211
光弹效应　photoelastic effect　08.2208
光调制　optical modulation　04.1211
光调制器　light modulator　04.1212
光通量　luminous flux　04.0592
光瞳　pupil　04.0484
[光]瞳函数　pupil function, aperture function　04.0487
光陀螺仪　optical gyroscope　04.2292
光微子　photino　09.1020
光涡旋　optical vortex　04.1127
光吸收　photo absorption, optical absorption　04.1592
光纤　optical fiber　04.1447
光纤包层　fiber cladding　04.1459
光纤放大器　optical fiber amplifier　04.2256
光纤[观察]镜　fiberscope　04.1470
光纤光学　fiber optics　04.1449
光纤光栅　fiber grating　04.1066
光纤激光器　fiber laser　04.2255
光纤通信　optical fiber communication　04.2290
光纤透镜耦合器　fiber-lens coupler　04.1500
光线　light ray　04.0067
光线的引力偏折　gravitational deflection of light　06.0316
光线追迹　ray tracing　04.0359
光限幅　optical limiting　04.2453
光陷俘力　optical trapping force　04.2475
光心　optical center　04.0283
光信号　light signal　06.0006
光行差　aberration　06.0061
光选通　light gating　04.1478
光学　optics　04.0002
光学变换　optical transform　04.1230
光学玻璃　optical glass　04.0383
光学薄膜　optical thin-film　04.0934
光学不变量　optical invariant　04.0351
光学参变放大　optical parametric amplification　04.2396
光学参变振荡　optical parametric oscillation　04.2398
光学参变振荡器　optical parametric oscillator, OPO　04.2399
[光学]测角计　optical goniometer　04.0613

光学测距仪　optical range finder　04.0783
光学长度　optical path length　04.0116
光学常数　optical constant　04.0057
光[学]成像　optical imaging　04.0199
光学传递函数　optical transfer function　04.1237
光学传输网络　optical transport network　04.1434
光学存储　optical memory, optical storage　04.1540
光学带隙　optical band gap　08.2269
光[学]定向测距　optical direction and ranging, OPDAR　04.2308
光学镀膜　optical coating　04.0933
光学多道分析　optical multichannel analysis　04.1481
光[学]多路传输　optical multiplexing　04.1487
光[学]多稳性　optical multistability　04.2452
＊光学敷层　optical coating　04.0933
＊光学浮置　optical levitation　04.2485
光学傅里叶变换　optical Fourier transform　04.1222
光学干涉仪　optical interferometer　04.1082
光学格[子]　optical lattice　04.2541
光学共振腔　optical resonant cavity, opticalresonator　04.2013
光学厚度　optical thickness　04.0917
光学击穿　optical breakdown　04.2506
光学集成　optical integration　04.0781
光学校直　optical alignment　04.0616
光学接触　optical contact　04.0139
光学介质　optical medium　04.0055
光[学]零差　optical homodyne　04.1550
光学逻辑　optical logic　04.1555
光学瞄准镜　optical sight　04.0157
光学模　optical mode　08.1411
光学模型　optical model　09.0307
光学黏团　optical molasses　07.0268
光学平面　optical flat　04.0137
光学平面度　optical flatness　04.0138
＊光学平台　optical bench　04.0382
光学平行性　optical parallelism　04.0136
光学器件　optical device　04.0059
光[学]腔　optical cavity　04.2012
光[学]全息术　optical holography　04.1344
光学冉赛条纹　optical Ramsey fringes　04.1860
光学容限　optical tolerance　04.0542
光学三极管　optical transistor　04.1553
光学设计　optical design　04.0548
光学深度　optical depth　04.0557
光学声子　optical phonon　05.0725
光学时分复用　optical time division multiplexing　04.1493
光[学]双稳性　optical bistability　04.2448
光学隧穿　optical tunneling　06.0888
光学天体　optical object　11.0150
光[学]通信　optical communication　04.1433
光[学]外差　optical heterodyne　04.1549
光学系统　optical system　04.0365
光学显微术　optical microscopy　04.0424
光[学]陷俘　optical trapping　04.2472
光学相干层析术　optical coherence tomography　04 1093
光学相关　optical correlation　04.1336
光学相位编码　optical phase encryption　04.1533
光学相位共轭　optical phase conjugation　04.2427
光[学]信息处理　coherent optical information processing　04.1507
光学仪器　optical instrument　04.0062
＊光学饴团　optical molasses　07.0268
光学元件　optical element　04.0058
光学章动　optical nutation　04.2492
光学诊断　optical diagnostics　10.0451
光学整流　optical rectification　04.2373
光学支　optical branch　08.1410
光学致冷　optical cooling　04.2470
光压　light pressure　04.1963
光延迟线　optical delay line　04.0779
光以太　luminiferous ether　06.0016
光阴极　photocathode　09.0749
光泳　photophoresis　04.2602
光泳力　photophoretic force　04.2604
光源　light source　04.0030
光晕　halo　04.0237
光增益　optical gain, light gain　04.2050
[光]闸　shutter　04.0556
光栅　grating　04.1039
光栅伴线　grating satellite　04.1695
光栅常量　grating constant　04.1041
光栅分光计　grating spectrometer　04.1659
光栅摄谱仪　grating spectrograph　04.1664
[光]照度　illuminance　04.0593
光折变晶体　photorefractive crystal　04.2445
光折变空间孤子　photorefractive spatial soliton　04.2446

光折变束扇效应　photorefractive beam-fanning effect　04.2444
光折变相位光栅　photorefractive phase grating　04.2443
光折变效应　photorefractive effect　04.2442
光折射椭球　optical indicatrix　04.2321
[光]正晶体　[optically] positive crystal　04.2313
光制导　optical guidance　04.0780
光致电离　photoionization　08.2808
光[致]电流效应　optogalvanic effect, photogalvaniceffect　04.1951
光致二向色性　photodichroism　04.2584
光致发光　photoluminescence　04.1899
光致反应　photoreaction　04.2592
光致分离　photodetachment　04.2466
光致复合　photo-recombination　04.2598
光[致]核反应　photonuclear reaction　09.0414
光致结晶　photocrystallization　08.0647
光致介电效应　photodielectric effect　08.2209
光[致]聚合作用　photopolymerization　04.2594
光[致]开关　optical switch　04.1480
光致离解　photodissociation　04.2468
光致裂变　photofission　09.0633
光致频移　light shift　04.1794
光致铁电体　photoferroelectrics　08.2210
光致同分异构体　photoisomer　08.2289
光致蜕变　photodisintegration　09.0300
光致褪色　photobleaching　04.2588
光致异化结构　photoisomerization　08.2290
光致预离解　photopredissociation　04.2469
光致载流子　photoinduced carrier　08.2288
光[致]中子　photoneutron　09.1200
光致自旋取向　optical spin orientation　04.2597
光钟　optical clock　07.0161
光轴　optic axis　04.0280
光柱　light cylinder　04.0566
光锥　light cone　06.0073
光锥[流]代数　light-cone [current] algebra　09.1317
光锥求和规则　light-cone sum rule　06.0194
光锥展开　light-cone expansion　09.1612
光子　photon　04.2515
γ光子　gamma photon, γ-photon　09.0124
光子带隙　photonic band gap　08.2293
光子反群聚　photon antibunching　04.2527
光子符合　photon coincidence　04.2523
光子化学　photonic chemistry　04.2543
光子回波　photon echo　04.2491
光子集成电路　photonic integrated circuit　04.1556
光子计数　photocounting, photon counting　04.2521
光子计数器　photon counter　04.2522
光子简并度　photon degeneracy　04.2534
光子晶体　photonic crystal　08.2292
光子晶体波导　photonic-crystal waveguide　04.1558
光子晶体光纤　photonic-crystal fiber　04.1467
光子开关　photonic switch　04.2544
光子量子比特　photonic qubit　06.0805
光子气　photon gas　04.2518
光子器件　photonic device　08.1735
光子群聚　photon bunching　04.2526
光子扫描隧穿显微镜　photon scanning tunneling microscope, PSTM　08.2311
光子筛　photon sieve　04.1004
光子数挤压态　photon-number squeezed state　06.0884
[光子]数态　number state　04.2537
＊光子数压缩态　photon-number squeezed state　06.0884
光子态　photon state　04.2536
光子探测器　photon detector　04.2519
光子通量　photon flux　04.2535
光子统计学　photon statistics　04.2531
光子学　photonics　04.2530
光子雪崩　photon avalanche　04.2540
光子压力　photon pressure force　04.2542
光子噪声　photon noise　04.2533
光子涨落　photon fluctuation　04.2532
光[子]助隧穿　photon-assisted tunneling　08.3259
光自旋角动量　spin angular momentum of light　04.1125
广延变量　extensive variable　05.0177
广延大气簇射　extensive air shower　09.1671
广延量　extensive quantity　05.0176
广延能损精细结构　extended energy loss fine structure, EXELFS　08.1076
广义巴耳末公式　generalized Balmer formula　07.0022
广义动量　generalized momentum　02.0587
广义动量积分　integral of generalized momentum　02.0612
广义福克尔–普朗克方程　generalized Fokker-Planck equation　05.0846
广义辐射度　generalized radiance　04.0678

广义功 generalized work 02.0283
广义化 generalization 01.0135
*广义拉盖尔多项式 generalized Laguerre polynomial 05.0752
广义朗之万方程 generalized Langevin equation 05.0844
广义力 generalized force 02.0585
广义能量积分 integral of generalized energy 02.0613
广义欧姆定律 generalized Ohm's law 10.0095
广义软模 generalized soft mode 05.1007
广义瑞利波 generalized Rayleigh wave 08.2743
广义速度 generalized velocity 02.0586
广义态密度 generalized density of states 08.1343
广义梯度近似 generalized gradient approximation, GGA 08.1319
广义系综 generalized ensemble 05.0547
广义相对论 general relativity 06.0203
广义相对性原理 principle of general relativity 06.0205
广义相干态 generalized coherent state 06.0875
广义响应率 generalized susceptibility 05.0876
广义协变性 general covariance 06.0314
广义协变[性]原理 principle of general covariance 06.0206
广义折射率 general refractive index 04.0087
广义振子强度 generalized oscillator strength 06.0627
广义主方程 generalized master equation 05.0848
广义坐标 generalized coordinate 02.0584
归算法 reduction method 01.0508
归一化 normalization 06.0535
归一化结构因子 normalized structure factor 08.1014
归一[化]条件 normalization condition 06.0536
归一[化]因子 normalization factor 06.0537
规范变换 gauge transformation 03.0710
规范玻色子 gauge boson 09.0924
规范不变性 gauge invariance 03.0713
规范场 gauge field 09.1066
规范场论 gauge field theory 09.1216
规范对称性 gauge symmetry 09.1497
规范粒子 gauge particle 09.0923
规范群 gauge group 09.1495
规范势 gauge potential 09.1057
规范微子 gaugino 09.1019
规范相互作用 gauge interaction 09.1151
规范协变性 gauge covariance 09.1491
规则进动 regular precession 02.0509
规则性 regularity 01.0510
硅蓝宝石技术 silicon on sapphire, SOS 08.2910
硅面垒探测器 silicon surface barrier detector 09.0757
硅探测器 silicon detector 08.1759
轨道 orbit, trajectory 02.0037
[轨道]重叠积分 [orbital] overlap integral 07.0208
轨道磁矩 orbital magnetic moment 06.0491
轨道电子俘获 orbital electron capture 09.0208
轨道角动量 orbital angular momentum 06.0662
轨道量子化 quantization of orbit 06.0382
轨道量子数 orbital quantum number 06.0389
轨道偏心率 orbital eccentricity 11.0127
轨道顺磁性 orbital paramagnetism 08.1859
轨道稳定性 orbital stability 11.0568
轨道杂化 orbital hybridization 08.2419
轨函 orbital 07.0098
轨迹 orbit, trajectory 02.0038
鬼成像 ghost imaging 06.0916
鬼干涉 ghost interference 06.0917
鬼粒子 ghost particle 09.1163
[鬼魅]超距作用 spooky action at a distance 06.0722
鬼面 ghost surface 04.0772
鬼态 ghost state 09.1068
鬼线 ghost line, spurious line 04.1719
鬼像 ghost image 04.0213
鬼转变 ghost transition 08.2668
贵金属 noble metal 08.1220
滚动摩擦 rolling friction 02.0233
滚流不稳定性 roll instability 08.2701
国际[晶体]符号 international [crystal] symbol 08.0173
国际实用温标 international practical temperaturescale, IPTS 05.0021
国际温标 international temperature scale, ITS 05.0020
国际原子时 International Atomic Time, Temps Atomique International(法), TAI 01.0034
过饱和 supersaturation 05.0373
过饱和蒸气压 supersaturation vapor pressure 05.0380
*过曝 overexposure 04.0816
过程 process 01.0176
*N 过程 normal process, N-process 08.1453
*U 过程 umklapp process, U-process 08.1455
U 过程电阻率 U-process resistivity 08.1456

H

汉勒效应　Hanle effect　04.2499
汉明码　Hamming code　04.1531
焊滴结　solder drop junction　08.3312
焊接效应　welding effect　08.0948
焊料　solder　08.1175
行矢量　row vector　01.0430
航空学　aeronautics　02.0856
＊航天动力学　astrodynamics　11.0002
航天飞机　shuttle　11.0322
航天器　spacecraft　11.0307
航天学　space aeronautics　11.0288
毫开温度　millikelvin temperature　08.3392
毫米波成像　millimeter wave imaging　04.0203
豪斯多夫维数　Hausdorff dimension　11.0639
豪斯多夫余维　Hausdorff codimension　11.0642
好量子数　good quantum number　06.0407
耗尽层　depletion layer, exhaustion layer　08.1657
耗尽宽度　depletion width　08.1659
耗散　dissipation　04.2563
耗散击波　dissipative shock　10.0253
耗散结构　dissipative structure　11.0690
耗散结构理论　theory of dissipative structure　11.0691
耗散力　dissipative force　02.0168
耗散流　dissipative flow　05.0856
耗散能　dissipated energy　11.0687
耗散算符　dissipative operator　11.0688
耗散系统　dissipative system　11.0686
耗散因子　dissipation factor　03.0703
＊合成孔径　synthetic aperture　04.1547
＊合成频率　combination frequency　04.2696
合成全息图　integral hologram　04.1392
合金　alloy　08.1227
合力　resultant force　02.0332
合力偶　resultant couple　02.0563
合流超几何方程　confluent hypergeometric equation　01.0400
合流超几何函数　confluent hypergeometric function　01.0399
合流函数　confluent function　01.0398
合路器　mixer　03.1040
合速度　resultant velocity　02.0325
合轴　alignment　01.0187
合作发光　cooperative luminescence　08.2245
合作发射　cooperative emission　04.2272
合作扩散　cooperative diffusion　08.1511
合作取向　cooperative orientation　08.1512
合作现象　cooperative phenomenon　05.0994
合作效应　cooperative effect　08.1510
合作性扬-特勒相变　cooperative Jahn-Teller phase transition　08.3611
和频　sum frequency　04.2374
和应振动　sympathetic vibration　04.2624
＊和振　sympathetic vibration　04.2624
河外星系　external galaxy　11.0046
核半径　nuclear radius　09.0020
核材料　nuclear material　09.0684
核参数　nuclear parameter　09.0033
核测井　nuclear logging　09.0847
核常数　nuclear constant　09.0032
核成分　nuclear composition　09.0025
核磁弛豫　nuclear magnetic relaxation　08.1849
核磁共振　nuclear magnetic resonance, NMR　09.0269
核磁共振层析术　nuclear magnetic resonance tomography, NMR tomography-　09.0817
核磁共振成像　nuclear magnetic resonance imaging　09.0270
核磁共振频移　nuclear magnetic resonance frequencyshift　08.3080
核磁共振温度计　NMR thermometer　08.3436
核磁矩　nuclear magnetic moment　08.1848
核磁性　nuclear magnetism　08.1847
核磁子　nuclear magneton　09.0028
核电池　nuclear battery　09.0614
核电荷　nuclear charge　09.0023
核电荷数　nuclear charge number　09.0024
核电站　nuclear power station　09.0619
核动力　nuclear power　09.0618
核反冲法　method of nuclear recoil　09.0809
核反应　nuclear reaction　09.0406
核反应动力学　nuclear reaction dynamics　09.0408
核反应堆　nuclear pile　09.0891
核反应分析　nuclear reaction analysis　09.0808
核反应阈　nuclear reaction threshold　09.0447
核反应运动学　nuclear reaction kinematics　09.0407
核废料　nuclear waste　09.0692
核沸腾　nuclear boiling　08.3424
核辐射　nuclear radiation　09.0281
核苷酸链　nucleotide chain　11.0403

核共振 X 射线谱学　nuclear resonance X-ray spectroscopy, NRXS　09.0826
核[函数]　kernel　06.0527
核合成　nucleosynthesis　09.0062
核-核碰撞　nucleus-nucleus collision　09.0418
核火球模型　nuclear fireball model　09.0565
核极化　nuclear polarization　09.0026
核结构　nuclear structure　09.0301
核结合能　nuclear binding energy　09.0041
核径迹乳胶　nuclear track emulsion　09.0769
核矩　nuclear moment　09.0253
核聚变　nuclear fusion　09.0621
核[绝热]退磁　nuclear [adiabatic] demagnetization　08.3403
核冷却　nuclear cooling　08.3407
核力　nuclear force　09.0076
核力的介子理论　meson theory of nuclear force　09.1564
核裂变　nuclear fission　09.0630
核密度　nuclear density　09.0022
核模型　nuclear model　09.0302
核内力　intranuclear force　09.0087
核能　nuclear energy　09.0615
核能级密度　nuclear level density　09.0499
核偶极相互作用　nuclear dipole interaction　09.0361
核谱学　nuclear spectroscopy　09.0249
核取向　nuclear orientation　08.3406
核燃料　nuclear fuel　09.0685
核燃料后处理　nuclear fuel reprocessing　09.0691
核燃料循环　nuclear fuel cycle　09.0690
核乳胶　nuclear emulsion　09.0767
核散射　nuclear scattering　09.0425
核嬗变　nuclear transmutation　09.0297
核势　nuclear potential　09.0086
核数据　nuclear data　09.0031
核顺磁性　nuclear paramagnetism　08.1853
核四极[矩]共振　nuclear quadrupole resonance, NQR　08.2024
核素　nuclide　09.0014
核素图　chart of nuclides, nuclide chart　09.0075
核酸　nucleic acid　11.0400
核碎片　nuclear debris　09.0628
核糖　ribose　11.0397
核糖核酸　ribonucleic acid, RNA　11.0401
核糖体　ribosome　11.0398
核天体物理　nuclear astrophysics　11.0008
核统计法　nuclear statistics　09.0034
核温度　nuclear temperature　09.0500
核武器　nuclear weapon　09.0620
核物理[学]　nuclear physics　09.0002
核物质　nuclear matter　09.0021
核相互作用　nuclear interaction　09.0084
核小体　nucleosome　11.0410
核形变　nuclear deformation　09.0363
核旋磁比　nuclear gyromagnetic ratio　09.0029
核医学　nuclear medicine　09.0815
核影散射　shadow scattering　09.0564
核照相乳胶　nuclear photographyic emulsion　09.0768
核质量　nuclear mass　09.0063
核致冷　nuclear refrigeration　08.3408
核子　nucleon　09.0008
核子分离能　nucleon separation energy　09.0036
核子-核子碰撞　nucleon-nucleon collision　09.0420
核子偶素　nucleonium　09.0939
核子数　nucleon number　09.0011
核子学　nucleonics　09.0419
核子转移　nucleon transfer　09.0523
核子组态　nucleonic configuration　09.0331
核自旋　nuclear spin　09.0027
核自旋弛豫　nuclear spin relaxation　08.3405
核自旋动力学　nuclear spin dynamics　09.0239
核自旋温度　nuclear spin temperature　08.3404
核阻止本领　nuclear stopping power　09.0697
盒中粒子　particle in a box　06.0614
*荷电粒子　charge carrier, carrier　08.1567
荷电时间常量　charging time constant　03.1126
荷质比　charge-to-mass ratio　03.0009
赫尔曼-费恩曼定理　Hellmann-Feynman theorem　08.1323
赫特-德里菲尔德曲线　Hurter-Driffield curve　04.0812
赫歇尔条件　Herschel's condition　04.0510
赫兹共振器　Hertz resonator　03.1018
赫兹振子　Hertzian oscillator　03.0725
黑白群　black-and-white group　08.0182
黑洞　black hole　11.0138
黑洞辐射　black hole radiation　06.0304
黑尔弗里希力　Helfrich force　08.2677
黑尔弗里希渗透模型　Helfrich's permeation model　08.2692

黑尔弗里希形变 Helfrich deformation 08.2667
黑尔弗里希自发曲率模型 Helfrich spontaneous curvature model 08.2678
黑体 black body 05.0637
黑体辐射 black body radiation 05.0640
痕量 trace amount 08.0944
痕量化学 trace chemistry 08.0945
恒等操作 identity operation 08.0155
恒定电流 steady current 03.0228
恒力 constant force 02.0253
恒流源 constant current source 03.0244
恒偏[向]棱镜 constant deviation prism 04.0179
恒矢量场 constant vector field 01.0366
恒温器 thermostat 05.0126
恒星 star 11.0089
恒星时 sidereal time 11.0251
恒星云 star cloud 11.0090
恒压器 barostat 02.0859
恒压源 constant voltage source 03.0242
横波 transverse wave 04.2632
横场 transverse field 03.0717
横磁波 transverse magnetic wave 03.0683
横磁波模 transverse magnetic mode, TM mode 03.0684
横电波 transverse electric wave, TE wave 03.0681
横电波模 transverse electric mode, TE mode 03.0682
横电磁波 transverse electromagnetic wave, TEM wave 03.0685
横电磁波模 transverse electromagnetic mode, TEM mode 03.0686
横光学声子 transverse optic phonon, TO phonon 08.1413
横模 transverse mode, lateral mode 04.2086
横声学声子 transverse acoustic phonon, TA phonon 08.1409
横调制 transverse modulation 04.1216
横向弛豫 transverse relaxation 04.2343
横向电压 lateral voltage 03.0088
横向动量 transverse momentum 09.1105
横向放大率 lateral magnification 04.0332
横向共振 transverse resonance 02.0374
横向关联函数 transverse correlation function 04.1337
横向加速度 transverse acceleration 02.0069
横向剪切干涉仪 lateral shearing interferometer 04.1101
横向力显微镜 lateral force microscope, LFM 08.1078
横向滤波器 transversal filter 03.0958
横向能量 transverse energy 09.1119
横[向]色差 lateral chromatism 04.0532
横向速度 transverse velocity 02.0050
横向相干性 lateral coherence, transverse coherence 04.1271
横向像差 lateral aberration 04.0499
横向压电效应 transverse piezoelectric effect 03.0217
横越磁场扩散 cross-field diffusion 10.0151
横质量 transverse mass 06.0143
横坐标 abscissa 02.0115
衡消光学[系统] nulling optics 04.0342
衡消接收机 neutrodyne receiver 03.0764
衡消滤光片 light balancing filter 04.0760
轰击粒子 bombarding particle 09.0428
红伴线 red satellite 04.1693
红宝石激光器 ruby laser 04.2220
红外传感器 infrared sensor 04.0043
红外窗口 infrared window 04.1876
红外发散 infrared divergence 05.0967
红外反射吸收谱学 infrared reflection-absorption spectroscopy, IRAS 04.1875
红外分光光度计 infrared spectrophotometer 04.1655
红外光谱学 infrared spectroscopy 04.1872
红外激光器 infrared laser 04.2267
红外渐近自由 infrared asymptotic freedom 05.1052
红外截断[频率] infrared cutoff 09.1239
红外奴役 infrared slavery 09.1340
红外奇异[性] infrared singularity 05.0968
红外受激发光 infrared stimulated luminescence 08.2223
红外探测器 infrared detector 04.0042
红外吸收 infrared absorption 04.1873
红外吸收谱学 infrared absorption spectroscopy 04.1874
红外线 infrared ray 04.0041
红外照相术 infrared photography 04.0554
红细胞 erythrocyte 11.0371
红移 red shift 04.1788
宏观波函数 macroscopic wave function 08.3279
宏观不可逆性 macroscopic irreversibility 05.0503
宏观不稳定性 macroscopic instability 10.0261
宏观极化 macroscopic polarization 07.0262

滑移流 sliding flow 02.0770
滑移面 glide plane 08.0152
滑移模量 slip modulus 02.0772
滑移模型 sliding model 02.0771
滑移矢[量] sliding vector 02.0542
滑移位错 glissile dislocation 08.0496
滑移线 glide line 08.0495
滑移轴 glide axis 08.0494
化合物 compound 08.2585
化合物半导体 compound semiconductor 08.1780
化学波 chemical wave 11.0704
化学成键 chemical bonding 08.0702
化学电离 chemi-ionization 07.0213
化学短程序 chemical short-range order 08.0575
化学激光器 chemical laser 04.2241
化学计量学 stoichiometry 08.0984
化学键 chemical bond 08.0391
化学能 chemical energy 05.0455
化学浓度 chemical concentration 05.0180
[化学]平衡常量 [chemical] equilibrium constant 05.0437
化学平衡条件 chemical equilibrium condition 05.0353
化学气相沉积 chemical vapor deposition, CVD 08.0806
化学气相渗透 chemical vapor infiltration, CVI 08.0828
化学亲和势 chemical affinity 05.0456
化学热力学 chemical thermodynamics 05.0009
化学势 chemical potential 05.0302
化学物理[学] chemical physics 01.0014
化学吸附 chemisorption 08.2733
化学钟 chemical clock 11.0703
还原 reduction 01.0199
还原热 heat of reduction 05.0429
环 toroid 10.0417
环地轨道 circumterrestrial orbit 11.0295
环电流 toroidal current 10.0420
环化 cyclization 08.3640
环孔径 annular aperture 04.0454
环量量子 quantum of circulation 08.3040
环流 circulation, circulating current 02.0712
环流量子化 quantization of circulation 08.3039
环路 loop 03.0304
KAM 环面 Kolmogorov-Arnold-Moser torus, KAM torus 11.0608
环面透镜 toric lens 04.0658
环漂移 toroidal drift 10.0092
环日轨道 circumsolar orbit 11.0294
环统计 ring statistics 08.0632
环向磁场 toroidal magnetic field 10.0393
环效应 toroidal effect 10.0091
环行增益 round-trip gain 04.2053
环形箍缩 toroidal pinch 10.0110
环形激光器 ring laser 04.2254
环形结 annular junction 08.3315
环形模 ring mode 04.2095
环形腔 ring cavity 04.2039
环形室 toroidal chamber 10.0418
环形线圈 toroidal coil 10.0419
环月轨道 circumlunar orbit 11.0293
环[状]几何位形 toroidal geometry configuration 10.0391
环状线圈 annular coil 03.0880
缓变沉积 graded deposit 08.0820
缓变带隙层 graded bandgap layer 08.1811
缓变幅近似 slowly varying amplitude approximation 04.2336
缓变结 graded junction 08.1648
缓变异质结 graded heterojunction 08.1690
缓冲层 buffer layer 08.1818
缓冲放大器 buffer amplifier 03.0989
缓冲气体 buffer gas 02.0852
缓发γ射线 delayed gamma ray 09.0662
缓发质子 delayed proton 09.0197
缓发中子 delayed neutron 09.0196
缓冷[却] slow cooling 06.0325
缓隆不稳定性 gentle-bump instability 10.0289
幻核 magic nucleus 09.0325
幻晶 phantom crystal 08.0349
幻视镜 pseudoscope 04.0216
*幻视像 pseudoscopic image 04.1366
幻数 magic number 09.0324
幻像 phantom 04.0234
*幻影 phantom 04.0234
*换能器 transducer 03.0902
换位 transposition 06.0763
换向开关 reversing switch 03.0796
黄道 ecliptic 11.0216

混合器　mixer　03.0923
混合色　color mixture　04.0738
混合熵　mixing entropy　05.0310
混合态　mixed state　06.0519
混合位错　mixed dislocation　08.0478
混合性　mixing　05.0495
混晶　mixed crystal　08.0581
混频　frequency mixing　04.2419
混频晶体　mixer crystal　08.0369
混频器　mixer　03.0922
混杂不稳定性　hybrid instability　10.0285
混杂态　hybrid state　07.0210
混杂子　hybrid　09.0982
混浊介质　turbid medium　04.1579
活度　activity　05.1109
活化分析　activation analysis　09.0805
活塞圆筒装置　piston-cylinder apparatus　08.3572
活性　activity　05.1108
活性材料　active material　09.0151
活性炭　charcoal　08.3630
活性系数　activity coefficient　09.0152
火花放电　spark discharge　10.0059
火花光谱　spark spectrum　04.1677
火花计时器　spark timer　02.0926
火花检漏仪　spark leak detector　08.0832
火花室　spark chamber　09.0745
火球模型　fireball model　09.1243
火石玻璃　flint glass　04.0385
火星　Mars　11.0221
火焰光度计　flame photometer　04.0683
火焰喷涂　flame spraying　08.0835
或非门　NOR gate　03.1056
霍恩伯格-科恩能量泛函　Hohenberg-Kohn energy functional　08.1313
霍恩伯格-科恩-沈[吕九]定理　Hohenberg-Kohn-Sham theorem, HKS theorem　08.1312
霍尔电场　Hall field　03.0407
霍尔电导　Hall conductance　03.0406
霍尔电压　Hall voltage　03.0405
霍尔电阻　Hall resistance　03.0404
霍尔角　Hall angle　03.0408
霍尔平台　Hall plateau　03.0410
霍尔探针　Hall probe　03.0412
霍尔条形　Hall bar　03.0413
霍尔系数　Hall coefficient　03.0409
霍尔效应　Hall effect　03.0400
霍尔效应磁强计　Hall effect magnetometer　03.0411
霍金辐射　Hawking radiation　11.0141
霍普夫分岔　Hopf bifurcation　11.0486
霍伊斯勒合金　Heusler alloy　08.1908

J

击波管　shock tube　08.3592
击波加热　shock heating　10.0443
击波温度　shock temperature　08.3585
击波压强　shock pressure　08.3584
击穿　breakdown　03.0139
击穿场强　breakdown field strength　03.0144
击穿电压　breakdown voltage　03.0145
机理　mechanism　09.1257
机械波　mechanical wave　04.2636
机械功　mechanical work　02.0282
机械能　mechanical energy　02.0293
机械能守恒定律　law of conservation of mechanical energy　02.0298
机械运动　mechanical motion　02.0020
机械振动　mechanical vibration　02.0355
机械阻抗　mechanical impedance　02.0561
*GIM 机制　Glashow-Iliopoulos-Maiani mechanism, GIM mechanism　09.1427
肌动蛋白　actin　11.0421
肌红蛋白　myoglobin　11.0424
肌球蛋白　myosin　11.0422
奇点　singularity　11.0465
奇粒子异构性　odd-particle isomerism　09.1570
奇偶核　odd-even nucleus　09.0071
奇偶效应　odd-even effect　08.2674
奇奇核　odd-odd nucleus　09.0072
积分变换　integral transformation　01.0470
积分截面　integrated cross-section　09.0463
积分强度　integrated intensity　08.1041
积分球　integrating sphere　04.0681
积分态密度　integral density of states　08.1342
积分线宽　integral line-breadth　04.1804

积累效应 build-up effect 01.0311
基本长度 fundamental length 09.1291
基本力 fundamental force 02.0138
基本粒子 elementary particle 09.0920
基本量 fundamental quantity 01.0068
基本物理常量 fundamental physical constant 01.0063
基本相互作用 fundamental interaction 09.1161
基本星表 Fundamental Catalogue 11.0093
基波 fundamental wave 04.0829
基点 cardinal point 04.0374
基尔霍夫[电路]定律 Kirchhoff's circuit law 03.0315
基尔霍夫方程组 Kirchhoff's equations 03.0314
基尔霍夫辐射定律 Kirchhoff's radiation law 03.0769
基尔霍夫积分定理 Kirchhoff's integral theorem, Fresnel-Kirchhoff integral theorem 04.0967
基尔霍夫[衍射]公式 Kirchhoff's [diffraction] formula 03.0770
基尔霍夫衍射理论 Kirchhoff's diffraction theory 04.0969
基函数 basis function 06.0497
基极 base 03.0937
基灵方程 Killing's equation 06.0281
基灵矢量场 Killing vector field 06.0280
基面 cardinal plane 04.0379
基模 fundamental mode 04.2087
基片 substrate 08.0962
基[平]面 basal plane 04.0367
基区掺杂 base doping 08.1613
基矢变换 base transformation 08.0076
基矢[量] basis vector 09.1474
基态 ground state 06.0472
BCS 基态 BCS ground state 08.3137
基态能量 ground state energy 06.0473
基线系 fundamental series 04.1729
基因 gene 11.0353
基因重组 genetic recombination 11.0356
基因工程 genetic engineering 11.0357
基因突变 gene mutation 11.0354
基因图谱 gene map 11.0355
基因组 genome 11.0361
基元全息图 elementary hologram 04.1369
基质 host 08.0350
基质晶体 host crystal 08.0351
基准点 fiducial point 01.0282
基准压[强] base pressure 08.3565
畸变 distortion 04.0519
畸变波 distorted wave 04.0838
畸变晶格 distorted lattice 08.0281
激变 crisis 11.0559
激发 excitation 01.0116
激发光谱 excitation spectrum 04.1669
激发函数 excitation function 09.0468
激发能 excitation energy 09.0318
激发偶对态 excited-pair state 06.0478
激发曲线 excitation curve 09.0469
激发态 state of excitation 07.0088
激发态寿命 excited state lifetime 07.0089
激发探测实验 excite-probe experiment 04.1887
激光 laser, laser light 04.2002
激光玻璃化法 laser glazing method 08.0574
激光材料 laser material 08.2261
激光测距系统 laser distance measuring system 04.2306
激光测距仪 laser range finder 04.2307
激光测速术 laser velocimetry 04.2302
激光产生等离[子]体 laser-produced plasma 10.0033
激光长度基准 laser length standard 04.2167
激光抽运 laser pumping 04.2295
激光打孔 laser boring 04.2282
激光镀膜 laser coating 08.0823
激光多普勒测[风]速仪 laser-Doppler anemometry 04.2304
激光二极管 laser diode 08.1705
激[光发]射 lasing 04.2006
激光放大器 laser amplifier 04.2062
激光干涉仪 laser interferometer 04.1103
激光感生荧光 laser induced fluorescence 04.2297
激光[共振]腔 laser cavity, laser resonator 04.2014
激光光谱学 laser spectroscopy 04.1856
激光焊接 laser bonding 04.2284
激光激发 laser excitation 04.2296
激光加工 laser processing 04.2281
激光加速器 laser accelerator 04.2301
激光尖峰 laser spiking 04.2186
激光校直 laser aligning 04.2294
激光聚变 laser fusion 04.2300
[激]光雷达 lidar, light detection and ranging 04.2309
激光裂变 laser fission 04.2299
激光脉冲压缩 laser pulse compression 04.2148

激光模[式]　mode of laser　04.2079
激光能量计　laser energy meter　04.2178
激光器　laser　04.2003
激光[器]基质　laser host　04.2229
激光[器]阵列　laser array　04.2258
激光切割　laser cutting　04.2283
激光散斑　laser speckle　04.2276
激光烧蚀　laser ablation　04.2280
激光烧蚀沉积　laser ablation deposition　08.0816
激光束　laser beam　04.2066
激光[束信息]扫描　laser [beam information] scanning　04.1477
激光通信　laser communication　04.2289
激光同位素分离　laser isotope separation　04.2298
激光退火　laser annealing　08.0861
激光陀螺[仪]　laser gyroscope　04.2291
激光物理[学]　laser physics　04.2004
激光显示　laser display　04.2288
激光陷俘　laser trapping　06.0796
激光医学　laser medicine　04.2005
激光引导原子　laser guided atom　04.2484
激光振荡器　laser oscillator　04.2064
激光[振荡]条件　laser [oscillation] condition　04.2008
激光蒸发方法　laser vaporization method　04.2279
激光制导　laser guidance　04.2293
激光致冷　laser cooling　04.2285
激活电子　active electron　07.0234
激活光纤　active optical fiber　04.2502
激活剂　activator　08.2253
激活介质　active medium　04.1993
激活能　activation energy　08.1605
激活腔　active cavity　04.2048
激活区　active region　04.1994
激活隧穿　activated tunneling　08.1527
激活跳跃　activated hopping　08.1526
激基分子激光器　excimer laser, exciplex laser　04.2207
激声　saser　04.2724
激子　exciton　05.0726
激子光谱　exciton spectrum　04.1826
激子模型　exciton model　09.0513
吉布斯-杜安关系　Gibbs-Duhem relation　05.0308
* 吉布斯函数　Gibbs function　05.0299
吉布斯吸附方程　Gibbs adsorption equation　08.2611
吉布斯相律　Gibbs phase rule　05.0321
吉布斯佯谬　Gibbs paradox　05.0279
* 吉布斯自由能　Gibbs freeenergy　05.0299
吉伏质子加速器　bevatron　09.1631
级　order　05.0982
级别　level　01.0300
级的交叠　overlapping of orders　04.0904
级联簇射　cascade shower　10.0071
级联发射　cascade emission　04.2554
级联辐射　cascade radiation　09.0255
级联过程　cascade process　05.1057
级联激光器　cascade laser, staged laser　04.2250
级联冷却　cascade cooling　08.3409
级联衰变　cascade decay　09.0257
级联跃迁　cascade transition　09.0256
BBGKY 级列[方程]　Bogoliubov-Born-Green-Kirk-woodYvon hierarchy, BBGKY hierarchy　05.0914
级列问题　hierarchy problem　09.1337
即时性　instantaneity　01.0168
极端光程　extreme path　04.0110
极端相对论性粒子　ultrarelativistic particle　09.1123
极端紫外　extreme ultraviolet, EUV　04.1711
极冠间隙　polar gap　11.0169
极化　polarization　03.0193
极化电荷　polarization charge　03.0206
极化电流　polarization current　03.0207
极化度　polarization　03.0194
极化反转　polarization reversal　08.2162
极化格林函数　polarization Green's function　05.0936
极化关联　polarization correlation　09.0251
极化核　polarized nucleus　09.0183
极化率　polarizability　03.0203
极化漂移　polarization drift　10.0085
极化态　polarization state　09.1588
极化中子　polarized neutron　08.2051
极化子　polaron　08.1957
极射赤面投影　stereographic projection　08.0193
极矢[量]　polar vector　02.0517
极隧射线　canal ray　03.0933
极限环　limit cycle　11.0472
极限拉伸强度　ultimate tensile strength　08.2378
极限强度　ultimate strength　08.2358
极限群　limiting group　08.0169
极限速度　limiting velocity　02.0323
极限碎裂　limiting fragmentation　09.1376

寂静光　quiet light　04.2528
寄生电容　parasitic capacitance　03.0153
寄生计数　spurious count　04.2529
寄生像　parasitic image　04.0214
寄生振荡　parasitic oscillation　03.0999
加法混色　additive color mixing　04.0749
加感线　loaded line　03.0619
加工　processing　01.0178
加工硬化　work hardening　08.2343
加拿大胶　Canada balsam　04.1158
加权平均　weighted average　01.0263
加权平均值　weighted mean　01.0265
加权因子　weighting factor　01.0264
加热器　heater　08.3377
加热系统　heating system　08.3378
加速电压　accelerating voltage　09.0882
加速度　acceleration　02.0066
加速度计　accelerometer　02.0317
加速管　accelerating tube　09.0881
加速机制　acceleration mechanism　09.1433
加速器　accelerator　09.0854
加速器质谱仪　accelerator mass spectrometer, AMS　09.0837
加速运动　accelerated motion　02.0084
加性定律　additivity law　04.0754
加载　loading　03.0282
加载阻抗　loaded impedance　03.0287
夹层[式]全息图　sandwich hologram　04.1399
夹角　included angle　04.0101
J/ψ家族　J/psi family　09.1187
价　valence, valency　08.0393
价不稳定性　valence instability　08.1949
价带　valence band　08.1329
价电子　valence electron　07.0042
价电子近似　valence electron approximation　07.0220
价核子　valence nucleon　09.0973
价键　valence bond　08.0395
价键角　valence angle　08.0396
价键晶体　valence crystal　08.0398
价键理论　valence bond theory　08.0397
价键匹配原理　valence-matching principle　08.0399
价夸克　valence quark　09.0994
价态　valence state　08.0394
价涨落　valence fluctuation　08.1948
假设　assumption　01.0148
假说　hypothesis　01.0149
假想实验　thought experiment, gedanken experiment　01.0101
假像　false image　04.0232
尖端放电　point discharge　03.0122
尖晶石[型]结构　spinel structure　08.0254
尖脉冲　spike pulse　03.1043
监视器　monitor　03.0889
减除点　subtraction point　09.1616
减法混色　substractive color mixing　04.0750
减反射　antireflection　04.0936
减反射膜　antireflecting film　04.0938
减落　disaccommodation　08.1991
减速　retardation　02.0078
减速参数　deceleration parameter　11.0031
减速场　retarding field　02.0053
减速电势分析器　retarding potential analyzer　08.2815
＊减速电压　retarding voltage　03.0090
减速度　deceleration　02.0052
＊减速光劈　retardation wedge　04.1139
减速力　retarding force　02.0054
＊减速片　retardation plate　04.1138
剪切　shear　02.0664
剪切阿尔文波　shear Alfvén wave　10.0205
剪切稠化　shear thickening　08.2471
剪切[磁]场　shearing field　10.0402
剪切干涉仪　shearing interferometer　04.1100
剪切畸变　shear distortion　02.0184
剪切角　angle of shear　02.0670
剪切模　shear mode　10.0240
剪[切]模量　shear modulus　02.0671
剪切黏性系数　shear viscosity coefficient　02.0765
剪切稀化　shear thinning　08.2472
剪切效应　shearing effect　02.0766
剪[切]应变　shear strain　02.0183
＊剪切致稠　shear thickening　08.2471
＊剪切致稀　shear thinning　08.2472
剪应变　shearing strain　02.0669
剪应力　shear stress　02.0668
检测　detection　01.0108
＊检流计　galvanometer　03.0811
检漏仪　leak detector　08.3441
检偏器　polarization analyzer　04.1143

检相器 phase detector 03.0968
t 检验 Student's test 01.0423
χ^2 检验 chi square test 01.0421
检验电荷 test charge 03.0019
简并半导体 degenerate semiconductor 08.1560
简并玻色气体 degenerate Bose gas 05.0618
简并等离[子]体 degenerated plasma 10.0026
简并电子气体 degenerate electron gas 08.1257
简并度 degeneracy 06.0514
简并费米气体 degenerate Fermi gas 05.0617
简并化 degeneration 06.0515
简并量子气体 degenerate quantum gas 05.0616
简并能级 degenerate energy level 09.0381
简并气体 degenerate gas 08.1256
简并四波混合 degenerate four-wave mixing 04.2425
*简并四波混频 degenerate four-wave mixing 04.2425
简并坍缩 degeneracy collapse 06.0517
简并态 degenerate state 06.0512
简并微扰论 degenerate perturbation theory 06.0607
简并温度 degeneracy temperature 05.0620
简并系统 degenerate system 05.0615
简并星 degenerate star 11.0142
简并性 degeneracy 06.0513
简并性判据 degeneracy criterion 05.0619
简单单斜格[子] simple monoclinic lattice 08.0208
简单奇点 simple singularity 11.0466
简单金属 simple metal 08.1215
简单晶格 simple lattice 08.0091
*简单空间群 symmorphic space group 08.0113
简单立方格[子] simple cubic lattice 08.0218
简单六角格[子] simple hexagonal lattice 08.0217
简单四方格[子] simple tetragonal lattice 08.0214
简单正交格[子] simple orthorhombic lattice 08.0210
简谐波 simple harmonic wave 04.2638
简谐函数 harmonic function 04.2713
*简约布里渊区 reduced Brillouin zone 08.1358
*简约区图式 reduced-zone scheme 08.1352
简正模[式] normal mode 02.0361
简正频率 normal frequency 04.2695
简正振动 normal vibration 02.0358
简正振动模 normal mode of vibration 02.0362
简正坐标 normal coordinate 02.0360
碱金属 alkaline metal 08.1217
碱金属原子 alkali-metal atom 07.0040
碱土金属 alkaline earth metal 08.1219
间接测量 indirect measurement 01.0209
间接带隙 indirect band gap 08.1604
间接激子 indirect exciton 08.1839
间接交换作用 indirect exchange interaction 08.1886
间接耦合 indirect coupling 08.2107
间接吸收 indirect absorption 04.1832
间接跃迁 indirect transition 08.1820
间同[立构]规整度 syndiotacticity 08.2488
间隙 interstice 08.0380
渐近简并性 asymptotic degeneracy 05.1053
渐近解 asymptotic solution 01.0383
渐近量子数 asymptotic quantum number 09.0382
渐近平时空 asymptotically flat space time 06.0287
渐近态 asymptotic state 09.1237
渐近稳定性 asymptotic stability 11.0567
渐近线 asymptote 01.0384
渐近行为 asymptotic behavior 09.1235
渐近自由 asymptotic freedom 09.1236
渐晕光阑 vignetting stop 04.0482
渐晕效应 vignetting effect 04.0483
溅射 sputtering 09.0821
溅射沉积 sputter deposition 08.0814
溅射刻蚀 sputter etching 08.0957
溅射离子泵 sputtering ion pump 05.0146
鉴辨带宽 resolution bandwidth 04.1305
鉴别 discrimination 01.0130
鉴码器 code discriminator 04.1527
鉴频器 frequency discriminator 04.2164
鉴相 phase identification 08.1138
键 bond 07.0194
σ 键 sigma bond 07.0200
键长 bond length 07.0203
键重构 bond reconstruction 08.0646
键极化性 bond polarizability 07.0206
键价 bond valence 08.0400
键角 bond angle 07.0202
键角序 bond-angle order 08.0403
键结构 bond structure 08.0701
键距 bond distance 07.0204
键开关 bond switching 08.0645
键能 bond energy 07.0205
键强度 bond strength 08.0401
键取向序 bond-orientational order 08.0404

键伸模　bond-stretching mode　08.0640
键弯模　bond-bending mode　08.0639
键无序　bond disorder　08.0586
键逾渗　bond percolation　11.0664
键杂化[作用]　bond hybridization　08.0417
键涨落　bond fluctuation　08.0402
江崎二极管　Esaki diode　08.1707
降频转换　frequency downconversion　04.2404
降压[变压]器　step-down transformer　03.0858
*降秩张量　contracted tensor　06.0181
交变磁场　alternating magnetic field　03.0372
交变电场　alternating electric field　03.0593
交[变电]流　alternating current, AC　03.0592
交变梯度同步加速器　alternating-gradient synchrotron　09.0870
交叉场　cross field　03.0527
交叉场不稳定性　cross-field instability　10.0296
交叉弛豫　cross relaxation　08.2248
交叉存储环　intersecting storage ring, ISR　09.1646
交叉对称条件　cross-symmetry condition　04.1297
交叉对称[性]　crossing symmetry　09.1322
交叉关联　cross correlation　04.2510
交叉光栅　crossed grating　04.1069
交叉流不稳定性　cross-stream instability　10.0294
交叉耦合　cross coupling　04.2341
交叉谱纯　cross-spectral purity　04.1296
交叉谱密度　cross-spectral density　04.1294
交叉束　crossing beam　09.1321
交叉调制　cross modulation　04.1215
交叉[通]道　cross channel　09.1320
交叉相干[性]　cross coherence　04.1288
交叉相位调制　cross-phase modulation　04.1220
交缠发散　overlapping divergence　09.1614
交错[键]位形　staggered [bond] configuration　08.0636
交错相变　staggered phase transition　05.1038
交互生长　intergrowth　08.0879
交换不稳定性　exchange instability　10.0274
交换对称性　exchange symmetry　01.0483
交换各向异性　exchange anisotropy　08.1373
交换关联泛函　exchange-correlation functional　08.1376
交换关联空穴　exchange-correlation hole　08.1375
交换积分　exchange integral　08.1372
交换空穴　exchange hole　08.1374
交换力　exchange force　09.0080
交换模　exchange mode　10.0231
交换能　exchange energy　06.0683
交换算符　interchange operator　06.0593
交换作用　exchange interaction　08.1884
交流电路　alternating [current] circuit, AC circuit　03.0594
交流电桥　alternating current bridge, AC bridge　03.0833
交流发电机　alternating current generator, AC generator　03.0872
交流斯塔克效应　alternating current Stark effect, AC Stark effect　07.0078
交流约瑟夫森效应　AC Josephson effect　08.3290
胶度　colloidality　08.2509
胶合双透镜　cemented doublet　04.0270
胶粒　colloidal particle　08.2508
胶球　glueball　09.0981
胶溶[作用]　peptization　08.2557
胶束　micelle　08.2581
胶态悬浮[体]　colloidal suspension　08.2501
胶体　colloid　08.2494
胶[体]态　colloidal state　08.2497
胶体稳定性　colloid stability　08.2506
*胶团　micelle　08.2581
胶微子　gluino　09.1022
胶性　colloidality　08.2510
胶原　collagen　11.0446
胶质　colloid　08.2495
胶子　gluon　09.0987
胶子偶素　gluonium　09.1164
焦斑　focal spot　04.0291
焦比　focal ratio　04.0293
焦点　focus　04.0286
焦点容限　focal tolerance　04.0541
焦度计　lensometer　04.0312
焦耳定律　Joule's law　05.0071
焦耳加热　Joule heating　10.0434
焦耳热　Joule heat　03.0291
焦耳实验　Joule's experiment　05.0240
焦耳-汤姆孙系数　Joule-Thomson coefficient　05.0160
焦耳-汤姆孙效应　Joule-Thomson effect　05.0159
焦距　focal distance, focal length　04.0308
焦距计　focometer　04.0309
焦阑　telecentric stop　04.0480

接目镜　eye lens　04.0407
接收角　acceptance angle　04.0475
接受器　acceptor　08.1589
节点　nodal point　04.0376
节点电流方程组　node current equations　03.0316
节流阀　throttle　05.0156
节流过程　throttling process　05.0155
节流流动　throttled flow　05.0157
节流膨胀液化　liquefaction by throttling expansion　05.0158
节面　nodal plane　04.0377
洁净表面　clean surface　08.2718
pn 结　p-n junction　08.1642
π 结　pi-junction　08.3313
结　junction　08.1641
结电容　junction capacitance　08.1697
结电阻　junction resistance　08.1698
β-W 结构　beta tungsten structure　08.3248
* MOS 结构　metal-oxide-semiconductor structure, MOS structure　08.1768
结构弛豫　structural relaxation　08.0896
结构分析　structure analysis　08.1034
结构函数　structure function　09.1398
[结构]基元　basis　08.0068
结构晶体学　structural crystallography　08.0023
结构稳定性　structural stability　11.0569
结构无序　structural disorder　08.0578
结构细化　structure refinement　08.1040
结构相变　structural phase transition　05.1003
结构像　structure image　04.0220
结构因子　structure factor　08.1009
结合力　binding force　08.0390
结合能　binding energy　09.0037
结晶　crystallization　08.0737
结晶热　heat of crystallization　08.3370
结型场效应晶体管　junction field-effect transistor, JFET　08.1722
结型激光器　junction laser　04.2231
截长波滤光片　long wave cut-off filter　04.0954
截短波滤光片　short wave cut-off filter　04.0955
截断误差　truncation error　01.0386
截断因子　truncation factor　01.0387
V 截晶体　V-cut crystal　08.0356
X 截晶体　X-cut crystal　08.0773
Y 截晶体　Y-cut crystal　08.0774
Z 截晶体　Z-cut crystal　08.0775
截面　[cross] section　01.0301
截取-重发攻击　intercept-resend attack　06.0868
截止波长　cutoff wavelength　03.1073
截止电流　cutoff current　03.1079
截止滤光片　cutoff filter　04.0950
截止能量　cutoff energy　03.1080
截止偏压　cutoff bias　03.1078
截止频率　cutoff frequency　03.1072
解波分复用　wavelength division demultiplexing　04.1490
解理　cleavage　08.2364
解理脆度　cleavage brittleness　08.0939
解理面　cleavage surface　08.1140
解理耦合腔　cleaved coupled cavity　04.2044
解码器　decoder　04.1526
解[密]码　decryption　06.0864
解调法　demodulation method　03.1090
解调器　demodulator　03.1091
解调[制]　demodulation　03.1089
* 解吸　desorption　08.3644
解析外推法　analytical extrapolation　01.0463
解析信号　analytic signal　04.1287
解析性　analyticity　01.0461
[解析]延拓　[analytical] continuation　01.0462
介电常量　dielectric constant　03.0182
介电弛豫　dielectric relaxation　08.2140
介电电泳　dielectrophoresis　03.1129
介电电泳力　dielectrophoresis force　03.1130
介电方式区　dielectric regime　08.2696
介电各向异性　dielectric anisotropy　08.2671
介电函数　dielectric function　08.2215
介电极化　dielectric polarization　08.2130
介电极化率　dielectric susceptibility　08.2131
介电老化　dielectric aging　08.2148
介电膜　dielectric film　08.2137
介电频散　dielectric dispersion　08.2214
介电谱学　dielectric spectroscopy　08.2138
介电强度　dielectric strength　03.0192
介电顺度　dielectric compliance　08.2135
介电损耗　dielectric loss　08.2134
介电陶瓷　dielectric ceramics　08.2212
介电体　dielectric　03.0177

介电体超晶格 dielectric superlattice 08.2217
介电体击穿 dielectric breakdown 08.2147
介电椭球 dielectric ellipsoid 04.2312
介电吸收 dielectric absorption 08.2133
介电响应函数 dielectric response function 08.2216
介电张量 dielectric tensor 03.0190
介电质波导 dielectric waveguide 04.1446
介电[质]光波导 dielectric optical waveguide 04.1445
介电[质]腔 dielectric cavity 04.2043
介电[质]微腔 dielectric microcavity 04.2046
介电主轴 principal dielectric axes 03.0180
介电阻隔率 dielectric impermeability 08.2136
介观超导电性 mesoscopic superconductivity 08.3195
介观结构 mesoscopic structure, mesostructure 08.0018
介观体系 mesoscopic system 08.3475
介观物理[学] mesoscopic physics 08.0009
介观涨落 mesoscopic fluctuation 08.3484
介晶相 mesomorphic phase 08.2616
介晶性 mesomorphism 08.2617
K 介原子 kaon atom 09.0711
介质 medium 03.0178
*介质膜 dielectric film 08.2137
介质阻挡放电 dielectric barrier discharge, DBD 03.1132
介子 meson 09.0929
c 介子 chi meson 09.0980
K 介子 kaon 09.0965
π 介子 pion 09.0960
σ 介子 sigma meson 09.1167
介子场 meson field 09.1562
介子簇射 meson shower 09.1563
K 介子俘获 K-meson capture 09.1436
介子俘获 meson capture 09.1561
K 介子工厂 kaon factory 09.0968
π 介子工厂 pion factory 09.0964
π 介子化 pionization 09.0963
π 介子素 pionium 09.0961
介子素 mesonium 09.1210
介[子]原子 mesonic atom 09.1209
K 介子再生 kaon regeneration 09.0967
界层 interlayer 08.2784
界轨[线] separatrix 11.0475
界面 interface 08.2773
界面电阻 interface resistance 08.2777
界面能 interfacial energy 08.3105
界面热阻 thermal boundary resistance 08.3423
界面态 interface state 08.2774
界面张力 interfacial tension 08.2776
界面自由能 interface free energy 08.2775
金刚石 diamond 08.0365
金刚石[型]结构 diamond structure 08.0250
金刚石[压]砧室 diamond anvil cell, DAC 08.3576
金红石[型]结构 rutile structure 08.0256
金斯不稳定性 Jeans instability 11.0081
金相技术 metallographic technique 08.1134
金相显微镜 metallographic microscope 08.1135
金相显微术 metallurgical microscopy 08.1136
金相学 metallography 08.1133
金星 Venus 11.0220
金属 metal 08.1214
金属-半导体场效应晶体管 metal-semiconductor field-effect transistor, MESFET 08.1766
金属-半导体结 metal-semiconductor junction 08.1663
金属玻璃 metallic glass 08.0561
金属化 metallization 08.3614
金属间化合物 intermetallic compound 08.1184
金属键 metallic bond 08.0442
金属键合 metallic bonding 08.0441
金属绝缘体半导体场效应晶体管 metal-insulator-semiconductor field effect transistor, MISFET 08.1767
金属-绝缘体-半导体结构 metal-insulator-semiconductor structure, MIS 08.1730
金属绝缘体转变 metal-insulator transition 08.0692
金属氢 metallic hydrogen 08.3615
金属塑料 metallic plastic 08.1186
金属陶瓷 cermet 08.0904
金属物理[学] metal physics 08.0005
金属星 metal star 11.0111
金属-氧化物-半导体场效应晶体管 metal-oxide-semiconductor field effect transistor, MOSFET 08.1769
金属-氧化物-半导体结构 metal-oxide-semiconductor structure, MOS structure 08.1768
金属有机化合物 metal organic compound 08.0827
金属有机物分子束外延 metal-organic molecular beam epitaxy 08.0973
金属有机物化学气相沉积 metal-organic chemical vapor deposition, MOCVD 08.0809
金属有机物气相外延 metal-organic vapor-phase epitaxy,

MOVPE　08.0974
金兹堡-朗道-阿布里科索夫-高里科夫理论　Ginzburg-Landau-Abrikosov-Gor'kov, GLAG theory　08.3123
金兹堡-朗道参数　Ginzburg-Landau parameter, GL parameter　08.3121
金兹堡-朗道方程　Ginzburg-Landau equation, GL equation　08.3120
金兹堡-朗道相干长度　Ginzburg-Landau coherence length, GL coherence length　08.3122
金兹堡判据　Ginzburg's criterion　05.1010
紧凑环　compact torus　10.0409
紧密变价对　intimate valence alternation pair, IVAP　08.0662
紧束缚法　tight-binding method　08.1287
紧束缚近似　tight-binding approximation, TBA　08.1286
*劲度系数　stiffness　02.0212
近场　near field　04.0986
近场光谱显微术　near-field spectromicroscopy　08.2833
近场光学显微镜　near-field optical microscope　04.0422
近场图样　near-field pattern　04.0987
近场显微术　near-field microscopy　04.0425
近代物理[学]　modern physics　01.0009
近单色辐射　near-monochromatic radiation　04.0851
近地点　perigee　11.0319
近地轨道　near-earth orbit　11.0302
近地彗星　near-earth comet　11.0239
近地空间　terrestrial space, near-earth space　11.0301
近地小行星　near-earth asteroid　11.0232
近独立粒子系统　nearly independent particle system　05.0492
近红外　near infrared, near-IR　04.1707
近幻数核　near-magic nucleus　09.0335
近晶C相　smectic C phase　08.2638
近晶面　vicinal surface　08.0791
近晶A相　smectic A phase　08.2637
近晶相　smectic phase　08.2636
近局域费米液体　almost localized Fermi liquid　08.3057
近可积系统　nearly integrable system　11.0611
近平衡态　near-equilibrium state　05.0759
近前向散射　near-forward scattering　04.1570
近日点　perihelion　11.0230
近日点进动　advance of perihelion　06.0319
近日空间　near-solar space　11.0292
近视　near sight, myopia　04.0387
WKB[J]近似　WKB[J] approximation, WentzelKramers-Brillouin[-Jeffreys] approximation　06.0632
近似解　approximate solution　01.0378
近似值　approximate value　01.0379
近太空环境　near-space environment　11.0290
近藤温度　Kondo temperature　08.1496
近藤效应　Kondo effect　08.1495
近完美晶体　nearly perfect crystal　08.0103
近星点　periastron　11.0122
近星点进动　periastron advance　11.0123
*近轴光线　near axial ray　04.0348
近紫外　near ultraviolet, near-UV　04.1709
近自由电子模型　nearly free electron model　08.1248
进动　precession　02.0507
进动角　angle of precession　02.0513
进动频率　precession frequency　02.0511
晋升能　promotion energy　08.0419
浸渐反转　adiabatic inversion　04.2496
浸渐跟随　adiabatic following　04.2495
浸渐近似　adiabatic approximation　06.0633
浸渐启闭　adiabatic switching　05.0871
浸渐条件　adiabatic condition　07.0235
浸渐消除　adiabatic elimination　11.0538
浸渐演化　adiabatic evolution　07.0219
浸没介质　immersion medium　04.0119
浸没物镜　immersion objective　04.0577
禁闭　confinement　09.1355
禁闭相　confinement phase　09.1221
禁带　forbidden band　08.1330
禁戒β衰变　forbidden beta decay　09.0260
禁戒发射　forbidden emission　04.2555
禁[戒谱]线　forbidden [spectral] line　04.2556
禁戒跃迁　forbidden transition　06.0637
禁码　illegal code　04.1524
禁隙　forbidden gap　08.1794
经典波局域化　classical wave localization　08.2415
经典电动力学　classical electrodynamics　03.0667
经典电子半径　classical electron radius　03.0780
经典电子论　classical electron theory　08.1240
经典光学　classical optics　04.0006
经典极限　classical limit　05.0621
经典集团化　classical clustering　05.0672
经典近似　classical approximation　05.0556
经典力学　classical mechanics　02.0005

晶体形态学 crystal morphology 08.0279
晶体学 crystallography 08.0021
晶体学对称性 crystallographic symmetry 08.0110
晶[体学方]向 crystallographic direction, crystal direction 08.0056
晶体衍射 crystal diffraction 08.0996
晶体衍射图 crystallogram 08.0997
[晶体]杂键结构 heterodesmic structure 08.0342
晶体主截面 principal section of crystal 04.2319
晶体主平面 principal plane of crystal 04.2320
晶系 crystal system, lattice system, crystal family 08.0197
晶向矢 crystal direction vector 08.0058
晶向指数 indices of crystal direction 08.0057
晶形 crystal form 08.0047
晶性 crystallinity 08.0711
晶须 [crystal] whisker 08.0740
晶闸管 thyristor 08.1731
晶种 crystal seed 08.0716
晶轴 crystallographic axis 08.0099
精度 accuracy 01.0213
精密度 precision 01.0271
精密光学系统 precision optics system 04.0675
精确解 exact solution 01.0377
精细度 finesse(法文) 04.2009
精细结构 fine structure 07.0066
精细结构常数 fine structure constant 07.0067
景深 depth of field 04.0558
净电荷 net charge 03.0012
净化 decontamination, cleaning 08.0801
净增益 net gain 04.2055
径迹 track 09.1652
径迹重建 track reconstruction 09.1633
径迹室 track chamber 09.1630
径迹探测器 track detector 09.0764
径量子数 radial quantum number 06.0395
径矢 radius vector 02.0033
径向波函数 radial wave function 07.0096
径向动量 radial momentum 02.0260
径向方程 radial equation 02.0647
径向分布函数 radial distribution function 05.0693
径向概率密度 radial probability density 02.0652
径向函数 radial function 02.0649
径向激发 radial excitation 02.0648
径向加速度 radial acceleration 02.0068
径向剪切干涉仪 radial-shearing interferometer 04.1102
径向结构函数 radial structure function 08.1015
径向力 radial force 02.0645
径向偏振 radial polarization 04.1119
径向速度 radial velocity 02.0048
径向位移 radial displacement 02.0646
径向运动 radial motion 02.0650
径向振荡 radial oscillation 02.0651
竞争序 competing orders 08.0670
静不定问题 statically indeterminate problem 02.0540
静磁波 magnetostatic wave 08.2022
静磁场 magnetostatic field 03.0371
静磁学 magnetostatics 03.0369
静电 static electricity 03.0056
静电波 electrostatic wave 10.0193
静电不稳定性 electrostatic instability 10.0268
静电测定装置 electrostatic measuring device 03.1172
静电场 electrostatic field 03.0057
静电导率 static conductivity 03.1139
静电导体 electrostatic conductor 03.1143
静电非导体 electrostatic non-conductor 03.1144
静电伏特计 electrostatic voltmeter 03.0793
静电感应 electrostatic induction 03.0127
静电荷 static charge 03.0013
静电积累 electrostatic accumulation 03.1140
静电计 electrometer 03.0791
*静电加速器 constant-potential accelerator 09.0357
静电聚焦 electrostatic focusing 03.0128
静电力 electrostatic force 03.0058
静电力显微术 electrostatic force microscopy, EFM 03.0424
静电能 electrostatic energy 03.0101
静电偏转器 electrostatic deflector 03.0130
静电平衡 electrostatic equilibrium 03.0129
静电屏蔽 electrostatic screening, electrostaticshielding 03.0126
静电起电机 electrostatic generator 03.0136
静电势 electrostatic potential 03.0125
静电透镜 electrostatic lens 03.0423
静电雾化 electrostatic atomization 03.1146
静电消散 electrostatic dissipation 03.1141
静电泄漏 electrostatic leakage 03.1142
静电学 electrostatics, static electricity 03.0055

静电灾害 electrostatic hazard 03.1145
静电振荡 electrostatic oscillation 10.0192
静定问题 statically determinate problem 02.0539
静力学 statics 02.0004
静摩擦 static friction 02.0234
静摩擦系数 coefficient of static friction 02.0240
* 静水压 hydrostatic pressure 08.3563
静[态]场 static field 06.0230
静态高压技术 static high-pressure technique 08.3561
静态结构因子 static structure factor 08.1012
静态宇宙 static universe 06.0341
静压 static pressure 02.0782
静止靶 static target 02.0929
静止参考系 rest frame 02.0104
静止质量 static mass 06.0198
静质量 rest mass 06.0141
静[质]能 rest [mass] energy 06.0164
静置时间 time of repose 03.1167
镜面 mirror plane 04.0141
镜面反射 mirror reflection, specular reflection 04.0142
镜式电子显微术 mirror electron microscopy, MEM 03.0426
镜像 mirror image 04.0210
镜像电荷 image charge 03.0018
镜像对称 mirror symmetry 04.0143
镜像法 method of images 03.0170
镜像反演 mirror inversion 08.0137
镜像核 mirror nucleus 09.0104
镜像力 image force 03.0171
镜用合金 speculum metal 04.0788
窘态 frustration 05.1014
窘态函数 frustration function 05.1015
窘态嵌板 frustrated plaquette 05.1017
窘态网络 frustration network 05.1016
窘组位形 frustrated configuration 05.1018
纠缠比特 ebit 06.0736
纠缠纯化 entanglement purification 06.0747
纠缠单调列 entanglement monotone 06.0754
纠缠单配性 entanglement monogamy 06.0753
纠缠度 degree of entanglement 06.0742
纠缠度量 entanglement measure 06.0744
纠缠光子 entangled photon 06.0726
纠缠见证 entanglement witness 06.0750
纠缠交换 entanglement swapping 06.0749
纠缠浓缩 entanglement concentration 06.0743
纠缠态 entangled state 06.0725
纠缠蒸馏 entanglement distillation 06.0748
纠错 error correction 04.1528
纠错码 error correction code 04.1529
九重态 nonet 09.1581
九重线 nonet 09.1582
久保-格林伍德公式 Kubo-Greenwood formula 08.2298
久保公式 Kubo formula 05.0894
久期方程 secular equation 06.0601
久期平衡 secular equilibrium 09.0148
久期项 secular term 09.0904
居间价化合物 intermediate valence compound 08.1202
居间键 intermediate bond 08.0424
居间态 intermediate state 08.3104
居间相 intermediate phase 08.1201
居间像 intermediate image 04.0209
居里点 Curie point 03.0488
居里定律 Curie's law 08.1868
居里-外斯定律 Curie-Weiss law 08.1869
居里温度 Curie temperature 08.1881
局域不稳定性 local instability 10.0267
局域参考系 local frame of reference 06.0211
局域操作 local operation 06.0886
局域操作与经典通信 local operations and classical communication, LOCC 06.0887
局域场论 local field theory 09.1377
局域超导电性 localized superconductivity 08.3194
局域磁子 localized magnon 08.2059
局域等离体子 local plasmon 10.0485
局域电子磁性 local electron magnetism 08.1852
局域堆积规则 local packing rule 08.0673
局域对称性 local symmetry 08.2797
局域分析 local analysis 11.0492
局域干涉 localized interference 04.0908
局域惯性系 local inertial system 06.0192
局域规范变换 local gauge transformation 03.0716
局域化 localization 08.0677
局域化长度 localization length 08.0690
局域激子 localized exciton 08.2413
局域交换势 local exchange potential 07.0261
局域晶格振动 localized lattice vibration 08.1424
局域密度泛函 local density functional, LDF 08.1316
局域密度近似 local density approximation, LDA

08.1317
局域密堆积　local close packing　08.0616
局域模　local mode　10.0234
局域平衡　local equilibrium　05.0451
局域平衡理论　local equilibrium theory　05.0869
局域热力学平衡　local thermodynamic equilibrium　05.0182
局域热平衡　local thermal equilibrium　05.0349
局域声子　localized phonon　08.1425
局域守恒量　locally conserved quantity　05.0909
局域态　localized state　08.0676
局域态密度　local density of states　08.2796
局域条纹　localized fringe　04.0909
局域退局域转变　localization-delocalization transition　08.2417
局域系　localized system　05.0553
局域性　locality　09.1378
局域隐变量　local hidden variable　06.0418
局域有序　local order　08.0700
局域自旋密度近似　local spin density approximation　08.1318
菊池带　Kikuchi band　08.1092
菊池图样　Kikuchi pattern　08.1090
菊池线　Kikuchi line　08.1091
菊池衍射　Kikuchi diffraction　08.1093
菊池衍射图样　Kikuchi diffraction pattern　08.1094
矩　moment　02.0556
矩臂　moment arm　02.0683
矩方程　moment equation　05.0851
矩阱势　rectangular-well potential　09.0330
矩孔衍射　rectangular aperture diffraction　04.0995
矩量法　moment method　01.0562
矩矢[量]　moment vector　02.0559
矩心　center of moment　02.0277
矩形波导　rectangular waveguide　03.1061
矩形势垒　rectangular potential barrier　08.1653
矩型磁滞回线　rectangular hysteresis loop　08.2034
矩阵　matrix　01.0429
*CKM 矩阵　Cabibbo-Kobayashi-Maskawa matrix, CKM matrix　09.1503
*S 矩阵　S matrix　06.0645
矩阵表示　matrix representation　06.0441
[矩阵的]迹　trace [of matrix]　06.0562
矩阵光学　matrix optics　04.0011
矩阵迹　trace of matrix　01.0448
矩阵力学　matrix mechanics　06.0440
矩阵显示　matrix display　08.2254
矩阵元　matrix element　01.0437
巨磁[电]阻　giant magnetoresistance, GMR　08.3353
巨磁致伸缩　giant magnetostriction　08.3354
*巨洞　void　11.0036
巨共振　giant resonance　09.0487
巨脉冲激光器　giant-pulse laser　04.2161
巨配分函数　grand partition function　05.0550
巨[热力学]势　grand potential　05.0300
巨系综　grand ensemble　05.0542
巨星　giant star　11.0114
巨星系　giant galaxy　11.0050
巨引力透镜效应　macrolensing　11.0062
巨正则分布　grand canonical distribution　05.0543
巨正则系综　grand canonical ensemble　05.0541
巨自由能　grand free energy　05.0544
锯齿[形]波　sawtooth wave　03.1074
锯齿型纳米管　zigzag nanotube　08.2965
锯齿型位错　zigzag dislocation　08.0493
聚变　fusion　09.0551
聚变反应　fusion reaction　09.0553
聚变反应堆　fusion reactor　09.0903
聚变能　fusion energy　09.0622
聚光本领　light-gathering power　04.0451
聚光器　condenser　04.0457
聚光[透]镜　condenser [lens]　04.0458
聚合　coalescence　08.2542
聚合度　degree of polymerization　08.2450
聚合酶　polymerase　11.0416
聚合物　polymer　08.2422
聚合物半导体　polymer semiconductor　08.1668
聚合物薄膜　polymer film　08.2428
聚合物胶体　polymer colloid　08.2427
聚合物晶体　polymer crystal　08.2426
聚合物乳胶　polymer latex　08.2424
聚合物刷　polymer brush　08.2423
聚合物位形　polymer configuration　08.0596
聚合物位形模型　polymer-configuration model　08.2429
聚合物液晶　polymer liquid crystal　08.2624
聚集　aggregation　08.2537
聚集态　state of aggregation　08.2539
聚集体　aggregate　08.2540

聚焦 focusing 04.0298
聚焦透镜 focusing lens 04.0263
聚粒化 germination 08.0858
聚团簇 cybotactic cluster 08.2972
聚星 multiple star 11.0113
卷积 convolution 01.0425
卷积分析 convolution analysis 01.0426
卷筒图样 roll pattern 11.0696
卷线 spiral 01.0565
决定论 determinism 01.0084
决定论方程 deterministic equation 01.0376
决定论性规则 deterministic rule 11.0729
绝对不稳定性 absolute instability 10.0265
绝对参考系 absolute reference frame 06.0020
绝对产额 absolute yield 09.0478
绝对单位 absolute unit 01.0267
绝对过去 absolute past 06.0079
绝对活度 absolute activity 05.1110
绝对加速度 absolute acceleration 02.0074
绝对截面 absolute cross-section 09.0464
绝对空间 absolute space 06.0010
绝对零度 absolute zero 05.0028
绝对偏差 absolute deviation 01.0254
绝对熵 absolute entropy 05.0291
绝对时间 absolute time 06.0011
绝对时空观 absolute view of space time 06.0009
绝对速度 absolute velocity 02.0059
绝对未来 absolute future 06.0078
* 绝对温度 thermodynamic temperature 05.0026
绝对误差 absolute error 01.0235
绝对压强 absolute pressure 02.0779
绝对异地 absolute elsewhere 06.0154
绝对运动 absolute motion 02.0087
绝对折射率 absolute refractive index 04.0089
绝热壁 adiabatic wall 05.0230
绝热定理 adiabatic theorem 05.0226
绝热方程 adiabatic equation 05.0227
绝热孤立系 adiabatically isolated system 05.0441
绝热过程 adiabatic process 05.0221
* 绝热近似 adiabatic approximation 06.0633
绝热量热学 adiabatic calorimetry 05.0130
绝热膨胀 adiabatic expansion 05.0224
绝热膨胀液化 liquefaction by adiabatic expansion 05.0154
绝热膨胀致冷 adiabatic expansion cooling 05.0225
绝热输运 adiabatic transport 08.3508
* 绝热条件 adiabatic condition 07.0235
绝热退磁 adiabatic demagnetization 08.3400
绝热退磁致冷 adiabatic demagnetization cooling 08.3401
绝热系统 adiabatic system 05.0222
绝热线 adiabat 05.0231
绝热压缩 adiabatic compression 08.3587
绝热压缩加热 adiabatic compression heating 10.0438
绝热指数 adiabatic exponent 05.0228
绝缘 insulation 03.0038
绝缘导体 insulated conductor 03.0041
绝缘电阻 insulation resistance 03.0258
绝缘介质 insulating medium 03.0697
绝缘体 insulator 03.0040
绝缘体-金属相变 insulator-metal phase transition 08.2406
绝缘体上硅[薄膜] silicon on insulator, SOI 08.2909
绝缘栅场效[应]管 insulated-gate field-effect transistor, IGFET 08.1725
* 倔强系数 stiffness 02.0212
均聚反应 homopolymerization 08.2451
均聚合物 homopolymer 08.2443
均位力积 virial 02.0610
均匀波 homogeneous wave 04.0836
均匀不稳定性 homogeneous instability 08.2700
均匀场 uniform field 03.0054
均匀点源 uniform point source 04.0032
均匀电介质 uniform dielectric 03.0179
均匀分布 uniform distribution 05.0527
均匀光 homogeneous light 04.0855
均匀极化 homogeneous polarization 03.0208
均匀流 uniform flow 02.0729
均匀[谱线]增宽 homogeneous broadening 04.1812
均匀性 homogeneity 08.0029
均匀照明 uniform illumination 04.0668

K

喀拉氏定理　Carathéodory's theorem　05.0274
喀诺条纹　Cano fringe　08.2657
卡比博普适性　Cabibbo universality　05.1106
卡比博-小林-益川矩阵　Cabibbo-Kobayashi-Maskawa matrix, CKM matrix　09.1503
卡尔-帕林尼罗方法　Car-Parrinello method　08.1320
卡门涡街　Karman vortex street　02.0812
卡末林-昂内斯方程　Kamerlingh-Onnes' equation　05.0083
卡诺定理　Carnot's theorem　05.0258
卡诺热机　Carnot engine　05.0260
卡诺循环　Carnot cycle　05.0257
卡皮查[界面]热阻　Kapitza [thermal boundary] resistance　08.3422
卡皮查液化器　Kapitza liquefier　08.3361
卡普兰-约克猜想　Kaplan-Yorke conjecture　11.0586
卡塞格林反射望远镜　Cassegrain reflecting telescope　04.0433
卡斯珀[配位]多面体　Kasper [coordination] polyhedron　08.0383
卡文迪什实验　Cavendish experiment　11.0096
卡西米尔效应　Casimir effect　06.0348
开槽波导　slotted waveguide　04.1441
开槽光阑　slotted diaphragm　04.0466
开端几何位形　open-ended geometry　10.0363
开尔文-亥姆霍兹不稳定性　Kelvin-Helmholtz instability　10.0278
开尔文双电桥　Kelvin double bridge　03.0831
开尔文温标　Kelvin temperature scale　05.0027
开[放]宇宙　open universe　06.0340
开[共振]腔　open cavity, open resonator　04.2015
开关　switch　03.0795
Q 开关　Q switch　04.2127
开关时间　switching time　08.1968
开管　open pipe　04.2744
开轨道　open orbit　02.0322
开环　open loop　03.0306
开壳层　open shell　07.0047
开路　open circuit　03.0317
开普勒常量　Kepler's constant　11.0130
开普勒定律　Kepler's laws　02.0145
开普勒望远镜　Keplerian telescope　11.0269
开通道　open channel　02.0880
开系　open system　05.0439
开形　open form　08.0050
开折[型突变]　unfolding　11.0546
凯尔迪什图　Keldysh diagram　05.0973
凯莱树　Cayley tree　11.0653
铠装高温计　sheathed pyrometer　05.0124
康德-拉普拉斯星云学说　Kant-Laplace nebular theory　11.0060
康普顿波长　Compton wavelength　06.0471
康普顿电子　Compton electron　09.0707
康普顿反冲　Compton recoil　09.1354
康普顿散射　Compton scattering　06.0470
康普顿散射截面　Compton cross-section　09.1353
康普顿效应　Compton effect　04.1960
康托尔环面　cantorus　11.0646
康托尔集[合]　Cantor set　11.0645
抗磁共振　diamagnetic resonance, DMR　10.0134
抗磁回路　diamagnetic loop　10.0454
抗磁性　diamagnetism　03.0481
抗磁质　diamagnetic substance　08.1864
抗辐射　radioresistance　03.0740
抗交叉效应　anti-crossing effect　07.0111
抗挠刚度　flexural rigidity　02.0175
抗扭劲度　torsional rigidity　02.0690
抗体　antibody　11.0436
抗弯强度　bending strength　02.0663
抗压强度　compressive strength　02.0474
考纽螺旋线　Cornu spiral　04.1005
*柯克三片式物镜　Cook triplet lens　04.0663
柯克透镜　Cook triplet lens　04.0663
[柯克伍德]叠加近似　[Kirkwood] superposition approximation　05.0695
柯克伍德方程　Kirkwood equation　05.0697
柯林斯液化器　Collins liquefier　08.3362
柯尼西定理　König's theorem　02.0451

柯西色散公式　Cauchy dispersion formula　04.1639
科伯扩散蠕移　Coble diffusion creep　08.2332
科顿-穆顿效应　Cotton-Mouton effect　04.2361
科顿效应　Cotton effect　04.2360
科恩反常　Kohn anomaly　08.2874
科恩-沈方程　Kohn-Sham equation　08.1314
科尔-科尔图　Cole-Cole plot　08.2132
科尔莫戈罗夫-查普曼方程　Kolmogorov-Chapman equation　05.0852
*科伐合金　Kovar　08.1904
科赫岛　Koch island　11.0648
科赫曲线　Koch curve　11.0647
科亨-施佩克尔定理　Kochen-Specker theorem　06.0419
科克勒定则　Kohler's rule　08.1492
科勒照明　Kohler illumination　04.0666
科里奥利加速度　Coriolis acceleration　02.0077
科里奥利力　Coriolis force　02.0446
科林格关系　Korringa relation　08.1395
科[氏]石英　coesite　08.3603
颗粒　granule　08.2985
颗粒材料　granular material　08.2988
颗粒超导体　granular superconductor　08.3185
颗粒膜　granular film　08.2987
颗粒性　granularity　08.2986
蝌蚪图　tadpole diagram　05.0969
壳层　shell　07.0044
壳[层]爆聚　shell implosion　10.0429
壳层封闭　shell closure　07.0045
壳层结构　shell structure　07.0048
壳层坍缩　collapse of shell　07.0049
壳修正　shell correction　09.0669
[可]饱和吸收器　saturable absorber　04.2163
可编程上下分插复用器　programmable add/drop multiplexer　04.1494
可变电感器　variometer　03.0617
可变光阑　iris　04.0467
[可]变形体　deformable body　02.0619
可擦除全息图　erasable hologram　04.1396
可测量　measurable quantity　01.0055
可重复性　reproducibility　05.0507
可重正理论　renormalizable theory　05.1080
可重正性　renormalizability　05.1079
可动平衡　mobile equilibrium　08.3635
可动缺陷　mobile defect　08.0466
[可]对易算符　commuting operator　06.0580
可对易性　commutability　06.0453
可分离[量子]态　separable [quantum] state　06.0756
可分离判据　separability criterion　06.0758
可分离性　separability　06.0757
可观测量　observable　06.0543
可混定则　mixability rule　08.2663
*可混性　miscibility　02.0789
可混性　mixability　08.2662
可积系统　integrable system　11.0610
可积性　integrability　11.0609
可及态　accessible state　05.0520
可见度　visibility　04.1246
可见度函数　visibility function　04.1290
可见光　visible light　04.0037
可见光波长　visible wavelength　04.1706
可见光谱　visible spectrum　04.1679
可见[光谱]区　visible range, visible region　04.1705
*可解约束　unilateral constraint　02.0572
可靠性　reliability　08.0992
可靠指数　index of reliability　08.0993
可控硅整流器　silicon-controlled rectifier　08.1832
可裂变核　fissile nucleus, fissionable nucleus　09.0679
可逆过程　reversible process　05.0202
可逆热机　reversible heat engine　05.0261
可逆性　reversibility　05.0201
可熔度　fusibility　05.0400
可熔性　meltability　08.0877
可润性　wettability　08.2591
可调谐激光器　tunable laser　04.2211
可听度　audibility　04.2796
可听频率　audible frequency　04.2797
可压缩流体　compressible fluid　02.0831
可压缩性　compressibility　02.0477
可遗坐标　ignorable coordinate　02.0598
可蒸馏纠缠　distillable entanglement　06.0751
克尔度规　Kerr metric　06.0228
克尔盒　Kerr cell　04.2355
克尔解　Kerr's solution　06.0229
克尔-纽曼黑洞　Kerr-Newman black hole　11.0139
克尔效应　Kerr effect　04.2354
克拉默斯-克勒尼希关系　Kramers-Kronig relation　08.2144
克莱因-戈尔登-福克方程　Klein-Gordon-Fock equation

孔径合成　aperture synthesis　04.1548
孔径角　aperture angle　04.0447
孔径像差　aperture aberration　04.0492
孔特管　Kundt's tube　04.2745
控制参量　control parameter　11.0577
控制混沌　controlling chaos　11.0580
控制论　cybernetics　01.0085
空位　vacancy　08.0527, empty site　11.0677
空位迁移率　vacancy mobility　08.0531
空位团　vacancy cluster　08.1639
空位徙动　vacancy migration　08.0530
空位子　vacancion　08.0451
空隙比　void ratio　08.0893
空隙率　porosity, void fraction　08.2595
空穴　hole　08.1795
空穴袋　hole pocket　08.1370
空穴电导率　hole conductivity　08.1485
空穴-电子复合　hole-electron recombination　08.1529
空穴态　hole state　09.0354
空穴型高温超导体　hole-type high temperature superconductor　08.3173
空穴子　holon　08.1528
[口]袋模型　bag model　09.1240
库埃特流　Couette flow　02.0727
＊库德望远镜　Coudé telescope　04.0645
库里厄图　Kurie plot　09.0220
库仑爆炸　Coulomb explosion　04.2467
库仑场　Coulomb field　03.0059
库仑斥[力]　Coulomb repulsion　03.0062
库仑岛　Coulomb island　08.3451
库仑定律　Coulomb's law　03.0064
库仑对数　Coulomb logarithm　10.0146
库仑规范　Coulomb gauge　03.0712
库仑激发　Coulomb excitation　09.0545
库仑能　Coulomb energy　09.0066
库仑气　Coulomb gas　08.3457
库仑散射　Coulomb scattering　03.0063
库仑势　Coulomb potential　03.0061
库仑势垒　Coulomb barrier　09.0190
库仑台阶　Coulomb staircase　08.3455
库仑隙　Coulomb gap　08.3456
库仑[相互]作用　Coulomb interaction　03.0060
库仑修正因子　Coulomb correction factor　09.0216
库仑赝势　Coulomb pseudopotential　08.3128
库仑阻塞　Coulomb blockade　08.3449
库珀不稳定性　Cooper instability　08.3134
库珀对　Cooper pair　08.3133
库珀对盒子　Cooper pair box　08.3326
库珀极小　Cooper minimum　08.2851
库珀子　Cooperon　08.3281
库普曼斯定理　Koopmans' theorem　08.1322
夸克　quark　09.0991
b 夸克　bottom quark　09.1006
c 夸克　charm quark　09.1003
d 夸克　down quark　09.1002
s 夸克　strange quark　09.1004
t 夸克　top quark　09.1005
u 夸克　up quark　09.1001
＊夸克伴随子　scalar quark, squark　09.1158
夸克胶子等离子体　quark-gluon plasma, QGP　09.1684
夸克禁闭　quark confinement　09.1381
夸克模型　quark model　09.1229
夸克偶素　quarkonium　09.0993
夸克-强子对偶性　quark-hadron duality　09.1488
夸克-强子相　quark-hadron phase　09.1685
跨导　transconductance　03.0637
跨导纳　transadmittance　03.0638
跨接临界指数　crossover critical exponent　05.1051
跨接效应　crossover effect　05.1050
跨临界分岔　transcritical bifurcation　11.0487
跨越长度　spanning length　11.0682
跨越集团　spanning cluster　11.0681
块区自旋　block spin　05.1085
快阿尔文波　fast Alfvén wave　10.0203
快变量　fast variable　11.0536
快波　fast wave　04.2136
快度　rapidity　09.1264
快非线性　fast nonlinearity　04.2331
快光　fast light　04.2135
快过程　fast process　11.0534
快离子导体　fast ionic conductor　08.0432
快裂变　fast fission　09.0642
快慢符合装置　fast-slow coincidence assembly　09.0734
＊快门　shutter　04.0556
快模　fast mode　10.0220
快中子　fast neutron　09.0586
快中子反应堆　fast neutron reactor　09.0895
快中子谱仪　fast-neutron spectrometer　09.0569

快中子增殖 fast neutron multiplication 09.0677
快轴 fast axis 04.1140
快子 tachyon 09.1040
宽带 wide band 08.1362
宽带信号 broadband signal 04.1326
宽禁带结 wide-gap junction 08.1649
宽能隙半导体 wide-gap semiconductor 08.1564
*宽限脉冲 bandwidth-limited pulse 04.1324
矿相学 mineralography 08.1210
傀标 dummy index 06.0126
馈给机制 feed mechanism 03.1069
馈给率 feed rate 03.1070
馈入点电阻 feed-point resistance 03.1071
馈线 feeder 03.1067
扩程逾渗 extended-range percolation 11.0666
扩散 diffusion 05.0769
扩散泵 diffusion pump 05.0145
扩散层 diffusion layer, diffused layer 08.1748
扩散长度 diffusion length 08.1751
扩散常量 diffusion constant 05.0773
扩散电流 diffusion current 08.1754
扩散方程 diffusion equation 08.1755
扩散核函 diffusion kernel 05.0863
扩散荷电 diffusional charging, diffusion charging 03.0017
扩散结 diffused junction 08.1750
扩散率 diffusivity 05.0771
扩散能力 diffusibility 05.0775
扩散前沿 diffusion front 08.1752
扩散区 diffusion region 08.1749
扩散蠕变 diffusion creep 08.1753
扩散势垒 diffusion barrier 05.0776
扩散输运 diffusive transport 08.1757
扩散梯度 diffusion gradient 08.1756
扩散系数 coefficient of diffusion 05.0772
扩散游移 diffusive excursion 08.0694
扩散置限聚集 diffusion-limited aggregation, DLA 11.0657
扩束器 beam expander 04.0575
扩音器 megaphone 04.2790
扩展X射线吸收精细结构 extended X-ray absorption fine structure, EXAFS 08.1052
扩展[光]源 extended [light] source 04.0033
扩展紧束缚法 extended tight-banding method 08.1288
扩展链 extended chain 08.0649
扩展区图式 extended-zone scheme 08.1353
扩展态 extended state 08.0675
扩展态区 extended state regime 08.0682

L

拉比频率 Rabi frequency 04.2490
拉比振荡 Rabi oscillation 06.0794
拉盖尔-高斯模 Laguerre-Gaussian mode 04.2091
拉格朗日不变量 Lagrange invariant 02.0596
拉格朗日乘子 Lagrange multiplier 02.0597
拉格朗日乘[子]函[数] Lagrange multiplier function 05.0867
拉格朗日定理 Lagrange's theorem 02.0592
拉格朗日函数 Lagrangian function 02.0593
拉格朗日力学 Lagrangian mechanics 02.0012
拉格朗日[量] Lagrangian 02.0591
拉曼[光]谱 Raman spectrum 04.1777
拉曼光纤放大器 Raman fiber amplifier 04.2257
拉曼激光器 Raman laser 04.2222
拉曼-奈斯衍射 Raman-Nath diffraction 04.2763
拉曼频移激光器 Raman-shifted laser 04.2223
拉曼谱学 Raman spectroscopy 04.1778
拉曼散射 Raman scattering 04.1575
拉曼效应 Raman effect 04.2345
拉莫尔半径 Larmor radius 03.0537
拉莫尔进动 Larmor precession 02.0514
拉莫尔抗磁性 Larmor diamagnetism 08.1866
拉莫尔频率 Larmor frequency 02.0515
*拉莫尔旋进 Larmor precession 02.0514
拉姆斯登目镜 Ramsden eyepiece 04.0403
拉普拉斯变换[式] Laplace transform 01.0473
拉普拉斯方程 Laplace's equation 03.0068
拉普拉斯算符 Laplacian operator 01.0358
拉塞尔-桑德斯耦合 Russell-Saunders coupling 07.0106
拉伸力 stretching force 02.0169
拉伸强度 tensile strength 02.0171
拉伸位错 tensile dislocation 08.0475
拉伸应变 tensile strain 02.0657

拉伸应力 stretching stress, tensile stress 02.0170
拉伸张量 stretch tensor 02.0172
拉廷格模型 Luttinger model 08.2867
拉廷格液体 Luttinger liquid 08.2866
腊肠[形]不稳定性 bulge instability, sausage instability 10.0273
莱顿瓶 Leyden jar 03.0787
莱曼表示 Lehmann representation 05.0939
莱曼系 Lyman series 07.0023
莱曼转动 Lehmann rotation 08.2691
莱维-齐维塔平移 Levi-Civita parallel displacement 06.0254
莱维-齐维塔张量 Levi-Civita tensor 06.0309
兰德空位模型 Lander vacancy model 08.2850
兰姆凹陷 Lamb dip 04.2120
兰姆半经典理论 Lamb's semiclassical theory 04.2118
兰姆移位 Lamb shift 07.0069
蓝宝石 sapphire 08.0366
蓝相 blue phase 08.2635
蓝相液晶 blue phase liquid crystal 08.2661
蓝移 blue shift 04.1789
*朗伯-布格定律 Lambert-Bouguer law 04.1615
朗伯定律 Lambert's law 04.1614
朗伯余弦定律 Lambert's cosine law 04.0135
朗道参量 Landau parameter 08.3056
朗道超流理论 Landau's theory of superfluidity 08.3028
朗道[超流]判据 Landau criterion [of superfluidity] 08.3027
朗道-德让纳模型 Landau-de Gennes model 08.2703
朗道尔公式 Landauer formula 08.3473
朗道方程 Landau equation 10.0121
[朗道]费米液体理论 [Landau's] Fermi-liquid theory 08.3054
朗道管 Landau tube 08.1387
朗道规范 Landau gauge 06.0692
朗道极点 Landau pole 06.0693
朗道截断 Landau cut-off 10.0122
朗道抗磁性 Landau diamagnetism 08.1867
朗道量子化 Landau quantization 06.0387
朗道能级 Landau level 08.1324
*朗道势 Landau potential 05.0300
朗道相变理论 Landau's theory of phase transition 05.0981
朗道增长 Landau growth 10.0131
朗道涨落 Landau fluctuation 05.0813
朗道自由能 Landau free energy 05.0980
朗道阻尼 Landau damping 10.0130
朗德间隔定则 Landé interval rule 07.0107
朗德劈裂因子 Landé splitting factor 07.0108
朗德 g 因子 Landé g factor 07.0074
朗谬尔波 Langmuir wave 10.0195
朗谬尔-布洛杰特膜 Langmuir-Blodgett film 08.2613
朗谬尔单层 Langmuir monolayer 08.2612
朗谬尔吸附方程 Langmuir adsorption equation 08.2610
朗谬尔振荡 Langmuir oscillation 10.0194
朗缪尔探针 Langmuir probe 10.0457
朗缪尔吸附 Langmuir adsorption 08.2734
朗之万-德拜公式 Langevin-Debye formula 08.1870
朗之万方程 Langevin equation 05.0843
朗之万函数 Langevin function 08.1871
朗之万顺磁性 Langevin paramagnetism 08.1854
劳埃德镜 Lloyd's mirror 04.0922
劳厄带 Laue zone 08.1021
劳厄[对称]群 Laue [symmetry] group 08.0168
劳厄法 Laue method 08.1018
劳厄方程 Laue equation 08.1002
劳厄条件 Laue condition 08.1001
劳厄衍射图样 Laue diffraction pattern 08.1019
劳厄照相 Laue photograph 08.1020
劳夫林波函数 Laughlin wave function 08.2895
劳夫林准粒子 Laughlin quasiparticle 08.3498
劳森判据 Lawson criterion 10.0358
劳效应 Lau effect 04.1076
老花眼 presbyopia 04.0388
老化 aging 08.0867
*老化过程 aging process 08.0898
*老化试验 aging test 08.0899
勒 lethargy 09.0612
勒曼全息图 Lohmann hologram 04.1401
勒让德变换 Legendre transformation 05.0306
勒让德多项式 Legendre polynomial 01.0404
勒夏特列原理 Le Chatelier's principle 05.0438
雷杰割线 Regge cut 09.1374
雷杰轨迹 Regge trajectory 09.1385
雷杰极点 Regge pole 09.1384
雷尼熵 Renyi entropy 05.1117
雷尼信息 Renyi information 05.1116

雷诺数　Reynolds number　02.0801
镭铍中子源　radium-beryllium neutron source　09.0575
*垒下熔合　sub-barrier fusion　09.0556
累积层　accumulation layer　08.1655
累积反射　integrated reflection　04.0075
累积[量]展开　cumulant expansion　05.0674
累积误差　cumulative error　01.0242
累积应力　cumulative stress　02.0173
累进误差　progressive error　01.0243
类比　analogy　01.0128
类磁通　fluxoid　08.3221
类磁通守恒　fluxoid conservation　08.3222
类地行星　terrestrial planet　11.0185
[类]点粒子　point[-like] particle　09.1099
类分相　generic phase　05.0516
类固元胞　solid-like cell　08.0695
类光测地线　null geodesic　06.0087
类光超曲面　null hypersurface　06.0088
类光间隔　lightlike interval　06.0084
类光曲线　null curve　06.0086
类光矢量　lightlike vector　06.0083
类光事件　lightlike event　06.0085
类光四维标架　null tetrad　06.0279
类光线　lightlike line　06.0082
类光栅全息图　grating-like hologram　04.1385
类金属　metalloid　08.1149
类空　spacelike　06.0100
类空超曲面　spacelike hypersurface　06.0106
类空间隔　spacelike interval　06.0104
类空截面　spacelike section　06.0105
类空区　spacelike region　09.1101
类空矢量　spacelike vector　06.0101
类空事件　spacelike event　06.0103
类空线　spacelike line　06.0102
类氢离子　hydrogen-like ion　07.0063
类氢原子　hydrogen-like atom　07.0062
类时　timelike　06.0094
类时超曲面　timelike hypersurface　06.0099
类时间隔　timelike interval　06.0098
类时区　timelike region　09.1103
类时矢量　timelike vector　06.0095
类时事件　timelike event　06.0097
类时线　timelike line　06.0096
类体结构　bulklike structure　08.3633
类透镜介质　lens-like medium　04.0871
类 A 相　A-like phase　08.3064
类 B 相　B-like phase　08.3065
类星体　quasi-stellar object, QSO, quasar　11.0061
类液团簇　liquid-like cluster　08.0697
类液元胞　liquid-like cell　08.0696
棱镜　prism　04.0163
棱镜分光　prismatic decomposition　04.0165
棱镜光谱　prismatic spectrum　04.1667
棱镜摄谱仪　prism spectrograph　04.0190
棱镜折光度　prism diopter　04.0164
棱栅　grism, grating-prism　04.0184
棱柱位错　prismatic dislocation　08.0491
棱锥四面体　triakistetrahedron　08.0357
楞次定律　Lenz's law　03.0562
冷等离[子]体　cold plasma　10.0011
冷底板淬火法　splat-quenching method　08.0573
冷发射　cold emission　03.0174
冷反射镜　cold mirror　04.0957
冷光　cold light　04.1906
冷加工　cold work　08.2379
冷阱　cold trap　05.0149
冷聚变　cold fusion　10.0351
冷拉　hard drawing　08.3448
冷凝器　condenser　05.0394
冷头　cold finger　08.3398
冷原子　cold atom　07.0147
冷中子　cold neutron　09.0578
冷子管　cryotron　08.3334
离边喷注　away-side jet　09.1435
离焦　defocus　04.0305
离焦扩展　defocus spread　04.0306
离焦像　out-of-focus image　04.0211
离解　dissociation　05.0412
离解复合[过程]　dissociative recombination　07.0283
离解激光器　dissociative laser　04.2242
离解能　dissociation energy　07.0281
离解热　heat of dissociation　05.0427
离解态　dissociative state　07.0282
离散本征值　discrete eigenvalue　06.0554
离散变换　discrete transformation　06.0675
离散对称　discrete symmetry　01.0481
离散化过程　discretization process　06.0676
离散流体[模型]　discrete fluid [model]　11.0720

离散谱　discrete spectrum　07.0029
离散载体全息图　discrete-carrier hologram　04.1389
离线分析　off-line analysis　09.1444
离心分离　centrifugal separation　09.0686
离心机　centrifuge　09.0687
离心势　centrifugal potential　02.0159
离心势垒　centrifugal barrier　09.0485
*离域　delocalization　08.2399
离[质]壳粒子　off-mass-shell particle　09.1256
离轴全息术　off-axis holography　04.1414
离轴椭球面镜　off-axis ellipsoidal mirror　04.0155
离轴系统　off-axis system　04.0340
离子　ion　03.0335
离子半径　ionic radius　08.0422
离子背散射谱学　ion back-scattering spectroscopy, IBS　09.0814
离子泵　ion pump　08.3417
离子波不稳定性　ion-wave instability　10.0282
离子导[电]体　ionic conductor　08.0429
离子电导率　ionic conductivity　08.0431
离子敷镀　ion plating　08.0857
离子辐照　ion irradiation　08.0855
离子光学　ion optics　03.0346
离子轰击　ion bombardment　08.0853
离子回旋波　ion cyclotron wave　10.0207
离子回旋共振　ion-cyclotron resonance　10.0136
离子键　ionic bond　08.0423
离子交换树脂　ion exchange resin　08.3656
离子交换吸附　ion exchange adsorption　08.2735
离子晶体　ionic crystal　08.0421
离子阱　ion trap　06.0797
离子器件　ionic device　08.0434
离子迁徙　ion migration　08.0856
离子迁移率　ionic mobility　08.0430
离子枪　ion gun　08.0854
离子散射谱学　ion scattering spectroscopy, ISS　08.2842
离子声波　ion acoustic wave　10.0196
离子-声不稳定性　ion-acoustic instability　10.0281
离子声速　ion sound speed　10.0197
离子实　ion core　03.0336
离子束　ion beam　03.0341
离子束分析　ion-beam analysis, IBA　09.0807
离子束混合　ion-beam mixing　09.0820
离子束溅射　ion beam sputtering　08.0852
离子束聚焦显微术　focused ion beam microscopy　04.0427
离子束刻蚀　ion beam etching　08.0959
离子微探针　ion microprobe　08.2840
离子选控场效应[晶体]管　ion-selective field-effect transistor　08.1726
离子源　ion source　03.0337
离子载体　ionophore　11.0376
离子中和谱学　ion neutralization spectroscopy　08.2841
离子注入　ion implantation　08.0976
黎曼空间　Riemann space　06.0318
黎曼[曲率]张量　Riemannian [curvature] tensor　06.0311
李导数　Lie derivative　06.0271
李纳-维谢尔势　Lienard-Wiechert potential　03.0771
李普曼-布拉格全息图　Lippmann-Bragg hologram　04.1386
李群　Lie group　01.0488
李萨如图形　Lissajous figure　03.0888
李[天岩]-约克定理　Lee-Yorke theorem, Li-Yorke theorem　11.0560
李雅普诺夫泛函　Lyapunov functional　11.0574
李雅普诺夫函数　Lyapunov function　11.0573
李雅普诺夫维数　Lyapunov dimension　11.0637
李雅普诺夫稳定性　Lyapunov stability　11.0575
李雅普诺夫指数　Lyapunov exponent　11.0572
李杨理论　Lee-Yang theory　05.1041
李[政道]模型　Lee model　09.1249
[李政道-杨振宁]二体碰撞法　binary collision method [of Lee and Yang]　05.0707
里德伯常量　Rydberg constant　07.0032
里德伯分子　Rydberg molecule　07.0174
里德伯[线]系　Rydberg series　04.1725
里德伯原子　Rydberg atom　07.0099
里吉-勒迪克效应　Righi-Leduc effect　08.1623
里奇[曲率]张量　Ricci [curvature] tensor　06.0312
里特沃尔德法　Rietveld method　01.0530
理论　theory　01.0104
BCS 理论　Bardeen-Cooper-Schrieffer theory　08.3132
DLVO 理论　Derjaguin-Landau-Verwey-Overbeek theory, DLVO theory　08.2507
*GLAG 理论　Ginzburg-Landau-Abrikosov-Gor'kov, GLAG theory　08.3123

理论力学　theoretical mechanics　02.0007
理论物理[学]　theoretical physics　01.0006
理论误差　theoretical error　01.0229
理想玻璃　ideal glass　08.0564
理想玻璃化转变　ideal glass transition　08.0566
理想成像　perfect imaging　04.0369
理想导体　perfect conductor　03.0027
理想光学系统　perfect optical system　04.0366
理想黑体　ideal black body　05.0638
理想晶体　ideal crystal　08.0102
理想流体　ideal fluid, perfect fluid　02.0693
理想配比成分　stoichiometric composition　08.0781
理想配比合金　stoichiometric alloy　08.1171
理想气体　ideal gas, perfect gas　05.0058
理想气体定律　ideal gas law　05.0059
理想气体温标　ideal gas [temperature] scale　05.0024
理想热机　ideal heat engine　05.0259
理想约束　ideal constraint　02.0578
理想钟　ideal clock　06.0045
锂电池　lithium cell　03.0805
锂漂移探测器　lithium drift detector　09.0758
力　force　02.0135
力臂　arm of force　02.0682
力常数　force constant　02.0684
力场　force field　02.0139
力程　range of force　02.0406
力的分解　decomposition of force　02.0334
力的合成　composition of forces　02.0333
力的平衡　balance of forces　02.0336
力矩　moment of force　02.0276
力抗　mechanical reactance　02.0456
力螺旋　force screw　02.0567
力偶　couple　02.0553
力偶矩　moment of couple　02.0557
力偶矩矢　moment vector of couple　02.0558
力偶系　system of couples　02.0555
力平衡　force equilibrium　02.0688
力热效应　mechanocaloric effect　08.3008
力顺度　mechanical compliance　02.0211
力系　system of forces　02.0541
力线　force line　02.0685
力心　center of force　02.0404
力学　mechanics　02.0001
力学量　mechanical quantity　02.0455
力学品质因数　mechanical quality factor　08.2180
力学平衡条件　mechanical equilibrium condition　05.0351
力学体系　mechanical system　02.0304
*力学系[统]　mechanical system　02.0304
*力学运动　mechanical motion　02.0020
力学质量　mechanical mass　03.0779
*力[学]阻抗　mechanical impedance　02.0561
力致发光　mechanoluminescence　08.2228
历元　epoch　11.0256
立方晶系　cubic crystal system　08.0204
立方密[堆]积　cubic close packing　08.0244
立构规整度　tacticity　08.2486
*立体成像　three-dimensional imaging　04.0204
立体光学　stereoptics　04.0789
立体排斥　steric repulsion　08.2485
立体像　stereoscopic image　04.0219
立体异构体　stereoisomer　08.2478
利思-乌帕特尼克斯全息图　Leith-Upatnieks hologram　04.1363
利特罗单色仪　Littrow monochromator　04.1650
利特罗[反射]光栅　Littrow [reflection] grating　04.1044
J/ψ粒子　J/psi particle　09.0979
α粒子　alpha particle, α-particle　09.0122
β粒子　beta particle, β-particle　09.0123
Υ粒子　upsilon particle　09.1203
*EPR[粒子]对　Einstein-Podolsky-Rosen pair　06.0724
粒子-反粒子共轭　particle-antiparticle conjugation　09.1464
粒子光学　particle optics　06.0800
粒子轨道理论　orbit theory　10.0074
粒子加速器　particle accelerator　09.0855
粒子鉴别　particle identification　09.0780
粒子径迹　particle track　09.0773
粒子空穴理论　particle-hole theory　09.1466
粒子空穴相互作用　particle-hole interaction　09.1557
粒子歧离　straggling of particles　09.1514
[粒子]生成寿命　generation lifetime　09.1162
粒子视界　particle horizon　06.0298
粒子束　particle beam　09.0433
粒子数布居反转　population inversion　04.1991
*粒子数反转　population inversion　04.1991
粒子数守恒　conservation of particle number　05.0760

粒子数守恒方程　particle conservation equation　09.0356
粒子数算符　number operator　06.0682
粒子探测　particle detection　09.1462
粒子天体物理学　astroparticle physics, particle astrophysics　11.0020
粒子物理[学]　particle physics　09.0905
粒子线　particle line　05.0951
粒子性　corpuscular property　06.0465
粒子诱发 X[射线]发射　particle induced X-ray emission, PIXE　09.0812
连带存储　associative storage　04.1541
连通键　connected bond, unblocked bond　11.0678
连续本征值　continuous eigenvalue　06.0555
连续波　continuous wave　04.0831
连续波激光器　continuous wave laser　04.2198
连续辐射　continuous radiation　03.0782
连续介质力学　mechanics of continuous media　02.0014
连续谱　continuous spectrum, continuum　04.1682
连续[谱]X 辐射　continuous X-radiation　07.0131
连续谱发射　continuum emission　04.1697
连续区　continuum　04.1731
连续区逾渗　continuum percolation　11.0672
连续群　continuous group　01.0486
连续时空变换　continuous space time transformation　06.0180
连续无规网络　continuous random network, CRN　08.0603
连续吸收　continuous absorption　04.1699
连续相　continuous phase　08.2498
连续相变　continuous phase transition　05.0978
连续性　continuity　01.0161
连续性方程　equation of continuity, continuity equation　02.0706
连续性条件　continuity condition　02.0015
连续性原理　principle of continuity　02.0016
涟波　ripple　04.2658
涟[波]模　rippling mode　10.0239
涟[波]子　ripplon　08.2933
联合态密度　joint density of states　08.1341
链　chain　08.2456
pp 链　pp-chain　11.0108
＊链滴　blob　08.2455
链式反应　chain reaction　09.0673
链统计学　chain statistics　08.2461
链图　chain graph　05.0704
链悬环　pendant　08.0663
链折叠　chain folding　08.2457
链状分子　chain molecule　08.2458
链状结构　chain structure　08.2860
良导体　good conductor　03.0028
良序　well-ordered　01.0517
良序函数　well-ordered function　01.0518
两亲分子　amphiphile, amphiphilic molecule　08.2564
两性离子型表面活性剂　zwitterionic surfactant　08.2575
亮度　brightness　04.0602, luminosity　09.1280
量程　range　01.0298
量纲　dimension　01.0313
量纲分析　dimensional analysis　01.0315
量纲计数规则　dimensional counting rule　09.1324
量能器　calorimeter　09.1653
量热学　calorimetry　05.0102
量值　magnitude　01.0050
量子　quantum　06.0373
量子比特　qubit　06.0735
量子编码　quantum encoding　06.0858
＊量子并发　concurrence　06.0752
量子并行计算　quantum parallel computation　06.0813
量子博弈论　quantum game theory　06.0913
[量子]不可克隆定理　[quantum] no-cloning theorem　06.0849
量子擦除　quantum eraser　06.0788
量子操控　quantum manipulation　06.0772
量子操作　quantum operation　06.0771
量子层析[学]　quantum tomography　06.0776
量子产额　quantum yield　06.0907
量子场　quantum field　09.1551
量子场论　quantum field theory, QFT　09.1552
量子成像　quantum imaging　06.0915
量子尺寸效应　quantum size effect　08.2936
量子磁体　quantum magnet　08.2930
量子淬火　quantum quenching　06.0889
量子代码　quantum code　06.0856
量子导引　quantum steering　06.0808
量子点　quantum dot　08.3494
量子点接触　quantum point contact　08.2905
量子电导　quantum conductance　08.2901
量子电动力学　quantum electrodynamics, QED

09.1215
量子电容　quantum capacitance　08.2900
量子电子学　quantum electronics　04.1980
量子动力学　quantum dynamics　06.0365
量子放大器　quantum amplifier　06.0853
量子非破坏性测量　quantum nondemolition measurement　06.0786
量子复苏　quantum revival　06.0784
量子复杂性理论　quantum complexity theory　06.0842
量子傅里叶变换　quantum Fourier transform　06.0838
量子干涉　quantum interference　06.0414
量子干涉仪　quantum interferometer　06.0780
量子工程　quantum engineering　06.0773
量子共振　quantum resonance　06.0697
量子固体　quantum solid　05.0737
量子光学　quantum optics　04.0007
量子盒　quantum box　06.0912
量子化　quantization　06.0374
量子化场　quantized field　09.1484
量子化电导　quantized conductance　08.3500
量子化涡旋线　quantized vortex line　08.3041
量子化学　quantum chemistry　06.0368
量子混沌　quantum chaos　11.0563
量子霍尔态　quantum Hall state　03.0401
量子霍尔效应　quantum Hall effect　08.2893
量子迹距离　quantum trace distance　06.0851
量子极限　quantum limit　06.0872
量子集团化　quantum clustering　05.0673
量子计量　quantum metrology　06.0908
量子计算　quantum computing　06.0810
量子计算机　quantum computer　06.0809
量子寄存器　quantum register　06.0841
量子加密　quantum encryption　06.0859
量子交换门　quantum swap gate　06.0823
量子晶体　quantum crystal　08.2989
量子阱　quantum well　08.3470
[量子]纠缠　[quantum] entanglement　06.0413
量子纠错　quantum error correction　06.0840
量子克隆　quantum cloning　06.0848
*量子离物传态　quantum teleportation　06.0777
量子理论　quantum theory　06.0362
量子力学　quantum mechanics　06.0363
量子临界点　quantum critical point　05.0359
量子流体　quantum fluid　08.2991
量子逻辑　quantum logic　06.0815
量子逻辑门　quantum logic gate　06.0816
量子门路　quantum circuit　06.0817
量子蒙特卡罗法　quantum Monte Carlo method　06.0694
量子密码术　quantum cryptography　06.0845
量子密码学　quantum cryptology　06.0846
量子密钥分发　quantum key distribution　06.0847
*量子密钥分配　quantum key distribution　06.0847
量子凝聚　quantum condensation　05.0609
量子拍　quantum beat　04.2557
量子频标　quantum frequency standard　06.0909
量子齐诺效应　quantum Zeno effect　06.0787
量子气体　quantum gas　08.2990
量子器件　quantum device　06.0911
量子散粒噪声　quantum shot noise　06.0870
量子色动力学　quantum chromodynamics, QCD　09.1214
量子神经网络　quantum neural network　06.0814
量子失谐　quantum discord　06.0745
量子受控非门　quantum controlled-NOT gate, CNOT gate　06.0824
量子输运　quantum transport　08.2892
量子数　quantum number　06.0388
量子数亏损　quantum defect　04.1742
量子算法　quantum algorithm　06.0831
量子隧穿　quantum tunneling　06.0621
量子态　quantum state　06.0506
量子态保真度　fidelity of quantum states　06.0850
量子态制备　quantum state preparation　06.0774
量子坍缩　quantum collapse　06.0783
量子调控　quantum control　06.0807
量子通信　quantum communication　06.0843
量子统计法　quantum statistics　05.0576
量子统计力学　quantum statistical mechanics　05.0472
量子图灵机　quantum Turing machine　06.0812
量子退火　quantum annealing　06.0890
量子退相干　quantum decoherence　06.0897
量子完全测量　complete quantum measurement　06.0785
量子网络　quantum network　06.0855
量子围栏　quantum corral　08.2904
*量子位　quantum bit　06.0735
量子味动力学　quantum flavor dynamics, QFD　09.1217
量子物理[学]　quantum physics　06.0364
量子线　quantum wire　08.3476

*量子线路 quantum circuit 06.0817
量子限域 quantum confinement 06.0613
量子相变 quantum phase transition 06.0696
量子相干性 quantum coherence 06.0896
量子相移门 quantum phase-shift gate 06.0822
*量子消相干 quantum decoherence 06.0897
量子效率 quantum efficiency 06.0906
量子信道 quantum channel 06.0854
量子信息 quantum information 06.0718
量子信息学 quantum information science 06.0719
量子修正 quantum correction 05.0691
量子液体 quantum liquid 08.2992
量子因数分解 quantum factoring 06.0834
量子引力 quantum gravity 06.0349
量子引力动力学 quantum gravitational dynamics 09.1218
量子引力理论 quantum gravitation theory 09.1486
*量子隐性传态 quantum teleportation 06.0777
量子宇宙 quantum universe 06.0367
量子宇宙学 quantum cosmology 06.0328
量子元胞自动机 quantum cellular automata 06.0818
量子远程传态 quantum teleportation 06.0777
量子噪声 quantum noise 06.0871
量子噪声挤压 squeezing of quantum noise 06.0877
*量子噪声压缩 squeezing of quantum noise 06.0877
量子涨落 quantum fluctuation 06.0874
量子直接通信 quantum direct communication 06.0844
量子字节 qubyte 06.0737
量子自旋玻璃 quantum spin glass 08.3525
量子自旋霍尔效应 quantum spin Hall effect 08.2898
量子自旋链 quantum spin chain 08.2906
量子作用 quantum of action 06.0375
列波 wavetrain 04.2664
列格特方程 Leggett equations 08.3068
列矢量 colume vecter 01.0431
猎食模型 predator-prey model 11.0507
裂变 fission 09.0629
裂变鞍点 fission saddle point 09.0666
裂变参量 fission parameter 09.0664
裂变产额 fission yield 09.0649
裂变产物 fission product 09.0647
裂变[产物]链 fission [product] chain 09.0648
裂变反应堆 fission reactor 09.0892
裂变核素 fission nuclide 09.0639
裂变截面 fission cross-section 09.0458
裂变径迹年代测定 fission track dating 09.0853
裂变能 fission energy 09.0668
裂变谱中子 fission-spectrum neutron 09.0658
裂变 γ 射线 fission gamma ray 09.0661
裂变势垒 fission barrier 09.0644
裂变碎片 fission fragment 09.0645
裂变阈 fission threshold 09.0646
裂变中子 fission neutron 09.0657
裂环整流器 split ring commutator, split-ring commutator 03.0977
裂纹 crack 02.0178
裂纹扩展 crack propagation 08.2375
邻接 contiguity 08.0613
邻接对 contiguous pair 08.0614
邻接数 contiguity number 08.0615
邻近势 proximity potential 08.3272
邻近效应 proximity effect 08.3269
林德曼[熔化]判据 Lindemann criterion [of melting] 08.1469
林德循环 Linde cycle 08.3359
林德液化机 Linde liquefier 05.0167
临界波长 critical wavelength 04.0827
临界参量 critical parameter 05.0364
临界长度 critical length 11.0692
临界场 critical field 08.3090
临界磁场 critical magnetic field 08.3091
临界点 critical point 05.0358
临界电流 critical current 08.3097
临界胶束浓度 critical micelle concentration, CMC 08.2582
临界角 critical angle 04.0123
临界角测折射率术 critical angle refractometry 04.0158
临界角动量 critical angular momentum 09.0561
临界距离 critical distance 09.0562
临界雷诺数 critical Reynolds number 02.0802
临界慢化 critical slowing down 05.1071
临界密度 critical density 05.0361
临界面 critical surface 05.1049
临界凝结浓度 critical coagulation concentration 08.2524
临界乳光 critical opalescence 05.0357
临界速度 critical velocity 08.3026
临界态 critical state 05.0362

临界体积　critical volume　09.0898
临界体积分数　critical volume fraction　11.0660
临界条件　critical condition　05.0360
临界维度　critical dimension　05.1013
临界温度　critical temperature　05.0034
临界系数　critical coefficient　05.0365
临界现象　critical phenomenon　05.0356
临界行为　critical behavior　08.3108
临界压强　critical pressure　05.0367
临界涨落　critical fluctuation　08.1971
*临界照明　critical illumination　04.0667
临界值　critical value　05.0366
临界指数　critical exponent　05.1002
临界质量　critical mass　09.0899
临界装置　critical assembly　09.0897
临界阻尼　critical damping　02.0382
临界[阻尼]电阻　critical [damping] resistance　02.0386
磷光　phosphorescence　04.1921
磷光体　phosphorescent material, phosphor　04.1922
磷化镓　gallium phosphide, GaP　08.1678
磷化铟　indium phosphide, InP　08.1679
磷脂　phospholipid　11.0394
灵敏电流计　galvanometer　03.0811
灵敏度　sensitivity　01.0216
灵敏度阈　threshold of sensitivity　01.0218
菱面体　rhombohedron　08.0283
菱面体格[子]　rhombohedral lattice　08.0094
菱形天线　rhombic antenna　03.0758
零[差]拍　homodyne　03.1010
零场能　zero-field energy　08.3637
零程近似　zero-range approximation　07.0256
零点能量　zero-point energy　06.0474
零点漂移　zero drift　03.0840
零点移动　zero-point shift　03.0843
零点运动　zero-point motion　06.0475
零点涨落　zero-point fluctuation　06.0476
零点振动　zero-point vibration　08.1401
零电压态　zero-voltage state　08.3283
零电阻现象　zero-resistance phenomenon　08.3086
零动量参考系　center-of-momentum frame　02.0101
零功率装置　zero-power assembly　09.0896
零级波片　zero-order wave plate　04.1136
零阶劳厄带　zero-order Laue zone　08.1033
零力系　null-force system　02.0550
*零[模]矢　null vector　06.0083
零能隙半导体　zero-gap semiconductor　08.1563
零拍探测　homodyne detection　03.1011
零偏压　zero bias　08.1532
零偏压电导　zero bias conductance　08.1533
零偏压电阻　zero bias resistance　08.1534
零偏压反常　zero bias anomaly　08.1535
*零漂　zero drift　03.0840
零频　zero frequency　05.1006
零色散波长　zero-dispersion wavelength　04.1626
零声　zero sound　08.3031
零损失峰　zero loss peak　08.1077
零维系统　zero-dimensional system　08.2937
零温物态方程　zero-temperature equation of state　08.3596
零线　zero line　03.0658
零重力　zero gravity　11.0315
*零锥　null cone　06.0073
领结型光纤　bow-tie fiber　04.1458
刘维尔定理　Liouville's theorem　05.0531
刘维尔方程　Liouville equation　05.0910
刘维尔算符　Liouville operator　05.0911
流　current　02.0709
流变学　rheology　02.0736
流层　flow layer　02.0717
流场　flow field　02.0716
流代数　current algebra　09.1316
流动[起]电势　electrokinetic potential　03.1149
流动势　flow potential　02.0721
流对易子　current commutator　09.1315
流管　stream tube　02.0715
流光室　streamer chamber　09.1628
流函数　stream function　02.0790
流控技术　fluidics　02.0827
流夸克　current quark　09.1137
流量计　flowmeter, flow gauge　02.0905
流流耦合　current-current coupling　03.0608
流密度矢量　flux-density vector　05.0454
流速学　velocimetry　02.0728
流体　fluid　02.0692
流体[动]力学　hydrodynamics　02.0701
流体动力学方程　hydrodynamic equation　02.0703
流体[动]力学极限　hydrodynamic limit　05.0898

流体动力学力　hydrodynamic force　02.0704
流体[动]力学模　hydrodynamic mode　02.0705
流体静力学　fluid statics, hydrostatics　02.0698
流体静力学平衡　hydrostatic equilibrium　02.0699
流体静压[强]　hydrostatic pressure　08.3563
流体力学　hydromechanics, fluid mechanics　02.0697
流体力学阶段　hydrodynamics stage　05.0907
流体性　fluidity　08.0713
流体压强计　manometer　02.0909
流体运动学　fluid kinematics　02.0700
流线　streamline, line of flow　02.0713
流星　meteor, shooting star　11.0227
流星体　meteoroid　11.0229
流质量　current mass　09.1121
流阻　flow resistance　02.0718
留数　residue　01.0466
留数定理　theorem of residues　01.0467
留西特[有机]玻璃　lucite　08.1211
硫属玻璃　chalcogenide glass　08.0599
六八面体　hexakisoctahedron　08.0298
六边形　hexagon　08.0294
六重[对称]轴　sixfold [symmetry] axis　08.0147
六重反演轴　inversion hexad　08.0148
六重态　sextuplet, sextet　09.1575
六重线　sextuplet, sextet　09.1576
六顶点模型　six-vertex model　05.1034
六角格[子]　hexagonal lattice　08.0225
六角晶系　hexagonal crystal system　08.0203
六角密[堆]积结构　hexagonal close-packed structure, HCP structure　08.0245
六角[形]图样　hexagon pattern　11.0695
六面体　hexahedron　08.0295
六面体装置　hexahedral apparatus　08.3579
六四面体　hexatetrahedron　08.0297
龙基光栅　Ronchi grating　04.1049
龙基检验　Ronchi test　04.1104
笼目格　kagomé lattice　11.0715
笼形分子　cage molecule　07.0289
笼形结构　cagelike structure　07.0290
漏磁通　leakage magnetic flux　03.0462
漏电　electric leakage　03.0138
漏电感　leakage inductance　03.0616
漏电流　leakage current　03.0610
漏电阻　leakage resistance　03.0259
漏[极]　drain [electrode]　08.1761
漏热　heat leak　08.3368
漏失锥　loss cone　10.0370
漏失锥不稳定性　loss cone instability　10.0286
漏失[锥]角　loss cone angle　10.0371
漏通量　leakage flux　03.0463
漏泄因子　leakage factor　08.1993
卢瑟福[α散射]实验　Rutherford [α-particle scattering] experiment　09.0092
卢瑟福背散射　Rutherford backscattering　08.2799
卢瑟福散射　Rutherford scattering　09.0091
卢瑟福[原子]模型　Rutherford['s] model　07.0018
陆末-格尔克板　Lummer-Gehrcke plate　04.1097
陆末-布洛洪光度计　Lummer-Brodhun photometer　04.0609
录像带　videotape　04.1543
露点　dew point　05.0417
滤波电容器　filter capacitor　03.0158
滤波器　[wave] filter　03.0953
滤波器通带　filter passband　04.0949
滤光片　optical filter　04.0756
*滤光器　optical filter　04.0756
滤色片　color filter　04.0757
*滤色器　color filter　04.0757
路程　path　02.0035
路径　path　02.0036
路径概率法　path probability method　08.0435
路径积分　path integral　05.0551
路径检测器　which-way detector　06.0790
吕埃勒-塔肯斯路线　Ruelle-Takens route　11.0562
铝镁合金　magnalium　08.1162
铝镍钴[合金]　alnico　08.1905
氯化钠[型]结构　sodium chloride structure, NaCl structure　08.0251
氯化铯[型]结构　cesium chloride structure　08.0258
孪激光器　twin laser　04.2253
孪晶化　twinning　08.0766
孪晶界　twin boundary　08.0767
孪晶律　twin law　08.0512
孪晶面　twin plane　08.0768
孪晶[体]　twin [crystal], bicrystal　08.0765
孪生复合　geminate recombination　08.2235
孪生光子对　biphoton　06.0727
孪[生]像　twin image　04.1361

孪生子效应　twin effect　06.0112
卵磷脂　lecithin　11.0395
乱真信号　spurious signal　03.0767
乱真子　spurion　09.1153
掠面速度　areal velocity　02.0055
掠入射　glancing incidence, grazing incidence　04.0121
掠入射反射光谱术　grazing incidence reflection spectroscopy, GIR spectroscopy　04.1840
掠射角　glancing angle, grazing angle　04.0122
＊略图　schematic diagram　01.0154
伦敦超流理论　London theory of superfluidity　08.3024
伦敦穿透深度　London penetration depth　08.3114
伦敦方程　London equation　08.3113
伦敦刚性　London rigidity　08.3116
伦敦规范　London gauge　08.3115
伦纳德-琼斯势　Lennard-Jones potential　05.0685
伦琴当量　Roentgen equivalent　09.0291
＊伦琴射线　Röntgen ray　07.0128
＊轮廓　profile　01.0353
轮廓分析　contour analysis　01.0492
论证　argumentation　01.0133
罗伯逊-沃克度规　Robertson-Walker metric　06.0313
罗戈夫斯基线圈　Rogowski coil　10.0455
罗兰环　Rowland ring　03.0385
罗兰圆　Rowland circle　04.1718
罗斯合金　Rose's metal　08.1229
罗谢尔盐　Rochelle salt　08.1212
逻辑斯谛映射　logistic map　11.0587
螺[棱]柱位错　spiral prismatic dislocation　08.0490
螺绕环　torus　03.0384
螺线管　solenoid　03.0383
螺形畸变　spiral distortion　08.0499
螺型晶体生长　spiral crystal growth　08.0755
螺[型]位错　screw dislocation　08.0477
α-螺旋　alpha-helix　11.0431
螺旋波　helicon wave　10.0210
螺旋波等离体元　helicon　05.0729
螺旋不稳定性　helical instability　10.0276
螺旋测微器　micrometer caliper　02.0884
螺旋场　corkscrew field　10.0395
螺[旋]磁性　helimagnetism　08.1927
螺旋度　helicity　09.1458
螺旋箍缩　screw pinch　10.0113
螺旋流　spiral flow　11.0705
螺旋面　helicoid　09.1184
螺旋线　spiral　01.0566
螺旋-线团转变　helix-coil transition　08.2433
螺旋性　helicity　09.1459
螺旋运动　helical motion　02.0093
螺旋振子　helicon　05.0730
螺旋轴　screw axis　08.0154
螺旋状结构　helical structure　08.2580
螺旋状织构　helical texture　08.2658
螺旋自旋有序　helical spin order　08.2110
＊螺状相　cholesteric phase　08.2634
裸电荷　bare charge　09.1301
裸电子　bare electron　09.1047
裸核　bare nucleus　09.1050
裸离子　bare ion　09.1048
裸粒子　bare particle　01.0087
裸耦合　bare coupling　09.1302
裸奇异性　naked singularity　06.0288
裸团簇　naked cluster　08.2971
裸质量　bare mass　09.1049
洛伦茨常量　Lorenz constant, Lorenz number　05.0809
洛伦茨模型　Lorenz model　11.0596
洛伦茨吸引子　Lorenz attractor　11.0599
洛伦兹变换　Lorentz transformation　06.0026
洛伦兹变换的双曲形式　Lorentz transformation in hyperbolic form　06.0030
洛伦兹不变式　Lorentz invariant　06.0039
洛伦兹不变性　Lorentz invariance　06.0041
洛伦兹场　Lorentz field　08.2142
洛伦兹度规　Lorentz metric　06.0029
洛伦兹分布　Lorentz distribution　04.1799
洛伦兹规范　Lorentz gauge　03.0711
洛伦兹力　Lorentz force　03.0386
洛伦兹-洛伦茨公式　Lorentz-Lorenz formula　04.1563
洛伦兹[谱线]增宽　Lorentz broadening　04.1814
洛伦兹群　Lorentz group　06.0027
洛伦兹收缩　Lorentz contraction　06.0190
洛伦兹条件　Lorentz condition　03.0714
洛伦兹显微术　Lorentz microscopy　08.1060
洛伦兹线形函数　Lorentz line shape function　04.1800
洛伦兹协变量　Lorentz covariant　06.0033
洛伦兹协变式　Lorentz covariant　06.0034
洛伦兹协变性　Lorentz covariance　06.0036
洛伦兹因子　Lorentz factor　06.0028

洛施密特常量 Loschmidt constant, Loschmidt number 05.0077
洛施密特回波 Loschmidt echo 06.0895
[洛施密特]可逆性佯谬 [Loschmidt's] reversibility paradox 05.0505
洛特卡-沃尔泰拉方程 Lotka-Volterra equation 11.0509
*洛特卡-沃尔泰拉模型 Lotka-Volterra model 11.0507
络合物 complex 08.2584
落体 falling body 02.0224

M

马德隆常数 Madelung constant 08.0426
马德隆能[量] Madelung energy 08.0425
马蒂亚斯定则 Matthias rule 08.3245
马尔可夫过程 Markov process 05.0841
马尔可夫近似 Markov approximation 05.0842
马格纳斯力 Magnus force 02.0800
马格纳斯效应 Magnus effect 02.0799
马赫数 Mach number 02.0869
马赫原理 Mach's principle 06.0215
马赫-曾德尔干涉仪 Mach-Zehnder interferometer 04.1095
马赫锥 Mach cone 02.0870
马吕斯定律 Malus' law 04.1109
马氏体 martensite 08.0906
马氏体相变 martensitic transformation 08.0907
马西森定则 Matthiessen's rule 08.1462
马休-普朗克函数 Massieu-Planck function 05.0301
马约拉纳粒子 Majorana particle 09.1089
马约拉纳中微子 Majorana neutrino 09.1191
码间干扰 intersymbol interference 04.1333
霾散射 haze scattering 02.0416
迈克耳孙干涉仪 Michelson interferometer 04.1092
迈克耳孙阶梯光栅 Michelson echelon [grating] 04.1059
迈克耳孙-莫雷实验 Michelson-Morley experiment 04.1964
迈斯纳态 Meissner state 08.3088
迈斯纳效应 Meissner effect 08.3087
迈耶函数 Mayer function 05.0664
麦克劳德真空规 McLeod vacuum gauge 05.0141
麦克米伦 Tc 公式 McMillan's Tc formula 08.3164
[麦克斯韦-]玻尔兹曼分布 [Maxwell-] Boltzmann distribution 05.0578
[麦克斯韦-]玻尔兹曼统计法 [Maxwell-] Boltzmann statistics 05.0577
麦克斯韦等面积定则 Maxwell equal area rule 05.0081
麦克斯韦电桥 Maxwell bridge 03.0836
麦克斯韦方程的四维形式 four-dimensional form of Maxwell's equations 06.0199
麦克斯韦方程组 Maxwell's equations 03.0668
麦克斯韦关系 Maxwell's relations 05.0307
麦克斯韦速度分布 Maxwell velocity distribution 05.0568
麦克斯韦速率分布 Maxwell speed distribution 05.0569
麦克斯韦妖 Maxwell's demon 05.0280
脉冲编码 impulse coding 04.1520
脉冲磁体 pulsed magnet 03.0526
脉冲电离室 pulse ionization chamber 09.0740
脉冲电流 impulse current 03.1045
脉冲发生器 impulse generator 03.1041
脉冲反射模 pulse reflection mode 04.2133
脉冲高度分析 kicksorting of pulses 03.1051
脉冲管制冷器 pulse tube refrigerator 05.0169
脉冲回波法 pulse-echo method 02.0475
脉冲激光沉积 pulsed laser deposition 08.0815
脉冲激光器 pulsed laser 04.2206
脉冲双星 binary pulsar 11.0162
脉冲透射模 pulse transmission mode 04.2134
脉冲氙灯 pulse xenon lamp 04.2174
脉冲响应 impulse response 04.1232
脉冲星 pulsar 11.0145
脉冲形状甄别 pulse-shape discrimination 09.0781
脉冲噪声 impulse noise 05.0837
脉动磁场 pulsating magnetic field 03.0525
脉动电流 pulsating current 03.1046
满带 filled band, occupied band 08.1364
*满壳层 completely filled shell 07.0046
满月 full moon 11.0200
曼德尔 Q 因子 Mandel Q parameter 06.0893
慢阿尔文波 slow Alfvén wave 10.0204

慢变量　slow variable　11.0537
慢光传播　slow light propagation　04.2138
慢过程　slow process　11.0535
慢化　slowing-down　09.0608
慢化剂　moderator　09.0610
慢化效应　moderating effect　09.0609
慢化中子　degraded neutron　09.0603
慢模　slow mode　05.1072
慢移钟同步　slow clock synchronization　06.0049
慢中子　slow neutron　09.0581
慢轴　slow axis　04.1141
慢子　bradyon　09.1172
漫反射　diffuse reflection　04.0134
漫散射　diffuse scattering　04.1566
漫射波光谱学　diffusing wave spectroscopy　04.1880
漫射光　diffused light　04.0133
漫射介质　diffusing medium　04.0130
漫射面　diffusing surface　04.0131
漫射体　diffuser　04.0876
漫线系　diffuse series　04.1728
芒德布罗集[合]　Mandelbrot set　11.0651
芒塞尔色系　Munsell color system　04.0739
盲点　blind spot　04.0702
猫脸映射　Arnold's cat map　11.0602
毛发湿度计　hair hygrometer　05.0138
毛细管　capillary [tube]　05.0100
毛细能　capillary energy　05.0098
毛细现象　capillarity　05.0097
毛细压强　capillary pressure　05.0099
锚泊　anchoring　08.2688
梅尔-绍珀平均场理论　Maier-Saupe mean field theory　08.2704
梅利尼科夫积分　Mel'nikov integral　11.0612
梅索维奇黏性系数　Miesowicz viscosity coefficient　08.2689
酶　enzyme　11.0415
*美夸克　beauty quark　09.1006
门电流　gate current　03.0935
门电压　gate voltage　03.1058
门态　doorway state　09.0514
门[选通]脉冲　gate pulse　03.1057
蒙哥马利法　Montgomery method　08.1483
蒙日曲面　Monge's surface　01.0373
蒙特卡罗法　Monte Carlo method　05.0922
锰铜　manganin　08.1155
弥散　dispersion　08.2516
弥散参数　diffuseness parameter　04.0132
弥散度　dispersity　08.2519
弥散箍缩　diffuse pinch　10.0114
弥散输运　dispersive transport　08.0710
弥散系　dispersed system　08.2517
弥散相　dispersed phase　08.2518
米格达尔定理　Migdal's theorem　06.0695
米勒指数　Miller indices　08.0053
米氏散射　Mie scattering　04.0878
密度　density　02.0130
密度波　density wave　11.0080
密度测量学　densimetry　02.0132
密度泛函理论　density functional theory, DFT　08.1310
密度分布　density distribution　02.0133
密度关联函数　density correlation function　08.1544
密度矩阵　density matrix　05.0529
密度流　density current　02.0131
密度涨落　density fluctuation　05.0817
密堆积　close packing　08.0241
密堆积结构　close-packed structure　08.0242
密封垫[圈]　gasket　08.3440
密集编码　dense coding　06.0829
密集波分复用　dense wavelength division multiplexing　04.1491
密立根油滴实验　Millikan's oil drop experiment　03.0010
密[码]文　cryptogram　06.0865
密耦[合]近似　close-coupling approximation　08.0592
幂次分布律　power-law distribution　01.0414
幂次率电导　power-law conductance　08.3487
幂律衰减　power-law decay　01.0415
幂律指数　power-law exponent　01.0416
冕洞　coronal hole　11.0194
冕牌玻璃　crown glass　04.0384
面抽运激光器　face-pumped laser　04.2237
面电荷密度　surface charge density　03.0021
面电流密度　surface current density　03.0227
面积　area　01.0042
面积定理　area theorem　06.0300
面间角恒定[定]律　law of constancy of interfacial angles　08.0059
面密度　area density　08.1139

N

内禀几何 intrinsic geometry 06.0240
内禀角动量 intrinsic angular momentum 06.0661
内[禀]曲率 intrinsic curvature 06.0265
内禀衰减 intrinsic decay 09.1600
内禀随机性 intrinsic stochasticity 11.0564
内禀吸收 intrinsic absorption 04.1833
内禀宇称 intrinsic parity 09.0240
内禀载流子 intrinsic carrier 08.1574
内禀载流子浓度 intrinsic carrier density 08.1598
内禀属性 intrinsic property 09.1599
内禀自由度 intrinsic degree of freedom 09.1076
内部对称性 internal symmetry 09.1075
内部未饱和键 interior unsatisfied bond 08.0654
内部相似性 internal similarity 11.0530
内部约束 internal constraint 02.0162
内部自由度 internal degree of freedom 05.0623
内参量 internal parameter 01.0080
内插 interpolation 01.0195
内场 internal field 03.0774
内磁场 internal magnetic field 03.0373
内对流 internal convection 02.0735
内反射 internal reflection 04.0127
内[共振]腔 intracavity 04.2017
内光电发射 internal photoemission 08.2284
* 内光电效应 inner photoelectric effect 04.1949
内耗 internal friction 08.2326
内建场 built-in field 08.1579
内聚力 cohesion 05.0101
内聚能 cohesive energy 08.0409
内壳层 inner shell 07.0050
内[壳]层电子 inner-shell electron 07.0051
内力 internal force 02.0457
内量子数 inner quantum number 06.0391
内量子效率 internal quantum efficiency 08.2296
内能 internal energy 05.0286
内能密度 density of internal energy 05.0287
内屏蔽 inner screening 07.0238
内嵌原子富勒体 endohedral fullerene 08.2978
内切 interior contact 02.0179
内渗 endosmosis 11.0379
内太阳系 inner solar system 11.0204
内调焦 interior focusing 04.0463
内行星 inferior planet 11.0203
内压强 internal pressure 02.0780
内应变 internal strain 02.0181
内应力 internal stress 02.0180
内重力波 internal gravity wave 06.0320
内转换 internal conversion 09.0241
内转换电子 internal conversion electron 09.0243
内转换电子对 internal conversion pair 09.0244
内转换系数 internal conversion coefficient 09.0242
内锥折射 internal conical refraction 04.1177
内阻 internal resistance 03.0264
能层 ergosphere 06.0303
* 能程关系 range-energy relation 09.0703
能带 energy band 06.0480
能带结构 energy-band structure 08.1327
能带论 [energy] band theory 08.1273
能带模型 band model 08.1274
* 能动张量 energy-momentum tensor 06.0146
能级 energy level 06.0479
能级交叉效应 level-crossiong effect 07.0110
能级结构 energy level structure 06.0486
能级宽度 energy level width 06.0487
能级密度 level density 09.0516
能级寿命 energy level lifetime 06.0488
能级图 energy-level diagram 06.0483
* 能景 energy landscape 11.0735
能量 energy 01.0051
能量表象 energy representation 06.0445
能量动量张量 energy-momentum tensor 06.0146
能量分辨本领 energy resolution power 09.0747
能量分辨率 energy resolution 09.0748
能量过滤像 energy-filtered image 04.0235
能量过滤衍射 energy-filtered diffraction 04.1038
能量景貌 energy landscape 11.0735
能量均分 energy equipartition 02.0301
能量均分定理 equipartition theorem 05.0562
能量量子化 energy quantization 06.0377
能量密度 energy density 03.0103
能[量色]散 X 射线衍射 energy dispersion X-ray diffraction 04.1037
能量守恒 conservation of energy, energy conservation 02.0296
能量守恒定律 law of conservation of energy 02.0297
* 能量守恒与转化定律 law of conservation of energy 02.0297
能量输运 energy transport 08.1543

能量损失　energy loss　09.0708
能量损失函数　energy-loss function　09.0709
能量退降　energy degradation　09.1425
能[量消]耗　energy consumption　02.0300
能量选择像　energy-selected image, ESI　08.1075
能量转换　energy conversion　09.1423
能量子　quantum of energy　06.0376
能流[量]　energy flux　04.2672
能流密度　energy flux density　04.2673
能流矢量　energy flux vector　02.0299
能谱　energy spectrum　06.0481
能斯特定理　Nernst's theorem　05.0273
*能斯特假设　Nernst's postulate　05.0273
能斯特效应　Nernst effect　08.1620
能斯特真空量热器　Nernst vacuum calorimeter　05.0131
能态　energy state　06.0482
能隙　energy gap　08.1331
能隙参数　gap parameter　08.1335
能隙对称性　gap symmetry　08.1338
能隙各向异性　gap anisotropy　08.1339
能隙宽度　gap width　08.1336
尼尔逊能级　Nilsson energy level　09.0380
尼科耳棱镜　Nicol prism　04.1149
铌钛合金　nickel-titanium alloy　08.3246
霓　secondary rainbow　04.0791
拟合曲线　fitting curve　01.0198
拟设　ansatz　01.0146
*逆变器　inverter　03.1107
逆变矢量　contravariant vector　06.0182
逆操作　inverse operation　08.0157
逆磁光效应　inverse magneto-optic effect　04.2362
逆光电效应能谱学　inverse photoelectric spectroscopy, IPS　08.2821
逆光电子发射谱学　inverse photoemission spectroscopy　08.2300
逆交流约瑟夫森效应　inverse AC Josephson effect　08.3291
逆矩阵　inverse matrix　01.0436
逆康普顿散射　inverse Compton scattering　04.1962
逆康普顿效应　inverse Compton effect　04.1961
逆拉曼效应　inverse Raman effect　04.2346
逆偏析　inverse segregation　08.0936
逆塞曼效应　inverse Zeeman effect　04.1774
逆散射法　inverse scattering method　11.0745
逆色散光纤　reverse-dispersion fiber　04.1463
逆时针方向　counter clockwise　01.0171
逆斯塔克效应　inverse Stark effect　04.2347
逆算符　inverse operator　06.0548
逆弹性　dielasticity　08.2316
逆温层　inversion layer　08.1661
逆问题　inverse problem　01.0306
逆行　retrograde motion, retrogression　11.0237
逆循环　inverted cycle　05.0252
年代学　chronology　09.0850
黏稠度　stickiness　02.0758
黏度　viscosity　02.0748
黏度计　viscometer, viscosimeter　02.0754
黏度系数　viscosity coefficient　02.0759
黏附度　adhesiveness　08.2599
黏附计　adhesiometer　08.2600
黏附力　stick force　02.0757
黏附系数　sticking coefficient　08.2738
黏附性　adhesiveness　08.2598
黏塑性　viscoplasticity　08.2352
黏弹性　viscoelasticity　08.2321
黏弹性流体　viscoelastic fluid　02.0756
黏土　clay　08.2556
黏性　viscosity　02.0751
黏性扩散　viscous diffusion　02.0761
黏[性]力　viscous force　02.0752
黏性流　viscous flow　02.0745
黏性流体　viscous fluid　02.0744
*黏性系数　coefficient of viscosity　02.0748
黏性指进　viscous fingering　11.0659
黏性阻力　viscous resistance　02.0764
黏性阻尼　viscous damping　02.0760
黏滞耗散　viscous dissipation　02.0762
鸟嘌呤　guanine, G　11.0405
尿嘧啶　uracil, U　11.0408
宁静等离[子]体　quiescent plasma, Q-plasma　10.0023
凝固　solidification　05.0403
凝固点　freezing point, solidifying point　05.0404
凝固温度　temperature of solidification　08.0880
凝集　agglutination　08.2536
凝胶　gel　08.2548
凝胶模型　jellium model　05.0738
凝胶相　gel phase　08.2621
凝结　condensation　05.0393, coagulation　08.2515

凝结核　nucleus of condensation　05.0395
凝结热　heat of condensation, coagulation heat　08.3369
凝晶质　crystalloid　08.0794
凝聚　condensation　05.0405
凝聚能　condensation energy　05.1021
凝聚态物理[学]　condensed matter physics　08.0001
凝聚体　condensate　05.1019
凝聚体分数　condensate fraction　05.1020
凝聚微滴　coacervate droplet　08.2543
凝聚温度　condensation temperature　05.1022
凝体　condensed matter　08.0002
凝团　clump　10.0346
牛顿第二定律　Newton's second law　02.0143
牛顿第三定律　Newton's third law　02.0144
牛顿第一定律　Newton's first law　02.0142
牛顿环　Newton's rings　04.0916
牛顿力学　Newtonian mechanics　02.0140
牛顿流体　Newtonian fluid　02.0695
牛顿[色]盘　Newton [color] disc　04.0704
牛顿运动定律　Newton's law of motion　02.0141
扭摆　torsional pendulum　02.0686
扭摆器　wiggler　03.1106
扭波矢　twist wave vector　08.0543
扭秤　torsion balance　02.0687
扭杆　torsion rod　02.0676
扭结　knot　01.0550
扭结理论　knot theory　01.0551
扭矩　torsional moment　02.0673
扭力　twisting force　02.0198
扭力计　torsional meter　02.0680
扭量　twistor　06.0267
扭曲　twist, contortion　08.2680
扭曲波[玻恩]近似　distorted wave Born approximation, DWBA　09.0532
扭曲不稳定性　kink instability, wriggling instability　10.0311
扭曲各向异性介质　twisted anisotropic medium　03.0181
扭曲晶界相　twist-grain boundary phase, TGB phase　08.0544
扭曲模　kink mode　10.0232
扭曲向错　twist disclination　08.2652
扭曲向列相液晶盒　twisted nematic cell　08.2687
扭曲映射　twist map　11.0605
扭丝　torsion fiber　02.0678
扭应变　twisting strain, torsional strain　02.0199
扭应力　twisting stress, torsional stress　02.0200
扭折　kink　08.0541
扭折带　kink band　08.2360
扭折角　kinking angle　08.0542
扭振子　torsional oscillator　02.0674
扭转　torsion　02.0672
扭转常数　torsion constant　02.0679
扭转模　torsional mode　10.0243
扭转弹性　elasticity of torsion　02.0631
扭[转型]振荡　torsional oscillation　02.0677
扭转振动　torsional vibration　02.0675
浓相　concentrated phase, ^{3}He-rich phase　08.3397
奴役原理　slaving principle　11.0533
钕铁硼磁体　NdFeB magnet　08.1910
诺马斯基棱镜　Nomarski prism　04.1153

O

欧几里得度规　Euclidean metric　01.0503
欧几里得空间　Euclidean space　01.0502
欧几里得维数　Euclidean dimension　11.0638
欧拉角　Euler angle　02.0504
欧拉螺旋线　Euler spiral　04.1006
欧拉运动学方程　Euler's kinematical equations　02.0521
欧姆表　ohmmeter　03.0816
欧姆定律　Ohm's law　03.0288
欧姆加热　ohmic heating　03.0289
欧姆接触　ohmic contact　08.1720
欧姆损耗　ohmic loss　03.0292
偶奇核　even-odd nucleus　09.0070
偶极层　dipole layer　08.2782
偶极磁场　dipole magnetic field　08.2098
偶极辐射　dipole radiation　04.1968
偶极近似　dipole approximation　04.2549
偶极矩　dipole moment, moment of dipole　03.0105
偶极相互作用　dipole interaction　08.0439
偶极振子　dipole oscillator　03.0106
偶极子　dipole　03.0104

偶偶核　even-even nucleus　09.0069
偶然符合　accidental coincidence　01.0258
偶然简并性　accidental degeneracy　08.1276
偶然误差　accidental error　01.0224
偶宇称　even parity　06.0200
jj 耦合　jj coupling　07.0105
＊LS 耦合　LS coupling　07.0106
耦合摆　coupled pendulum　02.0315
耦合变压器　coupled transformer　03.0857
耦合波　coupled waves　04.2337
耦合波理论　coupled wave theory　04.2338
耦[合波]子　polariton　08.1959
耦合常数　coupling constant　09.1117
耦合道　coupled channel　09.1596
耦合道理论　coupled channels theory　09.0559
耦合方式　coupling scheme　07.0102
耦合[共振]腔　coupled resonators　04.2042
耦合阱　coupled wells　08.1787
耦合量子阱　coupled quantum well　08.3472
耦合模　coupled modes　04.2195
耦合能　coupling energy　08.1788
耦合强度　coupling strength　08.1789
＊耦合强度重整化　renormalization of coupling strength　09.1565
耦合强度重正化　renormalization of coupling strength　09.1565
耦合系数　coupling coefficient　03.0863

P

＊爬波　creep wave　08.2330
爬杆效应　rod-climbing effect　08.2529
爬[行]膜效应　creeping film effect　08.3007
帕德逼近式　Padé approximant　05.0690
帕罗迪关系　Parodi's relation　08.2690
帕斯卡定律　Pascal's law　02.0834
帕特森法　Patterson method　08.1037
帕邢-巴克效应　Paschen-Back effect　08.2015
帕邢系　Paschen series　07.0025
拍　beat　04.2707
拍模　beat mode　10.0226
拍频　beat frequency　04.2708
拍频振荡器　beat frequency oscillator, BFO　04.2709
拍谱　beat spectrum　04.1853
排斥　repulsion　02.0409
排斥能　repulsion energy　02.0411
排斥势　repulsive potential　05.0684
排斥芯　repulsive core　09.0090
排斥子　repeller　11.0583
排空力　depletion force　08.2514
排空絮聚　depletion flocculation　08.2513
排气阀　vent valve　02.0857
排序　sequencing, ordering　01.0514
派尔斯不稳定性　Peierls instability　08.2871
派尔斯绝缘体　Peierls insulator　08.2872
派尔斯能隙　Peierls gap　08.2870
派尔斯相变　Peierls phase transition　08.2869
潘索运动　Poinsot motion　02.0533
盘形分子液晶　discotic liquid crystal　08.2642
盘状激光器　disk laser　04.2238
盘状相　discotics　08.2643
判据　criterion　01.0153
庞磁电阻　colossal magnetoresistance, CMR　08.1491
庞加莱变换　Poincaré transformation　06.0042
庞加莱复现　Poincaré recurrence　05.0504
庞加莱极限环　Poincaré limit cycle　11.0474
庞加莱截面　Poincaré section　11.0501
庞加莱球　Poincaré sphere　04.1164
庞加莱群　Poincaré group　06.0043
庞加莱映射　Poincaré map　11.0500
旁[波]瓣　side lobe　03.0756
旁馈　side feeding　09.0405
旁路　by-pass　03.0309
旁路电容器　by-pass capacitor　03.0159
抛体　projectile　02.0318
抛体运动　projectile motion　02.0319
抛物面镜　paraboloidal mirror　04.0153
抛物脐[型突变]　parabolic umbilic　11.0550
抛物线近似　parabola approximation　09.0543
抛物型轨道　parabolic orbit　02.0320
抛物型势　parabolic potential　02.0321
抛物型折射率光纤　parabolic index fiber　04.1453
抛物柱面镜　parabolic mirror　04.0154
抛物柱面天线　pillbox antenna　03.0759

跑动耦合常数 running coupling constant 09.1386
泡克耳斯效应 Pockels effect 04.2350
泡利不相容原理 Pauli exclusion principle 06.0426
泡利方程 Pauli equation 06.0663
泡利门 Pauli gate 06.0821
泡利顺磁性 Pauli paramagnetism 08.1855
泡利算符 Pauli operator 06.0665
泡利[自旋]矩阵 Pauli [spin] matrix 06.0664
泡沫 foam 08.2558
泡沫材料隔热 foam insulation 08.2560
泡沫物理学 foam physics 08.2559
泡状结构 vesicular structure 11.0382
陪伴机理 chaperone mechanism 11.0368
陪集 coset 01.0519
佩茨瓦尔条件 Petzval's condition 04.0526
佩尔捷系数 Peltier coefficient 08.1501
佩尔捷效应 Peltier effect 08.1500
佩雷斯-霍罗德基判据 Peres-Horodecki criterion 06.0759
[配]对力 pairing force 09.0341
[配]对能 pairing energy 09.0068
[配]对效应 pairing effect 09.0343
配分泛函 partition functional 05.0866
配分函数 partition function 05.0549
配偶子 partner 09.1013
配容 complexion 05.0521
配位层 coordination shell 08.0605
配位场理论 ligand field theory 08.0332
配位多面体 coordination polyhedron 08.0101
配位数 coordination number 08.0088
配位体 ligand 08.0331
配位异构 coordination isomerism 08.2476
喷溅起电 splash electrification 03.1163
喷泉效应 fountain effect 08.3011
喷涂 spray coating 08.0834
喷雾起电 spray electrification 03.1164
喷注簇射 jet shower 09.1343
喷注淬火 jet quenching 08.0983
喷注模型 jet model 09.1342
喷注起电 jet electrification 03.1162
彭罗斯铺砌 Penrose tiling 08.0548
彭罗斯铺砌块 Penrose tiles 08.0547
彭罗斯图 Penrose diagram 06.0274
彭宁电离 Penning ionization 07.0214
彭宁电离电子谱学 Penning ionization electron spectroscopy 08.2835
彭宁阱 Penning trap 08.2836
彭宁离子源 Penning ion source 09.1666
膨胀 expansion 05.0087
膨胀波 dilatational wave 02.0849
膨胀测量术 dilatometry 02.0851
膨胀常量 dilatation constant 02.0847
膨胀率 expansivity 05.0092
膨胀系数 coefficient of expansion 05.0088
膨胀宇宙 expanding universe 11.0017
膨胀致冷 expansion refrigeration 05.0161
碰撞 collision 02.0423
*碰撞参量 impact parameter 02.0422
碰撞电离 impact ionization, ionization by collision 03.0344
碰撞感生相干性 collision-induced coherence 04.2498
碰撞积分 collision integral 10.0140
碰撞加热 collisional heating 10.0444
碰撞角 impingement angle 02.0432
碰撞截面 collision cross-section 10.0141
碰撞冷却 collision cooling 07.0126
碰撞频率 collision frequency 07.0124
碰撞[谱线]增宽 collision broadening, impact broadening 07.0123
碰撞区 collision region 07.0125
碰[撞]致排列 collision-induced alignment 04.2497
劈裂因子 splitting factor 07.0109
*劈裂栅 split-gate 08.1824
劈形位错 wedge dislocation 08.0489
劈形向错 wedge disclination 08.2651
皮拉尼真空规 Pirani gauge 05.0140
皮帕德[非定域]理论 Pippard [nonlocal] theory 08.3117
皮帕德核函 Pippard kernel 08.3119
皮帕德相干长度 Pippard coherence length 08.3118
疲劳 fatigue 08.2334
疲劳断裂 fatigue fracture 08.2339
疲劳裂纹 fatigue crack 08.2338
疲劳强度 fatigue strength 08.2337
疲劳寿命 fatigue life 08.2336
疲劳限[度] fatigue limit, endurance limit 08.2335
匹配负载 matching load 03.0623
匹配角 matching angle 04.2389

匹配阻抗　matching impedance　03.0622
片堆起偏器　pile-of-plate polarizer　04.1145
偏差　deviation　01.0248
偏方二十四面体　dyakisdodecahedron　08.0315
偏方三八面体　trapezohedron　08.0287
偏方十二面体　deltohedron　08.0309
偏光显微镜　polarizing microscope　04.1206
偏光仪　polariscope　04.1201
偏晶转变　monotectic transformation　08.0924
偏离参量　deviation parameter　01.0079
[偏]离共振　off-resonance　04.1762
[偏]离共振加热　off-resonant heating　10.0442
偏离角　angle of deviation　04.0185
偏菱形十二面体　deltoid dodecahedron　08.0310
偏滤器　divertor　10.0415
偏食　partial eclipse　11.0199
偏析　segregation　08.0934
偏析系数　segregation coefficient　08.0935
*偏向角　angle of deviation　04.0185
偏向棱镜　deviating prism　04.0178
偏心轨道　eccentric orbit　11.0125
偏心角　eccentric angle　11.0124
偏心率　eccentricity　11.0126
偏压电池[组]　bias battery　03.0952
偏移角　offset angle, shift angle　02.0431
偏振标记光谱术　polarization labeling spectroscopy　04.1863
偏振波　polarization wave, polarized wave　04.1112
偏振测光　photopolarimetry　04.1162
偏振串扰　polarization crosstalk　04.1474
偏振度　degree of polarization　04.1128
偏振分束器　polarizing beamsplitter　04.1146
偏振光　polarized light　04.1108
*偏[振]光镜　polariscope　04.1201
偏振光谱学　polarization spectroscopy　04.1862
偏振面　plane of polarization　04.1115
偏振模色散　polarization modal dispersion　04.1472
偏振片　polaroid sheet　04.1154
偏振态　polarization state　04.1113
偏振相关损耗　polarization dependent loss　04.1473
偏振[性]　polarization　04.1107
偏振仪　polarimeter　04.1202
偏置　bias　03.0942
偏置场　bias field　03.0951
偏置电流　bias current　03.0950
偏[置电]压　bias voltage　03.0949
偏置全息术　biasing holography　04.1413
偏轴角　off-axis angle　04.0362
偏转　deflection　04.0095
偏转板　deflecting plate　03.0894
偏转场　deflecting field　03.1084
偏转电极　deflecting electrode　03.1083
偏转函数　deflection function　09.0544
偏转力　deflecting force　03.1085
漂白全息图　bleached hologram　04.1395
漂移　drift　10.0077
漂移波　drift wave　10.0223
漂移不稳定性　drift instability　10.0297
漂移电流　drift current　08.1479
漂移动理方程　drift kinetic equation　10.0079
漂移近似　drift approximation　10.0078
漂移迁移率　drift mobility　08.1632
漂移矢量　drift vector　05.0862
漂移室　drift chamber　09.1619
漂移速度　drift velocity　06.0015
漂移速率　drift speed　08.1480
漂移项　drift term　05.0859
贫金属星　metal-poor star　11.0112
频标　frequency standard　04.2166
频分复用　frequency division multiplexing　04.1488
频率　frequency　01.0037
频率编码　frequency encoding　04.1518
*频率标准　frequency standard　04.2166
频率抖动　frequency jitter　04.1786
频率合成　frequency synthesis　04.2422
频率计　frequency meter, frequency counter　03.0821
频率匹配　frequency matching　10.0328
频率牵引　frequency pulling　04.2122
*频率上转换　frequency upconversion　04.2403
频率四维矢[量]　frequency four-vector　06.0162
频率推斥　frequency pushing　04.2123
*频率下转换　frequency downconversion　04.2404
频率相关电导率　frequency-dependent conductivity　08.3486
频率选择性　frequency selectivity　01.0038
频率转换　frequency conversion　04.2402
频偏　frequency deviation　04.1783
频谱　frequency spectrum　04.1323

频谱分解　spectral decomposition　04.1292
[频]谱密度　spectral density　04.1293
频谱面　frequency plane　04.1229
*频散　dispersion, chromatic dispersion　04.1620
频散波　dispersive wave　04.1627
频扫激光器　sweep laser　04.2264
频闪测速计　strobotach　02.0917
频闪仪　stroboscope　02.0916
频移　frequency shift　04.1787
频域　frequency domain　04.1328
品质因子　Q value, Q factor　04.2124
平凹透镜　plane-concave lens　04.0252
平板型波导　slab waveguide　04.1444
平动自由度　translational degree of freedom　05.0624
平凡解　trivial solution　01.0385
平方度　square degree　01.0339
平方反比律　inverse square law　01.0424
平方和　quadratic sum　01.0321
平方律检波器　square-law detector　03.0970
平衡　equilibrium, balance　02.0335
平衡点　equilibrium point　02.0689
平衡方程　balance equation　05.0452
平衡衡量　equilibrium constant　05.0183
平衡零拍探测　balanced homodyne detection　04.1854
平衡判据　criterion for equilibrium　05.0184
平衡器　balancer　02.0887
平衡前发射　pre-equilibration emission　09.0512
平衡前过程　pre-equilibration process　09.0511
平衡态　equilibrium state　05.0191
平衡条件　equilibrium condition　02.0338
平衡位形　equilibrium configuration　10.0362
平衡位置　equilibrium position　02.0337
平衡系统　equilibrium system　05.0185
平衡相图　equilibrium phase diagam　05.0325
平衡形变　equilibrium deformation　09.0368
平滑度　smoothness　01.0553
平截头棱锥体　prismoid　08.0358
平均场　mean field　09.0326
平均场近似　mean field approximation　09.0327
平均场理论　mean field theory　05.1107
平均电离势　mean ionization potential　09.0704
平均截面　average cross-section　09.0465
平均t矩阵近似　average t-matrix approximation, ATA　08.0591
平均碰撞时间　mean collision time　05.0742
平均偏差　mean deviation　01.0251
平均射程　mean range　09.0700
平均寿命　mean lifetime　09.0137
平均速度　average velocity, mean velocity　02.0046
平均速率　mean speed　05.0570
平均误差　average error, mean error　01.0232
平均值　average value, mean value　01.0261
平均自由程　mean free path　05.0741
平流　advection　02.0719
平面波　plane wave　04.2633
*平面波透镜　plane wave lens　08.3588
平面电磁波　plane electromagnetic wave　03.0673
平面干涉仪　flat interferometer　04.1099
平面工艺　planar technology　08.0949
平面光栅　plane grating　04.1050
平面[击]波发生器　plane [shock] wave generator　08.3588
平面结　planar junction　08.1645
*平面偏振　plane polarization　04.1116
平面平行运动　plane-parallel motion, laminar motion　02.0547
平面全息图　plane hologram　04.1370
平面型波导　planar waveguide　04.1443
平面型探测器　planar-type detector　09.0762
平面族　family of planes　08.0073
平凸透镜　plane-convex lens　04.0251
平[像]场透镜　field flattening lens, field-flattening lens　04.0546
平行光束　parallel beam　04.0570
平行[基片]排列　planar alignment　08.2683
平行力系　system of parallel forces　02.0552
平行平面[共振]腔　plane-parallel resonator　04.2018
平行时空　parallel space time　06.0195
平行四边形定则　parallelogram rule　02.0146
平行轴定理　parallel axis theorem　02.0529
平移　translation　02.0494
平移不变性　transitional invariance　08.0121
平移对称　translation symmetry　08.0120
平移群　translation group　08.0177
平移矢[量]　translation vector　08.0149
平移算符　translation operator　06.0574
平移运动　translational motion　02.0095
平直时空　flat spacetime　06.0217

坪区　plateau　10.0169
坪区扩散　plateau diffusion　10.0170
屏蔽　screening, shielding　03.0747
屏蔽长度　screening length　03.0752
屏蔽电流　screening current, shielding current　03.0750
屏蔽电子　shielded electron　03.0749
屏蔽距离　screening distance　03.0751
屏蔽库仑作用　screened Coulomb interaction　08.1271
屏蔽势　screened potential　07.0224
屏函数　screen function　04.0980
屏栅电离室　grid ionization chamber　09.0741
坡度折射率　graded [refractive] index　04.1452
坡度折射率光纤　graded index fiber　04.1455
坡密子　pomeron　09.1044
坡莫合金　permalloy　08.1228
坡印亭矢量　Poynting vector　03.0689
珀尔涡旋　Pearl vortex　08.3220
珀卡斯-耶维克积分方程　Percus-Yevick integral equation　05.0698
CP 破坏　CP violation　09.1308
破裂不稳定性　disruptive instability　10.0305
破裂反应　breakup reaction　09.0530
剖面　profile　01.0353
剖面层群　sectional layer group　08.0186
普遍化　generalization　01.0136
普丰德系　Pfund series　07.0027
普朗克长度　Planck length　06.0237
普朗克常量　Planck constant　06.0371
普朗克单位　Planck unit　06.0236
普朗克定律　Planck's law　06.0370
普朗克[辐射]公式　Planck's [radiation] formula　05.0645
普朗克时间　Planck time　06.0238
普朗克质量　Planck mass　09.1131
普朗特数　Prandtl number　11.0698
普适标度函数　universal scaling function　05.1103
普适不稳定性　universal instability　10.0298
普适常量　universal constant　01.0064
普适电导涨落　universal conductance fluctuation, UCF　08.3483
普适量子计算机　universal quantum computer　06.0811
普适量子门　universal quantum gate　06.0820
普适谱涨落　universal spectral fluctuation　05.0815
[普适]气体常量　[universal] gas constant　05.0042
普适曲线　universal curve　01.0155
普适时间常量　universal time constant　09.0238
普适性　universality　05.1104
普适[性]类　universality class　05.1105
普适演化判据　universal evolution criterion　05.0464
普适周期轨道序列　universal sequence of periodic orbits　11.0531
普通物理[学]　general physics　01.0002
谱　spectrum　07.0028
α 谱　alpha spectrum, α-spectrum　09.0116
β 谱　beta spectrum, β-spectrum　09.0117
γ 谱　gamma spectrum, γ-spectrum　09.0118
谱表示　spectral representation　04.1749
谱范围　spectral range　04.1704
谱分析　spectral analysis, spectrum analysis　04.1765
谱函数　spectral function　05.0961
谱宽　spectral bandwidth　04.1802
谱理论　spectral theory　09.1430
谱频散　spectral dispersion　04.1632
谱强度　spectral intensity　04.1796
谱[强度]分布　spectral distribution　04.1795
谱权重　spectral weight　04.1768
谱权重函数　spectral weight function　04.1769
谱色　spectral color　04.0740
谱特性　spectral characteristic　04.1747
*谱外色　extra-spectral color　04.0741
谱线　spectral line　04.1686
谱线宽度　line width, line-breadth　04.1803
*谱线轮廓　line profile　04.1798
谱线前移　line advance　04.1687
谱线强度　line strength　04.1797
[谱]线系　line series　04.1721
谱线形　spectral line shape　04.1751
*谱线形状　line shape　04.1798
谱线移　spectral line shift　04.1750
谱线移位　line shift　04.1781
谱线致宽　line broadening　04.1809
谱响应　spectral response　04.1748
谱项　spectral term　07.0030
谱因子　spectroscopic factor　09.0486
谱增宽　spectral broadening　04.1752
谱指数　spectrum index　04.1724
谱指纹　spectral fingerprint　04.1767

Q

七边形 heptagon 08.0299
七重态 septuplet, septet 09.1577
七重线 septuplet, septet 09.1578
七面体 heptahedron 08.0300
*期待值 expectation value 06.0556
期望值 expectation value 06.0556
齐次方程[式] homogeneous equation 01.0374
齐拉-却尔曼斯效应 Szilard-Chalmers effect 09.0535
齐明点 aplanatic point 04.0511
齐明镜 aplanat 04.0512
齐纳二极管 Zener diode 08.1701
齐纳击穿 Zener breakdown 08.1700
齐纳隧穿 Zener tunneling 08.1396
奇怪吸引子 strange attractor 11.0584
奇特超导体 exotic superconductor 08.3180
奇特分子 exotic molecule 07.0176
奇特核 exotic nucleus 09.0180
奇特态 exotic state 09.0983
奇特原子 exotic atom 09.0985
奇异边界 singular boundary 06.0278
奇异金属 strange metal 08.1226
*奇异夸克 strange quark 09.1004
奇异粒子 strange particle 09.0972
奇异扰动 singular perturbation 11.0506
奇异数 strangeness 09.1007
奇异星 strange star 11.0144
奇异性 strangeness, singularity 11.0464
奇宇称 odd parity 06.0201
起电 electrification 03.0134
起电盘 electrophorus 03.0784
起偏本领 polarizing power 04.1160
起偏角 polarizing angle 04.1159
起偏目镜 polarizing eyepiece 04.1200
起偏器 polarizer 04.1142
[起]偏振棱镜 polarizing prism 04.1148
起始磁导率 initial permeability 08.1896
起始磁化率 initial susceptibility 08.1895
气垫导轨 air track 02.0897
气垫台 air table 02.0898
气动激光器 [gas] dynamic laser 04.2201
气动力 aerodynamic force 02.0845
气动热力学 aerothermodynamics 05.0008
气动阻力 aerodynamic drag 02.0846
气化 gasification 05.0045
气辉 airglow 04.1926
气流 gas flow 02.0710
气敏器件 gas sensing device, gas sensor 08.1738
气凝胶 aerogel 08.2549
[气]泡室 bubble chamber 09.0743
[气泡]水平仪 spirit level 02.0888
气球不稳定性 ballooning instability 10.0306
气球模 ballooning mode 10.0225
气溶胶 aerosol 08.2555
气态 gaseous state 05.0044
气体 gas 05.0040
气体定律 gas law 05.0043
气体动力学 gas dynamics 02.0839
气体放电 gas discharge 10.0055
气体击穿 gas breakdown 10.0056
气体激光器 gas laser 04.2199
气体静力学 aerostatics 02.0841
气体温度计 gas thermometer 05.0115
气体运动学 gas kinematics 02.0840
气相沉积 vapor deposition 08.0803
气相沉积术 vapor deposition technique 08.0804
气相扩散 vapor phase diffusion 08.0825
气相生长 vapor growth 08.0824
气相输运 vapor transport 05.0768
气相外延 vapor phase epitaxy 08.0968
气压 air pressure, barometric pressure 02.0871
气压高度计 barometric altimeter 02.0875
气压计 barometer, air pressure gauge 02.0872
气液连续性 continuity of the gaseous and liquid states 05.0979
气液泡室 gas-liquid bubble chamber 09.0744
汽点 steam point 05.0031
汽化 vaporization 05.0385
汽化曲线 vaporization curve 05.0386

汽化热　heat of vaporization　05.0422
＊Ω器　mass spectrum　09.0840
器件　device　01.0294
千电子伏级加速器　kevatron　09.0860
迁移　migration　08.2535
迁移率　mobility　03.0347
迁移率边　mobility edge　08.0683
迁移率隙　mobility gap　08.0684
迁移率张量　mobility tensor　05.0796
迁移速度　migration velocity　05.0795
牵连加速度　convected acceleration　02.0075
牵连力　convected force　02.0447
牵连速度　convected velocity　02.0061
牵连运动　convected motion　02.0088
牵引力　tractive force　02.0217
铅垂线　plumb line　02.0226
前导波　leading wave　10.0233
前分形　prefractal　11.0624
前进波　advancing wave, progressive wave　04.2637
前夸克　prequark　09.1034
前驱辐射　precursor radiation　10.0184
前驱核　precursor　09.0663
前向波　forward wave　04.0842
前向散射　forward scattering　04.1569
前沿　leading edge　04.2141
前沿轨道函数　frontier orbital　07.0211
＊前沿轨函　frontier orbital　07.0211
前兆击波　foreshock　02.0865
前置单色仪　premonochromator　04.1648
前置放大器　preamplifier　03.0980
前置棱镜　fore-prism　04.0177
前置滤波器　prefilter　03.0956
前[置]因子　prefactor　01.0498
前子　preon　09.1033
钳位　clamping　03.1059
潜流　undercurrent　02.0711
潜热　latent heat　05.0420
潜望镜　periscope　04.0156
潜像　latent image　04.0803
浅能级　shallow level　08.1635
浅施主　shallow donor　08.1584
浅受主　shallow acceptor　08.1590
浅水理论　shallow-water theory　02.0776
浅杂质　shallow impurity　08.1582
欠曝[光]　underexposure　04.0815
欠掺杂　underdoping　08.1774
欠掺杂区域　underdoped regime　08.1775
欠定方程组　underdetermined system of equations　01.0375
欠定系统　underdetermined system　02.0582
欠校[正]透镜　undercorrected lens　04.0660
欠[聚]焦　underfocus　04.0299
欠耦合　undercoupling　03.0626
欠屏蔽近藤效应　underscreened Kondo effect　08.1498
欠显[影]　underdevelopment　04.0817
欠载　underload　03.0284
欠阻尼　underdamping　02.0384
欠阻尼运动　underdamped motion　02.0365
腔暗态　cavity dark state　06.0795
腔电磁耦[合波]子　cavity polariton　08.1961
腔光力学　cavity optomechanics　06.0920
腔量子电动力学　cavity quantum electrodynamics　06.0792
腔模　cavity mode　04.2080
腔内扫描　intracavity scanning　04.2170
腔内调制　intracavity modulation　04.2213
腔振荡　cavity oscillation　04.2065
腔子　caviton　10.0318
强标度律　hyperscaling law, strong scaling law　05.1092
强场畴　high-field domain　08.1899
强场物理　strong field physics　08.3355
强等效原理　strong equivalence principle　06.0214
强钉扎　strong pinning　08.3233
强度　intensity, strength　01.0273
强度标　intensity scale　04.0861
强度传递函数　intensity transfer function　04.1239
强度反射率　intensity reflectivity　04.0873
强度分布　intensity distribution　04.0859
强度干涉仪　intensity interferometer　04.1300
强度关联　intensity correlation　04.1299
强度关联成像　intensity correlation imaging　04.1560
强度关联谱学　intensity correlation spectroscopy　04.1338
强度函数　strength function　09.0497
强度量　intensive quantity　05.0179
强度谱　intensity spectrum　04.2511
强度钳位　intensity clamping　04.0907
强度透射率　intensity transmissivity　04.0869

强关联　strong correlation　08.3142
强击波　intense shock-wave　02.0864
强局域　strong localization　08.3463
强聚焦　strong focusing　09.1627
强流束　high-current beam　09.1660
强耦合　strong coupling　09.0399
强耦合超导体　strong-coupling superconductor　08.3163
强湍动　strong turbulence　10.0341
强相互作用　strong interaction　09.0213
强制对流　forced convection　02.0737
强制锁模　forced mode-locking　04.2110
强子　hadron　09.0928
强子动力学　hadrodynamics　09.1332
强子化　hadronization　09.1683
强子量能器　hadron calorimeter　09.1641
强子期　hadron era　09.1165
强子型衰变　hadronic decay　09.1333
强[作用]衰变　strong decay　09.1102
敲出反应　knockout reaction　09.0529
桥键　bridge bond　07.0197
桥接原子　bridging atom　08.0641
桥式整流器　bridge rectifier　03.0976
峭度　kurtosis　01.0561
翘曲模　buckling mode　02.0662
鞘　sheath　11.0393
切变　shear　02.0665
切[触]变换　constant transformation　02.0554
切分岔　tangential bifurcation　11.0484
切近碰撞　close collision　02.0429
切连科夫辐射　Cherenkov radiation　04.1966
切连科夫共振　Cherenkov resonance　10.0133
切连科夫计数器　Cherenkov counter　09.0724
切连科夫效应　Cherenkov effect　04.1965
切连科夫自由电子激光器　Cherenkov free-electron laser　04.2204
切面　tangential plane　02.0666
切线　tangent　01.0328
切向单位矢量　tangential unit vector　02.0642
切向分量　tangential component　02.0641
切向彗差　tangential coma　04.0508
切向加速度　tangential acceleration　02.0070
切向力　tangential force　02.0187
切向速度　tangential velocity　02.0329
切向应力　tangential stress　02.0640
切向运动　tangential motion　02.0094
切趾[法]　apodization　04.1307
窃听　tapping　06.0866
亲电体　electrophile　07.0231
亲和势　affinity　05.1112
亲和性　affinity　05.1113
亲水基团　hydrophilic group　08.2565
亲水力　hydrophilic force　08.2567
亲水性绝缘材料　hydrophilic insulator　03.1152
亲液胶体　lyophilic colloid　08.2499
侵入物　invader　11.0722
侵蚀　etching　08.0951
青铜　bronze　08.1154
氢脆　hydrogen embrittlement　08.2374
氢弹　hydrogen bomb　09.0627
氢键　hydrogen bond　08.0443
氢键固体　hydrogen-bonded solid　08.0444
氢原子　hydrogen atom　07.0019
氢钟　hydrogen clock　07.0160
轻核　light nucleus　09.0422
轻介子　light meson　09.1190
轻空穴　light hole　08.1796
轻夸[玻色]子　leptoquark　09.0996
轻夸克　light quark　09.0995
轻[裂变]碎片　light [fission] fragment　09.0654
轻水反应堆　light water reactor, LWR　09.0893
轻同位素　light isotope　09.0055
轻子　lepton　09.0940
τ轻子　tau lepton　09.0958
轻子荷　leptonic charge　09.1189
轻子期　lepton era　09.1188
轻子数　leptonic number　09.0949
轻子型衰变　leptonic decay　09.0950
倾腔　cavity dumping　04.2158
倾腔激光器　cavity-dumped laser　04.2160
倾腔脉冲　dumped pulse　04.2114
倾腔器　[cavity] dumper　04.2159
倾斜因子　inclination factor　04.0971
倾斜自旋有序　canted spin order　08.2111
*清洁处理　decontamination, cleaning　08.0801
清亮点　cleaning point　08.2619
清晰度　definition　01.0272
琼斯矩阵　Jones matrix　04.1167
琼斯区　Jones zone　08.1289

丘克拉斯基法　Czochralski method　08.0798
秋分点　autumnal equinox　11.0262
求和定则　sum rule　04.1741
f 求和规则　f-sum rule　09.1572
QCD 求和规则　QCD sum rule　09.1605
球对称　spherical symmetry　02.0114
球晶　spherulite　08.0355
球径计　spherometer　02.0885
球粒　nodule　08.0665
球面摆　spherical pendulum　02.0310
球面波　spherical wave　04.2635
球面度　steradian　01.0340
* 球面[共振]腔　spherical resonator　04.2021
球面共轴组　centered system of spherical surface　04.0336
球面角　spherical angle　01.0341
球面镜　spherical mirror　04.0147
球面镜[共振]腔　spherical mirror resonator　04.2020
球面三角　spherical triangle　01.0344
球面投影　spherical projection　08.0192
球面透镜　spherical lens　04.0257
球[面像]差　spherical aberration　04.0505
球面锥体　spherical cone　02.0113
球模型　spherical model　05.1030
球透镜　globe lens　04.0266
球谐函数　spherical harmonics　01.0397
球形分析器　spherical analyzer　03.0131
球形核　spherical nucleus　09.0365
球[型]马克　spheromak　10.0414
球状体　globule　08.2984
球状星团　globular cluster　11.0076
球坐标　spherical coordinate　01.0347
区域精炼　zone refining　08.0842
区域熔化提纯　zone melting purification　08.0841
区[域]时　zone time　11.0255
区折叠近似　zone-folding approximation　08.1359
曲率半径　radius of curvature　11.0170
曲率标量　curvature scalar, scalar curvature　06.0262
曲率漂移　curvature drift　10.0081
曲率张量　curvature tensor　06.0259
* HD 曲线　HD curve　04.0812
曲线拟合　curve fitting　01.0559
曲线运动　curvilinear motion　02.0091
驱动蛋白　kinesin　11.0427
驱动电压　driving voltage　03.1033
驱动力　driving force　02.0390
驱动频率　driving frequency　03.1032
屈服　yield　02.0637
屈服点　yield point　02.0638
屈服强度　yield strength　08.2355
屈服条件　yield condition　08.2356
屈服应力　yield stress　08.2354
屈服准则　yield criterion　08.2357
屈光度　diopter　04.0313
趋肤深度　skin depth　03.0706
趋肤效应　skin effect　03.0704
趋光性　phototaxis　11.0450
取景器　view finder　04.0477
取向　orientation　01.0040
取向极化　orientation polarization　03.0202
取向量子化　orientation quantization　06.0381
取向双折射　orientation birefringence　04.1319
取向无序　orientational disorder　08.0583
取向有序　orientational order　08.0751
取向涨落　orientation fluctuation　08.2660
取向致流[效应]　backflow [effect]　08.2685
取向自由度　orientational degree of freedom　08.3059
去反射　dereflection　04.0078
去耦电容器　decoupling capacitor　03.0160
* 去偏振分束器　depolarizing beamsp litter　04.1147
去屏蔽　descreening　07.0310
去湿润生长　dewetting growth　08.0980
去弹性散射截面　nonelastic scattering cross-section　09.0454
* 去折叠　unfolding　11.0546
全波片　whole-wave plate, full-wave plate　04.1132
全剥等离[子]体　stripped plasma　10.0018
全剥[离]核　stripped nucleus　09.0184
全导型光纤　omni guide fiber　04.1464
全电离等离[子]体　fully ionized plasma　10.0017
全对称性　complete symmetry　09.1314
全反射　total reflection　04.0124
全反射荧光显微术　total internal reflection fluorescence microscopy　04.0430
全光镜头　plenoptic lens　04.0437
全光器件　all-optical device　04.0060
全光相机　plenoptic camera　04.0438
全景　full view, panoramic view　04.0476

全景全息图　full view hologram, full-view hologram　04.1403
全局分岔　global bifurcation　11.0488
全[局]福克态　global Fock state　04.2539
全聚反光装置　holophote　04.0774
全孔径　full aperture　04.0453
全面体对称　holosymmetry, holohedral symmetry　08.0171
全[面体]对称性　holohedrism　08.0170
全内反射　total internal reflection　04.0128
全能峰　full energy peak　09.0775
全散粒噪声　full shot noise　05.0830
全色[胶]片　panchromatic film　04.0794
全通滤光片　[optical] all-pass filter　04.0948
全同[立构]规整度　isotacticity　08.2487
全同粒子　identical particle　06.0674
全图对称性　whole pattern symmetry　08.1121
全外反射　total external reflection　04.0126
全息存储　holographic memory, holographic storage　04.1427
全息干涉测量术　holographic interferometry　04.1424
全息光学　holographic optics　04.1423
全息光栅　holographic grating　04.1421
全息胶片　holofilm　04.1430
全息解卷积　holographic deconvolution　04.1350
全息滤波器　holographic filter　04.1420
全息描述　holographic representation　04.1429
全息术　holography　04.1340
全息透镜　holographic lens, hololens　04.1422
全息图　hologram　04.1342
全息无损检验　holographic nondestructive testing　04.1426
全息显微术　holographic microscopy　04.1419
全息像　holographic image　04.1364
＊全息掩模　holographic mask　04.1420
全息原理　holography principle　09.1606
＊全息再现　holographic representation　04.1429
全息照相　holograph　04.1341
权[重]　weight　01.0259
权[重]函数　weight function　05.1044
缺级　missing order　04.1717
缺面体无序　merohedral disorder　08.0587
缺陷　defect　08.0445
缺陷晶格　defect lattice　08.0754
缺陷局域态　defect localized state　08.0679
缺质子核素　proton-deficient nuclide　09.0049
缺质子同位素　proton-deficient isotope　09.0053
缺中子核素　neutron-deficient nuclide　09.0048
缺中子同位素　neutron-deficient isotope　09.0052
群表示　group representation　08.0190
群聚　bunch, bunching　10.0342
群聚态　cybotactic state　08.3638
群聚性　cybotaxis　08.3639
群聚压缩　bunch compression　10.0343
群论　group theory　08.0158
群码　group code　04.1523
群频率　group frequency　04.0824
群速[度]　group velocity　04.2668
群速度色散　group velocity dispersion　04.1622
群特征标　group character　08.0175
群折射率　group index of refraction　04.0085

R

燃点　ignition point　05.0419
燃料电池　fuel cell　03.0802
染料激光器　dye laser　04.2215
染料 Q 开关　dye Q switching　04.2128
染色体　chromosome　11.0362
染色体组　genome　11.0364
染色质　chromatin　11.0363
绕数　winding number　03.0532
绕组　winding　03.0878
热　heat　05.0001
热泵　heat pump　08.3373
热波长　thermal wavelength　05.0558
热不稳定性　thermal instability　02.0348
热长度　thermal length　08.3481
热场动力学　thermo-field dynamics　05.0975
热成像　thermal imaging　04.0207
热成像术　thermography　08.2389
热迟滞　thermal hysteresis　08.2387
热处理　heat treatment　08.3375
热传导　heat conduction　05.0785

热磁效应 thermomagnetic effect 08.1941
热脆性 hot shortness, red shortness 08.2371
热当量 thermal equivalent 05.0104
热导 thermal conductance 08.1450
热导率 thermal conductivity, heat conductivity 05.0786
热德布罗意波长 thermal de Broglie wavelength 06.0464
热等离[子]体 hot plasma 10.0012
热电材料 thermoelectric material 03.0361
热电动势 thermo-electromotive force 03.0366
热电发生器 thermoelectric generator 03.0359
热电荷发射 thermionic emission 08.1476
热电加热 thermoelectric heating 03.0360
热电冷却 thermoelectric cooling 03.0353
热电离 thermal ionization 10.0054
热电流 thermoelectric current 03.0355
热电偶 thermoelectric couple, thermocouple 03.0354
热电器件 thermoelectric device 03.0356
热电势[率] thermoelectric power, thermopower 03.0362
热电系数 thermoelectric coefficient 03.0352
热电子 thermoelectron, thermal electron 03.0367
热电子发射 thermal electron emission 08.1475
热对流 heat convection 05.0790
热[发射]离子 thermion 03.0345
热反射镜 hot mirror 04.0958
热[分]解 pyrolysis, thermolysis 05.0414
热分析 thermal analysis 08.0941
热分子压强效应 thermomolecular pressure effect 08.3009
热辐射 heat radiation, thermal radiation 05.0641
热隔离 thermal isolation 05.0234
热功当量 mechanical equivalent of heat 05.0103
热固性聚合物 thermosets 08.2448
热光 thermal light 04.1902
热光效应 thermooptical effect 04.1903
热耗散 heat dissipation 05.0792
热核爆炸 thermonuclear explosion 09.0626
热核等离[子]体 thermonuclear plasma 10.0010
热核反应 thermonuclear reaction 09.0623
热核技术学 thermonucleonics 09.0624
热核聚变 thermonuclear fusion 10.0347
热核能 thermonuclear energy 09.0625
热核装置 thermonuclear machine 10.0348
热化 thermalization 08.2249
热化中子 thermalized neutron 09.0588
热汇 heat sink, thermal anchoring 08.3411
热机效率 efficiency of heat engine 05.0264
热机械效应 thermomechanical effect 08.3010
热激电流 thermally stimulated current 08.2200
热激活 thermal activation 08.1470
热寂 heat death 05.0275
热加工 hot working 08.0985
热交换 heat exchange 08.3364
热交换器 heat exchanger 08.3365
热接触 thermal contact 05.0239
热绝缘 thermal insulation 05.0232
热绝缘体 thermal insulator 05.0233
热开关 heat switch 08.3366
热库 heat reservoir 05.0242
热扩散 thermal diffusion 05.0770, heat diffusion 05.0791
热垒 heat barrier 10.0374
热离解 thermal dissociation 05.0413
热离子发射 thermionic emission 03.0934
热离子学 thermionics 08.0851
热力学 thermodynamics 05.0005
热力学变量 thermodynamic variable 05.0282
热力学第二定律 second law of thermodynamics 05.0271
热力学第零定律 zeroth law of thermodynamics 05.0269
热力学第三定律 third law of thermodynamics 05.0272
热力学第一定律 first law of thermodynamics 05.0270
热力学定律 laws of thermodynamics 05.0268
热力学分支 thermodynamic branch 11.0684
热力学概率 thermodynamic probability 05.0564
热力学格林函数 thermodynamical Green's function 05.0933
热力学过程 thermodynamic process 05.0194
热力学函数 thermodynamic function 05.0283
热力学极限 thermodynamic limit 05.0560
热力学临界场 thermodynamic critical field 05.0368
热力学判据 thermodynamic criterion 05.0344
热力学平衡 thermodynamic equilibrium 05.0181
热力学熵 thermodynamic entropy 05.0559
热力学势 thermodynamic potential 05.0305
热力学态 thermodynamic state 05.0173
热力学温标 thermodynamic scale of temperature

05.0025
热力学温度 thermodynamic temperature 05.0026
热力学稳定性 thermodynamic stability 05.0354
热力学系统 thermodynamic system 05.0012
热力学相 thermodynamic phase 05.0313
热力学循环 thermodynamic cycle 05.0249
热力学阈 thermodynamic threshold 11.0685
热力学原理 thermodynamic principle 05.0013
热力学涨落 thermodynamic fluctuations 05.0190
热力学坐标 thermodynamic coordinate 05.0281
热量 heat 05.0002
热流 heat flow, heat current 05.0788
热漫散射 thermal diffuse scattering 08.1045
热敏电阻 thermistor 03.0260
热敏器件 thermosensitive device 08.1740
热敏水凝胶 thermosensitive hydrogel 08.2551
热能 thermal energy 05.0245
热偶元件 thermoelement 03.0368
热膨胀 thermal expansion 08.1458
热膨胀反常 thermal expansion anomaly 08.1459
热[膨]胀系数 coefficient of thermal expansion 05.0090
热疲劳 thermal fatigue 08.2386
热平衡 thermal equilibrium 05.0015
热平衡条件 thermal equilibrium condition 05.0348
热屏 heat shield 08.3374
热轫致辐射 thermal bremsstrahlung 10.0181
热容[量] heat capacity 05.0105
热骚动 thermal agitation 08.1471
热色性 thermochromatism 04.2585
热声振荡 thermal acoustic oscillation 08.3427
热剩磁 thermoremanent magnetization 08.2095
热释磁效应 pyromagnetism 08.1942
热释电晶体 pyroelectric crystal 08.2202
热释电效应 pyroelectric effect 08.2201
热释电[学] pyroelectricity 08.2199
热释光剂量仪 thermoluminescent dosimeter 09.0774
热释光[学] pyroluminescence 04.1905
热收缩 negative thermal expansion 05.0094
热输运 heat transport 05.0783
热塑材料 thermoplastic material 08.2454
热塑全息图 thermally engraved hologram, thermoplastic hologram 04.1400
热塑性塑料 thermoplastics 08.2453
热损失 heat loss 08.3367
热弹变换 thermoelastic transformation 08.1474
热弹性效应 thermoelastic effect 08.2206
热探测器 thermal detector 05.0134
热天平 thermobalance 08.3376
热通量 heat flux 05.0789
热透镜效应 thermal lensing effect 04.2187
热脱附谱学 thermal desorption spectroscopy, TDS 08.2843
热物理学 thermal physics 05.0004
热相位破缺时间 thermal phase-breaking time 08.3509
热效率 thermal efficiency, heat efficiency 05.0265
热效应 thermal effect 05.0014
热学 heat 05.0003
热循环 thermal cycle 05.0250
热应力 thermal stress 08.2388
热源 heat source 05.0241
热运动 thermal motion 05.0489
热载流子 hot carrier 08.1542
热噪声 thermal noise 05.0827
热展宽 thermal broadening 08.1472
热涨落 thermal fluctuation 05.0812
热振动 thermal vibration 08.1473
热质说 caloric theory of heat 05.0276
热致发光 thermoluminescence 04.1904
热致液晶 thermotropic liquid crystal 08.2618
热中子 thermal neutron 09.0580
热重分析 thermogravimetric analysis 08.1111
热重分析术 thermogravimetry 08.1112
热阻 thermal resistance 08.1451
热阻率 thermal resistivity 08.1452
人工放射性 artificial radioactivity 09.0109
人[工构]造原子 artificial atom 08.2975
人工势垒 artificial barrier 08.2974
人造材料 artificially structured material 08.3617
人造金刚石 artificial diamond 08.3613
人造同位素 man-made isotope 09.0790
人造元素 artificial element 09.0057
人择原理 anthropic principle 06.0351
人字形图样 chevron pattern 08.2697
*刃 ket 06.0567
刃[型]位错 edge dislocation 08.0476
任意子 anyon 09.1030
轫致辐射 bremsstrahlung 04.1967

韧致辐射逆过程　inverse bremsstrahlung　10.0180
韧度　toughness, tenacity　08.2349
韧性　toughness, tenacity　08.2350
日地[空间]物理学　solar-terrestrial physics　11.0286
日晷　sundial　11.0266
日界线　date line　11.0209
日冕　solar corona　11.0193
日球层　heliosphere　11.0187
日食　solar eclipse　11.0197
日心视差　heliocentric parallax　11.0180
日心[宇宙]体系　heliocentric system　11.0181
日月食理论　sciametry　11.0202
日震学　helioseismology　11.0186
容积　volume　01.0044
容抗　capacitive reactance　03.0629
容量　capacity　01.0043
容量速率积　capacity-speed product　04.1435
容量维数　capacity dimension　11.0630
容忍因子　tolerance factor　08.0384
容限　tolerance　04.0539
容许带　allowed band　08.1360
容许态　allowed state　08.1361
容许误差　admissible error　01.0240
容许跃迁　allowed transition　06.0636
溶混性　miscibility　02.0789
溶胶　sol　08.2552
溶胶-凝胶转变　sol-gel transition　08.2553
溶解　solvation　05.0411
溶[解度曲]线　solubility curve　08.0931
溶解热　heat of solution　05.0425
溶线　solubility curve, solvus　08.0932
溶胀　swelling　08.2473
溶胀线团　swollen coil　08.2431
溶质分凝　solute segregation　08.0727
溶致相　lyophase　08.2622
溶致液晶　lyotropic liquid crystal　08.2620
熔点　melting point　05.0397
熔合反应　fusion reaction　09.0555
熔合裂变　fusion-fission　09.0640
熔化　melting, fusion　05.0396
熔化热　melting heat, heat of fusion　05.0424
熔接　welding　08.0947
熔解　fuse　05.0399
熔区　melting zone　05.0398
熔融石英　fused silica　08.1193
熔态淬火法　melt-quenching method　08.0572
熔态旋凝法　melt-spinning method　08.0571
熔体　melt　08.0876
熔体生长　melt growth　08.0878
熔盐生长　flux growth　08.0723
＊柔度　compliance　02.0624
柔链位形　flexible chain configuration　08.0666
揉面变换　kneading transformation　11.0604
茹利亚集[合]　Julia set　11.0652
铷蒸气频率标准　rubidium-vapor frequency standard　03.0822
蠕变流　creep flow　08.2329
蠕变柔度　creep compliance　08.2327
蠕[变压]缩　creep compression　08.2328
蠕波　creep wave　08.2330
蠕动模型　creep model　08.2331
乳光　opalescence　04.1578
乳化剂　emulsifier　08.2545
乳胶　latex　08.2562
乳胶叠　pellicle stack　09.1665
乳胶分散体　latex dispersion　08.2563
乳胶室　emulsion chamber　09.1638
乳状液　emulsion　08.2544
入侵逾渗　invasion percolation　11.0675
入射波　incident wave, incoming wave　04.0839
入射道　incoming channel　09.0436
入[射光]瞳　entrance pupil　04.0485
入射角　incident angle　04.0102
入射粒子　incident particle　09.0434
入射[平]面　plane of incidence　04.0098
入射束　incoming beam　09.0435
入射线　incident ray　04.0097
软 X 射线发射　soft X-ray emission　09.0828
软 X 射线谱学　soft X-ray spectroscopy　09.0827
软超导体　soft superconductor　08.3160
软磁材料　soft magnetic material　03.0433
软磁铁氧体　soft ferrite　08.1917
软过程　soft process　09.1100
软焊料　soft solder　08.1176
＊软合金　slush metal　08.1174
软化点　softening point　05.0402
软化温度　softening temperature　05.0035
软晶格　soft lattice　05.1004

软模　soft mode　05.1005
软物质　soft matter　08.2421
软物质物理学　soft matter physics　08.2420
锐度　sharpness　04.1248
锐共振反应　sharp resonance reaction　09.0811
锐截止模型　sharp cut-off model　09.0560
锐调谐　sharp tuning　04.1784
锐线系　sharp series　04.1726
瑞利-贝纳尔不稳定性　Rayleigh-Bénard instability　11.0693
瑞利表面波　Rayleigh surface wave　08.2741
瑞利干涉仪　Rayleigh interferometer　04.1096
*瑞利极限　Rayleigh limit　04.0370
瑞利-金斯公式　Rayleigh-Jeans formula　05.0646
瑞利盘　Rayleigh disc　08.3023
瑞利判据　Rayleigh's criterion　04.1012
瑞利散射　Rayleigh scattering　04.1573
瑞利数　Rayleigh number　11.0697
瑞利-索末菲衍射公式　Rayleigh-Sommerfeld diffraction formula　04.0970
瑞利-泰勒不稳定性　Rayleigh-Taylor instability　10.0279
瑞利限[度]　Rayleigh limit　04.0370
瑞利翼散射　Rayleigh-wing scattering　04.1574
润湿　wetting　08.2589
润湿角　wetting angle　08.2590
弱玻色子　weak boson　09.1206
弱场　weak field　03.0773
弱超导电性　weak superconductivity　08.3162
弱超荷　weak hypercharge　09.1107
弱等效原理　weak equivalence principle　06.0213
弱电离等离[子]体　weekly ionized plasma　10.0016
弱电力　electroweak force　09.1396
弱混[合]性　weak mixing　05.0496
弱简并　weak degeneration　06.0516
弱局域化　weak localization　08.3464
弱聚焦　weak focusing　09.1629
弱连结　weak link [junction]　08.3306
弱耦合　weak coupling　09.0400
弱普适性　weak universality　09.1544
弱束缚核　weakly bound nucleus　09.0182
弱铁磁性　weak ferromagnetism　08.2090
弱同位旋　weak isospin　09.1110
弱湍动　weak turbulence　10.0340
弱无序　weak disorder　08.2414
弱相互作用　weak interaction　09.0211
弱相互作用大质量粒子　weakly interacting massive particle, WIMP　09.1674
弱[相互作用]力　weak force　09.1543
弱相位物体近似　weak phase object approximation　08.1089
弱音器　mute　04.2793
弱中性流　weak neutral current　09.1273
弱周期势　weak periodic potential　08.1272
弱[作用]流　weak [interaction] current　09.1542
弱[作用]衰变　weak decay　09.1106

S

萨哈方程　Saha's equation　05.0689
萨金特曲线　Sargent curve　09.0223
萨拉姆-温伯格模型　Salam-Weinberg model　09.1479
萨尼亚克干涉仪　Sagnac interferometer　04.1091
萨尼亚克效应　Sagnac effect　04.1090
塞尔等式　Sayre's equation　08.1030
塞曼分裂　Zeeman splitting　04.1775
塞曼能级　Zeeman level　07.0081
塞曼能量　Zeeman energy　07.0080
塞曼调谐激光器　Zeeman-tuned laser　04.2216
塞曼效应　Zeeman effect　04.1771
塞曼跃迁　Zeeman transition　07.0082
赛德尔变量　Seidel variable　04.0503
赛德尔光学　Seidel optics　04.0502
*赛德尔像差　Seidel aberration　04.0495
三八面体　trisoctahedron　08.0286
三八凸起面体　triakisoctahedron　08.0288
三波过程　three-wave process　10.0321
三重对称轴　threefold [symmetry] axis　08.0142
三重反演轴　inversion triad　08.0144
三重态　triplet state　07.0076
三重态超导体　triplet superconductor　08.3152
三重态电子偶素　triplet positronium　09.0945
三重态配对　triplet pairing　08.3151
三重线　triplet　04.1737
三重轴　triad axis　08.0143

三次谐波　third harmonic　04.2394
三等离[子]体源　triplasmatron　10.0045
三端电阻　three-terminal resistance　03.0248
三对角化　tridiagonalization　01.0445
三分裂变　ternary fission　09.0637
＊三分子模型　trimolecular model　11.0701
三氟化硼计数器　boron trifluoride counter　09.0728
三光子过程　three-photon process　04.2416
三合透镜　triplet lens　04.0271
三级像差　third-order aberration　04.0495
三极管　triode　03.0914
三极[管]溅射　triode sputtering　09.0823
三角测量　triangulation　11.0098
三角格[子]　trigonal lattice　08.0216
三角晶系　trigonal crystal system　08.0202
三角[形]接法　delta connection　03.0659
三阶非线性　third-order nonlinearity　04.2392
三阶非线性极化率　third-order nonlinear susceptibility　04.2393
三磷酸腺苷　adenosine triphosphate, ATP　11.0433
三喷注　three jet　09.1341
三色管　three-color tube　04.0724
三色视觉　trichromatic vision　04.0717
三色性　trichroism　04.0723
三十面体　triacontahedron　08.0316
三四面体　tristetrahedron　08.0285
三体力　three-body force　09.0083
三体碰撞　ternary collision　10.0143
三体问题　three-body problem　02.0453
三维布拉维格[子]　three-dimensional Bravais lattice　08.0206
三维成像　three-dimensional imaging　04.0204
三维光栅　three-dimensional grating　04.1072
三维网络固体　three-dimensional network solid　08.0644
三维像素　voxel　04.0197
三维衍射　three-dimensional diffraction　04.1073
三相点　triple point　05.0032
三相感应电动机　three-phase induction motor　03.0870
三相[交变]电流　three-phase alternating current　03.0654
三相临界点　tricritical point　05.0999
＊三相异步电动机　three-phase induction motor　03.0870
三斜格[子]　triclinic lattice　08.0207
三斜晶系　triclinic crystal system　08.0198
三心键　three-center bond　07.0198
三元超导体　ternary superconductor　08.3250
三元合金　ternary alloy　08.1163
三元相图　ternary phase diagram　05.0318
三原色　three primary colors　04.0746
三[原]色系统　trichromatic system　04.0747
三轴谱术　triple-axis spectroscopy　08.1056
三轴坐标系　three-axis coordinate system　08.0097
三自旋模型　three-spin model　05.1067
叁[荷激]子　trion　05.0727
散斑　speckle　04.2274
散斑图样　speckle pattern　04.2275
散磁性　speromagnetism　08.1928
散光　astigmatism, astigmia　04.0700
散光镜　astigmatoscope　04.0390
＊散焦　misfocusing　04.0305
散焦光束　defocused beam　04.0572
散粒噪声　shot noise　05.0829
散裂产物　spallation product　09.0577
散裂反应　spallation reaction　09.0415
散裂中子源　spallation neutron source　09.0576
散射　scattering　02.0412
散射波　scattered wave　04.0846
散射长度　scattering length　07.0121
散射光　scattered light　04.1565
散射角　scattering angle　02.0417
散射截面　scattering cross-section　02.0413
散射矩阵　scattering matrix　06.0645
散射率　scattering rate　08.3489
散射强度　scattering intensity　02.0421
散射体　scatterer　01.0121
散射因子　scattering factor　02.0420
散射振幅　scattering amplitude　09.0481
散铁磁性　asperomagnetism　08.1929
扫描　scanning　03.0897
扫描电化学显微术　scanning electrochemical microscopy, SECM　08.1062
扫描电路　sweep circuit　03.0900
扫描电容显微术　scanning capacitance microscopy, SCM　08.1061
扫描电子显微镜　scanning electron microscope, SEM　08.2828
扫描发生器　sweep generator　03.0901

闪耀光栅　blazed grating　04.1055
闪耀角　blazing angle　04.1056
闪耀全息图　blazed hologram　04.1402
扇[形]束　fan-beam　04.2067
＊扇形速度　sector velocity　02.0055
扇状自旋有序　fan spin order　06.0167
嬗变　transmutation　09.0296
熵　entropy　05.0288
KS 熵　Kolmogorov-Sinai entropy, KS entropy　11.0613
熵波　entropy wave　10.0229
熵不稳定性　entropy instability　10.0300
熵产生　entropy production　05.0445
熵泛函　entropy functional　05.0868
熵力　entropic force　05.0295
熵流　entropy flow　05.0443
熵判据　entropy criterion　05.0345
熵平衡方程　entropy balance equation　05.0453
熵增加原理　principle of entropy increase　05.0309
上边缘维数　upper marginal dimension　11.0632
上变频磷光体　upconversion phosphor　08.2233
上混杂振荡　upper hybrid oscillation　10.0214
＊上夸克　up quark　09.1001
上临界磁场　upper critical magnetic field　08.3092
上临界维度　upper critical dimension　11.0634
上频移　upshift　10.0326
上升时间　rise time　03.0094
上下不对称性　up-down asymmetry　09.1269
上下对称性　up-down symmetry　09.1268
烧结　sintering　08.0933
烧结合金　sintered alloy　08.0890
烧结温度　sintering temperature　08.0892
烧孔[效应]　hole burning [effect]　04.2119
少[数]核子转移　few-nucleon transfer　09.0526
少[数载流]子　minority carrier　08.1577
少体问题　few-body problem　09.0323
少周[期]脉冲　few-cycle pulse　04.2145
少子浓度　minority carrier density　08.1595
哨声　whistler　10.0208
哨声波　whistler wave　10.0209
哨声不稳定性　whistler instability　10.0284
＊蛇行光子　snake photon　04.2517
舍入误差　round-off error　01.0239
设备　apparatus　01.0287
射程　range　01.0299, 09.0699
射程能量关系　range-energy relation　09.0703
射程歧离　range straggling　09.0702
射电　radio　03.1005
射电干扰　radio interference　11.0274
射电介电谱学　radiowave dielectric spectroscopy　08.2139
射电类星体　radio quasar　11.0048
射电脉冲星　radio pulsar　11.0161
射电望远镜　radio telescope　11.0270
射电新星　radio nova　11.0135
射电星系　radio galaxy　11.0047
射电星云　radio nebula　11.0086
射电源　radio source　11.0172
射流　efflux　02.0767
＊射流技术　fluidics　02.0827
射频[波]谱　radio-frequency spectrum　09.1591
射频超导量子干涉器件　RF SQUID　08.3324
射频电流驱动　radio-frequency current drive　10.0432
射频放大器　radio-frequency amplifier, RF amplifier　03.0983
射频加热　radio-frequency heating, RF heating　10.0448
射频溅射　radio-frequency sputtering, RF sputtering　09.0822
射频振荡器　radio-frequency oscillator　03.1017
射线　ray　04.0064
X 射线　X-ray　07.0128
α 射线　alpha ray, α-ray　09.0113
β 射线　beta ray, β-ray　09.0114
γ 射线　gamma ray, γ-ray　09.0115
X 射线爆　X-ray burst　11.0157
γ 射线爆　gamma-ray burst, GRB　11.0160
X 射线边问题　X-ray edge problem　08.1393
γ 射线穿透仪　penetron　09.0818
X 射线发射谱学　X-ray emission spectroscopy, XES　07.0138
X 射线分析　X-ray analysis　07.0137
X 射线粉末法　X-ray powder method　08.1027
X 射线光电子　X-ray photoelectron　08.2291
X 射线光电子能谱学　X-ray photoelectron spectroscopy, XPS　08.2299
X 射线光子激发二次电子发射谱学　X-ray photon-excited secondary electron emission microscopy, XPSEEM　08.2301
X 射线激发荧光　X-ray-excited fluorescence　07.0144

X 射线激光器 xaser, X-ray laser 04.2270
X 射线近吸收边精细结构 near edge X-ray absorption fine structure, NEXAFS 08.2845
X 射线晶体学 X-ray crystallography 08.1000
X 射线脉冲星 X-ray pulsar 11.0158
γ 射线脉冲星 gamma-ray pulsar 11.0159
射线面 ray surface 04.0066
X 射线谱 X-ray spectrum 07.0142
α 射线谱 alpha-ray spectrum 09.0119
β 射线谱 beta-ray spectum 09.0120
γ 射线谱 gamma-ray spectrum 09.0121
γ 射线谱学 gamma-ray spectroscopy 09.0261
γ 射线谱仪 gamma-ray spetrometer 09.0262
X 射线全息术 X-ray holography 07.0140
X 射线散射 X-ray scattering 07.0141
X 射线摄谱仪 X-ray spectrograph 09.0829
X 射线双星 X-ray binary 11.0156
X 射线吸收 X-ray absorption 07.0134
X 射线吸收边 X-ray absorption edge 07.0135
X 射线吸收精细结构 X-ray absorption fine structure, XAFS 07.0136
X 射线星 extar 11.0155
X 射线形貌术 X-ray topography 07.0143
X 射线衍射 X-ray diffraction 04.1035
X 射线衍射形貌术 X-ray diffraction topography 08.1043
X 射线衍射仪 X-ray diffractometer 09.0830
X 射线荧光分析 X-ray fluorescence analysis 07.0139
射线照相术 radiography 08.1026
射线轴 ray axis 04.0065
射影变换 projective transformation 04.0371
摄动 perturbation, disturbance 02.0351
*摄动理论 perturbation theory 06.0603
摄动力 perturbative force 11.0241
摄动体 perturbative body 11.0240
[摄]谱分析 spectrographic analysis 04.1766
摄谱[学] spectrography 04.1839
摄谱仪 spectrograph 04.1661
摄氏温标 Celsius thermometric scale 05.0022
摄像机 video camera 04.0434
*摄影 photography 04.0550
申夫利斯符号 Schönflies symbol, Schoenflies symbol 08.0172
伸长弹性 elasticity of elongation 02.0629
伸缩对称 dilation symmetry 02.0850
伸缩子 dilaton 09.1180
砷化镓 gallium arsenide, GaAs 08.1676
砷化镍[型]结构 nickel arsenide structure 08.0255
砷化物 arsenide 08.1758
深度非弹性碰撞 deep inelastic collision 09.0539
深度非弹性散射 deep inelastic scattering 09.0538
深度剖析 depth profiling 09.0810
深能级 deep level 08.1636
深能级瞬态谱学 deep level transient spectroscopy, DLTS 08.1638
深[陷]阱 deep trap 08.1793
深杂质 deep impurity 08.1776
神经传导 nerve conduction 11.0387
神经科学 neuroscience 11.0383
神经丝 neurofilament 11.0389
神经网络 neuronetwork 11.0385
神经无序 neurological disorder 11.0386
神经系统 nervous system 11.0384
神经元 neuron 11.0388
甚长基线干涉仪 very long baseline interferometer 11.0272
甚低频 very low frequency 04.2693
*渗流 percolation 11.0661
渗碳 carburization, cementation 08.0900
渗碳体 cementite 08.0912
渗透 osmosis 05.0800
渗透计 osmometer 05.0802
渗透率 permeability 08.2593
渗透压[强] osmotic pressure 05.0801
升华 sublimation 05.0390
升华泵 sublimation pump 05.0392
升华曲线 sublimation curve 05.0391
升华热 heat of sublimation 05.0423
升力 ascensional force, lift force 02.0860
升力系数 lift coefficient 02.0861
升频转换 frequency upconversion 04.2403
升压[变压]器 step-up transformer 03.0859
升曳力比 lift-drag ratio 02.0862
生长 growth 08.0717
*生长单晶提拉法 Czochralski method 08.0798
生长动理学 growth kinetics 08.0728
生长螺线 growth spiral 08.0719
生长模型 growth model 08.0718

生成函数法　generating-function method　05.0853
生成焓　enthalpy of formation　05.0447
生成纠缠　entanglement of formation　06.0746
生成热　heat of formation　05.0430
生理光学　physiological optics　04.0019
生灭过程　birth[-and]-death process　11.0724
生态陶瓷　eco-ceramic　08.0905
生物磁学　biomagnetism　11.0341
生物电子学　bioelectronics　11.0343
生物发光　bioluminescence　08.2222
生物分子电子学　biomolecular electronics　11.0344
生物光子学　biophotonics　11.0342
生物计算机　biocomputer　11.0350
生物力学　biomechanics　11.0339
生物膜　biomembrane　11.0375
生物膜输运　biomembrane transport　11.0377
生物热力学　biological thermodynamics　05.0010
生物声学　bioacoustics　11.0340
生物天体物理学　bioastrophysics　11.0007
生物物理[学]　biophysics　01.0019
生物显微镜　biological microscope　04.0421
生物芯片　biochip　11.0349
生物信息学　bioinformatics　11.0345
声波　acoustic wave, sound wave　04.2674
声层析术　acoustic tomography　04.2772
声场　sound field　04.2801
声传播常数　acoustical propagation constant　04.2726
声传感器　acoustic sensor　04.2788
声带　vocal cord　04.2813
声导　acoustic conductance　04.2705
声导纳　acoustic admittance　04.2704
声电效应　acoustoelectric effect　08.2194
声调　intonation, pitch　04.2811
声定位器　sonic locator　04.2785
声多普勒效应　acoustic Doppler effect　04.2779
声发射　acoustic emission　04.2723
声辐射　acoustic radiation　04.2728
声辐射力　acoustic radiation force　04.2729
声共鸣器　acoustic resonator　04.2791
声共振　acoustic resonance, sound resonance　04.2739
声光布拉格衍射　acousto-optic Bragg diffraction　04.2778
声光Q开关　acousto-optic Q switch　04.2132
声光可调滤波器　acousto-optical tunable filter　04.2372
声光偏转　acousto-optic deflection　04.2369
声光偏转器　acousto-optic deflector　04.2172
声光腔　acousto-optic cavity　04.2171
声光调制　acousto-optic modulation　04.2370
声光系数张量　acousto-optic tensor　04.2368
声光效应　acousto-optic effect　04.2367
声光信号处理　acousto-optic signal processing　04.2371
声光学　acousto-optics　04.2366
声激射　phaser, phonon maser　04.2725
声级　acoustic level, sound level　04.2684
声劲度　acoustic stiffness　04.2730
声抗　acoustic reactance　04.2702
声抗率　specific acoustic reactance　04.2703
声空化　acoustic cavitation　04.2733
声码器　vocoder　04.2815
声纳　acoustic susceptance　04.2706
声呐　sonar　04.2784
声能　acoustic energy　04.2735
声能学　sonics　04.2616
声欧[姆]　acoustic ohm　04.2701
声频　acoustic frequency, audio frequency　04.2687
声频散　acoustic dispersion, sound dispersion　04.2727
声频振荡器　audio oscillator　03.1016
声谱　audio spectrum　04.2748
声谱分析仪　sonic analyzer　04.2777
声谱学　sonography　04.2615
声强　acoustic intensity, intensity of sound　04.2685
声强计　phonometer　04.2686
声全息术　acoustic holography　04.2773
声容　acoustic capacitance　04.2734
声顺　acoustic compliance　04.2731
声速　velocity of sound, speed of sound　04.2680
声损耗　acoustic loss　04.2732
声吸收　sound absorption　04.2752
声显微术　acoustic microscopy　04.2771
声像　acoustic image　04.2749
声学　acoustics　04.2605
声学模　acoustic mode　08.1406
声学声子　acoustic phonon　05.0724
声学温度计　acoustic thermometer　08.3434
声学支　acoustic branch　08.1405
声压[强]　sound pressure, acoustic pressure　04.2683
声曳引　sound drag　08.1502
声[音]　sound　04.2619

声音清晰度　sound articulation　04.2799
声源　acoustic source, sound source　04.2722
声障　sound barrier　04.2800
声致发光　sonoluminescence　04.1900
声致双折射　acoustic birefringence　04.1321
声-重力波　acoustic-gravity wave　04.2675
声子　phonon　05.0722
声子回波　phonon echo　08.0589
声子谱　phonon spectrum　05.0723
声子气　phonon gas　08.1414
声子软化　phonon softening　08.1417
声子散射　phonon scattering　08.1415
声子寿命　phonon lifetime　08.3428
声子曳引　phonon drag　08.1503
声[子]助隧穿　phonon-assisted tunneling　08.3260
声[子]助跃迁　phonon-assisted transition　08.2251
声子自能　phonon self-energy　08.1416
声阻　acoustic resistance　04.2699
声阻抗　acoustic impedance　04.2698
声阻率　specific acoustic resistance　04.2700
*剩磁　remanent magnetization, remanence　03.0468
剩余磁感应强度　remanent magnetic induction　08.1894
剩余磁化强度　remanent magnetization, remanence　03.0468
剩余电阻　residual resistance　08.1486
剩余电阻比　residual resistivity ratio, RRR　08.1487
剩余电阻率　residual resistivity　08.1463
剩余核　residual nucleus　09.0430
剩余极化　residual polarization　03.1131
剩余极化强度　remanent polarization　08.2161
剩余射线　residual ray, reststrahlen　04.1835
剩余射线带　reststrahlen band　04.1836
剩余损耗　residual loss　08.2006
剩余相互作用　residual interaction　09.0340
*剩余像　after image, residual image　04.0699
剩余像差　residual aberration　04.0537
剩余应变　remanent strain　02.0182
失配　mismatch　08.0539
失调　detuning　04.1785
失稳分解　spinodal decomposition　08.2468
失稳[分解]点　spinodal decomposition point　08.2469
失稳曲线　spinodal curve　08.2467
失重　weightlessness　02.0448
施感磁体　inducing magnet　03.0555
施感电荷　inducing charge　03.0553
施感电流　inducing current　03.0554
施密特分解　Schmidt decomposition　06.0755
施密特校正器　Schmidt corrector　04.0545
施密特线　Schmidt line　09.0339
施特恩-格拉赫实验　Stern-Gerlach experiment　07.0073
施瓦茨不等式　Schwarz inequality　01.0455
施瓦茨导数　Schwarz derivative　11.0741
施瓦氏半径　Schwarzschild radius　06.0224
施瓦氏解　Schwarzschild solution　06.0222
施瓦氏坐标　Schwarzschild coordinate　06.0223
施瓦西黑洞　Schwarzschild black hole　06.0324
施照体　illuminant　04.0595
施主　donor　08.1583
施主电离能　donor ionization energy　08.1599
施主能级　donor level　08.1586
施主浓度　donor density　08.1587
施主-受主对发光　donor-acceptor pair luminescence　04.1895
施主杂质　donor impurity　08.1585
湿度　humidity　05.0418
湿度计　hygrometer　05.0136
湿刻蚀　wet etching　08.0956
湿球温度计　wet-bulb thermometer　05.0116
十重态　decimet, decuplet　09.1141
十二面体群　dodecahedral group　08.0166
十进电阻箱　decade resistance box　03.0256
十面体　decahedron　08.0306
十四面体　tetradecahedron　08.0311
十一边形　hendecagon　08.0307
十一面体　hendecahedron　08.0308
十字结　cross junction　08.3307
石墨　graphite　08.1207
石墨插层化合物　graphite intercalation compound　08.2914
石墨化　graphitization　08.0267
石墨减速剂　graphite moderator　08.1208
石墨结构　graphite structure　08.0266
*石墨烯　graphene　08.2913
石英　quartz　08.3602
石英玻璃　quartz glass　08.3624
石英管　quartz tube　08.3626
石英换能器　quartz transducer　08.1191

石英晶体滤波器 quartz crystal filter 08.1192
石英丝 quartz fiber 08.1187
石英稳频器 quartz frequency stabilizer 08.1188
石英振荡器 quartz oscillator 08.1189
石英钟 quartz clock 08.1190
*石英转换器 quartz transducer 08.1191
时变流体 time-dependent fluid 08.2530
时标 time scale 01.0026
*时段 time interval 02.0921
时基 time base 01.0025
时间 time 01.0021
时间变换 time transformation 06.0698
时间常量 time constant 03.0590
时间带宽积 time-bandwidth product 04.1327
时间反演 time reversal, time inversion 06.0706
时间反演不变性 time reversal invariance 06.0711
时间反演对称性 time reversal symmetry 06.0712
时间反演对称性破缺 time reversal symmetry breaking 09.1509
时间反演路径 time-reversed path 06.0713
时间反演算符 time reversal operator 06.0707
时间反演态 time-reversed state 06.0714
时间方向 time orientation 06.0116
时间方向性 time direction 05.0902
时间分辨[光]谱学 time-resolved spectroscopy 04.1884
时间分辨晶体学 time-resolved crystallograghy 08.0796
时间分辨率 temporal resolution 01.0032
时间分辨同步辐射 time-resolved synchrotron radiation 09.0873
时间分辨荧光 time-resolved fluorescence 04.1885
时间关联 time correlation 05.0882
时间积分强度 time integrated intensity 04.2512
时间间隔 time interval 02.0921
时间门 time gate 01.0029
时间平均干涉术 time-averaged interferometry 04.1080
时间平移 time displacement, time translation 06.0699
时间平移不变性 time displacement invariance, time translation invariance 06.0704
时间平移对称[性] time displacement symmetry 06.0705
时间平移算符 time displacement operator, time translation operator 06.0700
时间维度 time dimension, temporal dimension 01.0030
时间相干性 temporal coherence 04.1268
时间响应 time response 04.2332
时间延迟 time delay 01.0031
时间延缓 time dilation 06.0055
时间演化算符 time evolution operator 06.0701
时间坐标 time coordinate 06.0109
时空 spacetime 06.0008
时空标量曲率 scalar curvature of spacetime 06.0323
时空点 spacetime point 06.0225
时空对称性 spacetime symmetry 09.1417
时空反演 spacetime inversion 09.1391
时空关联 spacetime correlation 05.0884
时空观 spacetime view 06.0090
时空光学 spacetime optics 04.0023
时空几何 spacetime geometry 06.0241
时空奇点 spacetime singularity 06.0089
时空均匀性 homogeneity of spacetime, uniformity of spacetime 06.0115
时空连续统 spacetime continuum 06.0067
时空流形 spacetime manifold 06.0068
时空曲率 curvature of spacetime 06.0258
时空图 spacetime diagram 06.0071
时空拓扑 topology of spacetime 06.0273
时空弯曲 spacetime bending 06.0326
时空坐标 spacetime coordinate 06.0070
时区 time zone 11.0254
时矢 time's arrow 01.0022
时温转变图 time-temperature transformation diagram, 3T diagram 08.0569
时效 aging 08.0897
时效沉积 age-deposition 08.0869
时效过程 aging process 08.0898
时效试验 aging test 08.0899
时效硬化 age-hardening 08.0868
时谐波 time-harmonic wave 03.0687
时谐光波 time-harmonic light wave 04.0562
时序[乘]积 chronological product 05.0943
时序函数 time-ordered function 05.0944
时序模拟 timing simulation 05.0945
时序算符 time-ordering operator 09.1522
*时延 time delay 01.0031
*时移算符 time displacement operator, time translation operator 06.0700
时域 time domain 01.0023

视场光阑　field stop, view stop　04.0479
视场角　field angle　04.0474
视超光速运动　superluminal motion　11.0129
＊视电荷　apparent charge　09.1560
视角　viewing angle　04.0472
视角放大率　viewing angle magnification　04.0473
视界　horizon, scope　04.0470
视界面积　area of horizon　06.0299
视觉　vision　04.0689
视觉法　visual method　04.0691
视觉分辨率　visual resolution　04.0690
视觉函数　vision function　04.0587
视觉敏锐度　visual acuity　04.0697
视觉暂留　persistence of vision, visual persistence　04.0708
视频带宽　video bandwidth　04.1545
视频[频率]　video frequency　04.1544
[视]网膜　retina　04.0695
视线　visual line　04.0468
视向速度　radial velocity　02.0049
视直径　visual diameter　04.0490
视烛光　apparent candle power　04.0599
试探粒子　test particle　10.0138
适暗视觉　scotopic vision　04.0711
适暗性视见函数　scotopic visibility curve　04.0591
适亮视觉　photopic vision　04.0710
适亮性视见函数　photopic visibility curve　04.0590
适配器　adapter　03.1100
收敛速率　rapidity of convergence　01.0534
收敛限　convergence limit　04.1734
收敛因子　convergence factor　01.0535
收缩　contraction　06.0246
收缩[宇宙]模型　contracting model　11.0025
＊手性分子　chiral molecule　07.0175
手征不变性　chirality invariance　06.0717
手征场　chiral field　09.1061
手征对称性　chiral symmetry　09.1065
手征对称[性]破缺　chiral symmetry breaking　09.1349
手征反常　chiral anomaly　09.1611
手征分子　chiral molecule　07.0175
手征荷　chiral charge　09.1062
手征化合物　chiral compound　07.0215
手征粒子　chiral particle　09.1064
手征流　chiral current　09.1063
手征纳米管　chiral nanotube　08.2962
手征向列相　chiral nematic phase　08.2631
手征性　chirality　08.2629
手征液晶　chiral liquid crystal　08.2630
守恒　conservation　01.0052
守恒量　conserved quantity　01.0053
守恒律　conservation law　01.0142
守恒矢量流　conserved vector current, CVC　09.1413
守恒轴矢流　conserved axial current, CAC　09.1414
艏[击]波　bow shock　10.0473
寿命延长　lifetime dilation　09.1288
受导波　guided wave　04.2194
受激布里渊散射　stimulated Brillouin scattering　04.2435
受激导电　stimulated conduction　10.0064
受激电子　excited electron　07.0086
受激发射　stimulated emission　04.1971
受激辐射　stimulated radiation　04.1978
受激拉曼散射　stimulated Raman scattering　04.2434
受激瑞利散射　stimulated Rayleigh scattering　04.2436
受激吸收　stimulated absorption　04.1972
受激阈　stimulated threshold　04.2000
受激原子　excited atom　07.0087
受激跃迁　stimulated transition　04.1977
受控热核聚变　controlled thermonuclear fusion　10.0349
受迫光散射　forced light scattering　04.2432
受迫跃迁　forced transition　07.0038
受迫振动　forced vibration　02.0368
受驱振荡　driven oscillation　07.0233
受驱阻尼振子　driven damped oscillator　04.2551
受扰角关联　perturbed angular correlation　09.0252
受抑全反射　frustrated total reflection　04.0942
受照体　illuminated body　04.0596
受制玻色子　slave boson　05.0614
受制费米子　slave fermion　05.0594
受主　acceptor　08.1588
受主电离能　acceptor ionization energy　08.1600
受主能级　acceptor level　08.1592
受主浓度　acceptor density　08.1593
受主杂质　acceptor impurity　08.1591
梳齿状结构　comb structure　04.1482
疏散星团　open cluster　11.0077
疏失误差　blunder error　01.0230
疏水缔合　hydrophobic association　08.2569

衰减时间 decay time 09.0136
衰减系数 attenuation coefficient 09.0271
双凹透镜 biconcave lens, double concave lens 04.0250
双八面体 dioctahedron 08.0303
双臂谱仪 double-arm spectrometer 09.1654
双侧约束 bilateral constraint 02.0573
双层 bilayer 08.2607
双层结构 bilayer structure 08.2608
双程单色仪 double-pass monochromator 04.1649
双重线 doublet 04.1736
双重星系 binary galaxy 11.0054
双等离[子]体源 duoplasmatron 10.0044
双电桥 double bridge 03.0835
双电子复合 dielectronic recombination 07.0246
*双定域算符 bilocal operator 09.1304
双峰分布 bimodal distribution 11.0595
双峰势垒 double-humped barrier 09.0671
双缝干涉 double-slit interference 04.0885
双缝衍射 double-slit diffraction 04.0994
双高斯透镜 double-Gauss lens 04.0664
*双高斯物镜 double-Gauss lens 04.0664
双共振 double-resonance 04.2565
双关共振 dual resonance 09.1142
双[光]束干涉 double-beam interference 04.0887
双[光]束干涉测量术 two-beam interferometry 04.1079
双光栅摄谱仪 dual-grating spectrograph 04.1665
双光子发射 two-photon emission 04.2412
双光子干涉 two-photon interference 06.0779
双光子共振 two-photon resonance 04.2410
双光子激光 two-photon laser 04.2415
双光子失谐 two-photon detuning 04.2413
双光子吸收 two-photon absorption 04.2411
双光子相干态 two-photon coherent state 06.0881
双光子湮没 two-photon annihilation 04.2414
双荷子 dyon 09.1027
双荷子偶素 dyonium 09.1029
双幻[数]核 doubly-magic nucleus 09.0334
双激子 biexciton 08.1553
双极化子 bipolaron 08.2916
双极[结]晶体管 bipolar junction transistor 08.1723
双极扩散 ambipolar diffusion 10.0149
双极扩散系数 ambipolar diffusion coefficient 08.1633
双极[漂移]迁移率 ambipolar [drift] mobility 08.1634
双键 double bond 08.0392
双交换相互作用 double exchange interaction 08.1887
双焦点 bifocus 04.0287
双焦透镜 bifocal lens 04.0264
双金属 bimetal 08.1158
双金属片 bimetallic strip 08.1159
双晶结 bicrystal junction 08.3314
双晶界 bicrystal boundary 08.0532
双晶谱仪 double-crystal spectrometer 08.1053
双局域算符 bilocal operator 09.1304
双举过程 double inclusive process 09.1277
双聚焦谱仪 double-focusing spectrometer 09.0845
双绝热近似 double adiabatic approximation 10.0098
双夸克 diquark 09.1181
双棱镜 biprism 04.0166
双粒子格林函数 two-particle Green's function 05.0935
双粒子隧穿 two-particle tunneling 08.3287
双临界点 bicritical point 05.1001
双流不稳定性 two-stream instability 10.0291
双六面体 dihexahedron 08.0296
双路干涉仪 double path interferometer 04.1084
双螺旋结构 double helix structure 11.0409
双麦克斯韦分布 bi-Maxwellian distribution 10.0126
双脉冲星 double pulsar 11.0163
双模式湍动 two-mode turbulence 02.0797
双目视觉 binocular vision 04.0701
双目望远镜 binocular telescope 04.0644
双目显微镜 binocular microscope 04.0415
双频激光器 two-frequency laser 04.2266
双腔激光器 dual-cavity laser 04.2252
双轻子 bilepton 09.0942
双曲轨道 hyperbolic orbit 01.0568
双曲脐[型突变] hyperbolic umbilic 11.0548
双生子佯谬 twin paradox 06.0056
双时格林函数 double-time Green's function 05.0934
双势垒隧穿 double-barrier tunneling 08.1810
双束分光光度计 double-beam spectrophotometer 04.1658
双β衰变 double β-decay 09.0200
双态系统 two-state system 06.0485
双探针 twin probe 10.0458
双逃逸峰 double-escape peak 09.0779
*双筒显微镜 binocular microscope 04.0415

双透镜　bilens　04.0268
双凸透镜　biconvex lens, double convex lens　04.0249
双微分截面　double-differential cross-section　09.0462
双微结构　duplex microstructure　08.3647
双稳触发电路　bistable trigger circuit　03.1036
双稳结构　bistable structure　04.2451
双线性耦合　bilinear coupling　09.1303
双向二极管　bidirectional diode　03.0917
双向脉冲　bidirectional pulse　03.1049
双像棱镜　double-image prism　04.0173
双芯簇射　double-core shower　09.1440
双星　binary star　11.0117
双性杂质　amphoteric impurity　08.1609
双异旋光　bi-rotation　04.1194
双异质结　double heterostructure　08.1692
双原子分子　diatomic molecule　07.0179
双原子气体　diatomic gas　05.0066
双折叠势　double folding potential　09.0550
双折射　birefringence, double refraction　04.1169
双中子　dineutron, bineutron　09.0169
双钟问题　twin-clock problem　06.0114
双钟效应　twin-clock effect　06.0113
双重子　dibaryon　09.0938
双轴晶体　biaxial crystal　04.2316
双锥[形]会切　biconical cusp　10.0387
双 μ 子　dimuon　09.0954
水合能　hydration energy　07.0247
水晶　rock crystal　08.0364, quartz　08.3623
水力学　hydraulics　02.0738
水龙带不稳定性　firehose instability　10.0277
水凝胶　hydrogel　08.2550
水平对称性　horizontal symmetry　09.1338
水平分量　horizontal component　06.0189
水平线　horizon　06.0296
水热法生长　hydrothermal growth　08.0724
水溶液生长　aqueous solution growth　08.0725
水声学　marine acoustics　04.2607
水微波激射器　water maser　02.0911
水下声学　underwater acoustics　04.2608
水星　Mercury　11.0219
顺磁弛豫　paramagnetic relaxation　08.2025
顺磁磁化率　paramagnetic susceptibility　08.1861
顺磁共振　paramagnetic resonance, PMR　08.1862
顺磁体　paramagnet　08.1860
顺磁性　paramagnetism　03.0480
顺磁[盐]绝热退磁　paramagnetic adiabatic demagnetization　08.3402
顺磁子　paramagnon　08.1945
顺电共振　paraelectric resonance　08.2150
顺电性　paraelectricity　08.2149
顺度　compliance　02.0624
顺反异构　cis-trans isomerism　08.2475
顺时针方向　clockwise　01.0170
顺弹性晶体　paraelastic crystal　08.1206
瞬发中子　prompt neutron　09.0659
瞬时电流　instantaneous current　03.0230
瞬时功率　instantaneous power　03.0884
瞬时加速度　instantaneous acceleration　02.0073
瞬时螺旋轴　instantaneous screw axis　02.0518
瞬时速度　instantaneous velocity　02.0047
瞬时性　instantaneity　01.0169
*瞬态运动　transient motion　02.0400
瞬子　instanton　09.1039
丝极　filament　03.0941
丝心蛋白　fibroin　11.0426
丝状不稳定性　filamentary instability　10.0307
*丝状相　nematic phase　08.2627
思想实验　thought experiment　06.0108
*EPR 思想实验　Einstein-Podolsky-Rosen paradox, EPR paradox　06.0720
斯莱特行列式　Slater determinant　06.0525
斯梅尔马蹄　Smale horseshoe　11.0603
*斯涅耳定律　Snell's law　04.0106
斯[氏]石英　stishovite　08.3604
斯塔克分裂　Stark splitting　04.1776
斯塔克偏移　Stark shift　07.0079
斯塔克[谱线]增宽　Stark broadening　04.1817
斯塔克效应　Stark effect　07.0077
斯特藩-玻尔兹曼定律　Stefan-Boltzmann's law　05.0643
斯特藩常量　Stefan's constant　05.0644
斯特林循环　Stirling cycle　08.3363
斯特林引擎　Stirling engine　05.0262
斯特鲁金斯基方法　Strutinsky method　09.0670
斯托克迈耶势　Stockmayer potential　05.0687
斯托克斯参数　Stokes parameter　04.1165
斯托克斯定理　Stokes' theorem　02.0774
斯托克斯流　Stokes flow　02.0775

斯托克斯黏滞公式 Stokes viscosity formula 02.0773
斯托克斯频移 Stokes shift 04.1791
斯托克斯散射 Stokes scattering 08.1440
斯托克斯矢量 Stokes vector 04.1166
斯托克斯线 Stokes line 04.1779
斯托纳模型 Stoner model 08.2094
斯托纳增强因子 Stoner enhancement factor 08.2093
撕裂不稳定性 tearing instability 10.0301
撕裂模 tearing mode 10.0242
死层 dead layer 08.2787
死时间 dead time 09.0735
四波混合 four-wave mixing 04.2424
四重[对称]轴 fourfold [symmetry] axis 08.0145
四重反演轴 inversion tetrad 08.0146
四重态 quartet 09.1490
四重线 quartet 09.0373
四端电阻 four-terminal resistance 03.0249
四[端]引线法 four-terminal method 03.0250
四方晶系 tetragonal crystal system 08.0201
四分裂变 quaternary fission 09.0638
四极 quadrupole 03.0107
四极磁体 quadrupole magnet 03.0440
四极辐射 quadrupole radiation 04.1969
四极共振 quadrupole resonance 09.0372
四极管 quadratron 03.0919
＊四极交互作用 quadrupole interaction 09.0362
四极矩 quadrupole moment 03.0110
四极聚焦透镜 quadrupole focusing lens 10.0461
四极能 quadrupole energy 09.1592
四极相互作用 quadrupole interaction 09.0362
四极效应 quadrupole effect 03.0114
四极振动 quadrupole vibration 09.0371
四极质谱仪 quadrupole mass spectrometer 08.2838
四极子 quadrupole 03.0108
四六面体 tetrahexahedron 08.0293
四面体 tetrahedron 08.0289
四面体间隙 tetrahedral interstice 08.0291
四面体键 tetrahedral bond 08.0290
四面体群 tetrahedral group 08.0164
四面体位置 tetrahedral site 08.0292
四面体装置 tetrahedral apparatus 08.3578
四维动量 four-momentum 06.0160
四维加速度 four-acceleration 06.0158
四维力 four-force 06.0159
四维流 four-current 06.0161
四维时空 four dimensional spacetime 06.0069
四维矢量 four-vector 06.0155
四维速度 four-velocity 06.0157
四维张量 four-tensor 06.0156
四相点 quadruple point 05.0033
四元共晶 quaternary eutectic alloy 08.1168
四元合金 quaternary alloy 08.1166
四元化合物 quaternary compound 08.1167
四元结构 quaternary structure 08.1165
四元系 quaternary system 08.1164
四圆衍射仪 four-circle diffractometer 08.1029
四轴坐标系 four-axis coordinate system 08.0098
似孪晶 mimetic twinning 08.0368
＊松原函数 Matsubara function 05.0932
速度 velocity 02.0044
速度场 velocity field 05.0797
速度[的]分解 decomposition of velocity 02.0328
速度[的]合成 composition of velocities 02.0326
速度分布函数 velocity distribution function 05.0567
速度关联函数 velocity correlation function 05.0893
速度合成 velocity addition 02.0096
＊速度加法 velocity addition 02.0096
速度空间 velocity space 05.0566
速度梯度 velocity gradient 05.0798
＊速度约束 constraint of velocity 02.0577
速率 speed 02.0043
＊速率方程 rate equation 07.0275
速失方式 fast turn-off mode 08.2698
速调管 klystron 03.0924
塑性 plasticity 02.0633
塑性计 plastometer 02.0636
塑性晶体 plastic crystal 08.0582
塑性流 plastic flow 02.0635
塑性形变 plastic deformation 02.0634
算法复杂性 algorithm complexity 11.0733
算符 operator 06.0546
δ算符 delta operator 06.0592
算符乘积展开 operator product expansion 09.1601
算符代数 operator algebra 09.1379
算符缩并 contraction of operators 05.0947
算术平均 arithmetic mean 01.0262
随动控制 follower control 02.0343
随机变量 random variable 01.0545

随机光学存取　optical random access　04.1554
随机过程　stochastic process　05.0486
随机几何学　stochastic geometry　08.0604
随机精度　accidental accuracy　01.0215
随机矩阵　stochastic matrix　05.0924
随机量子化　stochastic quantization　09.1397
随机脉冲　random pulse　03.1047
随机偏振　random polarization　04.1120
随机取样　random sampling　01.0544
随机事件　random event　01.0543
随机数　random number　01.0546
随机误差　random error　01.0225
随遇平衡　neutral equilibrium　02.0342
碎裂反应　fragmentation reaction　09.0531
隧穿电导　tunneling conductance　08.3254
隧穿电离　tunneling ionization　07.0311
隧穿电流　tunneling current　08.3255
隧穿电阻　tunneling resistance　08.3256
隧穿哈密顿量　tunneling Hamiltonian　06.0596
隧穿谱学　tunneling spectroscopy　04.1882
隧穿时间　tunneling time　08.3257
隧穿效应　tunneling effect　06.0620
隧道二极管　tunnel diode　08.1704
隧道结　tunnel junction　08.3301
隧道势垒　tunneling barrier　06.0622
隧道效应　tunnel effect　06.0619
*损失锥　loss cone　10.0370
缩并　contraction　06.0247
缩并张量　contracted tensor　06.0181
缩微像存储　micro-image storage　04.1335
索列斯比　Thouless ratio　08.3461
索列斯长度　Thouless length　08.3460
索列斯能量　Thouless energy　08.3459
索列斯时间　Thouless time　08.3462
索末菲参量　Sommerfeld parameter　09.0547
索末菲金属理论　Sommerfeld theory of metal　08.1254
索末菲椭圆轨道　Sommerfeld's elliptical orbit　06.0425
索末菲展开　Sommerfeld expansion　08.1255
索宁多项式　Sonine polynomial　05.0752
锁存器　latch　03.1114
锁定放大器　lock-in amplifier　03.0988
锁模　mode-locking　04.2109
锁模激光器　mode-locked laser　04.2113
锁式旋磁器件　latching gyromagnetic device　03.0515
锁相　phase-locking　11.0514
*锁相放大器　lock-in amplifier　03.0988
锁相激光器　phase-locking laser　04.2169

T

塔尔博特效应　Talbot effect　04.1075
塔姆表面态　Tamm surface state　08.2753
台阶表面　ledge surface　08.2721
台阶结构　ledge structure　08.2722
台面结　mesa junction　08.1764
台面结构　terrace structure　08.0540
台面晶体管　mesa transistor　08.1765
台面台阶扭折结构　terrace-ledge-kink structure　08.2723
台球模型　billiard ball model　11.0510
台球碰撞　billiard ball collision　11.0512
台球问题　billiard ball problem　11.0511
太伏质子加速器　tevatron　09.1632
太空　space　01.0036, outer space　11.0291
太空等离[子]体　space plasma　10.0027
太空电子学　space electronics　11.0285
太空飞行　space flight　11.0313
太空环境　space environment　11.0314
太空垃圾　space debris　11.0325
太空实验室　spacelab　11.0308
太空天体物理学　space astrophysics　11.0282
太空望远镜　spaceborne telescope　11.0268
太空污染　space pollution　11.0324
太空物理学　space physics　11.0284
太空行走　space walk　11.0312
太阳风　solar wind　10.0472
太阳黑子　sunspot　11.0190
太阳能　solar energy　11.0195
太阳能电池　solar cell　03.0801
[太阳]系外生命　extrasolar life　11.0183
太阳照片　photoheliogram　11.0191
太阳中微子亏损　solar neutrino deficit　11.0196
ABM 态　Anderson-Brinkman-Morel state　08.3066
BW 态　Balian-Werthamer state　08.3067

* FFLO 态　Fulde-Ferrell-Larkin-Ovchinnikov state, FFLO state　08.3182
g 态　gerade state, g-state　07.0276
GHZ 态　Greenberger-Horne-Zeilinger state　06.0732
NOON 态　NOON state　06.0734
u 态　ungerade state, u-state　07.0277
W 态　W state　06.0733
态变量　state variable　05.0174
态叠加原理　principle of superposition of state　06.0541
态函数　state function　05.0284
态际组合线　intercombination line　04.1738
态空间　state space　11.0576
态密度　density of states, DOS　05.0561
态矢量　state vector　06.0523
肽键　peptide bond　11.0430
泰勒级数　Taylor series　01.0392
泰勒判据　Taylor criterion　01.0390
泰勒涡旋　Taylor vortex　02.0824
泰勒展开　Taylor expansion　01.0391
坍缩　collapse　11.0131
坍缩恢复现象　collapse and revival　06.0545
坍缩星　collapsar　11.0132
弹光效应　elasto-optic effect　08.2277
弹簧秤　spring balance　02.0893
弹簧振子　spring oscillator　02.0209
弹塑性　elastoplasticity　02.0632
弹跳　bounce　10.0090
弹性　elasticity　02.0620
弹性波　elastic wave　08.2325
弹性常数　elastic constant, spring constant　02.0626
弹性道　elastic channel　09.1285
弹性反冲光谱术　elastic recoil spectrometry　04.1844
弹性各向异性　elastic anisotropy　02.0623
弹性后效　elastic after-effect　08.2317
弹性介质　elastic medium　08.2323
弹[性]力　elastic force　02.0207
弹性模量　elastic modulus, modulus of elasticity　08.2313
弹性能　elastic energy　08.2315
弹性碰撞　elastic collision　02.0465
弹性散射　elastic scattering　06.0642
弹性散射截面　elastic scattering cross-section　09.0452
弹性势　elastic potential　08.2324
弹性顺度　elastic compliance　02.0625
弹性体　elastic body　02.0621
弹性系数　coefficient of elasticity　02.0469
弹性限度　elastic limit　02.0628
弹性形变　elastic deformation　02.0627
弹性应力　elastic stress　08.2312
弹性转矩密度　elastic torgue density　08.2681
弹性自由焓　elastic free enthalpy　08.2145
探测　probe　08.1064
探测波　probing wave　04.2407
探测灵敏度　detection sensitivity　09.0755
探测器　detector　09.0753
探测器分辨率　detector resolution　09.1618
探测线圈　search coil　03.0850
探测效率　detection efficiency　09.0754
探空气球　sounding balloon　11.0326
探视器　view finder　04.0489
探头　probe　08.1065
*探针　probe　08.1065
探针技术　probe technique　08.3594
碳 14 测年　^{14}C dating　09.0852
碳氮氧循环　CNO cycle　11.0107
碳电阻温度计　carbon resistance thermometer　05.0118
碳纳米管　carbon nanotube　08.2961
碳循环　carbon cycle　11.0106
碳[原子]单层　graphene　08.2913
*汤川介子　Yukawa meson　09.0960
汤川力　Yukawa force　09.1548
汤川势　Yukawa potential　09.0093
汤川相互作用　Yukawa interaction　09.1156
汤姆森热　Thomsen's heat　05.0432
汤姆孙电动势　Thomson electromotive force　08.1506
汤姆孙热　Thomson heat　08.1507
汤姆孙散射　Thomson scattering　10.0186
汤姆孙效应　Thomson effect　08.1622
逃逸电子　runaway electron　10.0147
逃逸峰　escape peak　09.0777
逃逸能量　escape energy　02.0439
逃逸深度　escape depth　08.2806
逃逸速度　escape velocity　02.0437
逃逸速率　escape rate　02.0438
陶瓷　ceramic　08.0901
陶瓷金属封接　ceramic-metal seal　08.0902
陶瓷学　ceramics　08.0903
特超声　hypersonic sound　04.2769

特超声空气动力学　hypersonic aerodynamics　04.2770
特定相　specific phase　05.0515
特高频　ultra-high frequency　04.2688
特鲁顿-诺伯实验　Trouton-Noble experiment　06.0111
特萨透镜　Tessar lens　04.0275
特殊星系　peculiar galaxy　11.0053
特斯拉计　teslameter　03.0847
特外曼-格林干涉仪　Twyman-Green interferometer　04.1094
特性函数　characteristic function　05.0285
特性频率　characteristic frequency　03.1095
*I-V 特性曲线　I-V characteristic curve　08.1763
特性阻抗　characteristic impedance　03.1096
特异波　peculiar wave　10.0236
*特征编码　image coding　04.1517
特征标　character　08.0174
特征标表　character table　08.0176
特征方程　characteristic equation　06.0602
特征光谱　characteristic spectrum　04.1754
*特征类　characteristic class　01.0491
特征曲线　characteristic curve　03.1094
梯度炉温凝固技术　gradient freeze technique　08.0797
梯度展开　gradient expansion　05.0901
梯度折射率透镜　graded index lens, GRIN　04.0273
梯杆位错　stair-rod dislocation　08.0492
梯图　ladder diagram　05.0970
梯图求和　ladder sum　05.0971
梯形脉冲　trapezoidal pulse　03.1048
梯形[图]近似　ladder approximation　09.1368
锑化铟　indium antimonide, InSb　08.1677
体斥效应　excluded volume effect　08.2484
体磁致伸缩　volume magnetostriction　03.0486
体电导率　volume conductivity　03.0273
体电荷密度　volume charge density　03.0020
体电流　volume current　03.0601
体电阻器　bulk resistor　03.0262
体积　volume　01.0045
体积光电导　volume photoconductivity　08.2282
体积光电效应　volume photoelectric effect　08.2283
体积流量　volume flux　02.0722
体积流率　volume flow rate　02.0723
体积能　volume energy　09.0064
体积弹性　volume elasticity　02.0208
体内成像　in vivo imaging　11.0441
体全息图　volume hologram　04.1343
体色　body color　04.0755
体视镜　stereoscope　04.0215
体视望远镜　relief telescope, stereotelescope, telestereoscope　04.0646
体视显微镜　stereoscopic microscope, stereomicroscope　04.0419
体视效应　stereoscopic effect　04.0716
体吸收　bulk absorption　04.1596
体系　system　01.0120
*体像元　voxel　04.0197
体效应　bulk effect　08.1238
体心格[子]　body-centered lattice　08.0093
体心立方格[子]　body-centered cubic lattice, bcc lattice　08.0219
体心四方格[子]　body-centered tetragonal lattice　08.0215
体心正交格[子]　body-centered orthorhombic lattice　08.0212
体性质　bulk property　08.1239
体压缩系数　volume compressibility　02.0479
体应变　volume strain　02.0255
体应力　volume stress　02.0254
体胀系数　coefficient of volume expansion　05.0089
替代法　method of substitution　01.0180
替代式合金　substitutional alloy　08.1232
替代[式]无序　substitutional disorder　08.0577
替代式杂质　substitutional impurity　08.0454
天波　sky wave　11.0321
天电干扰　parasite　11.0273
天顶　zenith　11.0250
天平　balance　02.0886
天然本底辐射　natural background radiation　09.0717
天然放射性　natural radioactivity　09.0108
天然同位素　natural isotope　09.0789
天然铀　natural uranium　09.0693
天体　celestial body　11.0109
天体测量[学]　astrometry　11.0003
天体磁学　astromagnetism　11.0149
*天体等离[子]体　astrophysical plasma　10.0029
天体光谱学　astrospectroscopy　04.1846
天体力学　celestial mechanics　11.0004
天体 X 射线源　celestial X-ray source　11.0154
天体物理[学]　astrophysics　01.0017

天体物理学等离[子]体　astrophysical plasma　10.0029
天体演化学　cosmogony　11.0006
天体照相术　celestial photography　04.0551
天王星　Uranus　11.0224
天文单位　astronomical unit, AU　11.0101
天文导航　astronavigation, celestial navigation, celestial guidance　11.0304
天文动力学　astrodynamics　11.0002
天文光学　astronomical optics　04.0014
天文望远镜　astronomical telescope　04.0643
天线　antenna　03.0753
天线孔径　antenna aperture　03.0760
天线阵　antenna array　03.0757
*填充位　filled site　11.0676
填充因子　filling factor　08.2897
填隙式固溶体　interstitial solid solution　08.0468
填隙式合金　interstitial alloy　08.1204
填隙式扩散　interstitial diffusion　08.0467
填隙式缺陷　interstitial defect　08.0464
填隙位置　interstitial site, interstitial position　08.0462
填隙原子　interstitial atom　08.0463
填隙子　interstitial　08.0461
条纹　stripe　08.3204
条纹线　streakline　02.0741
条纹相　stripe phase　08.3205
条形磁铁　bar magnet　08.1912
条形码　barcode　04.1513
条[形]码扫描器　barcode reader　04.1514
调Q　Q modulation　04.2125
调定误差　set-up error　01.0238
调幅　amplitude modulation　04.1217
*调光器　light modulator　04.1212
调焦　focusing　04.0303
调节　adjustment　01.0181
调节器　regulator　03.0903
调频　frequency modulation　04.1218
调频回旋加速器　frequency-modulated cyclotron　09.0865
调频激光器　frequency modulation laser　04.2214
*调频脉冲　chirp　04.2151
调相　phase modulation　04.1219
调谐　tuning　04.2812
调压器　voltage regulator　03.0861
调制包络线　modulation envelope　03.1113
调制不稳定性　modulation instability　10.0334
调制掺杂　modulation doping　08.0977
调制掺杂场效应晶体管　modulation-doped field-effect transistor, MODFET　03.0918
调制传递函数　modulation transfer function　04.1241
调制带　modulation band　08.1822
调制光谱学　modulation spectroscopy　04.1866
调制结构　modulated structure　08.1821
调制器　modulator　03.1112
调制深度　modulation depth　08.1823
跳跃电导　hopping conductance　08.2398
跳跃概率　hopping probability　08.2396
跳跃轨道　skipping orbit　08.3506
跳跃能　hopping energy　08.2395
跳跃输运　hopping transport　08.2397
铁磁玻璃　ferromagnetic glass　08.0563
铁磁材料　ferromagnetic material　08.1902
铁磁反铁磁相变　ferromagnetic-antiferromagnetic phase transition　08.1926
铁磁共振　ferromagnetic resonance, FMR　08.2016
铁磁居里点　ferromagnetic Curie point　08.1882
铁磁流体　ferrofluid　08.1913
铁磁体　ferromagnet　08.1880
铁磁相变　ferromagnetic phase transition　05.0976
铁磁性　ferromagnetism　03.0482
铁磁[性]流体力学　ferrohydrodynamics　08.1914
铁磁子　ferromagnon　08.1946
铁电畴　ferroelectric domain　08.2163
铁电畴壁　ferroelectric domain wall　08.2164
铁电传感器　ferroelectric sensor, ferroelectric transducer　08.2197
铁电反铁电相变　ferroelectric-antiferroelectric phase transition　08.2198
铁电晶体　ferroelectric crystal　08.2152
铁电软模　ferroelectric soft mode　08.2167
铁电隧道模　ferroelectric tunnel mode　08.2169
铁电体　ferroelectrics　08.2151
铁电铁磁体　ferroelectric ferromagnet　08.2174
铁电相变　ferroelectric phase transition　08.2166
铁电性　ferroelectricity　03.0215
[铁]电滞回线　ferroelectric hysteresis loop　08.2158
铁基超导体　iron-pnictide superconductor, ironbased superconductor　08.3177
铁镍钴[合金]　fernico　08.1904

铁素体　ferrite　08.0913
铁损　iron loss　08.1992
铁弹畴　ferroelastic domain　08.2173
铁弹体　ferroelastics　08.2172
铁弹性　ferroelasticity　08.2322
铁芯线圈　iron core coil　03.0529
铁性体　ferroic　08.2176
铁氧体　ferrite　08.0914
廷德尔散射　Tyndall scattering　04.1572
停表　stop watch　02.0925
通道电子倍增器　channel electron multiplier　03.0991
通道复用　channel multiplexing　04.1486
通道间[相]互作用　interchannel interaction　07.0239
通道内[相]互作用　intrachannel interaction　07.0240
通道数　channel number　08.3490
通光孔径　clear aperture　04.0444
通量　flux　01.0293
通向混沌之路　route to chaos　11.0561
通信卫星　telecommunication satellite　11.0323
通行粒子　transit particle　10.0174
通行香蕉[形轨道]　transit banana　10.0176
同步　synchronization　11.0513
同步辐射光学　synchrotron radiation optics　04.0025
同步辐射形貌术　synchrotron radiation topography　08.1044
同步轨道　synchronous orbit　11.0296
同步回旋加速器　synchrocyclotron　09.0867
同步回旋[加速器]辐射　synchrocyclotron radiation　09.0872
同步加速器　synchrotron　09.0869
同步[加速器]辐射　synchrotron radiation　09.0871
同步-康普顿辐射　synchro-Compton radiation　09.0874
同步稳相加速器　synchrophasotron　09.0868
同步吸收逆过程　inverse synchrotron absorption　10.0185
同步[性]　synchronism　06.0046
同成分熔化　congruent melting　08.0928
同传波　copropagating waves　04.0833
同分异构体　isomer　09.0019
同核分子　homonuclear molecule　07.0178
同核异能能级　isomeric level　09.0246
同核异能素　isomer　09.0018
γ同核异能素　gamma isomer　09.0265
同核异能素岛　island of isomerism　09.0248
同核异能态　isomer state　09.0245
同核异能移位　isomer shift　08.2019
同极电荷　homocharge　08.2177
同极[键]晶体　homopolar crystal　08.0747
同价异质结　isovalent heterojunction　08.1693
同[晶]形性　isomorphism　08.0762
同晶型置换法　isomorphous replacement　08.1038
同晶异质体　allomer　08.0235
同晶异质性　allomerism　08.0236
*同科电子　equivalent electron　07.0064
同量异位素　isobar　09.0016
同时事件　simultaneous events　06.0052
同时性　simultaneity　06.0053
同时性的相对性　relativity of simultaneity　06.0054
同素异形　allotropy　08.0238
同素异形体　allotrope　08.0239
同宿点　homoclinic point　11.0476
同宿轨道　homoclinic orbit　11.0478
同位素　isotope　09.0015
同位素标记　isotope labeling　09.0795
同位素分离　isotope separation, nuclear separation　09.0796
同位素分离器　isotope separator　09.0797
同位素分析器　isotron　09.0798
同位素丰度　isotopic abundance　09.0791
同位素富集　isotope enrichment　09.0793
同位素示踪剂　isotopic tracer　09.0799
同位素稀释　isotope dilution　09.0794
同位素效应　isotope effect　08.3102
同位素移位　isotope shift　07.0101
同位旋　isobaric spin, isospin, isotopic spin　09.0096
同位旋标量　isoscalar　09.0100
同位旋标量共振　isoscalar resonance　09.0101
同位旋多重态　isospin multiplet　09.0098
同位旋空间　isospin space　09.0097
同位旋矢量　isovector　09.0102
同位旋矢量共振　isovector resonance　09.0103
同位旋相似态　isospin analog state, isobaric analog state, isotopic analog state　09.0099
同系对　homologous pair　04.1770
同系光线　homologous ray　04.0571
同系形变　homologous deformation　02.0617
同相[位]　in-phase　02.0395
同向耦合　codirectional coupling　04.2339

同[向]自旋配对态　equal-spin-pairing state, ESP state　08.3077
同消色线　isogyre　04.1316
同心光束　concentric beam, homocentric beam　04.0563
同心透镜　concentric lens　04.0265
同形性　homomorphism　08.0746
同质结　homojunction　08.1686
同质结激光器　homojunction laser　04.2232
同质外延　homoepitaxy　08.1684
同质异晶体　paramorph　08.0764
同质异晶性　allomorphism　08.0237
同中子[异位]素　isotone　09.0017
同轴电缆　coaxial cable　03.0036
同轴共振腔　coaxial resonant cavity　03.1022
同轴球面系统　coaxial spherical system　04.0339
同轴全息术　in-line holography　04.1415
同轴线　coaxial line　03.0035
同轴型探测器　coaxial-type detector　09.0761
同轴性　coaxiality　04.0338
同族素　homotopy　08.0793
铜-康铜温差电偶　copper-constantan thermocouple　08.1505
铜镍钴[合金]　cunico　08.1906
铜镍铁[永磁合金]　cunife　08.1907
铜氧化物超导体　cuprate superconductor　08.3175
统计法　statistics　05.0573
统计分布　statistical distribution　05.0474
统计分析　statistical analysis　05.0478
统计蜂房[格子]　statistical honeycomb [lattice]　08.0630
统计光学　statistical optics　04.0009
统计规律性　statistical regularity　05.0473
统计力学　statistical mechanics　05.0471
统计模型　statistical model　09.0310
统计平衡　statistical equilibrium　05.0475
统计平均　statistical average　05.0525
统计权重　statistical weight　05.0476
统计热力学　statistical thermodynamics　05.0011
统计势　statistical potential　05.0557
统计算符　statistical operator　05.0479
统计物理[学]　statistical physics　05.0470
统计误差　statistical error　01.0228
统计系综　statistical ensemble　05.0533
统计涨落　statistical fluctuation　05.0477
统一场论　unified field theory　09.1213
*统一模型　unified model　09.0308
桶探测器　bucket detector　04.1561
桶形畸变　barrel distortion　04.0521
筒镜分析器　cylindrical mirror analyzer　08.2813
投影　projection　04.0671
投影光学　projection optics　04.0456
投影结构　projected structure　08.2931
投影势　projected potential　08.2932
投影算符　projection operator　05.0857
投影物镜　projection objective　04.0673
投影像　projection image　04.0672
投影仪　projector　04.0455
[投]掷角散射　pitch-angle scattering　10.0148
透镜　lens　04.0242
[透镜]敷霜　[lens] blooming　04.0937
透镜公式　lens formula　04.0285
透镜光焦度　lens focal power　04.0311
透镜谱仪　lens spectrometer　09.0846
*透镜屈光度　lens focal power　04.0311
透镜像差　lens aberration　04.0506
透镜中心　lens center　04.0284
透镜组　lens combination, combination of lenses　04.0341
透明度　transparency　04.1606
透明介质　transparent medium　04.1607
透明性　transparency　04.1605
透膜过程　transmembrane process　11.0378
透热壁　diathermic wall　05.0238
透热孤立系　diathermically isolated system　05.0442
透热性　diathermaneity　05.0237
透射　transmission　04.0865
透射比　transmittance　04.0073
透射比曝光量曲线　transmittance-exposure curve　04.0813
透射电子显微学　transmission electron microscopy, TEM　03.0429
透射电子衍射　transmission electron diffraction　08.1084
透射高能电子衍射　transmission high energy electron diffraction, THEED　08.1086
透射光谱　transmission spectrum　04.1672
透射光栅　transmission grating　04.1045
透射函数　transmission function　04.0870
透射率　transmissivity　04.0867

W

外太阳系　outer solar system　11.0182
外推　extrapolation　01.0196
外推射程　extrapolated range　09.0701
外围电子　peripheral electron　07.0055
外延　epitaxy　08.0964
外延沉积　epitaxial deposition　08.0965
外延膜　epitaxial film　08.0970
外[延]曲率　extrinsic curvature　06.0264
外晕　outer halo　09.1282
外锥折射　external conical refraction　04.1178
弯电效应　flexoelectric effect　08.2672
弯键　bent bond　07.0195
弯晶　curved crystal　08.0745
弯曲　bending　02.0659
弯曲磁体　bending magnet　08.2086
弯曲电阻　bend resistance　08.3503
*弯曲晶体　curved crystal　08.0745
弯曲时空　curved spacetime　06.0218
弯曲弹性　elasticity of flexure　02.0630
弯[曲]应变　bending strain　02.0661
弯[曲]应力　bending stress, flexural stress　02.0660
弯曲振动　flexural vibration　02.0367
弯月透镜　meniscus lens　04.0253
完备性　completeness　06.0500
完备性关系　completeness relation　06.0501
完全非弹性碰撞　completely inelastic collision　02.0467
完全抗磁性　perfect diamagnetism　08.3089
[完]全熔合　complete fusion　09.0557
完整系　holonomic system　02.0579
完整约束　holonomic constraint　02.0576
碗形分子液晶　bowlic liquid crystal　08.2644
万尼尔方程　Wannier equation　08.1836
万尼尔函数　Wannier function　08.1835
万尼尔激发　Wannier excitation　08.1837
万尼尔激子　Wannier exciton　08.1838
万有引力　universal gravitation　06.0208
万有引力定律　law of universal gravitation　02.0214
网格　reseau　11.0281
网格点　mesh point　08.0234
网络　network　03.0321
网络胶体　network colloid　08.2504
网络调节物　network modifier　08.0652
网络维数　network dimensionality　08.0643
网络形成物　network former　08.0651
网目　mesh　08.0989
往返增益　round-trip gain　04.2054
*望　full moon　11.0200
望远镜　telescope　04.0431
望远镜探测器　telescope detector　09.0784
威耳逊云室　Wilson cloud chamber　09.0771
威克定理　Wick's theorem　05.0940
微波　microwave　03.0675
微波背景辐射　microwave background radiation, MBR　06.0332
微波波谱学　microwave spectroscopy　03.0677
微波辐射　microwave radiation　03.0678
微波辅助沉积　microwave assisted deposition　08.0817
微波感生台阶　microwave-induced step　08.3297
微波隔离器　microwave isolator　03.0912
微波激射　microwave amplification by stimulated emission of radiation　04.1981
微波激射器　maser　04.1982
*微波量子放大器　maser　04.1982
微波谱　microwave spectrum　03.0676
微波腔　microwave cavity　03.1024
微波吸收　microwave absorption　03.0679
微波诊断　microwave diagnostics　10.0452
微部分子　wee parton　09.1207
微磁学　micromagnetics　08.2004
微滴子　dropleton, quantum droplet　08.1803
微电子机械系统　micro-electromechanical system, MEMS　08.2953
微分电导　differential conductance　03.0277
微分电路　differential circuit　03.0908
微分电容　differential capacity　03.0909
微分截面　differential cross-section　09.0461
微分散射截面　differential scattering cross-section　02.0414
微分算符　differential operator　06.0599
*微分约束　differential constraint　02.0577
微观不稳定性　microinstability　10.0262
微观过程　microprocess　09.1086
微观机制　micromechanism　01.0083
微观截面　microscopic cross-section　09.0467
微观可逆性　microscopic reversibility　05.0502
微观力学　micromechanics　02.0009
微观量　microscopic quantity　05.0498
微观世界　microworld　09.1087

微观态　microscopic state, microstate　01.0119
微观物理[学]　microscopic physics, microphysics　01.0004
微观因果性　microcausality　09.1085
微管蛋白　tubulin　11.0425
微光成像　low-light-level imaging　04.0202
微结构　microstructure　08.0016
微晶　crystallite　08.0105
微晶模型　microcrystalline model　08.0595
微晶[体]　microcrystal　08.0035
微聚变　microfusion　10.0430
微开温度　microkelvin temperature　08.3393
微夸克　wee quark　09.0999
微粒说　corpuscular theory　04.0027
微量天平　microbalance　02.0891
微裂纹萌生　microcrack initiation　08.2370
微流控术　microfluidics　02.0832
微[能]带　miniband　08.1368
微能隙　minigap　08.1332
微盘激光器　microdisk laser　04.2239
微腔　microcavity　04.2045
微桥　microbridge　08.2968
微缺陷　microdefect　08.1682
微扰　perturbation　02.0352
微扰近似　perturbation approximation　06.0606
微扰矩阵元　perturbation matrix element　06.0611
微扰论　perturbation theory　06.0603
微扰势　perturbing potential　06.0612
微扰展开式　perturbation expansion　06.0610
微乳状液　microemulsion　08.2547
微散射光子　snake photon　04.2517
微束　microbeam　04.2193
微塑性　microplasticity　08.2351
微通道板　microchannel plate　09.0785
微透镜　microlens　04.0278
微系统　microsystem　01.0123
微芯片　microchip　08.2969
微行星　planetesimal　11.0234
微引力透镜　microgravitational lens, microlens　11.0064
微引力透镜效应　microlensing　06.0321
微应变　microstrain　08.0961
微阵列　microarray　04.2192
微正则分布　microcanonical distribution　05.0538
微正则系综　microcanonical ensemble　05.0537
微重力　microgravity　11.0316
微重力测量学　microgravimetry　11.0317
韦尔代常数　Verdet constant　04.1209
韦尔斯家族树　Wells family tree　05.1056
韦斯科普夫单位　Weisskopf unit　09.0333
围道　contour　01.0465
唯象关系　phenomenological relation　05.0459
唯象理论　phenomenological theory　01.0082
唯象学　phenomenology　01.0081
唯一型禁戒跃迁　unique forbidden transition　09.0225
唯一性　uniqueness　01.0394
唯一性定理　uniqueness theorem　03.0169
维德曼-弗兰兹定律　Wiedemann-Franz law　05.0808
维[度]　dimension　01.0314
维度跨接　dimensionality crossover, dimensional crossover　11.0644
维恩公式　Wien's formula　05.0647
维恩位移律　Wien's displacement law　05.0648
维格纳-埃卡特定理　Wigner-Eckart theorem　06.0670
维格纳分布函数　Wigner's distribution function　05.0915
维格纳格[子]　Wigner lattice　08.2884
维格纳函数　Wigner function　06.0905
维格纳-塞茨边界条件　Wigner-Seitz boundary condition　08.1291
维格纳-塞茨理论　Wigner-Seitz theory　08.1292
维格纳-塞茨原胞　Wigner-Seitz cell　08.0079
维格纳阈值定律　Wigner threshold law　07.0255
维克玻璃　Vycor glass　08.3625
＊维里定理　virial theorem　02.0611
＊维里系数　virial coefficient　05.0084
＊3 维量子比特　qutrit　06.0738
＊4 维量子比特　ququart　06.0739
＊*d* 维量子比特　qudit　06.0740
＊*n* 维量子比特　qunit　06.0741
3 维量子信息单位　qutrit　06.0738
4 维量子信息单位　ququart　06.0739
d 维量子信息单位　qudit　06.0740
n 维量子信息单位　qunit　06.0741
维纳-欣钦定理　Wiener-Khinchine theorem　01.0478
n-维矢量模型　*n*-vector model　05.1066
维数不变量　dimensionality invariant　11.0643
维数约化　dimensional reduction　09.1325
维数正规化　dimensional regularization　09.1326

伪波前　false front　04.1357
＊伪态　spurious state　09.1068
＊伪线　ghost line, spurious line　04.1719
伪像　spurious image　04.0212
尾场　wake field　02.0821
尾迹波　trailing wave　10.0244
尾流　wake flow　02.0820
尾流阻力　wake resistance　02.0822
尾隆不稳定性　bump-in-tail instability　10.0288
＊尾随涡旋　trailing vortex　02.0806
纬量子数　latitudinal quantum number　06.0396
卫星　satellite　11.0217
未饱和键　unsaturated bond　08.0707
未饱和蒸气　unsaturated vapor　05.0376
未激发自由度　unexcited degree of freedom　05.0627
未来　future　06.0075
未满轨道　incomplete orbit　07.0056
未满壳层　unfilled shell, incomplete shell　09.0336
未满态　unfilled state　09.0337
未配对电子　unpaired electron　08.3144
＊未填充态　unfilled state　09.0337
未约化晶胞　unreduced cell　08.0346
未占能级　unoccupied level　08.1371
＊未重整量　unrenormalized quantity　09.1529
未重正量　unrenormalized quantity　09.1529
位变异构体　metamer　08.0377
位错　dislocation　08.0469
位错缠结　dislocation tangle　08.0488
位错堆积　pile-up of dislocations　08.0484
位错割阶　jogs in dislocation　08.0485
位错[核]芯　dislocation core　08.0471
位错滑移　dislocation slip　08.0483
位错密度　dislocation density　08.0474
位错扭折　kink in dislocation　08.0486
位错攀移　dislocation climb　08.0482
位错蠕变　dislocation creep　08.0487
位错网[络]　dislocation network　08.0498
位错线　dislocation line　08.0472
＊位力　virial　02.0610
位力定理　virial theorem　02.0611
位力系数　virial coefficient　05.0084
位力展开　virial expansion　05.0681
位力状态方程　virial equation of state　05.0086
＊位矢　position vector　02.0029
位形　configuration　05.0665
位形积分　configuration integral　05.0668
位形空间　configuration space　05.0508
位形熵　configurational entropy　08.0699
位移　displacement　02.0032
位移电流　displacement current　03.0563
位移共振　displacement resonance　02.0399
位移极化　displacement polarization　03.0201
位移律　displacement law　04.1739
位移[型]调制　displacive modulation　04.1867
位置表象　position representation　06.0442
位置角　position angle　11.0278
位置色差　chromatism of position　04.0531
位置矢量　position vector　02.0029
位置无序　positional disorder　02.0030
＊位置约束　positional constraint　02.0576
味　flavor　09.1143
味对称性　flavor symmetry　09.1145
味规范　flavor gauge　09.1487
味荷　flavor charge　09.1483
味空间　flavor space　09.1144
味量子数　flavor quantum number　09.1489
味守恒　flavor conservation　09.1485
猬缺陷　hedgehog defect　08.3073
温标　temperature scale, thermometric scale　05.0019
温伯格-萨拉姆模型　Weinberg-Salam model　09.1545
温差电　thermoelectricity　03.0364
温差电场　thermoelectric field　03.0357
温差电堆　thermopile　03.0358
＊温差电偶　thermoelectric couple, thermocouple　03.0354
温差电偶真空规　thermocouple vacuum gauge　05.0143
温差电效应　thermoelectric effect　03.0351
温差电学　thermoelectricity　03.0365
温差电致冷器　thermoelectric refrigerator　03.0363
温等离[子]体　warm plasma　10.0031
温度　temperature　05.0016
温度波　temperature wave　08.3034
温度倒数　inverse temperature　05.0552
温度格林函数　temperature Green's function　05.0932
温度计　thermometer　05.0110
温度记录仪　thermograph　05.0120
温度控制器　temperature controller　08.0848
温度梯度　temperature gradient　08.0849

温度梯度区熔 temperature gradient zone melting 08.0850
温密等离[子]体 warm dense plasma 10.0032
温熵图 temperature-entropy diagram 05.0326
温序[乘]积 temperature-ordered product 05.0960
文丘里流量计 Venturi meter 02.0906
文丘里效应 Venturi effect 02.0853
*纹理 texture 08.2363
纹影照相术 schlieren photography 04.1025
纹影织构 schlieren texture 08.2653
稳变异构性 desmotropism 08.2477
稳定比 stabilization ratio 04.2038
稳定不动点 stable limit cycle 11.0462
稳定岛 island of stability 09.0060
稳定[共振]腔 stable resonator 04.2034
稳定化 stabilization 10.0313
稳定剂 stabilizer 08.2546
稳定粒子 stable particle 09.0922
稳定平衡 stable equilibrium 02.0339
稳定同位素 stable isotope 09.0787
β稳定线 beta-stability line 09.0042
稳定性 stability 02.0346
稳定性理论 stability theory 11.0566
稳定性图 stability diagram 04.2037
稳[恒]态宇宙学 steady-state cosmology 06.0330
稳流电源 stabilized current supply 03.0809
稳频 frequency stabilization 04.2165
稳频激光器 frequency stabilized laser 04.2168
稳态 stable state 01.0117
稳相加速器 phasotron 09.1644
稳压电源 stabilized voltage supply 03.0808
稳压二极管 voltage stabilizing diode 08.1702
稳压器 voltage stabilizer 03.0862
FPU 问题 Fermi-Pasta-Ulam problem, FPU problem 11.0738
涡[电]流 eddy current 03.0576
涡动 vortex motion 02.0809
涡度 vorticity 08.2891
涡管 vortex tube 02.0815
涡街 vortex street 02.0811
涡流损耗 eddy current loss 03.0577
涡轮分子泵 turbomolecular pump 08.3416
涡面 vortex surface 02.0813
涡线对 vortex pair 08.2890
涡旋 vortex 02.0803
涡旋波 vortex wave 08.3044
涡旋玻璃模型 vortex glass model 08.3216
涡旋缠结 vortex tangle 08.3043
涡旋电场 vortex electric field 03.0569
涡旋格 vortex lattice 08.3211
涡旋环 vortex ring 08.3042
涡旋结构 vortex structure 08.3209
涡旋晶体 vortex crystal 10.0493
涡旋理论 vortex theory 02.0814
涡[旋]流 vortex flow 02.0805
*涡旋流三极管 vortex flow transistor 08.3333
涡旋能量 vortex energy 02.0823
涡[旋]片 vortex sheet 02.0810
涡[旋]速度 vortex velocity 02.0816
涡旋态 vortex state 08.3207
涡旋尾流 vortex wake 02.0819
涡旋物质 vortex matter 08.3215
涡[旋]线 vortex line 02.0804
涡旋芯 vortex core 08.3210
涡[旋]型流 vortex-type flow 02.0817
涡旋液体 vortical liquid 02.0818
涡旋阵列 vortex array 08.3213
沃尔泰拉方程组 Volterra's equations 11.0508
沃尔泰拉过程 Volterra process 08.2648
沃拉斯顿棱镜 Wollaston prism 04.1152
沃罗努瓦多面体 Voronoi polyhedron 08.0609
沃罗努瓦泡沫 Voronoi froth 08.0610
沃罗努瓦图 Voronoi diagram 08.0620
乌尔夫构造法 Wulff construction 08.0894
乌尔夫图 Wulff plot 08.0195
乌尔夫网 Wulff net 08.0194
乌泽尔函数 Ursell function 05.0679
乌泽尔算法 Ursell's algorithm 05.0678
屋脊棱镜 roof prism 04.0174
钨青铜[型]结构 tungsten bronze structure 08.0253
无场空间 field free space 03.0777
无衬底片 unbacked film 04.0820
无定向秤 astatic balance 02.0858
无定向磁强计 astatic magnetometer 08.2044
无反射接触 reflectionless contact 08.3263
无反射镜激光器 mirrorless laser 04.2197
无反射膜 non-reflecting film 04.0939
无反射隧穿 reflectionless tunneling 08.3264

无质量粒子　massless particle　09.1091
无中微子双β衰变　neutrinoless double-β decay, 0νββ decay　09.0202
无阻尼振荡　undamped oscillation　02.0363
无阻尼振子　undamped oscillator　02.0364
吴[大峻]-杨[振宁]单极　Wu-Yang monopole　09.1546
五重对称　five-fold symmetry　08.0546
五重态　quintet　09.1492
五重线　quintet　09.1493
五重项　quintet　09.1494
五级像差　fifth-order aberration　04.0496
五极管　pentode　03.0920
五角棱镜　pentagonal prism, pentaprism　04.0183
五夸克态　penta-quark state　09.1198
伍德合金　Wood's metal　08.1230
伍兹-萨克森势　Woods-Saxon potential　09.0328
物波　object wave　04.1345
物衬度　object contrast　04.1250
物点　object point　04.0315
物方　object side　04.0326
物方焦点　object-space focus　04.0328
物[方]空间　object space　04.0325
物高　object height　04.0317
物光束　object beam　04.1346
物焦　object focus　04.0329
物角　object angle　04.0323
物镜　objective [lens]　04.0392
物镜放大　objective magnification　04.0394
物镜放大倍率　objective magnification power　04.0395
物距　object distance　04.0314
*物理摆　physical pendulum　02.0309
物理常量　physical constant　01.0062
物理光学　physical optics　04.0008
物理量　physical quantity　01.0054
物理气相沉积　physical vapor deposition, PVD　08.0805
物理区域　physical region　09.1116
物理天平　physical balance　02.0889
物理吸附　physisorption　08.2732
物理[学]　physics　01.0001
物平面　object plane　04.0319
物态　state of matter　01.0118
[物]态参量　state parameter　05.0175
物态方程　equation of state　05.0079
物[体]　object　04.0193
[物]相　phase　05.0312
物性　properties of matter　05.0039
物性学　properties of matter　08.0012
物质　substance, matter　01.0048
物质波　matter wave　06.0460
物质波干涉法　matter-wave interferometry　06.0781
物质[的]量　amount of substance　05.0054
物质-反物质宇宙学　matter-antimatter cosmology　11.0030
物质结构　structure of matter　08.0015
误差　error　01.0222
误差棒　error bar　01.0223
误差传递　propagation of error　01.0245
误差传递公式　error propagation formula　01.0246
误差分析　error analysis　01.0244

X

西尔斯比定则　Silsbee rule　08.3098
西尔斯比效应　Silsbee effect　08.3099
西蒙算法　Simon's algorithm　06.0836
西西弗斯效应　Sisyphus effect　04.2287
吸附　adsorption　08.2726
吸附泵　sorption pump　08.3415
吸附层　adsorbed layer　08.2605
吸附等温线　adsorption isotherm　08.2609
吸附膜　adsorbed film　08.2604
吸附能力　adsorbability　08.2601
吸附热　heat of adsorption　08.2737
吸附位　adsorption site　08.2727
吸附物　sorbate　08.2728
吸附原子　adsorbed atom, adatom　08.2603
吸积盘　accretion disk　11.0165
吸能反应　endothermic reaction　09.0445
吸气剂　getter　08.0986
吸气效应　getter effect　08.0987
*吸热反应　endothermic reaction　09.0445
吸声材料　sound absorption material　04.2753
吸收　absorption　04.1591
吸收凹陷　absorption dip　04.1619

吸收本领　absorptive power　04.1618
吸收比　absorptance　08.2262
吸收边　absorption edge　08.2263
吸收长度　absorption length　09.1279
吸收带　absorption band　04.1701
吸收度　absorbance　04.1602
吸收峰　absorption peak　04.1674
吸收[光]劈　absorbing wedge　04.1600
吸收光谱　absorption spectrum　04.1673
吸收光谱学　absorption spectroscopy　04.1847
吸收盒　absorption cell　04.1651
吸收[极]限　absorption limit　04.1830
吸收校正　absorption correction　08.0994
吸收截面　absorption cross-section　09.0456
吸收介质　absorbing medium　04.1598
吸收率　absorptivity　04.1601
吸收[谱]线　absorption line　04.1698
吸收[式]致冷循环　absorption refrigeration cycle　05.0163
吸收损耗　absorption loss　04.1998
吸收体　absorber　04.1599
吸收系数　absorption coefficient　04.1603
吸收限　absorption limit　08.2264
吸收[型]光双稳性　absorptive optical bistability　04.2449
吸收[型]全息图　absorption hologram　04.1377
吸收因子　absorption factor　04.1604
吸引力　attractive force　02.0218
吸引域　basin of attraction　11.0582
吸引子　attractor　11.0581
吸着剂　sorbent　08.2729
希尔伯特-施密特算符　Hilbert-Schmidt operator　06.0570
希尔伯特空间　Hilbert space　06.0569
希格斯玻色子　Higgs boson　09.1042
希格斯场　Higgs field　09.1245
希格斯机理　Higgs mechanism　09.1246
希格斯粒子　Higgs particle　09.1043
希格斯模型　Higgs model　09.1247
希格斯区　Higgs sector　09.1248
稀薄等离[子]体　rarefied plasma　10.0013
稀磁半导体　dilute magnetic semiconductor, DMS　08.1672
稀释热　heat of dilution　05.0426
稀释致冷　dilution refrigeration　08.3395
稀疏波　rarefaction wave　10.0238
稀土螯合物　rare-earth chelate　08.1209
稀土金属　rare-earth metal　08.1223
稀土永磁体　rare-earth permanent magnet　08.2041
稀相　dilute phase, ^{3}He-poor phase　08.3396
稀有金属　rare metal　08.1222
稀有气体　rare gas　05.0064
稀原子气体　dilute atomic gas　05.0063
系列变焦像　through-focus image　04.0226
系列衰变　serial decay　09.0163
系数　coefficient　01.0093
系[统]　system　05.0490
系统误差　systematic error　01.0227
系综　ensemble　05.0532
系综理论　ensemble theory　05.0535
系综平均　ensemble average　05.0536
细胞骨架　cytoskeleton　11.0372
细胞质　cytoplasm　11.0373
细观力学　mesomechanics　02.0011
细粒密度　fine-grained density　05.0517
细调　fine adjustment　01.0182
细致平衡　detailed balance　05.0755
细致平衡原理　principle of detailed balance　05.0756
隙[内]态　in-gap state　08.1626
隙能级　gap level　08.1625
狭缝　slit　04.0879
狭缝光阑　slit diaphragm　04.0465
狭义相对论　special relativity　06.0003
狭义相对性原理　principle of special relativity　06.0005
下边缘维数　lower marginal dimension　11.0633
下层　sublayer　08.2912
下冲　undershoot　03.0095
下混杂振荡　lower hybrid oscillation　10.0215
下界　lower bound　09.1082
*下夸克　down quark　09.1002
下临界磁场　lower critical magnetic field　08.3093
下频移　downshift　10.0327
下限　lower limit　09.1083
夏皮洛台阶　Shapiro step　08.3298
夏至点　summer solstice　11.0261
先导电击　leader stroke　03.1154
先验估计　prior estimation　01.0112
纤维丛　fiber bundle　06.0272

纤维增强复合材料　fiber reinforced composite material　08.1198
纤锌矿[型]结构　wurtzite structure　08.0263
闲空穴陷阱　empty hole trap　08.1799
闲[散]波　idler wave　10.0324
弦　string　04.2742
弦理论　string theory　09.1504
弦模型　string model　09.1255
弦线检流计　string galvanometer　03.0825
弦线静电计　string electrometer　03.1175
弦音计　sonometer　04.2743
显示器　scope　03.0886
[显]微光学　micro-optics　04.0414
显微镜　microscope　04.0413
显微全息术　microscopic holography　04.1418
显微术　microscopy　04.0423
显微硬度　micro-penetration hardness　08.1109
显影　development　04.0804
显影剂　developer　04.0805
现象　phenomenon　01.0099
现在　present　06.0076
λ线　lambda line　08.2995
线电荷　line charge　03.0011
线电荷密度　linear charge density　03.0022
线电流　line current　03.0324
线电压　line voltage　03.0656
线分辨率　linear resolution　04.1015
线光栅　wire grating　04.1051
线会切　line cusp　10.0384
线加速度　linear acceleration　02.0067
*线宽　line width, line-breadth　04.1803
线扩展函数　line spread function　04.1234
线粒体　mitochondrion　11.0374
线膨胀率　linear expansivity　05.0093
线偏振　linear polarization　04.1116
线圈　coil　03.0382
线缺陷　line defect　08.0535
线速度　linear velocity　02.0045
线团-小球转变　coil-globule transition　08.2432
线系极限　series limit　07.0031
线向错　line disclination　08.2650
线形　line shape　04.1798
线性变换　linear transformation　01.0469
线性不可逆过程　linear irreversible process　05.0205
线性电光效应　linear electro-optic effect　04.2349
线性电路　linear circuit　03.0907
线性电阻　linear resistance　03.0266
线性叠加　linear superposition　06.0542
线性放大器　linear amplifier　03.0987
线性[非平衡]热力学　linear [nonequilibrium] thermodynamics　05.0457
线性光学　linear optics　04.0012
线性[化]糕模轨道法　linearized muffin tin orbital method, LMTO method　08.1298
线性[化]稳定性分析　linearized stability analysis　11.0571
线性[化]缀加平面波法　linearized augmented plane wave method, LAPW method　08.1297
线性输运理论　linear transport theory　05.0766
线性算符　linear operator　01.0356
*线性调频滤波器　chirp filter　04.2153
线性无关　linear independence　01.0412
线性相关　linear dependence　01.0411
线性响应　linear response　05.0878
线性谐振子　linear harmonic oscillator　03.0906
线性元件　linear element　03.0904
线元　line element　06.0025
线状谱　line spectrum　04.1680
限幅器　limiter　03.1109
限制器　limiter　10.0416
限制性三体问题　restricted three-body problem　02.0454
陷波滤光片　band-stop filter, band rejection filter　04.0960
陷俘　trapping　10.0088
陷俘磁场　trapped magnetic field　08.3239
陷俘磁通　trapped flux　08.3238
陷俘电子　trapped electron　08.1524
陷俘离子　trapped ion　08.0452
陷俘离子量子比特　trapped-ion qubit　06.0806
陷俘粒子　trapped particle　10.0172
陷俘粒子不稳定性　trapped particle instability　10.0299
陷俘面　trapped surface　06.0302
陷俘时间　trapping time　06.0798
陷俘态　trapped state　06.0511
陷俘香蕉[形轨道]　trapped banana　10.0175
陷俘载流子　trapped carrier　08.1525
陷俘中心　trapping centre　08.1523
[陷]阱　trap　08.1631

腺嘌呤　adenine, A　11.0404
相对测量　relative measurement　01.0210
相对磁导率　relative permeability　03.0478
相对电容率　relative permittivity　03.0185
相对动能　relative kinetic energy　02.0279
相对丰度　relative abundance　09.0792
相对加速度　relative acceleration　02.0076
相对介电常量　relative dielectric constant　03.0183
相对孔径　relative aperture　04.0446
相对链产额　fractional chain yield　09.0651
相对论　[theory of] relativity　06.0002
相对论能量-动量关系　relativistic energy-momentum relation　06.0171
相对论[性]不变量　relativistic invariant　06.0037
相对论[性]不变式　relativistic invariant　06.0038
相对论[性]不变性　relativistic invariance　06.0040
相对论[性]场方程　relativistic field equation　06.0150
相对论[性]动力学　relativistic dynamics　06.0137
相对论[性]动量　relativistic momentum　06.0173
相对论[性]近星点进动　relativistic periastron precession　06.0317
相对论[性]力学　relativistic mechanics　06.0136
相对论性粒子　relativistic particle　06.0139
相对论[性]量子力学　relativistic quantum mechanics　06.0366
相对论[性]流体力学　relativistic hydrodynamics　06.0153
相对论[性]密度泛函理论　relativistic density-functional theory　06.0170
相对论[性]热力学　relativistic thermodynamics　06.0152
相对论[性]轫致辐射　relativistic bremsstrahlung　06.0169
相对论[性]速度加法公式　relativistic velocity addition formula　06.0163
相对论[性]天体物理　relativistic astrophysics　11.0021
相对论[性]统计力学　relativistic statistical mechanics　06.0174
相对论[性]物理学　relativistic physics　06.0135
相对论性像　relativistic image　06.0175
相对论[性]效应　relativistic effect　06.0149
相对论[性]协变量　relativistic covariant　06.0031
相对论[性]协变式　relativistic covariant　06.0032
相对论[性]协变性　relativistic covariance　06.0035
相对论[性]修正　relativistic correction　06.0147
相对论[性]宇宙学　relativistic cosmology　11.0022
相对论[性]运动方程　relativistic equation of motion　06.0172
相对论[性]运动学　relativistic kinematics　06.0138
相对论[性]质量　relativistic mass　06.0142
相对论性重离子对撞机　relativistic heavy ion collider, RHIC　09.1663
相对视见函数　relative visibility curve　04.0588
相对视见因子　relative visibility factor　04.0589
相对速度　relative velocity　02.0060
相对位置　relative position　06.0080
相对误差　relative error　01.0236
相对性　relativity　06.0001
相对性原理　relativity principle　06.0004
相对运动　relative motion　02.0089
相对涨落　relative fluctuation　05.0816
相对折射率　relative refractive index　04.0088
相对值　relative value　01.0268
相对坐标系　relative coordinate system　06.0125
相干背散射　coherent back scattering　08.3468
相干波　coherent wave　09.1361
相干捕获　coherent trap　04.2479
相干布居囚禁　coherent population trapping　04.2480
相干布居振荡　coherent population oscillation　04.2482
相干布居转移　coherent population transfer　04.2481
相干产生　coherent generation　09.1312
相干长度　coherence length　04.1272
*GL 相干长度　Ginzburg-Landau coherence length, GL coherence length　08.3122
相干成像　coherent imaging　04.1243
相干电子隧穿　coherent electron tunneling　06.0623
相干叠加　coherent addition　04.1277
相干度　degree of coherence　04.1264
相干发射　coherent emission　04.2478
相干反斯托克斯-拉曼散射　coherent anti-Stokes Raman scattering, CARS　04.2438
相干辐射　coherent radiation　04.1260
相干攻击　coherent attack　06.0867
相干光　coherent light　04.1259
相干函数　coherence function　04.1275
相干[激]光雷达　coherent laser radar　04.2310
相干孔径　coherent aperture　04.1276
相干拉曼散射　coherent Raman scattering　04.2437

橡胶态高弹区 rubbery plateau zone 08.2491
削裂反应 stripping reaction 09.0522
消除点 cancellation point 07.0264
消磁 magnetic erasure 03.0508
消多普勒[增宽]光谱学 Doppler-free spectroscopy 04.1859
*消反射 dereflection 04.0078
消光 extinction 04.1182
消光比 extinction ratio 04.1189
消光定理 extinction theorem 04.1176
消光定则 extinction rule 04.1187
消光校正 extinction correction 08.0995
消光距离 extinction distance 04.1185
消光率 extinction index 04.1186
消光轮廓 extinction contour 04.1184
消光系数 extinction coefficient 04.1188
消彗差镜 coma-free mirror 04.0513
消静电电极 charge removing electrode 03.1170
消零 zero elimination 03.0841
*消球差透镜 aplanat 04.0512
消色差波片 achromatic wave plate 04.0533
消色差棱镜 achromatic prism 04.0535
消色差透镜 achromat, achromatic lens 04.0534
消色差相位匹配 achromatic phase matching 04.2387
消色差[性] achromatism 04.0528
消色散 de-dispersion 04.1624
消声器 muffler 04.2794
消声室 anechoic chamber 04.2795
消失电势谱学 disappearence potential spectroscopy 08.2824
消陷俘 detrapping 10.0089
*消相干 decoherence 04.0896
消像差系统 aberration-free system 04.0536
消[像]散成像 stigmatic imaging 04.0368
消像散透镜 anastigmat 04.0518
消旋性 racemism 08.2258
消衍射光束 diffraction-free beam 04.0977
消啁啾 dechirping 04.2152
小波变换 wavelet transformation 01.0560
小盒计数法 box counting 11.0627
小极化子 small polaron 08.2412
小角[度]X 射线散射 small-angle X-ray scattering, SAX 08.1055
小角度晶界 low angle grain boundary 08.0537
小角度晶粒边界 small-angle grain boundary 08.0513
小角[度]中子散射 small-angle neutron scattering, SANS 08.2053
小角散射 small-angle scattering 08.1047
小阶梯光栅 echelette grating 04.1060
小孔径宽视场镜头 topogon lens 04.0439
小口理论 Oguchi method 08.1964
小林-益川混合矩阵 Kobayashi-Maskawa mixing matrix 09.1367
小面化 faceting 08.2853
小面生长 facet growth 08.0729
小透镜 lenslet 04.0659
小信号增益 small-signal gain 04.2051
小行星 minor planet, asteroid 11.0235
小行星带 asteroid belt 11.0236
小振动 small vibration 02.0356
肖尔[代]码 Shor code 06.0837
肖尔算法 Shor's algorithm 06.0833
肖克利表面态 Shockley surface state 08.2754
肖克利二极管 Shockley diode 08.1708
肖特基二极管 Schottky diode 08.1711
肖特基反常 Schottky anomaly 08.1709
肖特基接触 Schottky contact 08.1710
肖特基缺陷 Schottky defect 08.0449
肖特基势垒 Schottky barrier 08.1651
*肖特基噪声 Schottky noise 05.0829
肖特基质谱术 Schottky mass spectrometry 09.0839
*AAS 效应 Altshuler-Aronov-Spivak effect, AAS effect 08.3480
*AB 效应 Aharonov-Bohm effect, AB effect 08.3478
楔形滤光片 wedge filter 04.0961
协变导数 covariant derivative 06.0255
协变矢量 covariant vector 06.0184
协变微分 covariant differential 06.0256
协变性 covariance 06.0183
协变张量 covariant tensor 06.0242
协不变量 co-invariant 01.0512
协不变式 co-invariant 01.0513
协方差 covariance 01.0549
协合结构 coherent structure 11.0689
协调世界时 coordinate universal time 06.0186
协同学 synergetics 11.0532
协议 protocol 01.0152
*胁变 strain 02.0654

＊胁强　stress　02.0639
斜阿尔文波　oblique Alfvén wave　10.0201
斜[变]电压　ramp voltage　03.0093
斜错光线　skew ray　04.0363
斜方格[子]　oblique lattice　08.0222
斜光线　oblique ray　04.0361
斜率　slope　01.0329
斜面　inclined plane　02.0667
斜碰　oblique impact　02.0425
斜碰撞　oblique collision　02.0430
斜压不稳定性　baroclinic instability　02.0879
斜压模[态]　baroclinic mode　02.0878
斜轴　clinoaxis　08.0359
斜转子　oblique rotator　02.0512
谐波　harmonic wave　02.0867
谐波产生　harmonic generation　04.2391
谐波分析　harmonic analysis　04.2715
谐波激光器　harmonic-generator laser　04.2263
谐波展开　harmonic expansion　04.2716
谐分量　harmonic component　04.2719
谐和力　harmonic force　04.2721
谐和坐标系　harmonic coordinate system　06.0251
谐序　harmonic sequence　01.0515
谐音　harmonic sound　04.2714
谐振子　harmonic oscillator　06.0625
谐振子势　harmonic-oscillator potential　09.0329
泄电半值时间　half-value discharge time　03.1150
泄漏扩散　drain diffusion　10.0152
泻流　effusion　05.0743
谢尔平斯基海绵　Sierpinski sponge　11.0650
谢尔平斯基镂垫　Sierpinski gasket　11.0649
谢弗雷尔相　Chevrel phase　08.3249
谢林电桥　Schering bridge　03.0837
F 心　F-center　08.0458
H 心　H-center　08.0457
M 心　M-center　08.0456
R 心　R-center　08.0459
U 心　U-center　08.0460
芯电子　core electron　07.0244
芯激发　core excitation　09.0351
芯极化　core polarization　09.0352
芯能　core energy　03.0497
芯片　chip　08.1747
芯态　core state　08.1326
欣钦数　Khinchine number　01.0477
新经典理论　neoclassical theory　10.0160
新经典输运　neoclassical transport　10.0161
新星　nova　11.0133
新星爆发　nova outburst　11.0134
信道　channel　09.1281
信道容量　channel capacity　04.1436
信号速度　signal velocity　04.1535
信息光学　information optics　04.1506
信息论　information theory　05.1115
信息熵　information entropy　05.1114
信息维数　information dimension　11.0635
信息协调　information reconciliation　06.0861
信噪比　signal-to-noise ratio　01.0305
星等　[stellar] magnitude　11.0091
星际尘埃　interstellar dust　11.0176
星际空间　interstellar space　11.0174
星际物质　interstellar matter　11.0178
星际消光　interstellar extinction　11.0177
星际云　interstellar cloud　11.0175
星团　star cluster　11.0075
星系　galaxy　11.0066
星系体　galaxoid　11.0058
星系团　cluster of galaxies　11.0049
星系自转　galactic rotation　11.0059
星形接法　star connection　03.0660
星形耦合器　star coupler　03.0661
星云　nebula　11.0084
＊星震　glitch　11.0148
＊星子　planetesimal　11.0234
星座　constellation　11.0092
行波　traveling wave　04.2629
行波电帘　traveling-wave electric curtain　03.1137
行波激光器　traveling-wave laser　04.2261
行为　behavior　01.0274
行星　planet　11.0218
行星光行差　planet aberration, planetary aberration　11.0233
行星际尘埃　interplanetary dust　11.0206
行星际物质　interplanetary matter　11.0207
行星状星云　planetary nebula　11.0085
形变　deformation　02.0616
形变能　deformation energy　09.0364
形变势　deformation potential　08.2381

形变张量　deformation tensor　08.2382
形成时间　formation time　09.1287
形成因子　formation factor　09.0193
形貌　topogram　08.0943
形貌术　topography　08.1042
形态学　morphology　08.1132
形序双折射　form birefringence　04.1318
形状各向异性　shape anisotropy　08.0761
形状共存　shape coexistence　09.0398
形状记忆合金　shape-memory alloy　08.1231
形状弹性散射　shape-elastic scattering　09.0506
形状同核异能素　shape isomer　09.0247
形状修正因子　shape correction factor　09.0222
形状因子　form factor, shape factor　09.0396
形状跃迁　shape transition　09.0397
n 型半导体　n-type semiconductor　08.1565
p 型半导体　p-type semiconductor　08.1566
胸腺嘧啶　thymine, T　11.0407
*熊夫利符号　Schönflies symbol, Schoenflies symbol　08.0172
熊猫光纤　panda fiber　04.1457
休姆-罗瑟里定则　Hume-Rothery rule　08.0895
修正　correction　01.0110
修正值　modified value　01.0389
*须晶　whisker crystal　08.0777
须状晶体　whisker crystal　08.0777
虚功　virtual work　02.0569
虚功原理　principle of virtual work, virtual work principle　02.0570
虚光程　virtual optical path　04.0112
虚光子　virtual photon　09.1539
虚焦点　virtual focus　04.0290
虚晶[体]近似　virtual crystal approximation　08.0590
虚粒子　virtual particle　09.1537
虚能级　virtual level　09.0509
虚拟电荷　fictitious charge　03.0015
虚拟光学　virtual optics　04.0026
虚声子　virtual phonon　09.1538
*虚时格林函数　imaginary time Green's function　05.0932
虚束缚态　virtual bound state　05.0735
虚态　virtual state　09.1540
虚位移　virtual displacement　02.0568
*虚位移原理　principle of virtual displacement　02.0570
虚物　virtual object　04.0229
虚像　virtual image　04.0230
虚像相位列阵　virtual imaged phased array　04.0231
虚跃迁　virtual transition　07.0254
序　order　05.0984
序参量　order parameter　05.0993
序参量弛豫　order parameter relaxation　05.1074
MSS 序列　Metropolis-Stein-Stein sequence　11.0505
*U 序列　universal sequence of periodic orbits　11.0531
絮聚　flocculation　08.2512
絮凝粒　floccule　08.2511
蓄电池　accumulator, [storage] battery　03.0803
蓄冷器　regenerator　05.0170
悬浮　suspension　02.0829
悬浮磁体　levitated magnet　08.3351
悬浮滴　floating drop　08.3649
悬键　dangling bond　08.0631
悬圈电流计　suspended coil galvanometer　03.0823
旋称　signature　09.0383
旋称反转　signature inversion　09.0384
旋磁比　gyromagnetic ratio　06.0493
旋磁材料　gyromagnetic material　08.2037
旋磁器件　gyromagnetic device　08.2057
旋磁效应　gyromagnetic effect　08.2017
旋错　disgyration　08.0545
旋电效应　gyroelectric effect　08.2213
旋度　curl　02.0739
旋度场　curl field　02.0740
旋光对映体　optical antipode　04.1197
旋光介质　rotational medium　04.1192
旋光晶体　gyrostatic crystal　04.2325
旋光率　[optical] rotatory power　04.1193
旋光色散　rotatory dispersion　04.1196
[旋光]糖量计　saccharimeter　04.2328
旋光物质　optically active substance　04.1191
*旋光系数　[optical] rotatory power　04.1193
旋光效应　roto-optic effect　08.2260
旋光性　optical activity, optical rotation　04.1190
旋光异构体　optical isomer　04.1198
*旋进　precession　02.0507
旋量　spinor　06.0657
旋量变换　spinor transformation　06.0092
旋量波函数　spinor wave function　06.0658

Y

幺旋　unitary spin　09.1267
幺正变换　unitary transformation　06.0585
幺正表示　unitary representation　06.0581
幺正不可约表示　unitary irreducible representation　06.0582
幺正对称　unitary symmetry　01.0433
幺正极限　unitarity limit　09.1266
幺正矩阵　unitary matrix　01.0432
幺正群　unitary group　06.0583
幺正算符　unitary operator　06.0586
幺正性　unitarity　09.1424
幺正性条件　unitarity condition　09.1527
幺正演化　unitary evolution　06.0584
摇摆振动　wag vibration　04.2625
药物输运　drug delivery　11.0442
耀度　brilliance　04.0744
耀发　flare　11.0192
冶金学　metallurgy　08.1131
叶绿素　chlorophyll　11.0438
叶状织构　foliaceous texture　08.0378
曳引力　drag force　08.1504
曳引系数　drag coefficient　06.0019
曳引效应　drag effect　06.0018
夜间辐射　nocturnal radiation　04.0677
液氮温度　liquid nitrogen temperature　08.3383
液滴模型　liquid-drop model, drop model　09.0309
[液]氦Ⅰ　[liquid] He Ⅰ　08.2999
[液]氦Ⅱ　[liquid] He Ⅱ　08.3000
液氦温度　liquid helium temperature　08.3387
液化　liquefaction　05.0152
液化点　liquefaction point　05.0153
液化率　liquefied fraction　08.3358
液化器　liquefier　08.3357
液晶　liquid crystal　08.2614
液晶盒　liquid crystal cell　08.2646
液晶劈　liquid crystal wedge　08.2655
液晶显示　liquid crystal display　08.2647
液晶相　liquid crystal phase　08.2615
液氢温度　liquid hydrogen temperature　08.3384
液态金属　liquid metal　08.0875
液态空气　liquid air　08.3381
液体　liquid　05.0046
液体比重计　areometer, hydrometer　02.0903
液[体]氦　liquid helium　08.2993
液体氦3　liquid helium-3　08.3052
液体氦4　liquid helium-4　08.2994
液体闪烁体　liquid scintillator　09.0752
液体透镜　liquid lens　04.0277
液相　liquid phase　08.0872
液相生长　liquid growth　08.0874
液相外延　liquid phase epitaxy　08.0967
液相线　liquidus [line]　08.0930
液压密封　hydraulic seal　08.3571
一次球度　sphericity　09.1392
一级光谱　primary spectrum, first-order spectrum　04.1714
一级近似　first approximation　01.0380
一级相变　first-order phase transition　05.0341
一级像差　first-order aberration　04.0494
一维磁性　one-dimensional magnetism　08.2879
一维导体　one-dimensional conductor　08.2865
一维晶格　one-dimensional lattice　08.2863
一维晶体　one-dimensional crystal　08.2862
一维局域　one-dimensional localization　08.3493
一维链　one-dimensional chain　08.2864
一维体系　one-dimensional system　08.2861
一维谐振子　one-dimensional harmonic oscillator　06.0628
一致共振　uniform resonance　02.0375
一致性　consistency　01.0395
伊辛-布洛赫转变　Ising-Bloch transition　08.0691
伊辛模型　Ising model　05.1027
医学物理[学]　medical physics　01.0020
仪器　instrument, apparatus　01.0286
仪器光学　instrumental optics　04.0018
移测显微镜　traveling microscope　04.0417
移位算符　shift operator　06.0575
移相器　phase shifter　03.0967
遗传密码　genetic code　11.0359
遗传信息　genetic information　11.0360
遗传学　genetics　11.0358
疑难　puzzle　01.0173
θ-τ 疑难　theta-tau puzzle　09.1409
以太　ether, aether　06.0012
以太风　ether wind　06.0014
以太漂移　ether drift　06.0013
以太曳引　ether drag　06.0017
钇钡铜氧超导体　yttrium-barium-copper oxide supercon-

ductor, YBCO superconductor 08.3176
椅位形 chair configuration 08.0637
忆阻器 memristor 03.0251
异步电动机 asynchronous motor 03.0871
异成分熔化 incongruent melting 08.0929
异构性 isomerism 08.2979
异极电荷 heterocharge 08.2178
异价半导体 heterovalent semiconductor 08.1781
异宿点 heteroclinic point 11.0477
异宿轨道 heteroclinic orbit 11.0479
异质结 heterojunction 08.1687
异质结场效应晶体管 heterojunction field-effect transistor, HFET 08.1724
异质结激光器 heterojunction laser, heterolaser 04.2233
异质结结构 heterostructure 08.1694
*异质同晶[现象] homomorphism 08.0746
异质外延 heteroepitaxy 08.1685
译码 decipherment 04.1534
易[磁化方]向 easy direction of magnetization 08.1973
易[磁化]轴 easy axis [of magnetization] 08.1974
易裂变性 fissility 09.0643
易熔合金 fusible alloy 08.1174
易失性存储器 volatile memory 08.1834
易位 translocation 11.0369
*逸出功 work function 03.0350
逸度 fugacity 05.0582
溢流 overflow 03.0609
因变量 dependent variable 01.0073
因果变换 causal transform 05.0896
因果格林函数 causal Green's function 05.0931
*因果过去 causal past 06.0079
因果函数 causal function 05.0895
因果律 law of causation 01.0086
*因果未来 causal future 06.0078
因果性 causality 06.0074
因数 factor 01.0096
因斯-高斯模 Ince-Gaussian mode 04.2092
因瓦 Invar 08.1182
因瓦效应 Invar effect 08.1183
因子 factor 01.0097
g 因子 g factor, g-factor 09.0030
k 因子 k-factor 09.0678
γ 因子 gamma-factor 06.0188
因子化 factorization 09.1284
阴电辉 negative glow 04.1925
阴极 cathode 03.0298
阴极电弧沉积 cathodic arc deposition 03.1156
阴极发射 cathode emission 03.0175
阴极射线 cathode ray 03.0929
阴极射线管 cathode ray tube, CRT 03.0930
阴极射线致发光 cathodeluminescence 03.0932
*阴离子 anion 03.0339
阴历 lunar calendar 11.0258
阴阳历 lunisolar calendar 11.0259
阴阳线圈 yin-yang coil 10.0380
阴影像 shadow image 08.3652
阴影效应 shadow effect 08.2807
音 tone 04.2802
音叉 tuning fork 04.2741
*音调 intonation, pitch 04.2811
音阶 tone scale 04.2810
音控制 tone control 04.2808
音量 volume 01.0046
*音品 tone quality 04.2806
音色 tone quality 04.2806
音调制 tone modulation 04.2809
银道面 Galactic plane 11.0072
银河[系] Galaxy 11.0067
银[河系中]心 Galactic center 11.0068
银河系自转 Galactic rotation 11.0069
银极 Galactic pole 11.0073
银经 galactic longitude 11.0071
银纬 galactic latitude 11.0070
引力 gravitation 02.0213
引力半径 gravitational radius 06.0353
引力波 gravitational wave 06.0305
引力常量 gravitational constant 02.0215
引力场 gravitational field 02.0216
引力场强度 intensity of gravitational field 06.0209
引力辐射 gravitational radiation 06.0306
引力红移 gravitational redshift 06.0290
引力几何化 geometrization of gravitation 06.0315
引力凝聚 gravitational condensation 11.0065
引力时间膨胀 gravitational time dilation 06.0293
*引力时间延缓 gravitational time dilation 06.0293
引力势 gravitational potential 06.0210
引力坍缩 gravitational collapse 06.0294

引力透镜　gravitational len　06.0292
引力透镜效应　gravitational lens effect　11.0063
引力微子　gravitino　09.1021
引力相互作用　gravitational interaction　09.1152
引力质量　gravitational mass　02.0123
引力子　graviton　09.0989
隐变量　hidden variable　09.1336
隐粲介子　hidden charm meson　09.0934
隐对称[性]　hidden symmetry　09.1335
隐晶　cryptocrystalline　08.0274
*隐身　cloaking　04.1559
隐失波　evanescent wave　04.0943
隐失场耦合　evanescent field coupling　04.0945
隐失态　evanescent state　04.0944
隐形　cloaking　04.1559
应变　strain　02.0654
应变场　strain field　02.0656
应变分量　strain component　02.0655
应变规　strain gauge　02.0928
应变率　strain rate　02.0194
应变硬化　strain hardening　08.2346
应变张量　strain tensor　02.0195
应力　stress　02.0639
应力双折射　piezobirefringence, stress birefringence　04.1317
应力应变关系　stress-strain relation　02.0186
应力张量　stress tensor　02.0653
应用光学　applied optics　04.0010
应用物理[学]　applied physics　01.0007
荧光　fluorescence　04.1907
荧光材料　fluorescent material　04.1912
荧光猝灭　fluorescence quenching　04.1915
荧光分光光度计　spectrofluorophotometer　04.1657
荧光分析　fluorescence analysis　08.2234
荧光关联谱[学]　fluorescence correlation spectroscopy, FCS　04.1917
荧光光度计　fluorophotometer　04.1910
荧光计　fluorimeter　04.1909
荧光镜　fluoroscope　04.1916
荧光屏　photoscope　04.1918
荧光素　fluorescein　04.1911
荧光探剂　fluorescence probe　04.1914
荧光线　fluorescent line　04.1913
荧光学　fluoroscopy　04.1908
萤石　fluorite　08.0367
蝇眼透镜　fly's eye lens　04.0661
影　shadow　04.0239
映射　map　11.0578
映像　map　11.0579
硬超导体　hard superconductor　08.3161
硬磁材料　hard magnetic material　03.0434
硬磁泡　hard magnetic bubble　08.1996
硬度　hardness　08.2341
硬度规　hardness gauge　08.2342
硬光子　hard photon　09.1146
硬过程　hard process　09.1334
硬化应变　hardening strain　02.0185
硬模　hard mode　05.1008
硬球近似　hard sphere approximation, hardsphere approximation　05.0750
硬球模型　hard sphere model　08.2218
硬球散射　hard-sphere scattering　09.0510
硬球势　hard-sphere potential　05.0683
硬 X 射线　hard X-ray　07.0132
硬石　adamant　08.0360
硬石结构　adamantine structure　08.0379
硬椭球势　hard ellipsoid potential　05.0686
硬橡胶　ebonite　08.2492
永磁材料　permanent magnetic material　08.2040
永磁发电机　magneto　03.0533
永磁体　permanent magnet　03.0436
永磁性　permanent magnetism　08.2038
永电体　electret　03.0219
永久形变　permanent deformation　08.2384
永矩　permanent moment　08.2039
永偶极子　permanent dipole　08.2143
优化　optimization　01.0145
油浸物镜　oil immersion objective　04.0578
铀系　uranium series　09.0165
游标　vernier　02.0882
游标卡尺　vernier caliper　02.0883
游丝　hair spring, hairspring　02.0622
有感负载　inductive load　03.0874
有感耦合　inductive coupling　03.0876
有功部分　active component　03.0644
有功电流　active current　03.0645
有功功率　active power　03.0647
有关参量　relevant parameter　05.1046

有耗腔　lossy cavity　04.2030
有核畴　nucleated domain　08.2693
有机半导体　organic semiconductor　08.1667
有机玻璃　organic glass　08.0598
有机超导体　organic superconductor　08.3183
有机导体　organic conductor　08.1236
有机电致发光　organic electroluminescence, OEL　04.1897
有机金属　organic metal　08.1237
有机金属化合物　organometallic compound　08.1151
有机晶体　organic crystal　08.0778
有机聚合物　organic polymer　08.2438
有机凝胶　organogel　08.2554
有界等离[子]体　bounded plasma　10.0015
有界空间　bounded space　03.0695
有理磁面　rational magnetic surface　10.0398
有理指数[定]律　law of rational indices　08.0060
有理转数　rational rotation number　11.0518
有量纲常量　dimensional constant　01.0065
有势力　potential force　02.0167
有限差分法　finite-difference method　01.0537
有限差分时域法　finite-difference time-domain method　01.0538
有限尺寸效应　finite size effect　08.2935
有限振幅波　finite-amplitude wave　04.0834
有限转动　finite rotation　02.0519
有像差光学　aberrated optics　04.0619
有效半径　effective radius　09.1126
有效场理论　effective field theory　09.1365
有效电导率　effective conductivity　03.0274
有效电荷　effective charge　09.0706
有效负载　payload　03.0873
有效光圈数　effective f-number　04.0450
有效哈密顿量　effective Hamiltonian　06.0595
有效截面　effective cross-section　09.0460
有效孔径　effective aperture　04.0452
有效力程　effective range　09.0088
有效声子谱　effective phonon spectrum　08.3130
有效势　effective potential　02.0290
*有效 f 数　effective f-number　04.0450
有效数字　significant figure　01.0319
有效算符　effective operator　07.0228
有效通道数　effective channel number　08.3491
有效线宽　effective line width　08.2011
有效[相]互作用　effective interaction　05.0963
有效性　validity　01.0157
有效性检查　validity check　01.0159
有效值　effective value, virtual value　03.0600
有效质量　effective mass　08.1303
有效质量近似　effective mass approximation　08.1379
有效作用量　effective action　02.0157
有心轨道　central orbit　02.0403
有心结构　centric structure　08.0317
有心力　central force　02.0401
有心力场　central field　02.0402
有序　order　05.0985
有序度　degree of order　08.0108
有序合金　ordered alloy　08.1172
有序化　ordering　01.0516
有序无序相变　order-disorder phase transition　05.0333
有序无序转变　order-disorder transition　05.0988
有序相　ordered phase　05.0314
有旋场　rotational field　03.0567
有源场　active field　03.0565
有源成像系统　active imaging system　04.0622
有源器件　active device　03.0911
*有源腔　active cavity　04.2048
*有源区　active region　04.1994
有源元件　active component　03.0910
有质动力　ponderomotive force　10.0127
有质量粒子　massive particle　09.1090
*酉矩阵　unitary matrix　01.0432
右乘　right multiplication　01.0452
右矢　ket　06.0567
右手定则　right-hand rule　03.0389
右手流　right-handed current　09.1463
右手螺旋定则　right-handed screw rule　03.0391
右旋　dextrorotation　11.0449
右旋晶体　right-handed crystal　04.2326
右旋偏振　right-handed polarization, dextropolarization　04.1124
右旋同构物　dextroisomer　08.0319
右[旋]圆偏振　right-handed circular polarization　04.1122
诱发裂变　induced fission　09.0632
诱骗态　decoy state　06.0863
迂回激发　Umweganregung(德)　08.2275
于戈尼奥方程　Hugoniot equation　08.3586

阈值能量　threshold energy　09.0446
阈值频率　threshold frequency　08.2803
阈值条件　threshold condition　04.1999
阈值增益　threshold gain　04.2056
元胞法　cellular method　08.1290
元胞自动机　cellular automaton　11.0726
元胞自旋　cell spin　05.1084
元波　elementary wave　04.0828
元电荷　elementary charge　03.0007
元功　elementary work　02.0285
元[光]束　elementary beam　04.0564
元激发　elementary excitation　05.0720
元激发谱　elementary excitation spectrum　08.3025
元件　element　01.0295
元素　element　01.0296
元素分布　elemental mapping　11.0105
元素丰度　element abundance　11.0104
元素起源　origin of elements　11.0102
元素形成　element formation　11.0103
元团　elementary cluster　05.0706
元重子　urbaryon　09.1204
原胞　primitive cell　08.0078
原初电子　primary electron　09.1051
原初核合成　primordial nucleosynthesis　06.0345
原初火球　primordial fireball　09.1679
原初[裂变]碎片　primary [fission] fragment　09.1675
原[初]射线　primary ray　09.1678
原点　origin　01.0220
原电池　primary cell　03.0807
原电流　primary current　03.0225
原辐射　primary radiation　04.0048
原光源　primary source　04.0035
原核生物　prokaryote　11.0351
原理　principle　01.0139
原器　prototype　01.0290
原色　primary color　04.0745
[原]色三角　color triangle　04.0735
原始数据　raw data　01.0193
原线圈　primary coil　03.0849
原像　primary image　04.0208
原型　prototype　01.0291
原子　atom　07.0003
μ原子　muonic atom　09.0955
π原子　pionic atom　09.0962
原子半径　atomic radius　07.0010
原子波导　atom waveguide　07.0155
原子波函数　atomic wave function　07.0094
*原子捕获　atom trapping　07.0154
原子操控技术　atom-controlled technology　07.0156
原子层沉积　atomic layer deposition　08.0818
原子常数　atomic constant　07.0008
原子磁矩　atomic magnetic moment　08.1844
原子单层　atomic monolayer　08.2781
原子单位　atomic unit　07.0013
原子弹　atomic bomb　09.0617
原子的汤姆孙模型　Thomson model of the atom　07.0016
原子[的]陷俘　trapping of atoms　10.0173
原子电荷数　atomic charge number　07.0007
原子电子学　atomtronics　07.0165
原子反应堆　nuclear reactor　09.0890
原子分离极限　separate-atom limit　07.0280
原子分子学说　atomic-molecular theory　07.0002
原子俘获　atom capture　07.0145
原子干涉仪　atom interferometer　07.0149
原子光谱　atomic spectrum　07.0012
原子光谱学　atomic spectroscopy　07.0021
原子光学　atom optics　07.0152
原子轨道　atomic orbital　07.0009
原子轨道线性组合法　linear combination of atomic orbital method, LCAO method　08.1293
原子核　atomic nucleus, nucleus　09.0005
原子核壳模型　nuclear shell model　09.0304
原子核理论　nuclear theory　09.0004
原子核物理[学]　atomic nuclear physics　09.0001
原子核系综　nuclear ensemble　09.0089
原子极化率　atomic polarizability　03.0204
原子间距　atomic spacing　08.0343
原子间力　interatomic force　08.0412
原子间矢量　interatomic vector　08.0344
原子结构　atomic structure　07.0011
原子阱　atom trap　07.0153
原子径向分布函数　atomic radial distribution function　07.0095
原子力显微术　atomic force microscopy　08.1072
原子联合极限　united-atom limit　07.0253
原子量　atomic weight　07.0004
原子量子比特　atomic qubit　06.0801

约化跃迁概率 reduced transition probability 09.0237
约化质量 reduced mass 02.0464
约化中心 center of reduction 02.0566
约利弹簧秤 Jolly spring balance 02.0894
约瑟夫森 A/D 转换器 Josephson A/D converter 08.3329
约瑟夫森场效应管 Josephson field effect transistor, JOFET 08.3330
约瑟夫森穿透深度 Josephson penetration depth 08.3295
约瑟夫森电压基准 Josephson voltage standard 08.3320
约瑟夫森辐射 Josephson radiation 08.3299
约瑟夫森记忆单元 Josephson memory cell 08.3328
约瑟夫森临界电流 Josephson critical current 08.3293
约瑟夫森逻辑门 Josephson logic gate 08.3327
约瑟夫森耦合能 Josephson coupling energy 08.3292
约瑟夫森频率 Josephson frequency 08.3296
约瑟夫森器件 Josephson device 08.3319
约瑟夫森隧穿电流 Josephson tunneling current 08.3294
约瑟夫森[隧道]结 Josephson [tunnel] junction 08.3304
约瑟夫森涡旋 Josephson vortex 08.3300
约瑟夫森效应 Josephson effect 08.3282
约束 confinement 10.0352
约束力 constraining force 02.0161
约束模式 confinement mode 10.0422
约束时间 confinement time 10.0354
约束运动 constrained motion 02.0571
月地空间 cis-lunar space 11.0298
月球背面 far-side of the moon 11.0208
月球探测器 lunar probe 11.0309
月食 lunar eclipse 11.0201
跃迁 transition 06.0635
γ跃迁 gamma trasition 09.0263
跃迁概率 transition probability 06.0639
跃迁矩阵 transition matrix 09.0215
跃迁算符 transition operator 06.0572
跃迁系数 transition coefficient 06.0640
跃迁振幅 transition amplitude 09.1452
云母 mica 08.3627
云母片 sheet mica 08.1147
云室 cloud chamber 09.0770
匀加速度 uniform acceleration 02.0085
匀加速运动 uniform accelerated motion 02.0086
匀速度 uniform velocity 02.0079
匀速圆周运动 uniform circular motion 02.0081
匀速运动 uniform motion 02.0080
陨石 meteorite 11.0228
*陨星 meteorite 11.0228
[运]动 motion 02.0018
运动参考系 moving frame 02.0105
运动常量 constant of motion 02.0256
运动方程 equation of motion 02.0097
运动黏度 kinematic viscosity 02.0749
运动学 kinematics 02.0002
运动学方程 kinematics equation 02.0083
运动学衍射 kinematical diffraction 04.1029
运动状态 state of motion 02.0019
运流 convection 02.0785
运流电流 convection current 03.0327
运送电子 convey electron 07.0243
运算 operation 01.0522
运算放大器 operational amplifier, op-amp 03.0992
晕核 halo nucleus 09.0181
*晕失波 evanescent wave 04.0943
晕[星]族 halo population 11.0078

Z

匝数比 turn ratio 03.0860
杂光 parasitic light, stray light 04.0786
杂化超弦理论 heterotic superstring theory 09.1429
杂化轨道[函数] hybrid orbital 07.0207
杂化键 hybrid bond 07.0209
杂化能 hybrid energy 08.0418
*杂化态 hybrid state 07.0210
杂化[作用] hybridization 08.0704
杂聚物 heteropolymer 08.2444
杂散电流 stray current 03.0611
杂散电容 stray capacitance 03.0154
杂色光 heterochromatic light, heterogeneous light 04.0854
杂质 impurity 08.1606

杂质带电导　impurity band conduction　08.1522
杂质[能]带　impurity band　08.1521
杂质能级　impurity level　08.1607
杂质偏析　impurity segregation　08.1518
杂质平均　impurity average　08.1520
杂质散射　impurity scattering　08.1517
杂质态　impurity state　08.1516
杂质系综　impurity ensemble　08.1519
杂质原子　impurity atom　08.1514
杂质子　impuriton　08.1515
灾变性激光损伤阈　catastrophic laser-damage threshold　04.2462
*灾变性自聚　catastrophic self-focusing　11.0552
载流子　charge carrier，carrier　08.1567
载流子复合　carrier recombination　08.1628
载流子耗尽　carrier depletion　08.1573
载流子阱　carrier trap　08.1572
载流子库　carrier reservoir　08.1571
载流子扩散　carrier diffusion　08.1569
载流子浓度　carrier concentration　08.1568
载流子迁移　carrier migration　08.1570
载流子注入　carrier injection　08.1627
载频　carrier frequency　04.1483
载频全息图　carrier-frequency hologram　04.1368
再磁化　remagnetization　08.2087
再发射　re-emission　04.1584
再分配　redistribution　05.0484
再俘获　recapture　08.1812
再固化　resolidification　08.0888
再激发　restimulation　04.1984
再结晶　recrystallization　08.2362
再入向列相　reentrant nematic phase　08.2632
再生放大　regenerative amplification　04.2245
再生激光器　regenerative laser　04.2244
再吸收　resorption　04.1593
*再现波　reconstructing wave　04.1359
再循环　recycling　05.0255
在束γ谱学　in-beam γ-spectroscopy　09.0388
在线分析　on-line analysis　09.1446
暂态　transient state　03.0581
暂态电流　transient current　03.0588
暂态电压　transient voltage　03.0585
暂态分析器　transient analyzer　03.0586
暂态过程　transient process　03.0582
暂态混沌　transient chaos　11.0556
暂态解　transient solution　01.0310
暂态平衡　transient equilibrium　09.0147
暂态扰动　transient perturbation　03.0583
暂态特性　transient characteristic　03.0587
暂态响应　transient response　03.0584
暂态效应　transient effect　03.0589
暂态运动　transient motion　02.0400
暂现事件　transient event　01.0309
脏超导体　dirty superconductor　08.3165
脏极限　dirty limit　08.3166
脏金属区　dirty-metal regime　08.3167
凿孔电极　perforated electrode　03.0893
早期宇宙　early universe　11.0016
噪声　noise　05.0826
*1/f 噪声　1/f noise　05.0831
噪声等价温差　noise equivalent temperature difference，NETD　03.1000
噪声功率谱　noise power spectrum　03.1003
噪声级　noise level　03.1002
噪声温度　noise temperature　03.1004
噪声温度计　noise thermometer　08.3437
噪声因子　noise factor　03.1001
择优方向　preferential direction　08.0916
择优分凝　preferential partition　08.0915
择优取向　preferred orientation　08.0917
泽贝克效应　Seebeck effect　08.1621
泽尼克相衬原理　Zernike's phase contrast principle　04.1255
*增广平面波法　augmented plane wave method，APW method　08.1295
*增广球面波法　augmented spherical wave method，ASW method　08.1296
增量感应　incremental induction　03.0552
增强拉曼散射　enhanced Raman scattering　04.2433
增强谱线　enhanced line　04.1703
增强器　booster　09.1647
增强因数　enhancement factor　07.0232
增色效应　hyperchromic effect　04.0714
增湿　humidification　03.1151
*增透　antireflection　04.0936
*增透膜　antireflecting film　04.0938
增益　gain　03.0963
增益反转　gain inversion　04.2058

增益[谱线]变窄　gain narrowing　04.2059
增益钳位　gain-clamping　04.2097
增益系数　gain coefficient　04.1995
增益[线]轮廓　gain profile　04.2101
增益效率　gain efficiency　04.2057
增殖反应堆　breeder reactor　09.0894
扎布斯基方程　Zabusky equation　11.0744
闸流管　thyratron　03.0927
栅极　grid　03.0936
栅极控制　grid control　03.0946
栅极注频　grid injection　04.2226
栅漏[电阻]　grid leak　03.0270
栅偏压　grid bias　03.0945
栅网　mesh of grids　08.0990
栅线间距　grating space　04.1040
窄带　narrow band　08.1363
窄带滤光片　narrow-band filter　04.0959
窄带隙半导体　narrow-gap semiconductor　08.1562
窄带噪声　narrow band noise　08.2928
斩波频率　chop frequency　04.0770
斩波器　chopper　04.0769
斩光器　light chopper　04.0768
展曲　splay　08.2679
展性　malleability　08.2385
占空比　duty ratio　03.1052
占有概率　occupation probability　05.0712
占有率[型]调制　occupational modulation　05.0713
占有数　occupation number　05.0709
占有数表象　occupation number representation　05.0710
占[有]态　occupied state　05.0711
张力　tension, tensile force　02.0251
张力计　tension gauge　02.0253
张量　tensor　01.0060
张量场　tensor field　02.0197
张量磁导率　tensor permeability　08.2033
张量分析　tensor analysis　02.0196
张量迹　trace of tensor　01.0450
张量力　tensor force　09.0082
张量密度　tensor density　06.0249
章动　nutation　02.0505
章动角　angle of nutation　02.0506
彰度　saturation　05.0372
彰色　saturated color　04.0742
涨落　fluctuation　05.0810
涨落壁　fluctuating wall　05.0819
涨落场论　fluctuation field theory　05.0974
涨落方程　fluctuation equation　05.0811
涨落耗散定理　fluctuation-dissipation theorem　05.0820
涨落化学　fluctuation chemistry　11.0702
涨落回归　regression of fluctuation　05.0900
涨落力　fluctuating force　05.0854
涨落项　fluctuation term　05.0858
帐篷[形]映射　tent map　11.0594
啁啾　chirp　04.2151
啁啾高斯脉冲　chirped Gaussian pulse　04.2155
啁啾光栅　chirped grating　04.1063
啁啾滤波器　chirp filter　04.2153
啁啾脉冲　chirped pulse　04.2154
兆欧表　megohmmeter　03.0817
照度计　luxmeter　04.0594
照明　illumination　04.0665
照明器　illuminator　04.0597
照射剂量　exposure dose　09.0290
照射量　exposure　04.0802
照相底板　photoplate, photographic plate　04.0792
[照相]感光层　photographic layer　04.0797
照相镜头　photographic lens　04.0436
照相乳胶　photographic emulsion　04.0798
照相术　photography　04.0550
遮掩[键]位形　eclipsed [bond] configuration　08.0635
折叠布里渊区　folding Brillouin zone　08.1355
折叠腔　folded cavity　04.2040
折叠[腔]激光器　folded laser　04.2251
折叠势　folding potential　09.0548
折叠[型突变]　folding　11.0545
*折合区　reduced zone　08.1357
折射　refraction　04.0082
折射定律　law of refraction　04.0106
折射度　specific refraction　04.0084
折射光学　dioptrics　04.0653
折射计　refractometer　04.0159
折射角　refraction angle　04.0104
折射率　refractive index　04.0083
折射率面　index surface　04.0090
折射率椭球　index ellipsoid　04.0091
折射色散　refractive dispersion　04.1623
折射系数　coefficient of refraction　04.0092
折射线　refracted ray　04.0100

折声学 diacoustics, diaphonics 04.2614
折轴望远镜 Coudé telescope 04.0645
锗探测器 germanium detector 09.0759
*褶积 convolution 01.0425
*褶积分析 convolution analysis 01.0426
针孔成像 pinhole imaging 04.0200
针孔列阵 pinhole array 04.0201
针孔滤波器 pinhole filter 04.1228
针孔照相机 pinhole camera 04.0552
针孔准直 pinhole collimation 04.0459
针状晶体 acicular crystal 08.0268
珍珠岩 pearlite 08.0908
真顶角 proper vertex 05.0959
真核生物 eukaryote 11.0352
真极化 proper polarization 05.0958
真空 vacuum 01.0126
真空波长 wavelength in vacuum 04.0825
真空场 vacuum field 06.0869
真空沉积 vacuum deposition 08.0812
真空磁导率 permeability of vacuum 03.0460
真空电容率 permittivity of vacuum 03.0189
真空敷膜 vacuum coating 09.0824
真空管 vacuum tube 03.0921
真空规 vacuum gauge 05.0139
真空击穿 vacuum breakdown 03.0142
真空极化 vacuum polarization 09.1419
真空技术 vacuum technique 08.0829
真空简并 vacuum degeneracy 09.1530
真空介电常量 dielectric constant of vacuum 03.0188
真空能量 vacuum energy 06.0477
真空摄谱仪 vacuum spectrograph 04.1662
真空室 vacuum chamber 08.0831
真空隧穿 vacuum tunneling 09.1531
真空态 vacuum state 09.1270
真空退火 vacuum annealing 08.0833
真空稳定性 vacuum stability 04.2545
真空物理[学] vacuum physics 01.0013
真空系统 vacuum system 08.0830
真空涨落 vacuum fluctuation 09.1394
真空蒸发 vacuum evaporation 08.0811
真空紫外 vacuum ultraviolet, VUV 04.1712
真空紫外激光器 vacuum ultraviolet laser 04.2269
真空紫外谱学 vacuum ultraviolet spectroscopy 04.1878
真实气体 real gas 05.0061
真实性 validity 01.0158
真值 true value 01.0256
真自能 proper self-energy 05.0956
诊断学 diagnostics 10.0449
枕形畸变 pincushion distortion 04.0520
*阵点 lattice point 08.0069
*阵点行 lattice [point] row 08.0070
阵发混沌 intermittency chaos 11.0555
[阵]迹 trace 01.0447
阵列 array 01.0428
阵列波导光栅 arrayed waveguide grating 04.1067
振荡 oscillation 03.1013
*AB 振荡 Aharonov-Bohm [conductance] oscillation, AB oscillation 08.3477
h/2e 振荡 h/2e oscillation 08.2903
振荡电路 oscillatory circuit 03.1030
振荡器 oscillator 03.1014
振荡效应 oscillatory effect 03.1031
振荡阈值 oscillation threshold 04.2001
振荡周期 oscillation period 03.1029
振动 vibration 02.0353
β 振动 beta-vibration 09.0377
振动激发 vibrational excitation 07.0185
振动激子 vibrational exciton 08.1841
振动计 vibrometer 04.2622
振动静电计 vibrating electrometer 03.1173
振动模[式] mode of vibration 02.0359
振动能带 vibrational band 07.0184
振动能级 vibrational energy level 09.0379
振动谱 vibrational spectrum 07.0186
振动[谱]线 vibrational line 04.1746
振动态 vibrational state 07.0187
振动样品磁强计 vibrating sample magnetometer, VSM 08.2056
振动-转动谱带 vibration-rotation band 07.0188
振动自由度 vibrational degree of freedom 05.0626
振幅 amplitude 02.0354
振幅衬度 amplitude contrast 04.1249
振幅传递函数 amplitude transfer function 04.1238
振幅反射率 amplitude reflectivity 04.0872
振幅分割 division of amplitude 04.0875
振幅分割干涉仪 amplitude-division interferometer 04.1085
振幅挤压态 amplitude-squeezed state 06.0882

振幅扩展函数　amplitude spread function　04.1235
振幅脉冲响应　amplitude impulse response　04.1236
振幅透射率　amplitude transmissivity　04.0868
*振幅型光栅　amplitude grating　04.1048
振幅[型]全息图　amplitude hologram　04.1378
*振幅压缩态　amplitude-squeezed state　06.0882
振簧静电计　vibrating-reed electrometer　03.1174
振子　vibrator　04.2621
振子强度　oscillator strength　07.0259
镇流电阻器　ballast resistor, barretter　03.0263
震激　shake-up　07.0284
震离　shake-off　07.0285
蒸发　evaporation　05.0387
蒸发核子　evaporation nucleon　09.0432
蒸发模型　evaporation model　09.0515
蒸发谱　evaporation spectrum　09.0517
蒸发热　heat of evaporation　05.0421
蒸气　vapor　05.0375
蒸气压　vapor pressure　05.0378
蒸气压温度计　vapor pressure thermometer　08.3433
蒸汽机　steam engine　05.0263
整流　rectification, commutation　03.0971
整流器　rectifier　03.0972
整数量子霍尔电阻　integer quantum Hall resistance　03.0403
整数量子霍尔效应　integer quantum Hall effect, IQHE　03.0402
整体不稳定性　global instability　10.0266
整体对称[性]　global symmetry　09.1069
整形电路　shaping circuit　03.0597
正比计数器　proportional counter　09.0720
正部分转置判据　positive partial transpose criterion　06.0762
正粲偶素　orthocharmonium　09.0977
正常电流　normal current　03.0229
正常电子隧穿　normal electron tunneling　08.3258
正常费米液体　normal Fermi liquid　08.1545
正常过程　normal process, N-process　08.1453
正常金属　normal metal　08.1216
正常流分量　normal fluid component　08.3015
正常流密度　normal fluid density　08.3016
正常流体　normal fluid　08.3013
正常趋肤效应　normal skin effect　03.0705
正常塞曼效应　normal Zeeman effect　04.1772
正常色散　normal dispersion　04.1634
正常态　normal state　08.3081
正常相　normal phase　08.3001
正电　vitreous electricity　03.0045
正电荷　positive charge　03.0046
正电子　positron　06.0691
正电子发射　positron emission　09.1471
正电子[发射]层析术　positron-emission tomography, PET　09.0816
正电子湮没　positron-annihilation apparatus　09.1473
正度规　positive metric　06.0196
正反馈　positive feedback　03.0966
*正反[粒子]共轭　charge parity invariance, CP invariance　09.1510
正反粒子共轭空间反射不变性　charge conjugation　09.1305
*正反粒子共轭对称性　C-symmetry　09.1306
*正反[粒子]共轭空间反射时间反演不变性　charge-parity-time invariance, CPT invariance　09.1513
*正反[粒子]共轭宇称　C-parity, charge-parity　09.1506
正方格[子]　square lattice　08.0226
正负电子[存储]环　electron-positron ring　09.1621
正负电子对产生　electron-positron pair creation　09.0714
正负电子对湮没　electron-positron pair annihilation　09.1395
正负电子对撞机　electron-positron collider　09.1620
[正负]电子偶素　positronium　09.0944
正负号　plus-minus sign　01.0323
正格子　direct lattice　08.0196
正规编序　normal ordering　06.0709
正规[乘]积　normal product, N product　05.0946
正规化　regularization　01.0511
正击波　normal shock　10.0254
正极板　positive plate　03.0300
正交变换　orthogonal transformation　01.0471
正交分量　quadrature component　02.0192
正交归一系　orthonormal system　06.0540
正交归一性　orthonormality　01.0409
正交函数　orthogonal function　01.0396
正交化平面波法　orthogonalized plane wave method, OPW method　08.1294
正交晶系　orthorhombic crystal system　08.0200

置信条　fiducial confidence bar　01.0279
置信限　confidence limit　01.0278
中程序　medium-range order, intermediate range order　08.0576
中等耦合　intermediate coupling　09.0401
中和　neutralization　03.0137
中红外峰　mid-infrared peak　04.1877
中继器　repeater　04.1502
中间玻色子　intermediate boson　09.0986
中间结构　intermediate structure　09.0672
*中间态　intermediate state　08.3104
中间[透]镜　intermediate lens　04.0276
中阶梯光栅　echelle grating　04.1061
中介相　mesogen　08.2639
中肯照明　critical illumination　04.0667
中能电子衍射　medium energy electron diffraction, MEED　08.1126
中能核反应　intermediate-energy nuclear reaction　09.0410
中能中子　intermediate neutron　09.0585
中频　medium frequency　04.2690
中微子　neutrino　09.0198
中微子混合矩阵　neutrino mixing matrix　09.1219
2中微子双β衰变　two neutrino double-β decay, 2νββ decay　09.0201
中微子振荡　neutrino oscillation　09.1095
中微子[致产]生　neutrino induced production　09.1096
中心暗场法　central dark ground method　04.1311
中心长方格[子]　centered rectangular lattice　08.0224
中心[点]　center　02.0462
中心对称结构　centrosymmetric structure　08.0318
中心碰撞　central collision　02.0426
中性反射镜　neutral mirror　04.0776
中性阶梯滤光器　neutral step filter　04.0778
中性介子　neutral meson　09.1195
中性粒子　neutral particle　09.1196
中性[粒子]注入　neutral injection　10.0437
中性流　neutral current, NC　09.1416
中性滤光片　neutral [density] filter　04.0759
中性束电流驱动　neutral beam current drive　10.0431
中性微子　neutralino　09.1023
中[性]线　neutral line　03.0657
中性杂质　neutral impurity　08.1610
中央光线　central ray　04.0655
中央极大　central maximum　04.0901
中央条纹　central fringe　04.0899
*中质比　neutron-proton ratio　09.0043
中重核　intermediate nucleus, medium weight nucleus　09.0423
中子　neutron　09.0007
中子倍增　neutron multiplication　09.0676
*中子产生器　neutron generator　09.0859
中子磁矩　neutron magnetic moment　09.0601
中子磁散射　magnetic neutron scattering　08.2052
中子单色器　neutron monochromator　09.0573
中子多重性　neutron multiplicity　09.0660
中子发生器　neutron generator　09.0859
中子反应　neutron [induced] reaction　09.0413
中子非弹性散射　neutron inelastic scattering　09.0592
中子俘获　neutron capture　09.0589
中子辐照　neutron irradiation　09.0294
中子活化测井　neutron activation logging　09.0848
中子活化分析　neutron activation analysis, NAA　09.0806
中子计数器　neutron counter　09.0727
中子剂量学　neutron dosimetry　09.0280
中子监测器　neutron monitor　09.0570
中子结合能　neutron binding energy　09.0039
中子宽度　neutron width　09.0495
中子扩散　neutron diffusion　09.0604
中子链式反应　neutron chain reaction　09.0674
中子年龄　neutron age　09.0607
中子瓶　neutron bottle　09.0598
中子谱学　neutron spectroscopy　09.0567
中子谱仪　neutron spectrometer　09.0568
中子散射　neutron scattering　09.0590
中子嬗变掺杂　neutron transmutation doping, NTD　08.1674
中子寿命　neutron lifetime　09.0600
中子输运方程　neutron transport equation　09.0602
中子数　neutron number　09.0010
中子衰变　neutron decay　09.0599
中子弹性散射　neutron elastic scattering　09.0591
中子探测器　neutron detector　09.0763
中子逃逸　neutron escape　09.0605
中子通量　neutron flux　09.0596
中子泄露　neutron leakage　09.0606
中子星　neutron star　11.0143

转动态　rotational state　07.0183
转动-振动谱带　rotation-vibration band　07.0189
转动轴　rotation axis　08.0132
转动自由度　rotational degree of freedom　05.0625
转矩　torque, moment of rotation　02.0565
转矩磁强计　torque magnetometer　03.0518
转数　rotation number　11.0517
转速　rotational speed　02.0498
转速计　achometer　02.0924
*转向磁体　bending magnet　08.2086
转向目镜　cranked eyepiece　04.0405
转晕能级　yrast level　09.0392
转晕线　yrast line　09.0391
转折角　turning angle　02.0418
转折力　turning force　02.0419
转振耦合　rotation-vibration coupling　09.0402
转置复[数]共轭　transposed complex conjugate　06.0564
转置共轭矩阵　transposed conjugate matrix　01.0441
转置矩阵　transposed matrix　01.0440
转置算符　transposed operator　06.0563
转子式静电计　rotor-type electrometer　03.1176
装置　equipment　01.0288
[状]态　state　05.0172
撞击中心　center of percussion　02.0427
锥光法　conoscopy　04.2501
锥形击波　cone shock　10.0257
锥形折射　conical refraction　04.0093
缀加平面波法　augmented plane wave method, APW method　08.1295
缀加球面波法　augmented spherical wave method, ASW method　08.1296
缀饰变换　decoration transformation　08.0627
缀饰电子　dressed electron　07.0092
缀饰法　decoration　08.0510
缀饰蜂房格子　decorated honeycomb lattice　08.0629
缀饰格[子]　decorated lattice　08.0628
*缀饰粒子　dressed particle　01.0088
缀饰原子　dressed atom　07.0093
准玻色子　quasi-boson　09.1382
准长程序　quasi-long range order　05.0992
准磁通量子　quasi-fluxon　08.3224
准单色场　quasi-monochromatic field　04.0852
准单色光　quasi-monochromatic light　04.0850
准电子　quasi-electron　05.0728
准定常流　quasi-steady flow　02.0724
准定常态　quasi-steady state　09.1593
准定态　quasi-stationary state　05.0758
准动量　quasi-momentum　02.0259
准二维超导体　quasi-two-dimensional superconductor　08.3188
准二维电子气　quasi-two-dimensional electron gas　08.2887
准二维体系　quasi-two-dimensional system　08.2886
准费米能级　quasi Fermi level　08.1719
准分子　quasi-molecule　07.0274
*准分子激光器　excimer laser, exciplex laser　04.2207
准概率分布　quasiprobability distribution　06.0904
准共焦[共振]腔　quasi-confocal resonator　04.2024
准横向振荡　quasi-transverse oscillation　02.0366
准化学近似　quasi-chemical approximation　05.0998
准击波　quasi-shock　10.0255
准简谐近似　quasi-harmonic approximation　08.1443
准经典近似　quasi-classical approximation　06.0631
准晶　quasicrystal　08.0027
准晶态　quasicrystalline state　08.0026
准静态　quasi-static state　05.0198
准静态过程　quasi-static process　05.0197
准静压强　quasi-hydrostatic pressure　08.3564
准空穴　quasihole　08.1390
准粒子　quasiparticle　05.0721
准粒子对　quasiparticle pair　09.0353
准粒子激发　quasiparticle excitation　09.0322
准粒子谱　quasiparticle spectrum　05.0718
准粒子寿命　quasiparticle lifetime　05.0719
准粒子隧穿　quasiparticle tunneling　08.1807
准粒子注入　quasiparticle injection　08.1806
准裂变　quasi-fission　09.0641
准模　quasi-mode　10.0237
准能带结构模型　quasiband structure model　08.1377
准能隙　quasigap　08.1333
准平衡　quasi-equilibrium　09.1383
准确度　accuracy　01.0270
准热光　quasi-thermal light　04.1280
准声波　quasiacoustic wave　04.2677
准束缚态　quasi-bound state　07.0308
准弹性散射　quasi-elastic scattering　09.0537
准弹性散射截面　quasielastic scattering cross-section

09.0455
准同型性　morphotropism　08.0336
准外延　quasi-epitaxy　08.0969
准稳恒过程　quasi-stationary process　05.0199
准稳恒条件　quasi-steady condition　05.0355
准稳态　quasi-stable state　05.0192
准线性理论　quasi-linear theory　10.0316
准相位匹配　quasi-phase-matching　04.2386
准一维导体　quasi-one dimensional conductor　08.2868
准直器　collimator　04.0461
准直束　collimated beam　04.0460
准直狭缝　collimating slit　04.0462
[准直]轴锥镜　axicon　04.0182
准中性　quasi-neutrality　10.0003
准周期格[子]　quasiperiodic lattice　08.1444
准周期轨道　quasiperiodic orbit　02.0040
准周期函数　quasiperiodic function　11.0498
准周期运动　quasiperiodic motion　02.0023
准周期振荡　quasiperiodic oscillation　02.0024
准周期振动　quasi-oscillation　11.0497
准自由电子近似　quasi-free electron approximation 08.1249
浊度　turbidity　04.1580
*着衣电子　dressed electron　07.0092
着衣粒子　dressed particle　01.0088
*着衣原子　dressed atom　07.0093
籽核　seed nucleus　08.0736
籽晶　seed crystal　08.0735
μ子　muon　09.0951
τ子　tau-meson　09.1201
子波　wavelet　04.2646, daughter wave　10.0323
子带　subband　08.1366
*子点阵　sublattice　08.0096
子动力学　subdynamics　05.0926
子核　daughter nucleus　09.0186
μ子极化　muon polarization　09.1443
*子晶格　sublattice　08.0096
子空间　subspace　01.0501
子能隙结构　subgap structure　08.1367
子全息图　subhologram　04.1409
子群　subgroup　01.0490
μ子数　muon[ic] number　09.0956
μ子素　muonium　09.0953
子体　descendent　09.0187
子图　subgraph　08.0625
子午光线　meridional ray　04.0360
子午焦线　meridional focal line　04.0514
子午圈　meridian　11.0264
子系统　subsystem　01.0500
子相空间　phase subspace　05.0510
μ[子型]中微子　mutrino　09.1118
τ[子型]中微子　tau neutrino　09.0959
子元素　daughter element　09.0188
μ子自旋弛豫　muon spin relaxation　09.1445
μ子自旋共振　muon spin resonance, μSR　09.1447
μ子自旋进动　muon spin precession　08.2049
μ子自旋旋进　muon spin rotation　08.2050
μ子自旋旋转谱学　muon spin rotation spectroscopy, μSR spectroscopy　09.1448
紫伴线　violet satellite　04.1694
紫外发散　ultraviolet divergence　09.1525
紫外辐射　ultraviolet radiation　04.0040
紫外固定点　ultraviolet fixed point　09.1617
紫外光　ultraviolet ray　04.0039
紫外光电子能谱学　ultraviolet photoelectron spectroscopy, UPS　08.2302
紫外[光]吸收谱　ultraviolet absorption spectrum 04.1675
紫外激光器　ultraviolet laser　04.2268
紫外截断[频率]　ultraviolet cutoff　09.1238
*紫外线　ultraviolet ray　04.0039
紫外灾难　ultraviolet catastrophe, Rayleigh-Jeans catastrophe　06.0369
紫移　violet shift　04.1790
自变量　argument, independent variable　01.0072
自掺杂　autodoping　08.1675
自场　self-field　03.0772
自持导电　self-sustaining conduction　03.0279
自持放电　self-maintained discharge, self-sustained discharge　10.0065
自持振荡　self-sustained oscillation　03.1037
自抽运　self-pumping　04.2431
自猝灭计数器　self-quenching counter　09.0722
自电离　autoionization　07.0249
自电离光谱学　autoionization spectroscopy　04.1850
自电离态　autoionization state　07.0112
自电容　self-capacitance　03.0148
自动控制　autocontrol, automatic control　02.0344

自[动]调焦 autofocusing 04.0635
*自动语音合成仪 vocoder 04.2815
自陡化 self-steepening 04.2458
自对偶性 self-duality 11.0716
自发参变荧光 spontaneous parametric fluorescence 08.2304
自发磁化 spontaneous magnetization 08.1876
自发磁化强度 spontaneous magnetization 08.1877
自发发射 spontaneous emission 04.1973
自发发射陷俘 spontaneous emission trapping 04.2476
自发发射引导 spontaneous emission steering 04.2477
自发辐射 spontaneous radiation 04.1970
自发光 autoluminescence, self-luminescence 04.1894
自发过程 spontaneous process 05.0208
自发极化 spontaneous polarization 08.2157
自发力阱 spontaneous force trap 07.0309
自发裂变 spontaneous fission 09.0631
自发射 auto-emission 04.1583
自发衰变 spontaneous decay 09.0298
自发蜕变 spontaneous disintegration 09.0299
自发性 spontaneity 01.0156
自发应变 spontaneous strain 08.2170
自发跃迁 spontaneous transition 06.0638
自反[作用]力 self-reaction force 03.0783
自返反射 autoreflection 04.0636
自放大自发发射 self-amplified spontaneous emission, SASF 04.1975
自分离[过程] autodetachment 07.0120
自复原 self-recovery 11.0731
自复制 self-duplicating 11.0730
自感电动势 electromotive force of self-induction, self-induction electromotive force 03.0551
自感生透明 self-induced transparency 04.2493
自感系数 self-inductance 03.0571
自感[应] self-induction 03.0570
自[给]偏压 self-bias 03.0944
自关联 autocorrelation 05.0886
自关联系数 coefficient of autocorrelation 05.0888
自回避无规行走 self-avoiding random walk, SARW 08.2464
自激[发] self-excitation 03.1039
自激振荡 autovibration, self-excited oscillation 11.0496
自激振荡器 self-excited oscillator 03.1038
自校正 autocorrection 02.0345
自举电流 bootstrap current 10.0171
自举模型 bootstrap model 09.1241
自聚焦 self-focusing 04.2455
自聚焦[光]丝 self-focused filament 04.2456
自脉冲激光器 self-pulsing laser 04.2208
自能 self-energy 03.0099
自能修正 self-energy correction 05.0957
自耦变压器 autotransformer 03.0856
自拍[频] autodyne 03.1009
自拍噪声 self-beat noise 05.0836
自平均 self-averaging 05.0987
自洽场 self-consistent field 06.0436
自洽重正化 self-consistent renormalization 05.1081
自洽[方]法 self-consistent method 01.0103
自洽哈特里-福克近似 self-consistent Hartree-Fock approximation 05.0964
自洽解 self-consistent solution 06.0437
自洽性 self-consistency 01.0102
自然单位 natural unit 09.0917
自然光 natural light 04.1105
自然拟设 naïve ansatz 01.0147
自然寿命 natural lifetime 07.0090
*自然线宽 natural linewidth 04.1807
自然坐标 natural coordinate 02.0110
自散焦 self-defocusing 04.2461
自生光电效应 autophotoelectric effect 08.2281
自蚀[光谱]线 reversed line 04.1819
自适应光学 adaptive optics 04.0765
自适应光学系统 adaptive optical system 04.0766
自填隙子 self-interstitials 08.0465
自调节 self-regulation 11.0732
自调相 self-phase modulation 04.2457
自同构 automorphism 08.2474
自稳定性 autostability 10.0314
自吸收 self-absorption 08.2270
自限性 self-limitation 08.0030
自陷俘 self-trapping 04.2459
自相干 self-coherence 04.1262
自相互作用 self-interaction 09.1472
自相似变换 self-similarity transformation 11.0683
自相似解 self-similar solution 02.0707
自相似性 self-similarity 02.0708
自旋 spin 06.0399
[自旋]半金属 half-metal 08.1235

自旋冰材料　spin ice material　08.3527
自旋波　spin wave　08.1970
自旋波共振　spin wave resonance, SWR　08.2031
自旋波劲度　spin wave stiffness　08.3557
自旋波谱学　spin wave spectroscopy　08.3547
自旋波散射　spin wave scattering　08.2030
自旋玻璃　spin glass　05.1012
自旋玻璃转变　spin glass transition, spin-glass transition　08.3526
自旋场效应晶体管　spin field effect transistor, spin-FET　08.3520
自旋超流　spin supercurrent　08.3541
自旋弛豫　spin relaxation　08.3536
自旋磁化率　spin susceptibility　08.3542
自旋磁矩　spin magnetic moment　06.0492
自旋单[重]态配对　spin singlet pairing　08.3538
自旋单态　spin singlet　06.0655
自旋-电荷分离　spin-charge separation　08.3548
自旋电子学　spintronics　08.3556
自旋动力学　spin dynamics　08.3519
自旋冻结　spin freezing　08.1875
自旋阀　spin valve　08.3544
自旋阀晶体管　spin valve transistor　08.3545
自旋反转　spin flipping　08.3522
自旋反转拉曼激光器　spin-flip Raman laser　04.2224
自旋反转散射　spin-flip scattering　08.2115
自旋共振　spin resonance　08.3537
自旋关联函数　spin correlation function　08.3517
自旋轨道分裂　spin-orbit splitting　06.0403
自旋轨道耦合　spin-orbit coupling　07.0103
自旋轨道散射　spin-orbit scattering　08.2418
自旋轨道相互作用　spin-orbit interaction　07.0104
自旋过滤器　spin filter　08.3521
自旋哈密顿量　spin Hamiltonian　06.0653
自旋回波　spin echo　08.2027
自旋回波技术　spin echo technique　08.2028
自旋极化　spin polarization　08.3534
自旋极化场效应晶体管　spin-polarized field effect transistor　08.3554
自旋极化低能电子显微术　spin-polarized low-energy electron microscopy　08.1071
自旋极化电流　spin-polarized current　08.3552
自旋极化电子隧穿　spin-polarized electron tunneling　08.3553
自旋极化度　spin polarization　08.3535
自旋极化密度泛函理论　spin-polarized density functional theory　08.1315
自旋极化扫描隧穿显微学　spin-polarized scanning tunneling spectroscopy　08.2832
自旋极化输运　spin-polarized transport　08.3555
自旋极化原子氢　spin-polarized atomic hydrogen　07.0097
自旋简并性　spin degeneracy　08.1608
自旋交换算符　spin exchange operator　06.0651
自旋角动量　spin angular momentum　06.0659
自旋劲度　spin stiffness　08.3539
自旋进动　spin precession　06.0402
自旋-晶格弛豫　spin-lattice relaxation　08.2026
自旋-晶格弛豫时间　spin-lattice relaxation time　08.2116
自旋矩　spin moment　06.0401
自旋矩阵　spin matrix　06.0654
自旋扩散长度　spin diffusion length　08.3518
自旋链　spin chain　08.3515
自旋量子数　spin quantum number　06.0404
自旋密度波　spin density wave, SDW　08.2877
自旋耦合　spin coupling　08.2100
自旋排列　spin arrangement　08.2109
自旋派尔斯有序　spin-Peierls order　08.2873
自旋配对　spin pairing　08.3532
自旋倾斜　spin canting　08.3514
自旋取向　spin orientation　06.0400
自旋容许跃迁　spin-allowed transition　06.0652
自旋三重态　spin triplet　06.0656
自旋三重态配对　spin triplet pairing　08.3076
自旋散射长度　spin scattering length　08.3550
自旋熵　spin entropy　05.1062
自旋输运　spin transport　08.3543
自旋顺磁性　spin paramagnetism　08.3533
自旋速度　spin velocity　08.3546
自旋算符　spin operator　06.0650
自旋态　spin state　08.3074
自旋探测器　spin detector　08.2032
自旋梯　spin ladder　08.3529
自旋梯模型　spin ladder model　08.3531
自旋梯[状]化合物　spin ladder compound　08.3530
自旋位形　spin configuration　09.1589
自旋温度　spin temperature　08.2029

纵深[记录]全息术 deep holography 04.1376
纵声学声子 longitudinal acoustic phonon, LA phonon 08.1408
纵声子 longitudinal phonon 08.1407
纵向弛豫 longitudinal relaxation 04.2342
纵[向]动量 longitudinal momentum 09.1079
纵向放大率 longitudinal magnification 04.0333
纵向共振 longitudinal resonance 04.2740
纵向浸渐不变量 longitudinal adiabatic invariant 10.0086
*纵向扫描技术 Z-scan technique 04.1891
纵向像差 longitudinal aberration 04.0498
纵质量 longitudinal mass 06.0144
走离角 walk-off angle 04.2324
*族系 parentage 07.0271
阻碍因子 hindrance factor 09.0192
阻变元件 varistor 03.0254
*阻带 stopband 03.1093
阻抗 impedance 03.0620
阻抗角 angle of impedance 03.0632
阻抗耦合 impedance coupling 03.0625
阻抗匹配 impedance matching 03.0631
阻抗谱术 impedance spectroscopy 03.0624
阻抗三角形 triangle of impedance 03.0633
阻力 resistance 02.0380
阻力矩 moment of resistance 02.0560
阻力系数 resistance coefficient 02.0562
阻尼 damping 02.0381
阻尼波 damped wave 02.0387
阻尼力 damping force 02.0385
阻尼碰撞 damped collision 09.0540
阻尼器 damper 02.0388
阻尼系数 damping coefficient 02.0389
阻尼线圈 damping coil 03.1081
阻尼振动 damped vibration 04.2626
阻尼振子 damped oscillator 04.2550
阻塞效应 blocking effect 08.3450
阻止本领 stopping power 09.0694
*阻滞电位分析仪 retarding potential analyzer 08.2815
组蛋白 histone 11.0428
组分 component, constituent 05.0171
组分[化学]势 partial potential 05.0303
组分夸克 constituent quark 09.1136
组分气体 constituent gas 05.0051
组分色 component color 04.0737
组分[型]调制 compositional modulation 08.3622
组分质量 constituent mass 09.1120
组合频率 combination frequency 04.2696
组合[谱]线 combination line 04.1732
组合散射 combination scattering 04.1568
组合宇称 combined parity 09.1363
组合原理 combination principle 06.0469
组态 configuration 05.0666
组态混合 configuration mixing 09.0338
组态相互作用 configuration interaction 05.0667
组织 tissue 08.1695
祖巴列夫统计算符 Zubarev's statistical operator 05.0865
祖源 parentage 07.0271
最大磁能积 maximum magnetic energy product 08.2003
最大功原理 principle of maximum work 05.0311
最大偏差 maximum deviation 01.0250
最大熵 maximum entropy 05.0293
最大熵原理 principle of maximum entropy 05.0530
最大似然法 maximum likelihood method 01.0533
最大误差 maximum error 01.0237
最低未占分子轨道 lowest unoccupied molecular orbit, LUMO 07.0258
最概然分布 most probable distribution 05.0565
最概然速率 most probable speed 05.0572
最概然值 most probable value 01.0257
最高占据分子轨道 highest occupied molecular orbit, HOMO 07.0257
最近邻 nearest neighbor 08.0089
*最可几分布 most probable distribution 05.0565
*最可几速率 most probable speed 05.0572
*最可几值 most probable value 01.0257
最内层电子 innermost electron 07.0052
最外电子壳层 outermost electronic shell 07.0053
最小标准模型 minimum standard model, MSM 09.1441
最小磁场位形 min-B configuration 10.0376
最小点火能 minimum ignition energy 03.1155
最小二乘法 least square method 01.0532
最小分辨角 angle of minimum resolution 04.1016
最小减除 minimum subtraction 09.1613

最小金属电导率　minimum metallic conductivity　08.1488
最小模糊圆　circle of least confusion　04.0516
最小偏离角　angle of minimum deviation　04.0186
最小熵产生定理　theorem of minimum entropy production　05.0462
最小作用量　least action　02.0155
最小作用[量]原理　principle of least action　02.0156
左乘　left multiplication　01.0451
左矢　bra　06.0566
左手材料　left-handed material　08.3619
左手定则　left-hand rule　03.0390
左手光　left-handed light　04.1175
左手流　left-handed current　09.1375
左手坐标系　left-handed coordinate system　02.0109
左旋　levorotation　11.0447
左旋晶体　left-handed crystal　04.2327
左旋偏振　left-handed polarzation，levopolarization　04.1123
左旋物质　levorotatory substance　11.0448
左[旋]圆偏振　left-handed circular polarization　04.1121
左旋中微子　left neutrino　09.0948
作用　action　02.0150
作用反作用原理　principle of action and reaction　02.0158
作用力　[acting] force　02.0152
作用量　action　02.0154
坐标变换　coordinate transformation　01.0350
坐标表象　coordinate representation　06.0443
坐标时　coordinate time　06.0220
坐标条件　coordinate condition　06.0253
坐标系　coordinate system　01.0125
坐标钟　coordinate clock　06.0219
座键逾渗　site-bond percolation　11.0665
座无序　site disorder　08.0585
座逾渗　site percolation　11.0663

(O-7616.01)
ISBN 978-7-03-060599-3
9 787030 605993 >
定 价：298.00元